本书受到江苏省2011计划“基础教育人才培养模式协同创新中心”项目资助

后现代语境下
视觉素养课程理论与实践

赵 丽 著

Theory and Practice
of Visual Literacy Curriculum
in Post-modern Context

南京师范大学出版社
NANJING NORMAL UNIVERSITY PRESS

图书在版编目(CIP)数据

后现代语境下视觉素养课程理论与实践 / 赵丽著. — 南京：南京师范大学出版社，2017.12

ISBN 978-7-5651-3593-4

Ⅰ. ①后… Ⅱ. ①赵… Ⅲ. ①视觉识别—研究 Ⅳ. ①B842.2

中国版本图书馆 CIP 数据核字(2017)第 303268 号

书　　名	后现代语境下视觉素养课程理论与实践
著　　者	赵　丽
责任编辑	王　敏　于丽丽
出版发行	南京师范大学出版社
地　　址	江苏省南京市玄武区后宰门西村 9 号(邮编:210016)
电　　话	(025)83598919(总编办)　83598412(营销部)　83598297(邮购部)
网　　址	http://www.njnup.com
电子信箱	nspzbb@163.com
照　　排	南京理工大学资产经营有限公司
印　　刷	扬州市文丰印刷制品有限公司
开　　本	787 毫米×960 毫米　1/16
印　　张	16
字　　数	270 千
版　　次	2017 年 12 月第 1 版　2017 年 12 月第 1 次印刷
书　　号	ISBN 978-7-5651-3593-4
定　　价	40.00 元

出 版 人　彭志斌

序　言

英国著名视觉文化研究学者戈林·麦凯波曾说过："何时何地，你发现你自己置身何处?! ……我们就生活在影像的世界里。"在今天这样一个图像时代，我们如果没有学习过视觉文化或与视觉素养相关的知识，将可能像美国学者阿尔文·托夫勒所描述的那样成为一个"视觉文化文盲"。当代大学生作为一群思想开放、思维活跃的"新新人类"，他们乐于接受图像的知识表达方式，能快速学会使用媒介技术来表达自己对世界的主观感受。然而，大学生的视觉观看能力与表达能力还有待加强，如何提升视觉读写能力成为他们新的"成长的烦恼"。

《后现代语境下视觉素养课程理论与实践》一书首先，突出"后现代"语境的背景内涵，将视觉素养作为青少年应掌握的必备素养，从通识教育的视角来构建视觉素养课程。学界尽管对"后现代"这一说法还存在诸多争论，但是"后现代哲学之父"让-弗朗索瓦·利奥塔尔对"后现代"中的"后"字进行了较好的阐释："后"并不是时间意义上的"后"，也不代表"返回"或"重复"，而是指"分解""回忆""变形"，是"本源性遗忘"的完成。不可否认，我们进入了一个新的时代，这个时代"所见即所得"的意义发生了变化：表征形式可以是源于现实的，也可以是超现实的、夸张的；这个时代的表征意义是多元的，脱离表征意义而独立存在。后现代思潮影响下的表征形式与意义强调多元、尊重差异、主张开放、重视平等、激发创造、否定中心和等级。

其次，该书阐释了后现代思潮影响下的视觉素养内涵，以及后现代课程观对视觉素养课程的启示。后现代语境下的视觉素养内涵突出视觉性的特征。米尔佐夫认为，视觉性是视觉符号与观看者之间的相互作用。从所看对象的角度而言，视觉性就是使之值得被看的特征；而从观看者角度而言，视觉性就是怎么看的方法问题。视觉图像表征从形式到意义的解读由于表征与被表征背后的链接松散或中断，加大了视觉表征的解读难度，观看者的视觉能力的发展受到多重因素影响。后现代视觉观看面临挑战与创新并存的局面。后现代思潮的影响直接推动了课程研究变革。后现代课程观倾向于“过程取向”，反对“目标取向”，对泰勒的目标课程模式进行了批判，批判其对既定目标的偏执与坚持，而忽视了课程主体的需求与能动性。通过否定之再否定，对泰勒课程模式批判的再批判，我们看到了后现代思想的积极一面，辩证看待泰勒课程模式，对后现代课程朝向课程深度与意义的丰富性、课程组织的回归性、课程与文化的关联性、课程设计的严密性等方向的发展具有积极影响。

再次，该书构建了后现代语境下视觉素养课程体系。要提升大学生视觉素养的课程建构，我们必须先了解当前大学生的思维方式与生活方式。涂鸦式街头创作，对所谓“经典”事物的怀疑与批判，是当前部分大学生思维与生活方式的现实写照。从视觉素养课程发展的历时性来看，传统的视觉艺术教育课程使得当下的视觉素养课程，既保留着传统视觉“艺术”教育的要求，又凸显了当下的视觉“素养”培养。在后现代思潮的影响下，后现代视觉素养课程理念更加关注视觉素养课程知识的动态发展、强调师生之间的平等对话、让位学生个体的探究与群体的合作等。本书围绕视觉素养课程知识中的视觉表征核心内容，从传播的视角既关注学生的受者角色，使学生掌握从能指到所指的解读能力，又能使学生认识到自己已从受者向传者转变的现实，从传者的层面发挥他们的主观创造能力，培养他们从所指到能指的创作能力。继而建构出后现代视觉素养课程框架，提炼出视觉素养课程的性质——视觉性、实践性、人文性、批判性、创造性；后现代视觉素养课程以视觉性为显著特征，解析看与被看的机制；以实践性凸显主体“看”的体验，强调看的经验积累的重要性；批判性则体现出主体对“看”的行为的反思；人文性强调主体“看”的情感，通过观看，主体对视觉表征所蕴含的文化、历史产生共鸣，形成价值判断；创造性要求主体能够通过视觉表征作品的创作，表达主体思想与意图，从而实现与他人的交流。厘清视觉素养课程目标在“认知”与“情感”领域的分类。依据认知领域的目标分类，视觉素养课程目标可以分为知道、领会、应用、分析、综合、评价。在情感领域的视觉素养目标层级中，学习者要能够达到“接受”“反应”“价值判断”“组织”“个性化”的课程要求。本书还突出基于跨学科特质的“根茎理论”与内容“层级性”的视觉素养课程内容架构。视觉素养课程内容从根茎结构质量线、生长线与衍生线三个层面梳理学科谱系知识、视觉语言的社会需求，以及受众的视觉素养层次内容。另外，本书面向不同阶段学习者的视觉素养课程创新实施、推进策略与课堂教学策略，建构“欣赏—认知”“解读—判断”与“创造—表达”三个层面课程体系，彰显视觉素养课程评价主体、对象、方法的多元性。将评价环节交予评价主体与评价对象实施，共同建构，形成最终的评价结果。该评价过程则充分体现评价目标的开放性与评价结果的发展性。

最后，随着后现代媒介技术的发展，视觉素养的内涵发展与视觉素养课程研究必然会受到影响。技术使得视觉表征的形式更有感染力与穿透力，使其内涵也更具隐匿性与丰富性。同时多媒体、虚拟现实等技术又带来教育信息化环境建设与课堂教学改革。技术对视觉素养及其课程建设与实施的双重影响，体现在视觉素养课程的开发过程与具体的课堂教学活动中。将“翻转课堂”教学模式、大规模在线课程与面授课程的混合学习模式等融入视觉素养课程研究中，有助于学习者提升对视觉表征的解读能力与视觉表征作品的创作能力。本书构建了视觉素养在线课程开发与设计的模型，并对已有课程“视觉文化与媒介素养”进行了再构设计。

本书作者赵丽在硕士与博士阶段的学习均由我指导。赵丽硕士学习期间在南京师范大学视觉文化研究所即开始关注视觉素养与媒介素养教育的理论、实践研究。在随后多年的学习与工作,尤其在参与“视觉文化与媒介素养”国家精品资源共享课多轮建设实践中,她始终聚焦于课程视角,坚持开展大学生视觉素养培养研究。其博士论文选题探究的是后现代思潮对当下大学生思维与生活方式的影响,建构了后现代语境下的视觉素养课程。她在研究过程中赴美国南密西西比大学访学,融合了中美学习体验,从而深度诠释了“后现代语境”与“视觉素养”,尤其是对“视觉文化与媒介素养”的课程建设,见解独到。

大学生视觉素养与媒介素养研究任重道远,希望越来越多的教育专家与相关学者能够关注这个极富挑战与创新的研究领域。

张舒予

2017 年 6 月 15 日于意大利米兰

目　录

引 论

> 读图时代来临，“观看”不再是简单的行为，对“美”的“解蔽”，需要“明亮”的眼睛，更需要“敏感”的心灵。
>
> ——张舒予

眼睛被喻为“心灵的窗户”，它不仅仅是一个神奇的造化产物，还同时赋予了我们欣赏这个美好的世界的能力。“看是人生存的基本形态之一”①，观看是如此寻常的一件事，在今天这样一个图像时代，“我们就生活在影像的世界里”②。看不等于“看见”，更不等于“看懂”，是什么遮蔽了表征背后的那个“存在”，抑或表征之后是否存在那个“存在”？这些问题使得公式“看 ≠看见 ≠看懂”得以成立。哲学家、文化研究者、教育学者等纷纷参与到对这个命题的解答中，试图从“看”存在的背景、“看”的机制，给予观看者方法与策略。我们肩负教育的使命——对受众进行视觉素养培养，要想实现这一过程与理想，在后现代复杂的文化变迁与教育需求背景下，反思及建构视觉素养课程便显得十分必要。

---

① 周宪. 视觉文化的转向[M]. 北京：北京大学出版社，2013：64.

② [英]戈林·麦凯波. 戈达尔：影像、声音与政治[M]. 林宝元，编译. 长沙：湖南美术出版社，1999：131.

第一节 受众“观看”的危机及消解需求

生活在当下的受众时刻处于“看与被看”的环境中，这是一个不争的事实。图像时代的视觉形象如此丰富，让受众应接不暇；而遍布道路、地铁等公共场所的摄像头，以及视觉消费社会刺激受众追求外表形象的心理，使得受众又时刻处于“被看”的境地。视觉解读能力如何应对后现代主体的败落、文化的世俗化、符号的泛滥、消费社会崛起带来的价值颠覆等危机，凸显出当下主体素养结构亟须被完善。为了重拾视觉赋予受众的美好记忆，旨在帮助受众建立起应对“看”的虚伪与困惑的素养能力的课程建构成为必需。同时，我们应辩证地审视这个时代的后现代性，它崇尚自由、以人为本、打破常规与传统、引发反思、追求真理与创新。后现代使得教育理念与教育目标发生了重要转变，促成了今天教育的欣欣向荣，而承袭传统课程理念与实施方式的视觉素养课程，对于其在后现代语境中何以存在、如何存在则必须加以反思并重构。

一、时代回应：后现代的视觉危机亟须引起关注

学界尽管对“后现代”这一概念还存在争论，但是后现代思潮却真切地影响着我们生活的时代。当下的视觉危机在后现代所反映的普遍危机中得到了映射。后现代主义大师弗雷德里克·詹姆逊指出，后现代文化是“一个如此多地由视觉和我们自己的影像所主宰的文化”①。视觉文化是后现代文化的重要特征。具体而言，在构成“看”的机制中，媒介、符号、观看者、被看者等元素发生的后现代变化引发了这场视觉危机。

1. 媒介：权力的复制与竞争

作为“看”的机制中的重要组成部分——媒介，在21世纪，其发展速度之快无人能预测。媒介发展的历史起点可以追溯至原始社会的结绳记事，其现代发展则经历了前大众传媒时代的符号、口头与文字传播，大众传媒时代的印刷传播与电子传播，再到如今的新媒体时代的掌上媒介等移动传播的实

① [美]弗雷德里克·詹姆逊．文化转向[M]．胡亚敏，等译．北京：中国社会科学出版社，2000：108．

现。然而从大众传媒时代到今天的新媒体时代,这仅仅经历了人类发展历史的几十年时间而已。尽管西方历史上古登堡印刷术的发明始于15世纪,但是真正意义上大众传媒时代的来临是以大众报纸的流行为起点的。① 19世纪30年代以来,以各种媒介为载体的大众传媒和新媒体开始占据人类的全部视阈。麦克卢汉在《理解媒介:论人的延伸》②一书的标题中即隐喻出"媒介是人的延伸"的意义。媒介成为人们获取信息的主要载体,它们企图通过占有更多的受众群体而不断相互竞争,以期获得传媒的至高霸权,然而却在冠有"合法性"与规范的头衔下,相互复制,通过"透视""蒙太奇"等多种手法刺激受众的眼球来变相地迷惑受众。真相可能迷失在镜头中,不同维度的媒介解释与辩护非但不能还原真相,反而使得简单的事实更加扑朔迷离。面对如今充斥于生活周遭的媒介,受众需要一双明亮的"眼睛",学会正确解读其"所见"。

2. 信息:过剩的泛滥与虚构

不可否认,存在这样一个事实,技术的突飞猛进使得"知识生命"被不断缩短,"一个最具说服力的因素是不断缩减的知识半衰期。所谓'知识半衰期'指的是从知识的习得到知识的废弃所经历的时间段。今天我们所掌握的知识中有一半是我们十年前所不知的。根据美国培训与发展协会(ASTD)的统计,在近十年中全球知识量增长了一倍,并正在以每十八个月翻一番的速度递增"③。客观存在的知识增长事实与通过各种媒介传递而来的信息不断地涌现在受众的视线中,使受众"不能承受之轻"。而一旦出现在媒介权力的斗争之下,与之而来的信息便会有一些被简单重复着,一些被复杂虚构,还有一些则成为无关紧要的滥竽充数式的存在。受众一方面享受着丰盛的信息大餐,咀嚼知识的精髓,另一方面也在来自各方的信息中寻求虚拟的答案与刺激,从而随波逐流、人云亦云。对后者的担忧在媒介霸权的威慑下逐渐明显,因此帮助受众认识信息、筛选信息、解读信息,就如同解读媒介本身一样重要。

---

① 沈永言,吕廷杰.从传递到传播——一个电信业不可回避的现实[J].通信企业管理,2005(10):53-55.

② [加拿大]马歇尔·麦克卢汉.理解媒介:论人的延伸[M].何道宽,译.南京:译林出版社,2011.

③ Gonzalez, C. The Role of Blended Learning in the World of Technology[DB/OL]. http://www.unt.edu/benchmarks/archives/2004/september04/eis.htm, 2014-11-10.

3. 符号:能指与所指的断裂

在看的机制中,符号无疑是构成表征的基本元素。语言学家索绪尔提出,“用符号这个词表示整体,用‘所指’和‘能指’分别代替概念和音响形象”①。具体而言,能指是指符号的形体(音和形),所指是指符号所要表达的意义。因而,对符号的解读具有双重意义。受众对视觉传达及表征使用的符号解读,受到多种因素的影响,这种影响来源于构成整个符号传播链条的各个节点。从传者的初衷,到媒介的干扰,再到受者的自身理解,对同一符号的能指与所指的认知,不同的受众产生不同的理解。在保持能指与所指基本联系或所见即所得的基础上,在后现代思潮的影响下,对符号的解读鼓励受众自我的创新与想象,这种个性化认知的形成是一种积极的学习过程。然而在一些恶意而为的曲解意图下,能指与所指的断裂极易混淆视听,带来认知的误区,造成受众对原有信息的误读与误解。诸如对雷锋精神的曲解等“恶搞”之举、对历史文化的歪曲解读、对英雄人物的形象抹黑等,阻断了能指与所指的意义联系,造成了不良的社会与文化影响。而要解决这类问题,就要从传播链接的各个节点提升视觉素养,以保持有效的能指与所指的链接。

4. 受众:视觉解读能力的提升

大众传播的发展,使得传者与受者不再是单向的传播模式,受众期待与信息、传者的互动,以此来了解视觉表征机制。这一需求促进了大众传播模式的发展,如今受众的声音逐渐占据了媒介传播的各个空间,受众渴望表达自我、展现自我的需求得到了响应。这对于媒介传播机制的解蔽与视觉信息的解读极为有利。在新媒体时代,这种互动使得受众不再处于被动接受的劣势地位,而获得了视觉解读的主动权。在对视觉所见的解读中,受众的视觉解读能力——视觉素养获得了新的定义。它已不仅仅被定位于审美素养的范畴,而是包含了对所见的所思与所想。在这种新的传播模式下,受众又成为传者的重要组成部分,他们对所思所想的表达,通过视觉表征展现给其他受众。受众角色的变化导致受众单方面的视觉素养的提升关乎整个传播过程,开始影响大众传播环境。

---

① [瑞士]费尔迪南·德·索绪尔.普通语言学教程[M].高名凯,译.北京:商务印书馆,1999:102.

二、素养重构：当下主体素养结构的必要补充与完善

2002年，美国教育部联合苹果、思科、戴尔等公司，共同提出“21世纪的学习技能”这一概念，从四个方面解读了21世纪学生应当具备的具体技能(如图0-1)①。第一，需要学生掌握如英语、艺术、政府与公民教育等与21世纪的主题相关的核心知识，这是基本的要求。第二，学习与创新技能逐渐被作为一项重要的能力标准，来衡量学生们是否已经为应对日益复杂的生活和工作环境做好准备。创造力、判断力、沟通和协作能力都是将来学生们需要具备的基本能力。第三，学生要具备信息、媒体与技术素养。当下人们生活在科技和媒体都极发达的环境中，海量信息的访问、科技工具的快速更替、个体的贡献和协作能力都达到了一个史无前例的高度，信息素养、媒介素养、ICT素养等被认为是必备素养。第四，学生的生活与职业技能。在视觉感官主导的图像时代，信息、媒介与技术技能成为21世纪学生的必备素养之一，与学习和创新能力并重。

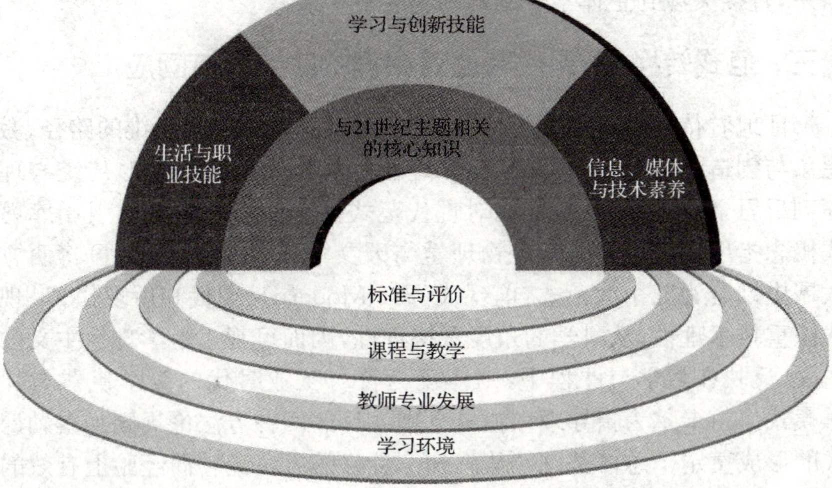

图0-1　21世纪学生的学习和支撑系统②

① Partnership for 21st Century Skills. (2010). 21st Century Knowledge and Skills in Educator Preparation[DB/OL]. http://www. p21. org/storage/documents/1. __p21_framework_2-pager. pdf, 2011-06-05.

② Anderson, J. ICT Transforming Education-A Regional Guide[M]. Bangkok: Asia and Pacific Regional Bureau for Education, 2010.

美国学者阿尔文·托夫勒在《第三次浪潮》一书中指出：人类社会正在孕育三种文盲，即文字文化文盲、计算机文化文盲和视觉文化文盲[①]。显然后两种文盲是在后工业时代产生的。图像时代的到来，使得"视觉转向"的震撼胜过"语言转向"。在"语言中心论"者看来，语言始终与理性联系在一起，远远超过其对形象的优越感。人类很早就被亚里士多德视为理性之下的"逻各斯的动物"，话语被置于图像之上。然而在这个后现代性特征凸显的时代，"语言转向"逐渐被"图像转向"[②]所"逼促"，语言在"图像转向"的巨大离心力作用下被无情地推向边缘。维特根斯坦阐明了语言与图像的关系，"图像(picture)俘获了我们，我们无法摆脱它，因为它就存在于我们的语言中，而语言似乎在无休止地向我们重复着它"[③]。

媒介素养、信息素养、ICT 素养以及读图能力成为后现代时期受众素养结构的重要组成部分。图像时代视觉体验的感性思维被推向前排，视觉素养这一概念再也不仅仅局限于艺术素养的审美技能。视觉素养的内涵发生了深刻的变化，它在后现代思潮影响下，与媒介、信息、技术和读图能力建立了联系，直接关涉到主体素养结构的重建。

三、范式转换：后现代特征对课程的影响期待回应

辩证地看待后现代和视觉性，图像的形象思维拓展了思维的路径，激发了想象与创造。后现代的反传统、非理性的颠覆特征恰恰是对传统与理性的深刻反思，体现了后现代范式对现代范式的理性反思。多尔引用库恩的范式概念指出："以科学尤其是物理学与天文学作为组织框架，可将西方思想发展史划分为三个大范式：前现代(Pre-Modern)、现代和后现代。"[④]现代范式注重技术理性，从科学的角度看待理性，因而可视为科学理性主义的现代主义，反映在教学与课程中，则体现为符合工业时代的教学机器与程序教学模式。笛卡尔为指导理性追寻真理设计的四种方法论规则为泰勒课程模式的形成奠定了总体基础，"从感知上良好的方法论转向经验上有效的方

① 孟建. 视觉文化传播：对一种文化形态和传播理念的诠释[J]. 现代传播，2002(3)：2.

② 郑二利. 米歇尔的"图像转向"理论解析[J]. 文艺研究，2012(01)：30－38.

③ Ludwig Wittgenstein，Philosophical Investigations，转引自 W. J. T. Mitchell，Picture Theory [M]. the University of Chicago Press，1994：12.

④ [美]小威廉姆·E. 多尔. 后现代课程观[M]. 王红宇，译. 北京：教育科学出版社，2000：25.

法论”[①]。泰勒的课程模式对应工业时代生产与激进的需要，从工业生产模式引申而来的课程模式毫无疑问培养了一批标准化的、合格的“产品”。后现代范式则在后工业时代中集中批判了这种工业化生产模式的课程化思路，认为将受教育者当作流水线中的“产品”进行“加工”，违背了作为人的自由发展与创新。后现代范式倡导从工具理性走向价值理性的思路，强调发展、对话、探究与转变的教育过程。

课程发展沿袭时代范式的转化，同样期待课程范式的转变。后工业时代的“后现代”性与信息社会信息的数字化、网络化、多媒体化，使得传播方式发生了质的变化。这种变化同样改变了教育中教与学的传播范式。首先，需要转变原来单一的传播模式，提倡从“以教为中心”转向“以学为中心”的课程理念，改变教师的知识权威地位，为实现知识建构强调群体学习的智慧分享，倡导学生的自主、探究与合作学习。其次，充分利用多种传播渠道，改变现有课堂的教学模式，“翻转课堂”突破地理与时间的限制，实现同步与异步的教和学。再次，利用海量信息与先进的传播手段，创造更为丰富的学习资源与环境，为学生的自主与合作学习提供支撑，进一步激发学生的学习兴趣与创造力。在从现代范式转向后现代范式的过程中，需要注意后现代这一理想的目标，不能仅仅停留在观念的转变与课程理念的更新上，还应当在课程开发的行动研究中得到回应。以课程为载体的视觉素养的培养，同样需要回应课程范式的转变对建构视觉素养课程的影响。

四、课程建构：视觉素养课程“由器而道”发展的需求

视觉尽管在人类发展的历史中屡受关注——从视觉中心主义的确立到如今的“视觉转向”，然而为实现视觉素养的培养或视觉素养教育，其作为课程形式，在历史上却很难追溯到其独立存在的痕迹。对于视觉的历史演变研究，主要与艺术史的发展联系在一起。常宁生、顾华明（2006）在编著“西方当代视觉文化艺术精品译丛”之《视觉的探讨》一书的总序中，就曾将艺术与视觉研究视为同一研究对象。[②] 而在理查德·豪厄尔斯的《视觉文化》[③]

---

① ［美］小威廉姆·E. 多尔. 后现代课程观［M］. 王红宇，译. 北京：教育科学出版社，2000：42.

② ［英］卡罗琳·冯·艾克，爱德华·温特斯. 视觉的探讨［M］. 李本正，译. 南京：江苏美术出版社，2010：1.

③ ［英］理查德·豪厄尔斯. 视觉文化［M］. 葛红兵，等译. 南京：译林出版社，2014：1.

一书中也将艺术史作为视觉文化的重要研究方法。现今艺术教育相关课程中更是明确地把视觉素养培养作为目标之一。视觉素养作为艺术素养的一个组成部分，甚至是更为微小的一部分——美术教育的一部分，一直以来与视觉“高贵”①的身份相匹配，强调对高雅文化的品味与解读。“在西方文明发展历史中，只有拥有财富和社会地位较高家庭的孩子才有机会接受教育。”②视觉艺术教育同样如此，是精英阶级独享的教育课程。

英国学者 F. R. 利维斯和 D. 汤姆森在 1933 年合作出版的《文化与环境》(*Culture and Environment*)一书中提出了“文化素养”(Culture Literacy)概念。③ 他们代表了当时英国的保守主义学派的文化观点，强调精英文化的权威性，倡导教育青年人抵制大众文化和流行文化带来的“最低水平的满足”(Satisfaction at the Lowest Level)。这一概念的提出恰恰映衬出自 20 世纪 30 年代以来发展起来的大众文化。高雅文化与大众文化之争使得视觉与艺术素养不再由贵族独享与特有，每一个受众都拥有了品味文化的权利。在现今的视觉图像时代，“亚文化”的出现打破了文化高雅的形象，成为不可忽视的一股文化力量。大众文化是“大众的”文化，不论对视觉素养还是艺术素养都提出了新的挑战。视觉素养课程建构需要与附属于艺术课程的强调艺术手法与表现的框架内，着力挑战绘画、雕塑等具体艺术载体的专业创作的目标区别开来，从哲学、心理学、传播学等多个视角重构视觉知识，继而站在受众的角度传授视觉知识，帮助受众建构具有新内涵的视觉素养结构。而在视觉素养课程开发的具体理论与实践中，应关注后现代与视觉性的特征，突出后现代课程倡导的先进理念，在课程开发的思路与实现路径上体现丰富性、自主性、共享性与共生性。

第二节　后现代语境下视觉素养培养途径

后现代从哲学与文化的层面带来时代范式的转变，直接映射到受众的

---

① Hans Jonas. The Nobility of Sight［J］. Philosophy And Phenomenological Research，14－4，1954：519.

② Arthur D. Efland. A History of Art Education：Intellectual and Social Currents in Teaching the Visual Arts［M］. New York：Teachers College Press，1990：8.

③ Carol E. Craggs. Media Education in the Primary School［M］. London：Routledge，II New Fetter Lane，EC4P 4EE，1992：10.

日常生活世界中，其视觉性特征更具有重要的现实意义。在媒介权力的争夺与海量信息的轰炸下，视觉危机不言而喻。然而这又是一个如此丰富和感性的图像时代，它赋予受众想象的空间，激励受众创新与发展。作为受众主体，通过观看获得信息与知识，而要在这样一个多元的时代背景中生存，主体基本素养结构则需要重构，新的素养要求必然要与视觉素养紧密联系。旨在帮助受众解读视觉表征的视觉素养，必须从隶属地位中解放出来。在大众文化中，基于"看"的普遍及感性的事实，凸显了视觉素养的内涵亟须被完善。这就有必要追溯到后现代与视觉性、课程的关系，探寻后现代语境下视觉素养课程建设的意义，以此重构视觉知识体系，建构独立的视觉素养课程，帮助受众在后现代视觉传播过程中获得主体性的提升。

一、后现代与视觉性

如何从后现代的视角来开展视觉素养的培养研究？后现代思潮、特征及其影响，与视觉素养的关系如何？这些都需要挖掘"后现代"的起源与发展，探索后现代与视觉性的关系。

1. 什么是后现代

"后现代"自20世纪上半叶以来在西方逐渐成为一个流行词汇，相近词汇有"后现代性""后现代主义"等，众多学者纷纷从哲学、文化、社会、经济等多个方面描述后现代所带来的诸多影响与变化。后现代，对应于"现代"，可以将之理解为对一个时代的划分或是对其特征的描述。而后现代主义(Post-Modernism)是20世纪上半叶以来哲学上的反对主体性和主体客体对立的哲学思潮，以德国尼采、海德格尔和法国的德里达等为主要代表①。根据道格拉斯·凯尔纳与斯蒂文·贝斯特的定义，"后现代性"一词用以描述继现代性之后而来的那个假想中的时代，用"后现代主义"描述文化领域内那些有别于现代主义运动、文本和实践的运动与作品。"现代理论"和"后现代理论"则区分为以政党、议会或工会政治为标志的"现代政治"和与此相反的"后现代政治"②。

2. 后现代的形成动因

后现代的形成动因主要有三种。第一种是社会动因说。该学说将后现

① 冯契，徐孝通. 外国哲学大辞典[M]. 上海：上海辞书出版社，2000：316.

② [美]道格拉斯·凯尔纳，斯蒂文·贝斯特. 后现代理论：批判性的质疑[M]. 张志斌，译. 北京：中央编译出版社，2001：6.

代思潮的兴起归结为当时的社会政治背景，持该学说的学者认为在 20 世纪 60 年代，由于法国 1968 年的“五月风暴”，美国的反对越南战争的抗议示威活动，以及反对帝国主义、种族主义、性别歧视和资本主义等社会运动的兴起，一批激进的知识分子和社会活动家相信一个新的历史时代已经破晓，同现代社会与文化的决裂已经出现，他们要求进行革命，企盼一种全新的社会秩序。代表人物主要有：米歇尔·福柯（Michel Foucault）、让-弗朗索瓦·利奥塔（Jean-Francois Lyotard）、让-鲍德里亚（Jean Baudrillard）、德勒兹（Gilles Deleuze）、菲尼克斯·加塔利（Pierre-Félix Guattari）、弗雷德里克·詹姆逊（Frederic Jameson）等。福柯提出“主体”概念的解构以及惊世骇俗的“人的死亡”的命题[1]；鲍德里亚则认为主体已经落败，客体的统治已经开始，在消费社会这样的日常生活中，人们受到物（客体）的包围，为它们所诱惑与支配[2]；让-弗朗索瓦·利奥塔对以大一统的“元叙事”为标志的现代性进行抨击，以及对以维特根斯坦式的“语言游戏”为范式的后现代状况进行描绘[3]。第二种是后工业化或信息社会说。“后工业社会”这一概念是由美国社会学家戴维·里斯曼于 1958 年提出的。1973 年，美国社会学家丹尼尔·贝尔在其著作中全面阐述了“后工业社会”这一概念。贝尔认为，“现代主义的真正问题是信仰问题”[4]。当下社会的特点是，“理论知识”居于首要地位，社会的“轴心原则”正日益植根于这类知识之中，并以之取代资本与劳动，这一结果带来了社会形态的根本变迁。“信息社会”概念为“后现代社会”概念的提出提供了一个认识基础，它引导着思想家们从“知识状态”的角度来思考后现代的问题。第三种是消费社会说。后现代社会表现为一种“消费社会”的生活方式，其中消费文化盛行，它支配着社会的成员，成为全新的、公认的社会状况。消费主义对一切对象都一视同仁，它把所有东西都当成相同的消费类别，包括意义、真理和知识。消费主义以生产影像和时尚为己任，以此来取代现代叙事赋予事物意义的任务。广告超越了真和假的差别，就像时尚超越了美与丑。消费主义通过消费者对其预言的话语的认

---

① [法]米歇尔·福柯. 词与物——人文科学考古学[M]. 莫伟民，译. 上海：上海三联书店，2001.

② [法]鲍德里亚. 消费社会[M]. 刘成富，等译. 南京：南京大学出版社，2000：1－3.

③ [法]让-弗朗索瓦·利奥塔. 后现代状况——关于知识的报告[M]. 岛子，译. 长沙：湖南美术出版社，1996.

④ [美]丹尼尔·贝尔. 资本主义文化矛盾[M]. 赵一凡，等译. 北京：生活·读书·新知三联书店，1989：15.

同，而成为日常生活的真实事件。这体现了鲍德里亚所说的消费社会的特点。科学成了一种游戏，它不仅无力为其他语言游戏提供合法性，甚至也无法为自己提供合法性。宗教也成了一个包装完好的消费项目，与其他商品陈列在一起，买与不买完全取决于消费者的选购旨趣。

3. 后现代的特征及影响

对后现代特征的描述则是建立在对现代性特征的研究之上的。现代性的第一个特征是现代性的世俗化过程，即宗教的控制与影响的衰落以及相应的对世俗生活的肯定的过程。第二个特征是理性与理性化，其核心是认为人是理性的存在。其代表人物是近代理性主义的代表笛卡尔和斯宾诺莎，启蒙运动理性的代表康德、黑格尔与马克斯·韦伯。而“自由”则构成现代性的根本价值。后现代的特征则是对现代性的怀疑与否定，即非哲学、非理性主义、后人道主义、非中心化思潮、解构主义等。

后现代的特征直接映射在艺术、哲学与教育思想上。首先，后现代思潮在艺术史发展过程中直接促成后现代艺术的形成。从古希腊的崇尚自然的古典艺术，到中世纪的宗教艺术、文艺复兴时期的真善美融合艺术、启蒙时期的理性主义和浪漫主义艺术，再到现代时期的现代主义和多元艺术，现代主义艺术在后现代思潮影响下的艺术风格则彻底推翻了艺术历史对“真善美”的定义，从现代法国印象派开始的印象派与后印象派、野兽派、立体主义、表现主义与未来主义等艺术作品来看，无一不显现着后现代的特征。正如王治河所描述的那样，后现代“在思维方式上坚持一种流浪者的思维，一种专事摧毁的否定性思维，是所有后现代哲学思潮所共同具有的特征。至于否定、摧毁的对象，每个思潮则各有专攻。‘非哲学’瞄准的是传统的‘哲学观’；‘非理性主义’的对手是‘理性’；‘后人道主义’发难的对象是‘人’；‘非中心化思潮’攻击的是‘中心’；‘反基础主义’摧毁的是‘基础’；‘解构主义’志在消解一切二元对立结构；‘后现代解释学’对确定的、终极的‘意义’发出了挑战；费耶阿本德的‘多元主义方法论’则打破了人们关于唯一正确的‘方法’的神话；‘视角主义’否定了认识事物的单一‘视角’的存在；‘后现代哲学史编纂学’则将批判的矛头对准了传统的哲学史观；‘反美学’虽然反的是传统美学，但其思想方法却是原汤原汁的后现代的”①。

---

① 王治河. 扑朔迷离的游戏——后现代哲学思潮研究[M]. 北京：社会科学文献出版社，1993：4.

后现代思潮同样影响到了教育的发展，在当下的诸多教育思想中都呈现出后现代的特征，相关著作有：1975 年皮纳的《课程理论：概念重建主义者》；1979 年利奥塔的《后现代主义状况——关于知识的报告》；1991 年吉鲁和阿罗诺维兹等的《后现代主义：政治、文化与社会批判主义》；1993 年小威廉姆・多尔的《后现代课程观》；1994 年罗宾・厄休与理查德・爱德华兹等的《后现代主义与教育》；1995 年温迪・柯里的《教育哲学中的批判性会话》等，这些著作中汇集了许多后现代教育学者的代表性观点。后现代思想家们根据各自不同的立场和理论观点，从不同的角度阐述了他们对教育的理解和看法。后现代教育思想强调多元、崇尚差异、主张开放、重视平等、推崇创造、否定中心和等级，去掉本质和必然。这些思想总体来看可以分为两种：一是破坏性的后现代教育学者对“现代性”方面的教育理论研究进行的全面颠覆；二是建设性的后现代教育学者则认为以往的教育思想尚有合理性，还未达到“终结”的地步，主张对过去的教育思想观点进行综合的基础上提出一些创造性观点，具体表现在对教育研究、教育目的观、课程观、教师作用及师生关系等方面的影响。

4. 后现代与视觉性的联系

尼古拉斯・米尔佐夫曾这样解析后现代与视觉性的关系，“后现代是由现代主义和现代文化——它们自身的视觉化策略失败了——所引发的危机，换句话说，创造了后现代性的，正是文化的视觉危机，而并不是其文本性”①。当下的视觉危机在后现代所反映的普遍危机中得到了映射。后现代主义大师詹姆逊指出，后现代主义文化是“一个如此多地由视觉和我们自己的影像所主宰的文化”②。视觉文化是后现代文化的重要特征。美国芝加哥大学的学者 W・J・T・米歇尔对视觉文化做出如下定义：“视觉文化是指文化脱离了以语言为中心的理性主义形态，日益转向以形象为中心，特别是以影像为中心的感性主义形态。”③他揭示了视觉文化对感官、理性、秩序、真实感、主体性、相对稳定的价值等观念进行的全面的颠覆，呈现出典型的后现代色彩，如反传统、非理性、虚拟与假象等。丹尼尔・贝尔也曾预言：

---

① [美]尼古拉斯・米尔佐夫. 视觉文化导论[M]. 倪伟，译. 南京：江苏人民出版社，2006：3.

② [美]弗雷德里克・詹姆逊. 文化转向[M]. 胡亚敏，译. 北京：中国社会科学出版社，2000：108.

③ 周宪. 读图、身体、意识形态[M]. 天津：天津社会科学院出版社，2002：72.

"我坚信，当代文化正逐渐成为视觉文化，而不是印刷文化，这是千真万确的事实。"他还说："声音和影像，尤其是后者，约定审美，主宰公众，在大众社会中，这几乎不可避免。"这个时代，"视觉为人们看见和希望看见事物的欲望提供了许多方便。视觉是我们的生活方式。这一变化的根源与其说是电影电视这类大众传播媒介本身，不如说是人类从19世纪中叶开始的地域性和社会性流动，科学技术的发展孕育了这种新文化的传播形式"。[①]

二、后现代与课程

后现代思潮同样影响着课程研究，而对于课程研究者来说，"后现代课程"早已不是一个陌生的词汇，对后现代课程的研究，国内外已经开展了大量的理论与实践探索。

国内较早关注后现代课程研究的著作，为1998年张文军的《后现代教育》[②]。而事实上早在1996年施良方的《课程理论——课程的基础、原理与问题》一书中，尽管没有在标题中出现"后现代"的词汇，但是作者在论述"课程探究的形式"时，从历史发展的时间顺序上集中探讨了课程过程模式、实践模式和批判模式，其中对批判模式论述即为后现代课程模式的讨论。[③]随后郝德永《课程文化：一个后现代的检视》(2002)、汪霞《课程研究：现代与后现代》(2003)、靳玉乐、于泽元《后现代主义课程理论研究》(2004)相继出版，系统地对后现代课程进行了研究与反思，从而奠定了国内后现代课程研究的基础。

而在论文的论述方面，1996年由王红宇翻译的多尔的文章《构建一种新的课程观(上)》，发表于《外国教育资料》。真正意义上国内学者表达的后现代课程观点的文章为1997年由张文军发表于《华东师范大学学报(教育科学版)》第4期的《后现代课程观初探》。该文章梳理了国外后现代课程基础理论，以文献综述为主，归纳了"以注重相互依存和维持生态为主体的课程观""以平等、民主等乌托邦思想为主题的课程观"和"以混沌学和无限宇宙观为基础的课程观"三个主题的后现代课程观。而在20世纪末的几年时

---

① 孟建. 视觉文化传播：对一种文化形态和传播理念的诠释[J]. 现代传播，2002(3)：2.

② 张文军. 后现代教育[M]. 台北：台湾扬智出版公司，1998.

③ 施良方. 课程理论——课程的基础、原理与问题[M]. 北京：教育科学出版社，1996：209.

间里，后现代课程研究并未引起学界及社会的太多关注。直至2001年以后，国内才逐步掀起后现代课程相关研究的热潮（见图0-2）。

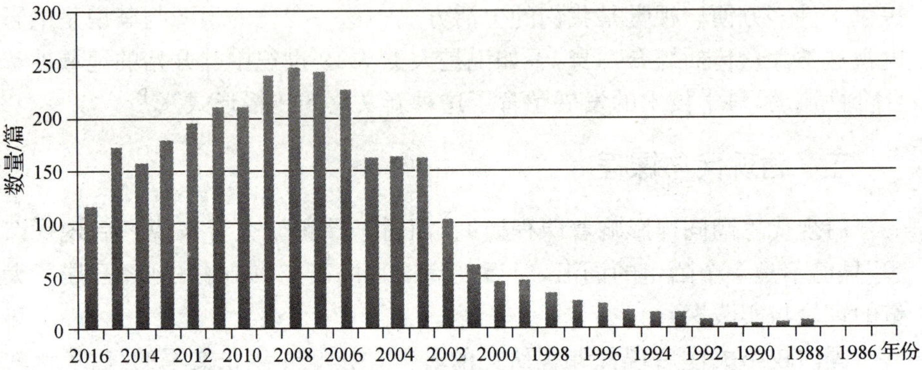

图0-2　中国知网期刊库"后现代课程"研究的发文量

根据中国知网的数据统计，以"后现代课程"为关键词，截至2017年3月底共计搜索到3071篇研究论文。有关后现代课程的研究主要分布在教育理论与教育管理、中等教育、高等教育、外国语言文字、职业教育、体育等学科领域（见图0-3），而在其他学科领域，如社会、艺术、教育、经济、管理等学科中均产生一定影响。

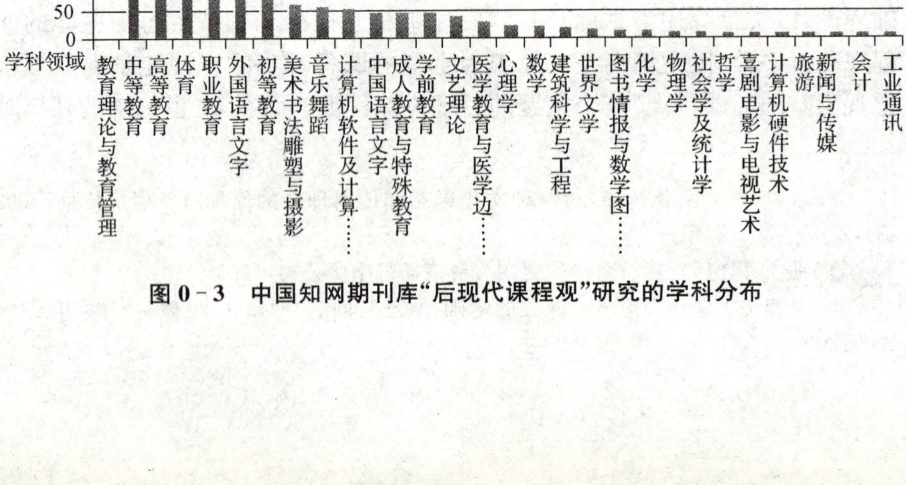

图0-3　中国知网期刊库"后现代课程观"研究的学科分布

后现代课程研究方向的主要代表人物及其论文颇多，经调查显示，靳玉乐发表有关后现代课程研究的论文较多，达 22 篇，其次是汪霞有 17 篇、张学忠有 11 篇、张德良有 8 篇、潘涌有 8 篇。而华东师范大学作为教育部人文社会科学重点研究基地，在国内后现代课程研究方面产生了重要影响，以其为发表单位的公开发表论文数量最多，达 120 篇，随后是西南大学 84 篇、南京师范大学 76 篇、北京师范大学 67 篇、湖南师范大学 58 篇。

国内对后现代课程研究经历了从介绍与分析国外后现代课程研究的成果到反思后现代课程对国内课程改革的影响的过程[①]。从现有文献的关键词共现网络图中可以看出(如图 0－4)，这种反思包括对后现代主义、后现代、后现代课程观、泰勒原理，再到具体的课程改革、课程观、知识观、教学改革、课程设置与师生关系等多个方面。同时也体现了一种对后现代课程反思的再反思，如李青[②]、徐瑞[③]等人辩证地看待后现代课程研究的影响。特别引人关注的是多尔的后现代课程思想对我国后现代课程研究产生了重要影响，其 4R 的后现代课程观成为国内反思课程改革的基础理论。

这些关于后现代课程研究的理论与反思，直接映射到了国内基础教育课程改革中。21 世纪初基础教育课程改革的具体目标[④]，呈现出六大改变，分别从课程理念、课程结构、课程内容、课程实施、课程评价与课程管理等方面，强调以学生为中心的课程理念和三维目标的实现，强调课程的灵活性与适应性，对当下的基础教育产生了深刻的影响。

国内学者对后现代课程研究始终保持关注并持续跟踪国外该领域的研究状况，因而大量的国外后现代课程研究成果被介绍到国内，一些外国学者，如施瓦布(Schwab)、派纳(Pinar)、多尔(Doll)等，以及一些关键词，如概念重构、批判模式、4R 性等，都是研究的焦点和热点问题。我国学者在已有研究成果的基础上，进一步梳理国外课程发展的脉络，主要从三条线索展开：第一条是当下社会、文化、科技发展体现的后现代特征对课程的影响；第二条是从课程模式变革的角度，分析普遍存在的对泰勒课程模式的反思与

① 张文军. 后现代课程研究的新航线[J]. 浙江大学学报(人文社会科学版)，2008(3)：166.

② 李青. 批判与反思：后现代课程在中国的可能性[J]. 教育科学研究，2009(6)：62－64.

③ 徐瑞. 后现代课程观的理论创新与不足[J]. 教育发展研究，2010(18)：52－55.

④ 教育部关于印发《基础教育课程改革纲要(试行)》的通知[Z]. 教基[2001]17号，2001－06－08.

再反思;第三条从学习理论发展的角度探索后现代课程研究发展趋势。

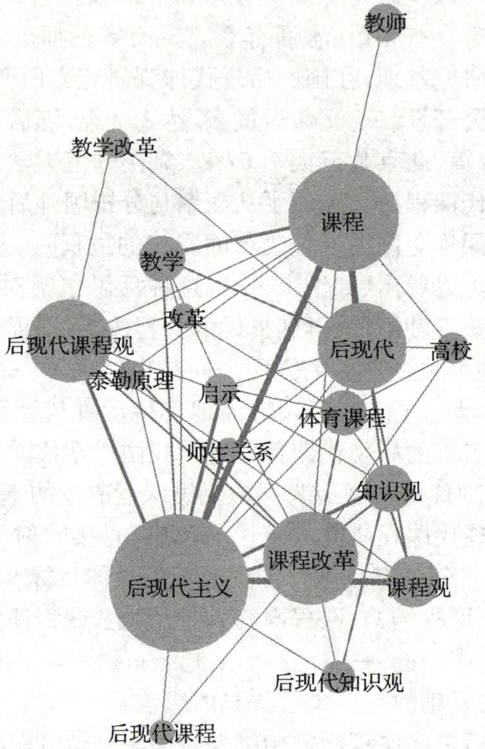

图 0-4　中国知网期刊库"后现代课程"关键词共现网络

1. 后现代社会、文化、科技的发展对课程的影响

在对后现代进行解析时,面对社会、文化、科技等诸方面发生的后现代转变,一些课程专家表现出担忧。雷诺兹(William M. Reynolds)[①]提出,针对当下的消费社会与文化现象,应对的方式只能是对这样的社会状况保持警醒,对学校和教育系统所受到的冲击保持批判的眼光,并在课程研究中提高警惕,从而找到相关的出路。在面对课程全球性问题上,高夫的后殖民主义课程观认为,全球化赋予了课程摆脱以往的地域人为限制,丰富地表现了

① William M. Reynolds. "To Touch the Clouds Standing on Top of a Maytag Refrigerator: Brand-Name Postmodernity and a DeleuziancIn-Betweenc", in William M. Reynolds & Julie A. Webber(eds.), Expanding Curriculum Theory[C]. New Jersey: Lawrence Erlbaum Associates, 2004: 19-34.

其时空经验的可能性。但是，课程作为一种文化，还是有其明显的地域性。在全球化普遍性的课程发展方向下，一些图谋不轨的强势文化团体趁机大肆宣扬其本国的课程思想，到处灌输自己的课程理念，推行课程霸权和文化霸权。因此，“我们怎么可能在开展全球性思考的时候不考虑对付某些认识论上的霸权主义呢？”①卡伦·佛耐丁(Karen Ferneding)则对科技发展对课程实践的影响感到担忧，他认为在政府极力推进科技的进程中，会产生新的社会问题，贫苦家庭的学生不能融入科技社会，而将科技引进学校系统，更是忽视了教师和学生的力量。②

这些学者敏锐地观察到了后现代的社会、文化、科技对教育产生的巨大影响，他们或是站在传统课程观念上，或是更倾向于后现代课程的积极意义，提出了自己对当下课程转变的担忧。这些担忧拓展了后现代课程研究的视野，使学校和教育系统了解到怎样在一种危机与恐惧中重塑课程，并且做到既能继承与发扬传统课程观和课程模式的进步意义，又能直视后现代课程转变的社会、文化、科技背景，从而在所谓的后现代“危机”中找到出路，继续创新与发展。正如弗莉娜(M. Jayne Fleener)的课程动态学所描述的那样：“为了重塑教育心灵，我们必须学会运用‘柔和的眼光’整体观察思维方式，我们不能受考试驱动，把学习简化为分数。同样我们要运用‘多维视野’，受纯粹的工具性目的驱动的教育不能作为文化发展变革的灵魂。‘心灵之眸’认为我们的教育观不能建立在对大多数学生毫无意义的课程框架上。”③

2. 泰勒课程模式的反思与再反思

受到后现代思潮的影响，课程与其他领域的理论和思想发生碰撞，尤其是受到后现代哲学的影响，关于课程的目标规划、设计、实施与评价等程序

---

① Noel Gough, The Long Arm(s) of Globalization: Transnational Imaginaries in Curriculum Work, din WilliamE. Doll & Noel Gough(eds.), Curriculum Visions[C]. New York: Peter Long Publishing Inc. , 2002:165 - 177.

② Karen Ferneding. “The Discourse of Inevitability and the Forging of an Emergent Social Vision: Technology Diffusion and Dialectic of Educational Reform Discourse”in William M. Reynolds & Julie A. Webber(eds.), Expanding Curriculum Theory[C]. New Jersey: Lawrence Erlbaum Associates, 2004:47 - 64.

③ M. Jayne Fleener. Curriculum Dynamics: Recreating Heart [M]. New York: Peter Lang Publishing Inc. , 2002.

化的课程模式被逐渐模糊了界限。1969 年,施瓦布提出课程实践的取向,引发了"概念重构主义者运动"(Reconceptualist Movement)。1975 年派纳(Pinar)出版的《课程理论化:概念重构主义》(*Curriculum Theorizing:The Reconceptualists*)一书中,明确提出了"概念重构主义"课程研究范式,批判了以泰勒原理为代表的传统课程理论。他们认为传统的课程理论以自然科学为知识体系构建课程体系,追求科学性、客观性,将课程视为"产品"的生成工具,试图以稳定的目标规划和严格的管理与评价来实现人的教育,却忽视了课程的实施对象和人的复杂行为。概念重构课程范式从个体与社会的角度展开了对传统课程理论的反击,在个体层面,以派纳、格鲁梅特(M. R. Grumet)、格林(M. Greene)、休伯纳(D. Heubner)、威利斯(G. Willis)、范梅南(M. van Mannen)为主要代表人物的学者在现象学、存在主义和精神分析等理论的基础上,主张个体自我意识的提升与存在经验的发展。他们强调个体存在的价值,个体是知识与文化的主动创造者,而非被动的接受者。在社会层面,阿普尔(M. W. Apple)、麦克唐纳(J. B. Macdonald)、韦克斯勒(P. Wexler)等在法兰克福学派与知识社会学理论的基础上,提出课程的本质是一种社会的"反思性实践"。"反思性实践"在对社会现实不断反思、批判的基础上创造并建构意义。① 概念重构模式试图通过课程的理解实现人的解放,将技术工具取向的目标设定转化为着眼于人与社会建构的价值理性建构。20 世纪 80 年代,除了概念重建课程观之外,还相继出现了政治理论主义课程观、女性主义课程观、新马克思主义课程观、多元文化主义课程观、后结构主义课程观、解构主义课程观、建构的后现代主义课程观②。多尔提出的"3S"(Science、Story、Spirit)和"4R"(Rich、Recursive、Relational、Rigorous)③则批判了泰勒模式的课程目的性取向,他指出泰勒对"目标的预定性、反映这些目标的经验的选择与组织,随后确定目标是否达到的评价,似乎都将重点放在目标的选择上",而"教育目标的基础是宽泛的,可以用一般的甚至模糊的或不明确的词汇来界定"。④

---

① 张华. 课程与教学论[M]. 上海:上海教育出版社,2000:28.

② 张文军. 后现代课程初探[J]. 华东师范大学学报(教育科学版),1997(4):13.

③ [美]小威廉姆・E. 多尔. 后现代课程观[M]. 王红宇,译. 北京:教育科学出版社,2000:2.

④ [美]小威廉姆・E. 多尔. 后现代课程观[M]. 王红宇,译. 北京:教育科学出版社,2000:73.

然而深受后现代社会、文化思潮影响的后现代课程观，自其产生之初，就受到质疑。1998年拉嘎(Wraga)在《果真如此就有趣：关于课程研究的概念重构》[①]一文中，对派纳论著中的主要观点进行了批判。而Hargreaves认为，对传统课程的批判忽视了学生在学校中“反应的巨大分歧性和复杂性”。[②] 对传统课程的批判所倡导的后现代课程观将课程不断泛化，课程几乎等同于学校教育，试图通过课程的改变来实现改变资本主义社会中的教育权利、教育机会、教育公平等多种问题，这显然不切实际。同时后现代课程观反对“结构”主张“解构”、反对“目的”主张“手段”等做法过于极端，在操作中易陷入“无目的的目的性”和“无规律的规律性”。[③]

3. 学习理论的发展对后现代课程的影响

学习理论在现代课程的发展时期就对课程产生了重要影响。在现代课程将产品生产的“装配线模式”[④]搬进学校时，它的科学管理体系逐渐建立，桑代克的《教育心理学》、斯金纳的“程序教学机器”都为“科学设计课程”奠定了扎实的理论基础[⑤]，行为主义学习理论为现代课程的科学性与操作性提供了重要的支撑。随着科技的发展，数字化时代已然来临，加拿大学者乔治·西门子George Siemens在2005年提出的数字时代的一种新的学习理论——联通主义(Connectivism)学习理论[⑥]，对后现代课程产生了重要的影响。他指出，在数字时代“学习可由技术来储存或操作”，也就是说学习还可以发生在人体的外部，技术可以取代学习者从事许多认知操作，如信息的储存与检索。卡伦·佛耐丁(Karen Ferneding)也认为，教育改革与课程改革

---

① Wraga, W. G. Interesting if true: Historical perspectives on the reconceptualization of curriculum studies[J]. Journal of Curriculum and Supervision, 1998, 14(1):5-28.

② Andy Hargreaves. Resistance and Relative Autonomy Theories: problems of distortion and incoherence in recent Marxist analyses of education[J]. British Journal of Sociology of Education, 1982(2):107-126.

③ 施良方. 课程理论——课程的基础、原理与问题[M]. 北京：教育科学出版社，1996:235.

④ [美]小威廉姆·E. 多尔. 后现代课程观[M]. 王红宇，译. 北京：教育科学出版社，2000:59.

⑤ [美]小威廉姆·E. 多尔. 后现代课程观[M]. 王红宇，译. 北京：教育科学出版社，2000:68.

⑥ George Siemens. Connectivism: A Learning Theory for the Digital Age[J]. Instructional Technology & Distance learning, 2005(2):3-10.

都非常注重最新的科学技术，尤其是信息技术的利用。“教育政策的制定者通过各种途径使公众相信，将电子科技引进学校、控制教师的工作和重组公共教育使之适应全球市场经济等方式都是不可避免的”①，佛耐丁将它称为“必然性话语”(The Discourse of Inevitability)②，在此理论支撑下，得益于信息技术的发展，开放教育理念引领了开放课程的崛起。2001 年美国麻省理工学院率先在全球启动开放课件项目(MIT OCW)，通过互联网向全球的学习者免费提供从本科生至研究生学习的全部课程。2005 年由麻省理工学院牵头，全世界 100 多家有影响力的教育机构组成了 OCW 联盟。③2008 年出现的“慕课”实现了课程的“4W”目标——任何人在任何时间和任何地点可以学习到想要学习的任何内容。慕课是 MOOC(Massive Open Online Course 的简称)的中文译名，它在经历短短几年的发展后，就拥有了巨大的资源与市场。慕课体现了学习者学习的自主性，体现了在全球化背景下课程传播共享的特性，同时也适应了后现代课程的消费文化。这一课程的变革直接导致“翻转课堂”(Flipped Classroom)实现的可能。翻转课堂起源于 2007 年，是由两位中学化学老师 Jonathan Bergmann 和 Aaron Sams 考虑到运动员学生因为参加比赛缺课，而创新出来的一种学习方式④。“翻转课堂”可以让学生在上课前提前学习课程内容，而在课堂上进行问题解答及合作学习⑤。“翻转课堂”的理念建立在信息技术的支撑基础上，充分强调学生的自主学习，教师则重在引导学生在群体中建构个体知识。

---

① 张文军. 后现代课程研究的新航线[J]. 浙江大学学报(人文社会科学版)，2008(3)：169.

② Karen Ferneding. “The Discourse of Inevitability and the Forging of an Emergent Social Vision: Technology Diffusion and Dialectic of Educational Reform Discourse”in William M. Reynolds & Julie A. Webber(eds.), Expanding Curriculum Theory[C]. New Jersey: Lawrence Erlbaum Associates, 2004:47－64.

③ Open Education Consortium [DB/OL]. http://www.oeconsortium.org/.

④ Sharon J. Hawks. The flipped classroom: now or never? [J]. AANA journal, 2014(4):264－269.

⑤ Berrett D. How “Flipping”the ClassroomCan Improve the Traditional Lecture [DB/OL]. http://chronicle. com/article/How-Flipping-the-Classroom/130857/. Accessed December 19, 2013.

三、后现代与视觉素养课程建构

在后现代性凸显的当下，图像时代呼唤视觉素养培养，后现代与图像世界、视觉性紧紧联系在一起：通过视觉符号表现后现代思想，后现代思想也在影响视觉表征。在后现代的视觉表征背景下，受众的视觉素养培养应从课程视角出发，围绕后现代课程观的建构理念，重构受众视觉素养教育的完整结构与体系。因此，开展后现代语境下视觉素养课程建设的研究，旨在帮助受众建立视觉素养的堡垒，以应对后现代视觉表征的困惑与挑战，因而其以何存在和何以存在的问题必须澄清。

然而在这样的建构过程中，存在着一系列的问题。视觉素养课程的本体存在源于何处？作为受众基本素养的视觉素养内涵又是什么？其现实内涵与知识结构又会有何转变？这些问题的答案需要从课程的视角出发，在课程性质、课程目标、课程内容、课程实施与课程评价的各个环节中，呈现出视觉素养课程的后现代特征。在保证视觉素养课程结构明晰的基础上，当下视觉素养课程开发的现实理论与实践成为必需，这是从理念转化为行动的必然过程。在考证现有的视觉素养课程的基础上，才能研制课程开发的基本模式。而在后现代传播方式与学习需求的转变下，也需要拓展课程传播模式，探索新型的课程开发理论与实践。

第三节　后现代语境下视觉素养课程研究设计

一、研究视角

对后现代语境下视觉素养课程进行研究，首先必须明确研究的视角。第一，视觉素养课程的研究是在后现代与视觉文化的情境下开展的，并且直接受到后现代课程观的影响，因而后现代的视觉性特征与后现代课程观的先进理念是视觉素养课程研究的基础。对视觉素养课程进行研究时，不仅需要从视觉素养课程本身出发，还需要积极回应后现代课程观呈现的积极意义。对后现代课程做细致分析，并结合当下课程发展现状进行后现代课程观之“后”的进一步分析，将成为视觉素养课程研究的重要基础。

第二，对视觉素养课程的建构并不等同于视觉教育。在教育技术学科发展的历史中，视听教育一度成为教育技术的代名词。当时的视听教育着重强调将视听材料应用于教育教学中，以改善教学效果，因而有大量的数据佐证视听材料能够改善认知的教育学、心理学以及传播学研究。1988年张祖忻在《视觉文化的概念、背景、理论、内容》一文中首次提出："谈到形象符号，使人想起视觉文化与艺术的关系。视觉文化这一概念的核心是准确的信息传递。传播是主旨，艺术是手段。视觉文化的这一特性使它成为教育技术所关注的一个专门研究领域。""教育技术从宏观上研究教学系统开发，而学习者特点和人类学习原理是教学系统开发中应考虑的基本因素。所以，有关人类视觉在学习方面的基本功能的研究一直是该协会（指AECT）所关心的课题之一。"[①]这是从施教者的角度开发视听材料来辅助教学，帮助学生进行有效学习的手段。而本研究中的视觉素养培养是在充分肯定视觉表征能够促进学生学习认知的基础上，拓展教育过程的场域，站在日益复杂带有多种设计意图的整个社会视觉表征面前，认识到这种影响可能破坏接受者的原有态度和价值观。因而，本研究的视角将视觉素养培养建立在教育过程要素中的学生和传播过程中的受众立场上，帮助主体建构一种知识与技能。同样这也是帮助学习者获得知识的一种方法，但是这种知识需要能够让受众形成视觉自主批判、表达及交流的能力，既继承高贵的视觉审美，又直视现实的视觉解构，同时促进自我认知与创造力的形成。

第三，面对后现代的视觉表征危机，视觉素养研究中的一个重要领域是对视觉解读方法的研究。如英国学者理查斯·豪厄尔斯所著的《视觉文化》[②]一书就是一部典型的教读者"如何去'看'"的入门教程。该书分为理论与实践两部分，理论部分从图像的外观、形式、历史、意识形态、符号学、解释学等角度阐述视觉解读的研究方法，实践部分则直接向读者诠释运用这些方法来解读美术、摄影、电影、电视以及其他新媒体的视觉图像。再如英国学者马尔科姆·巴纳德所著的《理解视觉文化的方法》[③]，重点阐释了理解艺术和设计的主要方法，如风格和形式的方法、表现主义的方法、马克思主义的方法、女性主义的方法、图像学的方法和符号学的方法，将视觉解读方法作为受众应对视觉危机的有效武器。诚然这些充分带有后现代色彩的

① 张祖忻.视觉文化的概念、背景、理论、内容[J].外语电化教学，1988(4)：14－16.

② [英]理查德·豪厄尔斯.视觉文化[M].葛红兵，等译.南京：译林出版社，2014.

③ [英]马尔科姆·巴纳德.理解视觉文化的方法[M].常宁生，译.北京：商务印书馆，2013.

符号学、传播学等理论方法是塑造受众视觉抵御能力的重要工具，但是本研究中的视觉素养课程知识与内容结构也还是没有只将目光集中在对方法的掌握或是观照具体的每一种视觉载体的解读细节上，而是从视觉素养的内涵上挖掘视觉素养的能力结构，在具体的实践中有效运用技术与方法，将符号学等方法的理论研究作为视觉素养课程内容之一。

二、研究思路

本书的研究思路依据问题解决的方法，从提出问题到分析问题再到解决问题，围绕问题展开相关研究。首先以视觉素养在后现代语境下的内涵与知识内容的变化以及其重要性的彰显为研究背景，从课程的角度研究视觉素养培养的途径，分析后现代课程观对视觉素养课程建构产生的直接影响，以此提出后现代语境下视觉素养课程建构的必要性。而后开展问题分析，从后现代语境下视觉素养课程的存在论、认识论、价值论与实践论提出视觉素养课程建构的理论基础，进而剖析后现代语境下视觉素养课程的课程理念、课程目标、课程内容、课程实施与课程评价的转变。对课程建构问题解决的途径，则从课程开发的理论与实践角度，提出后现代语境下视觉素养面授课程与在线课程的开发方案，并对现有的课程个案进行反思，以丰富视觉素养课程研究的理论与实践积累，为创造学习者指向、目标多元、资源丰富、传播途径多样的视觉素养课程提供借鉴。

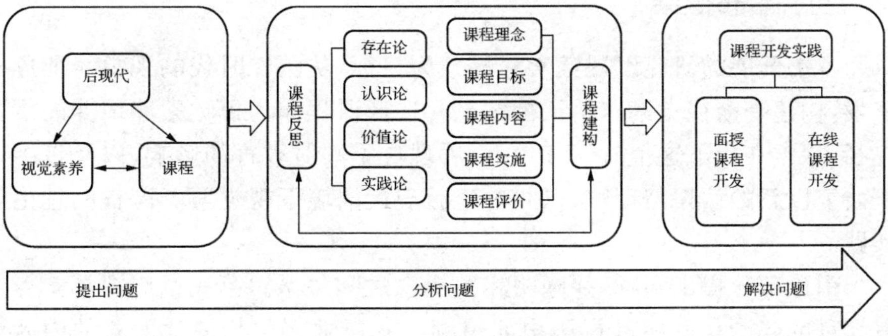

图 0-5 研究思路示意图

三、研究方法

根据本研究的思路，对后现代语境下视觉素养课程进行研究，首先需要使用文献研究法，对有关后现代、视觉素养、课程等重点问题进行文献检索，并在此基础上形成本研究的立足点与支撑点。本研究的文献来源主要有两类，一类是纸质文献资源，包括研究相关的期刊与书籍；第二类是数字化资源，包括电子期刊文章与书籍，以及其他相关网络资源。在这两种文献来源中，中外文献的搜集及对比分析尤为重要。文献的主要来源途径是期刊数据库、谷歌学术搜索、各类图书馆馆藏文献等。在文献分析的过程中，注重文献的真实来源探究与分析，避免转引、转载，以及尽量避免翻译著作。

第二种方法是调查研究法。本研究采取的方法主要是问卷调查与研究访谈。问卷调查获取视觉素养课程开设情况的资料，而研究访谈则针对课程开发与设计者进行访谈，以获得第一手的真实数据与资料。此方法的目的在于探寻课程设计理念与思路，以分析与比较的视角，借鉴相关实践经验。

第三种方法是案例研究法。对后现代语境下视觉素养课程的研究，要建立在现有课程与课程资源的基础上，因而对目前国内外经典的视觉素养课程进行有效的案例分析很有必要。搜集国内外视觉素养课程案例，获取其课程大纲与课程资源，剖析针对特定课程对象的课程目标、课程内容设计及实施、评价等方面的优缺点，为后现代语境下视觉素养课程开发提供理论基础与实践经验。

四、本书框架

本书开展的研究以视觉素养提升为目标，从图像时代的视觉表征危机出发，构建受众视觉素养的抵御堡垒。选择课程作为视觉素养培养的重要途径，探索在当下这个时代背景下，后现代思潮对教育的影响，以及带给课程研究以新的认识与理解，以此构建后现代语境下视觉素养课程的理论与实践。

引论部分提出问题，并阐明相关概念之间关系。第一章对视觉素养及其课程的起源与发展进行历史的追溯。从视觉文化与视觉素养的内涵辨明，到视觉素养课程历史与现状的追寻。对视觉文化、视觉素养、课程、视觉素养课程等进行追根溯源、深度剖析。

第二章主要论述后现代语境下视觉素养课程研究的必要性，从课程的存在论、认识论、价值论、实践论等方面阐述视觉素养课程是否存在、何以存在、存在价值、以何存在等，奠定视觉素养课程后现代建构的理论基础。对其存在的追问，从哲学、心理学与传播学的维度展开论证；认识论研究则从认识的主体与客体的解读与演变中寻求理论支撑；价值论从课程的价值延伸至视觉素养课程的价值进行定位；而实践论则从具体建构的实践层面，初步探讨视觉素养课程的建设构想。

第三章主要探索视觉素养课程的建设理念。在后现代思潮影响下，视觉素养与后现代的关系，课程与后现代的关系等，都为重构视觉素养课程建设理念提供了参照。因此，首先在已有研究基础上对“后现代课程观”进行了新的解读，提出基于课程开发过程与课程传播方式的后现代课程新的认识，提出在经典后现代课程观基础上的传播方式维度的创新。而对后现代语境下视觉素养课程观的建构，一方面回应普遍意义上积极有益的后现代课程观的影响，同时从视觉及其表征的视觉素养课程历时性与共时性分析中，提出后现代语境下视觉素养课程观的取向及定位。

第四章重点对视觉素养课程进行建构，剖析后现代语境下视觉素养课程性质、目标、内容、实施与评价的来源、依据及具体内容，完成视觉素养课程的完整体系论述。提炼出视觉性、实践性、人文性、批判性与创造性的课程性质，并以此作为课程的培养理念。课程目标从目标的功能与依据分析入手，对视觉素养课程目标进行分解，具体从认知领域与情感领域对视觉素养课程目标进行分类。而对课程内容的研究，则对视觉素养学科谱系知识、社会生活经验与受众需求进行剖析，形成基于“根茎理论”的学科谱系知识、基于图像的视觉语言研究与基于受众的视觉素养层级结构，以此构成视觉素养课程内容，并探索课程内容的组织方式。课程实施则从课程实施的取向与策略探索视觉素养课程的实施推进问题。课程评价则明确符合后现代课程观的评价原则、评价对象、评价主体、评价方法与步骤，以此明晰视觉素养课程评价取向与评价模式。

第五章与第六章转向视觉素养课程的后现代开发，在此前论述的理论基础上，从课程开发的实践角度构建后现代语境下视觉素养课程。第五章从传统课程的角度，以面授为主的课程教授形式，开发视觉素养课程。构建了视觉素养课程开发与设计的理论依据、基于受众的视觉素养课程开发模型，以及视觉素养课堂教学“生态圈”模式。第六章则从后现代信息化、数字化的特性拓展传播途径、共享教育资源的角度出发，探索视觉素养在线课程开发的模式与实践。对现有在线课程的学习需求与“课程消费文化”现象进行分析，对比现有在线课程开发与设计的多个模型，并开展已有视觉素养在线课程开发与设计的案例研究，以此构建视觉素养在线课程开发与设计的模型。

第七章则在课程开发模型构建的基础上，辅以“视觉文化与媒介素养”课程案例的分析与佐证。对该案例已有的建设与教学的宝贵经验进行有效总结，提出课程再构的建议，并提出在线课程开发与传播的设想，以及“混合学习”教学模式的探索。最后进行本研究的总结，提炼出研究结论，并探讨研究的不足以及未来的研究方向与研究重点。

第一章　历史追溯：视觉素养及其课程的起源与历史发展

求知是人类的本性。我们乐于使用我们的感觉就是一个说明。即使并无实用，人们总爱好感觉，而在诸感觉中，尤重视觉。

——［古希腊］亚里士多德

当下，视觉素养之所以被置于受众的基本素养范畴，与视觉文化的由来与发展密切相关。对视觉文化的理解是多重的，不同的学者从不同的视角对视觉文化加以认识。尽管视觉文化与后现代联系在一起，然而视觉文化思想的渊源相对于后现代思潮却更加久远。视觉文化发展的显著特征也必然影响着近现代出现的视觉素养的内涵。而以规范的课程形式开展视觉素养培养的方式，由于对视觉素养培养目标的不同，也呈现出多样性。

第一节 视觉素养相关概念

视觉素养培养是从主体的视角，探索主体素养培养的必要性，并以此探寻视觉素养内涵及其培养方式的问题。视觉素养的内涵及其发展必然与“视觉文化”研究有着不可割裂的联系。在视觉文化的发展脉络与特征揭示中，视觉素养的内涵及其培养路径也逐渐清晰起来。

一、视觉文化

视觉文化的研究热潮从20世纪以来一直受到学者和大众的关注。这些关注者来自不同的学科领域，他们有的专注于视觉的哲学溯源，有的专注于视觉表征的思辨，有的关注视觉传播的理性，有的则关注视觉呈现的技术性等。由于时代的不同，社会发展的水平和技术力量的张力不同，视觉文化在不同时代、不同领域中呈现出不一样的时代特征。而在图像、文化和技术的演变中，视觉文化则呈现出多样的哲学价值、教育价值、技术价值和艺术价值。

（一）视觉文化的界定

学界对视觉文化的界定，一般从“视觉”与“文化”两个维度加以描述或予以侧重。因而有关视觉艺术或文化研究的内涵诠释或方法介入都丰富了现有的视觉文化的内涵与研究方法。从“视觉”的角度而言，“视觉性”(visuality)是诸多学者惯用的词汇，米尔佐夫认为，视觉性就是视觉符号与观看者之间的相互作用①。从所看对象的角度而言，视觉性就是使之值得被看的特征；而从观看者角度而言，视觉性就是怎么看的方法问题。米尔佐夫宣称“后现代主义就是视觉文化”，他认为“日常生活”是被看者、“视觉化”是被看的方式。米尔佐夫在一定程度上代表了西方学者对视觉文化的界定。还有一部分学者从文化研究的视角来界定视觉文化及其研究范畴，巴纳德就采用了雷蒙·威廉斯对文化的定义来理解视觉文化，即一群人的日常目标和实践，整体生活方式的目标和实践或对一人以上人群有意义的任何事②。而文化研究在

① [美]尼古拉斯·米尔佐夫.视觉文化导论[M].倪伟，译.南京：江苏人民出版社，2006：15.

② 锻炼.视觉文化卷[M].北京：北京师范大学出版社，2012：19.

20世纪的焦点问题是高雅艺术文化与大众文化的对抗，但现今从大众文化的普及对视觉性的影响来看，这种争论已经没有意义。

今天对视觉文化的认识也使我们看到，视觉文化研究几乎无所不包，大众传媒、商业广告、通俗图像、电影电视、摄影绘画等，凡视线所及之物皆被纳入视觉文化研究的范畴。同时有关视觉文化研究的方法，结构主义、后现代主义与文化研究方法等，都将对文化研究的方式引入到视觉文化的研究范畴里。"以图像符号为构成元素、以视知觉可以感知的样式为外在表现形态的文化统称为视觉文化。"①

（二）视觉文化的发展历程

在人类文明发展过程中，最初哲学是唯一一门被承认的学科，而其他学科的形成都是经过时间的洗礼、社会的进步，逐渐从哲学这一大的学科中剥离出来的。"视觉文化"的研究也不例外，尽管这一研究领域的清晰化是20世纪末以后，在结构主义、后结构主义、后现代主义等思潮的洗刷下，才逐渐被人们关注。但事实上，视觉文化与哲学的关系最早可以追溯到古希腊，在当时著名的哲学圣贤的话语或著作中，可以看到"视觉"在当时就已经受到了密切关注。如果将视觉文化研究进行阶段的划分，必须先从古希腊的哲学思想中去寻求对"视觉"的研究。其次，进入19世纪后直至20世纪，在诸多现代思潮和技术浪潮的全面渗透下，视觉文化研究可以说是进入了一个新的阶段。第三阶段即是20世纪末至21世纪的十多年以来，视觉文化研究出现了群众性研究趋向。如今展望21世纪的视觉文化研究，需要系统梳理和清醒认识视觉文化发展的历史特征。

1. 第一阶段：古代视觉文化研究

在西方先哲的著作中，柏拉图在《提麦奥斯篇》中提到："在我看来，视觉是于我们最为有益的东西的源泉，因为如果我们没有见过星星、太阳和天空，那我们就不可能有用来描述宇宙的语言。……神发明了视觉，并最终把它赐予我们，使我们能看到理智在天的过程，并能把这一过程运用于我们自身的与之类似的理智过程。"②亚里士多德在《形而上学》里说道："求知是人类的本性。我们乐于使用我们的感觉就是一个说明。即使并无实用，人们

① 张舒予. 视觉文化概论[M]. 南京：江苏人民出版社，2003：7.

② [法]雅克·拉康，让-鲍德里亚. 视觉文化的奇观(2005年)[M]. 吴琼，译. 北京：中国人民大学出版社.

总爱好感觉，而在诸感觉中，尤重视觉。……理由是：能使我们认知事物，并显明事物之间的许多差别，此于五官之中，以得益于视觉者为多。”①不论是柏拉图对视觉充满神学色彩的崇拜，还是亚里士多德对感官等级制的推崇，从他们那里形成了西方视觉哲学的一贯传统——“视觉中心主义”。视觉中心地位保证了哲学的理性思考和人的精神活动的纯洁性。

而在中国古代文化发展的历史中，视觉与“意象”经常联系在一起。中国古代独特的视觉哲学思想渗透于审美、语言和思维的价值观中。“意象”之述始见于《易传·系辞上传》，其第八篇曰：“圣人有以见天下之赜，而拟诸其形容，象其物宜，是故谓之象。”②也就是说，一切的形而上的道，都是万物的主宰，同形而下的关系，最高的形容说法，只能达到“象其物宜”，就是说差不多而已，没有百分之百能够指代清楚的，更是不能够用语言描述清楚的，为了理解那种形而上的形象，所以画卦“以象其物宜”，以便研究、了解这种卦象的符号逻辑。这个符号代表了万事万物，这就是所谓的“象其物宜”，也可以说是差不多，“是故谓之象”，这样一个卦就叫卦象。易经中的卦就是指代象的符号，卦也可以理解为中国古代符号学的开端。

孔子也曾说过：“书不尽言，言不尽意。然则圣人之意，其不可见乎？”孔子还说过：“圣人立象以尽意。”由此，则提出了“言不尽意”“立象以尽意”的思想。也就是说，语言文字是难以完整表达真实的含义的，即言不能尽意，而象可以尽意，这奠定了中国古代形而上学的哲学思想基础。后经王弼、刘勰等人的发挥，至唐代，到明清时，则更有完备之发展，而其中对“意”之发挥也极尽人们思维的想象而达到了纷繁奇曲的程度。在古典美学典籍中，谈到“意象”的论述比比皆是。

视觉形象已经成为中国古人思想的最高层次的指代，这种视觉意象超越了人类一直引以为荣的语言文字文明，与人们精神和哲学的思考更接近。这与西方古典哲学中视觉中心主义对视觉的推崇有着惊人的相似之处。东西方文明之初，人类在最初认识思维，进行哲学思考时，都不约而同地将视觉推向了理性的最高端。

2. 第二阶段：近代视觉文化研究

近代视觉文化研究的特征，可以用德国哲学家马丁·海德格尔在 1938

---

① [古希腊]亚里士多德. 形而上学(1959 年)[M]. 吴寿彭，译. 北京：商务印书馆.

② 易传·系辞上传第八章 [DB/OL]. http://apps. hi. baidu. com/share/detail/837500.

年《世界图像的时代》一文中描述的那句话来说明:“从本质上看来,世界图像并非意指一幅关于世界的图像,而是指世界被把握为图像了。”①世界是如何被把握为图像的呢?是借助于技术。相对于绘画、雕塑、建筑等传统的视觉表现形式,对于近代文明具有划时代意义的印刷术的发明开启了近代视觉文化研究的新局面。在东方,公元 11 世纪,中国北宋平民毕升总结了历代雕版印刷的丰富的实践经验,经过反复试验,在宋仁宗庆历年间(1041—1048 年)创造发明了胶泥活字,实行排版印刷,实现了印刷术史上一项重大的革命。在西方,德国人古登堡使用活字印刷术的作品《圣经》于 1456 年面世,不到五十年,印刷厂在欧洲“遍地开花”。如果说这是技术化的一个开端的话,那么视觉经验技术化的浪潮则源起于 19 世纪,正如安妮·弗莱伯格所说:“19 世纪,各种各样的器械拓展了‘视觉的领域’,并将视觉经验变成商品。由于印刷物的广泛传播,新的报刊形式出现了;由于平版印刷术的引进,道密尔和戈兰德维尔等人的漫画开始萌发;由于摄影术的推广,公共和家庭的证明记录方式都被改变。电报、电话和电力加速了交流和沟通,铁路和蒸汽机车改变了距离的概念,而新的视觉文化——摄影术、广告和橱窗——重塑着人们的记忆与经验。不管是‘视觉的狂热’还是‘景象的堆积’,日常生活已经被‘社会的影像增值’改变了。”②

各种视觉形象充斥于人们生活的每个角落,无处不在的看与被看交织在一起,受众的一切行为都处于一种无处不有的监视状态之下,幻象与幻影扑朔迷离,正如电影《盗梦空间》所描述的那样,可以用想象来描述梦中的场景,在梦中又可以进入新的睡梦,打造新的时空来完成某种使命,在这种重重叠叠的“梦中梦”中,甚至连所谓的盗梦高手最终也未能醒来,而迷失于自己的表象中。正是如此,表征与被表征、表象与真相的界限已经模糊,由于真实表征的不断被复制,表征之后很有可能空无一物,虽然越来越多的人意识到这种表征的危机,但真相究竟隐藏在哪个表征之后呢?由于技术性的隐匿效果,无人能够准确地给出答案。而居伊·德波提出的“奇观社会”恰好精确地描述了这样的一个现实。在他 1967 年出版的《奇观社会》一书中我们可以看到:“在现代生产条件蔓延的社会中,其整个的生活都表现为一种巨大的奇观积聚。曾经直接地存在着的所有一切,现在都变成了纯粹的

---

① [德]海德格尔.林中路[M].孙周兴,译.上海:译文出版社,2004:91.

② [美]安妮·弗莱伯格.移动和虚拟的现代性凝视:流浪汉/流浪女[C]//罗岗,顾铮.视觉文化读本[M].桂林:广西师范大学出版社.

表征。”①一批学者表现出对传统的视觉中心主义的反叛，其中以拉康与福柯为最重要的代表。拉康的“镜像理论”，以镜像阶段的婴儿来挑战柏拉图的“洞穴比喻”，洞穴里的囚徒，其机能的无力状态正如镜像阶段的婴儿，其对光明和真我的确认只是一种误读。

近代视觉文化研究呈现出对现实的即时反应，这些敏锐的思想家和哲学家不断审视现实的图像世界，把握技术的实质，及时指出了视觉的危机。因此可以说这一阶段视觉文化的发展是沿着技术与哲学交织发展两条线索的。这种对视觉和视觉表征的担忧，反映在现实中即是出现了视觉文化与媒介素养教育。最早提出视觉文化这一概念的是匈牙利电影理论家贝拉·巴拉兹，他在 1913 年《可见的人——电影文化》一书中首次提到“视觉文化”一词。而自 1933 年 ER·利维斯提出媒介素养教育以来，哲学家们对视觉表征的忧虑被现实教育所采纳，越来越多的学者开始研究视觉文化与媒介素养教育，以期帮助受众正确地理解媒介、解读图像、剖析表征。

3. 第三阶段：现代视觉文化研究

从 19 世纪末开始，尤其是进入 21 世纪以来，现代视觉文化研究呈现出繁荣的景象。视觉文化通过电视、电影、手机、网络和其他媒介形式，已经全面地主导了我们的生活，这种媒介的泛滥已经遍布世界的各个角落，甚至延展到了无人居住的太空。据报道，1969 年在美国东部时间 7 月 20 日下午 4 时 17 分 42 秒，美国宇航员完成了人类踏上月球的梦想，并传回了月球的真实图像。尽管这一历史事件不断受到各界的质疑，大部分人对于图像的真实性持怀疑态度，但是 2007 年 10 月 24 日，中国发射的嫦娥一号宇宙飞船顺利升空，一个月后发回了在月球上空 200 公里高度拍摄的月球表面照片，再次将月球的视觉影像带回到了地球上。虽然在强有力的技术条件支撑下，视觉的可见性与不可见性受到质疑的事件已经不止这么一两件，但是我们相信，随着时间的推移，科学技术的日新月异，视觉一定能够随着人类的足迹到达任何一个空间。现代技术的飞跃发展拓展了人的视觉生理所能达到的界限，看的行为根本上是“不纯粹的”。视觉文化的研究对象不再是视觉感官本身，而是介入于“其他基于感官的活动：听、读、品尝和嗅。这种不纯粹性使得这些活动可以相互渗透，因而听和读可能也会被视觉性的东西

① Guy Debord. The Society of Spectacle[M]. New York: Zone Books, 1995: 12.

介入。因此，不能把文学、声音和音乐排除在视觉文化的对象之外"①。视觉文化的研究对象是视觉性，而非视觉对象本身，任何感官的物质行为都与视觉意象联系在一起，在人脑中形成形象，达到形象思维与抽象思维之间的不断跳跃。

基于这样的认识，我们的视野一下子聚焦到"视觉文化教化"的问题上来，即视觉文化与媒介素养教育。我们需要重新审视和设计教育课程和教学实践，以使学生能够考察、证实和批判大众媒介传播系统那本质化的和不可转换的代码。尽管原先本质化和不可转换的代码已经被蒙上一层又一层的技术伪装，但是作为拥有智慧的人类，应当站在技术的掌控台上，合理恰当地使用技术。媒介素养教育发端于英国，繁盛于美国，风靡于全世界。如今，世界上大部分国家开展了与视觉文化和媒介素养相关的正式或非正式的教育，视觉文化与媒介素养教育已然成为一门通识课程。究其根本，这种教育的目的在于实现视觉受众与视觉传达者之间完美的角色转变。如果受众能够解读媒介技术的真相，能够了解事实的原本，能够识别传达者的意图，并能最终实现向视觉传达者身份的转变，那么这个图像世界也就可能没有想象中那样复杂与不可见了。因此，这一阶段的研究主要集中在设计课程、开发资源，寻求方法和策略来达到这样的教育目的。

（三）视觉文化发展的时代特征

回顾视觉文化发展的历程，不难发现视觉文化的研究一直围绕着"人"本身而展开，包括物质意义上的"人"和精神意义上的"人"。从最初的视觉作为人的感官进行研究而得出的"视觉中心主义"，再到人的思维将视觉性作为研究对象，提出反视觉中心主义的见解，对"表征危机"的担忧而进行的"视觉文化的教化"，这些过程反映出人类自我认识的历程，同时也是人类伟大的智慧所在。视觉文化发展的历程一直与"图像""文化""技术"这三个关键词密不可分。在视觉文化发展的三个不同阶段，这三个关键词也呈现出不同的特征。围绕这三个关键词，我们能够较形象地来理解视觉文化发展的时代特征（见图 1－1）。

---

① Mieke Bal. Visual Essentialism and the Object of Visual Culture[J]. Journal of Visual Culture，2003(2－1)：9.

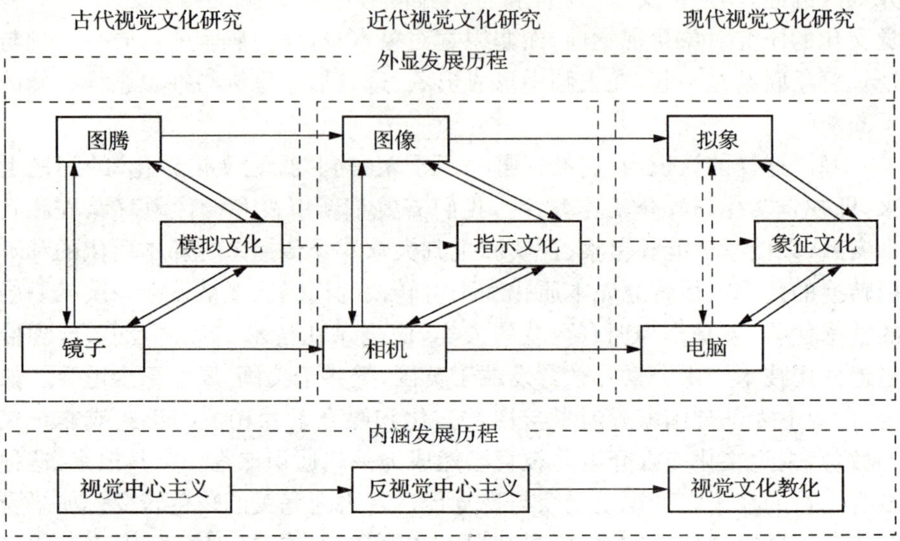

图 1-1　视觉文化发展历程示意图

1. 视觉文化的“图像”特征

视觉文化被人们所理解的最直接的外显是“图像”。对“图像”一词的定义是:由像素点阵构成的位图,主要是指数字化的图像。而我们日常所说的图像,一般对其广义的理解是一切物化的、数字的图画、图片等。由图像一词的定义就可以看出,“图像”是一个新词,根据对视觉文化发展历程的分析,视觉文化的“图像”特征在不同历史时期分别表现为:图腾、图像和拟象。

古代视觉文化研究时期,“图腾”一词来源于印第安语“totem”,意思为“它的亲属”“它的标记”。图腾是一种标志,是一个民族起源的象征。在原始人信仰中,本氏族人都源于某种特定的物种,而在大多数情况下,本氏族人被认为与某种动物具有亲缘关系。于是,图腾信仰便与祖先崇拜发生了关系,在许多图腾神话中,某个民族认为自己的祖先来源于某种动物或植物,或是与某种动物或植物发生过亲缘关系,于是某种动、植物便成了这个民族最古老的祖先。《史记》中“天命玄鸟,降而生商”,指的便是玄鸟是商族的图腾。图腾文化有着深厚的内涵,代表着一个民族的信仰和礼仪,其具体表现就是图像化的一个动植物的形象。由于受到科学技术力量的限制,原始社会人类对于真理的认识不论在东西方,都基于对“神”的膜拜。为了解释现实生活中不能解决的问题,他们将答案交给了神灵。弗洛伊德在谈到图腾的起源时,把有关图腾起源的观点分为三大类:唯名论的、社会学的、心理学的,这也概括出了图腾的形成原因。

近代意义上的图像,与成像技术、计算机技术的发展紧密相关,"数字化的位图"让人们能够将瞬间定格,将知识图像化,进行批量生产从而便于传播。图像能够真实地反映出事实的真相,如照片,不同场景和人物形象的照片能从不同角度反映出事实的真相。图像也可以复制,一幅幅图像的不断自我复写,扩大了图像影响的范围,让不同认识水平的人对同一个事物进行认识。图像当然也可以设计、制作和修改,部分的拼接已经不能完全指代原来的整体。表征背后的真我在哪里?受众在迷茫中仿佛看到始作俑者阴险的嘴脸。图像已经变成了中性,其意义已不再如图腾般神圣、纯洁,不可侵犯。它可能代表了某种精神,也可能隐藏了某个恶作剧。图像时代的到来,凸显出人们的生活方式正在从"文字化生存"演变为"图像化生存",世界正在由"知觉"进入"视觉"。

现代视觉文化研究中出现的"拟象"是由后现代主义的代表法国思想家鲍德里亚提出的。"真实从微型化的细胞、母体和记忆库,以及控制模型那里被制造出来——并且它能从这些东西中被无数次地复制出来……"①,表象本身就是真实,并且是一种逾越真实之上的"超真实"。鲍德里亚还曾将迪士尼乐园与美国进行比较:美国制造了一个美国模型——迪士尼乐园,这个乐园越来越真实,以至于仿佛是美国越来越像迪士尼乐园了。拟象的世界已经变成了克隆技术的繁衍,不断地自我复制再复制。在各种媒介竞相上演的仿象中,不断有人跟风、追求所谓的时尚,迷失自我。媒介在当今时代的符号文化和消费文化中如鱼得水,他们用符号来伪装自我,达到谋利、庸俗的目的。这种表征的危机在近代先哲的忧心忡忡中愈演愈烈,发展到今天,读图能力已然成为一项基本的生存能力。

视觉文化发展的"图腾—图像—拟象"历程揭示了人类精神认知的进步和发展,读图却是永恒的主题。人类对图的认知在不断地升华,这也是人类长期以来寻求表达自我、追求认同、获得交流的需要。

2. 视觉文化的"文化"特征

视觉文化研究也可以理解为一种"文化"的研究,是一种以"视觉性"为对象的"文化研究"。相对于视觉文化的图像特征,可以将视觉文化的"文

① [法]让-鲍德里亚. 拟仿与拟像[M]. 密歇根:密歇根大学出版社,1994:2.

化”发展历程概括为“模拟文化”“指示文化”“象征文化”。德国视觉哲学家卡西尔的“符号哲学”，阐释了文化演进的过程。在卡西尔看来，文化演进以如下两个相互交织的过程为特征[①]：第一个过程是从人类和自然直接交往的关系向中介化关系转化的过程。这一中介就是人类创造的人工环境，是由符号和语言构成的，而且现在变得越来越抽象。第二个过程更为特别，它以符号自身生产方式的转变为特征。这一过程有三个阶段：第一阶段符号作为图标被制作出来，图标是自然的复制品。第二阶段符号和现实之间不再是复制关系，而是因果关系，符号是根据自然经由逻辑过程而产生的。而第三阶段则形成了严格意义上的符号生产，此时的符号已是人类思想和精神的物化和外化。三种不同的文化实践对应文化演进的三个不同阶段。模仿文化是第一阶段的主要表现形式，指示文化是第二阶段的主要表现形式，象征文化是第三阶段的主要表现形式。

古代视觉文化的一个重要特征是模仿文化，远古人类与自然界的不断斗争，是从对自然界的膜拜开始的。中国古代文字中有一类就是象形文字。模仿文化的本质就是真实地反映现实，不论是物化还是想象中的。它以一种崇敬的、膜拜的姿态来反映内心和精神的寄托。这种对现实的复制是真实的再现，有着明确的寓意和指代。而在近代的视觉文化发展中出现的指示文化，则寄予着人类丰富的想象、智慧和情感。这种表征与表征背后的真实之间是一种因果逻辑关系。表征的制造者极力通过表象向受众传达自我的思想和内心世界，有着对世界的美好追求，也必然存在对世界的控诉。这种文化本质不再是纯粹的膜拜和敬仰，而是掺杂着个人的、民族的、社会的情感和认知。而现代意义上的象征文化则以计算科学“0”和“1”的表征为代表，符号不仅仅是代表符号本身，“0”和“1”能够指代一切事物。表征背后的真实还是表征，正如电影中描述的那样，沉睡于梦中之梦再也不能醒来。

笼统地说，文化是一种社会现象，是人们长期创造形成的产物。同时又是一种历史现象，是社会历史的积淀物。从“模拟文化”到“指示文化”再到“象征文化”的演进过程正是人类在视觉性的引领下认识自我、认识自然、认识社会的历史积淀。每一次演进不论是积极的，还是中性的，抑或是消极的，都向前迈进了一步，引发了更多的思考和收获。

---

① [德]洛伦兹·恩格尔. 不可见之见——从观念时代到全球时代的德国. 视觉哲学[DB/OL]. http://blog. sina. com. cn/s/blog_4ad8ca410100cbd3. html，2011-05-07.

3. 视觉文化的“技术”特征

技术转向已经引发了众多学科领域的深思,甚至撼动着哲学研究,视觉文化研究当然也不例外。有人说:“也许是由于科学技术为人们提供了现代的先进传播媒介的缘故,各种哲学思想在以往的任何一个时代中都没有像今天这样在社会生活中发挥如此普遍的影响……”①技术使得人们想象中生涩隐晦的哲学知识得以大众化和普及化,更不要说可见的图像表象了(尽管其内在表征并不能为所有人认知)。回顾历史,技术的力量贯穿于视觉文化发展的各个时期,视觉文化的每一次演变都与技术紧密相关。从技术的典型代表“镜子”“相机”“电脑”的发明,可以清晰地看到技术和文化的演进过程。技术为图像的变迁和文化的演进提供了必要的手段和方法,推动了视觉文化的纵深发展。

人类进化到直立行走阶段,拿起手边的树枝开始向对自身有威胁的其他动物挥舞的时候,技术就发挥了重要的作用。在原始社会,技术力量更多地被理解为一种工具。石器时代涌现出来的图腾文化,也反映了不同的技术类型。没有技术的支撑,就不可能出现视觉世界的繁荣。镜子的出现正是印证了那个时期真实的复制,镜子背后所呈现的是真实的自我,无法用他物来取代。随着现代技术的发展,人在相机普及的现实面前成为“傻瓜”,甚至是孩童都能拿起相机制造图像。这种成像技术一方面是指成像器械科学技术的发展,另一方面是构图技术的演进。现代器械科学技术的发展保证了对真实的逼真反映,但这仍然是一种真实,而构图技术的变化却带来指代的不确定性。拼贴、蒙太奇、组合、装置和表演艺术的技术手段使得图像不再是真实的原始反映,而是超真实的反映或非真实的反映。在今天的技术高速公路上,电脑的出现彻底颠覆了真实与非真实的争论,3D 场景,虚拟现实……人物可以制作,而不是成像;场景可以虚拟,无须制造。梦中逼真的场景或许没有混凝土的厚重,却有五颜六色的霓虹灯和绚烂的街景……拟象文化超越了现实本身,纯粹依靠想象!看,看见,看懂,我们能“读”懂吗?

对于技术的研究,已经不再是只从工具这个层面来理解就能解释清楚的。对技术理性的认识应当成为读图能力的一个重要方面。技术这把双刃剑,能够将人带入智慧的殿堂,也能使人坠入愚昧的深渊。在视觉文化时代

---

① 倪梁康. 现象学及其效应——胡塞尔与当代德国哲学[M]. 北京:中国出版集团, 2005.

中，不论是作为一个普通受众，还是一个文化的传播者，都必须清醒地认识到这样两种境地——分清殿堂还是深渊。而作为充满智慧的人类，追求真善美是人的本性，正确认识事物本质，形成个人对真实的认识，为人类创造美好的物质和精神财富，这是那个"盗梦者"所不能及的。

二、视觉素养

视觉素养是从主体的视角出发，探索作为知者的人的一种能力，而区别于客体存在的图像世界、文化现象或技术形态。显然，在主客体良好的互动情形下，视觉文化的崛起必然带来对视觉素养的新思考。

（一）视觉素养概念的源起

视觉素养这一术语的提出最早可以追溯到 1968 年 3 月 John L. Debes（Debes 当时是 Eastman Kodak 公司的教育顾问）发表的一篇文章《视觉素养的要素》（*Elements of Visual Literacy*）[①]，视觉素养一词被用于该文章的标题中[②]。而早在 1968 年 1 月 Debes 撰写的一篇文章《一个提供视觉交流学习的工具》（*A Tool for Providing Visual Communication Learning Opportunities*）[③]中，就已经开始关注视觉的影响因素，强调视觉阅读与交流的重要性。他因此被当时 Audio Visual Education Communication and Technology（AECT）官方认可为创造出"视觉素养"这一概念的第一人[④]。1968 年 6 月 13 日，他向罗切斯特大学（University of Rochester）教育技术研究学会（Society of the Study of Technology in Education）提交了一份报告——《视觉素养的研究基础》（*Some Foundations for Visual Literacy*）。报告中他追溯了视觉素养心理学、社会与教育的研究基础。他分析了一个孩子从最初的基于肌肉运动知觉，即触觉，发展为以视觉为主要交流方式的成长过程，并提出"非言语交流"（Non-Verbal Communications）的视觉语

---

① John L. Debes. Elements of Visual Literacy［J］. Rochester, New York: Eastman Kodak, 1968(3).

② Frances O. Hocking. A nationwide survey to determine visual literacy goals, constraints and factors influencing their selection［D］. University of Colorado, 1978:1.

③ John L. Debes. A Tool for Providing Visual Communication Learning Opportunities［J］. Rochester, New York: Eastman Kodak, 1968(1).

④ Roger B. Fransecky. Visual Literacy: Symposium［J］. Audiovisual Instruction, 1972(5):7-10.

言，包括肢体语言(Body Language)、对象语言(Object Language)与符号语言(Symbol Language)。对象语言是指孩子通过使用某个对象表达自己的行为意图，如在某个情境下孩子搬张椅子到桌子边，意味着他要爬到桌子上。符号语言是指通过某个符号来表达意义，如手势“V”表示胜利，这是一种特殊的肢体语言，具有符号性。Debes 进一步指出今天的儿童是被电视屏幕占据的一代人，他们缺乏运动与交流。他认为必须为视觉儿童创造机会让他们选择、加工、改变并反映出他们所看到的，使他们能够进行视觉交流并创造出有意义的视觉表达，引导他们通过实践来表达自己的思想①。1969 年 1 月，他继续深化他的视觉语言理论，提出一个具备视觉素养的人是能够进行视觉的“读”和“写”，并能使用视觉工具的②。为此，他于 1967 年在 Eastman 公司提出“照片故事发现系列”(Photo Story Discovery Sets)方法，后被 AECT 进行市场化运作。这个方法用以帮助那些有阅读障碍、言语表达困难，或是听力障碍、智力发展缓慢、双语学习困难的学习者。1969 年 3 月 23 日至 29 日，第一次全国视觉素养会议在纽约的罗切斯特召开，John L. Debes 和 Samuel B. Ross 为联合主席。1974 年这个全国视觉素养会议成为国际会议，来自 31 个国家和地区的 359 位教育家参加了这次大会，57 位代表进行了演说。这次大会涉及了很多视觉素养的议题：视觉素养的解读、视觉素养相关的研究、电视与视觉素养、视觉素养在中小学和教师培训中的研究、视觉素养的社区教育问题等。在这次会议召开前的一个准备会议上，Debes 被推举为“视觉素养之父”。他进一步指出，视觉素养的参数还是未知的，他把视觉素养比作一条变形虫，需要假足于语义学、语言学、哲学、心理、工业、职业、教育、图像艺术、语言心理学、艺术与屏幕教育等，这些领域都将对视觉素养产生影响。

（二）视觉素养的定义

“Literacy”最初被理解为“读与写的技能”，在社会发展的过程中，这一定义发生了重要变化。Judy Kalman 认为 literacy 已经超越作为读与写的技能成为个体进一步学习的第一步。他综述了多位学者对 literacy 的研

① John L. Debes. Some foundations for visual literacy [J]. Audio-visual Instruction, 1968(11): 964.

② John L. Debes. Some Hows and Whys of Visual Literacy [J]. Educational Screen and Audiovisual Guide, 1969(1): 14.

究，提出了要注重素养的多样性以及学校教育该如何创造不同的情境培养这种多样性的素养①。联合国教科文组织（UNESCO）于 2005 年对素养进行了重新定义，强调素养的情境应用。"素养是一种识别、理解、说明、创造、交流和计算，还包括在不同情境中使用书写材料的能力。素养需要一种持续的学习，它能够帮助个人实现发展目标，获得知识和开发潜能，并参与到社区与更大范围的社会环境中（Literacy is the ability to identify, understand, interpret, create, communicate and compute, using printed and written materials associated with varying contexts. Literacy involves a continuum of learning in enabling individuals to achieve his or her goals, develop his or her knowledge and potentialand participate fully in community and wider society.）。"②

素养被认为是一种理解、加工、掌握语言进而能够传达、说明、书写信息的技能，那么视觉素养就可以被理解为是在视觉范畴内发展与使用这种技能③。Debes 对视觉素养的定义，被认为是他对视觉素养研究的最大贡献，这一定义被美国教育传播和技术协会（AECT）确认为官方定义。

"视觉素养是指人通过观看，并同时整合其他感官经验而获取的一组视觉能力。这组能力的发展是人类学习的基础，当这组能力获得提高时，它们使一个具有视觉素养的人能够辨别与解析周围环境中所面对的自然的或人为的视觉行为、视觉物体、视觉符号等。通过创造性地使用这些能力，他就能够与别人进行交流。通过欣赏性地使用这些能力，他就能够理解并欣赏视觉传播的杰作（Visual literacy refers to a group of vision competencies a human being can develop by seeing and at the same time having and integrating other sensory experiences. The development of these competencies is fundamental to normal human learning . When developed, they enable a visually literate person to discriminate and interpret the visual actions, objects and/or symbols, natural or man-made, that he

① Judy Kalman. Beyond definition: central concepts for understanding literacy[J]. International Review of Education, 2008(5－6):534.

② UNESCO. 2005. Aspects of Literacy Assessment: Topics and issues from the UNESCO Expert Meeting [DB/OL]. UNESCO: Paris. http://unesdoc.unesco.org/images/0014/001401/140125eo.pdf, 2003－06－11－12.

③ Frances O. Hocking. A nationwide survey to determine visual literacy goals, constraints and factors influencing their selection [D]. University of Colorado, 1978:13.

encounters in his environment. Through the creative use of these competencies, he is able to communicate with others. Through the appreciative use of these competencies, he is able to comprehend and enjoy the masterworks of visual communication.)"①

随后的诸多学者试图在此框架的基础上,从 Debes 所描述的"变形虫"寓意与视觉素养相关的语义学、语言学、哲学、心理、工业、职业、教育、图像艺术、语言心理学、艺术与屏幕教育等的不同角度来界定视觉素养。

1978 年,Lynna Ausburn 和 Floyd Ausburn 提出:"视觉素养为一组技能,这组技能能够帮助个人理解和使用视觉信息,从而与他人进行有目的的交流。"②1987 年,Curtiss 提出:"视觉素养是对各种媒介所传递的视觉信息的理解能力以及至少能够利用一种视觉途径传递信息的表达能力。视觉素养包含以下能力:在文化背景下理解作品的主题和意义;分析作品的语法,包括构成和风格;评价作品的学科和美学特点;掌握作品的格式塔特点与作品的交互、协同特性的直觉能力。"③1999 年,Rezabek 提出:"视觉素养是准确解析与创作由视觉感官传递的信息的能力,强调使用交流系统,而不是依赖于传统的基于字母或数字的文本。"④2007 年,Brill、Kim 与 Branch 提出:"视觉素养是一组用来解释与创作可视化信息的能力。一个具有视觉素养的人应该能够:辨别并理解可视化物体;在一个界定的范围内有效创作静态或动态的可视化信息;理解并欣赏他人的视觉作品;用心灵想象视觉信息。"⑤

随着对视觉素养认识的发展与研究,人们逐渐形成对视觉素养的两种

---

① John L. Debes. Proceeeding of the First National Conference on Visual Literacy[C]. New York: Pitman, 1970:14.

② L. J. Ausburn, & F. B. Ausburn, Visual literacy: Background, theory and practice[J]. Programmed Learning and Educational Technology, 1978(4): 294.

③ Maria Avgerinou, John Ericson. A Review of the Concept of Visual Literacy[J]. British Journal of Educational Technology, 1997, 128(4): 286.

④ Rezabek, L. Importance of Visual Literacy. Paper presented at the annual meeting of the Association for Educational Communications and Technology [C]. Houston, Texas. 1999.

⑤ Jennifer M. Brill, Dohun Kim, Robert Maribc Branch. Visual Literacy Defined-The Result of a Delphi Study: Can IVLA(Operationally) Define Visual Literacy? [J]. Journal of Visual Literacy, 2007, 27(1): 51.

认识。一种是将视觉素养视为一种保护模式,认为视觉素养是一种帮助个体获得视觉表征真相的手段。作为保护模式的批判意义上的视觉素养强调个体要能够解读视觉信息,成为有主见的个体而不被信息误导。Feldman认为不具备视觉素养的人容易被华丽的辞藻和规劝的视觉表象奴役[①]。Flynn总结了早期视觉素养学校教育项目的目标:视觉素养是一种交流工具,帮助学生从主观与客观两个方面记录、理解这个世界的本来面目[②]。另一种理解是将视觉素养视为一种工具,用以提升个人与他人进行思想与观点交流的效果。这种观点认为获得视觉素养的意义在于能够对所见进行精确的判断,并能够结合所见有所思,将个人的所思所想以批判性的思维进行表达。第一种认识对应了后现代语境下复杂的社会环境造就的视觉批判解读的现实需要。而第二种认识则是从主体素养基本构成角度出发,肯定视觉表征方法能够从视觉形象的角度帮助主体认知事物,将视觉素养作为主体的基本素养,对素养这一概念进行了有效的延伸与拓展。这两种认识都是从主体出发,强调主体素养培养的重要性,然而又是从不同的层次和角度阐释了视觉素养的内涵。Billie Eilam在对教师视觉素养培养进行论述时综合了以上两种认识。他提出视觉素养的培养目标在于在这个视觉文化主宰的世界中将年轻的一代人培养成为合格的公民。他认为视觉素养不仅包括理解视觉信息并能够创造性地进行视觉表征,还要能够对海量信息赋予自我的理解,有效表达并参与情境学习[③]。这一内涵的剖析事实上也体现了视觉素养培养的层次性。

(三)视觉素养内涵的层级性

从上述对视觉素养定义的回顾来看,对视觉素养进行定义时使用的关键词集中在分析、解读、批判、运用等词汇上,这些词汇先后出现的顺序本身即带有层次性。对视觉素养内涵的层次分析有利于建构教育中视觉素养的课程目标与知识结构。Debes将视觉能力分为49个层级,涵盖从区分光明

---

① Edmund B. Feldman. Visual literacy[J]. Journal of Aesthetic Education, 1976(7):195.

② William L. Flynn. Visual literacy: A way of perceiving whose time has come[J]. Audio Visual Instruction, 1972(5):5.

③ Billie Eilam. Teaching, learning, and visual literacy [M]. Cambridge University Press, 2012:4.

与黑暗到将视觉语言与口语相互转化的能力①，将视觉素养的内涵具体化。罗切斯特大学教授 Clarence Williams 于 1970 年提出视觉素养的九个命题，明显具有由浅入深的能力梯度。美国辛辛那提大学媒体服务中心的助理教授 Roger B. Fransecky 提出通过视觉交流可以丰富并拓展口语学习。他在布鲁姆(Bloom)和克拉斯沃尔(Krathwohl)教学目标分类理论的基础上从认知和情感两个维度提出视觉学习策略②。2011 年 10 月美国学院与研究所图书馆协会还发布了《高等教育视觉素养能力标准》③，旨在推动高等教育视觉素养教育的发展。该标准提出了视觉信息问题解决过程中的"界定需求、查找与获得、理解与分析、评价、运用、创造、理解伦理和法律问题"等七大视觉素养能力，每项能力有 2～4 项标准共 24 条绩效指标，每条绩效指标有 2～7 条具体的学习结果，共 99 项学习结果指标。

第二节　视觉素养课程的历史与发展

从课程的视角探索视觉素养培养的途径，需要对课程与课程开发的研究进行梳理，并探寻现有的视觉素养课程的历史与发展。

一、课程的内涵与发展

课程是教育教学中的一个规范的内容体系。不论是在正式教育还是非正式教育中，以课程的方式开展教学与学习是一个系统的过程。对于学习者来说，课程是权威，是学习的目标与意义所在。而对于课程开发者与教学者来说，课程开发是一个复杂的过程，无论目标指向培养什么样的人，都必然会受到当时的教育思想与社会主流文化的影响。在育人目标与教育思想的双重影响下，课程开发的研究也在曲折前行。

---

① Frances O. Hocking. A nationwide survey to determine visual literacy goals, constraints and factors influencing their selection [D]. University of Colorado, 1978: Appendix B.

② John L. Debes. Proceeding of the First National Conference on Visual Literacy[C]. New York: Pitman, 1970.

③ ACRL Visual Literacy Competency Standards for Higher Education [DB/OL]. http://www.ala.org/acrl/standards/visualliteracy.

（一）课程的内涵

目前对课程的内涵认识与解读已经比较成熟。国内课程研究的代表人物主要有钟启泉、靳玉乐、张华、施良方等。根据张华、施良方等对课程概念的考古，这一概念最早可以追溯至唐代，唐朝孔颖达在《五经正义》里为《诗经·小雅·巧言》中"奕奕寝庙，君子作之"一句注疏："维护课程，必君子监之，乃依法制"，被认为是"课程"一词在汉语文献中的最早出处。然而此处课程的意义却与今日课程概念的意义相去甚远。课程的思想在古希腊时期也已出现，将柏拉图和亚里士多德关于教育的理想与目标片面地理解为对课程的设置实为勉强。因而真正意义上将课程作为一个独立的科学研究领域还是在 20 世纪以后。西方最早出现"curriculum"一词是在 1859 年英国教育家斯宾塞(H. Spencer)发表的《什么知识最有价值》(*What Knowledge Is of Most Worth*)一文中，其含义是"教学内容的系统组织"。而根据对英文词源的追溯，西方最常见的课程定义是"学习的进程"(Course of Study)①。美国学者博比特（F. Bobitt）在 1918 年出版的《课程》(Curriculum)一书，标志着课程作为专门研究领域的诞生②。

课程的定义有多种，其中《中国大百科全书·教育》对课程作的定义为：课程是指所有学科(教学科目)的综合，或学生在教师指导下各种活动的综合，这通常被称为广义的课程；狭义的课程则是指一门学科或一类活动。③张华将课程内涵归纳为三个方面：课程作为学科，课程作为目标或计划，课程作为学习者的经验或体验。④ 施良方将课程的定义归纳为六种类型：课程即教学科目，课程即有计划的教学活动，课程即预期的学习结果，课程即学习经验，课程即社会文化的再生产，课程即社会改造。⑤ 这些对课程的定义都是在特定的历史社会背景下产生的，具有不同的认识论与方法论。特别是在 20 世纪 50 年代以后，受到后现代思潮的影响，有些学者对课程的认识与理解发生了巨大的转变，特别是对现代课程理论的基石——泰勒的课

---

① 张华. 课程与教学论[M]. 上海：上海教育出版社，2000：66.

② 施良方. 课程理论——课程的基础、原理与问题[M]. 北京：教育科学出版社，1996：11.

③ 中国大百科全书·教育[M]. 北京：中国大百科全书出版社，1985：207.

④ 张华. 课程与教学论[M]. 上海：上海教育出版社，2000：67－68.

⑤ 施良方. 课程理论——课程的基础、原理与问题[M]. 北京：教育科学出版社，1996：3－7.

程原理进行了批判。课程理论的流派也经历了从学科结构课程理论、社会改造课程理论到学生中心课程理论的转变。

（二）课程开发的发展

“课程开发”是指决定课程的过程及其所依据的各种理论取向①，与“课程设计”“课程编制”“课程建设”等词相近。1935 年美国学者卡斯威尔（H. Caswell）与坎贝尔（D. Campbell）撰写的《课程开发》（*Curriculum Development*）一书出版后，课程开发逐渐受到关注。课程开发受历史、文化、社会、哲学、政治、心理学、经济等多种因素的影响。其中有学者将课程开发理解为“国家或地方政府政治决策的过程、专家与权威相互作用的过程，它不单是教育学者和课程专家的工作，也是社会各有关方面共同合作的事业”。② 这一认识将课程定位于国家或政府规定的课程范畴，课程开发的权利归于国家或政府。然而事实上，当下的社会文化环境，呼唤以学生为中心的理念，强调体现课程的丰富性与生活的关联性。特别是后现代语境下的课程开发已经发生了诸多变化，在基础教育课程设置中出现地方课程对国家课程的补充，隐性课程对显性课程的渗透，综合课程对分科课程的挑战，以及所谓的边缘课程对核心课程的入侵等，对这一严格控制的课程开发模式提出了挑战。而高等教育中的课程开发更加体现出学科的专业性、实践与职业导向等，其自主性得到了进一步的扩大。

20 世纪以来，课程开发模式主要有：目标模式、过程模式、实践模式、批判模式。目标模式是以目标为课程开发的基础和核心，围绕课程目标的确定及其实现、评价而进行课程开发的模式。其主要代表是泰勒模式。目标模式也成为课程开发的经典模式。过程模式则是英国著名课程论专家斯腾豪斯（L. Stenhouse）在对泰勒模式批判的基础上确立起来的。他认为课程开发的任务就是要选择活动内容，建立关于学科的过程、概念与标准等知识形式的课程，并提供实时的“过程原则”。③ 实践模式是从美国课程专家施瓦布（J.J. Schwab）在 1969 年美国教育研究学会年会上宣读的《实践：课程的语言》一文发端的。他认为“课程领域复兴的希望在于，把主要精力从用于追求理论（如追求普遍的原理和复杂的模式，追求固定的次序和不变的因

① 张华. 课程与教学论[M]. 上海：上海教育出版社，2000：94.
② 张华. 课程与教学论[M]. 上海：上海教育出版社，2000：95.
③ 张华. 课程与教学论[M]. 上海：上海教育出版社，2000：119.

子)，转向另一种运作方式，即实践—准实践—择宜的方式[①](A renascence of the field of curriculum willoccur only if curriculum energies are diverted from theoretic pursuits to three othermodes of operation: the practical, the quasi-practical and the eclectic.)”。而批判模式并没有统一的定论，一般认为这是出现在20世纪60年代的一个重要的课程模式，与后现代的影响密切相关。批判模式中出现了概念重构取向、新马克思主义取向、批判教育学取向[②]。当然批判模式本身存在一些问题，对批判模式的批判正是那个时代的典型特征。

二、视觉素养课程的历史发展

视觉素养的概念发端于美国，在Debes影响下而创立的“国际视觉素养协会”(网站:http://www.ivla.org/)，在视觉素养研究方面起到了引领的作用，对全球视觉素养课程研究也产生了积极的影响。美国基础教育视觉素养课程没有被单列，视觉素养培养的目标通过两种途径实现:一种是融于艺术相关学科课程内，另一种是体现在各州的“共同核心州立标准”(Common Core State Standards)中。

美国视觉艺术课程最早出现在19世纪初的波士顿和曼彻斯特州[③]。而视觉素养课程的实现，在20世纪70年代——视觉素养概念的形成初期，即认识到视觉素养教育的重要性，直接体现在各个州的教育层面，纽约州、伊蒙特州、怀俄明州、爱达荷州等教育部都官方地承认这一新领域对传统教育的有效性并将之作为一个教育目标，培养学生的视觉素养[④]。通过目前美国部分州教育部官方提供的K12或P12学科分类及课程设置资料(如表1-1所示)，可以看出视觉素养课程主要体现在与艺术相关学科的“视觉艺术”课程中，这与我国基础教育视觉素养培养方式相似。

---

① J. J. Schwab. The practical: a language for curriculum[J]. Journal of Curriculum Studies, 2013(5):591.

② 施良方. 课程理论——课程的基础、原理与问题[M]. 北京:教育科学出版社，1996:212.

③ W. Smith. Teaching manual of freehand drawing and designing [M]. Boston: Charles Osgood, 1873.

④ J. R. Purvis. Visual literacy: an emerging concept[J]. Educational Leadership, 1973(5):715.

表 1-1　美国部分州学科门类及艺术课程内容设置

州　名	学科门类	艺术类课程内容
加利福尼亚州	● 健康(Health) ● 历史社会科学(History-Social Science) ● 数学(Mathematics)、物理教育(Physical Education) ● 阅读/语言艺术(Reading/Language Arts)、科学(Science) ● 视觉和表演艺术(Visual & Performing Arts) ● 世界语言(World Language)①	视觉和表演艺术②：舞蹈、音乐、戏剧和视觉艺术
纽约州	● 英语语言艺术(English Language Arts) ● 数学、科学与技术教育(Mathematics, Science & Technology Education) ● 第二语言(Language Other Than English) ● 社会研究(Social Studies) ● 生涯发展与职业研究(Career Development & Occupational Studies) ● 艺术(Arts) ● 健康、物理教育和家庭消费科学(Health, Physical Education & Family Consumer Science)③	艺术：舞蹈、音乐、戏剧和视觉艺术
宾夕法尼亚州	● 艺术与人文(Arts and Humanities) ● 驾驶与安全教育(Driver and Safety Education) ● 经济教育/理财素养(Economic Education/Financial Literacy) ● 英语语言艺术(English Language Arts) ● 英语作为第二语言(English as a Second Language)	艺术与人文④：舞蹈、音乐、戏剧和视觉艺术

① Curriculum & Instruction [DB/OL]. http://www.cde.ca.gov/.

② Visual & Performing Arts Framework for California Public Schools. Kindergarten Through Grade Twelve [DB/OL]. http://www.cde.ca.gov/ci/cr/cf/documents/vpaframewrk.pdf, 2004.

③ 纽约州教育部学科设置[DB/OL]. http://www.p12.nysed.gov/ciai/.

④ 宾夕法尼亚课程框架[DB/OL]. http://www.pdesas.org/module/sas/curriculumframework/.

（续表）

州　名	学科门类	艺术类课程内容
	● 环境与生态(Environment and Ecology) ● 天才教育(Gifted Education) ● 健康与物理教育(Health and Physical Education) ● 数学(Mathematics) ● 科学(Science) ● 社会研究(Social Studies) ● 技术教育(Technology Education) ● 世界语言(World Languages)[①]	

视觉素养培养目标的实现还体现在各州的"共同核心州立标准"中。美国各个州都有独立的自治权，在教育方面同样如此，各个州的教育部门制定各自的学科分类与课程设置。然而英语语言艺术(English Language Arts)和数学(Mathematics)却均有各自基本的共同核心标准。各州对于这两门学科的相关课程标准都依共同的核心标准制定，形成共性基础上的个性化特征。托莱多艺术博物馆创立的视觉素养专题网站就详尽分析了视觉素养培养目标在这两个共同核心课程标准中的体现[②]。面向所有学生的在线课程学习也逐渐流行起来。约翰·霍普金斯大学天才少年中心(Johns Hopkins University Center for Talented Youth)开发了一门在线视觉素养课程"视觉流畅：视觉素养"(Visual Fluency: Visual Literacy)[③]，为7—12年级的学生提供0.5个学分的视觉素养课程。

在高等教育方面，2011年10月美国学院与研究所图书馆协会提出的《高等教育视觉素养能力标准》[④]为在高等教育中培养学生的视觉素养提供了指南。该标准不仅提出了七大标准，而且对大学生的视觉素养进行了定义并提出培养的重要性，同时对高等教育中如何实施视觉素养培养给出了建议。大

① 宾夕法尼亚州学科门类[DB/OL]. http://www.portal.state.pa.us/portal/server.pt/community/curriculum/7523.

② Common-core-visual-literacy [DB/OL]. http://www.vislit.org/common-core-visual-literacy/.

③ Visual Fluency: Visual Literacy [DB/OL]. http://cty.jhu.edu/ctyonline/courses/arts_humanities/visual_literacy.html.

④ ACRL Visual Literacy Competency Standards for Higher Education [DB/OL]. http://www.ala.org/acrl/standards/visualliteracy.

学生的视觉素养可以帮助学生更好地开展学术研究，一些图式化的方法可以帮助学生理解与开展相关学科的研究。视觉素养课程可以融入到日常的课程中，改进教学方式与作业形式，比如一些课程作业可以以图式化的方法呈现。该标准也提及在高等教育中开展视觉素养培养需要多方的共同参与与努力，其中图书馆需要提供大量的视觉化资源以供学生使用。目前美国高等教育中的诸多课程都在此标准的指导下，将视觉素养作为课程培养目标之一，开展了视觉素养课程融合的尝试，在具体的课程中着重关注视觉媒体的使用与视觉材料的解读与创造。单独开设的以"视觉素养"为名称的课程大都还是在视觉艺术相关学科，以及一些媒介技术教育中，如摄影等。

美国在高等教育中比较有代表性的视觉素养课程有俄亥俄州立大学的 Susan Metros 在 2005 年冬季为艺术与科学专业的大学一年级学生开设的一门视觉素养课程，课程名称叫"视觉素养在信息过剩时代"(Visual Literacy in the Age of Information Abundance)，她的课程目标为：学生要能够认识到自己的学习风格；理解信息素养语境下视觉素养的意义；使用图式表征工具（图标、地图、概念图、故事板等）表达数据、信息、知识和智慧；使用数码相机或其他媒体工具或软件制作一个微电影；和同学积极地线上线下互动①。Haiku 学习网站提供了"教室中的视觉素养"(Visual Literacy in the Classroom)②免费课程，满足不同学习者的正式学习（如学分获取）与非正式学习（如工作坊）需求。俄勒冈大学(University of Oregon)David Turner 等人面向全校学生开设了一门在线课程"艺术与视觉素养"(Art & Visual Literacy)③。爱默生学院（波士顿）开设了一门面向商业与市场营销专业的"视觉素养"(Visual Literacy)课程，共计 4 个学分④。这些视觉素养课程大都采取混合教学模式，即提供网络教学的模块，再加上面对面的教授。随着美国高等教育课程的网络化、数字化，视觉素养课程也逐渐出现了在线课程模式。

瑞士通过互联网提供视觉素养在线课程与教育资源，视觉素养网站(http://www.visual-literacy.org/index.html)联合瑞士四所大学，卢加诺

① Ron Bleed. Visual literacy in higher education [DB/OL]. https://net.educause.edu/ir/library/pdf/ELI4001.pdf, 2005-09.

② Visual Literacy in the Classroom [DB/OL]. http://www.myhaikuclass.com/showcase/visualliteracyintheclassroom/cms_page/view/27327.

③ Art & Visual Literacy[DB/OL]. http://blogs.uoregon.edu/avlonlinew2013/.

④ Visual Literacy [DB/OL]. http://www.emerson.edu/academics/departments/marketing-communication/courses.

大学、圣加仑大学、日内瓦大学和瑞士西北高等专业学校，为通信、工程与商学学科提供 14 门大学视觉素养课程，已经有 500 多名学生参与到课程的学习。该项目的实施包括三个模块，即基础模块、应用模块及探究模块，分别对应不同的素养水平要求，也适用于不同学科的学生。该网站还提供最新的视觉素养论文与视频资源，并以图式的方式呈现提升视觉素养所需要的书籍、软件以及有关视觉研究不同领域的专家介绍等。

澳大利亚的视觉素养课程体现在学校课程中，也是一种融合模式，即融入其他相关课程，如艺术、语言、设计等课程。澳大利亚视觉素养的基本原则与内容通过《视觉素养白皮书》(2003)①可以一览无遗。澳大利亚有关视觉素养的定义、历史及其教育的重要性，以及教育目标、教育内容和教育策略均可以从该白皮书中略知一二。澳大利亚对视觉素养的理解承袭 Debes 在 1968 年对视觉素养的定义。对视觉素养培养的重要性则从人在婴儿时期就开始对视觉产生刺激的事实出发，探讨当下视觉文化影响下受众视觉素养培养的必要性。该白皮书还从视觉素养的定义出发，提出了简明扼要的视觉素养教育目标。同时从语法、句法、语义等多个层面解读视觉素养的教育内容，最后还列出视觉素养培养的策略，从主题、信息到创造者再到表征意图等方面提出详细的策略建议框架。这份白皮书的作者是澳大利亚悉尼艺术与设计大学的 Anne Bamford 教授，尽管这份白皮书委托 Adobe 公司而不是正式的教育部门代为发行，但是从白皮书的最后一部分“视觉素养与技术”中可以看出，社会机构和公司在引发新的教育思潮，并主动承担教育使命中的先行者角色。对澳大利亚视觉素养课程的实施研究，不同学者结合视觉素养的理论研究与教育实践，设计了视觉素养教育策略、评价体系等，如 Jon Callow 所撰写的《展现自我：学生视觉素养评价细则》②。他从情感维度、结构维度和批判维度设计具体问题与方法，并选择澳大利亚悉尼西部郊区的一个学校的 K3 年级学生，选择著名的绘本家安东尼·布朗(Anthony Browne)的系列图画书为素材进行理论的实践研究；澳大利亚新南威尔士大学的 Arianne Jennifer Rourke 和 Zena O’Connor 设计的

① The Visual Literacy White Paper [DB/OL]. http://www.adobe.co.uk/education/pdf/adobe_visual_literacy_paper.pdf.

② Jon Callow. Show Me: Principles for Assessing Students’ Visual Literacy[J]. The Reading Teacher, 61(8): 616-626.

"Looking before you leap"方案[①]对本科生开展视觉素养课程的实践等。

英国有关视觉素养课程的研究与媒介素养教育研究紧密联系在一起。由于视觉和媒介带来对文化的冲击，视觉素养在20世纪30年代就受到重视。通过媒介素养教育在英国的普及与发展，视觉素养教育同样融入了媒介素养教育的范畴并获得深入发展。目前在英国，和其他国家一样，视觉素养课程多采取融合于其他课程的模式，与媒介素养教育结合，贯穿于小、中、大学课程中。英国视觉素养课程研究的一个特色是注重开发教师的视觉素养课程，因而设计了多个教师培训计划和项目，旨在从教师开始进行视觉素养教育，进而培养学生的视觉素养。同时发挥网络技术优势，设计丰富的网络学习资源，如为视觉素养课程提供资源的 LearnHigher 网站[②]和 Visualising Ethnography 网站[③]均有免费的视觉素养在线学习资源。

由美国发端的视觉素养及其课程研究在全世界获得广泛推广与普及，经过多年的探索实践，视觉素养课程的理论与实践研究，主要呈现出以下几个特征：第一，视觉素养课程大都是小、中、大学生以及教师的培训项目。而面向普通大众的通识课程，尽管在网络开放课程如此盛行的当下，也比较少见。第二，在基础教育中，视觉素养课程没有被单列，主要融入了视觉艺术课程。而高等教育中的视觉素养课程主要开设在艺术、技术、媒体等相关专业中，也有部分通识课程。尽管没有将视觉素养课程单列，但是视觉素养作为人的基本素养之一，成为相近学科课程和核心课程中的必要组成部分，充分体现了视觉素养培养的重要性。第三，视觉素养课程中的在线课程模式和混合课程模式逐渐增多。视觉素养课程顺应当下在线课程发展的趋势，传统的课堂教学授课形式越来越少，数字化、网络化教学和混合教学方式逐渐盛行。第四，视觉素养课程资源逐渐丰富。视觉素养课程的视觉性，要求课程资源具有丰富性，这对于每个授课教师来说是一个巨大的挑战。而在版权意识逐渐强化的情况下，任何随意应用数字化的视觉资源（如图像、视频等）的行为都有可能侵犯他人权益。而在一门课程中，特别是视觉素养课

---

① Jennifer Rourke, Zena O'ConnorLooking . Before You Leap: Testing Some Assumptions on Visual Literacy and Predominant Learning Modalities of Undergraduate Design Students in Australia and New Zealand[J]. The International Journal of Learning Volume 16, Numbere 8, 2009: 33－45.

② LearnHigher 网站地址. http://www. learnhigher. ac. uk/.

③ Ethnography 网站地址 http://www. heacademy. ac. uk/resources/detail/subjects/csap/Visualising_Ethnography_Web_Site.

程网络化以后，嵌入必要的视觉资源必须考虑到绝对的原创性和一定的借鉴性。

视觉素养课程在本土中的理论与实践研究也同样获得了高度的关注，通过在中国知网对“视觉素养”这一主题展开文献搜索(截至 2017 年 3 月底)，共有 635 篇相关研究论文，根据对关键词的梳理，发现国内对视觉素养的研究主要集中在视觉文化、媒介素养、视觉素养教育、视觉思维、读图时代及视觉素养培养等方面(如图 1-2 所示)，而专门针对视觉素养课程研究的文献较少。

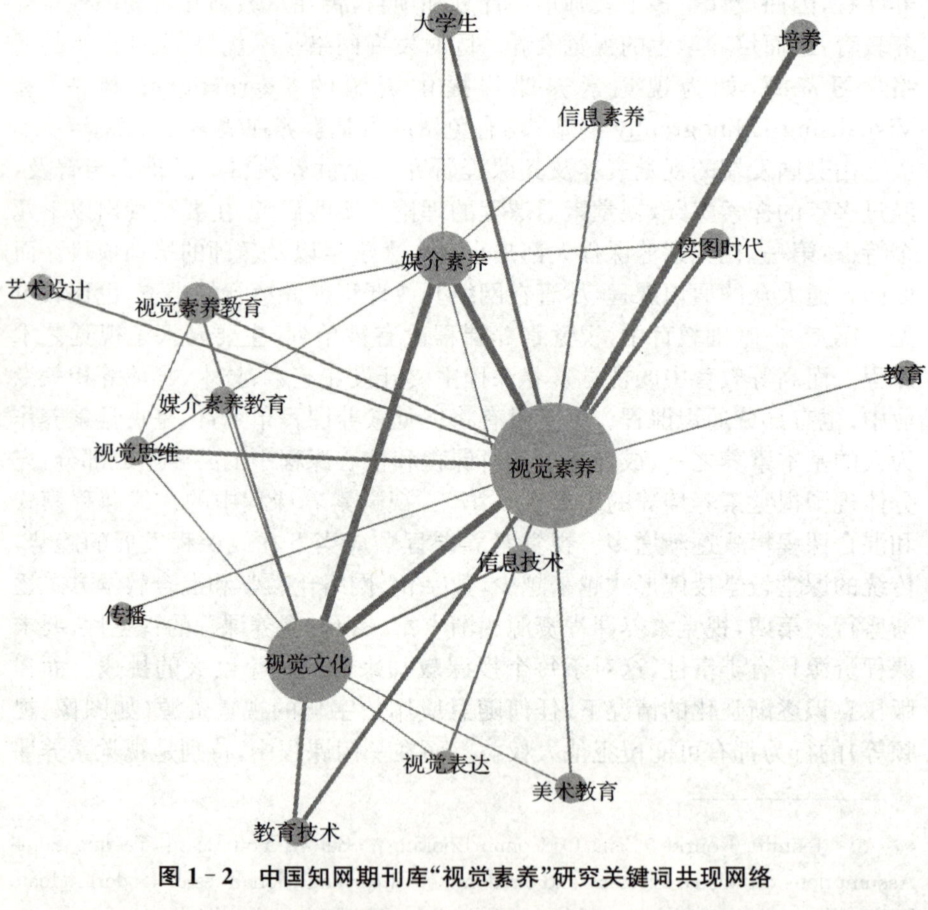

图 1-2　中国知网期刊库“视觉素养”研究关键词共现网络

在对各高校的硕博论文进行“视觉素养课程”的全文搜索时，发现共有 22 条检索结果，这些研究大都集中在对视觉素养培养必要性及相关策略中，对课程的研究只是出现在相关建议和部分教学案例中。其中胡学峰的硕士论文《视觉素养培养网络课程设计》(2006)年重点开发了视觉素养的网络课程并附以案例设计。搜索到的博士论文共计2篇:《教育技术学本科“视觉素养”课程设计研究》(2012)和《视觉艺术教育的新动向:数字时代背景下的中学新媒体艺术课程与教学研究》(2015)。两篇论文中都对视觉素养的知识结构和培养目标做出了界定。第一篇论文集中讨论课程设计与案例分析,第二篇论文重点在于在现有的中学美术课程中构建新媒体艺术的教学内容,并对相关新媒体艺术的主题开展教学实践。从文献检索的结果来看,视觉素养课程的关注重点是“学习过程”(如图1-3所示)。从视觉素养课程研究的学科分布来看,中等教育、教育理论与教育管理、高等教育、初

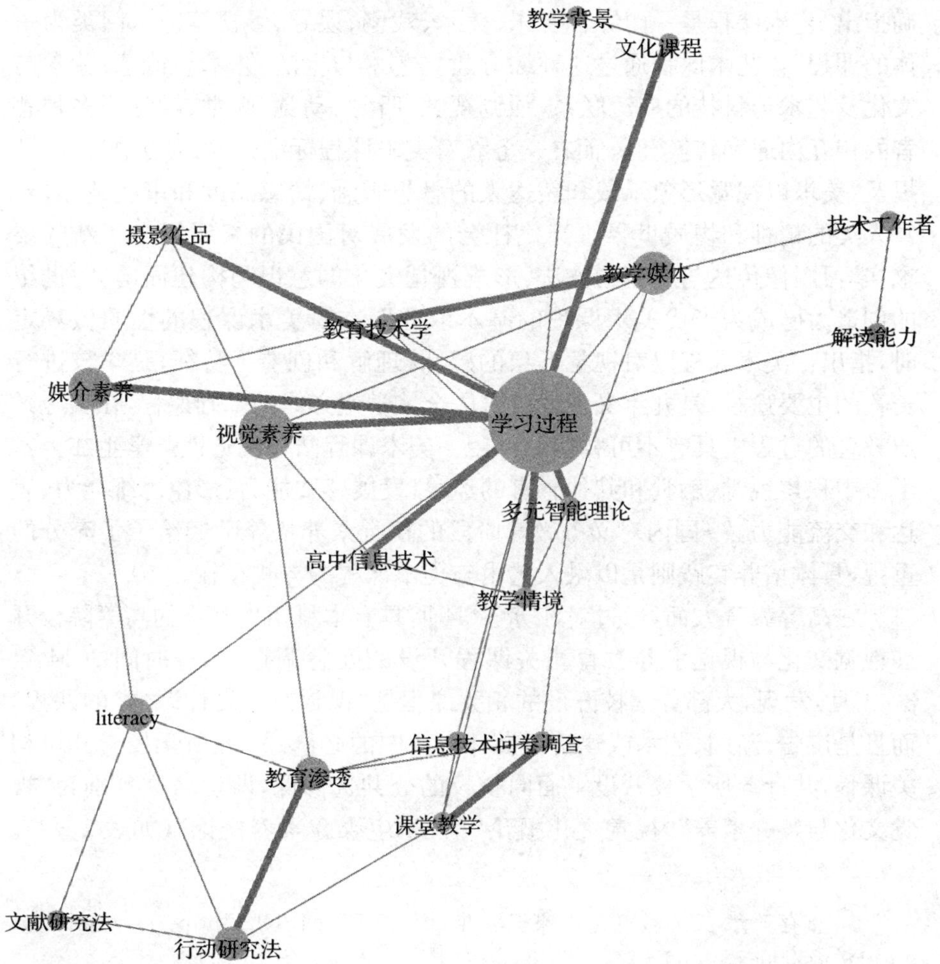

图1-3　中国知网博硕士论文库“视觉素养课程”关键词分布

等教育、工业通用技术及设备、新闻与传媒、计算机软件及计算机都有涉及，视觉素养的提升意识已经获得共识，而从课程建设视角来关注不同阶段受众的视觉素养培养的系统研究，也在不同领域中展开了具体的理论与实践研究。

从视觉素养课程的教学实践角度了解目前国内视觉素养课程的开设现状，在义务教育课程设置中，并没有单列的冠以“视觉”的相关课程。但是在义务教育艺术课程标准(2011版)与义务教育美术课程标准(2011版)中，均有对视觉素养相关培养目标的描述。义务教育艺术课程标准(2011版)明确指出“艺术课程是一门综合音乐、美术、戏剧、误导、影视等艺术门类为一体的课程”，“艺术课程通过这种综合建立艺术与生活、艺术与情感、艺术与文化及艺术与科技的广泛联系，强调视觉、听觉、动觉、嗅觉、触觉等多种感官的相互沟通和转换”。[①] 而在义务教育美术课程标准(2011版)中，开篇即提及“美术以视觉形象承载和表达人的思想观念、情感态度和审美趣味，丰富人类的精神和物质世界。当代社会的发展对国民的素质提出了新的要求，学习图像传达与交流的方法、形成视觉文化的意识和构建面向21世纪的创造力已成为当代美术课程的基本取向”，在对美术课程的性质做界定时，指出：“美术课程以对视觉形象的感知、理解和创造为特征，是学校进行美育的主要途径，是九年义务教育阶段全体学生必修的基础课程，在实施素质教育的过程中具有不可替代的作用。美术课程凸显视觉性。学生在美术学习中积累视觉、触觉和其他感官的经验，发展感知能力、形象思维能力、表达和交流能力。”[②]国内对义务教育阶段的视觉素养培养已经给予了充分的重视，具体培养实践则是以融入艺术与美术课程的方式存在。

在高等教育方面，通过对江苏省34所具有本科招生资格的高等院校开展视觉文化与视觉素养教育相关课程开设的问卷调查(调查时间2014年3—4月)发现，大部分学校开设的相关课程是“视觉艺术设计”之类的课程，而且是广告、新闻、艺术或建筑等设计专业中的必修课。8所学校未开设相关课程，共计5所学校开设了面向全校的公共选修课，课程名称分别为“视觉文化与媒介素养”“视觉文化概论”“大学生媒介素养概论”(如表1-2)。

---

① 惟存教育.义务教育艺术课程标准2011年版[DB/OL]. http://www.being.org.cn/ncs/index.htm,1-2.

② 惟存教育.义务教育美术课程标准2011年版[DB/OL]. http://www.being.org.cn/ncs/index.htm,1-2.

另外和视觉文化与视觉素养直接相关的课程还有河海大学在公共管理学院广播电视与新闻专业中开设的"视觉文化概论"和"视觉文化"选修课程。而根据南京师范大学视觉文化研究所的资料显示，面向全校学生的有关视觉文化与视觉素养的公共选修课程开设的院校有安徽师范大学、苏州科技学院、江南大学、广西师范大学、温州大学和池州学院，这些院校的有关课程的开设起始时间为2007年至2009年之间（如表1-3所示）。

表1-2　江苏省"视觉文化与视觉素养"相关公共选修课程开设院校

序号	学校名称	课程名称	选修/必修	周课时
1	南京大学	视觉文化与摄影艺术、视觉文化研究	选修	2
2	南京师范大学	视觉文化与媒介素养	选修	2
3	南京工程学院	视觉文化与媒介素养、大学生媒介素养概论	选修	2
4	江苏科技大学	中外视觉传达设计作品欣赏	选修	2
5	盐城卫生职业技术学院	视觉传达艺术设计	选修	1

表1-3　部分开设"视觉文化与视觉素养"相关课程院校

学　校	教　师	开设课程	开设起始时间	课程性质及面向对象
安徽师范大学	聂竹明	视觉文化与媒介素养；视觉文化与信息技术	2007年9月	公共选修，本科生；专业选修，本科生
安徽师范大学	张新明	视觉文化与媒介素养	2007年9月	公共选修，本科生
苏州科技学院	任永祥	视觉文化与媒介素养	2008年9月	公共选修，本科生
江南大学	张红英	视觉文化概论	2009年3月	公共选修，本科生
广西师范大学	罗双兰	教育技术视野下的视觉文化研究	2009年1月	选修，教育硕士、教育技术专业研究生
温州大学	张新立	视觉文化与媒介素养	2009年3月	公共选修，本科生；专业选修，本科生
池州学院	高祥华	视觉文化与媒介素养；开发"歪酷博客网"	2007年3月	公共选修，本科生

南京师范大学开设的视觉素养系列课程是目前国内较为系统与全面的视觉素养课程之一。该课程负责人早在2001年即开设“视觉文化与信息技术”课程，开设对象为教育技术和新闻、传播专业研究生，为国内高校首开的研究生专业必修课，总共60课时。2004年面向全校本科生开设了“视觉文化素养”公共选修课程。2006年该课程入选校首批“博雅课程”、校级精品课程。2008年被学校推荐为江苏省精品课程，并作为专业基础课向教育技术本科生开课。2009年入选国家级精品课程。2013年“视觉文化与媒介素养”课程入选第三批国家级精品资源共享课立项项目名单，并于2014年12月在爱课程网成功上线。在课程发展过程中形成了两本重要的教材——《视觉文化概论》与《视觉文化与媒介素养》，以及专题网站“视觉文化与信息技术”（http://www. fromeyes. cn）。该网站汇集了大量视觉素养课程资源，2012年该网站被联合国文明联盟添加到其官方网站（http://mil. unaoc. org/），作为视觉素养资源链接，填补了联合国文明联盟网站中中国视觉资源的空缺。

我国台湾和香港地区的视觉素养课程理论与实践研究主要呈现出两个特点，一种是将视觉素养培养纳入艺术素养培养范畴，另一种是与其他相关素养融合的培养，如与媒介素养、信息素养等相融合。1998年，我国台湾地区颁布《国民教育阶段九年一贯课程总纲纲要》，其中突出体现了艺术学习与人文素养培养相结合的思想，将原为单科的美术、音乐、表演等艺术科整合为“艺术与人文”科。利用互联网技术，建立视觉素养学习资源网站。具有代表性的权威网站有：视觉素养学习网（http：//vr. theatre. ntu. edu. tw），由文建会委和台湾大学戏剧系李贤辉副教授建构，内容包括艺术理论、艺术创作和艺术史三个部分，为读者提供视觉素养以及国内外艺术作品的相关知识。真纳视觉文化网站（http://www. sincerephoto. com. tw），主要通过丰富的摄影作品来展示人们的日常生活、风土人情和社会景观等。我国香港地区将对学生视觉素养的培养融入到媒介素养教育当中，主要通过网站来进行推广，其中最有影响的是突破网站（http://www. breakthrough. org. hk）。香港地区的视觉素养教育以媒介素养教育为主要内容，虽然起步较晚，但发展迅速。它主要由民间非营利性的教育协会或基金会担任媒体教育的运动核心，积极开发教材、进行师资培训与推广、游说政府教育部门参与。香港地区对视觉文化、视觉影像和动漫画的关注较多，其本质是对视觉信息欣赏、创造和交流的过程①。对视觉素养普惠教育的推进与视觉素养资源的建设,凸显了受众视觉素养培养的必要性。与相关素养研究的交融更是拓展了视觉素养的内涵,强调视觉信息识读、视觉作品创造与传播,以实现跨文化的交流与共享。

从现有的国内外视觉素养课程研究成果来看,第一,视觉素养与艺术素养、媒介素养、信息素养等研究相互交融。在媒介融合的时代,信息化、图像化、数字化程度越来越高,相关素养的概念与内涵相互交织,互为基础。而日益激增的视觉信息资源,挑战着受众的视觉、媒介相关素养,不断学习、加强素养培养成为必然。因此,相关素养研究在不同研究领域也愈受关注,成为热点问题。第二,视觉素养已受到高度重视,视觉素养教育也已体现在各个阶段的教育中。在基础教育课程设置中,尽管有些国家或地区没有单列视觉素养相关课程,但已将视觉素养培养的目标融入艺术与美术课程标准中,体现在艺术与美术教育正式课程中。在高等教育中,国内外视觉素养课程作为艺术教育的一部分或专业课程,或作为面向全体大学生的公共选修课数量逐渐增多。各国开始重视逐步建立不同阶段学习者视觉素养教育体系,达到学生视觉素养提升目标。第三,从现有视觉素养课程或资源的内容与素材来看,目前视觉素养课程内容与资源大多与本土文化或优秀传统文化相结合,亲近学生的实际生活与自然,如艺术与美术课程标准中对视觉教育内容的描述,以及部分大学视觉素养通识课程内容的设定,都体现了这一点。在全球化文化传播语境下,一方面通过视觉媒介传播与共享优秀传统文化,同时也可以恰当地抵御后殖民主义者所担忧的文化霸权与文化殖民。第四,学习者在线学习的需求日益强烈,加之在线免费开放课程的日趋流行与稳定,各类课程的在线开放课程设计研究逐渐成为热点。与之相伴而来的,对现有传统面授课程的挑战,相应的课堂教学策略如“混合学习”等,已经在现实的面授课堂中得以实现。视觉素养课程的数字化、网络化,面向更广阔的学习者的趋势也不容忽视。视觉素养课程顺应国家精品开放课程建设的要求也亟待完善,同时开发富有传统文化特色视觉素养双语课程的理论与实践研究也日益紧迫。

---

① 徐亚男,蔡冠群.两岸三地视觉素养教育比较研究[J].现代远程教育研究,2008(4):52-54.

追溯视觉素养及其课程的起源与发展，从视觉文化的发展历程中，分析不同时代的视觉文化的“图像”“文化”与“技术”特征，可以进一步厘清视觉素养概念的内涵及其培养目标，也为进一步开展视觉素养课程研究提供了经验与思路。

第二章　课程反思:视觉素养课程后现代建构的理论基础及反思

> 真实从微型化的细胞、母体和记忆库,以及控制模型那里被制造出来——并且它能从这些东西中被无数次地复制出来……
>
> ——[法]让-鲍德里亚

视觉素养培养以课程形式存在,主要是融于视觉艺术课程或以独立课程形式存在于高等教育的相关课程中。后现代对视觉素养课程的影响致使视觉素养课程得以建构,这种建构的必要性将以历时研究的方法与思路,探讨后现代语境下视觉素养课程何以存在、如何存在、存在价值及以何存在。

第一节 视觉素养课程的存在论追问

“视觉”这一主题自始至终贯穿于哲学、心理学、传播学的研究历程中，视觉素养这一概念尽管在20世纪60年代才出现，然而与视觉相关的教育及其课程形式，一直以融于艺术教育中的视觉艺术教育形式而存在。视觉艺术教育的历史发展一方面体现了艺术教育的发展逐渐受到重视，另一方面也体现了视觉艺术教育逐渐受重视的过程。当下视觉素养课程也与视觉艺术教育、高等教育中的专业艺术教育紧密相关。在新的时代特征下，视觉素养的内涵得到扩充，彰显时代特性的视觉素养课程的存在成为必然。

一、“视觉”存在之追问：基于哲学、心理学与传播学的考证

视觉的存在并不是孤立的，它映射在与其他学科的关联中。哲学、心理学、传播学中对视觉的青睐自古有之，一方面反映出视觉在这些研究领域中得到特别关注，另一方面也体现了视觉存在的重要性与必然性。

（一）“视觉哲学”维度的追问

视觉素养是视觉有关的知识与能力，视觉是这一概念的核心。有关视觉的理论研究大多涉及从哲学层面探讨视觉的存在及其地位，却并没有人明确或正式提出“视觉哲学”这一概念。这里之所以使用“视觉哲学”，是因为作者试图从哲学的维度为“视觉”寻根。哲学研究是有关对象的本源、本质的研究，是一切研究的基础和根基。视觉哲学是关于视觉的哲学研究，尽管没有对视觉哲学的概念的界定，但视觉哲学还是一直存在于人们认识世界与改造世界的实践活动中。视觉的高贵性自古希腊即有之，从柏拉图与亚里士多德等先哲们为视觉中心主义构筑的大厦，到语言思维的至高理性致使这座大厦轰然倒塌，再到当下后现代视觉中心主义的崛起，这段视觉发展的曲折历程，反映了视觉存在的必然性与基本事实，而视觉素养课程的当下存在正有力印证了这一事实。

1. 视觉中心主义从崛起到崩塌

视觉哲学的核心问题是解决“视觉”的本质问题。视觉是什么？这个

问题的答案在中外哲学发展中均有明确的体现。如前所述，中国古代独特的视觉哲学思想与“意象”联系在了一起。《易传》中关于“意象”与孔子关于“象”与“意”的言说都体现了中国古代哲学中的视觉形象与意义的关系。

在西方的文化传统中，视觉一直被认为是最为高贵的感官能力，视觉与灵魂一样是脱离于肉体而存在的高贵的理性。柏拉图借提麦奥斯之口说出神与视觉的关系①；亚里士多德也是视觉中心主义构建的主要奠基者，他在《形而上学》的开篇就提到视觉的突出地位②。这种视觉中心的地位对保证人的哲学的理性思考的纯洁性是至关重要的。视觉中心主义的思想在近代仍然有着大量的支持者，美国现象学家汉斯·乔纳斯在论文《高贵的视觉》中谈道，“只有视觉能够提供感觉基础，通过这一基础，心灵才能产生恒久的观念，或者说永恒不变和永远存在的观念”，“因而视觉所及之处，心灵必能到达”③。然而随着世界图像的到来，结构主义、后现代思潮不断冲击着视觉中心的地位，视觉理性的认知受到人们的质疑。无所不在的看与被看交织在一起，迷惑了人的双眼。从居伊·德波的“奇观社会”的描述，到安妮·弗莱伯格对“社会影像增值”的诠释，再到鲍德里亚“拟象”的提出，视觉中心主义所倡导的对视觉对象特征的关注已经被推翻，视觉哲学的研究焦点应该是视觉对象和看的行为的可能性机制。在人类认识世界与改造世界的进程中，千百年来所树立起来的视觉中心主义的大厦轰然倒塌。这一认识是对视觉哲学研究的重要突破，如果仅仅关注视觉对象本身的视觉哲学研究，带给受众的便是更大的迷惑和沦陷。而关注看与被看的关系，从“看”到“看见”到“看懂”到“看好”的看的行为机制的研究则是当下视觉哲学研究的重要内容。

2. 后现代视觉中心主义的复兴与质疑

视觉中心主义的建立到瓦解，是视觉哲学历史发展的一条显性线索。而从人类认识世界与改造世界的理解与表征方式的历史转向变化中，又

---

① ［美］雅克·拉康. 视觉文化的奇观——视觉文化总论［M］. 吴琼，译. 北京：中国人民大学出版社，2005：4.

② 亚里士多德. 形而上学［M］. 北京：商务印书馆，1959：S1.

③ Hans Jonas. “The Nobility of Sight ”, in Philosophy And Phenomenological Research, 14 - 4, 1954:519.

能清晰地看到一条视觉哲学发展的隐性线索。视觉哲学在这两个转向中,关注度从顶峰到谷底再到崛起,曲折地前进。20世纪西方哲学的一个重要转向是"语言学转向",这种认识基于近代哲学家对"思想"的关注。古代哲学家更多关注的是事物本身,事物是什么,是其本身的形态,或者说视觉可见的特征(即视觉中心主义)。而近代哲学家则认为要想对事物进行准确的认识,必须对之加以"概念"的描述,即通过"语言"表达出来。此时视觉这一感官能力的高贵地位在下降,语言的精确表达程度直接与理性、智慧、逻辑等联系起来。然而到了19世纪中叶以后,没有一个先知能够预测到摄影、电话、电影等的出现对语言的极大冲击。"视觉文化"的概念在这一时期被提出,这是视觉哲学发展的重要理论成果。美国芝加哥大学学者W·J·T·米歇尔提出,"视觉文化是文化脱离了以语言为中心的理性主义形态,日益转向以形象为中心,特别是以影像为中心的感性主义形态,视觉文化,不但标志着一种文化形态的转变和形成,而且意味着人类思维范式的一种转换"[①]。用语言去"看"是思维的一大进步,语言是智慧的代言人。而在图像时代,视觉图像可以表达语言所不能及的思想,在生动的图像面前,语言显得苍白。通过图像还可以"读"出超越语言表达单一性的多种内涵。从用语言去"看"到用图像去"读"的转向,打破了"语言"的中心地位,视觉理性被推到幕前,这种从语言到视觉的转向预示着视觉哲学必将崛起。

在视觉图像肆意任行的当下,"视觉"的地位得以凸显,但是有关视觉本质的思考同样在考验着我们。今天有关视觉哲学需要研究的问题不是欣喜视觉的成功转向,而是在语言与视觉的相互转换的关系上。在视觉图像世界已成事实的今天,语言理性能否得以顺利地转向视觉理性?可能不行,能够读懂文字不代表能够读懂图像,视觉素养的匮乏是一个亟须解决的问题。同样视觉哲学也不再会轻而易举地转向语言哲学,人们习惯了读图的同时,文字阅读与表达的能力见衰,这似乎是一种无奈,但同时也是令视觉素养的内涵更加丰富的研究命题:视觉素养培养的应该是对所有表征符号的认知、理解和运用。

---

① 周宪.读图身体意识形态[A]//文化研究:第三辑[C].天津:天津社会科学院出版社.2002:72.

（二）“视觉心理学”维度的追问

“人体中超过70%的感觉接收器集中在眼睛上”[①]，视知觉是不可忽视的一种知觉，其存在的意义及重要性一直与人的思维有着千丝万缕的联系。钱家渝指出，“视觉心理学是研究视觉与思维的特殊关系，而不是研究一般关系的”[②]，以此来区别视觉心理学与视觉美学。视觉心理学为视觉表征提供了一定的法则与原理，这也是它与视觉美学处理视觉与思维一般关系的区别所在。钱家渝追溯了视觉心理学的远古足迹，从视觉形式的表现特征到视觉形式的思维特性，指出视觉与科学的关系，提出“两个形式”“三个阶段”的视觉心理学法则。[③]

从认知心理学的角度来看，视觉与认知也产生了必然的联系。产生于20世纪70年代的“图式理论”（Schema Theory）揭示了视觉与认知的关系。“图式”最早由德国哲学家康德（Immanuel Kant，1781）在他的著作《纯理性的批判》（*Critique of Pure Reason*）中提出。1932年英国心理学家巴特莱特（Frederic C. Bartlett）基于他对记忆的研究，在其著作《记忆：实验与社会心理学的研究》（*Remembering: A Study in Experimental and Social Psychology*）[④]中提出了图式理论。而将图式理论与认知科学结合是在20世纪70年代，Anderson（1977）提出，学习者获得读与写的认知，事实上是将所学整合到学习者脑中原有的概念框架中。图式变成知识的“结构”，厘清了各种认知的组成。[⑤] Hacker（1980）则明确指出这个先前获得的知识被存储在记忆中，以概要认知结构的形式而存在的正是“图

---

① [美]保罗 M·莱斯特. 视觉传播形象载动信息[M]. 霍文利，史雪云，王海茹，译. 北京：北京广播学院出版社，2003：18.

② 钱家渝. 视觉心理学——视觉形式的思维与传播[M]. 上海：学林出版社，2006：1.

③ 钱家渝. 视觉心理学——视觉形式的思维与传播[M]. 上海：学林出版社，2006：79.

④ Bartlett, F. C. Remembering: A study in experimental and social psychology[M]. London: Cambridge University Press，1932.

⑤ Richard Anderson. Schema-directed processes in language comprehension[M]. Technical report No. 50, Urbana, IL. Center for the Study of Reading, University of Illinois，1977.

式”。[①] Rumelhart(1981)则认为图式意味着更多,是认知的各个模块,它们是信息加工所依赖的基本元素。图式允许学习者说明知觉的数据(包括语言与非语言的)、检索记忆中的信息、组织行为、设定目标层次、为引导信息加工过程分配资源。[②] 格式塔心理学描述,一个格式塔,尽管其各部分的性质发生改变,但这一格式塔仍然存在,换言之,仍然能识别出它是这个格式塔。一个具有高度视知觉的人是能够将“不完全”的格式,用平衡、重复、对齐等方式自我补充,形成自己的认识的。而作为一个视觉表征创作者,也是能采取格式塔的心理原理对表征进行适当的“不完全”处理,以激发观众的视觉想象,形成自我个性化的认知的。这种理论得以构成,与认可视知觉的存在及积累先前的视觉经验而存在于人的记忆中的视觉意象紧密相关。

鲁道夫·阿恩海姆在其《视觉思维》一书中指出:“在那些致力于培育自己的感性能力的人中——尤其是艺术家中——有不少人对理性采取不信任的态度,认为它是艺术的敌人;另一方面,那些从事理性思维的人,又喜欢把理性思维说成是一种完全超越了感知范围的获得。”[③]阿恩海姆批判了这种非此即彼的两极分化的认识,确立了知觉与思维的统一。他强调了视觉意象的重要性,这种视觉意象并不是简单的形象,而是通过知觉加工后的形象加抽象的思考,这种思考有助于创造性思维的产生。因而阿恩海姆推断出,“视觉形式又是创造性思维的主要媒介”,“一旦我们认识到创造性思维在任何一个认识领域都是知觉思维,艺术在普通教育中的中心地位便变得十分明显了”。[④] 这里他将有关视觉的教育作为整体纳入了艺术教育中进行思考。另一方面,阿恩海姆还从教育者的角度,谈及视觉思维在教育中的应用建议,他认为,视觉性材料的呈现可以帮助学

---

① C. J. Hacker. From schema theory to classroom practice[J]. Language Arts, 1980(57):866-871.

② David Rumelhart. Schemata: the building blocks of cognition[C]. John Guthrie (Ed.): Comprehension and teaching: research review. Newark, Delaware, International Reading Association, 1981.

③ [美]鲁道夫·阿恩海姆. 视觉思维[M]. 滕守尧,译. 北京:光明日报出版社,1987:27.

④ [美]鲁道夫·阿恩海姆. 视觉思维[M]. 滕守尧,译. 北京:光明日报出版社,1987:426.

生降低单纯依靠阅读与听觉获得知识的难度。然而他又提出，教学的设计者在设计视觉表征图式以帮助学生理解时，可能出现艺术化的倾向，从而造成学生理解上的偏差。他对视觉教学辅助的重要性及可能出现的问题都作出了强调与规定。

以此看来，视觉与思维的关系是视觉心理学关注的焦点，而有关视觉的研究也出现在心理学研究的各个历史时期，这种心理学维度的视觉关注在近代逐渐迁移到学习者的学习研究中，也必然带来视觉在教育中应用的可能性。

（三）"视觉传播学"维度的追问

传播学中的视觉追问可以从视觉图像及视觉表征的直接观看者——受众的角度加以追溯。施拉姆曾对传播的符号进行分类，他认为，传播的"符号可以是语言的或非语言的，可以是视觉的、听觉的、嗅觉的和触觉的。它可以是说的话、写的字、印的书和画的画，可以是姿势、微笑、拍肩、大笑或香味"。[①] 基于视觉的传播符号可以认为是"非语言的"，这与迪贝斯（Debes）提出的"非言语交流"（Non-Verbal Communications）的视觉语言是一致的。而构成视觉表征的重要元素——图像，是视觉传播的重要载体。这种非语言的视觉表征传播自古有之，以图像为线索可以厘清视觉传播的历史存在及发展。图像不论是静止的还是动态的，不论是平面的还是立体的，都是视觉传播所要研究的内容。对于图像的关注可以追溯到远古时期的图腾，图腾文化有着深厚的内涵，代表着一个民族的信仰和礼仪文化，其代表就是图像化的某个动物、植物的形象。古人试图使用洞穴壁画等"图像"的方式向后人讲述当时的历史与文明。到了文艺复兴时期，图像更多地被认为是"艺术的图像"，作为一种艺术形式，代表一种高雅的文化。因此潘诺夫斯基图像学中的图像是一种视觉艺术，诸如绘画等。曹意强还特别提出了"图像证史"的有效性与误区。[②] 对于受众来说，尽管缺乏语言描述的图像存在，甚至可能存在意义上的偏差，然而辅以图像的佐证，历史事件逐渐清晰明朗，

---

① ［美］威尔伯·施拉姆，威廉·波特. 传播学概论［M］. 何道宽，译. 北京：中国人民大学出版社，2010：63.

② 曹意强，迈克尔·波德罗. 艺术史的视野——图像研究的理论、方法与意义［M］. 杭州：中国美术学院出版社，2007：3.

由此可见当时图像传递的真实性。

而后现代图像，则与成像技术、计算机技术紧密相关，最初的照片洗印技术与现今的“数字化的位图”让人们能够将瞬间定格，将知识图像化，并批量生产便于传播。然而正如本雅明所提出的机械复制理论一样，图像经历了多次的机械复制，已经不再是原来的图像，而是失去了原有的“光晕”，呈现给受众最初的真实性与美感的图像变成了“像素”似的颗粒集合。图像时代的到来，让人们的生活方式正在从“文字化生存”演变成为“图像化生存”。海德格尔指出，“从本质上看来，世界图像并非意指一幅关于世界的图像，而是指世界被把握为图像了”①。这种图像化生存危机则来源于视觉所见的后现代主义的代表法国思想家鲍德里亚所提出的“拟像”，“真实从微型化的细胞、母体和记忆库，以及控制模型那里被制造出来——并且它能从这些东西中被无数次地复制出来……”②，表象本身就是真实，并且是一种逾越真实之上的“超真实”。视觉传播的链条仍然存在，然而传递的信息却难以让受众进行解码。

视觉历来与人类的文化和历史传播紧密相关，在后现代的视觉传播中，则体现了后现代性的自身矛盾，一方面享有空前绝世的视觉盛宴，另一方面又必须时刻警惕视觉传播的危害性。

二、从视觉工艺到视觉艺术：视觉教育发展的历时研究

从哲学、心理学、传播学等方面追溯视觉的历史存在，也可以看出视觉在人类历史上发展的轨迹。然而教育学从未与哲学、心理学、传播学脱离过，在视觉性如此彰显的各个历史时期，有关视觉的教育也从未缺席。视觉素养这一概念出现在20世纪60年代，与之相关的视觉教育是以艺术教育的存在形式贯穿于历史，即便在今天也是如此，视觉素养的培养仍然部分归于视觉艺术教育的范畴。从视觉艺术教育的发展历程中（如表2－1所示），可以看出从视觉艺术教育机构、教育内容与目标以及课程的变化等方面，视觉教育都在逐步专业化，并向课程体系发展。

---

① ［德］海德格尔. 林中路［M］. 孙周兴，译. 上海：译文出版社，2004：91.

② ［美］让-鲍德里亚. 拟仿物与拟像［M］. 密歇根：密歇根大学出版社，1994：2.

(一) 从视觉艺术教育机构的演变看视觉艺术教育的发展

视觉艺术教育机构的演变,体现了从专业性、职业性向大众性转化的倾向。视觉艺术专业教育机构向普通学校教育的转变经历了曲折的过程。裴斯泰洛奇提出的视觉艺术教育内容——"听闻声音(言语和歌声);辨认形式(包括测量和制图);认识数字",直接指向视觉艺术的基本素养培养目标。因而他也是最早提议视觉艺术教育应当进入普通教育,应当成为让大众也体验到基本素养的教育。19 世纪前,视觉艺术教育大多以美术教育的内容为主,因而专门的艺术学院是视觉艺术教育开展的主要机构。在专业的教育机构接受艺术教育也并不是普通人能够享受到的。直至 19 世纪,视觉艺术教育才融入到综合性大学中,但是仍然是综合性大学的艺术专业。视觉艺术教育一直以专业的工艺或技能为培养目标,旨在培养能够掌握艺术创作技能或技巧的艺术家。而从主体精神需求的视角,作为普通受众是否也能接受一些基本艺术技能,更好地"看"或品鉴视觉世界,这种教育目标或培养理念一直未被所有人接受。要想使大众真正接受视觉艺术教育,就应当将其纳入到普通学校教育中。史密斯就曾制订了从小学至中学的系列图画教学计划。从视觉艺术教育纳入的教育机构类型的变化,可以看出视觉艺术教育旨在培养的高雅的艺术素养正逐渐成为大众素养的一部分。

(二) 从教育内容与目标转变看视觉艺术教育的发展

视觉艺术教育的内容自古以来一直以美术教育的基本内容为主,如绘画、设计等,这些内容承袭了艺术教育中工艺美术的培养目标。直至 19 世纪、20 世纪视觉艺术教育的内容才得以拓展,从美术教育延展至设计理念与自我的创造。各个时期的教育目标与当时社会发展对该学科的要求紧密相关,前现代时期的视觉艺术教育大多以技艺的低等身份存在,尽管在文艺复兴时期出现了一大批优秀的艺术作品。随着现代工业发展的需要,科学与理性的标准束缚了视觉艺术教育的发展,工业设计的标准化开始运用到视觉艺术教育中,强调以科学标准的精确性来评价视觉作品。视觉艺术教育所反映的技艺的工具理性认识构成了现代视觉艺术教育功能的基础。20 世纪下半叶以来,随着视觉媒介技术的发展,社会经济水平的提高,消费社会的商品化直接影响了视觉艺术教育的培养目标和内容,特别是后现代思潮影响下的视觉艺术的泛审美化(尽管视觉艺术审美一直未被重视)、商品化,视觉艺术带来的文化殖民倾向与多元评价标准带来的道德危机。正如视觉艺术教育走进普通教育领域的艰难历程一样,为了使普通大众同样具有视觉素养,视觉艺术教育开始从美术教育的基本技法逐渐拓展到素养的培养,目标不再定位于专门的职业人才、高雅文化以及精英教育,而是人的基本素养。

(三) 课程意义上的视觉艺术教育发展

从历史上来看,视觉教育最初是聚焦在工艺技能培养上的。从古典时期开始,以家庭作坊形式开展的视觉教育,主要教授学徒进行雕刻、建筑,以及其他手工艺品的制作技能。言传身教的师徒传授方式是将艺术教育作为一种手工技能来传授的,视觉教育尽管在时间或程序上经历了系统训练,但是并未形成规范的教育体系。作为培养艺术技工为主要目的的视觉教育,起点是为了生存,而非艺术感染或享受等精神需要,因而视觉教育培养的技工的社会地位也是低下的。到了雅典时期,技工的社会地位有所提升,视觉教育的主要内容开始以绘画为主,而开展教育的场所也从以往的家庭作坊转向了私人学校。但是这种私人学校还并未出现课程的系统教育形式。到了中世纪,由于统治者对人们思想的禁锢,且为了维护宗教信仰的神圣地位,视觉教育培养出了一大批塑造宗教神像的绘画、雕像等技工。直到文艺复兴之后,视觉教育才逐渐出现视觉艺术的教育倾向,开始研究艺术创作手法等专门的理论知识。

真正以课程形式存在的视觉艺术教育与课程出现的历史时期相仿,19世纪裴斯泰洛奇和史密斯均以课程的形式开展视觉艺术教育。第二次世界大战末期,以莫霍利·纳吉的《运动中的视觉》(*Vision in Motion*,1947)和捷尔吉·凯佩斯(Gyorgy Kepes)的《视觉语言》(*Language of Vision*,1944)两本教科书为教材的课程成为包豪斯的基础课程,这两本教科书的影响从欧洲大陆遍及北美,出现了不再以"美术""绘画""建筑"等专门艺术术语命名的教科书与课程,直接冠以"视觉"二字的课程逐渐增多。

表 2-1 视觉艺术教育的历史发展(古典时期至 20 世纪)①

序号	历史时期	重视程度	教育机构	教育内容	教育目标	课程
1	古典时期	低	家庭作坊	雕刻、建筑、手工艺	培养技师、工匠	无
2	雅典时期	稍高	私立学校	绘画为主,内容为人体结构	稍高地位的职业技师与工匠	无
3	中世纪	低	僧侣学校、教会	黑体字抄写到画工再到书籍装订	绘画和雕像被用来解释宗教的教义	无
4	文艺复兴	较高	新式学校:宫廷学校等	讨论艺术理论、绘画技巧并积极创作,对人体的临摹成为流行技艺	依靠人的大脑而不是手工可以完成的,质疑高超的技艺、技法等技术手段的视觉艺术创作方式	无
5	17 世纪	较高	绘画雕塑学院(1648)、建筑学院(1671)等	讲座和学生的自主临摹为主,讲座内容主要是透视画法、几何学、解剖学,特别是绘画作品分析	视觉艺术是用来维护专制主义的宏伟形象,不再是精神的享受与愉悦	无
6	18 世纪	较高	法兰西学院	绘图技术一度成为一切技艺的基础	视觉艺术教育的功能在于满足工业生产的工人和技工的制图与设计的需要	无
7	19 世纪	高	专门艺术学院、视觉艺术教育融入综合性大学(1868,英国),融入公立学校,成为普通教育的一部分	裴斯泰洛奇的教学法:听闻声音(言语和歌声);辨认形式(包括测量和制图);认识数字。公立学校:几何图形。史密斯的图画教学计划,1872 年他在小学各年级开设了徒手画、模型画和技艺画课程	一是提高书写能力,二是一种基本的工业技能,三是一种道德力量,以减少穷人的犯罪率。学生作业是以精确和正确与否来评价,不允许学生的创造力的发挥	有
8	20 世纪	高	艺术学院、普通高等学校、公立学校(包括义务教育学校)	设计学习的意义在于探索视觉的基础,设计要素是人们通过对材料的观察研究而获得的重要发现,从而创造出富有表现力的形式	艺术与其他科目的结合,围绕学校及社区直接面对的生活中心问题重新设置学校课程。品行目标为主,为了纠正艺术教育不能提供具体的事实来证实他们的教学计划会使行为产生理想的变化	有

① 根据该书整理,[美]阿瑟·艾夫兰. 西方艺术教育史[M]. 邢莉,常宁生,译. 成都:四川人民出版社,2000.

第二节　视觉素养课程的认识论辨明

认识论将认识本身作为研究对象与内容，是对认识本身进行的哲学反思。对认识本身的研究不能仅仅从一个时间节点或横切面来了解，因而认识一个事物首先要有整体性的眼光。同时事物发展的过程是运动的，而非静止的，因而对事物的认识也要遵循发展性与动态性的原则。后现代语境下视觉素养课程的认识论研究是将后现代视觉素养课程作为认识的对象，对其进行整体与动态的考察，从认识论的角度确立后现代语境下视觉素养课程建构之必要性。

一、视觉素养课程认识论的界定

有关认识论的问题是一个哲学问题，对认识的认识是一种反思。对认识论的研究需要一定的哲学基础及脱离于特殊的、具体情境的一般意义上的总结。因而对认识论的认识很容易出现仅仅对“认识”这一词语字面上的理解，而并不能从根本上把握认识论。如郝德永对“课程认识论”的理解是从课程性质与理念上谈课程认识论当下的“冲突”，并澄清一种新的课程认识理念。[①] 当然任何哲学的思考都将应用到对具体对象的研究与讨论中，对认识论的一般意义的理解有助于针对特定概念的认识论进行解读。诚然，这种理论依据需要更加下位的问题来支撑，才能更好地指导实践。在《认识论引论》中对“认识”这一问题，夏甄陶提出需要回答以下两个问题：谁在认识与认识什么，[②]其中，“谁在认识”是涉及认识“主体”的问题，而“认识什么”是认识的“客体”问题。他提出对认识论的分析能够为具体事物的认识论层次的研究提供较好的下位支撑，为应用于一般问题的认识论研究提供一个有效的“公式”。夏甄陶进一步指出，主体与客体构成认识的两极。要弄清楚认识的发生过程，还必须对主体、客体以及主体与客体的相互关系进行逐个分析。对于主体的界定，一般意义上的理解是将人作为具有认识能力的主体而存在，而作为人在认识自然进而改造自然的过程中，需要认识人外部的事物，这些被认识的、处于外部世界的事物则成为客体。认识论不

---

① 郝德永．课程认识论的冲突与澄清[J]．全球教育展望，2005(1)：15－19.

② 夏甄陶．认识论引论[M]．北京：人民出版社，1986：4.

仅需要明确主体与客体的身份，在对某一认识的主客体界定之后，还需要解答以下问题：对于主体而言，主体是否具备认识客体的能力？这些能力的影响因素有哪些？而客体则涉及能否被主体所认知、其可见的形态是什么、能够被主体识别的认识程度是什么等问题。

因而对后现代语境下视觉素养课程认识论的研究就必然要回答“谁在认识”和“认识什么”的问题，而在不同的时代特征影响下，这其中的“谁”与“什么”又分别具象指代什么？对“谁”的认识能力及影响认识能力形成的因素，以及如何获得认识能力需要探明，而对“什么”的客体之所以被认识的依据、其存在的可见性如何等问题也需要澄清（见图 2－1）。

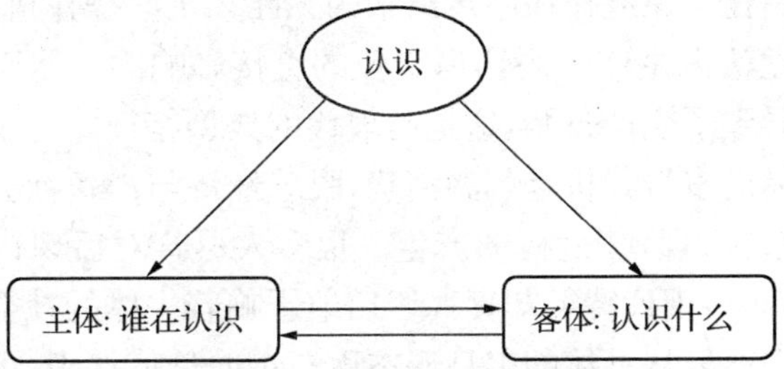

图 2－1　认识的主体与客体

二、视觉素养课程认识论的“主体”解读

对后现代语境下视觉素养课程认识进行研究，首先需要确立视觉素养课程认识的主体。根据本研究的视角定位，从视觉受众的角度来看，这一认识主体显然是视觉制品或产品的消费者。视觉主体对视觉相关教育的需求与认识决定了视觉相关教育的目标指向。因而，研究视觉主体在各个历史时期是否具备认识能力、能力如何、认识能力的结构如何，以及影响其能力形成的因素有哪些，将直接影响当时的视觉相关教育。

视觉素养课程产生于课程的形成时代，在 19 世纪之前，并不存在课程一说，因而对视觉素养课程以视觉相关教育来指代其发展前身。通过对视觉相关教育的历史回顾，人类最初在认识视觉艺术教育这一事实时，也是延袭世代相传的教育方式，以长辈向晚辈传递、以师带徒的形式，传授视觉艺术知识。在前现代时期，从视觉可以产生对主体的影响的角度来看主体对视觉的认识，这样的认识能力是有限的。视觉产品或制品被认为是技艺层面的成果，而在技术不发达的彼时，以手工为主的视觉制品的生产是普遍的，而这一对视觉制品的认识完全取决于当时的人类生存的需求。以农业为主要支柱的历史时期，人们面临需要解决温饱得以继续生存的问题。尽管在这其中的某个历史时期出现了昙花一现的供视觉欣赏的精神世界的视觉认识，然而也最终不得不向生存需求妥协。随着技术的不断进步和人类文明的不断推进，三次工业革命将视觉制品的生产从家庭作坊拉到工厂的生产线上，强调模式化、批量生产的视觉工艺认识使得为人类生存所需的视觉制品大量出现，因而人类主体对视觉的认识也还是停留在"工具"层面。这一主体对视觉认识的定位，使得视觉的相关教育从家庭、教会等走向课堂。目标定位准确、批量生产模式被搬进课堂以后，视觉相关教育培养出来的技术工人只是比从家庭作坊中走出来的工匠多了些操作机器的技能，这种结果是受到视觉认识主体主观认识定位的直接影响的。然而这种大规模生产的结果直接导致了生产过剩，这是后现代的典型特征。为现代性的后果承受这种过剩产品的直接代价是刺激消费，眼球经济与消费社会产生的对主体的不良影响带来"后现代"危机的产生。很多人尽管对后现代这一时代的到来并不接受，然而后现代特征却真真切切地影响着主体的社会生活。对视觉相关教育的认识已经从具体的工具形态逐渐走向价值认识，由以往的生活必需转化为精神必需。对视觉制品的消费直接与主体对其观赏价值有关，一种反理性的认识危机也伺机潜伏。然而从辩证的角度来看，后现代视觉消费不仅丰富了主体的物质生活，也带来了主体精神生活的富足。这种认识危机恰恰体现了后现代对视觉相关教育的新需求——视觉素养的提升。

从古至今，主体对视觉制品的认识能力不断增强，这种认识的定位导致认识能力的结构也在不断调整，从工具到价值层面，从感性到理性再到感性的认识，均受到当时社会主体生存环境的直接影响。因而视觉相关教育的目标定位、实施方式和评价模式等都将随着主体对视觉的内涵认识而发生变化，后现代语境下视觉素养课程的建构正是建立在这种急剧变化的需求之上的。

表 2-2　不同时期视觉相关教育的主体认识分析

序号	时代划分	认识能力	能力结构	影响因素(社会形态)
1	前现代	★	器(手工为主):技艺等	农业社会:解决生存问题
2	现代	★★	器(机器为主):工艺等	工业社会:大规模生产
3	后现代	★★★	由器而道:工具到价值	后工业社会:过剩、消费社会

三、视觉素养课程认识论的"客体"演变

主体与客体的相互关系建立在认识的基础上。主体有认识客体的需求，客体有被主体认识的价值。对后现代语境下视觉素养课程认识论客体的认识也建立在主体认识需求的基础上，因而脱离主体的客体分析是没有意义的。客体被主体所认知是基于主体的认识需求，客体可见形态的变化也必将随着主体的这种认识观而改变。在视觉认识主体对视觉制品的认识过程中，视觉制品的形态与功能相应地发生了变化，同时这种客观存在的变化需要视觉主体的主观认识与之适应。在认识与被认识之间，主观认识与客观存在之间在相互作用，这种体现在后现代的作用变化导致了视觉素养内涵的变化，并在客观上要求主体重构并提升对视觉的认识。这种体现在课程上，则表现为对这种变化的呼应，导致了视觉相关课程的必要建构。

对视觉客体的分析，离不开对构成视觉的基本要素——图像的分析。主体对视觉的认识，是基于图像的认识。朱存明[①]将图像的演变过程概括为三种图式：图腾、图像和仿像，并从多个角度描述了不同范型的图像特征（见表2-3）。图像的原始形态是图腾，图腾形成的文化是以宗教膜拜为核心的，由于对客观世界的认识不足，图腾的出现代表了一种美好的幻象与冥想。以宗教信仰的认识方式展开视觉的教育是为了维护宗教的权威，这种认识一直延续到中世纪，而且在中世纪尤显突出。在视觉相关教育的实践中，是以工匠们创造宗教宏伟形象为目的的。而对于图像的实像状态是一种真实的符号再现，如同早期绘画强调的写实风格与摄影的纪实性。所见即所得，是受众主体对视觉表征的最好诠释。然而借助技术的优势，大量图像可以被机械复制，带来工业生产的剩余视觉制品，构成了一个居伊·德波所描述的"景观社会"："在现代生产条件无所不在的社会，生活本身展现为景观(Spectacles)的庞大堆聚。直接存在的一切全都转化为一个表象"。[②]图像表征背后是另一幅被复制的图像，毫无表征意义。受众主体对视觉客体的认识存在障碍，"看"不等于"看见"，"看见"不等于"看懂"。同时由于大众传播媒介与技术的普及，普通的视觉观看受众主体也可以轻易地转身为视觉表征的创作主体（尽管创作主体不是本研究的考察对象），更加剧了表

① 朱存明. 图腾·图像·仿像——论视觉文化的历史范型[J]. 文学前沿，2002(5)：2.

② [法]居伊·德波. 奇观社会[M]. 王昭风，译. 南京：南京大学出版社，2006：3.

征的仿像景象。如米歇尔描述的:"如果我们自问为何图像转向刚好出现在当下,即20世纪后半叶,这个常被称作后现代的时代,我们会面临一个悖论。显然,一方面,视频、赛博技术、电子复制时代以不可预期的能力发展了视觉模拟和幻觉的种种新形式。另一方面,形象恐惧、担心'形象的力量'最终甚至可能会摧毁它们的创造者和操纵者的焦虑,与形象制造本身一样历史悠久。"①图像转向带来的不可控性不仅给视觉表征的观看主体带来不良影响,还给表征的创作者带来焦虑。在视觉相关教育批量生产需要的基础上,必须面向消费社会的现实,体现视觉观看主体视觉素养教育的重要性,这种教育一方面为提升视觉表征的欣赏与解读能力及培养良好的视觉表征创造氛围,另一方面也需要警惕视觉表征的不可见性及负责任地创作视觉制品。辩证地看待后现代对视觉表征的影响,已经超出以往任何一个时期视觉相关教育的目标和内容。后现代语境下的视觉素养课程必须重新审视主体的认识能力与客体变化甚至异化的趋向,重塑受众的视觉素养内涵,提升其视觉素养。

表 2-3　图像演变的范型及特征

范型 特征	图　腾	图　像	仿　像
时代	原始的	古典的	现代的(后现代)
技术	石器、彩陶	金属、机械	光、电传播
信息方式	面对面	印刷书写媒介	机械复制
镜像期	水鉴	镜子	照相、摄影
主要艺术形式	崇拜物、仪式	绘画、雕塑等	照片、电影、电视
形象特征	幻象	实像	仿像

第三节　视觉素养课程的价值论探析

视觉素养课程价值论旨在探索视觉素养课程的存在价值,这是课程客

① W. J. T. Mitchell, Picture Theory: Essays on Verbal and Visual Representation[M]. Chicago: The University of Chicago Press, 1994:15.

体的存在对主体的价值体现。在后现代语境下，视觉素养课程价值取向的变化带来视觉素养课程的必要反思，因而后现代语境下视觉素养课程的价值取向及该如何重新定位的问题需要厘清。

一、课程价值的三种取向

课程价值的内涵最为经典的就是关系学说的价值定义，即价值是价值主体和价值客体之间的一种相互满足的关系。① 课程价值的实现是课程价值主体和课程价值客体之间的一种相互满足的关系。课程价值是课程能否构成学校教育课程体系中的一员的重要考量指标。对课程价值的研究，一般从两个维度加以考察。一方面，从课程本体的角度而言，课程知识本身的价值性是决定课程能否存在的重要依据。另一方面，课程对客体的价值表现，即从普遍意义上界定，课程对人与社会的价值贡献。课程服务的对象是受教育者，因而人的学习需求是课程发展的起点与终点。是否符合整个社会的形势特征与需求等也是课程价值的体现。因而，课程价值的三重表现体现为：知识价值取向、社会价值取向与人本价值取向。

（一）知识价值取向

陈玉琨（2000）曾对课程价值做如下定义："课程的价值是作为客体的课程与其学习主体之间的一种特定关系的反映，其本质是对备择学习领域及其知识相对价值的比较研究。"②他进一步指出课程存在于学校教育体系中的关键是"备择学习领域及其知识相对价值的比较研究"。以知识为价值取向来确立学校教育中课程的存在及其价值，是课程价值的一个重要体现。古典时期以来的教育价值观中，就包含了知识价值的观念。人类学习或接受教育的目的是学习知识，只要是有价值的知识，就可以将其纳入教育内容。"要把教育建立在知识的本质及其重要性的基础上，而不是建立在儿童的偏好、社会需要或政治家的意愿基础上"，因此，课程"必须根据知识本身的状况与逻辑来组织"。③ 斯宾塞关于知识作为课程的重要价值的思想中，特别强调了科学性。从现代科学知识的发展历程中，也可以看出为满足工

---

① 刘向永，周惠颖. 我国课程价值研究的现状与趋势[J]. 教育理论与实践，2012(32)：38.

② 陈玉琨. 课程价值论[J]. 学术月刊，2000(5)：102.

③ 单丁. 课程流派研究[M]. 济南：山东教育出版社，1998：392 - 393.

业生产需要的科学知识课程的重要性。知识价值取向的课程强调将知识的分类及知识内部之间的关系作为课程知识的结构，而学生接受新知识是建立在先前的知识基础之上的。学者尽管对知识价值取向的课程价值观有很多质疑，如过分强调知识本位，让学生专注知识的记忆与储备，为知识而学习，然而这种课程价值观仍然影响当下的课程建构。

（二）社会价值取向

社会本位的课程价值取向强调课程的实施是为了满足社会的需要。社会价值取向的课程，又具体体现在政治价值、经济价值、科学技术与文化发展价值等方面。① 陆志远(1992)指出："课程价值是指课程能满足主体(教育者、受教育者和社会)的一定需要，即课程对社会和人发展的意义。'课程价值论'就是研究和探讨课程实现教育目的的基本材料应具备什么样的价值体系，使受教育者成为符合社会发展的要求。"②他尽管提出了课程对人发展的意义，然而最终还是将落脚点放在了社会发展的需要上，人的发展被最终定位于社会发展的需要。综观教育与课程发展的历程，社会价值取向一直发挥着重要的作用：为了维护宗教权威或服务统治阶级的教育价值取向，以及现代课程体系中的工业化模式，以程序化教学方式将受教育者培养为工业生产流水线上的工人。以现实利益为根本目标，忽视人的个性发展，以当前的社会需要进行课程的规范化设置，使得课程成为社会发展中的一个重要工具。

（三）人本价值取向

人本价值取向的课程价值观强调个体与人性的自由和发展，课程设置与内容安排应该依据个人的喜好与能力倾向。自古希腊的"博雅教育"即强调遵循个性发展，而后卢梭强调的"归于自然"和"内在自然性"、裴斯泰洛奇的"要素方法"、杜威的"学生中心""活动中心"以及罗杰斯的"自我实现的人格"等，都体现了人本价值取向的教育观。人本价值取向的价值观倡导"以学生为中心"的教育观和课程观，认为学生是课程的主体，学校不应该以教师或教育权威者来为学生安排或设定课程内容，强调个人发展取向是建立在满足社会发展需要的基础上的。社会需要价值取向往往成为人本价值取

---

① 陈玉琨.课程价值论[J].学术月刊，2000(5)：103.

② 陆志远.课程价值研究引论[J].海南大学学报(社会科学版)，1992(4)：85.

向的先决条件和既定框架,因而在现实课程实施中,真正依据人的兴趣与偏好进行课程设置的做法很难完全实现。但是从人与社会的关系来看,这种现实的需要与做法又存在一定的合理性。

二、视觉艺术课程的价值取向变迁

课程价值的三重体现,即基于知识本位的、社会发展本位的和人本的价值取向直接影响着视觉艺术课程的价值取向。从视觉艺术教育发展中,可以发现这三种价值取向影响着视觉艺术教育目标、形式与内容。视觉艺术教育早期为维护宗教权威与统治阶级的利益而存在。现代教育课程出现后,视觉艺术课程与其他能够进入公共教育体系中的课程一样,是基于知识本位与社会需要的。现代科学知识的发展需要受教育者接受大量的科学知识,对视觉技法的训练成为课程的主要内容。通过程序化的教学方式让受教育者掌握这些知识,成为工业社会各个行业与领域中的工人,以生产出社会需要的产品。现代视觉艺术课程总体上强调技艺、工业设计等工具性知识的传授,课程内容强调规律与方法,结构化地设计知识的呈现与编排。

现代社会发展的直接后果是引来了"后现代"主义者的批判。从人的自由与发展的角度,强调课程目标的阶段性与个性化。同样受到消费社会价值取向的引导,视觉艺术课程的内容也由技艺内容逐渐转向了情感、审美与精神愉悦等方面,对视觉艺术的鉴赏跻身于与视觉创作同等的地位。从批判与反思的角度看待后现代社会的视觉危机,又强调视觉艺术课程同时要具备培养受教育者的诊断视角与批判精神的功能。"视觉素养"这一概念的提出,反映了整个视觉艺术课程的目标转向与内容迁移,在现有的课程内容标准中都将视觉素养作为培养目标之一。这种做法既响应了个体在后现代的当下生存的需要,又是对后现代社会典型特征的呼应。

从视觉艺术教育的发展到后现代语境下视觉素养课程的提出,视觉艺术教育的课程价值一直体现了知识本位、社会本位与人本的价值取向。知识是人类文明得以传递与发展的基本储备,而人与社会的关系又决定了生存在特定社会情境下的个体,离不开整个社会生存环境。因此课程价值要体现个体自由的发展,个体也要能适应社会发展的需求。任何偏执的做法都将带来不平衡与缺憾,辩证统一地定位视觉艺术课程价值观将促进视觉艺术教育的发展。

三、视觉素养课程的价值定位

视觉素养课程的价值定位应当首先承袭课程价值论的诸多有益观点与做法,处理好知识价值取向、社会价值取向与人本价值取向的关系。后现代语境下视觉素养课程的价值定位也应当从视觉艺术课程的历史发展中汲取经验,融入新的价值观念,建立符合自身发展特色的价值观。

首先,视觉素养课程在继承与发展视觉艺术课程的基础上,其价值定位应该看到知识、社会、个人的和谐统一发展。知识作为基本内容得以以课程的形式被系统化地传授,而个体的自由发展又促进了社会的进步,作为社会中的个体存在单元,社会的总体发展必然带来个人的进步与发展。因而在强调知识传递的同时,要注重个性的自由发展,同时适应整个社会历史发展的总趋势。这样的课程价值定位符合后现代语境下视觉素养课程的价值定位。

再者,从视觉艺术教育的发展历程中可以发现,视觉艺术教育目标从培养工匠与工人,逐渐走向培养艺术创作者。在视觉消费社会中,对视觉艺术的欣赏、鉴赏、消费视觉艺术作品的需求增加的同时,人们意识到以批判的意识与反思的视觉来看各类视觉表征对象。从视觉艺术教育的内容来看,从专注于美术技艺、技巧与创作手法,转向关注现代化的工业设计规则与流程。从视觉技术的角度,满足当时社会需求的首要利益出发,将视觉艺术教育视为工具性的知识传授。因而在后现代语境下视觉素养课程的价值定位中应该注重工具理性与价值理性的辩证统一。马克斯·韦伯提出的工具理性是,“人通过对外界事物的情况和其他人举止的期待,并利用这种期待作为‘条件’或者‘手段’,以期实现自己合乎理性所争取和考虑的作为成果的目的”。而价值理性是指,“有意识地对一个特定的行为——伦理的、美学的、宗教的或作任何其他阐释的——无条件的固有价值的纯粹信仰,不管是否取得成就”①。工具理性的价值取向追求的是一种现实价值,即为达成目的不择手段,其功能定位为关注主体行为“行”与“不行”的操作能力,解决既定理想和目的“如何可能”“怎样实现”等现实性问题,因而其表现形态是一种具体的操作层面的“器”的实然状态。而价值理性则追求行为的终极价值,以终极价值的标准评判当下主体行为的“好”与“不好”,解决主体“应做

---

① [德]马克斯·韦伯.经济与社会(上卷)[M].阎克文,译.北京:商务印书馆,1997:56.

什么”、活动内容“应是什么”等实质性问题，其表现形态是“道”的应然状态（见表 2-4）。现代视觉艺术课程的工具理性价值定位没有将主体意识内化与行为外显作为整体的评判标准，是基于现实的速成策略、效率至上、人性黯淡的行为表现状态。后现代语境下视觉素养课程应该从工具理性与价值理性辩证统一的角度，结合知识、社会与个人的价值取向，处理好现实与未来、人与社会的发展等关系，从而进行价值判断。

表 2-4　工具理性与价值理性的区别

	价值取向	功能定位	表现形态
工具理性	现实价值	关注主体行为“行”与“不行”的操作能力，解决既定理想和目的“如何可能”“怎样实现”等现实性问题	实然，“器”
价值理性	终极价值	关注主体行为“好”与“不好”的价值评判，解决主体“应做什么”、活动内容“应是什么”等实质性问题	应然，“道”

第四节　视觉素养课程的实践论构想

后现代语境下视觉素养课程的实践论是建立在后现代语境下视觉素养课程的存在论、认识论与价值论基础上的存在，即后现代语境下视觉素养课程应该以什么形式或方式存在，回答“以何存在”的问题。课程实践论主要是对课程模式、课程实施的过程及方法、课程评价标准的研究①。课程实践论体现了课程的真实存在，任何对课程的认识与理解都将体现在具体的课程实践中，因而课程实践的实际操作与实现是检验对课程的认识与理解。课程实践包括课程的诸多行为，如课程改革、课程决策与领导、课程设置、课程管理、课程教学、课程评价等方面，这些课程实践的有效性可以检验对课程理解的深度。因而任何有关课程的设想均体现在课程实践中，并接受实践的检验，再重新构成课程改革理念，以此循环，从而优化课程设置与结构，促进课程发展。

① 田汉族．回溯与展望：现代课程理论发展的基本问题[J]．河北师范大学学报（教育科学版），2007(4)：123．

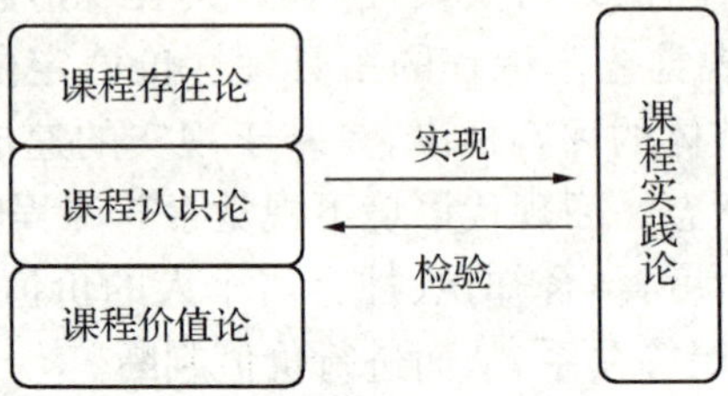

图 2-2　课程存在论、课程认识论、课程价值论与课程实践论的关系

一、视觉素养课程开发模式

一般意义上的课程开发已经成为涵盖从课程理念指向到课程内容构架以及实施评价等整个设计与建构的过程。课程模式研究中普遍存在目标模式、过程模式、实践模式与批判模式，其中过程模式、实践模式与批判模式都在一定程度上批判了目标模式的目标性、程序化等课程开发特征。在现代视觉艺术课程开发模式中，以目标模式为显著特征。现代工业发展需要将技艺与工业设计等作为直接目标，以课程为主要手段进行职业人才培养，充分展现了视觉艺术的工具特性。

然而以泰勒模式为主要代表的目标模式至今还影响着课程开发的理念与设计，从教学目标设定，到教学内容组织，再到教学过程实施，最后到教学效果评价，始终围绕既定目标的实现，回答"学校应该达到哪些教育目标""提供哪些教育经验才能实现这些目标""怎样才能有效地组织这些教育经验""我们怎样才能确定这些目标正在得到实现"等问题(见表 2-5)。后现代课程观对泰勒的目标课程开发模式进行了批判，这种批判建立在对既定目标的偏执与坚持上，忽视了课程主体的需求与能动性，但是课程开发的流程与阶段离不开目标、内容、过程与评价等方面的设计。泰勒模式的成果不仅仅在于以目标为线索制定课程开发的方案，同时也为课程开发者提供了基本步骤与流程。对目标模式集中批判而出现的强调课程过程、课程实践等课程开发理念，也并没有直接否认泰勒模式提出的课程开发流程的弊端，反而是在此框架下进行了非"目标唯一"的改良。后现代语境下视觉素养课程的开发同样需要遵循这样的课程开发结构，无法回避诸如课程目标、内容、过程与评价等内容，同时借鉴已有的成熟的课程开发经验，在每个课程开发环节中不能以唯一的目标定位为指向，应结合后现代特征对知识、社会、人的影响，从受教育者主体的角度，设计能够满足不同层次学习者需要的课程内容，发展他们的能力。

表 2－5　泰勒关于“课程与教学的基本原理”及对应的课程设计

序号	泰勒关于“课程与教学的基本原理”	对应的课程设计
1	学校应该达到哪些教育目标?	课程目标设定
2	提供哪些教育经验才能实现这些目标?	课程内容组织
3	怎样才能有效地组织这些教育经验?	课程过程实施
4	我们怎样才能确定这些目标正在得到实现?	课程效果评价

二、视觉素养课程实施方式

后现代语境下视觉素养课程与学校开展的课程实践直接有关。古德莱德对课程进行了五个层次的分类：观念层次的课程、社会层次的课程、学校层次的课程、教学层次的课程和体验层次的课程。[①] 其中观念层次和社会层次的课程还处于课程的设想与设计阶段，而学校层次、教学层次和体验层次的课程才是课程在学校教育中的实践，因而课程在学校教育中的教学实践方式才是真正意义上的课程实践。

对现代视觉艺术课程实践的回顾，我们可以清晰地看到，受到科学理性教育思想的影响，一切符合“科学—技术—工业文明”的课程才是合适的课程，因而在课程的实践中，“人们是不能理解 20 世纪的美国教育的，除非他意识到桑代克胜利了而杜威失败了”[②]。桑代克的程序化教学设计为工业生产所需要的专业人才培养提供了课程的重要实施方法。课程实施以科学生产的方式开展，而不是以对理解教育、理解课程、理解主体发展的思考而展开。视觉艺术课程在这一时期甚至集中聚焦在工业设计的教学上，按部就班的课程实施方式扼杀了人的创造性与想象力。

后现代语境下视觉素养课程从目标与理念就开始发生变化，课程内容“除了传统上属于美术的建筑、绘画、雕塑与版画之外，又加上了摄影、

---

① John. I. Goodlad. & Zhixin Su. Orgnization of the curriculum Jackson, P. W. (ed.), Handbook of Research on Curriculum[M]. New York: Macmillan Publishing Company, 1992: 328－329.

② Ellen. C. Lagemann. The Plural Worlds of Educational Research[J]. History of Education Quarterly, 1989, 29(2): 185.

电影、设计、对新媒介的探索"①,极大地扩展了视觉知识版图。在学校层次的课程实施反映了国家课程与地方课程对课程内容标准的规定,学校根据教学经验对课程进行校本的设定与实施,真正地从理解视觉素养课程内容出发,创新课程实施模式,即在具体的教师与学生构建的教与学的情境中灵活地实施课程教学。而就教学层次的课程来说,教师丰富课程教学资源,紧密联系学生生活实际,以资源的丰富性,创设与实际生活的关联性相符合的主题式、案例式、情境式的课程教学、体验方式,这迎合了人的自由发展与创作发挥的需要。体验层次的课程实施则关注学生的自我知识体验与感受。对相同的课程设置与课程教学,不同的学习个体会有各自不同的课程认知,学习者对课程实施的体验反馈是体验层次课程实施的重要依据。

三、视觉素养课程评价标准

后现代语境下视觉素养课程评价是课程实践的一个重要组成部分,同时也是衡量课程实施的价值与效果的标准。从过程与结果来看,后现代语境下视觉素养课程评价必须摆脱现代视觉艺术课程评价遵从科学理性的唯一价值标准的束缚。在后现代课程理念中,以目标实现为评价模式的做法显然不能适应培养人的基本素养的课程实践。视觉素养作为主体的基本素养,这种内隐于能力范畴的知识结构与外显于行为和创作的能力表现并不能以唯一的标准来衡量,因而强调关注过程的形成性评价与专注于结果的发展性评价成为主流,注重考察主体学习过程的参与性与未来的发展性。从评价的主体来看,将社会等级制度的划分或工业生产需要等凌驾于主体之上的一切都视为权威的做法已经不合时宜。个体差异的存在导致对课程知识理解的程度不一、反映出的外显行为的差异等课程效果都不能以模式化的评价标准来衡量。因而,多元主体的评价原则与标准逐渐流行。在视觉表征的当下,观看是完全个性化的行为,个体对视觉表征的认识均受到个体的生活环境、知识储备与当时的观看情境等影响,而他人的评判并不代表主体的实际认知能力与水平。从评价的原则看,受到课程价值观的影响,知识、社会与个人取向以及工具与价值理性的价值判断,都应当纳入评价制定

① [法]让-路易·普拉岱尔.西方视觉艺术史·当代艺术[M].董强,姜丹丹,译.长春:吉林美术出版社,2002:6.

的基本原则。

课程是一个系统的结构，因此从课程角度的评价需要兼顾课程目标、内容与方法等要素。然而从课程的最终意义上来说，视觉素养课程的目标在于实现不同阶段的受众能够达到相应层次的观看的能力。因此，视觉素养课程的评价始终是围绕“受众”这一主体而言的。不论是设计评价对象、评价主体还是评价方式或评价原则，都应当将受众放在首位。受众往往被视为评价的对象，然而参与评价的主体也需要受众。而从评价方式来看，针对主体素养的评价，一个阶段的评价结果只是一次形成性评价的结果，只能说明主体当前一个阶段的发展状态，而素养的发展在于日积月累的一个长期发展过程，因此评价方式需要从发展的视角来考虑，体现评价标准与原则的开放性，这与后现代课程观中的评价原则也是一致的。另一方面，也需要考虑到不同阶段的受众，乃至每一个学习者个体，其有关学习的诸多主体特征与客观环境的差异将导致不同的学习结果，每一个学习者能够达到的水平也可能是参差不齐的，因而科学地设计视觉素养课程评价，需要在基本评价原则的基础上，根据具体的教学对象、学习情境等主客观情况来制订。因此，尽管这样的评价还是围绕“目标”的评价，即最终受众能够达到的某个发展状态，但是在评价设计中评价原则的开放性、发展性等体现了后现代课程观中“过程性”等特点。

对视觉素养课程是否存在、何以存在、存在价值、以何存在的追问奠定了视觉素养课程建设的理论基础。对“视觉”的研究寻求哲学、心理学与传播学维度的研究支撑。而探索视觉素养课程的存在依据，则从视觉艺术教育及其课程发展的历程中追溯，求证视觉教育的存在历史及发展，探寻在社会发展过程中视觉教育从视觉工艺到视觉艺术课程向视觉素养课程的转向。对视觉素养课程的认识论辨明则从认识论的界定剖析入手，通过对从现代到后现代的视觉素养课程认识论的主体与客体变化的分析，形成对后现代视觉素养课程认识的框架。对视觉素养课程的价值论探析，首先建立在课程价值的知识价值、社会价值与人本价值取向上，进而探索视觉艺术课程的价值取向变迁与发展，据此明确视觉素养课程的价值定位。视觉素养课程的实践论构想则是在对后现代语境下视觉素养课程的存在论、认识论与价值论基础上探索课程实践存在，针对课程实践中的核心要素，选择泰勒经典课程开发模式作为视觉素养课程建构模式。在课程实施上，以“课程在学校教育中的教学实践方式才是真正意义上的课程实践”为依据体现视觉素养课程的实施设想。在课程评价方面，提出后现代课程评价原则、主体、对象等的相关考虑与关涉，才能有效建构后现代视觉素养课程。以上在对现代视觉艺术课程进行剖析与反思的基础上，形成视觉素养课程后现代建构的需要，也为后现代语境下视觉素养课程开发的理论与实践奠定理论基础。

第三章　理念重构:视觉素养课程观的后现代建构

在现代生产条件蔓延的社会中,其整个的生活都变现为一种巨大的奇观积聚。曾经直接地存在着的所有一切,现在都变成了纯粹的表征。

——[法]居伊·德波

后现代的诸多特征影响着整个社会和人的价值观念,其对教育及课程的影响是深刻的,课程范式的后现代转变直接验证了课程的后现代性。从视觉艺术课程走向视觉素养课程的建构是以后现代语境下视觉素养课程的存在必要、存在价值及存在方式的后现代转变为基础的。然而对具体的视觉素养课程进行建构的前提是明确后现代的视觉素养课程观。后现代课程观体现了对课程这一独特的教育实施方式普遍意义上的观照,因而对后现代语境下视觉素养课程的建构也不例外。后现代语境下视觉素养课程观的重构,一方面应当关注后现代课程观一般意义上的对课程的总体影响,另一方面也应从历时性与共时性的角度,解读后现代思潮影响下的视觉表征与视觉哲学思潮对视觉素养课程观的有益映射。

第一节 “后现代课程观”新解

“后现代课程观”已经成为一个特定的术语，这完全归功于多尔的同名著作。对后现代课程观的研究集中在20世纪后半叶，由后现代思潮引发的对课程改革的关注空前强烈。对现代课程范式的批判与后现代课程范式的建构确立了今天课程改革的出发点与基本点。综观这些研究，主要集中在课程开发过程方面，对课程目标导向的批判、对课程的理解、过程与实践的转向成为其主要研究成果。然而随着媒介与技术的发展，进入21世纪，课程在其传播方式与途径上的突破，直接颠覆了传统学习者的学习方式与学习环境，进而引发了课程有关要素的变革。这一突破成为当下后现代课程研究的新的发展方向与实践热点。

一、基于课程开发过程的后现代课程观

对后现代课程观的研究正如我们前面所述，这些研究集中体现在社会、文化、科技发展的后现代特征对课程的影响，对泰勒模式的反思与再反思，以及学习理论发展对后现代课程的影响等方面。在课程与教学论研究的领域内，对后现代课程的研究可以归类为基于课程开发过程的认识与理解。这种认识与理解发端于20世纪六七十年代，与后现代思潮的源起时期同步，由此引发的后现代课程的研究一直影响着21世纪课程的理论与实践研究。然而进入21世纪，后现代课程又由于传播与技术变革而增添了新的发展趋向——基于后现代课程开发理念的课程传播方式发生了重大变革。如果以多尔的“4R”(Rich、Recursive、Relational、Rigorous)作为后现代课程观的代表词汇，那么在开放教育理念下开放课程可以满足更加灵活多样学习的代表词汇即“4W”(任何人在任何地方和时间可以学到想学的内容：Whoever、Where、When、What)。

产生于20世纪六七十年代的后现代思潮对课程的影响，可以说是建立在对泰勒经典课程模式讨论基础之上的，既体现了对该模式的批判，同时又紧紧围绕泰勒课程模式的课程设计环节而展开建构。为了汲取后现代课程研究的成果，应该辩证地看待这种对传统与现代课程的批判，正如学者们提出的对现代课程批判的批判，称后现代课程思想“摒弃启蒙思想和现代主义的进步遗产，滑向虚无主义”，“后现代的理论与文化本身不过是资本主义长

篇戏剧中的一幕而已","破多于立,批判有余,建设不足"。[1] 合理地将现代课程中的经典加以传承,去其糟粕,同时应该认识到在批判基础上的建构,将目标向过程的转向、"4R"基础上的课程理解观能够有效地运用于当下的课程开发。

(一) 目标向过程的转向

学者对泰勒课程模式的批判,一是对其课程目标取向的批判,二是对其结构化的批判。以施瓦布为代表引发的概念重构课程运动即体现了注重课程实践的理念,而斯坦豪斯(Stenhouse)则提出课程开发的任务就是要选择活动内容,建立关于学科的过程、概念与标准等知识形式的课程,并提供实施的"过程原则"[2],以此形成批判现代实用主义的课程开发观。批判实用主义包含一种实践的建构与其结构的一个连续的过程,"建构一种实践"是为什么设计这样一种实践,而"解构这种实践"则是反思这种实践,查找这种实践的不完整性与矛盾性。批判实用主义就是实现建构与解构的统一。[3] 而对结构化的批判,则体现了课程的后结构分析。由泰勒、布鲁纳及布鲁姆引发的学科结构运动(The Structure of the Disciplines Movement),产生了现代课程的一批成果,至今仍然对课程开发产生重要影响。如泰勒对课程结构的四步开发原则,布鲁纳的结构主义课程观指出,"不论选教任何学科,务使学生理解学科的基本结构"[4],而布鲁姆的教学目标分类,不仅设立了学习结果的各个目标,而且强调了各个目标的层次性及差异。这些体现了学科结构观的四个基本假设:"学科知识结构具有逻辑的一致性与完整性;从最初的原理到可检验的假设,学科知识都具有逻辑的有效性和真理性;学科知识具有事实性和说明性,但不具有评价性;科学语言在描述和解释现象方面是价值中立的、被动的。"[5]对课程结构化的批判,从福柯的观点来看,是权力决定了真理,"植根于存在于专业教育内部和外部的政治急需,而非

---

① 钟启泉,高文,赵中建. 多维视角下的教育理论与思潮[M]. 北京:教育科学出版社,2004:130.

② 张华. 课程与教学论[M]. 上海:上海教育出版社,2000:117.

③ 张华,石伟平,马庆发. 课程流派研究[M]. 济南:山东教育出版社,2000:360.

④ J. Bruner. The Process of Education [M]. Cambridge, MA: Harvard University Press,1960:11.

⑤ C. H. Cherryholmcs. A Social Project for Curriculum: Post-Structural Perspectives[J]. Journal of Curriculum Studies,1987(4):306.

植根于学科结构本身的实质性优点”[①]。

从目标向过程的转向体现了后现代课程的积极影响，然而这种转向并不是否定目标课程建构的一切设想。正如泰勒本人预想的一样，对课程编制的四个基本步骤仅仅是提供了一个课程设计框架，而内容的填充是要依据具体的教育阶段与学校的不同而不同的。[②] 多尔尽管对泰勒的目标取向的课程模式加以批判，然而他也不得不承认，“对人类来说，没有什么比目的、规划、目标的设定、实施与评价更为重要的了，在此泰勒是正确的”[③]。多尔在阐述其“4R”课程观时所列举的由他开设的本科生和研究生的课程实践的例子，运用了他所倡导的“4R”课程观，然而这也是在泰勒课程模式框架内的创新，正如泰勒所预见的那样，体现的是对“内容填充”的独特性与创新。[④] 后现代课程观提出的目标应该是在过程中产生，或受到各种因素干扰而转变的，并不是一味地否定目标的存在，因而在课程模式从目标向过程的转向中，应该看到目标与过程的并重。

（二）多尔“4R”课程观的建设性价值

汲取后现代课程思想的有益成果，一方面是在批判的批判中获益，另一方面则是寻求直接提出的有建设性意义的研究成果。多尔提出的“4R”后现代课程观正是当下课程研究急需的良策，而在现实的课程实践中，“4R”理念中提出的诸多思想也得到大部分人的认同，并体现在现实的课程改革中。

多尔将其构建的后现代课程观建立在对泰勒课程模式的关注上，批判了现代课程范式的诸多弊端，如理性至上、目标的固定性等，似乎彻底否定了泰勒课程模式的基本原则。但事实上泰勒的课程模式强调围绕目标设定而展开的课程设计、实施与评价为课程研究奠定了坚实的基础。今天的课程研究无论是站在现代还是后现代范式的立场上，对这一基本结构都无法予以否定。尽管泰勒模式遭受了来自后现代课程观的强烈抨击，但是这些

---

① C. H. Cherryholmcs. A Social Project for Curriculum: Post-Structural Perspectives[J]. Journal of Curriculum Studies，1987(4)：308.

② 张华. 课程与教学论[M]. 上海：上海教育出版社，2000：111.

③ [美]小威廉姆·E. 多尔. 后现代课程观[M]. 王红宇，译. 北京：教育科学出版社，2000：241.

④ [美]小威廉姆·E. 多尔. 后现代课程观[M]. 王红宇，译. 北京：教育科学出版社，2000：255－256.

研究者无论对课程理论还是对实践的批判都无法脱离泰勒设定的课程框架。因而,应该看到多尔强调的后现代课程的丰富性、回归性、关联性与严密性同样是建立在这一框架体系内,是对课程目标、内容、实施与评价具体环节设计与实施的理念和行为的转变。

多尔的"4R"(Rich、Recursive、Relational、Rigorous)课程观包括丰富性、回归性、关联性与严密性。对此解释如下①:

- 丰富性:这个词是指课程的深度、意义的层次、多种可能性或多重解释。为了促使学生和教师产生转变和被转变,课程应具有"适量"的不确定性、异常性、无效性、模糊性、不平衡性、耗散性与生动的经验。"适量"是建立在教师、学生与文本间的不断协调基础上的,丰富的转化型课程需要干扰特性。每一门学科都有自身的历史背景、基本概念和终极语汇,因此应根据各学科的特点来解释丰富性。
- 回归性:通常与数学的重复运算有关。回归性主要强调一个人通过与环境、他人、文化的反思性相互作用形成自我感的方式。在提倡、支持、利用回归性的课程中,没有固定的起点和终点。课程的片段、组成部分和序列是任意的组合,不应视其为孤立的单元,而应视其为反思的机会。回归旨在发展能力——组织、组合、探究、启发性地运用某物的能力。
- 关联性:联系的概念对后现代转变性课程在两个方面具有重要意义:教育方面和文化方面。前者可自然地称为教育联系,指课程中的联系——赋予课程以丰富的模体或网络。后者也可自然地称为文化联系,指课程之外的文化或宇宙观联系,这些联系形成了课程赖以生存的大的模体。两种关系都是重要的,两者相互补充。
- 严密性:20世纪的严密性是指学术逻辑、科学观察和数学精确性。后现代严密性首先包含了解释性和不确定性两个因素,在对待不确定性时,一个人永远也不能确定他是正确的,因而,严密性意味着有目的地寻找不同的选择方案、不同的关系和联系,严密地对待解释,这需要意识到所有的评价都依赖于假设,框架不同,问题、程序和评价的结果也不同。找出我们或其他人所持的这些假设以及这些假设之间的协调通道,促使对话成为有意义的和转变性的对话。

---

① [美]小威廉姆·E.多尔.后现代课程观[M].王红宇,译.北京:教育科学出版社,2000:250-261.

（三）后现代课程观在课程相关要素及其关系中的体现

在一个课程得以发生的场域内，离不开教师、学生、知识和课程本身，以及这四个要素相互关系而产生的问题（如图 3－1 所示）。尽管从课程设计到课程实施的整个过程中涉及的因素很多，然而教师、学生、知识和课程这四个因素是最主要的。在教师、学生、知识与课程构成的立体关系中，这四个要素相互牵扯，课程研究出现的问题也都集中体现在课程与知识、课程与教师、课程与学生、知识与教师、知识与学生、教师与学生的关系上。

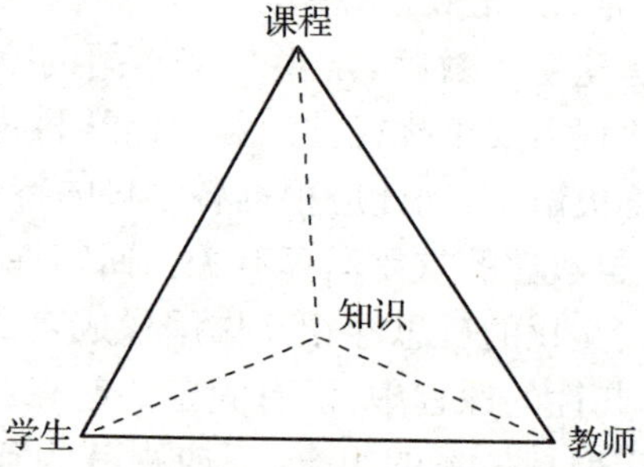

图 3－1　课程环境中的四个要素及关系

从后现代课程观对现代课程的批判与反思，以及多尔的后现代课程观的建设性指导意见中，可以总结并归纳出后现代课程观的主要观点。这些观点紧紧围绕课程环境中的诸要素及相互关系而展开讨论。

1. 课程与知识：课程中知识的价值性

什么样的知识可以作为课程的内容？这是指向课程与知识关系的问题。正如斯宾塞的自问自答："什么知识最有价值？一致的答案就是科学。"[①]斯宾塞所代表的科学理性至上，是现代课程范式的典型代表。在自然科学知识才是课程知识的观点中，由于自然科学知识本身是客观存在的，因而知识的价值属性是中立的。然而在后现代课程观中，课程知识应该是负载价值的，课程知识包含民族的、文化的、阶级的、种族的差异。课程知识中的自然科学知识尽管本身是客观存在的事实，然而由于受到权力、政治与意识形态的影响，其作为课程知识存在也是负载价值的。

---

① ［英］斯宾塞．胡毅斯宾塞教育论著选［M］．王承绪，译．北京：人民教育出版社，1997：91．

2. 课程与教师：课程中教师的参与性

以泰勒为代表的现代课程观认为在确定课程与教学目标时，应将学科专家(Subject Matter Specialists)的建议作为重要来源。[①] 学科专家具有学科专门领域的知识，因而他们应该直接参与课程的编制，而教师仅仅是遵照课程计划而按部就班的实施者。斯坦豪斯(Stenhouse)则认为教师是这项事业的重要代理人，教师要系统地、批判性地考察他们自己的实践。[②] 他认为一方面教师要参与到课程的研究与编制工作中，而不是官方机构从事课程的编制；另一方面应该看到教师在课程实施中的主观能动性，教师是课程实施的直接施行者，他们的智慧和能力直接影响课程实施的结果。

3. 课程与学生：课程中学生的自主性

同样对于课程与学生的关系，后现代课程观强调以学生为中心，取代教师权威与科学至上的现代课程范式。学生作为人的存在，是发展性的。学生不是工厂生产流水线上依据相同的标准而制造的产品。尊重个体差异、强调学生的自主发展，并且允许学生进行主动探究学习，发展个性与发挥各自的主观能动性，从而激发他们的创造性，是后现代课程的理想课程效果。这一点尤其体现在课程评价标准的制定上，因而后现代课程观强调评价标准的模糊性、开放性和复杂性，评价主体的多元化，评价方式的多样化等。

4. 知识与教师：教师的去知识权威化

传统课程观中教师与知识的关系，是将教师作为知识的传递者。一方面积极树立教师在学生面前的知识权威者的形象；另一方面又不让教师参与到课程的设计与开发中，而在课程实施中又严格要求教师机械地执行。后现代课程观则看到学生主体对知识的自主建构，提倡与肯定教师的“自我的不确定的改良”。教师不再是知识的权威者，尤其在今天的信息时代，教师、学生在知识面前是平等的，他们在课程中扮演着相同的角色，即共同解读课程的知识文本，但这并不代表教师的作用就不存在，教师更多地扮演的是组织与引导的角色。

5. 知识与学生：学生对知识的主动性

现代课程范式中的学生是知识的旁观者，学生是知识的接纳器，无条

---

① 张华. 课程与教学论[M]. 上海：上海教育出版社，2000：187.

② L. Stenhouse. An Introduction to Curriculum Researchand Development[M]. London: Heinemann, 1975:123.

件接受预先设定与组织好的知识，并且学习的结果受到统一的标准检验，学生即学校工厂的产品。而后现代课程观则强调学生应当从知识的旁观者变为知识的主动学习者，在与文本的对话中自主探究，形成对知识的认识，建构自己的知识体系。知识应该以隐喻和叙述的方式呈现给学习者，而不是采取教条式的简单、重复的记忆呈现模式，这样可以留给学生充分解读文本的空间。

6. 教师与学生：对话基础上的平等性

在后现代课程观中师生之间是一种平等的关系。教育应该是师生、生生、学生与文本通过不断对话与反思而探究未知领域的过程，课程应该是知识的探究过程。教师与学生的关系不再是单个个体对个体的关系定位，而是学习共同体中的一员。教师不应该是权威的代言人和企图控制课程实施的管理者，教师应该是师生关系中"平等中的首席"（First Among Equals）①，作为这种角色，教师的作用并没有被降低，从游离于学生与课程、知识之外，而是逐渐走进学生、课程、知识这一学习情境。施瓦布认为，在情境性的框架下，教师是内在于情境的领导者，而不是外在的专制者。②

二、基于课程传播方式的后现代课程观

基于课程开发过程的后现代课程观深刻影响着当下的课程实践，尤其是进入21世纪以来，研究者对学习者的关注被提到一个新的高度。美国早在21世纪初就对21世纪的学生素养进行了框架的设定，课程发展的取向也逐渐走向以学习者为中心的路径。后现代以来，对学习者、人的认知与学习、师生关系等研究逐渐成熟，为课程目标、课程内容、课程实施与课程评价填充了"新的内容"。然而21世纪飞速发展的媒介技术及其影响远远超出了人们的预期。媒介技术拓展了所有的传播通道，包括教育中的课程主体与客体之间的传播通道。夸美纽斯早在17世纪就曾在《大教学论》中提出，"青年人最好还是一同在大的班级里面受到教导"，③倡导建立班级授课制度，因而由砖瓦构筑的教室成为几百年来课程主体与客体实现传播的主要

---

① [美]小威廉姆·E.多尔.后现代课程观[M].王红宇，译.北京：教育科学出版社，2000：238.

② [美]小威廉姆·E.多尔.后现代课程观[M].王红宇，译.北京：教育科学出版社，2000：238.

③ [捷]夸美纽斯.大教学论[M].傅任敢，译.北京：人民教育出版社，1984：50.

场所。时至今日,班级可能被学习共同体所取代,而教室里的课堂被“翻转”或完全脱离教室这一有形的场所而存在。这些有现代技术提供保障的转变对课程的变革提出了新的挑战。

(一)学习共同体的形成

多尔在澄清教师与学生的关系时,提出教师的作用应该从外在于学生情境转变为与学生情境共存,因而教师的权威也自然进入到这种情境之中。而为了创建这种情境,应该倡导共同体(Community)的建立①。“共同体”这一概念最早是由德国社会学家费迪南德·滕尼斯在其所著的《共同体与社会——纯粹社会学的基本概念》(1887)一书中提出的,他将共同体定义为“忠诚的关系和稳定的社会结构”,认为“共同体”强调人与人之间的紧密关系、共同的精神意识以及个体对共同体的归属感和认同感。“学习共同体”则是由日本学者佐藤学在《学校的挑战:创建学习共同体》一书中提出的,他指出在学校和课堂中构建学习共同体,并强调作为“学习共同体”的学校建设要以课堂的创造为轴心而展开。

学习共同体是以后现代课程理论为基础的,充分体现师生之间的平等。如今学习共同体已经成为“班级”学习模式的新语汇。构成学习共同体的成员可能并不是同一个班级的学习同伴,甚至不是同一个教师。学习共同体是一个由具有共同信念、共同目标的学习者及其助学者(包括教师、专家、辅导者等)构成的团体。在知识共享和同伴支持的基础上,通过参与、交流、协作、反思等活动,成员之间形成相互影响、相互促进的人际关系,以达到有意义学习的目的。② 学习共同体也可以被认为是一种新的学习方式,它是为完成真实任务或解决问题,学习者与其他人相互依赖、探究、交流和协作的一种学习方式。其理论假设是社会建构主义和分布式认知,强调知识的社会性特征,知识是分布或存在于团队/共同体中。③ 而借助媒介技术的优势,基于网络学习平台而构建的学习共同体形成了“网络学习共同体”的概念,如何基于网络学习平台借助学习共同体进行有效学习也成为热点。

---

① 张华,石伟平,马庆发.课程流派研究[M].济南:山东教育出版社,2000:370.

② 杨丽波,梁宏宝,高晓红,等.从学习共同体的视角研究教师教育信息化[J].教育探索,2006,(4):123-124.

③ 钟志贤.知识建构、学习共同体与互动概念的理解[J].电化教育研究,2005,(11):20-24.

（二）在线课程的需求

在线课程(Online Course)突破了课程在教室环境中传播的模式,改变了现实的学习环境,将学习的场所搬到了互联网。尽管在线课程的起源并不发生在课程研究的领域内,然而满足"4W"学习需求的课程建设却必须给予回应。回顾在线课程传播方式,可以发现这种新型的课程传播方式为后现代课程的诸多有益观点的填充提供了一个很好的框架,或者说后现代课程观所强调的丰富性、回归性、关联性与严密性在今天的在线课程中得到了回应。

在线学习的理念源于21世纪以来大众学习与终身学习的需求,特别反映在积极响应了高等教育的大众化与普及化的理念。这一理念的行动与实践始于2001年美国麻省理工学院率先在互联网推出的供大众免费学习的开放课件(MIT Open Courseware)。开放教育资源的建设与传播共享成为潮流,而以课程的形式出现则得益于产生于2008年的MOOC(Massive Open Online Courses的简称)的流行。从开放教育资源向开放课程的转变,真正实现了在线课程的传播与共享。以往的开放教育资源定位于资源的开放与共享,而开放课程则可以提供完整课程的学习,不仅包括学习资源,还有在线的学习社区建立、教师的指导、同伴的互助,以及在线作业及过程性与发展性评价等。网络社交学习、移动学习、游戏学习情境等随着媒介技术的发展而逐渐走进在线课程研究的视野,以学生的学习为中心,探索促进学生学习效率与效果的研究逐渐成为在线课程研究热点。在线课程的实践逐渐从为大众提供更为可能与便捷的高等教育学习需求,转移到基础教育中。"翻转课堂"就是其在基础教育中的一个例证。"翻转课堂"从为了满足学生可能的不在场的学习需求的初衷开始,如今逐渐看到这一学习模式的优势。将过去要求学生预习与复习的内容完全变成课堂中的正式学习内容,通过在线课程的资源与量规,让学生在教室外与课堂教学的时间外完成学习,而在课堂中进行研讨,开展问题解决和与同伴互助的学习研讨,从而促进个体在群体智慧中的知识建构。

在线课程的发展突破了课程开发过程的框架,从课程传播方式的角度,汲取了课程研究的宝贵经验,创新了课程的实践模式。同时以后现代课程观为理论支撑,从课程目标、课程内容、课程实施与课程评价,以及师生关系等多个方面,合理协调课程、知识、教师、学生的相互关系,有效践行着后现代课程的思想与观点。

第二节　后现代语境下视觉素养课程观的建构

后现代语境下视觉素养课程观的建构从课程发展的维度而言，需要回应普遍意义上的后现代课程思想，看到后现代课程观对当前课程建设的积极意义。同时，也应当从视觉素养乃至视觉性的后现代研究的视角，探索后现代赋予了视觉表征与视觉观看怎样的新的意义，这种变化相对于历时性意义上的过去与共时性的当下，有着什么样的继承、发展或者变革关系。在后现代课程观与后现代视觉表征思潮的双重影响下，建构后现代语境下的视觉素养课程观十分有意义。

一、回应普遍意义上的后现代课程思想

视觉素养课程的后现代转型还必须回应普遍意义上的后现代课程思想。基于课程设计过程的后现代课程思想，如强调目标与过程并重的总体设计思路，而在课程设计的各个环节中注重丰富性、回归性、关联性、严密性，塑造新型的课程、知识、教师与学生关系等方面，需要落实到视觉素养课程的具体设计与开发中。同时在课程传播方式变革的主流中，从课程的开放与共享的角度，创新课程载体与传播模式，充分利用网络与技术优势，让更多的受众可以获得视觉素养课程学习的机会。

基于课程设计过程的后现代课程观是在课程总体设计框架中实现“4R”的课程思想。视觉素养课程践行后现代课程观，着重体现在对课程理念的转变上，重新构架课程、知识、教师与学生及其关系的定位。在视觉素养课程理念上，围绕学习者中心，明确从视觉艺术向视觉素养转向的可以作为课程的知识，要合理定位教师与学生的关系，以及从课程的传播方式，创新视觉素养课程的呈现方式。在课程目标的制定上，围绕学习者的学习需求与个性发展，将目标定位于学习的过程中，强调目标的阶段性与不确定性。在课程内容的组织方面，对视觉素养课程知识进行合理的架构，明确不同学习者的学习内容，并根据学习者的不同学习风格呈现课程内容，便于学习者的自主学习。在课程实施方面，关注可能的干扰因素影响下的师生的自组织，以满足学习者的学习为根本目标，设定灵活的课程实施计划。在教学方法上，则体现情境的创设与对话空间的设定，期待学习共同体的个体与群体的智慧发挥，从而帮助每个个体实现知识的内

化与能力的转化。在课程评价方面，针对目标的阶段性与发展性，体现课程评价标准的不确定性，强调主体多元、内容多样的评价方式，让每一个个体实现各自可能的发展目标。

后现代视觉素养课程的建构还应观照课程传播方式的转变。基于开放与共享理念的课程传播理念已经渗透到今天的课程建构中，越来越多的学科课程走上网络化、数字化的在线课程建设之路。为了方便学习者更加灵活地学习，开放课程逐步完善，从教室中走出来的课程已经不再是简单的课程资源数字化，而是浸润着网络协作学习与学习者在线学习行为的研究成果。在线课程基于"使用—满足""采用—扩散"传播模式的理念，更加关注学习者的学习需求与学习效果，已经形成了一套成熟的课程开发模式。尤其对课程的评价，已超出课程范畴内对学习目标达成度的评价，在线课程更加注重学习者对课程的整体评价，这种评价包括对教师、课程内容、结构设计，以及自我学习需求是否满足等课程开发过程的评价。在"使用—满足"与"采用—扩散"的联结可能性中寻求在线课程生存的可能性，这反映出课程建构从未出现的对课程自身权威的挑战与课程存在的危机考察。视觉素养课程的后现代建构毫无例外地接受这样的挑战与考察。在视觉素养课程建构的实践中，面向不同学习者的课程建构，从满足学习者学习需求的角度出发，创新视觉素养课程传播方式，既开展必要的教室内的课程开发，同时又加强在线课程开发的研究，探索线上线下联动的混合式教学模式。

二、关注视觉素养课程自身的后现代研究

后现代语境下的视觉素养课程应当审视视觉素养本身的历时性与共时性研究。法国语言学家索绪尔提出用于语言学的历时性与共时性的研究方法。历时性研究是研究一种语言或每种语言历史上的演变情况，而共时性研究则是研究一种语言或多种语言在历史发展某一阶段的情况。[①] 目前这两种研究方法被运用到其他众多领域中。视觉素养课程观的历时性研究是指在历时性研究中（本研究着重开展从现代到后现代阶段的历时研究）分析视觉表征的意图、意义、创作主体等历史演变情况。视觉素养课程观的共时性研究是指视觉素养课程在特定历史阶段（特指后现代）的影响要素、思想以及系统的内部研究与发展特点。显然在此基础上形成的后现代语境下视

① 蒋永福，吴可，岳长龄. 东西方哲学大辞典[M]. 南昌：江西人民出版社，2000：250.

觉素养课程观将直接影响当下这个特定时代极具后现代特征的视觉素养课程的开发过程与传播模式。

（一）历时性分析中的视觉表征取向

视觉表征问题是视觉素养课程内容的具体对象。从视觉表征的历时变化分析中我们可以发现,现代与后现代的视觉表征存在诸多差异,这些差异表现在对美学与文化的理解、对继承与创新的认识、对创作主体的看法、表征形式的特点、对视觉表征意义的解读、视觉表征与现实关系等方面。从这些差异中,可以得出对培养后现代语境下视觉素养课程观的启示。

从美学与对文化的理解视角来看,现代视觉表征表现为一种奇观,强调美学的高雅性,而谴责世俗和公众的美学倾向,不关心日常的美的经验。后现代视觉表征则更加强调其文化性与地域性,对视觉表征意义的解读要理解特定的创作语境与文化根源。后现代视觉表征谴责精英文化,试图打破高雅与通俗文化的界限。因此,后现代语境下的视觉素养课程面向的对象应当是普通大众,而具体的课程内容应当追求视觉高雅化与大众化的整合。

从对继承与创新的认识来看,现代视觉表征强调对历史进步的线性继承与发展,每一个新的表征样式的出现都是文明的进步。这种单线模式的表征扼杀了很多创新灵感。而后现代视觉表征强力否认这种线性的发展路径,认为历史文明并不能创造进步,批判、冲突、多元发展更能够促进创新。尽管这种后现代的“反叛”思维遭受很多质疑,然而这种思想在一定程度上却迎来了新的创新模式。因而在视觉素养课程创新上,应当强调课程内容的丰富性与多元化,展现不同民族与地域的文化特色,激发学习者的求知与创作欲望,鼓励打破常规,实现创新。

现代与后现代视觉表征对创作主体的看法也是不同的。现代视觉表征创作群体是一个具有单纯动机的群体,他们不受资本利益驱使,引导社会变革。而后现代视觉表征创作群体的优越性却受到质疑。后现代的这一创作群体应当融入当下的社会现实,正视资本主义与工业社会等,用视觉表征手段来开展对现实文化的批判。后现代社会的诸多弊端在视觉表征的目标上体现了出来,消费文化与利益驱使使得工具理性盛行。这对视觉素养课程的人才培养目标也极具启发,课程人才培养目标的工具性与价值性应当兼顾,既要关注现实生活,而又能培养批判精神。

从视觉表征形式特点来看,现代视觉表征视有机统一为指导原则,谴责任何形式的装饰。一致的、纯正的表现形式与审美观受到推崇,这当然是在标准化的生产模式下的产物。后现代的视觉表征则倡导不一致与冲突的表现形式,能够融合古典与现代的不同风格进行装饰,以产生多元意义,甚至产生冲突的内涵。因而后现代的视觉素养课程开发应当观照灵活性,不限于统一的范式,追求灵活多样的课程开发模式。

从对视觉表征意义的解读来看,现代视觉表征试图寻求一种普遍意义层面的表现样式,这种样式能够超越现实的、道德的、通俗的表达。而后现代视觉表征则强调多元表达,强调表征客体被多重意义的解读与解释。这对视觉表征的创作者与受众来说都是一个新的挑战。"一千个读者就有一千个哈姆雷特",对视觉表征的解读是多维度、多重含义的。因而对于后现代视觉素养课程的评价手段与内容,同样需要多元化与多样性形式,要能够接受不同风格的创新。

表征并不是孤立地存在的,表征背后的存在才是表征存在的真正意义。对于视觉表征与现实的关系,现代视觉表征是基于美学经验的纯粹的正式关系的抽象表现,而现实主义是被抵触的,创新是对前现代的现实主义的彻底摧毁。重返现实主义的后现代视觉表征并不同于前现代时期对自然的现实表达,后现代的视觉表征正视当下的现实世界,是对现实社会与文化的再现。后现代的视觉表征不仅将现实社会与文化的表征作为关注的重点,而且同时秉承折中观点,强调对过去与现在的状况进行整合。这种多元视野对于后现代视觉素养课程关注的内容来说也是有益的,后现代视觉素养课程内容不仅是对不同时代历史的融合,还包括对不同民族与文化的包容。

（二）共时性比较中的视觉素养课程观

"视觉素养"本身就是一个后现代词汇。视觉素养的概念极大地拓展了视觉艺术教育中美术的内容与形式。从 Debes 于 1965 年最早提出视觉素养并解释其含义到 1974 年正式给出对视觉素养的定义,十年间他本人对视觉素养的认识也在不断更新。从最初认定视觉素养是指意识到与能够使用视觉工具,从而促进学习者的学习,到能够解读视觉表征,并运用视觉表征与他人进行交流,视觉素养被不断融入其他学科的知识,Debes 将语言学、符号学、工业、艺术设计等方面有关视觉的知识都纳入了视觉素养的知识结构。随后詹姆逊、鲍德里亚等针对后现代引发的文化与社会现象指出了视觉文化及眼球经济带来的消费社会,并将文化、社会、大众传播等多个学科领域的知识带入了视觉表征解读。遵循多尔所强调的课程首先应当承袭

“自身的历史背景、基本概念和最终词汇”，“每一门学科应以自己的方式解释丰富性”。[①] 在观照后现代重要代表人物有关后现代观点的基础上，形成了视觉素养课程观的具体内容(见表 2－3)。

以利奥塔[②](Jean-Francois Lyotard)为代表的后现代主义哲学家，反对哲学的宏大叙事(Grand Narrative)，这种宏大叙事宣称能够解释一切的理论，而拒绝一切可能威胁到它们叙事的意图。因而，利奥塔倡导小叙事原则，他认为小叙事可能激发创造，可以逐步打破大叙事的垄断。在他眼中的后现代正是这样一个寻求不断突破、批判旧知的小叙事过程，而不是试图重构另一个所谓“后现代”的大叙事的过程。因此，在后现代的视觉表征世界，使用视觉表征的目的也应当成为诸多个体的一种自由与权力，而非掌握在权威群体手中的宏大叙事工具，其直接映射就是对精英文化的打破，而转向大众文化。大众文化是多元的，是属于每一个大众的，大众的创造力又是无限的，这种小叙事的方式完全可以影响整个世界。因而后现代视觉素养课程的理念应该是建立在普通受众立场上的。对非西方经典文化、小众文化、女性文化、流行文化的接受，意味着课程将逐渐走向大众化，为更多人所能接受，而非只是精英教育的课程。具体的课程知识也不再是宏大叙事的理论专家所研究决定的，而应当更多地由本地的相关知识与信息组成。那些提供本地知识与信息的仅仅是普通的信息提供者，并非专家。

福柯[③](Michel Foucault)认为，权力产生知识，知识则以权力的形式发挥功能，传播权力的影响。换句话说，掌握知识就是掌握权力。知识—权力关系在架构、工业设计、艺术史、视觉批判、工艺中得到例证。各种社会势力对视觉表征及教育产生影响，这些势力决定了哪些知识有效而其他知识则被忽视。这就导致了在验证知识有效性时，占据主要地位与次要地位的社会团体中的精英主义和平等主义成为矛盾。然而，后现代日益盛行的大众知识也必将拥有最强大的权力，因而社会大众的势力必将决定知识的取向。从后现代视觉表征的力量也可以看出大众势力发挥的重要影响，因而，大众

① [美]小威廉姆·E. 多尔. 后现代课程观[M]. 王红宇，译. 北京：教育科学出版社，2000：251.

② J. F. Lyotard. The postmodern condition: A report on knowledge[M]. Minneapolis: University of Minnesota Press, 1984.

③ M. Foucault. The order of things: An archaeology of the human science[M]. New York: Random House, 1970.

的、普遍的立场将成为后现代视觉素养培养的目标制定与内容规划的主要依据。

雅克·德里达①(Jacques Derrida)解构主义观点颠覆了一切依靠语言规则建构起来的逻辑体系，在他看来，解构不是理论或方法，而是一种表达策略、一种实践活动。在这个过程中，受众与创作者的关系得到改变，解构的主体是创作者，解构批判者转向以受众或读者为主，而非过去的创作者为主体，他们改变以往对视觉表征阐明的传统功能，试图在文化中寻求意义，而在图像与语言表达中的这种意义具有不确定性。后现代的视觉表征表现为抽象拼贴画、蒙太奇、模仿画等，摄影技术与计算机技术在这些表征中起到了巨大的作用。计算机交互等特征能够改变以往所固定的创作者与受众角色定位。技术工具是解构过程中的主要障碍，它们是创作者的工具，受众也必须学会使用它们来进行表征的解构。解构主义对后现代语境下的视觉素养课程观的影响是全面的，包括创作主体与解读主体的角色定位，创作或解构工具的使用，还有对语言与图像关系的解释。

以查尔斯·詹克斯②(Charies Jencks)为代表的学者提出的双重译码理论，则从后现代建筑艺术理论渗透到后现代语境下视觉素养课程中，体现了对现代课程的继承与再次编码。在设计创作中将古典与现代、历史与现实、高雅与大众等性质相对的元素编排在一起，以一种折中调和的态度来进行开放的设计思想，影响着当下的视觉文化。因此，承认现代的传统的经典性，在继承基础上的再次编码，是一种整合，也是一种无关争议的创新。后现代的视觉表征也体现了这种有效的整合与折中，反映在现实的课程设计中，有关后现代视觉素养的课程内容与创作设计也可从中借鉴。

（三）后现代视觉素养课程观的建立

后现代课程观是建立在对“现代”课程的批判与超越的基础之上的，多尔在论述其所谓的“后现代”时代的课程观时，始终离不开对现代课程观点的重新诠释与批判。因而理解后现代课程观也必须明确现代课程的诸多特

---

① J. Derrida. Of grammatology[M]. Baltimore: Johns Hopkins University Press, 1976.

② C. Jencks. What is post modernism? (3rd ed.) [M]. London: St. Martin's, 1989.

征与做法,这样才能更好地理解后现代课程观的内涵。显然,后现代改变了课程、知识、教师、学生之间的关系,这些要素不论是在课程中的地位,还是具体内容呈现方式,都在一定程度上颠覆了现代课程的做法。后现代课程打破唯科学知识至上的做法,强调课程、知识、教师、学生的发展、对话、探究与转变的过程。后现代视觉素养课程观秉承这样的课程发展原则,关注课程知识的动态发展、强调师生之间的平等对话、让位学生个体的探究与群体的合作等。围绕视觉素养课程知识中的核心内容——视觉表征,从传播的视角,既关注学生是受者的角色,掌握从能指到所指的解读能力,又能认识到学生从受者向传者转变的可能,从传者的层面,发挥学生的主观创造能力,培养他们的从所指到能指的创作能力。

而从视觉素养培养的课程目标来看,视觉素养的内涵已经从培养专业技能或艺术工艺的层次而提升到培养普通大众日常的“观看能力”。从现代与后现代的对比来看,现代传统图像的“所见即所得”的视觉表征在今天也值得怀疑,在技术参与的视觉表征过程中,图像已不能真实还原当时当地的情景。日益纷繁复杂的图像世界带给大众观看的障碍,需要大众拥有明亮的“双眼”,学会“从眼睛到心灵”的认识与判断。视觉表征所构成的图像世界是一个多重复杂的过程,图像创造者学会使用技术来进行视觉表征的设计与创造,不仅利用艺术表现的常用技法,如基本构图、色彩原理等,而且开始窥探观看者的认知或观赏心理,利用视觉认知心理的某种缺陷或盲区来达到视觉感染的效果。而图像的传播者则精于传播时间、空间的营造,捕获受众视觉感知的需求或空白,来刺激受众的观看,以产生创作者与传播者想要达到的效果。在他们进行专业训练或技巧学习的同时,作为普通大众的观看者或接受者,也必须掌握一些创作、设计、传播与观看的知识与技能,这样才有可能解读传播的意图,而不受视觉表征的迷惑或误导。在日益“傻瓜化”的媒介创作技术涌现的当下,人人都可以是媒介信息的创作者。在后现代彰显个人创造与意愿表达的时代,受众也从以往被动的视觉接受者转向视觉表征的创作者与传播者。当这种角色转换意识逐渐强烈时,普通大众才意识到自己的视觉表征能力是如此的不足,因此视觉素养逐渐成为大众的必备素养之一,视觉素养就不难解释、也就不难被理解与被接受了。因此,后现代视觉素养课程同样需要体现围绕课程、知识、教师、学生等要素的开放性、多元化、发展性的课程设计、实施与评价方面的特点。

后现代思潮影响着艺术、教育等多个研究领域，其对课程的影响表现在后现代课程观，开辟了课程研究的新方向。今天，对课程的研究必然需要观照后现代思潮对课程的影响，视觉素养课程的研究也不例外。因此，在构建视觉素养课程理念，即视觉素养课程观时，必须回应后现代课程观对其影响，并重点关注视觉素养与后现代的关系，及视觉素养的后现代课程观。以此奠定整个视觉素养课程的研究基础。

第四章　课程建构:视觉素养课程框架的后现代创设

我相信,我们正不可改变、无以逆转地步入一个新的时代,一个后现代的时代。这一时代尚且过新,无法界定自身,或者说界定的概念过于狭隘,无以表达后现代性,当我们向这一时代前行之时,我们需要将科学(*Science*)的理性与逻辑、故事(*Story*)的想象力与文化,以及精神(*Spirit*)的感觉与创造性结合起来。

——[美]小威廉姆 *E.* 多尔

后现代课程观极力批判目标取向的课程开发思路,认为课程目标应当是宽泛的,适应学生发展的,这种课程观归根结底是对现代课程的一种强力批判,反对工业生产的课程开发与实施模式,因而泰勒的课程开发思路也被视为以课程目标为起点与终点的课程开发过程而遭到批判,然而不可否认的是,泰勒的课程开发过程却最能体现课程从设计、开发到实施的全过程。因而,借鉴泰勒经典课程开发思路进行后现代视觉素养课程的整体建构,是符合课程开发的具体实施过程的。视觉素养课程的框架建立正是对视觉素养课程理念、课程目标、课程内容、课程实施及课程评价的各个阶段进行后现代的“填充”。对课程框架的各个部分逐级分步分析与填充,也是对视觉素养课程的解构,为后续课程的开发提供内容与方法基础。

第一节 理念更新:后现代语境下视觉素养课程取向与性质

视觉素养课程的后现代建构首先需要更新其课程理念。课程理念是整个课程设计与开发的前提,秉持什么样的课程理念将造就什么样的课程。毫无疑问,后现代的视觉素养课程理念受到后现代语境下视觉素养课程观的影响,在总体上体现后现代课程观的诸多特征,同时由于学科的自身特性,呈现出独特的、区别于其他学科的课程性质与取向。

对课程性质的直接定义与描述比较少见,课程性质规定了课程所应坚守的原则及表现的特性。国内义务教育课程标准中特别提出课程性质的定位,在美国相关课程框架(Curriculum Framework)及课程内容标准(Content Standard)中的开篇也必定会界定这是一门怎样的课程,因而对于课程性质的描述尤显必要。通过对课程性质的解读,我们可以清晰地了解到课程所秉持的价值取向。在与视觉素养课程相关的现有课程中,义务教育阶段的艺术课程标准对艺术课程性质的规定包括:人文性、综合性、创造性、愉悦性、经典性。① 美术课程标准中对美术课程性质的描述是:视觉性、实践性、人文性、愉悦性。② 视觉素养课程与艺术、美术课程的相关性决定了其课程性质的定位必然与之相似。而在后现代特定时代的影响下,视觉素养课程又呈现出自身独特的性质。综合以上分析,视觉素养课程性质可以定位为:视觉性、实践性、人文性、批判性与创造性。视觉素养课程性质与取向强调以主体为中心,其定位在于关注观看的"主体"或受众的行为或情感的一系列变化。

一、视觉性:主体"看"的行为

视觉素养课程的性质首先是"视觉性"。什么是视觉性?诸多视觉文化研究者将视觉性作为视觉文化研究的对象。吴琼指出:"视觉性的研究指向

---

① 惟存教育.义务教育艺术课程标准2011年版(PDF)[DB/OL]. http://www.being.org.cn/ncs/index.htm,1-3.

② 惟存教育.义务教育美术课程标准2011年版(PDF)[DB/OL]. http://www.being.org.cn/ncs/index.htm,1-3.

的不是视觉对象本身的物质性或可见性,而是看的行为,是隐藏在看的行为中的全部结构关系或者说对象的可见性何以可能的条件,因而,对诸如文学文本的视觉性的研究并不是去考察文本如何描述了看的行为,而是要去揭示这一看的行为在结构文本叙事的瞬间所生发出来的隐秘机制。"①主体"看"的行为是视觉性的主要内容,也是当下主体视觉素养培养的主要内容。进入后现代以来,对客体即表征对象的可见与不可见性的讨论一直是视觉研究的重点。不论是米歇尔对图像承载事物原本特征的肯定,还是对机械复制产生的表征对象的不可信之怀疑,抑或是鲍德里亚认为的已经不存在真实与表象之分,表象是比真实更加真实的"超真实"②,对看的对象即观看行为中的客体的真实性的讨论已经没有意义,而主体"看"的行为,用以辨识"看"与"被看"的关系,同时意识到自身的"被看"境地,以及了解在观看行为发生过程中的权利参与、看的机制应当成为研究的重点。

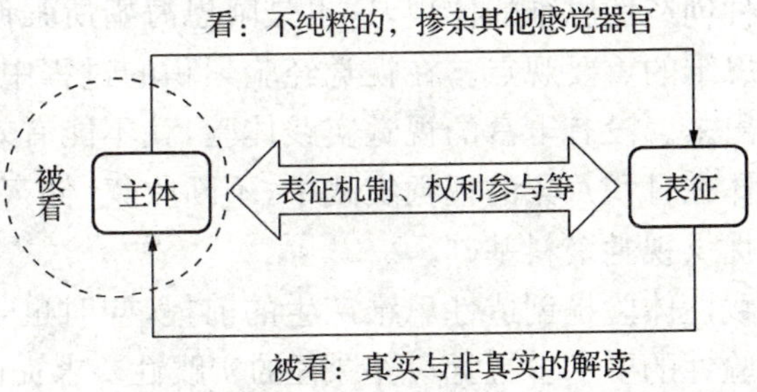

图 4-1　视觉性:主体"看"的行为解析

视觉性的另一个取向还在于其扩大了视觉研究的范畴。荷兰文化理论家和批评家米克·巴尔(Mieke Bal)在《视觉本质主义与视觉文化的对象》一文中提出:"看的行为根本上是'不纯粹的'。首先,由于它是受感官控制的,因而是基于生物学的行为(但所有的行为都是人来实施的),看内在的是被构建的,是构建性的和阐释性的,是负载有情感的,是认知的和理智的。其次,这一不纯粹的性质也可能适用于其他基于感官的活动:听、读、品尝和嗅。这种不纯粹性使得这些活动可相互渗透,因而听和读可能也有视觉性

① 吴琼. 视觉性与视觉文化——视觉文化研究的谱系[J]. 文艺研究,2006(1):91.

② J. Baudrillard. Simulacra and Simulation[M],AnnArbor: The University of Michigan Press, 1994:2-6.

的东西介入。因此，不能把文学、声音和音乐排除在视觉文化的对象之外。"[①]由"看"而引发的其他感官的间接视觉经验也将被纳入视觉研究的范畴，因而即便是纯粹的文本语言，也可以用视觉性的方式加以分析与反思。

二、实践性：主体"看"的体验

"看"首先被理解为主体的一种行为，这种行为本身就具有实践性。没有实践性的观看行为，不能形成对"看"的思考与表达。主体"看"的体验一方面呼应了视觉性的要求，另一方面也是对视觉素养课程实践性的要求。

视觉心理学认为，在人脑中存在的"意象"，并不仅仅是投射在视网膜上的观看对象的实际存在，而是由大脑经过视觉加工得到的影像，这种影像是一种高度抽象的概念，这种意象一般被称作"视觉意象"。[②] 显然这种视觉意象是脱离了真实的世界，由人脑先前的视觉经验与认知加工后而形成的，视觉意象是一种创造性思维的体现，这也是阿恩海姆所强调的视觉认知促进人的创造性思维的重要观点。在视觉经验累积的过程中，视觉体验的实践性就被凸显出来。没有丰富的视觉实践体验，就不能有效促进创造性思维的转化。主体在日积月累的视觉实践中，不断收集、储存视觉经验，为大脑的视觉创造提供视觉资料基础。

视觉的实践性体验是创造性思维产生的前提，同时也是视觉素养课程的丰富性与体验性的要求。视觉素养课程的实践性要求提供丰富的视觉体验资源，"强调存在只有纳入人的实践世界才是真实的存在和有价值的，而在人实践之外的所谓存在既无法认识也毫无意义"[③]，因而建设存在的形象资源是视觉可能发生的基础。正如李泽厚在其实践美学理论中所论述的："美是人类的社会生活，美是现实生活中那些包含着社会发展的本质、规律和理想而用感官可以直接感知的具体的社会形象和自然形象。"[④]视觉素养课程的终极目标在于创造美的视觉表征。这种美的存在首先是以形象植入人的创造性思维，再由其输出形成美的表征作品。

---

① Mieke Bal. Visual Essentialism and the Object of Visual Culture[J]. Journal of Visual Culture, 2003(2-1):9.

② 钱家渝. 视觉心理学[M]. 上海：学林出版社，2006:140-141.

③ 闫顺利，敦鹏. 实践论纷争及其出路——兼论一种实践过程观[J]. 延边大学学报(社会科学版)，2009(4):5.

④ 李泽厚. 美学论集[M]. 上海：上海文艺出版社，1980:59.

三、人文性：主体“看”的情感

视觉素养课程的人文性弥补了其过往的技艺性或工具性的狭隘，以及过于强调视觉制品的工具特性，这种忽视视觉观看与视觉创作主体存在的特性，显然不符合当下所强调的主体素养的培养。而对人文性的关注就是关注人类本身，因而视觉素养课程的人文性就是关注视觉主体本身。视觉素养课程的人文性强调主体“看”的情感，通过观看，主体产生对视觉表征所蕴含的文化、历史共鸣，或形成对其的价值判断。

视觉素养课程的人文性具有层次性。主体在视觉素养课程的学习中应该首先学会欣赏与尊重不同时期、不同地区、不同民族与文化的视觉表征作品，在日常生活的情境中，加深对视觉表征作品的理解。主体能够撇开高雅文化与大众文化的争论，正视不同形式的视觉表征作品，善于从生活中发现视觉之美，并体验美、欣赏美。视觉素养课程的人文性在注重观察身边的视觉表征的基础上，还强调能够形成对视觉表征作品的鉴赏能力，感受视觉表征作品与历史、文化、科技之间的联系，从表征中解读表征背后的含义，在多元背景中解读视觉表征作品。视觉素养课程人文性的第三层次表现为主体能够学会视觉表现手法，通过主体创造性思维的发挥，形成有表现力的视觉表征作品，以此展开与他人的人文交流。这种主体的视觉表达能力的培养是促进人际交流的区别于语言的另一种有效方法。视觉素养课程人文性的最高层次表现为自身人文素养与高尚情操的提升。视觉表征作品的艺术性，一直被喻为高雅文化的主要表现。学会对视觉表征的欣赏、鉴别与表达，能够促进主体自身对生活、文化等人类生活与社会环境的热爱，同时提升自身的视觉品位，丰富主体的内心情感，形成积极向上的人生观与价值观。

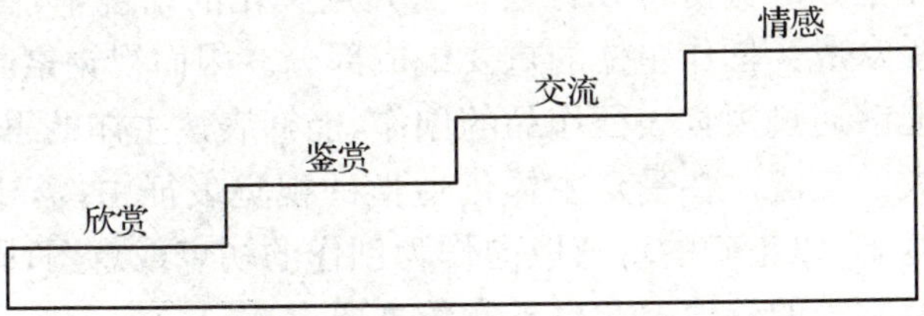

图 4－2　人文性的层次示意图

四、批判性：主体“看”的反思

批判性思维的培养是视觉素养当下内涵演变的要求，在对视觉表征的不确定性质疑的前提下，主体“看”的反思应该成为视觉素养课程的新主题。主体对视觉表征的批判性也将激发创造性思维，从而为主体视觉表征可能的创造性提供基础。

在主体观看的行为中，存在着看、被看及其关系，以及影响观看的其他因素。在主体观看的同时，自身的被看境地也逐渐凸显，这是视觉性的表现。对视觉性的研究，必然带来主体对“看”的行为的反思。这种反思是建立在主体与表征之间的一切看与被看的复杂行为之中的。看的行为、看的机制、被看的表征、表征与真实的区别、可能被看的主体等，都是主体反思的内容。这些反思的根源是表征的不确定性。在表征与表征背后的真实、被看的机制、权利参与等一切后现代现实被遮蔽后，对表征原本的真实表达存在必要的质疑是主体视觉素养培养的必要性之一。撇开这种被技术、权利、媒介等遮蔽的表征，还原表征的真实面目，无论其是否存在真实，即便是非真实的揭露都是视觉素养的表现。

对批判的批判也是一种重要的批判思想，对一切的怀疑也必然带来对表征理解的不恰当。在坚定真实必定存在的信念下，需要解释的也许并不仅仅是表征背后的真实与非真实，而是造成这种表征及其背后关系不确定性的现实机制、权利或主体的意图。正是因为看的行为的复杂性需要批判，所以对批判的批判使得看的行为具有价值。否定一切而又能获得一些肯定的思考是主体反思的最大价值，这是一种积极的价值取向，从而为主体可能创造的具有正向价值与正能量的视觉表征提供正确态度与方向的支持。

五、创造性：主体“看”的表达

当下，由于媒介技术、社会经济等诸多客观因素的发展与影响，受众主体与视觉创作主体的身份得以打通。在大众文化的语境下，智能的技术创作手段使得受众成为创作主体的重要组成部分。因而视觉素养课程的创造性要求主体能够通过视觉表征作品的创作，能够表达主体的思想与意图，从而实现与他人的交流。在受众主体创造性的视觉表征中，需要以创作表达的技艺作为基础，以正确的价值取向作为创作的初衷或意图，同时对创作的视觉表征内容本身的价值追求也具有较高要求。

以传授视觉技艺为目的的视觉艺术教育强调视觉表征的表现手法与视觉隐喻的技巧，这尽管是导致视觉教育工具性取向的直接缘由，然而视觉表达的技艺是视觉创造的基本技能。这种技艺的知识也是主体与视觉表征之间可以直接进行沟通的渠道。特定颜色、线条等视觉表征符号的能指与可

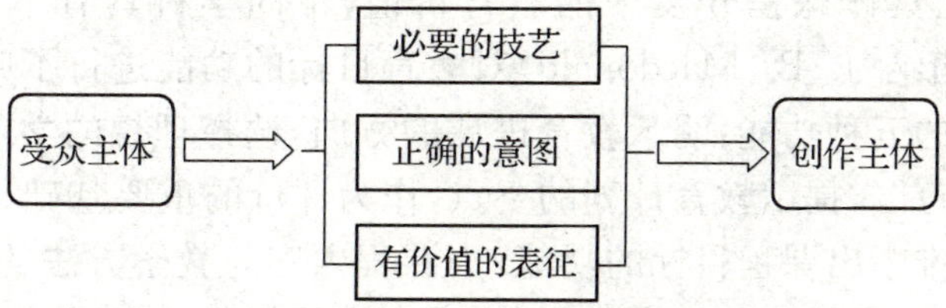

图 4－3　受众主体与创作主体的身份转换条件

能的所指具有通识性,是能够让受众主体观看的基本条件,因而作为创作主体,也必须遵守这样的规定,而不能过分逾越。正确的创作意图是保证视觉表征正向价值的前提。正确的价值观与追求真善美的艺术创作意图才能引导受众对视觉表征意义的正确解读,重塑视觉危机带来的种种不信任的视觉表征形象。视觉表征技艺的掌握与正确的创作取向是保证有质量的视觉表征作品的前提。在受众主体与创作主体身份转换的当下,受众主体一方面警惕视觉表征带来的不真实的危机,另一方面又可以从自身出发,以视觉表征创作主体的身份创作有质量的视觉表征作品,从而净化现实生活中的美好视觉资源,为更多的受众提供优良的观看环境。以此形成良性循环,改善视觉危机带来的不确定性与价值颠覆。

第二节　目标重构:后现代语境下视觉素养课程目标的依据与确立

视觉素养课程目标的重构是建立在后现代课程观对课程目标的重新理解基础上,并关注视觉素养课程内容的变化的,这些构成了后现代语境下视觉素养课程目标重构的决定性因素。课程目标确定的基本环节包括确定教育目的、确定目标的基本来源、确定课程目标制定的基本取向、确定目标具体内容。因而视觉素养课程目标的功能及其制定依据决定了后现代语境下视觉素养课程具体的目标内容。

一、视觉素养课程目标的功能

一般认为,教育目的是指教育的总体方向,它所体现的是普遍的、终极的教育价值。教育目标是教育目的的下位概念,被规定于教育政策法规中,具体体现在国家、地方、学校的教育指导思想中。课程目标是教育目标的下位概念，是在具体课程开发中的教育价值，不同学科具有不同的课程目标。[①] 麦克唐纳(J. B. Macdonald)对教育目标的功能进行了归纳，他提出了教育目标的五种功能：明示教育进展的方向，选择理想的学习经验，界定教育计划的范围，提示教育计划的要点，作为评价的重要基础。[②] 我们以此为依据可以推断出课程目标的功能：为课程内容与教学方法的选择提供依据；为课程与教学的组织提供依据；为课程实施提供依据；为课程与教学评价提供依据。[③]

视觉素养课程目标是实现视觉素养教育目的的"媒介"，视觉素养课程目标的功能同其他课程目标的功能一样，是课程开发过程中的第一个环节，旨在为课程内容、课程实施、课程评价提供依据，因而课程目标在整个课程开发过程中处于重要地位。尽管以课程目标为导向的课程开发受到后现代课程学派的批判，然而施以怎样的后现代目标取向将决定课程开发未来的方向。

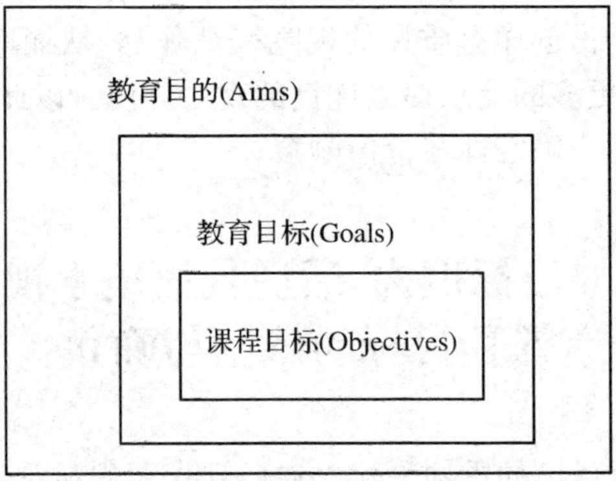

图 4-4 教育目的、教育目标与课程目标的关系[④]

二、视觉素养课程目标的依据

课程目标的依据也是课程目标确立的来源，课程目标的依据取向自课程研究以来，以泰勒的目标取向，即行为目标取向为代表，遭到了来自后现

---

① 张华. 课程与教学论[M]. 上海：上海教育出版社，2000：150.
② 钟启泉. 现代课程论[M]. 上海：上海教育出版社，1989：299.
③ 张华. 课程与教学论[M]. 上海：上海教育出版社，2000：152.
④ 张华. 课程与教学论[M]. 上海：上海教育出版社，2000：151.

代课程观的批判,因而形成了多种课程目标来源的取向。视觉素养课程目标的依据关注主体的行为与需求,着眼于视觉的现实表征以及视觉素养课程知识本身,以教育哲学、学习理论、目标分类作为二次筛选的条件,形成认知领域与情感领域的具有层次性的目标内容。

(一)课程目标依据的选择

自课程产生以来,受到不同时期社会需求、经济发展、文化变迁的影响,课程目标制定依据出现了多种取向。其中以泰勒的经典课程模式为代表的行为目标取向影响深刻,由于其特定历史时期的社会需要,因而也在当时的课程发展中取得了较好的效果。行为目标取向的代表人物主要有博比特(F. Bobbitt)和泰勒。博比特在《怎样编制课程》(1924)一文中具体列出了十个领域中的八百多个目标,将课程目标具体化、精确化是课程科学化的反映。在泰勒提出的四步课程模式中,确定课程目标之后,后续的步骤都是围绕该课程目标展开的。课程行为目标取向充分迎合了美国当时盛行的"刺激—反应"学习理论。这种课程目标取向在今天看来,完全忽视课程实施过程中学生可能发生的变化以及教师的主观能动性。第二种课程目标取向是生成性目标或展开性目标,其代表人物是杜威和斯腾豪斯。根据杜威"教育即生长"的观点,生成性目标强调课程实施过程中教师可以根据课堂教学的实际情况而提出相应的目标。杜威认为,目的不应该是预先规定的,而应该是教育经验的结果。① 斯腾豪斯则指出课程必须建立在对课堂教学研究的基础上,他充分强调教师的研究作用,教师应该是课程的主要研究者,而不是被动的实施者。他们两人都充分强调课程主体在课程实施过程中的重要作用。第三种课程目标取向是产生于 20 世纪 80 年代之后的表现性目标,其代表人物主要是艾斯纳。他强调以人为主要关注对象,注重人的主观创造性、个性化的特征,同时关注不同课程的具体情境,因而他对课程目标的看法是课程目标不应该是封闭的,而应该是开放的,但是他也不主张完全取消行为目标的课程目标的具体化,课程的开放是鉴于人的不同发展层次而言的。艾斯纳还提出根据教学活动来设定不同的目标,行为活动有行为目标,解决问题的活动有解决问题的目标,表现性活动有表现性目标。

---

① 施良方. 课程理论——课程的基础、原理与问题[M]. 北京:教育科学出版社,1996:86.

表 4-1 课程目标的三种取向

目标取向	流行时间	代表人物	主要观点
行为目标	20 世纪 60—70 年代	博比特、泰勒	目标具体化与精确性，注重结果
生成性目标	20 世纪 70 年代	杜威、斯腾豪斯	目标的过程生成性，强调过程
表现性目标	20 世纪 80 年代	艾斯纳	目标的开放性，关注人的个性发展

不同的课程目标取向在课程发展的不同历史时期发挥了重要的作用，生成性与表现性取向在今天的课程目标制定中获得了大多数人的肯定，而行为取向的课程目标同样保留了其经典观点，其中以布鲁姆等人的“教育目标分类学”应用最为广泛。由布鲁姆主编的《教育目标分类学·认知领域》于 1956 年出版，书中将“认知领域”中人的认知教育目标由简单到复杂、由低级到高级的顺序分为：知道（Knowledge）、领会（Comprehension）、应用（Application）、分析（Analysis）、综合（Synthesis）与评价（Evaluation）。① 1964 年，克拉斯沃尔、布鲁姆和马西亚出版的《教育目标分类学·情感领域》一书中将情感领域的教育目标分为：接受（注意）（Receiving, Attending）、反应（Responding）、价值判断（Valuing）、组织（Organization）、价值观念或价值复合体的个性化（Characterization by a Value or Value Complex）。布鲁姆尽管并未参与动作技能领域的目标分类，但在认知与情感领域目标分类的基础上，哈罗（A. J. Harrow）、辛普森（E. J. Simpson）于 1972 年分别对动作技能领域的教育目标进行了分类。② 克拉斯沃尔和斯特瓦特在 1973 年对上述二人的动作领域目标分类进行了归纳，形成了动作技能领域的五类教育目标。

表 4-2 不同知识领域的教育目标分类③

知识领域	产生时间	代表人物	具体分类
认知领域	1956 年	布鲁姆、克拉斯沃尔等	知道、领会、应用、分析、综合与评价
情感领域	1964 年	克拉斯沃尔、布鲁姆、马西亚	接受（注意）、反应、价值判断、组织、价值观念或价值复合体的个性化

① [美]布鲁姆，等. 教育目标分类学·认知领域[M]. 罗黎辉，译. 上海：华东师范大学出版社，1986：19.

② [美]A. F. 哈罗，E. J. 辛普森. 教育目标分类学·动作技能领域[M]. 施良方，唐晓杰，译. 上海：华东师范大学出版社，1989.

③ 张华. 课程与教学论[M]. 上海：上海教育出版社，2000：163 - 168.

（续表）

知识领域	产生时间	代表人物	具体分类
动作领域	1972 年	哈罗	反射动作、基本动作、知觉能力、体能、技巧动作、有意地沟通
	1972 年	辛普森	知觉、准备、指导的反应、机械练习、复杂的外显反应、适应、创造
	1973 年	克拉斯沃尔、斯特瓦特	● 基本动作（外力动作、操作动作、肢体动作） ● 准备：提示的敏感性、提示和行为选择、定势 ● 动作技能发展：心理印象转化为动觉、正确行为的形成 ● 动作模式发展：动作模式的形成、动作模式的完成 ● 修改和创造动作模式：修改动作模式、选择和修改动作模式

在行为取向的目标分类基础上，关注生成性与发展性目标，后续的课程目标制定综合了课程目标具体化与灵活性的特点，形成了多种维度的个性化创新，其中 1982 年日本学者梶田叡一在其《创造生动活泼的学校教育》一文中根据不同知识领域教育目标的分类提出了达成、提高与体验目标①。

表 4-3　三种知识领域的三种目标

知识领域	达成目标	提高目标	体验目标
认知领域	知识、理解等	逻辑思维能力、创造性等	发现等
情感领域	兴趣、爱好等	态度、价值观等	感触、感动等
动作技能领域	技能、技术等	熟练等	技术成就等

通过对课程发展过程中目标制定取向的不断反思与分析，课程目标制定依据以学生的个性发展这个最低标准为基础，在此基础上，观照当代社会生活的研究以及学科专家的建议，即学科课程本身知识的性质与价值，事实上这也是泰勒在其《课程与教学的基本原理》一书中提出的课程目标的三个

① 钟启泉．现代课程论[M]．上海：上海教育出版社，1989：311.

来源。[①] 因而,对泰勒课程目标制定来源的反思不是在这三个要素本身,而是在相互关系及具体的内容上。

(二) 视觉素养课程目标的依据

视觉素养课程目标的制定在课程目标制定依据的基础上,关注课程本身的知识结构,整合行为、生成与发展目标取向,依据课程目标的一般来源,即以学生的学习需求与个体可能发展的方向、社会发展的现实需求,以及视觉素养课程本身的知识内容与结构为基本来源,从而确定视觉素养课程的一般性目标。在教育哲学、学习理论与目标分类的基础上,形成具体而开放的课程发展目标。视觉素养课程的教育哲学观照课程制定的总体价值观导向,而学习理论则关注不同阶段学生学习本身的教育学、心理学发展规律,同时在目标分类的基础上,形成视觉素养课程的目标。

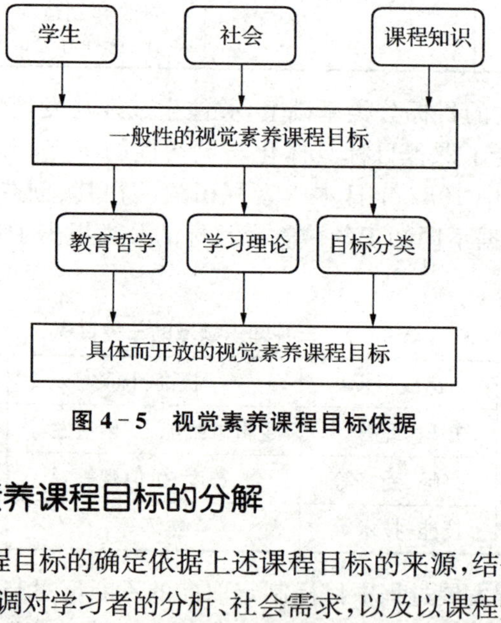

图 4-5　视觉素养课程目标依据

三、视觉素养课程目标的分解

视觉素养课程目标的确定依据上述课程目标的来源,结合自身的课程性质与知识本身,强调对学习者的分析、社会需求,以及以课程知识为主要内容的目标分类。以图像为主要特征的观看行为发生在视觉发生的瞬间,“在眼睛张开或瞥视的一瞬间,也就展现了在空间中共同存在、在深度上排列有序、

① [美]拉夫尔·泰勒.课程与教学的基本原理[M].施良方,译.北京:人民教育出版社,1994:3-25.

在不确定的距离中连续存在的物质世界”[①]，因而视觉素养课程面向不同阶段的学生，任何具有观看能力的人都可能成为视觉素养课程的学习者。视觉素养课程目标的层次性为不同学习层次的学习者提供了可能达到的目标与水平。由于视觉素养课程知识本身的特殊性，其课程知识领域的课程目标可以划分为具有层次性的认知领域与情感领域（见表4-4、表4-5）的目标。

依据认知领域的目标分类，视觉素养课程目标可以分为知道、领会、应用、分析、综合、评价。在每一个认知领域中，依据目标的层级性，体现视觉素养的不同层次。在“知道”的认知领域，通过视觉素养课程的学习，学习者应当能够达到“刺激回忆”“识别符号所指”“熟知惯例”“知晓视觉阅读习惯”的能力目标；在“领会”的认知领域，学习者应当能够准确“翻译”“理解”“推理”视觉表征；在“应用”的认知领域，学习者则能够“创造”，并“表达”；在“分析”的认知领域，学习者要能够“重组”“分类”“整合”；在“综合”的认知领域，学习者要学会“组织”与“表征”；在“评价”的认知维度，则能“辨析”与“反思”。

表4-4　视觉素养认知领域目标分类

认知领域	视觉素养课程目标
知道	● 刺激回忆：通过观看视觉表征能够找出熟悉的要素 ● 识别符号所指：识别图片包括语言与信息中的较浅层次的符号所指 ● 熟知惯例：能够识别特定的视觉符号、视觉表征或视觉语言的现实意义 ● 知晓视觉阅读习惯：能够将图片进行排序整理便于视觉阅读，具备看图说话的能力
领会	● 翻译：具有能够进行较为复杂的视觉交流能力，将基于图片的视觉表征翻译成语言或文字表达 ● 理解：能够对复杂的视觉表征进行深度理解，并能分类辨析 ● 推理：能够对视觉表征表达的视觉所指进行深度剖析、推测创作者意图
应用	● 创造：能够使用一定的视觉表征手段创造视觉表征 ● 表达：使用视觉表征工具进行语言所能达到或超越语言的深度表达
分析	● 重组：对视觉表征元素的打散与重组的意义表达 ● 分类：具有对视觉表征元素进行有效分类并阐明相互关系的能力 ● 整合：能够掌握视觉表达的基本原则，将视觉元素进行有效整合，以流畅、准确表达所指

① Hans Jonas. The Nobility of Sight[J]. Philosophy and Phenomenological Research, 1954(4):507.

（续表）

认知领域	视觉素养课程目标
综合	● 组织：能够将自己的观点进行视觉化的表达，恰当地组织所需的视觉素材 ● 表征：能够借用一定的视觉媒介分享个人的视觉经验并准确表达自己的思想或观点
评价	● 辨析：能够分析视觉表征与文字表征的异同，并能实现转译，评价视觉表征的准确度 ● 反思：对视觉语言与文字语言关系的反思，反思表达的精确性

在情感领域的视觉素养目标层级中，学习者要能够达到“接受”“反应”“价值判断”“组织”“个性化”的课程目标要求。在“接受”的情感领域，学习者应当能够“能指接受”，并“所指接受”；在“反应”的情感领域，学习者要能够“默许反应”“意愿反应”“满意反应”；而在“价值判断”的情感领域，学习者则要达到“意识价值”与“参与价值”的判断能力；在“组织”的情感领域，学习者要能够对“受众要素组织”与“视觉构成要素组织”达到不同层次的组织能力；在“个性化”的情感领域，则应体现“批判意愿”“合作修正”与“个性表达”的能力。

表 4－5　视觉素养情感领域目标分类

情感领域	视觉素养课程目标
接受	● 能指接受：发展对颜色、形式、特定的排版、设计等专业意识 ● 所指接受：识别对图片等符号表征所要表达的人物、事件、价值观
反应	● 默许反应：表现出对图片设置的意愿 ● 意愿反应：出于自我兴趣的读图及做出回应 ● 满意反应：产生对读图行为与视觉表征分享的愉悦
价值判断	● 意识价值：意识到视觉表征对受众的意义与价值 ● 参与价值：积极参与到视觉表征的创作与交流中
组织	● 受众要素组织：能够联系视觉表征中的道德标准、个性化发展目标与意愿来“阅读”与设计视觉表征 ● 视觉构成要素组织：形成对特定的视觉元素可能传达的意义的警觉
个性化	● 批判意愿：表现出对视觉表征的批判及个人价值主张表达的意愿 ● 合作修正：能够汲取他人的意见以修正自己的价值判断 ● 个性表达：有信心对视觉表征进行准确评价并能创作视觉表征作品

第三节　内容重组:后现代语境下视觉素养课程内容的选择与组织

根据课程目标的依据与来源,课程内容可以直接从学生、社会与学科知识的要求中填充。视觉素养课程内容的来源也不例外,可以依据目前课程内容来源的三种取向:学科、社会、学生,然而视觉素养课程内容并不是三种取向的孤立或简单叠加,后现代课程观对课程内容的丰富性要求,需要依据自身学科的特殊性,在课程性质与目标引导下填充以学习者为中心的、体现多元主题或学科背景的视觉素养课程内容。

一、视觉素养课程内容的来源

张华把课程内容的选择定义为:“根据特定的教育价值观及相应的课程目标,从学科知识、当代社会生活经验或学习者的经验中选择课程要素的过程。”①因而,课程内容的来源可以定位于学科知识、当代社会生活经验与学习者的经验。作为一般课程内容的来源,视觉素养课程内容的来源也取决于这三种取向。

(一)学科谱系知识作为课程内容

从学科的角度而言,“一门学科的产生、发展和独立与学科共同体内外的承认密不可分”②,视觉素养或视觉教育现在还没有被学科共同体内外承认为一门学科,这一认识至少可以从目前任何一个基于某一标准的学科分类均没有相关的视觉学科中得到验证。然而视觉素养这一研究领域从其内涵、产生背景及影响来看,涉及多个学科领域,因而可以从厘清视觉素养学科谱系入手,寻求与之密切相关的其他学科知识,进而构建视觉素养学科谱系知识,以此形成视觉素养学科谱系的核心知识以构成视觉素养课程内容。

---

① 张华.课程与教学论[M].上海:上海教育出版社,2000:191.
② 王建华.学科承认的方式及其价值[J].中国高教研究,2012(2):12.

（二）社会生活经验作为课程内容

图像时代的当下，受众生活在图像的世界中。由于图像自身的形象特征能够很快融入人的记忆，因而可以说，受众当下的社会生活经验大部分来自图像的传递。在后现代诸多特征的影响下，后现代的视觉危机，即由图像时代而带来的诸多“被看”的客体的不稳定性与不确定性，直接导致表征的危机。可被观看的“客观存在”，由于受到权力、传播、意识等多种社会、文化、经济、政治等因素的影响而变成某些主体的有“意”而为。视觉转向带来的对受众素养的要求如同 20 世纪语言转向的要求，即对图像的解读需要学会诸如语言的语法来完成“读”“写”“交流”等行为，因而掌握视觉语言成为必需。对图像的深度剖析与构建视觉语言体系将成为视觉素养课程的重要内容之一。

（三）受众需求作为课程内容

观看发生的过程中，存在着“看”“被看”及其相互关系，以及影响观看的因素，这些构成一个传播过程的基本要素。因而可以将观看的主体理解为传播过程中的“受众”。后现代的视觉表征特点及性质使得“看”不是一个简单的行为，而必须加以受众的解读与思考。同时受众观看的行为也不再是单向的传递，由于媒介技术的智能与可操作性，受众自我的视觉表征创造与表达也成为可能，创作主体参与到视觉表征的创作中也需要一定的视觉表达与交流素养。从视觉素养内涵的界定中可以看出，素养本身就是从主体出发的，是主体必备的一种能力。因而从受众需求角度出发对视觉素养内涵层级结构的分析也将成为视觉素养课程的内容之一。

二、视觉素养课程内容的选择

从视觉素养的学科谱系知识、社会生活经验及受众需求中构建视觉素养课程内容，需要对视觉素养的学科谱系知识进行有效分析，以得出对应于视觉素养课程性质与目标的内容知识。同时展开图像与视觉语言的课程内容构建，以帮助受众解读已融入日常生活的图像。再回到视觉素养对受众素养要求本身，从视觉素养内涵中剖析视觉素养课程内容层级框架，以此构建视觉素养课程的知识内容。这一课程内容的选择体现了后现代语境下视觉素养课程的丰富性、跨学科性、多元目标指向性等特征。

（一）基于"根茎理论"的学科谱系知识梳理

科罗拉多大学的 Sandra Moriarty 和密歇根州立大学的 Gretchen Barbatsis 提出了学科发展的"根茎理论"。① 他们指出以往对学科发展的描述一般以一棵大树来形容，树干代表核心理论架构，而树枝则代表分支学科的发展。这种认识能够形象地理解学科发展中基础理论与学科分支的关系。然而从衍生与创新角度来说，他们提出学科发展应该以诸如竹子根茎生长的方式发展，这种生长方式依赖于生长线的向上支持与向下供应，向上支持质量线逐渐茁壮成长的树干及分支生长，而向下支撑衍生线的向外扩散，以生成新的同质植物个体。以此繁衍使得学科的发展呈现出生机勃勃、不断向上生长与向外扩张的、内部逐渐完善而向外辐射影响的生长趋势。这种类似根茎结构的学科发展模式既保存了大树模式的优势，又克服了大树模式的单一生存性，而根茎模式则体现了在内部结构中出现的不断演化分布的、向外扩散的生命力。

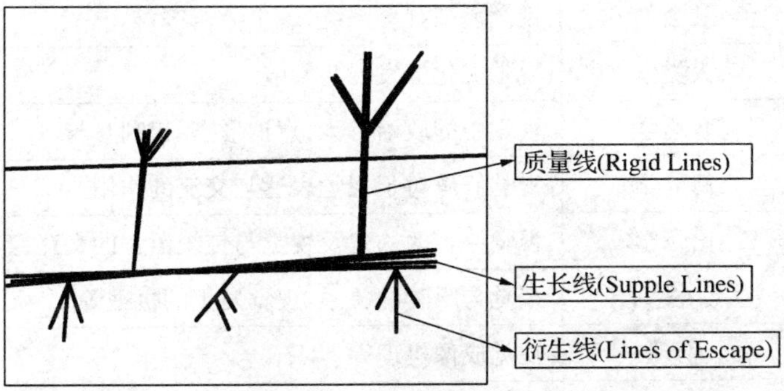

图 4－6　根茎结构

根据根茎结构，从质量线、生长线与衍生线三个层面，我们来梳理视觉素养相关学科谱系。质量线是单一植物生长的重要支柱，也是植物的直接外显存在。因而视觉素养质量线的相关学科应该从普遍意义的学科

① Sandra Moriarty, Gretchen Barbatsis. From an Oak to a Stand of Aspen: Visual Communication Theory Mapped as Rhizome Analysis[A]. Ken Smith, Sandra Moriarty, Gretchen Barbatsis, Keith Kenney. Handbook of Visual Communication: Theory, Methods and Media[C]. London: Lawrence Erlbaum Associates, 2005: xi－xxii.

分类中寻找学科谱系，根据栾栋提出的三个学科群，即人文学科、社会科学和自然科学[①]，可以将视觉素养相关学科知识划分整理为以下三类十三个学科知识类别，对应这十三个学科形成视觉素养研究领域的相关知识（见表4－6）。这些知识外显于视觉素养大树之上，是视觉素养课程知识中最坚实而又体现质量的部分。

表4－6　视觉素养质量线维度的相关学科知识分析

学科类别	具体学科		与视觉素养相关的研究领域
人文学科	哲学	认识论	对视觉的哲学认知
		美学	视觉表征的美学特征及价值追求
		伦理学	视觉表征的真实与道德
	艺术		视觉艺术知识
	文学		视觉表征与文学创作的关系
社会科学	心理学		有关视觉心理的相关知识
	社会学		视觉表征社会系统、现实分析等
	人类学		视觉文化的发展与影响
	政治学		视觉中的政治行为、意识形态、权利参与
	修辞学		视觉修辞对于视觉表达与交流的作用
	语言学		视觉语言的构建及视觉与传统语言的交互、互译等
自然科学	生物/生理学		视觉与眼睛的关系，视觉发生的机理等
	物理		视觉成像机理等
	地质学/地理学		地域文化特征对视觉表征的影响等

生长线是一个承上启下的生命线。生长线也是内隐于外显的学科知识，具有特定的视觉素养知识的专业性。同时体现了后现代语境下视觉素养重要的研究领域。对视觉素养生长线相关学科知识的分析从两个维度展开，第一个维度是基于视觉解读与原理的专业知识，第二个维度是后现代语境下视觉素养主要的研究领域。

① 栾栋．三大学科群方法问题沉思录[J]．华中师范大学学报（人文社会科学版），2001(4)：85.

表 4-7 视觉素养生长线维度的相关学科知识分析

维度	涉及学科	与视觉素养相关的知识
专业知识	符号学	符号系统、符号表征原理、对符号的认知
	文化研究(批判)	文化研究的历史与发展,对文化的批判与再批判
	脑科学	认知科学与视觉心理学
	信息系统科学	计算机等信息媒介与视觉表征、传播
当前主要研究领域	传播学	视觉传播模式及机理、影响
	教育学	视觉素养教育、视觉表征的教育应用等
	商学	眼球经济等视觉消费社会的产生及效应
	法学	视觉表征的伦理、道德规范及法制建设
	美术	视觉表征对象、表现手法等
	考古学	对有关视觉的各个相关领域的历史梳理与考证

根茎理论生命力的体现着重表现在学科的向外延伸,逐渐形成新的植物个体。因而衍生线既有外显的大树特征,又有赖以支撑大树成长的生长线。继承了这两条生命线基因的衍生线才有使生命得以延续的条件,因而衍生线的综合知识真正体现了视觉素养学科谱系知识。从涉及的学科知识与专业领域知识对视觉素养衍生线相关学科知识进行归纳,可以得出视觉素养学科谱系知识。

表 4-8 视觉素养衍生线维度的相关学科知识分析

学科类别	相关学科	与视觉素养相关的知识
艺术	美学/艺术/心理学	审美、创作、构图
	美学/艺术/传播学	图形设计、图像创作
	美学/艺术/历史	视觉艺术、视觉美学发展历史
	心理学/艺术/教育学	视觉创造力与想象、视觉素养提升
传播学	大众传播	传播模式、传播机制、传播效应等
	传播学/人类学	受众在视觉传播中的变化、发展与转型
	文学	视觉文化的发展及批判
	符号学/语言学	视觉传播的符号本质与视觉语言的解读

（续表）

学科类别	相关学科	与视觉素养相关的知识
	心理学	视觉传播中的心理研究，包括态度、情感、价值判断等
心理学	心理/生理/生物	视知觉、视觉意象
	脑科学/认识论	视觉认知、视觉发生效应
	心理/传播/符号	视觉符号的多重译码
教育学	教育学/心理学	视觉学习
	教育学/心理学/传播学	视觉素养教育
	教育学/传播学/考古	有关视觉及其教育的历史研究
文化研究	社会学/人类学	视觉文化的社会现象及对人的影响
	语言学/文化	视觉和语言表达与交流的联系与区别
	政治学/经济学/社会学	视觉文化与政治、经济与社会研究
	文化批判	视觉文化的表征危机及批判
视觉传达	伦理学/文化批判	视觉表征的社会伦理道德与批判
	心理学/艺术/教育学	视觉传达的接受机理、表现形式及重要作用
	哲学/认识论	视觉哲学研究
	传播学/语言学/文学	视觉隐喻表现及解读
法律与伦理	法学/伦理学/传播学	视觉表征创作的伦理道德规范
自然科学	生物学/生理学	眼睛与视觉
	脑科学	视觉认知与神经科学
综合领域	传播学/教育学/文化研究/文学	摄影、电视、电影、广告等媒介表征的视觉信息研究

（二）基于图像的视觉语言研究

不得不承认的是，图像时代“读图”的需求日益增强。如同对语言文字的学习需求一样，读图素养成为图像时代社会的普遍需求。图像时代一方面拓宽了人们观看的视野，丰富了观看的视界，然而另一方面也带来表征背后的遮蔽与不真实。面对这种充满冲突与矛盾的社会现实，“视觉文盲”与“文字文盲”一样可怕，这意味着在这个图像主导的时代，基本信息的获得与基于图像的交流能力的丧失，将使得主体处于另一种遭受遗弃的境地中。图像是视觉观看客体的基本构成，由此而延伸的对视觉观看的能力，即视觉素养提升的需求成为图像时代或读图时代的社会基本需求。

语言作为人类重要的交流手段，一直以来被认为是智慧的象征。能够使用语言进行阅读、写作被认为是一个有“素养”的人，这也是素养一词的本意。在文字主导的那个时代，“文盲”被定义为不识字的人。文盲由于文字的障碍，不能进行与文字的充分交互，因而难登大雅之堂。20 世纪初期出现的“语言转向”(Linguistic Turn)更是将语言从“工具性”与“载体论”中解放出来，彻底摆脱了语言长久以来仅是传达思想的宿命而成为自身意义的主宰者。语言开始作为哲学研究的主体，成为可以支配文化思想的本体论范畴的研究。① 在图像及其传播技术迅速发展以后，图像时代出现的“图像转向”逐渐成为人们的共识。图像成为可以与语言相提并论的主体。美国学者米歇尔认为“图像转向”是“对图像的一种后语言学的、后符号学的重新发现，将其看作视觉、机器、制度、话语、身体和比喻之间复杂的互动”②。在米歇尔看来，图像与语言同样属于“语言”与“符号”的范畴，只是在这个图像时代，视觉性的凸显使得图像转向异军突起，而冲击了语言霸权的地位。那么，对应于为解读文字符号而存在的文字语言，是否存在可以解读视觉表征符号的视觉语言？答案是肯定的，目前对视觉语言的研究已经在语言学与符号学中流行。

学者段炼对艺术语言进行了分类，他将艺术语言归纳为以下四种：

- 形式语言：主要体现在对线条、色彩、材料的处理上；
- 修辞语言：艺术表达的语言，如对比、隐喻、象征、悖论等方式；
- 审美语言：涉及复杂的语言美学问题，可以简单将其称为装饰性的美感；
- 观念语言：建立在当今世界的观念艺术和艺术观念化的基础上的一种重要的语言表达方式③。

如此对艺术语言的分类主要体现了艺术手法及其表现的美学价值，并

---

① 李烨鑫. 图像化时代的图文关系研究[D]. 武汉：华东师范大学，2012：14 - 16.

② [美]W. J. T. 米歇尔. 图像理论[M]. 陈永国，胡文征，译. 北京：北京大学出版社，2006：7.

③ 段炼. 世纪末的艺术反思[M]. 上海：上海文艺出版社，2000.

不能概括视觉语言的表现内容。对视觉语言的研究并不仅仅包括艺术语言的研究,还应当借鉴文字语言研究的内容与方法。这主要体现在视觉语言的符号特征、表达意义及视觉词汇与语法建构上。

首先,视觉语言与文字语言一样具有符号的特征,因而符号学应当成为视觉语言研究的重点。早在1978年,Halliday就曾论述了语言的符号性,将视觉语言研究与文字语言研究联系在一起。他认为,语言是一种社会符号,是一个“意义潜势”的系统;语言的语法“不是一套用来参考的规则,而是制造意义的资源”。[①] 这说明文字语言只是知识与文化意义传达的一种符号而已,除此之外,还有图像、声音、色彩等其他视觉符号。

其次,在视觉语言表达中,必然包括其形式、内容与所交互的文化。其外在的形式是基于艺术的表现手法,凸显艺术性与审美价值;其内容具有符号的能指与所指特征;其文化内涵则包括所处的文化语境及其表达的文化意义。多尔曾对语言的表现手法及其与文化的关系做了解释:“语言,包括阅读、写作、文学和口头交流,侧重(但不是排外地侧重)通过隐喻、深化和继续的解释来发展其丰富性,也就是说要将语言放在诠释的框架之中,将语言与文化相结合,视语言为文化的决定因素之一。”[②]

最后,视觉语言应当具有其独特的词汇与语法。提及视觉语言的基本词汇,直接联想到的是点、线等基本视觉符号,然而由特定的视觉语言而联结的视觉符号,不仅需要考察“视觉符号形态孤立的结构、内涵、意义和价值,还要重视符号组合的语言性特征以及其强大的语法、修辞的语言创造功能”[③]。Kress和van Leeuwen最早根据Halliday的“语言符号可以通过语法来实现意义表达”,提出对视觉语言语法的建构[④]。

---

① M. A. K. Halliday. Language as Social Semiotic: The Social Interpretation of Language and Meaning[M]. London: Edward Arnold, 1978:192.

② [美]小威廉姆·E. 多尔. 后现代课程观[M]. 王红宇,译. 北京:教育科学出版社,2000:251.

③ 朱永明. 从创意思维训练到视觉语言研究[J]. 南京艺术学院学报,2005(2):153.

④ G. Kress, T. van Leeuwen. Reading Images: The Grammar of Visual Design[M]. London: Routledge,1996.

表 4-9 文字语言与视觉语言语法对照表①

文字语言的功能	视觉语言语法意义
概念功能： 表达讲话者的亲身经历和内心活动的功能	再现意义： 包括叙述再现与概念再现
人际功能： 表达讲话者的身份、地位、态度、动机和对事物的推断、判断和评价等功能	互动意义： 探讨图像制作者、图像所呈现的世界与图像观看者之间的关系，同时表达图像观看者对表征事物应持的态度
语篇功能： 语言具有组句成篇、组织和传递信息的功能	构图意义： 图像如何整合其再现意义和互动意义，从而形成一个有意义的整体

当下对视觉语言的需求具有如同学习语言文字一样的深刻意义，建构视觉语言研究体系，丰富其内容与方法，应该是当前视觉素养研究的重要内容之一。这一方面不仅适应了整个读图时代的社会需求，还突出了视觉素养的特色与不可替代性。然而目前从教育领域与传播领域开展视觉语言研究的还比较少，这类研究主要集中在语言学与符号学的范畴。另一方面，从学科谱系知识的划分来看，视觉语言是学科谱系知识的重要组成部分，也是最能体现视觉素养知识结构特征与本质的知识。视觉语言作为图像等视觉识读的基本工具，成为视觉素养课程内容的重要部分。

（三）基于受众的视觉素养层级结构构建

视觉素养课程内容的建构是建立在以学习者为中心的原则之上的，这也是本研究面向的主要对象，从受众角度展开的视觉素养课程建构。受众(Audience)指传播过程中的信息接受者。麦奎尔(D. McQuail)认为："西方的受众概念起源于戏剧、竞技和街头杂耍的观众群，以及古希腊和古罗马城邦剧院和竞技场观看体育比赛和戏剧表演的成批观众。"②对受众一词的阐述最早可以追溯到古希腊的苏格拉底、柏拉图和亚里士多德的理论，受众

① 张敬源，贾培培. 关于视觉语言的几点思考[J]. 当代外语研究，2012(3)：38-42.

② [英]丹尼斯·麦奎尔. 受众分析[M]. 刘燕南，译. 北京：中国人民大学出版社，2006：3.

建立在一种理性与非理性的二元对立的反思框架之中，既是积极的、主动的，又是消极的、被动的。随着西方哲学中“主体”概念的形成，对受众主体的认识出现了“类主体化”的倾向，并未能沿袭古希腊对受众认识的传统思维，而成为受众个体与群体的简单思维模式，认为主体具有“集约性、群体性和人类性，主体在进入群体后表现出简单化的、从众的思维方式”①。这种对受众思维方式的担忧，事实上也体现了对受众的一种普遍关注。随着大众传播与大众文化的到来，受众作为主体，在观看、消费、反应等多个方面表现出对表征对象的不理性，确实验证了受众思维方式的简单化与大众化，因而就不难理解在后现代的多元主题与文化背景下受众的视觉盲从与非理性思维的存在。

对视觉素养的内涵界定中，也隐含着从受众的角度对建立某些知识与能力的要求。从对视觉素养的诸多定义中，可以看出对受众视觉能力的共同要求。土耳其学者 Rumiye Arslan 和 Gülbin Zeren Nalinci 总结了多个学者对视觉素养的定义，归纳了视觉素养中涉及的八大能力(见表 4-10)。

表 4-10 视觉素养定义中能力的梳理②

序号	能　力	定义出处
1	识别(Recognition)	Lacy, 1987③
2	理解(Understanding)	Ausburn and Ausburn, 1978④; Braden and Hortin, 1982⑤; Considine, 1986⑥

① [英]罗杰·迪金森，等. 受众研究读本[M]. 单波，译. 北京：华夏出版社，2006:2.

② Rumiye Arslan, Gülbin Zeren Nalinci. Development of Visual Literacy Levels Scale in Higher Education[J]. The Turish Online Journal of Educational Technology, 2014(2):61-70.

③ L. Lacy, An interdisciplinary approach for students K-12 using visuals of all kinds. Visible & viable: the role of images in instruction and communication. Commerce[J]. TX: International Visual Literacy Association, 1987:45-50.

④ L. J. Ausburn, & F. B. Ausburn, Visual literacy: Background, theory and practice[J]. Programmed Learning and Educational Technology, 1978(4): 291-297.

⑤ R. A. Braden, & J. A. Hortin, Identifying the Theoretical Foundations of Visual Literacy. [R]. Educational Resources Information Center, 1981.

⑥ D. M. Considine, Visual Literacy and Children's Books: An Integrated Approach. [J]. School Library Journal, 1986(1):38-42.

（续表）

序号	能　力	定义出处
3	使用(Using)	Ausburn and Ausburn，1978；Braden and Hortin，1982
4	创造(Producing)	Heinich，Molenda and Russell，1985①；Braden and Hortin，1982；Considine，1986；Lacy，1987
5	联系(Connecting)	Ausburn and Ausburn，1978
6	解释(Interpretation)	Heinich，Molenda and Russell，1985
7	分析(Analyzing)	Lacy，1987
8	评价(Evaluation)	Lacy，1987

随着媒介技术的成熟与视觉表征的丰富，视觉素养内涵也在不断被丰富与完善。尽管之后有多个学者对视觉素养进行了定义，但是从受众主体出发的角度并未改变，而且并没有超出上述八大能力范畴。之后多个定义的创新之处在于关注的焦点不同，这也拓展了视觉素养内涵的丰富性。如Messaris从视觉素养的图像、思维与现实关系的论述中提出视觉素养应该关注的重点在于：对视觉媒介的认识与理解、从对媒介的认知转化为思维的认知、意识到视觉表征的可操作性、注重审美鉴赏能力。② 从2011年美国学院与研究图书馆协会为制定《高等教育视觉素养能力标准》而采用的定义中也可以看出，强调上述八大能力和受众主体的特征仍然存在，突出情境、文化、伦理道德、智力与技术的现实价值，同时对受众主体与创作主体身份的转换也提出了可能的框架。

视觉素养是一组能够使个体有效发现、解释、评价、使用与创造图像和视觉媒介的能力。视觉技能能够武装学习者在创作和使用视觉材料时理解、分析其中的情境化的、文化的、伦理道德的、智力的和技术的构成元素。一个具备视觉素养的人不仅是一个具有批判眼光的视觉媒介消费者，也是一个能够共享知识和文化的贡献者。（Visual literacy is a set of abilities that enables an individual to effectively find，interpret，evaluate，use，and create images and visual media. Visual literacy skills equip a learner to

---

① R. Heinich，M. Molenda，& J. D. Russell. Instructional media and the new technologies of instruction(2nd ed.). [M]. New York：John Wiler &Sons，1985.

② Paul Messaris. Visual Literacy：Image，Mind，and Reality [M]. San Francisco：Westview Press，1994：3.

understand and analyze the contextual, cultural, ethical, aesthetic, intellectual, and technical components involved in the production and use of visual materials. A visually literate individual is both a critical consumer of visual media and a competent contributor to a body of shared knowledge and culture.)①

从受众维度展开的视觉素养定义,以受众应当具备的能力结构为主要内容,体现了从简单到复杂、由易到难的层次性结构。从识别到评价的层级能力结构与布卢姆提出的认知领域目标分类对应,因而体现了受众视觉素养课程内容与目标的一致性。

三、视觉素养课程内容的组织

根据对课程内容组织理论的考察,施良方提出课程内容的组织可以遵循三种方法,即纵向组织与横向组织、逻辑顺序与心理顺序、直线式与螺旋式。②纵向组织的课程内容符合人的认知心理规律,如加涅提出的八个学习层次和布卢姆的认知目标分类,从简单到复杂的知识内容呈现方式能够顺应学习者的认知心理。横向组织则考虑到与本课程相关的社会与学习者所关心的学习主题,打破课程的学科界限,从综合学科的角度组织课程内容。横向组织的方法显然更有利于跨学科或综合性学科课程的内容组织。逻辑顺序的组织方式更多的是依据学科知识本身的内在知识结构与体系,也就是说,课程内容完全来源于学科知识的框架体系,因而在课程内容组织上也是遵循学科知识的内在逻辑关系。心理顺序则按照学生心理发展的特点来组织课程内容。然而课程内容的组织是学科专家与课程制定者决定的,课程内容的组织需要充分考察学生的心理发展特点,而不是成人的心理发展规律。直线式的课程组织方式强调内容的直线排布,不会出现内容的重复。螺旋式组织方式考虑到不同阶段课程内容的难易程度,可能出现重复的内容。

显然,任何一种单一的课程内容组织方式都存在弊端,纵向的课程内容组织方式不能体现与其他学科以及社会与学生需要联系在一起,横向的课

① Association of College and Research Libraries, "ACRL Visual Literacy Competency Standards for Higher Education," American Library Association(October 2011)[DB/OL]. http://www.ala.org/acrl/standards/visualliteracy,2013-04-11.

② 施良方. 课程理论——课程的基础、原理与问题[M]. 北京:教育科学出版社,1996:115.

程组织方式则需要体现一定的纵向的层次性;逻辑顺序的组织方式显然与学习者中心的原则相抵触,完全从学生学习的认知规律出发的课程内容组织方式又不能体现课程知识的内在逻辑性;直线式的课程内容组织方式同样不能体现学生的认知心理与学习内容的难易程度,而螺旋式的组织方式也难以避免不必要的重复。因而,从整合的角度出发,课程内容的组织既考虑到课程内容与学科、社会与学生需要的联系,又能充分体现遵循学习者的认知规律,让必要的课程内容重复体现在层级的不断递进上。

表 4 - 11　课程内容组织方式的优劣势

序号	组织方式	优　势	缺　陷
1	纵向组织	内容的层次性	局限于学科自身
	横向组织	跨学科性	对教师要求高
2	逻辑顺序	学科自身的知识体系	照搬学科知识
	心理顺序	学习者的认知心理	对学习者心理的准确判断
3	直线式	内容的不重复	无法体现层次性
	螺旋式	内容的必然重复	难以避免不必要的重复

视觉素养课程内容来源于学科谱系知识、视觉语言的社会需求以及受众的视觉素养层次内容。学科谱系知识体现了视觉素养课程内容的跨学科性,而视觉语言的内容知识虽然属于上述学科谱系知识中的某一部分,但是体现了视觉素养课程的专业性与创新性。受众的视觉素养层级性的知识要求则体现了视觉素养课程内容的层次性。因而,视觉素养课程内容的组织应当综合上述课程内容的组织方式,体现视觉素养课程的层次性、跨学科性与创新性。依据不同年段学习者的认知心理规律,将视觉素养对课程内容依据层次性要求进行划分,采取单元式或主题式的结构呈现跨学科性的课程内容。在图 4 - 7 中,从视觉素养课程认知与情感维度目标两个方面,将学科谱系知识填充于各个层次之间的框架内,既有依据课程内容层次的连续性,又有依据难易程度的必要重复与迂回,逐步发展学习者的视觉素养能力层次。这样的课程内容组织方式既适用于某一年段课程内容的整体架构,也适用于某一单元或主题的内容组织。

根据视觉素养课程内容组织方式,以衍生线中的艺术学科领域中的视觉素养谱系知识为例,组织视觉素养课程内容。在以艺术为类别的学科谱系知识中,可能涉及的其他学科知识包括美学、心理学、传播学、历史、教育

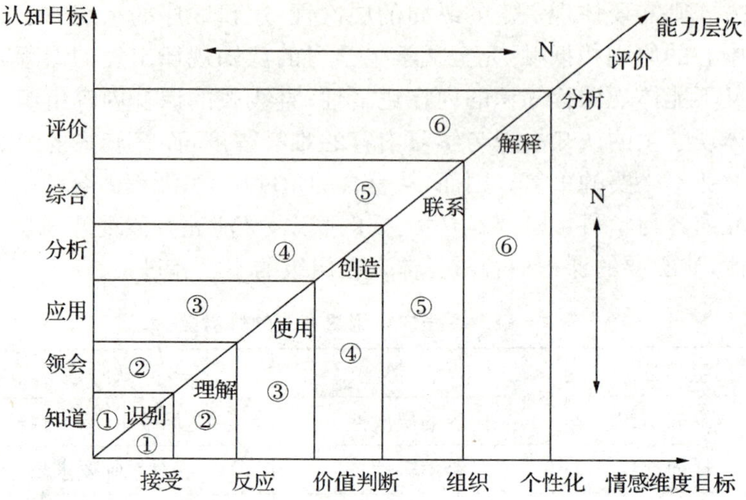

图 4－7　视觉素养课程内容组织图

学等(见表 3－8)。美学、艺术与心理学相关的视觉素养知识包括审美、创作、构图等。在组织这一部分视觉素养课程内容时,依据图 4－7 的内容组织方式,需要填充具体的课程内容知识(见表 4－12),这些课程知识既能体现知识的层次性,又能涵盖学科的谱系知识,突出视觉素养课程知识的创新性。表中的序号及其对应的课程内容仅仅表示层次的递进性,并不一定严格对应。根据图 4－7,课程内容的组织还可能出现同一层次中的徘徊甚至下移,以达到特定阶段的课程目标。

表 4－12　不同层级的视觉素养课程内容

序　号	视觉素养课程内容
①	构图的基本要素及创作手法
②	表征作品的基本构成要素及符号的能指与所指含义
③	表征对象的意义传达及美学价值
④	视觉表征创作者的背景认识与作品意义的关系、视觉语言的运用
⑤	基于个体自我认识的视觉表征解读方法与评价策略
⑥	视觉表征的个性创作与交流策略
N	……

第四节　实施改善:后现代语境下视觉素养课程的实施取向与策略

“课程实施是指把新的课程计划付诸实践的过程。课程实施的研究所关注的焦点是课程计划在实际上所发生的情况,以及影响课程实施的种种因素。”①在课程目标与内容设计的基础上,如何开展课程实施将决定最初的课程愿景能否实现。视觉素养课程实施同样是视觉素养课程建构的重要环节之一。视觉素养课程实施的取向从主体与客体因素出发,观照后现代课程观,体现了对话基础上的灵活、调适、创生等特征。而在视觉素养课程实施策略中则强调外部对话机制的建立以及基于小叙事的案例教学等教学策略的形成。

一、视觉素养课程实施的取向

课程实施的专门研究始于20世纪70年代对美国20世纪50年代末至60年代所进行的“学科结构运动”的反思。对课程改革付出巨大热情与努力的新的课程设计与开发并未取得实际的理想效果,其根本问题在于课程的实施,课程实施与课程设计的关系处理成为反思的热点问题。由于课程设计与课程实施的主体存在一定程度的分离,所以课程实施的取向决定了课程实施与课程设计内容的吻合度。根据黄小莲对课程实施取向研究的梳理,课程实施呈现出五种取向分类(见表4-13)②。这五种取向体现了课程实施与课程设计的关系、课程实施的外部与内部影响因素,以及课程实施秉承的价值观等。尽管将课程实施的影响因素作为课程实施的另一个研究维度,然而课程实施的影响因素在一定程度上决定了课程实施的取向。根据国内学者对影响课程实施因素的研究,大致可以归纳为二因素说、三因素说、四因素说、五因素说和六因素说(见表4-14)。这些因素既包括课程实施过程中的各个主体因素,也包括客观

---

① 施良方. 课程理论——课程的基础、原理与问题[M]. 北京:教育科学出版社,1996:128.

② 黄小莲. 课程实施研究谱系(1970—2010年)[J]. 教育发展研究,2011(8):34.

存在的外部因素。

在后现代课程观的影响下，面向过程的课程设计淡化目标的恒定性与唯一性，课程实施过程中必然出现与课程计划的不一致。如何处理好课程实施与课程设计的关系，丰富性、回归性、关联性和严密性的要求为课程实施提供了更为宽阔的研究视野，课程实施要以学习者的学习为中心，充分展开主体间的合作与对话，处理好教师、学生、知识及课程之间的关系。哈格里夫斯和施密特甚至直接把"后现代观"作为课程实施的一个取向。后现代课程观应当作为整个课程实施过程中一个重要的指导思想与"取向"，在开展课程实施时，处理课程实施中出现的人与物、主体与客体、内部环境与外部环境等关系，在充分对话的基础上，以后现代课程观点与思想灵活、调和地处理课程实施的问题，以达到促进学习者发展的最终目标。

表 4-13　国内外课程实施取向研究汇总

序号	代表人物	主要观点
1	富兰(M. Fullan，1977) 胖弗雷德(A. Pomfret，1977) 利斯伍德(K. A. Leithwood，1977)①	得过且过(Mudding Through)取向
		适应或改编(Adaption)取向
		忠实或精确(Fidelity)取向
2	豪斯(House，1979)②	技术视角(Technical Perspective)
		政治视角(Political Perspective)
		文化视角(Cultural Perspective)
3	辛德(Snyder，1992) 博林(Bolin，1992) 朱姆沃尔特(Zumwait，1992)③	忠实取向(Fidelity Orientation)
		相互调适取向(Mutual Adaption Orientation)
		课程缔造取向(Curriculum Enactment Orientation)

① Michael Fullan, Alan Pomfret. Research on Curriculum and Instruction Implementation[J]. Review of Educational Research，1977(2)：335－397.

② E. R. House. Technology Versus Craft：A Ten-Year Perspective on Innovation [J]. Journal of Curriculum Studies，1979(1)：1－15.

③ J. McNeil. Curriculum：A Comprehensive Introduction(5th edition). [M]. New York：Harper Collins College Publishing，1996：241－262.

（续表）

序号	代表人物	主要观点
4	哈格里夫斯（Hargreaves，2002） 施密特（Schmidt，2002）①	技术观（Technical Perspective）
		政治观（Political Perspective）
		文化观（Cultural Perspective）
		后现代观（Postmodern Perspective）
5	崔允漷（2009）②	基于教师经验的课程实施
		基于教科书的课程实施
		基于课程标准的教学（课程实施）

表 4-14　国内课程实施影响因素研究汇总③

因素说	代表人物	主要观点
二因素说	陈侠（1989）④	人的因素：学生、教师与课程实施 物的因素：教科书、教学设备与课程实施
三因素说	李子建、黄显华（1996）⑤	创新的特征：需要、清晰度、创新的规模和复杂性、学程的质量和实用性 干涉和个人：教师、校长、本地及外地促进者、持续的支持和训练 脉络：层次、文化、组织/机构的政治脉络
四因素说	江山野（1991）⑥	与尝试课程改革有关的特性、地方条件、地方策略、外界因素
	汪霞（2003）⑦	课程计划的特征、教师的特征、学生的特征、校外环境的特征
	丁念金（2007）⑧	教师、学生、资源、支持性条件

---

① A. Hargreaves，L. Earl，M. Schmidt. Perspectives on Alternative Assessment Reform[J]. American Educational Research Journal，2002(1)：69－95.

② 崔允漷. 课程实施的新取向：基于课程标准的教学[J]. 教育研究，2009(1)：74－79.

③ 黄小莲. 课程实施研究谱系(1970—2010年)[J]. 教育发展研究，2011(8)：33.

④ 陈侠. 课程论[M]. 北京：人民教育出版社，1989：266－295.

⑤ 李子建，黄显华. 课程：范式、取向与设计[M]. 香港：香港中文大学出版社，1996.

⑥ 江山野. 简明国际教育百科全书[M]. 北京：教育科学出版社，1991：158.

⑦ 汪霞. 课程实施：一个值得关注的问题[J]. 教育科学研究，2003(12)：5－8.

⑧ 丁念金. 课程论[M]. 福州：福建教育出版社，2007：377－378.

（续表）

因素说	代表人物	主要观点
五因素说	黄政杰(1991)①	使用者本身的因素、计划本身的特性、交流与合作、课程实施的组织和领导、外部因素的支持
	施良方(1996)②	课程计划本身的特性、交流与合作、课程实施的组织和领导、教师的培训、各种外部因素的支持
六因素说	黄甫全(2006)③	文化背景、主体、对象、管理、环境、理论基础

视觉素养课程实施取向在课程实施的通识取向上，从视觉素养课程特点出发，形成独特的视觉素养课程实施的取向(见图 4-8)。首先确定影响视觉素养课程的主体与客体因素，主体因素包括教师、学习者、课程制定者和行政管理者，而客体因素包括价值观、文化观、创生观和技术观。从主体与客体因素两个维度出发，分析其对课程实施可能产生的影响。教师对课程实施的影响包括适应或改编，作为视觉素养课程教师在课程实施时，对于课程设计的适应则体现了尊重课程制定者的最初设想，同时作为课程的主动参与者，也可以依据教师主体在课程实施中可能出现的本地情境变化与学习者特点进行适当的改编。课程制定者与课程实施的关系毫无疑问是希望课程实施能够忠实而精确地执行课程的最初设想。行政管理者包括校内外的或课程传播场域的管理者，他们对课程实施需要综合考虑学习者需求、社会需求与相关政策法规等，在相互调适的基础上处理课程实施与课程设计之间的关系。作为课程的中心地位的学习者主体，他们在课程学习中会依据自身的学习需求与风格而产生更多创新的实施取向与方式，因而在课程实施中，表现为可能的“课程缔造者”。然而视觉素养课程实施中的各个主体因素不可能独立存在，教师需要参与课程的制定过程，面向直接的教学对象——学习者，师生交互是必需的。与行政管理者同样需要做好沟通与交流，以确保课程实施所需要的政策、设备等支持。作为课程制定者，需要了解当前的课程实施现状，听取学习者、教师与行政管理者的意见与建议。作为学习者，学习需求与效果需要反馈给教师、课程制定者与行政管理者。行政管理者同样需要与教师、学习者、课程制定者进行充分的交互。因而，

① 黄政杰.课程设计[M].台北：太旺东华书局，1991:425.

② 施良方.课程理论——课程的基础、原理与问题[M].北京：教育科学出版社，1996:145-147.

③ 黄甫全.现代课程与教学论学程[M].北京：人民教育出版社，2006:532-535.

这四个主体间的“对话”必不可少。这种对话建立在平等、民主与自由的前提下,在充分对话的基础上,形成理解、尊重、包容的氛围,确保课程重构改革设想的实现。

从客体因素上来看,客观社会与环境的整个价值观取向也必将影响课程实施,后现代的多元、理解、包容的价值取向将直接影响课程实施的实践过程。针对视觉表征的价值负载与自我的价值判断,极有可能与固有的课程设计产生对立与冲突。而后现代的文化观,对精英文化与大众文化、高雅文化与亚文化界限的模糊,以自我的文化满足心理接受视觉表征的外在形式与内在文化含义等,这些现实的文化观也将直接影响课程的实施过程。创生观则体现了主体在实践过程中的创新与共生特性,主体是课程实施的主宰者和直接受益者,在当下倡导的反思与批判意识氛围中,主体的创造性得到发挥。在课程实施的实践系统中,以促进发展为根本目标的和谐共生成为主题。而技术观则是后现代的又一个典型的影响因素和特征,对技术从工具辅助创造的认识,必须上升到对技术方法的理解、技术思维的创新以及技术伦理道德的尊重的高度。在视觉素养课程中技术作为一个内容、手段、方法,必然对课程实施产生极大的影响。

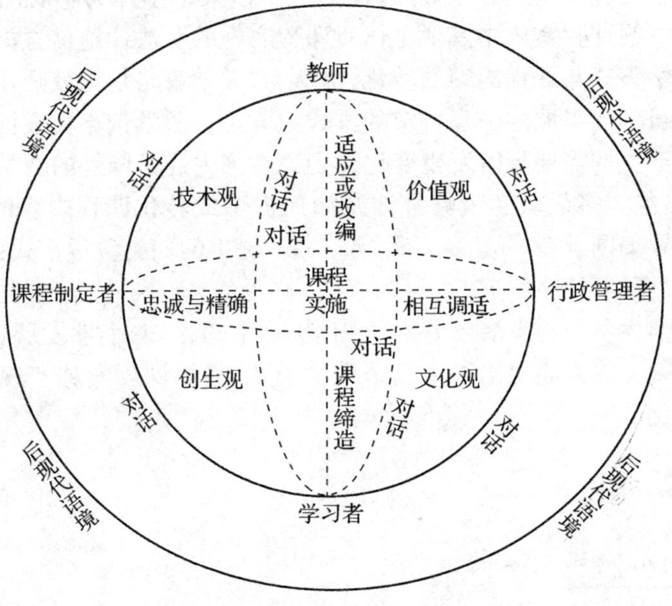

图 4-8　视觉素养课程实施取向

二、视觉素养课程实施的策略

视觉素养课程的实施策略是在课程实施的一般策略基础上，以及视觉素养课程实施取向的影响下建立的。从现有的课程实施研究来看，课程实施策略研究可以分为两类：一类是将课程实施作为课程开发环节的一部分，从实施与课程设计的吻合角度来审视课程实施。二是从课程实施的内部入手，着眼于课堂的教学策略。依据视觉素养课程当前的课程设置及学习者的学习需求，视觉素养课程实施从这两个维度出发，在课程实施中强调对话机制的建立以及基于小叙事的案例教学等具体课堂教学策略的形成。

（一）课程实施研究分类

在对课程实施策略的研究中，目前出现的研究主要集中在课程实施策略的模式与教学策略对课程内容的适应研究上。马云鹏、唐丽芳提出课程实施的自上而下策略、自下而上策略、从中间向上的策略（见表 4 - 15）。这三个策略分别从国家和地区中心、教师中心、学校中心的角度，试图实现课程的最大程度优化实施。但显然，任何一个以某个主体为中心的实施策略都可能会忽视课程实施中其他主体对课程实施的看法。施良方提出课程实施涉及教学策略与课程内容的转化，他认为“教学策略是指教师在课堂上为达到课程目标而采取的一套特定的方式或方法。教学策略要根据教学情境的要求和学生的需要随时发生变化。无论在国内还是国外的教学理论与教学实践中，绝大多数教学策略都涉及如何提炼或转化课程内容的问题”①。因而他倡导美国学者 B. Joyce 和 M. Weil 提出的四类教学模式：信息加工类、个性发展类、社会发展类、行为系统类（见表 4 - 16）。这四类教学模式均以促进学生学习与发展为基本原则，从学生的认知、个性发展、社会影响以及行为刺激等方面提出二十四个教学模式，指导课程实施实现课程内容的实践转化。

---

① 施良方. 课程理论——课程的基础、原理与问题[M]. 北京：教育科学出版社，1996:142.

表 4-15　课程实施的三种策略及具体内容①

策　略	具体内容
自上而下	以国家和地区为中心。采取这种策略来实施课程变革，要求学校中的其他因素要与改革相一致。通过决策权力的下放、实施队伍的扩大以及为改革提供相应的支持等手段使策略逐渐趋于完美
自下而上	以当地或以教师所关心的问题为起点来进行变革。这种策略首先要帮助教师识别问题，应该注意的一点是选择的问题必须是在教师的能力范围之内，然后帮助教师分析引起困难的原因
从中间向上	自上而下的策略过于依赖附带的奖赏：如别人的认可、事业的进步和对不依从者的威胁。自下而上的策略以个人或群体对改革的倾向为先决条件，如果学校文化本身是传统的、守旧的，就不容易进行改革，而且将教师作为改革的行动者，由于教师自身素质的限制，他们往往选择低质量的改革。从中间向上的策略，认为学校是改革的最适当的单位

表 4-16　B. Joyce 和 M. Weil 的四类教学模式②

教学模式	主要特点
信息加工类	影响学生信息加工过程的各种具体的教学模式
个性发展类	关注学生个人的观点，鼓励独立创造，以便使学生增强自我意识
社会发展类	强调把学习和社会结合在一起，合作行为有助于促进学生社交和理智方面的发展。具有社会相互作用的学习任务会有利于促进学习。学校教育的中心任务是使学生成为社会中合格的成员
行为系统类	以行为理论为基础，行为是有规则可循的，是隶属于环境变量的。教师的任务就是要发现哪些环境变量会以哪些方式影响行为

这两类课程实施策略的研究，一是从课程实施外部，将课程实施作为课程设计完成后的一个实施环节，即针对课程实施与课程设计的关系探讨课程实施问题。二是从课程实施内部，在具体课程实施的过程中，在课堂这个课程实施阵地上，探究如何实现课程内容转化为课堂教学知识的过程。

---

① 马云鹏，唐丽芳. 课程实施策略的选择——课程改革中一个不可忽视的问题[J]. 比较教育研究，2002(1)：16-20.

② Bruce Joyce, Marsha Weil. Models of Teaching (2nd edition) [M]. Eaglewood Cliffs: Prentice-Hall, Inc.: 1980.

（二）视觉素养课程实施推进与教学策略分析

视觉素养课程实施的策略从课程实施的外部推进来说，需要兼顾一般课程的三种外部实施推进策略并建立对话机制。对话机制的建立实现了可能的外部实施策略的三个层面，即国家与地区、教师与学校间的有效沟通与合作，以实现视觉素养课程的有效实施。针对不同阶段学习者的视觉素养课程，应当根据国内现有的课程体系以及可能拓展的课程领域进行有效的实施。由于国内基础教育现有的艺术课程体系较为完善，视觉素养课程作为与艺术课程相关的课程，并未成为艺术课程的一部分或完全融合，而独立开设视觉素养课程的考证还需一段时间的研究。因而在基础教育现有的课程体系中，视觉素养课程可以作为部分整合艺术课程或以校本课程形式存在，这种特殊的课程存在身份也是今后开发基础教育视觉素养课程的重要前提，即需要在此基础上，结合现有的艺术课程与校本特色开发视觉素养课程，以便于学校与教师的课程实施，使得课程设计、开发与实施能够实现课程的最初教育设想。因而可以从教师与学校两个层面着手展开，以引起国家与政府层面的广泛重视。从教师层面，即遵循"自下而上"策略开展课程实施，需要相关教师能够意识到视觉素养培养的必要性，以及自身具有较高的视觉素养。在现有的课程体系中领会视觉素养培养目标，利用丰富的视觉表征资源进行课程内容的充实，以实现学生的视觉素养培养目标。从学校层面实施的"从中间向上"策略，能够支持师生的视觉素养培养需求，从校本管理与政策中提供课程整合与校本课程开发所需的支持以及必要的人力、物力与财力的帮助。显然，这三个层面的有效对话可以弥补从单一层面展开视觉素养课程实施的困难。

针对高等教育阶段的学习者，实施视觉素养课程时主要取决于"自下而上"的教师与学科专业层面的课程实施设想。在与视觉素养有关的专业中以必修课或选修课的形式作为大学通识教育的一部分，实施视觉素养课程。以此类学习者为对象的视觉素养课程开发同样需要充分观照课程实施过程中可能的各个影响因素及取向。而从终身学习需求角度出发，任何一个潜在的学习者都应该给予教育的关怀。时至今日，终身学习理念已深入人心，不论是在职业生涯中还是日常生活中，面对社会环境的日新月异，新的问题与困难不断出现，在学校教育中所收获的知识与技能急需提升。获取知识的途径也在不断拓宽，已然开启的 Web2.0 时代，体现以用户为中心、共享交互为特征的网络传播共享，丰富了学习者的在线学习(e-learning)资源，改变了传统的基于课堂的单向传播的学习方式。“自上而下”国家层面对在线课程的建设也提出了新的要求。2011年开始,教育部提出把国家精品课程转型升级为国家精品资源共享课的要求,目的在于“实现课程的基本资源免费共享、拓展资源有条件共享,保证国家级精品资源共享课的便捷获取和使用,满足高校师生和社会学习者多样化的需求”①。传播方式与实施途径的突破使得视觉素养课程实施开启新的研究视角,即视觉素养在线课程开发研究。基于不同网络平台的视觉素养在线课程,可以满足更为广泛的学习者的正式与非正式的学习需求。

从课程内部的教学实施角度而言,视觉素养课程的具体教学策略在充分汲取现有先进课程教学策略的基础上,突出小叙事的案例教学等教学策略的实施。小叙事原则是后现代语境下视觉素养课程观的重要特征,它也体现了视觉表征的大众化与情境性。视觉发生在多个生活主题中,因而丰富了视觉教育资源。从广泛的生活资源中寻求与课程内容相关的主题开展教学,能够更加有效地帮助学习者建构自身的视觉知识与经验。根据视觉素养课程目标、内容等相关要求,以小叙事案例教学的教学策略可以从三个层面建构:欣赏—认知、解读—判断与创造—表达(见表4-17)。

表4-17 视觉素养课程实施教学策略相关分析

教学策略	实施流程	实现目标	相关内容	相关原则
欣赏—认知	对象呈现—分组讨论—综合分析—个性认知	知道、领会;接受、反应	构图的基本要素及创作手法;表征作品基本构成要素及符号的能指与所指含义	小叙事原则
解读—判断	问题激趣—综合分析—自由辩论—个人判断	应用、分析;价值判断	表征对象的意义传达及美学价值;视觉表征创作者的背景认识与作品意义的关系、视觉语言的运用	知识—权力原则、解构原则
创造—表达	主题选择—方法选择—成果展示—总体评价	综合、评价;组织、个性化	基于个体自我认识的视觉表征解读方法与评价策略;视觉表征的个性创作与交流策略	小叙事原则 解构原则 双重译码

---

① 教育部办公厅关于印发《精品资源共享课建设工作实施办法》的通知[Z]. 教高厅[2012]2号, 2012-05-21.

- “欣赏—认知”教学策略。该策略的实施流程为对象呈现—分组讨论—综合分析—个性认知。选择适当的视觉表征对象，侧重体现小叙事的原则，以此展开专业分析，通过合作、交流与对话，形成个体的自我认知。这种教学策略对应的认知维度课程目标为知道与领会，情感维度的课程目标为接受与反应。在此策略中，可能的相关课程内容主要有“构图的基本要素及创作手法；表征作品基本构成要素及符号的能指与所指含义”等知识。
- “解读—判断”教学策略。该策略的实施流程为问题激趣—综合分析—自由辩论—个人判断。以质疑的方式引起学习者对主题的关注，激发学习者的自我分析及与他人的辩论，从而形成自我的价值判断结论。在此教学实施过程中，结合影响视觉表征的知识—权利原则、解构原则进行价值判断。这种教学策略对应的认知维度课程目标为应用与分析，情感维度的课程目标为价值判断。在此策略中，可能的相关课程内容主要有“表征对象的意义传达及美学价值；视觉表征创作者的背景认识与作品意义的关系、视觉语言的运用”等知识。
- “创造—表达”教学策略。该策略的实施流程为主题选择—方法选择—成果展示—总体评价。如同文字语言教学，运用视觉语言创作与表达是视觉素养课程的重要内容。该策略可以实现认知维度的“综合与评价”、情感维度“组织与个性化”的课程目标，强调学习者的自我创造与视觉表达，以便于交流个人观点与思想。在教学实施过程中，依据小叙事的原则，学习者根据创作设想选择创作主题，灵活运用掌握的视觉表达手段，进行视觉表征创作，再将视觉创作成果进行集中展示，获得教师、同伴等综合评价，以促进视觉创作与表达能力的提升。在此过程中，学习者游走于视觉表征阅读主体与创作主体的身份转换之间，依据解构与双重译码的相关原则，开展学习与创作活动。

第五节　评价反思：后现代语境下视觉素养课程的评价取向与模式

课程评价往往被视为课程改革或计划实施的最后一个环节，这种认识明显受到课程目标模式的影响，将总结性评价和目标参照视为评价目的、内容及标准。对以目标达成为唯一指向的评价取向与模式的批判成为后现代课程评价创新的起点。后现代课程评价不论在评价原则、评价对象、评价主体还是评价方法与评价步骤上，都体现了突破以往单一的目标取向，趋向更加开放、发展的视野。后现代语境下视觉素养课程评价从一个具体课程的微观层面出发，汲取后现代课程评价的先进理念及具体做法，结合自身的课程目标、课程内容、课程实施及教学方法等特点，在课程不同的实施场域中从评价标准与内容创新角度，开展课程评价研究。

一、课程评价研究的后现代解构

评价研究随着课程研究的发展一直是一个较为复杂的问题，评价的结果总是会带来诸多争议，而评价也是实施过程与结果的必经阶段。从课程改革的角度来说，课程评价环节是判断课程计划乃至整个课程改革效果的重要依据。因而课程评价的重要性及其意义深入人心，众多学者从不同层面对课程评价提出自己的看法，而在诸多的课程研究著作中，课程评价成为一个必要的章节。综观对课程评价的研究，不论是对课程评价取向、模式与过程的分类研究[①]，还是对课程评价历史发展与取向、功能及类型以及评价的不同模式观的梳理[②]，抑或是对评价的目的、方法及模型的分类综述[③]，事实上都综合了对评价原则、评价对象、评价主体、评价方法与评价步骤等的不同观点。从操作层面上来说，在储备上述有关课程评价的取向、模式等历时性研究的基础上，在一个课程评价开始之前，就需要对评价原则、评价对象、评价主体、评价方法与评价步骤予以确定。从课程评价原则、评价对象、评价主体、评价方法与评价步骤的历时性研究中，可以看出后现代课程评价对现代课程评价的超越与发展，能够更好地解决课程评价所带来的问题与矛盾。

（一）评价原则

评价原则即课程评价所秉承的价值观和理念，在评价开展之前，评价原则直接影响评价的制定、实施及结果。后现代课程评价突破评价对课程实施

① 施良方.课程理论——课程的基础、原理与问题[M].北京：教育科学出版社，1996：149.

② 张华.课程与教学论[M].上海：上海教育出版社，2000：372－416.

③ 钟启泉.现代课程论[M].上海：上海教育出版社，1989：347－366.

后学习者达到的即时效果与状态的描述，而强调学生的发展性评价，即通过课程的学习，能够给学生今后的学习与发展带来怎样的帮助。课程评价取向呈现评价对象、评价主体和价值的多元化。评价对象与评价主体不是相互对立的存在，是可以互相转换的，尤其聚焦在学习者对自身的评价，学习者不仅仅也不是唯一的评价对象，也可以作为评价主体，对开展自我评价、参与到学习过程的其他主观与客观因素加以评价。评价的价值多元还体现在课程评价方式上，从客观性、科学性转向与人本性的结合，尊重每一个个体。评价标准与指标可能是量化而具体的，但是评价结果是描述性的、开放的。

（二）评价对象

从课程的目标取向与模式来看，泰勒模式中占主导地位的课程评价对象主要是学习者。学习者所被预期的学习效果能够达成既定的课程目标是课程评价的焦点。显然，以预期的目标来评价唯一的评价对象——学习者，受到了诸多学者的反驳。施瓦布提出教师、学习者、教材、环境都应是课程评价的对象[①]，他从整个课程实施可能存在的因素出发，拓展了评价对象。以学习者为中心的后现代课程观同样强调课程评价应当促进个体的自我发展，将评价的对象限定在学习者自身上，而忽略引起学习者学习改变的其他因素，这种评价结果显然不能使人信服。教师作为与学生直接进行学习交互的个体，以及课程实施的直接参与者，将其作为评价对象展开的必要评价研究，也是判断学生学习效果乃至整个课程质量的重要部分。从此意义出发，在整个课程实施环境中的各个主体因素——学生、教师、管理者以及课程制定者，以及客观因素——教材、环境、课程本身及各个阶段等都应当成为评价的对象。

（三）评价主体

课程评价到底应该由谁来实施同样也是一个复杂的问题。从利益相关者角度而言，参与课程研究与实施的各个利益相关主体，如“教育行政部门、学校管理部门、外部评价专家，还有关注教育发展的社会团体、家长以及教师与学生等，都是评价的主体”。[②] 这是对泰勒模式所强调的由课程制定者

---

① Colin. J. Marsh, & George. Willis. Curriculum: Alternative Approaches, Ongoing Issues [M]. A Simon & Schuster Company, 1995:258.

② 卢立涛. 回应、协商、共同建构——“第四代评价理论”述评[J]. 内蒙古师范大学学报(教育科学版),2008(8):3. (1-6)

所预期的课程目标出发的以课程实施部门、管理者为评价主体的突破。后现代所强调的多元价值观也体现在评价主体的多元化上，因而对评价结果的判断与接受取决于各个评价主体群体自我的价值取向。根据顾巴（G. Guba Egon）和林肯（S. Lincoln Yvonna）所构建的第四代评价模式的观点①，由于各个评价主体的价值观不同，他们对课程效果的关注点不同，因而"心理建构"也会不同，而要获得一个较为满意的评价结果，需要通过不断的协商、对话和交流，获得以各个利益相关者为主体的对评价的价值判断，缩小分歧的差距，以整合形成一个较为统一的共识。

（四）评价方法

评价方法的选择也是评价实施的重要环节，从现有研究来看，评价方法主要有量和质的评价，或称为科学主义取向与人文主义取向②的评价。量化评价的认识论基础是科学实证主义，自 19 世纪中叶孔德以自然科学为基础创立实证主义哲学，实证主义的量化方法被运用到社会学的研究中。进入工业时代的课程研究，唯理性之上，以科学、精确为衡量标准进行评价，以实验处理的方式对待课程评价。量化评价方式强调信度与效度以及相关的干扰因素的影响，完全排除主观的个人价值取向。这种课程评价方式，是以静止与固定的方式看待评价对象，以精确的数据来呈现评价结果，忽视了个性发展的不同与可能空间。倡导"走向生命关怀的教育研究"③，呼唤以人文科学为基础的质的评价方式对待教育过程。在课程实施过程中，评价对象不可能孤立地存在，必然与其他事物产生联系，综合考虑相关的影响因素，以"描述性"的方式、发展的眼光，从整体上对课程质量进行评价。

（五）评价步骤

对课程评价的研究，不同时期的学者依据不同的课程观提出了各自的课程评价模式。这些模式依据不同的课程观、学生观，构建了可供课程评价实施者直接采纳的具体步骤。根据顾巴（G. Guba Egon）和林肯（S. Lincoln

---

① G. Guba Egon, &S. Lincoln Yvonna. Fourth Generation Evaluation [M]. London: Newbury Park, Sage Publications, 1989.

② 施良方. 课程理论——课程的基础、原理与问题[M]. 北京：教育科学出版社，1996：151.

③ 冯建军. 走向生命关怀的教育研究[J]. 高等教育研究，2004(5)：25－29.

Yvonna)对评价的时代划分,第一代为“测量时代”,第二代为“描述时代”,第三代为“判断时代”,第四代为两人创立的“回应、协商、共同的心理建构时代”(见表4-18)。从这四代评价模式中,可以看出课程评价不同的评价价值取向、评价方法、评价主体及对象的变化,总体而言,每一代的评价模式都试图弥补前一代评价模式的不足。这些评价模式所呈现的评价步骤可以为不同评价主体开展对特定评价对象的评价设计与实施提供可操作的依据。

表4-18　四代评价模式时间、代表人物及观点

名　称	时　间	代表人物及成果	主要观点
测量时代	19世纪末至20世纪30年代	英国高尔顿的《英国的科学家:他们的禀赋与教养》、法国比奈的“智商测验”、德国冯特的实验心理研究成果和美国桑代克的《心理及社会测量理论》,以及“一战”后的“科学管理运动”。	统计、测量技术运用于教育,把评价简单地等同于测量或书面测试
描述时代	20世纪30年代美国进步教育协会主持的八年研究	泰勒的《课程与教学的基本原理》	评价应该是一个过程,而不仅仅是一两个测验。评价过程中不仅要报告学生的成绩,更要描述教育目标与教育结果的一致程度,从而发现问题,改进课程教材和教学教育方案方法
判断时代	1957年以后美国因苏联卫星上天而发动教育改革	1967年R·斯泰克的《评价的面貌》	对已经确定的目标需要评价与判断,判断应成为评价的一项基本活动。同时需要建立科学、客观的“价值中立”的判断标准,评价者要成为“最客观的判断者”
回应、协商、共同的心理建构时代	1973年、1989年	1973年斯泰克的《计划评价:特别是回应性评价》率先提出“回应评价”,1989年顾巴(G. Guba Egon)和林肯(S. Lincoln Yvonna)的《第四代评价》发展了回应评价模式	回应、协商、共同的心理建构

“测量时代”的评价步骤围绕测量展开,可以归纳为选择测量工具、组织测量、提供测量数据(见图 4-9),因而书面的纸笔测验成为衡量学习效果与课程质量的重要方法。

图 4-9　“测量时代”评价步骤

泰勒反对用单一的“纸笔测验”作为评价的唯一方式,“问卷、观察、交谈、样品收集、记录分析等”[①],都可为是否达到目标提供评价的依据。以泰勒为代表的“描述时代”的评价步骤为[②]:

- 目标二维分析:行为标题和内容标题;
- 使学生有机会表现教育目标所隐含的那种行为的情境;
- 设计一个在这个试验情境中获得学生行为记录的手段;
- 确定将要用来概括或评估所得到的行为记录的名称或单位;
- 确定这些分等或下结论的方法是否客观。

以斯泰克为代表的“判断时代”的评价流程(如图 4-10 所示)以评价主体坚守的一定的理论为基础,对描述矩阵和判断矩阵从先在因素、实施因素和结果因素三个层面进行填充,以形成判断结果。[③]

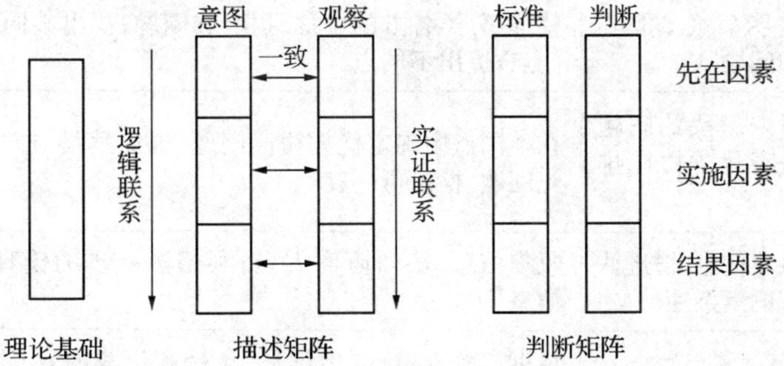

图 4-10　“判断时代”斯泰克的面貌评价流程

① [美]拉尔夫·泰勒.课程与教学的基本原理[M].施良方,译.北京:人民教育出版社,1994:26.

② [美]拉尔夫·泰勒.课程与教学的基本原理[M].施良方,译.北京:人民教育出版社,1994:89-96.

③ 张华.课程与教学论[M].上海:上海教育出版社,2000:409-412.

第四代的“回应、协商、共同建构”评价模式将与课程有关的利益相关者均纳入评价对象与主体，以回应、协商达到共同建构评价共识。第四代评价模式中的利益相关者分别为评价的代理人、推动者、受益者和受害者，各类不同的利益相关者群体由于各自的利益归属不同，因而对评价产生的心理预期与倾向不同，要达到某种共识，可以通过协商的方式，从而达到共同的心理建构。因而其评价步骤的实施最终体现了整个过程的再循环，直到形成最终的共同建构（见表 4－19）。

表 4－19　回应、协商、共同的心理建构评价步骤[①]

步骤	行　为	具体做法
1	制定协议	与评价的资助者或评价结果的使用者制定协议
2	组织评价	挑选和培训评价人员；做好深入现场，获取信息的安排；做好评价的后勤安排；评估当地的政治、文化等影响因素
3	辨明各方利益相关者	明晰评价的推动者、受益者、受害者；研究评价活动策略；判断局限与优势；形成有关的制约条件
4	与每一方形成共识	建立诠释辩证的循环体系；找出本组的特点；形成共同建构；检验可信度
5	以新信息增进理解、扩大共识	再次形成诠释辩证循环图；广泛使用已有信息；进行观察、座谈和文献分析；形成评价者的初步建构
6	查明宣称、担心和问题	整理、分类各方的宣称、担心和问题；找出共同点；搁置共同点，提出不同点
7	对未解决的问题进行优先协商排序	在不同点中确定优先协商问题；确定过程与方法；列出优先问题，检验可信度
8	收集信息，增进认识的复杂性	收集信息，培训协商人员；利用进一步的诠释循环收集信息
9	准备协商方案	培训协商人员；提出解释、支持和反驳的意见；检验协商方案
10	进行协商	针对不同方面的意见建立诠释循环图；通过协商建立共同建构；检验可信度；决定应采取的行动

① G. Guba Egon，&S. Lincoln Yvonna. Fourth generation evaluation [M]. Newbury Park，Cali. f Sage Publications，1989：186－187.

（续表）

步骤	行　为	具体做法
11	提出报告	案例总报告;各利益方报告
12	再循环	进行整个过程的再循环

二、视觉素养课程评价取向

视觉素养课程评价研究是针对一个具体课程开展的评价设计、实施过程,在评价设计与实施开展之前,需要明确视觉素养课程评价的取向。在沿袭后现代课程评价观的基础上,依据自身课程的目标、内容与实施特点,从素养培养的特殊要求出发,在课程实施的不同场域情境中,明确课程的评价对象与评价主体,针对不同的评价目标制定课程评价的内容及具体标准,选择适当的评价方法,设置评价流程开展评价研究。

（一）后现代课程评价观

后现代课程评价观强调多元、开放与融合。在评价主体与对象上,突出全员的参与和观照;在评价方法上,注重质性与量化评价的融合;在评价结果上,注重目标的阶段性与后续的发展;在标准参照上,并不严格按照预期的结果进行比对,而是充分考虑到可能出现的积极效果。这些作为一般课程评价的基本取向,在视觉素养课程评价中同样适用。后现代视觉素养课程评价首先需要从评价原则上确立后现代课程评价观的先进理念,以学习者的发展为目标,进行课程的评价设计。

（二）视觉素养课程的后现代性

视觉素养课程性质、目标与实施本身就具有典型的后现代特征。课程性质从主体的自身发展出发,关注人的行为与情感;课程目标强调层次性,给学习者充分发展的空间;课程内容具有跨学科性、综合性与层次性;课程实施从需求出发,在具体策略上强调学生的自主探究与创造发挥。因而在课程评价取向上必然强调评价维度的多样性、价值多元化,以及主体自身的发展规律与个性化的创造能力的体现。

（三）素养培养的特殊性

视觉素养是人的基本素养之一,因而对素养的评价是一个需要长期观察与累积的过程。某一节点的、阶段性的评价并不能完全代表一个学习者的真实学习效果，同样一个视觉表征作品也不能完全代表该学习者的创造能力。在素养培养的内容中尽管有一些可以量化的知识技能的评价，然而更为重要的体现一个学习者未来发展的评价却很难对某些量化的结果加以界定。因而在评价原则与评价方式中应当看到素养培养的特殊性。

（四）课程实施场域的多样性

现有比较成熟的对课程评价的研究分析是以在传统课堂环境中实施的课程为对象而展开的，而在后现代网络传播方式与共享理念的影响下，对课程评价的研究不仅仅限定于学校与课堂环境中的课程评价所涉及的因素，还应当对在线课程学习进行评价，以及由此带来的正式与非正式学习的评价研究。因而视觉素养课程评价的取向同样要考虑到课程实施场域的多样性。针对学习者自身学习需求的不同，基于不同学习场域的正式与非正式学习评价更加需要关注学习者学习需求与学习预期目标的关系。

三、视觉素养课程评价模式

视觉素养课程评价模式（如图 4－11 所示）是在后现代课程评价观的指导下，从课程改革的整体层面设计的视觉素养课程评价的一般模式。在视觉素养课程评价取向的引导下，首先要充分考虑课程利益相关者的因素，确立评价主体与评价对象。第二，在对学习者不同学习需求（正式学习与非正式学习）分析的基础上，对不同课程实施场域的评价情境进行分析。第三，根据上述确定的相关因素，选择适当的评价方法，再进行评价工具的设计，如量表、标准等。第四，回到课程实施场域中进行评价实施。第五，将评价结果交予评价主体与评价对象协商与共同建构以形成最终的评价结果。在整个评价过程中，充分体现主体的多元性、价值和场域的多样性、评价目标的开放性与评价结果的发展性。

然而在上述一般模式的指导下，在具体的视觉素养课程评价研究中，还需要处理好以下几对关系：一是起点与终点的关系。从课程完整的过程来说，评价研究可能是课程实施后的一个环节，即在课程设计、实施后对课程的评价研究。然而后现代课程评价强调的过程性评价与形成性评价可以是针对课程实施过程中的某个环节与步骤的即时评价。因而评价

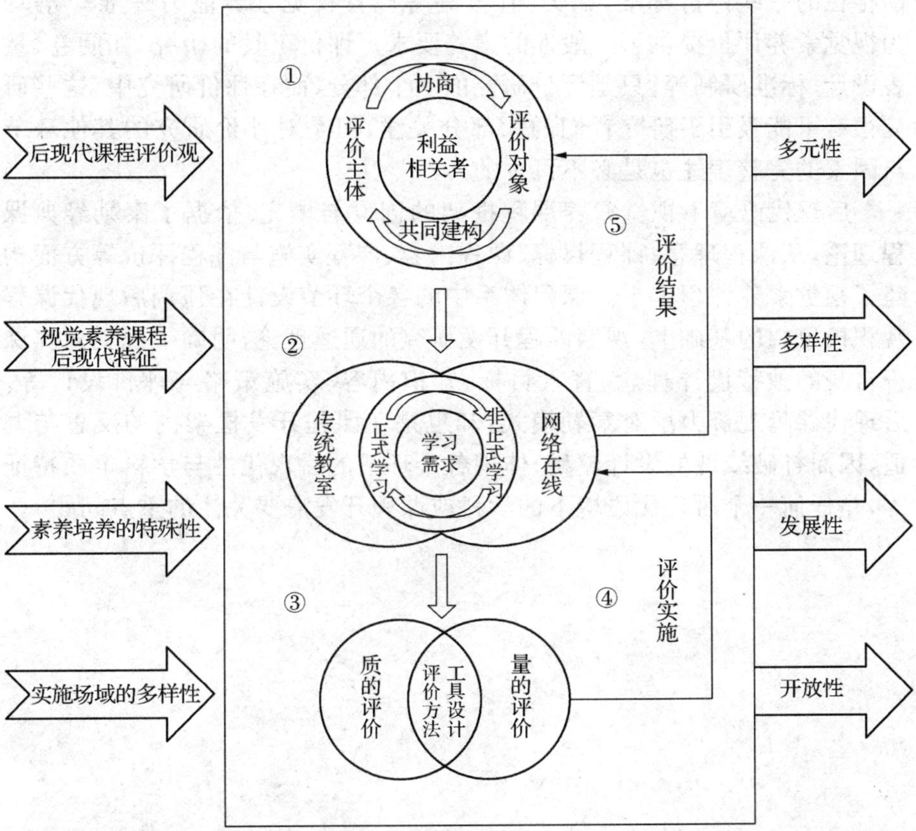

图 4-11　视觉素养课程评价模式

的起点是课程设计与实施整个过程的某一节点,而评价的终点是为下一步设计与实施提供参照,也可能迂回至起点。因而在协商、共同建构的基础上,确定某一具体内容的课程评价需要首先回答此次评价的起点与终点问题。二是整体与部分的关系。从整个课程评价的完整过程来说,视觉素养课程评价包括呈循环状态的设计、实施、评价、反馈及改善的完整过程,而落实到具体课程实施的课堂教学或流程中,对某一章节的学习或某一环节实施的课程评价研究,还需要考虑课程评价整体与部分的关系。三是处理好"偏"与"全"的关系。如同其他学科课程一样,课程标准或课程框架中的规定似乎已经成为评价的全部内容,而事实上,这些标准与要求仅仅是评价方法中评价工具的具体内容。在视觉素养课程评价中,目前存在的一些评价标准，如美国的《高等教育视觉素养能力标准》[①]等均为视觉素养评价提供了一般性的素养要求。评价工具的研究，如问卷、量表设计、标准研制等，只是评价研究的一个部分，而在评价研究中，这些研究很有可能吸引了研究者们的大部分关注，但是对评价研究的其他环节与因素的完整表述也是必不可少的。

后现代语境下视觉素养课程框架的创设与填充，依据了泰勒经典课程理论，从课程理念、课程目标、课程内容、课程实施与课程评价等方面构建了视觉素养课程体系。课程体系中的各个环节设计在强调后现代课程观积极思想的基础上，观照课程开发研究的通适理论，明确了视觉素养课程自身的独特设计理念、育人目标、知识内容、实施策略与评价设计等。后现代课程观极力反对泰勒模式，却也是在课程开发框架内的反思与调适，因而打破线性的设计流程、体现各个环节的后现代性与学科本质特征等，是任何一个后现代语境下的学科或课程开发需要关注的重点问题。

---

① ACRL Visual Literacy Competency Standards for Higher Education[DB/OL]. http://www.ala.org/acrl/standards/visualliteracy.

第五章　模式构建：后现代语境下视觉素养课程的开发与设计

我现在认为，在课程编制中，把学习者的概念作为一个能动的、有志愿的人来考察是很重要的……我现在更加强调学生在学习过程中的积极作用，更加强调学生的介入对课程编制所具有的意义。

——[美]拉尔夫·泰勒

后现代语境下视觉素养课程的开发与设计是在视觉素养课程观的指导下，在对视觉素养课程进行后现代解析的基础上，对视觉素养课程的理念、目标、内容、实施与评价进行后现代的建构。因而对视觉素养课程的后现代开发是在经典课程开发模式的基础上，克服现代课程的机械、线性与目标导向的诸多弊端，借鉴基于过程的课程开发模式，对以受众为主体的学习者进行学习需要分析，以形成后现代语境下视觉素养课程开发的一般模型。在课堂教学环境中，围绕学生的学习，试图建立以“生态圈”的学习共同体为核心的课堂教学模式，以促进个体的知识构建。后现代语境下视觉素养课程开发模型与课堂教学模式具有较强的可操作性与完整的系统性，对视觉素养课程建构具有借鉴意义。

第一节 视觉素养课程开发与设计的理论依据

后现代语境下视觉素养课程的开发与设计主要包括视觉素养课程开发与课堂教学设计。在现有的课程开发模式基础上，结合视觉素养课程开发的心理学、传播学等依据，形成后现代语境下视觉素养课程开发模型构建的理论基础。

一、现有课程开发模式的评析与借鉴

课程开发模式主要有目标模式与过程模式两大类，其中以泰勒的经典课程开发模式为主要代表的目标模式奠定了课程开发研究的基础，而过程模式是建立在对经典课程开发模式的批判与补充上的。在后现代课程开发研究中，普拉特和汉森的课程开发模式在美国现有的课程开发中占据主流。普拉特的课程开发模式一度成为教师的专业指导，而汉森参与的经典著作《当代教学论》已发行到第八版，其流行程度和实用价值可见一斑，他的有关课程开发模式的著作《课程开发：整合多元文化论、建构主义与教育改革》也已发行至第三版。普拉特和汉森的课程开发模式代表了当下美国后现代课程开发的典型应用案例，可以为后现代语境下视觉素养课程开发模型构建提供理论借鉴。

（一）经典课程开发模式的修正

泰勒对课程与教学的基本观点被认为是课程编制的基本原则，一度被称为课程开发的经典模式。他在《课程与教学的基本原理》一书中的几个标题成为一般课程编制的基本问题，这几个问题逐渐被理解为一个线性的流程（如图 5－1 所示）①。

- 学校应该达到哪些教育目标？
- 如何选择可能有助于达到这些目标的学习经验？
- 什么是有效的教学组织学习经验？
- 如何评价学习经验的有效性？

① ［美］拉尔夫·泰勒. 课程与教学的基本原理[M]. 施良方，译. 北京：人民教育出版社，1994.

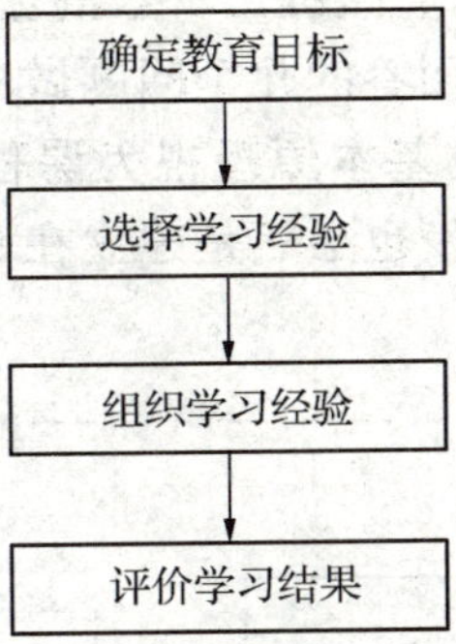

图 5-1　泰勒的课程编制流程图

泰勒关于课程编制的几个问题被改编为课程的目标开发流程之后，被冠以“目标导向”的课程编制思想,因而之后出现的“概念重构”课程开发理念与以过程导向的课程编制思想均建立在对泰勒课程编制原理的批判上。泰勒的课程开发模式被认为具有封闭、线性、简单、累积的缺陷,忽视了课程的开放性、回归性、丰富性与可能的转变性。可以说后现代课程观将泰勒模式定性为现代课程的典型代表,是对目标的机械、盲从的追求。然而,不可否认的是,泰勒的课程开发模式所提出的课程目标、课程内容、课程实施与课程评价几个环节是任何课程编制与设计都不可或缺的重要环节。不论是几种课程开发的目标模式(如图 5-2 所示),还是斯腾豪斯提出的过程模式,“过程模式不依赖于分解的目标来选择内容、活动和指导教学过程,它选择的依据是知识、活动的内在价值”[①],过程模式也需要确立目标、选择内容与组织活动等环节。这些对泰勒经典课程开发模式的批判都无法将这几个课程编制的环节忽视,都是建立在这些环节基础上的修正。

正如泰勒本人在其《课程与教学的基本原理》一书的“序”中所述,这本书是为学生从事课程编制过程提供指导,而并不试图提出一个理想的课程,因而这本书是一般的原理,具体的课程编制应该在此原理的基础上根据各自不同的情境进行创编。同时该书的最后一个章节,“学校或学院的教师如何从事课程编制工作?”也被很多人忽视,泰勒也强调课程实施者参与课程编制工作的重要性与具体做法。因而,重新审视泰勒关于课

① 施良方. 课程理论——课程的基础、原理与问题[M]. 北京:教育科学出版社,1996:178.

程编制的经典模式，他并未直接提出一般的流程化或模式化的课程编制，而是对在课程编制中必须回答的几个问题做出提示。因而从这个意义上来看，可将泰勒有关课程的基本原理视为课程编制的“经典模式”。后现代语境下视觉素养课程开发也必然是建立在课程目标、课程内容、课程实施与课程评价基础上的。

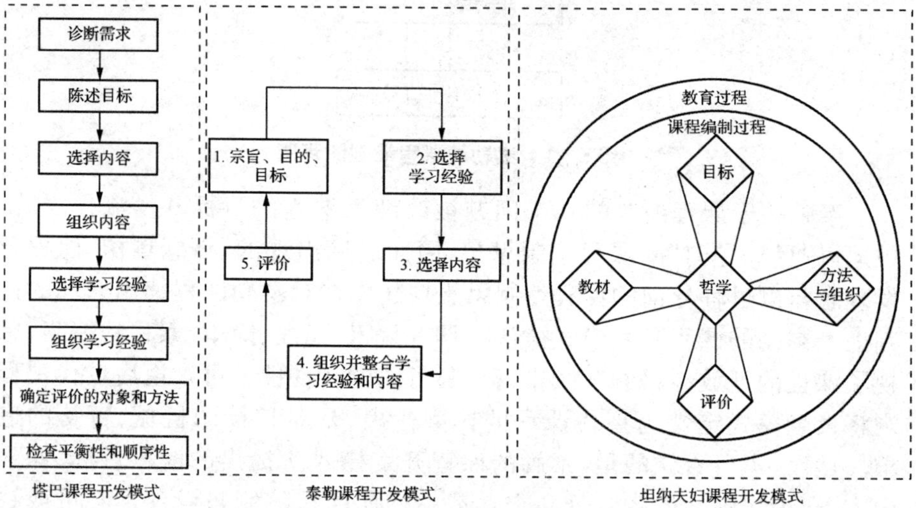

图 5 - 2　课程开发的目标模式①

（二）普拉特课程开发模式

大卫·普拉特(David Pratt)是一位曾在英国、美国、加拿大学习过的皇后大学(Queen's University)的教授，他秉持“教育成就人类幸福”的理念，在以英语为母语的国家进行广泛研究，通过自身的学习与教学经历，以及他的三个孩子接受教育的过程来开展课程研究。他在 1980 年撰写的《课程：设计与开发》(*Curriculum: Design and Development*)一书中提出技术取向的课程设计理念。他认为课程设计是课程工作者从事的一切活动，包含他对达成课程目标所需的因素、技术和程序，进行构想、计划、选择的慎思过程。② 在 1994 年的《课程规划：专业人员手册》(*Curriculum Planning: A Handbook for Professionals*)一书中，他系统构建了技术取

① 张华. 课程与教学论[M]. 上海：上海教育出版社，2000：112 - 114.
② 黄政杰. 课程设计[M]. 台湾：台湾东华图书有限公司，1991：85.

向的课程开发模式(如图 5 - 3 所示)。从普拉特的课程开发模式中，可以看出“评价”贯穿于课程开发的始末，尤其对学生的需求与学习者特征的分析。在评价中，使用多种技术手段与方法进行基于数据的分析。普拉特在此课程开发模式中还提出了课程目标的分类：知识(Knowledge)、技能(Skill)、躯体(Somatic)、态度(Attitude)、过程(Process)、经验(Experience)及评价的原则：人本性(Humanity)、正确性(Validity)、可靠性(Reliability)、效率性(Efficiency)、多次性(Frequency)。在课程开发模式构建的基础上，他还提供了一节课的设计蓝图(如图 5 - 4 所示)，为课堂教学设计提供了模板。

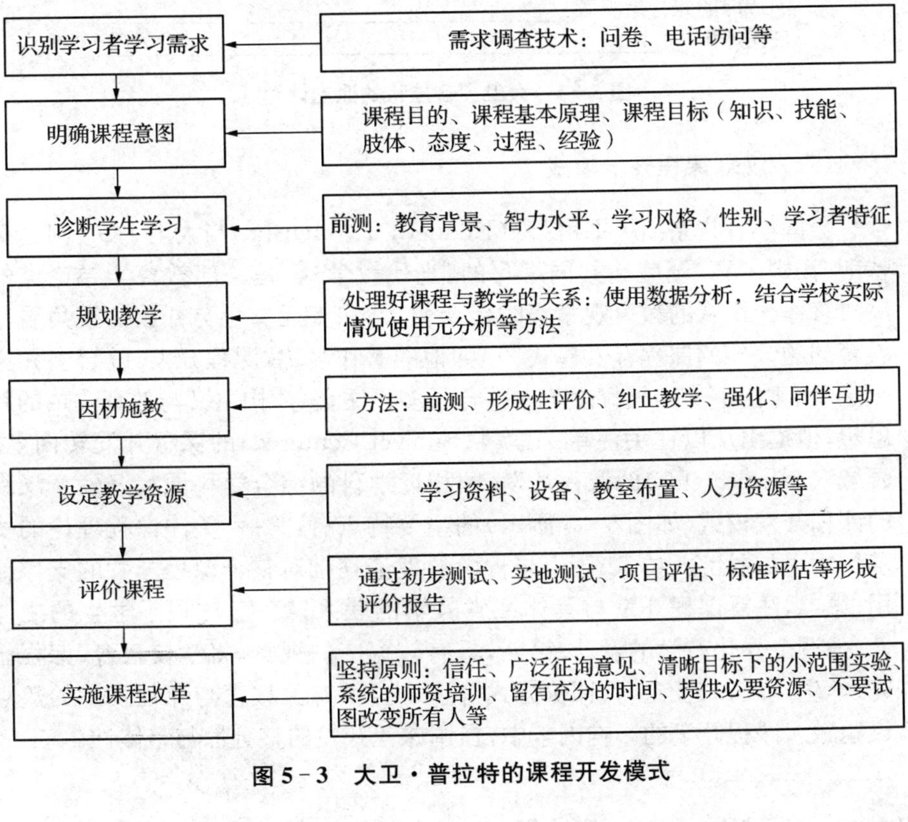

图 5 - 3　大卫·普拉特的课程开发模式

章节名称：________________________ 日期：__________
友情提醒：____
学习主题：____
学习目标：学生学习完这节课后将能够____________________
资料及设备：______________________________________
特别关注的学生名单：______________________________
进教室前的准备：__________________________________
复习：主要问题____________________________________
本节课概述：______________________________________
学习内容及策略：__________________________________
总结、评价问题：__________________________________
家庭作业：____
下节课的先行组织者：______________________________
自我评价：____

图 5-4 大卫·普拉特的课堂计划①

（三）汉森课程开发模式

美国学者肯奈斯·T. 汉森(Kenneth T. Henson)与大卫·G. 阿姆斯特朗、汤姆·V. 赛威治共同编写的《当代教学论》是一部教育学导论类的经典著作。汉森的教育观紧跟时代变化，站在多元文化与开放的视角看待教育问题。他的课程开发模式②正如他的著作名称《课程开发：整合多元文化主义、建构主义和教育改革》，整合了多元文化、建构主义与教育改革的新思想，他提出从以往关注单一学科(Subject-Centered)的课程开发转向"宽领域"(Broad-Fields)的课程开发，即相近学科的综合学科课程开发。汉森的课程开发模式(如图 5-5 所示)的主要特点有：第一，关注课程理论的奠基作用，强调社会、技术、历史与哲学的理论基础对整个课程开发的支撑作用；第二，注重课程开发与具体课堂教学的联系；第三，体现了学生的主体性，强调个性化教学的设计；第四，具有较宽广的视野，将学校教育、课程研究、学生发展、家长参与、评价方式等多个当下有关教育与课程发展的热点议题融入课程开发的影响因素中，强调课程开发的整合性与整体性。

---

① David Pratt. Curriculum Planning: A Handbook for Professionals [M]. Fort Worth: Harcourt Brace College Publishers, 1994:197.

② Kenneth T. Henson. Curriculum Planning: Integrating Multiculturalism Constructivism, and Education Reform(3rd Edition)[M]. Long Grove, Ill.: Waveland Press, 2006.

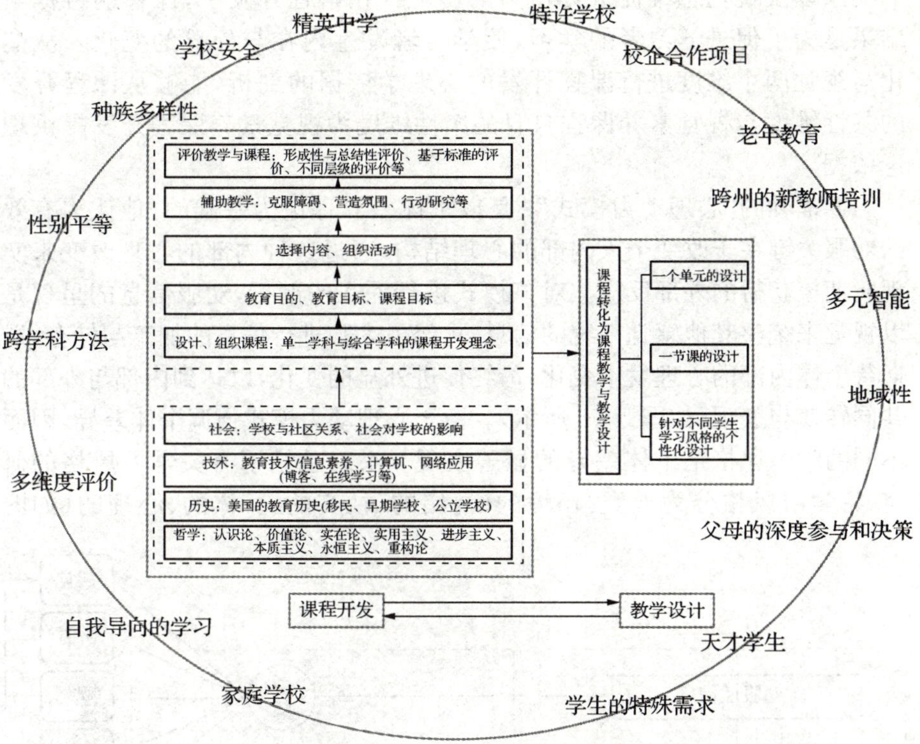

图 5-5 汉森的课程开发模式

然而,该课程开发模式也同样具有一定的局限性。首先,并未明确课程开发的主体,对课程开发主体的开发水平与能力的要求也过高。在这样一个宽广的视野中综合考虑多个影响因素进行课程开发与教学设计,需要融合社会的、跨学科的、多个课程利益相关者的知识进行充分分析。第二,具体开发环节过于简单,尤其是对内容的选择与活动组织设计方面过于简单,未能给予充分的说明。第三,由于力求课程开发与教学设计的全盘兼顾,因而未能体现特色。尽管如此,汉森的课程开发模式从较高位的视角,整体思考课程开发的基础、流程与课堂实施,还是体现了一定的完整性与前瞻性。汉森在课程开发模式研究的基础上,也提出了针对一个单元、一节课以及个性化教学设计的流程与方法。

二、视觉素养课程开发的心理学与传播学依据

从视觉心理学的角度,可以发现视觉刺激与大脑的反应、视觉与认知

的关系以及视觉思维促进创造力的体现。在课程开发中，课程的目标与结果是为了促进学习者的学习，使学习者发生内在与外显的变化。从变化与视觉两个维度进行课程开发的心理学依据的剖析，能够从课程开发的共性维度与视觉素养课程自身的个性维度为视觉素养课程开发提供理论依据。

德福勒的“心理动力模式”①是以个体差异理论为基础的，他认为有效的劝服关键在于改变个人内部的心理结构，通过这种内部的心理改变来实现所期望获得的外部反应。对该模式进行深入的剖析，劝服信息的呈现是以视觉来统整其他感觉系统的信息，再经由大脑进行信息的加工与储存，以期待个体内部的心理发生变化，最终促进外显的变化，以达到内部与外部的共同转变与表现(如图 5－6 所示)。由于心理动力模式强调个体差异，因而不同的学习风格是个体差异的显著表现。汉森总结了有关学习风格的研究，将学习风格分为五类：环境的、情绪的、社交的、身体的、心理的(如图

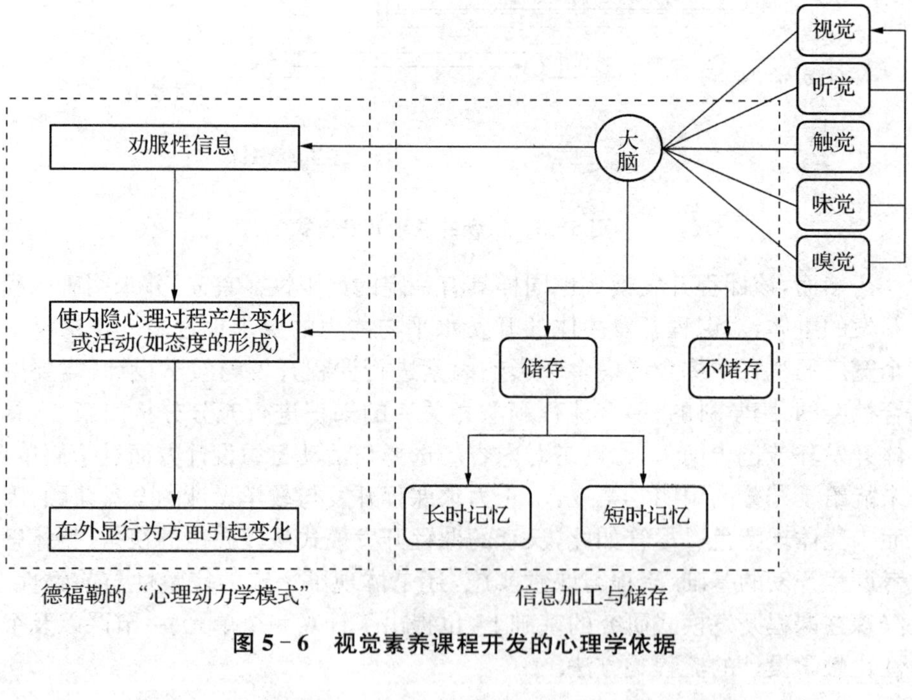

图 5－6　视觉素养课程开发的心理学依据

① ［美］梅尔文·德福勒. 大众传播理论［M］. 纽约：戴维·麦凯出版公司，1970.

5－7所示)①。每个学生的学习风格在这五个类别中有不同的倾向,因而个体的差异研究是课程开发的重要依据。

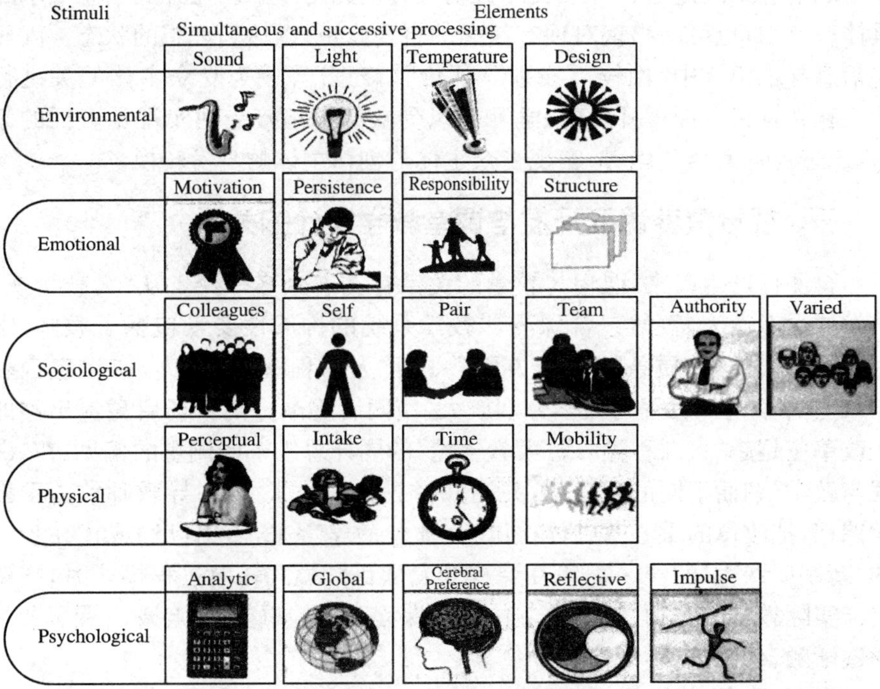

图 5－7　学习风格分类

教育过程与课程实施过程也是信息传播的过程,尤其是将学习者作为课程的主体,学习者对课程的需求与满足,以及基于学习需求的课程信息筛选、甄别的过程,都可以从传播学中寻求依据。传播学中的"使用与满足"和"信息寻求"模式都是从受众的角度建构的基于需求的传播模式。

"使用与满足"模式是传播学中的经典模式,可以分为传统与现代两种模式,这种类别的划分主要因"使用"的对象"媒介"的历史变化而产生。传统的使用与满足模式主要是针对无线电的广播、报纸等传统媒介的选择与使用,而现代的使用与满足模式逐渐从媒介的发展转向以马斯洛的需求层

① Kenneth T. Henson. Curriculum Planning: Integrating Multiculturalism Constructivism, and Education Reform(3rd Edition)[M]. Long Grove, Ill.: Waveland Press, 2006:344.

次来研究受众对媒介的选择与使用，以获得某种需求的满足。[①]“信息寻求”模式是个人对刺激（信息）和心目中的需求信息进行比对，以不断匹配意愿中的信息来决定是否开展实际行动进行信息的寻求。在开展信息寻求的具体行动中，也可能出现对现有信息的自我修正，以达到理想的状态。因而在信息寻求模式中“比较”“甄别”“评价”“修正”等成为受众主体的关键行为。在视觉素养课程开发中，学习者以受众的姿态接受现实视觉表征的刺激，通过视觉素养的培养，实现受众主体与创作主体的身份转换。

三、视觉素养课程开发与课堂教学设计的关系

自课程产生以来，课程与教学的关系存在着众多争论。从“大教学观”出发的学者认为，教学包含课程，“教学系统的构成性要素包括了教师、学生、课程和教学物质条件四个方面”[②]；而“大课程观”则认为，课程包含教学[③]，这种争论将课程与教学分别放大，使两者逐渐分离。杨启亮提出，“课程改革应超越‘大课程论’或‘大教学论’的同样思维不同侧重的偏见，在‘课程与教学’和而不同的理念下，关注并释放教学的张力，引导教师致力于教学课程，把改革的重心落到体检课程、体验教学上来，走出已经或正在步入的‘新制度课程’的误区”。[④] 在课程开发从目标模式转向过程模式时，强调参与实际教学的教师、学生等主体参与课程开发的重要性，与现有课程和教学逐渐融合的观点不谋而合。

课程开发的英译为 Curriculum Development，也可为 Curriculum Planning，从中文的语意来看，课程开发与设计、计划的意义相近。教学设计译为 Instructional Design，也译为 Instructional Development[⑤]。在课程与教学和而不同的关系模式下，课程开发与教学设计也必然有着相互融合的关系。在普拉特和汉森的课程开发模式研究中，在阐述各自的课程开发模式及其主要观点的同时，都涉及对一个单元乃至一节课的教学设计，甚至提供了具体的参照模板。由此可见，课程开发与教学设计有不可分离的必

---

① [英]丹尼斯·麦奎尔，[瑞典]斯文·温德尔. 大众传播模式[M]. 祝建华，武伟，译. 上海：译文出版社，1987：102-106.

② 吴也显. 课程论新编[M]. 北京：教育科学出版社，1991：78.

③ 黄甫全. 大课程论初探——兼论课程（论）与教学（论）的关系[J]. 课程教材教法，2000(5)：1-7.

④ 杨启亮. 课程改革中的教学问题思考[J]. 教育研究，2002(6)：49.

⑤ 张华. 课程与教学论[M]. 上海：上海教育出版社，2000：121.

然联系。视觉素养课程开发与教学设计同样需要关注彼此之间的联系,课程开发中关注教学设计的灵活性,而在教学设计中能够观照课程开发的总体设想。对于视觉素养课程来说,其自身学科内容的多元化与多样性,以及素养结构的层次性决定了其课程目标的开放性,必然要求在课程开发基础上的课堂教学设计的变革与超越,不拘泥于课程开发的固有模式,而又需要通过课堂教学实现课程的理想架构。

第二节　基于受众的视觉素养课程开发模型构建

后现代彰显的诸多特征影响着整个社会以及主体的价值观,面对表征危机与表征意义所指的层次性,不同的受众群体对表征的正确判断与意义解读的深刻性方面的理解存在困难。视觉素养课程从受众主体出发,关注受众看的行为及可能的表现,因而必须从课程的学习者即不同阶段的受众分析入手。基于受众的视觉素养课程开发将在现有课程开发模式的基础上,形成视觉素养课程独特的开发模型构建。

一、视觉素养课程的受众分析

视觉素养课程的学习者是不同阶段的受众群体,后现代的诸多特征对受众群体的影响多样复杂,带来受众的“视觉阅读”困难,对不同阶段受众群体的视觉阅读现状进行剖析是对学习者学习需求的有效分析。

(一)后现代受众视觉素养的表现

后现代赋予整个社会与受众价值观新的面貌,与现代传统的理性、科学、秩序等常规的对立一度成为后现代的关键词。后现代就是对现代的批判,非理性对理性、多元对单一等二元对立的理解,也被认为是理解后现代现状的最有效的方法。然而反叛与对立并不是后现代的全部特征与内涵,这极易带来对后现代的误读。后现代内在的生命力也并不是否定性或激进的后现代,而是源于后现代自身的复杂性与多样性。“从某种程度上可以说,后现代主义是人类有史以来最复杂的一种思潮。”[①]以格里芬、罗蒂、霍

---

① 王治河.论后现代主义的三种形态[J].国外社会科学,1995(1):41.

伊等为代表的学者提出的建设性的后现代主义思想①，强调超越现代性，这意味着对现代社会存在的单一性、机械性等的超越，而非简单的对立。这种建设性的后现代理解也是对“庸俗的后现代”理解的一种有效批判，以杰姆逊为代表的受众视后现代为一种低级的文化表象，对后现代的价值观与表现力嗤之以鼻，尽管这一论调受到建设性后现代主张的批判，然而杰姆逊等人也揭示了后现代的社会表象及对主体的影响。对后现代纯粹的批判、庸俗的理解以及建设性的发展，可以视为对后现代状态的三种不同解读。

后现代状态的三种解读与现实表现，塑造了当下的社会现实——景观视界。受众作为社会现实的存在者，在现代主义所塑造的社会现实中达到平衡，在后现代语境中出现了动荡，如何使这种不平衡走向新的平衡，需要挖掘其中的根源并提出有效的消解方法。在后现代语境中，受众解读的对象是信息，而信息的根本则是各种类型与意义层次的符号，受众对观看的内容与行为的选择在新的不平衡中呈现出危机，亟须寻求对策。受众与信息、符号的不平衡集中体现在以下几个方面。

1. 有限与无限的信息对立

后现代视觉资源的丰富性带给受众相对于传统媒介所传递的更多的信息，特别是互联网扩充了容纳信息的载体，拓宽了受众获得信息的渠道。海量的信息充斥在景观的社会现实中，后现代语境中的受众可以享有无限的信息资源。然而由于个人能力所及的范围有限，或依赖他人或众多媒介提供的信息，受众在无限的信息面前也只能获得有限的信息。麦考本(Bill Mckibben)在其《信息迷失的时代》(*The Age of Missing Information*)一书中描述了这个时代的信息环境，真正让我们担心的不是媒介信息的颓废，而是其所构建的文化，改变着我们与现实世界直接、亲密、生动的感知而来的“基础信息”。② 沉溺于网络信息的“都市隐士”，通过网络购买生活必需品，网络社区满足了其交往的需求，似乎获得了无限的生活乐趣。然而赫伯特·甘什(Herbert J. Gans)认为，一个人的身心健康与快乐是建立在面对面的社会交往基础上的③。在虚拟世界中的无限获取是一种内心空虚的表

---

① 王治河. 后现代哲学思潮研究[M]. 北京：北京大学出版社，2006.

② Bill Mckibben. The Age of Missing Information[M],. New York: Random House, 1992:22-23.

③ Herbert J. Gans. The Electronic Shut-Ins: Some Social Flaws of the Information Super-highway[J]. Media Studies Journal, 1994(1):125.

现,是犯罪、畸形人格产生的根源。

2. 所见与所得的直接关系中断

今天,受众质疑"所见即所得""所见—所思—所得"的直接关系是必然的。受众所看到的视觉信息是经过不同利益主体"对抗"与"协商"的编码结果,受众主体对信息的解码就是要理解信息符号能指(即所见)背后的真实意义以及这些意义之间的关系。然而在后现代鲍德里亚所描述的拟像世界中,虚拟与真实之间的界限变得模糊。面对接踵而至的信息资源,以及不同权利控制下的媒介对共同事件不同立场的描述,真实是隐藏在匆匆而来又匆匆而去的某些信息中的,而更多的戴着面具的、亟须受众进行解码与意义解读的信息充斥在拟像与真实世界中,让应接不暇的受众头晕目眩而神志恍惚,由反感、疑惑逐渐转化为平淡、欣然接受。这种经过编码的信息轰炸降低了受众在符号解读时对信息符号所见与所得的关联解读,而逐渐放弃的选择也就表现为所见与所得的直接关系中断。受众在对符号意义解读的主动权与欲望也被传播者的不同意图所消解,其后果就是受众解码能力的丧失,符号的意义由深而浅地逐级消失。

3. 主动与被动的注意力失控

诚然,受众在信息寻求中占据着主动性,现实的海量信息给予这种主动选择更多的资源。然而在纯粹的需求动机与实际的使用行为之间,却存在着受众真实注意力的失控。卡特兹(E. Katz)和布鲁默(J. G. Blumer)通过从传播学角度对电视收看的研究,提出受众的内容寻求与过程寻求两种行为之间存在巨大差别:内容寻求是通过信息来获取知识,增加或减少个人与社会状况的不确定感,或用以支持既有倾向;过程寻求是指被动的信息接收行为,只为了"看"而不管"内容",其满足的是行为本身,而不是来自被看的信息本身。[①] 初始受众内容寻求的纯粹,可以称为有选择性的消费,受众一度成为主动的参与者,然而一旦参与到信息的选择中,由于受到信息制作者、发布者、传播者等的干扰,"低水平的满足"占据受众实际的过程寻求,初始的内容选择迷失在过剩的信息面前,而受众也变成被动的随波逐流。公共图书馆的失宠与网络交互影响下的消费社会刺激就是一些很好的例证,

---

① E. Katz, J. G. Blumer, & M. Gurecitch. Utilization of Mass Communication by the Individual[A]. Mass Coummunications: Current Perspectives on Gratifications Research[C]. Calif. :Beverly Hills, 1974.

受众躲避在虚拟的空间以摆脱日常千篇一律的生活，内心得到的是一时的满足。

（二）基于受众需求的视觉素养课程分类

受众在信息面前的“低水平满足”与无力回应，是视觉表征的危机所在。从发展的后现代视角来看，具有内在生命力与生长力的后现代特征是要赋予受众新的认识与意义，这是对信息的批判认识与对符号的多层次的理解需求。从视觉素养的内涵来看，视觉素养的提升是消解这种危机的有效手段。视觉素养课程的学习者面向不同阶段的受众，他们可以是学生，也可以是普通的大众。面向不同阶段的学生群体，可以分为基础教育阶段的学生、高等教育阶段的本科生和研究生，而面向更广阔的受众群体的视觉素养课程是一种基本的素养普及课程，从终身学习理念出发，接受此类课程的学习属于非正式学习。针对不同阶段的受众群体，从课程的分类，即隐性课程与显性课程、分科课程与活动课程、核心课程与外围课程来看，视觉素养的相关课程体现了不同课程分类的存在形式在培养目标上的融合统一。

隐性课程，也被称为潜在课程、隐蔽课程、无形课程、自发课程等，这一概念源于 20 世纪六七十年代，是指“学生在学习环境（包括物质环境、社会环境和文化体系）中所学习到的非预期或非计划性的知识、价值观念、规范和态度”[①]。此概念的萌芽可以追溯到美国教育学者杜威于 20 世纪初提出的附带学习。附带学习是指伴随具体内容的学习而形成的对所学习的内容以及学习过程本身的情感、态度等。杜威认为这种附带学习有可能更为重要，指出“最重要的态度是能养成继续学习的欲望，如果这方面的动力减弱，而不加强，那么，就会发生比仅仅缺乏预备更加严重得多的事情”。[②] 活动课程是相对于分科课程而言的，活动课程打破学科逻辑组织的界限，以学生的兴趣、需要和能力为基础，通过学生自己组织的一系列活动而实施的课程。[③] 活动课程源于 19 世纪末 20 世纪初的“新教育运动”与“进步主义教育运动”。然而在现实的课程实施中，学生既能学习到系统的学科知识与技

---

① 陈伯璋. 潜在课程的概念分析[M]. 台北：台湾师大书苑有限公司，1987：96.

② ［美］约翰·杜威. 我们怎样思维. 经验与教育[M]. 姜文闵，译，北京：人民教育出版社，1991：271.

③ 施良方. 课程理论——课程的基础、原理与问题[M]. 北京：教育科学出版社，1996：275.

能，又能依据学生自身兴趣灵活安排课程，分科课程与活动课程又是紧密联系、互相补充的。核心课程产生于20世纪二三十年代的"改造主义"，核心课程强调将分科课程中的若干重要的课程合并起来作为核心课程，这种做法一直延续到当下的美国课程设置中，尽管各个州有各自的具体课程体系设置，然而美国有一个核心课程的标准，强调了若干核心课程的基础性与重要性。而外围课程是为不同的学习对象而设计的，尊重学生的个体差异，因而不具有稳定性。①

"数字原住民"可以认为是对当下中、小学生的最新称谓，他们生活在信息泛滥的后现代，在形成自我的判断力之前，习惯于追随信息的表征意义，而缺乏对符号的深层认识，他们自身可能还未意识到这种危机的存在。目前在我国基础教育阶段，直接面向中小学的专门的视觉素养课程还未独立开设，但是在艺术、美术课程标准中对视觉素养的培养目标已经提出，现有的地方或校本课程已经开始出现专门的视觉素养课程。在美国，视觉素养课程直接存在于中小学的视觉与艺术教育课程体系中。在基础教育中对视觉素养教育的培养目标已很明确，在呈现形式上以隐性课程、活动课程等融合于显性课程与分科课程中。

目前高等教育阶段的本科生所接触的视觉素养相关课程包括专业必修课程与选修课程。在专业必修课中，与艺术、设计、技术等相关的专业均涉及了视觉素养培养的相关课程，而检验视觉素养提升的直接表现是敏锐的观察力与独特的创造力和表现力，因而从表征作品解读与创造中培养视觉素养的课程较多。在选修课程中，以通识课程的形式帮助学生学会解读视觉表征的能指与所指意义，以提升对视觉表征的解读能力，进而实现在不同领域的表征创新。

非正式学习在终身学习理念下逐渐流行，非正式学习更加淡化目标的达成度，而体现个性化。由于现有非正式学习资源的丰富性，一个可供非正式学习的课程不可能达到面面俱到的目标，也没有烦琐、复杂、冗长的必要，受众也无心沉浸于一种形式的非正式学习课程中。因而开放性、个性化而又具有吸引力的课程取向更能帮助有这类学习需求的受众获得有关视觉素养的知识与技能，或过程与方法，或情感、态度与价值观方面的提升。

后现代语境下视觉表征客体的丰富性、复杂性与可控性，造成受众主体

---

① 施良方. 课程理论——课程的基础、原理与问题[M]. 北京：教育科学出版社，1996：280.

的某种盲从与迷失，使得不同阶段的受众视觉素养的需求发生了重要的转变，同时课程开发的模式与内涵也在发生变化，这些构成了视觉素养课程的后现代开发的重要基础。通过现有视觉素养课程的呈现形式可以看出，视觉素养课程是以隐性课程与显性课程、分科课程与活动课程、核心课程与外围课程相融合、互补的形式出现的。

二、视觉素养课程开发的模型设计

正如泰勒所述，他的课程开发研究是为不同的课程开发者提供一个可借鉴的一般经验，这种经验在开发者实际的课程开发中会因为不同的情境而发生变化。视觉素养课程开发的模型设计也是提供一个可参考的设计蓝图。

视觉素养课程开发的模型设计首先以坚实的理论基础为情境背景，在现实语境的分析基础上，形成课程开发的重要环境；其次，课程开发的各个环节则遵从课程开发的基本模式，涉及课程开发不可或缺的几个环节；再次，强调后现代课程的丰富性、回归性、开放性、严密性的特点，以受众的学习需求为中心，在课程开发的各个环节关注受众的特征分析。而评价活动则贯穿于整个课程设计的各个环节，体现形成性评价的重要性；最后，目标确立、内容与活动方面从社会、学科与受众三个层面综合设计，考虑到隐性课程与显性课程、分科课程与活动课程、核心课程与外围课程的融合。

在视觉素养课程开发的模型中，突出体现课程开发的完整过程，以课程目标、课程内容、课程实施、课程评价为主要设计环节。然而在实际的课程开发中，由于视觉素养作为人的基本素养，使得视觉素养课程以融于相关课程实践的形式存在，而专门被冠以“视觉素养”之名的课程也需要整合其他课程的知识与技能，因而以隐性的形式存在于相关课程开发中，然而其课程目标、内容、实施与评价均指向视觉素养的培养。

三、视觉素养课程开发模型的模块分析

如图 5 - 8 所示，视觉素养课程开发模型可以分为六个模块，这六个模块在课程开发的流程上呈现某些线性关系，然而在实际课程开发的实施过程中并不遵照单一的线性顺序发展，受众的特征分析及评价贯穿于整个课程开发过程。

模块一是整个课程开发的理论基础，这一理论基础界定了课程开发的实际情境。对于视觉素养课程开发而言，需要综合考虑社会的、历史的与哲

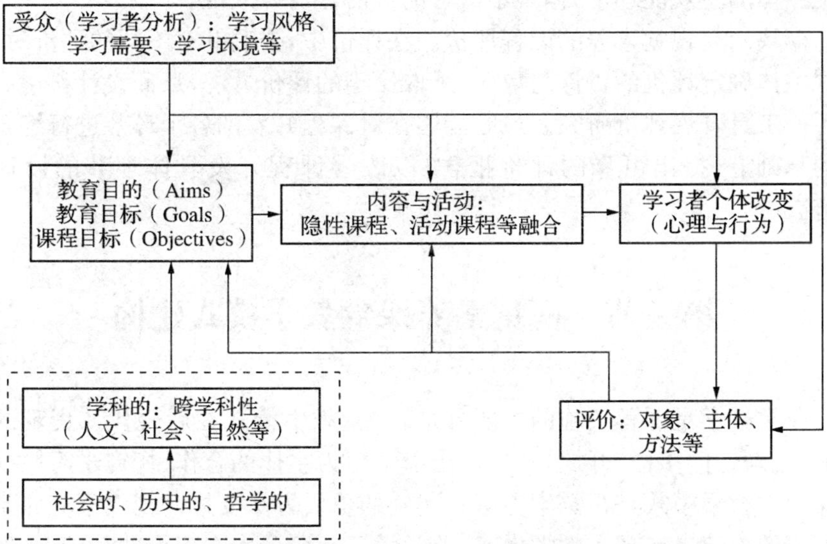

图 5-8　视觉素养课程开发模型

学的视觉素养研究背景,同时体现视觉素养的跨学科特征,从视觉素养学科谱系出发,整合人文、社会、自然等学科知识。

模块二是对受众的特征分析,也是对视觉素养课程学习者的分析。对受众特征的分析包括学习风格、学习需要及学习环境等。采取多种调查方式了解学习者的学习风格,明确特定阶段学习者的学习需要。在学习环境分析上,从自然环境到教学情境的分析均能体现满足学生的学习需求。对学习者的分析贯穿于课程目标、内容、实施及评价的各个环节。

模块三是对课程目标的确定。视觉素养的教育目的、教育目标与课程目标体现在对特定阶段学习者的分析基础上,从学科、社会现实等方面确定视觉素养的教育目的、教育目标,从而确定视觉素养的课程目标。

模块四是视觉素养课程内容与活动的设计和组织。课程内容与活动的确定是依据视觉素养课程的视觉性、实践性、批判性与创造性特征,强调内容的丰富性,同时遵循小叙事与解构等原则。在活动组织方面,以学习者为主体,激发创造力,形成自我的观点与视觉表征创作。在课程内容与活动设计和组织环节,充分体现隐性课程、活动课程等课程的融合。

模块五是从学习者的角度出发,使学习者个体发生改变的课程实施过程。课程实施在课程目标与内容的规定下,具有一定的局限性与被动性。然而在关注学习者个体是否发生改变的前提下,创造性的课程实施过程,突出了主体的主观能动性，体现了课程的灵活性与开放性。

模块六是视觉素养的课程评价。在评价中，强调针对不同的评价对象，评价主体确定评价的目标与取向，采取恰当的评价方法，从而设计科学有效的评价工具开展评价研究。最终能够在对课程开发的各个环节进行综合评价的基础上，提出可靠的评价报告，以改善课程开发具体环节的设计与实施。

第三节　视觉素养课堂教学模式建构

课堂教学是课程实施的主要阵地，课堂教学模式在后现代课程观的影响下，逐渐走向多样、开放，并体现出以学生为主体的合作、探究学习。视觉素养课堂教学模式是视觉素养课程实施的重要方法支撑。视觉素养课堂教学模式的构建是在现有教学模式、课堂学习环境及生态理论的基础上，形成课堂教学的生态圈模式，促进个体的知识构建与群体的共同发展。

一、视觉素养课堂教学模式建构的理论基础

视觉素养课堂教学模式是针对特定的视觉素养课程目标与内容，在现实的课堂教学环境分析基础上，对视觉素养课程特定的目标与内容设定的课堂实施。在课堂教学环境中，强调教师与学生主体的能动作用，体现个体与群体整体发展的生态理论。

（一）现有的教学模式及特点

“模式”在《辞海》中的解释为：“可以作为范本、模本、变本的样式。”[①]这一解释从表面意义上说明了模式具有的价值，却并没有解释模式的内涵。查有梁将模式理解为一种思维方法，即“模式是一种重要的科学操作与科学思维方法”[②]；罗明东等人将模式理解为一种理论，即“它不仅是解决某一类问题的普遍方法的理论，还是解决某一类问题的具体方法的指导”[③]。因而模式可以被理解为一种可供借鉴的方法或理论。

---

① 夏征农. 辞海(缩印版)[M]. 上海：上海辞书出版社，2002：1185.
② 查有梁. 课堂模式论[M]. 桂林：广西师范大学出版社，2001：3.
③ 罗明东，陈瑶，等. 现代教师教育模式新探索[M]. 北京：科学出版社，2008：16.

乔伊斯(B. Joyce)和韦尔(M. Weil)在杜威与斯金纳的教育理念和学习心理研究的基础上，总结了20世纪60年代至70年代的教学模式，划分出信息加工类、个性发展类、社会发展类及行为系统类等四类，这四类教学模式包括二十四个具体的教学模式(见表5-1)。他们指出每一种教学模式都依赖于某种教学或学习理论，各种教学模式的运用或整合运用，适用于不同的教学情境与学习者。同时强调教学模式的多样性，体现以学生为主体，激发学生的合作、探究意识，以促成学生对概念、知识与技能的获得。这些教学模式不仅提供了具体的教学流程，也为教学设计者提供了有效的教学思路及策略，因而活跃在今天的课堂教学中，体现了后现代教学的诸多特征。首先，突出学生主体的知识构建。从这四类教学模式中可以看出，学生主体在任何一个类别中均有体现。学生主体具体体现在关注学生的原有知识水平状态与学习需求，强调学生的自主、探究与合作的协同策略，突出学生主动参与的个体行为表现等。第二，强调信息与社会因素对学习的影响。丰富的待获取的信息资源亟待学习者自我主动探究能力的提升，而群体协作与探究也体现了群体对个体知识建构的促进。第三，突出科学方法的应用。社会调查与科学实验的方法贯穿于知识获得、管理保障、能力提升等各个方面。这些主题也必然成为视觉素养课堂教学模式的关键词。

表5-1　四类教学模式①

序号	类　别	主要模式
1	信息加工类(Information Processing Models)	归纳思维(Inductive Thinking)、探究训练(Inquiry Training)、科学探究(Scientific Inquiry)、概念获得(Concept Attainment)、认知成长(Cognitive Growth)、先行组织者(Advance Organizer)、记忆(Memory)
2	个性发展类(Personal Models)	非定向的教学(Nondirective Teaching)、意识训练(Awareness Training)、协同创作(Synectics)、概念系统(Conceptual Systems)、课堂会议(Classroom Meeting)
3	社会发展类(Social Interaction Models)	分组调查(Group Investigation)、社会调查(Social Inquiry)、实验室方法(Laboratory Method)、法理探究(Jurisprudential)、角色扮演(Role Playing)、社会模拟(Social Simulation)

① Bruce Joyce, Marsha Weil. Models of Teaching(2nd edition)[M]. Eaglewood Cliffs: Prentice-Hall, Inc. 1980:10-13.

（续表）

序号	类　别	主要模式
4	行为系统类 (Behavioral Models)	意外管理(Contingency Management)、自我控制(Self-Control)、放松(Relaxation)、压力减缓(Stress Reduction)、自信训练(Assertive Training)、脱敏(Desensitization)、直接训练(Direct Training)

（二）视觉素养课堂教学环境构成

视觉素养课程目标的核心在于培养受众的批判思维，激发受众主动参与到视觉表征的现实创作中，学会以视觉语言表达自我的情感。因此构成视觉素养课堂教学环境的核心要素是学习者，由不同的学习者个体构成的学习者群体是课堂教学环境的中心。信息的丰富性与获取信息渠道的多样性，使得传统课堂中的教师有可能与专家或其他学习辅助者一同出现在当下的课堂教学环境中。而重要的学习资源要素则有可能由传统的人力、物力资源等的保障，拓宽到数字化学习资源的补充、学习平台的提供等，以及其他为特定课堂教学目标与教学内容设计的辅助资源，如便于小组合作学习的环境设计，既要考虑丰富学习资源的可获得，同时也要考虑教室物理环境的布置等。

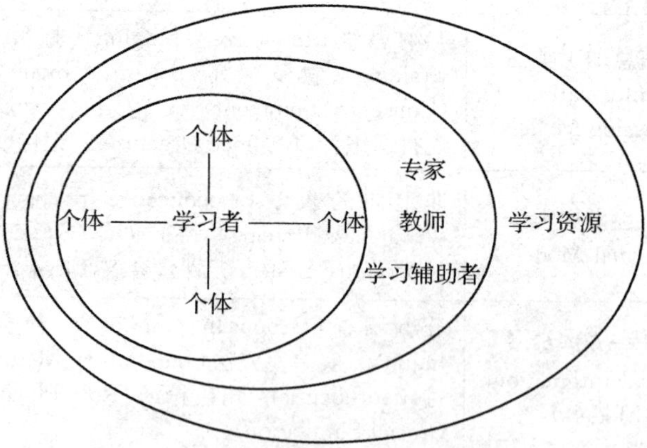

图 5-9　课堂教学环境组成要素

（三）视觉素养课堂教学模式的生态理论

视觉素养课堂教学模式是建立在社会建构主义理论基础上的关注群体的平衡、和谐与发展的生态理论。社会建构主义是在维果斯基关于人的心理发展理论基础上形成的，欧内斯特指出："社会建构主义的一个共同出发点就是维果斯基的理论，尽管不同的研究者对此做出了不同的说明。"[①]美国学者布鲁纳将维果斯基的理论引介到西方教育与心理学研究领域[②]。社会建构主义强调个体的知识构建是在社会文化环境中，由群体共同的协商互动而主动构建的，因而学习共同体的形成有利于促进个体的隐性与显性知识建构和群体智慧的共享与共生。这与以卡普拉（Capra）为代表的后现代主义者提出的促进和谐的生态课程论互相呼应。1982 年卡普拉出版的《转折点：科学、社会和新文化》一书中指出，"唯科学的理论和方法会导致人性的毁灭"，呼吁人们"采取科学与人类精神相结合的观点，将人类的生活世界看成一个相互依存的整体，用生态学的世界观看待世界和设计课程教学模式"。[③] 生态理论注重整体中的各个要素的均衡发展，而又能促进整体的平衡、和谐、持续发展。因而视觉素养课堂教学模式理论是以社会建构理论、学习共同体的构建而形成的生态理论为基础，强调学习者个体与整体的发展及其相互关系，以及课堂教学环境中包括学习者在内的所有构成要素的和谐、持续发展。

二、视觉素养课堂教学的生态圈模式建构

视觉素养课堂教学模式是在生态理论的基础上，将基于理论与方法的教学模式作为具体的教学策略融入到促进视觉素养学习共同体成长的生态圈中。在充分解读课堂教学情境及主体相互关系的基础上，响应后现代回归性、对话、开放性与多元等特征，构建视觉素养课堂教学的生态圈模式（如图 5－10 所示）。

---

① Ernest P. Social Constructivism and the Psychology ofMathematics Education [M]. Ernest P. ConstructingMathematical Knowledge: Epistemology and MathematicsEducation. New York: The Falmer Press, 1944:64.

② J. S. Bruner. The ontogenesis of speech acts[J]. Journal of Child Language, 1975(2):1－40.

③ 谢登斌. 美国后现代主义课程理论探析[J]. 广西高教研究，2001(5):112.

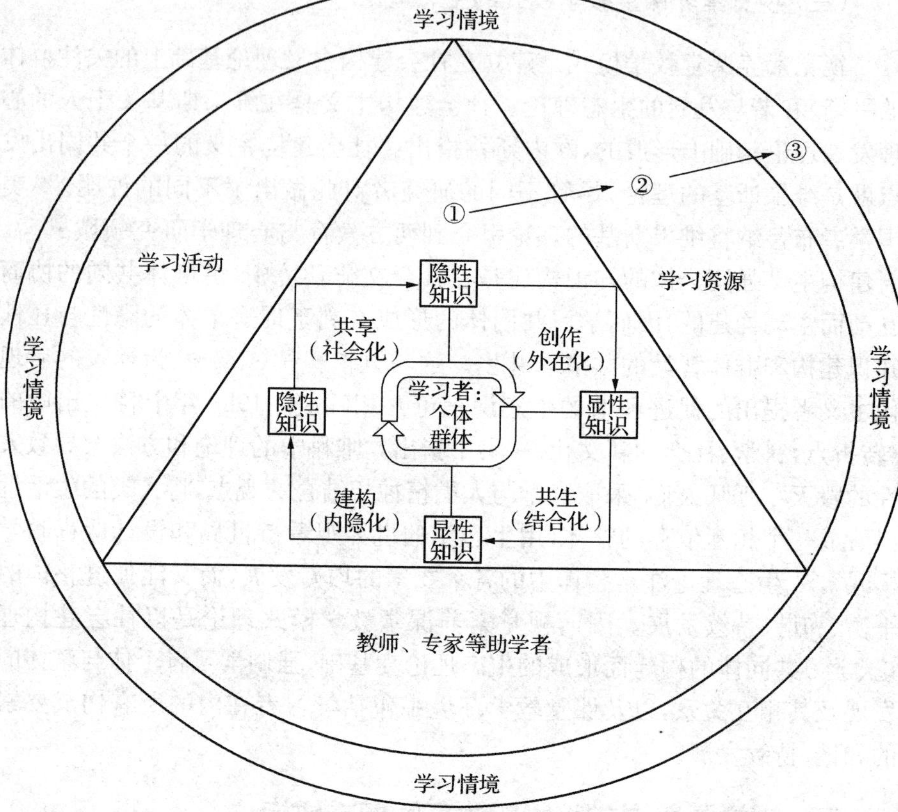

图 5－10　视觉素养课堂教学的生态圈模式

该模式首先是一种关于课堂教学实际情境的理论构建，试图系统总结与概括课堂教学中的主体、影响因素及相互关系。同时该模式也是一种方法，帮助课堂教学设计开展具体的设计活动或为其提供思路。该模式也为课堂教学设计提供了设计路径，从以学习者为主体的学习共同体设计出发，整合教师及其他助学者的智慧，进而实现资源准备、活动设计与情境创设。因而视觉素养课堂教学的生态圈模式的特点主要体现在线性与回归、参与与互动、封闭与开放、部分与整体、共享与共生的对立与统一中。

从课堂教学模式的流程意义来说，课堂教学模式提供了一般课堂教学设计的步骤或过程，在此生态圈模式中，可以看出从学生到教师、资源、活动，再到情境创设的一般流程，但是同时这种线性的流程也体现了回归。情境创设是整个课堂教学设计的基础，而学生、教师与其他课堂教学影响因素的整合与协调成为促进学生知识构建的重要合力。生态圈还强调课堂关键影响因素的参与，试图将各种有效因素纳入到课堂教学设计中，不仅体现全员的参与，也体现各种主体间及与相关教学环境要素之间的互动与对话，在平等、尊重的基础上形成发展动力。在课堂教学设计的情境中，课堂教学模式可能是相对封闭的，只有那些体现互动的相关课堂影响因素参与课堂实际教学情境。然而不可否认的是，课堂教学参与要素的动态发展，及在整合过程中出现的生成状况会时常出现，因而这种封闭是相对的，而接纳开放则是勇于适应改变的体现。同时在课堂教学目标与追求学生发展的期望上，也体现了开放性的特点，课堂教学在学生主体上的生成是课堂的常见现象，鼓励生成响应了目标的多元化及发展性。根据格式塔原理，整体大于部分之和①，生态圈模式在认可各个主体及影响因素自成体系之外，同时强调整体的功能发挥，致力于学习者最终的知识建构目标与个人、群体的共同成长。共享与共生则体现了共同发展的核心理念，生态共生而非离散的动态生成。② 在多个学习共同体建立初期的知识共享的基础上，通过个体与群体的通力协作不断生成新的智慧，扩充共享资源，以形成新的共享到共生的有效路径。从共享到共生再到共享的有效循环，体现了铺垫、协作、成长的持续发展理念。

三、视觉素养课堂教学的生态圈模式解析

视觉素养课堂教学的生态圈模式的构成可以概括为：一个完整的“生态圈”课堂教学模式；两个学习共同体，以学生为主体的学习共同体和以教师与助学者形成的学习共同体，以及两个学习共同体之间的对话与协商；三个教学设计子系统，包括学生共同体的建立，教师等助学者、教学资源与活动设计的核心因素构成的系统，以及整个学习情境创设系统；多元教学策略的融合，具体包括体现以学生为主体的基于理论与实践的教学策略、人文与实证的探究方法、图文并茂的表达方式等的融合。

首先，“生态圈”是在生态理论的基础上，形成课堂教学模式的总体设计思想与指导原则。课堂是以学生为主体的多种课堂影响因素参与的系

① Robert A. Reiser, & John V. Dempsey. Trends and Issues in Instructional Design and Technology(3rd edition)[M]. Boston: Pearson Education Inc, 2012: 337.

② 赵丽，张舒予. 从共享到共生：视觉文化学习共同体的内涵与价值研究[J]. 电化教育研究，2013(3)：26.

统,每一个部分的动态变化都会影响到其他因素的发展,如何使得永恒不变的动态发展实现整体的相对平衡与持续发展,“生态圈”必须超越现代传统教学目标的封闭与单一形式,体现和谐、动态、发展各种因素的共生关系。在多因素互动、协商和平等对话基础上,发展学生的理解力与创造力。

其次,学生学习共同体与教师学习共同体的构建。学生学习共同体体现了协作探究的特点,以社会建构理论为基础,强调个人与群体发展的互相补充,最终促进个体的知识构建。在学习共同体的学习过程中,观照生态理论基础,体现和谐、动态的协商与对话。在学生的学习共同体中,需要确立共同的学习目标及任务,体现成员间的分工与协作,在相互理解、尊重、平等的基础上共同成长。教师学习共同体的建构满足了教师个人专业成长的需要,同时也扩充了教师学习团队的成员结构,增加了助学者的角色。教师学习共同体的活动方式是在现有的校本与区域研修基础上,应当开展的由专家与其他助学者广泛参与的研修活动,利用现有的交互平台与渠道,展开充分的学习与研究,从而促进整个课堂教学质量的提升与学生发展。在以学生与教师为主体的两个学习共同体之间,形成有效的对话机制,体现回归的反馈机制,促进两个学习共同体的共同发展。

第三,逐级建立三个教学设计子系统——学生学习系统、学习辅助系统、学习情境系统,并调和三者之间的关系。处于中心地位的学生学习系统,是在建立学生学习共同体的前提下,通过个体与群体的协作实现“共享—创作—共生—建构”的知识构建过程,帮助学生完成视觉素养隐性与显性知识的相互转化,达成隐性知识的社会化、外在化和显性知识的结合化、内隐化。学习辅助系统是在教师学习共同体建构的基础上,形成资源与活动组合和设计的能力,帮助学习者完成知识建构的过程。在此系统中,强调资源的丰富性与活动的多样性,围绕学生的主动知识建构,充分体现教师等助学者的综合设计与教学能力。学习情境系统影响着其他两个学习系统,其以社会的、历史的、哲学的与学科的知识为参照,根据具体的课程目标与内容,创设适应不同学习者学习风格的学习情境,促进学习者的自主、合作与探究学习。

第四,整合多种教学模式。教学模式的选择在具体的课堂教学设计中可以理解为教学策略的设计。其中内隐于生态圈的具体教学策略,需要根据特定的学习者特征与单元课堂教学主题而展开。多元教学策略包含理论与实践、人文与实证、图文并茂等教学策略的融合,具体而言,包括从理论基础、方法策略的学习到实际分析、创作与表达的理论和实践方法结合的教学策略，体现了扎实的理论功底与表达能力。而将人文精神的内化、表达与基于田野的实证科学研究相结合的教学策略，则能够激发学生的科学探究与创造能力。以图文并茂的方式进行教学与创作，体现了文字语言与视觉语言结合的强大魅力。在实际的课堂教学设计中，不仅可以借鉴与整合现有的教学策略，如 B. Joyce 和 M. Weil 的 24 个教学模式总结，提供了多种教学策略；而且教师学习共同体也可以在针对学科特色的基础上，创编凸显视觉性、形象化的课堂教学策略。

Patti Tarquin 与 Sharon Walker 利用视觉图形表征意义的直观形象设计了适用于不同教学内容甚至其他学科的教学策略①。如适用于学习需求分析的“KWL 图示”、描述叙事与问题解决的图示、表达事物关系的概念图，以及基于问题解决的流程图等。“KWL 图示”用于对学习者的学习需求分析，学生在对这三个问题：我知道什么、我想要学习什么、我已经学习了什么，进行填充，可以分析出学生已有的知识与要学习的知识之间的差距，这种差距就是学习需要。而“描述叙事与问题解决”的图示方法则以线性的程序进行。概念图的策略与大树型的网络类似，用于建立概念之间的网络图示。而基于问题解决的流程图则在不同阶段进行问题的结果判断，以开展下一阶段的活动（如图 5－11 所示）。

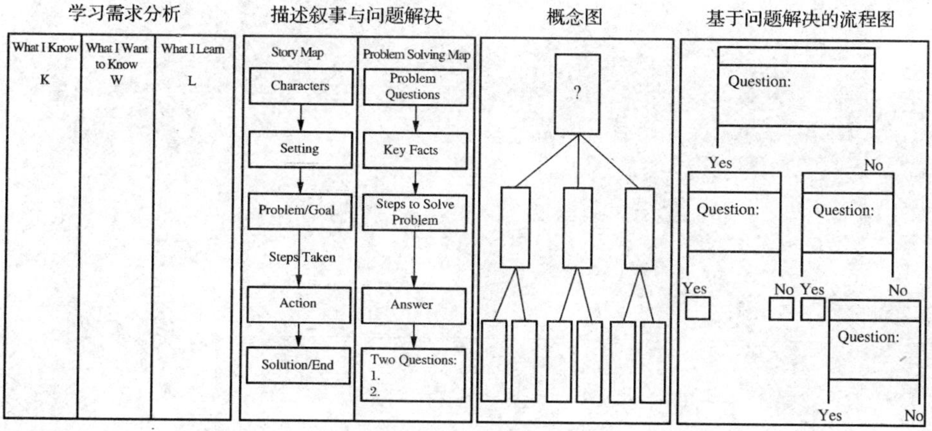

图 5－11　Patti Tarquin 与 Sharon Walker 图示方法

① Patti Tarquin，& Sharon Walker. Creating Success in the Classroom!：Visual Organizers and How to Use Them [M]. Englewood，Colo.：Teacher Ideas Press，1997.

后现代语境下视觉素养课程开发与设计的模型构建，借鉴现有经典课程开发模式，着眼于发生在教室环境中的课堂教学活动，从受众分析入手，试图为不同阶段受众提供视觉素养课程开发的一般模式。在此基础上，基于对课堂教学模式与具体的教学策略分析，形成视觉素养课堂教学的生态圈模式，容纳影响教学过程的各个主客体要素，分析其和谐、动态发展的内在动力，以此达成最佳课堂教学效果的目标。

第六章　传播共享：视觉素养在线课程开发与设计

个体的知识在他自己的意识中呈联结状——以神经元的形式互连在一起；学习就是通过交互和使用来增强或减弱这种联结进而达到构建、重塑的目的……在这种模式中，我们通过沉浸到学习场景中进行学习，而不是被教授学习。

——[加]斯蒂芬·唐斯

自20世纪90年代以来，网络技术的流行与发展拓宽了人们学习的途径，彻底改变了学习者的学习方式。在终身学习的需求下，能够随时、随地学习到需要的知识的需求日益强烈。后现代的课程传播方式在此背景下突破了物理存在的砖瓦结构的教室，借助网络等技术方式延伸了课程实施环境。课程开发不得不回应这种现实需求，寻求在线课程开发的经验，重新构建以学习者为中心的适应于在线学习的学习资源、环境等。视觉素养在线课程也广泛开展了在线学习的实践，相关的在线课程在正式学习与非正式学习中得到了实际应用。在现有在线课程案例反思的基础上，亟须探索视觉素养在线课程开发模型，积极开展本土的视觉素养在线课程实践。

第一节　在线课程现实需求及“课程消费文化”生成分析

网络平台构建了可供学习者自由、共享学习的空间，借助网络平台拓展了以往的依赖广播电视的传播渠道，传统学习资源由纸质材料到模拟信号传输，再转换为数字化传播。开放的教育资源也逐渐走向更加系统、科学的在线课程开放与共享。数字时代开放课程的兴起，将在线课程的传播与共享惠及每一个学习者。从学习者的主观学习需要来看，不论是正式学习还是非正式学习，学习需求遍及日常的生活常识和专业的知识与技能。因而，不论是学习者的主观正式学习与非正式学习的需求，还是客观环境的变化与发展，都使得在线课程开发与传播成为必需。

一、在线正式学习与非正式学习分析

对传统的学习者而言，对“学习”概念的认识，主要为“正式学习”，“是指在学校的学历教育和参加工作后的继续教育（岗位学习、文件学习、听报告讲座、参加培训等这种以单项为主的学习，有的可以取得相应的结业证书）”。“非正式学习”是相对于正式学习而提出的概念，“指在非正式学习时间和场所发生的、通过非教学性质的社会交往来传递和渗透知识，由学习者自我发起、自我调控、自我负责的学习，主要指做中学、玩中学、游中学，如沙龙、读书、聚会、打球等”[①]。在终身学习理念的影响下，学习者在正式学习中，不仅希望获取学分或证书作为学习的成果，同时还需要获得能够支持今后学习的技能与方法，便于自主开展学习活动。非正式学习中的学习者可以根据自身兴趣爱好与实际需要选择学习内容，如一次旅行的行程安排、自行车的维修等；同时自主协调学习时间与进度，其主动性与自由度也需要恰当地移情到正式学习中。因而正式学习与非正式学习的界限亟须打破，以实现优势互补。

网络传输的便捷性与普及性，带来在线学习的流行。尽管尼古拉

---

① 余胜泉，毛芳．非正式学习——e-Learning 研究与实践的新领域[J]．电化教育研究，2005(10)：19.

斯·尼葛洛庞蒂早在1996年就提出人类的“数字化生存”，他对从计算机网络的发展转向影响人类生存的网络社会的形成之预测如今成为现实，然而他未能预测出网络在全球范围内扩张的速度。1997年，据估算全世界上网人数从5 000万上升到了9 000万，那时“全世界95%的计算机都在发达国家”①。截至2014年7月，我国网民规模已达6.41亿。② 网络已经全面侵入人类生活，随着传输终端的不断拓展，移动传播技术随之发达起来。移动网络流量的廉价和逐渐大众化，带来数字化的生活方式与学习方式。在线学习的理念随着网络传播的便捷性，逐渐融入到受众的正式学习与非正式学习中。基于网络的在线正式学习与非正式学习能够满足学习者随时随地的学习需求，如通过网络搜索查询游泳的相关知识，了解某一时期的历史知识等。不论是在校的学习者或是在职的学习者还是被培训者，可以通过网络社交平台或媒介实现异步与同步课堂讨论、在线合作参与学习活动、提交课程作业等。在线学习能够满足学习者自主调配学习参与时间与深度，激发学习的主动性。在线交互功能也促使学习者进行身份转换，学习者个体与群体的互动可以激发学习者自我的创造性，转变为新的学习资源的创造者，为丰富在线学习资源贡献一己之力。

二、从开放教育资源到在线课程的发展追踪

从学习者个体主观上而言，学习者的学习需求逐渐趋向自主性，期待正式学习与非正式学习的融合，学习者在充分体现主体性的自我调控的基础上，获得显著的学习成果。客观上网络技术的发展满足了学习者的学习需求，也在不断影响着更多的教育资源与课程开发者的观念，这种观念的实现源于开放教育资源的兴起。2001年美国麻省理工学院率先推出开放课件项目（Open Course Ware Project，简称OCW），面向在线学习者提供免费的教育资源。2002年联合国教科文组织（UNESCO）正式提出“开放教育资源”（OER：Open Educational Resources）概念，并将其定义为“通过信息通

---

① ［美］尼古拉斯·米尔佐夫.视觉文化导论［M］.倪伟，译.南京：江苏人民出版社，2006：131.

② 中国互联网络信息中心第101期《互联网发展信息与动态》［DB/OL］. http://www.cnnic.net.cn/hlwfzyj/hlwfzzx/qwfb/201408/t20140825_47878.htm.

信技术为全社会成员提供开放的教育资源以进行非商业用途的咨询、利用和修改”①。随后多个高等院校或机构秉承“开放、免费、共享”的理念启动开放教育资源项目，如欧洲地区的英国开放大学的开放学习项目（Open Learn）、荷兰开放大学的开放教育资源项目（Open ER）、欧洲远程教育大学协会的服务于自主学习的多语言开放教育资源项目——欧洲远程教育大学协会的多语言开放资源计划（MORIL）、美国犹他州立大学的OLS、卡耐基·梅隆大学的OLI、莱斯大学的Connexions等。

同以往的远程教育理念的相似之处在于，联合国教科文组织最初将开放教育资源的推广与应用定位于在发展中国家有效促进高等教育的发展，试图突破远程教育发展的传播渠道，转向数字化的传播共享，旨在实现教育资源的远程共享与配置。时至今日，随着开放教育资源逐渐结构化、系统化，从开放教育资源向在线课程的发展，使得这种试图实现资源公平配置与弱势群体共享的最初的设计理念发生了重要转变。今天，不论在发展中国家，还是发达国家，学习者对开放教育资源与在线课程的需求与日俱增。“世界上大概有1.6亿学生不能够接受高等教育，到2020年中期，那些因为高等教育不开放或负担不起高等教育费用的人会更多，这些人不只来自发展中国家，且很多人将来自像加拿大一样的发达国家”②，这与江声皖提出的开放教育的最高境界不谋而合，他提出初级阶段的开放教育是针对封闭性精英教育而言的，是为了减轻大众就读高等学校的压力和适应社会对于高等教育毕业生需求的变革，实际上是对于学生入学条件的开放；而开放教育的自然发展阶段则是针对“以教师和课堂为中心”的封闭性传统教学而设计，响应主张学生个性化与自主学习的理念，也要求学生具备一定的学习能力，因而实质上是对传统学校的教学资源的开放。开放教育的最高境界，是教育学意义上的开放，是要给基础不平等的人以平等的教育机会。③ 2008年大规模在线开放课程（Massive Open Online Course，简称为MOOC）的出现与开放满足了这种学习需求。

---

① UNESCO (2002). UNESCO promotes new initiative for free educational resources on the Internet. [DB/OL]. http://www.unesco.org/education/news_en/080702_free_edu_ress.shtml.

② 王志军，李馨，赵云建. 开放教育资源：创新、研究与实践——访阿萨巴斯卡大学罗里·麦格雷尔教授[J]. 中国电化教育，2014(11)：5.

③ 江声皖. 开放教育的最高境界[J]. 中国远程教育，2005(7)：17.

世界上的众多知名大学或教育机构联合开发在线开放课程，免费提供给在线学习者。

这种免费、开放的在线课程思潮与运动也逐渐影响了围墙内的学校正规教育。一方面，在各级政府与慈善机构的共同努力下，学校正规教育中的在线课程逐渐趋向于开放。1998 年 12 月 24 日由教育部制定，1999 年 1 月 13 日由国务院批转的《面向 21 世纪教育振兴行动计划》中的第六项的第二十五条明确提出："依托现代远程教育网络开设高质量的网络课程，组织全国一流水平的师资进行讲授，实现跨越时空的教育资源共享，向各行业的管理人员和专业人员提供多种继续教育课程。"近期美国将投入 30 亿美元用于学院层面的开放教育资源建设，主要负责开放访问任何由政府创建和支持创建的内容。华盛顿州正在推动中小学、大学层面的开放教育资源的应用，加利福尼亚州也加入到这一行列中。在加拿大哥伦比亚州也正在开展给 40 所学校提供含有他们课程的教科书项目。① 另一方面，由于在线课程的成本低廉，目前美国众多高等院校将传统的师生面对面的课堂教学逐渐转变为在线课程或线上与线下结合的混合学习课程，在线课程具有同面授课程相同的学分价值，但在学分付费方面却低廉很多。

在线课程不仅应用于学校的课程教学，还逐步影响到企业培训、医学研究、军事训练等方面，引发了这些领域对在线课程或培训项目研发的关注与重视。在线课程对多个学习领域的影响，使得它涉及的学科领域增多，学习资源更加丰富，将逐步实现满足任何人在任何时间和任何地点学习到任何想要学习的内容的需要。

三、受众"课程消费文化"的抵御

20 世纪 70 年代由法兰克福学派提出的"消费社会"一说，对受众消费行为的物质崇拜、价值异化、符号至上加以批判。随之而来的后工业时代的消费文化（Consumer Culture）概念充斥在受众的日常生活中。工业时代强大的生产力在后工业时代达到顶峰，过剩的物质生产早已超出受

① 王志军，李馨，赵云建. 开放教育资源：创新、研究与实践——访阿萨巴斯卡大学罗里·麦格雷尔教授[J]. 中国电化教育，2014(11)：4.

众的消费上限。此时,消费本质出现了"多样性的变种"[①],"消费不应该理解为和使用价值有关的物质用途,而是作为意义,主要和符号价值相关"[②]。法国思想家鲍德里亚(Jean Baudrillard)从马克思的社会化生产结果理论出发,揭示了后工业时代消费品的使用价值被机械复制生产与再生产,已经失去了物质本身的价值而仅仅是对符号价值的不断复制。消费文化中消费品的符号价值比其本身的使用价值更有意义,"消费材料充当的是骗术,而不是劳动产品"[③]。受众在消费社会商业模式的引导下,消费的是符号,而不是实际所需的物质存在。符号价值带来的"时尚""潮流",使得受众沉浸于消费符号价值的被动满足中,实则内心空虚、丧失自我。

大量开放教育资源与大规模开放在线课程的出现,逐渐从正式学习的"市场"扩大到占据基于网络的非正式学习。从课程消费的角度来看,当下课程的丰富性正逐渐走向饱和,在线课程被加以世界名校打造、名师主讲、内容新颖等噱头吸引学习者的关注。开放逐渐演变为商业行为(获得学分或认证证书需要支付一定的费用),加快了"课程消费文化"现象的形成。尽管各个开放平台不断刷新学习者的高参与率,但是课程学习的过程监督与课程质量标准的缺乏或不严密,同样导致了高退出率的出现。课程消费文化直接导致了将现有的开放在线课程的美好初衷逐渐转变为另一种产品消费的商业化模式。因而,这种担忧应当在当下开放在线课程蓬勃发展的同时得到关注和恰当的抵御。

第二节　现有在线课程开发与设计模型分析

在线课程的开发与设计与传统面授课程的开发与设计存在着诸多相似之处,然而也呈现出较大的差异。在线课程开发与设计需要汲取传统面授课程开发与设计的优势,同时发挥在线课程自身的长处,以适应学习者的学

① 邹广文,王纵横.全球化时代的消费文化[J].装饰,2008(9):12.

② [英]西莉亚·卢瑞.消费文化[M].张萍,译.南京:南京大学出版社,2003:63.

③ [美]詹明信.晚期资本主义的文化逻辑[M].陈清侨,等译.北京:三联书店,1997:398.

习需求。不同的研究者通过对不同平台的在线课程进行研究，提出了一些行之有效的在线课程开发与设计的模型。

一、在线课程与面授课程开发与设计的比较分析

在线课程与面授课程在开发与设计上的相似之处在于必须同样考虑课程目标、课程内容、课程实施与课程评价等主要的课程开发与设计的环节。因时空的超越也存在诸多方面的差异。

（一）相似之处

在线课程在国内也被称为网络课程①，在线课程被认为是学习者开展在线学习的载体。从个体的知识建构意义上来说，在线学习就是学习者在网络情境中通过与学习媒介、学习内容与资源、学习同伴、教师与专家、课程情境等课程要素以及影响在线学习的诸多因素的相互作用来形成学习者个体知识意义建构的过程。因而在线课程的开发与设计也需要从学习者的学习需求出发，整合社会需要及学科逻辑体系，关注课程目标的设定、课程内容的编排与组织、课程实施的安排及课程评价的开展等课程开发的主要环节。同时在课堂教学设计中，也需要综合考虑影响课堂情境的诸多主观与客观要素，帮助学生通过活动参与、自主探究以形成自我知识的建构。

（二）不同之处

在线课程与面授课程的相似之处在于围绕学生中心，旨在通过课程载体促进学习者形成自我的知识建构。然而由于课程实施的环境与相关要素发生了巨大的变化，因而在线课程与面授课程必然存在着诸多的重要差异。这些差异表现在学习交互、开发与设计团队构成、课程内容及资源呈现形式、课程实施情境以及评价等方面。

1. *学习交互*

在线课程与面授课程的最大差异在于学习交互的不同。在面授课程实施过程中，教师与学生同处于一个时空场域内，师生交互、生生交互、学

① 由于在线课程的英文翻译为 Online Course，对应于面授课程 Face to Face Course，因而在本研究中采用在线课程的说法。

生与学习资源的交互等都可以直接获取，因而在反馈上也体现快速、及时的特点。然而在线课程由于时空的不同，师生交互、生生交互、学生与学习资源的交互必须通过计算机等媒介进行，因而在反馈上存在延迟的现象。

2. 开发与设计团队的人员构成

在传统的面授课程的开发与设计中，以课程专家、教师等为主体构成课程研发团队。而在线课程开发必须考虑到课程实施平台与相关技术的支持。技术开发人员成为一个新的构成人群，甚至有时作为主要角色参与到课程研发的队伍中去。课程开发与设计的实现需要开发人员的技术支撑，以实现在线传输与形成反馈机制。

3. 课程内容与学习资源的呈现形式

在线课程的内容与学习资源的呈现形式为数字化，不同于以往的书本等印刷材料，其具体的学习内容与支撑资源以超文本、图像、视频等多种呈现形式存在。这对缺乏计算机与多媒体技术素养的普通教师而言存在一定困难，他们面临着如何将过去的传统纸质资源转化为数字化可供在线传输资源的技术素养提升问题。对于学习者来说，也同样需要掌握通过不同的在线途径获取不同类型资源的技术。

4. 课程实施的情境

在线课程的实施情境是基于虚拟环境的网络平台，而传统面授课程的实施情境主要是真实的现实环境。在网络平台上实现学生便捷、快速获取学习内容与资源的技术情境创设已经成为技术人员必须克服的一个难题。而考虑到个体知识的构建依赖于真实的学习情境构建，如何充分发挥虚拟环境的优势，构建适合学生学习的在线学习情境是在线课程面临的另一个难题。

5. 评价方法与技术支持

在线课程的评价方法是与技术支持紧密相关的。对于学生学习的过程性评价，则通过技术的实时监控，在线参与（如发帖等）的技术统计以获得学习反馈。总结性评价则涉及无人监管的在线测试与作业提交等多个环节，这些都是面授课程开发与设计中无需关注的环节。

由于上述差异，在线课程开发与设计的一次性投入成本，如提供相关支撑的技术软件与平台及网络传输的资金与精力投入成本，对于课程开发者、教师与学生来说都超出了传统面授课程开发与设计的投入成本。然而由于技术发展的大众化与智能化,以及对于在线课程传播共享的优势形成共识,在多方的政策与经费支持下,在线课程日益增多,丰富的学习资源,逐步满足了学习者的不同学习需求。

二、在线课程开发与设计的模型案例分析

由于在线课程平台的不同,对于课程开发者来说,技术难度有着显著差别,因而相对于传统的课程开发与设计,课程开发者应该根据在线课程平台的不同,合理分配在线课程研发的重点,因而基于不同的在线课程平台而研发的在线课程模型的侧重点也不同。

(一)在线课程开发与设计平台的分类研究

在线课程平台是在线课程实施的载体和场所,在线课程平台的研发一直是在线课程开发与设计的重要研究领域。陈伟平等人总结了四种在线课程开发的平台①,第一种是利用计算机技术与网络技术直接自主开发在线课程平台,技术人员把前台编程技术和后台数据库技术相结合,为某一特定的在线课程搭建独特的课程平台。第二种是以各个学校为单位自主研发在线课程平台,该平台由前后台系统模块构成一套基于网络的远程教育管理系统。前台系统模块是课程平台的公开页面,是供学习者自主学习的页面。后台系统模块主要供课程管理人员、教师等实现教学与管理的功能。第三种是商业化运作的在线课程开发平台,主要有 Moodle、LearningSpace、WebCT、Claroline、Topclass 和 Blackboard 等。由于商业化的运作机制,因而在实际用户使用方面获得比较高的评价,然而从开放共享的角度而言,个人直接获取使用权限还存在一些困难。第四种是利用云计算的开发平台来开发在线课程,如利用 Google 云计算平台和微软云计算平台 Azure Services Platform 开发的在线课程,然而这种平台的开发需要专业技术人员操作。

从一个传统课程开发与设计者的角度而言,在线课程平台既要能满足学习者的学习,又要能在课程开发时不需要关注太多技术要素。因而可以将这四种课程平台归结于两类(如图 6-1 所示),第一类是含有较高技术难

① 陈伟平,黄河笑,陈海建.网络课程开发平台的比较研究[J].开放教育研究,2011(10):108.

度的自主在线课程平台开发,即上述的第一种与第二种,而第二类是基于现有的课程平台进行的课程开发与设计。专门技术人员已经开发好课程平台,作为课程开发者只需要掌握课程"填充"与"使用"技术,可以将研究重点放在课程内容与资源、实施与评价的课程开发与设计上。

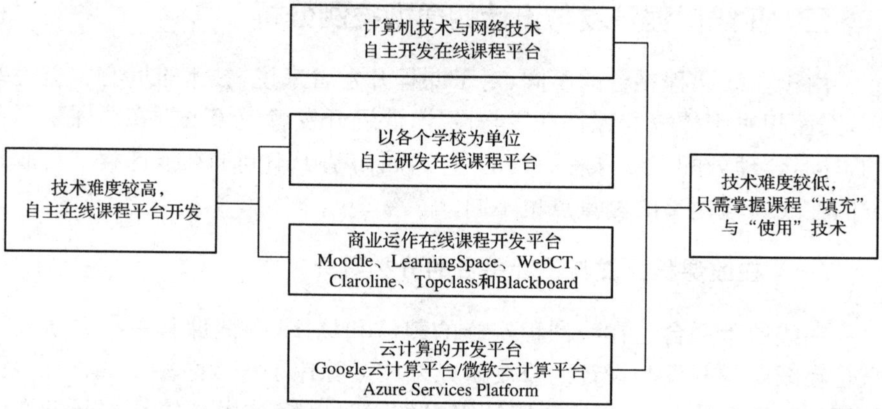

图 6-1 在线课程平台的分类

在线课程平台一直是在线课程开发与设计的研究重点,不论是自主研发还是在已有的模板上进行在线课程开发与设计,都需要对平台有充分的认识,发挥平台促进学习者学习的优势,又能从学习者使用的角度发现存在的问题,向技术人员提供反馈意见,以改善平台的使用满意度。

(二)基于不同平台的在线课程开发与设计模型案例分析

基于自主平台开发的在线课程开发与设计主要包括两个部分,一个部分是对在线课程本身的开发与设计,另一个部分是对平台的开发。在线课程的开发与设计在课程内容与资源的呈现方面,需要拆分课程内容,以形成多个单元或模块供学习者自主学习,如杨哲提出在线课程信息呈现方式有"倒树"结构、线性结构及超文本结构等①。在课程实施方面,强调与形成性评价的结合,注重学习者的过程性参与和积极互动。在平台开发方面,由于在线课程的传输载体是在线课程平台,这一平台的作用尽管与传统课程传播的场所有些相似,然而对于在线课程而言,在线课程平台需要友好的人机

① 杨哲.网络课程的信息表征与信息结构设计研究[J].中国远程教育,2006(7):47-48.

交互界面、便捷的导航系统，以及快速的反应能力，需要综合考虑节点（教学内容信息块）、链（信息块之间的连接），以及路径控制的设计，以满足学习者在线学习的基本需求。

基于自主平台的在线课程开发与设计由于涉及内容与平台两个方面的开发与设计，因而需要技术人员与课程开发者进行紧密的协作，通过技术手段来实现课程开发与设计理念。目前此类在线课程开发与设计的模型具有代表性的主要有“瀑布式”和基于“工作流”的在线课程开发模型。“瀑布式”在线课程开发模型从最初的三阶段——设计阶段、开发阶段到发布阶段（如图 6－2 所示），逐渐演进到五阶段——筹备阶段、设计阶段、制作阶段、测试阶段、运维阶段（如图 6－3 所示），且各个阶段成回路不断改进与完善。

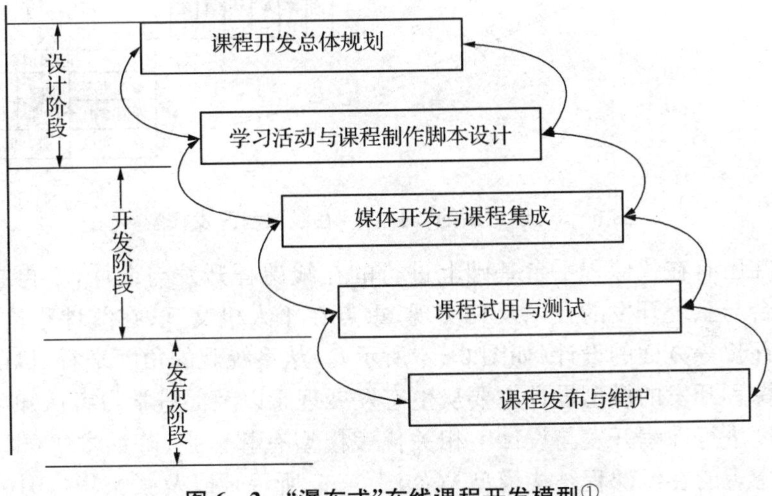

图 6－2　“瀑布式”在线课程开发模型[①]

基于工作流的在线课程开发模型是以工作流参考模型为主要理论基础，在“瀑布式”在线课程开发模型的基础上，更加系统地建构在线课程系统。如杨青等（2010）在瀑布式在线课程开发模型上，设计与开发在线课程工作流管理系统[②]。邓康桥（2013）采用“JBPM＋Struts2＋Spring＋Extjs”

---

① 张进宝，李松，马江舰. 基于“瀑布模型”思想的网络课程设计与资源开发模型[J]. 现代远程教育研究，2010(1)：66.

② 杨青，马江舰，张进宝，吕武，罗涛. 网络课程开发工作流管理系统的设计与开发[J]. 现代远程教育研究，2010(5)：71－75.

技术开发了在线课程开发管理系统①。

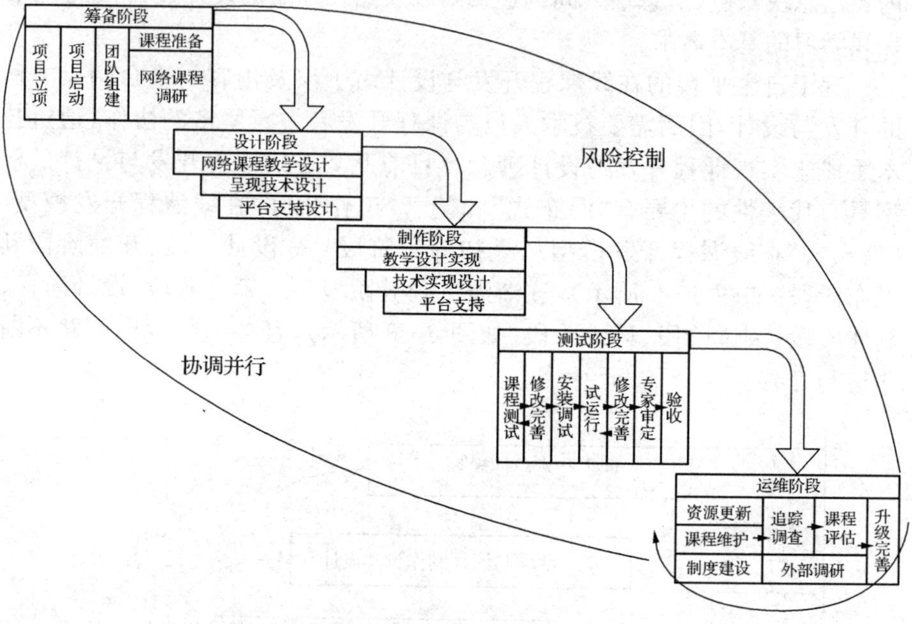

图 6-3　改进后的"瀑布式"在线课程开发模型②

在已有在线课程平台基础上进行的在线课程开发与设计，不再主要关注平台与系统开发的技术及其实现，重点在于人机交互、在线课程内容、资源与评价等方面的设计（如图 6-4 所示）。从系统观的角度来看，目前相关在线课程开发的模型设计主要从生态发展理念以及促进学习者认知与学习的角度进行课程开发与设计。相关代表模型有郭三强、陈炳木等（2009）基于生态观的在线课程结构模型③（如图 6-5 所示），以及张家华（2010）的在线课程的信息加工模型④（如图 6-6 所示）。

---

① 邓康桥. Workflow 技术在网络课程开发管理系统中的应用研究[J]. 中国远程教育，2013(4)：63-68.

② 白静，李哲. 优化瀑布模型的网络课程开发模式研究[J]. 中国电化教育，2012(5)：97.

③ 郭三强，陈炳木. 基于学习生态观的网络课程建设研究[J]. 中国电化教育，2009(8)：68.

④ 张家华. 网络学习的信息加工模型及其应用研究[D]. 重庆：西南大学，2010：43.

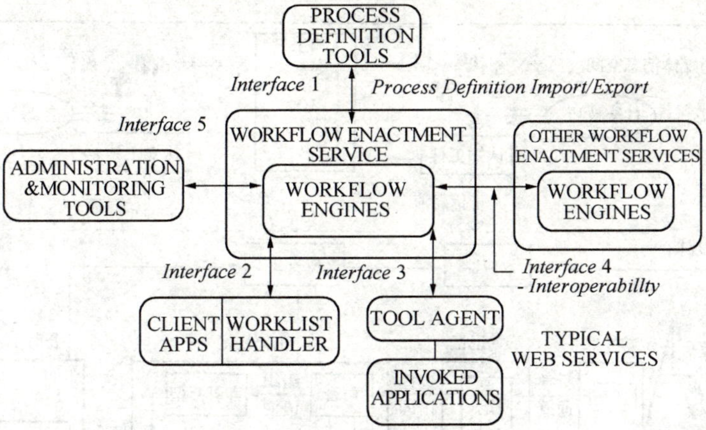

图 6-4 工作流参考模型①

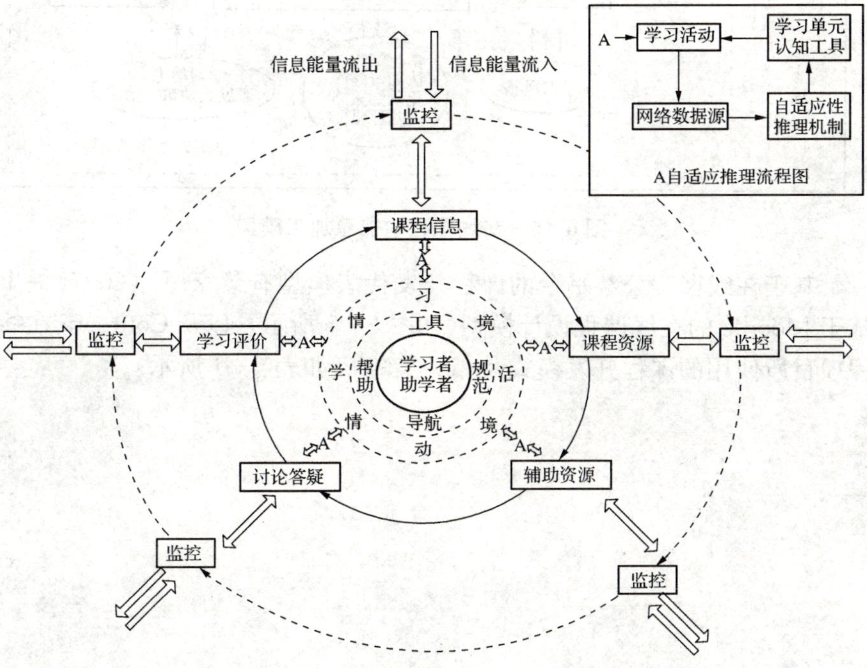

图 6-5 基于生态观的在线课程结构模型

① Workflow Reference Model. [DB/OL]. http://www.e-workflow.org/standards/.

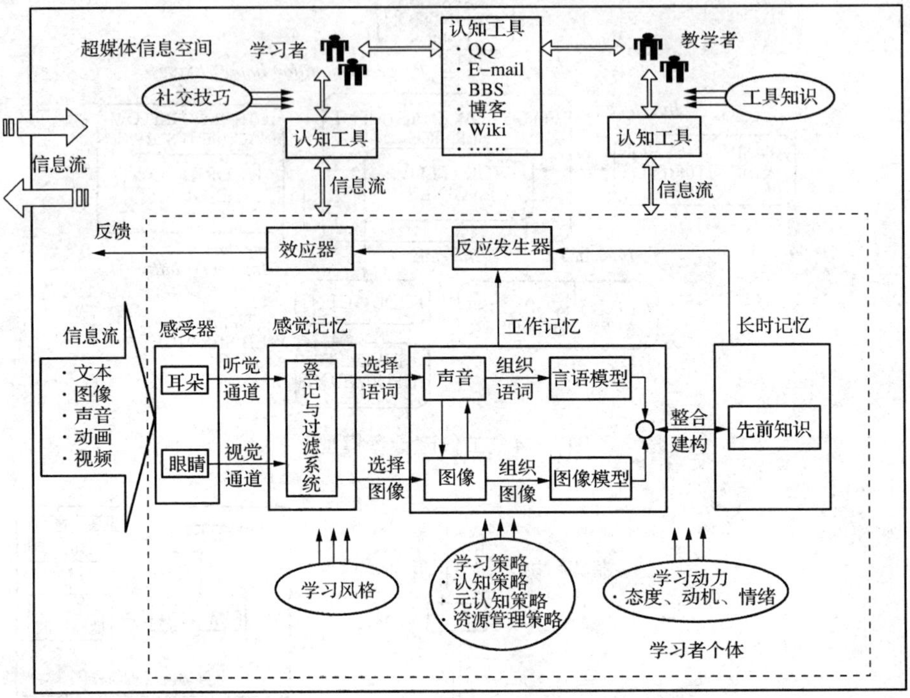

图 6-6　在线课程的信息加工模型

基于在线课程公共平台的课程开发代表模型有黎家厚①(2007)提出的基于 Moodle 的在线课程设计模型(如图 6-7 所示),以及 Coursera 在线课程项目所使用的课程开发模式及相关策略②(如表 6-1 所示)。

---

① 黎加厚. Moodle 课程设计[M]. 上海:上海教育出版社,2007:11-12.

② 祝智庭,闫寒冰,魏非. 观照 MOOCs 的开放教育正能量[J]. 开放教育研究,2013(6):22.

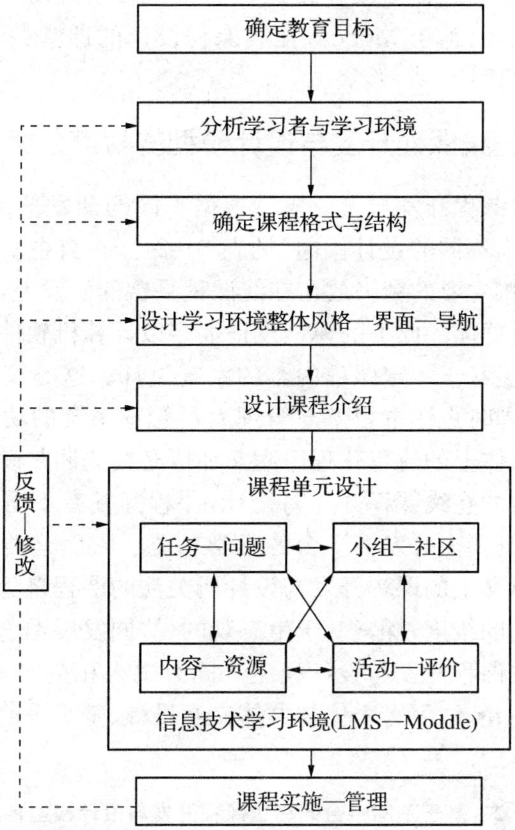

图 6-7　基于 Moodle 的在线课程设计模型

表 6-1　Coursera 采用的课程开发模式及相关策略

类　型	具体做法
课程特点	课程内容包括视频、文字、案例等;视频模块化与主题化,每个视频 8—12 分钟;视频大多采用面对面的交谈方式
学习任务	视频讲座中在重要知识点处嵌入交互式问题;采用随机题目生成作业
评价策略	标准化测试;软件编程实际操作;学生根据标准自评和互评
互动模式	利用学习社区开展同伴互助;组建线下学习小组,开展交流活动
其他	课程有固定的开始时间和截止时间;课程结束之前学生必须完成所有测试和作业;根据学生答题情况提供差异化支持

支撑课程的开发与设计的理论大多采用现有的教学设计与课程教学策

略，如柯和平等(2007)提出的在线课程的典型教学策略[①]中以加涅的九个教学事件为基础，而基于 Moodle 在线课程设计的课堂教学模式也依托加涅的教学事件原理[②]。

三、现有在线课程开发与设计模型的特点分析

现有的在线课程开发与设计模型根据不同的开发平台，研究的侧重点不同，因而呈现出不同的设计倾向(见表 6-2)。在自主研发平台的设计模型中，专家必然将主要的精力放在在线课程平台的研发上，这类研究也大多集中在技术人员群体。此类的模型设计大多以计算机软件的系统开发原理为基础，进而开展基于一定课程内容的系统设计。这类模型不仅关注学习者学习的便捷，同时也注重教学与管理人员管理系统的功效。其模型的主要特点是遵循整体上的流程化程序而又加以必要的回归设计。

对已有平台的在线课程开发与设计，课程开发者不需要过多考虑平台的技术开发，而是要充分发挥平台的教学功能。因而这类模型大多将注意力转移至传统意义上的课程开发与设计所关注的课程自身的诸多环节的设计，从整体、系统的维度，探索基于生态观的、协同发展理念以及学习者认知加工理论的在线课程开发与设计模型。同时融入相关的课堂教学策略，如学习共同体的构建、学习者个体与群体交互设计、基于一般教学设计模型的在线开发策略等。

表 6-2 基于不同平台的在线课程开发与设计模型特点分析

平台类型	代表模型	特点分析
自主研发	瀑布式、工作流	流程化的环节设计及必要回归；重平台设计，轻课程内容、资源、评价与教学设计
已有平台	生态观、信息加工	以整体构架、协同发展的理念与学习认知加工原理为基础；侧重于具体在线学习系统建构，关注课程的诸多因素，轻平台设计
	Moodle、Coursera	回归传统课程开发模式，但是突出在线课程的特点，针对差异设计，融入必要的教学策略

① 柯和平，李文莉，莫民. 基于网络课程的典型教学模式探索[J]. 中国电化教育，2007(7)：71-74.

② 刘贯南，刘荣光，刘晓琴. 基于 Moodle 网络课程的设计与实施探索[J]. 现代教育技术，2008(6)：67-68.

然而在现有的在线课程开发与设计模型中,对课程评价问题的研究却存在局限性。在自主研发平台的设计模型中,由于平台的研发也是在线课程开发的基本组成部分,因而对课程平台的测试、反馈与完善在一定程度上体现了对在线课程可用性的评价。在已有平台上的在线课程开发与设计,集中关注如何实现对学生学业水平的在线评价设计,而忽视从整体上对课程的评价,因而存在一定的局限性。从课程评价的主体与对象的多元化特性来看,在线课程同样要关注课程开发与设计中以诸多利益相关者为主体及对象的课程评价。针对在线课程评价的研究也比较广泛,如刘名卓、刘名海(2011)建立的对在线课程的可用性质量的衡量与评估研究①,徐朝军(2012)关于网络课程效能自动评价的研究②,应当将此类的相关研究与现有的在线课程开发与设计充分结合。

第三节　视觉素养在线课程开发与设计案例分析

国内外视觉素养在线课程在课程传播共享理念的影响下逐渐增多。美国作为发达国家的重要代表,由于其开放、全纳的理念,近几年来在线课程发展迅速。美国视觉素养在线课程同其他在线课程一样,大都是从面授课程中转化而来,在历经多年的发展与变迁后,课程设计理念也有所变化,导致课程内容与资源设计的截然不同。国内的视觉素养在线课程数量还不是很多,在公共在线课程平台基础上开发的视觉素养相关在线课程以通识课程为主。

一、美国视觉素养在线课程开发与设计案例分析

美国在线课程的开设数量通过由以往的面授课程直接转换或新开设的方式,逐渐增多,视觉素养在线课程也出现在不同阶段学生的课程中。通过访谈,我们了解到美国在线课程开设的一般情况,并以一个案例进行剖析,分析视觉素养在线课程的开设现状,以此来勾勒美国视觉素养在线课程的开发与设计现状。

---

① 刘名卓,刘名海.网络课程可用性质量的衡量与评估[J].中国远程教育,2011(4):27-31.

② 徐朝军.网络课程效能自动评价研究[D].南京:南京师范大学,2012.

（一）在线课程开设现状

美国 re:fuel 市场调研公司自 2000 年开始进行一个 College Explorer 项目的调查，专门针对大学生进行有关学习行为、消费行为、技术使用等方面的调查。根据该公司 2013 年对该项目的调查结果显示，在过去的五年间，每个大学生每学期至少选修一门在线课程的比例从 23%上升至 45%。[①] 根据 Speak Up 公司的"未来项目"（Project Tomorrow）2014 年 6 月的一次调查显示，只有 17%的中学还没有开设在线课程，而超过 40%的中学已经开设英语语言艺术、历史、数学或科学等学科的在线课程。[②] 从这些数据可以看出，在线课程已经在美国中学与高等教育中全面渗透，占所有开设课程的比例也逐渐接近一半。

（二）视觉素养在线课程学段分布

美国视觉素养在线课程在基础教育和高等教育阶段，以及作为通识教育课程形式都有涉及。在基础教育中，如约翰霍普金斯大学天才少年中心（Johns Hopkins University Center for Talented Youth）为 7—12 年级的学生提供 0.5 个学分的视觉素养课程《视觉流畅：视觉素养》（Visual Fluency：Visual Literacy）[③]；在高等教育中，有针对特定专业的在线课程，如俄亥俄大学（Ohio University）的 David Richard Moore 面向教育技术专业研究生开设的《教学者的视觉素养》（Visual Literacy for Educators）课程，采取在线与面对面的混合教学模式[④]；也有通识课程，如俄勒冈大学（University of Oregon）David Turner 面向全校学生开设了一门在线课程《艺术与视觉素

---

① Joshua Bolkan. Report：Students Taking Online Courses Jumps 96 Percent over 5 Years[DB/OL]. http://campustechnology.com/articles/2013/06/24/report-students-taking-online-courses-jumps-96-percent-over-5-years.aspx.

② Joshua Bolkan. Report：83 Percent of High Schools Offer Online Courses[DB/OL]. http://thejournal.com/articles/2014/06/11/report-83-percent-of-high-schools-offer-online-courses.aspx.

③ Visual Fluency：Visual Literacy[DB/OL]. http://cty.jhu.edu/ctyonline/courses/arts_humanities/visual_literacy.html.

④ David Richard Moore Ph. D. EDCT603[DB/OL]. http://www.ohio.edu/people/moored3/.

养》(Art & Visual Literacy)[①]。美国西北大学的Donna DiGiovanni为全校准备开设在线课程的教师讲述视觉素养在网络教育中的应用，提供了一个在线共享资源“在线教育中视觉素养的应用”(Visual Literacy for Online Education)，该共享资源包括两段视频和一个演示文稿。[②]

（三）部分视觉素养在线课程访谈结果分析

课程大纲(Syllabus)是美国课程开设之初必须提供给学生的一个课程材料，大纲中主要规定了课程名称及代码、课程目标、课程内容安排、课程日程安排(一般为周或月)，以及作业及评价设计等。我们通过网络搜索与访谈等相关渠道获得十多个美国视觉素养课程大纲，取得与课程主讲教师的联系，进行了访谈调查。根据访谈结果发现，第一，由于大多数课程采取在线授课的方式以及隐私因素，很难获得新的课程大纲，而经过多年的课程实践，有些课程的主讲教师多次更换，如詹姆斯麦迪逊大学(James Madison University)Michele D. Estes于2012年春季开设的编号为“LTLE 372”的《视觉素养》(Visual Literacy)课程，转由Lucas Jensen和Diane Wilcox分别面向本科生与研究生开设。我们辗转多次才联系到现任课程主讲教师，以寻求目前视觉素养在线课程开设的具体做法与经验。第二，美国在线课程设计大都基于一个公共的平台进行开发，在课程开发与设计中对技术因素的考虑较少，更多的重点放在了课程目标、内容、实施与评价上。第三，大多数被访者都认为在线课程的工作量要大于面授课程，在线讨论的参与和督促，以及网上评阅课程作业等都超出了传统面授课程的工作量。第四，部分教师对在线课程的态度也存在不端正的现象，对于相同课程不同教师接手开设，并不能在新的课程开发与设计中实现突破，而是照搬以往的课程大纲，直接用于新一轮的教学。第五，在研究生的课程中，由于大多数主讲教师都有助教参与一起开设在线课程，因而学生的有些问题答疑与讨论，由助教回复，得不到主讲教师的直接指导。

---

① Art & Visual Literacy[DB/OL]. http://blogs.uoregon.edu/avlonlinew2013/.

② Visual Literacy for Online Education [DB/OL]. http://www.northeastern.edu/nuolirc/on-demand-courses-visual-literacy/.

（四）“艺术与视觉素养”在线课程案例分析

下面以俄勒冈大学开设的面向全校学生的视觉素养在线课程《艺术与视觉素养》(Art & Visual Literacy)为例，以该课程大纲为主要信息来源，分析其视觉素养在线课程开发与设计的特点和经验。这门课程共由七位教师分别开设[①]，都是基于 Blackboard 的在线课程。最早由 Robert Voelker-Morris 于 2007 年秋季学期开设，有五位教师同时在 2014 年秋季在线授课。选取 Robert Voelker-Morris 2007 年秋季开设的课程大纲与 David Turner 2014 年夏季开设的课程大纲进行对比(见表 6 - 3)，将核心内容——课程目标、课程安排与课程要求三个方面做比较，从整体上来看 David 的课程大纲显然比之前的课程大纲要精简很多，这种精简不仅体现在文字上，而且体现在对具体内容的安排与作业和学习活动安排上。具体而言，两个设计的课程描述都是相同的，但是从后续的课程目标与内容设计来看，Robert 的版本显然更加符合课程的描述。从课程内容来看，Robert 版本的课程大纲更加能体现课程内容的系统性与内在逻辑性，以各种媒介的介绍为主线串起课程内容，其中也不乏对新概念的解读，如“全平衡”(Omniphasism)是其独创的新概念，将主讲教师个人的思考融入到课程教学中，这也响应了课程目标的要求，包容来自主讲教师与学生的各种不同意见或观点。David 的课程内容设计则显得无序，而且在课程大纲中对课程内容的描述过于简单，也不利于学生的自主在线学习。从课程作业来看，Robert 的作业设计既有贯穿在线课程始终的课程讨论，也有能够充分体现个人创作能力的个性化作业。David 的作业则体现了跟随主讲教师的课程安排，如学生对每周的讨论主题给予回答与评论，尽管在讨论中有可能激发学生的积极思考，然而仅仅基于在线讨论的方式很难训练学生的视觉表达与创造能力。

---

① AAD 251 Art & Visual Literacy [DB/OL]. https://www.myedu.com/University-of-Oregon/AAD-251-Arts-and-Visual-Literacy/course/1014238/.

表 6-3　俄勒冈大学“艺术与视觉素养”2007 年秋季版与 2014 年夏季版在线课程比较

核心内容	2007 年秋季①	2014 年夏季②
课程描述	在社会文化情境中，探索观看、解读、评价被处理过的视觉信息时，学习交互的身体、知觉、情感和认知的模式	在社会文化情境中，探索观看、解读、评价被处理过的视觉信息时，学习交互的身体、知觉、情感和认知的模式
课程目标	1. 呈现给学生广泛的视觉与媒介素养理论知识，同时描述不同的媒介是如何将艺术与大众媒介设计出来，并传递给受众的。举例说明，如传统艺术史理论和现代大众传媒批判理论，同时给出从个人的和文化的视角重新定义传统观点 2. 依据历史与现实生活，批判地分析艺术与大众传媒转述给我们的叙事。举例说明，天主教前程的绘画，以及 14 世纪、15 世纪、16 世纪的建筑对性的表征，直到今天的视频广告 3. 创设一个不仅是教师本人介绍多种理论知识、媒介和话题，每一个学生也能积极参与交换知识的学习情境，这点将极大地体现在讨论板块中，各个学生要能提出文化的和个人的观点，以形成师生互相学习的环境 4. 学生要能投入到各个作业中去，强调视觉学习与艺术创作。同时学生还将能学习到多种学习风格，以及如何将学习风格应用于个人学习、视觉交流和媒介素养中 5. 课程结束时，学生能够获得多种观点，以建构和创作的方式融入日常的复杂的、多样的视觉世界。应用这些观点，并保持一个高度警觉的意识关注日常的视觉表征	1. 学生将能够理解创造性的表达也是艺术作品 2. 学生将学习到不同的方式看待艺术作品，如文化的、历史的、道德的和个人的 3. 学生将会熟悉对日常生活的视觉艺术的认识，以及从美学的角度形成个人的经验 4. 课程学习完，学生将获得新的知识，更加能够意识到视觉艺术促进世界多元文化中人类标准和社会责任感的交流

① Robert Voelker-Morris. AAD 251: Art & Visual Literacy[DB/OL]. http://de. uoregon. edu/courses/syllabi/aad251-rvm. pdf.

② David Turner. AAD 251: Art & Visual Literacy[DB/OL]. http://blogs. uoregon. edu/avlonlinew2013/about-art-visual-literacy/.

（续表）

核心内容	2007年秋季	2014年夏季
课程安排	第一周：介绍单元 学习视觉素养、艺术、大众传媒、艺术管理的概念及其相互关系。介绍传统的视觉批判过程：描述、分析、解释与判断。介绍对艺术与大众传媒的传统观点，并开始探索文化的和个人维度的看法与观点 第二周：视觉素养/艺术史理论 详细叙述传统艺术历史真迹并批判地分析在定义一件艺术作品时，个人的、艺术家的和公共机构的重要性（视觉意象）。开始探索传统艺术历史的观点也可以包容其他维度的观点，并探索将这种历史的观点拓展到今天我们如何看待大众传媒的方法上 第三周：直觉与理性经验的对比 思考直觉与理性思考过程的不同之处，这两种经验如何影响我们看待图片的方式。介绍“全平衡”（Omniphasism）的概念，试图创建直觉与理性思考过程的一种平衡。探讨直觉与理性思维对视觉图像解读时的个人和文化的意义。介绍认知复杂性的概念，以及它对解读和创造艺术作品的作用。当绘画被认为是个人的和文化的日常记录的概念，人们就不把自己当作艺术家了 第四周：设计的要素与空间的故事 介绍艺术家在美术（如绘画）、广告（如图形设计）、摄影、影视与建筑创作中所使用的设计的基本要素。探索设计要素如何装扮我们的日常生活 第五周：摄影的基本要素与表征、现实对比 介绍摄影的基本要素。认识到摄影是比现有的表征技术更早的一个表征手段，以感知到当下技术发展之快。探索直觉与理性思维过程如何创作摄影作品。站在个人的、受众的、文化的角度思考现实摄影表征的叙事 第六周：电影摄制、电影叙述和电影潜文本的要素 介绍电影的基本要素（相对于摄影）。讨论电影娱乐、商业和艺术表达的冲突与矛盾。分析电影叙事与潜文本的表层含义和它们创造出来的复杂故事情节、主题	第一周：感知 视觉素养的概念，认知学习与记忆，非文字学习，认知组织视觉语言 第二周：解读艺术 艺术受众与创作者的关系，专业创作的杰作与业余/民间艺术，艺术的过程可以应用到大部分事物中，写下自己所看到的 第三周：设计：视觉表征世界 设计的原则，内部与本质设计，图像设计，视觉与非视觉的关系 第四周：视觉语言：阅读符号和叙述 信息图（Inforgraphics），象征主义与符号学，序列图像：故事板和移动的图片——手势与姿势 第五周：视觉地理 自然空间与城市设计，从微观世界到宏观世界，手工制品，艺术家：Andy Goldsworthy（英国） 第六周：视觉化公共空间 建筑、公园、景观设计、户外艺术

(续表)

核心内容	2007 年秋季	2014 年夏季
课程安排	第七周:媒介表征与刻板形象 关注媒介是如何影响我们看待广告中的女性以及以此形成对女性角色的社会定义。批判以种族、阶级、性别、年龄等形成的刻板形象,并以此装扮我们的视觉图像世界 第八周:广告/大众传媒与社会 分析媒体,尤其是广告是如何描述反映复杂社会叙事的故事的。分析共同利益对视觉与媒介素养的影响 第九周:超越孤立的媒介素养教育、素养和商业模式的理解 分析个人、小公司和非盈利组织是如何利用大众传媒结构和意象促进公众层面的大众价值实现的。举例坚持自我的电视和媒介,比较他们和商业媒介的区别。介绍艺术教育与艺术管理的重叠方式。解释“多元智能”和它们与艺术教育的关系 第十周:新媒介素养(相对于过去,面向未来) 分析新媒介素养的概念,讨论新的媒介与艺术作品如何影响创作者与受众的关系。讨论我们作为新媒介和其他媒介的受众和使用者,创造一个从我们所看到的世界中学习到新知识的积极过程。举例说明所有艺术和媒介都是建立在老的艺术作品上形成新的作品创造	第七周:摄影 摄影的历史功能,解读摄影作品,视觉史实,真相的程度 第八周:美学 美的标准进化,美的地域性,美的确定 第九周:图像制造历史 档案:可阅读的历史,历史照片,修正主义的历史,全球人工制品与文化遗产,电影故事 第十周:理解新媒介
课程要求	1. 每周参与课程讨论,每周六为当周作业与讨论发帖的截止时间 2. 建立一个个人网站 3. 完成每周布置的文献阅读 4. 完成五个课程作业 5. 完成最后一个作业设计	1. 建立个人博客 2. 根据主讲教师的主题开展跟帖与讨论 3. 每周完成阅读计划

二、我国视觉素养在线课程开发与设计案例分析

在线课程在国内的迅猛发展，推动了远程教育向开放教育的进化。近年来，国内在线课程发展迅速，如由网易公开课掀起的受众对开放共享课程的热捧。2011年教育部在现有的国家精品开放课程的基础上提出国家精品开放课程的建设要求，推动了在线开放课程的发展。

以中国大学精品开放课程"爱课程"网站（http:// www. icourses. cn/home/）为例，国家精品开放课程包括精品视频公开课与精品资源共享课，"精品视频公开课是以高校学生为服务主体，同时面向社会公众免费开放的科学、文化素质教育网络视频课程与学术讲座"。"精品资源共享课是以高校教师和学生为服务主体，同时面向社会学习者的基础课和专业课等各类网络共享课程"，"旨在推动高等学校优质课程教学资源共建共享，着力促进教育教学观念转变、教学内容更新和教学方法改革，提高人才培养质量，服务学习型社会建设"。① 目前视频公开课以视频在线课程为主，辅以课堂互动。资源共享课则有详细的教学日历、教学大纲与教学单元。已上线视频公开课中视觉素养相关课程有"视觉文化批判"②，该课程目前有五集讲座视频。资源共享课中则有"视觉文化与媒介素养"课程③，该课程共分35个模块，内容丰富，资源类型多元。

"爱课程"网站推出了中国大学MOOC平台，该平台于2014年5月8日正式开通，目前有73门课程在授，其中与视觉素养课程相关的在授课程有"新媒体概论"④和"网络素养"⑤。这两门课程提供了具体的授课时间、课程描述、课程内容，以及评价要求。但是如果用户需要课程认证证书，则需支付一定费用。这四门课程从不同视角，点面结合、多维度描述视觉素养研究内容，培养受众在当前社会情境下的相关素养（见表6-4）。

总体而言，目前国内视觉素养在线课程的开发与设计重在统一设计与规划，在公共平台上，从具体的课程目标、内容、实施与评价中实现课程开发

---

① 教育部关于国家精品开放课程建设的实施意见[Z]. 教高[2011]8号，2011-10-12.

② 视觉文化批判[DB/OL]. http://www. icourses. cn/viewVCourse. action?courseCode=10558V001.

③ 视觉文化与媒介素养[DB/OL]. http://www. icourses. cn/coursestatic/course_5957. html.

④ 新媒体概论[DB/OL]. http://www. icourse163. org/course/zju-21002#/info.

⑤ 网络素养[DB/OL]. http://www. icourse163. org/course/sysu-136001#/info.

与设计的创新。目前视觉素养在线课程大多以视频资源为主，可以作为正式学习的课程大都有较为详细的教学大纲，附有课程描述、教学单元设计等，同时辅以课堂互动或学习社区，以实现在线的互动学习。因而，在此公共模式下，课程内容的组织与安排、课程活动的精心设计以及丰富学习资源的提供是国内视觉素养在线课程设计与开发的重点内容。

表6-4　“爱课程”网站视觉素养相关课程简介

课程类别	名称、学校及主讲人	课程简介
视频公开课	视觉文化批评 中山大学 冯原（主讲教师）	视觉文化批评是一个具有开放性结构的课程，它以文化研究为基础，结合多种其他的理论资源，审视和考察各种不同的视觉对象，形成一个新颖的、跨学科的解释框架。课程内容既包括建筑、城市、景观、居所等空间对象，也包括艺术、影像、声音和肢体语言等表意符号体系。其目标在于呈现出如何塑造视觉表象的社会力量与历史过程，以揭示隐藏在视觉体验背后的各种社会生产机制，并对审美、艺术和象征等领域提出诸多的解构性批评
资源共享课	视觉文化与媒介素养 南京师范大学 张舒予（主讲教师）	课程的开发设计顺应时代需求，以“博雅”理念为指导，以现代教育技术为支撑，以中国优秀传统文化与现代媒介文化为素材资源，从“视觉观看”与“媒介理解”这个独到的角度切入，构建课程内容，探讨教学方法，旨在培养大学生的视觉素养和媒介素养，即对视觉信息和媒介信息的选择、理解、批判和应用等能力，并提高学生的博雅气质 课程将素养培养与民族文化传承相结合，体现文化素质教育的中国特色。课程将民族传统视觉文化和现代媒介文化开发作为教学资源，引导学生从现实环境和媒介环境的结合中体验、感悟与理解生活家园之美和精神家园之美，培养学生具有一种深厚的视觉鉴赏修养与媒介文化修养，增强学生的文化自觉意识和对媒介文化的独立评价能力。通过理论建构、案例剖析与视觉训练、感悟体验等综合性的学习活动，理解视觉文化内涵的意义与形式表征之间的内在关系，认识媒介传播的特征，了解媒介时空与现实时空之间的差异及其原因，对中华文化传统以及中西文化差异等有形象直观的理解与赏析的能力

（续表）

课程类别	名称、学校及主讲人	课程简介
中国MOOC大学	新媒体概论 浙江大学 韦路（主讲教师）	本课程主要探讨新媒体与社会之间的互动关系，一方面关注各种社会力量对新媒体的塑造，另一方面讨论新媒体对社会各个层面的影响。课程在探讨新媒体的概念、特征、形式、内容和历史的基础上，同时关注新媒体的采纳、扩散、伦理和法制，以及新媒体在政治、经济、文化和社会结构上对社会的影响。本课程有助于学生掌握新媒体的相关概念和理论，使学生理解新媒体在社会控制和社会变迁中的重要角色，帮助学生成为新媒体时代具有批判能力和责任意识的现代公民
	网络素养 中山大学 张志安（主讲教师）	课程将探讨新媒介环境下网络如何建构世界，以及这种建构对媒介内容、公共舆论、政府决策、公众心理尤其是弱势群体权利的影响。在此基础上，课程试图探讨公民使用网络进行有效沟通、公共表达、公益动员、社会参与的可能。 课程重视多元观点与宽阔视野，重点以鲜活的案例进行引入和探讨，并超越简单现象，试图帮助选修者建立必要的网络素养，从而更加理性、成熟地使用网络。因此，这门课程不仅适合身处媒介化社会中的大学生们作为人文通识教育课选修，也适合所有网络社会中的公民来选修，具有广泛的社会需求和重要的教育意义

三、中美视觉素养在线课程开发与设计的比较分析

通过对美国与中国视觉素养在线课程开发与设计的案例分析，可以发现中美视觉素养在线课程开发与设计的侧重点基本相同，课程目标设定与课程内容组织存在相似之处，而在面向的受众、课程类型以及课程学习认证等方面存在差异。

中国和美国的视觉素养在线课程开发与设计的相似之处在于：首先，视觉素养在线课程开发与设计目前大都采用公共平台作为技术基础或由技术部门提供课程上传服务，在学科教师进行在线课程开发时，学校有专门部门为他们提供技术支撑与服务，如美国的 Learning Enhancment Center 与国内的教育技术中心等部门，因而教师可以将开发重点放在课程目标、内容、实施与评价的设计上。其次，在视觉素养课程目标设计上，都是在现实视觉

情境中,通过各种视觉媒介传递信息,带来诸多分析、解读、批判基础上的个人观点与理解以及形成自我的视觉表征。不论是从媒介素养、信息素养,或是网络素养的角度,都与视觉素养的批判、解读和重构自我价值观与表现力相关,因而在总体目标上体现了相似的培养方向。第三,在课程内容组织上,体现了视觉素养课程内容的跨学科性、内涵的层次性,以及运用某种特定的视觉语言进行自我创造的能力。如俄勒冈大学的"艺术与视觉素养"课程中从各种媒介技术手段中剖析视觉媒介表征的方式、手段及解读方式,与"新媒体概论"课程从新媒体入手,从摄影等转向新媒体的社会意义与当下意义解读有着必然的联系。而在"视觉文化与媒介素养"课程中也体现了不同媒介传递视觉信息的解读内容。

中国和美国的视觉素养在线课程开发与设计的不同之处在于:首先,面向的受众群体不同。美国视觉素养在线课程已经能够覆盖基础教育、高等教育等正式学习阶段的学习者,同时也有相关的通识课程,包括人文素养类与工具类,如在大学开设的公共选修课,以及面向全体在线课程教师开设的"在线教育中视觉素养的应用"课程。目前,从国家精品开放课程的要求来看国内视觉素养在线课程,并没有全面覆盖各个阶段的受众群体,大部分课程被作为通识类的文化素质教育课供所有在线学习者学习。第二,课程的类型不同。美国视觉素养在线课程在教育技术专业、艺术与设计专业、新闻与传播专业等中以专业课或选修课的形式存在,也有以大学公共选修课的形式存在,这些都是正式学习的一部分。虽然国内视觉素养课程也有在上述相关专业中开设类似课程,然而在线课程目前还未能和传统面授课程一样,成为可以替代面授课程,作为学习者正式学习内容的一个部分。第三,在课程资源类型上存在显著差异。美国视觉素养在线课程提供的课程资源类型丰富,不仅有文本、图片、视频,还包括主讲教师特别提供的相关拓展资源,这些拓展资源并不是可以选读的课程资源,而是作为课程内容的重要部分,作为完成某项课程作业的重要来源与依据。国内的视觉素养在线课程资源大都以文本与视频的形式存在,而经常出现大段的视频资源,极易造成学习者的观看疲劳,达不到理想的学习效果。第四,学习结果认证不同。在课程评价方面,美国视觉素养在线课程作为学校正式学习课程的一部分,可以获得和面授课程相同的学分。大部分在线课程是由传统的面授课程转化而来,课程大纲相似度很高,因而同一门课程学习者可以根据自己的需要选择面授或是在线学习。而国内的视觉素养课程还未能在学习结果方面给予学分的认证。

目前在“爱课程”网中国 MOOC 大学中提供的视觉素养在线课程可以获得学习认证证书，但与学分的转换还未能直接实现。

第四节　视觉素养在线课程开发与设计的模型构建

视觉素养在线课程开发与设计模型的构建，是在充分汲取现有在线课程开发与设计的经验基础上，与美国视觉素养在线课程进行对比，取长补短，分析视觉素养在线课程开发与设计的相关理论后形成的一个可供视觉素养在线课程开发与设计借鉴的理想架构。

一、视觉素养在线课程开发与设计模型的理论基础

视觉素养在线课程开发与设计模型是在加涅的学习过程的信息加工模型基础上，辅以 DIKW 层次结构模型的叠加，从个体知识构建的内部分析出发，构建个体与群体的学习共同体；学生的学习共同体与教师共同体通过交互工具形成互动与学习；从学习内容与资源的共享到群体智慧的共生，形成有效的循环，新的学习与创新不断注入学习共同体，以形成学习持续、动态发展的生态系统。

视觉素养在线课程的开发与设计必须围绕学习者的学习中心，重点分析学习的过程，以此组织课程内容，开展课程实施。从学习的认知心理角度，加涅在 Atkinson 和 Shriffin 等人（1968）的学习与记忆理论基础上，提出了学习过程的信息加工模型①（如图 6－8 所示），该模型融合了行为主义理论的相关观点，又从学习心理变化来剖析学习者对外来信息的加工过程。

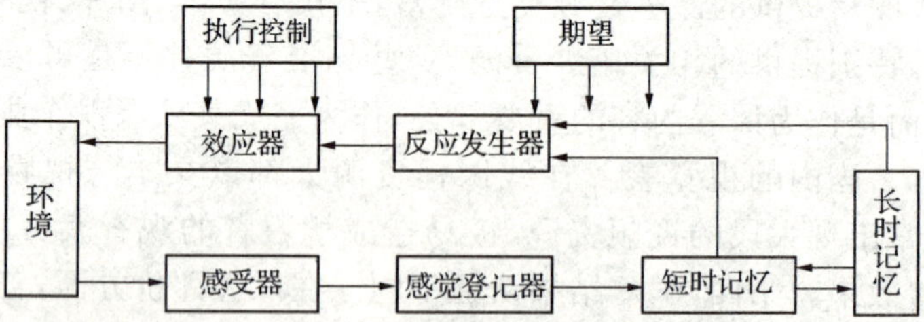

图 6－8　加涅的信息加工模型

① Gagne R. M. Essentials of Learning for Instruction[M]. New York: Holt, Rinehartand Winston, 1974.

在对未加工的外来人为信息进行加工而形成个人知识的过程中,实际上信息或知识的形态已经发生了变化,而如何解释这些形态,则可以借助托马斯·斯特恩斯·艾略特(Thomas Steams Eliot)的 DIKW(Data、Information、Knowledge、Wisdom,四个单词的首字母)层次结构模型[①](如图 6-9 所示)。该模型的数据(Data)是指数字、文字、图像等各种信息符号,从在线课程开发与设计的角度而言,数据是课程内容与资源的各种表现类型。信息(Information)是学习者通过数据加工、处理后赋予数据意义,这些数据包含着学习者自身的理解与认知。知识(Knowledge)则是这些信息逐渐融入学习者原有的认知结构,与原有知识整合后重新构建,以形成新的知识的过程。智慧(Wisdom)是知识的综合运用,学习者运用自我建构的新知识进行创作与表达,在此过程中,也会生发新的问题而引发更深层次的思考。

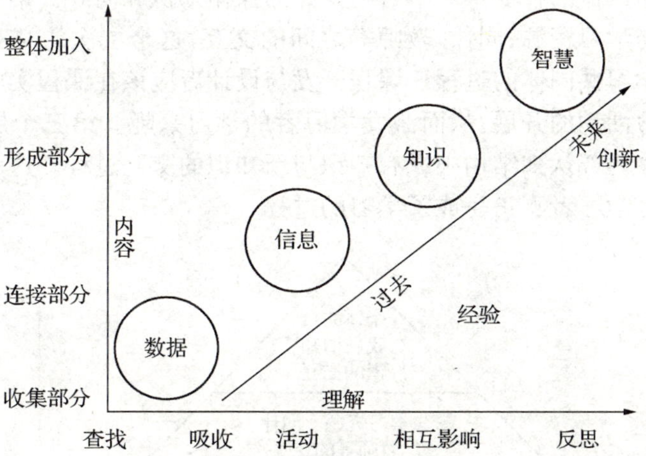

图 6-9　DIKW 层次结构模型

根据学习共同体理论,共同体的群体学习有利于促进个体的知识构建,因而学生作为课程的接受者和教师作为课程的开发与设计者,各自组成的学习共同体,将有助于个体的知识构建及智慧创造。从整体的生态系统构建来看,学习共同体的知识共享促进了个体与群体的知识建构,进而共生出

---

① E. H. Chi. A taxonomy of visualization techniques using the data state reference model, Proc. IEEE Symposium on Information Visualization[C]. Salt Lake City, Utah, 2000:69-75.

新的知识与智慧，以形成新的共享资源，从共享到共生再到共享的循环往复，构成了良性的持续发展的生态学习系统。

根据视觉素养课程以及在线课程开发与设计的经验，第一，需要克服课程内容与资源呈现类型的单一性。资源多元化的同时也强调资源的丰富性，旨在更好地辅助学生的自主学习，更多的辅助资源需要开发与设计。第二，在课程评价方面，不仅关注学习者在整个学习过程中的表现评价与发展评价，还要关注对整个课程实施的外部评价。第三，重点关注交互设计。由于在线课程无法实现面对面交互，因而交互技术与策略的开发与设计同样需要关注。从学生个体信息加工与群体协同学习的交互中，可以看出在线学习交互的三个层次（如图 6 - 10 所示）。从交互的深度依次增高维度来看，学习者进行在线学习之初，获得与学习平台、学习媒介等的交互是基本的在线学习交互，是实现在线学习的基本保障。实现这部分交互的保障是提供丰富而具体的在线学习平台与媒介的操作知识和向导。第二层次的交互是实现与学习资源、同伴、教师等之间的交互，这个层次的交互是帮助学习者融入学习共同体的过程。课程开发与设计者应该在课程实施上关注诸多类型学习活动的开展，从而激发学习者的学习兴趣。第三个层次是学习者实现个体内部认知结构中原有知识与新知识的交互过程。这一层次交互的实现才是学习者真正完成了学习的过程。

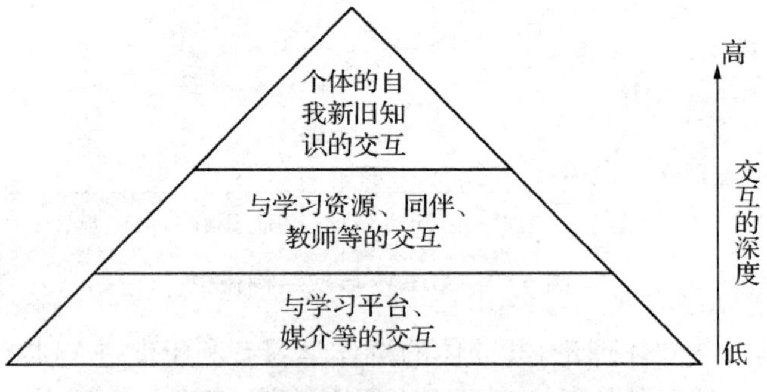

图 6 - 10　学习者在线学习交互的三个层次

二、视觉素养在线课程开发与设计模型

在学习者学习认知加工模型、DIKW 模型以及基于共同体构建的从共享到共生理念的基础上，充分汲取现有在线课程开发与设计模型的优势，从课程目标、课程内容、课程实施、课程评价等方面，构建视觉素养在线课程开

发与设计模型（如图 6－11 所示）。该模型以学生学习为中心，整合信息加工理论，体现了课程开发与设计的理论基础。同时从课程开发与设计的实践导向出发，试图给予课程开发与设计者一个外显的教学大纲模板。

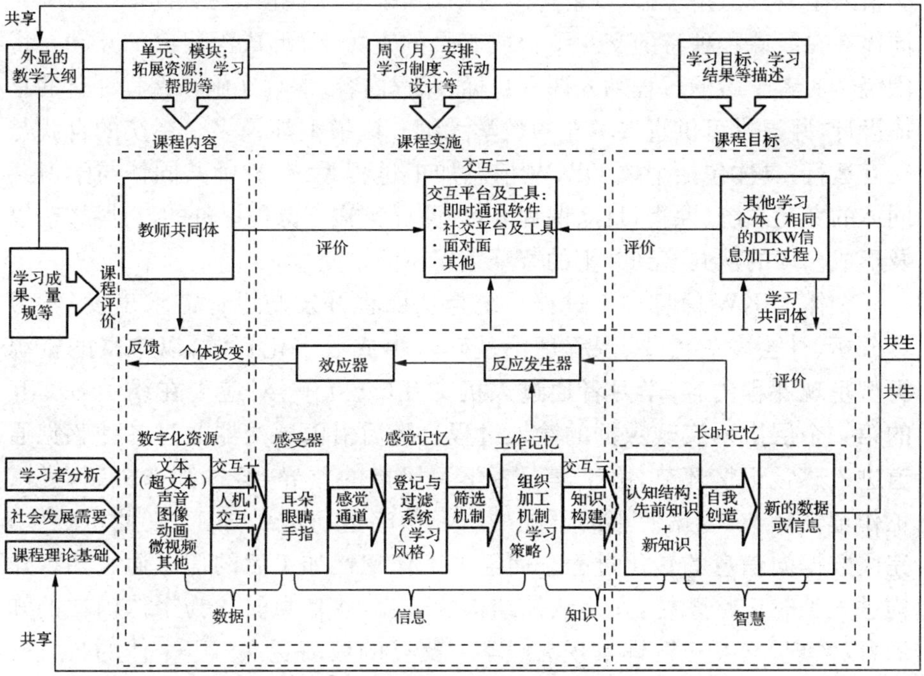

图 6－11　视觉素养在线课程开发与设计模型

视觉素养在线课程开发与设计模型，第一，体现了学习者个体中心。学习者分析、学习风格、学习策略等充分体现在个体的信息加工过程中，也充分展现在课程开发与设计的各个环节中。第二，突出在线课程的交互性。在学习者在线学习三个层次理论的基础上，突出不同环节的交互设计。第三，在线课程资源的多元化与丰富性。尤其是针对视觉素养课程本身的视觉性及其表现力，需要提供更加丰富的视觉资源以供学习者解读。第四，突出知识的自我表达。在 DIKW 模型中，不仅需要将显性知识进行内隐化，以实现自我的知识建构，还要能将知识上升至智慧层面，实现隐性知识外显化，充分展现自我的、创造性的认识与理解。这种知识的深层进化也响应了视觉素养课程的培养目标，从视觉素养内涵的层次上来看，个体的视觉解读能力还需要逐步向视觉表征能力提升，不论这种表征是文字的、语言的、图像的或是其他符号形式的。

三、视觉素养在线课程开发与设计模型解析

视觉素养在线课程开发与设计模型从学习者个体内部的学习认知加工分析入手，将此过程融入到群体学习中，所构建的学生学习共同体与教师共同体在在线课程独特的交互平台或工具的支撑下，形成深层次的互动。将围绕学习者学习的过程纳入课程目标、课程内容、课程实施与课程评价的总体设计，并提供可供直接填充的教学大纲。该模型涉及多个系统的自我与交互运行，具体包括个体 DIKW 信息加工过程系统、教师共同体与学习共同体的交互系统、课程目标、课程内容、课程实施与课程评价的设计系统，以及形成循环的从共享到共生的智慧生成系统。

个体 DIKW 信息加工过程系统是从课程开发与设计需求出发（学习者分析、社会发展需要、课程理论基础），生成数字化资源，以丰富的资源类型呈现课程内容，学习者通过人机交互（交互一：对应于在线学习交互的第一个层次），实现数据的输入过程。随后借由感受器通过各种感觉通道进入感觉记忆环节，由于学习者学习风格的差异，经过筛选机制，进入工作记忆环节，根据使用的不同的学习策略进行组织加工，在此过程中，完成数据向信息的转化过程。而经由工作记忆加工后的信息通过知识建构进入长时记忆系统，发生认知结构的转变，将信息转化为个体内在的知识，以实现"交互三"，即实现在线学习交互的最高层次——个体的自我交互。最后在长时记忆环节中，由内隐的知识通过自我创造形成个人的视觉表征，即形成新的数据或信息，完成知识向智慧的转化。由工作记忆与长时记忆通过反应发生器向效应器传递，以促成个体的改变，实现隐性知识向显性知识的转化。

教师共同体与学习共同体的交互系统，包括教师共同体、交互平台及工具、其他学习个体以及个体信息加工过程四个要素。每一个学习个体都需要完成相同的 DIKW 信息加工过程。交互系统的核心在于"交互二"上，对应于在线学习交互的第二个层次，即实现与学习资源、同伴和教师的积极交互。此时，交互平台及工具设计是实现第二层次交互的重要保障。

尽管在课程目标、课程内容、课程实施与课程评价的设计系统中将几个课程开发与设计环节进行了拆分，但是各个环节相互联系，也存在交融。课程目标指向个体与群体最终知识的内化与智慧的生成；课程内容以教师共同体与数字化资源呈现为主要研究内容；课程实施则关注核心

的个体信息加工过程以及交互平台及工具设计;课程评价不仅存在于对课程整体评价的外部环节,还贯穿于课程开发与设计的内部过程,具体体现在交互能否有效实现、学习者学习是否真的发生等过程中。在课程目标、课程内容、课程实施与课程评价的设计中,根据课程外显的教学大纲的要求,还可以从这些环节中直接获取课程学习目标、学习结果、课程教学安排、活动设计、单元教学、拓展资源、学习成果评定等内容,以帮助课程开发与设计者制订教学大纲。

从共享到共生的智慧生成系统,则关注学习者对学习内容的"数据一信息一知识一智慧"的进化过程,以及从显性知识到隐性知识再到显性知识的转化过程,将新的智慧作为起点,重构共享资源库,以形成从共享到共生新一轮的循环。这种共享与共生的循环不仅体现在个体的学习过程中,还体现在群体的学习中,通过群体的协作学习,将个人智慧与群体智慧相结合,共同生成与丰富原有的学习资源库,达成稳定的"从共享到共生"的循环运转。

因而,在这四个内部系统的自我交互运行中,我们可以看出该模型,第一,体现了学习者个体中心。学习者分析、学习风格、学习策略等充分体现在个体的信息加工过程中,也被充分展现在课程开发与设计的各个环节中,即在课程开发与设计整个过程中体现以学习者为中心的原则。第二,突出在线课程的交互性。在学习者在线学习三个层次理论基础上,突出不同环节的交互设计,保障学习者在线学习的有效性。第三,在线课程资源的多元化与丰富性。尽管学习者个体与群体生成的学习成果可以充实原有的学习资源,但是仍然需要提供更加丰富的视觉资源以供学习者解读与学习。第四,突出知识的自我创造与表达。在此模型中,不仅需要将显性知识进行内隐化,以实现自我的知识构建,还要能将知识上升至智慧层面,将隐性知识外显化,充分展现自我的、创造性的认识与理解,以达成理解意义上的自我创造,实现知识的转化与恰当迁移。

视觉素养在线课程可以为更多的受众提供视觉素养提升的学习资源与学习平台。目前中美视觉素养在线课程已日益成熟,面向不同阶段学习者的各类课程也日趋完善。显然,在线课程与面授课程的开发与设计有着相似之处,需要建构明确的课程目标、恰当的课程内容、有效的课程实施与合理的课程评价。然而由于在线课程与面授课程的显著差异,增加了课程设计与开发者的建设负荷,使他们更多的时间与精力需要迁移到技术操作、师生交互与教学评价设计上。视觉素养在线课程开发与设计的模型关注具体的课程目标、内容、实施与评价的设计与开发，而不关心技术实现，是在学习者学习认知加工模型、DIKW 模型以及学习共同体学习建构理念的基础上形成的，符合学习者的学习认知规律，突出三重交互和个体与群体的知识共生与共享。然而这样的模型设计也是一种理想架构，还需要面向不同需求的在线课程设计与开发者加以模型实践给予优劣评判。

第七章　案例解析："视觉文化与媒介素养"课程再构

任何时代总有自觉抵制文化沦为纯粹物质意义的人，这是一群关注于人类精神发展的人。他们形成了从古希腊为源头的那种看与知统一的视觉传统。他们既创造了人类最优秀的视觉文化，又总结出人类观看世界的基本法则。

——陈思和

后现代课程开发与设计强调以学习者为中心，期待更加开放与发展的课程设计，帮助学习者能够自主、探究、协作学习。视觉素养课程以培养受众的视觉素养为最终目标，解读视觉表征危机与后现代的某些消极影响，重拾视觉表征的能指与所指意义。南京师范大学"视觉文化与媒介素养"课程正是在后现代读图时代的诸多特征影响下，从民族文化自觉与现代媒介意义与价值出发，面向大学生的一门教育技术专业特色课程及文化素质教育课程。本章将以此课程为个案，在后现代课程观的指导下，从视觉素养课程目标、内容、实施与评价的多个维度重新审视该课程，以多种课程传播方式为突破口，对课程进行后现代建构研究。

第一节 “视觉文化与媒介素养”课程的建构、解构与再构

“视觉文化与媒介素养”课程始建于2001年,目前已经形成面向教育技术专业本科生、研究生的专业课程,以及面向大学生的文化素质教育类的通识课程。课程建设有着鲜明的特色,取得了一定的成果,也被其他课程开发者效仿。随着教学实践与课程及方向的互相促进,如何针对不同阶段的大学生进行课程定位,改善现有的课程设置,进一步开发课程内容与资源,以满足当下学习者不断增长的学习需求,成为课程建设新的研究方向。

一、“视觉文化与媒介素养”课程的建构特色

十多年来,“视觉文化与媒介素养”课程的建设形成了鲜明的特色:在课程建设内涵挖掘上取得重要突破,形成了独具风格的课程建设理念;在课程教材编著上,形成了体现理论与实践相结合的“立体化”教材;在课程的实践模式上,以课程专题学习网站为载体,形成了“课堂—论坛—创作”三合一的教学特色;在课程实践的绩效方面,获得“国家级精品课程”称号,积极开展国际交流合作,学生的课程视觉作品创作丰富多彩,屡获奖项,得到广泛好评。

(一)课程建设理念:从共享到共生

“视觉文化与媒介素养”课程建设历经十多年,逐步凝练总结出“从共享到共生”的课程建设与知识建构理念,在“知识共享—新知孕育—知识共生”[①]三个阶段不断螺旋上升,实现了“个人知识+群体智慧”的融合。

个体知识的获得可以通过直接经验与间接经验两条途径,直接经验是个体直接参与到实践活动中得到的学习体验,从而转化为内在的知识;而间接经验则是接受他者传递的知识。显然,间接经验是经过他者二次建构的,其可信度与适合度因人而异,因此相对于间接经验来说,直接经验对于个体

① 张舒予,朱永海,聂竹明,裴培. 从共享到共生:基于视觉文化专题网站的知识建构新理念[J]. 现代远距离教育,2012(4):32.

的认知来说更加可靠。然而由于受到个体精力与能力的限制,不可能实现各种知识的直接体验,因此个体知识的获得需要直接经验与间接经验的互相弥补与有效结合。社会学习观认为,知识是社会性的建构,学习是意义的协商。苏联著名心理学家维果茨基对人的认知发展的观点就是社会学习观的典型代表。“人的心理发展与思维发展是依托于人所身处的社会文化环境的,或者说,他人、语言、交往、文化等外部社会环境的因素将决定学习者内部的心理状态与发展。”[①]因此,个体知识的形成依赖于在群体实践活动中直接经验与和他人交互中间接经验的不断获得。在“视觉文化与媒介素养”课程建设中,正体现了这种社会性的直接经验与间接经验的获得对个体知识形成的重要性。参与到“视觉文化与媒介素养”研究与学习中的学者、专家、学习者等形成了“视觉文化与媒介素养”学习共同体。学习共同体中的每个成员在知识形成的过程中,经历的“知识共享—新知孕育—知识共生”的发生过程,促进了个体知识与群体智慧的生成。在“知识共享”阶段,学习者共同分享自我与他人的知识经验,获得重要的直接与间接的学习经验。一种隐形的新生知识在个体与集体中生根,并不断发展,“新知孕育”悄然发生。在个体与集体的不断交互与交往的实践中,每个人既是知识资源的共享者,又是知识资源的创新者,“知识共生”油然而生。新的“知识共生”为个体与他者又提供了更丰富的知识共享资源,促进了知识的新一轮孕育与产生,如此不断循环往复,知识的累积不断上升,“视觉文化与媒介素养”学习共同体获得了共同的成长。

(二)课程教材特点:立体—多元—特色

教材是供教学用的资料,如课本、讲义等。“视觉文化与媒介素养”课程教学所用教材的形式已经远远超过课本与讲义的范畴。课程使用的文字教材、教学多媒体课件与专题学习网站在课程教学实践过程中始终不断积累更新、修订完善,分别于2003年与2011年先后出版教材《视觉文化概论》与《视觉文化与媒介素养》。通过精心设计,研发人员努力使教材呈现出“立体—多元—特色”的特点:教材为立体化的“文本+网站+光盘”形态,以多元动态视觉表征形式呈现,在内容选择与组织结构上独具特色。

《视觉文化概论》教材从视觉文化研究历史发展的纵向脉络和民族文化

---

① 吕林海.人类学习的研究历史、本质特征与改进努力——脑科学视角下的解析与启示[J].全球教育展望,2013(1):48.

的横向比较来探析视觉文化的内容与形式之间的逻辑关系，阐述对视觉素养培养与民族文化传播的思考。《视觉文化与媒介素养》立体化教材在形式上除了图文并茂的文本教材之外，还附加包含丰富多媒体教学课件的光盘，以及有不断更新内容的专题网站给予线上支持。教材在内容上，既有对视觉素养与媒介素养的基本知识阐述，又有丰富的优秀民族文化的实践体验。在结构上，将教学内容进行合理分类，以模块的形式展现学习内容，体现循序渐进的导入学习方式。教材《视觉文化与媒介素养》分为上、中、下三篇，三篇之间有着密切的联系并不断进行交融，体现了从理论到实践的应用。上篇阐述视觉文化与媒介素养的基本概念，使学生了解相关知识，奠定知识基础。中篇介绍生活中不同类别视觉表征对象特征与价值，根据学生已有的经验和知识，感悟生活中的建筑、雕塑、陶瓷、服饰等视觉对象的内涵，透过现象看本质，了解先人的生活情趣品位、传统文化与历史的渊源，达到培养学生视觉素养的目的。下篇讲述了各种媒介所传递的视觉文化对象的特征与价值，使学生了解书法、绘画、摄影、电影等视觉信息所传达的内涵，帮助学生掌握不同媒体的特点和作用，通过感受精神家园，唤醒文化自觉意识，了解媒介与文化的内在联系，提高媒介信息的接受、评估和创造能力，从而提高媒介素养。

（三）课程教学特色："课堂—论坛—作品"三合一

美国教学研究者乔伊斯和韦尔于 1972 年出版了《教学模式》一书，该书专门系统地研究了流行的各种教学模式。他们认为教学模式是一种构成课程、选择教材、指导教室中的教学活动和其他环境的计划或范型。① 从这个定义中可以解读出教学模式的几个特征，首先，教学模式是一种计划或范型，是相对比较稳定的，可供借鉴的模型。其次，教学模式离不开课程、教材、教学活动与教学环境。教学模式不是仅仅建立在某些主题教学活动的基础上的，而是必须具备完整课程、教材与教学环境等支撑条件的，这些条件组合起来是使一种教学活动成为教学模式的必需。"视觉文化与媒介素养"课程既是一门教育技术专业的必修课程，又是其他专业学生的选修课程，具有理论与实践紧密结合的丰富教学资源和促进课程实践的虚拟学习环境平台——视觉文化专题学习网站等。这些资源因素的简单叠加还不足

① 周世斌. 高等音乐教育理论课"能动—操作式"教学模式构想[J]. 教学园地，2000(4):35-38.

以能够形成一种独特的教学模式,在充分发挥应用这些构成要素的功能基础上,“视觉文化与媒介素养”课程形成了“课堂—论坛—作品”三合一的独特教学模式。

“课堂—论坛—作品”三合一是指除了有效的课堂讲授以外,还以任务驱动法为引导,促进学生以小组合作的学习方式打造有效的第二课堂:在网站论坛上展开主题讨论,畅所欲言,将课堂、课外的教学与学习紧密联系,通过师生互动、生生互动、自我实现等形式,最终形成课程学习的作品,以展现学习者的学习成效。具体而言,教师在课堂中通过师生互动的教学活动开展教学,传授基本的理论知识与实践方法。课后,教师与学生共同在“视觉文化”专题学习网站的论坛中再次充分开展师生对话,并实现生生之间围绕某一主题进行深入而广泛的交流。最后通过课程的教学与论坛的互动,完成个人和集体的课程作品的创作,以具体、形象的学生作品展示课程教学效果。这种教学模式将课程的理论学习与实践操作紧密结合,充分调动学习者的主观能动性,锻炼学习者的表达能力,以外显的形式表达内涵,充分契合“视觉文化与媒介素养”课程的培养目标。

(四) 课程实践影响:“走向世界的文化使者”

课程在平凡扎实的教学与研究过程中,取得了颇多成效,影响力逐年提升。“视觉文化与媒介素养”课程以其独特的教学模式吸引了众多的大学生参与到丰富多样的学习体验中。学习者在充分共享“文本教材+专题学习网站+多媒体课件”的立体化教学资源的同时获得视觉素养与媒介素养的提升,同时,他们也发挥想象力创作出自己的课程作业作品,为课程资源的丰富深化作出了自己的贡献。课程独特的教学模式获得了大学生的普遍欢迎,学生课程作品的形式与内容丰富多样,质量逐年上升,在省级以上多媒体大赛中屡次获奖,学生的创作技能与内在修养显著提高。课程本身的发展也稳步前进,于 2006 年、2007 年入选南京师范大学首批“博雅课程”、校级精品课程,2008 年被评为江苏省级精品课程,2009 年被评为国家级精品课程。2010 年“视觉文化与媒介素养”课程获南京师范大学教学成果特等奖。2011 年课程影响进一步扩大,在南京师范大学成功举办全国高校“视觉文化与媒介素养”课程建设研讨会。2012 年课程影响从国内辐射到国际,获得与联合国文明联盟的合作,并在其官方网站(http://mil. unaoc. org/)上传课程教学资源与视觉文化网站作品。2013 年国内多家媒体以“南师大特色课程走进联合国 与世界对话”等标题报道了这一成果,称赞课程是"走向世界的文化使者"[①]。2014年底"视觉文化与媒介素养"课程完成国家精品资源共享课的建设工作。

二、"视觉文化与媒介素养"课程的解构必需

"视觉文化与媒介素养"课程在已经形成的面向本科生与研究生的专业课,以及面向所有大学生的公共选修课的基础上,需要在后现代课程观的课程开发与课程传播理念的影响下,以学习者的学习需求、专业发展方向以及学生未来的社会适应等方面为出发点,创新课程结构、课程内容,以及课程实施方式,以建构适应不同受众需求的系列课程,通过广泛的传播途径让更多的学习者获得丰富的视觉学习资源,以提升对视觉表征能指与所指意义的深刻解读能力和富有表现力的个人创作能力。

(一)学习对象的分析:学习内容与目标的分类

现有的"视觉文化与媒介素养"课程面向的学习者有教育技术专业的本科生、硕士生与博士生,同时它还作为通识课面向不同专业的本科生。通过在线课程的后续开发,其面向的学习者更为广泛,因而需要关注特定学习者的学习需要分析。目前课程已经形成了从本科生到研究生的选修与必修课程体系,但对于不同阶段的学习者的实际学习需求仍需要调研与论证。后现代思潮对当下的大学生价值观的影响极大,在多元文化背景下,如何唤醒他们的民族自觉意识,主动传播传统文化,引导学习者形成正确的价值观,以更广阔的视野辩证地看待后现代思潮带来的种种社会影响;同时面向不同的学习者,在接受本课程学习时,应当具备哪些视觉表征知识与技能,以及原有知识储备的情况等都需要在课程实施前针对特定学习者展开充分分析。

而在具体的课程内容与资源的设计时,教师在学生先前知识储备情况的基础上,要对教学内容设定不同的教学目标。目前"视觉文化与媒介素养"课程的内容主要分为三个模块,第一个模块是对有关视觉素养等相关概念的解读,以符号学理论为主导,第二个模块是民族文化载体的历史与现代解读,第三个模块是各种媒介的视觉表征机制及利用。这三个模块的内容丰富,理论与实践并重,然而随着视觉素养相关理论知识的逐渐更新,视觉

---

① 视觉文化研究成果获多家媒体报道[DB/OL]. http://det.njnu.edu.cn/portal.php? mod=view&aid=456,2013-05-09.

素养跨学科的特质以及多元文化价值等背景,针对特定的课程学习者,在有限的课程学习时间内,应当将现有的课程内容进行分级分层,选取特定的课程内容与资源开展教学。再对不同阶段的学生提出不同的学习要求,对本科生的视觉素养重在培养"看的能力",从能指到所指;对研究生的培养目标是不仅要会"看",还要会"做",即既具备从能指到所指的解构能力,又具备从所指到能指的建构能力。

(二)理论基础的拓展:图像符号学的深入探究

符号学、知识可视化、视觉表征等一直是视觉文化与媒介素养研究的重要理论工具,尤其是索绪尔的符号三项式,其符号意义的能指与所指,对开展视觉文化与媒介素养研究发挥了重要的作用。而受到后现代思潮的影响,特别是在媒介技术手段突飞猛进的影响下,对于图像与符号的研究需要不断深入,对图像与符号的理性思考要相应于媒介技术的进步而更新。课程理论基础建设有必要吸收先进的关于图像与符号的新思想。

我们对支持视觉文化研究的图像与符号学理论追根溯源可以挖掘出更大的理论价值,以指导当下的教育教学实践。图像作为视觉文化的重要符号之一,从远古时期的"图腾"寓意,到今天数码"图像"的意义,表达了表征与本质的模仿到逻辑的关系。而在后现代思潮影响下,图景时代的图像已然超过模拟仅是数字符号的范畴,"拟像"成为现象的表征,使得受众无从解读与获取本质或真相。图像作为符号的特征也愈发明显,从潘诺夫斯基到米歇尔对图像符号学的深化研究,对图像这一符号的能指与所指的关系,也需要进一步明确解读创作的语境及其意图,以此来更好地认识图像符号。因此,作为视觉文化研究者,对图像符号学的认识必须结合现代与后现代的文化研究的成果,深入理解相关视觉理论,为后续视觉文化与媒介素养的课程建设提供理论基础。

(三)课程结构的完善:"显性课程—隐性课程"的融合

隐性课程是当今课程理论界研究的重要领域,是相对于显性课程而言的。一般而言,显性课程是指学校教育中有计划、有组织地实施的正式课程。而隐性课程又叫潜在课程、潜隐课程、隐蔽课程(关于隐性课程的阐释在第五章中已有详尽的描述)。"视觉文化与媒介素养"课程要在课程结构中逐渐体现"显性课程—隐性课程"的融合。

“视觉文化与媒介素养”课程是以培养学习者的视觉素养与媒介素养为根本目的、以资源开发与创作为目标的课程。素养和创新意识的培养是学习者一种潜在的能力，这种能力的获得也是长期训练的结果。因此，在现有的学校显性课程框架下，还需要打造隐性的课程，持续地对学习者进行教育与培养。目前“视觉文化与媒介素养”课程已经具备比较完整的课程体系，课程建设从课程计划、课程实施到相应的课程资源，教材、网站等比较完备，初步实现了较灵活的课程教学实践模式。然而现有的课程具有计划性与制度性，学习者在有限的时间内获得的视觉文化与媒介素养的教育也是有限的，如何持续地营造特定的学习氛围、创造学习环境与平台，打造“视觉文化与媒介素养”的隐性课程，是“视觉文化与媒介素养”课程建设下一步的重要研究内容。目前正在教学中使用的视觉文化专题学习网站与论坛、“视觉文化与媒介素养”精品课程网站，以及视觉文化学习共同体的创建已然为这种隐性课程的创建提供了良好的基础。下一步将在图像符号学理论指导下，对现有的教学辅助资源进行图式再构，打造有效的“隐性课堂”，把以课堂为主的“显性课程”与基于网络（网站与学习圈）的“隐性课程”有效结合，进一步帮助学习者提升视觉素养与媒介素养，培养他们的合作与创新意识，以创造出更多的优秀视觉作品。

（四）课程实践的延伸：内容与形式的丰富多样

“视觉文化与媒介素养”课程一直在学习与吸收新的教育思想、新的视觉与媒介理论，以进一步完善课程实践的内容与形式。多年来，“视觉文化与媒介素养”课程的“课堂—论坛—作品”三合一教学模式深受学习者的欢迎，也因此取得了较好的教学效果。这也是实现“显性课程—隐性课程”互通的有效途径，然而在过去的几年中，课程的关注点主要集中在对传统文化的现代开发上，旨在构建受众的精神家园，唤醒民族的自觉意识。在这一思路指引下，在课程内容与教材设计上都带有了浓厚的传统文化色彩与本土气息。在后现代思潮影响下，国内受众对舶来品的认识与接受程度正好成反比，人们对舶来品的深入认识越来越肤浅，常为表面的现象所迷惑，被广告或消费环境所刺激，因而对舶来品的接受越来越没有节制，甚至出现痴迷的现象。

“视觉文化与媒介素养”课程的最终目标，即视觉素养内涵的最高层次，是学习者的视觉表征与创作。结合对图像符号学的现代性反思，亟须在课程内容设计上与时俱进，挖掘现代性的热点与难点主题，让传统与现代的图像符号一同被观众"凝视与被凝视"。开拓并丰富课程创作主题,突破课程浓厚的传统文化色彩与本土气息,以更加开阔的视野放眼全球,在多元文化背景下以满足社会需求与学科发展需要来选择创作主题。而从呈现的形式上来看,学习者主动创新开发的课程作品形式逐年更新,如何在现有课程的静态的平面设计与技术呈现方式的基础上,以更加形象化的表征达成更加理性的思考需要反思。

下一步研究将以图像符号学理论为基础,利用图像符号的可视化表达方式,使用先进的、前端的技术表现手法,创新课程实践内容,我们一方面继续重视传统文化的现代开发,同时捕捉现代性的热点与难点主题,加强对现代与后现代文化的批判与反思;另一方面创新课程实践形式,注重将课堂集中学习与课外学习实践活动相结合,以此重新整合课程资源,达到创新现有的课程实践内容与形式的目的。

三、"视觉文化与媒介素养"课程的再构途径

"视觉文化与媒介素养"课程在"从共享到共生"的理念下形成了独具特色的课程教学模式。然而在后现代思潮的影响下,图像符号学理论有了新的理论演绎,"看"与"被看"的主客体地位的转变势必影响观看者与创作者的视角。就课程本身而言,必须有效衔接"显性课程"与"隐性课程",打通教室内外课堂,创新课程实践内容与形式。在国家倡导优势教育资源共享的今天,作为精品课程如何在更大范围内发挥作用,对现有的课程进行梳理与架构,也是应时之需。从内容与形式两个维度进行课程再构,以达成上述的建设需求。

(一)内容再构:基于学习者的内容重构

"视觉文化与媒介素养"课程内容再构体现以学习者为中心,根据不同阶段学习者的学习需求进行内容拓展与重构。

1. 课程内容的分类与组织

在现有"视觉文化与媒介素养"课程内容三个模块的基础上,可以将视觉素养课程内容拓展为五个部分:民族地域文化、视觉表征基础、媒介符号传播、视觉文化理论、视觉实践创作。"民族地域文化"旨在整合原有课程内容的传统民族文化,以传播传统文化为目标,展开视觉识读教育;"视觉表征基础"则关注视觉表征的知识与技能,夯实学习者的视觉表达能力,如各种图式表征方法,以及相关图形设计软件的使用;"媒介符号传播"则整合原有

课程内容中的各种媒介的视觉表征和增加符号传播的理论与实践技能，融合“媒介＋技术＋符号”表征的含义，同时从道德与法律的角度覆盖传播技术理性；“视觉文化理论”的重点在于从社会、文化背景中解读视觉文化研究，以及视觉素养、媒介素养等素养融合的理论基础，融合教育技术与传播学等多种学科，凸显视觉素养课程的跨学科性；“视觉实践创作”则贯穿上述各项课程内容，引导学习者选择恰当的表现主题，丰富作品的呈现形式，以塑造个人风格，形成个性表达与创作。由于对学习结果开放与发展的评价原则，不同理解与技能表达的视觉表征作品将体现对课程内容不同深度的理解。

2. 面向不同学习者的课程再构

面向不同学习者的课程再构，需要对学习者开展学习需求的调查，了解当前学习者视觉素养相关知识与技能的学习状态。面向大学生的文化素质教育课程，应当以更加通识、大众的课程内容，吸引学习者的关注，从显性知识的学习入手，帮助学习者完成从“数据—信息—知识—智慧”的转化。对于教育技术专业的学生而言，由于学习者特定的学科背景，对学习者原有的相关知识与技能已经有所了解，因而结合整个教育技术专业课程设置，从显性课程与隐性课程、分科课程与活动课程相结合的思路出发，根据现有的相关课程，融合视觉素养课程。

以教育技术专业学习者为例，根据课程内容的分类，针对不同阶段的学习者，可以将五种课程内容在本科生与研究生的课程设置中分别有所侧重（如图 7－1 所示），面向本科生的课程内容应当侧重于显性的“民族地域文化”“视觉表征基础”“媒介符号传播”以及“视觉实践创作”，突出技能掌握基

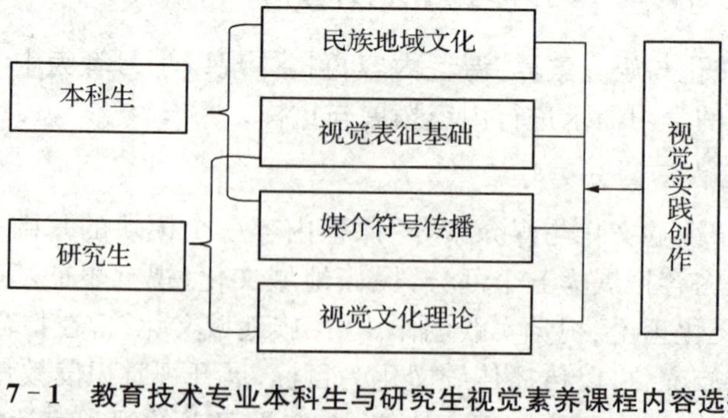

图 7－1　教育技术专业本科生与研究生视觉素养课程内容选择

础上的视觉表征能力，将显性知识内隐化，隐性知识外显化。面向研究生的

视觉素养课程则应当凸显"视觉表征基础""媒介符号传播""视觉文化理论"与"视觉实践创作"，并在内容组织上侧重于"媒介符号传播"与"视觉文化理论"，强调对内涵与知识的理解，形成具有一定的思想深度、有见地的表达，体现视觉解读、批判与创造能力。

针对本科生的视觉素养课程再构，一方面，可以采取课程渗透的方式，将视觉素养作为隐性的培养目标渗透在现有的课程设置中。根据南京师范大学本科人才培养方案（2011 年版）中教育技术专业人才的培养方案，"学科基础课程"中的"摄影与平面艺术基础""专业主干课程"中的"多媒体作品设计与开发""自主发展课程"中的"教育电视节目编导与制作"相较于其他课程与视觉素养有着更加紧密的联系。这些课程都是以最终的视觉表征作品呈现学习结果，因而可以将视觉素养的培养目标内隐于显性的技能培养中。另一方面，对"自主发展课程"中已经存在的"视觉文化与媒介素养"进行内容的重组，加以课程再构。突出显性的专业技能基础上的显性成果创作，而将视觉素养相关理论内隐于显性知识与技能中。对于视觉素养相关理论并不做深入的探讨，但也不乏理论的反思。针对学习者已有知识，已经掌握的一些基本的平面设计工具使用技能的基础上，以显性的作品表达，将学习者的视觉素养融入实际作品，在理论与实践学习中提升学习者的视觉素养。

而面向研究生的课程开发，则对现有的"视觉文化与媒介素养"课程进行内容重组，充分突出内涵解读与意义反思，以形成富有创造力的视觉表征作品。在学习成果的要求上，不仅需要呈现显性的视觉表征作品，也需要有见地的学术思考。这类课程的设计可以参照俄勒冈大学的 Robert Voelker-Morris 开设的"艺术与视觉素养"（Art & Visual Literacy）课程设计（见第六章中的表 6－3）。该课程从理论学习入手，介绍视觉素养、艺术、大众传媒、艺术管理和具体媒体的相关概念与历史研究，再进行现实的表征分析，进而形成对视觉表征的深刻反思，体现了一定的思考深度。

3. 相关课程个案解读

视觉素养相关课程在实际开设中，充分体现了"理论修养＋技能学习＋作品创作"的模式，不同侧重点的目标与内容设置适应于不同阶段的学习者。印第安纳大学伯明顿主校区信息与计算机学院的 Eli Blevis 教授开设了一门"人机交互设计中的视觉素养"（Visual Literacy in Human-

Computer Interaction Design)课程①,该课程在 2011 年秋季面向一年级的硕士研究生开设,同时也可供本科生选修。本科生与研究生完成该课程的不同之处在于课程作业的要求不一样,而需要学习的课程内容、学习时间等都是一样的。

该课程对选修学生的要求是在掌握一定设计软件等技能基础上,能够挑战设计思维创新(Design Challenge Based Learning,简称 DCBL)。具体而言,学习者的原有知识与技能包括 Adobe Illustrator、Adobe InDesign、HTML、CSS、Adobe Photoshop、Adobe Photoshop Lightroom 和演示文稿等语言或软件的掌握,特别提出 Adobe Flash、PHP、Java 技术不需要掌握。课程目标主要是在对这些软件进行应用的基础上,培养学生的视觉素养。因而学生最终应当学习到的是对这些工具的应用、交互设计与策略设计方案、人机交互情境中清晰的视觉表征与意义传达。在学习过程中,学生可以以小组合作的方式完成十个设计项目(本科生可以忽略某些项目),最后一个项目是选择上述十个项目中的三至四个项目以 HTML/CSS 或 InDesign 按照一定要求以文件档案的形式呈现出来。

该课程设计既体现了对视觉表征技能的训练,又强调了设计理念与思维的创新能力培养,最终目标指向视觉素养的培养,实现了在应用中培养学习者视觉素养的目标。有关视觉素养相关理论的知识并未直接涉及,而是在表征设计方案中体现出来,以一定的视觉表征工具加以实现。由此课程目标与内容设置可以更加灵活地整合各种视觉表征工具或软件,以适应更广泛的现实社会需求,同时突出视觉创造能力与表现力,体现视觉素养培养的目标。

(二)形式再构:基于“图式”的内容呈现

对“视觉文化与媒介素养”课程的图式再构即是一种有效的课程再构策略。“视觉文化与媒介素养”课程的图式再构即在图像符号学理论的指导下对课程的教材、课堂、作品与网站等进一步优化,实现“图解”教材、“图说”课堂、“图划”作品、“图雅”网站的新的建设目标,以更加可视化的表征形式呈现课程教学内容,提供可持续学习的优质共享学习资源,帮助学习者掌握创作技能,提升学习者的视觉素养与媒介素养。

---

① Visual Literacy inHuman-ComputerInteraction Design, Course Syllabus[DB/OL]. http://eli. informatics. indiana. edu/VisualLiteracyHCID-V1. 7-Version0. 2. pdf.

1. “图解”教材:凸显可视化的文字表达

可视化的表征方式,特别是以图文并茂的方式来呈现知识,与仅以文字的形式展示知识相比,前者占有优势。以图文并茂呈现的教学内容能够立即抓住学习者的眼球,吸引学习者高度关注。一般教材呈现的课程知识主要以文字的形式展现内容,辅以一定的图式展现内容的内在结构以帮助学习者内化学习内容。而且通常的教材呈现的印刷形式也多以黑白为主,这也在一定程度上影响图像呈现的力度。而附带大量图像的彩色印刷,其成本也相对较高。如何克服这些难题,使得“视觉文化与媒介素养”这门课程的教材能在可视化的表现方面更胜一筹?数字化与电子化教材的“图解”教材可以实现这种要求。

“图解”教材即在现有的教材基础上,以图式的方式将文字与图片教材内容有机整合,形成电子化、可视化的教材。现有的“视觉文化与媒介素养”立体化教材在内容上既有基本素养的知识阐述,又有优秀民族文化的实践体验,在很大程度上已经做到了图文并茂。而且附有电子光盘,有优秀的视觉作品的展示,学习者不论是在课程的学习中或是对该课程进行自学,该教材都能在一定程度上帮助学习者达成学习目标。“图解教材”的研究将进一步以图像符号学的理念,采取必要的技术支撑,使用诸如概念图、思维导图等图式方式,对现有的教材进行图解,以更加生动与形象的方式向学习者展现教材内容,帮助学习者更好地认知教材内容。以此形成的一套视觉化、数字化的电子教材,以光盘或云技术的存储形式向学习者开放。

2. “图说”课堂:展现语言与视觉的融合

课堂教学是传统教学中一个至关重要的环节。通常意义上的课堂指的是在教室中开展的课程教学。随着课程资源的不断丰富,教学环境发生了巨大的变化。传统意义上的课堂学习已经不能满足学习者的学习需求,打造第二课堂成为很多课程建设的重要内容。第二课堂以丰富的学习资源与必要的学习技术条件为支撑,将课堂延伸至教室外,摆脱时空的限制,能够满足学习者随时随地的学习需求。

“视觉文化与媒介素养”课程的“图说”课堂即以图式重新建构课程的第一课堂与第二课堂。首先在现有的课堂教学基础上,根据教材的结构体系与现有的教学演示文稿,进一步以新的技术形式进行课堂内容的图式加工,让教室内的课堂教学内容更加具象,以帮助学习者更好地掌握以往单纯以文字语言表达的晦涩的知识。同时延伸课堂的时空界限,精心打造网上在线学习的第二课堂，继续丰富并完善现有的视觉文化专题学习网站与“视觉文化与媒介素养”精品课程网站，开发视觉文化与媒介素养专题论坛的多元主题。并结合国家精品开放课程的要求，打造视频共享网络课堂，帮助学习者深刻理解视觉文化与媒介素养的表征与内涵。将教室内的显性课堂与在线学习的隐性课堂有效结合，实现“显性课程—隐性课程”的互通。

3. “图划”作品：图式作品创作过程与成果

学生作品一直是本课程的一个特色与亮点，也是评价本课程学生学习效果的有效工具。从课程正式开设以来，形成了一系列不同主题的传统文化的相关作品，通过不同的传播平台向外辐射，不仅锻炼了学生的视觉表达能力，也为受众提供了丰富的学习资源。“图划”作品旨在进一步以图像所指代的符号感染力，利用多种图像呈现的技术手段，拓展作品内容，加强对现代性的反思。在作品的形式与内容两方面进一步彰显图像符号功能，以达到最佳的传播效能。在内容上，以系统的方法指导学生围绕视觉文化与媒介素养专题开展作品创作。在主题内容的选择方面融合传统与现代、东西方文化差异，特别是在倡导民族文化的现代传承的同时，观照当下中国社会全球本土化的文化意蕴。在图式呈现上，以图像符号的感染力影响受众，创新作品表现形式，突破简单的“叙事”表现手法，以多种形式的技术手段展现主题。

“视觉文化与媒介素养”课程的“图划”作品是以图式的方式展示学生作品的创作过程与成果。这不仅要在作品成果的内容与形式上获得突破，还要更加注重对作品形成过程的研究。从初期作品的勾画，到研究主题的确定，再到作品的分解与人员分工，最后整合并发布作品，形成完整的作品创作流程。力求在形成基本规范制度的前提下，开放整个创作过程，研究过程的思考与研讨放至网站的平台上，与所有受众进行对话，目的是寻求大众的建议与支持，使得作品创作的过程不再是一个封闭的小组合作过程。学生学习的显性作品成果的获得并不是最重要的，在作品创作过程中的研讨、交流、协商的隐性能力的培养与锻炼才是关键。

4. “图雅”网站：打造视觉素养教育资源平台

“视觉文化与媒介素养”课程网站与“视觉文化与信息技术”专题学习网站是“视觉文化与媒介素养”课程的重要教学载体与阵地。网站构成的主要元素是图像，对图像的合理归类与充分展示是精品课程网站的必然要求。

网站中大量的学习资源使得课程的第二课堂的延伸成为可能。“图雅”网站对现有的精品课程网站与专题学习网站进行了改版。增设了相关网站栏目、提升现有栏目品质、充实网站教育资源、加大宣传力度等,通过多方面地从精品到高雅的提升,更好地支持学习者的学习。未来网站建设的方向,主要与教育部对国家精品课程升级为精品开放课程的要求相呼应,将平面的、静态的课程形态转化为可供学习者自由学习的教育资源,以吸引更多学习者加入到“视觉文化与媒介素养”课程学习中。

“图雅”网站是以图像作为基本要素,以直观的图式重新构架网站形式与内容。“图雅”网站力图整合“图解”教材、“图说”课堂、“图划”作品,将“视觉文化与媒介素养”课程多年来的教学与研究成果继续放大,整合到网站的教育资源中。同时在图像符号学理论的指导下,进一步创新课程内容与形式,使得更多的受众通过对网站中丰富的视觉教育资源的学习,可以充分了解“视觉文化与媒介素养”课程全貌。在对“视觉文化与媒介素养”课程知识内容学习的基础上,形成对本课程的建设理念与培养目标的更深刻认识。

第二节 “视觉文化与媒介素养”在线课程开发与传播设想

“视觉文化与媒介素养”课程在国家精品课程向资源共享开放课程转型的过程中,成为国家精品资源共享课。以此项目为契机,“视觉文化与媒介素养”在线课程的开发将向更加广阔的领域传播,让更多的学习者学习到该课程。同时随着在线课程传播途径的不断拓宽,面向大众层面的通识开放课程建设也成为可能,可以实现在公共平台与自主平台上开发与建设课程,通过不同途径进行有效传播,从而提升课程的影响力,让课程研究成果惠及更多的学习者。

一、“视觉文化与媒介素养”在线课程开发

目前,“视觉文化与媒介素养”在线课程开发项目主要是借助资源共享课建设项目,探索在线课程开发的经验。现有的资源共享课是在原有的国家精品课程基础上的升级,因而是对现有的面授课程的在线开发与升级。

如何根据现有的课程目标、内容、实施与评价进行网络化与数字化设计，需要根据学习者在线学习的特点，进行必要的再构。

资源共享课的课程框架包括课程介绍、教学单元、相关教材等。课程介绍具体包括教学大纲、教学日历、考评方式与标准和必要的学习指南；教学单元则详细地概括每一个单元的学习内容；教材包括主教材与推荐的辅助教材。"视觉文化与媒介素养"课程在此框架下，进行了课程内容的重组，现已形成了三个模块的课程内容(如图 7－2 所示)，通过视频教学、师生对话、生生对话、实践训练等方式，结合《视觉文化与媒介素养》主教材与课程网站(http://www.fromeyes.cn)，历时 20 周，向学习者呈现丰富的课程内容与资源。据此设计的在线课程，已于 2014 年 12 月在"爱课程"网正式上线。

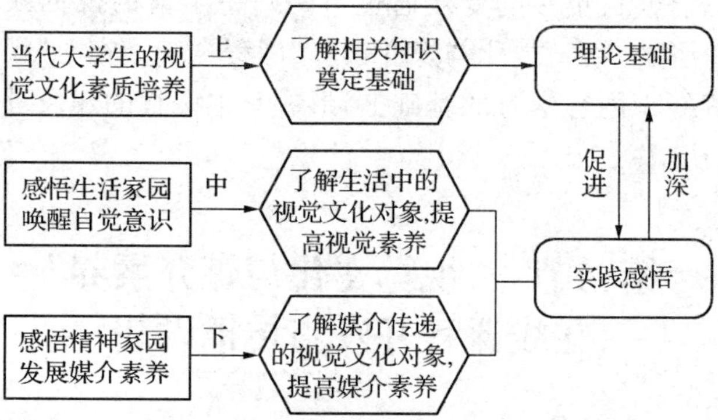

图 7－2 "视觉文化与媒介素养"资源共享课课程内容框架

为了让更多的受众群体学习到这门课程，"视觉文化与媒介素养"在线课程还在现有课程的基础上，设计并开发英文版的在线课程。根据视觉素养在线课程开发与设计模型，在充分掌握潜在学习者学习需求的基础上，着眼于促进学习者个体与群体智慧的生成，在充分的师生、生生交互设计中，帮助学习者获得视觉素养的提升。英文版的在线课程开发与设计需要首先确定学习者的学习需求，以便于吸引更多的学习者关注该课程。课程目标需要契合学习者的需求、社会实际发展需求以及学科课程特色。在学习内容上，选择能够体现"技能培养＋素养提升"的课程内容；在资源呈现类型上，以微视频等多种资源呈现形式，便于不同学习风格的学习者进行自主学习，营造学习者充分、自主、积极参与的氛围；在教学实施中，强调灵活性，学习者可以根据自己的学习风格、学习进度进行调整；在学习评价中，突出显性的学习者的收获，从具体的表征作品的自评与他评中获得学习者自身视觉素养的提升。

二、"视觉文化与媒介素养"在线课程传播途径

为满足学习者对在线开放课程学习的需求，更多的平台与广泛的传播渠道已经打开，为课程开发者提供了更广阔的传播空间。"视觉文化与媒介素养"在线课程在国家精品资源共享课的平台上，可以借助稳定、安全的现有平台进行有效传播。不仅如此，还可以积极探索与其他公共平台的有效合作，根据不同学习者的需求，在"视觉文化与媒介素养"在线课程开发与设计经验的基础上，开发基于不同主题的视觉素养在线课程。如网易公开课系统已经开展了同国际名校、国内大学的紧密协作，同时与其他著名公开课机构可汗学院、Coursera 等开展合作，提供在线课程的学习。与该平台的协作，不仅可以创新基于主题的视觉素养在线课程的开发与设计，扩大课程的影响力，也为更多的学习者提供视觉学习资源。

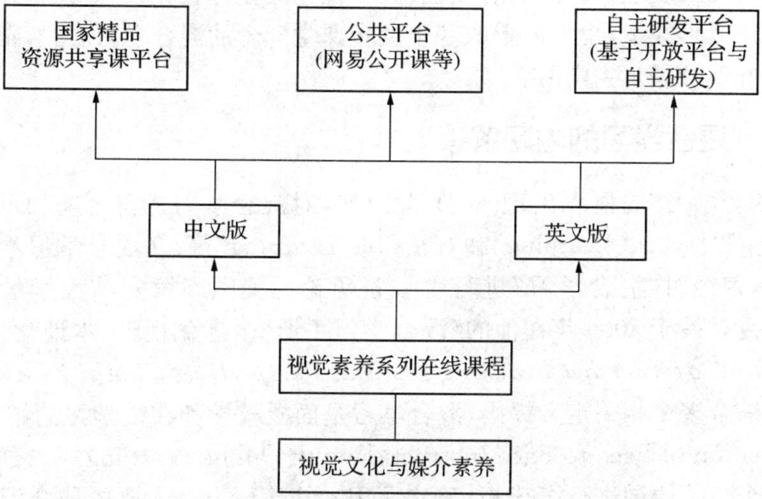

图 7-3　"视觉文化与媒介素养"在线课程传播途径

"视觉文化与媒介素养"在线课程还寻求开放的课程平台或自主研发课程网站或平台，以及移动学习的系统设计，进行更大范围的在线课程开放传播，以吸引更多的学习者关注视觉素养的培养。从系统或平台到在线课程开发与设计再到在线课程的传播，力求充分发挥教育技术专业的优势，整合

多种资源,形成课程建设的进一步创新。同时寻求国际合作,如在现有的联合国文明联盟 Resource 中(http://mil. unaoc. org/),提供课程链接。在一些国际在线课程平台如 Canvas(https://www. canvas. net/)上,提供开放课程。通过中文版与英文版的在线课程传播,扩大课程影响力,为海内外学习者提供视觉学习内容与资源。

第三节 “视觉文化与媒介素养”课程“混合学习”模式探索

课程传播途径的拓展,给予学习者更多便利的自主学习空间。在线课程的学习需要面授课程学习的面对面的直接交互,而面授课程又渴望能够实现随时随地的学习需求,因而将面授与在线学习方式进行有效结合的混合学习受到普遍欢迎。近年来以翻转课堂理念对传统面授课程的革新也实现了面授与在线学习方式的有效互补。“视觉文化与媒介素养”课程在不同课程的传播形式下,也可以采取基于翻转课堂理念的混合学习方式,帮助学习者更好地开展自主学习。

一、混合学习的内涵解读

“混合学习”的概念出现于 21 世纪初,对混合学习的翻译有“Blended Learning”“Hybrid Learning”和“Flexible Learning”等,在混合学习本土化研究中,曾经对“混合学习”进行了一番争论。美国印第安纳大学的柯蒂斯·邦克教授于 2006 年在他的《混合学习手册:全球化视野、本地化设计》(*Handbook of Blended Learning: Global Perspectives, Local Designs*)[①]一书中综合多个相关定义提出,混合学习是面授教学和在线学习的结合(A Combination of Face-to-Face Instruction with Online Learning)[②]。他也对上述三个英文原词进行了辨析,确定了 Blended Learning 比较切合混合学习的内涵。柯蒂斯·邦克也在此书中提出了“混合学习设计流程”(如图

① Curtis J. Bonk, Charles R. Graham. The Handbook of Blended Learning: Global Perspectives, Local Designs[M]. John Wiley & Sons,2006.

② 詹泽慧,李晓华. 混合学习:定义、策略、现状与发展趋势——与美国印第安纳大学柯蒂斯·邦克教授的对话[J]. 中国电化教育,2009(12):1.

7-4所示)[①]，该流程分为四个部分，包括前期分析、活动与资源设计、教学

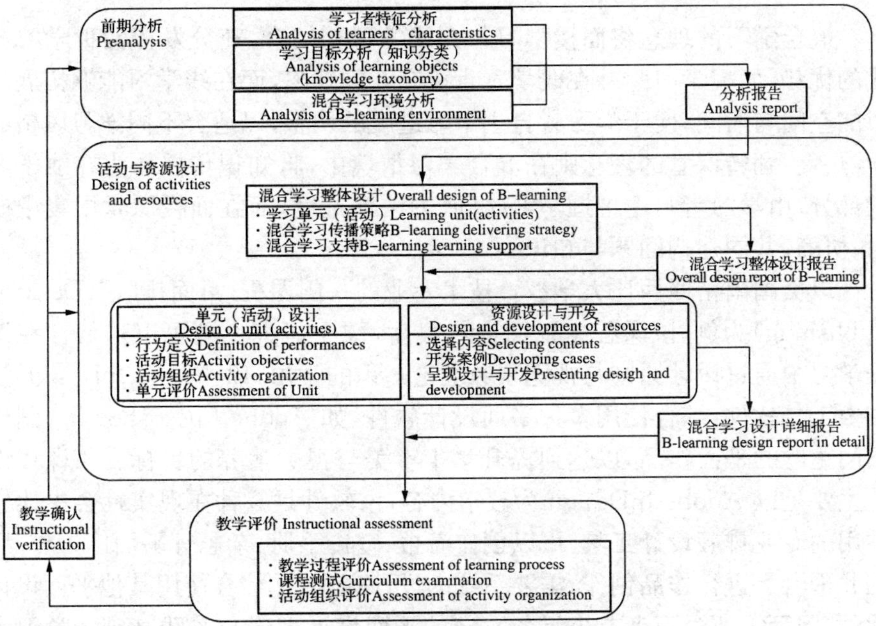

图 7-4　混合学习设计流程

评价与教学确认。此设计流程体现了教学设计的过程，强调每个部分的终端显示报告的重要性，以此形成对下一环节设计的链接。这一流程也为混合学习的教学设计者提供了参照模板。

兴起于 2007 年的"翻转课堂"理念正是对混合学习的一种创新。在充分的混合学习环境下，学习者可以在课前与课后进行在线学习，以完成学习的准备与巩固，而在面对面的课堂中，则主要将难以解决的问题提出以寻求教师和同伴的解答，形成面授学习与自主学习的结合。

---

① Curtis J. Bonk，Charles R. Graham. The Handbook of Blended Learning: Global Perspectives，Local Designs[DB/OL]. http://reader. eblib. com. lynx. lib. usm. edu/S (cveaoxhnqvl1xeswbkvcegu2)/Reader. aspx? p = 700321&o = 1714&u = lghDzNns6mVmA6T% 2ft5fJjg% 3d% 3d&t = 1419382260&h = 67D5205EF55605597A56F8A7FE2FCFDD1EC2AA85&s=31818018&ut=5760&pg=1&r=img&c=-1&pat=n&cms=-1&sd=2#，553.

二、视觉素养课程混合学习的案例剖析

混合学习的理念将面授学习与在线学习相结合，充分发挥两种学习方式的优势，面授学习弥补在线学习直接交互的缺陷，而在线学习能够拓展学习的空间与时间，便于学习者自主学习进度的调整，以适合不同学习风格的学习者。翻转课堂的理念则在混合学习情境中，将知识传授作为在线学习的部分，由学习者自主把握学习时间、方法和进度，而在面授课堂中集中研讨、协商，共同建构问题与知识。

以美国南密西西比大学教育技术专业的一门课程“桌面排版”(Desktop Publishing)为例，该课程主要面向本科生，硕士研究生则可以选修。在课程学习中通过设计原则与视觉素养理论知识的学习，以 Adobe InDesign 为主要工具软件，综合使用多种平面设计软件，如 Adobe Photoshop 等，制作不同主题的平面作品，以达到提升学生审美与视觉素养的目标。该课程设计主要是以 Adobe InDesign 为教学内容，该软件是一种在现实社会中比较常用的专业排版设计工具，可以创作海报、宣传手册、杂志等平面广告作品。在此平台上进行作品创作，需要系统的设计理念，并综合使用其他平面设计软件，因而需要学习者首先具备一定的平面设计理论与实践基础。学习者通过该课程的学习，能够从实际创作中提升视觉表征能力，同时在与同伴的交互中，如对学习者作品的生生互评，能够运用美学、设计、视觉等多种理论进行视觉解读。通过“理论学习＋实践创作＋作品评价”，不仅提升了视觉表征的技能，同时也提升了视觉解读能力与创作能力。

该课程的教学是在混合学习情境下的翻转课堂的实践。通过固定每周的面授课堂，与基于 Blackboard 的在线教学，以及每个学习者个人的 Blogfolio 展示学习成果与反思，构成混合学习的情境。学习者对课程知识的学习以及对创作所需的工具软件的掌握都是在面授课堂之外完成的。在自主学习期间，学习者通过 Blackboard 提供的学习资源，进行自主学习。同时自行完成教科书 *Adobe InDesign CS5*：*Classroom in a Book* 中的所有实例与规定的课程项目作品，并将练习与作品展示在 Blogfolio 中，辅以文字形式的创作说明、技法运用以及反思。而在面授时间内，进行师生、生生作品的评价，以及技能交流与反思，以此形成面授学习与在线学习的混合学习。本科生与硕士研究生完成该课程学习的区别在于完成的作业不同，硕士研究生需要结合理论与实际创作经验，完成相关论文的撰写，而本科生则不需要进行论文写作。该课程取得了较好的教学效果，学习者能够根据各

自学习风格自行开展学习，同时在评价中，学习者的视觉作品可以进行两次修改，最终作品的评价结果是基于前两次作品的进步程度，因而体现了个体学习与能力的差异，充分体现了评价开放与发展的特点。

三、"视觉文化与媒介素养"课程混合学习的设想与实践

"视觉文化与媒介素养"课程混合学习首先是建立在现有的国家精品资源共享课的在线学习资源基础上的，完整的在线课程学习资源为学生在线学习提供了学习内容，而在线学习支持服务也可以解答学生在学习中出现的问题。对该课程进行混合学习的设计，旨在充分发挥面授课堂与在线学习的学习优势，帮助学习者更好地掌握学习内容。根据混合学习开展的条件，选择适合的学习内容开展混合学习的实践，必然能从实践教学反思中收获对混合学习理论新的认识以及混合学习教学实践的经验。

1. 混合学习实现的基本条件

"视觉文化与媒介素养"课程 2008 年被评为国家精品课程，2014 年底顺利上线"爱课程网"，成为国家精品资源共享课之一。现有的"视觉文化与媒介素养"课程在面授课堂教学中，结合课程网站，已经形成了"课堂—论坛—创作"三合一的教学模式。在"视觉文化与媒介素养"在线课程成功上线"爱课程"网之后，建立"线上＋线下"的混合学习方式，让学生在课堂之外的时间，借助教材与精品开放课程资源，如授课视频、媒体素材、演示文稿等，进行自主学习与作品创作。而在面授课堂教学中，结合学习者的课程创作设计与课程作品进行充分的教师与同伴的互助互评。在学习共同体的学习情境中，实现个体学习智慧的形成，促进视觉素养与媒介素养的提升，达到课程的教学目标。

以面向研究生的"视觉文化与信息技术"课程为例，为面授学习提供详细的课程设计，包括教学日历、学习成果形式，以及建立作品呈现的空间，如在论坛中开设讨论主题或博客。以个人或小组合作的形式充分展开基于作品创作的整体设计，将作品创作的全部过程反映在论坛或博客中。借助已上线的资源共享课的在线课程，根据在线学习的课程大纲，提供相对灵活的进度帮助学习者进行自主学习。以此，将线下学习与在线学习进行充分的整合。

2. "视觉文化与媒介素养"课程混合学习设计

根据柯蒂斯·邦克的"混合学习设计流程"，"视觉文化与媒介素养"课

程“混合学习”流程(如图7-5所示)的作品驱动教学设计在“前期分析”“活动资源设计”“教学评价”与“教学确认”的过程中,突出“作品驱动”与“过程性评价”的重要性。进而在教学实施过程中,让学生围绕“作品驱动”在面授课堂与在线课程互动空间中开展自主学习、小组合作学习与研讨。将过程性评价体现于学生在面授课堂与在线课程互动空间中的表现中,激发学生的参与主动性与创造性。而教师在教学实施中充分扮演设计者与引导者的角色,帮助学生掌握知识与技能,并启发学生发挥创造力。因而这种“混合学习”模式突破以往单纯依靠博客或论坛平台的辅助教学①,是基于网络课程的“翻转课堂”学习模式。

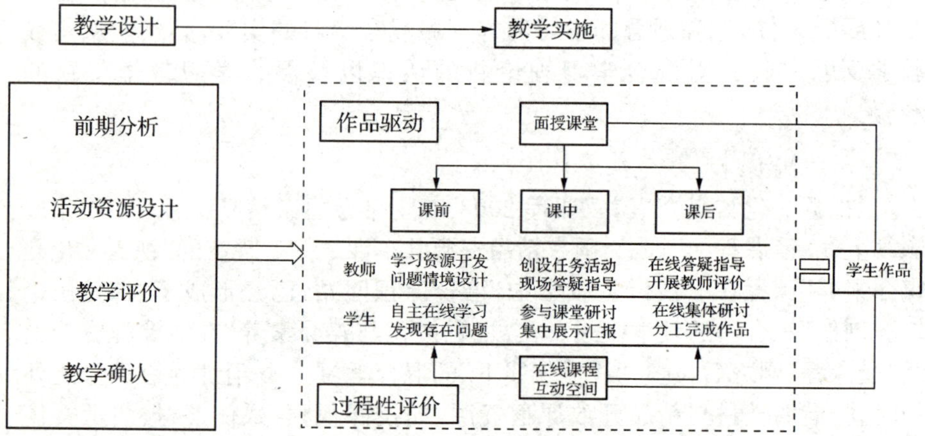

图7-5 “视觉文化与媒介素养”课程“混合学习”流程

3. “摄影”章节的“混合学习”设计与实施

“视觉文化与媒介素养”课程在“混合学习”方面的教学实践,基于资源共享课资源与专题学习网站,根据多轮教学实践发现,并不是每个教学单元都适合开展“混合学习”模式。以“摄影:光影的瞬间永恒的定格”章节为例阐释混合学习模式的具体设计与实施,经过反复实践,对“混合学习”模式的实施进行有效的反思。

“视觉文化与媒介素养”课程教学内容分为三篇②,上篇重点阐述视觉

① 赵丽.教育技术学专业课“课堂—论坛—作品”三合一教学模式探究[J].中国大学教学,2016(2):48-53.

② 张舒予.视觉文化与媒介素养[M].南京:南京师范大学出版社,2011.

文化与媒介素养的基本概念，分析读图时代和媒介文化环境下的"观看"行为特点，剖析视觉素养、媒介素养、信息素养的概念内涵及其三者关系。中篇与下篇在实践层面分别从生活家园与精神家园两个角度对上篇理论基础进行深化，帮助学生更好地理解视觉文化与媒介素养，从而提升自身的视觉素养与媒介素养。

"摄影：光影的瞬间永恒的定格"章节在上篇理论知识教授的基础上，以"摄影"为媒介手段，试图挖掘精神家园的内涵。在课前的自主学习阶段，教师参与学生在互动空间（QQ群、"爱课程"互动学习空间等）的学习与讨论。学生根据教师布置的学习任务，拍摄"我眼中的美丽校园"，学习课程资源与拓展学习资源，并积极提问，汇总问题。在课中，首先就问题进行师生的共同讨论，小组进行摄影作品展示与汇报，并开展学生自评与互评。最后通过简短的课堂教学活动，如真假摄影辩论赛与教学小游戏，进行学习巩固。课后，学生根据评价意见，完善小组作品并上传作业，而教师进行过程性与总结性评价。

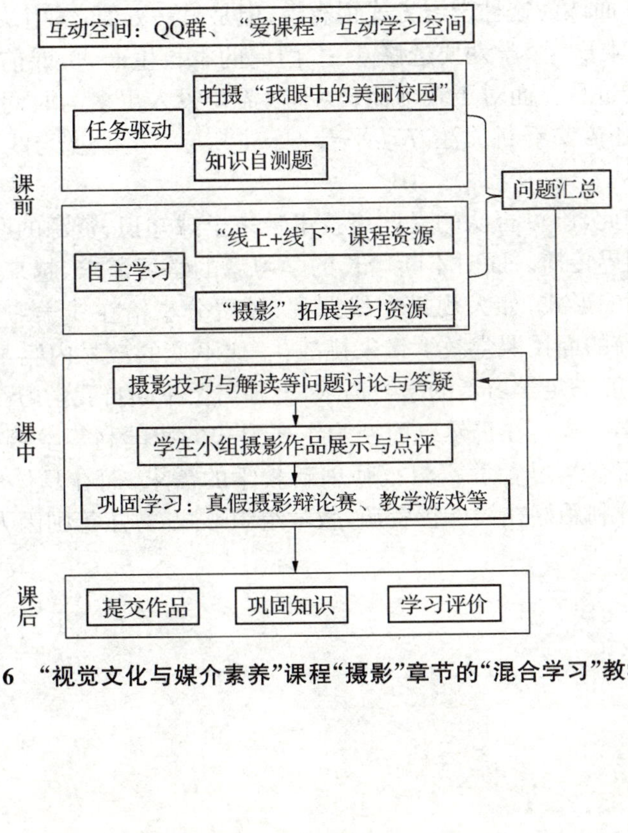

图 7-6　"视觉文化与媒介素养"课程"摄影"章节的"混合学习"教学流程

4．“混合学习”模式的实践反思

通过开展混合学习的教学实践发现，“混合学习”模式有效整合了线上与线下的学习资源，并通过学生线上讨论与作品的上传及时更新线上课程资源库，可以为初学者提供更多、更优质的学习资源。大部分学生比较喜欢这种课程教学模式，觉得有趣，参与度高，而且能真正掌握课程知识与技能。然而通过多轮教学实践，也发现学生在对理论知识与技能掌握方面需要教师更多的直接讲授与指导，尽管丰富的学习资源可以帮助学生自主学习，但是教师对知识的讲解仍然是最有效的。特别是课程中有关符号学的相关理论知识，学生不能通过自主学习达到深刻理解，教师必须在课堂上花费大量时间结合实例进行深入浅出的讲授。而在偏向于实践知识的内容教学时，教师精心设计了教学活动，开展小组讨论与合作学习、创作小组作品，但是学生自主学习的积极性不高，仍然存在小组中人员分工不明确、“一人包办”的现象。而从师生的教学与学习负担而言，全面开展“混合学习”还不能得到所有师生的支持。根据“学生支持混合学习态度”的后续调查发现，大部分学生一方面认为这种学习方式很有趣，但是另一方面，学生认为课前学习任务过重，对于一个学期要选修 6～8 门课的本科生而言，课前的学习活动或任务确实过重。而对于教师而言，不仅需要投入更多的时间与精力进行教学设计，还需要不断关注互动平台，及时参与学生线上与线下的答疑与互动。

尽管如此，不可否认的是网络技术带来全球知识、资源的联通，实现了知识的无国界传播。面对不断增长的学习者的学习需求，越来越多的优质资源以不同的形式，如大规模在线课程，免费分享给在线学习者。毫无疑问，这给目前的面授课堂教学带来挑战，一成不变的教材内容与教学方式，显然已经不能满足学习者的学习需求，教师需要不断自我学习、拓展学习资源、革新教学方式。在仍然以面授为主要形式的我国高等教育中，“混合学习”的模式符合学习者学习与教师创新教学的需求，而在具体的教学情境中，如何充分利用好在线课程资源，教学组织形式、方法等则因人而异、因课而异。

结 语

后现代语境下视觉素养课程研究是基于后现代的诸多思潮及特征，在教育技术学领域内，从课程建设的维度开展视觉素养培养的研究。视觉素养的研究着力从受众的角度，区别于“视听教育”将视觉之于学习的相关理论应用于一般的教学与学习理论中。在课程研究方面，突破基于课程开发过程的后现代课程研究，将后现代的传播共享、多元、批判等理念融入到后现代的课程建设中，拓展课程研究的视野。视觉素养课程建设的“四论”——存在论、认识论、价值论、实践论，阐释了视觉素养课程建设的必要性。揭示后现代课程发展“两维”的后现代特征——课程开发过程与课程传播过程维度，突出面授课程与在线课程需求的现实。而对视觉素养课程开发与设计的各个环节给予基于一定理论基础的有效“填充”，提出视觉素养课程性质的“五性”——视觉性、实践性、人文性、批判性、创造性；课程目标的“认知”与“情感”领域的分类；课程内容基于“根茎理论”的跨学科特质以及基于视觉素养内容的“层级性”内容架构；课程实施面向不同阶段学习者的实施策略与具体课堂教学策略；课程评价以多元主体与对象、多元方法等阐明评价的过程。在视觉素养课程开发与设计研究中，建构了基于受众的视觉素养课程开发模型与课堂教学“生态圈”模式。针对视觉素养在线课程开发与设计，提出视觉素养在线课程开发与设计模型。并结合研究者一直参与建设的“视觉文化与媒介素养”课程案例，提出再构的传播拓展途径与“混合学习”的实施方案。

后现代语境下视觉素养课程的后续研究还将在理论探索、实践验证与方法研究等方面展开。在理论探索方面，将争取体现视觉素养研究的跨学科性，探索与视觉素养课程有关的哲学、心理学、传播学、课程与教学论等理论，加强对热点问题的思考，如后现代课程观基于传播方式拓展维度的转变，警醒大规模在线课程可能带来的“课程消费文化”现象及提出对策，以及在社会推动、行政决策、政企合作等力量下实现视觉素养课程的实施。在实践验证方面，在具体的课程开发与课堂教学环境中，尝试从面授与在线传播，以及混合学习的视角开展面向不同阶段学习者的视觉素养课程研究，实现课程的社会价值。在方法研究层面，对学习者的学习需求进行分析，结合面授学习与在线学习特点，使用科学分析方法进行深入剖析，以获取更多有关面授课程与在线课程发展动态的资料，深化视觉素养课程建设。

参考文献

[1] [美]A. F. 哈罗、E. J. 辛普森. 教育目标分类学·动作技能领域[M]. 施良方,唐晓杰,译. 上海:华东师范大学出版社,1989.

[2] [美] Anderson, J. ICT Transforming Education-A Regional Guide[M]. Bangkok: Asia and Pacific Regional Bureau for Education,2010.

[3] [美]阿瑟·艾夫兰. 西方艺术教育史[M]. 邢莉,常宁生,译. 成都:四川人民出版社,2000.

[4] [美]Billie Eilam. Teaching, Learning, and Visual Literacy[M]. New York: Cambridge University Press, 2012.

[5] [法]鲍德里亚. 拟仿与拟象[M]. 密歇根:密歇根大学出版社,1994.

[6] [美]保罗 M. 莱斯特. 视觉传播形象载动信息[M]. 霍文利,史雪云,王海茹,译. 北京:北京广播学院出版社,2003.

[7] 曹意强,迈克尔·波德罗. 艺术史的视野——图像研究的理论、方法与意义[M]. 杭州:中国美术学院出版社,2007.

[8] 崔允漷. 课程实施的新取向:基于课程标准的教学[J]. 教育研究,2009.

[9] Curtis J. Bonk, Charles R. Graham. The Handbook of Blended Learning: Global Perspectives, Local Designs[M]. John Wiley & Sons, 2006.

[10] [美]丹尼斯·麦奎尔. 受众分析[M]. 刘燕南,等译. 北京:中国人民大学出版社,2006.

[11] [美]道格拉斯·凯尔纳,斯蒂文·贝斯特. 后现代理论:批判性的质疑[M]. 张志斌,译. 北京:中央编译出版社,2001.

[12] [瑞士]费尔迪南·德·索绪尔. 普通语言学教程[M]. 高名凯,译. 北京:商务印书馆,1999.

[13] 冯建军. 走向生命关怀的教育研究[J]. 高等教育研究,2004(5):25-29.

[14] [英]戈林·麦凯波. 戈达尔:影像、声音与政治[M]. 林宝元,译.

长沙：湖南美术出版社，1999.

[15] [法]Guy Debord. The Society of Spectacle[M]. New York: Zone Books，1995.

[16] [法]John. I. Goodlad. & Zhixin Su. Orgnization of the Curriculum. Jackson，P. W. (ed.)，Handbook of Research on Curriculum[M]. New York: Macmillan Publishing Company，1992.

[17] [德]海德格尔. 林中路[M]. 孙周兴，译. 上海：译文出版社，2004.

[18] 黄甫全. 现代课程与教学论学程[M]. 北京：人民教育出版社，2006.

[19] J. J. Schwab. The practical: a language for curriculum[J]. Journal of Curriculum Studies，2013(5)：591－621.

[20] [法]居伊・德波. 奇观社会[M]. 王昭风，译. 南京：南京大学出版社，2006.

[21] [英]卡罗琳・冯・艾克 爱德华・温特斯. 视觉的探讨[M]. 李本正，译. 南京：江苏美术出版社，2010.

[22] [美]Kenneth T. Henson. Curriculum Planning: Integrating Multiculturalism Constructivism，and Education Reform (3rd Edition) [M]. Long Grove，Ill.：Waveland Press，2006.

[23] [美]理查德・豪厄尔斯. 视觉文化[M]. 葛红兵，等译. 南京：译林出版社，2014.

[24] 李子建，黄显华. 课程：范式、取向与设计[M]. 香港：香港中文大学出版社，1996.

[25] [美]鲁道夫・阿恩海姆. 视觉思维：审美直觉心理学[M]. 滕守尧，译. 北京：光明日报出版社，1987.

[26] 吕林海. 人类学习的研究历史、本质特征与改进努力——脑科学视角下的解析与启示[J]. 全球教育展望，2013(1)：45－52.

[27] [美]梅尔文・德福勒. 大众传播理论[M]. 纽约：戴维・麦凯出版公司，1970.

[28] [美] M. Jayne Fleener. Curriculum Dynamics: Recreating Heart[M]. New York：Peter Lang Publishing Inc.，2002.

[29] [英]马尔科姆・巴纳德. 理解视觉文化的方法[M]. 常宁生，译. 北京：商务印书馆，2013.

[30] [德]马克斯・韦伯. 经济与社会(上卷)[M]. 阎克文，译. 北京：商务印书馆，1997.

[31] [加拿大]马歇尔·麦克卢汉.理解媒介:论人的延伸[M].何道宽,译.南京:译林出版社,2011.

[32] [美]尼古拉斯·米尔佐夫.视觉文化导论[M].倪伟,译.南京:江苏人民出版社,2006.

[33] 倪梁康.现象学及其效应——胡塞尔与当代德国哲学[M].北京:中国出版集团,2005.

[34] 钱家渝.视觉心理学——视觉形式的思维与传播[M].上海:学林出版社,2006.

[35] [法]让-弗朗索瓦·利奥塔.后现代状况——对文化变迁之缘起的探究[M].岛子,译.长沙:湖南美术出版社,1996.

[36] [美]Robert A. Reiser, & John V. Dempsey. Trends and Issues in Instructional Design and Technology(3rd edition)[M]. Boston: Pearson Education Inc, 2012.

[37] Rumiye Arslan, Gülbin Zeren Nalinci. Development of Visual Literacy Levels Scale in Higher Education[J]. The Turish Online Journal of Educational Technology, 2014(2):61-70.

[38] Sharon J. Hawks. The flipped classroom: now or never? [J]. AANA journal, 2014(4):264-269.

[39] 施良方.课程理论——课程的基础、原理与问题[M].北京:教育科学出版社,1996.

[40] [美]W. J. T. 米歇尔.图像理论[M].陈永国,胡文征,译.北京:北京大学出版社,2006.

[41] [美]小威廉姆·E.多尔.后现代课程观[M].王红宇,译.北京:教育科学出版社,2000.

[42] [法]雅克·拉康.视觉文化的奇观——视觉文化总论[M].吴琼,译.北京:中国人民大学出版社,2005.

[43] [美]约翰·杜威.我们怎样思维·经验与教育[M].姜文闵,译,北京:人民教育出版社,1991.

[44] 查有梁.课堂模式论[M].桂林:广西师范大学出版社,2001.

[45] [美]弗雷德里克·詹姆逊.文化转向[M].胡亚敏,译.北京:中国社会科学出版社,2000.

[46] 张华.课程与教学论[M].上海:上海教育出版社,2000.

[47] 钟启泉.现代课程论[M].上海:上海教育出版社,1989.

[48] 周宪.视觉文化的转向[M].北京:北京大学出版社,2013.

后 记

本书是在我的博士论文的基础上修改而成的，新增加一章，将工作之后的一些思考充实其中。

我对视觉文化及素养的研究自硕士阶段开始，已十年有余。本书选择在后现代语境下开展研究，源于我在视觉文化研究过程中受到后现代思潮及其研究的冲击，愈发感受到后现代与视觉文化的水乳交融，不可分割。后现代文化是“一个如此多地由视觉和我们自己的影像所主宰的文化”。在这个时代，“所见即所得”的关系不再成立，受众一面享受着图像带来的理解和表达的便利，另一方面也在不知不觉中走进图像的“陷阱”。

而在构建后现代语境下视觉素养课程的框架时，我又遇到了“后现代课程观”与“泰勒经典课程开发理论”的矛盾。在深入研究后现代课程观与视觉素养的内涵之后，我坚持选择泰勒的经典课程框架来进行后现代视觉素养课程的框架设计。因为吸收后现代课程观对泰勒课程理论的合理批判，与选择性借鉴泰勒课程框架的合理与优越之处并不矛盾。后现代思想中的反经典与反传统，必然使得泰勒的经典课程理论尤其是其目标取向受到批判。本书汲取泰勒经典课程理论的精华，结合多尔的“后现代课程观”，重新设计和建构后现代视觉素养课程，对课程理念、课程目标、课程内容、课程实施与课程评价等方面进行了创新和建构。此外，我在美国学习期间感受到混合学习的理念深入人心，我们已有的“视觉文化与媒介素养”课程也在国家精品资源共享课建设的契机下，为视觉素养课程在线学习提供了平台。因此探索视觉素养课程在线课程开发的理论与实践也将是重点与难点问题。

“看”，不是一个简单的问题。“观看”这一问题受到主观与客观多重因素的干扰，还有很多未解之谜，在视觉文化与视觉素养的研究之路上，我还在努力前行，上下求索。

在过去的十年时间里，无论是在硕士阶段或博士阶段，在生活或工作，还是在国内或国外，我都得到了导师张舒予教授无微不至的指导和关心，她的言传与身教指引和激励着我坚持不懈、砥砺前行。她已年过花甲，在本该享受天伦之时，却仍时常指导我的论文写作，更是通宵达旦地为本书作序，在此向张老师致以最深的谢意。在南京师范大学教育技术学专业学习的十年时间里，我还有幸得到了李艺老师、沈书生老师、张义兵老师、庞明勇老师的指导与鼓励，在此仅能以只言片语表达感激之情。在美国求学的日子里，王淑艳老师在学习与生活中给予我悉心的指导与关怀，让我感觉到家的温暖和充实，我们也由此建立了亦师亦友的真挚情谊。在此还要感谢一如既往地支持我、鼓励我、与我并肩作战的家人。

最后衷心感谢南京师范大学出版社的编辑们，她们的辛劳付出为我的拙作增色不少。感谢所有关心与指导本书出版的朋友们。

赵　丽

2017 年 12 月

前　言

21世纪被人类誉为信息化时代，信息技术正在深刻地改变我们的学习、工作和生活。近40年前，新兴的计算机、信息科学与古老的医学相互融合，诞生了一门新的学科——医学信息学，这门充满变革活力的学科正在迅速地影响和改变着传统医学，使身处21世纪的医学工作者和医科学生都面临着这一难得的机遇和挑战。因此，学习和应用医学信息学的新理论和新方法是时代赋予我们的责任，这正是我们编撰本书的目的。

本书共20章，总体分为三大部分。

第一部分首先介绍了医学信息学的概念与知识框架，接着阐述了该学科的基础知识和基本理论，包括数据、信息、知识以及信息管理、计算机网络技术、医学信息标准化和医学信息系统工程。

第二部分介绍了医学信息学各个研究和应用领域。包括涉及分子、基因、细胞微观范畴的生物信息学；涉及人类组织、器官范畴的医学影像系统、实验室信息系统；涉及个体健康范畴的医院信息系统、护理信息系统、电子病历系统、远程医疗、临床决策支持系统；涉及社会公众健康范畴的社区卫生信息系统、区域卫生信息系统、公共卫生信息系统、社会医疗保险信息系统。本书还专门介绍了中医领域的信息处理，并列举了我国30多年的努力成果和探索方向。

对于这部分内容，我们都从每一领域的业务切入，深入分析它的信息和专业特点，重点阐述它所特有的理论依据、系统框架和关键技术，使之不同于一般的系统介绍和操作应用。

第三部分介绍了国际上医学信息学的发展方向，新的理论、设想和技术，包括统一词汇库、完整的人体数字模型、综合临床决策支持系统等，试图对医学信息学的未来作一个广角的审视，以拓展读者的学术视野，激发探索的热情。

本书的编写有如下特点：首先广泛地参考和借鉴了国外医学信息学最新的权威论著，力求概念定义经典、准确，原理论证科学、规范。其次，汇集了我国大陆、台湾地区和美国知名的医学信息专家，共同致力于本书的撰写，他们深厚的学术造诣和丰富的经验积累使本书具有科学性和先进性。再次，全书具有严密、清晰的逻辑结构，加之图文并茂、案例分析，使读者对该学科能获得一个全面、系统的认识，而不同于一般的学科丛书或系统汇编。最后，本书对各个医学信息系统既有研发应用的论述，也有发展趋势的分析，兼顾了适用性和前瞻性。

本书是我国“普通高等教育‘十一五’国家级规划教材”。它可以作为医学院校医疗、卫生、护理、中医、管理等各专业本科生和研究生的专业教科书或专业基础课的教科书；也可以作为综合性大学计算机、生物工程等专业的教科书；还可以作为广大医务工作者、医疗卫生机构领导者以及有关的IT行业工作者的学习教材和参考书。即使读者并未具备深厚的医学和计算机科学的背景，通过学习本书仍会对医学信息学有一个全面、深入的了解。教师也可以根据学生专业方向进行选择性教学。

本书得到了海内外著名专家的热诚奉献和积极支持，我深感荣幸，并致以衷心的感谢。我还要感谢邢春国、王毅老师给予的帮助和支持，感谢东南大学出版社领导和责任编辑的鼓励和支持。本书参考和借鉴了大量的国内外著述和研究成果，限于篇幅只列出主要参考文献，他们的工作成果是本书的基础。

医学信息学是一门新兴学科，它历史短暂、资料缺乏，但是应用广阔、发展迅速，加上我们水平所限，深知此书存在许多不足之处，诚恳欢迎广大同道和读者批评指正，我们将不懈地努力，使之不断完善。

我们正处在一个变革的新千年中，医学信息学的巨大影响与日俱增，读者将从这本书中获得当前的资源及成果，以及对未来的期望和动力，我们将共享这个领域的进步。

丁宝芬

2009年7月于南京

目　　录

1 医学信息学概论

本章将论述有关医学信息学的概念、理论、实现方法以及面临的挑战。读完这章后，你应该知道下面这些问题的答案：

医学信息学的定义是什么？

医学信息学的历史沿革是什么？

医学信息学的功能实现对人和机器的要求是什么？

医学信息学的应用和挑战有哪些？

1.1 医学信息学的概念

随着个人电脑和因特网的普及，人类对信息的采集、储存、分析、重组、显示、利用也越来越广泛，人类进入了崭新的信息化时代。同时随着生活水平的提高，人类对健康的追求也越来越高，从而促进了健康产业的迅速发展。新兴的信息科学与古老的医学以及其他现代科学的相互渗透、相互结合，诞生了一门新的学科——医学信息学。医学信息学作为一个新兴的交叉性学科，将迅速地影响和改变着传统医学，并促进健康信息技术(HealthIT)产业的蓬勃发展。

近十年数据表明，我国在健康上的投入比例逐年增长，我国医疗卫生体制改革促使基本医疗保障制度全面覆盖城乡居民，基本医疗卫生可及性和服务水平明显提高，加快对医学信息学的研究和应用就成为了历史的必然。

医学信息学(Medical Informatics)最早起源于20世纪50年代，曾用名包括生物医学计算(Biomedical Computing)，计算生物学(Computational Biology)，生物信息学(Bio-Informatics)等。随着科技的发展，医学信息学的定义也随着人类对医学信息学的不断研究而拓展。现阶段对医学信息学的定义是：探讨生物学的、医学的或者更广义的健康数据的采集、存储、交互和展现的过程的科学；探讨如何利用信息科技来优化这些过程的科学；以及探讨如何利用这些数据实现信息和知识层次的各种应用的科学。

医学信息学有三个重要概念：数据，信息，知识。数据是原始符号，信息是经过分析的可用的数据，而知识是信息组成的一系列法则和公式。比如说，37是数据，37度是信息，37度体温是知识。

1.2 医学信息学的构成和知识框架

根据Shortliffe教授生物医学信息学的知识框架，如图1-1所示：左侧表示医学信息学研究对象的层次，可以从分子水平逐级上升到基因水平、蛋白质水平、亚细胞水平、细胞水平、组织水平、器官水平、个体水平，再上升到公共卫生水平；右侧表示该学科相关或采用的科学技术，包括计算机科学、临床医学、基础生物医学科学、认知学、生物工程学、管理学、流行病学及生物统计学等，两者的交叉从而衍生出生物医学信息学的若干亚学科，比如生物信息学、影像信息学、临床信息学、公共卫生信息学等，统称为生物医学信息学。考虑我国的传统和惯例，本书书名仍沿用"医学信息学"。

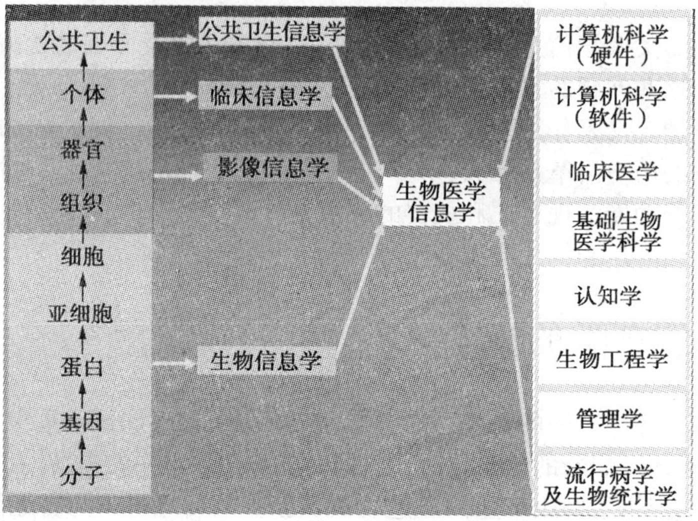

图 1-1　生物医学信息学的知识框架

基于上述的知识框架，2009 年 4 月美国医药信息学会在 JAMIA(Journal of American Medical Informatics Association，美国医药信息学会杂志)上提出了该学科的知识点分类，如表 1-1。

表 1-1　医学信息学的知识点分类

编　号	学科知识点分类	编　号	学科知识点分类
1	基础知识	3.3	健康信息系统及其常见程序
1.1	临床信息学	3.4	临床数据标准
1.2	健康系统	3.5	信息系统的生命周期
2	临床决策支持和医疗流程优化	4	领导和管理革新
2.1	临床决策支持	4.1	职能和流程建模
2.2	循证医学	4.2	高效的跨学科团队
2.3	临床工作的分科，流程再造和质控	4.3	高效的沟通
3	健康信息系统	4.4	项目管理
3.1	常用信息科技	4.5	信息系统的战略和投资回报管理
3.2	人机工程学	4.6	系统升级的管理

美国医药信息学会还有一个更为详细的对医学信息学进行分类的本体论系统。这个系统有三大独立的轴，分别是方法、目标和应用领域。这样，医学信息学所有的基础研究或应用研究项目都可以从本体论角度分析为：应用某一个(或几个)"方法"，针对某一个"目标" 在某一个"应用领域"进行研究或应用。下面就是这个分类系统。

第Ⅰ轴：方法

Ⅰ.A. 信息与知识的表达

Ⅰ.A.1. 受控术语、语汇、系统分类、知识库

Ⅰ.A.2. 数据模型与知识表示

Ⅰ.A.3. 知识获取与知识管理

Ⅰ.A.4. 过程建模与建立假设

Ⅰ.B. 信息与知识处理

Ⅰ.B.1. 信息的存储与检索(文字和图像)

Ⅰ.B.2. 自然语言处理,信息提取、文字生成

Ⅰ.B.3. 复杂系统的模似(各层次：从分子水平、工作小组到整个机构)

Ⅰ.B.4. 人机交互,人本计算,可用工程

Ⅰ.B.5. 不确定因素推理,时间推理,决策理论

Ⅰ.B.6. 大型数据组的统计分析

Ⅰ.B.7. 自动化学习、发现、数据挖掘方法

Ⅰ.B.8. 软件工程：组织结构、代理、分布式系统

Ⅰ.B.9. 密码系统、数据库安全、匿名技术

Ⅰ.B.10. 图像表示、处理与分析

Ⅰ.B.11. 高级算法,语言,计算方法

Ⅰ.B.12. 数据与知识的可视化

Ⅰ.B.13. 高性能与大规模计算

Ⅰ.B.14. 高性能网络与高级电信(手持设备)

Ⅰ.B.15. 机器人(包括感觉道)

Ⅰ.B.16. 虚拟现实

Ⅰ.B.17. 生物传感器

Ⅰ.B.18. 语言识别

Ⅰ.B.19. 智能辅导与个性化信息表示

Ⅰ.B.20. 异源信息的整合

Ⅰ.B.21. 协作技术

Ⅰ.C. 经验性研究

Ⅰ.C.1. 认识(包括各种实验,主要指口语分析/可用性)

Ⅰ.C.2. 经典实验与准实验(实验室与现场研究)

Ⅰ.C.3. 质量/人种学现场研究

Ⅰ.C.4. 法律、政策、历史、伦理研究

Ⅰ.C.5. 调查与需求分析

Ⅰ.C.6. 社会/机构研究

第Ⅱ轴：目标

Ⅱ.1. 建立卫生信息基础设施：电子健康记录数据标准和企业数据之间的交换

Ⅱ.2. 确立信息系统的安全性和个人隐私

Ⅱ.3. 设计在生物医学企业中可以普遍使用的可用(有响应的)信息源和系统

Ⅱ.4. 促进卫生相关企业的整合

Ⅱ.5. 改进卫生保健的效果

Ⅱ.6. 提高患者安全,降低医疗事故

Ⅱ.7. 探查疾病爆发与生物战争

Ⅱ.8. 用实例证明给 IT 业投资的回报

Ⅱ.9. 提供生物医学文献及其他卫生信息的易于操作的获取方法

Ⅱ.10. 保证医务工作者的竞争力

Ⅱ.11. 提高卫生相关机构的效率

Ⅱ.12. 建立更完善的有关个人健康与公众健康的信息系统

Ⅱ.13. 鉴别基因组结构与功能

Ⅱ.14. 鉴别蛋白质结构与功能

Ⅱ.15. 建立基因型与表型的关系

Ⅱ.16. 监视人群健康状况

Ⅱ.17. 提取并链接不同种类的原始信息源的生物医学数据与知识

Ⅱ.18. 加强基础生物研究

Ⅱ.19. 加强临床试验与临床研究

Ⅱ.20. 建设数字化图书馆

Ⅱ.21. 建立个人健康记录

Ⅱ.22. 支持诊断和个体行医者的决策

Ⅱ.23. 支持远程诊断

Ⅱ.24. 表现与模型化生物结构

Ⅱ.25. 实验室信息管理

Ⅱ.26. 建立从分子变化到临床表征的疾病模型

Ⅱ.27. 以整合的数据为基准制订卫生政策

Ⅱ.28. 建设专项 EHR 组件(处方、审阅结果、决策支持)

第Ⅲ轴:应用领域

Ⅲ.1. 医疗保健(强调个人保健)

Ⅲ.2. 公共卫生(强调人群健康)

Ⅲ.3. 生物医学研究(基础研究和临床研究)

Ⅲ.4. 卫生工作者及消费者的教育

Ⅲ.5. 卫生机构管理/行政管理

Ⅲ.6. 卫生图书馆与图书馆员

从这个广阔而精深的分类系统中,我们能体会到医学信息学正在成为科学中的一门独立的学科,它有自己明确的研究应用目标和对象,有自己特殊的研究方法,有自己独特的应用领域。医学信息学的典型基础研究包括编程以外的方法学上的创新,并把这些创新应用于医学信息的各个领域。另外,医学信息学为计算机专家和生物医学研究人员及其他工作人员提供合作机会与交流平台。总之,医学信息学是一门新兴的、快速发展的综合性、边缘性、交叉性学科。它的发展前途将是巨大的。

1.3 医学信息学的研究范畴

医学信息学的研究范畴可以概括为四个结构层次：

(1) 原始健康数据，比如影像、微阵列、生理数据等。

(2) 从原始健康数据中分析出来的有组织的综合数据库，比如整合起来的基因分类(genotype)和其外在表现形态(phenotype)。

(3) 从数据库中抽象出来的知识库，比如词表、术语学、本体库、语义网等。

(4) 从知识库中验证出来的可直接应用的知识结晶和理论，比如协议，临床实用手册，概论等。

每个结构层次中，以及每两个结构层次之间都对应着一些医学信息学研究的课题。

在原始健康数据层次，最主要的课题是数据采集和集成。这包括实时的生理信号分析、语音识别、传感器采集、条形码扫描等等。

从原始健康数据层次到综合数据库层次，最主要的课题是数据整合，包括数据仓库、数据模型、语义网络、本体论等等。

在综合数据库层次，最主要的课题是数据处理，包括数据储存、数据提取、数据可视化、高级算法、计算模型、图像处理等等。

从综合数据库层次到知识库层次，最主要的课题是推理，包括自然语言处理、信息抽取、数据挖掘、文本产生、统计处理、自动学习等等。

在知识库层次，最主要的课题是知识管理，包括知识表达和知识模型等等。

从知识库层次到知识结晶和理论层次，最主要的课题是知识获取，包括机器学习、文本解释、知识工程、决策理论等等。

在知识结晶和理论层次，最主要的课题是知识应用，包括诊断、治疗、预防等等。

上文提及的这些课题，需要人类和机器的交互合作来完成。如图 1－2 是人机交互图谱。

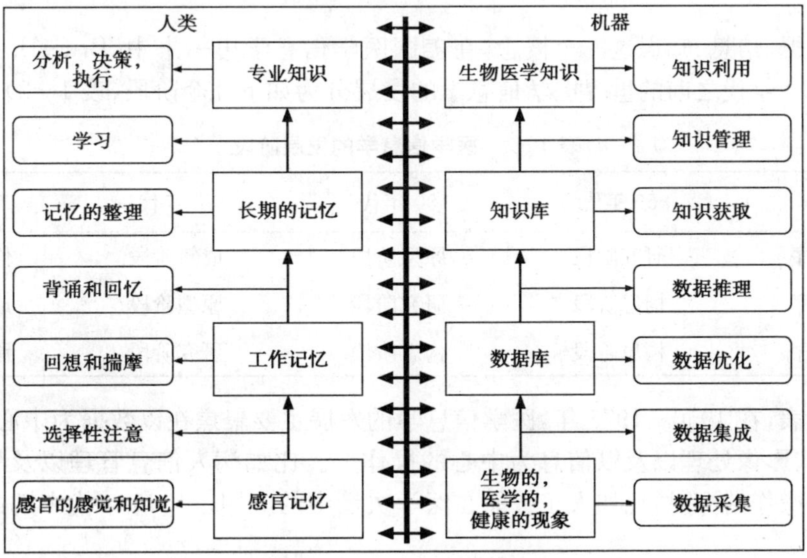

图 1－2 人机交互图谱

根据图1-2,人类在这些研究范畴中的分工可以概括为如图左侧所示：从感官的感觉和知觉,形成感官记忆;对感官记忆的选择性注意,从而形成工作记忆;对工作记忆的回想和揣摩、背诵和回忆,从而形成长期的记忆;对长期记忆的整理、学习从而形成了专业知识;而专业知识将指导最终的分析、决策和执行。

图1-2右侧为机器的分工。机器的分工则包括从生物的、医学的或广义的健康的现象中采集数据,把数据集成到数据库,从数据库中对数据优化和推理从而获得知识库,从知识库中对知识进一步获取和管理,从而获得专门的生物医学知识,然后衍生出相应的知识应用。

上述的分工衍生出了机器的任务,比如建立电子病历的标准和数据交互法则,信息安全和隐私权,优化信息系统,远程治疗,电子处方,个体化电子病历等;以及与之对应的人类的任务,比如理解和使用电子病历,总结知识和教学,学习决策过程和个人信息管理等。

如果机器实现了这些任务,我们将能够提高医疗的质量,减少医疗事故,实现流行病爆发的预警,流程优化,通过医疗数据的循证影响卫生政策等。

如果人类实现了这些任务,我们将高效工作,提高产出,提高团队的合作,获得更人性化的界面和数据支持,减少人为导致的错误(比如疲劳下的决策差错),更好地总结知识。

为了实现这样的结果,当前医学信息学的研究焦点包括：在机器研究方向上,研究人员致力于研究如何利用计算机支持临床试验,支持基因结构和功能的识别,支持蛋白功能的识别,把基因的内在序列和外在表达结合起来,通过建模来再现生物结构,把疾病的临床症状和其分子级别的模型联系起来等;而在人的研究方向上,研究人员则致力于研究知识建模,模式识别和优化可视化的方法学等。

1.4 医学信息学的历史沿革

1.4.1 世界医学信息学的发展阶段

基于数据、信息、知识这三个概念,在美国医学信息学史一书中,Bruce I. Blum 教授把20世纪90年代之前的世界医学信息学的发展分为如下几个阶段(表1-2)。

表1-2 医学信息学的发展阶段

	50年代	60年代	70年代	80年代
数据程序	研究阶段	原型阶段	成熟阶段	修订阶段
信息程序	构思阶段	研究阶段	原型阶段	成熟阶段
知识程序	构思阶段	构思阶段	研究阶段	原型阶段

基于此表,在1950—1975年,医学信息学的发展主要聚焦在以数据为中心的操作上,如信号分析、影像处理以及以信息为中心的操作上。比如病人信息管理以及早期的以知识为中心的操作的探讨,比如人工智能在医学决策中的应用。1960年代末期的卓著贡献

包括 Weed 教授提出了病历的新书写形式和管理流程，从而提出了以问题为中心的电子信息系统(Problem-Oriented Medical Information System，PROMIS)，并在个人工作站上被采用。霍普金斯大学的第一台医用电脑在 1976 年被正式安装，花费 25 万美元，其功能还不如当今的一台 PDA。

1976 年也是医学信息学发展的分水岭，美国医药信息学会(AMIA)的早期原型(Symposium For Computer Applications in Medical Care)开始建立，虽然这并不是全世界最早的医学信息学会，但是很快成为潮流的主导。AMIA 提供了一个国际性的平台，实现信息共享，对理论和实践的探讨，从而为后继的研究提供了基础。同年，Shortliffe 教授的 MYCIN 系统正式被医学信息学书刊记载，从而颠覆了人类对于知识自动化运用的构想，把人工智能的医学专家系统引入了主流研究。更让人兴奋的是，1979 年的诺贝尔奖被颁给了 Allan 教授和 Godfrey 教授，奖励他们发明了 X 射线断层扫描成像，也就是 CT 机。Allan 教授为 CT 机提供了数学模型，Godfrey 教授提供了工程学上的实现。CT 机的发明大大推进了影像诊断学的研究发展。

1.4.2 我国医学信息学发展回顾

回顾我国医学信息学的发展历程，自 20 世纪 70 年代起，伴随着计算机科学的高速发展，可以分为三个阶段：① 单机孤立运用阶段，如药品和临床实验数据的管理；② 局域网内的部门级应用阶段，比如实验室信息系统(LIS)，电子病历(EMR)，医学影像存储和传输系统(PACS)，护理信息系统，以及与之相应的系统集成医院信息系统(HIS)；③ 基于广域网的应用阶段，比如网站门户(Web Portal)提供的网络服务，移动终端的即时消息服务，远程医疗，社区卫生信息服务等。

我国的医学信息学发展，起步于医学图书和情报管理专业，随着医药信息学成为全球研究的热点，正在深度和广度上不断拓展。在中医信息化研究领域，我国处于世界的前沿。

我国于 1986 年开始参加世界医药信息学大会(MedInfo1986)，有 5 篇文章被收录入大会论文集。上海医科大学放射和肿瘤科的论文探讨了微型计算机在医院信息管理系统中的应用，涉及了当年的 CCDOS，dbase Ⅲ，IBM PC/XT 等软硬件。首都医科大学和宣武医院探讨了儿科消化类疾病诊治的中医专家系统的研发。南京中医药大学探讨了基于计算机模拟中医诊断的研究。台湾成功大学发明了基于经络的中医自动化诊断系统。上海医科大学则探讨了微型计算机信息管理系统的研究。进入 21 世纪，上海长海医院探讨的人体大脑的信息网络研究和南京胸科医院关于社区卫生信息化研究论文也在世界医药信息学大会上宣读交流。我国医学信息的组织与专家和世界各国的组织与同行建立了交流、合作的良好关系。

1.5 医学信息学的教育和科研

医学信息学的教育，是以培养该领域的专业人才，从而推动整个行业的发展为目标，其种类可以分为学位教育、进修与认证等。

进修与认证课程，多为短期课程，适用于富有工作经验的行业人士的再教育，开课设在业余时间，以达到实现知识更新，强化专业技能等目的。

学位教育则覆盖了本科、硕士、博士学位。在 1996 年之后，医学信息学的授课院校越来越多，并有把医学信息学作为一个独立学科的趋势。由于医学信息学在沿用的理论上比较渊博，欧美的学科设置，多侧重为硕士和博士生的培养。数据表明，美国目前医学信息学开课院校近 70 多所。自 2000 到 2004 年度，美国医药信息学的毕业生人数增长了 7 倍，而且增幅最快的是硕士毕业生（如图 1-3）。就读研究生的学生多毕业于医学、生物学、物理、电子工程、计算机、数学等本科专业。其研究方向也甚为广博，AMIA 年会发表文献统计资料表明，大部分文章集中于临床信息学领域的应用研究。

学位教育在各国院校多采用学分制，基本把学位教育分为课程学习和课题研究两阶段。硕士的教育，致力于让学生对医学信息学的基本概念和常见研究方向有一个深刻的理解，掌握一定的理论知识及其应用前景，拓展研究范畴，能单独完成项目，从而成为行业的专业人才。博士的教育，则是在硕士教育的基础上，更加专注于一个特定的方向，深入学习理论，掌握多种科研方法学，从而在理论层次上实现拓展和创新，为以后能独立完成科研的设计、进行数据分析以及发表研究成果奠定基础。各个国家的医学信息学教育，从开办学校到研究方向，可以从 Health Informatics World Wide 网站上获得信息。

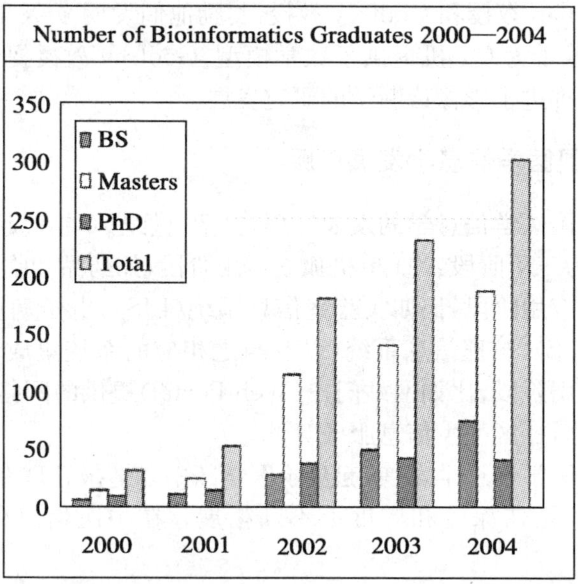

The number of bioinformatics graduates has grown steadily over the past four years

图 1-3 自 2000 到 2004 年度，美国医药信息学的毕业生人数增长

在课程学习过程中，所有医学信息学课程多被设计为一个矩阵列表。比如德州大学健康信息学院，把所授 78 门课程分为基础课程、进阶课程、研究专用课程、实习课程四列（如表 1-3）。

在表 1-3 中，部分课程被设置为必修课，学生必须修完所有必修课程以及列表中每列课程需要的学分。在学习过程中，学生会在学校的建议下，选择导师和方向，然后确定需要学习的知识，在列表上选修相应的科目。各校课程包括：① 医学信息学的入门课程，了解医学信息学的定义、历史、现阶段有待攻关的难题、常用的科研方法等。② 方法学课

表 1-3 医学信息学的常见课程列表

预 科	基础课程	信息学介绍	信息学研究	进阶课程	支持课程
临床医学介绍 分子生物学介绍 生物医学计算机应用 数据结构和算法 信息学数学基础 科技论文写作	医学信息学基础 1 医学信息学基础 2 医学信息学基础 3	电子病历介绍 医院信息系统 可视化数据展现 决策支持 医学信息伦理学 信息系统安全 医学信息系统分析 面向对象的系统设计 生物医学信号处理 影像处理学 健康信息学教学环境设置 认知工程学应用 远程医学 健康信息学的评估 健康质控 现代科技的教学应用 纳米医学 公共卫生信息学原理 公共卫生信息学研究方法学 公共卫生信息学项目协调与合成	项目评估方法学 科研设计 统计解决方案 数据分析 环境设置学 生物计算方法学 认知工程学 消费者信息学 知识建模 1 多方法学现象分析 科研基金申请书写作 人性化人机界面设计	高阶数据库建模 高阶医学信息系统 健康数据展现 知识建模 2 会诊的信息学支持 社会动力学 术语学 高阶决策支持 项目管理 科技写作 生物信息学介绍 生物信息学应用方法学 数据挖掘 认知神经学 推理和医学决策支持	科研讲座 导师带教 项目实习 毕业论文
选修课程	最少 9 学时	最少 6 学时	最少 12 学时	最少 6 学时	最少 48 学时

程，比如定性和定量研究、知识建模、统计、计算机编程、认知工程学、社会动力学（social dynamics）等。③ 方法学深入综合应用方面的课程，比如人工智能、人性化计算、界面设计等。④ 科研设计课程：比如课题设计、科技写作、课题申请书写作、论文写作等。

上课的形式：医学信息学的授课，有别于传统的一个教室、一块黑板、一个老师、一本书。现代医药信息学的教学，多是基于网络的多媒体网站互动，采用课程管理平台管理所有课程的授课材料、学术讨论和交流、学生团队合作、作业提交和评分等。学生可以远程登陆上课，切换观看教室的 3D 布局，和老师通过电脑沟通问题，自制并上传发布多媒体的作业等。课程的教学多安排为一个资深教授搭配一个助教。教授负责课程材料的理论先进性，助教负责管理网站的互动和讨论。

课程的内容安排：每个课程的前段多以了解基本理论和研究方法为主，然后选择一个基于课程理论和方法学的小项目，学生单独或选择同学组建团队完成项目。在执行项目过程中，老师负责答疑和指导方法学，调整项目大小和进度。学生则每周上网提交作业和项目进度，参加讨论。期末则围绕项目写一篇文章并制作板报，文章多包括课题背景介绍(introduction)、方法学(methods)、当前结果(result)和基于课程中理论对课题的讨论(discussion)等。板报则要用图形和简练的文字表达整个项目。期末学校会确定一个板报日，全校学生把自己的课题做成板报，向全校展览，并回答所有老师提出的问题，打分计入总成绩。课程目标是从开始就培养团队合作，以项目为核心，以论文为结论的工作和科研思路，为后面的毕业课题研究奠定基础。

毕业课题研究包括了选择导师、课题立项、开题考试、课题研究、结题和发表文章等过程。欧洲医药信息系，大多设有项目协调员(program coordinator)这一角色，比如荷兰 Erasmus 大学的项目协调员为学校的青年骨干教授，负责在教学过程中的资源调配，协助学生确定个人的职业规划和选择导师，管理书籍、实验器材，调度其他老师的协助等。美国则是导师负责制，每个导师都有一个自己的实验室，各个实验室的科研方向相对独立。在完成课程学习后，学生往往轮转几个实验室，每个实验室三个月到半年不等，从而在了解每个实验室的研究方向后选定课题，然后在该课题的实验室进行学习、科研并结题。

1.6 主要医学信息学的组织机构和会议

医学信息学的常见组织机构和会议可以分为国际性、地区性和国家性三部分。国际性的会议包括了国际医学信息学会(IMIA)、医疗信息与管理系统协会(HIMSS)；地区性则包括欧洲医学信息学联盟(EFMI)、亚太医学信息学协会(APAMI)；国家性则包括美国医药信息学会(AMIA)、中国医药信息学会(CMIA)、中华医院管理学会信息管理专业委员会(CHIMA)。

1) 国际医学信息学会(International Medical Informatics Association，IMIA)

国际医学信息学会依据瑞士法创建于 1989 年，是一个独立于任何国家的组织。该组织的原型是 1967 年的 4 个学术委员会，来自于国际信息处理联盟(International Federation for Information Processing，IFIP)。从 1979 年至今，IMIA 从一个 IFIP 的特别兴趣小组成长为一个独立的组织，目前 IMIA 仍然是 IFIP 的分支机构。该协会是一个非盈利性的组织，和 WHO 保持着紧密合作关系，为各国政府提供专业建议。作为一个国际性的组织，IMIA致力于信息科学和技术在健康领域的应用，活动包括全球的医学信息标准化、统一流程、数据整合研究等。

(1) IMIA 远期目标：① 促进信息学在各个健康领域的应用；② 促进跨国际的合作；③ 促进新的科研项目的建立和开发；④ 实现信息学从理论到实践的转化；⑤ 进一步深化信息、知识的传播和普及；⑥ 促进医学信息学教育；⑦ 代表了医学信息学的全球现状。

(2) IMIA 的近期目标：① 促进理论与实践的结合，通过衔接学术和临床的实践，从软件提供商、咨询师、医生、科研员等角度优化医药信息的应用；② 领导和壮大国际医药信息社区;③ 促进跨学科、跨国界的医药信息交流合作;④ 促进全球性健康信息框架的产生。IMIA下辖的刊物是《医学信息学年鉴》(Yearbook of Medical Informatics)。

IMIA负责组织了每三年一次的全球性医学信息会议(World Congress on Medical and Health Informatics,MedInfo),历届会议时间地点如下:斯德哥尔摩(1974),多伦多(1977),东京(1980),阿姆斯特丹(1983),华盛顿(1986),北京/新加坡(1989),日内瓦(1992),温哥华(1995),汉城(1998),伦敦(2001),旧金山(2004),布里斯班(2007),下一届2010年将在南非的开普敦举行。每次会议都会出版论文集(Proceedings of MedInfo)。

2) 医疗信息与管理系统协会(Healthcare Information and Management Systems Society,HIMSS)

医疗信息与管理系统协会于1961年在芝加哥初创,自创立以来,华盛顿、布鲁塞尔、新加坡等国际化的组织和机构不断加入,从而使HIMSS不断壮大。目前HIMSS代表了超过2万个个人会员和350个企业会员。在业界,HIMSS是一个重要机构,致力于领导全球的医药信息潮流,优化医药信息,IT技术的应用和管理,从而达到革新整个健康产业的目的。HIMSS为健康政策和工业应用制定框架和执行法则,HIMSS的焦点在于优化信息和信息系统的使用,比如提倡知识共享、新的提议与合作、技术革新和培养社区等。HIMSS的委员会成员大多来自于行业的大公司的执行层和医院信息系统的决策者。

HIMSS主持了每年一次的大会,会议包括了产品展览、教学、技术探讨等。HIMSS有全球化的趋势,其主持的亚太年会、中东年会等各种研讨会正在热烈展开。HIMSS下辖刊物是《健康信息管理期刊》(The Journal of Health Information Management)。

3) 欧洲医学信息学联盟(European Federation for Medical Informatics,EFMI)

在世界卫生组织欧洲区的帮助下,欧洲医学信息学联盟于1979年9月在哥本哈根创建,联盟代表则来自于欧洲国家和地区性的学术机构和企业。联盟宣言:联盟是非盈利性的,致力于信息科技的理论和实践在健康领域的应用,以欧洲为主要区域。该组织的框架主要包括一个委员会,17个研讨小组。该协会1976年制定目标如下:① 促进国际的合作和信息科学的研究和讨论;② 促进标准的实施;③ 促进医学信息学的科研;④ 促进医学信息学的教育;⑤ 作为IMIA在欧洲区的代表。协会下包括若干小组:智能卡芯片组、教育组、电子病历组、评估组、人性化计算、残疾康复人群信息组、信息建模小组、开源软件组、病例组合(Case mix)资源调配研讨组、跨国信息交互组、影像处理组、自然语言处理组、护理信息组、基层医疗信息组、个人移动终端研讨组、安全与伦理组、供应链追溯性检查研讨组。EFMI下辖杂志是《国际医学信息学期刊》(International Journal of Medical Informatics)。

4) 亚太医学信息学协会(Asia Pacific Association for Medical Informatics,APAMI)

成立于1993年10月,是IMIA的一个重要成员组,包括了13个国家和地区,会议三年一次,历届如下:新加坡(1994),悉尼(1997),香港(2000),汉城(2003),台北(2006),广岛(2009)。下设四个分组,标准化小组、发展中国家研讨小组、决策支持小组、护理信息组。APAMI暂无下辖刊物。

5) 美国医学信息学会(American Medical Informatics Association,AMIA)

美国最大的医药信息学协会,致力于提供高效的组织与管理,分析和拓展医学信息的应用领域，从而支持临床、公共卫生、教学、科研、新政策研究。AMIA 现有 4 千多成员分布在临床和临床研究、个人健康管理、公共卫生研究和基础研究等各个领域。在过去的 30 年中，AMIA 和其附属学术机构，组织了教学、研讨会和政策研究等各种项目。而且美国政府经常参考 AMIA 的研究成果制定健康法案，大到国家信息框架，小到个人信息的保护。

AMIA 的会员来自于跨学科的组织和个人，分布于 65 个国家，包括医生、护士、药剂师、科研人员、教师、研究生、政府官员、咨询师等。机构则包括学校、社区、机关、企业、医院、国际性医疗机构等。

AMIA 把所有医药信息的议题分成了若干研讨小组(Working Groups)，目前小组分类为：临床信息系统组、临床科研信息组、消费者健康信息组、牙科组、教育组、伦理法学组、评估组、生物医学知识表达组、知识数据挖掘组、医疗影像组、自然语言处理组、护理信息组、开源资源组、机构组织组、动态知识更新组、药理信息组、基层医疗信息组、公共卫生信息组、学生组。AMIA 会员则可以参加各个小组，交换行业最新信息，包括工作、新开的项目和科研经费等。每个小组都有自己的目标定位、论坛和邮件列表。AMIA 下辖杂志是《美国医学信息学会期刊》(Journal of the American Medical Informatics Association)。

6) 中国医药信息学会(China Medical Informatics Association，CMIA)

在医药卫生领域中从事研究计算机技术和信息科学研究和应用的专家学者、技术人员和管理人员组成的学术团体，是国际医药信息学会(IMIA)的常务理事成员，是中国在该国际组织中的惟一代表。该学会是经国务院批准，于 20 世纪 80 年代初，在中国电子学会医药信息学分会的基础上组建起来的，并代表中国正式加入国际医药信息学会(IMIA)，进行国际学术交流。其学术活动一直得到国家卫生部、信息产业部、发展和改革委员会、国家食品药品监督管理局、国家中医药管理局和解放军总后卫生部等领导部门的热情关怀和大力支持。目前，学会有会员 5 800 多人，91 名理事，专业委员会 31 个，地方学会 23 个。

中国医药信息学会自 1981 年成立以来，积极开展各种学术活动。曾先后于长沙(1981)、西安(1983)、昆明(1984)、厦门(1987)、大连(1991)、武汉(1994)、承德(1997)、苏州(1999)、北京(2002)、深圳(2004)、珠海(2007)召开了 11 次全国医药信息学大会，进行全国性的学术交流，出版论文集 11 册。1989 年 10 月，CMIA 在北京成功主办了第六届世界医药信息学大会(MEDINFO89)，在国际上获得极为良好的反响。1990 年和 1997 年与日本医学信息学会联合举办了第一届和第二届“中日医药信息学学术交流会”。1999 年在苏州主办了第一届中日韩医药信息学会议，以后每年轮流在中国、日本、韩国举办一次“中日韩医药信息学会议”，国际间交流论文 600 多篇。目前，中国医药信息学会(CMIA)与中国电子学会医药信息学分会属于两个机构协同工作。

中国医药信息学会聚集了国内一大批计算机信息科学和医药卫生界的著名专家学者及高层次管理人员，与国内著名医院、大学、科研机构和公司厂家有着广泛的联系，与国际上的有关学术机构也有着长期密切的合作关系，在中国医药信息学的研究应用方面起着重要作用。

7) 中华医院管理学会信息管理专业委员会(China Hospital Information Manage-

ment Association,CHIMA)

中华医院管理学会信息管理专业委员会,最初是中华医学会医院管理分会计算机应用学组,现CHIMA为中华医院管理学会所属的分支机构,是总会领导下的全国性从事医院信息管理方面的非营利性、群众性的行业学术组织。委员会工作的主要着眼点在于:开展医院信息管理学术交流活动;制定有关医院信息标准管理规范及规章制度;培训和提高医院信息管理工作人员素质,从而推动中国医院信息管理工作事业的发展。近年来,委员会工作扩展到医疗卫生领域的各个方面。

自CHIMA成立后,每年均举办全国性学术会议。委员会与卫生部医院管理研究所共同举办了“中华医院信息网络大会”,自1997年至今已成功举办了14届,是医院信息管理方面规模最大、反响热烈、影响深远的大型学术及应用性年会。参会人员中包括了中国各医疗卫生部门信息主管、医院院长及信息中心、社会保险、医学院校、IT企业同行们。2002年9月与卫生部统计信息中心合作举办“中国医院总论坛——信息分论坛”。

另外,委员会为培训和提高医院信息管理工作人员素质,经常举办有关医院信息方面的学习班及讲座,近年曾与不同单位联合举办了“门诊医生工作站专题研讨会”、“2002中国医学信息技术论坛(CHITA论坛)”、“DRG方式与医院信息系统研讨会”等。委员会于2002年组织编写了《医院信息管理》一书,该书为中华医院管理学会主编的《医院管理》丛书的分册之一,于2003年5月出版。委员会还是《中国数字医学》杂志的协办机构。

1.7 医学信息学的主要著作和刊物

由于医学信息学作为一门交叉性学科的特殊性,欧美大多数医学信息系设有自己的系专有图书馆。国外优秀的专业教材包括:新南威尔士大学Enrico Coiera教授的《医学信息学指南》(Guide to Health Informatics),Erasmus大学Van Bemmel和斯坦福大学Mark Musen教授合著的《医药信息学手册》(Hand book of medical informatics),哥伦比亚大学Edward H. Shortliffe和James J. Cimino教授合著的《生物医学信息学:计算机在健康生物医药信息学的应用》(Biomedical Informatics: Computer Applications in Health Care and Biomedicine Health Informatics)。

医药信息学的常见杂志,根据影响因子排名,前四位是:①《美国医学信息学会期刊》(Journal of the American Medical Informatics Association),②《国际医学信息学期刊》(International Journal of Medical Informatics),③《生物医学信息学期刊》(Journal of Biomedical Informatics),④《医学信息学方法》(Methods of Information in Medicine)。

其他常见的杂志包括:《医学信息学年鉴》(Yearbook of Medical Informatics),《人工智能的医学应用》(Artificial Intelligence in Medicine),《基层医疗信息学》(Informatics in Primary Care),《发展中国家医药信息学》(Journal of Health Informatics in Developing Countries),以及我国的《医学信息学杂志》(Journal of Medical Informatics),《中国数字医学》(China Digital Medicine)等。

主要的会议论文集则包括,IMIA三年一次大会“MEDINFO”的论文集,AMIA年会的论文集,EFMI年会的论文集,以及我国CMIA、CHIMA年会的论文集等。

1.8 医学信息学发展态势

医学信息学是一个新兴的、多学科的、交叉型综合学科，它的发展日新月异，有很多机遇但同时也面临许多挑战，它的机遇主要表现在医疗信息飞速发展所带来的各种研究项目，它的挑战主要表现在以下几个方面。

(1) 进一步完善全国性的管理框架，以便运作、统筹、协调学术交流和行业技术推广。进一步发展行业核心期刊，将学科的科研成果更广泛地共享和推广。

(2) 进一步实现标准化，比如术语库，从而实现数据的交互、整合、语义的连贯和共享、更好地支持结构化数据录入、临床决策等。

(3) 基础研究和临床研究整合，把基础研究和临床研究的知识结合起来，从而实现循证医学。在结合中，生物医学工程的科学家将采纳和运用计算科学来解决生物医学科学的问题；实验科学家和临床生物医学科学家将收集数据，进行计算机模拟、分析、建模、数据挖掘等，临床信息科学家则致力于研究信息的获取和传递，支持对临床工作的处理；临床工作者和流行病学家将致力于临床研究，包括诊断、治疗和疗效研究等。

(4) 人性化计算：目前大量的临床信息仍然是孤岛，临床工作者 40%的工作时间用来记录数据。大量的工作和流程及软硬件设计不足导致了医疗事故。美国 2006 年医疗事故死亡率为 98 000 起左右，导致了额外的医疗费用、病人残疾等恶性后果。如何理解人的局限性，从而优化工作流程和环境，以达到减少医疗事故目的是当前的研究热点。

问题与讨论

(1) 医学信息学的定义是什么？

(2) 数据、信息、知识三者的区别、关联是什么？请举例说明。

(3) 从机器的角度而言，请解释信息学的四个层次是什么，四者之间的关联又是什么。以门诊病历为例，试阐述该四个层次。

(4) 从人的角度而言，请解释信息学的四个层次是什么，四者之间的关联又是什么。以门诊病历为例，试阐述这四个层次。

(5) 请简述医学信息学的历史沿革。

（张家杰　朱　珉）

2　医学信息的管理

本章将论述有关医学数据、信息和医学信息管理的基础知识。读完这章后，你应该知道下面这些问题的答案：

信息是什么？信息的特征有哪些？数据和信息的关系是什么？

医学信息的定义是什么？医学信息的特征有哪些？什么是医学信息的知识谱？医学信息所涵盖的范围？

为什么要进行医学信息管理？医学信息管理的内容和功能是什么？

什么是医学数据挖掘？为什么要进行医学数据挖掘？医学数据挖掘的常用技术有哪些？

2.1　数据、信息及信息管理概述

信息是普遍存在于人类社会的现象。信息无时不有，无处不在。现代社会，信息已成为人所共知的流行词，人们每时每刻都在信息的海洋里学习、工作和生活。人们常说21世纪是信息时代。人类正以前所未有的规模大量地产生信息，广泛使用信息，从而极大地推动了科学技术和生产实践乃至普通百姓日常生活的变革和进步。

但是，什么是信息？在古代，人们认为信息就是消息。只是到了近现代，人们才开始把信息作为科学研究的对象，试图描述信息的概念和定义。例如，通信专家香农在定量测定通信系统中的信息时，把信息界定为“用来消除随机不确定性的东西”。

现代控制论创始人维纳认为，“信息就是信息，不是物质，也不是能量。”他同时指出，“信息就是我们在适应外部世界，并且使这种适应反作用于外部世界的过程中，同外部世界进行相互交换的内容的名称。”信息是人与外部世界的中介。没有信息，没有这种中介，人将同外部世界隔绝，就无法认识世界，更谈不上去改造世界。

计算机和通信技术出现后，信息被看作“数据”，并在计算机和通信科学的许多基础理论中得到广泛应用；第二次世界大战后，随着科技信息服务业的兴起，又出现了信息是“决策所需要的知识”的说法；在互联网飞速发展的今天，人们又将信息看成“网络上传输的一切数据、符号、信号、资料”等。

有人曾统计过，迄今有关信息的概念定义不下百种。这与不同的社会发展时期，不同的约束条件有关。如果不考虑各种约束条件，多数人会同意信息是“一种事物存在的方式和运动状态的表现形式”。这是最普遍、最广义的信息概念，有人将其称之为本体论层次的信息的概念。在这个意义上，信息可与物质和能量并驾齐驱。当然，信息的产生、获取、利用等都离不开人这个主体，于是就产生了认识论层次上的信息的概念：主体所感知或认识的事物存在的一种方式和运动状态。

一切事物都在运动和变化着。信息不仅存在于自然界，存在于人类社会，也存在于思维领域。它并非指事物本身，而是用来表现事物特征的一种普遍形式。我国著名的信息学家钟义信教授给信息下的定义是：信息是事物存在方式或运动状态，以及这种方式或状态直接或间接的表述。这个定义具有最大的普遍性，不仅能涵盖所有其他的信息定义，而且通过引入约束条件还能转换为所有其他的信息定义。

根据近年来人们对于信息的研究成果，科学的信息的概念可以概括为：信息是客观世界中各种事物的运动和变化的反映，是客观事物之间相互联系和相互作用的表征，表现的是客观事物运动和变化的实质内容。

因此，信息的存在，并不依赖于人类的认识。几乎所有的生物，包括植物和动物，它们的生命也都仰仗着信息的存在。“春江水暖鸭先知”，这里，水的回暖是报道春天到来的信息，鸭子是得到这个信息的主体。当然，鸭子不会说话，不会来研究信息。因此，尽管信息在人类出现以前就客观存在，但在认识论层次上，没有主体就不能认识信息。事实上，人只有感知了事物的存在方式和它的运动状态，理解了其含义，明确了其效用后，才真正掌握了该事物的信息，因而才能做出正确的决策。

2.1.1 数据与信息

研究“信息”时，离不开“数据”和“知识”这两个概念。数据是散在的，无关的，或按一定规律排列组合的事实、数字或符号。数据是潜在的信息。而知识是与用户的能力和经验相结合并用于解决问题或产生新知识的信息。所以，数据是信息的原料，而信息是知识的原料。

国际标准化组织(International Organization for Standardization，ISO)对“信息”的定义为“信息是对人有用的数据，这些数据将可能影响到人们的行为与决策”。ISO对“数据”的定义为“数据是对事实、概念或指令的一种特殊的表达形式，这种特殊的表达形式可以用人工的方式或者用自动化的装置进行通信、翻译转换或者进行加工处理”。根据这一定义，通常意义下的数字、文字、图画、声音、动画、影像等都是数据，因为它们都能负载信息——“有用的数据”，它们均可以通过人工的方式(例如计算机)进行处理。

实际上，ISO对信息所下的定义已覆盖了香农的内容，因为从“数据”到信息的过程，也就是通过数据处理消除了部分不确定性转化为有用信息的过程。这也覆盖了维纳的内容，即这些可能影响到人们的行为与决策的数据，也是人们适应外部世界，并且同外部世界进行相互交换的内容。事实上ISO对数据的定义也阐明了信息的本质。按照ISO对信息的定义，信息的基础是数据，数据是对事实、概念或指令的一种特殊的表达形式，这里事实就是指客观的事物，因此这种表达形式从本质上来看，它体现了客观事物的内在属性以及客观事物与客观事物之间的内在联系。

按照ISO的定义，“数据”就是客观存在的事实、概念或者指令的一种可供加工处理的特殊的表达形式，即数据是信息的素材，对于计算机信息处理来讲，通常意义下的数字、文字、符号、图画、声音、动画、影像等都是数据，因为它们均可以运用计算机进行处理。“信息”是人们通过对数据进行加工处理后所获得的对人有用的数据。所以，数据既不是物质，也不是能量，而是“信息”的载体。例如，对于临床医生来说，他需要获得有关病人的疾病诊断信息。为了达到这一目的，他可以选用现有的各种载体，以便获取尽可能多的与诊断疾病相关的数据。他可以采用中医的望、闻、问、切的传统方法，也可以通过测量体温、血压、血常规化验、肝功能化验、CT、核磁共振、B超、心电图、脑电图等多种手段来获取与患者病症相关的数据。一般情况下，临床医生不会漫无边际地收集数据，而是通过他的经验和知识，进行有目的、选择性地收集他所需要的数据，然后对这些数据进行加工处理，最后获得与病人诊断结果相关的有用数据——"信息"。这里，体温、血压、化验数据、图像以及中医的四诊数据等均是患者当时体征的反映，它们既不是物质，也不是能量，而是医生明确诊断信息所必需的数据。

综上所述，数据是从客观世界中收集的原始素材，它可以是数字、文字、图画、声音、动画、影像等任意一种可供加工处理的表达形式。信息是根据人们的目的按一定要求进行加工处理所获得的有用的数据。

2.1.2 信息的特征

信息是事物的状态、特征及其变化的客观反映。由于事物及其状态、特征和变化是不以人的意志为转移的客观存在，所以反映这种客观存在的信息，同样带有客观性。信息所反映的内容是客观的，而且一旦形成，其本身也具有客观实在性。

物质是信息的源泉，信息是物质的普遍属性而不是事物本身，它所表现的主要是物质的运动状态和方式。任何物质的运动过程同时也是信息的运动过程，而任何信息的运动过程离不开物质的运动过程。

信息的意义在于传递。没有不经过传递而存在的信息，也不存在没有任何信息的传递。信息在传递过程中发挥它的价值作用。正是由于信息的传递，才成就了充满生机和千变万化的世界。"万类霜天竞自由"，正是我们所处的这个世界的生动写照。人类为了自身的生存和发展，一直在探索和改进信息传递的方式。

值得注意的是，客观事物的实质内容必须通过一定的载体传递，才能成为信息。从某种意义上说，没有信息载体，也就没有信息本身。信息是内容，载体是形式。信息的内容不因载体的形式不同而改变。这里，载体就是指承载信息的媒体，例如空气、声音、符号、文字、图像、电磁波、甲骨、竹片、丝绸、纸、磁带、磁盘、光盘等。"香"味的信息是通过空气传递的；"暴雨"的信息是通过气象预报节目的声音和语言传递的；国内外的新闻大事可以通过报刊杂志或电磁波作为载体进行传递。因此，信息的传递需要载体，没有载体的信息是不存在的。

信息的客观性和可传递性决定了信息的可存储性。信息可以用载体存储起来，累积下去，可以不受时间和空间的限制，通过传递载体来传播。信息的存储和积累，使人们能够对信息进行系统的、全面的研究和分析。信息可以通过不同的载体进行传输或存储。例如，在打电话时，需要将发话人的声音信息转换成电信号，通过电话线路将电信号传送到收话人处，然后再把电信号转换成声音信息；在发送电子邮件时，需要运用计算机的输入装置将数据输入计算机，然后通过网络将数据传送到对方的电子邮箱里。整个传输过程中，传输的载体可以不断改变。在计算机中，所有的文字、符号、图像、动画、影像等信息，都必须将它们转换为二进制代码后才能进行保存，这些信息可以存储到不同的存储介质中，例如软盘、硬盘、光盘或磁带等。有了信息的可存储性，我们才能在今天还能读到李时珍的“本草纲目”，可以欣赏梅兰芳的舞姿和唱段。

信息是可以加工和处理的，对原始信息加工和处理后会得到新的信息。信息的加工，是指人们运用大脑和有关工具对其进行处理的过程。信息的可加工性表现出人们对信息的可认知性。有些信息经过人们的分析、综合和提炼等加工后，可以增加它的价值。例如：中医运用望、闻、问、切获取病人的临床信息，通过对这些信息的综合、加工、分析、处理以明确疾病的表里、寒热、虚实等整体状态，最后使用中药进行调控，使人体恢复正常的活动状态；商场可以运用数据挖掘技术处理它的商品流通信息，通过分析顾客购物的各种倾向，按照顾客的购物倾向重新组合商品的货架，以提高销售量。信息只有通过发布、交流、使用才能体现它真正的价值。

信息可以从一种形态转换为另一种形态，而不改变其内容。由于信息可以在不同的载体间转换（即可以被加工处理）和传播，并且在转换和传播的过程中不会失去和消失，所以谁拥有了某信息的载体谁就拥有了该信息。这一点既和物质不同，也和能量不同。任何具体的物质，当它被从一处移动到另一处后，原来的地方就不再存在这一物体了。任何能量，当从一个载体转移到另一个载体的时候，原载体的能量要么减少了，要么就完全失去了，这是能量守恒定律所决定的。而信息则不同，当某人将知识化的信息传递给他人后，他本人并没有丢失自己的知识，相反地，由于在传递过程中反复使用，知识反而更加巩固和充实。共享性是信息与物质和能量的最大区别。

信息必须服务于使用者的目的。由于社会分工不同，人们所从事的工作目的不同，各个层次的管理人员对信息的需求也不同，这就要求提供信息服务时必须与使用者的目的联系起来，才能发挥信息的价值和效用。

同一信息发出后，对于不同的接受者来说，在不同的地方、不同的时间和不同的条件下，信息的价值和效用是有差异的。信息的价值与效益体现在它对用户的作用之中。信息的价值是以信息对人的有用程度来区分其大小的。如果有用程度高，则信息价值大；有用程度低，则信息价值小，两者成正比。按信息的使用情况，使用价值又分为实际使用价值和潜在使用价值。实际使用价值是指目前条件下信息对于用户的使用价值；潜在使用价值是指用户目前不能利用而在将来可能利用的信息所具有的价值。

信息是有寿命的，和世界上任何事物一样，它有一个生命周期。信息是事物运动和变化的反映，当事物运动和变化的一个特定周期结束后，新的活动周期又开始了。这个新的活动周期，往往不是重复原来的过程，而是在原来基础上向前发展，表现出许多新的特征。信息的更替性是指信息存在老化、过时的问题，需要经常不断地收集和补充新的信息，进行信息更新，才能使信息如实反映事物的运动和变化。

时效性是信息的一个重要特征。信息的时效性是指信息的功能、作用和效益都是随着时间的改变而改变的。信息的使用价值与其所提供的时间密切相关。时间的延误，会使信息的使用价值衰减甚至最后完全消失。灾难性地震预报的延误将给人民生命和财产带来难以估计的损失。

与信息的时效性相连的是信息的贬值与“污染”。信息的滞后性，信息的失效就意味着信息的贬值。虚假的信息也是对真实信息的污染。狼来了的故事告诉我们虚假的信息是多么的有害。错误的地震预报也会造成不必要的社会恐慌。所以，用户在信息急剧增加的情况下，一方面很难找到正确的信息，另一方面又被质量差、已贬值或虚假、错误的信息所包围，这就是信息的“污染”。

信息具有针对性。对一些人无效的信息可能对另一些人是有用的。股市上某一个股的涨跌信息对于非股民来说通常没有很大意义，而对该股的持有人来说关系可能很大。医院对病人疾病的诊断结论通常只对病人本人有用。

信息是可以暂时消失或永久消失的，例如通过考古人员的努力可以找回一些有关人类古代文明的信息。在计算机应用中，我们可以把放到回收站的数据理解为准备做“暂时消失”处理的信息，对回收站的数据进行清空处理就相当于“永久消失”，另外像对磁盘进行格式化处理，也相当于对磁盘上的信息进行“永久消失”处理。

综上所述，信息有以下一些特性：信息不是物质，信息是可以共享的；信息没有质量，然而信息的传递需要载体，没有载体的信息是不存在的；信息不是能量，信息是可以暂时消失或永久消失的；信息是可以处理的，信息只有通过处理、发布、交流、使用才能体现它的真正价值，信息是有时效性及针对性的；信息是可以通过不同的载体进行传输或存储的。

2.1.3 信息管理基础

首先对几个关于信息管理的名词作简单解释。信息资源管理：信息资源管理的基本点，是要将信息作为一种重要资源加以管理。狭义的信息管理：对信息的管理。广义的信息管理：不单单是对信息的管理，而是对涉及信息活动的各种要素，如信息、技术、人员、组织进行合理地组织和有效地控制，从而满足社会的信息需求。信息管理科学：信息管理科学是一门以普遍存在的社会信息现象为研究对象，在揭示其基本规律的基础上解决社会信息服务中的各种问题的科学。

1) 信息资源管理

信息资源管理(information resource management，IRM)的基本点，是要将信息作为一种重要资源加以管理。信息资源管理的任务就是采用全新的思想，以最有效的模式管理一个组织的信息，以支持一个组织正确地进行管理和决策。IRM 思想主要有以下几点：

(1) 信息资源是一种战略性资源。正是 IRM 的兴起，才使信息资源在组织中的战略地位得以确立，并最大限度地发挥信息资源的重要作用，实现信息资源的价值。

(2) 必须将技术、经济、人文手段相结合，实现对信息资源的整体管理。IRM 使信息管理摆脱了单纯依靠技术因素的观点，以一种全新的、综合的、系统的管理思想为指导，逐步成为管理科学中独立的领域。

(3) 信息资源管理是一种观念，也是一种模式。IRM 作为一种新的思想是管理思想的重要组成部分，具有先进性。更重要的是，IRM 提供了一种新的、更具实用性的信息管理模式。

一般来说，IRM 可分为三个层次，即个人的、组织的和社会的 IRM。但 IRM 突出了组织机构层次的信息资源管理或面向组织的信息资源管理，即非国家层次及个人层次的信息资源管理。信息资源管理的手段多种多样，没有固定不变的模式。从其性质来划分，信息资源管理的手段主要有技术手段、经济手段、法律手段和行政手段四大类。信息资源管理活动可划分为宏观管理、中观管理和微观管理三个层次。在这三个层次的信息资源管理中，宏观管理和中观管理是微观管理的前提，微观管理是宏观管理和中观管理的基础。组织机构的信息资源管理问题正是本章重点要讨论的。

2) 信息管理

对信息管理的理解，一种认为就是对信息的管理。在这里，信息管理是指狭义的信息资源管理，实际上就是对信息本身的管理。另一种则认为，信息管理不单单是对信息的管理，而是对涉及信息活动的各种要素，如信息、技术、人员、组织进行合理的组织和有效的控制，从而满足社会的信息需求。在这里，信息管理是指广义的信息资源管理。

信息管理是管理的一种，既要对信息进行管理，也要对信息活动进行管理。信息和信息活动都是信息管理的客体。简言之，信息管理就是对信息和信息活动的管理。这是我们对信息管理的全面理解。

基于以上认识，可以把信息管理定义如下：信息管理是在管理科学的一般原理指导下，对信息活动中的各种要素，包括信息、人员、资金、设备、技术等，进行科学的规划、组织、协调和控制，以充分开发和有效利用信息资源，从而最大限度地满足社会的信息需求。

信息管理是信息人员围绕信息资源的形成与开发利用，借助信息技术进行的信息活动。这一定义概括了信息管理的三个要素：人员、技术、信息；体现了信息管理的两个方面：信息资源和信息活动。

信息管理的历史发展可划分为三个时期：传统管理时期（以手工文献为象征）、技术管理时期（以电子信息系统为象征）、资源管理时期（以信息资源管理为象征）。

美国的马钱德和克雷斯林以及中国南开大学钟守真等人，分别提出了信息管理发展阶段新假说，指出信息资源管理是信息管理发展过程中的一个时期，认为信息管理的发展经历了传统管理阶段、系统管理阶段和资源管理阶段，目前正步入知识管理阶段。知识管理是信息管理的新发展，是对信息管理的提高和升华。

从组织信息管理角度来看，岳剑波把现代信息管理时期的信息管理活动分为以下两个发展阶段：一是面向技术的信息管理阶段。这一阶段以计算机技术为核心，以管理信息系统为主要阵地，以解决大数据量信息的处理和检索问题为主要任务，管理手段计算机化，主要管理者是管理信息系统经理。二是面向资源的信息管理阶段。这一阶段以信息资源为中心，以战略信息系统（SIS）为主要阵地，以解决信息资源对竞争战略决策的支持为主要任务，管理手段网络化，主要管理者是信息主管（CIO）。

卢泰宏对信息管理的研究内容做出了高度的概括。与信息管理的技术时期相比较，他提出了信息管理的技术管理、经济管理和人文管理三种模式，并分别对应三种社会背景：信息技术、信息经济和信息文化。概括而言，信息管理的实质就是人们综合采用技术的、经济的、人文的方法和手段对信息进行管理，以提高信息利用的效率，最大限度地实现信息效用价值为目的的一种活动。

另外，与管理的一般职能一样，信息管理的主要职能仍然是计划、组织、领导和控制。

3) 信息管理科学

关于信息管理科学，目前国内外正从不同角度展开全面研究，以下归纳已达到基本共识的定义：信息管理科学是一门以普遍存在的社会信息现象为研究对象，在揭示其基本规律的基础上解决社会信息服务中的各种问题。

对社会信息现象与规律的认识是信息管理科学的基点。

信息学、管理学和系统科学之间的关系是很密切的，三者构成了信息管理学基础理论体系结构，是信息管理学理论体系的主体学科。

鉴于信息管理科学的跨学科特征，其研究方法理应是综合性的。以信息论为主体包括控制论和系统论在内的学科为其提供了必要的研究方法。

4）信息管理学的实用体系和相关内容

信息管理学研究的主要问题是如何开发利用信息资源。信息管理学研究的重点应该放在组织层面。

信息资源是核心，信息技术是前提，信息系统是手段，信息经济是宗旨。基于以上观点，信息管理学的实用体系框架是：信息资源管理—信息技术应用—信息系统建设—信息经济研究。

如果进一步将"信息资源管理"和"信息管理"两个基本概念加以对照和分析可以看出，二者实际上是对同一内涵从两个不同角度的分别概括。"信息管理"是从社会管理的角度，对这一内涵的宏观概括；而"信息资源管理"则是从管理技术和管理方法角度对这一管理过程的微观描述。

通常认为信息资源管理由信息源、信息服务和信息系统三部分组成。

信息资源的管理过程主要包括以下四个方面：① 获取资源；② 加工资源；③ 利用资源；④ 废弃资源。

从系统观点看，信息资源管理是指对整个信息系统的管理。从过程观点看，信息是一种具有生命周期的资源，信息资源管理就是基于信息生命周期的一种人类管理活动。

现代信息技术主要包括信息处理技术、通信技术、控制技术等。更为全面的是钟义信教授提出的信息技术四基元，即感测技术、通信技术、计算机和智能技术、控制技术。

把信息技术单纯理解为"一个C"（计算机）、"两个C"（计算机与通信）和"三个C"（计算机、通信、控制）是不够全面的。信息技术是指获取、传递、处理和存储、以及利用信息的技术。感测技术是信息的采集技术，对应于人的感觉器官；通信技术是信息的传递技术，对应于人的神经系统；计算机技术是信息的处理和存储技术，对应于人的思维器官；控制技术是信息的使用技术，对应于人的执行器官。

另外，按照专业信息工作的基本环节，可将信息技术比较完整地划分为信息获取技术、信息加工技术、信息存储技术、信息检索技术、信息传递技术、信息控制技术等。

信息处理技术的发展大体经历了三个阶段：程序管理方式阶段、文件系统阶段和数据库系统阶段。

整个数据库系统由三部分组成：用户应用程序、介于数据库和应用程序之间的数据库管理系统和存储在外存储器上的经过组织的共享数据库。其中，数据库管理系统是指对数据进行组织和管理的软件系统，它是数据库系统的核心，用户应用程序对数据库进行的所有数据操作都是在数据库管理系统的统一管理下进行的。

计算机网络的形成与发展经历了三个阶段：具有通信功能的单机系统阶段、具有通信功能的多机系统阶段、以资源共享为目的的计算机——计算机网络阶段。

由于网络的发展是一个动态的过程，因此人们便提出了各种各样的网络定义。第一种网络——计算机通信网是指以传输信息为目的、用通信线路将多个计算机连接起来的计算机系统的集合。第二种网络——计算机网络是指以相互共享资源（硬件、软件和数据等）的方式连接起来，并且各自具备独立功能的计算机系统的集合。

输入数据，经过加工处理后，输出信息的系统，称为信息系统。换句话说，一个信息系统由输入（数据）部分、信息处理部分和输出（信息）部分组成。信息处理部分，通常被称作信息处理器，它是信息系统的主要成分，也是全面理解信息资源管理的关键所在。

几类主要的信息系统模式：① 情报检索系统；② MIS 与 EDPS、DSS；ES、EIS、OAS、SIS。

信息经济学是把信息和信息活动当作普遍存在的社会经济现象来加以研究的学科，主要研究信息活动中的经济问题以及经济活动中的信息问题。

信息经济概念的出现标志着人类社会的经济发展已从农业经济、工业经济进化到一个新的历史时期，即以信息技术为物质基础，以信息产业为部门构成，以信息活动作用的强化为主要特征的信息经济时期。

信息产业是依托现代信息技术，研究和开发信息资源，使其在社会经济领域里的应用不断发展，从而形成的一系列的产业群体。所以，信息产业的发展基础一是信息资源，二是现代信息技术。信息产业可分为信息技术产业和信息服务业。

对于中国这样一个世界发展中大国，国民经济信息化的内涵至少应该包括这两个方面：产业信息化、信息产业化。产业信息化是国民经济信息化的基石，它至少应该包括以下三个方面的内容：技术信息化、管理信息化、人员信息化。

5）信息管理学的学科发展与专业教育

我国图书情报界、计算机界、工商管理界竞相开展信息管理学研究，对这一新兴学科领域进行了广泛而深入的开拓，虽然人们对信息管理的定义存在着学科角度的差异和应用角度的分歧。目前，图书馆学情报学研究、计算机信息管理研究和工商信息管理研究三者在学科建设上呈现出一种逐渐整合的趋势。但是现在所设的该专业实际上只是一个统一的名称，并未完全打破原有的专业早已形成了的较为稳定的教学体系。

国外基本上把信息管理视为一个新领域，它主要研究组织机构（而非个人或社会）的信息资源的管理问题。我国的本专业建设也应把探求组织层次的信息管理或信息资源管理教育作为新的方向，因为随着我国信息化水平的提高，社会对这类新型人才的需求将会迅速增长。

2.2 医学信息的管理

1）医学信息

医学信息（Medical Information）是指一切与生命健康科学有关的信息，它来源于人类对生命科学的研究和理论创见，它涵盖的范围非常广泛，正如第一章所述，从分子水平到基因水平、蛋白水平、细胞水平、组织水平、器官水平、个体水平、再上升到公共卫生水平。因此，医学信息的应用范围遍及医疗卫生各个领域，我们将在以下各章节介绍。

如前所述，“信息”离不开“数据”，医学数据是医学信息的素材、载体和体现。事实上，所有医疗保健活动都涉及数据的收集，分析或使用。

医学信息管理是指对医学信息进行搜集、加工、组织、存储、传递、访问、分析、利用、研究的过程，即对医学信息的开发管理和利用。

2）医学信息的计算机管理

传统的医学信息管理强调使用纸质记录来存储和检索信息，但是在使用中由于一系列的实际问题的存在，使这些记录的有效性大打折扣，例如：

（1）能否找到所需要的医疗记录？

（2）能否在这些记录中找到所需要的信息？

（3）能否迅速地找到所需要的信息？

（4）一旦找到所需信息，它们是否可读和被理解？

（5）能否将新的观测数据以某种一致的格式可靠地更新该数据，以满足未来使用的需要？

传统的纸质的记录方式对上述问题的回答大都是否定的，尽管有这些缺点，但是在计算机时代以前，纸质记录，手工的档案系统就是那个时代的医学信息管理系统。

随着计算机时代的来临，传统的手工方式，医学信息的纸质记录逐步被取代，而进入使用计算机管理医学信息的时代。

3）医学信息管理的内容及功能

如前所述，医学信息学涵盖了从分子到组织、器官、个体、群体的广阔的范围，医学信息管理也就要对这整个范围内的信息以及所涉及的所有方面（患者，医疗卫生机构，医疗卫生财务等）进行管理，并为各有关方面提供服务，大致上，医学信息管理的内容和功能可以分为：医疗记录的管理、医疗质量的管理、患者的管理、医疗卫生机构的管理、医疗卫生财务资源的管理、为临床决策提供支持、为医学科研提供支持。

2.3 医学数据挖掘技术

医学数据的利用技术和管理方式是一个广泛的论题，医学数据挖掘技术是目前发展最快、关注最多、最富于活力的内容，本章将以较大的篇幅介绍它的原理及在医学领域的应用。

2.3.1 数据库与数据仓库

说到数据挖掘，我们常常会碰到数据仓库的概念。数据库和数据仓库是两个概念。简而言之，数据库是面向事务的设计，数据仓库是面向主题的设计。

数据库一般存储在线交易数据，数据仓库存储的一般是历史数据。数据库设计是尽量避免冗余，一般采用符合范式的规则来设计，数据仓库在设计时是有意引入冗余，采用反范式的方式来设计。数据库是为捕获数据而设计；数据仓库是为分析数据而设计，它的两个基本的元素是维表和事实表。维是看问题的角度，比如时间、部门，维表放的就是这些东西的定义，事实表里放着要查询的数据，同时有维的 ID。

数据仓库是在数据库已经大量存在的情况下，为了进一步挖掘数据资源，为了决策需要而产生的，它决不是所谓的“大型数据库”。W. H. Inmon 关于数据仓库的定义：面向主题的、集成的、与时间相关且不可修改的数据集合。

“面向主题的”：传统数据库主要是为应用程序进行数据处理，未必按照同一主题存储数据；数据仓库侧重于数据分析工作，是按照主题存储的。这一点，类似于传统农贸市场与超市的区别——市场里面，白菜、萝卜、香菜会在一个摊位上，如果它们是一个小贩卖的；而超市里，白菜、萝卜、香菜则各自一块。也就是说，市场里的菜(数据)是按照小贩(应用程序)归堆(存储)的，超市里面则是按照菜的类型(同主题)归堆的。

“与时间相关”：数据库保存信息的时候，并不强调一定有时间信息。数据仓库则不同，出于决策的需要，数据仓库中的数据都要标明时间属性。决策中，时间属性很重要。同样都是累计购买过 9 000 元产品的顾客，一位是最近三个月购买 9 000 元，一位是最近一年从未买过，这对于决策者意义是不同的。

“不可修改”：数据仓库中的数据并不是最新的，而是来源于其他数据源。数据仓库反映的是历史信息，并不是数据库处理的那种日常事务数据。因此，数据仓库中的数据是极少或根本不修改的。当然，向数据仓库添加数据是允许的。

数据仓库的出现，并不是要取代数据库。目前，大部分数据仓库还是用关系数据库管理系统来管理的。可以说，数据库、数据仓库相辅相成，各有千秋。数据仓库建设的目的，是为前端查询和分析作为基础，由于有较大的冗余，所以需要的存储也较大。为了更好地为前端应用服务，数据仓库必须有如下几个优点：第一、效率足够高；第二、数据准确；第三、具有良好的扩展性。

2.3.2 医学数据挖掘概述

数据挖掘(data mining)就是从大量的、不完全的、有噪声的、模糊的、随机的数据中提取隐含在其中的，人们事先不知道的，但又是潜在有用的信息和知识的过程。

在当今的信息时代，随着信息和计算机技术的飞速发展，人们可以在短时间内搜集和积累大量的数据。但是，如何快速、准确地从这大量的数据中发现有用的知识，已成为人们迫切需要解决的问题。数据挖掘正是为满足这种需求而提出的一种新技术。

数据挖掘是当前研究的热门领域，它是集信息科学、管理科学、统计学和人工智能等学科于一身的交叉学科。数据挖掘在生物医学领域中的应用有着广阔的前景。医学数据挖掘为医学信息管理通向知识管理架设了一座桥梁。

由于医学信息自身具有的特殊性和复杂性，与常规数据挖掘相比，医学数据挖掘在挖掘对象的广泛性，挖掘算法的高效性和鲁棒性，提供知识或决策的准确性方面有着更高的要求。在医学数据挖掘方法中，决策树、神经网络、模糊逻辑、进化计算、关联规则、粗糙集理论和支持向量机等算法都显示出了各自独特的优越性，已经在医学数据挖掘中得到了成功的应用。随着理论研究的深入和进一步的实践摸索，数据挖掘技术在疾病的诊断和治疗，医学科研与教学以及医院的管理等方面将会发挥更大的作用。

医学领域存在着大量的数据，包括完整的人类遗传密码的信息，大量关于病人的病史、诊断、检验和治疗的临床信息，药品管理信息，医院管理信息等，数据挖掘理论应用于医学,对医学数据进行分析,提取隐含的有价值有意义的信息,对医院管理者做出明智决策,医生对病人正确的诊断和治疗,以及人类疾病和健康的遗传规律的研究都起着极为重要的作用,这对促进人类健康,具有积极作用。

1) 医学数据挖掘的过程

数据挖掘是一个完整的过程,该过程从大型数据库中挖掘出先前未知的、有效的、实用的信息,并使用这些信息做出决策或丰富知识。

这些过程同样适用于医学数据挖掘,基本过程如下:① 确定业务对象。清晰地定义出业务问题,认清数据挖掘的目的。② 数据准备。搜索所有与业务对象有关的内部和外部数据信息,从中选择出适用于数据挖掘应用的数据。将数据转换成一个分析模型,这个模型是针对挖掘算法建立的。真正适合挖掘算法的分析模型是数据挖掘成功的关键。③ 数据挖掘。对准备好的数据进行挖掘。除了选择合适的挖掘算法外,其他一切工作都能自动地完成。④ 结果分析。其使用的分析方法一般应视数据挖掘操作而定,通常会用到可视化技术。⑤ 知识应用。将分析所得到的知识集成到业务信息系统的组织结构中去。

2) 医学数据挖掘的特点

在医学数据挖掘中必须充分考虑医学数据的特点而采取相应的措施。这些特点是:

(1) 医学数据的异质性。医学数据具有大容量和复杂性,医学数据包括图像、病人表述、医生的解释等,这些都是疾病诊断、预后及治疗的基础,是数据挖掘应该考虑的问题。医生对图像信号及其他临床数据的解释是用非结构化的语言来表示的,很难标准化,甚至于同一部门专家对病人状态的含糊描述也不能达到一致意见,他们不仅用不同的名称描述同一个疾病,还用不同的语法结构描述医学术语之间的关系,因此对其数据挖掘是很困难的。医学数据的低数学特性,医学数据自然语言的描述及其图像很难用公式以及模式来描述。

(2) 伦理的、法律的和社会问题。医学的数据是关于人的资料,因此医学资料涉及伦理、法律方面的问题;涉及数据私有性和安全性问题,涉及数据所有权问题,这些都是数据挖掘要考虑的。

(3) 医学数据的隐私性。医学数据不可避免地涉及患者的一些隐私信息,医学数据挖掘者有义务和职责在保护患者隐私的基础上进行科学研究,并且确保这些医学数据的安全性和机密性。

(4) 医学数据的多样性。由于大量的医学数据是从医学影像、实验数据以及医生与病人的交流中获得的,所以原始的医学数据具有多种形式。医学数据包括影像、信号、纯数值、文字等。医学数据的多样性是它区别于其他领域数据的最显著特征。

(5) 医学数据的不完整性。医学数据的搜集和处理过程经常相互脱节。搜集是以治愈患者为直接目的,而处理是以寻找某种疾病的一般规律为目的,因此搜集的信息可能无法涵盖研究需要的所有信息。病例和病案的有限性使医学数据库不可能对任何一种疾病信息都能全面地反映。

(6) 医学数据的冗余性。医学数据库是一个庞大的数据资源,每天都会有大量的记录存储到数据库中,其中可能会包含重复的、无关紧要的、甚至是相互矛盾的记录。此外,医学数据还具有时间性特征,医学检测的信号、影像都是时间函数,具有较强的时效性。

3）数据挖掘在医学中的应用

（1）在疾病辅助诊断中的应用。医学专家系统是将专家的诊断治疗经验转化为规则，只要向系统中输入患者的相关信息，就能迅速地作出判断，这样可以减少医生的失误。但是专家系统的诊断标准是根据某个或某几个专家的经验来制订的，缺乏客观性和普遍性。此外，专家系统的推理规则和结论都是预先设计好的，有些患者的临床表现可能不在此范围内，因此，有一定的局限性。采用数据挖掘可以通过对患者资料数据库中大量历史数据的处理，挖掘出有价值的诊断规则，这样根据患者的相关信息等就可以作出正确结论，从而排除了人为因素的干扰，客观性强，此外由于处理的数据量很大，因此得到的诊断规则有着较好的普遍性。

（2）在疾病预测和分析中的应用。确定某些疾病的发展模式，根据病人的病史预测病情的发展趋势，从而有针对性地预防疾病的发生。应用粗糙集理论根据以往病例归纳出诊断规则，用来预测新的疾病的发生，现有的人工预测早产的准确率只有17%—38%，应用粗糙集理论则可提高到68%—90%。在病案信息库中有大量的关于病人的病情信息，对数据库中的信息进行关联规则挖掘可以发现有意义的关系及模式。

（3）在药物开发中的应用。在新药的研究、开发过程中，先导化合物的发掘是关键环节，有两种基本途径，一是随机筛选与意外发现，二是定向发掘。采用数据挖掘技术建立的药物开发系统可以用来寻找同药效学相关的有效化学物质基础，确定药效基团，指导新药的研究与开发，从而缩短新药的研究开发周期，降低研究开发费用。

（4）在医疗管理中的应用。医疗管理的核心是数据、标准、计划以及治疗的质量。目前医疗管理只是停留在基于数据库技术支持的操作型事物处理的水平上。利用数据挖掘技术构建数据挖掘模型、选用适当算法就可以预测医院利润，未来某些时间段内哪些药品使用频率最高或最低，那些疾病发病率最高等问题。

（5）在遗传学方面的应用。用序列模式分析DNA序列，有助于遗传性疾病的鉴定，胎儿先天性疾病的诊断。

综上所述，医学数据库包括电子病历、医学影像、病理改变、化验结果等，而目前数据挖掘技术主要应用于以结构化数据为主的关系数据库、事务数据库和数据仓库，对复杂类型数据的挖掘尚处在起步阶段。结合医学信息自身具有的特殊性和复杂性，选择适合医学数据类型的数据挖掘工具，并解决好数据挖掘过程中的关键技术，只有这样才能尽可能大地发挥数据挖掘技术在医学信息获取中的价值，从而更好地服务于医学、受惠于患者。

2.3.3 医学数据挖掘系统

数据挖掘的核心技术是人工智能、机器学习和统计学，但是数据挖掘系统不是多项技术的简单组合，而是一个完整的有机的体系，它还需要辅助技术的支持，才能完成数据采集、预处理、数据分析、结果表达这一系列任务，最后将分析结果呈现在用户面前。因此，数据挖掘系统是一个集信息管理、信息检索、专家系统、分析评估、数据仓库等为一体的应用软件系统。它由各类数据库、挖掘前处理模块、挖掘操作模块、模式评估模块、知识输出模块组成，这些模块的有机组成就构成了数据挖掘系统的体系结构。典型的数据挖掘系统具有如图2-1的主要组成部分。

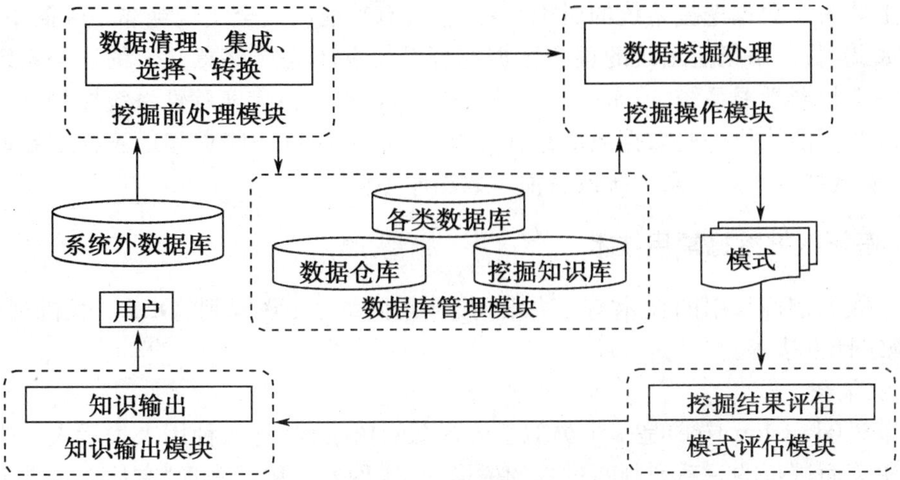

图 2-1 数据挖掘系统体系结构图(源自苏新宁,2003 年)

1) 数据库管理模块

该模块负责对系统内数据库、数据仓库、挖掘知识库的维护和管理。这些数据库,数据仓库是对外部数据库进行转换、清理、净化得到的,它是数据挖掘的基础。挖掘知识库记载有经验、规则、技术、方法、理论、事实以及挖掘过程中用到的知识等,也称作领域知识库。其主要用来指导挖掘的过程以及用来评价挖掘出来的候选模式。

2) 挖掘前处理模块

该模块对所收集到的数据进行清理、集成、选择、转换,生成数据仓库或数据库。其中,清理主要是清理噪音;集成是将多种数据源组合在一起;选择是指选择与问题相关的数据;转换是将所选择数据转换成可挖掘形式。如果因为数据的问题影响到挖掘模式,模式评估将会发现,并返回重新进行数据处理过程或程序。

3) 挖掘操作模块

该模块利用各种数据挖掘算法,针对数据库,数据仓库,数据挖掘库并借助挖掘知识库中的规则、方法、经验和事实数据等,挖掘和发现知识。这一模块是整个数据挖掘系统的核心部分,涉及的算法与技术有关联分析法、判定树回归法、贝叶斯分析法、回归分析法、各种聚类分析法、联机分析处理、文本挖掘技术、多媒体数据挖掘技术等。

4) 模式评估模块

该模块对数据挖掘结果进行评估。由于所挖掘出的模式可能有许多,需要将用户的兴趣度与这些模式进行分析对比,评估模式价值,分析不足原因,如果挖掘出的模式与用户兴趣度相差较大,需返回相应的过程(如挖掘前处理或挖掘操作)重新执行。符合用户兴趣度的模式将传输给知识输出模块。

5) 知识输出模块

该模块完成对数据挖掘出的模式进行翻译和解释,以人们易于理解的方式提供给真正渴望知识的决策者使用。它是用户与数据挖掘系统交流的桥梁,用户可以通过这个界面与挖掘系统直接交互,制定数据挖掘任务,提供信息,帮助挖掘聚焦,根据数据挖掘的各个步骤结果进行探索式的数据挖掘。

从上述关于数据挖掘系统的讨论来看,它所有功能的完全实现绝非一件简单的事情,正因为如此,目前市场上出现的很多数据挖掘系统并不是严格意义上的这类系统。有些可能是一个机器学习系统,或是一个统计分析工具,或是一个实验性系统原型等。然而如果一个系统仅能执行一些数据或信息检索任务,包括执行一些求和运算或推导型查询问答,也只能被称为信息检索系统或者演绎数据库系统。

2.3.4 医学数据挖掘常用技术

医学数据挖掘常用的技术有:决策树、神经网络、关联规则、OLAP 联机规则、粗糙集、传统统计方法等。

1) 决策树

决策树(decision tree)是一个类似于流程图的树结构,是一种用来表示人们为了作出某一个决策而进行的一系列判断过程的树形图,这种方法用于表现"在什么条件下会得到什么值"之类的规则。决策树代表着决策集的树形结构,最终结果是一棵树,其中每个内部节点表示在一个属性上的测试,每一个分枝代表一个测试输出,而每个树叶节点代表类或类分布。具体内容参见第 12 章"决策树"一节。

决策树在医疗卫生领域应用有:疾病诊断治疗,医院信息管理的决策支持,医疗卫生政策分析,卫生资源利用评价,基因与大分子序列的分析……

2) 神经网络

人工神经网络(artificial neural network,ANN)是对人脑的某种程度上的抽象、简化和模仿。人工神经网络是由人工神经元相互连接组成的。每个神经元(或处理单元)是一个节点,节点间通过方向性连接组成网络结构。因此人工神经网络是一个数学模型,能用计算机来模拟人脑对信息进行处理。

在结构上,神经网络可以分为输入层(Input Layer)、隐含层(Hidden Layer)和输出层(Output Layer),每一层可以包含若干个节点(神经元),层与层之间的节点互相联系,如图 2-2 示。输入层只从外部环境接收信息,输入层不完成任何计算,它为下层传递信息。输出层生成最终结果,是网络发送给外部系统的,它的每一个神经元对应于一个响应变量。在一个神经网络中通常有两个或多个响应变量。在输入层和输出层之间,可能有一层或多层中间层,称为隐含层,因为它们不直接接触外部环境,对神经网络使用者来说不可见。隐含层完全用于分析,它们用函数联系输入层变量和输出层变量,使它能够更适应数据。隐含层的层数和每层节点的个数决定了神经网络的复杂度。

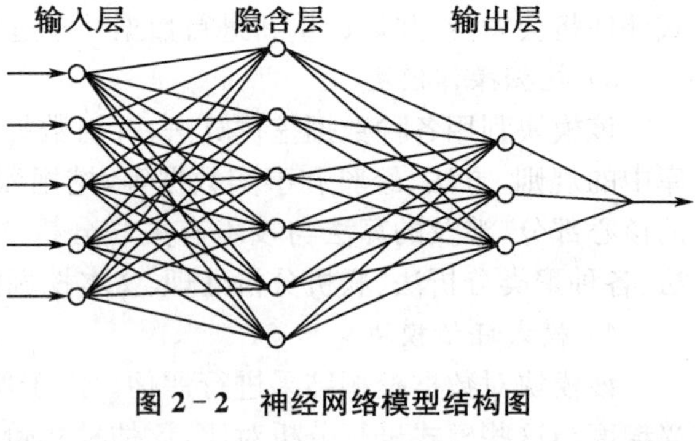

图 2-2 神经网络模型结构图

(1) 人工神经网络的工作原理。建立一个成功的 ANN 需要对网络进行训练,也就是让网络从外界(输入端)接收信息,内部的权值随着训练过程的进行不断的调整,以求使结果达到最优,即使输出结果同实际情况的差异最小。这一过程所遵循的准则是通过学习使网络减少在下一次训练中犯同样的错误的可能性。现今有多种类型的神经网络，如 BP (Back-Propagation)神经网络，Kohonen 神经网络，Hopfield 神经网络等数十种。由于各种具体的网络具有不同的特征，因此其工作方法也不相同，如医学中应用比较广泛的 BP 神经网络，也就是误差反向传播网络，其特点是在训练过程中将输出值同实际值的差异(误差)不断地反传给网络，调整各层之间的权重大小，以求使理论值与实际值的误差最小。此外还有感知器模型，主要用于一些医学的分类问题的研究。

(2) 人工神经网络在医学中的应用。人工神经网络应用于临床诊断：在临床工作中医生大多是凭借一些临床资料(如患者症状，体征及各种检查结果)，结合临床经验得出结论，而 ANN 在这一方面有较强的优势，它能够通过大量样本的学习最终获得诊断疾病的能力。第 12 章有许多经典案例。

人工神经网络应用于预后研究：临床医生往往根据某一个或几个预后因素估计患者的生存时间或预后，甚至凭经验来预测。ANN 可以用来处理多因素资料甚至是因素和结果关系不甚明确的资料。Santos-Garcla 等根据 1994—1999 年间因非小细胞肺癌而行肺切除的 384 份病例资料建立了一个预测手术后死亡的模型，再利用该网络对 2000 年 2 月至 2001 年 12 月间 141 例手术后的非小细胞肺癌患者作分析计算手术后的病死率，该模型对病死率预测的准确性可以达到 98%。可以认为 ANN 较传统的统计学方法可以作出更加准确的预测。

人工神经网络应用于临床决策分析：ANN 是一种非常有潜力的临床决策支持系统工具。ANN 能够为每个患者"量体裁衣"地给出一个特定的预测值。

人工神经网络应用于医学信号分析处理：由于神经网络可以把专家知识结合进一个数学框架来完成提取特征和分类、识别等功能，而不需要任何对数据和噪声的先验统计假设，也不需要把专家知识和经验归纳成严密清晰的条文，因而在模式识别方面具有显著的优越性，被广泛应用于医学信号(如心电，脑电，肌电等)的分析和处理中，ANN 对心电图的识别最为有效。应用神经网络识别心电信号大体有两种作法。一种是将整个心电波形输入到网络中去，经过样本学习，由网络进行识别。如 Johns Hopkins 大学的 S. C. Lee 就是采用二阶神经网络将整个心电信号直接输入的方法对正常心电，室性心动过速和室颤动心电信号进行识别诊断，经过 54 例患者的训练，对正常心电图和室性心动过速的诊断很成功，准确率几乎 100%。另一种是先从心电波形中抽取特征量，再将这些特征量输入到网络中去进行识别。

ANN 由于其可以对线性或非线性多变量在不设前提条件的情况下进行统计分析，同传统的统计方法需要被分析的变量符合一定的条件相比有其自身的优点。一个良好的 ANN 甚至在资料不太完整或有偏差的情况下也可以作出正确的预测。尽管 ANN 有诸多优点，但它目前仍不像传统的统计方法为人们所熟知和应用，随着 ANN 研究的深入，ANN 必将得到临床工作者的认同和肯定，并为临床工作带来诸多便利。

3) 关联规则

在两个或多个变量之间存在着某种规律性，就称其为关联(association)。关联规则(association rule)是指在同一事件中出现不同项的相关性。关联分析(association analysis)就是用于发现隐藏在大型数据集中的令人感兴趣的联系。所发现的联系可以用关联规则或者频繁项集的形式表示。关联规则挖掘就是从大量的数据中挖掘出描述数据项之间相互联系的有价值的有关知识。

应用关联规则的很常用的一个例子是关于有个购物篮的分析。表2-1中列出了某食品店收银台的顾客购物数据。表中每一行对应一次购买行为,左边一列是序号,右边一列是购买的物品。

表2-1 购物篮事务的例子

序 号	项 集
1	{面包,牛奶}
2	{面包,尿布,啤酒,鸡蛋}
3	{牛奶,尿布,啤酒,可乐}
4	{面包,牛奶,尿布,啤酒}
5	{面包,牛奶,尿布,可乐}

从表中数据,可以提取如下规则:{尿布}→{啤酒}。说明许多购买尿布的顾客同时购买了啤酒,所以尿布和啤酒的销售之间存在着很强的联系。通过对沃尔玛连锁超市的数据进行分析后,研究人员发现,在有婴幼儿的家庭里,一般母亲会留在家中照顾孩子,年轻的父亲下班后经常去超市买婴幼儿尿布,其中有30%—40%的人同时也买一些啤酒。超市随后调整了货架的摆放,把尿布和啤酒放在一起,明显增加了销售量。关于关联规则挖掘的理论和方法,本书不作详细讨论,有兴趣的读者可以参考有关书籍。

关联规则在医学上的应用主要表现在以下几个方面。

(1) 用于DNA序列间相似搜索与比较:在基因分析中一个重要的搜索问题是DNA序列中的相似搜索和比较。对分别来自带病和健康组织的基因序列进行比较以识别两类基因间的差异。通常在带病样本中出现的频度超过健康样本的序列,可认为是致病因素;另一方面,在健康样本中出现频度超出带病样本的序列,则认为是抗疾病因素。

(2) 用于识别同时出现的基因序列:目前许多研究关注的是一个基因与另一个基因的比较。大部分疾病不是由单一基因引起的,而是基因组合共同作用的结果。关联分析方法可用于帮助确定在目标样本中同时出现的基因的种类,此类分析将有助于发现基因组和对基因间的交叉和联系的研究。

(3) 在患者生理参数分析中的作用:生理参数数据是医学诊断最基本也是最主要的依据。例如上海同济大学附属医院冯波等人用关联分析研究糖尿病患者肌肉组织和脂肪组织含量与骨密度之间的联系,得出高肌肉和高脂肪组织含量可降低患者髋骨骨折危险性的结论。

(4) 用于疾病相关因素分析:在病案信息库中存有大量关于患者病情和患者个人的信息,包括年龄,性别,居住地,职业,生活情况等,对数据库中的信息进行关联规则分析可以发现有意义的关系及模式,某种疾病的相关发病危险因素分析可以指导患者如何预防该疾病。

(5) 用于疾病预测:确定某些疾病的发展模式,根据患者的病史和以往病例归纳出诊断,规则预测疾病的发展趋势,从而有针对性地预防疾病的发生。

4) OLAP 联机规则

数据仓库中包含了大量的、有价值的历史数据，现代的信息应用需要方便的工具对其中的数据进行分析处理。OLAP(on-line analytical processing，即联机分析处理)可较好地实现数据汇总/聚集，建立多维度的分析，查询和报表，同时还提供切片、切块、钻取和旋转等数据分析功能，使人们从交互方式中获得信息并为预测业务发展提供辅助。OLAP 的功能特征包括快速分析，共享性和多维特性。

OLAP 的基本涵义及特性。

OLAP 访问来自数据源(如数据仓库)经过聚合的多维数据集数据。利用 OLAP 技术，分析人员、管理人员或执行人员能够针对同一个主题，从多个角度对数据进行分析，从而快速、交互地得出决策支持的分析结论。OLAP 技术核心是维的概念，因此，OLAP 也被称为多维数据分析。OLAP 技术主要是针对海量数据的查询，通常不对数据做修改。这种数据访问有别于 OLTP(online transaction processing，在线事务处理)中对数据进行增删改操作。

“维”是 OLAP 的关键技术。“维”通常是指人们观察事物的角度，如时间，地理位置，产品等，多维性是 OLAP 的关键属性，OLAP 系统能够提供对数据分析的多维视图和分析。OLAP 能快速响应用户的查询请求，并实现数据的共享。

按照数据的存储结构基本上又分为 MOLAP(多维 multidimensional OLAP)，ROLAP(关系 relational OLAP)和 HOLAP(混合 hybrid OLAP)。

利用 OLAP 数据维的概念，不同的用户可以根据需要从不同的角度去分析同样的数据。切片和切块的概念就是其中的一个应用实例。选定多维数据集中的一个二维子集的动作称为切片，选定多维数据集的一个三维子集的动作称为切块。图 2-3 是对不同地区某疾病发病情况分析的切片、切块示意图。

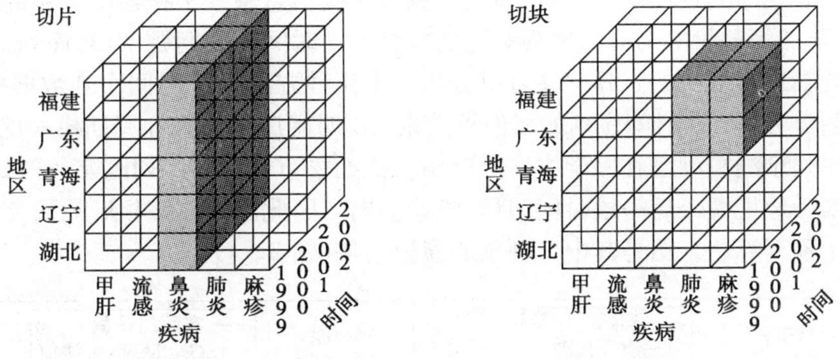

图 2-3 数据挖掘中的切片和切块示意图

5) 粗糙集理论

粗糙集是波兰理工大学 Z. Pawlak 教授提出用来研究不完整数据，不精确知识的表达、学习，归纳等的一套理论。从数学的角度看，粗糙集是研究集合的；从编程的角度看，粗糙集的研究对象是一些特殊的矩阵；从人工智能的角度来看，粗糙集研究的是决策表。

粗糙集是建立在分类机制的基础上，它将分类理解成为在特定空间上的等价关系，而等价关系构成了对该空间的划分。粗糙集理论的主要思想是利用已知的知识库，将不精确或不确定的知识用已知的知识库中的知识来(近似)刻画。有关粗糙集和 OLAP 理论及其在数据挖掘中的应用读者可阅读附录的参考文献。

6）传统统计方法

数据挖掘来源于统计分析，而又不同于统计分析。数据挖掘不是为了替代传统的统计分析技术，相反，数据挖掘是统计分析方法的扩展和延伸。大多数的统计分析技术都基于完善的数学理论和高超的技巧，其预测的准确程度还是令人满意的，但对于使用者的知识要求比较高。而随着计算机能力的不断发展，数据挖掘可以利用相对简单和固定程序完成同样的功能。新的计算算法的产生如神经网络、决策树使人们不需了解到其内部复杂的原理也可以通过这些方法获得良好的分析和预测效果。

由于数据挖掘和统计分析根深蒂固的联系，通常的数据挖掘工具都能够通过可选件或自身提供统计分析功能。这些功能对于数据挖掘的前期数据探索和数据挖掘之后对数据进行总结和分析都是十分必要的。统计分析所提供的诸如方差分析、假设检验、相关性分析、线性预测、时间序列分析等功能都有助于数据挖掘前期对数据进行探索，发现数据挖掘的题目，找出数据挖掘的目标，确定数据挖掘所需涉及的变量，对数据源进行抽样等等。所有这些前期工作对数据挖掘的效果产生重大影响。而数据挖掘的结果也需要统计分析的描述功能（最大值、最小值、平均值、方差、四分位、个数、概率分配）进行具体描述，使数据挖掘的结果能够被用户了解。因此，统计分析和数据挖掘是相辅相成的过程，两者的合理配合是数据挖掘成功的重要条件。

事实上，传统的统计方法也是一个非常主要的数据挖掘方法。诸如方差分析、假设检验、相关性分析、线性预测、时间序列分析等方法依然在医学数据挖掘中发挥着重要的作用。本节仅以时间序列数据挖掘为例加以说明。

随着信息技术的飞速发展，数据库应用的规模、范围和深度不断扩大，计算机系统中存储的带有时间序列性质的信息越来越多，例如医院信息系统中积累了多年的门诊人次、住院人次、药品消耗量等与时间序列有关的资料。在时间序列问题中，对序列的分析通常是以时间为轴进行分析的。具体又可以分为以下 4 种方法：① 时间序列数据挖掘；② 时间序列的趋势分析；③ 时间序列的相似性搜索；④ 时间序列模式和周期模式挖掘。

时间序列预测模型已在医学中广泛应用。比如季节性时间序列医院月门诊量的预测研究可以准确地把握今后一段时间门诊、急诊动向。因此国内在该领域的研究比较活跃，提出了若干预测算法。图是其中一种预测模拟结果（图 2－4）。

最优加权组合预测模型拟合结果　　GMSANN预测模型拟合结果

图 2－4　医院门诊量预测的模拟结果

问题与讨论

(1) 举例说明你所理解的信息概念。举例说明信息的特征。说明信息和数据的关系。

(2) 就你所知道的实例说明医学信息所涵盖的范围。

(3) 举例说明你所理解的医学信息管理的内容和功能。

(4) 当你第一次听到"数据挖掘"的说法时,你是怎么猜想它的实际含义的?通过本章学习,你对于"数据挖掘"又有了怎样的新的理解?

(冯正永)

3 医学信息学中的计算机技术

本章将论述有关医学信息学中的计算机技术的基础知识。读完这章后，你应该知道下面这些问题的答案：

为什么说现代医学的发展离不开计算机技术？

医学数据的保存和共享的意义是什么？

为什么要有数据库？为什么说数据库安全是十分重要的？

医学数据的获取途径有哪些？

医学信息系统工程是如何实现的？

3.1 基本概念

3.1.1 计算机技术的发展

如同历史上许多发明一样，计算机的发明也经历了一个漫长的逐步演化的过程。直到20世纪40年代，当第一代电子计算设备问世时，人们才对计算机这一术语赋予它现代的定义。

我们祖先发明的算盘是有史可考的人类最早的计算器，迄今已有600多年的历史了，它至今还被一些行业所使用。西方有苏格兰人约翰·纳皮尔(John Napier)发明的纳皮尔计算器，用它可以进行乘法除法运算。英国数学家威廉·奥特雷德(William Oughtred)利用Napier对数，制作了计算尺。算盘和计算尺这样的手动计算器需要操作者应用算法来执行计算。

之后，德国、法国、英国、美国等国家的科学家和工程师自17世纪中叶开始，经过了四百多年的不懈努力和不断改进，终于制造出了我们当今人人都可以使用的现代计算机。在第一、第二代计算机的时期，装满一个大房间甚至整栋大楼的计算机，其处理能力还抵不上我们目前任何一台个人电脑(PC)(见图3-1)。

图3-1 庞大的第一代电子计算机，它的功能远远低于目前任何一台PC

3.1.2 网络与通信

随着计算机软硬件技术的发展，随着人类社会生活实践活动中越来越多地使用计算机技术，网络技术也随之日臻完善。

计算机网络通俗地讲就是由多台计算机(或其他计算机网络设备)通过传输介质和软件原理

(或逻辑)连接在一起组成的。计算机网络的组成基本上包括:计算机、网络操作系统、传输介质(可以是有形的,也可以是无形的,如电磁波)以及相应的应用软件四部分。

网络类型的划分标准多种多样,从地理范围可以划分为局域网、城域网、广域网和互联网四种。局域网一般来说只能是一个较小区域内,城域网是不同地区的网络互联,当然这里的网络划分并没有严格意义上地理范围的区分,只能是一个定性的概念。下面简要介绍局域网和互联网(见图 3-2)。

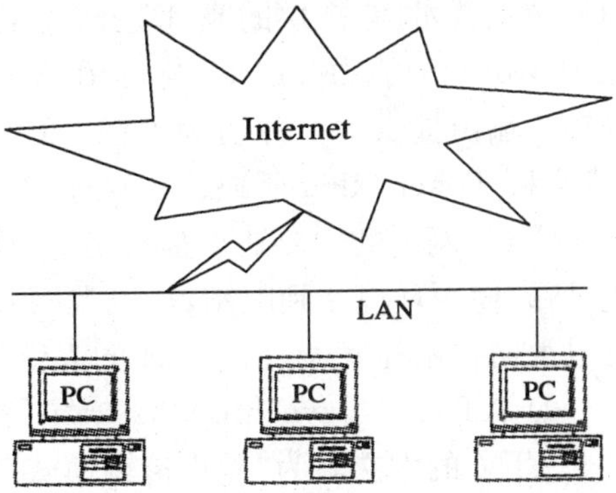

图 3-2 局域网(LAN)和互联网(Internet)

1) *局域网*(local area network;LAN)

通常说的"LAN"就是指局域网,这是最常见、应用最广的一种网络。现在局域网随着整个计算机网络技术的发展和提高得到充分的应用和普及,几乎每个单位都有自己的局域网,有的甚至家庭中都有自己的小型局域网。所谓局域网,就是在局部地区范围内的网络,它所覆盖的地区范围较小。一般来说在企业局域网中,工作站的数量在几十到数千台次左右。在网络所涉及的地理距离上一般来说可以是几米至 10 公里以内。局域网的特点是:连接范围窄、用户数少、配置容易、连接速率高。

2) *互联网*(Internet)

互联网因其英文单词"Internet"的谐音,又称为"因特网"。在互联网应用如此发展的今天,它已是我们每天都要打交道的一种网络。无论从地理范围,还是从网络规模来讲它都是最大的一种网络,就是我们常说的"Web"、"www"和"万维网"等。从地理范围来说,它可以是全球计算机的互联。这种网络的最大的特点就是不定性,整个网络的计算机每时每刻随着人们网络的接入在不断地变化。当一台计算机连在互联网上的时候,这台计算机可以算是互联网的一部分,但一旦它断开互联网的连接时,这台计算机就不属于互联网了。互联网的优点是信息量大,传播广,无论身处何地,只要联上互联网,就可以对任何可以联网的用户发出你的信函和广告。

目前常见的局域网主要为以太网、令牌网、FDDI 网、异步传输模式网等几类,下面分别作一些简要介绍。

3) *以太网*(ethernet)

以太网是应用最为广泛的局域网,依其传输性能分为标准以太网(10 Mbps)、快速以太网(100 Mbps)、千兆以太网(1 000 Mbps)和 10G 以太网,它们都符合 IEEE802.3 系列标准规范。

4) *令牌环网*(token ring)

令牌环网的传输方法在物理上采用了星形拓扑结构,但逻辑上仍是环形拓扑结构。结点间采用多站访问部件(Multistation Access Unit,MAU)连接在一起。由于以太网技术发展迅速,而令牌网存在固有缺点,所以在整个计算机局域网市场已不多见,原来提供令牌网设备的厂商多数已退出了市场。

5) FDDI 网(fiber distributed data interface)

FDDI 的中文名为"光纤分布式数据接口",它是于 20 世纪 80 年代中期发展起来的一项局域网技术,它提供的高速数据通信能力要高于当时的以太网(10Mbps)和令牌网(4 或 16Mbps)的能力。FDDI 标准由 ANSI X3T9.5 标准委员会制订,为繁忙网络上的高容量输入输出提供了一种访问方法。FDDI 技术同 IBM 的 Token Ring 技术相似,并具有 LAN 和 Token Ring 所缺乏的管理、控制和可靠性措施,FDDI 支持长达 2KM 的多模光纤。FDDI 网络的主要缺点是价格比"快速以太网"贵许多,且因为它只支持光缆和 5 类电缆,所以使用环境受到限制,从以太网升级更是面临大量移植问题。随着快速以太网和千兆以太网技术的发展,用 FDDI 的人就越来越少了。

6) ATM 网(asynchronous transfer mode)

ATM 的中文名为"异步传输模式",它的开发始于 20 世纪 70 年代后期。ATM 是一种较新型的单元交换技术,与以太网、令牌环网、FDDI 网络等使用可变长度包技术不同,ATM 使用 53 字节固定长度的单元进行交换。它是一种交换技术,没有共享介质或包传递的延时,非常适合音频和视频数据的传输。ATM 主要具有以下优点:

(1) 使用相同的数据单元,可实现广域网和局域网的无缝连接。

(2) 支持 VLAN(虚拟局域网)功能,可以对网络进行灵活的管理和配置。

(3) 速率分别为 25、51、155、622 Mbps,从而为不同的应用提供不同的速率。

ATM 是采用"信元交换"来替代"包交换"进行实验,信元交换的速度是非常快的。ATM 通道是虚拟的电路,并且 MAN 传输速度能够达到 10 Gbps。

7) 无线局域网(wireless local area network,WLAN)

无线局域网是最新最热门的一种局域网,特别是自带无线网络模块的笔记本电脑日益普及以来。无线局域网与传统的局域网主要不同之处就是传输介质不同,传统局域网都是通过有形的传输介质进行连接的,如同轴电缆、双绞线和光纤等,而无线局域网则是采用空间电磁波作为传输介质的。正因为它摆脱了有形传输介质的束缚,所以这种局域网的最大特点就是自由,只要在网络的覆盖范围内,可以在任何一个地方与服务器及其他工作站连接,而不需要重新铺设电缆。这一特点非常适合那些移动办公一族,有时在机场、宾馆、酒店、医院等,只要无线网络能够覆盖到,它都可以随时随地连接上无线网络,甚至互联网。

表 3-1 是使用不同介质网络连接的比较:

表 3-1 使用不同介质网络连接的比较

比较项目	专线		电话线		无线	备注
	光纤	宽带线	ADSL 宽带	拨号上网		
带宽	可以很高,比如 2G 以上	2M 或 10M 以上	640K—10M	56K 以下	1M—100M 取决于网卡带宽和信号覆盖	数值为现阶段典型值
稳定性	最高	高	中	低	中	

续表

比较项目	专线		电话线		无线	备注
	光纤	宽带线	ADSL 宽带	拨号上网		
实施难度	视当地运营商网络覆盖度	视当地运营商网络覆盖度	易	易	视当地信号覆盖和开放情况	
实施成本	最高	高	中	低	中	
适合场景	非常大数据量、高用户规模，长期在线，适合批量定时数据和实时数据交换	大数据量、高用户规模，长期在线，适合批量定时数据和实时数据交换	操作频率不太高的业务	少量数据传输的业务，无需长时期在线和实时数据交换	随时改变工作场所的使用者	
医疗卫生服务领域	医疗卫生机构对外联络、城市之间	社区医院村镇卫生院	院内科室、家庭	家庭	院内，巡视随诊	

表中最后一行列出了医疗卫生服务领域的典型网络应用场合。

3.1.3 计算机技术在医学中的应用

医学学科古老而年轻。自有人类历史以来，医学就在不断地发展中。其他科学领域的一切发展成果，都在某种程度上给医学的发展注入新活力，比如物理学的 X 光透射技术和化学的分析技术都给了医学发展极大的助益。计算机技术在医学领域的应用同样推动了现代医学的大发展。可以说现代医学的发展离不开计算机技术。

计算机技术在医学领域的应用大致有以下几个方面：

(1) 计算医学，包括现在普遍使用的医学影像的获取和处理，三维和四维医学图像的重建，核医学中的数据处理等。

(2) 医学信息数据库及其应用。

(3) 计算机辅助诊断治疗。

第一部分关于计算医学的研究，需要更多的物理和计算机方面的专业知识。医学信息工作者只需要学会正确理解和使用有关设备和仪器提供的信息就可以。而通常所说的医学信息学，主要是指上述第二、三方面的应用，这也是本书的重点。可以想象，在医学的未来发展中，计算机技术必将发挥更大的作用。

3.1.4 数据保存和共享的意义

数据保存和共享的意义不言而喻。在计算机被广泛使用以前，许多医院都保存着大量的 X 光照片。这些胸片(数据)有些从生成后再没有被使用过，有些则被一再的重复使用。有时从这大量的照片中找到某张往年的照片也是件费时费力的工作，而等到找到，这张照片还可能发生了霉变或虫蛀。当然，医疗过程中产生的数据不只是 X 光透视照片，所有处方、病人资料、手术记录、住院用药记录等等，这些都是医疗数据。

电子计算机的使用，让医疗数据的保存和共享成为一件简单而方便的事情。现在很多医院采用某种身份识别号码（例如就用身份证号码）作为患者在这个医院的惟一识别码。这个医院的任何一个部门，比如挂号、取药、就诊，都只要输入这个识别码，有关这个患者的所有信息就可以从计算机调出显示。而门诊医生则可以查阅患者的病史、就诊史，还可以调阅所有的影像资料；药房可以调出医生给患者开的药；财务部门可以为病人结算药费、住院费等费用。

所有部门得到的病人信息全都存放在一个叫做服务器的计算机和相应的存储介质上。而这些数据是以某种特定方式存储的，以便使用时方便查询和更新。这就是我们通常说的医学数据库。

上面讲的数据共享是在一个医院的范围内，全过程的时间跨度也很有限。实际上，随着计算机技术、网络和现代通信技术的发展，数据共享的概念在空间和时间的两个维度上得到了极大的扩展。

患者的诊疗信息可以通过网络传输给外地或外国专家，获得远程医疗的帮助。数据共享还可以极大地提高人类认识和防治疾病的能力，从而迅速有效地抑制一些传染病的蔓延。

人类知识的积累大都是依靠实践活动的总结。大量的医疗实践更是医生积累经验必不可少的条件。但是由于受到病源、地域和其他很多因素的限制，单个医生的医疗实践毕竟是非常有限的，比如面对疑难病症，医生就很难积累全面的诊治经验。但是通过网络，医生可以查阅世界各地长期积累的医疗数据，诊治的效果就可能大大提高。

区域卫生服务是数据共享的一个典型的实例。区域卫生规划区别于传统卫生事业发展计划的重要特征是以提高人群健康为中心、以满足社会需求为导向。建立健全区域卫生信息系统，建立人群健康信息网络，建立家庭及个人健康档案，社区卫生服务站通过逐户逐人地建立健康档案和开展定期的诊察，可以基本摸清辖区内居民患病情况；并可通过了解个人和家庭特征，分析患病原因，针对性地实施防治措施。

3.1.5 软件和管理系统

并不是说数据的堆集就构成了数据库，这就像一堆杂乱的机器零件并不是机器一样。数据库只有建立了正确、高效、可靠和安全的管理系统，存储在数据库中的信息才能发挥其应有的作用，这个管理系统就是数据库软件。

与数据库有关的工作人员可以分为四类：

(1) 最终用户。在医院范围内，这主要是指医院参与各种业务活动并使用数据库的工作人员，比如各科室医生、护士、门诊挂号员、药房和财务人员等等。他们在工作中需要访问数据库系统的信息，这包括查询、增添、删除和更新信息内容。他们对数据库的操作，是通过特定的用户界面实现的，这些用户界面是数据库和应用软件的开发人员根据他们的需求开发的。

(2) 数据库设计者。指建立数据库系统的软件专家，他们首先需要向用户咨询需求以便确定做什么，接着收集文档和欲建系统的信息内容和其他相关资料。然后在开发者和用户之间达成一致的基础上提出信息内容的规范。这些文档最终转换为数据库系统数据的定义语言，并用它们创建数据库。

(3) 应用程序开发人员。他们设计并开发扩展数据库系统功能的应用程序。这些应用程序与数据库进行交互来完成特定的任务。典型的应用程序包括用户界面、数据分析和提供各种服务的程序。在许多情况下，数据库设计者和应用程序开发人员可能是同一批人。

(4) 数据库管理员。数据库管理员是那些管理数据库的人员。他们负责监控对数据库的访问，维护数据的正确性和完整性，并且监视和改善数据库的性能。

以上四类人中，一个医院的医疗信息数据库的最终用户和数据库管理员通常都是该医院的职工，而数据库设计者和应用程序开发人员可能是某个软件公司的工作人员。

数据库设计者创建医院的数据库通常使用相应的数据库管理系统。现在占市场统治地位的数据库管理系统有 Oracle，Sybase，MS SQL，MySQL，Access 等等。这些数据库工具经过了无数人的多年开发和应用，已经相当的成熟和完善。借助于这些工具，数据库设计者和应用程序开发人员才能够用尽可能少的时间开发出符合医院各部门要求的医疗信息数据库系统和应用程序，即我们平常说的软件。

3.2 医学信息数据库

3.2.1 数据库基本概念

1) 数据库

一个完整的数据库系统可以用下图表示：

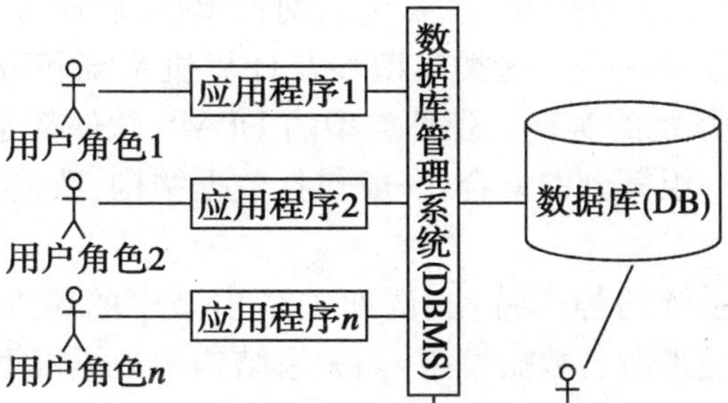

图 3-3 数据库系统及其应用

数据库(database，简称 DB)是在计算机存储设备上合理存放的、相互关联的数据的集合，并由相应的系统软件，即数据库管理系统(database management system，简称 DBMS)进行管理。DBMS 是数据库系统的核心，是用于建立、使用和维护数据库的系统软件。成熟的 DBMS 软件都是一些国际大软件公司开发的。

应用程序(application)，即面向用户的处理数据的软件，通常它们是由专门的软件专家根据用户需要而设计开发的。它们向用户提供使用和处理数据库内数据的接口。这些界面通常是易于理解并且方便使用的。不同的用户角色可能使用不同的应用程序。比如药房使用的程序与挂号收费使用的程序是不同的。

系统管理员(database administrator,简称 DBA)需要有一定的软件开发经验,对于 DBMS 和数据库的硬件设备要有相当的了解。他的具体职责包括:规划和定义数据库结构,定义数据库的安全性要求和完整性约束,选择数据库的存储结构和存取路径,监督和控制数据库的使用和运行,改进数据库系统和重组数据库。

数据库(DB),数据库管理系统(DBMS)和应用程序是构成一个实用数据库的三个必备条件。

2) 数据结构、数据模型和数据库类型

在数据库系统中,不仅数据本身的内容,而且数据之间的关系都是非常重要的。为了在数据库系统中存储数据,数据库系统设计时首先要根据数据之间的关系决定以什么样的组织方式将数据存储于数据库中,这些描述数据之间关系的方式称为数据结构。数据库系统的数据和数据间关系都需要存储在数据库中。

为了实现采用的数据结构,不同类型的数据库系统各自建立了相应的数据模型。表示实体类型及实体类型间联系的模型称为数据模型。数据模型分为不同的层次。

概念模型:也称信息模型,它是按用户的观点来对数据和信息建模的。概念模型主要用于数据库的总体设计。这种独立于计算机系统的信息模型,只是用来描述某个特定应用单位的信息结构,完全不涉及数据在计算机系统中如何存放等具体问题。概念模型应该简单、清晰,易于用户理解,便于数据库设计人员与用户交流和确认。例如在关系型数据库设计中,通常用简明的 E-R(entity-relationship,实体关系)图来描述现实世界的概念模型。

数据模型:也称为结构数据模型,主要包括网状模型,层次模型,关系模型等,它是按计算机系统的观点来对数据建模。这类模型涉及计算机系统和数据库管理系统,主要用于 DBMS 即数据库管理系统的实现。各种类型的 DBMS 软件都是基于某种数据模型的。数据模型是严格定义的一组概念的集合,一般包括数据结构、数据操作和数据完整性约束三部分。

数据结构用于描述系统的静态特性,例如关系模型中的属性、属性值范围、关系等。通常按照数据结构的类型来命名数据模型,如关系结构的数据模型称为关系模型。

数据操作是对系统动态特性的描述,数据库主要有检索和更新(添加、删除、修改)两大类操作。数据模型必须定义这些操作的确切含义、操作符号、操作规则以及实现操作的语言。

数据的约束条件是一组描述约束规则的集合。完整性规则是给定的数据模型中数据及其联系应遵循的存储规则,用以保证数据的正确、有效和一致。此外,数据模型还应该为具体应用所涉及的数据规定必须遵守的特定语言条件。例如性别必须为“男”和“女”两个值中的一个。

不同的数据模型具有不同的数据结构形式。例如就关系数据模型的数据结构而言,从用户看来,一个关系模型的逻辑结构是一些有关联的二维表,每个表由行和列组成。关系数据模型的操作主要包括查询、添加、删除和更新数据。这些操作必须满足数据的完整性要求。关系型数据库的标准查询操作语言是SQL语言。

任何一个数据库都至少采用一种数据模型。利用所设计的数据模型，人们抽象出并合理地表示现实世界中的真实数据关系。

数据库的类型可依据数据模型的不同，分为以下几类：

(1) 层次数据库。层次型数据库管理系统是紧随网状数据库而出现的。现实世界中很多事物是按层次组织起来的。层次数据模型的提出，首先是为了模拟这种按层次组织起来的事物。层次数据库也是按记录来存取数据的。层次数据模型中最基本的数据关系是基本层次关系，它代表两个记录型之间一对多的关系，也叫做双亲子女关系(PCR)。数据库中有且仅有一个记录型无双亲，称为根节点。其他记录型有且仅有一个双亲。在层次模型中从一个节点到其双亲的映射是惟一的，所以对每一个记录型(除根节点外)只需要指出它的双亲，就可以表示出层次模型的整体结构。层次模型是树状的。最著名最典型的层次数据库系统是IBM公司的IMS(information management system)，这是IBM公司研制的最早的大型数据库系统程序产品。从20世纪60年代末产生起，如今已经发展到IMSV6，提供群集、*n*路数据共享、消息队列共享等先进特性的支持。这个具有40年历史的数据库产品在如今的www应用链接、商务智能应用中扮演着新的角色。层次数据库的突出优点之一是在于它的非常有效的存储功能。因为它采用稀疏数组存储结构进行数据的存储，不会浪费存储空间。当插入的一个新数据记录被存储时，不仅存储了它的数据，而且存储了它和其他数据记录之间的链接，因而能提供更快速的查询响应速度。

(2) 网状数据库。网状数据库是导航式(navigation)数据库，用户在操作数据库时不但说明要做什么，还要说明怎么做。例如在查找语句中不但要说明查找的对象，而且要规定存取路径。世界上第一个网状数据库管理系统也是第一个DBMS是美国通用电气公司Bachman等人在1964年开发成功的IDS(integrated data store)。网状数据库模型对于层次和非层次结构的事物都能比较自然地模拟，在关系数据库出现之前网状DBMS要比层次DBMS用得普遍。在数据库发展史上，网状数据库占有重要地位。网状数据库是灵活的，可以在需要时使它看起来就像一个层次数据库，也可以使一个网状数据库看起来就像一个顺序访问文件。

网状数据库在卫生医疗方面也有过应用。有影响的实例是由Larry Weed领衔开发的PROMIS(Problem Oriented Medical Information System)系统。这个面向疾病问题的医疗信息系统是在Vermont大学建立的早期电子病历系统。

(3) 关系型数据库。关系型数据库是采用关系模型为基础结构的数据库。关系模型的特点就是把数据组织成二维表的形式，也就是用一种二维表的形式即关系来组织数据。也就是以行和列的形式存储数据，以便于用户理解。这一系列的行和列被称为表，一组表组成了数据库。人们可以在各个数据项之间建立关联关系，也可以在各个表之间建立关系。关系模型就是利用这些关系来描述现实世界中实际存在的数据关系的。一个关系可以用来描述一个实体及其属性，也可以用来描述实体之间的联系。二维表的每一行叫做关系的一条数据，也是一个记录。二维表的每一列表示的是实体的一个属性。在关系型数据库中就是由反映现实世界中各数据实体和其属性关系的一系列的二维表模型来建立的，对这种数据库数据的检索和维护也是围绕二维表关系模型来进行的。

关系型数据库系统的好处是所用模型结构较为简单，其结构也较易于改动。而其缺点是它的I/O(输入输出)的使用强度较大。有时为了得到一个数据，需要多次的硬盘访问才能找到。为了组成医院信息系统即HIS的数据库，它可能包括几百张表格。而较大医院的信息系统数据库甚至包括几千张表。

用户用查询(query)来检索关系型数据库中的数据。一个query是一个用于指定数据库中行和列的SELECT语句。关系型数据库通常包含下列组件：客户端应用程序(client)，数据库服务器(server)，数据库(database)。

结构查询语言(structured query language)(SQL)是client端和server端的桥梁，client用SQL来向server端发送请求，server则返回client端要求的结果。现在流行的大型关系型数据库有IBM DB2、IBM UDB、Oracle、SQL Server、SyBase、Informix等。

(4) 面向对象数据库。以面向对象的概念和方法(诸如多态、封装、继承、重载等)设计的数据库称为面向对象数据库(OODB)。这可以使数据库系统的分析、设计最大程度地与人们对客观世界的认识相一致。

面向对象数据库在数据模型中提供了多种语义，允许定义复杂的数据类型和关联。在面向对象数据库模型的设计里，包含有数据和程序代码一起封装的概念。使用面向对象数据库管理系统，在设计用户应用程序时，并不需要知道作为基础的数据组织结构的细节。这既减轻了应用程序设计员的工作强度，也实现了模块化开发应用程序的概念，从而提高了该程序被多次利用的可能性。

面向对象数据库的缺点是，纯对象数据库速度慢、缺少像SQL一样简单易用的查询语言，在可靠性和商品化方面也不够成熟。

面向对象数据库中在很多情况下能满足特定应用的需要。随着许多基本设计应用(如MACD和ECAD)中的数据库向面向对象数据库的过渡，面向对象思想也逐渐延伸到其他涉及复杂数据的应用中，其中包括辅助软件工程(CASE)、计算机辅助印刷(CAP)和材料需求计划(MRP)。

还有许多应用要求多媒体数据库。它们要求以集成方式和文本或图形信息一起处理关系数据，这些应用包括高级办公室系统的其他文档管理系统。

人工智能(AI)应用的需要，如专家系统，也推动了面向对象数据库的发展。专家系统常需要处理各种复杂的数据类型。与关系数据库不同，面向对象数据库不因数据类型的增加而降低处理效率。

(5) XML数据库。XML数据库是泛指利用XML扩展标记语言来帮助实现数据的存储。XML是以标记格式来表示的，“开始标记”和“结束标记”之间的是一些标记定义的数据。这些标记就是各个字段名，而在它们之间是数据内容。因此，有人将存储XML数据的数据库称为XML数据库。

在这种XML数据库中，单元记录不必要由计算机程序的结构或一个数据层来定义，而是由一个文档类型描述来定义的。

XML数据库提供的是功能很强的数据模型，它的长处在于它的灵活性，可以表示广泛的数据。并且XML是能被Web浏览器所识别，因此不仅可以用XML来建立数据模型，而且浏览器能自动地知道如何去正确显示，因为它理解XML标记语法的含义。如在病人病案首页中，一个病人的定义之中包括病人识别码、姓名、性别、生日等数据都可以用XML定义后很方便地存储在数据库中。

XML数据库的缺点是比较传统数据库还不很成熟，还处于发展阶段。目前较适用的XML格式的数据库是中等复杂程度和中等规模的数据库，例如一百个字段和一百万条记录以下的数据库应用场合。

3.2.2 医学信息数据库及其应用

数据库以它所存储信息、数据的范畴和属性而具有不同的应用领域。存储在医学数据库内的是与医学有关的一切信息，它涵盖的范围非常广泛，遍及基因组分析，医院管理和临床应用，远程医学，医学研究应用，医学知识库应用，医学教学，医学信息检索，医学决策支持，公共卫生，疾病预警监视，防范生物恐怖袭击等诸多领域。

以下是几个具体应用医学信息数据库的实例。

1）公共卫生数据的因特网应用

访问流行病学数据对公共卫生事业是极其重要的。然而，一般情况下已公布数据都是过时的，由于保密、安全以及其他原因，现有数据库又不能访问。尽管有了因特网，但数据仍然不及时。针对这种情况，美国华盛顿州卫生局的流行病学、卫生统计和公共卫生实验室开发了基于Web应用联机的流行病学查询和作图系统。该系统可以对州或地区的公共卫生数据（死亡、出生、癌症登记、住院、性传播疾病、损伤、突发事件应对、环境执法）进行研究、统计和地理分析，以便进行卫生评估或监察支持。该系统特别强调事件发生在何处，在不同的地理等级（州、县、邮编地区等）的卫生评估会按年龄、性别的发生率进行展示。对小数量问题的发生率，运用经验贝叶斯平滑法进行调整后也可获得。信息提供方式有图表、表格和地图。提供对象分为三个层次，即三种安全水平：一般群众、公共卫生和医疗保健工作者以及流行病学家和卫生官员。

该系统开发的原则是尊重隐私，信息准确及时，容易使用，高效存取，对发生率数据的计算和表示标准化。

该数据库对100种死亡原因按年龄、性别、种族、年份、地理进行分解。如果用户提出有另外的死亡原因要加到数据库中，可根据新的国际疾病分类法用SAS程序脱机运行。

2）对心电图数据的获取和分析

心电图是临床使用最频繁的常规检查方法之一，但是心电图数据的获取、存储和分析使用的是不同的格式和软件平台。数据只有在开放式情况下共享和解释，其益处才能充分利用。这就需要研究跨平台的解决方案，以支持生物医学培训、决策和远程医学应用。

英国的Haiying Wang等人研究了一种用于心电图数据获取和分析的标记语言（ecgML），取得了很好的结果。基于XML技术的优越性，ecgML有能力提供一种独立于系统、应用和格式的解决方案，拟订一种开放透明的表示、交换和挖掘心电图数据的方法。因此，ecgML不仅可用于在心电图数据中进行知识发现的基本成分构成，同时它还遵循将内容和表示信息分开的原则。

ecgML能够把心电图数据无缝整合到电子病历和临床实践指南中。该方案能够支持不同的心电图获取和可视化设备之间的数据交换，还可能使用不同软件平台和应用进行数据挖掘，它通常能帮助实施自动决策支持模型，如基于案例的推理。

3）计算机辅助诊断

计算机辅助诊断(computed aided diagnosis，CAD)作为一种帮助放射科医生进行图像诊断的基本工具，现在已转变为一种更为复杂的应用系统。图像处理功能和模式识别程序通常需有一套数据存储在一个数据库中，作为一套标准或数据仓库。在诊断过程中由医生进行的操作(提醒注意)要有一个友好的用户界面。要将图像处理、数据库结构和图形用户界面整合在一起，就要设计多层 CAD 系统。

波兰的 Ewa Pietka 等为对骨龄评估方法进行评价，设计构建了计算机辅助诊断系统信息学基础设施。该系统设计为三层：第一层为数据库管理系统，第二层为应用层，最后一层为表示层。数据库管理系统负责数据存档和分配。应用层包括管理应用服务器，www 服务器和一个 CAD 工作站共三个部分。应用层的任务包括数据库访问，由图形用户界面授予的数据表示，以及由设计的动态网页所允许的对整个 CAD 系统的远程访问。表示层通过一个网页取景器允许对系统进行方便的远程访问。在用户端，网页取景器则作为访问整个系统的一个界面。

计算机辅助诊断在检测和诊断乳腺癌方面发挥了不可替代的作用。乳腺 X 线摄影是早期检测乳腺癌的最佳筛查方法。乳腺放射线获取技术能使乳腺癌早期体征在乳房 X 线照片上更明显。但乳腺 X 线检查的精确度取决于乳腺 X 线图像的质量和放射科医生对这些图像的解释能力。使用对某一图像的计算机化的分析输出，可以帮助放射科医生检测和诊断乳腺癌，并且可能改进对乳腺癌图像的解释和后续的卫生保健。

计算机医学诊断应用从三个不同方面改进了分析：首先，通过使用定量特征而不是直观插入提高了客观性。这些特征是自动而不是手工提取的，这样一方面提高了分析的速度，同时使测量不受外部条件(比如光线)、测量的不精确和错误(比如刻度错误)等的影响。第二，规定了一种透明算法，使决策过程在特征分析中标准化。这就再次提高了客观性并解决了可复制性问题。最后，这样可使一套图像和描述图像的特征能够被采集并被认可为一种医学标准。

4）生物芯片技术的应用

简单地说，生物芯片就是在一块指甲大小的玻片、硅片、尼龙膜等材料上放上生物样品，然后由一种仪器收集信号，用计算机分析数据结果。目前制备芯片的固相材料有玻片、硅片、金属片、尼龙膜等。

生物芯片是 20 世纪 80 年代末在生命科学领域中迅速发展起来的一项高新技术，它主要是指通过微加工技术和微电子技术在固格体芯片表面构建的微型生物化学分析系统，以实现对细胞、蛋白质、DNA 以及其他生物组分的准确、快速、大信息量的检测。常用的生物芯片分为三大类：即基因芯片、蛋白质芯片和芯片实验室。生物芯片的主要特点是高通量、微型化和自动化。芯片上集成的成千上万的密集排列的分子微阵列，能够在短时间内分析大量的生物分子，使人们快速准确地获取样品中的生物信息，效率是传统检测手段的成百上千倍。它将是继大规模集成电路之后的又一次具有深远意义的科学技术革命。

生物芯片技术可以将极其大量的探针同时固定于支持物上，因此可以实现一次对大量生物分子进行的检测分析，弥补了传统核酸印迹杂交（southern blotting 和 northern blotting）等技术复杂、自动化程度低、检测目的分子数量少、低通量等不足，很快成为“后基因组计划”时期基因功能研究以及现代医学科学、医学诊断学发展的强有力的工具，推动了新基因的发现、基因诊断、药物筛选、给药个性化等方面的重大进展，给整个生命科学带来广泛深刻的变革。

生物芯片技术从出现，经历逐步发展，到现在已进入成熟阶段，并已逐步成为生命科学研究的重要手段。之前一些无法实现的科研设想成为可能。

我国生物芯片技术也呈现了极其迅猛的发展态势，目前的生物芯片产品有500多种，10余种芯片或相关产品实现产业化生产。产品主要包括：人乳头瘤病毒分型基因芯片及阅读仪；结核杆菌耐药基因芯片及阅读仪；地中海贫血基因芯片及阅读仪；生物电芯片（商品名：乳福康）；睡眠障碍康复芯片；HD-2001A生物芯片检测仪；LE-01-B生物芯片阅读系统；生物芯片影像读取仪；EcoScan-100微阵列芯片扫描仪等。适用范围涵盖了疾病病因筛查和诊断、早期预警、健康评估、药物应答预测与疾病诊治方式的关系等领域。

尽管生物芯片技术已经取得了长足发展，但仍然存在着许多难题。比如成本昂贵；探针的合成与固定复杂，尤其是制作高密度的探针阵列更是如此；在信号的获取与分析上，目前大多使用荧光法进行检测和分析，重复性较好，但灵敏度不高；另外，对如此大量的数据信息进行读取与分析也是一个艰巨的技术问题，要想广泛应用到临床疾病的诊断还需要一定的时间。但是我们相信，在不久的将来，随着生物芯片技术的不断完善，它一定会为医学事业作出更大的贡献。

3.2.3 数据库安全

数据的安全性关系到整个系统能否正常的运行，最终关系到单位能否提供正常的服务。虽然，计算机技术的发展给人们的日常生活提供了很多便利，然而，人为的操作错误，系统软件或应用软件的缺陷，硬件的损毁，电脑病毒，黑客攻击，自然灾难等等诸多因素都有可能造成计算机中数据的丢失或错乱等，从而给医院造成无可估量的损失。

对于医疗信息数据库的常见安全威胁包括自然灾害，电力中断，软件故障，硬件故障，战争行为和病毒等。

虽然没有计算机系统和数据库系统是绝对安全的，但是主动采取一些措施可能保护相应系统免受危害。这些措施有权限控制、预防性对策、矫正过程和检测行为。

权限控制：降低了蓄意攻击的可能性。常见的权限控制包括多级验证和密码保护等安全特性。物理验证，如指纹验证，虹膜验证，脸部验证都属于物理验证，使对重要服务器的访问者有更严密的保安措施，只给很少的使用者提供访问权。

预防性对策：能屏蔽掉攻击，从而导致攻击不成功或减少它的影响。防火墙能够阻止未经授权的系统访问，这是预防性对策的一个实例。

矫正过程：能够降低威胁的影响。数据库备份。灾难恢复计划和硬件设备的备用都是矫正过程的例子。数据库的备份是最常用的减少损失的办法。单次备份又分为全备份和增量备份两种。按时间分有定时备份和人工不定时备份。按设备分有本机备份和异机备份。按地点分有本地备份和异地备份。比如每一天做一次数据库备份，这样即使发生数据库的破坏，我们可以用备份数据库来恢复绝大部分的信息，所丢失的只是上次备份以后更新的内容。异机备份是指将备份做到另一台机器上。这样即使这台机器发生故障，那台备份机器就可以顶上来提供信息数据。

检测行为：能够识别威胁的攻击行为并触发预防性对策和矫正过程。例如，杀毒软件能够检测到病毒进入系统并能够按配置来自动清除系统文件或隔离受感染的文件。很多用来跟踪用户、文件更新以及对重要系统的更改的监视软件也可以用来帮助检测标明入侵或威胁的异常。

存放数据库的设备（服务器）应该被安置在一个特殊场所，要有严密的防火、防爆、防震、防盗措施。不间断电源的使用可以减少突然事故引发停电受到的影响。

3.2.4 数据库概念的扩充

随着传统的数据库技术日趋成熟、计算机网络技术的飞速发展和应用范围的扩大，以分布式为主要特征的数据库系统的研究与开发受到人们的注意。分布式数据库是数据库技术与网络技术相结合的产物，在数据库领域已形成一个分支。分布式数据库的研究始于20世纪70年代中期。世界上第一个分布式数据库系统SDD-1是由美国计算机公司（CCA）于1979年在DEC计算机上实现的。20世纪90年代以来，分布式数据库系统进入商品化应用阶段，传统的关系数据库产品均发展成以计算机网络及多任务操作系统为核心的分布式数据库产品，同时分布式数据库逐步向客户机/服务器模式发展。

1）分布式数据库（distributed database system，DDBS）的分类

（1）同构同质型DDBS：各个场地都采用同一类型的数据模型（譬如都是关系型），并且是同一型号的DBMS。

（2）同构异质型DDBS：各个场地采用同一类型的数据模型，但是DBMS的型号不同，譬如DB2、ORACLE、SYBASE、SQL Server等。

（3）异构型DDBS：各个场地的数据模型的型号不同，甚至类型也不同。随着计算机网络技术的发展，异种机联网问题已经得到较好的解决，此时依靠异构型DDBS就能存取全网中各种异构局部库中的数据。

2）DDBS的基本特点

（1）物理分布性：数据不是存储在一个场地，而是存储在计算机网络的多个场地。

（2）逻辑整体性：数据物理分布在各个场地，但逻辑上是一个整体，它们被所有用户（全局用户）共享，并由一个DDBMS统一管理。

（3）场地自治性：各场地上的数据由本地的DBMS管理，具有自治处理能力，完成本场地的应用（局部应用）。

（4）场地之间协作性：各场地虽然具有高度的自治性，但是又相互协作构成一个整体。

3）DDBS的其他特点

① 数据独立性。② 集中与自治相结合的控制机制。③ 适当增加数据冗余度。④ 事务管理的分布性。

4) DDBS的优点

① 具有灵活的体系结构。② 适应分布式的管理和控制机构。③ 经济性能优越。④ 系统的可靠性高、可用性好。⑤ 局部应用的响应速度快。⑥ 可扩展性好,易于集成现有的系统。

5) DDBS的缺点

① 系统开销较大,主要花在通信部分。② 复杂的存取结构(如辅助索引、文件的链接技术),在集中式DBS中是有效存取数据的重要技术,但在分布式系统中不一定有效。③ 数据的安全性和保密性较难处理。

6) 分布式数据库管理系统(如图3-4所示)

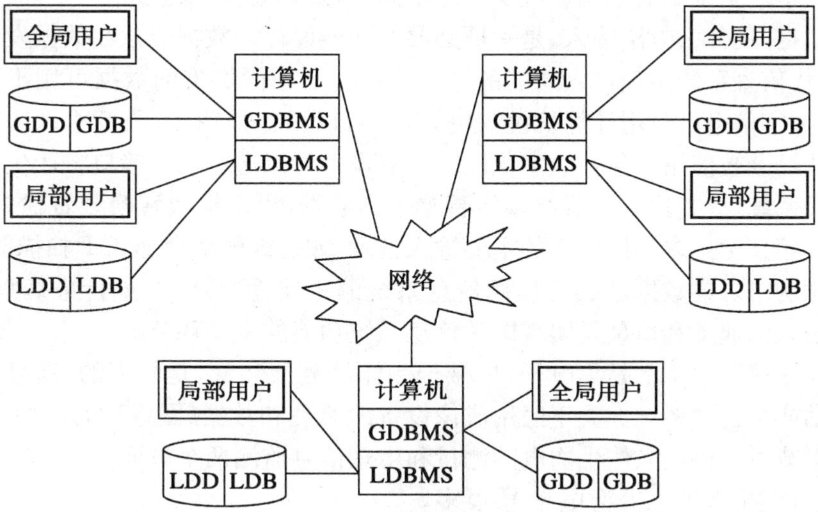

图3-4 分布式数据库管理系统示意图

(1) "分布计算"概念突破了集中式DBS的框架,数据分布使系统走上分布式DB的道路,功能分布使系统走上C/S道路。这是DBS的两个发展。

(2) C/S系统包括一个计算机网络,通常用一个局域网联结。几乎在所有情况下,客户机都是微机;服务器有时用小型机或大型机,但多数情况下也使用微机或高档微机。应用程序在客户机上处理,DBMS和OS的数据管理分放在服务器上。

(3) C/S结构经历了从两层、三层到多层的演变过程。总的趋势是使客户机越来越"瘦",变成浏览器;而服务器的种类越来越多,容易实现系统的组装。

(4) C/S系统使应用与用户更加贴近,为用户提供较好的性能和更复杂的界面。

(5) 分布式系统是在集中式系统的基础上发展而来的。DDB是数据库技术与网络技术结合的产物。随着计算机网络技术的飞速发展,DDBS日益成为数据库领域的主流方向。

(6) DDB具有数据分布性和逻辑整体性的特点。DDBS能够支持涉及多个场地的全局应用。DDB的数据存储有数据分片和数据分配两种策略。

(7) DDB的模式结构为理解DDBS提供了一种通用的概念结构。分布透明性是DD-

BS追求的目标。DDBMS是负责管理分布环境下，逻辑集成数据的存取、一致性、有效性和完备性的软件系统。

(8) DDBS中数据分布在各个场地，系统中压倒一切的性能目标是尽量减少网络中传送信息的次数和传送的数据量。分布式查询中基于半联接的优化策略是常用的技术。

(9) 对于并发控制和恢复，DDBMS环境中会出现大量在集中式DBMS环境中碰不到的问题。分布式的并发控制有主场地方法和主拷贝方法，再辅之以备份场地技术。

3.3 数据采集和信号处理

根据医学信息系统的应用领域及目标不同，所要采集输入的数据也不同，系统采集哪种类型的数据，用什么方法输入，是一项必要的功能设计。数据应该在数据发生源地直接输入，是现代信息系统实现输入功能的基本原则。对不同类型的数据可用不同的输入方法，数字和文字信息可以用计算机键盘输入，也可以用扫描输入；语音输入法和手写输入法也在一些场合被使用。各种数字化医疗仪器设备可以通过数字接口将产生的数据直接输入计算机系统，有些检测仪器通过传感器采集数据，再由模数转换装置输入计算机；数字化视频音频技术是多媒体信息的主要输入技术，如病人的X线或CT扫描图像、影像资料等。通过网络采集数据已成为现代信息系统的主要途径之一，如传染病疫情检测等。数据采集输入的速度和质量是实现医学信息系统功能的重要环节。

现代医疗仪器通常都是集电子、机械于一体的复杂装置，是精密的、高可靠性和高安全性的自动或半自动系统。关于医用成像设备的原理和数据(图像)的处理我们将在第9章讨论。本节主要讨论人体生物电的测量和生理信息监测两个方面。

人体上能测量到的生物电信号很多，临床常用的生物电信号有：心电、脑电、肌电、胃电和视网膜电等。这些体表生物电信号通过电极拾取，经适当的生物电放大器放大和记录而成为心电图、脑电图、肌电图、胃电图、图视网膜电图等。由于人体生物电通常都很微弱，测量生物电必须使用生物电放大器才有可能。生物电放大器是普及程度最高的医疗仪器之一。参见图3-5。

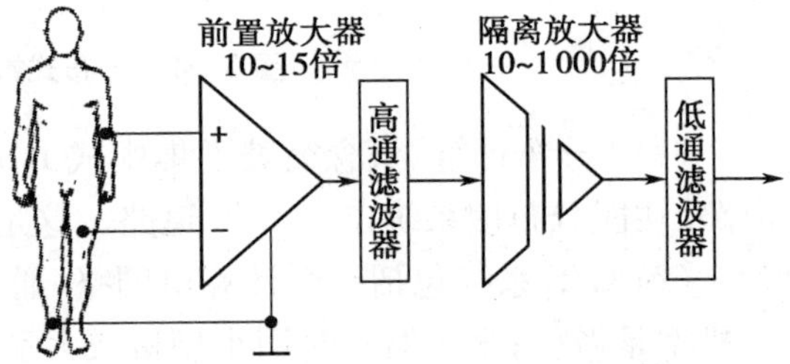

图3-5　人体生物电信号的测量

1) *生物电信号的特点*

(1) 信号微弱：最大的是心电QRS波，波幅在1—5 mV左右，比较小的是诱发电位(0.1—10μV)和希氏束电位(1 μV)。

(2) 信号频率低：大部分都在几百赫兹以下超低频段，很多有用信号成分接近直流段，如胃电、心电的T波，而心电的S-T段就是观察其直流电平。

(3) 强噪声背景(信噪比小)：生物电在测量时会受到很强的噪声干扰，如50 Hz干扰，其他生物电信号干扰和测量设备本身的电子元器件噪声的干扰等。这些噪声的强度往往比信号大很多。

(4) 电极电位影响：生物电测量都是用电极来测量的，当电极进入生物体组织或与生物组织表面接触时，会在电极和组织之间出现半电池电动势，也称电极电位。电极电位与电极材料有关，也与电极安放、电极面积、电流密度等有关系，电极之间的电位差可达300 mV。

(5) 包含深层次的信息：深层次信息包括强干扰下的动态信息，从体表上收集到的各种信号中提取生物体内各器官的信息，内部各组织的信息，以致细胞层次和分子层次的信息，以及各系统、各层次内的信息和相互之间的联系。例如瞬时心率含有自主神经活动的大量信息(交感神经、副交感神经、迷走神经)，而从头皮上拾取的脑电信号隐含着大量脑工作的信息。生物电放大器是将生物电信号放大的电子器件。它应该不影响所检测部位的生理功能，将信号和干扰分离，此外还必须对可能的电击伤害提供有效保护等。

2) 体表心电图

我们经常采用肢体导联记录心电图，即体表心电图。它是心脏的电活动经过肌体在体表形成的电位差。导联是将体表电信号通过电极接入生物电放大器的方式。常规心电图有 12 个导联。一般心电图机上有按钮装置，顺序记录。心电图机将测得的各导联心电图存储起来，重新排列后在需要时打印出来。

3) 运动心电图

有些心脏病患者，在静息时心电图未见异常，但在运动加重心脏负担后，在心电图中就会出现缺血特征。因此运动负荷试验有助于诊断缺血性心脏疾病。运动心电记录系统实际上就是将心电图记录仪与负荷量可控制的运动设备通过计算机连接组合成的系统。运动试验的负荷可以根据年龄、体重等设置。心电记录设备能连续记录多道心电，实时进行 S－T 段分析，并能提供运动前后的心电比较。

4) 心电动态监护和分析系统

动态监护和分析系统(ambulatory monitor system)的特点是可以对日常生活中的患者作连续 24 小时不间断的监护，有利于对偶发的症状作记录和诊断。最初的动态监护和分析系统用在动态记录和分析心电信号，现在除了心电信号，还出现了记录和分析其他信号的动态监护和分析系统。

5) 脑电图

人的大脑皮质有自发的电活动，其电位随时间发生变化，我们用电极将这种电位随时间变化的波形提取出来并加以记录就可以得到脑电图。

脑电图机(electroencephalograph)是用来测量脑电信号的生物电放大器。由于脑电信号的幅值范围为 10—100 μV，比标准心电信号小两个数量级，因此对放大器的要求高于心电放大器。脑电图机电极的安放有单极导联法和双极导联法。

脑电图机除了检测自发脑电信号(EEG)外，还可以记录诱发电位如视觉诱发电位(VEP)，听觉诱发电位(AEP)和体感诱发电位(SEP)。目前的脑电图机大多配备有声、光、电子刺激器等，此外还有脑电频率分析器等。

脑电监护和分析：自发脑电的监护和自动分析正逐渐得到临床应用。由于脑电没有类似于心电信号的特征波形，因此确定提取哪些脑电信号的特征并如何定量分析这些特征是十分重要的。由于自发脑电的波形是以信号的频率段来分类的，因此频域分析是比较常用的方法。通常频域分析是将脑电通过快速傅里叶变换转换成功率谱进行分析。

脑电分析需要同时记录和比较 8—16 道波形，难度较大。在对脑电做定量分析的基础上，将脑电的变化与具体位置即形态定位结合起来，可以比脑电分析更准确和更直观。脑电地形图就是在脑电图技术基础上，用计算机技术将曲线波形转换成能够定位和定量的彩色脑波图像。

除了自发脑电地形图外，诱发脑电也能形成诱发脑电地形图。脑电地形图可用于各种脑血管病的诊断，脑肿瘤的定位，癫痫、痴呆、心理学及精神分裂症等疾病的诊断。

6）血压的测量和监护

血压的直接测量是通过将测压导管插入被测体的血管内进行的，测压导管经皮由动脉穿刺后留置固定，测压导管上的压力传感器将压力信号转换成电信号，并在监视器上显示压力波形。血压的间接测量是一种非创伤性血压测量技术，它可以测得收缩压。舒张压和平均压，这是我们最常使用的血压测量方法。

7）血氧饱和度的测量和监护

血氧饱和度检测多采用脉搏血氧饱和度技术，所测量的血氧饱和度 SpO2 是指动脉血液中与氧结合的氧合血红蛋白的容量占全部可结合的血红蛋白容量的百分比，即血液中血氧的浓度。脉搏血氧饱和度仪在麻醉、手术等大量临床应用中表明：通过 SpO2 监护，可及时评价血氧饱和度和亚饱和度状态，了解肌体的氧合功能，及早发现低氧血症，从而提高麻醉和重危患者的安全性，有效预防或减少手术期和急症期的意外死亡。

8）呼吸监护

呼吸监护包括监测呼气容量，气道压力，呼吸频率以及呼气末二氧化碳分压。呼吸监护仪多以风叶作为监护呼吸容量的传感器，呼吸气流推动风叶转动，用红外线发射和接收元件探测风叶转速，经电子系统处理后显示潮气量和每分钟通气量。气道压力检测利用放置在气道中的压力传感器检测。这些检测需要在患者通过呼吸管道进行呼吸时才能测得。呼气末二氧化碳分压的监护也需要在呼吸道中进行，而呼吸频率的监护不受此限。

9）体温监护

体温反应了机体新陈代谢的结果，是机体进行正常功能活动的条件之一。体温监护仪多用热敏电阻作传感器测量体温。体温测量的测量线路是惠斯通电桥，将热敏电阻接在电桥的一个桥臂上，通过测量电桥的不平衡输出测定体温。

10）心输出量监护

心输出量是衡量心功能的重要指标，在某些病理条件下，心输出量降低，使肌体营养供应不足。心输出量是心脏每分钟输出的血量，也称心排量，根据心输出量可以计算出很多有用的心功能指标。心输出量的测量方法分为有创和无创两大类。前者主要有 Fick 法、电磁流量计法、染料稀释法、热稀释法等，后者包括超声心动图、胸部电阻抗图等。

数据处理是医学信息系统功能的核心，包括数学计算、数据分类、排序、统计、数据文件的组织与管理等等。根据不同的医疗仪器所测量的肌体信息数据的特性，医学信息系统采用相应的处理方法，使我们对于患者相应组织或部位的健康水平有了定量的了解。

3.4 数据与系统的安全

我们在3.2.3中讨论的数据库安全问题，这里将进一步讨论数据与系统的安全。

医疗数据的安全性还有其特殊性，这是因为医疗数据的泄漏是对患者隐私权的侵犯。在一个文明开放的社会里，公民的隐私权受到国家法律保护，应该得到充分的尊重。无论是谁，没有得到法律特许，或患者本人（或患者授权人）的许可，就没有权力将患者的病况和其他隐私信息传播给不相关的人，更别说公之于众了。

医疗数据的保密，不但是保护患者信息的需要，同时对于医院和政府也具有必要性。举例来说，当发生医患纠纷时，这些医疗数据就是具有法律效力的证据。

如果在更大的范围来考虑医疗数据，比如合作医疗、传染病防治等工作的需要，数据的外泄有时可能给政策制定和社会安定造成困扰。

所以医疗数据与系统的安全有两方面的意义，即既要保证它免受破坏，或在受到破坏的情况下尽可能地降低破坏所造成的影响，同时还要保护医疗数据的保密性，防止可能发生的外泄。有些关系到医院知识产权的信息也必须得到保护。

从这后一层意义上说，数据的访问权限必须得到控制，（权限控制可以分为三层：数据库管理系统DBMS登陆认证，数据库DB访问权限，数据库表的操作权限），在软件设计中，可以用控件（文本框、表、按钮等）的使用权限来达到这个目的。同时有权接触敏感数据的人员必须严格遵守保密规定。

由于医院信息系统具有外部接口，所以防止非法入侵的安全策略非常重要，例如应该对网络配置文件、访问文件和守护程序进行正确的设置，系统安全管理员应该对系统活动进行审查跟踪，及时修补的操作系统和网络软件上漏洞，建立安全的网关（措施有：预防HIS外的欺骗和窥探；与外网间放置防火墙；利用网络漏洞扫描工具搜寻网络系统的安全漏洞，加强安全策略）等，此外，在敏感信息传输过程中也可以采用信息加密等措施。

存放医院的医疗信息数据库的设备应该被安置在一个特殊场所，那里的防火、防爆、防震、防盗功能应该特别的严密。同时它的供电系统也必须有保障。不间断电源的使用也减少了突然事故引发停电受到的影响。

3.5 信息系统与工程

一个信息系统从规划设计到开发应用直至更新换代称作系统的生存周期（lifecycle），通常如图3-6所示。

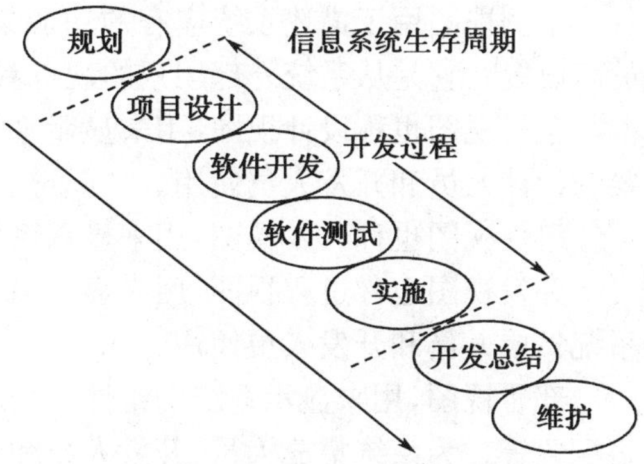

图3-6 信息系统的生存周期

（1）规划和可行性研究：系统规划和可行性研究是解决必要性和可行性问题。现在的医疗企业事业单位越来越认识到信息系统的重要性，并将信息系统工程纳入了发展规划。

(2) 项目设计：这包括需求分析，模块设计，数据库设计，硬件分布设计。

(3) 软件开发：进行具体的代码编写，数据库的实现。

(4) 软件测试：对所开发的软件进行功能测试和负载测试，纠错。

(5) 实施：将开发的软件安装到需要的用户计算机上使用。

(6) 开发总结：对项目开发过程总结，以便今后改进。因为目前的软件开发都是模块化的，这个总结过程包括将一些具普遍意义的模块更完善，以便日后开发新项目时使用。

(7) 维护：在使用过程中的维护。维护不只是保障软件的正常运行，也在使用过程中积累问题和经验，以便软件升级时参考。

上述第(2)—(6)项是主要的开发过程，其中包括多次的反复。

3.5.1 系统总体需求分析

需求分析是所有软件系统开发的第一步要完成的工作。而需求分析又可以分为若干层次。总体需求分析是在最高层次或者说最概括的一种需求，是在管理层级(如医院的领导等)提出的需求。软件系统的分析师应该根据这总体需求，提出所需要的资源，比如人力配置，设备配置，数据库和软件配置，开发所需时间等等。

本节后续部分将以一个社区范围内的健康档案系统为例给出这个系统的分析和开发过程。

这里我们先概要地对现代软件开发中已经广泛被使用的工具 UML(unified modeling language)作一介绍(图 3-7)。UML 是一套系统分析与设计的建模工具，它是为用户、设计人员、开发人员、系统集成人员、测试人员交流而设计的通用语言。

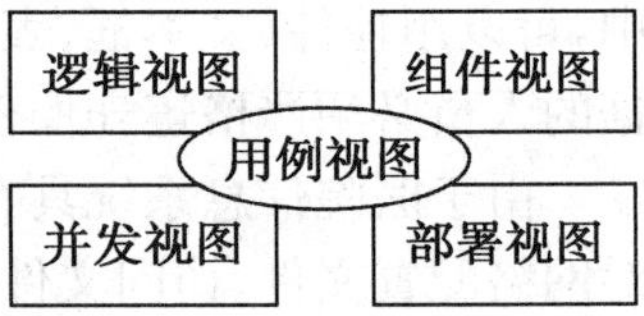

图 3-7 UML 的 4+1 视图

UML 主要由 5 个视图(views)和 8 个图(diagrams)以及若干模型元素和通用机制等部分构成。这 5 个视图分别为：用例视图(use case view)，逻辑视图(logical view)，组件视图(component view)，并发视图(concurrency view)，部署视图(deployment view)，其中用例视图起核心作用，因而很多人也把这 5 个视图称为 4+1 视图。

用例视图用于描述系统应有的功能集合，主要为用户、设计人员、开发人员和测试人员而设置。它是从系统外部用户的观点看系统功能的抽象表现。

逻辑视图也称设计视图，用来显示系统内部支持实现用例视图功能的逻辑结构。主要为设计人员和开发人员使用。

组件视图也称开发视图，用来显示系统内部组件的模块结构。为开发人员使用。

并发视图也称过程视图，用来显示系统内部在实现功能时各个对象的协作关系。为系统集成人员和开发人员使用。

部署视图，用来显示系统的组件在物理上的配置，例如数据库服务器、用户端软件、网络配置等。为系统集成人员、开发人员和测试人员使用。

8 个 UML 图可分为 3 个静态图和 5 个动态图。静态图：类图(class diagram)；组件图(component diagram)；部署图(deployment diagram)。动态图：用例图(use case dia-

gram)；状态图(state diagram)；顺序图(sequence diagram)；活动图(activity diagram)；协作图(collaboration diagram)。

UML 的 5 个视图，8 个图以及使用者的关系如下表 3-2。面向对象的软件设计方法有多种，但是都以用例图为基础。

表 3-2　UML 中视图，图和使用者的关系

UML 视图	UML 图	使用者
用例视图	用例图，活动图	用户，设计人员，开发人员，测试人员
逻辑视图	类图，状态图，顺序图，协作图，活动图	设计人员，开发人员
组件视图	组件图	开发人员
并发视图	类图，状态图，顺序图，协作图，活动图，组件图，部署图	开发人员，系统集成人员
部署视图	部署图	开发人员，系统集成人员，测试人员

3.5.2　功能需求分析和用例分析

在总体需求下，功能分析是分析更具体的最终使用者的需求。这里最终使用者是泛指使用该系统实现某类功能的人员。在 UML 中，这类人员称为角色。我们现在列出社区范围内的健康档案系统的需求如表 3-3 所示：

表 3-3　社区健康档案系统的需求分析

角　色		需　求
政府医疗卫生机构		发布各级政府动态简报；医保部门管理；政府规定的疾病控制的查询
社区卫生信息管理机构		发布社区动态简报；添加新的健康档案(个人信息)；删除健康档案；收费情况记录；建立家族关联信息；本社区内政府规定的疾病控制的查询；定时提醒健康检查；管理社区论坛
注册个人		个人信息更新；编辑(添加、更新、删除)记录；查看健康记录；查看医保记录；参与社区论坛；参与医院论坛
社区医院	医院管理员	建立/修改/删除医生用户；建立医院论坛
	医院领导	查询政府规定控制的疾病记录
	授权医生	输入健康记录(体捡和治疗记录)；查看病人健康记录；对政府规定控制的疾病记录；参与医院论坛
系统管理员		建立社区；分配社区管理员权限；建立医院；分配医院管理员权限；建立药店；分配药店管理员权限；发布广告

可以方便地将上述需求用 UML 的用例图表示出来。为简单清楚起见,图 3-8 只表示了系统注册个人的用例图。

图中角色用人体的抽象图表示。角色可以是人,也可能是组织、机构、甚至时间。角色必须是给系统发送信息或得到信息的事物。每个椭圆表示一个用例。用例和角色的联系用连接它们的一条直线表示。用例外围的矩形框表示该系统的边界。上图表示该系统需要提供注册个人的所有主要功能。当然,有些必须的功能比如登录、注册等常规功能,在这个用例图中没有被表示出来。

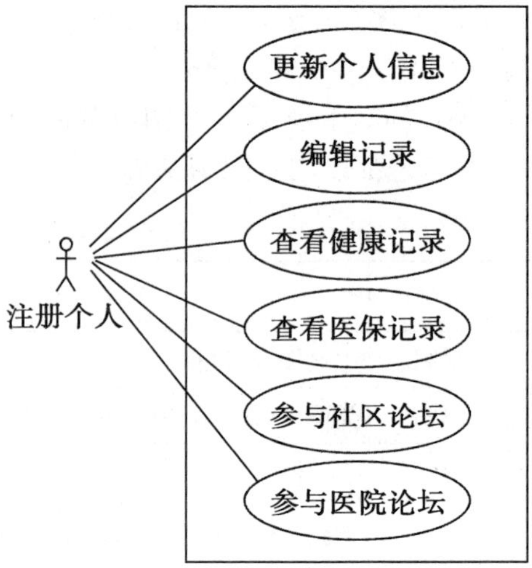

图 3-8 社区健康档案系统注册个人用例图

用例图可以按讨论问题的深入程度而有不同的层次。例如注册个人的编辑记录的用例,可以细分为添加健康记录(比如每天测量血压、血糖的记录,因病用药的记录,服用保健食品、药物的记录,甚至进食、睡眠的记录等等),修改记录,删除记录等等。我们当然可以据此画出更深入层次的用例图。一般说来,用例图是从系统外观察该系统所能完成的功能图,通常不需要太过细化。

3.5.3 流程分析和界面设计

如何实现软件需求,也就是实现用例图中规定的功能,这就需要进行流程分析,并在此过程中设计用户界面。下面以注册用户添加一条血压测量记录为例进行流程分析,其所需步骤或者所谓流程为① 注册用户登录;② 选择编辑记录;③ 选择添加记录;④ 保存记录。这 4 个步骤,可以用 UML 的活动图 3-9 来表示。从开始到结束要经过登录—用

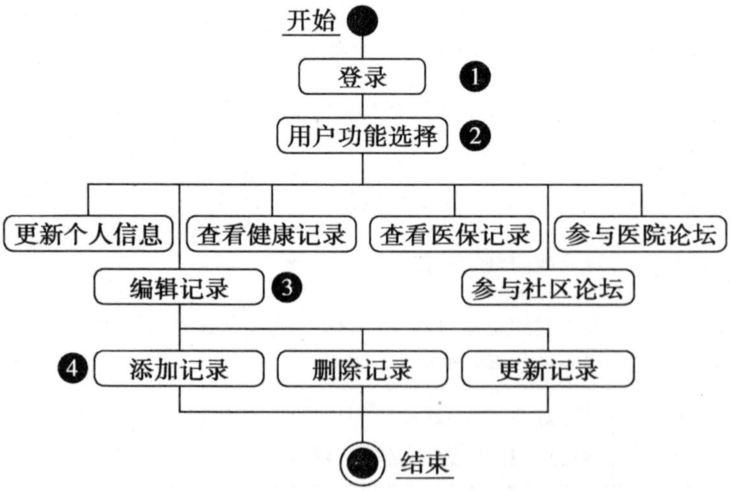

图 3-9 社区健康档案系统注册个人活动图

户功能选择—编辑记录—添加记录这 4 个步骤，我们可以很自然地设想每个步骤都需要系统提供用户界面（graphical user interface，GUI）。虽然用户界面的设计可以是多样的，好的美工设计可以使用户界面更悦目和友好，但是每个用户界面上所必须的内容却是相当确定的。

登录界面：要有输入用户名和密码的文本框，确认和撤销的按钮，如果更仔细一些，还可以有忘记密码的处理提示和新用户注册的链接。

选择功能界面：至少要有选择 6 个相应功能的按钮（或使用类似功能的其他选择方法控件），还要有不选择而退出操作的控件。

编辑功能界面：至少要有选择 3 个相应编辑功能（添加、删除、更新）的按钮（或使用类似功能的其他选择方法控件），还要有返回上一页面的控件以及不作任何选择而退出操作的控件。

添加记录界面：需要有所有记录内容的控件，比如其中要有选择何种记录（血压、血糖等），当选择血压时，页面上至少需要输入舒张压、收缩压和测量时间的文本框或提供类似功能的控件。

遍历所有用例图，我们可以确定我们需要的所有用户界面，并对每个界面进行较深入的功能设计。

活动图是 UML 中用来跟踪用例流程的诸多手段之一。其他如顺序图、协作图等也都常常被用作跟踪流程、设计用户界面的手段。

3.5.4 对象分析和定义

计算机发展起始阶段，计算机软件技术是面向过程的技术，而现代软件技术则是面向对象的技术，它更真实而客观地描述了世界。

我们所处的世界是由对象组成的，没有一个事物不属于对象，对象无处不在。计算机软件就是客观世界的某个片断在计算机里的模拟。对象是对客观事物的抽象描述。

对象具有静态特征和动态特征。静态特征用数据描述，称作对象的属性；动态特征是对象的行为和功能，称作对象的方法或操作。一个对象由一组属性和一组行为（功能、方法）组成。对象是由属性和行为构成的封闭体，有对外界的通信接口，外界通过接口与对象交互作用。一个非常形象的例子是电视机，电视机有很多部件组成，可以实现接收电视信号、发送电视画面等许多功能。它与外界的接口就是设置在它表面的一系列按钮或遥控器。

面向对象技术最有用的 4 个特性是：抽象（abstraction），封装（encapsulation），继承（inheritance）和多态（polymorphism）。

抽象：就是舍去事物的非本质的、非共同的特性，抽取共性和本质特征的过程，将相同特征的事物对象（objects）个体组成为类（class）。例如在医院信息系统中，患者是一个类，医生也可以成为一个类。这就是抽象。有些不同的事物具有某些相同的属性和行为，把这些相同的属性和行为提取出来，组成一个新的类，比如患者和医生在具有姓名、性别这意义上来说是相同的，我们可以将之抽象为个人这个类。

继承：上述患者和医生的例子中，个人这个类是从患者、医生的共同属性和行为抽象出来的。我们可以将患者类和医生类设计称为个人这个类的派生类，或者称为子类。而个人类则是患者类和医生类的父类。所谓继承就是子类自动共享父类的所有属性和行为的机制。继承意味着子类自动拥有和隐含得到父类的属性和行为，父类已经定义的属性和行为在子类中不再需要重新定义(图 3-10)。

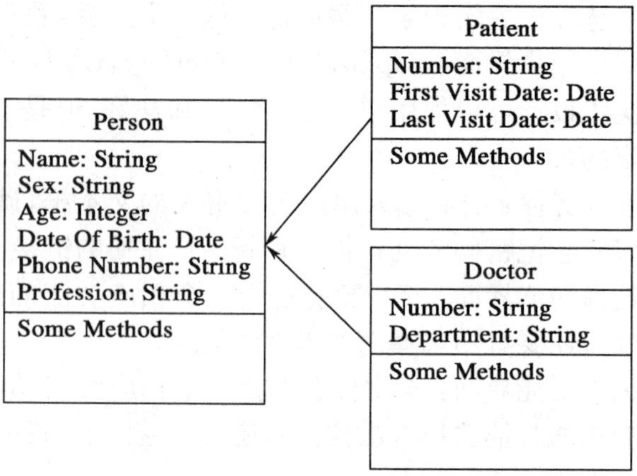

图 3-10　类的继承，其中 Person 类是 Patient 类和 Doctor 类的父类

封装：封装就是把对象的属性和行为结合成一个独立的基本单位。这有两方面的含义，一是属性和行为的结合，强调属性和行为的一体化，二者不可分割；二是信息屏蔽，尽可能屏蔽对象无需为外界所知道的属性和行为的细节，形成一个对外屏障，而仅仅向外界提供有限的接口。

多态：多态的意义就是一个名字具有多个语义。比如生活中我们说打开门窗，打开礼物，打开书本，都用了同一个动词"打开"，但是它在不同的场合有不同的语义，我们不用担心这不同的语义会被误解。在面向对象的软件技术中，在具有继承关系的对象或类中，子类继承父类的某个行为，如果子类的行为表现还有它自身的特点，表现形式不尽相同，那么这个行为具有多态性。支持多态是面向对象程序设计语言的一个基本特征。

对象和类的发现：一般说来，从需求分析中首先找到那些名词(包括人、地点、物品、抽象名词等)。比如我们说"医生需要为患者增添一条血压测量的记录"，这里医生、患者和血压记录都是名词。我们可以据此定义三个类，而医生和患者的类已在前面定义过，所以这里只给出血压类(包括患者标识、医生标识、血压的高低值和测量的时间，以及是否高血压的判断方法)，见图 3-11。

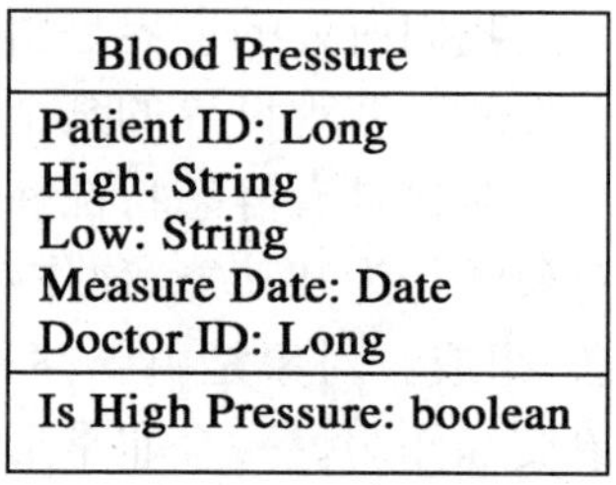

图 3-11　血压类

这个例子中关于血压类的引入，我们同时也引入了患者标识和医生标识的概念，用这个标识我们可以方便地找到是哪个医生为哪个患者作的该次血压测量。这在数据库中就是表和表之间的关系。通常，对象分析中的一个类，就是将来数据库设计中的一个表。类名就对应于表名，属性就对应于表中的列。一次测量的结果对应于表中一条记录。

通常对每个对象定义一个类，用符号来表示，但需要作适当调整。例如：

(1) 分拆：某类的属性或行为不适用于该类的全部对象，例如汽车类，乘客数量属性适用于客车，不适用于货车，这就需要在汽车类下拆分出客车类和货车类。

(2) 归并：两类的属性和行为完全相同时，如书籍和计算器是不同的类，但是在商店销售系统中，其属性和行为完全相同，可以合并为商品类。

(3) 结构：两类的属性和行为相似，这些类之间或多或少存在某种联系。对于相同属性和方法较多的类，建立继承结构；对于类间具有相同事物对象的，建立整体—部分结构，如汽车和飞机两个类对象，都有发动机，可建立发动机类。

类对象的命名：类名称应能描述类中所有对象的基本特征。

3.5.5 数据库工具和数据库设计

现在占市场统治地位的数据库管理系统有 Oracle，Sybase，MS SQL，MySQL，Access 等等。这些数据库工具经过了无数人的多年开发和应用，已经相当的成熟和完善。应用软件的数据库设计就是使用这些数据库工具设计的。医学信息数据库所要存储、处理的信息量是非常巨大的，而查询又要求准确而迅速，因此选用数据库工具是十分重要的。目前多数的医学数据库采用 Oracle、Sybase 或 MS SQL 作为其管理系统。无论采用哪种数据库工具，尽管它们在使用方法、命令上有所差别，但是在建表、查询等主要功能的应用上大同小异。

数据库设计的前提是对于系统需求有非常透彻的理解。多数软件系统的开发经验告诉我们，一个好的数据库设计是软件系统成功的一半。当我们对于系统对象分析成熟后，数据库中需要的表也就相当明确了。尽管后续还会有一些调整，但是大的框架，基本结构已经齐备。如前节所述，一个类可以对应数据库中的一个表，类中的属性对应于表中的列，一条数据对应于表中一行。

类，也即数据库中的表的设置是数据库设计的最重要环节。设置过程可以是从大到小、从外向内和从小到大、由内而外的反复完善的过程。一个好数据库的构建不但需要对系统的透彻理解，而且需要丰富的经验，而经验只能通过不断的实践和总结才能获得。

为了实现快捷查找，数据库中往往对一个表内的某列定为此表的索引。如果需要，我们也可以定义若干个列为此表的索引。如果一列索引被单独引用，那么这个列的数据必须是没有相同的。举例说，个人身份信息表的姓名、年龄、性别等显然会有大量是相同，而只有身份证号码是满足惟一性的，因而身份证号码可以被定义为索引。人们往往在表中定义一个被称为序号 ID 的索引列，ID 的数值是自动增加的，因而也就不会有相同的值出现。这个序号列的引入，也就保证了表中不会有完全相同的两条记录。所有数据库工具都有这个约束条件，即一个表中，不能有两条记录完全相同。

关于数据库设计的硬件环境、安全等方面的考虑已在本书其他部分论及，此处不再赘述。

3.5.6 开发环境和工具

医学信息系统的开发环境和工具取决于该系统所涵盖的内容以及所要达到的功能。一般说来，要求技术平台和开发工具具有稳定性、安全性、先进性、可扩展性和便于维护。

技术平台是指系统的软件支撑环境，包括网络操作系统、数据库管理系统、客户机操作系统。

目前国内使用的网络操作系统通常为 Windows NT(包括 Windows 200x)系列。

数据库管理系统通常为 Oracle，Sybase，MS SQL server 200x 系列。

至于客户机操作系统，常用的为 Windows XP，Vista 系列。

开发工具选择满足面向对象要求的工具。目前广泛使用的 MS VC＋＋、MS VB6.0、MS C＃、MS. Net、Borland C＋＋、Java 等，都能满足面向对象开发的需求，同时都具有简便易用的图形工具。

数据库和软件的接口，通常采用 ODBC(open database connectivity)、JDBC(java database connectivity)等技术。

3.5.7 软件配置

在信息系统软件开发过程中，技术开发人员往往要用到第三方开发的软件。这些软件有些是需要购买的，而有些则是可以免费得到的。比如从网络上可以合法地得到很多的免费软件。使用这些软件，有时候可以大大减轻我们的工作量，或者给我们某种启发。在信息系统软件开发过程中，使用第三方软件是平常事。当然在使用前必须对于该软件的性能、软硬件安装要求有详细的了解，并进行测试，以便我们能使用正确的软件来做正确的事情。开发过程中使用的第三方软件，在为用户安装时必须同样配置。

3.5.8 软件开发过程中的再设计

我们在介绍软件系统生命周期时指出，开发过程是一个多次反复的过程。这是因为人们很难在系统开发初期就非常透彻地了解系统的每个环节。即使非常透彻地了解了，用户也可能在开发过程中提出新的要求，或者是改变一些需求，还有客观条件在开发过程中的变化。所有这些变动都要求系统开发人员作出相应的设计改变，或者说再设计、再开发。

3.5.9 软件测试要求

一般说来，软件开发工程师在开发过程中会不断地测试他们所开发的软件部分，但还是远远不够的。开发完成的软件系统在交付用户使用前，必须经过严格的测试。测试中发现的问题必须按其影响程度及时修正和弥补。

测试前的准备：在测试前，必须按照安装文档的说明，在一个重新安装操作系统的计算机上进行，配置文档说明所要求的软件和硬件。切忌在原来的开发用计算机上测试。这是因为原开发用的计算机上有了所有的软件配置，测试不能完全发现可能存在的问题。

软件测试可以分为功能测试和系统测试两个阶段。

功能测试：安装设计中的用例图，逐个检查系统是否实现了所有的设计功能。这一过程也称为正向测试(positive testing)。功能测试还必须经过反向测试(negative testing)。反向测试的必要性是由于系统使用者不可能完全按照功能要求的步骤进行操作。一个好的软件系统要能够防止发生操作错误，而一旦发生操作错误，系统要能够作相应的处理，而不致引起系统的错误响应甚至中断运行。举例来说，界面上有一个需要输入数字的文本框，输入数字，系统有正确的响应，这就是正向测试。而如果输入了一个数字以外的字符，系统就退出了，这就是没有通过反向测试。解决的办法有两个：一是让该文本框只接受数字；二是如果输入了数字以外的字符，系统提示输入错误，让改正。

系统测试：通过了所有功能测试的软件系统，还需要进行系统测试。系统测试的概念是指将各模块集成后的测试，这更能反映实际使用时的情况。系统测试的情况下，所有的功能测试都必须仍然通过。同时，系统测试还要测试系统的响应速度和负荷情况。例如，当系统有 10 个、100 个或 1 000 个用户同时在使用，系统的反应是否依然正常，结果是否依然正确。

3.5.10 硬件配置

医学信息系统的硬件配置取决于功能需求。一般说来，主要的硬件配置有服务器的配置、用户终端的配置和网络配置这三个主要方面。

服务器的配置：大体上可分为性能敏感型和空间敏感型两大类型。所谓性能敏感型是指对服务器的性能要求较高，反应速度要求快，如 NOTES、www、DNS、PROXY 等服务器。空间敏感型是指对服务器的存储空间要求大，如 FTP 服务器等。数据库服务器、EMAIL 服务器等则对二者都有一定的要求，视用户数的多少，用户定额空间的大小，访问的频繁度而偏向于某一种类型。一个社区医院只需要使用较高配置的个人电脑当服务器也就能满足需要，而中大型规模的医院，则应该选择较高配置的服务器。特别是其存储空间应该尽可能大，以便在硬盘上存放更多的资料，达到快速响应用户指令的目的。当然，性能高的服务器价格也比较高。

用户终端的配置：一般情况下，普通个人电脑和显示器已能满足一般用户终端的需要。但是在显示医学图像方面，平台显示器的影像显示效果明显受到影响。为了研究医用显示器在数字影像系统中的作用，美国 Beth Isreal 医疗中心，在 1998 年北美放射学会上介绍了他们用分辨率 2048×2560 竖屏医用显示器与普通分辨率 1024×768 但可以放大一倍的横屏普通显示器对 80 例疑似肺病患者进行的对比研究。这些患者都是 3 个月内相继就诊的。首先在 CR 上拍了胸片，然后在螺旋 CT 上进行检查，两种显示器都可以调节窗宽窗位。共有 3 名医生分别轮流在 2 台显示器上读像诊断，记下肺部有无疾病。报告正确与否以 CT 报告为准。结果每名放射医生在普通显示器上都有至少一次漏诊肺结节，而在医用显示屏上，3 名医生无一漏诊。因此，建议凡是以诊断为目的的放射科诊断工作站，其监视器应为竖屏，分辨率至少为 2K×2K，亮度达到 50 朗伯（170 cd/m^2）。（参见第 9 章）

网络硬件配置：网络有内网、即局域网（LAN）和外网、即广域网（WAN）。局域网是单位内部的网络通信，各通信点之间距离较短。广域网能覆盖大面积地理区域。因特网是世界上最大的广域网。网络链路必须能快速传递数据。带宽是指通信信道的传输能力。医学信息系统可以根据所承担的功能，选择不同的网络带宽，电话线拨号（56K）、ADSL（640K—10M）、宽带线（2M—10M）、光纤（2G 以上）可以提供的带宽范围有很大不同。当然，高的传输能力也意味着较大的投资。

3.5.11 软件安装，维护和备份

一个经过了严格测试的医学信息系统软件的安装应该严格按照安装说明配置硬件和软件。如果这样安装后的系统不能正常运行，那么不是安装说明的错误或疏漏，就是硬件

或操作系统存在问题。这时应该报告软件提供厂商来确定问题并加以解决。为了防止可能发生的意外，软件系统应该制作备份。一旦发生意外，可以重新安装使用。

任何软件都不可能是永远完美的，医学信息系统也是一样。软件在使用过程中的维护是一件很重要的工作。这个工作主要是两方面的内容：

(1) 维护系统的正常运行。一旦发生问题，给予解决。

(2) 将所有发现的系统问题和不再适应需要的原设计记录下来，以便系统更新升级时参考。

当然，数据库的备份也是系统运行过程中维护的内容。

3.5.12 系统集成

所谓系统集成(system integration，SI)就是通过结构化的综合布线系统和计算机网络技术，将各个分离的设备(如医院各科室的电脑、各种仪器设备、服务器等)、功能和信息等集成到相互关联的、统一和协调的系统之中，使资源达到充分共享，实现集中、高效、便利的管理。系统集成应采用功能集成、网络集成、软件界面集成等多种集成技术。系统集成实现的关键在于解决系统之间的互联和互操作性问题，它是一个多厂商、多协议和面向各种应用的体系结构。这需要解决各类设备、子系统间的接口、协议、系统平台、应用软件等的集成问题，同时也要解决与子系统、建筑环境、施工配合、组织管理和人员配备等相关的面向集成的问题。

系统集成作为一种新兴的服务方式，是近年来国际信息服务业中发展势头最猛的一个行业。系统集成的本质就是最优化的综合统筹设计，一个大型的综合计算机网络系统。系统集成包括计算机软件、硬件、操作系统技术、数据库技术、网络通信技术等的集成，以及不同厂家产品选型、搭配的集成。系统集成所要达到的目标——整体性能最优，即所有部件和成分合在一起后不但能工作，而且全系统是低成本的、高效率的、性能匀称的、可扩充性和可维护的。

系统集成包括硬件系统集成和应用系统集成。

1) 设备系统集成

硬件系统集成在大多数场合简称系统集成，或称为弱电系统集成，以区分于机电设备安装类的强电集成。它指以搭建组织机构内的信息化管理支持平台为目的，利用综合布线技术、楼宇自控技术、通信技术、网络互联技术、多媒体应用技术、安全防范技术、网络安全技术等将相关设备、软件进行集成设计、安装调试、界面定制开发和应用支持。设备系统集成也可分为智能建筑系统集成、计算机网络系统集成、安防系统集成。

2) 应用系统集成

应用系统集成(application system integration)指依照客户需求提供应用的系统模式，以及实现该系统模式的具体技术解决方案和运作方案，即为用户提供一个全面的系统解决方案。应用系统集成已经深入到用户具体业务和应用层面，在大多数场合，应用系统集成又称为行业信息化解决方案集成。应用系统集成可以说是系统集成的高级阶段，独立的应用软件供应商将成为核心。

系统集成还包括构建各种 WIN 和 LINUX 的服务器，使各服务器间可以有效地通信，给客户提供高效的访问速度。

问题与讨论

（1）举例比较一个医生使用和不使用计算机给病人看病的区别。举例比较一个医院使用和不使用计算机的区别。举例比较一个地区使用和不使用计算机网络的区别。

（2）举例说明保存医疗数据的意义。使用和不使用计算机时是如何保存医疗数据的？

（3）举例说明医疗数据库的安全是十分重要的。医学数据库有哪些不安全因素需要防范？

（4）通过本章学习，说说你对医学信息工程的认识。医学信息工程有哪几个主要阶段？

（冯正永）

4 医学信息标准化

本章将论述有关医学信息标准、标准化、分类编码的概念、理论和方法，介绍国际主要标准化组织，国内外主要医学信息标准及医学信息交换标准。读完本章后，你应该知道下面这些问题的答案：

标准、标准化、分类、编码的概念是什么？

何为分类的序化原理？怎样进行医学信息的分类编码？

国际标准化组织的作用是什么？

主要医学信息标准和医学信息交换标准有哪些？各有何意义？

中医信息标准化有哪些内容？

为什么说医学信息标准化是一项极为重要又艰巨的任务？

4.1 标准与标准化

在科学领域中，医学是专用名词最多、最深奥、最难以统一规范的领域之一，却又是与人类生命、健康关系最密切的领域之一。随着医疗卫生信息化的进展，传统手工操作时代“非标准化”的矛盾日益突出。远程医疗、医疗保险、社区卫生、区域卫生的发展，要求医学信息必须跨部门和地区进行交互，这更需要标准化。因此，标准化成了医疗卫生信息化的首要任务。

4.1.1 标准概述

1）标准的定义

国家标准 GB/T20000.1—2002 给“标准”下的定义是：“为了在一定的范围内获得最佳秩序，经协商一致制定并由公认机构批准，共同使用和重复使用的一种规范化文件。”在此定义后有一条附注：“标准宜以科学、技术和经验的综合成果为基础，以促进最佳共同效益为目的。”

因此，标准应具有如下一些特性：首先它是一种规范化文件。第二，具有共同使用和重复使用性质。第三，文件的制定必须有一定程序，经协商一致，并由公认机构批准，而这“公认机构”是负责为公共和常用事物的活动及结果制定和提供规则、指导原则的。最后制定标准的目的是为了在“一定范围”内获得最佳秩序。

2）标准的种类

从标准的内容和应用来看，可以分为以下几类。

(1) 强制性标准：是指政府部门制定发布，并强制执行的标准。如根据《中华人民共和国标准法》规定，保护人体健康要求；产品及其生产、储运、使用中的安全、卫生、环境保护等技术要求；污染物排放标准和环境质量要求等有关医疗卫生的标准均是强制性标准。

(2) 任务导向标准：由一群具有共同目标的人员或组织在互惠互利的原则下对某一领域协商一致而制定的标准。例如由美国放射科学会及美国电器制造商学会共同起草指定的“医学数字成像和通信标准”(DICOM)。

(3) 实质性标准：当市场上符合某一领域标准的产品或服务占据了主要地位，符合大多数人利益，而少数没有使用该标准的利益方为占有市场不得不应用这一标准时，便形成实质性标准，如微软的视窗(Microsoft Windows)。

(4) 共识性标准：由一群相互关联领域的志愿者们，在开放自由的方式下，通过会议、通信等充分讨论、协商，经长期的标准制定程序所产生的标准，并被日益推广应用。例如HL7(health level 7)。

3) 标准的价值

标准是由一群专家为一个共同目标，依据一定程序和规则生产出来的产品，并被人们接受和应用，因此使用价值是标准的自然属性。另一方面，标准在生产过程中凝结了一般性人类劳动，因此标准的价值还有社会属性。标准作为一种特殊产品，可以转化为商品。

4.1.2 标准化概念

1) 标准化的定义

国家标准 GB/T20000.1—2002，采用了国际标准化组织(ISO)的定义：“标准化是为了在一定范围内获得最佳秩序，对现实问题或潜在问题制定共同使用和重复使用的行为规范的活动。”

在“标准”这一名词后加上“化”，则转化为动词，表示转变为一种性质、状态或活动。因此，标准化首先应是制定和实施某一规范的活动；其次，该规范的内容涉及当前的现实问题或将显露的潜在问题；第三，制定该规范的目的是为了在一定范围内达到最佳秩序。

2) 标准化的特征

根据标准化的定义，标准化具有如下的特性。

(1) 明确的域(domain)：即范围。某一标准一定是针对和适应某一域的需求。域的分界必须清晰、内容必须明确。

(2) 惟一性与完整性：所谓的“惟一性”，指在标准化的体系中，无论是一个对象、或是一组对象，应该有、而且只能有一个确定的代码与之对应。所谓完整性，就是在某一个“域”内的标准化体系应涵盖它所有的对象。由于对事物的理解总是在不断深化过程中，事物也总是在发展变化中，所以，标准化系统总是在不断地修订和完善。

(3) 权威性：标准必须在一个宽广的范围内被认可和执行才有意义，而一个标准的诸多内容不可能在这样宽广范围内被所有的用户完全认同和接受，因此必须由权威部门制定和颁布，并带有明确的约束性，甚至是强制性。因此权威性是标准化天生的特质。

3) 标准化的原理

标准化的原理有多种，如桑德斯理论，松浦四郎理论等。我国关于标准化的原理如下：

(1) 简化原理。标准化的本质就是简化，即通过标准化的活动和程序，将多余的、可替代的、低功能的内容或环节简略，确定该标准的界限、内容和最简单明了的表达方式。

例如对于“药品分类编码系统”，我们必须涵盖全部药品，筛取出药品的名称、剂量、规格、价格……基本属性，但简略了每一药品的化学结构、原料构成、生产工艺等内容。

(2) 统一的原理。统一的原理是指在一定时期、一定条件下，对标准对象形式、功能或其他技术特性所确立的一致性，应与被取代的事物功能等效。统一的原则如下：首先是一致性；其次是时间和条件的适用性，超过时限和条件就被修订或取代；第三是等效性，即简化统一前后的事物必须是等效的、一致的。

例如药品的名称，可以有通用名、化学结构名、拉丁名和众多的商品名，但是所采用国家颁布的药品通用名是统一的、经久不变的。

(3) 协调的原理。统一性是靠多方面协调获得的，标准能在一定范围内应用，保证最佳秩序，就是要相关利益各方充分协调、达成共识。统一性另一方面的含义是标准应以实施范围内的全体成员经协商后“一致同意”(consensus)为基础，“一致同意”是指有关各方成员没有实质性反对意见，而不一定是毫无异议。

例如“药品分类编码系统”除药品通用名外，医疗保险部门偏重于药品价格信息；而药房偏重药品库存管理信息；医生偏重药品的药理信息。筛选哪些内容并以统一的方式表达，是多方协调一致的结果。

(4) 优化的原理。标准最终目的是“最佳的共同利益”，所以在其制定实施过程中，一定要紧扣“最优”的原则。另一方面，标准化不是一个孤立静止的行为，而是一个发展变化过程，随着社会的变革、情况变化，原有的标准将不适应，必须定期进行重新评估和修改，使其日臻完善和成熟，并推广到更大范围。因此定期修改也是优化的重要内容。例如ICD，每 10—20 年将修改制定出新的版本。

4) 信息的标准化

狭义的信息标准化是指信息表达的标准化，是在一定域内，对于人们共同应用的某类和某个客体的抽象描述和表达。

广义的信息标准化不仅涉及信息元素的表达，而且涉及整个信息的处理，主要包括：① 信息表达类标准。此为信息表达的基础，常见的有分类编码等。② 信息交换的标准。③ 信息处理与流程标准。④ 信息处理的软、硬件标准等。我们将在医学信息标准化一节作详细阐述。

5) 元数据与数据元

讨论信息标准化，必须先了解两个基本概念：元数据和数据元，它们是信息表达和信息标准化的基础。

(1) 元数据。所谓元数据就是关于数据的数据，它是对信息资源的规范化描述，是按一定标准，从信息资源中抽取出相应的特性，组成的一个特征元素的集合。

元数据内容标准从数据结构、格式、语义、语法、功能各方面来制定标准，促使了数据的规范化、标准化，提高了数据库的建库量。

(2) 数据元。数据元又称数据元素，是用一组属性描述定义、标识、表示以及允许值的最小数据单元，通常用于构建一个语义正确、独立、无歧义的特定概念语义的信息单元，数据元由对象类、特征和表示三部分组成如图 4-1：

- 数据元
  - 数据元概念
    - 对象类(客观世界事物的集合)
    - 特征(对象类共同具有的特征)
  - 表示(描述数据被表示方式)

图 4-1　数据元构成图

4.1.3 标准化发展历程

1）古代的标准化

早在远古时代，人类就表现出无主观意识的标准化行为，例如世界各地出土的石器时代的石刀、石斧形态都惊人地相似，这是人们在长期生产实践中，共同探索、模仿所形成的一些约定俗成的概念和规范。

在漫长的进化过程中，当人类产生了语言，创造了文字，则标示了人类能主观去统一、规范事务和概念，体现了人类初期有意识的、朴素的标准化活动。

古代标准化典范有古罗马战车的建造者，他们设置车轴的长度基于两匹马的宽度，这轴长便成为开发道路的标准，也是制造战车乃至马车、客车轮子距离的规定，现在标准铁路轨道规范正是源自这种古老的启示。

我国古代秦始皇统一中国后，先后颁布政令，对度、量、衡、文字、货币、道路等进行全国范围的、空前的标准化，“车同轨，书同文”成为古代世界标准化的杰出典范。而北宋时代毕昇于公元 1041—1048 年发明的活字印刷术则孕育了近代标准化的原理和方法，并成为人类文明的光辉范例。

2）近代工业标准化

随着 18 世纪末英国发生的工业革命以来，大机器生产方式促使了工业标准化飞速发展。典型范例有 1789 年，E·惠特尼发明的工序生产方法，设计了可通用互换零件组装步枪，被誉为“标准化之父”。此后层出不穷的标准深入到生产参数系列化、行业标准化、作业和管理标准化的各个领域，成为社会有序化的支柱之一。1959 年，ISO 决议将每年 10 月 14 日定为“国际标准日”。

3）信息时代标准化

当人类进入信息化时代，标准化变得尤为重要和紧迫。ISO、IEC（国际电子技术委员会）等国际标准化组织逐步促成了全面的信息技术标准化体系，涉及信息处理、软件与软件工程、数据交换与通信网络技术、信息安全等各个方面，极大地顺应和促进了信息化日新月异飞速发展。

早期医院信息管理局限在单个部门，以单机版为主，例如检验结果数据处理、收费处的划价收费等，对标准化的需求不显著。即便是整个医院的信息管理系统（HIS），为了进行数据的交换，其标准化也是粗糙和不规范的。

随着医疗卫生信息化的深入发展，医院的信息管理必须集成来自不同厂家的不同应用软件，以实现全院的信息交互和共享。医疗保险、区域卫生信息管理、公共卫生平台则要求信息在不同医院之间，进而在一个城市、一个省、甚至在全国实现共享。这时，数据、通信、接口等一系列信息标准化的问题就成为当务之急。事实上医学信息标准化的发展是迅速而艰难的，我们将从以下章节中予以具体阐述。

4.2 分类

上节论述了标准化的必要性，本节阐述如何实现信息的标准化。分类和编码是信息标准化的主要方法之一。

4.2.1 分类的定义

分类(classification)是某一领域内概念的序化和原理的序化。

分类的准则首先取决于某一领域的应用目的，然后依从于这一目的，根据某一概念分类，再将这些类别依照属性关系有序排列，所谓属性关系表现为甲包含了乙和丙，即乙或丙是甲的一种。同时这种概念的序化系统，或明确地、或潜在地反映了其中包含某种原理的有序化。

4.2.2 分类的基本原则和方法

1）分类的基本原则

在对信息进行分类和编码时应遵循以下原则：

(1) 科学性：要以当代先进的医学科学水平为基准，分类目的有科学依据，分类轴心要体现对象的本质特性，编码有科学意义。

(2) 系统性：分类的对象必须按照其内在的特性和规律进行排序，并形成一个科学严谨、结构合理、层次分明的分类体系。

(3) 准确性：分类的类目应独立明确、相互排斥、互不包括。类目下的亚目，从属关系清楚、层次分明。代码确切有序，不要随意空码、跳码。

(4) 惟一性：应确定统一的代码元素集，严格做到一码一义，避免一码多义或一义多码，使整个分类编码系统井然有序、精确无误。

(5) 冗余性：一个分类编码系统除了应包括现有的所有对象外，还应预留一定的空项，以适应发展中不断涌现出来的新对象。这些预留的空项又必须依据分类编码原理和内在属性关系而定，新的对象将参照与原有对象的属性关系填充到相应的预留空项中，而不是简单堆放在原系统之后。

(6) 结构化：代码与对象的特性以及内涵应有结构化的对应关系，代码的不同位置标识了对象的特性以及它与周围的层次关系。

(7) 实用性：分类和代码都要有实用价值，符合实际需要。它不能过于简单而失去准确性，又不能过于繁琐而应用困难。

(8) 可操作性：分类编码应力求简单明了，易于学习掌握，同时要便于计算机输入。

2）分类的方法

分类的基本方法有线分类法、面分类法和混合分类法。所谓线分类法，又称为树型分类法，是依据某一属性或特征，逐层分解展开，形成分类体系，例如ICD分类法。所谓面分类法是依据分类对象的若干个特征或属性分为若干个“面”，每个“面”中又可分成彼此独立的若干类目，然后根据需要将这些“面”中的类目组合在一起，形成一个复合类目。例如在医院财务统计中，收费项目的“面”包括了住院费、药品费、手术费、检查费等类目；付费方式的“面”中包含了医疗保险、公费、自费等类目。这两个方面类目组合，就形成复合类目，如全年“医疗保险病人的药品总费用”、“自费病人的检查总费用”……从而为院长的“合理收费”提供统计依据。混合分类法则是将线分类法和面分类法进行组合使用。本章将介绍医学信息最常用的分类法——线分类法。

4.2.3 分类的序化原理

分类法实质上是一个序化系统，即将某一要素或特征作为分类的依据，并将所有分类的对象按照这个要素或特征的序化关系或内在规律进行排序。贯穿整个分类过程中的序化标准称为轴，分类系统若是采用了一个序化标准就称为单轴分类系统，若采用多种不同的序化标准，则称为多轴分类系统。

我们以疾病分类ICD来说明分类的序化原理。建立ICD的目的是为了对疾病和健康问题进行统计分析。疾病和健康问题是分类的对象，研究所有对象我们发现它们具有四大特性，即病因、部位、病理和临床表现，这就是分类的依据，每一个依据是一个分类的轴线，多个依据就形成多轴系统。

当我们确定了一个轴心进行具体分类时，可以依据特性中所包含的属性关系再分为"类目"、"亚目"、"细目"等，这三者之间从属关系就形成了序列。

在ICD第一章"某些传染病和寄生虫病"中，它的各个类目都是以不同的致病原因分类的，如A00为霍乱(霍乱弧菌感染)，A01为伤寒(伤寒杆菌感染)，A06为阿米巴原虫感染……类目下亚目却依疾病的其他特性分类。例如A06类目下属的亚目是依据疾病情况(急性还是慢性)和病理改变(痢疾或仅原虫寄生)两个轴心进行分类，所以A06.0为急性阿米巴痢疾，A06.1为慢性肠道阿米巴病，A06.2为阿米巴非痢疾性结肠炎，A06.3为肠道阿米巴。

4.3 编码

4.3.1 编码概念

编码是指定一个对象或事物的类别或者(如多轴分类)类别集合的过程。这里所说的类别通常是用代码来表示的。具体来说，就是将一个表示对象或事物信息的某种符号体系(常见的是文字)转换成便于人或计算机识别和处理的另一种符号体系(代码)的过程。

例如，用文字表示的"急性阿米巴痢疾"，我们就可以用代码"A06.0"表示，它是对这种疾病(一个对象)的符号，A06.0代码包含了这种疾病的若干信息：病因是阿米巴原虫导致的传染病，临床表现是急性的、痢疾样的。

编码有不同的类别，以适应不同的用途。主要有命名法(nomenclature)编码，它是以具体事务为对象，对每一个事务给以惟一的、确切的代码名称。另一类是分类法(classification)编码，即首先将某一范畴的对象分类，再对每一类至每一个具体对象予以编码。后者是最常用的分类编码方式，也是本章介绍的编码方式。

4.3.2 代码

代码是编码的基本构件，它可以是数字型、字母型或者是混合型，常见代码类型如下。

(1) 数字代码：为最常见的代码，通常采用顺序形式，每一新的类别都以下一个未曾用过的数字来表示，每一类别与每一数字一一对应，无重复。其优点是使用方便，易于添加新类别。

(2) 记忆代码：由类别名称的一个或多个字符组成。这种代码编码容易，用户易于记忆，使用方便。例如使用英文词汇的首字母组合作为代码：

ECG(electro cardiogram)表示心电图；

LDL(low density lipoprotein)表示低密度脂蛋白。

中国人最常用的记忆代码是利用汉语拼音中每一个字的首字母组合来编码的，例如药品编码中青霉素用QMS(qing mei su)表示，利福平用LFP(li fu ping)表示。这种记忆代码只要会读就会用，无需培训，不用死记硬背。缺点是如果分类庞大时，重码过多。

(3) 分级代码：为了增加下一个分类级别，常常在上一级类别的代码上增加一个或多个字符以扩展分级代码。分级代码增加了类的分级内容，分级代码作为子级代码含有相关类的进一步分级的细节信息，同时表明了它与上一级类，即父类的从属关系。父类在上层，子类在下层，这样即使低级层次上发生了重要的扩展和修改，但对整个分类系统不产生影响，便于整个分类系统不断地完善。

国际疾病分类(ICD)即采用此种分类代码，例如：

S82	小腿骨折
S82.0	髌骨骨折
S82.01	髌骨开放性骨折

(4) 双重代码：是一个分节的组合代码，每一节包含一种类的特征代码，组合起来便从不同类的特征去表示同一对象包含的多重信息，以利于更全面地表达这一对象归类特性。

例如国际疾病分类代码中含有的星剑号分类代码。剑号代码“†”表明疾病的原因，星号代码“*”表明疾病的临床表现。这样，结核性乳突炎代码是A18.0† H75.0*，其中A18.0†表示疾病的原因是感染了结核菌，H75.0* 表明疾病的临床表现为乳突炎。

除上述常用代码以外，尚有复合代码、数值相加代码、矩阵码等等，不同用户常根据自己的需要设计出相应的编码方式。

4.4 医学信息标准

4.4.1 医学信息标准的艰巨性

(1) 医学信息面广量大、种类繁多，包括数值、文字、图像、声音、气味等等，各种类的信息表示内容不一、表达形式不一，难以标准化。

(2) 患者信息数量庞大，而且十分复杂细致，个性突出，共性和可重复性差，加之病人流动频繁、病情多变，形成极为复杂的海量信息。

(3) 医学信息量化困难，它不同于工程信息，各变量的相互关系及变化规律难以用数学语言表达。例如头痛的性质和程度会因患者的个性特质、痛域高低不同而表达不一。

(4) 自然语言标准化的困难。病历中的病史、病程录、病情讨论分析多采用自然语言，常因医师的学术水平、文化素养、书写习惯不同而迥然不一，自然语言标准化是全球共同的难题。

(5) 共享性突出。复诊、转诊、会诊需要共享同一患者信息；电子病历需要共享不同专业和医生的信息；社区医疗、区域医疗则要共享不同地域的信息。范围越大，标准化难度越大。

因此医学信息的标准化是十分艰巨的任务。

4.4.2 医学信息标准的类型

医学信息标准是一个宽泛的范畴，类型也有多种，主要种类如下：医学信息的标准、医学信息交换的标准、医学信息处理与流程的标准和医学信息应用软件和硬件的标准。

(1) 医学信息的标准。医学信息的标准主要是指信息表达类标准，是标准化的基础，它更注重信息本身的内容，它分门别类地定义各个医学专有名词的代码，形成医学分类系统或医学词汇表，例如在下节介绍的ICD、SNOMED等。

(2) 医学信息交换的标准。信息交换标准的目的就是解决不同系统之间数据能以准确、精细、完整的方式被交互和通信，为此，双方所传输的信息的语法和语义必须一致，才能"读懂"和"交流"。信息交换标准比信息表达类标准要复杂，因为需更注意信息交换时的格式和规则。例如在下节介绍的HL7、DICOM等。

(3) 医学信息处理与流程的标准。医学信息处理与流程的标准对于医学信息系统的开发与推广应用有着十分重要的意义，它规范了一个系统或不同系统之间信息的处理流程。例如下节介绍的美国IHE标准。

(4) 医学信息硬件与软件的标准。医学软件的标准大致包括以下三大方面：一是软件产品的标准，二是生产和管理软件工程的标准，三是软件开发环境的标准。这中间又以医学信息软件产品的标准最为困难。

医学信息软件种类繁多，这里以我国应用最广泛的医学信息软件"医院信息系统"(hospital information system, HIS)为例予以说明。卫生部曾于1997年颁布了《医院信息系统软件基本功能规范》，对HIS的标准化、规范化起了重要指导作用；于2002年又重新修订颁发了《医院信息系统基本功能规范》，该规范强调了标准化是信息化的基础，并将HIS中数据、数据库、数据字典编码标准化作为一个独立章节予以阐述，突出了标准化在医院信息化建设中的重要地位。

硬件的标准化范围很广，例如计算机的标准化，网络布线的标准化，网络设备的标准化，存储设备的标准化，以及原材料的标准化等。医学信息硬件与一般信息硬件相同，是医疗卫生信息系统建设的基础保障。

本章主要介绍医学信息的标准和医学信息交换的标准。

4.4.3 医学信息分类编码的方法

医学信息分类编码的一般步骤如下：

(1) 首先要确立分类设计的目的，这是分类的价值所在，没有明确、实用目的的分类是毫无意义的。

(2) 遵从目的，找出对象最本质的一个或多个特性或要素作为分类的依据，每一个要素或特性即是一个轴心，多个特性即多个轴心，要素或特性是否反映对象本质是分类成败的关键。

(3) 然后围绕这个轴心进行具体分类，将依从这一准则的具有共同特征和属性的对象归并在一起，而将不具备上述共同属性和特征的对象排除在外，这样就形成了各种"类"。

(4) 再依从对象的属性关系作有序的排列。即围绕一个轴心具体分类时，可以依据特性中所包含的属性关系分为“类目”、“亚目”、“细目”等，在各类目、亚目和细目之间是平行的，但三者之间却是从属关系，即每一类目下含若干亚目，每一亚目下含若干细目。同一目中只应有一个轴心，但不同目中可取不同轴心。

(5) 最后仍按序化关系为每一具体对象编码。

我们以种类繁多，数量巨大的西药分类编码为例说明具体方法。

首先要明确药品分类的目的是为了有利于治疗和计费。分类的依据是药品最本质的特性：病理作用和作用对象(部位)。

根据这个原则，将具有相同药理作用或相同作用对象的药品归为一类(类目)、前者如“抗生素类”；后者如“心血管类”、“呼吸类”等，并进行序化排列。然后再根据药理特性在类目下分为若干亚类，例如“心血管类”的亚目依次为“强心类”、“抗心律失常类”、“抗高血压类”等。亚目下又分为若干细目，例如“抗高血压”的细目依次为“利尿剂”、“血管扩张剂”、“受体阻断剂”等。细目下再分为若干项目(即药品)，如“扩血管剂”的药品依次为“肼苯哒嗪”、“米诺地尔”、“硝普钠”、“尼群地平”等。如果考虑到剂型、剂量等特性、还可以继续细分下去。

最后进行编码。编码就是根据每一种药品所属的类别，给予一个代码，用以标识这一特指的药品，并包含了它的诸多药理特性。

编码要注意两个问题：① 代码的位数：不仅要考虑某一类别现有的数量、同时要考虑将来扩展的最多数量予以制定。② 代码的符号：应力求简洁，易于理解记忆。例如西药字典中的类目小于 26 种，采用英文首字母“A—Z”来表示，只需 1 位，且易于记忆。亚目、细目、项目均采用两位的十进制数字码“1—99”，因为在同一分类中，数量可能大于 9 个而小于 99 个如图 4-2 所示。

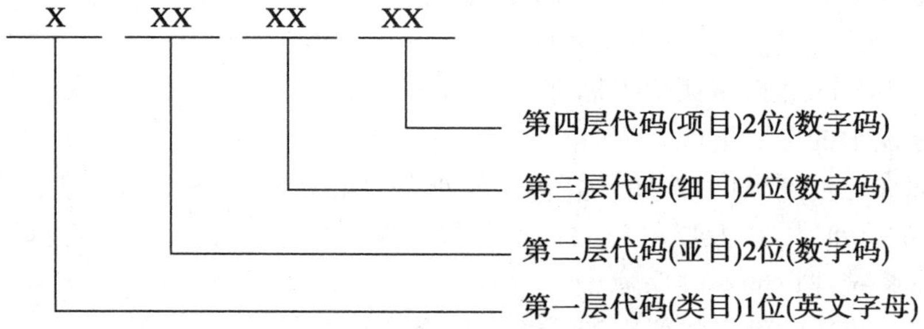

图 4-2　西药字典的分类代码

根据上述分类编码原则，假如“心血管类”药品类目代码采用 C，“抗高血压类”亚目代码是 03，“血管扩张剂”项目代码是 02，“尼群地平”的细目代码是 04，则“尼群地平”的代码就是 C030204。

4.4.4　医学术语系统、分类系统和词汇汇编

在讨论医学信息分类编码时，我们应区分以下概念，以利应用。

对象：特指实际存在的事物如“心脏”，也可以是抽象的，如“建议”。

概念：是由一组对象的共同属性抽象出来的一个思维单元，例如“医院”。

术语：是用某种语言表达的概念或对象的名称，例如“感染”。临床术语在健康概念或对象上是数量巨大的词汇，在设计理念上，临床术语可以提供更细微的分割层次，形成术语系统来描述健康保健的概念。

分类系统：是将相关性的自然语言列入分类范畴，它是一种聚合的术语，是一种为了知识整理的逻辑系统。因此，分类系统和术语系统是不同的，前者有更严谨的分类，它所有的代码都是预先设定的；而后者分类的逻辑是粗糙的，其代码可以根据遇到的任何情况自由进行编码的复合，用途却比分类方法更广。

医学词汇汇编：是一种特定应用范围内的一系列术语的汇编，它们对某一领域的覆盖更完整和全面，常包含了一系列同义词，如“诊断术语汇编”等。

4.5 与医学信息相关的国际标准化机构和组织

国际及国内广为应用的标准都是由标准发展组织（Standards Develepment Organization，SDO）所批准和推广。此类组织大都不直接制定标准，而是选择或培育各个领域中最适用、最优化的标准加以论证、批准和推广。而且此类组织大都是非政府性的专业学术组织或机构。下面将介绍这些公认的、权威性的、有关医学信息的组织。

4.5.1 国际标准化组织（ISO）

国际标准化组织（International Organization for Standardization，ISO）是全球最大的国际标准化机构，成立于1947年2月23日，总部设在瑞士日内瓦。ISO是非政府性国际组织，主要任务是制定、发布和推广除电工电子以外的其他领域的国际标准，协调相关工作，组织各成员国和技术委员会进行信息交流；并与其他国际组织共同研究有关标准化问题。ISO组织机构全面严谨，截至2005年，就设有192个技术委员会（TC）和541个分技术委员会（SC），现行有效标准15 520项。中国是ISO创始成员国之一。

1998年1月，ISO在奥兰多成立了一个新的技术委员会——TC215（technical committee 215），专门致力于医疗卫生领域内不同卫生信息系统之间的通信技术的标准化，以实现各独立系统之间数据的兼容性和交互性，减少重复开发。TC215指派美国ASTM（美国试验与材料学会）承担秘书处职责，亦担任技术咨询管理工作。

TC215又分设了5个工作组（working group，WG），它们关注的内容分别是WG1——健康文档（病案）和模型，WG2——信息与通信，WG3——卫生概念表达，WG4——保密，WG5——保健卡（管理）。另外它还有一些特别小组和合作组织，如DICOM、IMMA等。

4.5.2 美国国家标准局（ANSI）

美国国家标准局（American National Standards Institute，ANSI）是一个私人非营利性组织，成立于1918年，其成员包括1100公司、30个政府机构、250个各领域的组织。ANSI不制定标准，但它协助标准开发和利用，提供论坛解决分歧，对来自私营机构和政府标准要求，进行协调、达成一致意见，以避免重复的工作。HL7就是由ANSI认证组织的一个典范，ANSI 认证的标准委员会 ASC 发布的标准 XL2 也是一个范例。目前美国官方国家标准就是委托 ANSI 来认证和颁布的。

4.5.3 欧洲标准化委员会(CEN)

欧洲标准化委员会(Comité Européen de Normalisatior，CEN)是以欧洲国家为主体，由国家标准机构组成的非营利性国际标准化机构，1961 年成立，总部设在比利时布鲁塞尔。截至 2003 年 CEN 共设有 279 个技术委员会(TC)、101 个分技术委员会(SC)和1 577 个工作组(WG)。1990 年成立了医学信息学等技术委员会(TC251)，它的目标和职责是组织、协调和监测医疗卫生信息标准的发展，同时负责公布这些标准。标准一旦采纳，欧洲各成员国必须实行，并取代本国标准。CEN 与国际标准化组织及其活动，如 ANSI、ASTM、HL7、DICOM 等均有广泛的交流与合作，并相互促进发展。

CEN/TC251 有各独立工作组负责以下领域的信息化工作：① 医疗卫生信息模型和病史；② 医疗卫生术语学、语义学和知识库；③ 医疗卫生通信、医疗卫生消息表达；④ 医学图像和多媒体；⑤ 医学设备通信；⑥ 医疗卫生隐私、质量安全措施和保密设施；⑦ 包括智能卡等连接设备。

4.5.4 美国实验和材料协会 ASTM

美国试验和材料协会(American Society for Testing and Materials，ASTM)是目前美国最大的非政府标准组织，成立于 1898 年，在全球 90 多个不同国家有 30 000 多个会员。ASTM E31 委员会专门负责与计算机系统发展相关的医学信息标准，其中 E31.01，E31.10-E31.23 分委员会(subcommittee)均与医学信息标准的发展直接相关，具体见表 4-1。

表 4-1 ASTM E31 分委员会和相关的医疗信息标准

分委员会	医疗信息标准
E31.01	医疗信息学受控词汇
E31.10	药物信息学标准
E31.11	电子健康纪录
E31.13	临床实验室信息管理系统
E31.14	临床实验室仪器接口
E31.16	电生理波形及信号的交互
E31.17	医疗记录的准入、隐私、保密
E31.19	电子病历的内容和结构
E31.20	医疗信息数据和系统的安全
E31.21	健康信息网
E31.22	卫生信息的转录和文档
E31.23	卫生信息学的建模
E31.24	电子病历系统功能
E31.25	XML 的医疗卫生文档类型的定义

ASTM 后来成立了医疗保健信息标准委员会(Healthcare Informatics Standards Board,HISB),HISB 包含的标准范围如下:

(1) 医疗保健模型及电子医疗保健记录。

(2) 医疗数据、影像、声音、信号在组织内部和组织之间的交换和应用。

(3) 医疗保健代码和术语。

(4) 医疗仪器和设备的诊断通信。

(5) 医疗卫生协议、知识和统计数据库的表达和通信。

(6) 医疗信息的隐私、保密和安全。

(7) 涉及或影响有关医疗保健信息的其他领域。

HISB 的一个重大贡献是建立和维护一个医疗保健目录,对电子医疗信息传递标准及其安全保障做了明确要求与规范。它应用于美国"1996 年医疗保险流通与责任法案",这从一个角度说明了标准制定对政府法案通过的重大意义。

4.5.5 其他国际标准化组织

1) 电子病历协会(Computer - Based Patient Record Institute, CPRI)自 1992 年成立以来一直积极推动标准化活动,CPRI 虽然不是一个标准开发商,但在电子病历内容、安全、隐私、保密、通用的医疗卫生标识符以及词汇和术语各个领域中,却作出了重大贡献。

2) 国际电工委员会(International Electrotechnical Cominission, IEC)是制定和发布国际电工电子标准的非政府性国际机构。1906 年 6 月在英国伦敦成立,现会址在瑞士日内瓦。截至 2005 年底,IEC 共有 92 个技术委员会,共发布了 5 404 项标准。中国 1957 年 8 月加入 IEC。它所制定的许多标准适用于医学信息的软硬件标准。

4.6 主要医学信息标准

医学信息的标准主要是指医学信息表达类标准,是医学信息标准化的基础,这一节仅介绍国际主要的几个标准:ICD、SNOMED、DRG、ICD - 10、RCC、ICPC、LDINC、NANDA、MeSH、UMLS。

4.6.1 国际疾病分类 ICD

1) ICD 概述

国际疾病分类(international classification of diseaes, ICD),是根据疾病的某些特征,按照规则将疾病分门别类,并用编码的方法来表示的系统。目前全世界通用的是第十次修订本《疾病和有关健康问题的国际统计分类》,并被通称为 ICD - 10。

2) ICD 发展简史

ICD 已有 110 年发展历史,最初为对死亡率进行统一登记,1893 年国际统计研究所专门学会提出了一个分类方案《国际死亡原因编目》,并于 1900 年出版 ICD 第 1 版,列出 192 种疾病,以后基本上每 10 年修订一次。1940 年第 6 次修订版由世界卫生组织(WHO)承担,首次引入了疾病分类,并强调继续保持按病因分类的哲学思想。1975 年出了第 9 次修改版，即全世界广泛使用的 ICD－9。1992 年出了第 10 次修改版本 ICD－10，共列出了 14 400 种疾病种类，更名为《疾病和有关健康问题的国际统计分类》。

我国卫生部早在 1987 年就发布文件，要求医院采用 ICD－9 作为疾病分类统计报告标准，并于 1993 年由国家技术监督局发布《疾病分类与代码》的国家标准，将 ICD－9 完全等同于国家标准。北京协和医院世界卫生组织疾病分类合作中心（WHO Collaborating Center for the Family of International Classifications）负责有关疾病分类的中文事宜，并协助卫生行政部门收集控制疾病分类资料的质量。

3）ICD 分类原理与方法

ICD 分类依据疾病的四个主要特性，即病因、部位、病理和临床表现（包括症状、体征、分期、分型、性别、年龄、急慢性、发病时间等），每一特性构成了一个分类标准，形成一个分类轴心，因此 ICD 是一个多轴心的分类系统。

ICD 分类的基础是对疾病的命名，疾病的命名又是根据它的内在本质或外部表现特性来给予的，因此疾病的本质和表现特性正是分类的依据，分类与命名之间存在一种内在的对应关系。当我们对一个特指的疾病名称赋予一个编码时，这个编码就是惟一的，且表示了特指疾病的本质和特性，以及它在分类里的上下左右关系。

ICD 的主要分类编码方法如下：

（1）分类有三个层次，首先是类目，类目下分亚目，亚目下分细目。通常在同一个层次的分类都是围绕疾病的一个特性，即围绕一个轴心展开的（个别情况有两个轴心）。例如第一章"某些传染病和寄生虫病"的各个类目，都是以病因为分类标准。两个层次之间则是从属关系，例如亚目从属于类目，并继承了类目的基本特性。

（2）类目：是三位数编码，包括一个字母和两位数字。例如 S80 表示小腿浅表损伤，S81 表示小腿开放性损伤，S82 表示小腿骨折……

（3）亚目：是四位数编码，包括一个字母、三位数字和一个小数点。例如 S82.0 表示髌骨骨折。

（4）细目：是五位数编码，包括一个字母、四位数字和一个小数点，它提供一个与四位数分类轴心不同的新的轴心分类，其特异性更强，例如 S82.01 表示髌骨开放性骨折。

（5）双重分类（星号和剑号分类系统）：剑号表示疾病的原因，星号表明疾病的临床表现。例如结核性心包病编码是 A18.8† I32.0*。

（6）ICD 索引排列方法：ICD 索引排列是按汉语拼音——英文字母顺序排列，并分不同层次。第一层次是主导词，其下可包括若干个修饰词，并依据它们与主导词的关系逐层依序排列，下一层均继承了上一层的内容，并以"—"作为分层标示，例如：

聋	
—传导性	（—代表聋）
— —单侧	（— —代表聋，传导性）
— —双侧	（— —代表聋，传导性）
— —和感音神经性，混合性	（— —代表聋，传导性）
— — —单侧	（— — —代表聋，传导性和感音性，混合性）
— — —双侧	（— — —代表聋，传导性和感音性，混合性）

这个索引最后的诊断即为单侧传导性和感音神经性混合性耳聋。

4）ICD 的应用与意义

由于 ICD－10 在 ICD－9 基础上，极大地增加了疾病分类数量和详细程度，适用于流行疾病及健康评估需求，编码方式也更加科学实用，所以在全世界得到广泛应用。但是将 ICD 直接作为临床诊断则明显不足，因为它临床表达能力有限，无法准确、全面地记录疾病的解剖位置，严重程度及临床表现等。这也是为什么诸如“内科学”等教科书的诊断没有采用 ICD 的缘由。WHO 建议，不同国家和地区按照应用目的与水平的不同，可以对 ICD 自行扩展。这也是一项有意义的探索课题。

ICD－9－CM(clinical modification)是美国国家健康统计中心对 ICD－9 的临床修订版，将原有编码由 3 码扩展到 5 码，从而由原先 1 300 个代码增加到 17 000 个，更适合临床的需要，它已作为美国国内疾病统计及医疗保险支付的疾病代码标准。台湾健保局也使用 ICD－9－CM 作为保险支付的疾病代码标准，并为台湾地区大多数医院所使用。

ICD 的意义是举世公认的。首先它的标准化和共享性使得疾病名称标准化、格式化，这是电子病历等临床信息系统的应用基础，也是国内外医疗卫生统计和国际交流的基础。ICD 也是医院医疗和行政管理的基础，有助于准确了解各病种的诊疗人数、医疗质量、费用支出。

4.6.2 人类与兽类医学系统术语 SNOMED

1）SNOMED 概述

人类与兽类医学系统术语（the systematized nomenclature of human and veterinary medicine，SNOMED）1975 年出了第一版，1979 年发行修订版“SNOMED International”称之为“SNOMED 国际版”，其 3.0 版的词条数目达到 132 641 条，并使用 poct-coordination 的方式，允许使用者自己灵活地应用多轴组合的方式，用以描述和表达复杂的临床症状和诊断。

SNOMED 已被翻译成 13 种语言，中国 1997 年出版了《国际医学规范术语全集》（精选本），含有 12 000 余词条，由李恩生教授主译。现在，SNOMED 3.4 版的中文电子版已由中国卫生部医院管理研究所组织出版。

2）SNOMED 的结构

(1) SNOMED 3.2 版将全部术语分入 11 个独立的系统模块（Module）中，即 11 个分类轴中，如表 4－2 所示。

表 4－2 SNOMED 国际版的术语模块

指示符	模块(轴)		内容
T	局部解剖学	Topography	人、兽解剖学术语
M	形态学	Morphology	人体结构变化术语
F	功能	Function	身体正常和畸形的功能
L	活有机体	Living Organisms	完整的动、植物学分类
C.	化学制品、药物和生物制品	Chemicals, Drugs and Biological Products	药物目录及化学和植物制品

续表

指示符	模块(轴)		内　容
A	物理因素、力和活动	Physical Agents, Forces and Activities	与疾病和创伤有关的器具和活动目录
J	职业	Occupations	国际劳工局(ILO)的职业目录
S	社会环境	Social Context	与医学相关的社会条件和亲属构成
D	疾病/诊断	Diseases/Diagnoses	人、兽医学中的疾病和诊断目录
P	操作	Procedure	有关管理、治疗和诊断操作的目录
G	关联词/修饰词	General Linkage/Modifiers	用于各模块中术语的连接词、描述符及限定词

(2) 在每一模块中,术语按照它们的自然层次排列,并被分配一个 5 位或 6 位由字母和数字组成的代码。代码不仅与术语一一对应,更主要是本身带有一个它所标示术语的内在信息组,并提供了术语在模块所处的位置及它的上下关系,如图 4－3 所示。

图 4－3　SNOMED 术语集示意图

UMLS 1989 年首次发表实验版本，以后逐年更新内容，其主要成分是词典(Metathesaurus)，它从超过 40 多个不同的来源收集了超过 331 000 个术语，并尝试与不同来源的同义词和相似术语联系，如图 4-4 所示。

图 4-4 UMLS 包含了大量来源的术语文献

(资料来源：国立医学图书馆和词汇科技股份有限公司)

2) UMLS 组成

UMLS 主要由包含医学概念的元词汇(metathesaurus)和语言网络两部分组成。元词汇包含来自于 40 余种不同的术语系统和词汇汇编的生物医学概念和术语。元词汇保存了源头词汇编码的信息(属性、含义等)。元词汇由概念构成，将同一含义的多种不同名称都串联起来形成了一个概念，并加入新的信息。元词汇概念包含了我们介绍的主要标准的部分或全部术语，如 SNOMED、RCC、ICD-9-CM、NANDA、MeSH 等。

UMLS 语义网络提供了元词汇中所有概念的一致分类法，为语义类型间连接提供了网状结构和生物医学领域间的重要关系。

3) UMLS 应用与意义

UMLS 跨越了不同的多种医学信息标准，搭建了一个统一的医学语言平台，提供了标准和其他数据和知识资源之间的交叉参照，从而将不同医学词汇系统整合为一。这样，医学工作者和研究者就能很轻易地跨越病案、文献、数据库之间的屏障，从繁杂庞大的医学数据中提取所需的信息，而避免不同标准系统中类似概念不同表达而带来的困惑和困难。我们不仅可以直接使用元词汇中 331 000 多个医学词汇及代码，还可以使用 post-coordination 的方式另组成新的医学词汇。UMLS 的重要意义还在于为医学上自然语言的结构化及电子病历的实现提供了新的途径。(源自 Hammqnd，Medical Informatics)

4.7 主要医学信息交换的标准

信息交换的标准是解决不同系统之间、不同的部门之间对信息共享的基础，下面将介绍当前世界上最重要的几个医学信息交换的标准：HL7、DICOM、X12N、EDI、IEEE、MEDIX、HIPAA 等。

4.7.1 HL7

1）HL7 概述

HL7(health level seven)是一种医疗卫生信息交换标准。

HL7 组织创始于 1987 年，是美国一个非赢利性的、已被美国国家标准局（ANSI）认可的标准化开发组织。HL7 不仅实现了不同医疗机构之间，各医疗机构内不同系统之间大多数信息的通信，而且实现了不同厂商设计应用软件之间接口的标准格式. 因此 HL7 是当前世界上应用最广、最重要的医学信息交换的标准之一。

2）HL7 原理

HL7 构建在 ISO 制定的通信开放互连（OSI）模式的第七层应用层。HL7 标准全面细微地规定了医疗卫生机构可能使用的临床信息和管理信息的交换格式、触发事件、信息形态及交换法则。

3）HL7 的主要组成

（1）消息(message)：消息是包含和传递信息的字符串，是已定义顺序逻辑中相关数据的组合。HL7 定义了一组消息类型（Message type）来表达各个消息的应用类别，用三个大写字母表示，放在相应字段中，例如 ADT 这个消息类型是应用于病人入院、出院与转院这一类信息。

（2）区段(sygment)：HL7 对每一种消息类型都定义了相应的消息区段，每个区段都有一个区段名，用三个大写字母表示，放在段首以标识惟一的一个消息区段，如上述 ADT 消息类型由以下几个消息段组成：消息头 MSH、事件类型 EUN、病人基本信息 PID、病人就诊信息 PVI。

（3）字段(field)：又译作“位”，每个区段按规定顺序由一系列字段组成，字段可再细分为“元素”(Component)和“副元素”(Subcomponent)。每一字段具有已定义的属性：位置、长度、类型、可选性、ID 号等。例如上述 PID 区段内又包含了病人姓名、年龄、住址、电话等字段。

（4）消息分隔符(delimiters)：是指消息的构建中，用于分隔各消息组成的一些特殊的字符。

（5）触发事件（trigger Events)：当现实中发生的事件导致不同系统间数据流动需求，称之为触发事件。HL7 将现实中的各种医疗行为或管理行为归纳为一些典型事件，如“病人入院”即为一个事件，对应了 HL7 中的 ADT 事件。HL7 实现机制是触发事件，消息总是根据触发事件被传输到接受方。

4）HL7 的功能模块及工作流程

HL7 包括 5 个功能模块：① 发送/接收模块（send/receive module)：支持 TCP/IP 通信协议，可发送和接收医疗卫生信息，信息格式为符合 HL7 标准的字符串。② 转换模块（adaptor module)：实现字符串数据与 XML 格式之间的相互转换，对信息格式进行检查验证，保证发送/接收信息的正确完整。③ 应用接口模块（API module)：提供符合 HL7 标准的应用接口，发送方可以调用接口函数，按 HL7 标准格式填写参数，向接收方发送数据。④ 资源模块（resource module)：支持各种实际应用的 HL7 医疗信息事件，如入院、检查、医嘱等。⑤ 对照模块（mapping module)：提供翻译对照功能，可以按照医疗卫生应用系统进行定制。

HL7 及各模块在两个不同医疗卫生应用系统之间进行医疗信息传输的工作流程如图 4 - 5。

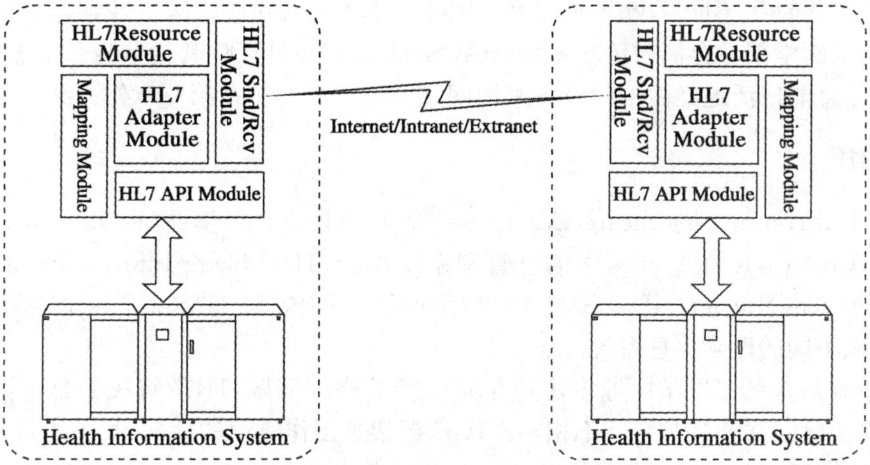

图 4 - 5 HL7 医疗信息交换流程图

5) HL7 *应用及发展*

医院内部不同公司开发的系统间互联常采用直接打开数据库读写数据表的方法，这种方法简捷方便，但很不安全，一旦产生错误将难以确定修复，甚而造成系统瘫痪。HL7 是将相互割断的各个系统通过消息交换的方式互联，保持各个系统独立性，易于维护升级，也就提高了整个 HIS 的安全性和稳定性。

HL7 目前已有 1 500 多个会员，全世界已有几十个国家(包括我国及台湾地区)数千家医疗卫生机构应用 HL7。

HL7 的发展迅速，2000 年底 HL7 V2.4 版被批准为 ANSI 标准，2002 年通过的 HL7 V3.0 版采用全新的物件导向(object-oriented)的开发方式，并支援 CORBA(common object request broker architecture)及 DCOM(distributed component objiect model)的物件存取及共享模式。HL7 V3.0 版还直接支持可延伸的标示语言(eXtensible Markup Language，XML)格式，以利在广域网和局域网的环境中交换信息。虽然 HL7 并不特别限制对词汇和代码的选择，但是 HL7 正式推荐 LOINC 和 SNOMED 作为词汇和代码的首选。新版 HL7 还开发了临床文档结构(clinical document architecture, CDA)，即电子病历结构标准，为解决电子病历实现的难题提供了良好的解决方法。因此 HL7 将在医学信息的发展中发挥极具影响的重大作用。

4.7.2 DICOM

医学数字成像和通信标准(digital imaging and communications in medicine, DICOM)是由美国放射学会(American College of Radiology，ACR)和国家电子制造商协会(National Electrical Manufactures Association，NEMA)为主制定的一个专门用于数字化医学影像传输、显示和存储的标准。

该标准于 1985 年公布了 1.0 版，经不断创新和完善，至 2000 年推出了 DICOM 3.0

版，内容有 15 个部分。功能从点对点的通信标准，扩充到开放式互联 OSI，以及 TCP/IP 等计算机网络的工业标准，支持各式各样的医疗影像仪器设备。

DICOM 推动了不同厂家、不同设备、不同型号之间的开放式医疗数字影像的传输与交换、促使了医学图像存储与传输系统（PACS）的发展并与医院其他信息系的整合，允许所产生的信息能广泛地经由不同设备来访问和共享。我们将在第 9 章作详细介绍。

4.7.3 IHE

IHE（Integratine Healthcare Enterprise）是美国北美放射学会（Radiological Society of North America，RSNA）和医学信息管理系统协会（Healthcare Information and Management System Society，HIMSS）自 1999 年开始的一项规划，它定义了一个执行框架，其目的是集成不同的医学信息系统。

DICOM 解决的是医学影像传输和存储标准的格式问题，HL7 解决的是不同系统通信问题，但实际互联测试时常互不相容。IHE 框架是工作流程的标准，解决的是不同应用系统间的协同工作问题。

IHE 所包含的内容有病人挂号、医生问诊检查、诊断医嘱、影像申请、拍摄阅片、形成报告等。因此它将 HIS、RIS、PACS 等各自原有的简单的线性流程，变为了互相交织的网状流程，如图 4－6 所示。

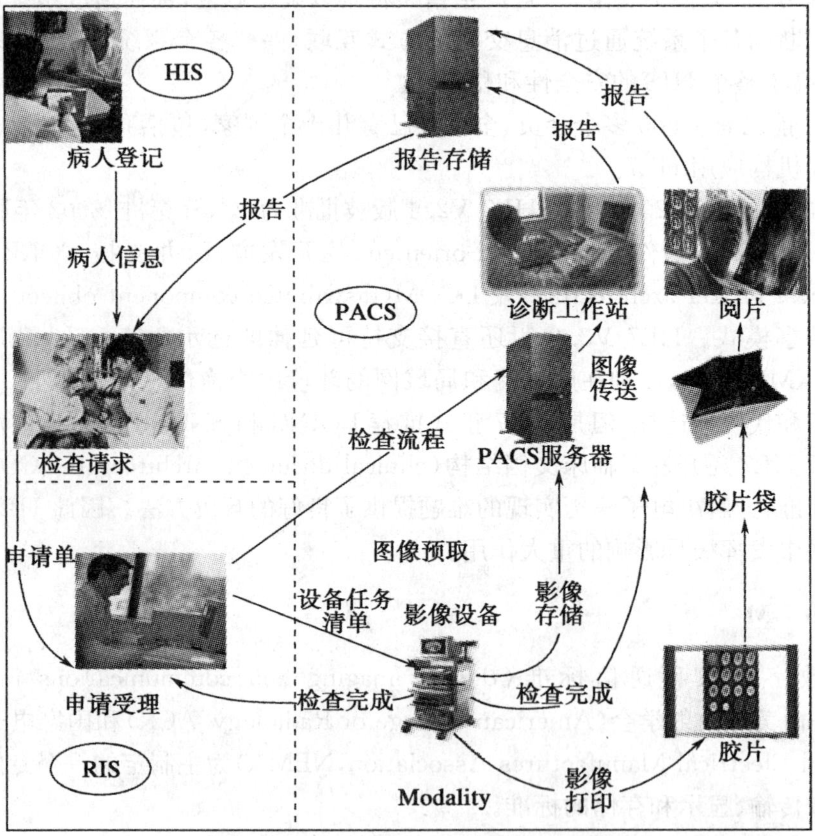

图 4－6 IHE 包含工作流程事件示意图

IHE 定义的集成框架(Integration profiles)是由行为者(actors)之间所发生的事物处理(transaction)构成的。每个事物处理拥有一个名字和编码,并且在行为者之间传递指定信息。这样医院就可以利用 IHE 集成框架,遵循被严格定义的事物处理流程,协同一致地组织自己医院信息化的互联互通平台。

4.7.4 ANSI X12

被美国 ANSI 认证的机构——标准委员会(Accredited Standards Commitee,ASC)制定了一系列用于各个行业的电子数据交换的标准,其中 X12 是专门为保险业,针对订单数据、发票数据以及其他商务文书的数据所开发的信息标准也有称之为 ASC X12。这些特殊的标准与医疗保健行业密切相关,如表 4-4 所示。

表 4-4 X12 与医疗保健行业密切相关标准

编 码	标 题	(title)
148	伤害、疾病或事故的第一报告	First Report of Injury Illness or Incident
270	医疗保健的合理/有益咨询	Healthcare Eligibility/Benefit Inquiry
271	医疗保健的合理/有益信息	Healthcare Eligibility/Benefit Information
275	病人信息	Patient Information
276	医疗保健申请状态请求	Healthcare Claim Status Request
277	医疗保健申请状态应答	Healthcare Claim Status Notification
278	医疗保健服务认证信息	Healthcare Service Invoice/Statement
811	统一服务发票明细清单	Consolidated Service Invoice/Statement
820	付款单/汇款建议	Payment Order/Remitlance Advice

从以上举例,对 X12 完整、详细的信息交换可见一斑,它对于医院跨系统的信息建设,特别是对医疗保险制度的完善产生了重大影响。

4.7.5 IEEE 相关标准

IEEE(Institute of Electrical and Electronics Engineers)美国的电子和电气工程师学会是 ISO 和 ANSI 的国际成员组织,通过 IEEE,许多通信电子与电器应用、计算机的世界标准被制定和开发。

IEEE 有两大项目的医疗保健标准,一个是 IEEE P1157,即医疗数据交换标准(medical data interchange standard,MEDIX),MEDIX 的设计完全依照 ISO 的 OSI 标准架构分为七层,在理论上更为优越。另一个是 IEEE 1073,是医疗设备通信标准(standard for medical device communications)它制定的整套文件明确了在整个 OIS 标准架构 7 层所需的医疗信息"巴士",(medical information bus,MIB),MIB 对于床边重症监护设备是一个强劲可靠的通信服务设计。

4.7.6 HIPAA

美国国会于1996年8月21日通过了“1996年健康保险流通与责任法案”(health insurance portability & accountability act of 1996, HIPAA),该法案在隐私规定中定义了受保护的健康信息(Protected Health Information, PHI),在安全规定中制定了在管理层面、物理层面以及技术层面如何保证受保护的健康信息的安全,并且规定了健康信息尤其是与保险有关的信息的传输和编码。HIPAA对医学信息学科研以及医学信息系统的开发有很大的影响。任何利用包括病历在内的患者的个人信息,进行科学研究都要首先考虑是否会违背HIPAA法案。在HIPAA包含了许多关于患者医疗、管理、费用的标准化,关于表示符号标准,以及隐私和安全的标准。

我们将在以后各章节讨论建立社区性、区域性、国家性的信息平台和数据中心以及电子病历系统,在实现这些任务时,HIPAA的影响是必须考虑的。例如,当我们建立区域健康档案(EMR)时要考虑:哪些患者的信息可以收集?哪些信息是可以公开用于公共卫生监督?哪些信息又是要绝对替患者保密?如何保密?这些都要受到HIPAA的管辖。在我国,这类保护医学信息安全及患者隐私的法律有待制定。

4.8 我国医学信息标准化的发展

4.8.1 回顾与现状

中国早在1931年就成立了工业标准委员会,并是1947年ISO成立的创始国之一,但中国标准化曾有较长时间落后于世界发展,20世纪80年代后期开始飞跃发展。

我国医学信息标准化起步较晚。早期成功案例主要有:“全国卫生系统医疗器械仪器设备分类代码”,由卫生部批准颁布,其树状4层8位分类编码形式覆盖了全部医疗器械和仪器设备。

“化学药品(原料、制剂)分类与代码 YY0252-1997”该标准代码为8层16位,包含药品编码、中英文名称、制剂规格等。

“全国医疗服务价格项目规范”,由国家卫生部,中医药管理局和国家计委共同制定,共有五级分类,项目编码采用分层数字,包含项目编码、项目内涵、除外内容、计价单位和说明6个栏目。

“中国疾病分类”(CCD),具有90年的历史,曾经发挥过巨大作用,随着ICD的广泛应用,现已退出历史舞台。我国已翻译出版了“ICD-9”、“ICD-10”中文版,并作为国家标准统一执行。

1997年由李恩生主编,北京大学、中国协和医科大学联合翻译出版了“国际医学规范术语全集(精选本)”,即“SNOMED”中文版,此后发行了SNOMED 3.4版的中文电子版,共含有145 856词条。SNOMED逐渐被国内医学信息专家所了解,并进行初步的应用。

“中医院信息系统基本功能规范”由卫生部于1998年公布,2002年重新修改颁布,它对我国医院乃至整个医疗卫生信息标准化起了重大推动作用。

近几年来我国医学信息标准化在政府大力支持下，进入了一个以基础研究为导向的新时期，主要表现如下：《国家卫生信息标准基础框架》是我国卫生部信息化领导小组委托中国医学信息学会标准化委员会开展的一个重要课题。该课题将建立《中国卫生信息基本分类框架》和《中国卫生信息基本构成框架》，在这两个框架体系下，对我国医疗卫生信息标准研究提出指导性意见，并进一步逐个建立满足医疗卫生特定需要的相关标准。

《医院信息基本数据集标准》(basic data set stadard of chines hospital information, BDSS)是卫生部信息化领导小组委托卫生部医院管理研究所和中华医院管理学会信息管理委员会研究制定。BDSS是数据表达类标准，是数据元素的定义，确切地定义数据元素的表达格式、语义和内涵；是信息交换的基础，是实现信息交换的必要条件、但不是充分条件。该数据集将对医院之间，医院与各级各类医疗卫生机构之间进行信息交换，特别是对设计 HIS 数据结构与数据库有重要作用。

我国台湾地区在医学信息标准化上进展迅速，不仅在于其广泛应用了 ICD-9-CM、ICD-10、积极推广 HL7，而且具有如下持续发展中的标准制订计划。

首先是“医院资讯系统规范推动计划”，计划分为“医疗篇”、“行政管理篇”和“基础建设与医院相关系统”三部分。其目的是通过制定医疗资讯系统的明细功能，描述系统的框架，提供一个完整的医疗资讯系统功能规范（可参阅网址：http://www. medinfo. org. tw/this_gl/）。

第二是制定电子病历内容基本格式规范，计划收集 246 家医院、1 万多张病历，经专家整理、归纳送各分组技术委员会讨论修改，构建适用于台湾的电子病历架构，完成电子病历内容的基本格式(“Taiwan electronic mdeical precord template, TMT”)以及电子病历标准产生程序(图 4-7)，(源自台湾“医学资讯管理学”；可参阅网址：http://emr. cloh. gov. tw.)。

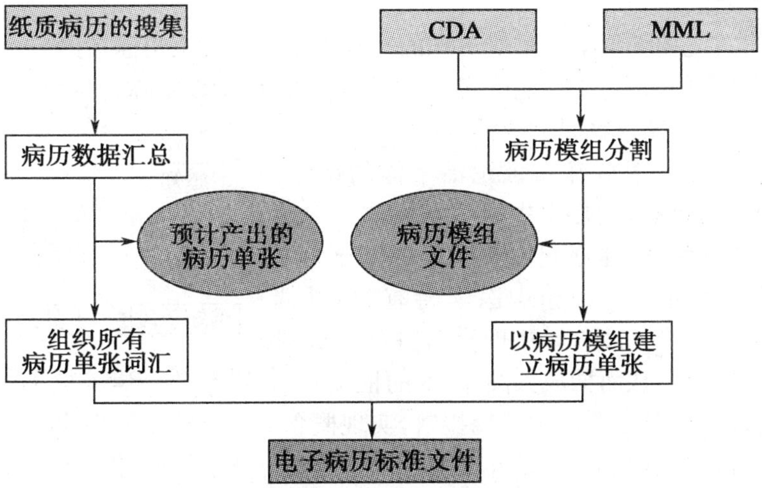

图 4-7 台湾电子病历标准产生程序

4.8.2 我国中医标准化研究进展

自20世纪80年代以来，以中医、中药、针灸等为主题的多项国家标准、行业标准相继颁布，2006年起我国还全面启动了中医药标准化工作，计划到2010年制定出500项标准，以满足中医药领域内各方面工作的需求。

1）标准应用的瓶颈与对策

当前中医临床与科研工作中，一方面缺乏某些领域相应标准，另一方面是缺乏成熟的、体系化的工具与方法去实现标准，从而难以充分发挥已有标准对中医药临床科研的支持。可以说，"工具与方法"已成为中医标准化的瓶颈。而借鉴国际上构建医学标准术语集的理念与经验，形成保留中医特色的、实用的术语集，并将此术语集应用于中医电子病历系统和临床科研是可行之路。

2）中医临床术语集的设计与实现

(1) 工作方法的确立。SNOMED CT作为当前国际上具有代表性的医学术语集值得借鉴。虽然中西医学在对生命、健康、疾病的认识及理论各不相同，采取的具体干预方法也有众多区别，但二者在知识本体或术语体系构建中并不存在本质性差异。事实上，任何知识体系的建立都要以本领域内概念定义的最小数据元为实体，通过实体间固有的属性关系建立起纵向与横向的关联，建立纲目清晰、内容充实的知识体系。因此，中医临床术语集的设计中宜将"以概念为核心，以同义术语、语义关联为辅"作为主要的标准化方法。

(2) 中医临床术语集分类框架建立与术语导入。术语分类框架的设计是中医临床术语集构建的核心工作，是形成术语集主体，体现中医学理论对中医临床工作的指导，真实地再现中医临床辨证论治的诊疗流程；也是将已有标准整合并应用，为中医信息化工作提供术语支撑的关键。

具体工作，首先要依据临床科研工作的实际需求设定术语集涵盖的范围，由于当前临床工作中西医结合的特点，一部能够容纳中医学、现代医学以及临床科研工作必需的非医学专有术语的分类框架体系是必要的。

其次，依据对中医学临床辨证论治本体的认识，以中医证候要素为核心，抽提出中医学知识体系中蕴含的几种最本质的特性，建立起以中医理论指导为主的术语分类概念性框架。由于中医学特有"司外揣内"这一针对症状进行"感知"与"理解"，进而形成对病因病机认识的过程，从而构成如图4-8的框架。

图4-8 中医术语分类的概念性框架

为实现与现代医学术语集的无缝接轨，实现概念层次上粒度最小化的术语标准，在术语分类的概念性框架基础上，再设计了一套术语分类操作性框架(图4-9)。据此框架，借助术语加工软件平台，在全国数十家单位、上百位专家的共同努力下，已完成中西医概念10余万条、术语近20万条的加工导入。

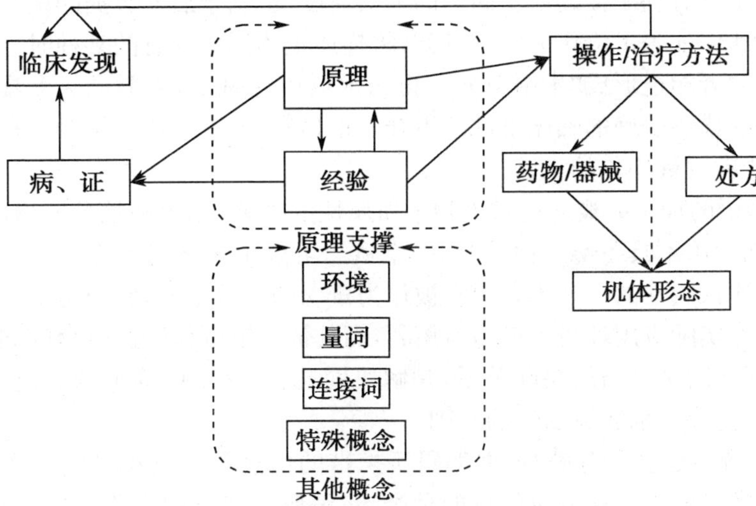

图 4－9　中医临床术语集分类操作性框架

为实现电子病历快速录入，需要从分类体系结构上更贴近中医病案的规定，以合理组织、调用术语，从而建立起临床实用的术语分类操作性框架（图 4－10）。通过对来自临床的病历进行分析、筛选，借助术语加工平台，有针对性地加工了 16 万条具有中医特色的描述逻辑结构，能够便捷地描记临床科研所需信息的术语单元。

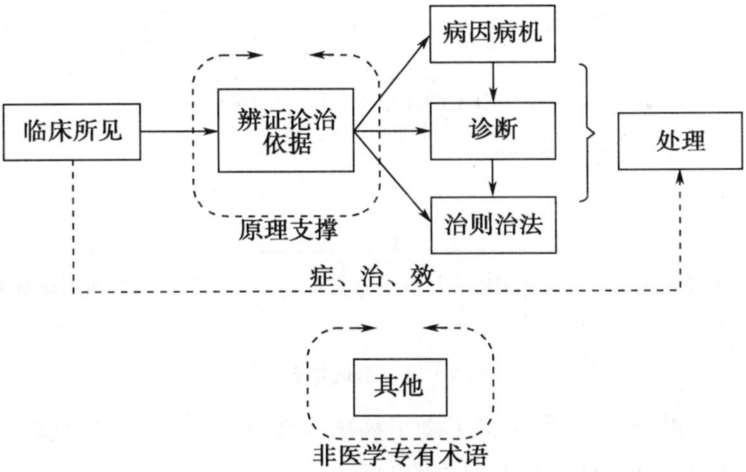

图 4－10　中医临床病历规范术语集分类操作性框架

通过术语分类框架的构建，已经制定了包容术语总量超过 36 万条的两套术语集，实现了对 25 部已有标准和规范的应用。

（3）中医临床术语语义关联的建立。患者的症状、体征等是中医临床辨证论治的重点，而描述这些信息所具有的时空属性的信息往往是分析病因病机、进行中医诊断以及疗效判定的重要因素。因此，通过分析临床病历，梳理出医师习用的信息描述逻辑结构，并将其固定下来，不仅有利于提高电子病历的书写速度，也利于后期数据的统计分析。

因此，将症状体征等术语作为“主体词”，将描述主体词所拥有的某种时空属性的术语作为“辅助词”，两者相连形成“术语单元”，再为术语单元赋值，便形成一个具有相对固定的逻辑结构，能够描述明确的临床事件的组合。很显然，电子病历系统对这种术语组合的调用效率要高于粒度最小化的术语。

(4) 同义术语的加工。概念是对事物本质属性的抽象，术语是抽象的概念的载体，概念具有惟一性而术语不具备惟一性，即同一个概念可以由多条术语进行指代。在这些术语中，具有最普遍认同性的一条术语通常被作为概念的首选术语，它们是全国专家共同研究的结果，或是在实际应用环境中最为习用者，而其他术语则作为此概念的同义术语。逐步建立完善概念与同义术语的关联关系，是解决同义、多义中医词汇的关键，是在保障正确概念基础上尽量保持描述灵活性的基础。

(5) 编码系统的建立。首先，依据编码所携带的信息量的大小设定了适当的编码长度，并依据每一类术语携带和表达信息的种类，将编码设置为数个段位进行赋值，以便于临床科研工作从各个角度对术语进行访问和使用。编码携带的信息有：术语在分类体系中的层级关系；术语在系统中的惟一性编码；术语单元的主体词、辅助词；西医学根据八大系统症状、体征术语的分类信息；术语的中西医学属性等(参见图 4-11)。

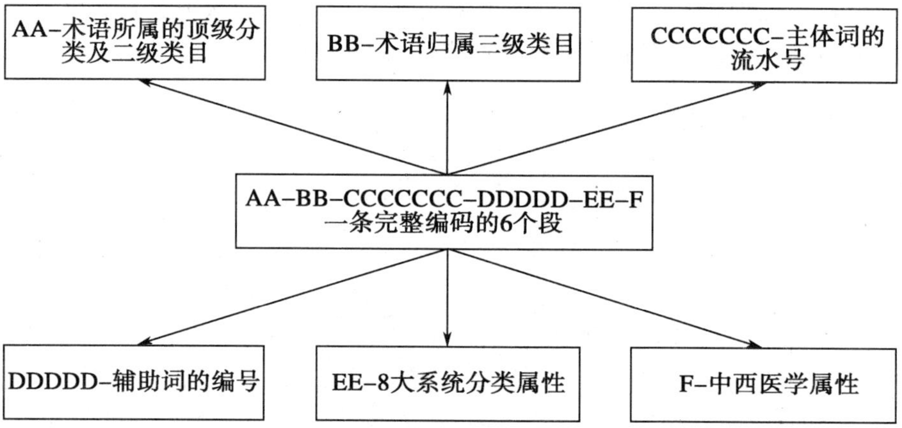

图 4-11 编码体系

《中医临床术语集》已有效地支持了电子病历与数据挖掘工作(参见第 19 章)。中医信息的标准化任重而道远，这是我们肩负的职责。

问题与讨论

(1) 标准和标准化的定义是什么？

(2) 何为分类的序化原理？

(3) 根据医学信息分类编码的方法，自己创建一个分类编码系统。

(4) 谈谈你对国际标准化组织作用的认识。

(5) 试述 SNOMED 的结构特点和应用。

(6) 以 DRG 与 ANSI X12 为例说明标准在医疗保险中有何重要意义。

(7) 以 HL7 和 IHE 为例说明医学信息交换标准的作用。

(8) 试述我国中医标准化的设计理念和实现方法。

(9) 你对中医信息标准化有何设想。

(10) 医学信息标准化有哪些种类？为什么说医学信息标准化是一项极为重要又艰巨的任务。

（丁宝芬　刘保延　沈大庆）

5 医学信息系统工程概论

本章将论述有关医学信息系统开发过程中的几个主要问题，包括系统和系统工程的概念、开发的方法步骤、需求管理、系统评价方法以及信息系统的管理维护。阅读本章后，你应该可以回答这些问题：

信息系统的构成元素。

系统工程解决问题的基本步骤。

信息系统的主要开发模式和开发方法。

开发过程中需求管理的任务和方法。

信息系统实施的主要方法。

信息系统管理与维护的主要任务。

5.1 系统和系统工程

5.1.1 系统及其特性

系统(system)是具有特定功能的、相互间有机联系的许多元素所构成的一个集合体。

系统由许多元素组成，这是它的集合性，如一台计算机由主机、键盘、显示器、打印机等部件组成。这些部件按特定的关系组合在一起，相互作用、相互联系，这是系统的相关性。这些部件共同作用使得计算机能正常工作，这是系统的目的性。系统的阶层性是指系统总是可以再分解为一系列子系统，并存在一定的层次结构，如主机箱里有主版、显示卡、内存、硬盘、软盘，而主版又有 CPU、输入、输出等各种集成电路芯片。整体性是指系统不是各元素的简单组合，脱离了系统，元素的作用和相互关系就失去了意义，系统作为一个集合体产生作用，元素要服从于系统的目的和功能，在整体功能的基础上展开元素的关系和活动，这些活动的总和构成系统整体的有机行为。在一个系统中，每个元素并不很完善，但可以协调综合成具有良好功能的系统；反之，即使每个元素都良好，但作为整体却不符合系统的目的或功能，也不能成为一个完善的系统。

系统总是存在于另一个大系统中，系统又能划分若干个子系统。大系统是系统的环境，系统与环境之间有接触和交换，环境变化必然引起系统的变化，能适应环境，不断自我调整的系统才有生命力，这是系统的环境适应性。

系统的概念可描述大到宇宙，小至细胞的所有对象，其中有自然的，也有人造的。信息系统是一个人造系统，其构成元素有计算机网络、硬件、软件，系统中运行的数据，操作系统的人和他们工作的规程。在现实中，信息系统的后三个元素常被忽略，以为投入足够的资金就能得到一个好的信息系统；应用信息系统的操作人员之间不能相互配合，信息系统运行也不会正常；为了实现信息系统的整体目的和功能，要重组原来的业务流程，各部门如只考虑自己的利益，信息系统很难得到充分应用；随着机构环境变化和内部的调整，信息系统如果不能及时更新或升级，将被机构所淘汰。

5.1.2 系统工程及其方法

系统工程是把自然科学和社会科学的某些思想、理论、方法、策略和手段等根据总体协调的需要，有机地联系起来，把人们的生产、科研或经济活动有效地组织起来，应用定量分析和定性分析相结合的方法和计算机等技术工具，对系统的构成要素、组织结构、信息交换和反馈控制等功能进行分析、设计、制造和服务，从而达到最优设计、最优控制和最优管理的目的，以便充分应用人、财、物和信息，通过各种组织管理技术，使局部和整体之间的关系协调配合，以实现系统的综合最优化。

在系统工程的发展过程中，人们不断探索科学的方法，去解决原来依靠直觉处理的复杂问题。系统工程方法具有自然科学的描述性和工程技术的规范性，考虑到这类复杂问题都属于社会系统，人的因素非常重要，必须注重参与系统各方的讨论和沟通，对话性与描述性和规范性相互交织，形成系统工程解决问题的基本步骤。它包括下列五个行动环节：(1) 阐明问题；(2) 谋划备选方案；(3) 预测未来环境；(4) 建模和评估；(5) 比较备选方案。如图 5-1 所示。

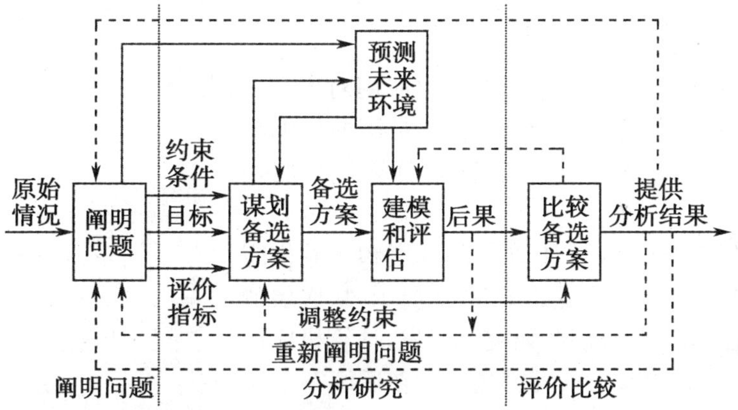

图 5-1 系统工程解决问题的基本步骤

医学信息系统的开发和应用是一个庞大的系统工程，特别是对用户众多的信息系统，如医院信息系统、医疗保险信息系统、社区卫生信息系统、区域卫生信息平台等等。在这类系统的开发和应用过程中，如何在既定的目标下，协调系统用户中各方的利益冲突，使系统开发得以按时、按质完成，系统能发挥其最大的效益，是贯穿整个过程的工作。

以新型农村合作医疗(以下简称新农合)异地转诊为例。新农合采用属地化管理，一般以区县为单位实行基金统筹和医疗服务补偿。患者异地转诊的费用，只能在事后回到参保地进行手工报销，由此产生许多问题，如患者垫付费用过多，个人负担加重，手工报销繁琐，难以规范，新农合管理机构无法对异地的医疗服务行为进行监管。所以，各地的新农合信息系统利用网络进行信息共享，实现异地转诊患者的费用实时报销，是新农合信息化的发展趋势。

异地转诊不仅要解决网络互联、信息标准制定、系统接口开发、患者身份识别等等技术方面的问题，还有诸如异地转诊管理办法制定、异地定点医疗机构管理、异地转诊费用结算财务管理等等一系列非技术问题，患者、定点医疗机构和新农合管理部门是利益冲突的三方，非技术问题在短期内常常很难顺利解决，很多问题的最终解决方案是技术与管理相互协商调整以及利益各方沟通妥协的结果。

5.2 医学信息系统

5.2.1 计算机医学应用的系统观

今天，计算机在医学及其相关领域的应用如此广泛，建立计算机医学应用的系统观，将有助于我们了解计算机在医学领域应用的特殊性，理解医学信息系统研究、开发和应用中的困难，以求合理地选择和使用计算机，并引导我们如何去探索未来。

在很多方面，计算机大大扩展了人类自身的能力，但迄今为止，计算机还没有完全超越人类，只是人造的模仿者，是在对人类的行为、思维进行抽象化的基础上，按照某种理论、模型或规则进行模仿，这种模仿是低级的、机械的，如果没有人类的参与，很多工作无法完成。这种模仿有一定的局限性，受模型或规则的限制，只覆盖抽象出的一般过程。

而医学领域应用的特殊性，就在于其应用对象是人，每个人都是一个独特的个体，每次疾病的发生发展都可能有其特异性，很难用抽象模型去处理特殊个体，诊疗事务的人性化，使计算机只能是诊疗决策的辅助者。

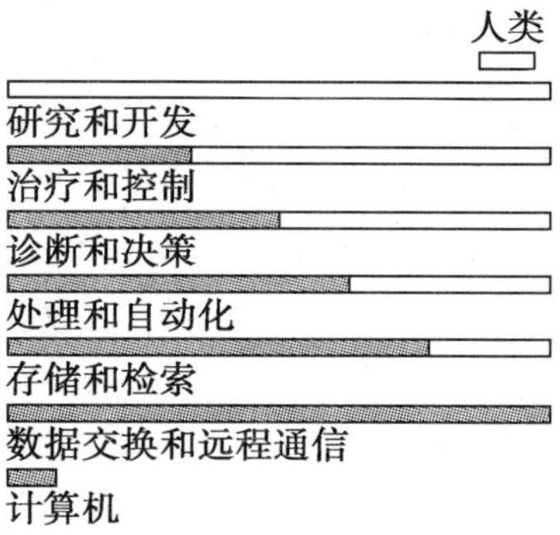

图 5－2　系统构建层次模型

在医学信息系统中，从人类参与的程度和计算机应用的复杂性，构建的层次模型如图 5－2 所示，从底层的数据交换和远程通信，到顶层的研究和开发，计算机应用的复杂性越高，人类的参与程度就越多。在后续章节中介绍的各类医学信息系统，将涵盖各层次应用的案例。

第一层是应用计算机进行数据交换和传输，信息格式的标准化是基础，本书涉及的各种医学信息系统，都有此类应用，它几乎不需要人类的参与，与非医学领域的应用也没有什么特殊的区别。

第二层是应用计算机存储和检索数据，医学数据的特点是种类繁多、海量和极其复杂的关联性，还有医学数据应用服务对象和目标的多样性，这些需要人类的干预。请参见医学信息标准、医学信息资源、电子病历、医学图像等章节。

第三层是应用计算机处理和自动化。医学信息的处理需要医学专业知识支撑，建立在人类对人体、疾病、卫生等对象的研究和理解基础上。自动化只针对那些可以重复的、一般化的工作，更多的工作是人与计算机结合完成的。与前两层的不同之处是这一层多是专门为医疗卫生应用开发。请参见医院信息系统、实验室信息系统、医学图像等章节。

第四层是诊断和决策中的计算机应用。这层的应用需要人类将医学知识格式化，设计决策支持模型和标准，以便计算机处理。显然，在目前的信息技术支持下不可能由计算机系统进行诊断和决策，人类是这层应用中的主导。请参见临床决策支持系统章节。

第五层是治疗和控制中的计算机应用。这一层的应用执行是在决策之后发出的指令，医学治疗和控制的复杂性，使这层应用与工业生产的过程控制完全不同，只有很少部分治疗能够用计算机实现控制。请参见电子病历、公共卫生信息管理系统章节。

第六层是研究和开发中的计算机应用。这层是人类智慧的体现，研究如何结构化、抽象化，建立各种模型和算法，开发应用系统，提供给第一到第五层的应用。

5.2.2 各类医学信息系统简介

本书将介绍下列医学信息系统或特定医学领域的计算机应用：

(1) 医院信息系统：介绍在医院使用的各种信息系统，其应用的业务领域包括门诊挂号收费、门诊诊间管理、患者住院床位管理、患者住院费用管理、住院医嘱管理等。

(2) 护理信息系统：介绍应用于医院护理信息管理的信息系统。

(3) 电子病历：介绍如何应用计算机管理病人在医院产生的医疗信息。

(4) 医学图像信息系统：介绍计算机在医学图像成像、采集、存储、传输、展示、处理和辅助诊疗方面的应用，以及医学图像传输、存储和显示的关键技术。

(5) 实验室信息系统：介绍计算机在临床实验室的应用，包括检验申请和标本信息管理、检验结果信息采集处理，以及模式识别、条码技术和全实验室自动化。

(6) 远程医疗：计算机在远距离医学活动中的作用，包括远程医疗的通信技术，远程医疗系统组成和应用模式。

(7) 临床决策支持系统：介绍依据决策理论，借助计算机技术，实现对临床诊断、医疗的自动化、信息化处理。

(8) 社区卫生信息系统：介绍如何用信息技术实现社区卫生的现代化管理，提高社区居民的健康水平。

(9) 区域卫生信息系统：介绍通过健康记录，互操作的区域卫生平台，共享卫生信息资源，提高区域的健康管理水平。

(10) 公共卫生信息系统：介绍通过建设公共卫生信息系统，实现各级公共卫生的信息化管理，以应对突发公共卫生事件等重大问题。

(11) 医疗保险信息系统：介绍我国如何利用计算机信息化技术，在全国范围内实现城镇职工医疗保险、新农村合作医疗等医疗保险，支持医疗卫生改革。

(12) 医学信息资源：介绍如何利用搜索引擎、信息检索技术，更好地利用医学信息资源。

(13) 中医信息处理：介绍在古老的中医药领域，二进制与阴阳理论的内在关联，以及如何利用计算机信息技术解决中医药的诊疗问题。

5.3 医学信息系统开发方法

5.3.1 规划

医学信息系统大多数应用于机构，系统涉及面广、使用者多，良好的信息化规划是开发之前的重要工作。机构的信息化规划要从机构的发展战略、组织结构、业务流程等方面综合考虑。

用系统的观点看，机构也是一个系统，存在于社会环境这个大系统中。环境的变化迫使机构不断改革，提高自己的核心竞争力。信息系统的引进，是机构有目的、有计划的改变自己的过程，随着信息化建设的开展，信息系统从最初的代替或减轻人工工作，变成机构改革不可缺少的支持，信息系统决定机构现在能做什么，甚至将来能做什么，信息系统已经从一种工具演变为战略武器。

我国正处于医疗体制改革的进程之中，政策、市场、需求等因素变化多端，医疗卫生系统的各类机构需要主动调整自己的战略，以适应环境的变化。在制订机构发展战略时，传统的方法是先有机构战略，在此框架下设计信息系统的支持方式，而新的趋势是在制订机构战略的同时，考虑信息系统的作用，通过开发信息系统主动寻求战略发展机遇。

案例：以大医院为中心的社区医疗系统

某医院在本地的医疗市场份额有限，医疗水平也无法与排名第一、第二的医院竞争，医院决定尝试开发与医院互动的社区医疗信息系统，稳定并扩大医疗市场。

该系统在医院与周边的社区卫生站之间建立网络，社区医生能获得医院专家的在线技术支持，提高了社区卫生站的医疗水平，增加了社区卫生站对居民的吸引力。社区居民可以通过社区卫生站预约医院的专家门诊、住院和大型检查。化验可以在社区抽血，报告通过网络回传。社区居民在医院住院，手术病人可回家拆线，出院病人有出院随访计划传给社区，由社区医生上门随访。系统的实施大大方便了医院周边的居民，同时稳定并扩大了医院的患者来源。

5.3.2 开发

信息系统的开发模式主要有四种，即用户自开发、委托专业公司开发、与专业公司合作开发、购买软件包开发。

用户自开发的特点是系统开发过程完全由用户控制，目标、需求和进度可不断修正，系统的适应性很好，开发过程也为用户培养了人才。缺点是用户要有能力保证开发所需的各种资源，特别是人力资源，能力上要能跟上信息技术发展的水平，薪酬上要与 IT 行业匹配，成本较高。委托开发一般是用户需要定制开发的特殊系统，或是开发应用于全新业务领域的系统，委托开发的系统是量身定制，系统完全符合用户需求，但开发成本高，需求管理难。当用户有能力参与部分开发过程；或系统业务对开发公司是完全陌生的，需要用户的全力协助；或者部分系统涉及用户知识产权等情况，会选择合作开发。在卫生信息化的初期，用户多选择自开发、委托开发或合作开发模式。今天有些系统已经进入相对成熟期，如医院管理信息系统中的门急诊、住院、药品等主要模块，医院临床信息系统中的LIS、PACS等，现在更多的用户选择购买软件包，购买的同时也会有客户化的修改，或者部分新功能的开发。这些系统现阶段的开发主要在新技术应用、多系统集成、电子病历应用、中高层管理、临床辅助诊疗等方面。

系统的开发过程是用户有目的地改变自我的过程，信息系统是用户业务和管理创新的体现。随着环境的变化、用户自身的发展等各种因素，信息系统也要随之变化，开发系统的专业公司必须有能力支持系统变化的需求，随着用户一起发展。所以说，选择专业软件公司就是选择战略合作伙伴。

信息系统的开发主要有瀑布式和螺旋式两种方法。瀑布式也称为系统生命周期法，它有按部就班的步骤，遵循从整体到局部的原则，在初始阶段全面进行分析和设计，然后才进入开发和实施。瀑布式符合人们希望在充分认识系统的基础上，再进行软件开发的要求，以避免因认识不足导致系统设计缺陷。这一方法的问题是需求分析和系统设计长期停留在纸面上，这种虚幻的讨论不易深入、细致，用户很难想象未来系统实现的场景，开发方和用户方之间专业背景的差异，常常导致就阶段性结果很难达成一致意见，而拖延进度；在开发的过程中，目标、条件、需求可能不断变化；各个阶段由不同的团队负责，阶段交替环节可能有知识的流失。

螺旋式是一种周期循环的方法，其原则是从重点到次要，将整个开发过程划分为多个子过程，每个子过程完成的目标和任务是在上一个子过程结果基础上的深入和拓展，螺旋上升，直至达到系统的最终目标。这种方法的特点在于保证开发速度，随着对系统认识的不断深入和条件的变化，分阶段确定目标和任务，搁置在目前无法认识清楚的问题，或规避有利益冲突的风险，使开发过程不断有阶段性成果，用户能看到信息化的成效，有利于启发最终用户完整地认识系统，建立信息化的信心。其难点是整个开发过程的控制和如何确定下一个子过程的目标和任务。

实际开发过程往往是两种方法的结合，如在螺旋式的每个子过程中采用瀑布法，每个阶段都包含需求分析、系统开发、系统实施和验收，各个子过程任务的侧重点参照瀑布式的各步骤任务变化。

5.3.3 需求管理

无论采取哪种开发模式，需求分析是开发的第一步。在需求分析之前，要进行系统的需求调研，深入了解现行的业务流程、管理方法，发现存在的问题，确定系统目标。需求分析是在需求调研的基础上，提出用信息技术解决问题的方案，设计基于信息系统的业务流程和管理方法。

用户与开发人员的充分沟通是进行需求分析的前提。与各类、各部门的业务人员、管理人员交谈，广泛、深入地了解他们的想法，帮助他们对现行业务进行梳理、归类，转化到在信息系统支持下的业务模式，并给予清晰、完整的描述，是完成需求分析的关键。

1）需求管理的问题

(1) 需求超前：因为用户对信息化的投资、回报与发展的认识不足，需求与实施目标不符，或阶段性目标不明，或希望一步到位，盲目推进。信息知识和信息技术使用经验的缺乏，多数用户是先被动接受公司的系统，使用后立即提出改进需求。

(2) 需求模糊：基于信息系统开展的业务模式和流程需要多方面的配合，不能在短时间内明确需求，或者要先在小范围内实验，然后再逐步改进。对一个涉及多部门，甚至跨行业、跨地域的复杂大系统，用户可能只熟悉自己的业务和管理范围，用户的需求可能是片面的。出于本专业岗位工作需要或个人利益的得失，可能是基于旧的工作模式。用户通常只能给出手工或现行的业务描述，不知道如何描述将手工业务模式转化到用信息技术支持；用户只能从业务角度提出需求，从信息技术角度的表达是模糊的。

(3) 需求主观：系统实施可能使用户的日常工作内容、方式、数量甚至利益发生较大的变化，他们会带着抵触情绪表达需求，甚至隐瞒需求。新的业务模式设计需要多方协调配合，责、权、利可能要重新分配，产生用户之间的利益博弈，导致不同用户的需求表述可能完全不同。有的用户一味强调自己的特殊性，不愿意吸收系统带来的先进模式，或因为调整流程和模式去适应软件系统的难度较大，要求软件修改来适应自己，忽视了软件更改的工作量，以及是否会对系统架构带来不良影响。

2) 需求管理的任务

需求产生于用户，需求表述很难在限定的时间和范围内完整全面地获得。一个软件系统的引进只代表着当前信息化的水平，一次项目的实施只是信息化过程中一个阶段性的工作。环境的改变、技术的演进和机构的发展等因素都会引发新的需求。用户在系统开发过程中受到信息技术的教育和启发，需求会逐步扩展和深入。需求是一个逐步演进、螺旋上升的过程，用户需求在整个开发过程中是不断发现、不断响应、不断提升的，所以，需求管理贯穿于整个信息化建设之中。

需求管理要控制不符合目标的需求。信息化是一个系统工程，“总体规划，分步实施”是科学的建设原则，为每个阶段确定合适的建设目标，所有不符合阶段目标的需求应该被控制。例如：本期目标是新旧系统切换，应控制与系统切换不相适应的软件更改需求，只要不影响业务运作，就暂不修改，保证系统切换如期完成，待新系统稳定后再考虑。用户根据自身信息化发展的进程，控制适度的需求，能体现阶段性成果，增强信息化建设的信心。

需求管理要控制分散的需求。信息系统是面向机构的，不同专业公司的信息系统各有特色，一个系统很难同时满足所有部门和员工的要求；信息系统的实施涉及多个部门和员工，每个部门和员工都会从自我的角度提出对信息系统的需求；如对住院患者的欠费管理，财务部门要求欠费即停医嘱计费，医疗部门则不希望因欠费干扰正常治疗；这些需求矛盾可能影响到整体功能和实施进度。机构要收集梳理分散的需求，确定重点需求，控制非重点需求。

需求管理要屏蔽不合理的需求。信息化不是计算机化，是有计划、有目的改变机构的过程，信息化导致业务流程重组，打破了原来的责、权、利平衡，有可能引发各种不合理的需求。如药品实库存管理是医院信息系统实施中的难点，尤其在发药窗口，提出虚拟库存或非正常修改库存的需求很常见，考虑到软件测试和药品库存管理的工作量，这个需求只能在项目实施的试点或过渡期响应，否则等于医院默许药品流失。机构要根据业务流程的变化，控制不合理的需求，以信息系统的实施为契机，推行新的管理制度和要求，提升管理水平。

3）需求管理的方法

用户应以部门为单位组织收集、筛选和整理最终用户需求，以业务流程为主线进行评审，设计基于信息系统的工作流程和管理方式。

（1）需求采集：需求的来源是多方面的，软件问题、操作者抱怨、患者投诉、部门建议、各种会议等等，需求的采集不仅仅是收集，更重要的是识别。所以，需求采集要从粗到细。粗是指从系统考察、系统测试、座谈会、实施培训、实施协调、管理制度制订等活动中采集需求；细是要定期召开专门会议，将粗的需求细化，转化为信息系统实现的业务模式和流程，进行描述和讨论，征求相关部门意见。

（2）需求整理：需求整理是需求分析综合的过程，要在文档化的基础上进行合理化、程序化和优化。记录每一个小问题和建议，定期讨论，由粗到细，从局部到整体，筛选合理成型的需求。与软件技术人员共同分析，设计软件实现方法和流程，与相关业务部门和人员讨论流程变动的配合问题，逐步优化需求。

（3）需求评审：需求评审应从下列四方面展开，直至相关部门签字认可，才能提交开发。

① 目的：改正软件错误、简便操作、业务变更、建设性。

② 级别：从项目实施目标来确定需求的轻、重、缓、急。

③ 工作量：满足需求的工作量，下列不同类别的需求可能导致工作量从小到大的差别：界面调整、流程变化、新功能开发、数据库底层更改、软件框架结构调整。

④ 综合平衡：综合考虑阶段目标、实施时间、投入资金、管理配合、人员培训等因素，决定是否响应需求，以及何时响应、如何响应。

（4）需求跟踪：需求在软件开发过程中可能因各种原因发生变化，应跟踪软件开发过程，测试软件功能，发现需求与软件实现的差距，及时沟通最终用户和开发人员，提高软件开发效率和质量。软件进入实施，现实环境的特殊性可能使软件运作或业务出现各种问题，要跟踪观察，发现问题，及时反馈调整。

4）不同阶段的需求管理方法

在信息化建设的不同阶段，用户需求不同，用户需求管理的方法也不同。在系统选择阶段，用户需求往往笼统、模糊、超前、不现实。应鼓励需求，以发现好的需求。在系统实施阶段，用户需求具体、细节、片面、只顾眼前。要控制需求，以保证实施进度。在系统维护阶段，用户需求是完善、优化、拓展的，要征集甄别需求，以完善系统，开发新的功能。

需求管理的最终目的是启发和引导用户不断产生新的需求。以门诊系统为例，已经从简单的挂号收费发药管理，发展出预约挂号、个人账户、双向转诊、客户关系管理等诸多功能。信息系统的实施引发的变革，每一位用户都被卷入其中，对他们的工作产生深刻的影响，迫使他们改变自己去适应信息系统下的工作环境，进而思考设计如何利用信息系统更好、更快地工作，这是信息化对用户教育的结果，也正是信息化引发的深层次变革——人的改变。

5.3.4 实施管理

1）实施方法

系统实施主要有定时实施、并行实施、试点实施等方法。实施方法选择是否得当，对信息系统的应用成效有重大影响。

定点实施适用于必须在指定时间全面实施的系统，如医院门急诊挂号收费系统，为与医疗保险信息系统联接，必须在特定时间点进行实施或新旧系统切换。这个系统运行有保证业务响应速度、7 天 24 小时不中断的要求，在切换之前必须做好充分准备，基础数据准确无误，操作员培训合格，进行多岗位的业务流程联合测试和演练，确保切换的万无一失。

并行实施是新旧系统同时并行，既对新系统进行严格测试，也确保新系统的问题不会影响业务。因为新旧系统同时操作，实施工作量很大。如药剂科的药品管理系统，涉及药品库存和财务管理，为了检验新系统的正确性，每一笔业务都在新旧系统中同时操作，核对结果，发现新系统的问题，及时修正，至少经过一个财务结算周期的校对后，才正式切换到新系统。

试点实施是先在某个局部实施系统的部分功能，观察效果，积累经验，测试系统。试点可以是对从未使用过的新系统的试点，也可以是新旧系统并行的试点。如住院电子病历系统，某个病区试点，取得经验后再推广；而门诊医生工作站录入电子处方先在若干个门诊科室试点，可以同时保留旧系统的收费员录入手工处方，保证系统实施时的各种问题不会影响患者门诊处方的录入。

复杂大系统的实施通常分成几个阶段进行，以减轻实施压力，逐步建立信息化运作管理体系。如医院门急诊信息系统有门急诊挂号收费、分诊排队叫号护士站、门诊医生工作站、药房管理、输液室管理等很多功能，可以将其分为三个大的实施阶段：① 门急诊挂号收费＋药房管理；② 分诊排队叫号护士站＋输液室管理；③ 门诊医生工作站＋其他功能。第①阶段的系统功能很多医院有运行多年的旧系统，基本业务操作变化不大，容易实施，第②阶段是新的功能，可以按诊区分步实施，业务影响面小；第③阶段的门诊医生工作站实施，直接影响关键医疗业务，业务终端数量多，人员操作水平参差不齐，需要有一定的调整和适应时间，建议采用试点实施。

2）实施准备

实施的准备工作除了网络和硬件调试，还有数据整理、系统测试、人员培训、制度制订等工作。

数据是系统运行正常的基础。数据整理是为新系统准备系统运行的基础数据和测试数据。基础数据是系统运行的基础，如医院门诊挂号收费系统的科室数据、号表数据、药品数据、服务项目数据等等；测试数据是要根据实际业务准备模拟的业务操作数据，供系统测试和人员培训使用，如患者的基本信息、处方、检查申请单等，并设计典型的业务场景和数据。新旧系统切换时，要尽量将旧系统的数据整理导入新系统，保证业务数据连续性，减少录入工作量。

系统测试是系统运行正确的保证。这里的系统测试是指用户方的测试，主要是从实际业务的特点出发进行测试，保证系统运行正确和实施顺利。如挂号系统，要测试多种类型的患者挂号是否正常：初诊和复诊、自费和医保；要测试操作员典型业务的操作水平——平均挂号速度，以便能参考日门诊量计算挂号窗口开放数量和挂号员的排班组合；除了测试各岗位的业务，还要进行多岗位的业务流程测试，观察业务环节之间的数据传递和业务配合是否有问题。

人员培训是系统实施顺利的关键。人员培训要在基础操作培训合格的基础上，进行岗位业务培训。如挂号收费员基础培训是录入速度，岗位培训内容有：门诊科室和专家门诊的特点、处方和检查申请单的内容解读和录入、退换号和退费的操作流程、日结账和交账方法等等。有的系统操作人员定期更换，如进修生和实习生交替，都要进行岗前培训。

制度制订是系统实施成功的保障。新的系统带来新的业务，岗位职责、业务流程都可能发生变化，必须要有新制度的规范。借助新系统的实施，推行新的管理规定，解决遗留管理问题。新的业务变化可能涉及多个部门，需要进行多方协调，可以设计多套业务流程和管理方案，进行讨论、评价和选择。

5.4 医学信息系统的评价与管理

5.4.1 医学信息系统的评价

在信息系统决定开发之前，通常要进行成本效益分析和评估，这是为了科学而有效地选择。在信息系统开始实施后的评价，是对信息系统应用成效的测量，是为了总结经验，发现问题，不断改进。所以，应该把信息系统的评价作为系统开发过程中的一个步骤，及时科学地评价，使机构看到付出努力的回报，坚定信息化的信心，也能对下一步行动进行调整。

成本效益评价是其他工程中常用的方法，因为信息系统开发而直接增加的收入很少，直接效益并不明显，更多的是为患者提供更好的服务、堵住某些漏洞、提高工作效率、改进管理水平等间接效益。间接效益的评价指标不易量化，如挂号系统是否有预约挂号，有几种预约挂号方法，这样的评价指标会诱导用户对系统的使用流于形式，重实施轻改进，重技术轻管理，功能都用了，但效果却不佳。真正的评价指标应该评价系统实施的效果，如患者基本信息登记的质量，平均挂号速度，平均排队人数或等候时间，退换号率，预约挂号占日均挂号人次的比例，预约挂号实施对就诊等候时间的影响等等。引导用户不断发现问题，持续改进。

建立评价指标体系可以从信息系统开发要解决的问题入手，逐步细化。评价指标体系不可过于复杂，应简单明了，易于操作。评价指标可以由定性和定量两部分组成，注意收集在系统实施之前的资料和数据，作为实施后评价的对比基础。

如门诊系统的目标之一是解决看病难，由目标列举实施要解决的问题，根据问题确定信息系统相应的问题，最后确定评价指标，部分问题、目标和指标示例如表 5－1所示。

表 5-1 门诊挂号信息系统的目标指标

实施解决问题	信息系统问题	评价指标(定性)	评价指标(定量)
挂号难	全部是现场挂号	实施预约挂号,方式有现场、电话、网络、手机短信息	预约挂号占日均挂号人次的比例
挂号等候时间长	挂号速度慢,初诊和复诊混合排队	培训挂号员,实施初诊和复诊服务流程重组	平均挂号速度 挂号平均等候时间
患者信息只有姓名	信息登记不全,信息不标准	确定初诊患者必须登记的信息及其标准	患者基本信息的完整率和正确率
挂号服务投诉多	专家排班信息更新不及时,退换号多	确定专家排班表的维护责任人,制订专家排班信息的申报、审核、更改流程	退换号率 患者满意度 投诉人次

标杆式评价法是树立信息化的典型机构,以其实施的经典案例作为本行业信息化的评价标准,其他机构可参观学习,引进相同的信息系统,模仿经典案例的业务流程和管理方法,同时以实施经典案例的机构为基地,进行新的信息系统开发试点,取得经验后再推广。

对于辅助临床诊断治疗的临床决策支持信息系统,必须经过系统的客观评价,才能进入临床应用。客观评价意味着在评价之前要建立客观的标准评价体系,如通过手术、尸检等方法获得临床客观证据,通过组织专家研究文献、病历等收集处理大量经过验证的数据,建立标准的"真值"数据库,应对评价标准数据保密,系统的开发、应用者不参与数据库建立工作,保证评价的双盲。这种评价是一个长期的过程,分阶段进行,从设计、开发开始,进入临床应用后也应持续开展。

由欧盟支持的通用心电图定量标准研究,分两个阶段进行。第一阶段:心电图解释系统波形识别的准确度;第二阶段:将心电图系统的诊断性分类与其他临床证据和心脏病专家的集体解释比较。第一阶段于1985年完成,共有15个心电图解释系统,标准是由文档数据库构成,该数据库由5个不同国家的5位心脏病专家审阅,采用Delphi技术的反馈方法减少不同观察者之间的差异。第二阶段于1990年完成,共有10个心电图系统的诊断性分类与心电图以外的临床证据比较,与心脏病专家的集体解释结果相比较,8位专家分析1 220份记录完整的心电图,将其分为7个主要诊断类别,最好的系统的判断结果与临床证据的总体符合率为70%,与专家组意见的一致率约为80%。

5.4.2 医学信息系统的管理和维护

从系统的观点来看,任何医学信息系统都与应用它的实体系统相互影响,实体系统运行的需求导致了医学信息系统的开发、实施和变更,医学信息系统的正常运行与否直接影响实体系统业务的正常开展,而医学信息系统与实体系统又同时受外部环境的影响,所以医学信息系统一经应用,就需要对它进行管理和维护。荷兰 M. looijen 等提出信息系统的管理、控制和维护工作(MCM, Management、Control and Maintenance)必须与信息系统元素(硬件、软件、数据库、处理过程和人员)的使用、环境因素和特点所影响的需求和前提条件相一致，以最有效和高效率的方式提供服务，以积极的方式影响组织机构的目标，并设计了 MCM 模型，如图 5-3。

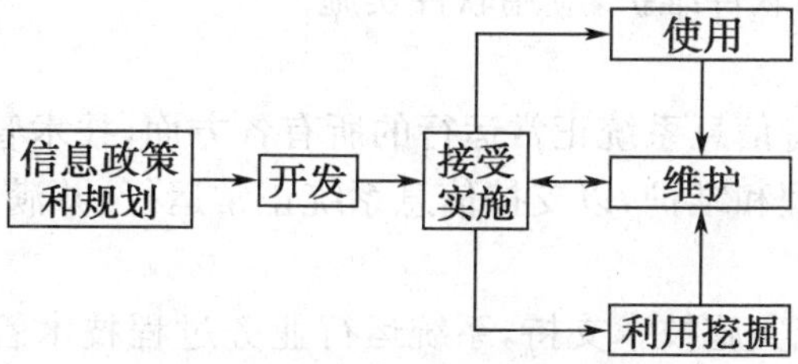

图 5-3 信息系统的管理、控制和维护工作模型

信息系统的管理是根据实体系统的需求，制订计划，组织计划所需要的各种资源，如人员、资金、物资等，并控制资源发挥作用，使信息系统正常运行，满足实体系统的需求。信息系统的维护是指信息系统的构成部分发生变化，以满足实体系统的需求的过程。维护按字面理解有维修和养护两重含义，所以有纠正性维护、预防性维护、改进性维护、适应性维护、附加性维护。

按管理学理论可将信息系统的管理和维护分为三个层次。

(1) 战略层次：确定管理和维护的战略目标，编制规划，寻找获取人力、财力和物力资源的途径。

(2) 战术层次：管理战略规划的实施过程，包括分配资源和控制进度。

(3) 运行层次：具体实现管理和维护的任务。

在实际工作中，管理和维护的工作相互关联，管理工作要使信息系统正常运行，发现各种问题，就有各种维护工作产生，而维护工作对信息系统的变更，又带来新的管理工作内容。所以，这里将管理和维护的任务一并考虑，按它们共同的对象和任务所侧重的领域来分类，可能更符合现在医院的实际情况，便于人员分配、工作安排和规范制定。

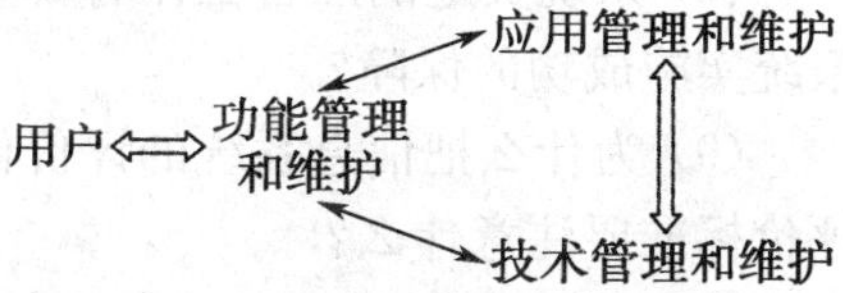

图 5-4 信息系统的管理和维护任务领域及其与用户的关系

从任务内容上分功能、应用和技术三个方面，每一个方面的任务又可按上述战略、战术和运行分层。三者之间及其与用户的关系如图5-4。

1) 功能管理和维护

负责管理和维护信息系统以支持其功能的正常使用，功能管理是面向用户的，是用户与应用管理和技术管理之间的纽带。

(1) 使用管理：用户管理(培训和应用支持、权限管理)，系统功能管理(功能规范维护、功能测试)，业务数据管理(按标准和规范采集数据)。

(2) 功能维护：手册维护，功能维护(功能设置、功能与业务的配合、功能优化需求收集)。

(3) 数据维护：基础数据管理(基础数据定义和编码、基础数据的标准化)。

2) 应用管理和维护

负责管理和维护软件及数据库，应用管理是面向信息系统的，它管理和维护软件及数据库以支持信息系统满足用户的要求。

（1）技术应用管理：数据库管理，技术软件管理。

（2）应用维护：应用软件维护，应用软件实施。

3）技术管理和维护

负责管理和维护支持信息系统正常运行的所有各方面，技术管理是面向信息技术的，它结合实际应用进行管理和维护，以支持信息系统正常运行，并满足信息系统不断变化的需求。

（1）运行控制：系统实施技术支持，系统运行业务过程技术管理，包括技术的性能和调整管理。

（2）技术基础设施维护：硬件维护，网络维护，安全管理。

（3）技术服务：服务范围和成本管理，帮助，技术支持。

问题与讨论

（1）如何用系统的观点看待信息系统？

（2）为什么说信息系统的开发是一个系统工程？

（3）信息系统的规划与机构战略有什么关系？

（4）为什么说选择开发公司就是选择战略合作伙伴？

（5）为什么今天更多的医疗卫生行业用户选择购买软件包？

（6）瀑布式和螺旋式开发方法有什么不同？

（7）需求获得有哪些问题？在不同的开发阶段用户如何管理需求？

（8）系统实施的准备工作有哪些？为什么用户还要进行系统测试？为什么说制度是系统实施成功的保障？

（9）为什么把信息系统的评价作为实施的一个步骤？建立临床决策支持信息系统的评价标准要注意什么？

（10）信息系统管理与维护的任务领域如何划分？

（黄学宁）

6 医院信息系统

医院信息系统是医学信息学在应用领域的一个成功范例,也是在医疗卫生信息化建设中应用最早、发展最快、普及最广的大型管理系统,本章将予以重点介绍。读完这章后,你应该知道下面这些问题的答案:

医院信息系统定义和范畴。

医院信息系统的基本功能有哪些?它们是如何架构起来的?

医院信息系统的主要技术支持有哪些?有何重要性?

如何进行医院信息系统的开发、实施与管理?

期望通过本章学习让读者了解,如何将前几章的基本理论和知识应用于医疗卫生各个领域,实现现代化的信息管理。

6.1 医院信息系统概述

6.1.1 医院管理

医院是实施医疗护理的场所,是通过医务人员的工作,对门诊或住院患者运用各种医疗技术和药品进行科学诊治、促进患者转归和康复的医疗机构。医院的任务是以医疗为中心,兼顾科研、教学、预防等工作。医院管理的水平直接关系到医院履行职能的水平。伴随着全球进入信息化时代,医院的管理模式也逐步由传统经验式管理迈进现代信息化管理,医院信息系统则应运而生。

医院的职能及运行主要分为三部分:医疗护理(指对患者的医疗护理工作)、医疗事务(指对医疗护理日常事务的管理工作)和经营管理(指对医院人力、物力、财力的管理工作)。医院运行的主要构成包括医疗护理的提供者(医务人员)、接受者(患者)和医疗资源三部分,医院管理过程正是对以上三方面的所有信息采集、传输、处理、存储的过程。

6.1.2 医院信息系统定义

医院信息系统(hospital information system,HIS)是我国医疗卫生领域目前应用最广泛、深入的管理系统,美国著名的医学信息专家 Morris Collen 教授于 1986 年对 HIS 目标的描述是:利用计算机和通信设备采集、存储、处理、访问和传输所有和医院相关的病人医疗信息和管理信息,满足所有授权用户功能上的要求。我国卫生部 2002 年颁布的《医院信息系统基本功能规范》定义是:“医院信息系统是指利用计算机软硬件技术、网络通信技术等现代化手段,对医院及其所属各部门的人流、物流、财流进行综合管理,对在医疗活动各阶段中产生的数据进行采集、存储、处理、提取、传输、汇总、加工生成各种信息,从而为医院的整体运行提供全面的、自动化的管理及各种服务的信息系统。”

从上述定义可以说明，HIS是现代化医院的基础设施、支撑环境和管理方式。HIS直接服务对象是医院以及医院授权用户——各级管理人员和医疗护理人员，HIS直接管理的是在医院流通的所有信息。HIS的基本构成至少应包括：医院数据存储功能(即数据库)，医院数据输入、提取、编辑功能(即应用程序)，数据通信功能和用户应用设备。

6.1.3 医院信息系统的范畴

医院是一个由许多部门组成的复杂的机构，具有永不间断的运行特征。它既要为患者提供医疗、护理服务，同时又要维持自身内部错综复杂的管理。医院的数据是海量的，存储时间长，并且需保证随时访问提取。那么，一个HIS的范围究竟有多大？它应该包括多少功能？这些功能的自动化程度究竟应达到什么标准？这些至今仍无法统一。

对于医院的功能，我们可以从两个角度去认识，第一是功能特性，第二是功能对象。

首先，从功能特性来分析，通常我们将针对医院一些共用功能的程序，例如患者一般信息、费用信息、物资信息、人员信息……一致公认地归入HIS范围，它们是医院信息管理的基础。而将针对某一专业或专科内部专用功能的程序，例如"医学影像存储与传输系统(PACS)"、"实验室信息系统(LIS)"、"电子病历(EMR)"、"临床决策支持系统(CDSS)"，这样一些庞大、复杂、专业性突出又自成一体的信息系统是否归入HIS，持有质疑。因为无论从硬件设备、软件技术还是管理规范，无论从资金投入、实施时间还是人员培训，打造一个包罗万象的"一体化的医院信息系统(integrated hospital information system IHIS)"都是难以实施的。事实上，HIS与医院外部的信息系统，如社区卫生信息系统、区域卫生信息系统的通信与共享日益发展，划分HIS的范围界限将越来越困难。因此，我们常将那些由共用功能程序组成的HIS称为狭义的或核心的HIS，而将那些包含了所有共用和专用功能程序的IHIS称为广义的或理论上的HIS。

其次，我们从功能对象来分析。第一类主要是针对医院"人流、物流、财流"进行的经济管理和医疗事务管理，我们称之为"医院管理信息系统"(hospital management information system，HMIS)，包括患者的出、入、转院管理，费用管理，药品物资管理，医务人员管理等，它与我们前面所述的狭义HIS相同。另一类主要是针对患者本身的临床医疗护理管理，我们称之为"临床信息系统"(clinic information system，CIS)。CIS是指利用计算机软硬件技术、网络通信技术对病人临床医疗信息进行采集、存储、处理、访问和传输，支持医务人员医疗活动，提供临床决策支持，以病人为中心，以提高医疗质量为目的的信息系统。因此临床信息系统是一个由不同医学专用功能程序组成的、宽广的领域，它包括："医学影像存储与传输系统"、"实验室信息系统"、"电子病历"……随着医学和计算机科学的发展，新的系统还会不断产生。

CIS与HIS既相互区别，又相互关联、相互依存，HIS是CIS的基础，CIS是HIS发展的必由之路。CIS是HIS在横向的拓展、纵向的深入，在医疗护理业务上的回归。HIS与CIS终将融为一体，但在发展的进程中，它们必然依据不同的功能特性和不同的功能对象，一个一个产生、发展，并相互依存和包容。因此我们可以认为IHIS包括了

HIS、CIS。

上述医院的三种职能、三个组成部分，以及三个信息管理系统之间的关系，如图 6-1 所示。

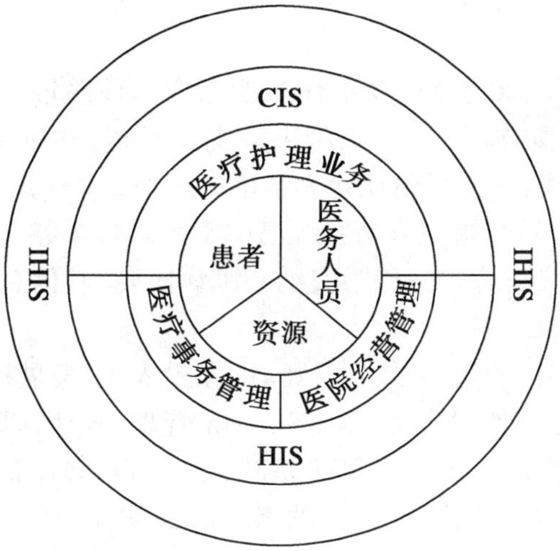

图 6-1 HIS、CIS、IHIS 与医院信息关系图

本章将介绍核心的 HIS，而将 CIS 所包含的若干信息系统，如 LIS、PACS、EMR 另立章节分别介绍。HIS 作为医院最主要的信息系统，我们将重点介绍它的功能组成、技术支持、开发方法、管理制度，以期对医学信息应用系统有一个全面的认识。我们还将着重介绍流程重组、集成与整合等内容，说明信息化对医院管理和医疗保健事业的发展是一种变革和促进。

6.1.4 医院信息系统的发展史

1）国外医院信息系统的发展

在美国、欧洲、日本等发达国家，HIS 的发展已有近半个世纪的历史。以美国为例，它经历了 4 个发展阶段。

第一阶段是萌芽阶段(20 世纪 60 年代初期—60 年代末期)，随着计算机在医院的应用，美国开始对 HIS 的研究开发。最初是事务处理系统和收费系统，以适应医院内部管理和医疗保险制度的要求；以后 HIS 扩展到病人诊断，医嘱管理，护理计划等方向。著名代表是麻省总医院开发的 COSTAR(computer stored ambulatory record)，可以提供财务、事务和医疗的信息管理功能。

第二阶段是发展阶段(20 世纪 60 年代末期—80 年代中期)，美国开发了能覆盖全医院的 HIS，管理范畴明显扩展。该期间 SNOMED(1965 年)、ICD-9(1966 年)、ICD-9-CM、DRG、DICOM(1985 年)等标准的颁布，极大提高了 HIS 的水平。1985 年美国全国医院数据处理工作调查表明，100 张床位以上的医院，80%实现了财务信息管理，60%支持挂号登记和事务管理，25%具有了完整的 HIS。著名代表有盐湖城的 LDS 医院的 HELP 系统、退伍军人管理局的 DHCP(decentralized hospital computer program)

系统。

第三阶段是成熟阶段(20 世纪 80 年代末期—90 年代中期),发展的重点指向临床信息系统方向,如实验室系统、医学影像系统、重症监护系统等,其目的是提高临床医疗质量。该阶段 HL7 (1986 年)、UMLS(1989 年)、ICD-10(1992 年)的颁布都对 HIS 的发展产生深刻的影响。

第四阶段是提高阶段(20 世纪 90 年代末期至今),该阶段医院信息管理向临床医疗管理进一步发展和提升,如电子病历、临床决策支持系统,并重新对 HIS 功效进行评价。HIS 的规模也更大更完善,例如哥伦比亚大学附属医院 1 100 张床位,有终端工作站6 000多台。密歇根大学 Care Web 虚拟病历系统已向 1 万多名医务人员开放。又如 2002 年底建立的第一个数字化心脏医院——印第安纳心脏病医院,其信息系统开发费用达1 500万美元。

欧洲 HIS 的发展自 20 世纪 60 年代开始,国家投入大,发展极为迅速。建立区域协同性的 HIS 是他们的特色,例如丹麦的 Red System 管理 66 所医院,目前多国参与的欧盟 HIS 工程业已启动。以病人为中心的 HIS 是其另一特色,典型代表有瑞士日内瓦的 Cantonal 医院、荷兰的 Leiden 大学医院、丹麦的 Kommunedata 系统等。

日本 HIS 的发展自 20 世纪 60 年代开始,发展速度快,研究深入细微。其特点是投资规模大,专业学术团体和专家作用显著,注重临床信息系统开发。日本政府已从法律上承认电子病历的合法性。

2) 我国医院信息系统的发展

我国 HIS 起步较美欧发达国家晚约 10 年,经历了相似的发展阶段。第一阶段为萌芽和起步阶段(20 世纪 60 年代末期—80 年代中期),1978 年南京军区总医院首次引进 DJS-130 小型机,进行了对 HIS 的最初研发,1980 年后北京积水潭医院、北京协和医院、解放军总医院相继开始 HIS 的研制与应用。初期仅是单机单任务的信息管理,如窗口挂号、收费管理等,以后逐步发展为以职能部门业务为主的信息系统,如药房管理、病案首页管理、门诊收费管理等。虽然这些系统各自独立,难以实现全院的信息共享,但却积累了经验,培养了人才。

第二阶段是提高阶段(20 世纪 80 年代中期—90 年代中期),国家卫生部和总后卫生部开始引导和主持了 HIS 开发,将其分别列入“八·五攻关课题”和“金卫工程‘军字一号工程’”,基于局域网的,多机、多任务、多业务功能的,全院互联互通的,以医院事务管理为中心的 HIS 逐步形成。但是,由于 HIS 成熟度不够,加之众多医院同时引入 HIS,使该阶段的 HIS 的研发存在良莠不一、低水平重复开发的问题。该阶段典型的范例有 1995 年卫生部医院管理研究所依托国家“八·五攻关课题”开发的“中国医院信息系统”、解放军总后卫生部主持开发的“军字一号”工程的“军慧医院信息系统”。

第三阶段是快速发展阶段(20 世纪 90 年代末期—21 世纪初),在新世纪之交我国推行了“城镇职工医疗保险制度”,作为它实施基础的 HIS 被提到刻不容缓的议事日程,原来对 HIS 持观望、犹豫的医院毅然纷纷上马,原来低水平的 HIS 被迫升级换代,从而引来了我国 HIS 快速普及发展阶段。2002 年卫生部召开全国卫生信息化工作会议,重新修订颁布《医院信息系统基本功能规范》,它进一步促进了 HIS 的规范化、标准化和完整性。

该阶段HIS发展的另一个显著特点便是开始面向临床信息系统范畴，RIS、LIS、PACS、NIS、手术麻醉系统、合理用药系统、远程医疗等信息系统快速崛起，并推广应用。HIS在事务管理的广度和深度上也有进一步拓展，例如分诊（排队叫号）系统、医院成本核算系统等纷纷引入医院。

近几年来HIS的热点为电子病历、医疗质量管理、无线与移动技术应用等。同时，随着社区卫生信息服务和区域卫生信息服务的兴起，HIS功能将延伸到医院以外的更广阔领域。

6.2 医院信息系统的功能

6.2.1 系统功能的分析

HIS的系统功能分析包括：分析医院的各项业务活动（包括医院经营和医疗事务管理），并确定HIS应该具有哪些功能，这些功能如何组织并实现，从而确定系统的功能模型。系统功能分析是系统设计、模块划分、结构组成的依据和基础。

HIS的系统功能分析必须遵循以下原则：

(1) 实现医院的总体功能目标，覆盖医院必备的业务活动，包括医院经营管理、医疗事务管理和临床医疗护理各范畴。

(2) 由于医院的职能与患者的生命健康直接关联，所以系统的功能必须保证高度的准确性、可靠性、稳定性。

(3) 系统的功能必须遵循我国现行的法律、法规、规章制度，遵循我国卫生部颁发的《医院信息系统基本功能规范》。

(4) 系统功能必须有可靠的安全保障，确保患者医疗过程中的安全，确保患者信息的私密性。

(5) 系统功能应具有完整性、规范性、灵活性和可扩展性。HIS是一个不断完善、扩展、更新的应用系统，既要适应旧功能模块的完善升级，也要适应新功能模块的添加与集成。

6.2.2 系统的基本功能

医院功能具有广泛复杂而且与生命健康密切相关的特点，如何梳理规整它的功能，找出其最本质和基础的特性是构建HIS的基础，我们可以从医院信息处理和医院业务管理两个层面来分析。

1) 从信息处理角度分析

HIS本质是一个信息管理系统，它必须具有对数据或信息的采集、存储、处理、传输和获取五个基本功能。

(1) 信息的采集功能：如果将HIS比喻为一座自动化工厂，那么浩瀚的医院信息则是它的原料。信息采集是系统功能的第一步。信息采集应遵循下列原则：

① 所有原始的数据和信息都应该在它最初出现的时间、最初出现的地点一次性采

集，对于 HIS 来说，常在业务处理的一线窗口。例如患者姓名、年龄、住址等个人一般信息应在该医院第一次门诊或急诊时采集，当他再次门诊或转为住院时则应从系统中查询、调用。一次性采集避免了二次或多次录入的差错、重复和浪费。

② 采集必须方便、准确、及时，以适应医院治病救人的特点。系统内部的安全设置可以保证在一线窗口采集的信息真实、可靠和适时。

③ 采集的方法主要分为人工录入和机器录入。最常见的是手工录入，具体有键盘录入、鼠标选择、手写录入。此外还有语音识别技术和字符扫描识别技术。后者借用多种形式的"卡"(磁卡、IC 卡、条形码)及相应读卡器，是一种快捷、准确的录入方式，例如医疗保险患者的挂号就是利用扫描识别技术。另外，借助 LIS、PACS 等管理系统，可从大型仪器设备的输出端直接采集和录入相应数据和信息，例如化验结果数据、医学图像信息。借助互联网或医院局域网，也可以直接下载信息，例如各种医学知识。

(2) 信息的存储功能：医院的性质决定了其拥有的数据、信息是宝贵的资源，需长期保存。例如国家规定患者门诊病历信息必须保存 15 年，住院病历则是 30 年。因此 HIS 必须有完善可靠的存储功能，并充分考虑存储数量、存储方式、存储时间、信息格式、使用方式、调用速度、安全保密等诸方面问题。例如对于当前应用的数据采用在线存储于机器硬盘，对于历史数据近线或离线存储于另外的硬盘或磁带库。二者之间通过系统自动定时转移数据，保证当前运行数据量的均衡、历史数据方便调用。为保证安全，还采用双服务器定时备份和异地远程备份等存储功能。

(3) 信息处理功能：从原始数据录入后到最后结果的输出，整个过程就是信息加工处理功能，此为 HIS 的核心和主体功能。该功能首先要适用于医院各部门的业务需求，例如对于已录入的同一病人的药品信息，药房子系统需要实现库存变化，计价收费子系统需要实现费用扣除，护理信息系统需要实现药品的配制、发放和使用。该功能还要适用各个部门的性能需求，例如对于门诊收费窗口，信息加工处理速度必须很快，尽可能缩短患者排队等候时间。

(4) 信息的传输功能：HIS 是在一个覆盖全医院的局域网中运行，它包含了许多子系统，涉及许多业务部门，具有成百上千个工作站。每一个系统、部门、工作站在处理自身业务、实现自身功能时必须利用来自于其他系统和部门的数据，同时它们处理生成的数据又会提供给其他系统、部门和工作站使用。因此 HIS 中海量的信息每时每刻地进行着频繁地传输。准确、快速的传输是 HIS 正常运行的关键。

HIS 信息传输功能涉及信息的传输量、传输方式、传输速度，这些又与 HIS 的系统架构、网络结构、硬件配置有关系，我们将在 6.3 节介绍。

(5) 信息的提供与获取功能：HIS 必须为医院不同业务部门和应用对象提供他们各自需要的信息，从而实现医院的职能。例如财务部门需要收支报表，临床医师需要检验结果，院长需要门诊和住院的分析报表……如何准确、方便、明了地提供用户所需的信息是 HIS 显示出的最终功能。提供信息表达的方式也因用户需求而不同，可以是文字、数值、表格、图形、图像、声音等形式；可以为屏幕显示、打印文档、电子文件等形式。

(6) HIS 信息处理基本功能的相互关系：HIS 系统的五个基本功能——采集、存储、处理、传输和获取相互关系如图 6-2 所示。

2) 从业务处理的角度分析

上述的信息处理的五个基本功能贯穿了 HIS 的始终,它们相互融合,共同实现不同业务需求,支持医院全部业务工作的正常运行。因此,要确立 HIS 的功能首先必须充分理解医院各个部门的专业业务,依据不同的业务需求确定不同的专业功能,以及不同功能间的相互关系,最后形成 HIS 的总体功能结构。

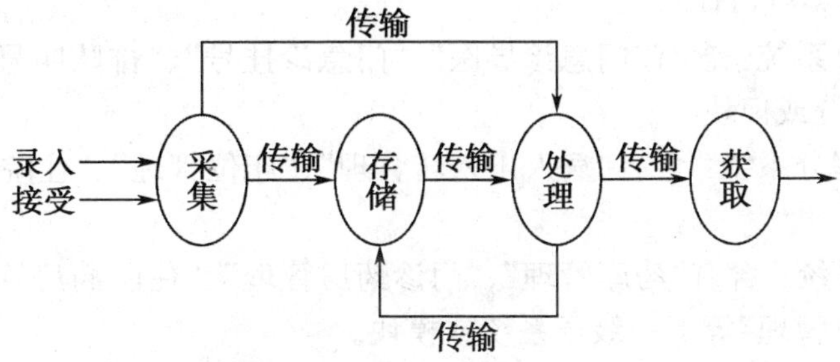

图 6-2 HIS 信息处理的五个基本功能的相互关系

6.2.3 HIS 功能架构

HIS 的功能架构是依据医院总体和各部门的业务需求而构建的,依据不同业务部门功能将 HIS 划分为若干子系统,子系统再划分若干模块。

1) HIS 功能架构划分的原则

(1) 遵从总体目标的要求。医院的信息管理是一个庞大的工程,建立一个无所不管的 HIS 是不现实的,我们必须首先选择那些距离总体目标最近、最关键的部门功能,而暂时放弃那些距离总体目标较远、影响较小的部门功能(例如图书情报管理、档案资料管理等),或者让它们形成独立系统不纳入 HIS 内。

(2) 遵从专业业务需求。医院的每一个部门或专业都有其独特的业务需求,往往需要采集或获取相同的信息、进行同样的信息处理,需要相同的传输途径和存储空间,这样就形成一个功能相对独立的系统或模块,例如药品管理子系统、门诊划价收费子系统。

(3) 组建合理的层次关联。医院的信息具有高度共享性,各部门、专业的业务功能具有高度关联性,因此依据信息共享、功能关联的紧密程度,再将 HIS 逐级划分为下一级的层次:系统→分系统→子系统→模块→子模块,以利于 HIS 的结构优化。

(4) 遵循高内聚、低耦合的原则。耦合是指不同子系统或模块之间互相依赖、连接的紧密程度,而内聚则是指一个子系统或模块内部各因素之间结合的紧密度。HIS 功能设计应遵循高内聚、低耦合原则,即子系统或模块应保持相对独立性,内部各因素有密切的逻辑联系;而子系统之间关系弱小,主要是数据共享关系,即数据耦合关系。

(5) 规模适当、分步实施。考虑到医院 7×24 小时连续运转的特性,资金投入巨大的因素,以及医院对信息化认知程度需要逐步提高的现实,HIS 规模应适当,应由核心到外围、由主体到分支,分步实施,逐步扩展。

(6) 适应与变革。HIS 是现代化信息管理模式,却要取代医院传统的手工管理模式,因此冲突和矛盾客观存在。如何既能适应现有医院的业务管理模式,又进行变革,这是 HIS 功能平衡与发展的技巧。

2) IHIS 功能架构的划分

根据上述原则，IHIS 功能结构可划分为以下四部分：首先是医院信息系统，即上述的狭义 HIS，它包含了医院经济管理和医疗事务管理两部分，主要是对医院人、财、物等资源常规运行的管理。第二是临床医疗信息系统，即 CIS，主要用于临床医疗护理工作管理。第三是支持与维护系统，主要用于 IHIS 软件管理和维护。第四是外部接口。

(1) 医院信息系统(HIS)

门急诊管理分系统：含有“门急诊导医”、“门急诊挂号”、“排队叫号”、“门急诊划价收费”等下一级子系统或模块。

住院病人管理分系统：含有“病人出入转管理”、“床位管理”、“住院费用管理” 等下一级子系统或模块。

药品管理分系统：含有“药库管理”、“门诊药房管理”、“住院药房管理”、“制剂管理”、“药品会计”、“药事管理”等下一级子系统或模块。

病案管理分系统：含有“病案编目”、“病案流通”、“病案质控”等模块。

医院统计分析分系统。

财务管理分系统：包括“会计账务”、“经济核算”等下一级子系统或模块。

后勤物资管理分系统：包括“物资材料管理”、“后勤事务管理”、“基建管理”等下一级子系统或模块。

固定资产与医疗设备管理分系统：包括“固定资产管理”、“医疗仪器设备管理”等模块。

人力资源管理分系统：包括“人事管理”、“工资管理”等模块。

医院行政管理分系统：包括“办公自动化”、“档案管理”等模块。

医疗管理与质量监控分系统。

图书情报管理分系统。

(2) 临床医疗信息系统：包括门急诊医生工作站，住院医生工作站，护士工作站或护理信息系统，电子病历系统，实验室信息系统(LIS)，放射科信息系统(RIS)，医学图像存储与传输系统(PACS)，病理科及其他医技科室系统，手术麻醉管理分系统，输血及血库管理分系统，重症监护管理分系统，营养管理分系统，临床决策支持系统等。

(3) IHIS 支持维护系统：包括“网络管理”、“数据字典与数据库管理”、“数据备份与恢复”、“用户管理”、“系统安全管理”等模块。

(4) 外部接口：根据卫生部 2002 年颁布的《医院信息系统基本功能规范》，应包括“医疗保险接口”、“远程医疗接口”、“社区医疗服务接口”。

面向整个 IHIS，另设计了查询和决策支持子系统：

综合查询子系统：包括“患者查询”、“医务人员查询 ”等模块。

医院办公系统及院长辅助决策支持子系统。

IHIS 功能结构划分及其相互关联如图 6-3 所示。

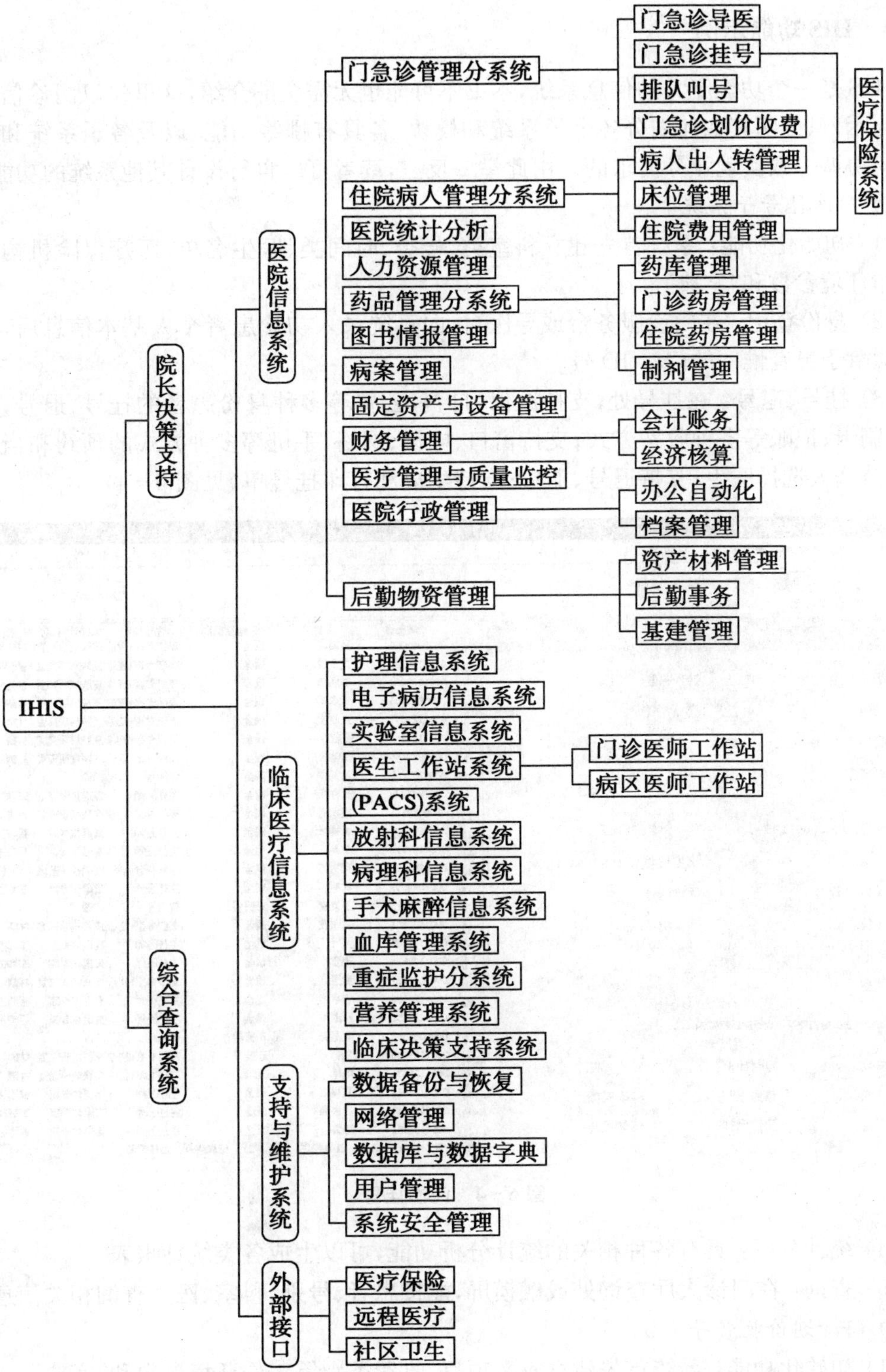

图 6-3 IHIS 功能结构图

6.2.4 HIS 功能示例

HIS 是一个功能庞大的信息系统，本书不可能也无需全部介绍，这里仅以门诊信息管理作为示例，说明其如何划分各个子系统和模块，各具有哪些功能，以及各子系统和模块是如何协调一致实现业务需求的。由此举一反三，读者可以自行设计其他系统的功能。

1）门诊挂号子系统

(1) 初始化功能：系统首先建立科室类、号类、时间类、医生名单、医疗保险机构名称等工作环境参数和“字典”。

(2) 身份登记：在门诊服务台或导医台，向系统录入初诊患者个人基本信息后，系统将自动赋予患者惟一的门诊 ID 号。

(3) 挂号、退号：在挂号处，支持医保、自费、公费等多种身份患者的挂号、退号；支持现金、刷卡、记账等多种收费方式；支持窗口、电话、网络、手机等多种方式的预约和当日挂号；支持病人选择医生；支持退号、退费；支持生成和打印挂号单(见图 6－4)。

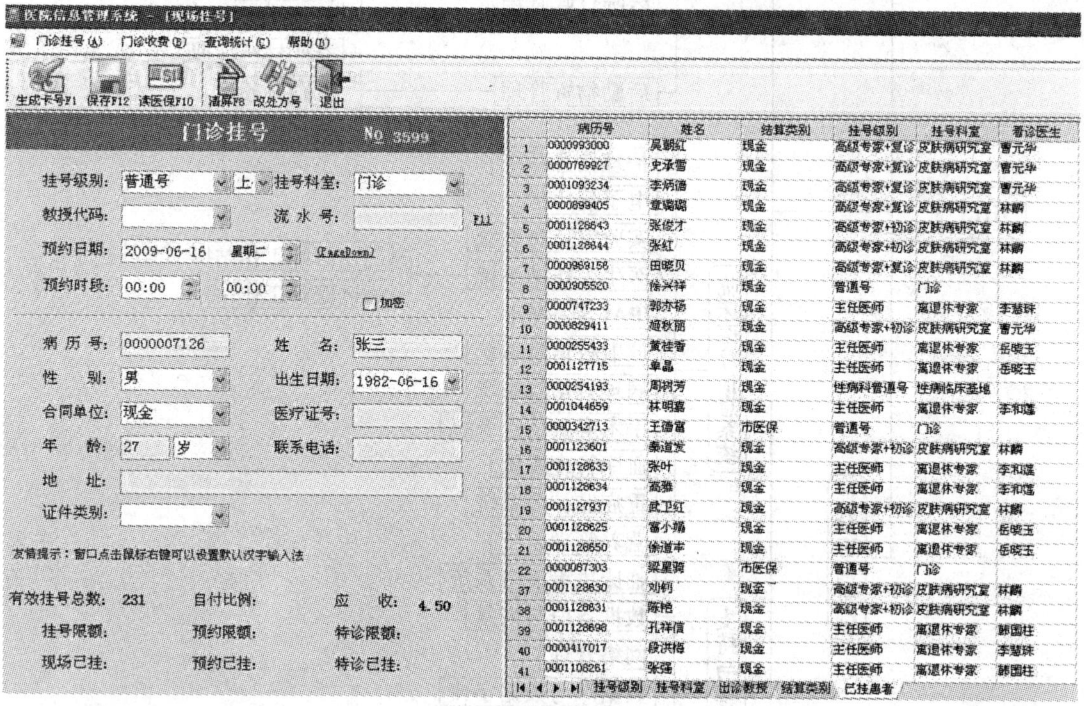

图 6－4 门诊挂号

(4) 统计分析：具有各种相关的统计分析功能，可以生成各类统计报表。

(5) 查询：在门诊大厅查询处或触摸屏，能按患者、号别、科室、医生查询相关信息。

2）门诊划价收费子系统

(1) 初始化功能：系统首先建立收费项目、收费类别等工作环境参数和“字典”。

(2) 划价收费：通过网络自动获取患者门诊收费信息(如药品、检查项目、治疗项目)并自动划价计费(包括对医保费用报销比例的计算)。

(3) 退费：支持冲赔式退款，保留工作记录，具有发票号和机器生成号等发票监督机制。

(4) 发票生成：自动生成、打印发票及费用项目明细账，发票凭证随机连号。

(5) 统计查询：支持按设定时间分类汇总打印报表，向患者、收费员提供发票的查询。

3) 排队叫号分诊子系统

在候诊护士工作站，该子系统将已挂号病人按其选定的专科、诊室、医师依序排队，进行屏幕显示和语音提示，指导病人顺序就诊。

4) 门诊药房管理子系统

(1) 数据准备与“药品字典”。

(2) 自动获取药品信息，能自动处理药库进药、门诊发药、库存管理、效期管理、“毒麻”药品管理，具有统计、报表等功能。

(3) 提供药品信息查询，具有药品审核、预警功能。

5) 医生工作站与医嘱系统

医生工作站具有医嘱处理，开列检查、检验申请单，调阅检查、检验报告，调用电子病历，医学知识检索等功能。

医嘱处理系统：医嘱是医师根据患者疾病诊断和病情变化对病人处置所开列的医疗指令，内容包括服药、注射、手术、检查、饮食……医嘱处理系统是 HIS 的核心，首先因为医院最主要的职能——医疗服务或医疗行为全部由医嘱派生；其次，患者在医院的医疗费用全部由医嘱派生；第三，它是具有法律效应的重要医疗记录。

医嘱的实现其流程遵循 4 个步骤：录入→确认→生成执行→打印。录入，包括选定病人、选定医嘱类型、逐项录入医嘱内容。确认，指医师护士对医嘱认真复核确认后，进行电子签名。生成执行，指系统将其生成各类表单，传输到收费处、药房，进行瞬间后台划价收费、配药。打印，指生成患者需要的处方或申请单(见图 6-5)。

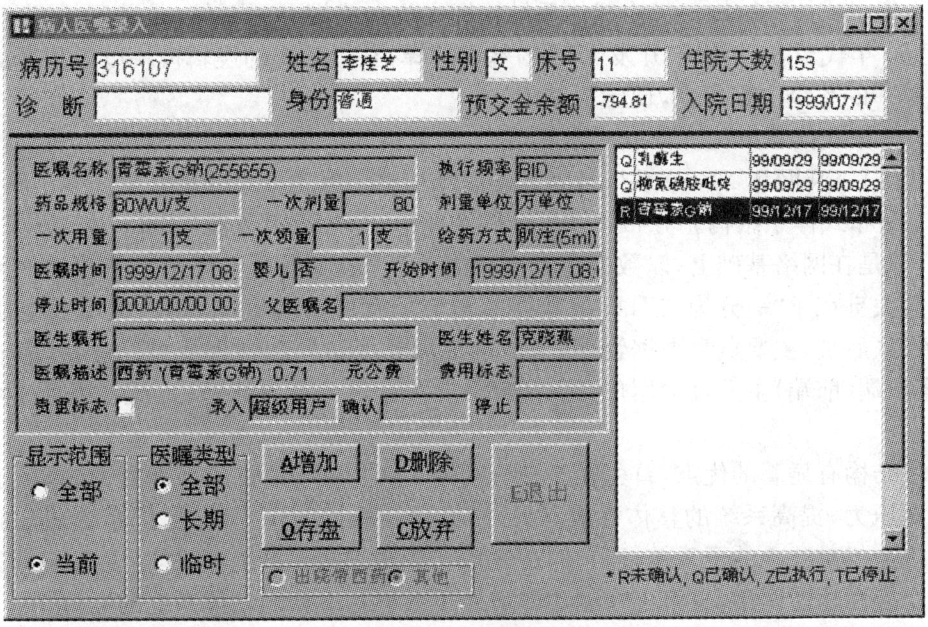

图 6-5 医嘱录入

依据医院门诊业务内容和患者就诊程序，上述各子系统、模块的功能协调一致地完成门诊相关信息的管理。

6.3 医院信息系统的主要技术支持和安全性

6.3.1 HIS的体系结构及运行环境

HIS的体系结构是指实现医院信息管理所具有的不同逻辑结构，是HIS科学性、安全性、完整性和扩展性的重要基础。确定合适的体系结构、选择良好的运行环境是HIS系统分析的首要任务。

1) HIS体系结构和系统环境选择的基本要素

(1) 必须完全支持系统的功能需求，特别是支持系统24小时/7天连续运行，支持实时业务处理的快速运行，具有管理复杂关系数据库表的能力，具有良好的安全性、容错性等。

(2) 具有灵活性、可伸缩性、可剪裁性和可扩展性，以支持不同医院的不同需求，保护医院对HIS过去、现在和将来的投资。

(3) HIS产品应该能支持多平台的运行环境，以利于HIS在多种软硬件平台上运行，或容易移植到其他平台。

(4) 系统运行环境既要考虑成熟性，也要考虑先进性，成熟性是系统运行稳定可靠的保证，先进性则有利于系统的不断开发，保持生命力。

2) HIS的体系结构

HIS的体系结构存在以下几种形式。

(1) 集中式体系结构。集中式体系结构即主机加终端分时系统，是美国、欧洲和日本20世纪60年代至80年代末开发HIS的基本选择，它将系统的逻辑模块以子程序的形式组合在单一的系统主程序中，现已不采用。

(2) 分散式体系结构。分散式体系结构，即微机网络加文件服务器系统(典型代表是Novell 3.1 LAN网和Xbase系列)，因其难以承担整个医院信息管理的重任现已不采用。

(3) 分布式体系结构。分布式体系结构主要指客户机/服务器(client/server，C/S)体系结构，它是在网络基础上，以数据库管理系统为后援，以微机工作站为前端的一种系统结构。其关键在于“一分为二”，即把数据库与应用程序分离开来，将数据库放在服务器上，服务器(后端)主要负责数据管理，为前端提供数据访问和处理业务；应用程序放在客户端，客户端(前端)主要负责用户界面和部分业务逻辑关系的处理，二者之间通过网络交换数据。

这种结构有显著的优点，首先在于充分利用了客户端PC机的处理能力，减轻了服务器的资源压力，提高系统的整体性能。另外，这种结构按照用户需求，把系统划分成物理上和结构上相对独立的子系统，而它们在逻辑上又属于同一系统，这样各子系统间既能实现数据交换和功能调用，又可以在删除和增加子系统时不影响整体系统的运行。

但是，由于在C/S结构中，数据库、应用程序逻辑和用户界面在服务器和客户机之间是分离的，一般采用参数定义方法解决软件适应性问题。为满足参数定义，程序改写得复杂细微、环环相扣、相互影响。这样，一旦医院需求变化，修改程序极为困难，并极易出错。另外，由于应用程序分布在数量巨大的客户端，一旦程序升级变更，或受病毒攻击或出现人为故障，都将耗费巨大的维护工作量，增加运行成本。数据库在大用户数量的情况下也会产生性能瓶颈。

中间件(Middleware)是一种独立的系统软件或服务程序，分布式应用软件可以借助它在不同技术之间共享资源，中间件位于客户机服务器的操作系统上，管理计算机资源和网络通信。

利用中间件技术形成的三层结构或多层结构是软件开发的新的方法论，其理念就是把C/S结构过于复杂的大模块细分为多个层次，从而简化了原来两个层次间内部的复杂关系，建立一个可以自由组合的工具系统。HIS的三层结构将在客户机/服务器结构之间加入应用服务器，把原来分布在客户机上应用程序中的、一部分与业务相关的功能放入应用服务器上实现，使得客户机通过它共享这些功能，而自身仅保留用户界面处理。

三层结构在逻辑上将程序分为以下三层。

① 表示层：负责处理用户的输入和向用户输出，但并不负责解释其含义。有时候出于对效率的考虑，这一层可能会在向上传输用户输入之前进行合法性验证。这一层通常采用前端工具(如VB、VC和Java)开发。

② 商业逻辑层，也称业务层：这一层是上下两层的纽带，它建立实际的数据库连接，根据用户的请求生成检索语句或更新数据库，并把结果返回给前端界面显示。这一层通常以动态链接库的形式存在，并注册到服务器的注册表中，它与前端界面通信的接口符合某一特定的组件标准(如COM组件)。可以用任何支持这种标准的工具开发。

③ 数据访问层：负责实际的数据存储和检索。

HIS三层机构“客户端＋中间层＋数据库”(C/S/S)模式使得医院的各项业务模块化，构成业务组件，HIS可以根据医院需求，以挂接组件方式来实现；需求变更时，也可以通过更换或修改应用服务器上的功能模块来完成。

目前我国医院的HIS大都采用C/S结构，部分大型医院采用三层结构，这也是未来的发展方向。

(4) brower/server结构

brower/server(B/S)结构，即浏览器/服务器模式，是在Web兴起后的一种网络结构模式，只需在客户机上安装一个浏览器(brower)，如Netscape Navigator或Internet Explorer，在服务器上安装Oracle、Sybase、informix或SQL Server等数据库，浏览器通过Web Server与数据库进行数据交换.因此它统一了客户端的模式，将系统功能实现的核心部分集中到服务器上。

B/S结构是一种“瘦”客户机、“胖”服务器的模式，经过认证后的客户端可以随时随地进入系统操作，而不必安装专门软件，实现了零维护，且系统升级简单方便。但服务器运行数据负荷重，一旦崩溃，后果极为严重。

我国的社区医院和乡镇卫生院应用的小型HIS特别适用于B/S结构，我们可以将服务器建立在技术完备、管理规范的社区或县镇的信息中心，而将浏览器端放在数量众多、分布广泛且信息技术薄弱的社区医院和乡镇卫生院，从而实现方便、高效的医疗卫生信息服务。

6.3.2 HIS的网络技术

网络是连接服务器和用户端的信息传输通道，HIS必须依赖覆盖全医院的计算机网络系统才能实现其功能。

1) Internet 和 Intranet 技术

Intranet 是指将 Internet 技术应用于企业或部门的内部专用网络。HIS 采用了 Intranet 技术的局域网，用以实现医院内部的各项信息管理功能。医院同时也应用 Internet 技术去实现 HIS 与外部系统的互联，如城镇职工医疗保险系统、社区卫生服务系统、远程医疗等。HIS 还利用 Internet 技术实现网上药品集中采购、网上挂号、网上医疗信息查询等功能。

2) 网络数据的传输速度

医院网络数据的传输速度，即网络带宽是依据 HIS 的功能需求而设定的，一家三级甲等医院可能包含了数千台计算机终端，传递的信息有文字、数字及图像，所以主干网要求 1 000 Mbps 的较高传输速率，以处理图像为主要任务的工作站（如放射科）要求 100 Mbps以上的速率与服务器进行数据交换，而仅以数字和文字为主要任务的工作站，10 Mbps 的速率即可满足需求。

3) 网络通信方案

网络的通信方案主要有 4 种：以太网(ethernet)，快速以太网(fast ethernet)、光纤环网(fiber distributed data interface，FDDI)和 ATM (asynchronous transfer mode)(具体参见第 3 章)。目前医院广泛采用快速以太网技术，可将服务器与主交换机之间连接构成 100/1 000 Mb 的主干网，而工作站与集线器的连接采用 10/100 Mb 以太网。这种经济实用的组网技术将来可以容易过渡到 ATM/快速以太网混合网路。

4) 网络设备和传输介质

网络由网络设备和传输介质构成。传输介质包括双绞线、同轴电缆、光纤、无线介质等。目前医院局域网主要采用的光纤，其传输距离达 2 000 m 以上，抗干扰、抗雷击性能好，多用于主干网。双绞线、同轴电缆传输距离 100 m，价格较低，用于楼内布线。

网络设备通过介质将计算机连接到一起，常用的网络设备有集线器、交换机、路由器等。集线器可将多台设备互联共享通信介质，但同一时刻只能有一台设备发送数据。交换机所连接的多台设备却都可以在任二者之间同时进行通信。路由器主要用于两个网络之间的互联，例如医院网络与医疗保险网的连接。无线网络我们在 6.3.5节专述。

5) 网络的拓扑结构

由网络设备和传输介质可组成不同的网络拓扑结构，一个设计周密、完整、合理、先进的拓扑结构是网络能够平稳、可靠、安全运行的前提。目前医院大都采用星形结构。图 6－6为最基本的 HIS 网络拓扑结构示意图。

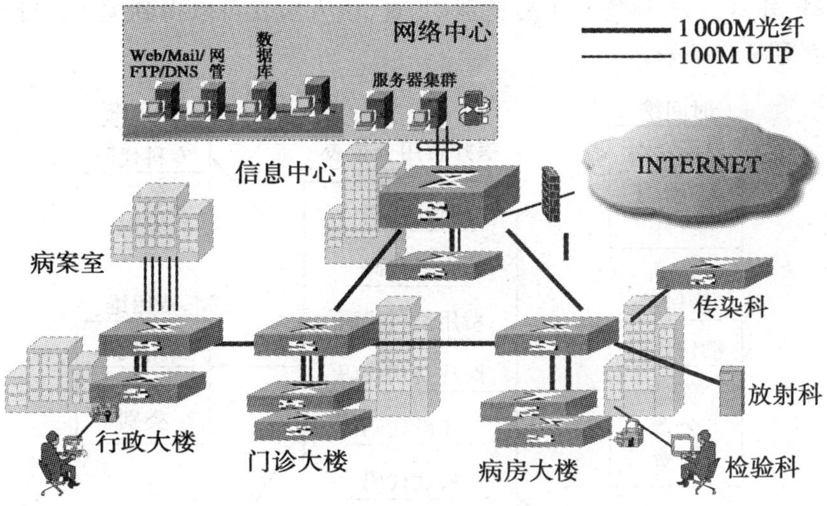

图 6-6 HIS 网络拓扑结构示意图

6.3.3 数据仓库、数据挖掘与 OLAP 在 HIS 上的应用

第 2 章已从理论上介绍了关于数据库、数据仓库、数据挖掘和 OLAP。本节将着重介绍它们在 HIS 的具体应用。

1) 数据仓库(data warehouse)

W. H. Inmon 对它的定义：数据仓库是面向主体的、集成的、不可更新的、与时间相关的数据的集合。因此，它不同于数据库，它是依据医院关心的某一主题，对分散在各个数据库的原有数据进行选择、提取、清理、转换、集成、存储于数据仓库，所以它是历史数据，不可变更，需联机处理，可随时间而不断重新集成综合。数据仓库模型是存储数据的多维数据模型，有星型、雪花型等不同模型，其基本元素是多维表和事实表。当选择集成的数据装载到这个多维数据模型中以后，我们就可以从不同维度，观察不同度量的数值来分析所获得的数据，从而得出一个判断或结论用于决策支持。下面试举一个案例予以说明：

医院领导希望了解近 5 年来，不同病种在不同费用类别的支出，以期帮助解决合理收费问题。这就是一个主题，而年度(2003—2008 年)、病种(如冠心病、支气管炎、肿瘤等)、医疗费用类别(药费、检查费、治疗费等)，构成了三个维度，最后形成了立方体的三维数据模型，如图 6-7 所示。

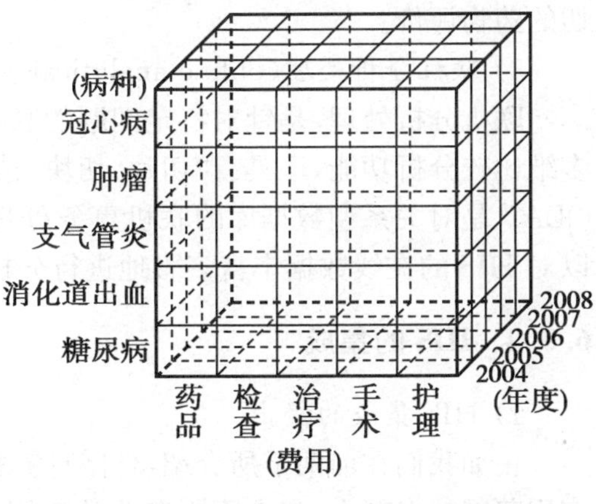

图 6-7 患者费用三维分析数据模型

如果我们在分析中加入更多的观察角度(维)，则构成了一个多维的星型数据模型，如图 6-8 所示。这些新增的观察角度有：医疗费用偿付类别(医疗保险、公费、自费等)、专

科类别(内科、外科、妇产科等)、年龄类别(儿童、成人),就可以得到关于医疗费用分布的更全面、更有意义的结果。

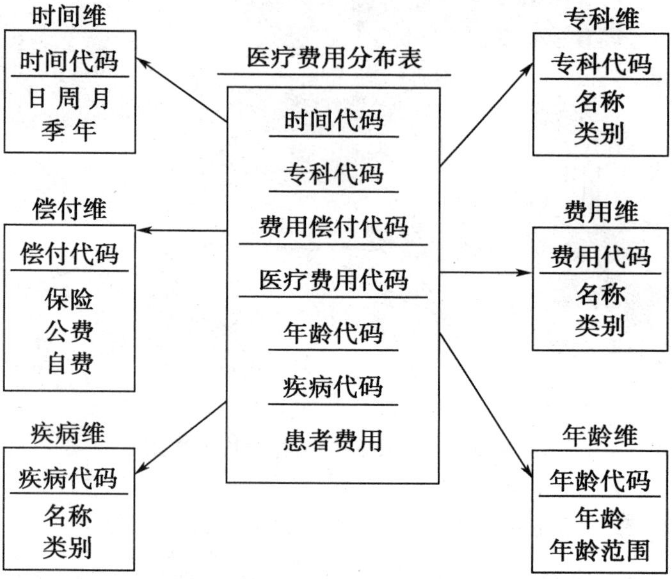

图 6-8　医疗费用分析 6 维星型数据模型

2) 数据挖掘(data mining)技术

数据挖掘是指从大量隐含的、模糊的、随机的数据中提取事先未知的、潜在有用的知识。数据挖掘可建立在数据仓库的良好数据源上,为数据仓库提供了更广阔和深层次的数据分析方法。针对 HIS 中海量数据的数据挖掘技术可以发挥多方面的决策支持功能,例如基于循证医学理论,将高血压病患者按服用不同抗高血压药物分为若干群体,利用数据挖掘技术来分析他们 3 年、5 年、10 年的中长期疗效、副反应、对健康品质影响,作出确切的药物评价。

3) 联机分析处理(online analytical processing, OLAP)

联机分析处理,是针对特定问题的联机数据访问和分析处理。OLAP 具有数据汇集、多维比较分析功能,还具有“切片、切块、钻取、旋转”等数据分析能力,以便获得有用信息,OLAP 是对关系型数据库的联机事务处理的改进和升华(参见第 2 章)。利用 OLAP 可以对 HIS 的在线数据丰富多彩地进行分析,满足各级用户的需求。

6.3.4　HIS 的集成

1) HIS 集成的提出

正如我们在前两节所介绍,伴随计算机信息技术发展和医院信息化需求的增长,HIS 应用范围越来越大,包含不同专业的应用系统越来越多。然而每一个信息系统都是针对不同业务部门、不同工作性质、不同目标而研发的,具有不同的信息存取和表示方法,往往缺乏共通性而无法连接。

医学信息系统种类繁多、内容复杂,使任何一个厂商都不可能提供全部软件产品,不同厂商又不可能遵循统一通用的原则来生产各种软件和医疗仪器设备。另一方面医院因需求变化和资金制约也不可能“一次性”地购买全部软件产品。这样，将不同厂商的不同软件产品，逐步集成到同一个医院环境下，让它们互联互通、协调一致地实现全部功能，就变成 HIS 发展的瓶颈。

HIS 的系统集成通常是指将组成 HIS 的各部件，即各自独立的应用程序集合组装成一个功能可靠、运行有效的管理系统。集成的根本目的是提高 HIS 的效率和使用价值。HIS 集成的要求和标准有：效率高、稳定安全、具有通用性和灵活性、技术复杂程度低、性价比高。

2) HIS(应用程序)集成的基本类型

从用户角度看，HIS 应用程序集成主要有三种类型。

(1) 数据集成：指某一个应用程序中录入的数据可被另一个应用程序使用，并不与数据保密性相冲突。这种以共享数据实现集成，可避免重复录入，减少差错。

(2) 显示集成：指来自不同应用程序的数据以充分协调一致的方式显示，提供用户使用。

(3) 功能集成：指不同应用程序的功能在一个 HIS 环境中，能被授权的用户使用。

上述三种类型可以同时被使用，而呈现完全性集成。

3) HIS 集成的主要方式

从实现集成的技术来看，主要有下列几种：

(1) 直接连接方式：应用程序借助于直接过程调用或函数调用，实现与数据库通信或相互之间通信。应用编程接口(API)是最常用的高效集成方式，特别适用医院使用一家或少数几家厂商的产品。但当异构产品较多时则不适合，因为有 n 个产品，则要设计 $n(n-1)$ 个接口，这样就必然增加了整个 HIS 的复杂程度和风险性，同时也增大了供应商的技术难度和开发成本。

(2) 信息交换方式：应用程序通过信息交换方式实现与数据库通信或相互之间通信。使用信息交换标准即此种类型，即两个需要集成的系统都支持同一种信息交换标准，使收发两端对信息的语法和语义达成完全一致，这样两个系统间可依赖信息正确传递而实现通信。医学信息系统中最重要的信息交换标准有 HL7、DICOM、EDIFACT 等(参见第 4 章)。HL7 为 HIS 与不同的卫生信息系统提供统一的信息交换接口。DICOM 是图像信息的交换标准，对于非图像信息 DICOM 方法与 HL7 相似，以利于 PACS 与 HIS 的集成。EDIFACT 则是临床实验室信息数据交换标准，可用于 LIS 与 HIS 集成。

(3) 中间件(Middle Ware)技术：中间件是一种独立的系统软件或服务程序，在操作系统之上，应用软件之下，管理计算机资源和网络通信。它为上层应用软件提供运行和开发环境，帮助用户灵活、高效地集成不同的复杂的应用软件，以利于分布式软件在不同的技术之间共享资源。

目前，HIS 集成的其他方法还有构件、Web 服务、SOA(面向服务的架构)等。

4) HIS集成的意义

应用程序的集成是一种普遍应用的信息技术,然而对于HIS而言却意义非凡(如图6-9)。

首先因为HIS是医院中最早普遍应用的大型软件,它经历了由小到大,由简至繁的成长过程,必须不断的升级换代。近10年来,越来越多的专业信息管理系统被引进医院,使HIS成为一支主干,不断被"嫁接"上新的异构系统,集成技术作为互联互通的纽带把它们整合到一个平台上,促进了医院的信息化。

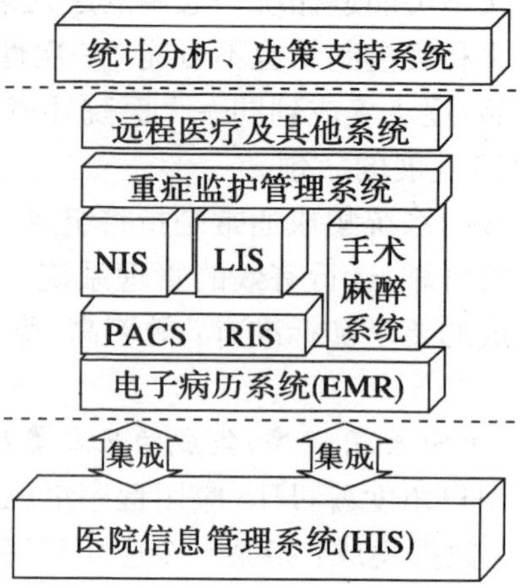

图6-9 HIS的系统集成示意图

由于中间件的程序接口定义了相对稳定的高层应用环境,不管低层的计算机硬件和系统软件如何更新换代,只要将中间件相应升级更新,却不改变外部接口定义,则应用程序就无需修改,因而极大减少了HIS的应用软件开发、升级、维护费用和技术难度,节省大量的资金和人力。

6.3.5 无线与移动技术

(1) 无线局域网(wireless local area networks,WLAN)是利用射频(redio frequency,RF)技术,通过电磁波在空气中进行数据传输和收发。因无需传统的线缆介质而谓之"无线"。国际组织IEEE自1996年陆续公布了802.11z、802.11a、802.11b和802.11g标准,并针对无线局域网安全专门制定了802.11i标准,使其迅速推广应用。

(2) 移动技术是快速发展中的信息通信技术,主要硬件设置有:① 平板电脑(tablet PC):是一种无翻盖与键盘、支持手写与语言录入,可带无线网卡的小巧便携计算机。② 掌上电脑(personal digital assistant,PDA),是一种具有电话、传真、计算、网络多种功能,支持手写和语音录入,可带无线网卡的手持设备。二者如图6-10所示。③ 条形码技术,是按照预先设置的编码规则和条码标准,由黑白相间的条和空组成的惟一性识别标志。条码可由读卡器读取,从而获得条码中所包含的全部信息,起到识别确认对象、传递信息作用。条码类型详见第11章。

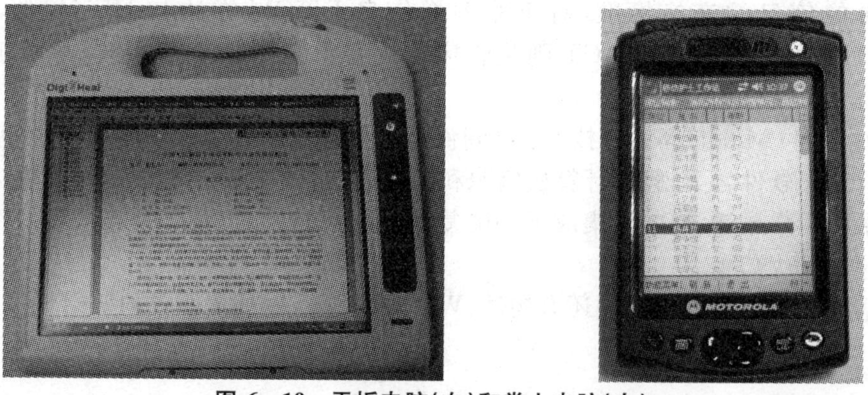

图6-10 平板电脑(左)和掌上电脑(右)

3) HIS与无线、移动技术

无线与移动技术使HIS的应用和功能产生了飞跃，体现在如下方面：

(1) 扩大HIS的范围和空间。局域网使HIS的应用局限在网络所能抵达的计算机上，是以点分布的，医院的大厅、走廊、病房、庭院都变为盲区。无线网络则是以三维空间分布的，可覆盖网络内的全部范围。

(2) 使HIS由静态变为动态。因“点”而存在的HIS是静态的，固定在计算机上。而无线局域网节点可遍布医院围墙内所有楼宇、庭院的三维空间，而平板电脑、PDA的可携带型，使HIS变为动态的。医生护士可以摆脱台式计算机的束缚，在医院任何地方，在运动过程中(如查房、治疗)，随时应用平板电脑、PDA录入医嘱，书写病历，查询记录，传递报告和图像，真正做到“临床”医疗护理。

(3) 支持HIS自动化的人流、物流管理。患者系上条形码的腕带，可以实现适时定位，从而可以及时发现突然发病昏厥患者的确切位置(如在卫生间、庭院)以利抢救。医疗仪器、设备、配件、药品借助条形码技术，可以更好地进行库存管理。借助传输设置，可以支持药品的自动配送，提高工作效率，杜绝医疗差错。

6.3.6 流程再造

业务流程由一系列基本的业务活动组成，实现某个特定的结果。这些业务活动是由特定执行者完成一定任务来实现，而这些活动之间具有一定的逻辑关系。业务活动及其相互之间的逻辑关系、活动的执行者和特定的任务是业务流程的四个主要因素。HIS业务流程再造是利用信息技术，打破传统的业务流程和作业程序，重新设计新的业务流程，实现业务目标，同时提高工作效率和质量，更好地为患者服务。

例如传统一次门诊要经历挂号、候诊、就诊、检查批价、缴费、送标本、取报告、再就诊、处方批价、缴费、取药等程序，且每一程序都要排长队，如图6-11所示。据某三甲医院的研究，患者门诊平均就诊时间为68分钟，医生的诊治时间只占约1/8。HIS的流程再造后，患者通过电话、手机短信、网络等方式预约挂号，直接进入候诊环节；取消了批价、取报告等环节；刷卡交费，交费与取药、检查、治疗环节合并，简略了缴费环节。患者门诊平均就诊时间缩短了30%，如图6-12所示。

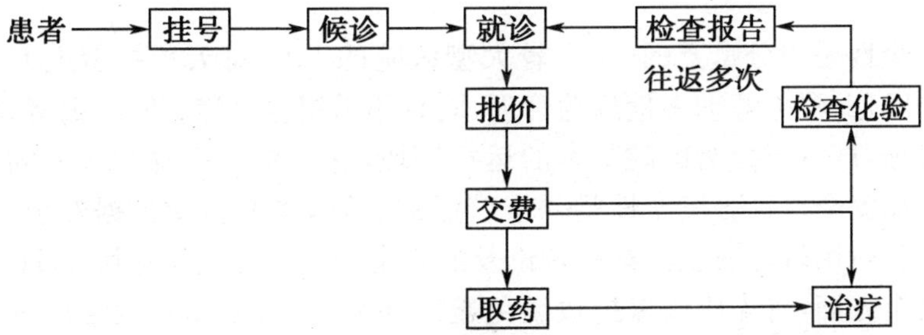

图6-11 门诊流程再造前患者就诊流程

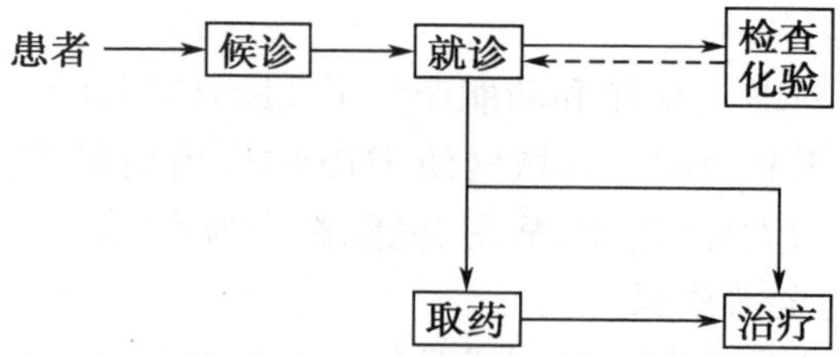

图 6-12 门诊流程再造后患者就诊流程

前台的就诊流程变革是由于后台门诊业务和信息流程变革所致，如图 6-13 所示。因此，HIS 对于传统的、手工的医院管理模式是一场革命。

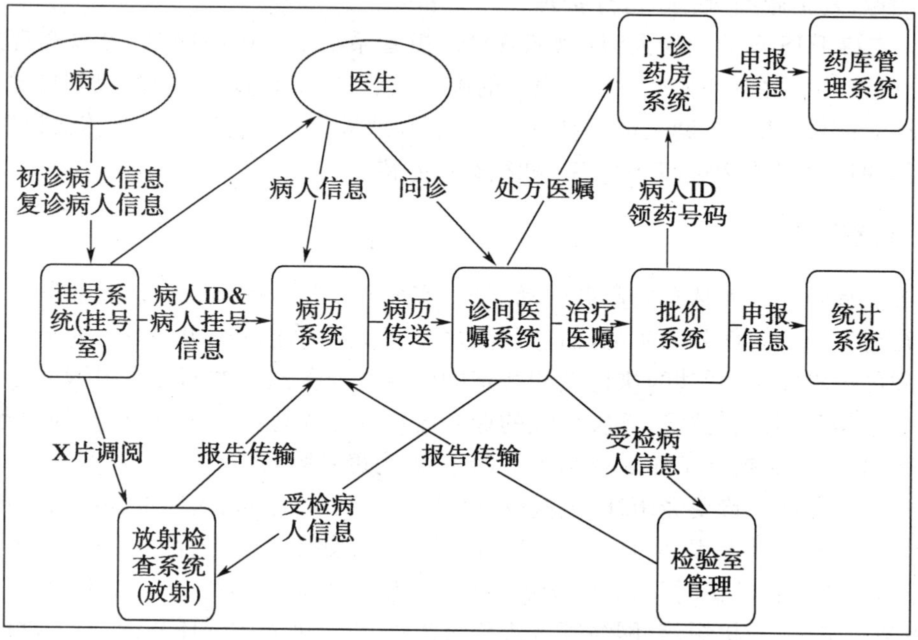

图 6-13 门诊业务与信息管理流程图

6.3.7 HIS 的安全

HIS 的安全性是十分重要的，一个较大型医院的 HIS 每天承担着上万门诊病人，上千住院病人的医疗、账务等动态信息的管理，同时还承担着医疗、药品、财务、物资、人事等大量信息的管理，HIS 已成为医院基本的运行环境，它关系到医院和病人的切身利益，甚至是患者的生命安全。HIS 安全性是一个广泛的议题，主要包括数据安全、数据库安全、网络信息安全和应用软件安全。第三章论及的安全理论与方法均适用于 HIS。

在数据安全方面，首先应该保护数据免遭意外丢失，可采用双网结构，避免单链路故障；配备大容量的 UPS(不间断电源)以保证系统持续供电；使用 RAID(redundant array of independent disks) 即“磁盘阵列”，提供更高的存储性能和数据冗余的技术；采用全备分、增量备份、异地备份等，以利于数据恢复。其次，防止数据被不合法地使用，可采用网络操作系统提供多级目录文件服务、管理员和服务器存取控制等功能，口令加密、数字签名技术、账户锁定等功能……

在网络信息的安全性方面，由于 HIS 具有外部接口，所以防止非法入侵的安全策略非常主要。建立安全网关，实行内外网物理隔离、逻辑隔离，设置防火墙、入侵检测，使用传输信息加密、网络漏洞扫描工具等都是必要措施。

在应用软件安全方面，由于 HIS 的系统庞大、用户众多、流程复杂，软件安全尤为关键。用户权限控制是重点之一，用户权限可以关联到菜单项、控件和关键性操作，例如检查退费处理，可将用户权限与某一菜单或控件绑定，也可以设置上级领导确认的关键性操作，杜绝漏洞。

总之，要充分认识 HIS 安全的重要性，以及可能造成的毁损性后果，做到“警钟长鸣、常备不懈”。

6.4 医院信息系统的开发实施与管理

HIS 本身是一个信息系统工程，它遵循了系统工程开发实施的一般原理与过程，我们已在第 5 章中作了介绍。但是，作为针对医院信息管理的系统工程，HIS 又具备了它的特点：必须切合医院业务特点和需求，必须适应医疗改革的要求。

6.4.1 HIS 的开发与实施

1) *HIS 开发实施一般步骤*

(1) 总体规划。总体规划是医院对 HIS 建设在一定时间段(3—5 年)的总体计划和分阶段具体计划，它包括开发目标、所需条件、可行性分析和实施计划四个方面。

① 开发目标：涉及 HIS 的定性、功能、水平、生命周期诸因素。目标过高，超过自身条件将导致实施失败；目标过低，生命周期短，难以持续发展。

② 所需条件：资金和设备的投入，专业技术的水平，组织管理的基础，特别是领导与用户对信息化认知的程度。HIS 建设受到医院现有条件的制约。

③ 可行性分析：包括对资金预算、技术力量、工期质量、可能发生的问题与风险，以及社会经济效益的分析评估，其目的是减少与规避风险，提高成功率。

④ 实施计划：从时间和功能上将总体规划进行分解，从 HIS 研发角度可细分为大体规划—定义研究—整体设计—细节设计—实施测试—运行验收—使用维护各阶段。从 HIS 组成角度可按业务部门分期分批实施，如先门诊后住院，先管理后临床。

(2) 系统分析。

① 需求分析：通常是由系统分析员深入现场向用户调查了解他们的业务流程和需求，对获得的原始信息、报表进行分析研究，从而对 HIS 需求做出定量分析和客户化修改，建立或完善系统的逻辑结构。需求分析的成功与系统分析员具备的专业能力，对医院业务了解的深度，以及与用户沟通能力息息相关。采用向用户演示 HIS 功能，指导他们模拟操作，并进一步征求意见等做法，是一种直观、高效的需求调研方法。

② 流程分析：调查分析医院的业务流程，确定每一信息产生的源头，标识它们在整个

系统的流动途径，并明确它们在相关模块中的处理方式、计算方法、显示形式是非常重要的。对流程的正确分析与理解，是改革传统手工管理模式，进行流程再造的前提。

③ 环境分析：HIS 必须在特定的环境中运行，因此首先要分析医院未来网络环境、硬件设备、运行环境、管理技术与水平，再确定 HIS 的具体设计方案。

(3) 系统设计

① 结构设计：完成 HIS 的总体结构图和子系统、模块的划分，明确它们之间的关联。

② 流程设计：根据流程分析，绘制 HIS 的信息流程图，并规定每一信息在系统中的输入点、处理过程、存储地、输出点。

③ 界面设计：要做到直观友善、风格统一、简单易行，得到用户认同。

④ 程序编制：此为 HIS 开发关键，优秀的编程人员、丰富的经验、先进的开发工具、对系统功能流程深刻的理解、与用户良好的沟通是程序编制成功的保证。

(4) 数据准备。数据准备是指将医院的基础数据按照信息系统的要求，统一、规范、格式化地表达。只有格式化的数据才能被计算机识别处理，才能被医院所有部门和用户共享，所以它是十分重要的基础工作。

HIS 的数据准备包括三方面工作。首先是开发人员根据业务需求确定 HIS 必备的数据字典种类，并按照分类编码的原则制定每一数据字典的格式(详见第 4 章)。第二是指导业务科室和用户，将自己所需要的数据按照规定的数据字典格式予以收集整理。最后由开发人员提供软件工具或指导用户将数据录入系统，或将原有的字典转换到新 HIS 中。

HIS 必备的数据字典很多，它的应用原则是：首先采用国际、国内、部省级的经典分类编码“字典”，以利于将来在更大范围内的数据共享，主要有 ICD－10、医疗仪器分类字典、医疗收费项目字典等。其次是自行设计开发的字典，如“医院科室字典”、“医院职工字典”等。对于不同医疗保险公司的各自药品字典、收费字典，可以采用文本对照的方式，与医院自备的字典一一对应。

(5) HIS 的测试与验收。HIS 的测试是指在开发中对于系统的正确性和有效性进行检测，以判断是否达到预定的设计要求，对于隐含的错误或不合格内容，提示开发人员修正补充。HIS 测试的基本方法是向系统中导入测试数据后实际运行，予以判断检测。

验收是指双方依据验收标准——“验收计划书”、“功能说明书”、ISO 标准，逐一对照 HIS 实际功能作出的评价。若主要功能均符合上述验收标准，测试数据 95%以上正确，开发人员承诺对少数非关键性错误限期内整改解决，可视为验收通过。

(6) 运行与维护。HIS 的初始运行称之为“上线”。系统上线是一项极为困难和关键的过程，要求稳定性、平滑性和“一次成功”。上线一般选择每月第一天零点，以利于医疗保险、统计报表之方便。大型 HIS 宜采取“分批上线、逐个稳定”方针。若牵涉到新、旧 HIS 的功能切换，则宜采取“双轨制”，各自平行运行 1—2 周，以利于数据检测、系统的安全和平滑过渡。

系统正式运行后即进入维护阶段。对于运行中出现的程序错误、功能障碍，或因政策改变所导致的维护工作，开发方应在规定的时间内主动及时解决。系统的维护费用应随 HIS 系统的规模和复杂程度而异，并呈逐步上升趋势，例如台湾地区 20 世纪 90 年代已占软件总成本的 60%，而国内只占 10%—30%。过低的维护费用不利于 HIS 质量的保证。

(7) 教育培训。HIS 的终极用户是广大的医生护士及各部门工作人员，他们大都没有接受过计算机专业教育，因此教育培训直接关系到系统能否正常运行。HIS 教育培训应关注以下几方面：① 培训时间应安排在 HIS 上线前二月，分批举办。② 培训内容以各自部门的子系统操作为主，兼顾全系统的基本介绍。③ 培训师资应是开发方和院方专业技术人员或教师。④ 培训教材为系统的使用手册。⑤ 培训方法以现场情景式操作为主，辅助以操作录像演示。⑥ 培训考核应严格执行，通过者发放"上岗证"后方可使用 HIS。

2）HIS 开发实施的组织

医院主要负责人的直接领导和积极推动是 HIS 开发实施的第一要素，所以我们常将 HIS 称之为"一把手工程"。由医院、开发公司和咨询监理三方面共同组织的领导小组，是 HIS 实施开发的核心组织与力量，其组织架构如图 6－14 所示。领导小组应按计划定期召开各级工作会议，协调解决工程的各种问题。

3）HIS 的咨询和监理

咨询是指经过特殊训练的专业人员向客户客观并独立地提供顾问服务，帮助客户确定和分析相关问题，推荐解决这些问题的方案，并为这些解决方案的实施提供帮助。监理是指专业人员或机构依据准则，对某一行为主体进行督察、监控和评价，同时还要采取组织、协调、控制、实施等方式促使行为主体更准确、合理地达到预期目标。

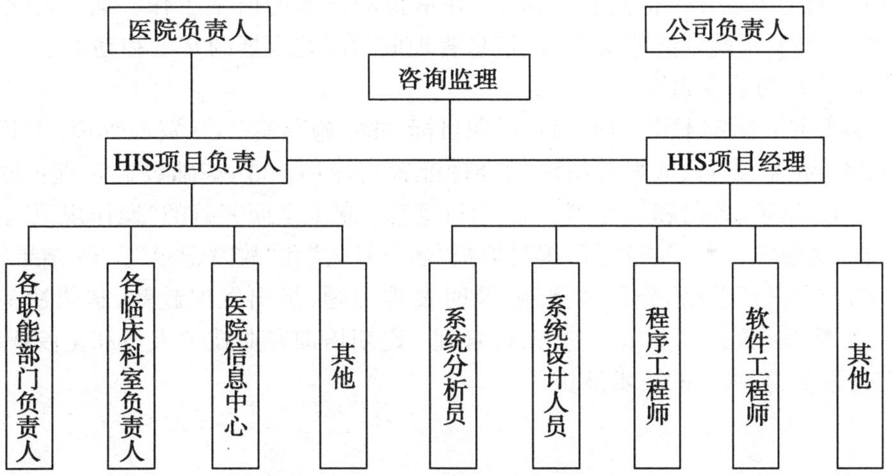

图 6－14 HIS 开发实施组织架构

HIS 的咨询监理公司作为第三方，以其对医院业务和 HIS 的深刻理解，所拥有的咨询监理工作的专业知识和丰富经验，将对整个 HIS 项目全过程提供指导、顾问、监督、评价服务，协调医院和公司的分歧，卓有成效地保证 HIS 工程的进度、质量和资金预算，确保达到预期目标。HIS 的咨询监理在发达国家已成常规，在我国尚刚刚起步，我们应充分认识它的重要性并积极推广运用。

4）HIS 的选择策略

HIS 的选择总体可以分为自主开发和产品购买两大类，其他还有委托开发、合作开发和"托管"等。每一类的概念、内容和优缺点参见第 5 章。目前主要选择是产品购买。

产品购买，选择是关键。应充分考虑下列因素：① 厂商的资质、信誉、技术；② 产品的成熟度和稳定性；③ 产品的先进性和可持续发展能力；④ 既往用户的满意度；⑤ 售后服务(服务内容、响应时间、质量保证);⑥ 价格(性能/价格比);⑦ 最后要考虑是选择单一厂商产品,还是选择多家厂商优质产品进行集成。以上诸因素中需要强调的是,在产品成熟度和先进性之间如何寻找平衡点,在性能/价格比之间如何达到最大化。

6.4.2 HIS 的组织管理

HIS 在医院投入正常运行后,便成为医院的基础设施和支撑环境,因此一旦产生大型故障或瘫痪将给医院工作造成严重的后果,例如门诊挂号收费系统故障时,数百患者将无法按序就诊、付费、取药和治疗;手术麻醉系统故障则可能危及患者生命,因此必须建立完善的组织,实行严格的管理。

1) HIS 管理的组织结构

医院必须建立一个高度负责和高效率的组织机构,该组织机构包括一个领导小组和一个职能部门。领导小组应由医院院长("一把手")主持,包括各个主要职能部门主管。职能部门是信息中心,它应是一支既富有管理经验又具有专业技术的稳定队伍,其信息中心主任职务在发达国家已演变为信息主管(chief information officer,CIO),他在院长领导下直接负责全院信息化工作。通常,信息中心主任负责 HIS 的正常运行和维护,监督执行规章制度,向全医院提供信息技术服务,并承担新技术的研发工作。而 CIO 的另一个重要职能是参与对医院的战略决策,使信息管理成为医院发展的基础和动力之一。

2) HIS 管理的基本内容

① 目标管理:制定 HIS 的远期及近期目标,并实施落实。② 资源管理:HIS 所涉及的人员、技术、资金、设备、数据等资源的合理配置与使用。③ 基础数据管理:对 HIS 海量数据的存取、维护、备份和恢复等。④ 运行管理:制定全面完善的"操作规范"、"管理制度"、"安全保密规定",并严格执行,按时填报"运行日志"和"故障记录"。⑤ 结果管理:对 HIS 运行的结果进行总结、分析和预测,及时发现问题,指出发展趋势,提供决策支持意见。⑥ 安全管理:详见第 3 节。⑦ 人员管理:定期培训专业技术人员和全院操作人员,培养一支高素质、高水平的技术队伍。

问题与讨论

(1) HIS 定义是什么?如何认识它的范畴?

(2) HIS 的基本功能有哪些?简述它的功能架构。

(3) HIS 的体系结构有哪几种?各有何特点?

(4) 试举例说明数据仓库、数据挖掘与 OLAP 在 HIS 上的应用。

(5) HIS 集成的方法有哪些?如何实现?

(6) 如何进行医院信息系统的开发、实施与管理?

(7) 利用已学习的基础知识和技术方法尝试自己设计一个管理系统。

(8) 以 HIS 为例,试述信息化是对医院传统管理的变革。

(丁宝芬)

7 护理信息学与护理信息系统

本章将论述有关护理信息学专业的演进及内容，以及它和医疗机构护理信息系统的关系、特色，并讨论医疗机构发展护理信息系统的过程与成果，且以实例说明。

读完本章后，你应该知道下面这些问题的答案：

护理信息学发展的背景。

护理信息学在护理专业发展的重要性。

护理信息学与护理信息系统的关联性为何。

护理信息系统的特色为何。

护理信息系统的发展过程与概念为何。

护理人员在护理信息发展中可以扮演的角色与机会。

如何推进护理信息学。

7.1 护理信息学

7.1.1 护理新次专科的形成

任何医疗专业的发展除了本身内部的深化之外，通常也受外部环境的影响。在护理领域，最近兴起的护理信息学(nursing informatics, NI)就是一典型受外部科技与国际趋势发展影响下所产生的护理新次专科(specialty)。

1) 信息科技革命性冲击

信息科技对于当前社会可能带来的改变，已被视为如同18世纪中叶以蒸汽机利用为主的第一次工业革命和19世纪70年代以电力为主的第二次工业革命一样，将会以其知识经济力量，再次以科技对人类生活产生根本性的改变，成为第三次工业革命的激发力量。因此当今任何专业发展在看待信息科技所带来的冲击与机会时，无不慎重应对和与时俱进。

信息科技在护理领域的影响亦然。现代护理学的一个重要内容是系统化整体护理(systematic approach to holistic nursing care)，而它的基础框架是护理程序(nursing process)。护理程序包括5方面内容，并依次排列影响，形成一个封闭的环：即从护理评估(nursing assessment)产生护理诊断(nursing diagnosis)，然后提出护理计划(nursing planning)，执行护理措施(nursing intervention)，最后对于结果进行护理评价(nursing evaluation)。因此，护理过程本身就是信息采集、传输、分析、处理与知识应用累积的过程，无一不受到信息科技的影响，国际NI先驱Hannah护理博士于1985年便从这角度指出了此领域的自然发展背景。

2) NI 专业的建立

NI 先驱 Graves 和 Corcoran 于 1989 年定义了 NI 内容为计算机科学(computer science)、信息科学(information science)与护理科学(nursing science)三领域的结合，用来协助护理资料、信息与知识的应用发展，以支援护理工作。1998 年“国际医学信息学会的护理信息学工作小组(International Medical Informatics Association-Nursing Informatics, IMIA-NI)”正式将 NI 定义为护理、信息与信息管理科技应用的整合，形成了国际上对于 NI 领域的界定基础。

在 NI 发展的同时，影响此领域成为护理正式次专科之一的关键事件为 1994 年美国护理学会(American Nursing Association, ANA)正式将 NI 定义为护理之次专科(specialty)，并界定其专业服务内容。至此 NI 正式成为国际上所认可之护理专业之一。

7.1.2 NI 的中文名称

NI 中文目前常称为“护理信息学”，有时简称为“护理信息”。但由于中文字中难以区分 information 和 informatics 的差异，使得“护理信息”很容易被认知为 nursing information，而将其误认为属于信息的专业与信息处理的层次，进而限制了其在护理专业领域中应受到的重视与发展。因此为了还原此领域在护理专业的定位，在习称“护理信息”的同时，宜注意其本质指的是“护理信息学”，而更合适的中文名称可能是“信息护理”，如同其他护理次专科“内科护理”、“儿科护理”等一样，也就是 NI 领域处理的虽然包括信息科技与信息管理，但其实仍是以护理专业为主。

7.1.3 NI 与 NIS

护理信息系统(nursing information system, NIS)和 NI 有密切的关系，且相辅相成。NI 是较宽广的定义，不只涵盖医院内的信息应用与系统，范围与深度都更广；而 NIS 则是 NI 相当重要的实现，为临床护理人员真正使用的工具，直接实际影响临床护理的质量与患者权益，也是未来许多护理专业知识发展的主要来源。

在 NI 的发展回顾中，NI 先驱 Saba 和 McCormick 引用了 Adrowich 等人所建立的临床信息系统(clinical information system, CIS)的架构，指出许多医院的信息系统并无法实现护理人员专业的需求，在改善人机操作界面提高护理人员接受度、协助护理人员累积实证以支援护理行动等课题上，仍有很大改善空间。而在其主编的“信息护理基础(Essentials of Nursing Informatics)”一书中介绍的应用软件、网络信息与资源、手持式与无线设备、实证与决策辅助系统、卫生政策、用药安全、资料标准与护理词汇和术语、护理基本资料集(nursing minimum data set)、系统建置等都是在 NI 领域中相当新的课题，也介绍了护理临床实务、护理行政管理、护理教育、护理研究、护理人员可以扮演重要角色的网络信息与教育课题等，都是当今发展 NIS 值得注意的。

在 Ball、Hannah、Newbold 与 Douglas 等信息护理先驱编辑的“信息护理学(Nursing Informatics)”一书中，最重要的观念为指出了 NI 赋予护理人员新能力的定位，涵盖课题包含实用性工程与设计、护理词汇与资料、知识探勘、影像应用、组织改革变迁、NIS 选择与咨询、专案管理、系统建置与上线责任、临床路径自动化、护理信息系统应用、护理主管信息系统、渗透性电脑科学(ubiquitous computing)、居家护理应用、远程健康护理、远程通信等。这些课题对NIS的设计、规划与实施都有重大深远的影响。

Weaver、Delaney、Weber、Carr等国际NI专家在其编辑的“二十一世纪的信息护理”中,用相当多篇幅讨论了很多当今与未来在NI与NIS发展的重要课题,例如应用NIS所累积的护理实证与知识,使护理人员具备未来性“知识人员(knowledge worker)”的特质、应用网络健康信息以提升护理质量、护理领导必须善用信息科技、改革护理在信息方面的教育、护理行政主管与信息护理师在国家卫生信息政策的贡献与可扮演的角色等等,都可将NIS的功能与价值发挥到极致。

7.2 演化中的护理信息系统

NIS是NI最具体的落实,也是护理人员使用的主要工具,与护理工作息息相关,因此了解NIS相当重要;而了解NIS的内容与发展,要先清楚几个NIS的特色。

7.2.1 护理专业优于技术问题

从专业的角度看,NIS的发展与内容来自护理、信息技术与信息管理专业的融合。信息技术主要涉及的是有关使用电脑与通信科技为主的软硬件技术应用发展;信息管理则包含关于信息的获取、处理、存储等对于使用者在决策、行动与结果的影响。因此要了解一套护理信息系统的内容与是否适用,基本工作就是先清楚利用信息科技能否解决护理过程中有关信息管理的需求与目的,进而能提升护理质量与患者权益。而评价此系统是否适用,只要掌握对工作有否帮助、是否好用、护士是否乐意使用这三个关键。

7.2.2 护理人员的立场与态度

从使用者的立场来看,护理人员,尤其是主管的主动或被动的态度将决定NIS的责任与定位。若护理人员认为自己只是信息系统单纯的使用者,那么NIS变成医院更高主管与信息单位的责任,一切由组织决定。那将只要讨论医院信息系统中提供给护理人员使用的功能就可以了,此种模式的NIS,若能获得医院足够的资源,通常可以在较短的时间中,有相当具体的成果,也可以具备常见的功能,不见得不好,至今许多医院的护理人员仍保持此看法。

但若是护理人员与主管,将NIS视为护理专业表现,是发展与提升患者权益的重要内容,那么护理人员应该扮演积极角色,体认到NIS涉及到护理的独特性与信息护理专业的重要性,并积极投入NIS的开发与建设,那么NIS从设计到上线到发展都与护理息息相关,而成为护理专业的一部分。在此观点下开发的NIS常会具备许多护理人员、尤其是主管领导者独特的设计与功能。不过在此模式下,开发期会需要更多护理人员投入,并与信息和其他临床专业人员密切合作。

7.2.3 NIS的医院个体化差异

各机构的NIS会有其外部与内在的特殊性。依据护理过程与护理基础,NIS虽然会有跨机构共同的功能模组，但也因为机构与护理人员有各自的特色、文化、理念、规模与重点等因素，护理部门主管有特定的领导理念，这些都会为 NIS 的发展建设带来特殊的风格与内容。其实，即使在同一机构中，不同护理专科与病房，也会因为护理内容与患者的差异，反映出对于 NIS 的差异性。

此差异性的特色，其实也提醒 NIS 系统建设的负责人，NIS 建设虽然可以参考学习其他机构的发展，但也会有难以转移的部分。不过这个特色也带来 NIS 开发的一种机会，任何机构都可以建立本身 NIS 的特色，使得后期建设的系统并不会因为开发晚而落于人后，反而可以更有特色。

7.2.4 NIS 的动态发展周期

NIS 绝不是静态的课题。NIS 的发展有其相当高的动态性与生命周期，对专业护理与服务患者会产生新的质变。护理信息来自三个专业领域的融合，因此任何单一领域的突破，都会带来新的改变与机会。例如 WiMax 更宽频通信技术的成熟与智慧型手持式设备（如手机、导航设备）将会促进通信医学（telemedicine）的发展，进而可能根本改变个人健康护理模式，产生新的以个人健康为主的网络服务模式。而随着 NIS 的发展，常可见到护理部门对于新功能更成熟与深度的期望，也都成为了 NIS 持续发展的动能，因此不同时期、不同阶段的 NIS 有时差异是很大的。那些许久不变的 NIS 内容其实反映了该机构护理主管对于 NIS 潜力的保守看法。

NIS 非静态的特色也来自于外部环境的改变，例如医疗质量事故、法规、竞争、政策与国际发展的趋势。例如不幸的给错药造成患者的死亡事件带来给药过程的检讨与改善，加强患者辨识的传统条码与电子条码的建置。再如为了加强护理实证与知识发展，需要护理信息整合与交换所根基的护理词汇标准（nursing terminology and standards）的推广与建立，也使 NIS 可能是医学信息各专业领域中最快引入标准化的系统。

7.2.5 NIS 的长期发展性

NIS 是一项耗资大、期限长的革命性工程，它直接影响了医院最广大的护理人员的专业护理能力与表现，更可强化对患者护理服务的质量与安全福祉，而这也是 HIS 联结其他信息系统的核心架构，影响相当长远。任何设计与建置必须有长期的理解与决心，上线后任何的修改都将相当不易，而影响成败关键的因素是机构领导者的决心与支持。决心主要来自护理主管与核心领导对于 NIS 在护理专业未来洞察性的远见，愿意采取更积极、主导、创意的角色，自信可承担更多的责任。机构领导对于相关经费与人力应给予策略与实质性的支持。

7.2.6 NIS 功能参考架构

护理业务有数据多、差异性大、应用范围广、共用性高的特性，故信息化的目的在于简化作业程序、掌握信息时效、提高工作效率；且能即时监控管理，减少人为差错；并可整合资源，创造效益。综合以上特性及目的，以台湾地区四家代表性医学中心 NIS 为例，介绍 NIS 架构，它涵盖了“护理照顾系统”、“医嘱执行系统”、“护理管理系统”、“护理教育与研究系统”、“护理品质管理系统”五个子系统，如图 7-1 所示。

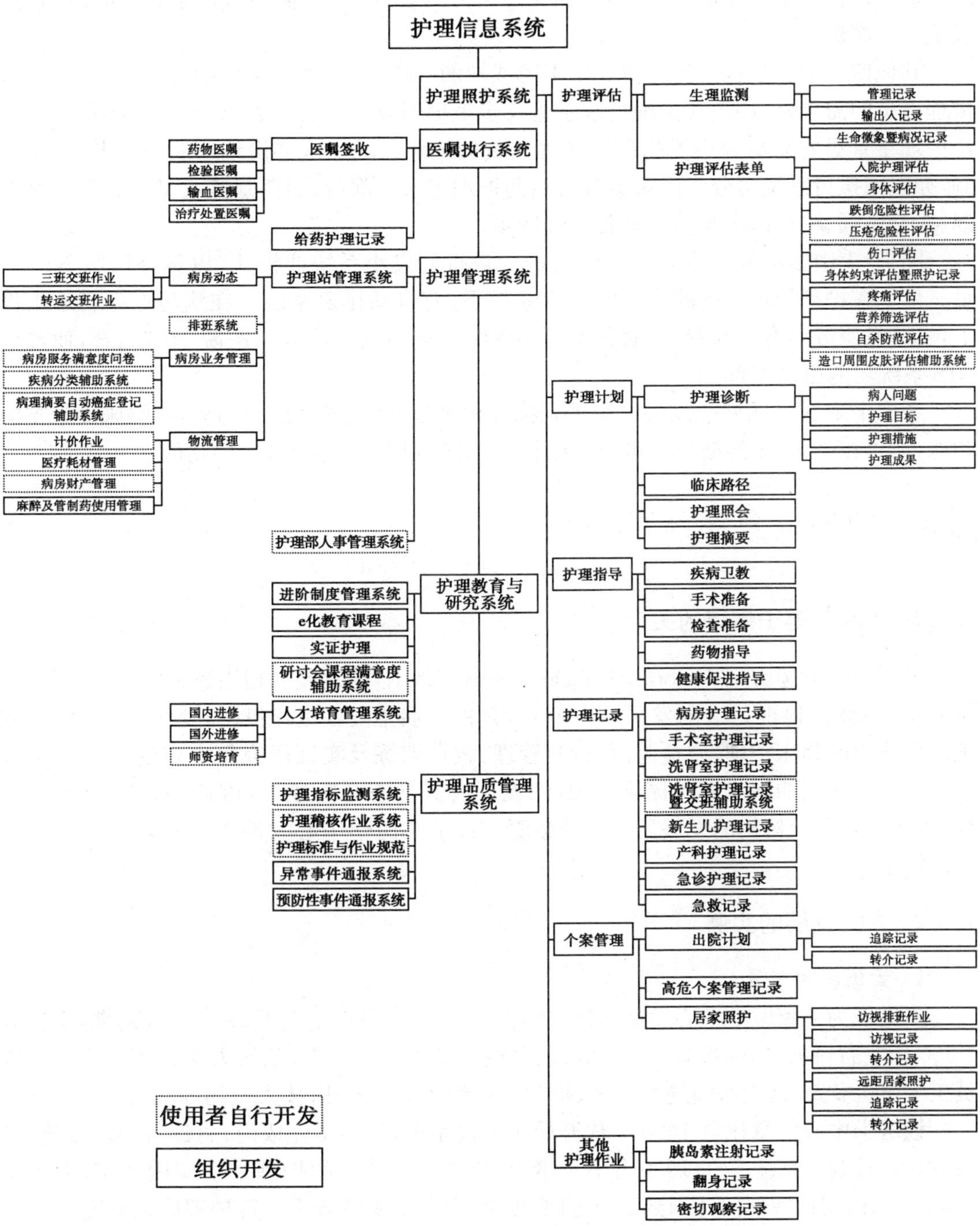

图 7-1　NIS 功能参考架构

系统发展的重点是“护理照顾系统”，如图 7-1 右侧，此子系统以临床护理流程分类，主要功能包含护理评估、护理计划、护理指导、护理记录、个案管理以及其他护理作业六部份。其下又可依临床需求进一步细分不同的系统项目，如护理评估底下可再分为生理监测与护理评估表单两部份，而生理监测又可再分为管理记录、输出入记录、生命体征及病况记录三部份。

其他四个子系统也是护理作业中不可或缺的一环，其功能及架构的设计，除考虑临床护理人员的需求外，还包含护理行政主管及未来护理业务发展的需求，通过 NIS 的运作也让护理主管更容易掌握患者病情及护理人员的工作状况。这部份细节展开于图 7-1 左侧，如医嘱执行系统可分为医嘱签收与给药护理记录两部份，而医嘱签收又可分为药物医嘱、检验医嘱、输血医嘱与治疗处置医嘱四项。

图 7-1 中亦示范性地展示了可由护士自行开发小系统或模块，以弥补医院 NIS 不足。例如在护理管理系统的护理站管理系统下，有自动排班系统。在病房业务管理工作下，可开发服务满意度问卷、疾病分类等小系统。自制系统可以与医院 NIS 结合，使整个 NIS 系统功能更臻完善。

考虑未来 NIS 的专业发展将关系到标准化医学词汇、各系统间的整合、临床决策支援功能，所以在图 7-1 的架构下可以不断扩大 NIS 的层次，拓展 NIS 的功能。

7.3 护理信息系统的发展

7.3.1 NIS 与电子病历的关系

NIS 与电子病历(electronic medical record, EMR)的发展有相当紧密的关联，因此可从 EMR 的角度检视 NIS 的发展。由于 EMR 的发展主要在医疗机构环境中，因此在医院护理作业中的临床护理、质量监测、行政管理、教育训练及实证研究等内容皆是 NIS 可以发展的主题。但如同前面所提到，NIS 的发展有其动态与阶段性，因此检视一个 NIS 系统，也要从各医疗机构的发展历史与背景看。以下某医学中心发展 NIS 的经验是一个很好的例子。

7.3.2 NIS 发展的实例

1) 案例机构背景

本案例为一家医学中心发展 NIS 的实例。该医学中心成立于 1980 年代初期，床位数 1 500 床左右，每日门诊患者约 5 000 人、住院患者约 1 000 人、急诊人次约 170 人。全院员工 3 000 多人，其中医师约 600 名、护理人员约 1 400 名、医技人员约 500 名。

该医学中心信息化自 1980 年代开始于计价系统，后逐步完成门、急诊，挂号、批价、申报、医嘱、检验等系统。在 1990 年代初期曾经建置一独立的护理计划应用系统，但到了 2000 年代初期护理部门认识到 NIS 的重要性，乃开始积极着手建置护理信息系统。

2) NIS 的发展

该医学中心 NIS 的建置采由护理专业主导的策略，于 2003 年首先成立专案小组开始进行护理信息系统的软件及硬件架构的规划。此专案小组在护理部主管的大力支持下，由护理部副主管领军，并延揽对信息有兴趣的护理同事，组成核心干部，明确设定目标及进度，定期开会检讨，发现问题并提出解决方案，并定期向护理部主管及医院主管简报进展。成员除护理人员外亦包含信息室工程师及医工人员共同组成。参与的护理人员除具备信息科技运用知识并能熟悉护理作业流程外，亦负责开发系统之测试。而为达到有效沟通，减少作业认知差距及掌握护理人员实际需求，更安排信息工程师到护理站临床作业中观摩护理人员的医疗活动，以了解使用者的问题及需求。

由于该医学中心的 NIS 属于从无到有设计，因此其专案小组在初期规划中，除参观学习其他医院信息化现况外，也深入探讨使用者对护理信息化的期望及需求，作为 NIS 建置的参考依据。整个开发过程中，同步进行检视护理相关作业及表单，确认系统架构、功能及流程，选择系统配备等。而信息室则主导购置电脑产品及相关配备。系统规划考虑信息安全及病人隐私的维护。开发的每一功能在系统完成测试后，皆办理全院护理人员教育训练，介绍系统功能、操作步骤，并选定试用病房试行，在评价完成后进行相关改善后才全院上线，并提供完整操作手册供同事随时参考。

3) NIS 架构与五年发展计划

该医学中心开发的 NIS 架构以移动护理站（整合各项护理活动装置设备、平板电脑与护理工作车于一体）操作应用为主（见图 7－2）。在平板电脑上安装各护理站所使用的医院信息系统程式，使护理人员可自由将移动护理站移至病床边或其他位置，可使用医院信息系统的各项功能；并以无线网络方式及时与院内其他网站联结，执行护理查询及处置工作。移动护理站的设计考量能涵盖护理人员护理病患过程中所需使用的物品，平板电脑则具无线网络功能、电池可连续使用八小时、设有执行纪录的平台及供护理人员使用的椅子。

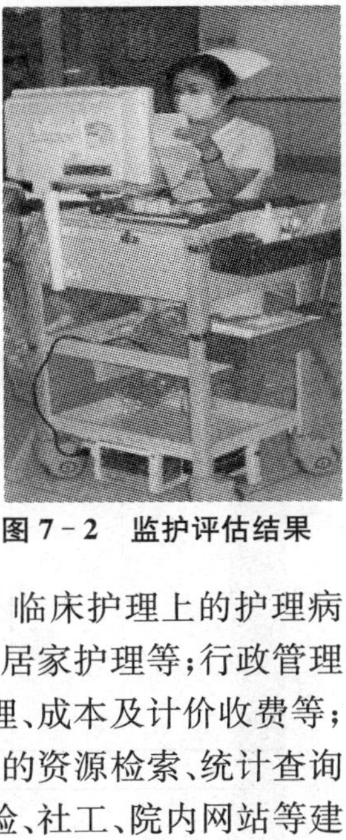
图 7－2 监护评估结果

该医学中心的 NIS 在医院领导阶层支持、医院信息单位与厂商的协助下，从 2003 年的薄弱基础到 2008 年五年间逐步完成了：临床护理上的护理病历（护理评估、护理计划、护理纪录）、护理质量监测、出院准备服务、居家护理等；行政管理上的通报系统、排班系统、人事及人力资源管理、病人分类、绩效管理、成本及计价收费等；教育训练的卫教指导、线上学习、远程咨询及远程教学；实证及研究的资源检索、统计查询等。且该院护理信息系统可与医院其他相关系统如医嘱、药剂、检验、社工、院内网站等建立良好的联结及沟通，依输入原则使资料达到一致性，有助于对病患的直接护理。

4) NIS 代表性内容

该 NIS 护理信息系统功能主要是在确立及建置护理病历。包含以 Orem 的自我照顾理论（self-care theory）发展而成的护理评估表（见图 7－3），并增列高危险因子评估，同时可联结以电脑化的护理计划标准作业。在生命征象纪录中包含体温、脉搏、呼吸、血压、输出入量、血糖值、疼痛指数、中心静脉压、血氧浓度、昏迷指数等重要监测项目，并有图表呈现及异常值警示（见图 7－4）。在护理记录方面则以 SOIE 方式，自行输入或以制式范例套入修改界面。所有操作方式为了提高系统的有用性，皆要求以清晰、易操作、点选下拉式设计、色彩柔和、异常值颜色区分、界面转换快速、使用图形等为设计重要原则（见图 7－5）。

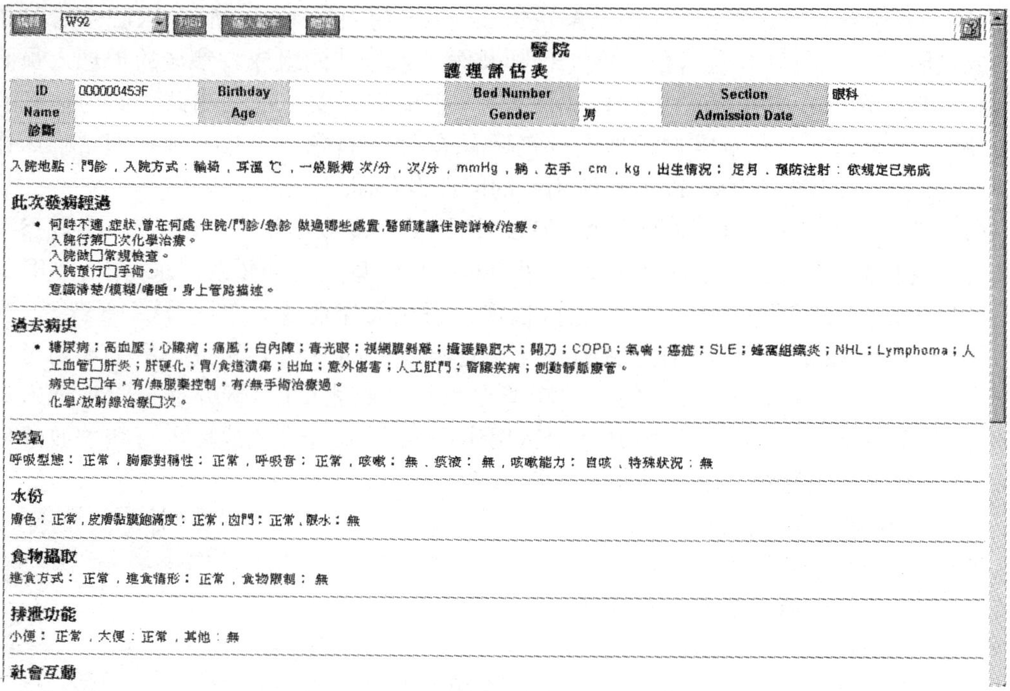

图 7－3 监护评估结果

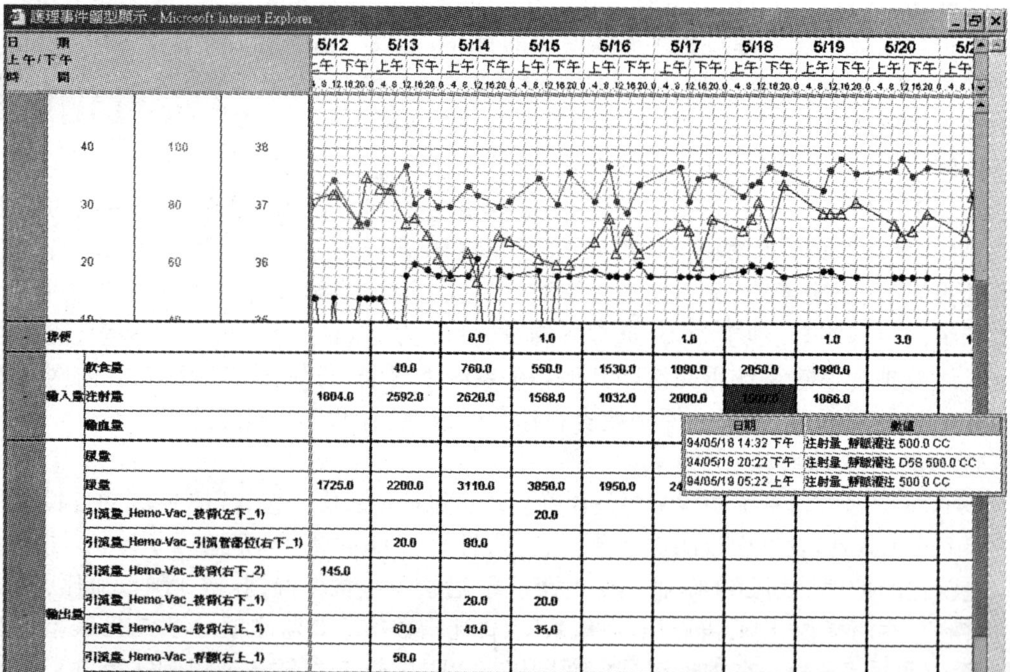

图 7－4 NIS 中之生命征象记录表

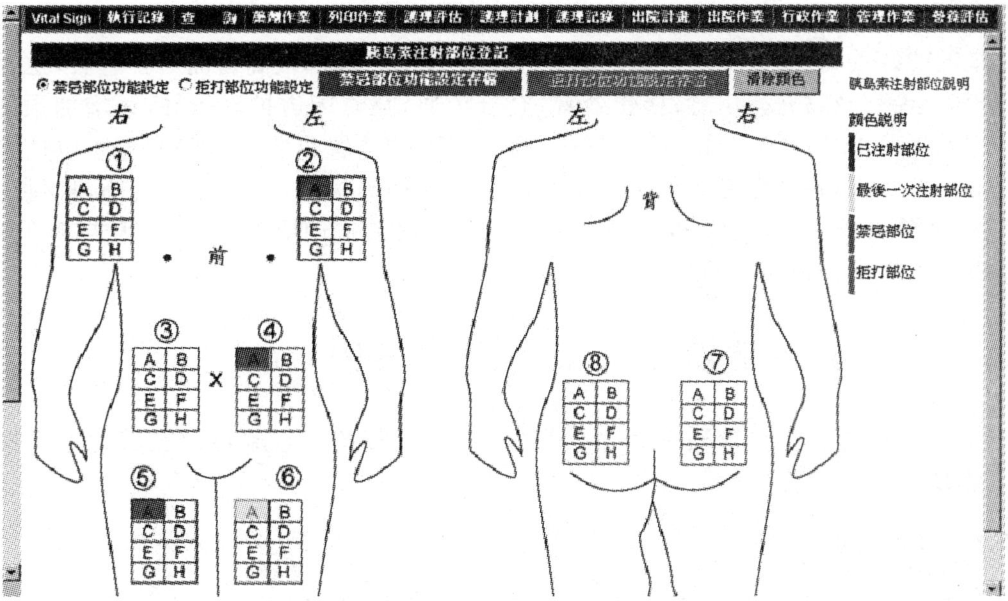

图 7-5　以图形、点选、颜色设计为主的胰岛素注射部位标示登记功能

NIS 在临床功能之外，并逐步扩充作为日后护理知识教育及行政管理之基础。主要功能有护理质量监测系统、人事系统、人力资源管理系统、线上学习（见图 7-6）等。系统要能详实纪录护理过程，累积临床护理资料，建立完整资料库，借分析、比较、检讨、研究与整合，形成护理新知识与经验，可执行床边指导亦能使护理具临床实证基础，提升护理形象及管理决策之基础。该医学中心 NIS 自 2003 年至 2008 年已完成规划目标的 80%，2009 年预计完成出院服务信息化并上线，与规划特殊单位的评估记录。至今其建置的 NIS 为该院带来实质效益包含提供方便、及时、正确、高时效、高质量的记录内容与辅助工具，护理人员更获得正确判断、拟定适当的护理计划、正确护理记录、降低文书

图 7-6　护理人员在线学习系统

作业书写、增加与病患接触时间、及时反映及处理病人的问题、及时线上查询、充分掌握病患现况的好处，且绝大部分同事对系统接受度及满意度都很高。而对于患者，也提升了护理安全感，及时获得信息，接受处置，充分沟通，及时床边护理指导，还增加预防保健知识及自我护理技能。对于医院整体，经由 NIS 的建置也协助医院完成了以病人为中心的信息管理，各医疗专业团队成员能整合病人相关信息，发挥专业判断，提供完善医疗服务，提升病患满意度。信息库的建立可作为临床护理质量的依据，为未来研究创新服务持续提升护理质量的基础。

7.4 护理信息学地区发展的策略案例

台湾地区推动 NI 的策略有相当代表性与成果，其实施经验可以在其他地区推广 NI 与 NIS 时予以参考。

7.4.1 发展背景

台湾地区虽然因为全民健保制度的实施，HIS 发展得相当早，但由于健保给付中，早期并未注意到护理角色的存在，使得 NIS 的发展较晚。因此在 NIS 的发展经验中，除了各医院独自的发展策略外，在整体上采取了同时大力推动 NI 的策略，来加速此护理专业次领域的形成，让各医院更注意 NIS 的发展需求与价值。尤其自 2003 年第八届国际护理信息大会(International Congress on Nursing Informatics Symposium)后，推动台湾地区 NI 与 NIS 有很大的发展。

7.4.2 NI 专业优先与推广

我们采取了推动 NI 专业发展优先，在专业学会组织中，将过去设立在医疗信息学会中的护理信息工作小组逐步独立出来单独运作，以对其专业表达支持与肯定，因此成立了专属的护理信息学会。在宣传推广上则以护理人员熟悉的信息工具 Excel 为示范工具，同时教导 NI 专业的高层次意义与程式设计的技巧，解决其个人与单位的实际问题。

我们举办了多场的 Excel VBA 护理信息技术训练营，学员中包括护理各级主管、资深临床护理师、年轻护士和信息人员。要特别指出的是这些训练营是需要积极投入且自费的活动。我们也鼓励同机构参与的人员能同时包含高层主管、资深临床护理师和可开发系统的年轻护士。此目的在于我们相信 NIS 专案能否成功取决于高层护理主管对 NI 的理解、参与与支持，而系统的完成有赖资深临床护理人员对问题的理解和年轻护理人员可以长时间投入程式撰写测试的组合(team up)。

7.4.3 NI 的教材设计

训练营的培训教材是根据多年的教学经验设计了“NI 学习地图”(图 7－7)，共分为五个阶段。第一阶段先决定工作需求，专案主题必须以护理工作、护理信息、IT 科技、信息管理和护理专业为目标。第二阶段的关键点，是使护理人员真正理解专业的需求，并能清楚地表达，让技术开发人员理解，或选择自行开发系统，力求做到易用、易学、对实际的工作有助益，并能与现有的系统相容及能有效利用现有资源原则。第三阶段是从观摩案例和实践中学习，如：如何用结构性的了解程式（VBA）的开发环境（图 7－8），设计一个培训满意度评价表系统。第四阶段的核心策略是以一个功能完整，能满足护理工作需求，且使用最少模组及技术的观摩案例为教材，如：护理评估、病人满意度调查或护理排班，期望护理人员能提供修改意见，做出符合自身或工作部门需求的系统。在第五阶段，参加训练的护理人员均已具备基本的系统编写能力及技能后，开始进行长时间的专案开发。

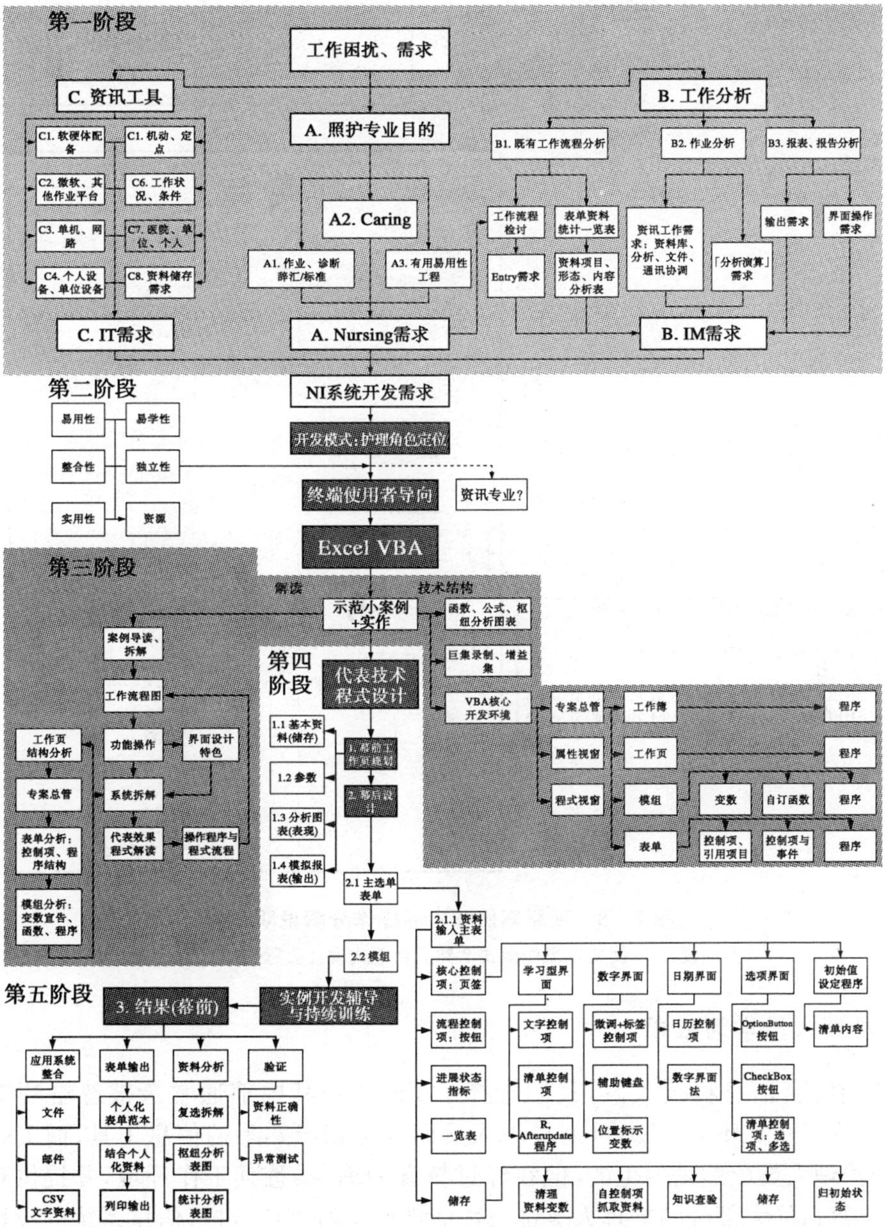

图 7－7　Excel VBA 学习地图

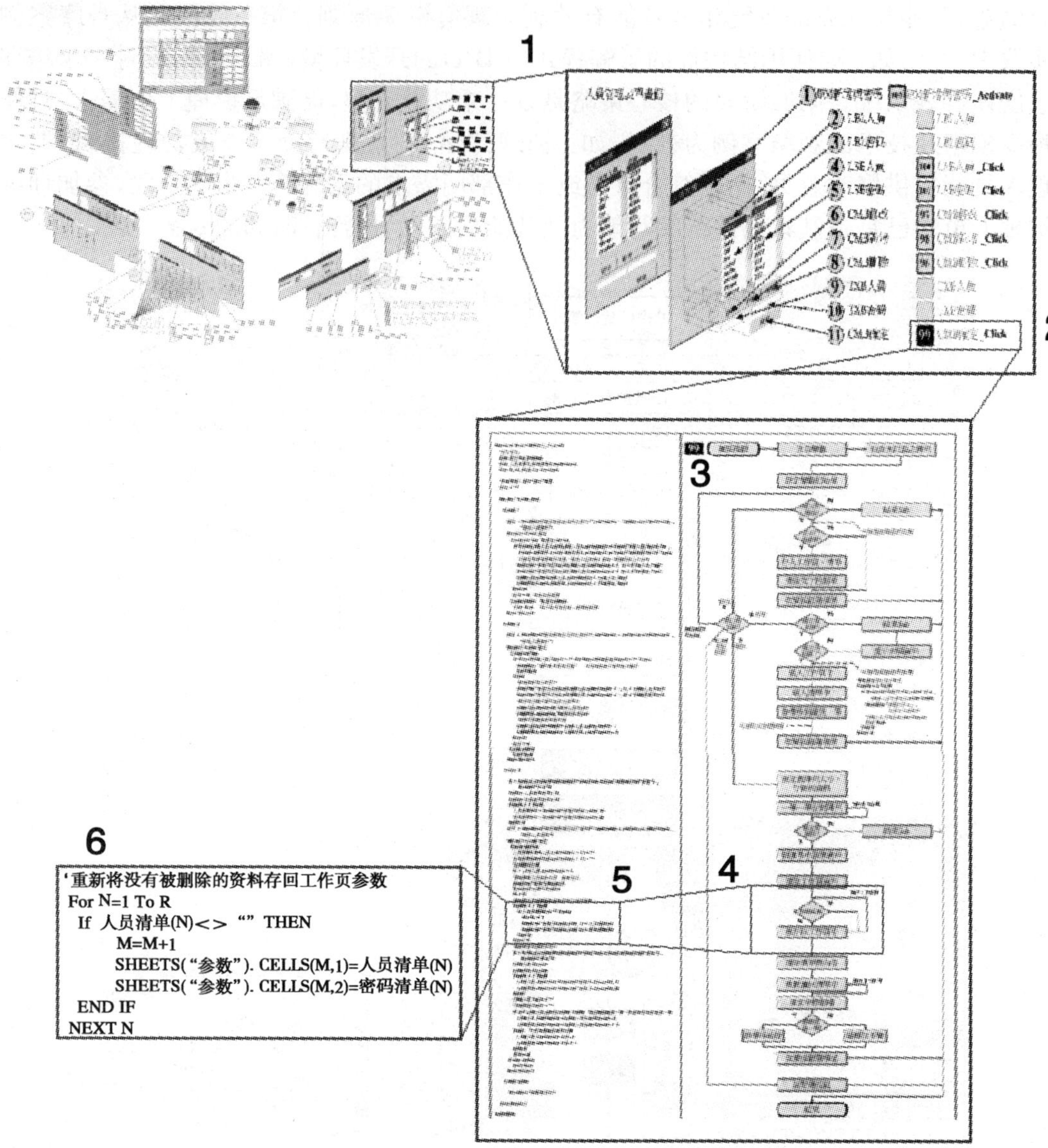

图 7-8 观摩案例和实际操作分解说明教材

(从界面设计 1,使用者操作模式 2 到后台程式设计流程与程式码 3 至 6)

7.4.4 护理人员学习成果

在此训练营信息科技工具,我们选择了 Excel 和其内部通常最被忽略的工具中的 VBA 巨集应用开发环境。Excel 对护理人员而言是相当熟悉的信息工具,而 Excel VBA 对多数的护理人员虽然是陌生的,但在经过教育训练,熟悉其工作环境,并提供观摩案例及技术解说后,绝大部分的护理人员都很快能掌握学习重点,进行信息系统的设计及界面的开发,并对 NIS 的发展有更深入地理解与积极的期望。目前为止成功的代表性案例有手持式应用系统开发组件(图 7-9)、电子表单设计器(图 7-10)、癌症病理摘要自动登记系统（图 7－11）、护理全自动排班辅助系统（图 7－12）等，这些都是目前在 NIS 中没有的功能。

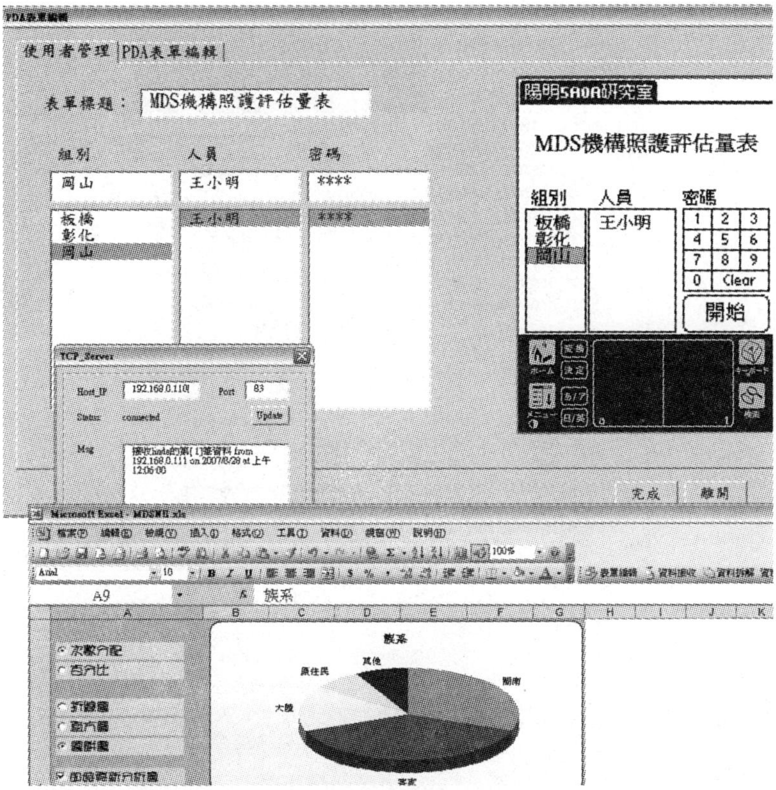

图 7－9　手持式应用系统开发组件代表性画面

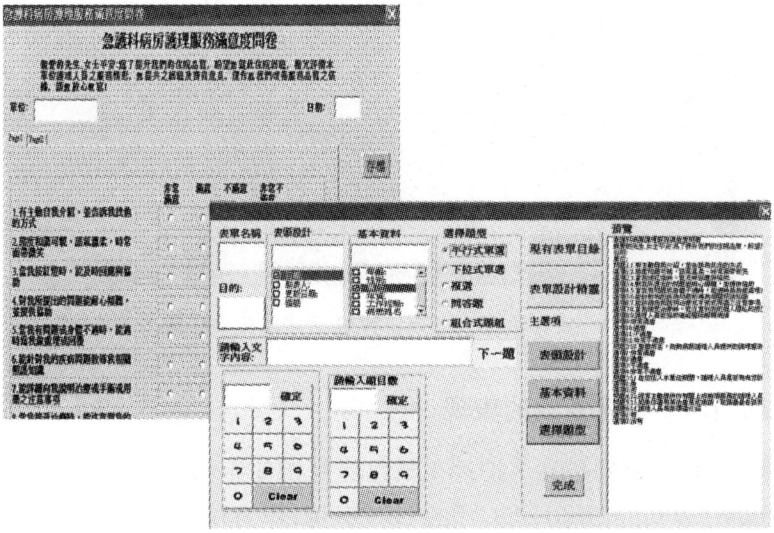

图 7－10　电子表单设计器代表性画面

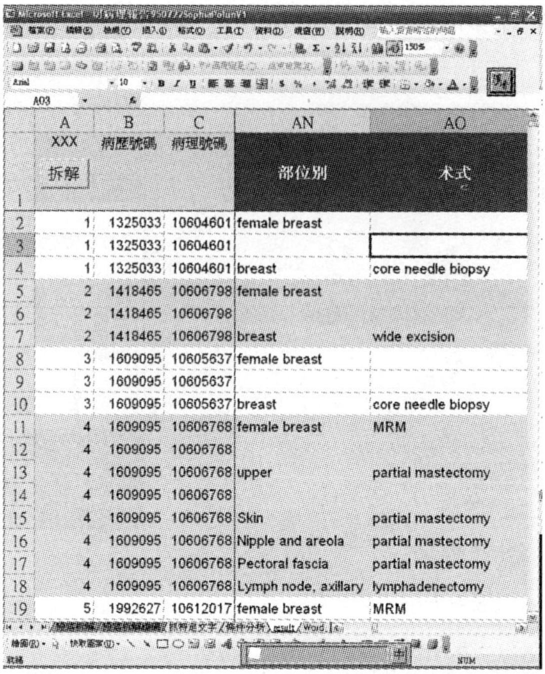

图 7－11　癌症病理摘要自动登记系统代表性画面

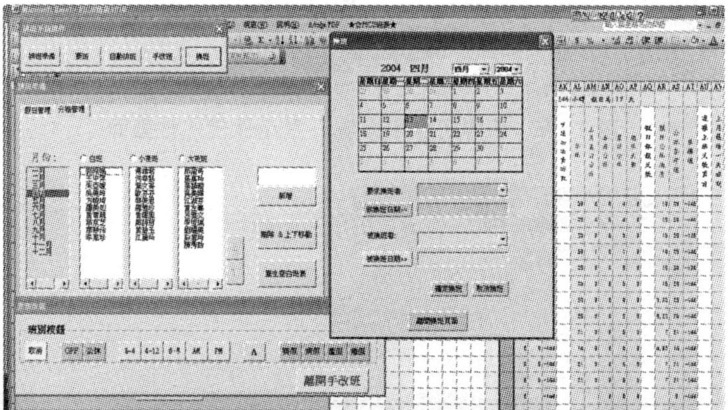

图 7－12　护理全自动排班辅助系统代表性画面

7.4.5　护理人员超乎信息专业的表现

训练结果最值得注意的是许多护理人员已经开始使用 Excel 工具设计、创造一种“使用者导向(end user computing, EUC)”的 NIS 案例，作为在信息资源有限，难以在短期内解决的替代方案，同时也因护理人员主导整个 NIS 的设计与真正了解护理的专业需求，更有能力传达护理专业的理念、需求与风格。而当护理人员学会程序设计技巧后，所表现出来的创意、对工作流程掌握的精细与特殊的设计风格，都可以反映出未来 NIS 的无限可能。例如在手术造口周围皮肤评估辅助系统中，原评估的工作表单只记录 10 项左右的信息项目，对于传统 NIS 的开发人员而言，这是再简单不过的信息库应用系统，但在懂得 NI 的护理人员设计下，其变成了相当有风格，且在传统 NIS 设计中看不到的杰作。

此系统使用 Coloplast 发展的 The Ostomy Skin Tool 为工具，协助临床工作人员对造口周围皮肤做客观的评估，并找出损伤的原因，期望达到能对造口周围皮肤有一致性的评估，将评估结果做数据化的描述，快速且有效地进行评估及记录，可比较过去及现在皮肤的状况做持续性的追踪，并将结果做为临床实証之用。而其设计方式采用流程导向，以图片配合文字说明并依进行流程呈现，辅以颜色、计分、大小、加框等引导使用者做完整且正确的评估。在画面规划上，采用可以简化使用者操作的图片界面导向与概念地图、触控式操作、保留使用者所熟悉的原纸本内容等，突破了传统 HIS 的设计方式，已将 NIS 的设计提升到高品位层次。

该系统采取终端使用者设计模式，由护理人员主导使用 Excel VBA 设计，而不是传统的造口周围皮肤评估辅助系统。护士开启 Excel 档案出现首页，数秒后进入评估的主画面，然后依据系统操作说明和系统提示，逐步录入患者和疾病相关信息，待信息填写齐全后存入 Excel 的“评估结果”工作页，将会出现“进行诊断”及“离开”两个选项，让使用者决定继续进行评估或离开系统。如图 7－13 所示。

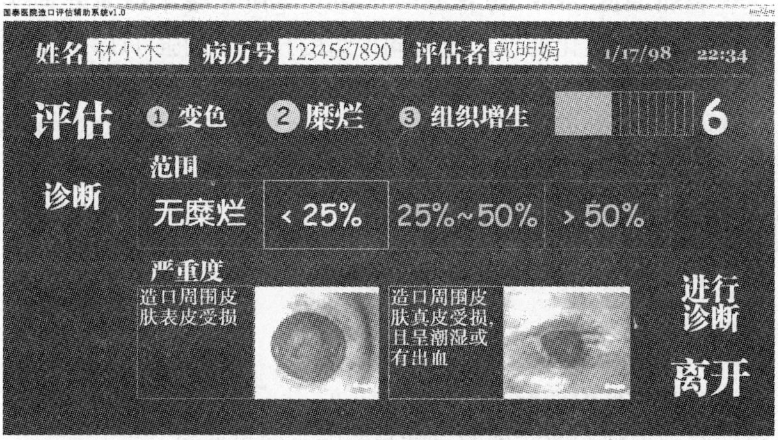

图 7－13 使用 Excel VBA 设计的造口周围皮肤评估辅助系统

7.4.6 推动 NI 的成果

以 Excel VBA 教学为工作的 NI 推广策略，让台湾地区医学信息与护理专业领域在 2006 年成立了亚洲第一个自主的学会，让 NI 和 NIS 在各医院获得极大的重视。在台湾地区的 24 家医学中心中，2009 年已有 14 家至少有一位”信息护理师(informatics nurse)”的专职人员，18 家已经建置完成护理计划部分、15 家建置完成给药管理与生命征象部分、17 家完成护理评估部分。而那些没有完成的，全部都在建置中，显示出医院对 NIS 予以相当大的支持。

7.5 护理信息系统的未来

NIS大抵属于NI在医院或者其他医疗机构环境的落实，但信息科技工具与信息管理需求永远在快速的改变中，而NI专业在国际医学信息发展的趋势也在快速改变中。在医学与健康护理领域中，病历电子化等趋势已是势不可挡的主流，与其他领域一样，我们相信信息科技将带来护理专业革命性的改变，使得护理人员在低头小心翼翼认真建置NIS的同时，要同时抬头对大环境与趋势保持敏锐的观察与思考。

要让NIS具备和护理专业一起成长的生命力，NIS规划与参与人员必须具备使命感，并且要有一定程度的付出。维持此动能的力量可以从积极参与NI专业着手，并持续注意国际最新技术的应用发展。前者可以积极参加国际医学信息学会护理信息工作小组(Nursing Informatics Working Group of International Medical Informatics Association, IMIA-NIWG)、美国医学信息学会护理信息工作小组(Nursing Informatics Working Group of American Medical Informatics, AMIA-NIWG)的活动，可密切注意全球最大健康信息组织的美国健康信息管理系统学会(Healthcare Information Management and Systems Society, HIMSS)每年在美国或者亚洲举办的HIMSS与HIMSSAsiaPac年会与展览。长期下来便可掌握国际先进经验与重大趋势。

NIS本身的建置和HIS一样，皆有着一旦开发完成上线了就不易回头与修改的惯性，虽然目前朝向以技术标准化的观念与共同模组的技术来加强HIS与NIS的弹性与可塑性，但设计的理念与专业的发展是无法以技术问题解决的，这些需要设计者的巧思与远见，且只有身处其中的护理领导可以胜任此工作，无法仰赖信息技术人员或者其他人。希望未来NIS的护理参与人员能在积极、主导、创意与自信的努力下，为信息护理专业与NIS的发展建立典范性的模式。

问题与讨论

(1) 为何护理信息学是护理专业次专科之一?

(2) 信息科技对于护理专业发展的贡献与影响有何重要意义?

(3) 请说明NI与NIS的差异及关系?

(4) NIS及NI的发展方向与关系为何?

(5) NIS发展有哪些特色需要注意?

(6) 如何自己学习NI与NIS?

(7) 请举例说明亟待解决的护理信息管理问题为何? 解决目标是什么? 可以应用哪些信息科技工具?

(8) NIS系统设计时应考察哪些要素?

(张博论　冯容莊　卢小珏　郭明娟)

8 电子病历

本章将论述有关电子病历的概念、理论、实现方法、关键技术以及面临的挑战。读完这章后，你应该知道下面这些问题的答案：

电子病历和电子病历系统的概念是什么？

电子病历和纸质病历的本质区别是什么？

电子病历独特的实现方法有哪些？

电子病历的功能和应用。

电子病历面临的挑战有哪些？

8.1 病历概述

8.1.1 病历的概念

病历是对病人发病情况、病情变化、转归诊断和治疗情况的系统记录，是医务人员在医疗活动过程中形成的文字、图表、影像等资料的总和。病历完成的主体是临床医师、护士、医疗技术人员等。他们通过问诊、体检、实验室检查、诊断、治疗、护理等医疗活动获得信息，经过归纳、分析、整理记录于病历。

病历的书写有严格的规范，在我国必须符合《中华人民共和国执业医师法》、《中华人民共和国护理管理办法》、《医疗事故处理条例》、以及卫生部和各省（市、自治区）颁发的“病历书写规范”。

病历作为一个载体，承接和包含了广泛的信息：病人的、疾病的、诊疗过程的、医院的、医务人员的、国家政策法规的各种信息，以及医务人员对这些信息的解读、认知和处理。

Stanley Reiser 在 1991 年陈述了病历的目标：“为了回忆观察资料，为了告知其他人，为了教导学生，为了获得知识，为了对疾病的监控执行，以及为了对病人的正确干预。”病历的目的及作用，具体表现如下。

（1）记录、表达了患者健康状况及疾病的监控、诊疗情况，是再就诊或转诊的历史资料和诊疗基础。

（2）支持医务人员的诊断、治疗、护理、检验等工作，反映其工作效果和质量。

（3）支持科研、教学工作，病历是临床研究、流行病学调查、循证医学的宝贵资料和重要依据，也是对医学生和低年资医生的良好教材。

（4）病历是医疗行为的合法报告，是医疗纠纷和医疗诉讼的重要证据。

（5）支持各类医疗保险、公费医疗、新农村合作医疗的医疗费用结算及支付。

（6）支持对医院业绩的评估，是医院医疗质量、技术实力、管理水平的重要评价依据。

综上所述，病历的核心作用是改善病人健康状况，促进健康科学的应用。

8.1.2 病历的演变历史

1）西方病历演变简史

早在公元前5世纪，著名的希腊籍医学奠基人希波克拉底就书写了病历。他提倡病历需实现两个主要目标：第一，应该准确地反映疾病的过程；第二，应指出疾病的可能原因。它采取了两个主要的方法：第一是以时间为序来记录；第二是详细记录病人家属叙述的病情。它的病历记录理念和方法至今仍沿用。

图8－1为2 400多年前希波克拉底为病人Apollouius撰写的病史原文。

Ἀπολλώνιος ὀρθοστάδην ὑπεφέρετο χρόνον πολὺν. ἦν δὲ μεγαλό-σπλαγχνος,
καὶ περὶ ἧπαρ συνήθης ὀδύνη χρόνον πολὺν παρείπετο, καὶ δὴ τότε καὶ ἰκτερώδης
ἐγένετο, φυσώδης, χροιῆς της ὑπολεύκου. φαγὼν δὲ καὶ πιὼν ἀκαιρότερον βόειον
ἐθερμάνθη σμικρὰ τὸ πρῶτον, κατεκλίθη. γάλαξι δὲ χρησάμενος ἑφθοῖσι καὶ
ὠμοῖσι πολλοῖσιν, αἰγείοισι καὶ μηλείοισι, καὶ διαίτῃ κακῇ πάντων, βλάβαι
μεγάλαι. οἵ τε γὰρ πυρετοὶ παρωξύνθησαν, κοιλίη τε τῶν προσενεχθέντων οὐδὲν
διέδωκεν ἄξιον λόγου, οὖρά τε λεπτὰ καὶ ὀλίγα διῄει. ὕπνοι οὐκ ἐνῆσαν.
ἐμφύσημα κακόν, πολὺ δίψος, κωμα-τώδησ, ὑποχονδρίου δεξιοῦ ἔπαρμα σὺν
ὀδύνῃ, ἄκρεα πάντοθεν ὑπό-ψυχρα, σμικρὰ παρέλεγε, λήθη πάντων ὅ τι λέγοι.
παρεφέρετο. περὶ δὲ τεσσαρεσκαιδεκάτην, ἀφ᾽ ἧς κατεκλίθη, ῥιγώσας
ἐπεθερμάνθη. ἐξεμάνη. βοή, ταραχή, λόγοι πολλοί, καὶ πάλιν ἵδρυσις, καὶ τὸ
κῶμα τηνικαῦτα προσῆλθε. μετὰ δὲ ταῦτα κοιλίη ταραχώδης πολλοῖσι
χολώδεσιν, ἀκρή-τοισιν, ὠμοῖσιν. οὖρα μέλανα, σμικρά, λεπτά. πολλὴ
δυσφορίη. τὰ τῶν διαχωρημάτων ποικίλως. ἢ γὰρ μέλανα καὶ σμικρὰ καὶ ἰώδεα ἢ
λιπαρὰ καὶ ὠμὰ καὶ δακνώδεα. κατὰ δὲ χρόνουσ ἐδόκει καὶ γαλακτώδεα διδόναι.
περὶ δὲ εἰκοστὴν τετάρτην διὰ παρηγορίης. τὰ μὲν ἄλλα ἐπὶ τῶν αὐτῶν, σμικρὰ
δὲ κατενόησεν. ἐξ οὗ δὲ κατεκλίθη, οὐδενὸς ἐμνήσθη. πάλιν δὲ ταχὺ παρ-ενόει,
ὥρμητο πάντα ἐπὶ τὸ χεῖρον. περὶ δὲ τριηκοστὴν πυρετὸς ὀξύς, διαχωρήματα
πολλὰ λεπτά, παράληρος, ἄκρεα ψυχρά, ἄφωνος. τριηκοστῇ τετάρτῃ ἔθανε.

图8－1　2 400多年前希波克拉底撰写的病史原文

1880年，美国外科医生William Mayo创建了著名的Mayo诊所，建立了各个医生自用的账簿式的医疗记录。1907年，Mayo诊所进一步建立了每位病人一个单独文件夹的医疗记录，并规定这种医疗记录必备的一组基本数据，从而形成了现代病历的雏形。

1960年前后，Weed提出了以问题为中心的病历(problem-oriented medical record)，围绕病历中的一个或数个问题，形成SOAP的框架结构。S(subject)为主观部分，即病人的主诉或自己的感觉；O(object)为客观部分，即医护人员通过体格检查的临床发现；A(analysis)为评估部分，即实验室检查结果或诊断；P(plan)为计划部分，即医护人员的治疗处理，如医嘱。而在每一部分，仍以时间为序进行系统的记录，该理念与方法沿用至今。

2）中国病历演变简史

我国最早的比较完整的病案(即中医病历)是汉初著名医学家淳于意(公元前205—?)写的“诊籍”。发展到唐代，“太医局”(医学教育机构)对学生结业考试科目中设有假令(试验证候方治)一项，相似于现代的病案分析。宋代以前，中医药史上方剂多而病案少。到了明代韩懋的《韩氏医通》、吴昆的《脉语》，对病案格式和内容作了具体规定。明、清两代出现了许多名家医案著作，如江权的《名医类案》、叶天士的《临床指南医案》、喻昌的《议病式》等等，中医病案成熟了。

中医病案自形成之日起，便带有自己鲜明的民族特点和科学内涵，例如体格检查的

"望、闻、问、切"诊，中医诊断的"辨证分析"，与西医病案有明显的不同。

1992 年我国颁布了《中医病案书写规范(试行)》。经国家中医药管理局组织修订工作，自 2000 年 9 月 1 日起执行《中医病案规范(试行)》，它标志着我国中医病历走向了成熟。

中国现代病历的建立起始于 20 世纪初，它不同于传统的中医病案，而是引进和借鉴了国外的"西医病历"。1909 年美国在湖南省郴县开设的惠爱医院，设置了大型记录本，由医生对病人的问诊做简单记录。1914 年北京协和医院开始建立了比较简单的个人病历，1916 年增加了医嘱记录，形成中国现代病历的雏形。

解放以后，新中国高度重视病历的规范化，吸收了欧美、前苏联等国家先进经验，使病历从格式到内容一步一步走向规范化。虽然 20 世纪 60—70 年代受文革的冲击，病历一度遭到破坏，但自 80 年代初期重新步入规范化轨道。2002 年 9 月 1 日卫生部颁发了最新版的"病历书写暂行规定"，它标志着我国病历水平达到一个新的高度。

3) 电子病历的兴起

在近 2 500 年的人类历史长河中，纸质病历发挥了巨大的作用。但随着医学科学的发展，日益显示出它的众多问题和局限性。近代计算机科学的发展，为电子病历提供了可能，电子病历是病历发展史的必然和飞跃，它一方面继承了纸质病历的内核，另一方面又是对纸质病历的革新和拓展。

8.1.3 纸质病历存在的问题

1) 信息的独占性

纸质病历通常是以患者的主管医师为主，其他医务人员参与完成的一项医疗文件。因此，纸质病历在某一时间段，只能为一所医院、一个专科、一个医师所独占。而现代医学知识的飞速增长，促进了专科的增长和细化，医师护士知识技能的专业化，因而导致了一个患者身上存在的多种疾病(如冠心病、慢性支气管炎、糖尿病)记录在不同的专科病历中(如相应的心脏科、呼吸科、内分泌科病历)；即使同一种疾病信息也会因在不同医院就诊(如社区医院、中心医院、专科医院)而记录在不同的病历中。当我们希望对某一患者总的健康状况有一个全面了解时，却无法将分散在不同病历的信息汇集在一起。这样，一方面造成大量的患者疾病信息无法被共享和利用；另一方面造成同样的信息被不断重复采集、记录，导致医疗资源和费用的极大浪费。

2) 信息的易损性

纸张作为患病信息的载体，容易破损、霉变、遗失，常因一些小的疏忽而造成永久性的丢失。例如在几十万份的病历库中，可能因为工作人员看错一个病历号码，插入错误的行列而永不见天日(图 8-2，摘自《Medical Informatics》)。

图 8-2 病历库中的纸质病历

3) 信息的不确定性

由于纸质病历是自由文本形式，因此它的内容可变化，顺序可改动，字迹可潦草，它所包含的信息常因记录医师的主观理解、书写习惯、遣词造句能力欠缺而变得含混、缺损，而呈现不确定性。

4）信息利用的被动性

纸质病历的信息只有在医师重新阅读理解时才能被医师参考和利用，而不能在记录同时主动提示问题，帮助医师作出正确决策。例如一位急性心肌梗塞患者送达医院抢救时，因病情危重而疏忽询问他的糖尿病史，医师可能常规使用5%葡萄糖注射液作为抢救药品的溶剂而造成极严重后果。因此纸质病历信息的利用是被动的、滞后的。

5）难以支持循证医学和科学研究

纸质病历的信息是分散的、零乱的、不规范的，而科学研究要求数据必须是清晰、明确、全面、规范的，并被合法地使用。当我们试图收集科研数据时，必须重新阅读大量的病历信息，努力去搜索、采集、比对相关数据，而它们往往是残缺的、片面的、含糊的。这给回顾性研究和循证医学带来极大困难。

综上所述，纸质病历的局限性和存在问题已极大地影响了医疗质量、患者康复和科学研究，随着计算机科学的发展，电子病历成为病历发展的必然趋势，并将最终取而代之。

8.2 电子病历的定义与本质

8.2.1 电子病历和电子病历系统的定义

电子病历，顾名思义，是指利用计算机信息技术，以电子媒介为载体，记录患者疾病和诊疗过程的病历资料，并能进行检索、管理的信息存储库。随着计算机信息技术的发展，以及人们对电子病历认识和研究的深入，对电子病历的定义也在不断拓展和深入，这从电子病历命名的演变得到印证。早期是“computer-based patient record，CPR”，即“基于计算机的患者记录”；以后是“electronic patient record，EPR”，即“电子患者记录”；或“electronical medical record，EMR”，“电子医疗记录”；目前称之为“electronic health record”，“电子健康记录”，这些通称“电子病历”。

关于电子病历的定义，早在1997年美国电子病历学会（Computer - based Patient Record Institute，CPRI）进行了修订，并在Richard S. Dick论文“电子病历，健康保健的一项基本技术”中作了明确阐述：电子病历的内容包含了纸质病历的所有信息，但它决不只是利用计算机将纸质病历移植为电子载体，而是将纸质病历中文字的、图表的信息变为计算机能识别和理解的格式化数据予以输入、存储、处理、查询。它不仅包括了静态的病历信息，还可以利用信息技术将文本、图像、声音结合起来，进行多媒体的信息综合处理。

2003年ISO/TC 215（国际标准组织/负责卫生信息领域标准的技术委员会）对于广义的电子病历（EHR）给出了较为完整的定义：是一个计算机可以处理，可安全存储和传输，能被多个授权用户访问，覆盖过去、现在和将来，与个体健康相关的信息库，具备独立于应用系统的标准化模型，目的是支持连续、高效、高质量的综合医疗保健。

电子病历系统（electronic health record system，EHR-S）是指记录、检索、处理电子健

康信息的系统(引自“ISO/TS 18308,CEN 13606”)。

美国医学研究所(Institute of Medicine,IOM)在1997年的定义：电子病历系统是产生、使用、储存和检索病人健康信息纪录的一套机制和装置,通常设在卫生服务机构内,包括人员、数据、规章制度、操作规范、处理和储存设备(如纸张、笔、硬件和软件)、通信和其他为之服务的设施。

IOM在2003年进一步阐述为：电子病历系统纵向采集个体的电子化健康信息(包括个人健康情况和卫生服务),只有经过授权的用户才可以随时获得相关的个体信息或群体信息,提供改善卫生服务质量(安全、效率)的知识和辅助决策信息,提高卫生服务机构的工作效率。

如果我们将电子病历看做是医疗健康数据集,那么电子病历系统就是形成、操控和利用该数据集的综合系统。电子病历系统必须使用计算机信息化技术及其他工具,把有关电子病历的“意义”(meaning)附加在特定的信息中,通常是用程式语言在屏幕上建立格式,然后将它连接到相关的数据库上,使用者需要在格式的“栏目”(field)上输入特定数据,接下来这些数据将被保存到数据库已知的“栏目”和已知的表格中。

电子病历系统必须具有如下功能：能够处理各类医疗健康数据(包括影像、波形、数值、文字等);能够涵盖多方面功能,包括医疗数据访问、医疗业务支持、临床决策支持、健康数据管理等;能够将大量异构的子系统整合为一体(包括LIS、PACS、NIS、CDSS等);最后能够以共享形式被所有授权的用户使用。电子病历系统是高度复杂的,是医院所有信息管理系统的核心。

由于本章所阐述的电子病历是指在医疗机构应用的,主要记录患者疾病状况、诊治过程的病历,所以沿用了EMR的定义和内涵,而在“社区卫生”和“区域卫生”章节里我们会引入EHR,即健康记录的概念。本章在论述电子病历的构架、集成、决策支持功能时,实际上是指电子病历系统,因为这两者是既相互区别,又相辅相成的。

8.2.2 电子病历的本质与特点

1) 电子病历的本质

电子病历的本质是什么？它与纸质病历的根本区别是什么？这是首先应该明白的。

早先,人们将病历内容手工录入计算机,将检验、检查图片、报告等扫描存入计算机,并将这种电子文档称之为电子病历。但在实质上,这只是将病历由纸质介质移植为电子载体,计算机并不明白它所包含的信息。真正意义的电子病历,是指它所包含的信息能被计算机所识别和理解,并能由计算机进行处理。因此它应该具备自己独立的结构化模型,它所包含的数据应该是结构化的、标准化的。这样,当我们“书写”电子病历的时候,或者说向电子病历录入信息时,实际上是在调用、组织和运行电子病历系统独特的结构化模型和结构化数据。

2) 电子病历的优势

电子病历具有纸质病历的所有功能,可以实现其全部目标,除此以外,相对于纸质病历存在的问题,电子病历具有以下优势。

(1) 正确性与完整性：首先,电子病历以规范的印刷体替代了随意的手写体记录,所以阅读更方便准确;以标准化的病历模型替代了手写的文本格式,所以内容更完整、组织更规范。由于是利用计算机将数据录入到标准化病历模型中,所以系统应用程序能够自动检测这些数据是否正确与完整,并对录入错误予以警示,例如纠正拼写错误,提示检验结果超越参考范围,要求补充诊断依据和疾病资料等。

(2) 形式多样性:纸质病历只能记录文字、数值、表格信息,而电子病历借助于多媒体技术,则可以记录多种形式信息,例如声音(心脏杂音)、图像(冠状动脉造影)。纸质病历信息是放置于固定的格式中,无法再变动,而电子病历却可以将单一界面录入的信息用不同形式呈现出来,具有良好适应性。例如将糖尿病人历次检查的血糖数值以曲线图表示,以利于医师直观、迅速判断病情变化。

(3) 共享性:相对于纸质病历"独占性"的缺陷,"共享性"是电子病历最大优势之一。通过应用标准化的数据和标准化的信息交换协议,病历信息不仅可以被授权的不同医师在同一时间共享;也可以跨越不同科室、部门共享;还可以跨越不同医院、不同地域被所有授权机构所共享。

(4) 安全性:纸质病历很容易被人为地修改、重写,且不留下痕迹。对于涉及的患者个人隐私,如艾滋病、性病等,涉及医疗安全的内容也极易被人窃取。电子病历则可以通过一系列安全措施,保证录入的病历信息的原始性、完整性,并对修改的内容、人员、时间留取记录。

(5) 结构化:纸质病历是以描述性的文本格式录入、存储数据的,这些数据是非结构化的。电子病历却是依据ICD、SNOMED、LOINC等标准化医学术语录入、存储数据的(参见第4章),这些数据是结构化的,能被计算机识别、理解和应用,并为临床决策支持功能奠定基础。

8.2.3 电子病历的发展史

1) 电子病历产生的动因

随着医疗管理的深入,医院主管机构要求获得各医院医疗状况的精确报告,而病历被视为报告资料的可靠来源。20世纪40年代起,美国等发达国家要求从病历中提炼一些信息,定期向国家数据管理中心提交,它们包括人口统计学信息(如新生儿)、疾病诊断信息(如传染病)、住院信息(如治愈率、死亡率)以及医疗信息(如手术结果)。这种统计报告的需求,促进了对病历数据的规范化实施。

20世纪60年代,以计算机信息技术为基础的"医院信息系统"(HIS)进入医院,它根据患者的医疗信息,例如药品、检查、手术等完成收费服务。其后的社会医疗保险制度,要求在更大范围内收集、传输患者的医疗信息来完善保险费用的支付服务,而所有这些收费信息都源自患者病历的医嘱,它们是病历电子化的触发因素。

1972年Morris Collen使用信息管理系统去存储和描述试验室检验结果,并将它们用于预防保健领域。此后LIS、PACS、RIS(放射学信息系统)……逐步进入医院,它们对于不同信息系统的异构数据在病历中的集成起了促进作用。

社会医疗保险制度的发展与完善,尤其是它将付费方式由按项目付费过渡到按病种付费,这就迫使医院必须建立电子化病历资料提交审核,同时利用电子病历来规范治疗方案、节省支出、获得经济收益。这种经济利益需求正是电子病历成长的动因(参见第16章社会医疗保险)。

当然电子病历产生的另一个动因是政府和公众对于个人健康的重视,对于医疗质量的关注,幸运的是现代计算机信息技术为电子病历的实现提供了基础。

2) 电子病历的演变

从纸质病历到电子化的病历文档,到表格式电子病历,到高度结构化的电子病历,经历了数十年的演变过程,各阶段既相对独立,又交叉混合出现,反映了电子病历发展的艰辛和顽强。

(1) 电子化的病历文档。由医师或专人手工录入、语音录入,或者采用计算机扫描等方式将病历内容转为电子文档存储于计算机内,可利用病历 ID 号进行检索、调阅。

(2) 电子化的病历管理。采用条码、无线射频识别技术,附加于纸质病历上,再利用资料库索引技术记录纸质病历的存放位置和它的借出流向,从而达到病历电子化的登记、管理。

(3) 表格式的电子病历。20 世纪 70 年代欧美开发了表格式的电子病历,如"Regenstrief 信息系统",为各专科设计了以表格为主的病历形式,医师可以依据界面左上方诊断表,左下方结构化数据,向表格中录入病历信息。但对于描述性的内容,例如现病史、病程记录仍采用手工录入的文本格式。这是一种部分结构化的电子病历,它是电子病历发展中必然的过渡形式。

(4) 高度结构化的电子病历。它采用结构化录入的方式,将医疗信息录入到结构化的病历模板中,即本章所介绍的电子病历,尽管它与完全意义的电子病历还有差距,还有许多极具挑战的难题,但病历内容绝大部分已经可以被计算机识别和理解,并能按照医师的需求自动处理其中的绝大部分信息。

3) 电子病历的推广应用

在欧洲,尤其是荷兰和英国,电子病历最初是被社区医院的全科医师(GP)所应用,这是因为全科医师更熟悉自己的患者,与他们保持长久的联系;全科病历信息内容较专科病历更简单;社区医院较专科或中心医院的设备和医疗项目更简单。专科电子病历则与之相反,需要一个长期研究、完善的过程。

电子病历在各国应用的情况差异很大。早在 1996 年,瑞典斯德哥尔摩的卡罗林斯卡医院就开始使用电子病历;1997 年,荷兰有 50%GP 已应用了电子病历;本世纪初,欧洲各国电子病历普及率达 50%—90%,但美国只有 10%。我国台湾地区自 2006 年立法推广统一的"台湾电子病历模组"。

电子病历的进程是曲折的。例如,美国加州地区圣巴巴拉郡(Santa Barbara County) 1999 年起耗资 1 000 万美元、历时 3 年研发的互操作性的电子病历以失败落下帷幕。然而美国推行电子病历的决心是坚定的,美国前总统布什在 2004 年国情咨文和总统竞选中,要求医疗界在 10 年内彻底取消传统的纸质病历。与此相匹配,2006 年度联邦政府预算中为实施电子病历设立 1.25 亿美元专款,政府、学术界与产业界第一次达成高度共识,共同推进该政策。与此同时各发达国家也采取了类似举措,例如英国已拨款相当于 60 亿美元用于建设全国统一的电子病历网络系统。瑞典则有 85%医师已使用了电子病历。

我国自 20 世纪 90 年代末开始电子病历研发,初期仅为电子化的病历文档,并逐步发展为当前的半结构化电子病历。2005 年我国卫生部制定了“十一五”期间的“e - Health”计划,电子病历与数字化医院、疾病监测系统成为卫生信息化的三个重点示范项目,极大地推进了电子病历的研究和应用。

社会与市场的需求促使电子病历正以其旺盛的生命力在全世界逐步地、顽强地向前迈进。

8.3 电子病历的架构模型

电子病历的架构模型为一个文件导向式的内容规范,而不是一个传统的电子病历信息库,因此它必须遵循病历的基础规范,同时具有严格的内在逻辑关系和架构,形成一个完整的树状结构模型。

8.3.1 电子病历的设计原则

电子病历作为传统纸质病历的沿革,继承和遵循病历的下述基本原则:

1) 以病人为中心的设计原则

电子病历以单个病人为单位,因此病历档案的根目录是个人健康记录,每个病人可以拥有不同医疗机构的诊疗记录,以及同一个医疗机构多次的门诊和住院诊疗记录,而每一次诊疗记录为一个病历单元。

2) 以问题为核心的设计原则

一次就诊,是以解决病人一个主要疾病为中心的,一份电子病历就是围绕这个主要问题(疾病),从主观症状、客观检查、评估诊断、治疗计划,即 SOAP 结构来组织处理信息。若有多个疾病,则分别按此方法处理。以问题为中心的设计原则及 SOAP 结构能清晰地反映该疾病演变的客观规律,为纷繁杂乱的疾病信息组织提供了规范的框架,便于归类和组织,同时可以正确地反映医务人员的思路以及疾病诊疗的过程。

3) 以时间为顺序的设计原则

公元前 5 世纪希波克拉底最早的纸质病历,就是以时间顺序来记载患者病情的,并沿用至今。以时间为顺序的设计原则为纷繁复杂的疾病信息组织提供了一个主轴,便于信息的排序和表达,准确地反映疾病发生、发展、转归的过程,并提示和验证诊断、治疗的正确与否。

4) 以病历书写规范为形式的设计原则

为了遵循病历书写规范,电子病历的大体架构模型沿用了纸质病历的外观和形式,例如“住院病历”形式仍旧包括:患者一般信息、主诉、现病史、既往史、家族史、体格检查、实验室检查、诊断、治疗计划……但在内核里进行了信息化的处理。

根据上述的设计原则,可以建造不同的电子病历的架构模型,例如我国台湾地区电子病历就是一个成功的模式。中文版的“台湾电子病历模组”(Taiwan Electronic Medical Record Template, TMT)是台湾地区卫生署经公开征集方案后,特委任台湾医学信息学会协助制定并推广的电子病历基本架构格式,并希望成为台湾地区统一的电子病历模式。下面以 TMT 为例,说明电子病历的架构设计(资料来源:张慧朗、邱文达等著《医学资讯管理学》)。

TMT 的主体架构如图 8 - 3 所示。

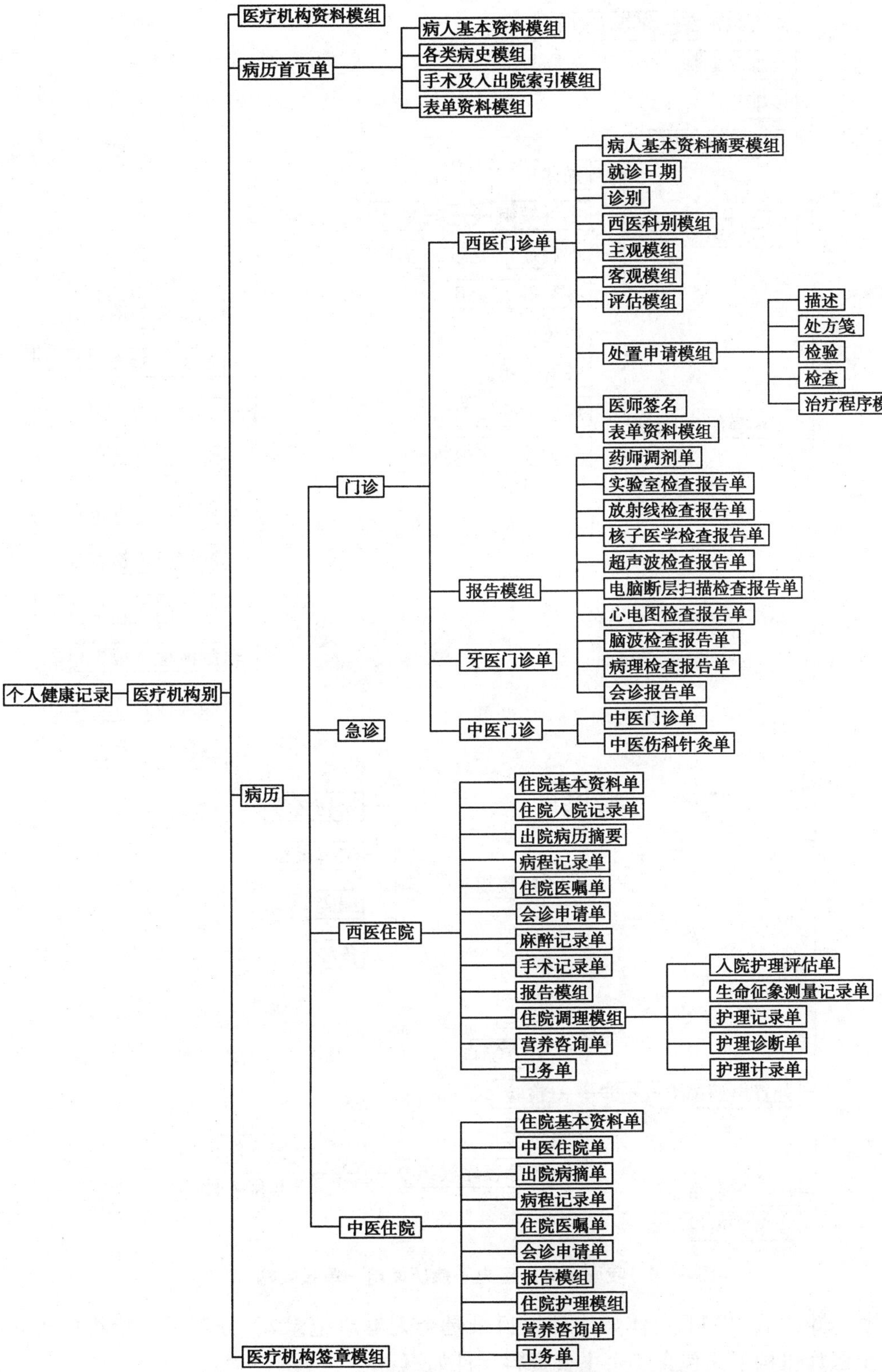

图 8－3　我国台湾地区电子病历模组主题框架

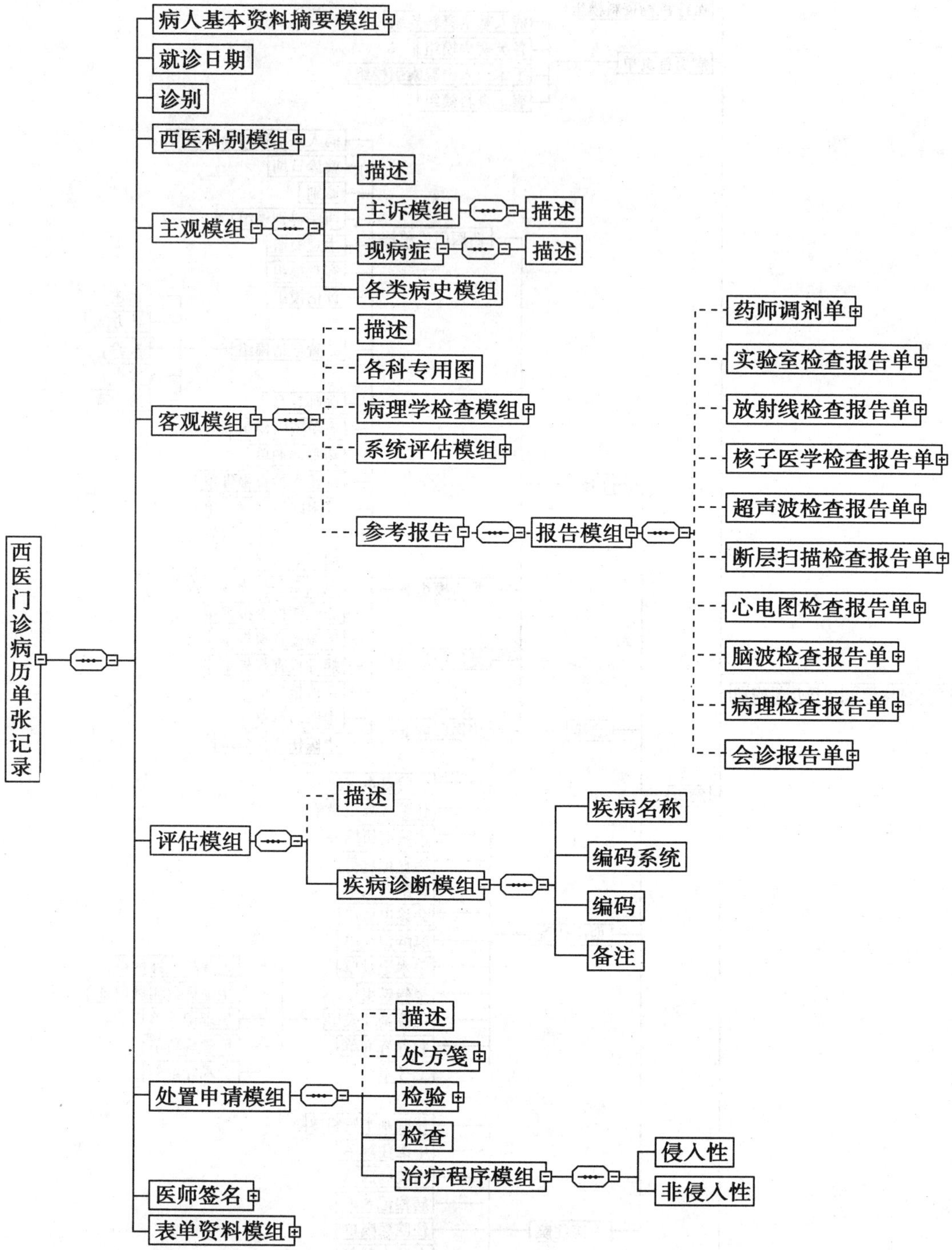

图 8－4　我国台湾地区电子病历模组—单张架构

如图 8－3 所示，TMT 主体架构的根目录是个人健康记录，下分若干医疗机构子目录，每一个医疗机构下又包含 4 个主要资料元件如下：

(1) 医疗机构资料模组：记录医疗机构名称，负责人、地址等。

(2) 病历首页单：包含三部分。其一为个人基本信息组，记录患者姓名、出生日期、住址等。其二为病史模组，记录患者的既往史、个人史、家族史以及其他病史相关信息。其三为手术及入出院索引模组，记录患者在该院手术及入出院的索引资料。

(3) 病历：分为门诊、急诊、住院三大项目，大部分诊疗信息记录于此并逐级分为更具体项目。

TMT 的基本格式共计有 8 大类 48 张电子病历单张，以及 59 个通用模组，除"病历首页单"外，其余均属于该类，其资料按时间顺序排列。

TMT 基本格式以纸质病历单张为基本单位，如图 8－4 所示。每一个电子病历单张内皆有一个"表单资料模组"，记录了表单的相关信息，如单号、名称、代码、版本、机密等级、表单内容相对位置、加密软件等资料，并预留了单张的加密、解密空间。

(4) 医疗机构签章模组：记录各机构印章资料及加签后存放的位置。

我国卫生部 2009 年 7 月发布了《电子病历基本架构与数据标准(征求意见稿)》，对电子病历做了全面设计和整体规范，包括《电子病历基本架构与数据标准》、《电子病历数据组与数据元标准》、《电子病历基础模板数据集标准》。这将极大地推动我国电子病历的发展。图 8－5 是我国电子病历基本内容架构总图。

8.3.2 电子病历的架构模型的设计原理

本节以目前国内高度结构化的电子病历架构模型为例，说明其设计原理及方法。电子病历架构模型的本质包含了两方面，第一是必须表达病历规范的格式和外观，第二是必须能反映临床医学知识和诊断治疗的规律。

1) 表达病历规范的格式

依据卫生部病历书写规范，表 8－1 是一份心绞痛电子病历的分层次结构内容，其前 3 层结构表达了通用的结构。

表 8－1 电子病历的分层结构

层 次	名 称	包含病历内容
第 1 层	心绞痛病历模板	〈体温单〉、〈医嘱单〉、〈入院记录〉……
第 2 层	入院记录	〈主诉〉、〈现病史〉、〈既往史〉……
第 3 层	现病史	〈心绞痛症状〉、〈伴发症状〉……
第 4 层	心绞痛症状	〈疼痛范围〉、〈疼痛性质〉、〈伴随症状〉……
第 5 层	症状要素	例如疼痛范围(长度×宽度)
第 6 层	要素分解	例如长度定义：〈数值〉、〈单位〉
……	……	……

2) 反映临床医学知识和诊断治疗的规律

电子病历是关于疾病信息的记录，必然包括了临床医学知识和诊断治疗的规律，表

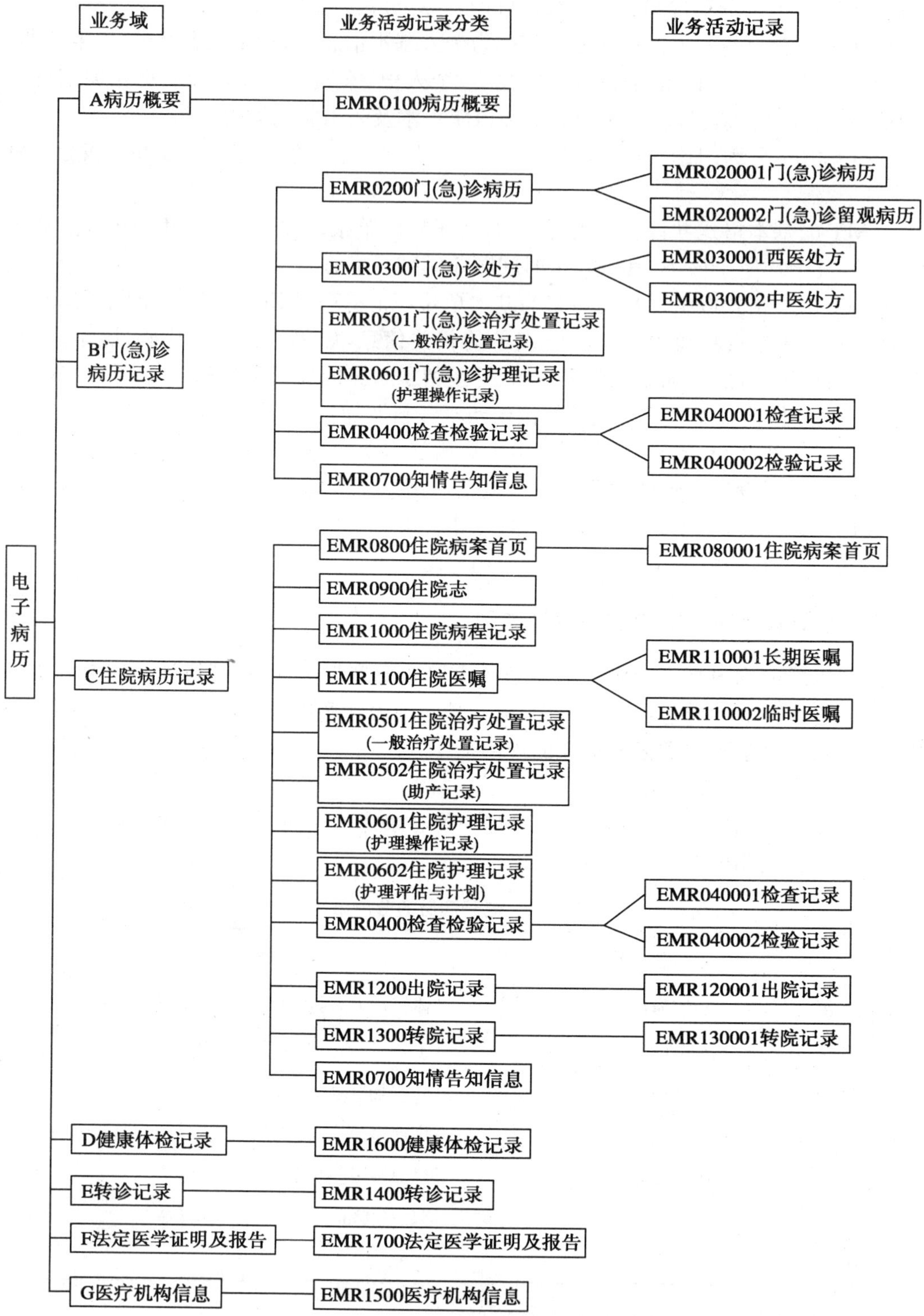

图 8-5 我国电子病历基本内容架构总图

8-1的后3层表达了这部分内容。试举一个案例予以说明。

患者朱××，男，75岁，5年前出现发作性心前区部位疼痛，性质为压迫样闷痛，常因劳累诱发，疼痛范围约一手掌大小，向左肩部放射，休息3至5分钟后可以缓解，含服硝酸甘油有效。有"支气管哮喘"病史10年。体格检查：体温37.5℃，血压160/95 mmHg，神志清，颈静脉充盈。双肺呼吸音粗糙，心浊音界向左扩大，心率90次/分，律不齐，可闻及早搏，每分钟3—5次，心尖区闻及Ⅲ级收缩期杂音。腹部平软，未扪及包块。实验室检查白细胞8.3×10^9/L。心电图示：Ⅱ、Ⅲ、aVF导联ST段压低0.15 mv，T波倒置。心肌酶谱正常。

主要诊断：冠状动脉粥样硬化性心脏病，劳累心绞痛。

该病例的现病史是对"心绞痛"症状信息的一个逻辑性表述，依据临床医学知识应包括以下要素：疼痛部位、疼痛性质、疼痛范围、始发时期、持续时间、放射方向、诱发原因、缓解原因、硝酸甘油疗效判断等。这样就构成了电子病历第4层结构。

上述每个要素还可以再分解，例如"疼痛性质"可再细分为压迫性、紧缩性、闷胀性等；"诱发原因"可细分劳累、饱食、寒冷、焦急、愤怒、兴奋等；而"疼痛范围"一手掌大小，可以用长度×宽度（10×8 cm^2）来表示……这样，根据临床医学知识或诊疗规则，就构成了电子病历第5层结构。对于"疼痛范围"的长度和宽度，可用单位（cm）和数值来表示，又构成了电子病历第6层结构……这样，我们可以依据临床医学知识原理的驱使，将病历信息进一步逐级细分为若干层次，设计出电子病历的架构模型（如表8-1所示）。

8.3.3 电子病历的树状结构模型

根据上节的论述，我们可以用树状结构来表达电子病历的架构模型，如图8-6所示。该图前三层源自于病历书写规范的设置，表达了病历内容的逻辑关系；后三层源自临床医学知识和诊断治疗规则，表达了由医学知识驱动的疾病信息的逻辑关系，它们共同反映了该患者疾病的本质和自然特征。

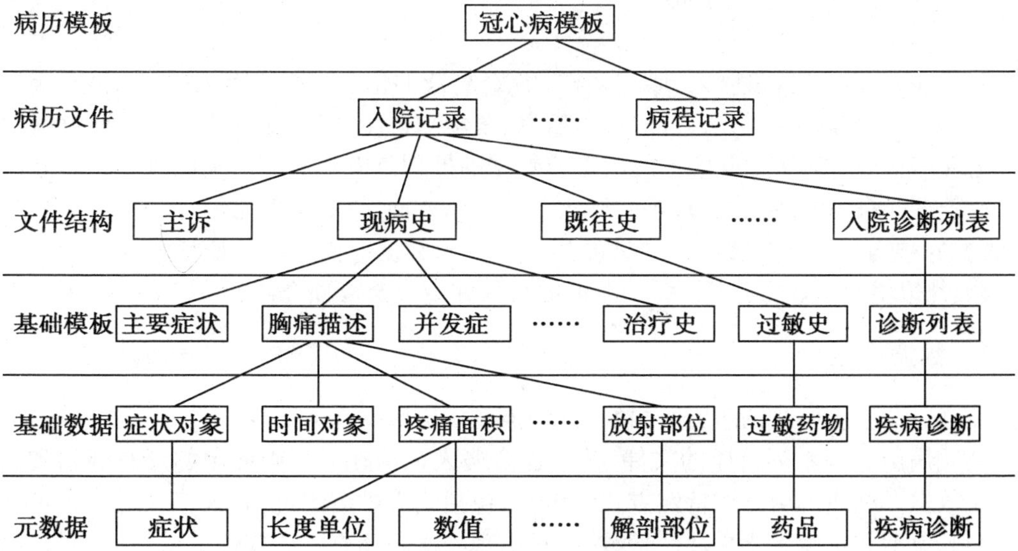

图8-6 电子病历多层结构示意图

这种树状结构在电子病历的录入界面如图 8－7 所示。树状结构的根结点是某一专科或专病。根结点下包含了若干枝节点，可以不断分解，直到最终的节点称为叶。每一节点只有一个父节点，而可以拥有若干子节点，从而形成从根节点到叶的一条条扩展路径。所有这些节点和叶都以结构化的医学术语来表达。因此电子病历模型的树状结构与医学术语的树状结构是两个不同的概念，不应混淆。

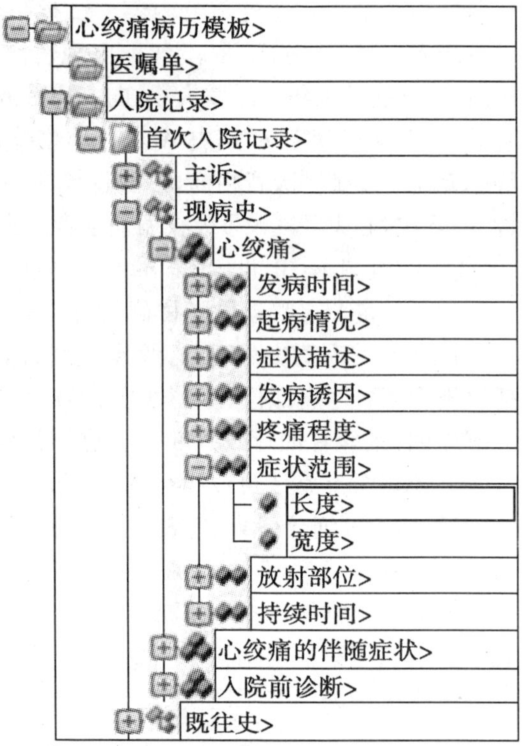

图 8－7　电子病历树状结构的录入

电子病历架构模型是由医学专家和计算机工程师使用特定的设计工具——模型编辑器(Model Editor)建立的，模型编辑器将遵循病历规范建立通用型的电子病历模型，再遵循医学知识驱动性，以树状结构进行可视化扩展。建立一个新的电子病历架构模型时，在编辑器中开始只设置一个根节点作为最顶层节点，如某一疾病(心绞痛)，下面就可以利用编辑器通过增加和扩展同级节点以及下一级子节点来实现，每增加一个新节点时，必须同时指定该节点的类型以及属性值。例如上述“心绞痛范围”长度的节点是数值型，单位是厘米。

8.4　电子病历的数据处理

电子病历包含了数量巨大、形式多样、纷繁复杂的信息：患者个人一般信息、疾病演变信息、医务人员的个人信息、医疗行为信息、医学知识库、费用支付信息、仪器设备信息、医学伦理信息……对于如此庞大的信息或数据的处理是电子病历系统最核心的部分。

对于电子病历的数据处理，我们将从以下 5 个方面予以阐述：数据的描述、数据的建模、数据的结构化、数据的录入、数据的显示。关于数据存储主要是依托于使用的数据库平台，大都以 XML 形式实现。关于数据的集成在下一节专项介绍。

8.4.1　数据描述

在这一节里主要讨论病历数据的特点、描述病历数据有何要求。

纸质病历是一系列有序的文件，其中包含病人在治疗过程中使用的所有药物和收集的相关数据。纸质病历是按特定方式组织的，包括病人姓名、身份和医疗保险等管理性数据；性别、血型和过敏等永久性医学数据(只出现一次)；还有一些其他可变性医学数据(多次出现的数据和随时间变化的数据)。

可变性的数据可以进一步分为不同的亚类，比如病史、体格检查和随访检查、实验室检查结果、药物处方、图片（如X线片和闪烁扫描图）、生理信号（如心电图、肺活量）等，如表8-2所示。

表8-2 病历内容中变量的类型

变量类型	例子
整数	年龄（按日、月、年计算）
	心跳/min
	就诊次数/月
实数	血压（kPa或mmHg）
	体温（℃）
编码	疾病
	药物
自然语言	事件
	病史
	治疗

由于病历数据的复杂性，在考虑病历数据的描述方法时必须注重以下处理原则：

1）数据结构基本要求

EMR的各种应用都是以系统中保存的数据为基础的。如果数据不能利用，数据的价值也就体现不出来了，所以保存的数据能否被处理就显得非常重要。

病历的描述方法不仅要满足现阶段的数据处理要求；还要尽量满足今后一段时间内的数据处理要求。病历的描述方法不仅要满足一个部门、一所医院的数据处理要求；还要尽量满足不同部门、不同医院，乃至不同地区的数据处理要求。例如要做流行性感冒的疾病调研，就需要不同地区、不同年份的相关病历信息进行分析。

2）完整性和可靠性

计算机记录数据的一个重要问题是保证上述四种不同类型数据的完整性和可靠性。例如，人工测量的血压是否和传感器测量的血压一样可靠？一个医生使用的代码和另一个医生是否一致？

不完整的数据可以导致不确定性。例如在病历中，医师通常只记录异常信息，而省略、默认正常信息，这样收集在计算机中的病人信息就会缺失，却无法判断这些缺失的信息究竟属于正常的，还是因遗漏没有采集的。不完整的数据会影响电子病历的作用，甚至导致错误的理解。

3）时间的表示

在医疗保健中，时间起着重要的作用。病人的病程随着时间而演变，医生对疾病的认识也随着时间逐步加深，医疗行为都是在特定的时间执行，因此，标记时间是很重要的，病历本身就是按时间顺序的记录。一个EMR系统应允许对一个事件有关的数据使用三个时间标记来标注，即：① 数据录入时间；② 获得理解的时间；③ 该理解被应用的时间。

时间表达存在于医疗事件中,它可以是绝对或相对的,在精确度方面相差也很大。在EMR系统中,有关时间的处理是件很复杂的事情。因此,EMR系统首先要能识别出病历记录中哪些信息是"时间",其次要能对不同形式的时间根据需要进行换算,以满足数据处理的需要。

4) 描述方法的规范性和开放性

病历数据的处理必须解决两个重要问题:共享和集成。在异构系统之间进行数据交换必须遵循一定的标准,没有这样的"共同语言",两个系统之间就不能进行有效沟通。因此,病历数据的描述方法必须实现规范性,同时也要实现开放性,以便于对当前通用的各种数据规范提供良好的支持。

病历数据结构的复杂性和多样性是其特点之一。随着临床工作的不断发展,还会有更多类型的数据出现在病历中。这就需要描述方法具有开放性,能够不做修改或少做修改就可满足新数据描述的需要。例如目前常用的基于XML的描述方法。

8.4.2 数据的建模

我们了解了描述病历数据的要求后,就可以进一步研究电子病历数据的整体模型。HL7 V3提出了参考信息模型(reference information model,RIM),它以医疗事件对象为枢纽,对整个医疗数据进行概念建模。在RIM中,整个医疗过程由相互联系的若干事件进行表达,所有医疗数据都可以与某个事件相对应,因此可以通过建立事件索引,串联了患者的全部医疗数据,从而对患者整体医疗数据集建立模型,即医疗事件索引信息模型(healthcare act indexing information model,HAIIA)。

HAIIA模型中的事件索引记录了每个事件的关键属性:主体、客体、事件类型与状态、发生时间与地点、数据位置等。而数据位置属性则记录了对应数据的位置和方式。对于数据不同的状态,再分别定义它的数据结构,如数值和文字数据的关系数据结构、标准化文档数据的CDA文件、非标准化文档数据的PDF(portable document format)文件、医学影像数据的DICOM文件、医学波形数据的MFER(medical wave form format encoding rule)文件等。按照该模型,不仅可以将已有医疗数据结构化地、规范化地归入电子病历中,而且可以扩展不断增长的数据模型和事件类别。

常见的建模方式有三种。第一种是"关系型数据库建模",这种方式主要是用关系型数据库对病历进行建模,原则是"尽量用计算机来保存数据"。第二种是"基于RTF的病历模型",是针对第一种方式的改进,目标就是对自由文本进行结构化处理。原先自由文本保存到数据库中时都只是普通的文本,不包含字体等格式控制信息。后来为了丰富显示效果、添加特殊字符,一般都采用RTF(rich text format)格式保存文档。实际上还可以通过XML来处理自由文本,可以直接以XML格式保存数据。第三种方式是树形结构的病历模型,基于"不丢失病历数据"的原则,重点考虑的是如何以结构化的方式保存数据(我们将在下一节具体介绍数据结构化)。树形结构中每一个根节点都表示一份病历文件。每一份文件的内容按照描述的重点可以依次分成若干层次的类别,树形结构相当于病历的骨架,树的结构是动态的,用动态的结构来保存数据。

8.4.3 数据的结构化

1）什么是数据的结构化

结构化数据是指能够用数字或统一的数据模型加以描述的数据，具有严格的长度和格式，如存储在关系型数据库里，可以用二维表结构来表达的数据。非结构化数据的数据长度和格式是不固定的，如文本、图片等。

半结构化数据模型是一种基于图的自描述的对象实例模型，其中数据包括原子数据和复杂数据，半结构化数据通常以标记文本的格式存放。

电子病历数据的结构化不仅需要用统一的数据模型来描述病历，还需要根据数据内在概念的序化和原理的序化被准确地分类和编码，并归属于某一医学分类系统中（具体参见第 4 章）。这种医学分类系统是电子病历结构化数据的预定义词汇表。

2）为什么需要数据结构化

数据结构化可以看作是电子病历的第一要素，我们从以下三方面予以理解。

首先，只有是结构化数据，并且已被标准化地组织成预定义词汇表，并存放在电子病历系统中，才能被计算机所识别、理解和处理。换言之，如果计算机系统要对病历包含的信息进行有意义的处理，就必须要有标准的、规范的术语和分类系统的支撑。

纸质的病历数据主要是自由文本，即自然语言形式，如病史、病程记录等。但自然语言是非标准化的，因此计算机处理非常困难。自由文本可以看作是书写者对所观测现象的个人解释，如果其他人需要使用这些数据，就必须重新阅读它们，然后根据自己的解释在头脑中重构这些医学现象。因此从语义上讲，自由文本因为结构化不够，往往可以有多种解释，这类解释上的误差是不能用计算机处理的方式予以消除的。

其次，电子病历的主要目的是能对患者诊断治疗予以警示、提醒，提高医疗质量，实现临床决策支持功能，而这些都要依赖于计算机能"解读"病历数据的医学含义，再利用一些规则去分析、运算它们。结构化数据在标准化过程中已赋予它们医学原理和医学概念的内涵，并规范了各数据间相互的逻辑关系，所以能实现上述目标。同样的道理，结构化数据为电子病历的数据挖掘、循证医学、科学研究提供了基础。

再次，电子病历的一个极大的优势是共享性。结构化数据，特别是在最大范围内公认且共用的结构化数据才能实现真正的共享，并为跨医院、跨地区的相互转诊、远程会诊提供基础。

3）如何实现数据结构化

数据结构化的原理和方法在不断探索和完善中，目前，电子病历系统中实现数据结构化最有效、便捷的方法之一就是将国际经典的医学分类系统作为电子病历的预定义词汇表，其代表性的有"国际疾病分类"（ICD）、"人类与兽类医学系统术语"（SNOMED）、检测报告逻辑命名与编码系统（LOINC）……可参见第 4 章。这些分类科学、完整、严密、广泛而深入，基本覆盖了除中医以外电子病历所需要的数据。

8.4.4 数据的录入

准确而及时的数据录入是电子病历系统中难度最大、费时最多的工作，几乎所有的临床医务工作者都必须参与这一日常性工作。数据录入的方式可以分为三种：自由录入或固定表单式录入方法，开放式结构化录入方法和自然语言处理方法。

1) 自由录入或固定表单式录入方式

早期的电子病历采用文本格式的录入方法，也可以由医生护士或聘请专职人员采用手工录入方式，将相关数据录入到病历表格中去，形成电子病历文档。另一种方式是采用语音识别系统，由医生护士口授录入，再审查确认，形成电子文档。它们本质都是手工录入。

固定表单式录入方式的优点是，在较低程度上可以实现部分数据的结构化，技术上要求比较简单。其缺点也很明显：首先限制了医生的思路，将诊疗行为变为一种机械的填表过程。其次，不能适应复杂多变的疾病表现，若要面面俱到又会使表格过于复杂庞大。再次，固定僵化的表格不利于系统的维护，例如患者如果同时存在数种疾病，不能灵活配置表格。因此，表单式录入方式只适用病历中内容相对固定，结构相对稳定，非自然语言描述的部分，例如“体格检查”、“实验室检查报告”。

2) 开放式结构化录入方式

开放式结构化录入(open structured date entry，Open SDE)是目前最广泛应用、并具有良好前景的录入方法。

(1) Open SDE 的基础。Open SDE 的基本条件包括：结构化的病历模型、知识驱动性内容、预定义词汇表与合成表达规则。下面我们借用上述朱××劳累性心绞痛病例予以说明。

① 结构化的病历模型：我们已经在 8.3 节中介绍。根据病历书写规范，为了录入朱××的“现病史”信息，首先选择第 1 层根目录上的“心绞痛”模板，其次选择第 2 层子目录上“入院记录”，再次选择第 3 层子目录上的“现病史”……按照树状病历模型，逐层向下录入。

② 知识驱动性内容：自第 4 层开始，将依据临床医学知识的驱动，展开树状结构。录入朱××的“现病史”信息时，在第 4 层选择“胸痛”；在第 5 层，分别设置了 9 个子节点：部位、性质、范围、开始时间、持续时间、放射方向、诱发原因、缓解原因、硝酸甘油疗效。对于每个子节点，第 6 层又设置叶节点。例如“范围”这个子节点，第 6 层又设置了“数值”和“单位”两个叶节点。

③ 预定义词汇表：开放式结构化录入就是在每个节点选择正确的结构化数据予以录入，这些数据均来自于预先定义的词汇表。这些词汇表绝不是医学词汇的累积，而是根据标准化原理，经分类、编码、可扩充和维护的医学术语分类系统，例如 SNOMED 等。试以胸痛“诱发原因”为例，若以 SNOMED 为预定义词汇表，可提供“无明显诱因的”、“运动后”、“因饱餐”、“因情绪激动”、“劳累后”等不同含义的词汇。

④ 合成表达规则：即将这些不同层次、不同节点的内容按预定的规则合成，去表达明确的医学概念，或者描述明晰的医疗事件。为确保这种描述含义的正确性，电子病历系统会对一些有歧义的部分生成提示性的问题，供录入者选择、修改、确认。

(2) Open SDE 的录入方法。有了上述的基础，Open SDE 的录入方法十分便捷，步骤如下：首先选择相应的病历模板，由于调用模板的同时也提取了结构，所以医生只需要通过简单的鼠标点击，针对具体病例，在对树状结构的各个节点选择正确数据录入即可，如图 8-8 所示。

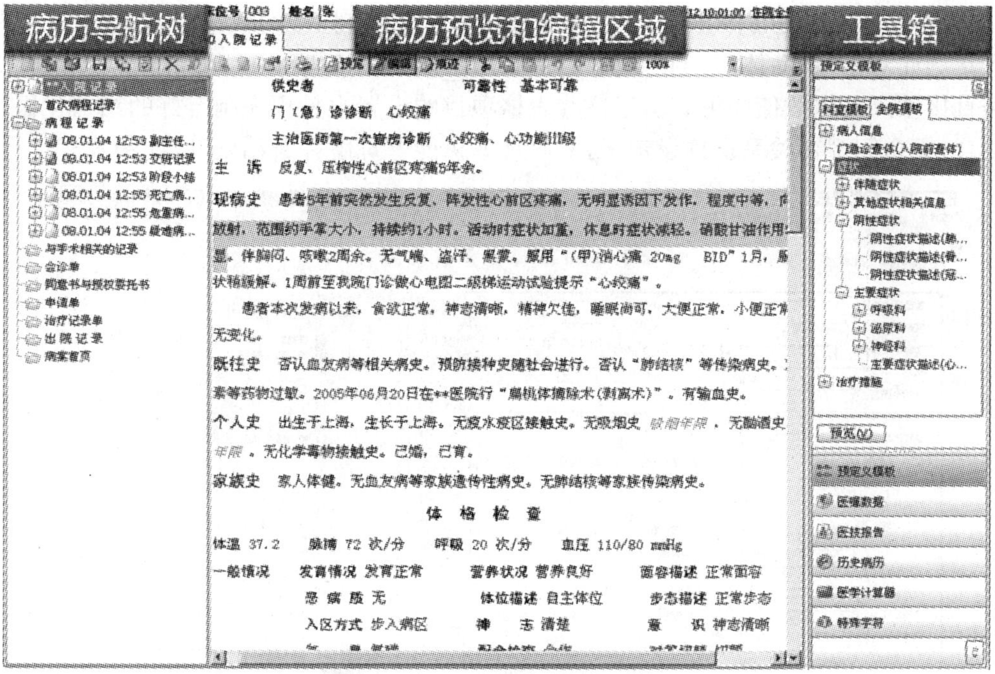

图 8-8　开放式的结构化录入

① 调用专科或专病病历模板。

② 根据患者病情，在通用模板的基础上调整或重组，形成适合于该患者本次就医的病历模型。例如朱××以心绞痛就诊，同时患有“支气管哮喘”病，我们就可以调用与后者相关的病历模板，组装到心绞痛电子病历中。

③ 菜单驱动用户界面是最常用的录入方法，医生在左侧模型列表中选择项目“入院记录”，即产生下一级若干子项目，再选择“现病史”，于是在界面右侧出现“现病史”录入界面。该界面显示了有心绞痛症状的各节点，选择其中一个的节点，如“发病诱因”，便出现下拉菜单，其中罗列了 SNOMED 中与此相关的预定义的医学术语，鼠标点击正确术语即可完成，如图 8-9 所示。

图 8-9　Open SDE 的菜单驱动的用户界面录入

④ 表格录入也是常用方法，多见于体格检查、实验室检查的数据录入，也见于症状的录入。例如对于“生命体征”的“体温__℃、脉搏__次/分、呼吸__次/分、血压__mmHg”则只需直接填入具体数值即可。由于这些表格项目的设置也是预先制定好的结构化医疗概念集合，概念间逻辑关系也预设定了，所以计算机能够理解并自动处理，如图 8-10 所示。

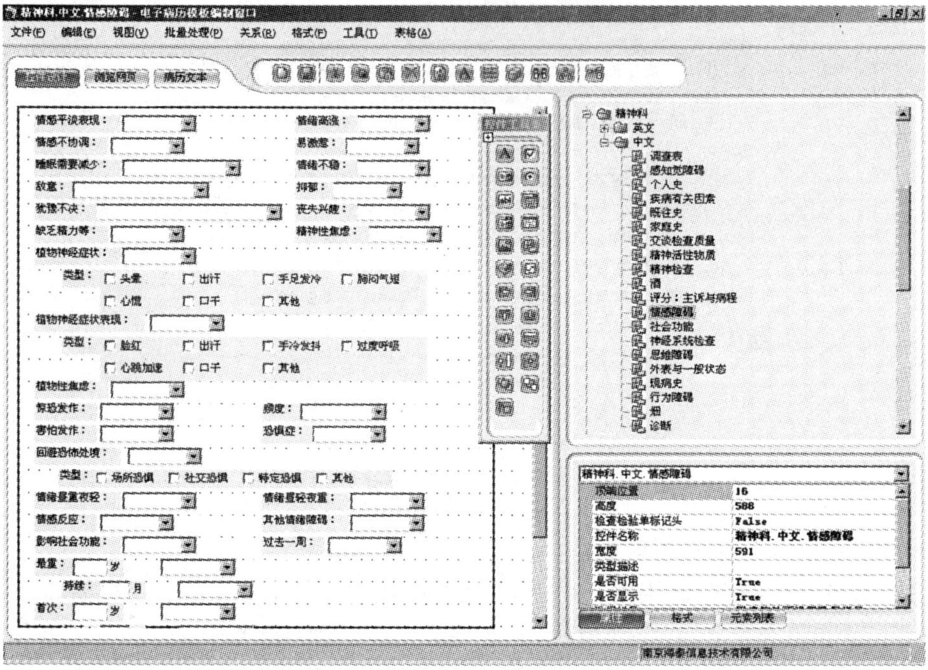

图 8-10 表格式录入

⑤ 其他录入方法。由于电子病历支持多媒体技术的应用，所以具有多种录入方法。例如用图标法来绘制胸部 X 线病变情况时，可以调用预定义的体表投影图形，在病变的部位作出图形标记，为表示“右上肺空洞”，可以向肺部示意图右上方拖入空心圆圈标记；要表示“左中肺肿瘤”，可以向左中部拖入毛刺样球形标记。

3）高度结构化的录入方式

完全结构化的录入是一个理想的录入方式，然而它存在一些问题。首先医学知识是一个巨大复杂的体系，疾病的诊疗和健康问题是一个庞大深奥的领域。需要用概念粒度较细、严格规范的标准术语建立整个医学概念体系；需要用全面、严谨的逻辑关系表达整体医学概念间关系；这将是一项旷日持久的工程。其次，要医生放弃习惯的文本录入方式采用完全结构化录入是一件既耗费时间又类似机械性的操作，它可能会限制医生的创造性思维。最后，完全性结构化的录入将是一个需要投入巨大物质资源和人力资源的工程。

因此，在完全结构化和自由文本中寻求妥协互补，形成高度结构化的录入方式是现实可行，而且是可以持续发展的。例如在 Open SDE 方式中允许插入自由文本，以描述那些难以结构化表达的内容，这样的自由文本因为处于结构化的模型中，又尽量采用了结构化的医学词汇，所以也具有一定程度的结构化，便于计算机进一步处理。

4）自然语言处理

自然语言处理（natural language processing，NLP）是指利用信息技术从自由文本上自动提取结构化数据。NLP的优点是医生在书写病历时不必改变他们习惯的记录方式，可以应用自由文本录入，也可以借助语音录入，将结构化的工作交给计算机来处理，NLP可以分析自然语言中的句子，理解其中词汇语义，并自动予以处理，有关NLP我们将在本章第12节阐述。

8.4.5 数据的显示

数据一旦被录入到计算机中，特别是采用Open SDE方式录入，将可以根据不同的目的以不同的形式被呈现出来，而不需要再次录入或手工干预，这是纸质病历所无法实现的，以下是电子病历数据显示的相关问题。

1）数据的可视化

数据显示，首先要解决各种类型数据本身的可视化问题，找出不同类型数据最佳的表达方式，例如对“生命体征参数”数据的可视化表达很简单，如“体温37℃、脉搏80次/分、呼吸20次/分、血压140/90 mmHg”；对“医嘱”数据的可视化表达则非常复杂，要制定独特“医嘱范式”。另外，根据不同类型数据的不同需求，有不同的显示方式，如连续滚动、页面扫描、趋势图。

2）数据流程

电子病历中患者数据是根据时间顺序来组织的，数据流程图遵照了“时间—事件”的轴线，形成一个对病历数据综合显示的视图，从而全面、直观、清晰地呈现疾病演变的过程。数据流程图的时间间隔，即时间的粒度，可以根据需要而设置。例如对于重症监护患者的心率、血压监测，时间粒度是以分来设置的；对于门诊慢性病患者的疗效评价，时间粒度可以设置为周或月。

3）数据的概括与摘要

电子病历系统能概括并显示患者的疾病信息，例如对朱××“心绞痛”现病史，系统可以自动概括出阳性症状（发作性心前区部位疼痛）、阳性体征（早搏、Ⅲ级收缩期杂音）、异常实验室检查结果（心电图S－T段下移，T波倒置）等，最后，自动产生一份简洁明了的病历摘要。

4）动态显示

医师都知道，要从既往纸质病历中查找一个所需的特殊信息有多么困难。美国统计资料表明，在既往纸质病历中，有10％（Fries，1974）到87％（Tang etal，1994）比例的信息，未被医师重新发现。然而，纸质病历无法回答医生的问题，电子病历都可以借助搜寻工具去定位它们，检索出来，并按照医生的意图用设定的格式表达出来。例如对糖尿病人的历次检查的血糖数值，可以用表格呈现，也可以用图形显示，并可以随时更新，动态地反映血糖变化。

5）数据的查询和监测

相对纸质病历而言，数据的查询和监测是电子病历得天独厚的优势。数据查询和监测在原理和方法上相似，医师先设计一个标准，然后利用系统程序去检测、分析病历记录，如果某个或某些记录满足了设定的标准，就可以得到一个恰当的输出——查询结果或者警示信息。

数据检测是防止医疗错误的重要环节，电子病历系统设置了多种类型的数据检测标准。首先是“范围检测”，能发现和预防录入一些超出范围的数值，例如血清钾为 50.0 mmol/L（正常 4.1—5.6 mmol/L）肯定是录入错误。其次是“模型检测”，例如患者身份证号码超过 18 位，肯定为错；处方药品服用剂量是零，肯定为错（参见图 8 - 11）。再次是“一致性检测”，能将录入数据与已有数据进行比对，以检查数据的正确性。例如错误地将女病人性别选择为男性，又记录了既往有输卵管结扎手术史等。

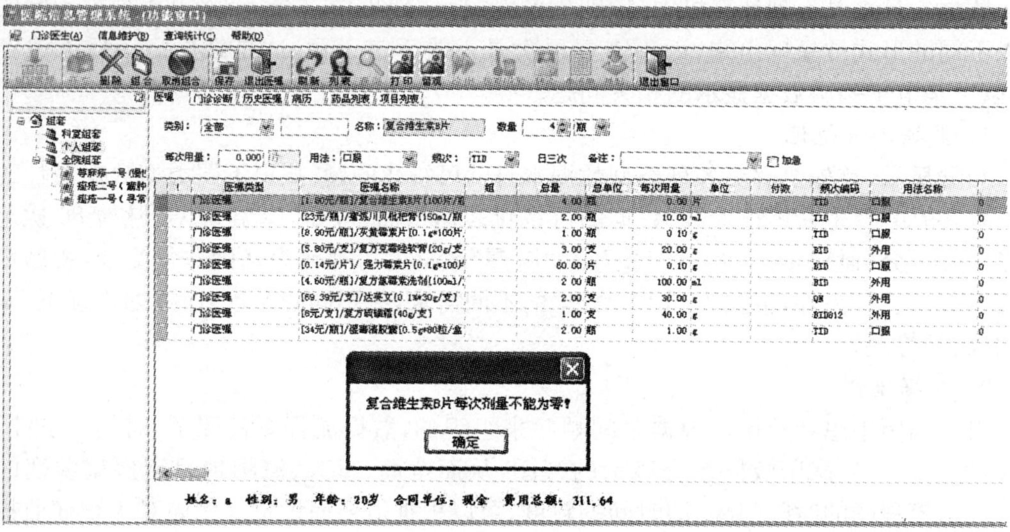

图 8 - 11 电子病历的查询和监测功能

8.5 电子病历的集成

随着医学的飞速发展，临床医学的专业分科和医务人员的专业分工越来越精细，这样就使同一个病人的病历信息可能跨医师、跨专业、跨医院、甚至跨地域，散落于不同医院、不同系统中。而患者的治疗却需要多学科、多医务人员的合作，病历信息的集成是必须解决的问题。

8.5.1 电子病历集成的支点和辐射点

由于医务人员诊疗工作的信息交流主要是围绕一个具体的患者展开的，并且要将这种交流的过程和结论记录到电子病历中，这样就使电子病历成为信息集成的支点，而所有信息来源地和信息抵达地成为电子病历集成的辐射点，它们可以是医生的办公室、医生的家、放射科、检验科、社区保健站……支点与辐射点组成了电子病历集成的范围和框架，而所有的诊疗信息都应该整合到支点——电子病历系统中。

8.5.2 电子病历集成的关键技术

本节主要介绍电子病历集成的关键技术，这些技术是如何将医院内普遍存在的多个异构系统（如不同厂家研发的 HIS、LIS、PACS……）、异构数据通过通信支持整合到电子病历中。

首先可以采用目前国际通用的标准接口，如 HL7、DICOM 等。另外可以采用中间软件技术，即设计一套具备标准开放式接口的数据服务中间件，它具有公共标准接口，保证数据服务的开放性，使得各个异构系统和工作站借用它与电子病历系统进行集成。与此同时，它与身份认证系统集成，提供身份认证、权限管理、数据审核等功能，保证数据在传输中的安全性。各类具有特定功能的工作站，各级用户入口是电子病历的终端，即各辐射点，它们借助集成技术与电子病历进行频繁的数据交换，满足自身对电子病历的需求与控制。

IHE 技术框架为新近推广应用的新技术，它定义了已有标准的具体使用方法，为标准信息的传输配置了一套通用准则，规范了如何应用 HL7、DICOM 等标准通信协议进行系统集成。此标准框架的系统集成引擎包括以下三个模块。① 消息解析模块：用来接受来自各异构系统或非标准信息，进行消息解析。② 工作流驱动模块：用来依据工作流配置文件的预定义规则，自动驱使消息的发送与路由。③ 消息发送模块：用于构造待发送消息，并发送到目标系统。

工作流程配置文件则依据 IHE 技术框架基本原则进行编制，针对需求特殊性，对于触发事件及动作进行动态调整，实现系统集成的适时应用。

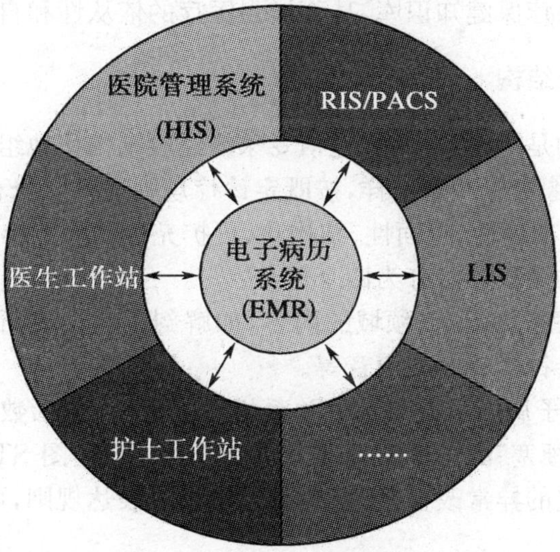

图 8－12　电子病历的集成

如果将病历系统看作一个核心，则在它之外必须有一个独立的、可扩展的数据交换系统，以便于将其他系统中的数据集成进来。这就像变压器的作用，在一定范围内不管输入的电压如何变化，输出电压总是稳定的。所以电子病历数据集成的重点首先是解决数据格式统一的问题，例如 CDA、HL7 等规范所能实现的功能，其次是考虑系统之间事务流程问题，类似于IHE所能实现的框架定义(参见图8-12)。

电子病历数据集成还有CORBA、RMI、XMLRPC、SOCKET、SOAP等方法，有兴趣读者可选择相关的参考书学习。

8.5.3 电子病历集成的作用

集成可以跨越空间障碍，使同一个病人的诊疗信息可以跨系统、甚至跨医院整合到电子病历中，以利于多学科、多医务人员合作治疗患者。医生也可以通过电子病历系统向它们发送诊疗信息和决策指导，真正实现医疗信息的共享。

集成可以跨越时间障碍，使不同时间、多次就诊的信息及时整合到电子病历中。例如使来自实验室的检验结果及时传达到医生，并提示医生立即查阅处理，而在过去，这类检验结果可能滞留在实验室、护士站、甚至医师白大褂口袋里，进行"悠闲"的旅行。

8.6 电子病历的知识库

临床医师在书写电子病历时会涉及大量的医学知识，他经常需要针对患者具体的病情去搜索、获取、利用相关的医学知识；他对医学知识的掌握的深度和宽度必然影响到他诊疗的效果。在纸质病历时代，临床医师往往是通过查询参考文献、请教资深医师来获取医学知识的。电子病历系统构建一个全面、深入、可以延展的医学知识库，将不同的知识源整合到系统中来，使得医师在工作站、在病床旁，通过电子病历系统及时访问知识库，获取相关医学知识，从而作出正确的医疗决策。另一方面，患者也可以通过电子病历系统访问与自己疾病相关的医疗保健知识库，从而增强医疗的依从性和自我保健预防的能力。

8.6.1 病历知识库的结构

病历知识库的目的是将医学知识，包括专家的经验结构化地组织到数据库中，能被方便地访问和调用，并能像资深专家一样，按既定诊疗规则进行组合和表达。因此医学知识库必须具有这些特性：准确性、全面性、结构化、可扩充性和易于维护。

病历知识库的结构大致可以分为四个部分。

(1) 事实库：包括医学知识诸领域的内容，如解剖、症状、诊断、药物……该库的数据类型可以是文字、数值、符号、图形、声音等。

(2) 规则库：是电子病历系统对各种关系规则的汇总，包括数据之间的关系，内容之间的关系。例如"心肌梗塞"的诊断应涉及心绞痛症状，心电图ST段、T波异常改变，心肌酶增高这三方面特定的异常改变，经系统设定的合成表达规则，可以作出"心肌梗塞"的诊断。

(3) 知识获取模块：该模块可将医学领域已有的事实性知识、医学专家经验转化为计算机可以理解和处理的形式，并整合到知识库中，同时具有增、删、改的维护功能，以保持知识库的完整性、一致性。

(4) 人机接口：主要功能是将要录入的知识转换为电子病历系统中结构化的标准化表达形式，以便系统能够处理；同时将输出的信息转换成易于理解和应用的外部形式，显示给医师、护士。

8.6.2 病历知识库的建立

(1) 病历知识库的建立应用了人工智能(artificial intelligence,AI)原理。人工智能是一门探索和模拟人的感觉和思维过程的规律,并设计出类似人某些智能的智能机器的科学,通常是指利用计算机模拟人(主要是专家)的思维和推理的一门科学。人工智能的工作原理主要包括:知识的表达、知识的获取、知识推理、系统构成技术等内容。知识的表达和知识的获取是建立病历知识库的基础,知识推理是临床决策支持的原理和方法(见下节),而系统构成属于计算机知识范畴,不在本书讨论范畴。

(2) 知识的表达(knowledge representation),指知识的形式化和符号化。所谓知识是指一些事实、概念、规则、方法、技术以及应用它们的能力的综合体,所谓表达是指描述这些事物的知识的一组约定,是上述知识的符号化过程。具体的说,就是要将医学知识按其内在概念与原理进行分类与编码,形成标准化(详见第 4 章)。关于病历知识库中知识的表达,我们可以借用国际上已充分肯定和应用的医学知识分类系统,如 SNOMED、ICD 等,但仍有大量的病历知识未完成知识表达的工作,有待我们逐步完善,而决不要轻易地自行建立知识库。

(3) 知识的获取(knowledge aeguisition):是指从知识源发现、吸收、构造和组织知识,使之形成系统知识库的过程。

知识获取的主要方式有三种。第一是人工移植:通常通过人工智能设计师、计算机工程师与医学专家对话交流,将其医学知识(理论知识和实践经验)通过人机交互移植到知识库中。第二是机器学习:即在人工智能系统中,机器通过学习,获取知识,对知识库进行增加、删除、修改、更新。这种学习可以在人工示教监督之下进行,也可以由系统指导监督下自学。第三是机器感知:即人工智能系统在调试运行过程中,通过机器感觉(例如文字和图像识别)、机器听觉(例如语音识别)、机器触觉(例如温度识别)等途径,直接感知外部世界,输入自然信息,获得知识。

电子病历知识库的知识获取就是利用上述方法,将医学诸领域(解剖、生理、病理、诊断、治疗、预防……包括病历结构关系)的知识从其知识源(书籍、文献、专家经验)中抽取出来,进行表达,再组织到知识库中。

(4) 知识推理技术(knowledge inference):是指利用计算机技术,在知识表达基础上使用形式化的知识模型,进行机器思维,求解问题,从而实现知识推理的智能操作过程。这是临床决策支持的主要方法,将在下节讨论。

总之,通过知识的表达和知识获取,我们可以构建知识库。其中的各医学领域的知识形成事实库;而医学知识(包括专家的经验)内含的本质性的关联和规律,形成了规则库。人机接口的功能帮助我们将这些事实和规则“录入”到知识库里去,同时在应用电子病历系统时,它能以医生护士可以理解的和符合日常工作习惯的形式呈现出来。

这样,当我们向电子病历系统中录入患者的症状、体征、检查结果数据时,实际上是调用了知识库中的相关“事实”,再借助规则库,通过知识推理功能,可以通过“人机对话”形式,一步一步推向最终目标状态——疾病诊断和治疗方案。

8.7 电子病历的临床决策支持功能

Wyatt 和 Spiegelhalter 对临床决策支持系统(clinical decision support system, CDSS)提出了精辟的定义：根据两项或两项以上病人数据，主动生成针对具体病例的建议的知识系统。这个定义说明了 CDSS 至少包含了三个主要元素：医学知识、病人数据和具体诊疗意见。关于决策支持的原理、方法、设计、开发与应用，在本书的第 12 章将做详细的介绍。本节重点介绍它与电子病历的关系及应用。

1) 电子病历与 CDSS 的内在关系

临床医生在对患者的治疗过程中必须不断地做出决策：需要进行哪种检查？诊断何种疾病？应用什么药物？是否选择手术？治疗效果怎么样……这些决策常以医嘱、病历分析、鉴别诊断等形式在病历上表达，并记录在案。这种内在关联决定了电子病历应含有 CDSS，二者应整合在一起。

2) 电子病历为 CDSS 的实现提供可能性

前面介绍了 CDSS 的三要素，其中医学知识和患者资料是诊疗建议的基础和前提，惟有电子病历完全具备了这二者。病历知识库中的事实库涵盖了医学知识和专家经验，而规则库则汇总了电子病历中各数据间、事件间的关系规则。电子病历中的患者数据库汇集和整合了患者的全面而详细信息：一般信息、症状、体征、实验室检查结果、诊断、治疗方案……只有这两类数据都是全面的、完整的、深入的、特别是结构化的，CDSS 的决策才可能产生，并且是正确的。

3) 电子病历中的 CDSS 功能作用

CDSS 在电子病历中的功能与作用是多方面的。下面介绍最基础的几种。

(1) CDSS 将各种疾病的诊疗指南融入电子病历中，提高了医务人员对正确诊疗方式的依从性，规范了他们的医疗护理行为，提高了医疗质量和安全性。“临床路径”和“临床指南”是两种基本的 CDSS。

临床路径(clinical pathway)概念是：首先根据病种、病情进行分类，然后对每一类制定出规范的诊疗方案，形成规范化的医疗路径。

临床指南(clinical guideline)是指根据各专科、各病种特点，给予具体的指导意见，制定具体的治疗方案。例如建议用何种药物、多大剂量、使用频率和时间。

(2) 提醒与警示。CDSS 另两项重要工具是提醒(reminder)和警示(alert)。它是将电子病历中患者的资料，与一系列预先设定的诊断、治疗规则进行比对，发现匹配的，则自动在屏幕上显示出提醒和警示。例如，长期服用“双氢克脲噻”的某病人本次血清钾的检查结果为 3.0 mmol/L，因为电子病历系统内已设定规则：血清钾的正常值为 4.1—5.6 mmol/L，“双氢克脲噻”为排钾利尿剂，低钾慎用。此时在该患者的医嘱栏将弹出对话框“患者血清钾降低，建议停用双氢克脲噻！”

提醒和警示的最大作用是它出现在医护人员诊疗的过程中，甚至在诊疗的初始阶段，能及时纠正错误的医嘱，依从正确的诊疗建议，防范了医疗差错与事故，这与纸质病历只能在事后发现问题和总结教训相比，将诊疗质量和安全的终末环节管理前移到中间环节管理。

(3) 医学专家系统。医学专家系统是基于医学知识库的知识利用系统，是一种求解问题的计算机程序系统。它可以像具有某一医学领域知识、能力、经验的专家一样分析和判断复杂的临床问题，并利用专家推理方法来求解这些问题。早在 1999 年哈佛医学院 Dreiseitl 于 AMIA 撰文，他选择了 43 个变量，使用了 Logostoc 回归、逆传播神经网、贝叶斯神经网等多种方法，利用临床信息可以评价心肌梗塞的诊断。

图 8－13 是我们设计的专家系统，针对两份不同患者的电子病历中的各自关键信息（图中圆圈表示处），自动做出不同的诊断提示。左图病历显示重度、持续心绞痛症状，心电图呈现心肌梗塞的 S－T 段和 Q 波表现，心肌酶升高，提示急性心肌梗塞。右图病历显示劳力诱发的短暂心绞痛症状，心电图呈现心肌缺血表现，心肌酶正常，提示劳力型心绞痛。

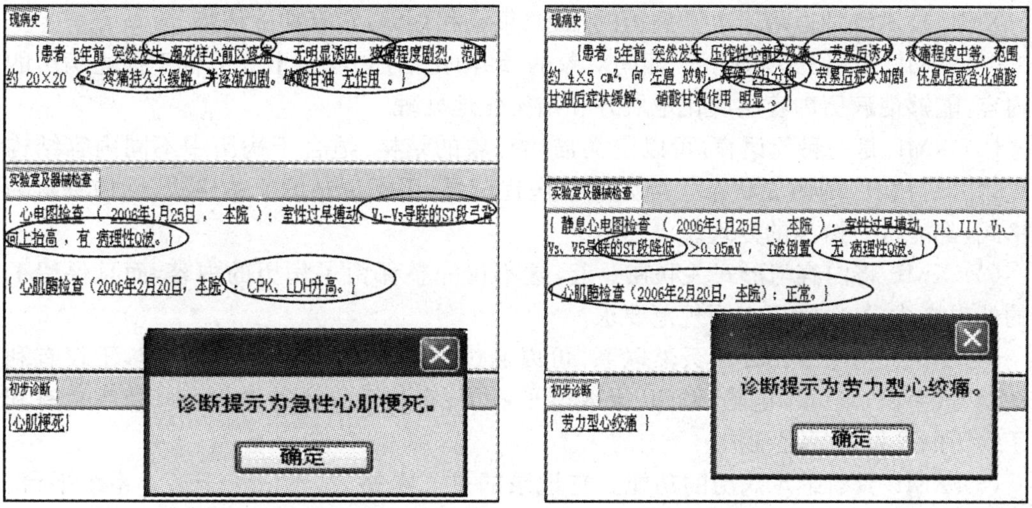

图 8－13　电子病历中的决策支持功能

8.8　与电子病历相关的其他计算机信息技术

电子病历本身就是建立在计算机信息技术上的，我们在上述各小节作了相关介绍，本节将介绍其他几个关键技术 HL7、XML、CDA、数据挖掘等，我们会重点介绍这些技术的基本原理和在电子病历中的应用，而将其技术实现留给计算机专业人员。

8.8.1　HL7 在电子病历中的应用

HL7（health level seven）是标准化卫生消息传输协议，其目的是为不同异构的医疗卫生系统提供统一的信息交换接口，以利于信息的交换、系统的集成。

电子病历中的患者数据来源于各种不同的医疗信息系统，例如有来自 HIS 的患者一般信息、医嘱信息，来自 LIS 的检验结果信息，来自 PACS 的影像诊断信息……电子病历所包括的医学知识、诊疗规则要调用病历知识库中的多种医学分类系统的术语。而上述这些系统由于生产厂商不同、系统的组织架构不同、数据库逻辑组成不同、编码方式不同而互为异构系统，导致数据交换障碍。HL7 接口引擎能将各个异构系统的数据提取出来，用 XML 语言表达，形成标准格式，传输到电子病历中。HL7 还支持现行的多种经典的医学分类系统，如 ICD－9、ICD－10、SNOMED 等，为知识库的利用提供便利。因此，在电子病历系统服务器中引入 HL7 引擎，使其具备 HL7 的所有功能是十分必要的。

8.8.2 XML 在电子病历中的应用

1) XML 概念

XML(extensible markup language)即可延伸的标识语言。XML 不仅是一种标识语言，还是一种结构化描述语言，是可以定义描述对象的元语言。XML 文档自含结构，为不同系统间信息交换并互相"理解"提供了基础。

2) XML 应用于电子病历的优势

XML 技术特别适用于电子病历的描述、集成和存储，它有如下优势。

(1) XML 采用了层次化的、面向对象的、结构化描述方法，十分适合于描述病历的复杂内容，能够使病历内容层次化地展开和结构化地处理。

(2) XML 是一种元语言，可以定义描述对象的结构，适合于病历中不同内容结构的变化，并保持病历的历史状态。例如对于病程记录、手术记录的文本格式，影像资料的视频格式，都能进行恰当的处理。

(3) XML 将内容与形式关联在一起，这不仅完整保留了病历的内容，而且保留了病历的外观格式，符合病历书写规范要求。

(4) XML 与 Internet 的天然联系，可以通过浏览器直接浏览病历内容，不仅有利于移动设备(手机、笔记本电脑)调阅、录入电子病历；有利于异地转诊、远程医疗；也有利于电子病历的开发和远程维护。

(5) XML 具有继承病历的功能。它记录的是文本格式，不依赖于某一系统平台、软件或数据库格式，不因软硬件更新而被迫升级换代。通过 DTD，无需修改现有的软件，就可以实现病历继承。

(6) XML 作为商务时代的"标准语言"，拥有大量的开发应用工具，有利于病历内容的转换、传输、处理，具有持久生命力。

(7) XML 是一种强势的语言，允许用户在不违背规范的前提下，根据新的需求进行扩充，具有很大的适应性和灵活性，有利于在医学飞速发展现状下的病历内容拓展。

3) XML 在电子病历中的应用

(1) 应用于电子病历的内容描述。在 8.4 节我们重点强调了结构化是电子病历的核心和灵魂，同时也分析了在近阶段实现完全结构化是难以企及的，半结构化或高度结构化是可行的，即对于现病史、病程记录中复杂病情的描述和分析，保留一部分非结构化的内容。XML 独特的半结构化数据模型本身就具有的自描述性和扩展性，非常适合于对非结构化病历内容的描述。具体实现的方法如下：

如 8.4 节所述，对于病历模型设计是构架层次的，也就是结构化的。对于某一层次，如病程记录的复杂内容采用自由文本描述，形成一个医疗文档，这样就较好地达到了结构化与自由化的平衡，既能表达电子病历复杂多变的病历内容，又实现高度结构化的目的。

(2) 应用于电子病历数据的存储。我们已知 XML 文档是电子病历存储管理的基本单位，然而采用 XML 文档记录病历并不排斥和取代患者信息数据库，它们各自有其适用范围，并互依互存。数据库系统用于采集患者数据，并不断被访问、检索和更新，但患者数据不宜在数据库长期保存。电子病历系统主要是从多个系统的数据库提取特定患者数据，并提供浏览，患者数据不能更改，需长期保存，所以电子病历数据用 XML 形式存储更合适。两种存储方式各有用途，它们相对独立、同时并存(参见图 8-14)。图 8-15 是用 XML 描述病历内容片断。

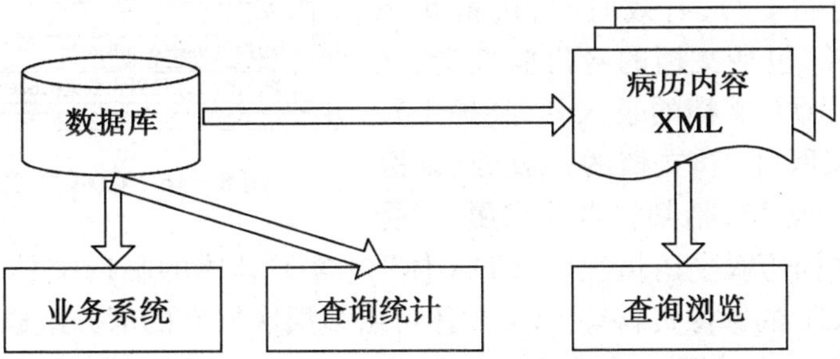

图 8-14 电子病历患者数据库与 XML 的描述

```
<Model name="入院记录(胸外科)" Version="462">
    ……
    <Embeded name="主诉症状">
        <Object name="症状类型">
          <AtomNode name="形态学"description="细胞、组织、器官的改变。"/>
          ……
      </Object>
    ……
    </Embeded>
    ……
</Model>
```

图 8-15 用 XML 描述病历内容片断

8.8.3 CDA 在电子病历中的应用

1) CDA 概念

CDA (clinical document architecture)即临床文档结构，是一个适用于医疗保健领域内不同系统之间交换临床文档的标记标准，它可以对需要交换的临床文档的结构和语义制定标准，并定义如何在 HL7 中打包 CDA 文档。

一个 CDA 文档定义了一个完整的信息对象，它包括文本、图表、影像等。CDA 的语义内容来源于共享的 HL7 参考信息模型，使用了 HL7 V3 的数据类型。CDA 文档使用 XML 编辑、转换。CDA 文档还可以与 Internet 连接，将自身转换输出到各种移动设备上。

2) CDA在电子病历中的应用

基于CDA的上述特征,所以它非常适用于电子病历。CDA由“头(header)”和“体(body)”两部分组成,前者再分为文档信息、服务提供者、服务接收者和受访数据四部分,如图8-16所示。

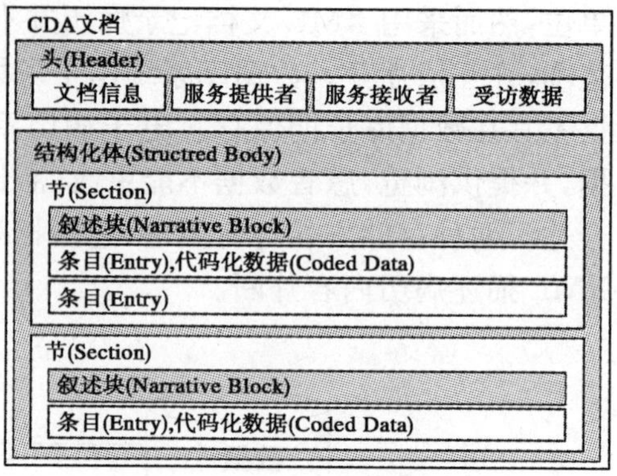

图8-16 CDA文档结构示意图

“CDA头”的“文档信息”内容有文档的ID、文档标题(如“现病史”)、有效时间、机密状态等。“服务提供者”包括文档的身份验证者、文档的生成者(某医师)、文档的录入者(某护士)、诊疗的提供者(某医师)和文档的存放处(某医院)等。“服务接受者”包括某患者或家属。“受访数据”描述了文档历次受访情况。“CDA体”包含了具体的临床文档信息,例如“现病史”的文字描述、CT的影像资料等。CDA体可由多层次嵌套的部分组成。

综上所述,CDA文档既支持结构化数据,又支持自由文本,能够解决二者并存的难题。在电子病历中,一些描述性内容首先尽可能地利用标准性术语,形成文本文件,然后用CDA标准去定义该文档的结构和语义,将其组成一个XML化的CDA文档,最后将CDA文档封装在HL7消息中,以消息包形式传输,并作为封闭化的数据类型存储于电子病历中,并可进行交换。

8.8.4 医学分类系统在电子病历中的应用

在8.4节我们论述了数据结构化是研制电子病历的首要问题,目前国内对于实现数据结构化的态度可归结为三类。其一,认为难度太大,处于等待甚至抱怨态度;其二,自己动手编制电子病历医学词汇表,近年文献中有大量报道;其三,采用国际国内经典的医学分类系统。

等待观望是消极的。自己动手是不可取的,因为面对浩瀚的医学知识和病历内容,期望由少数非标准化专家在较短时间内开发完整、规范的医学分类系统是不可能的。即使自行研发的预定义词汇表能暂时应用于电子病历,由于词汇表缺乏严格的原理和概念的序化,加之范围的局限,将难以支持今后的决策支持功能,也难以适应电子病历的拓展和升级。

我们要积极支持我国自己开发的“医院信息基本数据及标准(BDSS)”,由于这是一项浩大而旷日持久的工程,所以参考选择国内外经典的医学分类系统不失为一个立竿见影的最佳方案。

经典的医学分类系统有ICD、SNOMED、LOINC等,由于除ICD外,大多数最新版本尚未有中文版,更重要的是大家对它们理解和认识的局限性,没有发现和挖掘它们丰富的内涵和巨大的生命力,下面试举一例予以说明。

当我们希望了解心绞痛患者朱××住院治疗效果时,会遍历该患者病程记录,查询“心绞痛”症状是否缓解,在图8-16相隔4天的二次病程记录中,出现了5个“心绞痛”医学词汇，该如何去解析其含义呢？是表示心绞痛症状的有与无？还是心绞痛诊断的是与否？如果我们是以 SNOMED 作为预定义的词汇表，那么图中第(2)组的二个“心绞痛”在系统中编码是 D3－12000，表示诊断；而第(1)组三个“心绞痛”在系统中编码是F－37007，表示症状。后者若与关联词编码 G0009“无……依据”(no evidence……)组合，表示“无心绞痛症状”，证明用药物治疗 4 天后有效。这种结构化数据具有的作用是用关键词检索或其他方式所无法比拟的，如图 8－17 所示。

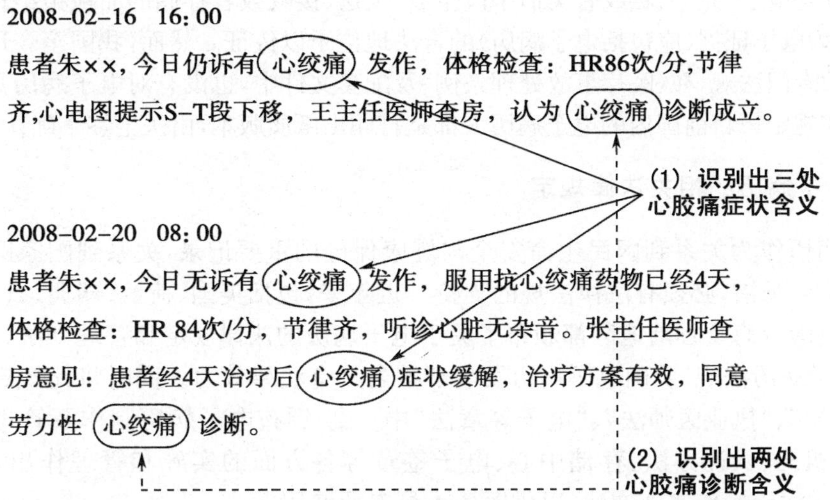

图 8－17 应用 SNOMED 作为预定义的词汇表的病历记录检索

在 8.3 节中我们介绍的电子病历架构模型是树状结构，它随着医学知识的驱动，树状模型分枝越来越细、越来越深入，也就越来越全面真实地反映了疾病的本质和特征。医学分类系统如 SNOMED，也是依据医学原理、概念进行分类的，并逐层细分形成多个树状结构。这样会产生一种疑惑：电子病历的架构模型与术语的分类系统存在哪些差别？是否可以相互取代？

结论是否定的。因此呈树状结构的电子病历模型，以及各层次的内容会涉及许多医学术语，但不能依此树状结构来构造术语系统。相反的，自成一体的多个医学术语系统按照各自独立的结构分类排序，这些术语可以被调用到电子病历的相应层次或位置，或者说产生一对一的映射关系。因此，当电子病历调用这些术语的同时，也将这些术语包含的医学原理和逻辑关系融入电子病历中了。

8.9 电子病历的相关法律规定

8.9.1 电子病历的法律效力

纸质病历一直是具有法律效力的文件，我国 2002 年 9 月实施的《医疗事故处理条例》规定病历可以作为处理医疗纠纷、审理医疗案件的重要证据。2002 年我国最高人民法院颁布的《关于行政诉讼证据若干问题的规定》指出，在医疗行为引起的侵权诉讼中，病历具有法律效力。电子病历就其性质和作用与纸质病历并无不同,应该具有同等法律效力,在欧美、日本,以及我国台湾、香港地区均有明确法律条款规定。

在我国,解读有关的立法条款,也能找到支持的证据。例如《关于行政诉讼证据若干问题的规定》第六十四条规定:“以有形载体固定或者显示的电子数据交换、电子邮件以及其他数据资料,其制作情况或真实性经对方当事人确认,或者以公证等其他有效方式予以证明的,与原件具有同等证明效力。”再如我国《电子签名法》第七条明确指出:“数据电文不得仅因为其是电子、光学、磁或者类似手段生成、发送、接收或者存储的而被拒绝作为证据使用”。从而为电子证据(应包括电子病历)的合法地位予以佐证。然而,我国至今还没有关于电子病历的专门法规,在《医疗事故处理条例》及配套文件中,也没有对电子病历具有法律效力的确认和规定。目前国内的电子病历大都是打印出纸质版本,由医生签字确认后归档。

8.9.2 电子病历的相关法律规定

电子病历作为关系到国民生命安全与健康保健的重要记录,关系到国家医疗卫生事业发展的重要举措,必须有法律法规的支持。近年来,包括美国、荷兰、瑞典、日本、新加坡等国家和我国台湾及香港地区都颁布了关于电子病历的法律规定和管理办法,主要包括:① 发布电子病历法规,明确电子病历及电子签名具有法律效力。同时将此规定修正补充到“医疗法规”、“执业医师法”、“电子签章法”中。② 颁布电子病历制作及管理的有关规定,对认证机构、认证办法、存储中心、电子签章等各方面的实施和管理作出具体规定。③ 颁布电子病历操作实施方法,以供医务人员参照使用。

下面仍以我国台湾地区为例,予以介绍。

近年来台湾地区陆续颁布或修订了有关电子病历法令规定:“电子签章法”、“医疗法”、“医师法”、“医疗机构实施电子病历作业要点”、“医疗机构电子病历制作及管理办法草案”等,下面择录相关条款予以说明。

①《医疗法》第六十九条:医疗机构以电子文件方式制作及储存之病历,得免另以书面方式制作;其资格条件与制作方式、内容及其他应遵行事项之办法,由中央主管机关定之。”

②《医疗机构实施电子病历作业要点》第 3 条:以电子文件方式制作、保存之病历(以下简称电子病历),应经由卫生署医疗凭证管理中心签发凭证之医事人员卡或医事机构卡制作,并符合下列各款规定,得全部或免以书面方式制作……

③《医疗机构电子病历制作及管理办法草案》,第三条对病历资讯系统之建置,第四条对电子病历之制作和储存,第五条对电子病历之签章,第六条对办理电子签章之时戳加注及医事凭证之核发,均有明细规定。

8.10 电子病历的安全性

有关医学数据和系统的安全性在第 3 章已作了全面介绍,同样适用于电子病历系统,这里仅就电子病历特性作进一步阐述。

8.10.1 为什么特别强调电子病历安全性

首先，电子病历作为医疗记录，关系到病人的生命安全和健康，同时本身具有高度的私密性，涉及病人的隐私，必须绝对安全。关于保护隐私权，欧洲委员会发布的《对私人数据的处理和自由传输的保护条例》做了严格的规定，是欧盟各成员国法律所必须遵循的原则。

其次，病历是具有法律效力的文件，病历数据具有法律证据作用。我国自 2002 年 4 月 1 日起施行《最高人民法院关于民事诉讼证据的规定》，特别是关于“医疗行为举证责任倒置原则”，使得 EMR 中医疗数据的安全性愈发重要，这不仅维护了患者利益，也维护了医务人员的利益。

再次，“共享性”是 EMR 的优势。通过网络，特别是 Internet，EMR 中的医疗数据可以跨医院、跨地域地实现共享。那么，哪些数据可以共享？哪些数据不能共享？或在什么情况下可以共享？这是 EMR 安全性必须解决的问题。

最后，由于医疗记录的所有权属于患者，产生者却非患者，而是许多医师共同完成，因此，电子病历经常被不同身份（医生、患者、管理者等）的合法用户访问、提取、共享。这使得电子病历的安全性更加复杂，并难以管理。

8.10.2 如何实现电子病历的安全性

1）加解密技术（encryption & decryption）

主要是防止电子病历数据在存储和传输过程中丢失、盗窃、篡改和破坏。该技术可对被传输数据的封包在发出方加密，在接受方解密，用于加解密的是密钥管理任务。

2）数据签名技术（digital signature）

主要是为保持电子病历中数据的原始性和完整性不被他人随意修改。电子病历某一部分数据的录入者可应用自己专属的独特的密钥（常为分配的）或是“生理密钥”（指纹、虹膜、声音）进行处理，相似于传统纸质病历的签名。该技术将在下节“电子签名”中详细介绍。

3）身份认证技术（authentication）

身份认证技术是用于正确地识别合法使用者及设备，使授权使用的人和设备能互通，而非法用户不能进入电子病历系统。识别合法使用者的常用方法是使用者名称与密码（或卡片）两段认证方式。识别合法设备的常用方法是由电子证书核发单位（CA）发放电子证书（certificate），当然该方法也适用于使用者的身份认证。

授权认证机制还可以按相关的法规制度对不同身份的用户授予不同的权限（如读、写、改的权利）；对电子病历不同内容（如医嘱、手术记录、检验报告）进行不同设置，为不同身份的用户所应用，防止对信息的误用和滥用（如检验技师不能开医嘱）。

4）包含时间印戳的电子证书

为了保证电子病历数据时间的原始性、标准性，医师完成的病历记录，经电子签名确认后，即使本人也不允许修改，记录将传至第三方机构，由它发放包含时间信息的电子证书，即加盖“时间印戳”（其时间设定为当地标准时间，可精确到秒），并保留原始记录备查。

5）医疗凭证

用于证明在网络上具有从事医疗职业的医务人员资格和医疗机构资格的身份。该凭证由CA发放，有三种类型，分别针对医务人员、医疗机构和服务器应用软件。当我们在电子病历上使用电子签名时，首先要依据这些凭证来确认该医院、该医师、该电子病历系统是否是合法而安全的。

6）电子病历存储中心(storage center)

①“当地式存储”是指将电子病历数据采用“数据库导向(database oriented)”形式存储于所在医疗机构，采用C/S方式存取信息，但它不利于异地共享。②“分布式存储”是将电子病历数据采用“文件式导向(document-based oriented)”形式，采用XML档案作为存取数据的载体，有利于更大范围的信息交换与共享。③“集中式存储”则将电子病历归档后集中传送至卫生行政主管部门建立的地区性的存储中心统一保存，这种存储方式因政府部门主管更具公信力，也具有更可靠的安全保障，同时调阅方便。当中心与医院的数据不一致时，以中心的为准，它具有更好的法律效力。

8.10.3 电子签名技术

电子签名属于上一节数字签名的内容，因其为我国电子病历推行的焦点之一，重点介绍如下。

1）电子签名概念

美国1999年通过的《统一电子交易法》中将电子签名定义为：“是指由意图签署一项记录的人实施的或采用的，附属于或逻辑上与该电子记录相联系的电子声音、符号或过程”。我国2008年8月通过的《中华人民共和国电子签名法》规定：“本法所称的电子签名，是指数据电文中以电子形式所含、所附用于识别签名人身份，并表明签名人认可其中内容的数据。”其立法目的是为了明确数据电文和电子签名的法律效力，并规范与电子签名相关活动。

2）电子签名的技术实现

目前电子签名的技术有手印、声音印记、视网膜扫描等。

(1) 鉴于电子病历高度安全性要求，在众多电子病历签名方式中，目前国内外多采用基于PKI(public key infrastructure)的数字签名技术。PKI是利用非对称密码算法原理和技术，并提供网络安全服务的通用性的基础设施。“非对称密码算法”的密钥是一对互不相等的数据单，其中一条对外界公开的为“公钥”，另一条由拥有者保管的为“私钥”，利用这种特性密钥进行加密和解密的特定算法，将加密前的“明文”与加密后的“密文”进行加密或还原。

(2) PKI的核心执行机构是CA，即第三方认证中心。我国“电子签名法”第十七条规定：“电子签名需要第三方认证的，由依法设定的电子认证服务提供者提供认证服务。”CA除了认证服务，还负责密钥的产生、保管、注销、挂失等服务。CA是由国家主管部门批准的、有技术保障的第三方机构，具有权威性、可信性和公正性。医疗领域应成立专门的CA，因为医务人员签名的认证有其特殊性。首先，在常规认证同时还要审查该医务人员有无合法执业资格，所服务的医疗机构有无合法的执业资格。其次，我国众多的医务人员要使用电子签名必须全部经CA认证。最后，一份电子病历常由多名医务人员完成，需要多人就不同的内容、不同的目的签名。例如，管床医师每天分次录入数据，需一人多次签名;上级医师查房、修改病历后签名,又会形成对同一段记录的多人签名。

(3) 电子签名必须与时间印戳相关联。时间印戳记载了电子签名的生成时间,可验证医师在签名前是否已获执业资格,医师再次修改病历的时间差,以及盗用私钥篡改病历的时间。

3) 电子签名与电子病历既然属于法律范畴,那么除了严格的管理制度和管理监督措施以外,对于窃取、篡改、滥用电子签名,构成犯罪事实的,应予以法律制裁,以保障电子病历的健康成长。

图 8-18 是台湾电子病历模组(TMT)入院记录单张电子签章架构,在该签章模组里设置了姓名、职称、单位、签名日期时间以外,还设置了签章人员所需负责的内容范围(即文件内容的相对位置,或文件内容外的相对位置),并预留签章软件及签章数据栏位置,另外也预留了时间印戳服务器位置。

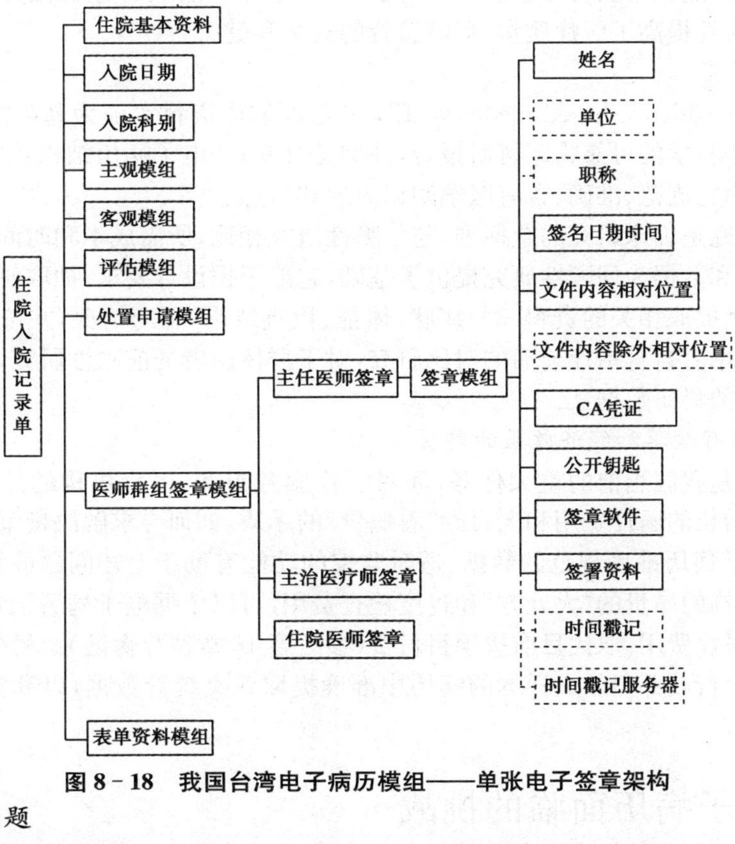

图 8-18 我国台湾电子病历模组——单张电子签章架构

4) *存在问题*

我国在电子病历相关法律规定上还存在不少问题有待解决,例如电子病历的立法,电子病历电子签名的确认,医疗领域 CA 的建设,保护患者隐私的法规等。这些都是我们努力的目标。

8.11 电子病历的作用

1）增加病历的正确性、共享性和便利性

电子病历规范的架构模型、知识驱动性的结构化录入方式、对录入错误监测提示功能，保证了电子病历内容的正确性。电子病历数据的标准化及数据传输的标准化，使得所有授权用户在任何时间、任何地点实现信息的共享性，从而为患者的多向转诊、远程医疗和医师的团队合作提供了可能。电子病历的分布式存储、网络传输安全性使得信息的访问、处理更加便捷；而结构化录入方式和良好的人机界面使得医护人员完成病历更加便利。

2）提高医疗质量

电子病历的结构化数据、强大的医学知识库和规则库，以及它的决策支持功能使得电子病历能在医疗过程中及时对错误作出“提醒”和“警示”，并对诊断和治疗作出规范的建议，这些都极大地提高了医疗质量，保障患者的安全和健康。

3）医学研究

循征医学（evidence-based medicine，EBM）是以临床资料实证为基础的医学科学，是设计严谨、方法科学的可靠临床科研报告，证据是其基石，电子病历结构化的数据是 EBM 最佳证据，因为它规范、准确、含有医学知识原理和概念。

回顾性研究是临床研究的金标准，与前瞻性研究相比，所需成本和时间更少。电子病历结构化内容和数据为回顾性研究提供了基础，它能根据设计要求，抽取研究组和对照组案例，同时准确提取相关的资料——症状、体征、检查结果、用药情况，并按照设计进行统计分析。对于患者自身治疗前后的对比研究，对于群体患者的前瞻性研究，电子病历也能提供无可比拟的科研数据。

4）支持医疗改革和经济效益的监管

医疗改革是我国当前的重大任务，面对医疗服务市场、医疗机构的经济效益诸多问题，面对日益增长的医疗费用和老百姓“看病贵”的矛盾，如何寻求解决良策是医疗改革的主要课题，电子病历准确规范的数据、适时监控的功能有助于上述问题的解决。例如，为了遏制医疗机构的昂贵的“大处方”和过度检查费用，可以依据电子病历记录的“疾病诊断相关组”支付医疗费用，取代目前按项目付费（参考第 16 章医疗保险）。另外，标准化的数据，有利于卫生行政部门从大样本的病历中准确提取各类统计数据，以利于制定正确、有效的医改方案。

8.12 电子病历面临的挑战

尽管许多专家长期从事电子病历的理论研究，尽管许多厂商推介了诸多的电子病历产品，然而现今的电子病历仍不能实现它本身的定义，也不能满足医疗卫生事业发展的需求。相对于 HIS、LIS、PACS 等医学信息系统，它更为年轻、艰难，因而充满激烈的挑战。

8.12.1 自然语言处理

自然语言处理（NLP）是指利用信息技术从自由文本上自动提取结构化数据。NLP

基本功能是对所用的术语产生索引，这些索引可以提取含有一个或多个指定术语的文本，并将它们联系起来处理，进行推论。

人们早就期望通过NLP来理解、分析、处理自由文本内容，并为之长期努力，但迄今仍难以全部实现。然而专家们同时认为，针对某一专门学科领域，遵循某一专业的规律，进行自然语言的语义分析，是比较客观可行的研究方向。换言之，利用NPL识别、处理一篇病史记录，较识别、理解一篇小说或诗歌更现实可行。由于医学语言具有一定规则性，电子病历的文档具有规范的结构性，使得电子病历成为适合于语义分析的领域，为NLP实现提供可行性。

医疗专业词典(包括医学分类系统、医学术语集)、医学领域中文本句法以及语言结构知识(语法、词法等)有助于分析电子病历中的自由文本(或自然语言)。

因此医学专业词典的编码要求将医学术语和这些知识(语义学、同义词)组成有意义的表达方式，使得这些术语有其语义基础，与语法知识结合起来，就可以做出具有医学意义的语句解释。例如上述心绞痛患者的主诉"发作性心前区压榨样疼痛3个月"中有若干术语："疼痛"是一个症状，"心前区"是一个部位；"压榨性"是一种性质描述，"发作性"是一种频率描述，"3个月"是一个时间描述(月是时间单位，3是长短数值)。根据语法知识的组合，"疼痛"是主导词，"心前区"、"压榨性"等都是对疼痛的描述，换言之，疼痛可以通过部位、性质、发作频率、发生时间来进行描述。NLP将这些术语提取出来。产生索引，映射到指定术语文本，例如SNOMED，电子病历系统就可以"读懂"这个主诉的医学含义。

NLP用于电子病历具有许多优势：医生在书写病历时不必改变他们习惯的记录方式，可以应用自由文本录入，也可以借助语音录入，将结构化的工作交给计算机来处理。NLP可以分析自然语言中的句子，理解其中词汇语义，并自动予以处理。医生在分析复杂多变病例时，不受模板结构的限制，自由地思维和创新。

NLP也存在很多问题。首先NLP可能存在错误解释的危险，需要人工去检查和确认它的解释。遗憾的是，描述性信息经常包含歧义性，它可以为人脑所解决，却难以通过计算机的算法所解决。例如，对于"一只手提包"，我们可以理解为句子"一只——手——提着——包"，也可以理解为词组"一只——手提包"。其次NLP目前还只能在较小范围内实现它的功能，难以覆盖电子病历全貌。我们期待计算机科学、语言学、数学、医学的多学科研究人员共同致力于NLP的研究。

8.12.2 标准

本章已重点强调了标准对于电子病历的重要性和必要性。统一的标准有利于分布在不同异构系统的数据源在电子病历的整合，有利于病历信息的共享，有利于降低开发成本，标准已成为制约电子病历发展的瓶颈。面对标准的挑战，我们的回应是：首先，电子病历的开发者和使用者要加强对它的认知，并自觉执行，不要盲目自创标准。其次，国家及各级卫生信息化主管部门要加强对医学信息标准的制定和推广工作，积极引进、翻译国际经典的医学信息标准，开发、完善我国的医学信息标准，并对主要标准立法和授权颁发。第三，发挥医学信息专业学会和专家的作用，积极参与国际标准化的研究和开发工作，它山之石可以攻玉。下面介绍美国的电子病历的国家标准。

2007年2月21日，致力于卫生信息标准开发的国际组织HL7宣布《电子病历系统功能（ANSI/HL7 EHR）》获得美国国家标准局（ANSI）正式批准，成为世界上第一个关于电子病历的国家标准。

《电子病历系统功能》规范了电子病历系统（EHR－S）应该具有的基本功能，使EHR－S的开发者和使用者对EHR有了统一的理解。因此，可用于建立EHR－S产品质量认证的工业标准，为制定EHR－S的质量认证标准提供了一个初始框架。

美国电子病历合作组织（EHR Collaborative）由7个机构组成，即美国卫生信息管理协会（AHIMA）、美国医学会（AMA）、美国医学信息协会（AMIA）、卫生信息管理学会（CHIME）、电子医疗计划（eHI）、卫生信息系统与管理系统协会（HIMSS）及卫生信息技术洲际联盟（NAHIT）。它们代表了电子病历各方面的利益相关人，如临床医生，医疗服务的提供方、支付方和购买方，科研人员，IT生产厂商和服务厂商，信息主管，公共卫生机构，卫生行政机构等。HL7与美国电子病历合作组织协作历时3年才通过试行这一标准。

《电子病历系统功能》给出了140多个功能，是对跨机构电子病历系统功能的标准化描述和共识的超级汇总。它的内容主要包括电子病历功能模型（functional model，FM）和功能范例（functional profiles，FP）两大部分。

功能模型的功能框架（functional outline，FO）由直接医疗功能（direct care functions，DC）、信息支持功能（support functions，SP）和基础架构（infrastructure functions，IN）3个层次组成，每一个层次最多有四级目录，目录的最底层为EHR－S基本功能构件，共140个。功能框架和基本功能构件是稳定不变的，而且国际通用。

功能范例是按照功能框架根据每个卫生服务单元（care setting）的特殊需求确定的功能，如与《EHR功能》同时发布的急诊功能范例（EDIS－FP）。功能范例的描述必须采用基本功能构件，且必须受功能框架三个层次的约束。这样，不同国家、不同卫生机构、电子病历的开发者、用户和质量认证机构在测试电子病历功能时，就有了统一的标准。

8.12.3 用户需求与用户界面

早先开发的医学信息系统，如HIS、LIS，都偏重于人、财、物的管理，易于开发。电子病历是对于临床医学信息的管理，其专业化的深度和人命关天的重要性仅靠计算机技术人员是难以企及的。因此，电子病历系统的设计与开发必须有临床医护人员指导与参与，并被他们认可和接受。

我国现在临床医护人员对计算机信息化知识的欠缺限制了他们的参与能力，这也是在医学院校开设“医学信息学”教育的迫切原因之一。

直观、高效、友好的用户界面是电子病历系统设计的重要内容。用户需要什么样的信息，执行什么样的任务，将会影响到何种信息以何种方式呈现出来，例如，划价收费人员录入费用的界面与临床医师录入医嘱的界面是完全不同的。电子病历的开发者必须把注意力放在不同用户的特殊信息需求上，例如产科与烧伤科的电子病历迥然不同，前者着重表达产妇生产过程的相关信息：宫缩力量、宫颈开口、胎儿体位，胎心音等，界面需显示产程图；后者着重表达烧伤的相关信息：位置、面积、深度等，界面需显示人体表面图。因此，如何将计算机处理数据的强大能力与人机互动技术完美匹配，是电子病历用户界面设计的挑战。

8.12.4 安全性,私密性和保密性

安全性是人们应用电子病历的焦点。由于网络可以广泛传输信息;计算机可以便捷增、删、改信息;存储介质的多样化和不易直观;电子签名的“虚无感”;这些表象使人们误认为电子病历比纸质病历更不安全。事实上,目前计算机技术可以确保电子病历的安全性,主要问题在于相关法规、政策和管理的缺失以及宣传、教育的缺失。例如,电子病历签名法至今未立法颁布。

私密性和保密性是电子病历的热点,解决方案有:严格控制访问权限;利用计算机追踪系统监测访问者身份、监测资料使用情况;设置患者签署“知情同意书”功能等。安全性,私密性和保密性是又一个挑战。

8.12.5 法律与社会问题

病历信息是公民的私有数据,也是社会关注的公共问题,由国家及各级行政部门制定恰当的法律和政策是电子病历亟待解决的问题,包括电子病历立法、医疗电子病历签名立法,制定电子病历的开发和管理制度都是当务之急。

8.12.6 中医电子病历

我国的中医学源远流长、博大精深,在几千年历史的长河中形成了它独特的理论体系和临床经验,例如以藏象、气血、经络、病因、病机、证候等关系本体为特点的理论体系,以人为中心的健康保障医学体系。近几十年来中西医结合使其进一步兼容了西医学的内容。因此,中医电子病历既要包含中医的四诊信息、辨证依据、辨证诊断、处方等诊疗信息,也要包含西医临床检查、诊断治疗等信息,还要继承名老中医经验,分析挖掘传统核心处方,从而形成了独树一帜的中医电子病历体系。

近几年来,我国在中医电子病历的研究和应用上取得巨大的进展,研制、确定了规范术语体系,开发了中医电子病历模型,探索了中医临床多维检索系统和名老中医核心处方的数据挖掘工程。关于中医电子病历请参阅第 19 章。

8.12.7 认识与共识

医疗卫生行业早先推广应用的信息管理系统 HIS、LIS、PACS 等主要针对人、财、物的管理,它们与企业的管理系统(MS)是同根同源,因而易于开发,易于被用户接受,IT 厂商的“推波助澜”成了推广应用的主要力量之一。然而电子病历则是医疗专业性极强的、崭新类型的信息系统,以 IT 厂商为主体的开发产品不能适应临床医务人员的需求和临床医疗的规范,厂商的“推波助澜”受到遏制。

因此,电子病历的推广应用,首先要促使医疗行业的领导层、医务人员、IT 从业人员乃至公民对电子病历有深刻的认知,了解其本质、作用、安全性,并达成共识。为达到认知和共识,可采用论坛、论文、培训、宣传等方法。只有行业自身的需求才是其发展的最主要动力;只有获得社会和经济效益的回报,用户才会投资。医疗行业的所有领导必须联合起

来，积极去定义标准、投资基金、制定法规、实施变革，加快电子病历的开发与应用。

问题与讨论

(1) 何谓电子病历和电子病历系统？两者的关系是什么？
(2) 电子病历和纸质病历的本质区别是什么？
(3) 电子病历的架构模型如何构建？为什么要这样构建？
(4) 电子病历的数据处理有何特点？谈谈对电子病历数据结构化的认识。
(5) 为什么说电子病历是医院各种信息系统的核心？集成起了什么作用？
(6) 试述电子病历的功能和作用。
(7) 试述电子病历的法律效力和相关法律规定。
(8) 为什么强调电子病历的安全性？如何实现？
(9) 谈谈你对电子病历面临挑战的认识。

（丁宝芬）

9 医学图像信息系统

本章将论述有关医学影像的基础知识，以及医学图像信息系统的原理和应用，读完本章后，你应该知道下面这些问题的答案：

关于图像的基础知识。图像的数字化含义是什么？什么是像素和维度？

常用的医学影像设备有哪些？它们的成像原理是什么？

如何实现医学图像的采集、存储和传输？

什么是 PACS？什么是 DICOM 标准？

使用 PACS 有什么好处？

9.1 关于图像的基础知识

本节将主要介绍有关图像的基础知识，关于它的一些要素：大小、清晰度、色彩等等，所有这些要素从计算机的角度来看，都必须用数字表示才真正有意义。

9.1.1 图像的构成与显示

图像的要素必须数字化才能够被计算机识别、储存和处理。除了图像的表观大小外，图像可以用像素和色彩来描述。

任何一个物体都可以分解成组成它的各个部分。分解的深度或细致程度取决于我们所要研究的对象。对于图像来说，所能分解的最小组分称为像素。比像素更小的单元在研究中没有任何实际意义。我们使用的计算机显示屏可以看作是由宽×高的点矩阵，这矩阵内的每一点就是一个像素。我们平时说的计算机显示屏是 800×600，1024×768，1960×1280，就是指相应的显示屏的宽度和高度所包含的像素。

对于同一物体，如果使用不同分辨率的成像设备，得到的图像的像素可以有很大的差别。所以像素的多少不但与成像物体大小有关，而且与成像技术设备有关。也可以说像素是图像空间分辨率的重要标志。

每一个像素的显示都可能表现为亮度和色彩。而任何像素的亮度和色彩显示可以分解为三种基本色素的强弱组合。有时候我们可以在车站码头或其他公共场合看到一些大广告屏，上面的标语、画面就是我们通常看到的计算机显示屏的放大。那上面的每个点（即像素）里面都有 3 个发光单元（比如二极管），每个发光单元发出一种颜色的光，计算机通过调节控制每个发光单元光的强弱来实现一个像素的亮度和色彩的控制。

在计算机里，我们进一步把每个单色元素从最强到最弱（无光）分为若干层次，比如分为 4 个层次，这样 3 个单色元素就可能组合成 4×4×4＝64 种颜色。当然这是最简单的。现在我们使用的计算机一般单色都分为 128 个层次或 256 个层次，所能组合成的颜色数已经远远超过了我们人眼的识别范围。以红蓝绿三种基色且各自分为 256 个层次为例，得到表 9-1 所示的像素颜色。

表 9-1　像素的颜色

像素	红	蓝	绿
红	256	0	0
蓝	0	256	0
绿	0	0	256
白	256	256	256
黑	0	0	0
灰	128	128	128
黄	256	0	256

值得注意的是，上表中的白、黑、灰三种颜色，即非彩色，也是由三种基色组成的。在这个意义上，黑色、白色和灰色都是彩色的特例。

事实上，黑白照片出现在彩色照片之前，黑白电影出现在彩色电影之前。医院里的X光照片也是黑白片，黑白影像是以灰度(即亮暗的程度)来体现被拍摄事物的表面信息的。

黑白影像的像素没有三种基本色素，它只有亮暗程度的差别，也就是常说的灰阶。Windows 系统 8 比特的输出显卡，反映黑白影像时的灰阶是 256 个灰阶。由于 Windows 在调色盘上要独占 20 个位置，影像实际只有 236 个灰阶。因此普通显卡常常遇到灰阶不连续的问题。要完美的再现灰阶连续的黑白影像，就应选配专业的输出灰阶在 10 比特以上的显卡。

由此，在医学影像显示中常使用的伪彩概念也就很容易理解了，这是将黑白影像中的像素用彩色显示，其原则是：① 不同灰阶用不同的彩色显示。② 相邻灰阶的像素用相邻的色彩。伪彩显示的黑白影像可以帮助医生对疾病的诊断。

9.1.2　图像的维度

所有图像都有维度。我们所在的空间是三维的，我们平常所说的平面图或立体图就是二维或三维图。二维图上的每个点有两个坐标，比如(x,y)，三维图上的每个点有三个坐标，比如(x,y,z)。类推，四维图上的每个点有四个坐标，比如(x,y,z,t)。二维和三维图可以在平面上很直观地画出来，四维以上的图就不能在平面上显示了。

要注意的是，这里说的维度，可能是空间的维度，也可能是代表了别的物理量。比如医院里常常测量得到的心电图，就是以时间作为横轴，以心电压作为纵轴的二维图像，都与空间维度毫无关系。而 CT 扫描将身体组织的一个个截面的二维图拼成该组织的立体图，即三维图。其中的坐标就正好是空间维度。

在这个基础上，我们可以进一步来理解四维图了。设想一个身体组织在某时刻的立体图，间隔 1 秒钟后，它可能是另一个形态，或者说另一个三维图。如果我们对这个组织有一系列的三维图，按时间顺序显示出来，这就是这个身体组织的四维图像了。电影就是将一系列的用二维表述的三维图，以时间顺序放映出来，借助于人眼的视觉暂留，在观众头脑里形成的四维图像。

9.2 医学图像设备和仪器

从显微镜到1895年的X线的发明，近100多年的历史证明，医学图像成像技术的每一重大进展都给医学诊断和治疗技术带来极大的改变和发展，医学图像的成像方式也不断增加，而计算机技术和数字图像处理技术的迅速发展和普及，则进一步扩大了医学图像的应用范围。

经由计算机的医学图像成像有多种方法，但它们之间的相似之处是先用某种能量（例如射线或能量波）通过人体，与人体相互作用后对该能量进行测量，然后用数学的方法估计出该能量与人体组织相互作用（吸收、衰减、核磁扰动等）的二维、三维分布，把能量的强弱转换为显示的明暗或色彩的不同，就产生了图像（如图9-1）。

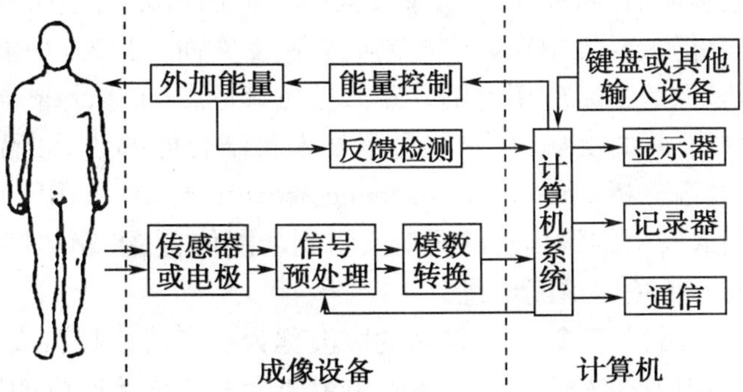

图9-1 医学图像设备结构示意图

下面介绍几种主要的医学图像。

(1) X线图像。利用人体器官和组织对X线的衰减不同，透射的X线的强度也不同这一性质，检测出相应的二维能量分布，并进行可视化转换，从而可获取人体内部结构的图像。

与常规X片图像的形成过程相比，X线数字成像系统形成数字图像所需的X线剂量较少，能用较低的X线剂量得到清晰图像。可利用计算机图像处理技术对图像进行一系列处理，从而改善图像的清晰度和对比度等性能，得到更多的可视化诊断信息。

计算机X线摄影（computed radiography，CR）是X线平片数字化的比较成熟的技术。CR系统是使用可记录并可由激光读出X线成像信息的成像板（imaging plate，IP）作为载体，经X线曝光并读出处理信息，形成数字式平片图像。

数字X线摄影（digital radiography，DR）是在X线影像增强器——电视系统的基础上，采用模/数转换器将模拟视频信号转换成数字信号后送入计算机系统中进行存储、分析、显示的技术。数字X线摄影包括硒鼓方式、直接数字X线摄影（direct digital radiography，DDR）和电荷耦合器件（charge coupled device，CCD）摄像机阵列方式等。

数字减影血管造影（digital subtraction angiography，DSA）是利用数字图像处理技术中的图像几何运算功能，将造影剂注入前后的数字化X线图像进行相减操作，获得两帧图像的差异部分——被造影剂充盈的血管图像。目前DAS有时间减影（temporal subtraction)、能量减影(energy subtraction)、混合减影(hybrid subtraction)和数字体层摄影减影(digital tomography subtraction)等类型。

(2) X线CT图像。X线CT(computerized tomography,CT)是以测定X射线在人体内的衰减系数为物理基础,采用投影图像重建的数学原理,经过计算机高速运算,求解出衰减系数数值在人体某断面上的二维分布矩阵,然后应用图像处理与显示技术将该二维分布矩阵转变为真实图像的灰度分布,从而实现建立断层图像的现代医学成像技术。概括地说,X线CT图像的本质是衰减系数成像。

与传统的X线检查手段相比,CT具有以下优点:能获得真正的断面图像,具有非常高的密度分辨率,可准确测量各组织的X线吸收衰减值,并通过各种计算进行定量分析。

(3) 磁共振图像。磁共振图像(magnetic resonance imaging,MRI)系统通过对处在静磁场中的人体施加某种特定频率的射频脉冲,使人体组织中的氢原子受到激励而发生磁共振现象,当中止脉冲后,氢原子在弛豫过程中发射出射频信号而成像。目前MRI成像技术的进一步研究仍主要集中在如何提高成像速度方面。另外,功能性MRI的出现进一步扩大了磁共振影像的临床应用范围。磁共振血管造影(magnetic resonance angiography,MRA)可以发现血管的疾病,与三维显示技术相结合能够为诊断提供更多的可视化立体信息。磁共振波谱分析(magnetic resonance spectroscopy,MRS)亦是研究的热门课题,有可能在获得病人解剖结构信息的同时又得到功能信息,将MRS与MRI进行图像融合,能够获得更多的有价值的诊断信息。

(4) 超声图像。频率高于20 000赫兹的声波称为超声波。超声成像(ultrasound system,US)就是利用超声波在人体内部传播时组织密度不连续性形成的回波进行成像的技术。依据波束扫描方式和显示技术的不同,超声图像可分为:A型、M型、断层图像的B型和多普勒D型显示等。可能会给医学影像领域带来巨大影响的新的超声成像技术研究,是三维超声成像。三维超声影像具有图像立体感强、可以进行B超图像中无法完成的三维定量测量、能够缩短医生诊断所需的时间等特点,是一种极具发展前景的超声成像技术。

(5) 放射性核素图像。放射性核素成像(NM)技术是通过将放射性示踪药物引入人体内,使带有放射性核素的示踪原子进入要成像的组织,然后测量放射性核素在人体内的分布来成像的一种技术。放射性核素成像技术能够反映人体内的生理生化过程,能够反映器官和组织的功能状态,可显示动态图像,是一种基本无损伤的诊断方法。

(6) 医用红外图像。人体是天然热辐射源,利用红外线探测器检测人体热源深度及热辐射值,并将其转变为电信号,送入计算机进行成像。红外图像用来诊断与温度有关的疾病。系统根据正常与异常组织区域的热辐射差,得出细胞新陈代谢相对强度分布图,即功能影像图,用于对浅表部位肿瘤、乳腺癌及皮肤伤痛等疾病的诊断。

(7) 内窥镜图像。内窥镜是一种直接插入人体的腔管内进行实时观察表面形态的光学诊断装置。光纤内窥镜使用的纤维束有两种,一种是传递光源以照明视场的导光束;另一种是回传图像的传像束。电子内窥镜的发明为内窥镜影像的临床应用提供了一种新的技术,具有轮廓清晰、可以定量测量等特点,三维立体内窥镜系统还可产生逼真的立体图像。

(8) 显微图像。显微图像一般是指利用显微镜光学系统获得的关于细胞、组织切片的二维影像。目前处理和分析显微图像的主要工具是图像分析仪,它应用数字图像处理技术、计算机技术和形态计量学方法,实现对细胞、组织的定量分析,并可进行三维重组和动态显示。

不同成像方法获得的数字图像像素不同,不同图像成像系统也影响图像像素显示亮度和色彩变化的层次。如某个X线图像成像系统的X线强度变化的转换数位是8 bit,有0—255个变化层次级差,另一个X线图像采集系统的X线强度变化的转换数位是10 bit,有0—1 023个变化层次级差。对于同样幅度的X线,后一个X线图像采集系统记录了更多X线强度变化的细节,当X线强度变化转换成显示的明暗后,我们从显示图像上能看到更多明暗变化的细微差别,意味着能区分人体组织更多细节的差异。

不同成像方法在一次检查中所获取的图像数量差别很大,MRI一组检查甚至可能获得上千幅图像。不同成像方法获取的人体信息也不一样,如核医学图像(NM),尽管只有1.6万像素,但因其能获取生理学信息,常用于肾功能检查。

表9-2为常见医学图像的主要参数特征比较。

表9-2 常见医学图像的参数特征比较

	CR	MRI	CT	US	NM
像素	2 048×2560	256×256	512×512	512×512	128×128
数位	12	10	12	8	8
图像数量(幅)	2	100	60	30(静态)	30
字节(M)	12	20	30	7.5	0.5
生理学信息	No	Yes	No	No	Yes
费用	中	高	高	低	中

9.3 医学图像处理的关键技术

根据以上医学图像成像原理及方法,医学成像设备可以分为以下几个主要部分:

(1) 传感器:也就是换能器,将一种能量的信号转换成另一种能量的信号的器件。通常最终是转换成电信号,以方便处理并输入计算机系统。如测量血压的压力传感器,测量离子浓度的离子传感器,X线传感器,超声传感器等。电极也可以看作传感器。传感器是医学成像设备的关键部件。

(2) 信号预处理和采集系统:信号预处理主要完成信号的放大、滤波、线性化以及信号的电气隔离等,将由传感器获得的信号调整到适合信号采集系统的要求。信号采集就是将模拟信号转换成能被计算机处理的数字信号。

(3) 计算机系统:主要完成数字信号处理、数据管理和程序控制等工作。随着主机性能和模数转换精度的提高,很多在预处理阶段完成的工作可移到数字信号处理阶段完成,有些设备,如CT等,采用独立的信号处理设计,以进一步提高信号处理能力。

(4) 人机交互系统:通常由键盘、鼠标、显示装置等组成,一般还带有网络接口,构成现代医学图像仪器的外在特征。显示装置可以显示简单的数值,也可以显示曲线甚至图像。一些医疗设备还具备记录装置和打印机等。

(5) 能量发射系统：许多医疗图像设备需要向人体发射某种能量,如X线成像设备需要向人体发射X射线,并接收透过人体而衰减后的射线能量进行成像。超声波设备需要向人体部位发射超声波,通过探测超声波在人体不同部位的传播形态分析人体该部位的组织情况。

(6) 其他系统：如机械传动系统、定位系统、管路系统等辅助设备。

9.3.1 医学图像的采集

医学图像的采集随图像设备而不同。下面我们将介绍临床常见的一些医学图像的原理和采集。特别以数字X线摄影和超声波测量为例作比较详细的说明。

1) 数字X线摄影系统

根据成像原理不同,数字X线摄影系统可分为计算机X线摄影系统(CR)和数字X线摄影系统(DR)。

CR系统(Computed Radiography)结构主要由4部分组成(如图9-2)：

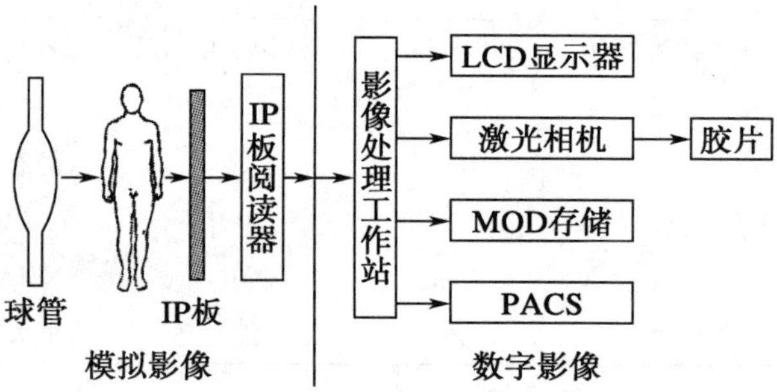

图9-2 CR系统工作原理图

(1) 信息采集。常规X线摄影系统通过胶片在X线照射下曝光,经冲洗后成影像,这是一种模拟信号,不能进行图像处理。CR系统实现了用成像板(IP)来接收X线下的模拟信号,经A/D转换实现图像数字化,从而使传统的X线影像能够进入存储系统进行图像处理和传输。

(2) 信息转换系统。把存储在IP板上X线模拟信息转换为数字信号的系统。IP板是一种接受X线并存储X线成像信息的一种装置。CR的信息转换部分主要由激光阅读器、光电倍增管和A/D转换器组成。

(3) 信息处理系统。采用不同的技术,根据诊断要求,实施图像处理,从而达到图像质量的最优化。

(4) 经处理后的图像信息可以同时进行存储和打印,可以存储在硬盘或其他介质上,可以打印在胶片上。

DR系统(digital radiography)是指采用一维或二维的X线探测器直接把X线影像转换为数字信号的技术。系统由数字影像采集板(CCD,非晶硅)、专用滤线器、数字图像获取控制系统、X线摄影系统、数字图像工作站构成。其工作原理是在数字影像采集板中,

X线经荧光屏转变为可见光，再经 TFT 薄膜晶体电路按矩阵像素转换成电信号，传输至计算机，通过监视器将图像显示出来（如图 9－3）。

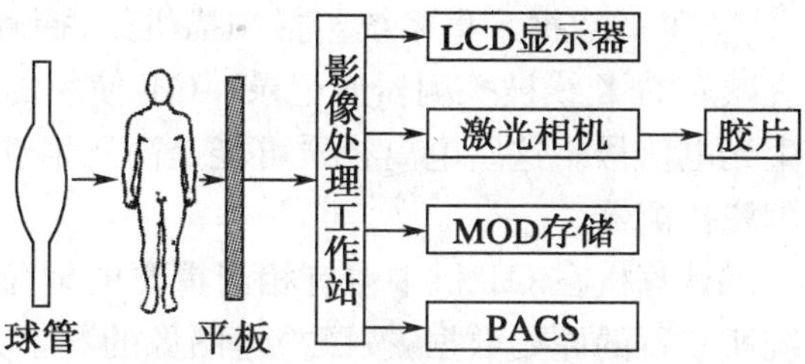

图 9－3 DR 系统工作原理图

CR 与 DR 结构示意图类似，但是完全不同的技术。CR 技术是利用原有 X 线设备，增加 IP 板和 CR 扫描仪。通过 IP 板将 X 线模拟潜像保存下来，再将 IP 经激光扫描器将潜像转换为光电信号，进而再进行数字化。操作过程与普通拍片基本相同。DR 则完全不同，没有任何胶片和胶片机。X 线影像直接通过数字影像采集板转换成数字影像，再直接送到计算机中，进行显示和其他操作。

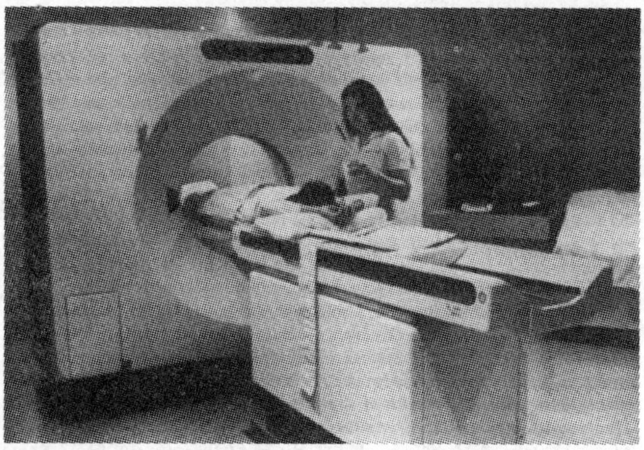
图 9－4 CT 机的使用

X 线计算机断层扫描机（computed tomography，CT）从多角度的方向上检测经过人体后的 X 线衰减量，并用数学方法重建身体某一层面的轴向 X 线图像（如图 9－4）。

CT 机的数学原理是数学家 J. Radon 在 1917 年所提出的图像重建理论，即任何物体可以从它的投影的无限集合来重建图像。CT 的物理学原理是射线的吸收定律，即当单色射线经过某一物体时，其能量由于与物质原子相互作用而衰减，其衰减程度与物体的厚度和衰减系数有关。G. N. Housfield 用上述理论设计的 CT 机的基本形式是：用一束经过准直的X线，围绕人体的长轴进行扫描，扫描过程中，处于人体相对侧的 X 线检测器对穿出人体的 X 线进行检测，将所得到的信号波形成一系列的投影图，用计算机对这些投影数据按特定的数学模型作图像重建，最后取得这一部位的片状横向断层图像（如图 9－5、图 9－6）。

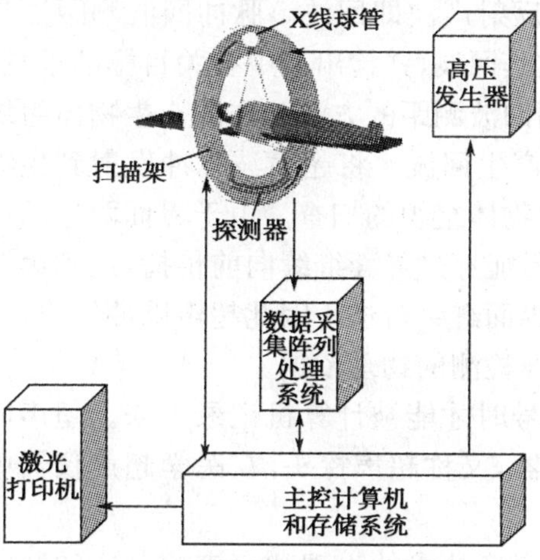

图 9－5 CT 扫描机系统框图

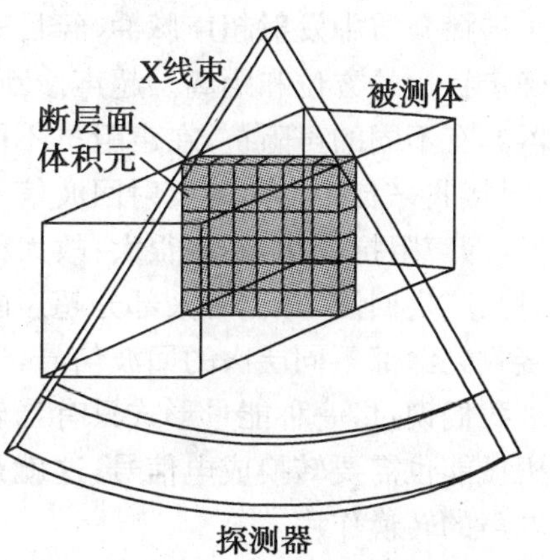

图 9－6 CT 断层面扫描示意图

CT 的数据采集系统包括扫描机架、探测器和与之相辅的扫描床。经过人体组织吸收衰减后的 X 线被探测器所记录。CT 使用的探测器的原理是记录 X 线通过电离物质而产生光电信号。这些电离物质可能是高压惰性气体，可能是闪烁晶体探测器，或者固体稀土陶瓷探测器。

计算机在 CT 机中占有相当重要的地位。它在 CT 机中的主要功能有：根据扫描系统所获得的原始数据，按照重建图像的数学方程编制的软件程序，计算出图像矩阵中的每一个参数；将存储器中的图像矩阵编入电视扫描程序中，然后显示 CT 图像在电视屏幕上；控制扫描系统的工作以及控制机器的其他动作。

CT 机有图像显示的专用软件，这些软件能帮助医生对病情进行诊断。如图像的放大，镜像反转，窗位检测，图像比较，距离测量，文字注释等等。

三维重建显示。随着计算机技术的发展和螺旋 CT 的应用而出现的图像综合分析和处理技术，是将 CT 原始横轴位图像以三维形式再现的过程，它们包括最大和最小密度投影(MaxPs 和 MinPs)，三维遮盖表面显示(SSD)，容积透视软件(3D valume rendering SW)，三维虚拟内窥镜和多平面重建(MPR)等技术，可以帮助医生更加直观的诊断。另外，在高级后处理软件上，还整体融合了 CAD 智能诊断并实现定性定量诊断，突破了从前单一定性诊断和单凭经验诊断的模式。

2) *超声波成像系统*

利用超声波在人体中传播的物理特性，可以对人体内部脏器或病变作体层显示，据此对疾病进行诊断。由于它具有操作简便、安全、迅速、无痛苦、无辐射的优点，临床上得到广泛应用。人体的许多部位和脏器如眼、甲状腺、乳房、心血管、肝脏、胆囊、脾脏、泌尿系统以及妇产科等，超声波诊断均显示了极大使用价值。

超声诊断仪的发展经历了 A 型、M 型、B 型、C 型、D 型等，现代 B 型超声诊断仪包含了 A 型、M 型功能，还包含多普勒声谱图、二维彩色多普勒成像、能量图、二次谐波成像和三维成像等功能。

人耳能听到的声频在 20 Hz 到 20 kHz 之间，低于 20 Hz 的称为次声波，高于 20 kHz 的称为超声波，人耳听不见。临床用于超声诊断的音频通常在 1—20 MHz 之间。

声波在传播途中遇障碍物会形成反射，产生反射声波即回波。脉冲回波测距法是指向声传播介质中发射超声脉冲，经目标反射，接收其回波，并检出其中有关目标的信息，从而确定目标的方位和距离。超声诊断仪就是利用回波测距的方法工作的。生物体组织和脏器具有不同的声阻抗，在声阻抗不同的界面会产生回波。将超声波脉冲发射到生物体内，再接收来自生物体的反射回波信号，完成对生物体组织的扫查。由于界面两边的声学差异(即声阻抗变化)不是很大，故大部分超声能量能穿过界面继续向前传播，达到第二界面时又产生回波，并仍有大部分超声能量透过该界面继续行进。因此超声脉冲发出后，可以接收到深部不同层次的回波信号，这就是超声波检测的物理依据。

我们说过，一种能量形式只有当转换成电信号时才能被计算机记录下来。超声回波的机械能也需要转换成电信号，这就是超声换能器，又称超声探头，在医学超声仪器中完成电声的转换作用。

早期的 B 超是完全模拟式的，随着数字扫描变换技术的出现和声束控制中的数字技术的逐步应用，B超设备的图像质量出现了很大的飞跃，形成了一个比较经典的结构模式，这种模拟/数字混合式的超声成像系统的信号流程如图 9-7。

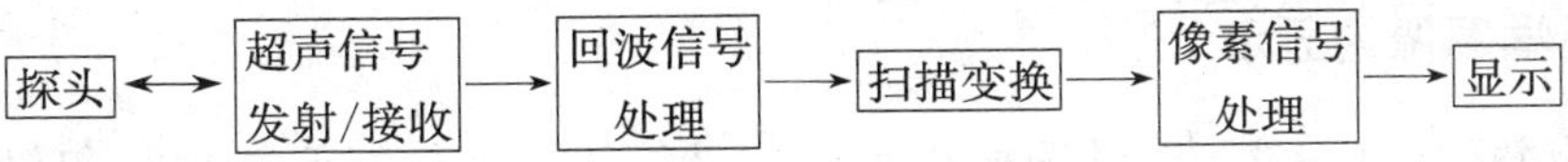

图 9-7 超声成像系统信号流程

9.3.2 医学图像的传输

我们在介绍X线影像和B超影像的过程中，已介绍了图像在设备系统内的传输。当将图像的模拟信号转换成数字信号以后，在联机系统内的图像传输也就容易实现。

在计算机系统内的图像传输与文本传输还是有其特殊性，由于在计算机内图像文件占有的空间要比文本文件大得多，如果有大量的图像需要传输，怎么压缩图像文件的占有空间就是一个需要解决的问题。人们研究了各种图像的压缩存储方式，例如jpg的图像格式就比bmp图像格式要经济得多，当然还有其他很多种的图像格式。

有调查表明，用户对调阅图像速度的要求是，近期图像(3—6月)调阅时间小于10 s，远期图像调阅时间小于100 s。图像数据量大，一幅2048×2048×12 bit的CR图像有5 M，一个MRI检查序列可能有几百幅图像。高速的宽带网络、高性能的服务器和PC机有利于图像传输，但不断增长的接入信息点数和用户调阅需求，会很快消耗这些硬件资源，而硬件的升级需要投资的增加。因此，医学影像存储与传输系统(PACS)需要寻求其他方法予以改进。

图像压缩可减少存储空间，加快传输速度。但要根据实际情况合理地选用适当的算法。评价压缩与解压缩技术的好坏，一是在压缩和解压缩的过程中尽量不损失信息，即无损压缩；二是压缩或解压缩的速度，即压缩或解压缩过程所需的时间；三是压缩比，即压缩前后图像数据量的大小之比，如3∶1,10∶1,15∶1。显然，压缩比越大越好。不过，随着压缩比的增加，压缩或解压缩的时间也增加。有时为了速度和压缩比的要求，不得不损失一点信息。例如，对图像质量要求高的应用，如诊断终端，选择无损压缩；而只需浏览图像的应用，则选择有损压缩。

分布存储是指在PACS系统中将图像数据分数据库、分服务器、分网络存储，以改善图像调阅速度。据调查，90%以上的调阅需求是对近期图像的，将近期图像与远期图像分开存储，能满足大部分的需求。在医院里，门急诊对调阅速度的要求显然高于住院，因此也有PACS系统将门急诊图像与住院图像分布存储。

后台调阅是为解决一次调阅大量图像而设计的。对要调阅一个有几千幅图像的检查的情况，在第一组图像调入本地时，即可开始显示和处理，同时后台仍继续调阅。用户还可以标记重要的图像，下次重复调阅时可以选择只调阅标记过的图像。这样，大大减少了用户的等待时间，也可减轻网络负担。

预约调阅是指在病人入院或挂号后，PACS系统自动将该病人的历史图像从远期存储处调到近期存储处。或者是复诊病人的图像产生后，PCAS自动调阅初诊图像将其传送到用户终端上。

需要说明的是，PACS中存储和使用的图像，与我们通常所了解的图像是不完全一样的，除了包含图像本身像素的信息外，还有许多与图像相关的信息。

9.3.3 医学图像的显示

与所有数码照片一样，医学图像也可以在计算机屏幕上显示或用打印机打印出来。此外，为了医疗诊断的需要，有时候医学图像的显示有更高的要求，高亮医用显示器就是为了适应医疗诊断的需要而开发生产的。常用到的医用显示器有4种分辨率。1280×1024；600×1200；2048×1536；2560×2048。分别对应1 MP、2 MP、3 MP、5 MP。与普通显示器不同的是，医用LCD的分辨率通常是固定的。医用显示器在彩显上没有过多要求，但是医用显示器表达灰阶影像的黑与白之间的程度，即最亮值与最暗值之比，通常对比度在600∶1以上。

来自图像的数字信号可以被精确地和有目的地测量、描述、传送和重建。然而，信号的可视化解释依赖于显示图像时所用的不同特性的系统。因此，由相同信号产生的图像在不同的显示设备下可能会呈现不同的表现、信息和特征，直接关系到使用者对图像的最终感受，进而对图像理解和疾病诊断产生重大影响。

通过软拷贝方式显示的医学图像，是由一个个分离的不同亮度的点组成的。人眼在不同亮度条件下对图像的分辨能力不同，或者说眼睛区分不同亮度的能力在表达图像处理结果时是有差异的。定义当前的平均亮度为系统的亮度适应级，以这个亮度适应级为中心划定一个不大的区间，此区间就是视觉系统在某一时刻所能感受到的主观亮度范围。传统X线图像的观片灯具有照度大且亮度均匀的特点，非常符合人的视觉系统亮度区分特性要求。

因为人眼对灰阶差的感知具有高度的非线性，一定对比灵敏度下背景亮度越高，能分辨的亮度差也就越大，即显示器的空间分辨率和密度分辨率之间的矛盾。显示器的亮度越高，人可分辨的灰阶也越多。但是亮度过高，空间分辨率会降低。因此面向不同的应用，需要对分辨率、背景亮度及绝对亮度差等指标做出权衡选择。例如，显示非移位骨折等场合要求分辨细节的能力要强，而分辨亮度细微改变的能力对检测肺小结等软组织微小差别则显得特别重要。

为了达到最佳显示效果，DICOM标准根据Barten模型定义了一个灰阶标准显示函数(感知线性化)。DICOM所定义的存在于数字图像值和显示亮度之间的关系是基于人类对于较大范围亮度的理解而产生的模型和测量标准，而并非基于任何一种图像显示设备或是任何一种图像格式的形态特征描述，它也不依赖于用户的个人喜好。DICOM标准使用了人类的视觉系统的Barten模型来处理图像数据，达到视觉一致性的目的。

图像显示器应当按照此函数对亮度曲线进行校正。试验证明，经过DICOM灰阶标准显示函数校正的显示器，效果明显好于没有经过校正的显示器。对于PACS系统使用的显示器，需要经过测试和调节确定最佳亮度。

在PACS的发展进程中，显示设备也在不断改进。从CRT显示器发展到LCD液晶显示器，从分辨率只有640×480，亮度100—220 cd/m^2，到分辨率达2048×2560，亮度450 cd/m^2，而液晶显示器可达500—1000 cd/m^2。现代专业医学图像显示器更是配有专用显示卡、显示器校正工具和软件包，使显示器在整个使用过程中最大限度地保持特性一致。

此外,国外有学者进行过大量的 X 线胶片阅片与 CRT 显示器软拷贝阅片的对比实验研究,研究结果指出,观察气胸和肺间质异常或骨骼的细微裂纹,需要分辨率为 4 K×4 K×12 bit 的图像显示器;而要在乳房片上发现微钙化病灶或对比度低的乳腺肿瘤则要求高达 6 K×6 K×12 bit 的数字显示点阵,而这是目前任何一种显示器都达不到的。因此,在实现包括 X 线图像在内的医学图像的数字化之前,充分了解临床上对数字图像质量的要求,根据图像种类和经济能力来综合考虑,进而合理地选择专业图像显示器显得十分必要(如图 9-8)。

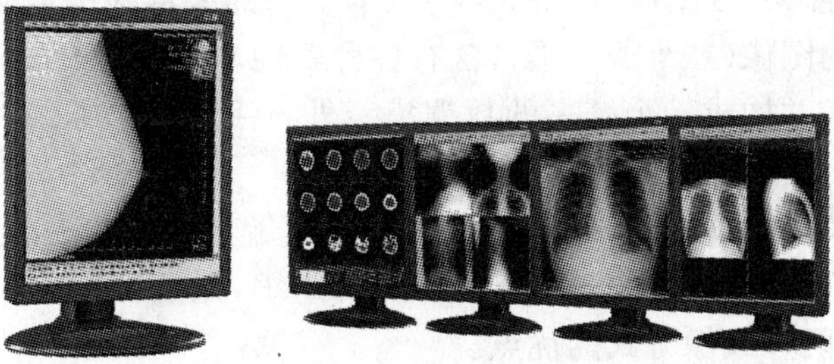

图 9-8 PACS 专用高清晰显示器

相应地,人们也开发了各种医学图像的显示软件,例如前面介绍的 CT 机有图像显示的专用软件,如图像的放大、镜像反转、窗位检测、图像比较、距离测量、文字注释等,这些软件能帮助医生对病情进行诊断。进一步还有三维重建显示等等。所有这些图像处理和分析的方法,其目的是提高信息的相对量,如增强图像中的某些部分或提取某些特征,以便提取信息。常见的基本图像处理技术包括:

(1) 图像恢复。目的是要改进图像质量,将图像中的干扰信息去除。在图像获取时,许多因素会导致图像质量下降。如 CT 扫描时病人的呼吸、心跳等,不仅造成图像模糊,甚至产生伪像。用变换、滤波等算法可以去除干扰。

(2) 图像增强。按应用需求对图形进行处理,以加强信息提取。图像增强技术主要包括:对比度处理、基于灰度直方图的变换处理、图像减影和平均、空间滤波、频域增强和伪彩色处理等。

(3) 边缘检测。边缘是图像中具有不同平均灰度的两个区域之间的边界,边缘检测是利用边缘反映局部灰度变化这一特性直接将边缘找出来。从数学的角度而言,对图像的灰度特性进行微分运算,就可以检测图像边缘像素点处的不连续程度,从而实现对边缘的检测。

(4) 图像分割。图像分割是指把一幅图像分成各具特性(灰度、颜色、纹理)的区域并提取出感兴趣的目标(单个区域、多个区域或三维结构)。图像分割是图像分析和计算机视觉低层次处理中最基本和最重要的研究内容,是成功地进行下一步图像分析和理解的关键技术。可以说,图像分割结果的质量直接影响以后进行的分析和理解的质量。

(5) 图像测量。测量图像的几何特征(面积、形状、圆周等)、强度特征(灰度分布:均值、标准差)、颜色特征(颜色、颜色分布)、纹理特征(细微结构:定量地表示小距离内灰度值的变化)。

(6) 图像压缩。图像压缩是用某种特定的算法将原图像的数据进行压缩,获得与原图像尽量逼真的图像，使存储占用的空间减少，传输速度加快。而解压缩算法可以近似或完全恢复原来的图像。

(7) 图像配准与融合。配准指寻找两幅图像数据集之间的几何变换关系，将两幅图像的坐标空间转换到同一个标准空间的过程。模板配准是把标准图形(模板)放在图像中，观察其相关性，如脑外科手术时手术器械与病人手术部位的配准。可视化配准是指来自不同设备的图像之间的配准，或同一设备不同断层图像之间的配准。如病人头部某一局部组织既有对X线的吸收属性(X线图像)，也有组织质子密度的属性(MRI图像)，还有代谢物浓度的属性(MRS图像)等等，这些原本统一的属性被分散到各个图像上，配准就是要形成一个新的图像(二维或三维)，含有各种属性，即病人的计算机仿真模型。融合则是将各种图像配准并构成一个统一的数据集。外科手术导航系统中就有病人、手术器械和病人的计算机仿真模型之间的配准和融合。

图9-9中，(a)是PET图像，由于是功能图像，其解剖结构并不清楚；(b)是CT图像，由于脑部组织的CT值相似，图像中不能区分脑部组织，但颅骨等结构非常清晰；(c)是融合图像，充分利用了两种成像方式的优点。

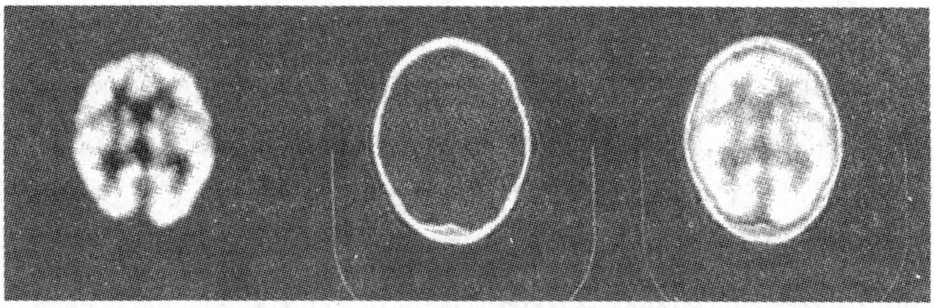

(a) (b) (c)

图9-9 (a) PET图像、(b) CT图像和(c) 融合图像

(8) 三维成像：以前，二维医学断层图像获得以后，医生对序列断层图像依次观察和分析，在头脑中构建目标的三维图像以及目标与周围组织之间的空间关系。利用图像三维重建和显示技术可以将扫描所获得的断层图像数据用计算机重新构建解剖结构的三维图像，在医学诊断、外科手术和放射治疗计划设计等方面有着极具临床价值的应用(图9-10)。

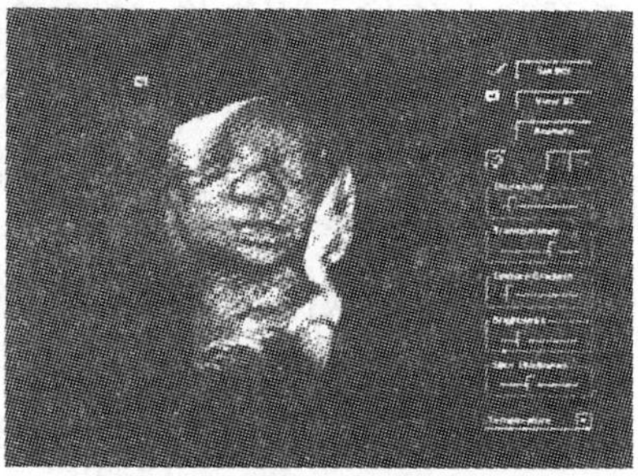

图9-10 胎儿的三维超声图像

9.3.4 医学图像的存储

医学图像数字化就可以将图像方便地存储、传输到任何可以使用计算机的地方去，数字化图像所占用物理空间的大小显然远小于胶片图像的大小。

一家医院一天的图像数据总量至少几个G，医疗资料安全长期保存的要求使PACS系统的存储方案设计非常重要，高可靠性、超大容量和低成本的图像存储方式是追求的目标。为了平衡投资与应用之间的关系，PACS系统的图像存储通常都分层次存储，如按图像产生时间分为在线、近线、离线三类，SCSI磁盘或磁盘阵列存取速度快，但目前容量有限(数百个 G),用于存储在线图像。近线图像多采用光盘库、磁带库、NAS 和 SAN。

在价格方面,光盘库和磁带库具有明显优势,并且光盘库和磁带库有一定的扩展性,如 DVD 光盘单碟容量已近 1 TB,一个光盘库可容纳 600 张光盘。但在性能方面,光盘库和磁带库由于包含了机械转换原因,当对库中存储的图像进行调用时,数据的传输和读取速度必然会受到影响。为此,目前光盘库和磁带库多与磁盘阵列配合使用,由光盘库或磁带库作为主存储设备,磁盘阵列作为高速缓存,以此来提高光盘库或磁带库存储系统的性能。另一方面,当库中的光盘或磁带用完后换入新的光盘或磁带,换到库外介质上的图像数据就变成了离线图像。显然,这部分图像数据的调用效率更低。

存储的技术水平发展对 PACS 存储方案的设计和选择有很大的影响。早期的 PACS,因磁盘容量小价格昂贵,近线多用光盘或磁带的方法存储,影响存储速度,如光盘库即使是多台并发读取,其速率也只有每秒数十兆。但随着技术的发展,近线存储又出现了新的方式。

NAS 是 network attached storage 的简称,即网络直接连接存储。NAS 是一种特殊的专用数据存储服务器,内嵌系统软件,可提供跨平台文件共享功能。NAS 通过传统 IP 网络接口与网络直接相连,是一种即插即用的网络设备,各个用户端通过网络可共享数据访问。NAS 为用户提供了易于安装、易于使用和管理、可靠性高和可扩展性好的网络存储解决方案。

SAN 是 storage area network 的简称,即存储区域网络。SAN 是一种高可靠的、高性能的、互连存储和服务器的专用光纤通道网络。由于采用了光纤接口,SAN 的传输速率最高可以达到 Gbit/s 级。SAN 多采用 FC 协议,这是一种专门为存储 I/O(输入输出)要求很高的核心数据库、海量文件处理等应用度身定制的协议。SAN 将服务器和存储连接在一个安全、灵活、可扩展的体系结构中,可以实现在多种操作系统下,最大限度的数据共享和数据优化管理。

因此,就 SAN 性能来看,它是目前其他存储介质和方案所不能比拟的。但是 SAN 方案的代价太高,尚不能普及使用。所以,PACS 系统提出一种在性能与价格之间取得折衷的存储解决方案:多 PC 机存储系统。这种方案的存储介质是 IDE 硬盘,由多台存储 PC 机组成存储系统,每台 PC 机上可挂接 4 块或更多 IDE 硬盘。系统使用技术十分成熟的 8mm 磁带进行数据备份,同时对硬盘进行合理的分区,以提高备份和恢复的效率。当多个访问请求调阅存储在不同硬盘上或存储 PC 机上的数据时,系统可以有效地提供访问的系统并发性能。这种系统是通过增加 PC 机来完成扩展的,容量扩展的同时不会影响其他任何时期图像数据的调用。而且由于 PC 机的性能价格比越来越高,容量扩展的资金投入将会随着时间的推移变得越来越合算。

9.3.5 DICOM 标准

由上述可知,各种医疗器械所产生的图像都有各自的格式,互不兼容。这给医学图像信息处理带来困扰。为了解决上述问题,由美国 ACR(美国放射学会)与 NEMA(国家电子制造商协会)共同组成的联合委员会于 1993 年 9 月发布了医学数字影像与通信标准(Digital Imaging and Communication in Medicine,DICOM)3.0,目前国际上大部分医疗设备厂商都遵从了 DICOM 3.0 标准。

DICOM 标准规定了各种医学影像的格式、内容、存储方法以及交换医学影像信息的协议，任何医疗器械或者软件，只要遵照 DICOM 标准，就能够相互自由交换信息。

这个标准的内容为：

第 1 部分　给出了标准的设计原则，定义了标准中使用的一些术语，对标准的其他部分作了简要概述。

第 2 部分　介绍了 DICOM 标准的一致性概念，如何制订并描述 DICOM 产品。包括选择什么样的信息对象（information object）、服务类（service class）以及消息传递（massage transfer）等。一致性是指遵守 DICOM 标准的设备能够互相连接、互相操作的能力。

第 3 部分　描述了信息对象的定义方法，对数字医学图像存储和通信方面的信息对象提供了抽象的定义。

第 4 部分　服务类的说明。服务类可简单地理解为 DICOM 提供的命令或提供给应用程序使用的内部调用函数。

第 5 部分　数据结构及语意。描述怎样对信息对象和服务类进行构造和编码。

第 6 部分　数据字典。这样在 DICOM 设备之间进行消息交换时，消息中的内容具有明确的无歧义的编号和意义，可以相互理解和解释。

第 7 部分　消息（message）交换。消息是两个符合 DICOM 标准的应用实体之间进行通信的基本单元。该部分定义了 DICOM 命令的结构（该命令若结合相关数据即组成了一个 DICOM 消息），同时也定义了在医学图像环境中的应用实体用于交换消息的协议握手（association negotiation）方式。

第 8 部分　消息交换的网络通信支持。说明了在网络环境下的通信服务和支持 DICOM 应用、进行消息交换的上层协议。

第 9 部分　说明 DICOM 如何支持点对点消息通信的服务和协议。

第 10、11、12 部分　定义了 DICOM 文件的存储方式，包括可移动存储介质、DICOM 文件集、文件存储格式等。

第 13 部分　DICOM 打印管理的点对点通信支持。

第 14 部分　说明了灰度图像的标准显示功能。

第 15 部分　说明了应用需遵循的安全策略。

现在，越来越多的医疗设备厂商宣布支持 DICOM 标准，遵从 DICOM 标准生产的设备，可以方便地与其他设备和系统进行通信和交换产生的图像。而 PACS 系统以 DICOM 标准为基础，才能具有更好的开放性和扩展性。

9.4 医学图像的存储与传输系统

9.4.1 系统概念

1) PACS 的概念

PACS 是 picture archiving and communication system 的缩写，即医学影像存储与传

输系统。

PACS系统的使用不但为医院达到无胶片化环境提供了解决的方案，而且为今后进一步实现远程医疗、远程教学、远程学术交流和计算机辅助的医学影像诊断提供了支撑环境。PACS也是医院迈向数字化信息时代的重要标志之一，是医疗信息资源达到充分共享的关键，对医院信息化建设起着重要的作用。

2) PACS的设计原则

(1) 实用性、安全性。PACS的建设要强调紧密结合实际，不仅要满足目前的需要，更重要的是要考虑未来发展的需要，坚持整体规划、循序渐进、不断完善的建设原则。PACS要强调安全性及可靠性，选择合理的网络结构、数据库和数据备份方案，建立完善的使用权限管理机制。

(2) 高效性。系统应方便用户的使用，在实现全面的图像处理功能的前提下，以提供高效的传输及快捷的诊断报告为技术性能指标，使医生不用等待即可观看图像进行诊断。

(3) 先进性、可扩展性、方便性。系统的设计必须考虑未来技术的发展趋势，考虑医院的发展规模，考虑长期应用的需求方向。因此，系统的设计必须做到适度超前，易于扩展，要尽可能利用成熟的先进思想技术。系统需要着重考虑图像的调阅速度以及RIS使用的方便性。系统的设计要坚持方便、易用，以满足各个层次、各种类型的使用者的需要。

(4) 可操作性。系统的设计必须保证未来的运行是可操作的，即保证运行的系统符合实际需求。

(5) 高在线量。系统应考虑国内医院的现状(资金少、病人多、在线量高等)，提供高性价比的在线存储方式(3—5年)，在保障系统安全的同时，使尽可能多的数据在线。

(6) 必须符合有关法律、法规、规章制度的要求。符合DICOM 3.0、HL 7等标准。

3) PACS的类型

按照目前国际上流行的划分方法，PACS可以按规模和应用功能分为三类：

(1) 小型PACS(mini-PACS)。局限于单一医学影像部门或影像亚专业单元范围内，在医学影像学科内部分地实现影像的数字化传输、存储和软拷贝显示功能。

(2) 数字化PACS(digital PACS)。包括常规X线影像以外的所有数字影像设备(如CT、MRI、DSA等)，常规X线影像可经胶片数字化仪进入PACS。具备独立的影像存储及管理亚系统和必要的软、硬拷贝输出设备。

(3) 全规模PACS(full-service PACS)。涵盖全放射科或医学影像学科范围，包括所有医学成像设备，有独立的影像存储及管理亚系统，足够量的软拷贝显示和硬拷贝输出设备，以及临床影像浏览、会诊系统和远程放射学服务。采用模块化结构、开放性架构与医院信息系统/放射信息系统(HIS/RIS)整合良好。

9.4.2 系统结构和功能

1) PACS的主要功能

(1) 采集医学图像。通过网络与医疗器械通信，获得数字化医学图像。

(2) 存储医学图像。将采集的数字化医学图像有序地组织起来，存储到持久介质(如硬盘、光盘、磁带等)上。

(3) 检索医学图像。通过某些特定信息(如患者姓名、医院 ID 等)检索到患者某次检查所产生的医学图像。

(4) 再现医学图像。医学图像有特定的格式，除了包含图像本身像素的信息外，并且有许多与图像相关的信息，需要进行转换后再现在特定的显示设备上，供临床诊断使用。

(5) 图像后处理。可以对单幅或者多幅平面图像进行后处理，包括测量、标注、变换、3D 重建等。

2) PACS 的拓扑结构

PACS 的拓扑结构如图 9－11：

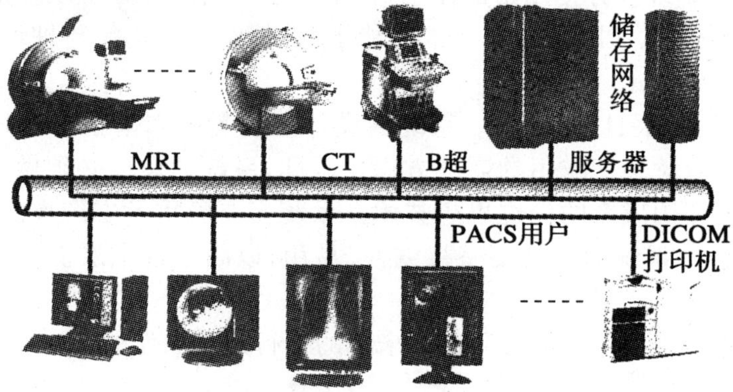

图 9－11　医学图像信息系统结构图

3) PACS 的软件系统

软件系统结构设计如图 9－12，各个子系统功能分述如下：

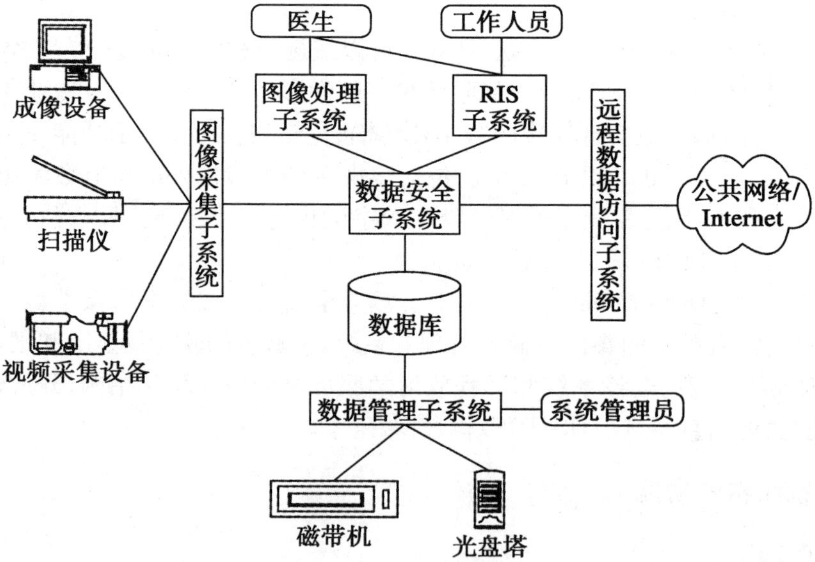

图 9－12　医学图像信息软件结构设计图

(1) 图像采集子系统。图像采集子系统是 PACS 的“根”，是系统能够正常运行的基本点。只有采集到图像后，才能进行后续的显示、处理等工作。采集的图像质量决定了系统是否可用以及是否具有实际意义。

根据国内现状，图像采集子系统支持以下四种医学图像采集方式，如图 9 - 13 所示。

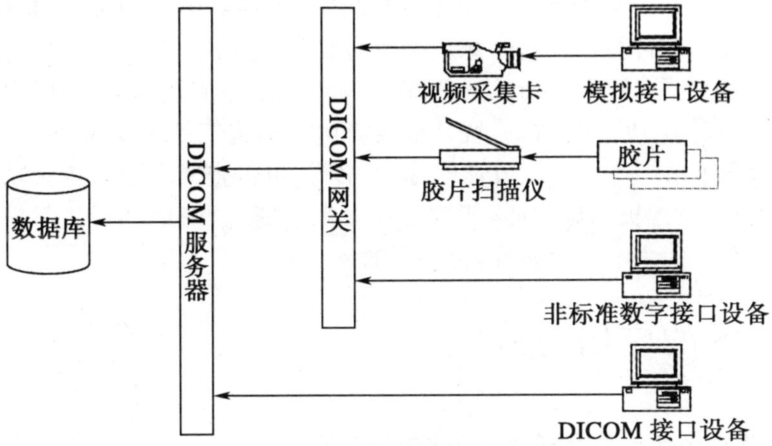

图 9 - 13 医学图像采集系统

① 直接 DICOM 采集。DICOM 是目前国际上流行的医学影像统一接口，它详细描述了医学影像的存储格式，及网络间影像传输的协议和消息的格式，使医学影像设备的制造厂商和用户可以在标准网络上实现设备互联，简化了各种类型的医学影像系统的开发和应用。目前，大部分知名的医学影像设备制造厂商都采用 DICOM 作为其通信互联的标准，在欧洲的一些国家，已有法律规定新售出的影像设备都必须配有 DICOM 接口，可以相信，未来的医学影像设备都将遵循 DICOM 标准。

DICOM 服务器是实现了 DICOM 标准服务类软件或硬件，凡是符合该标准的医疗影像设备所产生的图像可以直接通过网络发送到该服务器，并由该服务器转储到数据库中。

② 间接 DICOM 采集。有些较老的影像设备虽然具有数字接口，但其格式并不符合 DICOM 标准，PACS 的图像采集子系统中实现了 DICOM 网关，负责将这些设备产生的图像转换为 DICOM 标准格式，并作为虚拟 DICOM 生产者将转换后的数据发送给 DICOM服务器处理。

③ 视频采集。目前国内医院中还有一些很老的设备只能产生模拟视频输出，针对这种设备，我们通过使用视频采集卡来采集其模拟信号，并转换为数字信号，然后传送给 DICOM 网关进行进一步的转换处理。

④ 胶片扫描。在使用 PACS 之前，医院已经积累了大量的胶片，为保证数据的完整性。因此我们可以通过专用胶片扫描仪将这些胶片扫描转换为数字化影像，然后交给 DICOM 网关做进一步的处理。

(2) 图像处理子系统。图像处理子系统是 PACS 的核心，它负责显示患者的各种影像，供医生进行观察和诊断，同时它还要具有一定的图像处理能力，为医生对病情诊断提供丰富灵活全面的辅助手段。

图像处理子系统能够分别显示彩色/黑白、静态/动态和单帧/多帧图像；支持多种分格模式，可以对任意格中图像进行单独处理。图像处理子系统支持以下图像处理功能：图像缩放、图像变换及滤波、图像分析、开窗、漫游、剪影、区域处理、边缘增强、细化与检测、着色等。图像处理子系统支持对图像进行测量，包括对图像中距离、角度、区域面积、区域均值、区域方差的计算以及对图像灰度值的波形分析。

(3) RIS子系统。RIS子系统实现了影像科室的工作流数字化工作。RIS子系统实现了患者预约、患者登记、信息查询、统计报表等功能，能够完整地跟踪患者在影像科室的行动。此外，RIS子系统还具有模板管理、报告书写、报告查阅和报告审批功能，通过丰富的报告模板和强大的模板管理功能，能够帮助医生快捷、准确地书写诊断报告，并完成报告在科室间的流转，大大节省了时间，提高了效率。

9.5 PACS的应用与效益

9.5.1 实现医学影像无片化管理，简化就医流程

传统的影像资料是以胶片形式存储的，这不但需要占用很大的建筑空间，而且为防止这些资料产生霉变虫蛀等损坏都要消耗很大的资源。而更重要的是，使用很不方便。一张胶片往往需要在患者和医生之间、科室之间、医院之间、甚至城市之间传递。而如果需要查询某年某月某日某个患者的某张胶片，那就更是费时费力且可能毫无所获。

借助于PACS，医院就可以实现医学影像的无片化管理。医院每天产生的大量患者影像资料就不再需要一个大的胶片仓库来存储。这些资料的保存只需要定时做好数据库备份就行了，而查阅任何时间的任何影像资料都只需要操作鼠标和键盘，便捷而有效。

9.5.2 方便医、学、研，提高诊断效率和诊断水平

使用PACS的影像诊断系统，可以有效地提高诊断效率和诊断水平。这也必然方便医、学、研水平的提高。

PACS的诊断应用部分由影像诊断系统、辅助诊断、图像后处理、DICOM打印、诊间查询系统、会诊系统等功能模块组成。

1) 影像显示

如图9-14。

(1) 病例查询：可根据患者的影像号、姓名、检查日期、检查部位、设备类型、设备明细、住院号、门诊号、典型诊断片语、检查报告片语、检查资料模式等进行综合查询和模糊查询；可以进行选择性的图像调阅。

(2) 导入/导出：影像可以存为DICOM 3.0格式、BMP、JPEG等格式文件。

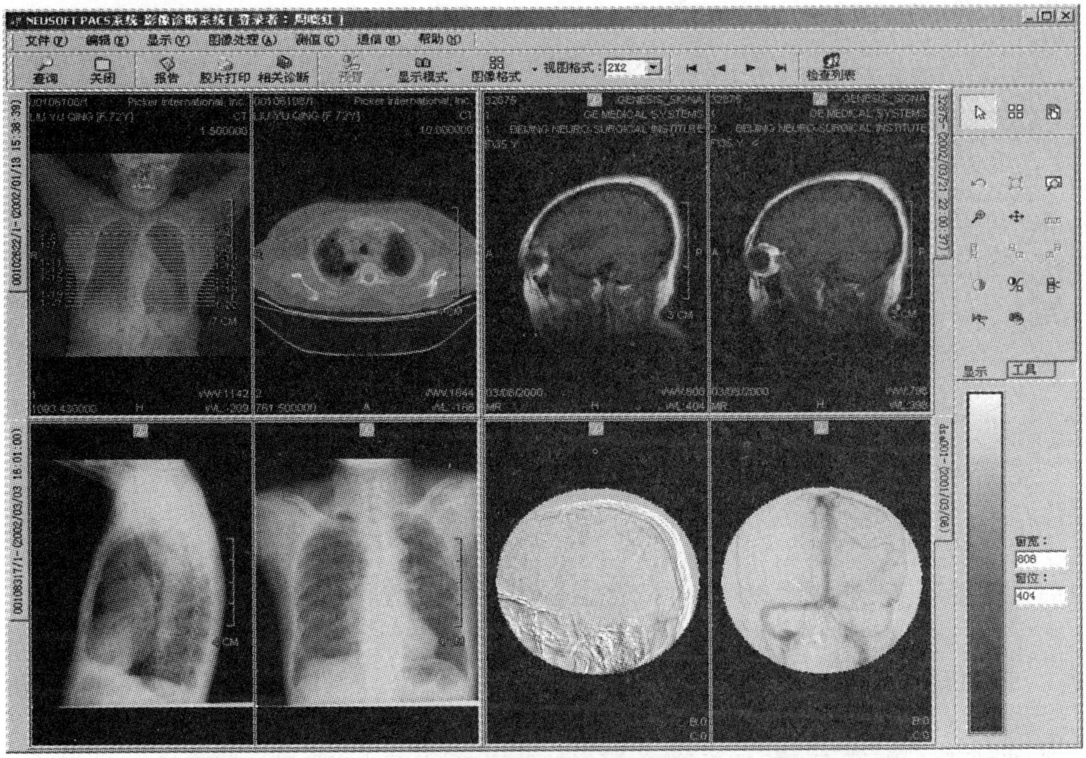

图 9-14 PACS 影像显示

(3) 显示设置：可设置信息显示开关、标注颜色、文字大小、放大镜比例等。

(4) 调用图像：可边调图边显示工作，医生可以在 1—2 秒内进行工作。

(5) 显示模式：可以以检查、序列、图像等多种模式显示图像，便于图像的比较；可以拖拽任意检查、序列图像到指定的显示位置，便于对比检查。

(6) 显示数量：可设置单幅、2 幅、4 幅、9 幅、16 幅等显示方式。

(7) 自定义显示信息：可以定义图像上显示的信息（病人名称、影像号、检查时间、缩放比率等）以及信息显示的位置。

(8) 相关诊断功能：可显示本病人的所有影像检查资料。

(9) 其他功能，如放大镜功能、缩放功能、移动功能、极大化功能、镜像功能、反相功能、旋转功能、适合大小功能。

2) 影像处理功能

影像处理功能用于更加详细的观察医疗影像，进一步根据影像的数据信息，得到准确的诊断结果。主要包含有以下功能：

(1) 窗宽、窗位调节：调节医疗影像的窗宽、窗位。

(2) 预置：可预置不同设备、不同部位的经验性窗宽、窗位值。

(3) 滤波：包括平滑、边缘检测、浮雕等图像处理。

(4) 伪彩：以彩色图像代替影像中的灰度图像，直观的反映影像。

(5) 播放：速度可调为连续、循环播放 DSA 图像等医疗影像。

(6) CT 值曲线：直接获得其 CT 值变化的曲线。

(7) CT、MRI 值：测量图像上不同点的 CT 值或 MRI 值(如图 9-15)。

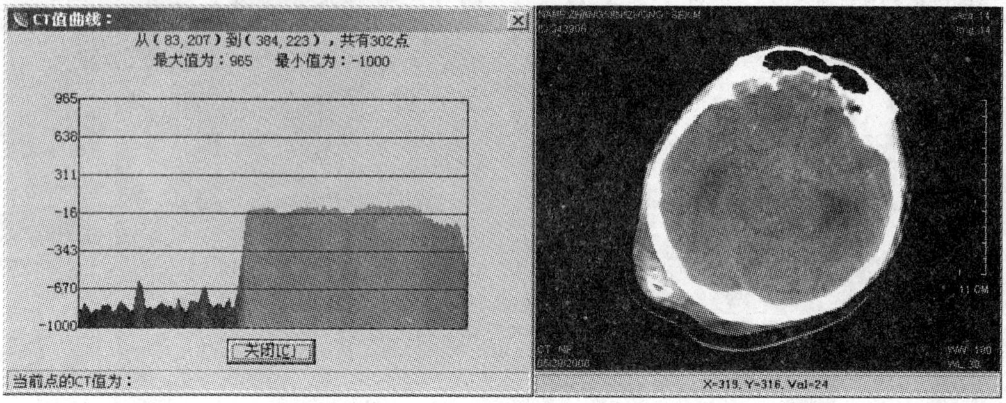

图 9-15 CT 值测量

(8) 平均值：计算封闭图形内 CT 值或 MR 值的平均值。

3) 辅助测量与标注功能

主要包括：箭头标注、直线测量、角度测量、文本注释、手画线、矩形、椭圆形、折线。

4) 诊断报告生成

(1) 报告书写：医生根据系统赋予的权限，阅读、书写或审核医疗影像报告。

(2) 可以进行拒签、批注等模式进行报告审核，便于初级医师的成长。

(3) 应用报告模板：根据患者的诊断部位调用已定义的典型报告模板，模板调入后可进行简单的编辑，快速生成影像诊断报告，支持 ICD 10 编码。

(4) 特殊符号输入：对 μ、γ、ξ、θ、π 等特殊符号，系统提供特殊符号的工具栏，可由诊断医生从中选择特殊符号。

(5) 报告的打印和预览：在打印之前可以选择系统中已定义好的输出报告模板，以确定输出报告的形式。

5) 胶片输出

DICOM 打印功能，是 PACS 系统的重要功能之一，各种数字医疗设备生成的医学图像，最终要保存在系统服务器中，但患者的诊断图像，需要硬拷贝输出。该功能是将各种医学图像文件用 DICOM 网络打印机输出到医用胶片或医用打印纸上。

6) 辅助智能诊断和三维重建

峰值时间测量、脑血流量测量、三维重建、虚拟内窥镜等先进的诊断算法，实现影像辅助诊断，获得更准确的诊断依据。

9.5.3 实现医学影像无损存储和传输，实现远程诊疗

使用医学影像的计算机存储和传输可以避免了影像随时间流逝或空间的传递而发生损坏，这也就为远程诊疗(Telemedicine)的实现提供了便利。例如北京、上海的某些著名医生可以为远在拉萨的患者诊治，这种远程诊疗甚至可以扩展到全球各个角落，只要这些

地方使用PACS,因DICOM的标准是世界统一的。

9.6 医学图像信息的管理与发展

医学图像的信息化是一个必然趋势,但不是一项工程、一个系统就能实现的,必须认识到这是一个长期的系统工程,是一个渐变的过程。医学图像的信息化不仅仅要进行基础设施、硬件设备的建设,更重要的是研究如何更有效地管理和利用医学图像资源。

与HIS融合是建设PACS的关键,因为通过与HIS融合可以解决与临床医疗的传输、管理和应用等问题。将标准DICOM设备直接连接到影像服务器,非DICOM的数字设备,使用相应的DICOM网关或接口连接到影像服务器;使用RIS接口将DICOM中的病人信息与HIS中的病人检查信息匹配,并在HIS中嵌入PACS的OCX控件。结果全院信息网络中的任何一个工作站,在浏览病人图像的同时均可查看此病人相应的临床信息;同样,在HIS中增加病人的影像信息,临床科室作医嘱或诊断时,可打开病人的影像信息作参考。

1) 总体规划,分步实施

PACS建设投资巨大,涉及学科众多,医院必须慎重行事。先从小规模做起,如购置CR,将现有的普通X光图像数字化,以减少片库,建立对PACS的初步概念。再将符合DICOM标准的设备接入,把分散在各设备上的图像集中管理。然后整合PACS、RIS和HIS,从实用需求出发,逐步将图像传送到临床科室。遵从总体规划、分步实施的原则,既可避免基础建设的投资浪费,又可根据医院的实际情况,逐步投入,分阶段实施。

2) 重组和优化工作流程

医学图像的信息化过程中,PACS仅仅是工具和手段。改变工作方式,重组工作流程和优化资源配置,有效的管理图像资源,发挥图像资源的最大作用,以提高经济效益和社会效益,才是目的。

3) 科学和规范的管理

可以预见,PACS系统是否运转正常对未来的医院将是非常重要的,这需要有许多维护和管理,如系统的安全防范、数据库的备份、服务器的灾难恢复、诊断终端的性能监测等等。所以,建立相应的执行和管理制度,配备得力的人员,保障维护资金的投入,科学和规范的管理PACS系统,是最基本的保证。

问题与讨论

(1) 举例说明像素、灰度的概念。说明彩色图像和黑白图像的相同点和不同点。

(2) 举例说明影像在医疗诊断中的作用。

(3) 你所接触过的医疗影像设备有哪些?说明它们的成像原理。

(4) 为什么要用PACS?使用DICOM标准的意义是什么?

(冯正永)

10 实验室信息系统

本章将介绍信息系统在医学实验室的应用，包括检验医学的信息特点、应用的关键信息技术和信息处理方法，以及实验室信息系统的主要功能和业务流程。阅读本章，你将能回答下列问题：

什么是实验室信息系统？它对传统临床检验流程有何影响？

实验室信息系统如何利用条码技术实现检验样本与检验申请和结果的关联？

什么是全实验室自动化？

实验室信息系统有哪些主要功能？

10.1 概念

10.1.1 实验室信息系统定义

检验医学是从人体采集的样本（如血液、排泄物、组织液等）中，获取与健康相关的信息。在医疗保健机构负责这类工作的部门称为临床实验室。

检验医学是首先应用计算机管理信息的医学领域之一，从早期的检验仪器内部信息处理，到现在支持整个检验业务流程，计算机在加强临床实验室的管理、提高临床检验水平上发挥了重要的作用。实验室信息系统（Laboratory Information System，LIS）是为管理检验医学中的信息而设计的信息管理系统，实现检验流程中的信息采集、存储、处理、传输、查询，并提供检验信息分析和支持实验室管理。卫生行业还有其他领域的检验应用，如卫生监督，虽然其样本不全是来自于人体，但业务流程有相似之处。本章讨论以临床实验室信息管理系统 CLIMS(clinical laboratory information management system)为例。

10.1.2 实验室信息及其特点

检验业务流程涉及的信息主要有下列几大类：

(1) 申请信息：采集样本对象的基本信息（编号、姓名、年龄、性别、体重）、申请检验项目信息（名称、数量、样本、采样要求）、检验临床相关信息（疾病、服药、准备）。

(2) 标本信息：样本相关信息（采样时间、部位、人员）、样本传递信息、样本核收信息、样本预处理信息等。

(3) 检验信息：检验方法、检验时间、检验结果、审核信息、结果解释、异常提示等。

(4) 质量控制信息：质控方法、质控品、质控结果、失控记录和处理等。

(5) 实验室管理信息：仪器管护、试剂管理信息、工作管理等。

检验信息的特点是：

(1) 信息的关联性。检验信息处理的不仅仅是样本的检测结果，还与采样对象信息、检验方法信息、质量控制信息等许多信息的处理相关。

(2) 信息的间接性。检验信息不是直接从人体获取的,而是通过采集于人体的样本得到的,信息必须与样本来源的对象关联才有意义。检验信息是基于基准值的间接信息,基准值来源于医学对人体的认识,包括健康状态和非健康状态、性别或年龄以及检验方法等因素。

(3) 信息的时效性。检验样本采样的时间、传递和储存时间影响检验结果,从申请到结果的全部检验流程所需要的时间直接影响医疗行为。历史检验信息的存储和检索需求也与时间密切相关。

(4) 信息的共享性:检验结果是临床诊断和治疗的决策依据,需要在医疗机构内部和多个医疗机构之间共享,还可能有更多非临床的共享需求,如疾病监测、人群健康状况评估、药物研究、医疗机构管理、公共卫生政策制订等。

10.1.3 实验室信息系统的目的

传统临床检验的业务流程如图 10-1 所示。

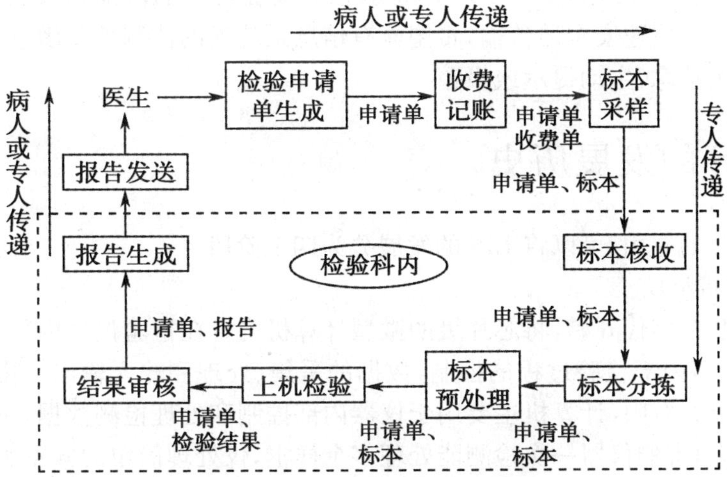

图 10-1 传统临床检验的业务流程

传统的 LIS 流程有着诸多的问题,如人工填写检验申请,填写项目易错漏,文字辨识错误,计费易错收或漏收,样本在整个检验过程中多个环节容易发生与申请单和报告的关联错误;检验报告纸质信息发布慢,管理和查找不便,历史资料保管和利用难度大。总之,整个检验业务效率低,易出差错,检验信息资源保管和利用困难。

建立 LIS 系统的目标是提高检验工作的效率,减少人为差错,提高检验工作的质量,开发和利用检验信息资源,重组医院的业务流程,加强内部管理,更好地为病人服务。

10.1.4 实验室信息处理的特点

检验医学利用了其他学科的知识和技术,提取样本中与人体健康相关的信息。如用特定波长的光线照射样本,检测样本中特定成分吸收的光量,根据吸收光量与成分的关系计算得到成分的含量。当样本中的原始成分不满足要求时，可加入某种试剂，使其与样本中的特定成分发生化学反应，生成新的成分。火焰发光仪是测量样本中金属成分燃烧放射出某种波长的光量，来计算成分含量。而细胞分类计数利用了血细胞从微孔中通过引起的电阻大小变化的原理。

检验工作涉及的信息处理方法，有的与非医学领域应用类似，如为保证从样本中提取最接近真实值的信息，要有质量控制体系保证每次测量结果的误差在可以接受的限度内。在大批量样本检验过程中要保证采样对象、样本与检验结果的关联不出差错。检验医学领域应用的特殊性在于如何从医学的角度处理和解释信息，如样本的测量值是否处于健康人应有的范围？样本的测量值偏离健康人应有范围的可能原因？所以，医学检验需要样本采集对象的相关信息，如健康人的测量值范围，采样对象的年龄、性别、体重、采样时间、部位，采样对象患有什么疾病，服了什么药物，以及采样前的饮食、活动等等，希望在这些信息的基础上，能利用计算机分析它们与检验数据之间的关联性，为临床提供诊断和治疗的依据。历史的检验信息可以分析采样对象的健康变化或治疗效果，所以历史的检验信息要长期安全存储，提供灵活的检索方法。群体的某些检验数据是公共卫生领域的重要信息，如疾病监测、卫生监督等，所以，检验信息要在可能的范围内最大限度地共享，要求标准化的信息能快速安全地传输，希望能有信息系统辅助监测那些敏感的检验指标，智能化地处理相关信息，主动提示或报警。

10.2 LIS 的发展历史

从信息技术的应用，可以将 LIS 的发展分为四个阶段。

1）仪器应用阶段

自 20 世纪 50 年代开始，将芯片级的微型计算机内置在检验仪器内部，进行信息采集和处理，包括仪器内部检验过程的控制，数据的采集、处理和输入输出。由于芯片级微机存储和处理的能力有限，计算机主要用于仪器内部控制和处理检测数据，很少涉及与样本相关的其他信息，有的仪器一次检测能处理多个样本，仅处理简单的样本编号。这一阶段的特点是信息处理功能与仪器合为一体，开发信息处理功能的是仪器生产厂商，主要目标在解决仪器如何代替人工进行样本检测。

2）单机应用阶段

大约自 20 世纪 70 年代后期开始，随着 PC 技术的发展，开始出现单机版的 LIS，即为检验仪器配置一台 PC，通过接口与仪器通信，利用 PC 的存储处理能力，采集处理检验申请和与样本相关的信息，以及对结果存储和进一步处理，打印报告更多信息。这一阶段的特点是信息处理系统与仪器分离，能在任何 PC 上运行，可以由软件开发商开发信息处理系统，功能开始转向支持临床实验室检验业务需求。

3）网络应用阶段

大约自 20 世纪 80 年代开始，基于网络技术的应用，网络版 LIS 系统连接多台仪器，数据集中在服务器存储，检验申请、患者等信息能一次录入多机共享，系统功能模块化，并随需求不断丰富，开始支持采样、传递、预处理等过程管理，内部加强管理和信息利用，如质量控制、试剂管理、结果数据分析等，LIS 系统开始与 EPR、HMIS、社区卫生服务系统整合。

4）全面自动化阶段：

自 20 世纪 90 年代早期开始，利用自动化技术进行样本传递、分检、分送、预处理和保存，用医嘱信息直接控制设备和仪器，对每个样本自动完成临床实验室内部的检验业务流程，降低差错，提高工作效率，加强检验业务流程的管理，院间检验结果共享开始付诸实践。

10.3 LIS 的关键技术

检验信息管理的要求是：代替人工在短时间内处理大量的样本，保证样本信息与采样对象、申请、结果的信息在检验过程中正确关联，辅助人工管理样本审核信息、检验质量控制信息。所以，LIS 要求系统中的信息与系统之外的样本正确关联，有严格的质量控制体系保证检验结果的误差在允许限度内，能减少人工处理标本和检验结果的工作量和差错率，检验结果能及时地告知医护人员和患者。

10.3.1 模式识别技术

现代医学检验仪器的自动化、智能化，大大减轻了人工操作的工作量，提高了检验质量，仪器内部的信息处理技术起到了重要的作用。模式识别只是其中的一种。模式的原意是供模仿用的样本，模式识别是识别一个未知对象与哪个样本相似，利用事物同类相似、异类相异的特性，把一个对象集合分成许多不同的类，所以，有时也称模式分类。模式识别的本质是模拟人的智能行为，得到广泛应用。

模式识别首先要提取样本的特征，建立分类规则，称为识别学习阶段；然后利用已知分类的样本进行特征分类训练，依据识别正确率获得识别的标准，确定识别的步骤和方法，为测试阶段。以血细胞分类为例，特征之一是血细胞的体积大小，白细胞体积在 100～1 000 fl，红细胞在 85～95 fl，血小板在 2～30 fl。当溶于电解液的细胞经一小孔通过时，细胞的不良导电性引起该处电阻增加，形成电脉冲。不同体积的细胞形成的脉冲幅度高低不同，白细胞最大，红细胞次之，血小板最小，如图 10－2。

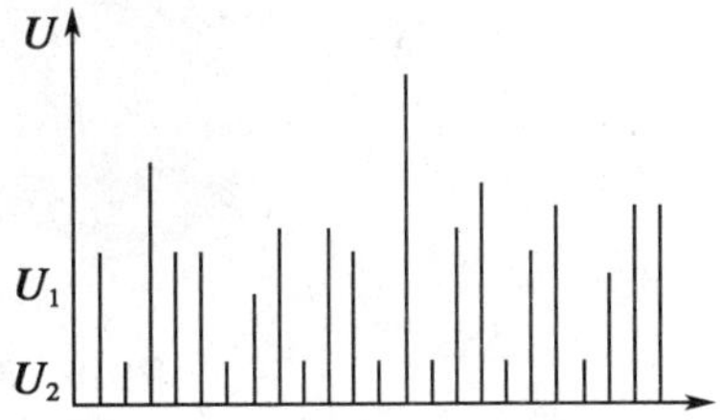

图 10－2 血细胞计数脉冲

用不同的计数脉冲门槛电压，对高于门槛电压的脉冲进行选择，以分别计数，得到的血细胞分类计数准确度并不理想，原因是体积小的白细胞与红细胞体积差别不大，再加上各种干扰，影响了识别。显然，理想的特征是在不同类别事物之间不发生交叠，但在现实中可能很难达到要求，因此，需要利用多维不理想的特征，来提高识别能力。所以，选取单位溶液中的细胞数量为第二个特征，正常红细胞数量男性约 400 万～500 万个/ul，女性约 350 万～450 万个/ul，白细胞约4 000～10 000 个/ul，血小板约 10 万～40 万个/ul。当计数脉冲的门槛电压$=U_1$，得到的是红细胞和白细胞数量之和 S_1，当计数脉冲的门槛电压

$=U_2$,得到的是血细胞的总数 S,$S-S_1$ 是血小板数。因为红细胞数量约为白细胞的 1 000倍,可以忽略计数中的白细胞数,认为 S_1 就是红细胞数。再加入溶血剂,使红细胞溶解,其碎片体积不足以影响白细胞计数,将计数脉冲的门槛电压$=U_1$,便可得到白细胞计数。

如要对白细胞再进行分类计数,因为体积特征交叠多,所以,需要增加细胞的表面特性、核/浆比例、内部质粒大小和密度等特征来提高识别准确度。

10.3.2 条码技术应用

因标本脱离于信息系统传递,在采样、核收、分拣、预处理、上机检验、重复检验等步骤中,要保证标本与信息系统中的检验申请、检验结果正确关联,不出差错,条码技术是目前LIS 解决这个问题的主要方法。

条码发源于 20 世纪 40 年代,研究于 60 年代,应用于 70 年代,普及于 80 年代,条码技术具有输入速度快、准确度高、成本低、可靠性强等优点,在当今的自动识别技术中占有重要的地位。

一维条码是由一组规则排列的条、空以及对应的字符组成的标记,“条”指对光线反射率较低的部分,“空”指对光线反射率较高的部分,这些条和空组成的数据表达一定的信息,并能够用特定的设备识读(图 10-3),转换成与计算机兼容的二进制和十进制信息。通常对于每一种物品,它的编码是惟一的,一维条码要通过数据库建立条码与商品信息的对应关系,当条码的数据传到计算机上时,由计算机上的应用程序对数据进行操作和处理。因此,一维条码在使用过程中仅作为识别信息,它的意义是通过在计算机系统的数据库中提取相应的信息而实现的。

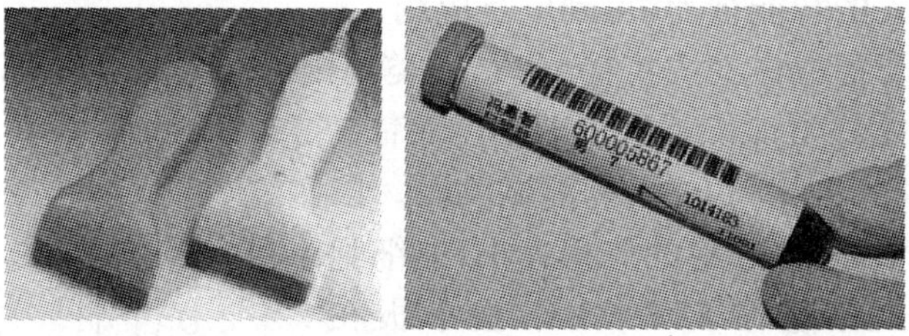

图 10-3 条码扫描设备和 LIS 打印的一维条码

要保证标本与信息系统中的检验申请、检验结果正确关联,基本方法是每个标本有惟一的编号,这个编号同时保存在系统数据库中,建立与检验申请、检验结果的对应关系,在采样、核收、分拣、预处理、上机检验、重复检验等业务中,通过标本自身的编号查找系统内的相关信息,支持人工或设备正确完成该标本的检验业务,新产生的信息采集后与标本编号关联。

标本惟一编号的产生方法有两个,一是现场打印。编号由 LIS 系统自动产生,转换成条码打印后贴在标本容器上,除打印编号外,还可以打印与标本相关的信息,如患者姓名、编号、检验项目等,方便检验人员人工处理标本,适合非标准的样本容器以及预处理过程。二是事先印刷,编号的条码由标本容器生产厂家产生、印刷并粘贴在标本容器上,在标本采样时,用条码扫描设备将编号读入 LIS 系统,此法减少了现场打印粘贴的工作量,因为条码印刷标准,位置统一,有利于减少标本自动处理系统的条码读取错误率,适用于大量使用的标准试管型标本容器。由于一维条码的信息容量很小,信息的详细描述只能依赖数据库提供,离开了预先建立的数据库,一维条码的使用就受到了局限。

1991 年美国 Symbol 公司推出 PDF417 二维条码(图 10-4)。二维条码根据不同的条空比例每平方英寸可以容纳 250 到 1 100 个字符,约 500 个汉字信息,比普通条码信息容量高几十倍,可以将照片、指纹、掌纹、签字、声音、文字等凡可数字化的信息进行编码,具有多重防伪特性,译码可靠性高,修正错误能力强,容易制作且成本低。

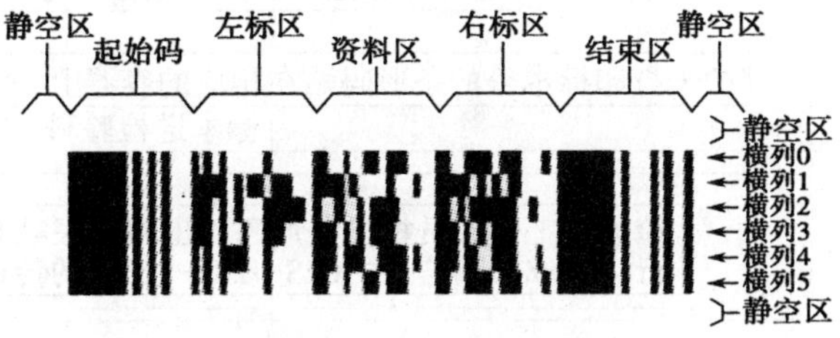

图 10-4 二维条码

条码技术在医学领域有许多的应用案例:如利用药品包装上的一维条码,进行库存管理。如作为患者惟一标识号,可以用条码事先印刷在就诊卡上,或现场打印粘贴在病历上,还有用带条码的腕带标识患者,在检验标本采样、发药、治疗等操作前,先扫描条码核对患者和医嘱,减少人为差错。用二维条码存储住院患者的用药医嘱,粘贴在药品的外包装上,护士在配药、给药时,可以使用便携式设备扫描获取药品医嘱内容,提高了工作效率,减少发药差错。

10.3.3 自动控制技术

20 世纪 90 年代在日本首先实现检验前、中、后三个阶段的自动化,称为全实验室自动化(total laboratory automation,TLA)。

TLA 将实验室的各种标本处理设备和检验仪器通过网络和标本自动流水线连接在一起,由流程控制软件、数据管理软件进行控制,形成一个高度自动化的工作环境。全实验室自动化提高工作效率,加快检验速度,减少差错,改变了检验的工作流程。

TLA 的组成包括硬件和软件两部分,硬件包括标本处理和检测所需的全部设备,如图 10-5 所示,软件 LAS(Laboratory Automatic System)则主要是执行进程控制。根据标本的处理流程,可将设备划分为三个主要部分:标本处理模块、检测流水线和独立检测单元,进程控制软件参与各部分的控制以及各部分间的协调。传送带、机械手、自动机械装置、配合进程控制是 TLA 技术的核心。

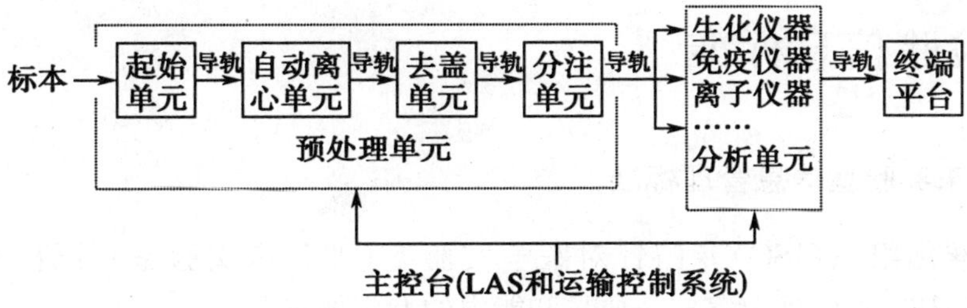

图 10-5 全实验室自动化(TLA)

医嘱和标本编码通过接口传递给LAS，LAS将标本预处理和检验要求分别传递给预处理设备和检验仪器，LAS控制标本在流水线上传输到指定的位置，进行预处理和检验，再接收检验结果传递给LIS。如图10－6所示。

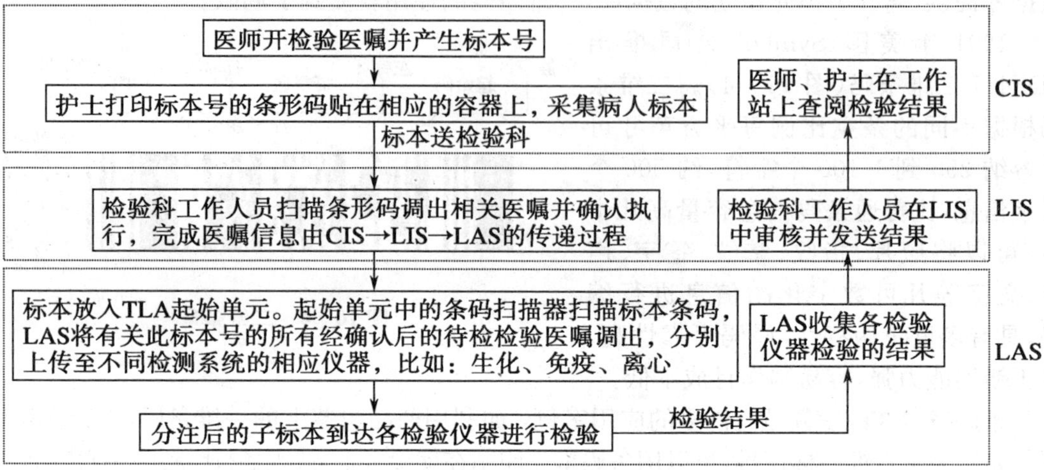

图10－6 LIS与CIS和LAS的关联

标本的处理是当前实验室常规工作中所占比例最大的一部分，在样本分析前，临床实验室通常要完成样本的接(验)收、检验项目(含收费)的确认、样本处理(如离心、分注、贴标识)等过程，研究表明，标本分析前的时间占总检验时间的65％。在人工进行这些工作的实验室，通常要花费大量的时间及人力资源，错误发生率居高不下。对于已实现分析过程高度自动化的实验室，分析前过程的矛盾尤其突出。采用TLA设备自动完成传递、脱盖、离心、抽取、分样等一系列工作，可使实验室中最繁重的手工工作实现自动化，既减少人工差错，又降低了标本与工作人员之间交叉污染的风险。

检测流水线与标本处理模块相联，进行各种检测的样品经前一模块处理后直接进入流水线。生化、血液、免疫等分析仪器连接在流水线上，可通过连接单元自动加载样品，测试完成后自动卸载，标本放回到流水线上供下一个仪器测试。当某些检验仪器不支持流水线时，可作为独立检测单元处理。由可编程控制的机械手为多台分析仪器提供标本。样品进行完所设定的所有项目后被放入冷藏室供自动复检或智能测试。一组在不同仪器上的检验，原来需要多管标本分别做预备处理和检验，现在只要一管标本，减少标本采样量或分样工作；当发现检验结果有疑问时，TLA能自动找到原标本进行重复检验。

10.4 检验信息标准

10.4.1 临床实验室信息管理标准

国际标准化组织(ISO)专门针对医学实验室(即临床实验室)的管理，制定了标准——ISO 15189《医学实验室——质量和能力的专门要求》。

该标准从组织与管理、质量体系、文件控制、持续改进、人员、设施与环境、实验室设备、检验程序、结果报告等方面提出了24项管理与技术的具体要求，这是医学实验室管理的第一个国际标准。

该标准主要从下列多个方面对实验室信息系统提出了基本要求：手册、安全、数据输入与报告、数据检索与存储、软硬件支持、系统维护、规章制度、管理人员和操作规范，如果LIS不能满足ISO 15189的要求，实验室很难保证LIS的支持服务能力和质量。

我国卫生部制定的《医院信息系统基本功能规范》中也对检验信息管理有具体的要求。

10.4.2 检验结果标准

LOINC的英文全称是 the logical observation identifier names and codes，其字面意思是“逻辑性观测结果标识符名称和代码系统”，而内在含义则是“观测结果标识符逻辑命名与编码系统”。LOINC数据库(LOINC database)提供的是一套用于标识实验室和临床试验结果的通用名称和标识代码。其目的在于促进这些结果信息的交换、汇集与共享。

LOINC于1994年6月首次在互联网发布，至今，LOINC数据库累计发布了13个修订本。其中的观测指标概念(observation concepts)已逾30 000个。LOINC代码已被美国国立医学图书馆融入其所创建的统一医学语言系统(ULMS)之中。LOINC也与SNOMED(参见第4章)开展合作，确保得到一套协调一致、清晰无误的临床参考术语。LOINC所提供的详细实验室试验项目名称将全部纳入SNOMED发行的资料之中。

LOINC代码并不准备传达所有有关试验或观测结果的可能信息，而仅仅旨在对试验结果或临床观测结果加以标识(identify)。此外，还在进行一项关于编制试验组名称与代码的计划。

每条LOINC记录都与惟一一种试验结果相对应。每条记录都包括如下说明性的字段(fields)。

1) 成分(component)或分析物、受检物(analyte)：如钾、血红蛋白、丙型肝炎抗原。

2) 受检特性(property measured)：如质量浓度、酶活性、催化速率。

3) 计时(timing)：也就是说，一个测度指标是片刻或短时间内即可获得观测结果，还是需要更长的时间，如24小时尿液标本。

4) 样本类型(type of sample)：如尿液、全血。

5) 标尺类型(type of scale)：即区分一个测度指标(measurement)是定量型(quantitative)，等级型(ordinal)，名义型(nominal)，还是叙述型(narrative)。

6) 获得试验结果或其他观测结果时所采用的有关方法。

另外，每条记录中还包含有关生理性或药理性刺激(challenges)的剂量(amount)、途径(route)和时间(timing)方面的信息。如口服葡萄糖耐量试验。

10.5 实验室信息系统的功能

LIS系统功能可以按不同专业实验室的工作内容划分功能模块，总体功能框架如图10-7。

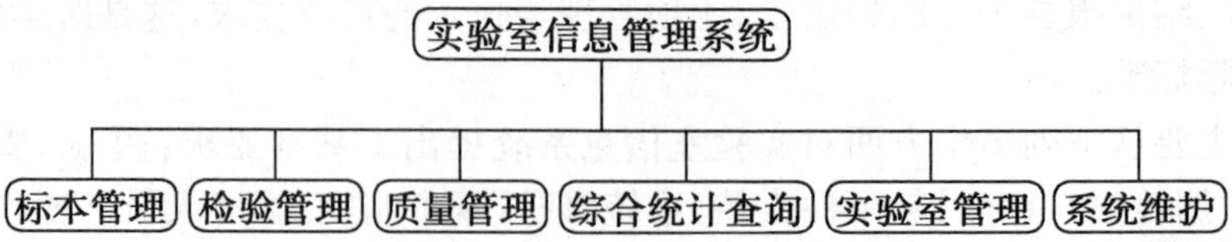

图 10－7 LIS 总体功能框架

质量控制、试剂管理、综合统计查询是每个专业室都需要的模块，而生化专业、临检专业、免疫专业的信息采集和处理方式类似，其业务流程均可划分检验前、检验中、检验后三个阶段，各阶段的主要业务如下。

检验前：申请录入或接收，标本核收，标本预处理。

检验中：检验控制、检验结果接收或录入。

检验后：检验结果审核、检验报告发布。

考虑不同规模实验室的需要，软件设计为方便用户使用，有的将每项业务分界面操作，也可以将多项业务合并在一个界面处理。

1）LIS 的用户权限管理

信息系统管理用户权限一般是将用户按业务角色分组，软件对角色组分配可操作的模块及模块菜单的权限。LIS 管理用户权限的特殊性是将用户与检验仪器和检验项目关联，控制不同用户对不同仪器及该仪器检验项目等的操作权限。

2）基础数据维护

检验的基础数据内容繁多，既有 LIS 自身运行的基础数据，如仪器参数、检验项目参数，又有与仪器、HIS、体检信息管理等系统接口所需的基础数据。

检验项目的基础数据内容除包含项目名称等以外，软件还提供对项目相关数据的加工处理功能，可完成功能示例如下：

（1）结果运算：事先设置算法，LIS 能对从仪器接收的数据进行各种运算，获得检验项目的最终结果。

（2）结果转义：若仪器输出的是数值型结果，根据事先设置范围，LIS 将结果转换成“阴性”/“阳性”，或“＋”/“－”符号表示。

（3）结果参考值：患者样本的检验结果是否异常，健康人群测量值的统计分布范围是判断标准之一，称为参考值。同一检验项目的参考值可因健康人群的不同分类而不同，如血色素，不同年龄、性别组的参考值不同。检验结果报告单在样本检测值后打印参考值，供临床参考。

（4）项目组合：将检验医嘱收费项目与检验项目对照。一条检验申请的医嘱常常需要做一组多个检验项目，如三大常规、生化全套等，检验医嘱收费项目与检验项目对照方便了检验申请的医嘱开立，以及 LIS 与 HIS 的数据通信。

（5）检验仪器接口参数设置：设置不同检验仪器的数据输入/输出接口参数。

3）标本管理

标本在送达实验室之前，涉及申请、采样和传递环节。申请主要由临床医生完成，其内容至少应包括：患者基本信息、检验项目名称、英文缩写、采用的方法、标本类型、参考区间（生物参考区间）、检验项目的主要临床意义、结果回报时间、申请人、申请时间等，LIS

系统可以提供标准规范的检验申请信息采集功能，保证申请信息采集的完整正确。并根据不同类型的标本、检验要求等信息，提示患者准备要求和采样要求，如标本容器、标本量、采样时间、患者体位、应加入的试剂、保存和传递要求等。

标本送达实验室后，标本管理业务主要有标本核收、分拣、分送、保管等工作。

实验室有专人负责接收标本，接收人核查标本采集是否正确、是否符合采集要求；不合格的标本要及时退回，重新采集，并要说明标本不合格的原因。所以，LIS 的标本核收功能要记录标本收到时间、接收人和核收结论，记录不合格标本的问题，网络反馈给采样部门；还支持某些自动检查，如标本有效时限检查，是根据事先设定的某类检验标本从采样到接收的时间间隔，自动检查，超限报警，加强标本的管理。

标本分拣、分送是将标本按其检验要求分类，分别送到不同专业实验室和仪器组，一般由人工在 LIS 辅助下进行，利用自动化设备可支持自动分拣、分送和保存(参见 10.3.3)。

标本完成检验后，并非意味着一切有关标本的管理工作结束。对于检验后发现有严重问题的标本，实验室要立即对标本的采集、运输、检验、保存过程进行必要的调查和追溯，必要时要进行重复检验，LIS 记录的标本信息能有效地支持这些工作，帮助实验室发现问题，及时解决。

4) 检验管理

检验管理主要有标本上机检验和检验结果数据采集，检验结果审核，报告发布等工作。

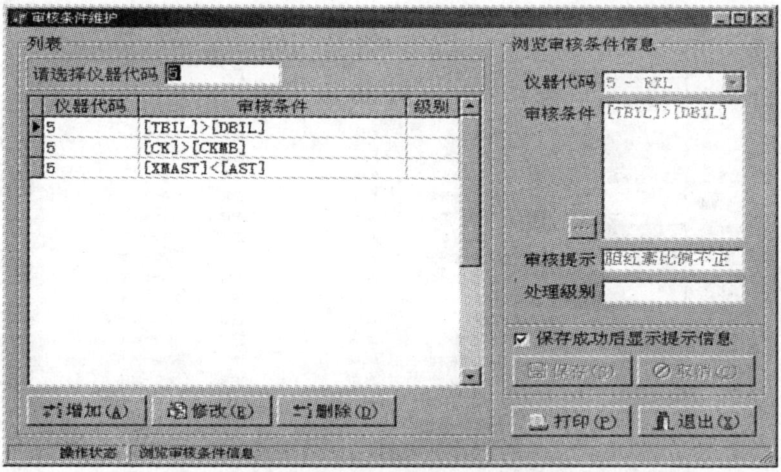

图 10-8 自动审核条件设置

在 LIS 支持下，一旦接收到检验申请，系统可以根据设备、人员等条件，辅助安排各专业实验室的检验工作计划，并提供工作计划完成情况的监测功能。

检验结果数据的采集方法有自动采集和手工录入两种，LIS 与仪器有数据接口的可自动采集，有的仪器无法接口，还有的检验是人工观察和计算结果，如细菌培养，提供界面数据录入方法采集。

LIS 从检验仪器接收到输出数据并加工处理后，必须经过审核，才能发布检验结果报告。审核过程为分别进行质量审核和用户审核。首先审核质量控制数据是否符合质量管理要求，确认符合后进行用户审核。LIS 可根据用户事先设置的审核条件，进行自动批量审核。审核条件可以是项目的参考值、与患者以前若干次检验结果的差异。其他审核条件还有：检验结果值的最高/最低限值、与患者基本信息（年龄、性别等）的关系、多个检验结果值之间的数学关系，患者的临床印象、已诊断的疾病等。审核发现有结果不满足审核条件时，LIS 以改变颜色、声音报警等方式提醒用户注意。一旦发现超生命警戒限值（危急值）的结果，LIS 立即发出报警，提示检验技师应迅速通知临床医护人员，如图 10－9。

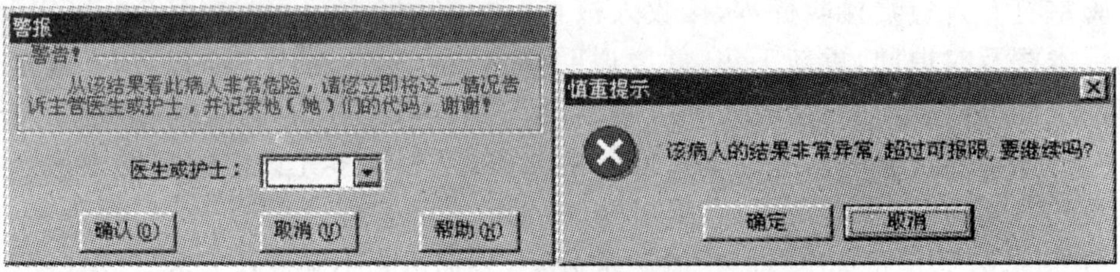

图 10－9　审核提醒

LIS 对检验结果（如图 10－10）的进一步处理，是将结果与患者的临床信息进行联合分析，给出临床辅助诊断和治疗的建议，这种具有智能化功能的 LIS 进入临床还需要很长的过程，目前仅限于关联少数可结构化临床信息的简单逻辑判断。

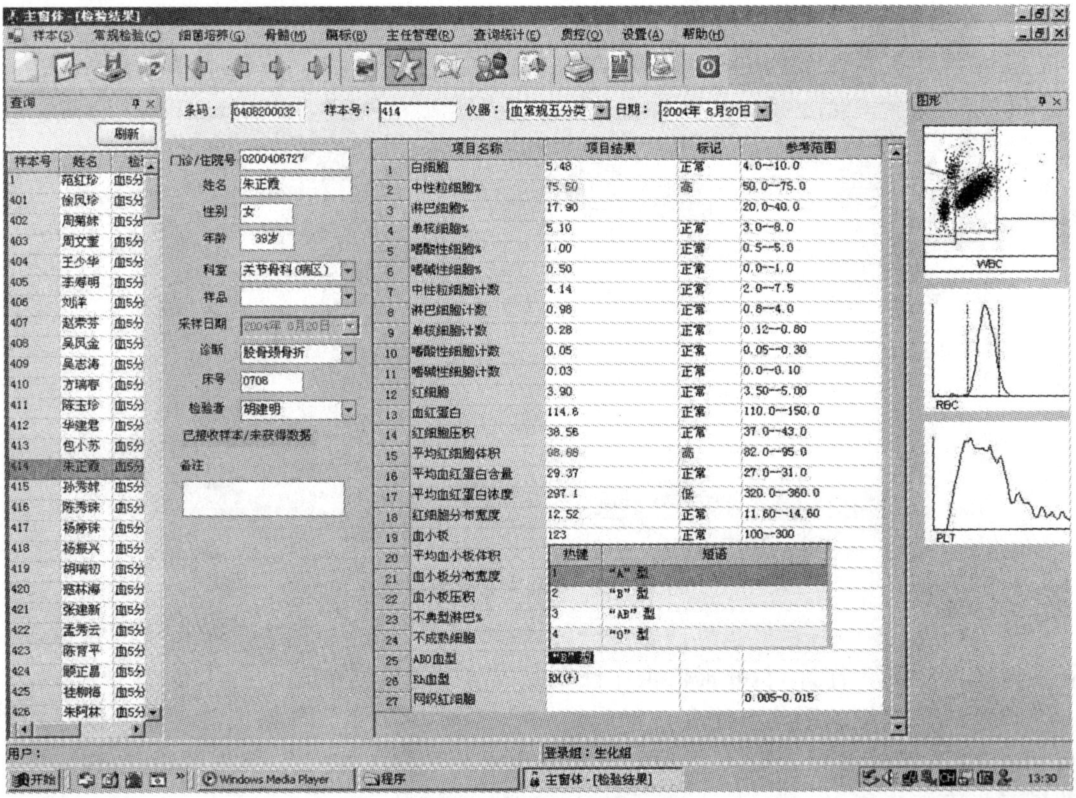

图 10－10　检验结果采集

因为纸质报告的法律效应，检验结果报告必须打印，并由检验人员签字认可，存档备查，同时发布电子报告。为方便检验报告发放，有医院在门诊设立检验报告发放台，专人负责打印发放；或设置专用自助检验报告打印设备，患者刷就诊卡，或输入编号可自助打印检验报告。电子报告的传送方式有多种，通过与 HIS 的接口直接发送给医护工作站，或用 Email、手机短信等方式直接发送到患者的电子邮箱或手机里。

微生物检验的流程与其他检验流程有所不同，首先是对样本进行细菌培养试验。第二步是在试验确认样本的菌群种类生长后，进行细菌种类的鉴定。第三步再对有菌样本进行相关药物的药敏试验。最后确认菌种对每种药物的敏感度。检验数据可辅助医生临床治疗用药。为规范业务管理，微生物检验的软件设计也要符合业务流程需求，当录入样本实验发现细菌种类后，才能开始操作药敏试验部分的功能。

5）质量管理

临床实验室质量管理的目标是让检验结果最好地符合患者的实际情况。卫生部的《医疗机构临床实验室管理办法》提出了对检测系统管理（含仪器、试剂、供应品）、校准与校准验证、室内质量控制、室间质量评价、标准操作规程、检验报告 6 个方面的质量要求。凡不能达到 6 项基本要求的实验室，将不得开展临床检验工作，也不能向临床出具检验报告。

临床实验室的室内质量控制，一般采用统计过程质量控制方法。实验室根据控制对象制定控制方法，定期检测质量控制专用的标准样品，结果作为控制值，控制值的大小和变化反映检测过程的质量。用统计方法处理控制值并绘制质量控制图，根据质量控制规则判断误差大小，若超出控制范围，要发出失控报警信号，提醒实验室采取行动，如重做标准样品，以决定本次患者检验结果是否能够采用；并检查整个检验过程，分析和发现问题，进行改进。质量控制的数据要求长期保存，定期上报至地方质量监督部门，不允许人为恶意修改。

LIS 系统能支持实验室制定质量控制计划，提醒计划的执行，自动采集质量控制值的数据，按设置的统计方法进行处理，显示和打印质量控制图，如图 10－11，并按质量控制规则标准判断是否失控，发出报警信号，封锁失控组的报告发布，提供失控记录和失控分析报告管理。LIS 控制访问质量控制数据的权限，能对数据进行查询分析，信息系统设计灵活性的体现，是用户可以自定义质量控制的数据段和选择质量控制规则。

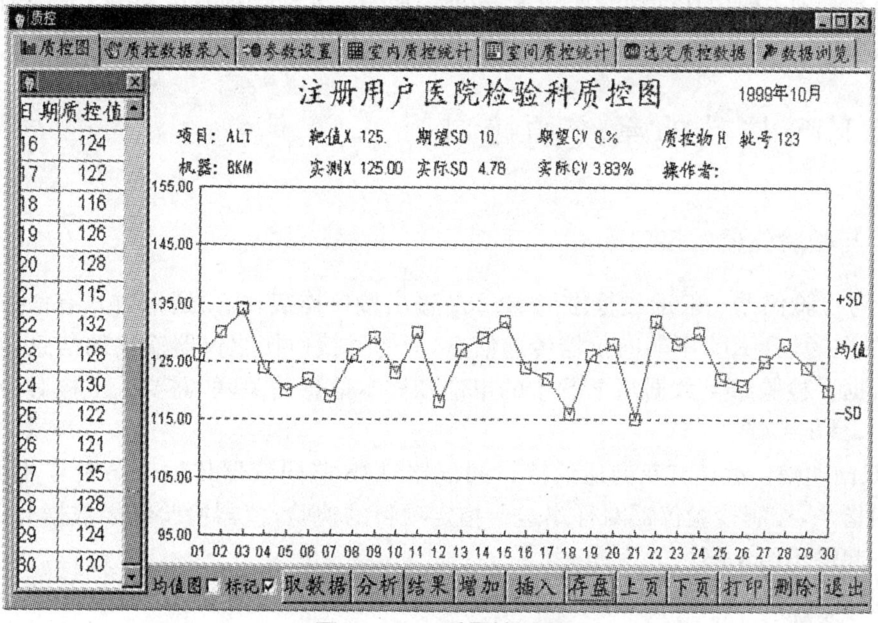

图 10－11　质量控制图

6）综合查询统计

对检验信息进行各种综合查询和统计分析。如查询某患者多次检验结果，显示数据和曲线；统计某检验项目的阳性率（参见图 10－12）。

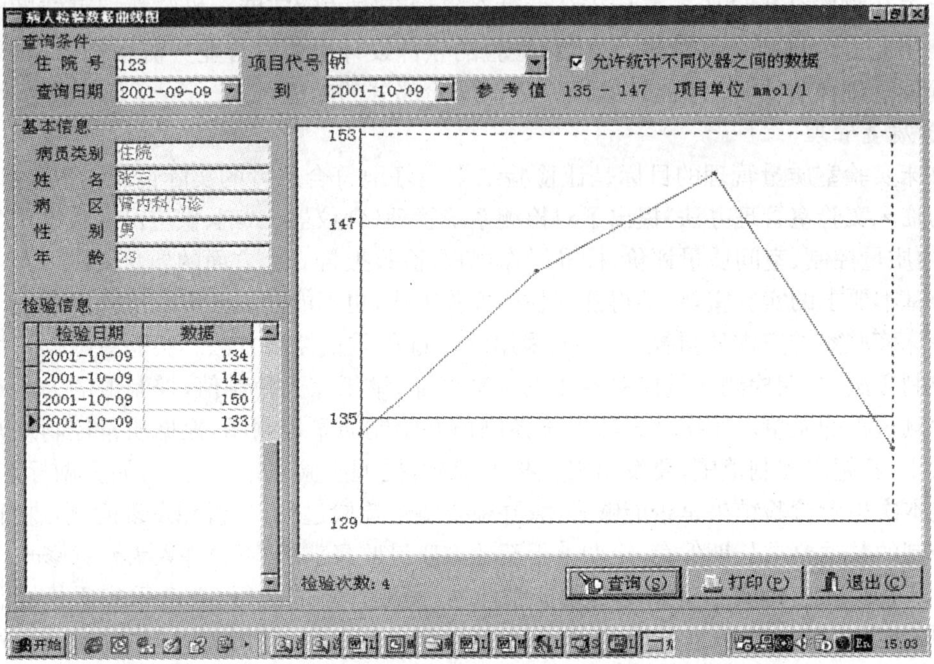

图 10－12　历史检验结果查询比较

7）实验室管理

实验室管理一般包括试剂管理、工作管理等功能。试剂管理有试剂的入库、出库、盘库、库存、有效期等信息管理功能。工作管理有工作人员、工作计划和安排、工作量统计等。

10.6　LIS 与其他系统的接口

10.6.1　与检验仪器的接口

LIS 与检验仪器一般通过标准的 RS232 输出接口连接，接口通信方式有三类：

1）单向通信：LIS 不能向仪器传递信息，只通过接口接收仪器输出的信息，主要是检验结果数据。检验结果数据与 LIS 中的申请和样本信息的关联，需要人工核对录入生成，工作量大，易出差错。

2）双向通信：对具有双向通信接口的仪器，LIS 能向仪器传输 LIS 的样本编号和样本检验的指令，控制检验仪器对样本进行指定项目的检验，仪器检验结果数据与 LIS 的样本编号一起输出给 LIS。

3）主机询问：仪器具有读取样本试管条码的装置，仪器每读取一个样本的条码，就向 LIS 询问该样本的其他信息，LIS 通过接口输出申请检验项目信息给检验仪器，样本编码与检验结果数据一起输出给 LIS，保证 LIS 采集的检验结果与样本关联的正确性。

10.6.2 与其他信息系统的接口

LIS 与其他信息系统之间的连接有利于整合不同系统的信息，提高工作效率，实现业务流程优化和重组。如住院患者的检验申请计费业务，传统是在 HIS 中操作，当检验申请医嘱开出并审核确认后立即计费，但是这不符合实际流程，LIS 不能控制发生在 HIS 中的检验退费。LIS 与 HIS 整合后，系统支持由用户自主在 LIS 中设置的计费环节，可以设置在样本核收时，也可以在报告审核时或报告发布时。同时，在 LIS 中有退费管理功能，LIS 发出信息控制 HIS 中的退费。

LIS 与其他信息系统之间的接口，按系统连接紧密程度可分为两类：

1）紧密连接：双方系统通过动态连接库的方式实现无缝连接，需要修改各自的软件，并进行基础数据的对照，如医嘱收费项目与检验项目。优点是各业务系统用户可以在本系统的界面中直接使用检验信息，LIS 与 HIS、社区、体检等系统之间经接口传递信息。如与医嘱和诊间子系统接口，通过住院医嘱或诊间医嘱自动生成检验申请，检验报告经接口直接传递给医嘱和诊间子系统，医生在工作站上查阅检验报告。

2）松散连接：当因各种原因无法实现系统之间的接口时，LIS 提供申请单输入和结果查询功能，供异地人工录入或批量数据导入检验申请，检验结果可通过输入患者编号、姓名等条件查询。优点是无需修改业务软件，但各业务系统用户操作不方便，检验信息没有与其他医疗业务信息形成紧密关联。如 LIS 设立 WEB 查询服务器，医护人员或患者经授权登陆，查询检验报告。

10.7 实验室信息系统与管理创新

LIS 在检验科内实现多设备、多专业实验室的信息整合，提高检验工作效率，降低成本，加强了检验科内部的管理。检验结果回报时间（turn around time, TAT）是目前许多临床实验室作为持续性质量改进的观察指标，通过 LIS 监控样本的检验工作流程，对 TAT 的统计结果进行分析，找到延误检测时间的原因和关键，提出改进意见，通过流程的改进达到提高检测速度的目的。

LIS 在医院之内与 HIS 等信息系统整合，临床医护人员能及时获取报告，使院内的医疗服务得到改善。检验信息资源的开发利用，有助于提高临床诊疗质量。

LIS 的检验报告在医院之间共享，能减少重复检查，节约有限的医疗资源。院间共享的技术基础是网络和信息标准。在各医院的 LIS 系统没有统一检验结果的信息标准时，采用 XML 的数据文件方式共享，医生可以读懂报告内容，但无法对批量结果统计分析。

LIS 在社区卫生服务中发挥的作用，使患者只需到社区卫生服务站点就诊，即可进行各种化验和查询报告，方便了患者，提高了检验设备利用率。地区的中心医院或临床检验中心与本地区多个社区卫生服务站点建立业务关系，收取社区卫生服务中心（站）的送检样本，申请信息和将检验报告经网络传递，因地域分散，LIS 系统与社区卫生服务信息系统一般基于互联网实现信息交换。

问题与讨论

(1) 医学检验流程中有哪些信息？如何分类？有什么特点？

(2) 检验信息处理的特点是什么？

(3) 什么是模式识别的两个阶段？请举出模式识别的其他事例。

(4) 检验流程中如何保证检验申请、样本和结果的正确关联？条码技术在医学领域还有哪些应用案例？

(5) 什么是全实验室自动化？主要解决了实验室的什么问题？

(6) 有哪些检验信息标准？

(7) 信息系统使手工条件下检验流程中的哪些问题得到改善？LIS 有可能使医疗服务和管理发生哪些变化？

(8) LIS 有几种检验结果审核方法？

(9) 信息系统如何支持检验质量管理？

(10) LIS 与检验仪器的接口通信方式有哪两种？LIS 与其他信息系统的接口方式有哪两类？

（黄学宁）

11 远程医学

随着经济的发展、社会文明的进步和人民生活水平的提高，人们对医疗保健的需求越来越高，愈来愈迫切。由于受医疗卫生资源的限制，即使在大中城市也只能基本满足这一需求；对于医疗条件较差的艰苦偏远地区、高海拔和海岛地区，更是难上加难。世界著名的未来学专家阿尔文·托普勒曾在20世纪60年代就大胆设想，在未来医疗活动中，医生有可能只需面对计算机屏幕直接观看从远方传来的病人信息，借此对患者进行远程诊断和治疗。随着多媒体技术、计算机技术、网络技术和现代通信技术的迅猛发展，这一设想已经成为现实。远程医学在日常医疗保健中，在军队战时救治中，在人类与自然灾难（地震、雪灾、洪灾、风暴、海啸）和突发公共卫生事件等的顽强抗争中，正在发挥着越来越重要的作用。

远程医学为现代医疗保健事业的发展既提供了极好的机遇，同时也是一个挑战。传统医学紧密依赖于医疗资源（医生和医疗设备），受制于时间和地点，制约了公共医疗的公平性。远程医学克服了传统医学的限制，扩展了医学服务的范围。我国医疗资源仍然紧缺，远远不能满足人民群众日益增长的健康需求。积极开展远程医学，使有限的医疗资源得到公开、公平和公正的合理利用，是提高健康服务效率和质量的有效措施之一，得到了国家有关部门和社会的普遍关注。远程医学的春天即将来临。

该章将论述有关远程医学的概念、理论、实现方法以及面临的挑战。读完这章后，你应该知道下面这些问题的答案：

远程医学的由来、定义、内涵、目的和发展的四个阶段。

远程医学基本模式、基本结构和应用层次。

远程医学技术发展历程，多媒体通信技术，数字音、视频编解码技术标准。

远程医学在远程医疗、远程教育和家庭远程医疗保健中的应用。

远程医疗的机构管理、专家管理、会诊应用流程管理和服务机构。

远程医学的法律与伦理、隐私保护和保密观念。

远程医学的发展趋势。

11.1 远程医学概述

11.1.1 远程医学的由来

telemedicine是由“tele”和“medicine”两部分组成，希腊字“tele”表示“远处”，而“medicine”来自拉丁文“mederi”意为“痊愈”。Telemedicine被翻译为远程医学或远程医疗，即以电子通信为手段实现远程医学和医疗服务的活动。

telemedicine从广义上讲，是远程医学，即是不受“时间”和“地点”限制的医学活动，是电子医学数据和信息(高分辨率图像、声音、视像和患者记录)在异地间的传递,也是使用通信技术和计算机多媒体技术提供远程医学信息服务。远程医学包括远程医疗、远程护理、远程教育、远程医学学术研讨和远程医学信息服务等医学活动。

telemedicine 从狭义上讲,是远程医疗,即是以现代通信、计算机和现代医学等先进技术为手段,以诊断和治疗为目的,以患者为对象的远程医疗服务。

11.1.2 远程医学的定义

1992 年勃兰斯敦(Preston)首先对远程医学作了如下描述:"远程医学是利用远程通信技术,以双向传送数据、语音、图像的方式开展的远程医学活动"。20 世纪 90 年代中期,美国远程医学学会和美国国防部卫生事务处对远程医学作了明确定义:"远程医学是以计算机技术,卫星通信技术,遥感、遥测和遥控技术,全息摄影技术,电子技术等高新技术等为依托,充分发挥大医院或专科医疗中心的医疗技术和设备优势,对医疗条件较差的边远地区、海岛或舰船上的伤病员进行远距离诊断、治疗或医疗咨询"。1997 年 12 月,世界卫生组织(WHO)在瑞士日内瓦将远程健康信息系统定义为:"远程健康信息系统是通过医疗信息和通信技术从事远距离健康活动和服务的系统"。

简言之,远程医学是采用信息和通信技术提供全天候、全方位的远距离医学服务活动,是信息技术和远程医学服务的有机结合。

11.1.3 远程医学的内涵

自有医学以来,远程医学即作为对于不能前来就医的远地病人施行医术的一种特殊方式而存在。然而,现代远程医学涵盖了四方面的医学活动内容:

(1) 医疗方面:远程会诊、远程诊断、远程医疗、远程护理。

(2) 保健方面:远程保健、远程健康咨询。

(3) 教育方面:远程教育、远程学术交流、远程技能培训。

(4) 数据共享方面:远程医学文献查询、远程医学数据共享、远程卫生信息交互等。

随着信息技术的迅速发展,远程医学正以惊人的速度和影响力带动着现代医疗保健技术向超越"空间"和"时间"的更广更深的领域发展,开拓了医疗服务的新模式与新境界。远程医学可以是跨院、跨地域乃至跨国界的医疗求助或医疗协作的需求,打破了传统医疗在"环境"、"地点"、"场所"、"资源"等方面的限制,在最大范围内实现全国乃至全世界的医疗卫生资源的共享。远程医学使医疗保健服务更加贴近人民大众,为提高人民生活质量发挥越来越大的作用,将"海内存知己,天涯若比邻"的理想境界变为现实。

远程医学不是医学的新的学科分支,而是计算机技术、远程通信技术与传统医学相结合而产生的一门新兴的综合学科,并已渗透到医学的各个领域。

11.1.4 远程医学的目的

远程医学的目的是为了增加医疗服务和医学教育在时间和空间上的覆盖面,拓宽医疗服务的范围,减少因地区差异、医疗卫生资源差异等造成的医疗水平不平衡,使患者以负担得起的价格获得相对较高水平的医疗服务。

我国幅员辽阔，人口众多，但分布不均。目前，在老少边穷地区缺医少药现象仍很严重。中国人口占世界的22%，但医疗卫生资源仅占世界的2%；占人口总量80%的农村的医疗资源只占全国的20%左右；在城市中又有80%的资源集中在大医院。远程医疗为缓解边远地区病人“看病难”和提高社区医疗服务水平提供了可能，是实现医疗平等的有效措施之一。

11.1.5 远程医学发展的四个阶段

现代远程医学萌芽于19世纪，发展于20世纪，并逐渐成为21世纪现代医学的标志之一。

1）萌芽阶段

标志：文字和语音信息（电报、电话）。

通过电报、电话传送简单的文字和语音信息是远程医疗的初级阶段。

早在1844年，就有人利用莫尔斯电码传送医学信息，为商船上的伤病员提供远程医疗咨询。在尚未发明电视机的1924年，美国Radio News杂志便展示了通过“交互式视频系统”开展远程医疗服务的可能性。

2）模拟可视阶段

标志：模拟可视（模拟信号＋模拟线路＋模拟数据）。

远程医疗会诊系统硬件由三个最基本的环节组成：信息捕捉、信息传输和信息重现。模拟发展阶段在这三个环节中都采用了模拟技术。

早在1911年，将来自听诊器的声音放大后经电话网传输，进行远程诊断。通过普通电话实现心电图（ECGs）和脑电图（EEGs）的传输至今也有使用。20世纪50年代中期，美国和加拿大通过双向闭路电视系统传输医学数据，为异地的病员提供远距离可视化专科医疗服务，是远程医疗的一大进步。美国航空航天局（NASA）早在20世纪60年代初，开始尝试人类太空飞行，为监测在航天飞行器中执行任务的宇航员的生命指标，NASA就建立了一套远程监测系统，以监测失重状态下宇航员的健康及生理状况，为他们提供及时的医学保障。20世纪80年代，卫星通信技术被广泛地应用于远程医学领域，尤其是以联合国发射的4颗地球同步通信卫星为核心，建立了多国间远程医疗系统，促进了世界范围内远程医学的迅速发展。

3）数字可视阶段

标志：数字可视（准数字化信号＋数字化线路＋准数字化数据）。

数字技术的引入，使医学信息和视音频信号可以进行数字化，并进行压缩，因而大大提高了医疗信息的传输速率。但由于网络带宽不够（窄带），其传输的信息量受到很大的限制，应用仅局限于信息量相对较少（低精度的视频和静态图像）的部分医学学科；所谓的数字图像乃是胶片经过扫描和模拟摄像机拍得的视音频信号经A/D后生成的准数字图像，而许多医疗信息（例如病史资料等）是通过手工输入或者扫描输入的准数字资料。

数字可视阶段主要通过公共电话网（public switch telephone network，PSTN）、综合服务数字网（integrated services digital network，ISDN）和卫星通信网（satellite network，SN）进行远程医疗服务。

总的来说，这一时期的远程医学处于在数字线路上传输准数字信号和数据的数字发展阶段。

4）集成多媒体阶段

标志：多媒体(数字化信号＋数字化线路＋数字化数据＋多媒体平台＋电子病历)。

集成多媒体阶段是远程医学的最新发展阶段，这一阶段的主要特征是：信息源完全数字化，信息传输与信息共享的多系统集成，实现了跨平台的传输。普遍使用宽带，使医学影像和视频质量大幅度提高。

20 世纪 90 年代初，随着通信技术、信息高速公路、计算机多媒体技术、网络技术的发展，远程医学进入了一个全面应用的快速发展阶段。90 年代以后，随着医院信息化建设的发展、普及和成熟，医院信息系统、医学影像存储和传输系统、放射科管理系统和医学实验室信息系统的成功整合，以及电子病历、电子健康档案和个人健康档案的出现，远程医学步入了集成发展阶段。这个阶段，除了远程医学相关应用技术得到发展外，从理论上讲，远程医学也由先前较为模糊的理念，逐步发展为具有系统概念的远程医学学科。

发展到此阶段，远程医疗会诊系统三大环节已实现了全面的、直接的、彻底的数字化。首先是数字化成像的方式，使信息直接以数字形式出现，即从数字化成像设备(如 CR、DR、CT、MR 和 DSA 等)中直接得到数字图像。

在这一时期，有线电视网(community antenna television，CATV)、无线网(Wireless Network，WN)、异步传输模式网(asynchronous transfer mode，ATM)、数字数据网(digital data network，DDN)和 Internet 等网络通信技术发展十分迅速，形成了较完整的网络系统，为远程医学的广泛开展提供了多种可供选择的较理想的网络平台。

从最初的模拟发展阶段，进入到数字化发展阶段，直到如今的集成化发展阶段，从时间上来讲，各个阶段之间并没有清晰的界限。不同技术的融合与渗透，对远程医学的全面集成化起到了推波助澜的作用。

11.2 远程医学系统的组成和应用

11.2.1 远程医学系统的组成

在远程医学中，医疗服务的提供者和被服务对象分处两地，因此其组成基本分为以下三个部分。

(1) 提供医疗服务方：即医疗服务源所在地，一般为具有丰富的医学资源和诊疗经验的大型医疗机构和有经验的医生。

(2) 申请医疗服务方：可以是医疗、诊断和治疗能力较弱的小型医疗机构或诊疗经验不足的医生，也可以是病人。

(3) 通信网络、多媒体视频及相关医疗设备：通信网络为普通电话网、无线通信网、卫星通信网和因特网等，通信线路为同轴电缆、网线和光纤等，相关设备包括计算机软硬件、多媒体视频和诊疗仪器等。

远程医学系统应是一个开放的分布式系统，系统应用现代信息通信技术（特别是双向视听技术）、数字技术和医学技术为远方患者提供医学服务，为异地医务工作者提供医学信息交流和探讨。远程医学系统是指根据远程医学服务的具体应用要求而集成的系统设备，由通信网络系统、计算机系统和多媒体视频系统三部分组成。通过远程医学系统将人们通常所能感觉到的有形或无形的医学资料与健康信息，如文字、数据、影像、图像、图形、声音等，转变成能被计算机识别的数字传递到终端，并在终端重新恢复和显示出人们能够认识的信息原形。

11.2.2 远程医学应用层次

按照远程医学活动的地理位置及环境，可将远程医学活动划分为三个应用层次。

（1）医院内部的医学信息交流：包括电子病历、医学影像传送和科室间会诊等。此应用层次的关键在于建立一个较好的医学信息归档、存储、传输和管理系统。系统应是医院信息系统 HIS 和医学图像系统 PACS 的综合体系，医学信息全部数字化。同时要求医院内的网络传输速度足够快，以适应在线检查与诊断的需要。此外，医院还需配置海量存储设备，用于长期保存所有的医学信息。

（2）医院间的医学信息交流：包括综合性医院与专科医院间业务协作；基层医务人员与医学专家间病情会诊；上级医院对下级医院的技能培训；边远地区医院向大型医院请求技术支持等。医院间的应用建立在电子病历的基础上，此外，需要有支持双方交互的多媒体通信技术和科学的远程医疗管理办法。

（3）医院外的医学信息交流：包括家庭、社区、企业、厂矿、部队、院校、机关、监狱等。院外层次上的应用能否实现，既取决于医院的信息化水平，同时也取决于申请服务者所处环境的信息化水平和使用的医疗设备，以及所采用的相关技术标准。

11.2.3 远程医学系统的功能

不同类型的远程医学系统，其性能与应用效果差异明显，但它们必须具备信息获取、信息传输、信息显示三大功能。

1）信息获取

信息获取是指图像信息与非图像信息通过视频捕捉卡、声卡和模/数转换器将模拟信息转换成计算机能识别的数字，并存储于计算机中的过程，该过程被称作为数字化过程。

图像信息有静态图像与动态图像之分。图像分辨率直接影响图像质量。图像分辨率高则捕捉到的图像信息量大，信息传输的时间就长。动态图像的传输必须考虑时间分辨率，即单位时间内所捕捉或传输图像的帧数，一般不应低于 25 帧/秒，否则动态图像输出的流畅性将会受到影响。

通过摄像机和录像机可以获取动态图像，静态图像可以用照相机、扫描仪等获取，语音可通过声卡采集；文字数据信息则可直接录入计算机。

总之，远程医学系统要考虑获取图像的质量，以适合临床诊断的需求。

2) 信息传输

信息传输是指将转换成的数字化信息借助于通信介质或计算机网络系统传送到终端计算机上。信息传输的速度与被传输的信息量和网络的通信带宽有直接关系。远程医学系统必须测算网络信息的吞吐能力,依此选择通信的带宽。

采用数据压缩技术可以减少传输的信息量。数据压缩技术分有损压缩和无损压缩,对医学影像图像的压缩以不影响图像质量为准则。诊断用的图像应采用无损压缩,以保证诊断的正确性。通常对静态图像的压缩选择联合图片专家组 JPEG(joint photography expert group)压缩格式,而对动态图像的压缩则通常选择运动图像专家组 MPEG(moving picture expert group)压缩格式。

3) 信息显示

信息显示是指被传输的数字化信息到达终端计算机后,将信息还原并显示在计算机的显示器上。所显示图像的质量除了受图像捕捉时的诸因素影响外,显示器自身的性能及设置都可能影响图像显示的视觉效果。对于模拟显示器要注意显示器的刷新频率。刷新频率是指图像在屏幕上更新的速度,以赫兹(Hz)度量。显示器刷新率低于 75Hz,人眼能明显觉察到由于刷新带来的闪烁,不能用于远程医疗。在远程医疗前,应调整显示器的整体色调、亮度和对比度。总之,在显示器校准设置中的设置越详细,显示器所显示的图像与扫描源图像越贴近。

除此之外,视频捕捉卡和显示卡的质量直接影响图像显示的效果。配备图像应用工具(如图像的滚动、放大、视窗调节、亮度/对比分辨调节等)会使应用更方便。远程医学系统的基本结构如图 11-1。

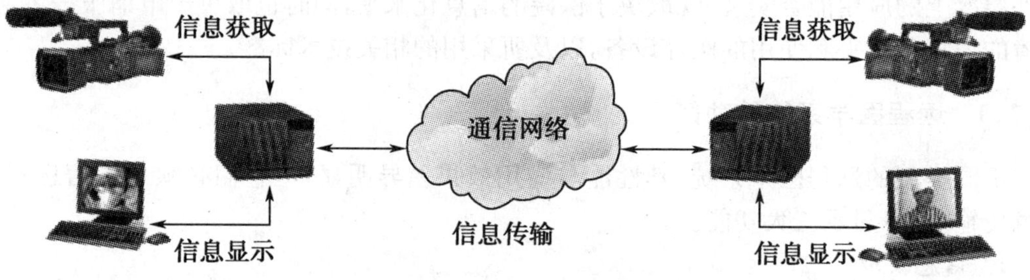

图 11-1 远程医学系统结构

11.3 远程医学的技术基础

11.3.1 远程医学技术发展历程

随着信息技术的迅速发展,远程医学也在不断地进步,其各个发展阶段也就打上了信息技术发展的烙印。表 11-1 给出的是远程医学技术发展的过程。

表 11-1 远程医学技术发展过程

类型	内 容	发 展 过 程
数据	类型	文字→图像→多媒体
	输入	手工→扫描→电子病历
	图像形式	静态影像(CT、MR)→动态视频(DSA)
	图像输入	扫描仪(X 光片)→数字化胶片(CR、DR)
通信	方法	电报传真→电话→卫星、网络和 Internet
	信号	模拟→模拟+数字(混合)→数字
	带宽	几十 K(窄带)→几百 K→几十兆(宽带)
	方式	点对点→一点对多点→多点对多点
视音频	质量(精度)	低→中→好(高)
	帧速	几帧/秒→十几帧/秒→25—30 帧/秒
	分辨率	160×120→320×240→800×600(或更高)
	压缩编码	MPEG 1→MPEG 2→MPEG 4
	信号获取	模拟照相机和摄像机→数字照相机和摄像机

11.3.2 远程医疗中的多媒体通信技术

多媒体通信系统是利用数字视音频和通信网络进行多媒体通信的一种方式。多媒体通信系统实时性、交互性好的特点，使它在远程教育、远程医疗等方面大有用武之地。今天人们可以坐在医院的会议室、医疗现场，通过网络进行万里之外的医疗咨询、学术交流活动或远程会诊。

从技术角度来看，远程多媒体通信系统是建立在通信技术、计算机技术、多媒体技术等高新技术基础之上的应用系统。远程多媒体通信系统的实现，目前大多是采用公共电信网、虚拟专网、双向数字压缩的加密卫星、CATV、DSL(digital subscriber line，数字用户环路)、3G(3rd generation，第三代数字通信)等作为信息传输手段的。

多媒体通信系统主要由终端设备、传输信道以及多点控制单元(multipoint control unit，MCU)等三部分组成。其中，终端设备和 MCU 是多媒体通信系统所特有的，而传输信道则是指目前现成的、适宜传输多媒体通信系统信号的各类通信信道。

1) 终端设备

多媒体通信系统所用的终端设备将视频、音频、数据、控制信令等各种数字信号分别进行处理后组合成一路复合的数字码流，再将它转变为适合在传输网络中传输的帧格式送到信道中进行传输。它主要包括以下几部分：

(1) 视频输入/输出设备：视频输入设备包括摄像机、录像机、图文摄像机、VCD 等。它们将模拟视频信号通过视频输入口送入编码器进行数字化处理。通常视频输入至少需要三个。模拟视频信号都经过终端设备的视频输入口送入编码器进行数字化处理。

视频输出设备包括监视器、投影机、电视机等。它们的功能是显示接收到的图像，在较大的会场应采用投影机或电视墙进行显示。为了同时显示远端和本端会场，一般采用画中画(Picture in Picture，PIP)的方式。

(2) 视频编解码器：视频编解码器是多媒体通信系统终端的核心设备，它能对各种制式的模拟视频音频信号进行数字化和压缩编码处理，以便能在窄带数字信道中传送；或将数字信号进行解码和转换成视频音频模拟信号。

(3) 音频输入/输出设备：音频输入、输出设备包括话筒、扬声器、调音设备和回声抑制器。

(4) 音频编解码器：音频编解码器能对 50—3 400 Hz(或 50—7 000 Hz)的模拟话音信号数字化，或进行反向操作。

(5) 信息处理设备：信息处理设备包括电子白板、书写电话等。与会人员可以通过这些设备来讨论问题和实现数据共享等功能。

(6) 多路复用/分接设备：该设备将视频、音频、数据、信令等各种数字信号组合为 64—1 920 kbit/s 的数字码流，成为与用户网络接口相兼容的信号格式。

2) 传输网络

多媒体通信系统的传输介质可以采用光纤、电缆、微波及卫星等各种信道。在传输方式上它可以在现有的多种网络上展开，例如 ATM、DDN、ISDN、SDH 数字通信网或帧中继网络等。在新的多媒体通信系统标准(H. 323)中，多媒体通信系统信号还可以在 LAN、WAN、Internet 的各种计算机网上传输。

3) 多点控制单元(MCU)

由于目前各种网络本身的控制功能还不能满足多媒体通信系统所要求的多点对多点的控制功能，因此，还需要一种设备来控制各个通信场所之间的信息传输与切换，这就是多点控制单元所要完成的功能。它就像电话网中的交换机一样，按用户的要求完成信息的转接。多点控制单元支持在三个或者更多端点之间进行多媒体通信。在 H. 323 多媒体通信中，一个 MCU 由多点控制器(multipoint controller，MC)和多点处理器(multipoint processors，MP)组成。MC 处理所有终端之间的 H. 245 协议，以确定共同的音频和视频处理能力。MC 确定视音频流向，实现多点广播(multicast)，从而对会议资源进行控制。MP 处理媒体的混合以及处理声音数据、电视图像数据和一般数据等。

H. 323 会议的多点控制和管理工作方式可以分为下列三种：集中方式的多点控制和管理(centralized multipoint)，分布式多点控制和管理(decentralized multipoint)和混合方式的多点控制和管理(hybrid multipoint)。

11.3.3 多媒体通信系统分类

多媒体通信系统有多种分类方法。按传输网络不同可分为基于专网或 DDN 网、基于 PSTN 网和基于 LAN/WAN 网的多媒体通信系统；按终端类型不同则可分为会议室型和桌面型多媒体通信系统。不同种类的多媒体通信系统有不同的特点，因此适合于不同的场合。

1）会议室型多媒体通信系统

会议室型的多媒体通信系统适用于规模较大的会议，它所提供的图像质量、音响效果都比较好，是目前较为普遍采用的一种多媒体通信系统。它在一个固定的专用会议室安装摄像机、投影仪、编解码设备，会议室的灯光、音响系统也是经过专门设计，以满足相应的条件。与会者在这种会议室中开会，可以获得很好的视频音频效果。这种多媒体通信系统对传输信道速率要求比较高，最好能达到 2 Mbit/s（E_1 速率）或更高，最少也要有 384 kbit/s，以达到理想的效果。

远程教育中双向、实时授课系统主要采用这种类型的多媒体通信系统，它使老师学生之间可以通过语音、图像和文字进行实时的交流，如同在一个教室一样，可以取得良好的教学效果。

2）桌面型多媒体通信系统

桌面型多媒体通信系统与会议室型相比要简单得多，它将多媒体通信系统与个人计算机融为一体，一般由一台个人计算机配备相应的软硬件构成（摄像头、麦克风、用于编解码的硬件或软件），在多个地点进行多方会议时还应设置一台多点控制设备进行对图像语音的切换、控制。这样的系统适合于几个人之间的讨论、商谈，对图像质量要求不高。它通常接在 ISDN 上以 128 kbit/s（2B＋D）或更低的速率工作，提供 CIF 或 QCIF 格式的图像。与会者在办公室或在家中就可以通过自己的终端设备或计算机参与电视会议，他们可以发表意见，观察对方的形象和有关信息，同时双方还可以共享应用程序，利用电子白板（软件）进行书面交流。桌面型多媒体通信系统造价低廉、使用方便、通信费用低，是未来多媒体通信系统发展的主要方向之一。

在远程教育应用中，师生之间的答疑，同学之间的交流、讨论就可以采用这种方式的多媒体通信系统来实现。

11.3.4　数字音视频编解码技术标准

国际上音视频编解码标准主要有两大系列：ISO/IEC JTC1 制定的 MPEG 系列标准；ITU 针对多媒体通信制定的 H.26x 系列视频编码标准和 G.7 系列音频编码标准。1994 年由 MPEG 和 ITU 合作制定的 MPEG－2 是第一代音视频编解码标准的代表，也是目前国际上最为通行的音视频标准。

目前音视频产业可以选择的信源编码标准有三个：MPEG－2/H.263、MPEG－4 AVC（简称 H.264/AVC）、AVS。从制订者分，前两个标准是由 MPEG 专家组完成的，第三个是我国自主制定的。从发展阶段分，MPEG－2 是第一代信源标准，其余两个为第二代标准。从主要技术指标——编码效率比较：MPEG－4 是 MPEG－2 的 1.4 倍，AVS 和 AVC 相当，都是 MPEG－2 的两倍以上。

目前，国际上普遍采用 H.264/AVC 视频编码。但是，昂贵的专利许可费用给我国远程医学中使用该标准带来了困难。AVS 标准是《信息技术先进音视频编码》系列标准的简称，AVS 是基于我国创新技术和部分公开技术的自主标准，编码效率比 MPEG－2 高 2—3 倍。H.264/AVC 仅是一个视频编码标准，而 AVS 是一套包含系统、视频、音频、媒体版权管理等四个主要技术标准和一致性测试在内的完整标准体系。

关于 H. 264/AVC 标准和 AVS 标准的相关理论和技术，请阅读该专业资料。

11.4 远程医学的应用

11.4.1 远程医疗

1) 抗灾救灾

5·12 汶川大地震，震惊全国。在抗震救灾工作中，许多受伤群众被困时间长、病情复杂。为了科学制定救治方案，一线的医务人员与后方医院的权威专家进行远程会诊，实施多学科间协作，以达到最好的救治效果。

医疗队员将伤员的病历数据转换成图片，通过野战远程医疗会诊车上的卫星数据收发系统实时传输信息，后方医院医疗专家通过视频系统和辅助会诊平台展开网上会诊，进行医疗技术支援，充分发挥了远程医疗的时效性、准确性和紧急救援作用。图 11-2 为第三军医大学西南医院野战远程医疗会诊车进入汶川大地震重灾区——映秀镇。

图 11-2 野战远程医疗会诊车进入映秀镇

2) 远程手术(telesurgery)

互联网技术、虚拟现实(virtual reality, VR)技术与机器人技术的有机结合产生了远程外科手术技术。外科医生通过远程手术技术，可以对千里之外的病人实施远程手术治疗。在远程手术时，医生主要根据远方医院手术现场传来的病人动态视频图像，通过计算机进行虚拟手术操作。手术医生的每一个操作动作即刻被转化为数字信息并回传到远方医院的手术现场，手术现场安置的机器人手臂则根据远方手术医生的操作指令，精确地控制并使用手术器械完成各手术操作步骤。远程手术是将医生亲手操作器械变为由远程控制的机器人操作器械。

2001 年 9 月 7 日，法国和美国的科学家们成功进行了横跨大西洋的远程手术。在纽约的医生成功地为一位身在法国斯特拉斯堡的病人进行了胆囊手术。1927 年查尔斯·林白单人从纽约飞越大西洋成为飞行史上的一个里程碑，作为人类第一例远程手术，此次手术被命名为林白手术(图 11-3)。

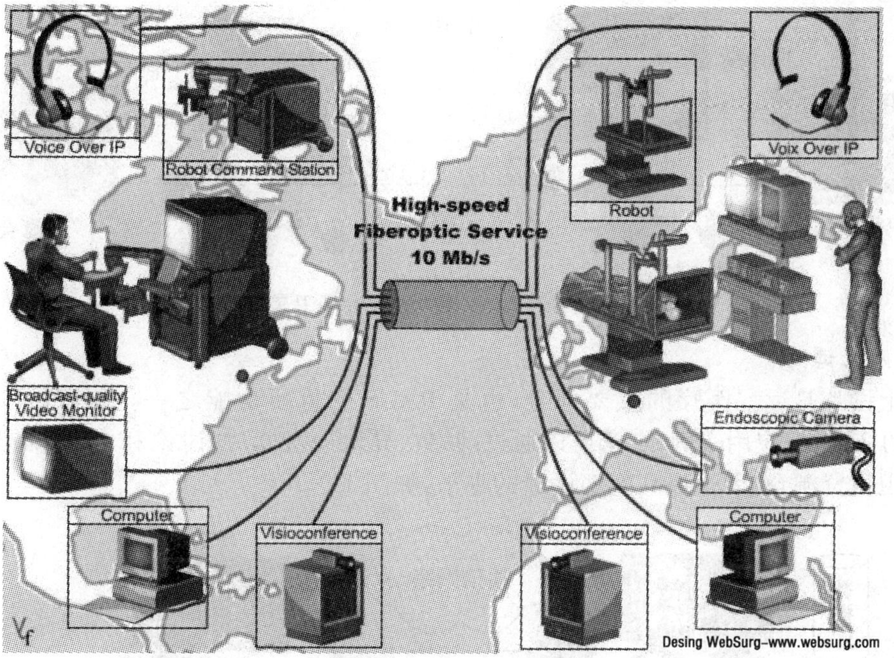

图 11-3 林白手术结构图

11.4.2 远程教育

1) 远程手术直播与观摩——心脏介入手术直播

“2004 上海国际心血管病研讨会”期间，在上海瑞金医院会场的国内外专家观摩了在上海瑞金医院、上海仁济医院和南京市第一医院进行的心脏病介入手术现场演示，演示要求将三个地方的手术现场及手术显影图像实时传输到上海瑞金医院会场，并实现会场与各手术室现场的实时通话。(图 11-4 表示瑞金医院手术室与会场传输结构，图 11-5 表示南京市第一医院手术室与会场卫星传输结构。)

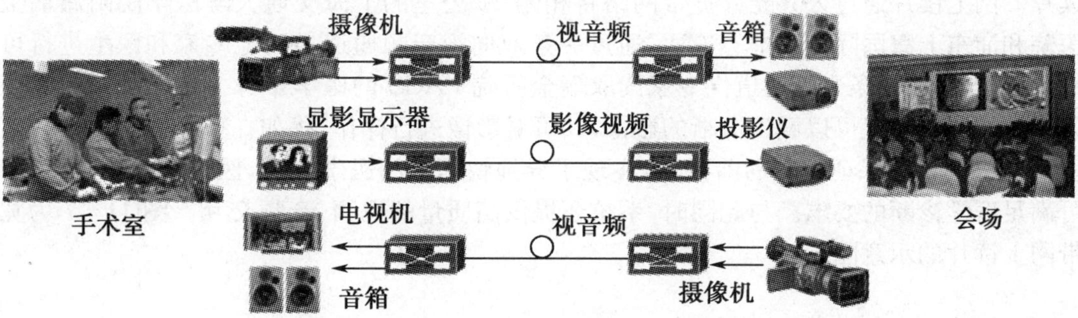

图 11-4 瑞金医院手术室与会场传输结构图

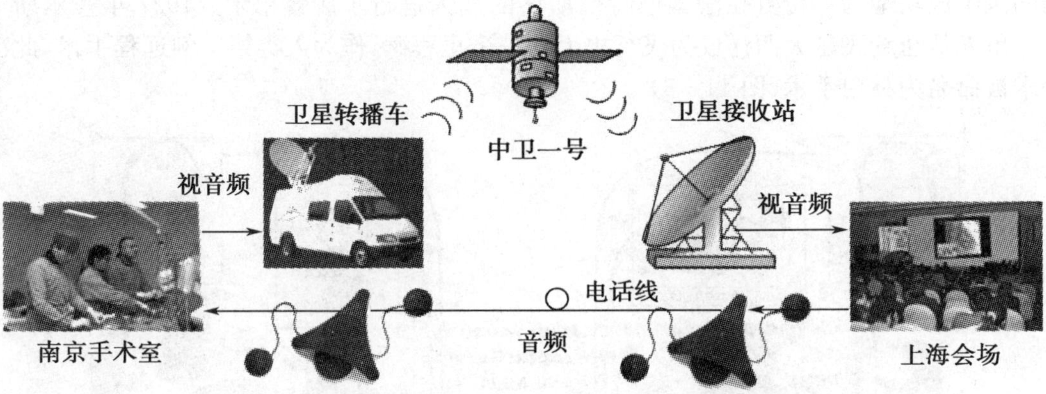

图 11-5　南京市第一医院手术室与会场卫星传输结构图

2）网上读片

网上读片是远程医疗的重要部分，也是 PACS 的重要功能之一。宽带网上读片是 PACS 的 21 世纪应用实例，专家可以通过网络在异地进行读片、讨论和会诊，有效利用我国医疗卫生资源，有助于提高疾病诊断的水平，如图 11-6。

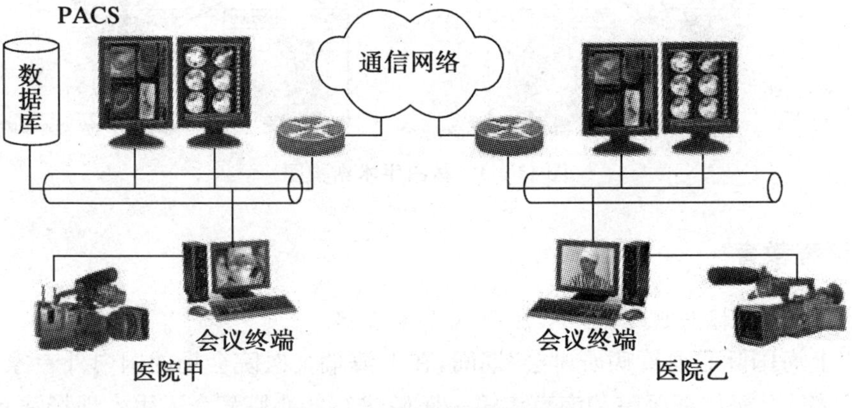

图 11-6　网上读片结构图

2002 年 9 月 3 日在上海国际会议中心举行了“数字化医学发展研讨会暨现代医学影像新趋势技术交流会”，以探讨通过宽带网络实现医学影像网上读片的方法，并进行网上读片。网上读片通过公共光纤宽带网络将相距 10 公里的上海交通大学医学院附属瑞金医院和浦东上海国际会议中心连通，通过一条双向视音频通道为两地专家和医生进行可视化讨论，另设一条光纤通道供专家读取瑞金医院 PACS 的医学影像。位于上海国际会议中心的专家不仅可以看到清晰的影像，并可对影像进行操作，犹如在瑞金医院的读片室里一样工作。在保证带宽的前提下，实现了异地快速调阅医学影像，医学影像清晰度高，可满足医学诊断的要求。与此同时，系统还提供高质量的视频、音频交互。图 11-7 为宽带网上读片的示意图。

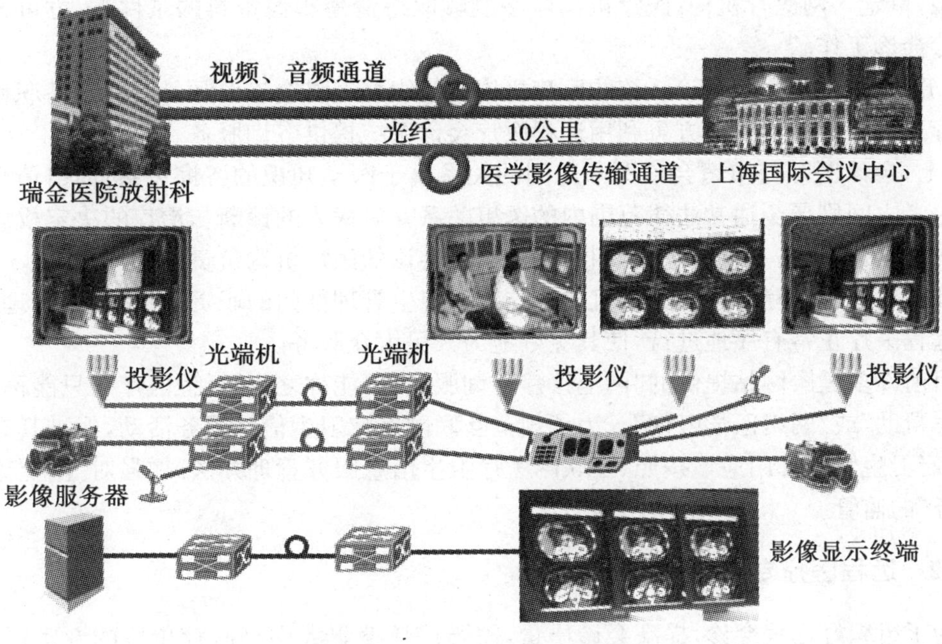

图 11－7 宽带网上读片示意图

11.4.3 家庭远程医疗保健的应用

家庭远程保健(home telehealthcare)是运用家庭护理技术(home health care，HHC)、远程测量技术和远程监护技术对家中患者的重要体征参数进行监测，并在发生意外时实施紧急救助。目前家庭远程医疗保健研究的主要服务对象是在家中进行手术后康复的病人和一些残疾人、老年人、高发病人群，其目的是对这类病人进行家庭监护，也对健康人进行健康记录和监护，如图11－8。

图 11－8 病人在家里进行血压测量

11.5 远程医疗的组织管理

11.5.1 远程医疗机构管理

远程医疗是发生在医生与医生之间的一种咨询行为。对于远程医疗和远程医疗机构的医疗活动，医生的资质需要经过有关医疗管理部门的认证。

卫生部《关于加强远程医疗会诊管理的通知》中明文规定的有关条款如下：

“三，远程医疗会诊是应用计算机及网络、通信技术进行异地医疗咨询活动，属于医疗行为，必须在取得《医疗机构执业许可证》的医疗机构内进行。各级卫生行政部门依据管理权限，审定入网医疗机构；医疗机构应在能够取得清楚影像资料的条件下，方可开展远程医疗会诊工作。”

“五，开设远程医疗会诊系统的医疗机构要组织好专科会诊医师。具有副高职称以上的医疗卫生专业技术人员方可利用远程医疗会诊系统提供咨询服务。”

“七，会诊医师与申请会诊医师之间的关系属于医学知识的咨询关系，而申请会诊医师与患者之间则属于通常法律范围内的医患关系。对病人的诊断与治疗的决定权属于收治病人的医疗机构。若出现医疗纠纷仍由申请会诊的医疗机构负责。”

加强对远程医疗和远程医疗机构的监管是卫生管理部门的职责，只有加强管理，才能保证远程医疗正常有序地进行，使其更好地为人民大众服务。

目前许多健康网站提供的“网上诊疗咨询服务”不能称之为“远程医疗”，只能称为“网络医学帮助”或“网络医学咨询”。为了规范互联网医疗卫生信息服务活动，促进其有序发展，政府卫生管理部门应该按照《互联网医疗卫生信息服务管理办法》加强对“网上诊疗咨询服务”的监管。

11.5.2 远程医疗专家管理

为了组织好远程会诊，提高会诊质量，需要广泛搜集大中型医疗单位的专家资源，建立远程会诊专家库，为远程医疗提供服务。参加远程会诊的专家必须具有高级技术职务，经推荐和资格审查确认为有会诊能力及水平的方可会诊。远程医疗会诊专家库中应设有“专业特长”一栏，写明专家精通的业务范围，以利于病人选择专家，“点名求医”，保证会诊质量。在开展远程会诊的过程中要重视加强对专家库的更新和维护，不断搜集新的医学资源，扩充远程医疗专家库的数据。

11.5.3 远程医疗会诊应用流程与管理

远程会诊的流程主要有会诊申请与资料准备，会诊安排与实施，以及会诊后处理。

1）会诊申请与资料准备

远程医疗会诊应由申请会诊方主治医生提出，科主任审签，经医务处(科)批准后，由各单位远程医疗会诊工作站负责实施。从事远程医疗工作的人员应协助临床医生完成远程医疗会诊的申请准备工作。

(1) 会诊资料收集与整理：做到认真、仔细、全面、扼要地反映病情。

(2) 会诊资料扫描与传输：做到文字资料输入无误，影像资料尽可能应用基于 DICOM 标准的原始图像，以保证远程医疗会诊的质量。

(3) 接受会诊申请：关键在于把好预审关。

① 接受会诊资料：将完整的会诊资料传送会诊中心，并由申请方与会诊方确认。

② 预审：会诊方对收到的会诊资料必须进行预审，认可后正式接受申请。对不符合要求的资料，要求申请方补充或重新提出申请。

③ 建立文件夹：会诊方对接收的每一例会诊资料按要求建立文件夹，供会诊专家会诊调阅和长期保存。

2) 会诊安排与实施

(1) 确定会诊时间：根据申请方的要求或会诊方推荐，确定会诊时间。

(2) 会诊现场的维护：会诊双方应提前做好会诊的各项准备工作，确保会诊工作的顺利进行，并做好会诊现场实况录像等资料采集。

3) 会诊后处理

(1) 书面会诊意见的传输与接收：会诊结束后，会诊专家写出书面会诊意见，并通过扫描或传真传输给申请方。

(2) 会诊工作的评估：会诊中心要及时征求会诊专家对本次会诊的评估，总结经验。

(3) 会诊资料的管理：对远程会诊的资料，要进行统一管理，以便以后的查询。

11.5.4 远程医学服务机构

远程医学作为医学领域的一种信息服务，其服务机构的组建主要涉及远程医学系统的投资者，网络的组建者，以及社会医学团体或医疗机构三个方面。由于受国家医疗法律法规的制约，各国的组建形式也不完全相同。从国际电信联盟(ITU) 调查的34个国家的情况看，目前各国远程医学服务机构主要存在三种形式：

(1) 52.96%的远程医疗网络完全由政府卫生部门或国家电信部门投资组建，由国立医疗机构提供远程医学服务。

(2) 23.52%的远程医疗网络由电信公司或私营企业作为远程医学系统的投资者，社会医疗机构或医学院校共同参与组建远程医学服务机构。

(3) 23.52%的远程医疗网络由社会医疗机构或医学院校自行投资并组建，提供远程医疗服务。

我国现有的远程医疗服务机构主要有三种形式：

(1) 地区性远程医疗网络：网络覆盖一个地区或一个省，常以DDN、光纤、Internet为通信手段，以省级医院或地方医学院校医疗资源为依托，为本省内省以下医疗机构提供远程医疗服务。这种远程医疗网一般都得到地方政府的资助。

(2) 跨地区性远程医疗网络：以社会医学团体为主体组建的远程医疗服务机构，依托于大城市、大医院或著名医学院校的医疗资源，向全国各地区已经入网的医院提供远程医疗服务。这种网络通常以Internet通信系统为主，除此之外还有卫星通信系统，能够满足不同通信条件的终端站入网。

(3) 全国性远程医学网络，是由国家或军队卫生部门资助并组建的全国范围内的远程医疗网络。

11.6 远程医学的法律与伦理问题

远程医学中的法律概念，涵盖信息通信、医疗实践、医学教育等多方面的规范，我国的民法通则、消费者权益保护法、职业医师法，以及远程医疗等法规，目前仍是远程医学实践中基本的行为准则。随着远程医学的发展与应用的普及，尤其在远程医疗的实践中，可能会遇到现有法律法规尚未涉及的一些问题，如隐私权、患者接触医学记录的权益、远程医疗中的保密责任、数据安全与保护责任等，对此类问题的法律性质如认识不清，有可能因此产生医疗纠纷，甚至侵犯患者权益或伤害患者，影响远程医学持续发展。在现阶段相关的法规对上述远程医学问题缺乏详细解释的情况下，我们在处理远程医学活动中出现的矛盾时，还是应以我国现有的法律和道德规范这两个标准为准绳。

11.6.1 隐私保护

隐私权是指自然人享有的私人生活安宁与私人信息秘密依法受到保护，不被他人非法侵扰、知悉、收集、利用和公开的一种人格权，而且权利主体对他人在何种程度上可以介入自己的私生活，对自己是否向他人公开隐私以及公开的范围和程度等具有决定权。隐私权是一项重要的人权，是法律对个人隐私的保护，是自然人绝对的、排他的和终身的民事权利。随着人民生活水平的不断改善和法律意识的提高，隐私权的保护越来越被重视。尊重病人的隐私权是国内外普遍关注的医学法律问题。

隐私包括家族史、个人史、婚姻史、生理缺陷、特殊嗜好、身体隐私和特殊隐私等，涉及病人健康状况和医疗信息，是最重要也是最敏感的隐私。一旦病人的健康隐私被泄露，将给他们的工作和生活带来极大的困扰和伤害，如受到歧视，或受到不公平的待遇等。

在远程医疗活动中，医疗机构应在制度上和硬件设备上保证病人的隐私权能够得到最大限度的保护，充分尊重病人的人格与尊严、尊重病人的个人隐私权与知情同意权。

会诊医生（包括会诊医师与申请会诊医师双方）要确保自己的行为完全是出于诊疗的目的，保护病人的隐私，避免造成侵犯病人隐私权的过错。会诊医师因诊疗的需要了解病人的个人信息，借助这些信息对病人的症状进行诊断，并不构成侵犯病人隐私权的行为。因为医生的目的是为了更有效地治疗疾病，其最终的受益者是病人。为病人的隐私保密是医生的义务，既来自于法律，也来自于医生的职业道德。但是，也确有某些机构和个人为了经济利益和商业目的，不顾病人的利益，将敏感的个人健康信息泄露给公司和私人。因此，远程医疗管理机构应特别加以重视，并对此类机构和个人给以应有的处罚和谴责。

11.6.2 患者接触医疗记录的权益

医疗记录是医师对患者医疗实践的客观记录，患者是医疗信息的提供者，医师是病历的直接记录者和生成者。由于远程医学活动中，信息存储与交流的计算机化，难免会有患者提出要求对自己远程医疗会诊资料进行复制保存，能否同意或满足患者的这种要求，涉及患者接触医疗记录的权益，如不能很好处理，必将影响远程医学的持续发展。如何面对和处理远程医疗活动中可能发生的与医疗记录有关的情况，应从医疗记录的法律属性关系去认识。

有关远程医疗中病历所有权、患者对病历访问权和制约权参见本书“电子病历”一章。

11.6.3 远程医疗的保密观念与准则

患者健康信息的私密性以及由此产生的保密原则，是医学伦理道德的核心问题，在西方国家早已形成了不同的法典。在医疗实践中，医师与患者除了治病与被治病的人道主义关系外，还存在保密与被保密的法律责任关系。由于远程医疗异地活动的特殊性，除涉及远程会诊医师外，非医学专业人员也需参与，由此引发的保密责任与义务更应引起足够的重视，增强法律与道德观念。

1）远程医疗咨询医患关系多边性与保密

医患关系是指医师与患者在医疗服务和享受医疗服务中所处的位置，以及各自应承担的责任与义务。在医疗实践中，医师处于患者信任和信托的统一体中，医师必须诚实、守信，并承担保护患者隐私的责任；而患者处于被尊重的位置，有义务向医师提供诊断治疗所需要的一切信息，其知情权和隐私权受法律保护。医师的职业道德标准是法律与道德的双重标准，这是构成医患关系的基本保证。医师的职业道德原则是，对病历信息的使用应有益于患者健康，有益于保护患者隐私，与医疗无关系的个人信息不得公开；与医疗有关而患者不同意公开的事实，也不得任意披露。即使在远程医疗活动中，这个原则也必须严格遵守，不能违背。由于远程医疗会诊是异地间的医疗活动，具有多边性，涉及医疗信息的披露，申请远程医疗会诊时除了必须征得患者同意，还必须向患者说明他的医疗信息将被披露的范围。当然，随着患者病历、影像、生理数据等健康信息的远程传输，属地的医患关系也被延伸到异地，当远程会诊医师接到会诊资料之际，相应的远程会诊医患关系也就随之产生。这种医患关系不同于属地医患关系，从技术方面考虑，远程会诊医师不直接治疗患者，不存在医疗上的责任；但是，在法律与道德观念上，对患者健康信息的保密或对病历信息的使用，同样受到法律与道德的约束。

2）非医学专业人员保密责任

远程医疗会诊的执行，是依靠团队来完成的。这个团队的成员至少包括申请医师、申请方执行者、会诊医师、会诊方执行者，以及网络工程师和数据保管员。处于远程医疗会诊链路中的各个阶段的所有工作人员，都应视为远程医疗团队的成员。由于工作关系，这些人员都可能有意或无意地接触到患者的健康信息。因而，远程会诊医患关系中的保密责任与义务，也就随之在团队成员中产生。对由于医疗信息传递过程中所涉及的远程医疗团队中的非医学专业人员，应由远程医学服务机构负责进行医学伦理与保密教育，尤其远程医学执行人员，因他们直接从事医疗资料或医疗信息的处理，又普遍缺乏临床知识，对诸如精神疾病、性传播疾病、艾滋病、吸毒成瘾等敏感医疗信息被泄露所带来的后果认识不足，应加强基本保密责任教育，使他们认识到自己处于医患关系的特殊地位，虽不是医疗专业人员，因直接从事医疗信息处理工作，同样需要遵守职业道德，履行保护患者隐私的义务。

3）医疗保密的二重性

医疗实践中的保密责任不是绝对的，应根据医疗资料本身的性质，区分患者健康信息被泄露和医疗信息必须披露两种不同情况。当法律强制需要披露的信息，或为了公众利益必须披露的信息，也就是说，当被保密人与保护其他人的合法权益之间存在明显的利害冲突时，从公众的利益考虑，可以不必得到患者同意，直接向医疗行政官员披露信息。除此之外，在医疗实践中对患者健康信息应该遵守保密原则，未经患者本人同意不得向任何人披露。远程医疗中的保密意识，除了要求团队成员不披露患者医疗信息外，对以多媒体形式记录的医疗信息，如计算机记录、录像记录等，网络中的会诊双方医院都有责任保存、管理和使用。对会诊进行录像有两个目的：一是为了记录医疗实践的证据，二是为了教学。将患者健康信息用于研究或教学，同样需要征得本人同意。然而在实际操作中，要想得到这类的同意往往是很困难的，除非在签署远程医疗会诊同意书时，说明医疗信息今后有可能用于研究或教学，以及信息共享或公开方式。虽然目的是为了研究或教学，但有面临泄露患者隐私的可能。因而，为了既满足医师研究或教学的需要，又不直接伤害患者，建议在计算机生成或处理数据时采取适当的保护措施，如使用ID号、病案号，或其他识别方式来替代直接使用患者姓名；对影像、图像等资料应删除患者姓名；尤其是照片、录像等资料，因患者容貌等特征很容易被指认，使用时应采用马赛克（像素化）方式模糊人物特征。只有资料经过编辑处理使患者身份无法识别的情况下，其信息用于研究或教学才可能比较安全和合适，从而避开法律与道德的限定。

11.7 远程医学的发展趋势

远程医学是先进的信息技术和现代医学技术的结合，它将是实现医疗服务新跨越的有效措施之一。远程医学将有效地预防疾病和提高医院的管理效率，降低医疗成本，使医疗费用的增长得到有效控制，既减少我国医疗卫生的开支，又可满足人民大众日益增长的健康需求。对此，我们可以乐观地预测：远程医学将得到蓬蓬勃勃的发展和应用，成为现代医学的发展热点之一。以下五点相信在不久的将来一定会实现。

1）贴近人民健康

远程医学将提供“三A”（Anywhere，Anytime，Anybody）服务，即在任何地方、任何时刻为任何人实施医疗服务，从“阳春白雪”走向“下里巴人”。展望全球医疗保健远景，全年全天（365×24）的实时健康保障体系将成为现实。随着高新科技如传感器等技术的进一步发展，简单的门诊和康复治疗将从医院分离，进入社区或家庭保健，病人可以随时随地监控自己的健康状况，通过远程医疗得到保健咨询。未来社区医学和家庭保健将重视远程医疗、数字化影像检查设备、家用生命体征测量和监护设备、无线移动医疗、睡眠呼吸监测仪器、公共卫生信息系统等。未来医生可以通过网络检测到病人的相关生理数据，并存储于大型医疗中心，这样的医疗保健模式将会使人类从生理、心理多角度更健康、更长寿。

2）个人健康档案

个人健康档案（electronic personal health record，PHR）的应用是远程医疗发展的趋势之一。只有完整记录个人的终生健康和医疗数据，并可随时调取，个性化、合理化的医疗服务才能成为可能。

3）无线远程医疗

近年来，由于3G、Wi-Fi（wireless fidelity）、WiMax（worldwide interoperability for microwave access）等宽带无线技术具有接入速率高、系统费用低等优点，将使无线在远程医疗中得到更广泛的应用，甚至成为主流的通信手段，远程医疗就像现在用手机打电话一样方便。

4）虚拟医院

远程医疗把医院治病救人的医疗方式外延到社区和家庭，为传统的医疗和保健带来了新的活力。未来的医疗将是任何人只要有医疗服务的需求，在地球上的任何地方，只要通过网络就可以去虚拟医院进行就诊。如果需要医生和护士的直接护理和服务，可以在网上“订购”，医生和护士就可上门。当然，虚拟医院是一种理想，但它正在一步一步地向我们走来。

5）在公共卫生突发事件应急处理中的特殊作用

近年，由于人类非科学和非理性的发展，给大自然带来很大的破坏，生态失去平衡，自然灾害频繁，突发公共卫生事件增多。在灾害发生时，本不富裕的医疗资源更是“雪上加霜”，严重危害了公众身体健康与生命安全。而远程医疗可以及时利用异地的医疗资源，缓解本地的医疗资源不足，最大限度地减轻突发公共卫生事件的危害，保障公众身体健康与生命安全，维护正常的社会秩序。在公共卫生突发事件的应急处理中远程医疗将发挥其特殊的作用。

远程医学是未来社会医疗卫生和保健发展中不可忽视的一项现代化技术，社会需求巨大，无处不在、无时不在的医疗和保健将成为人们高质量生活的一个重要指标，具有明显的社会效益和经济效益。随着信息技术的发展、电信业务的拓展、统一的标准体系的建立，人们逐渐习惯了互联网世界，所有这一切都为远程医疗的发展带来新的机遇。

问题与讨论

（1）远程医学的目的和发展历程是什么？
（2）试述远程医学基本模式和基本结构。
（3）多媒体通信技术的特点是什么？
（4）数字音视频编解码技术标准是什么？
（5）远程医疗如何组织和管理？
（6）远程医学应该注意哪些法律和伦理问题？

（姚志洪）

12 临床决策支持系统

本章将逐步讲解临床决策支持的理论基础、设计实施以及临床评估的内容，并介绍一些相对成功的临床决策支持系统。学习本章之后，读者可以了解以下问题答案：

临床决策支持系统的概念。

为什么需要计算机参与进行决策？

知识和经验的区别以及如何使计算机模仿人类进行相应学习？

决策支持系统的核心。

决策支持系统主要构成。

决策支持系统面临的主要难点。

12.1 临床决策支持系统导论

12.1.1 定义

临床决策支持系统(clinical decision support system，CDSS)是一类辅助临床工作人员、患者以及其他潜在用户智能化地获取或筛选临床医学数据和知识，进行专项问题的辅助判断，达到改善医疗服务和提高医疗质量目的的系统，而在患者的诊断过程中为临床医生提供不同程度知识和辅助作用的计算机系统，被称之为临床诊断决策支持系统(clinical diagnostic decision support system，CDDSS)。

1974 年由斯坦福大学 Shortliffe 博士开发完成的 MYCIN 专家系统是 CDSS 领域的代表，许多类似系统都是在其基础上研制而成的。MYCIN 系统不但具有较高的性能，而且具有解释功能和知识获取功能，可以用英语与用户对话，回答用户提出的问题，还可以在专家指导下学习医疗知识。该系统基于规则化推理机制，使用了知识库的概念和模糊推理技术，并具备人工智能的特征。该系统主要用于识别会导致严重感染的菌群，如脑膜炎球菌等。限于当时整合技术的原因，MYCIN 未能充分利用临床关联数据，其核心知识库的规则条目也未得到应有的扩充维护，因此，没能应用于临床实际。但是，MYCIN 对计算机医学决策支持的理论和实践，都具有划时代的意义。

12.1.2 CDSS 出现的必然性和其构成特点

在数据存储以及逻辑计算处理方面与人脑相比，计算机具有显著的速度和容量扩展的优势。面对海量且快速增长的医学知识，医生难以及时掌握所有与疾病相关的信息。计算机专家系统的出现满足了大量相关临床数据智能化整合关联的需求，帮助临床医生系统化地组织分析疾病数据，使其从重复性较高且耗费精力的日常决策中逐渐解放出来，从而把更多的时间投入接触患者和积极思索中。大量的科学研究证明了 CDSS 不仅提高了工作效率,降低了治疗成本,而且显著减少了医疗差错。

准确的疾病诊治决策源于两个方面:(1) 临床工作者丰富的医学科学知识;(2) 多年临床工作经验的积累。前者可以从文献、图书中获取,后者则需要亲身经历并不断总结归纳。与人的学习过程相仿,计算机决策支持程序也很难从一开始就实现医学领域内的自主学习。它同样需要训练和调整,以便遵循医疗的工作逻辑。以疾病种类和症状之间的关联为例,科研人员通过科学实验对疾病进行观察,得到尽可能全面的临床表现,再通过编程方法使计算机程序实现从疾病类别到临床表现之间的一对多关系;另一方面,医生在诊断的过程中所体现出的综合能力,包括逻辑推理、理论知识、临床经验甚至直觉,计算机系统有效地模仿,构建决策模型,使系统能在特定方面提供可与高年资医生相媲美的决策支持能力。最终实现辅助医生诊疗,减少医疗差错的目的。

专家系统需要采集疾病的一系列相关特征,再根据决策模型达到疾病诊断分类的目的。基本决策模型如图 12-1 所示(注:定性决策为是否对错判断,定量为程度高低比例大小判断):

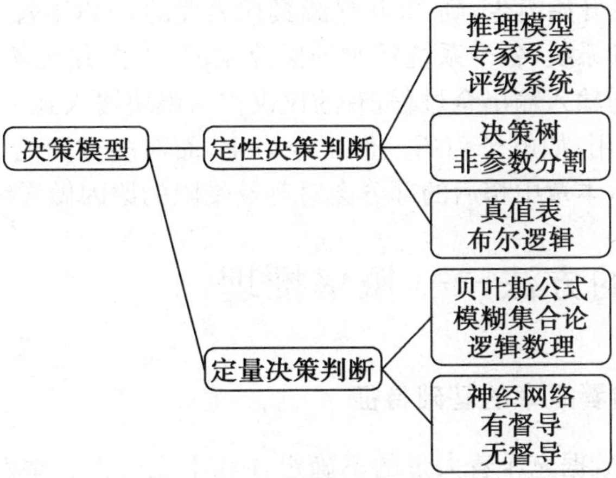

图 12-1 决策模型

决策支持系统的推理基础是由决策模型的逻辑演绎和知识案例两部分组成。此外,在决策规则之下,由基础知识数据构成的数据仓库是决策支持系统的最核心部分,被称之为知识库(Knowledge Base, KB)。知识库可以系统化地组织收集医学知识并能够经由计算机存取和解释。它拥有详细说明术语之间关联的医学术语词典,包含了所有推理程序相关的知识和经验数据,为程序提供决策建议。在知识库中医学知识内容的质量很大程度上决定了决策建议的水平高低。

12.1.3 CDSS 的现状与困难

准确充分的临床信息往往会带来更好的诊断结果,并能帮助提供更多的治疗备选方案。根据 Osheroff 等人的研究,临床医护人员的信息需求可以分为三个部分:第一是主动要求得到且已得到的信息;第二是主动要求得到但尚未获得到的信息;第三则是未意识到其重要性同时也未得到的信息。尽管 CDSS 无法最终代替医生进行临床决策,但它可以为医护人员提供及时全面的临床信息和智能化的辅助功能，对临床医疗和教学质量的提高产生积极影响。

按照功能模块划分的方法，CDSS 可以简单地划分为三个主要部分：患者病症信息输入部分、医学知识分析处理部分和病例决策支持建议部分。

CDSS 工作的流程也基本依照同样的先后次序：输入→处理→输出。但是早期的系统数据整合技术、录入技术相对落后，医疗业务异常繁忙的医生护士难以完成并排斥极度耗时的数据录入任务，因此患者数据和医学知识的缺乏很大程度上阻碍了 CDSS 系统的使用和普及。随着计算机科学的发展，如今的信息采集录入障碍已得到逐步解决。

另一方面，由于目前临床医学仍然存有大量科学无法论证的不确定性，CDSS 难以进行有效的辅助推理。比如在急诊抢救新病种或突发事件情况下，临床医生可以凭借丰富的医学经验，依据不完整不够精确的临床信息进行推理，确定临床诊断并提出治疗方案。但 CDSS 却在这方面无法与医生相比，在数据不充分或不确定的情况下难以进行准确的分析和推理。

从 1950 年 CDSS 开始诞生，到 70 年代颇具代表性的 MYCIN、HELP，再到随后研发的第二代 CDSS EON 系统，各个系统针对的医疗领域、工作方式各不相同。有的可以独立运行，用户直接参与输入输出全过程，有的仅仅作为模块嵌入到一体化的临床信息系统中发挥提示指导的作用，如电子病历。但至今为止，面对多方面的局限，CDSS 还远没有达到普及应用的程度，本章中稍后的部分会对普及受限的原因做详细讲解。

12.2 CDSS 的方法——概率推理

12.2.1 从临床检验看概率的基础特征

临床治疗和临床数据充斥着大量的不确定性和不完整性。举例来说，在一个大型血站，献血者在采血之前需要进行人体免疫病毒（HIV）检测，如果使用聚合酶的方法（PCR），统计结果表明 98%的 PCR 检测结果呈阳性的客体带有艾滋病毒，而 99%的 PCR 检测结果呈阴性的客体没有艾滋病毒。但余下的 2%和 1%意味着，对于某个体而言，无论结果是阴性还是阳性都无法确定受试者是否携带艾滋病毒。

通过直觉医生或许可以确定最终结果，但直觉既不充分也不可靠。它所带来的负面风险和结果也许对于血库来说是可以承受的，但如果导致大量的人因此感染艾滋病毒就是一场灾难。

由此可见，正确的临床决策是医生应具备的最基础的专业能力之一，这种能力是相当复杂的并且不易获得的。在决策过程中，有时可以单纯凭借演绎推理的方法得到结果，但更多情况是要借助医学知识以及在实际工作中长期积累经验，判断症状与疾病间的关联，得出诊断结果并决定治疗方案。这就是概率方法存在，并经过验证得到了普遍应用的原因。

尽管概率医学推理并非适用于所有的医疗决策领域，而且有可能造成负面作用，对于大多数的决策过程而言，概率医学推理起到了积极深远的影响。描述临床不确定性内容的词汇存在或大或小的差异，产生这种差异的原因是由于人与人认知感受的不同，不同的医生对同一词汇的理解未必相同。比如“非常严重”一词，不同的医生有着不同的理解。在这种情况下，概率方法的出现可以帮助限定不确定性和量化程度的高低，为群体在交流和进行医疗决策的过程中提供一个较为客观的参考基准。

12.2.2 临床观察和检验

临床的诊断过程通常可以分为以下三个阶段：

(1) 通过初步观察判断确认患者是否生病。

(2) 依据医学文献知识和个人经验初步判断疾病的类型。

(3) 尽可能消除疑点，缩小判断误差，得到较为精确的疾病类型和相应概率。

在没有进一步的检验实施之前确定的疾病概率，被称之为先验概率(pretest probability)。通常在得到疾病的先验概率之后，检验方法可以提供更充分客观的数据，降低诊断过程的不确定性。在得到一系列的检验结果之后对疾病诊断重新进行判断所得到的概率，我们称之为后验概率(posttest probability)。

对于患者和健康人群来说，理想化的检验结果分布应是分界清晰没有重叠的。正常结果对应健康人群而异常结果对应患病人群。但实际上，呈正态分布的检验结果通常会出现交叠的部分。如图 12-2 所示，两类人群检验结果区间的交叠以及正常异常临界值。值得注意的是，某些健康人群检验得到的是超出“标准值”(criterion value)的“异常”结果，而某些患者的检验结果却恰恰相反。图中受测人员的结果分为如下四种情况：

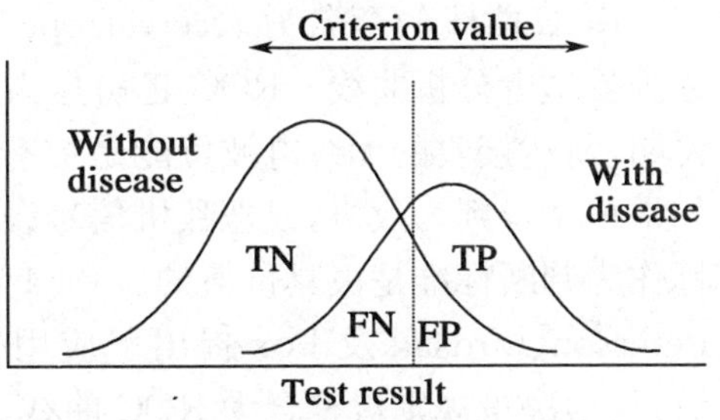

图 12-2 检验结果正态分布

(1) 真阳性(TP)——患有疾病且结果呈阳性异常状态。

(2) 真阴性(TN)——无疾病且检验结果呈阴性正常状态。

(3) 假阳性(FP)——无疾病但结果呈阳性异常状态。

(4) 假阴性(FN)——患有疾病但检验结果呈阴性正常状态。

在选定分界临界值之后，用 2×2 的列联表(contingency table)可以展示检验与诊断之间的关系，如表 12-1 所示。

表 12-1 列联表

检验结果	患病	健康	总计
阳性结果	TP	FP	TP+FP=阳性总数/总人数
阴性结果	FN	TN	FN+TN=阴性总数/总人数
总　计	TP+FN=患病人数/总人数	FP+TN=健康人数/总人数	

注：前文所述的理想化的检验结果为消除 FP 和 FN

基于以上概念，下列公式可用于衡量某种决策的有效性。

(1) 敏感度(sensitivity, TP rate)：TPR=TP/(TP+FN)

(2) 特异度(specificity，TN rate)：TNR＝TN/(FP＋TN)

(3) 患病率(prevalence)：(TP＋FN)/(TP＋FN＋TN＋FP)＝患者/人口基数

(4) 阳性预测率(positive predictive value)，得到患病人群检验呈阳性的概率：PV＋＝TP/(TP＋FP)

(5) 阴性预测率(negative predictive value)，健康人群检验呈阴性的概率：PV－＝TN/(TN＋FN)

除此之外，检验的决策效能 T 还可以通过三个公式进行表达，T 的值越接近于 0，该检验的鉴别力也越趋近于 0。

(1) T(0，1)＝(TP＋TN)/(TP＋FN＋TN＋FP)

(2) T(0，1)＝(TPR＋TNR)/2

(3) T(－1，1)＝TPR＋TNR－1(－1＜T＜1)

12.2.3 ROC 曲线评价方法

ROC 曲线的全名为 receiver operating characteristic curve，在临床检验统计学中称之为受试者分析曲线。ROC 起初是为了增进军事雷达的敌我侦测能力而提出的。举例说明，雷达接收的无线电波可能是带有干扰杂音的真正电磁波，也有可能只是干扰杂音。如果把杂音判为敌机，或把敌机信号误判为杂音，都会造成损失。因此选择一个合理的指标作为判断标准是极具价值的。1954 年哈佛大学的 Meter 及 Middleton 和密西根大学的 Peterson、Birdsall 及 Fox 提出了应用概算比(likelihood ratio)作为决策规则的报告，随后，这项决策规则被整合为 ROC 曲线。1971 年，Lusted 把 ROC 曲线的概念应用到医学领域，并指出 ROC 曲线是以 X 轴和 Y 轴分别代表假阳性诊断和真阳性诊断的点状图。1973 年，Simpson 及 Fitter 提出以 ROC 曲线下的面积作为诊断方法分辨能力的指标。根据此方法，只要比较多个检验诊断手段的 ROC 曲线面积就可以得出方法的优劣。1975 年，Bamber 指出 ROC 的曲线下面积值应介于 0 与 1 之间。

ROC 曲线是一条凸向左上方的曲线，而且越偏离 45 度对角线越好。如图 12－3 所示，粗细不等的三条曲线由不同检验模型的连续阀值点连接而成，检验工具的有效性从高至低的排列为点线(excellent)＞细线(good)＞粗线(worthless)，点线代表两类人群——患者与健康人员的检验结果的交叠部分很少，发现的区分度较大。45 度对角线(粗线)被称为无信息线(line of no information)。这条线代表诊断工具对于帮助医生判断患者是否有病没有提供任何有效的信息。可以把这项检验的效用比作通过抛硬币(正反面出现几率相同)来判断受试者有无疾病。

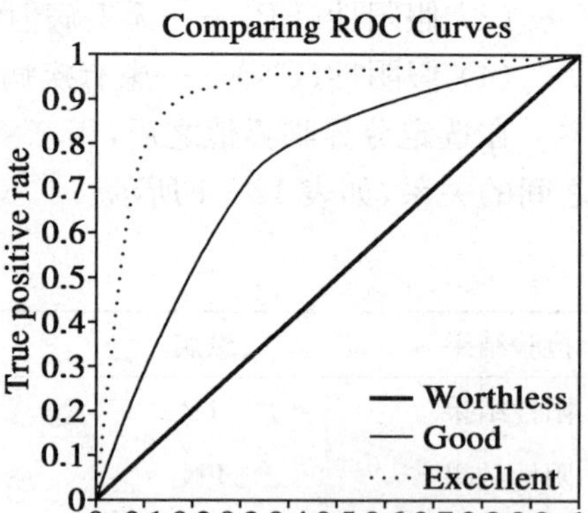

图 12－3 ROC 曲线图

12.2.4 贝叶斯(Bayesian)定理

通过流行病学方法,可以得到在某个人口基数下,某疾病的影响范围。假如糖尿病的发病概率是 10%,那么随机选定的受试人患有糖尿病的可能性则为 0.1。同理,如果高血压的对应数字是 35%,那随机样本的高血压罹患可能性则为 0.35。这个数字也就是前文所述的患病率(prevalence)。

患病率能够独立于其他因素得出计算结果,不需考虑外界其他事件和条件的相互影响。但是在医疗卫生领域中,医生通过患病率以及各种事件发生的先验概率进行决策一般具有较大的风险。减少这种风险的办法是通过科学实验、调查、统计分析等方法获得较为准确的情报信息。利用贝叶斯定理修正先验概率,求得后验概率,进而决策的方法,称为贝叶斯决策方法。例如某疾病 A 的先验概率 $P(\mathrm{A})$,在某疾病 B 已出现的条件下,计算疾病 A 出现的概率为后验概率 $Pr(\mathrm{A}|\mathrm{B})$

贝叶斯法则:

$$Pr(\mathrm{A}|\mathrm{B})=\frac{Pr(\mathrm{A})\times Pr(\mathrm{B}|\mathrm{A})}{Pr(\mathrm{B})}=\frac{Pr(\mathrm{A})\times Pr(\mathrm{B}|\mathrm{A})}{Pr(\mathrm{A})\times Pr(\mathrm{B}|\mathrm{A})+Pr(-\mathrm{A})\times Pr(\mathrm{B}|-\mathrm{A})}$$

$$Pr(-\mathrm{A})=1-Pr(\mathrm{A})$$

根据患者检验的真阳性(+)和假真性(−)结果,可以转化 $Pr(\mathrm{A}|\mathrm{B})$公式为:

$$Pr(\mathrm{A}|+)=\frac{Pr(\mathrm{A})\times TPR}{Pr(\mathrm{A})\times TPR+[1-Pr(\mathrm{A})]\times FPR}$$

$$Pr(\mathrm{A}|-)=\frac{Pr(\mathrm{A})\times FNR}{Pr(\mathrm{A})\times FNR+[1-Pr(\mathrm{A})]\times TNR}$$

贝叶斯公式计算示例:

贝叶斯法则用于描述诊断和临床表现的关联。如下例所示,假定 A 是疾病名称,B 是检验结果,人群患病率为 0.005,对于 B 检验,99%的 A 疾病患者的测试结果呈阳性(1%的漏诊部分命名为Ⅱ型遗漏),95%的未患病人群结果呈阴性(另外 5%的健康受试者被误诊为患病,称之为Ⅰ型误诊)。具体数据如表 12-2 所示:

表 12-2 示例中概率结果对应的含义

已知概率	概率描述对象	概率来源
$Pr(\mathrm{A})=0.005$	个体罹患疾病 A	患病率
$Pr(-\mathrm{A})=1-0.005=0.995$	个体未患疾病 A	
$Pr(\mathrm{B}|\mathrm{A})=0.99$	患有 A 疾病下 B 呈阳性	敏感度
$Pr(-\mathrm{B}|\mathrm{A})=1-0.99=0.01$	患有 A 疾病下 B 呈阴性	Ⅱ型遗漏
$Pr(\mathrm{B}|-\mathrm{A})=1-0.95=0.05$	无 A 疾病 B 呈阳性	Ⅰ型误诊
$Pr(-\mathrm{B}|-\mathrm{A})=0.95$	无 A 疾病 B 呈阴性	特异度

由以上数据得到检验结果 B 在总人群(患病和健康人)中的阳性值概率为

$$Pr(\text{B})=[Pr(\text{B}|\text{A})\times Pr(\text{A})]+[Pr(\text{B}|-\text{A})\times Pr(-\text{A})]$$
$$=[0.99\times 0.005]+[0.05\times 0.995]=0.0547$$

检验结果 B 在总人群中的阴性概率：

$$Pr(-\text{B})=[Pr(-\text{B}|\text{A})\times Pr(\text{A})]+[Pr(-\text{B}|-\text{A})\times Pr(-\text{A})]$$
$$=[0.01\times 0.005]+[0.95\times 0.995]=0.9453$$

当检验结果 B 为阳性时，患疾病 A 的条件概率 $Pr(\text{A}|\text{B})$ 则为：

$$Pr(\text{A}|\text{B})=\frac{Pr(\text{A})\times Pr(\text{B}|\text{A})}{Pr(\text{B})}=0.005\times 0.99/0.0547=0.0905$$

当检验结果 B 为阳性时，未患疾病 A 的条件概率 $Pr(-\text{A}|\text{B})$：

$$Pr(-\text{A}|\text{B})=\frac{Pr(-\text{A})\times Pr(\text{B}|-\text{A})}{Pr(\text{B})}=0.995\times 0.05/0.0547=0.9095$$

当检验结果 B 呈阴性时，未患有疾病 A 的条件概率 $Pr(-\text{A}|-\text{B})$：

$$Pr(-\text{A}|-\text{B})=\frac{Pr(-\text{A})\times Pr(-\text{B}|-\text{A})}{Pr(-\text{B})}=0.995\times 0.95/0.9453=0.99995$$

当检验结果 B 呈阴性时，患有疾病 A 的条件概率 $Pr(\text{A}|-\text{B})$：

$$Pr(\text{A}|-\text{B})=\frac{Pr(\text{A})\times Pr(-\text{B}|\text{A})}{Pr(-\text{B})}=0.005\times 0.01/0.9453=0.00005$$

（1）贝叶斯决策的优点在于：

① 决策方法多是根据不完整信息和主观概率进行判断，而贝叶斯决策可以对信息价值和是否进一步采集信息做出科学的判断。

② 对调查结果的可能性进行量化评价，并非如某些决策方法对调查结果或者是完全相信，或者是完全不相信。

③ 贝叶斯法巧妙地将调查结果、先验和主观概率这些准确性难以确定的信息有机地结合起来了。

④ 在决策过程中根据具体反复使用，可以帮助逐步完善决策的科学性。

（2）贝叶斯决策的局限性在于：

① 所需数据多、分析计算比较复杂、在解决复杂问题时的困难就更为突出。

② 有些数据必须依赖主观概率，妨碍了贝叶斯决策方法的推广使用。

12.2.5 决策树

决策树是一种按照逻辑和时间先后顺序展示临床决策分析的基本决策工具。疾病的发展情况具有不确定性，难以准确预测。当医生需要做出某种临床决策、选择某种治疗方案或者分析医疗风险时，决策树提供了一种形象化的、基于概率分析论证的科学方法。这种方法通过严密地逻辑推导和逐级逼近的数据计算，从决策点开始，按照所分析问题的各种发展可能性不断产生分枝，并确定每个分枝发生的几率大小以及事发后果。同时计算出各分枝的决策期望值，然后根据期望值中最大者（如最长生存期）作为选择的依据，从而为选择治疗方案做出理性而科学的决策。

决策树包含决策点，用方格表示。它表示一个时间点，从此点出发决策者需主观选择一种行动方案。而机遇点代表不受决策者控制的可能性产生点（如术后感染与否），在决策树中用一个小圆圈表示。从圆圈发出的每条直线都代表一种可能的治疗结果。

如图 12－4 所示：某类患者的平均生存期为 10 年，如不进行手术，患者会行动不便；如果实施髋关节置换术，有 5%患者死亡的几率，手术成功的患者中有 5%因为感染的情况需要再次手术，第二次手术后有 5%患者死亡，其余的只能通过轮椅行动；在第一次手术没有感染的情况下，60%的患者几乎恢复完全的行动能力，其余的 40%与不接受手术治疗的结果基本一致。

通过决策树可以表示如下，其中 QALY(quality adjusted life year)，可译为质量校正寿命。

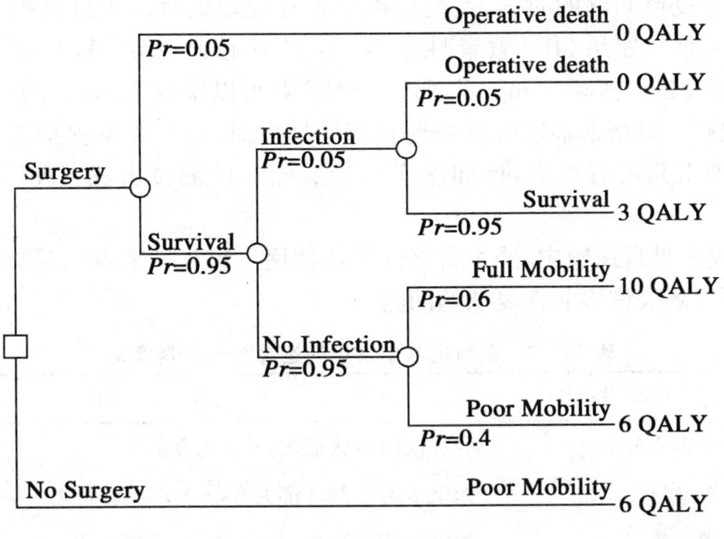

图 12－4 决策树

具体的决策分析通常分为以下四个步骤：

(1) 创建决策树。此步骤最为复杂。它需要对所决策的问题公式化，分配相应的概率数据并计算最终结果。

(2) 对每一个决策选项进行评分。

(3) 选取期望价值最高的决策选项。

(4) 使用敏感度分析法检查分析得出的结论。所谓敏感度分析就是在一个较大范围的概率和取值条件下检验分析结论的有效性。

12.3 CDSS的方法——规则推理

12.3.1 规则和逻辑

基于规则的医学推理使用了形如“IF…THEN A；ELSE B”的简单推理模式，根据此推理机制搜索与之匹配的数据模式。“IF”判断条件是否为真，如果为真，执行A方案，如果不为真，就执行B方案。

举例说明：规则“如果(IF)患者患有哮喘，那么(THEN)每到秋天都需要接种流感疫苗”。按照充分条件假言推理，规则有两条：肯定前件就要肯定后件，否定后件就要否定前件；否定前件不能否定后件，肯定后件不能肯定前件。因此推理得到，如果没有为患者注射流感疫苗，那么患者就没有哮喘病；如果为患者注射了流感疫苗，也不能确认患者患有哮喘，因为可能有其他致病因素。在此规则之下，当医生提出关于何种情况下需要注射流感疫苗问题的时候，系统可以根据相应规则对医生进行提示逻辑帮助。

再如下例所示：如果(IF)患者性别为男，患有心血管疾病，甘油三酯检测值≥150 mg/dl，高密度蛋白值≤40 mg/dl，那么(THEN)可以采取Fibrate治疗。如果数据收集准确，此类规则可以帮助临床医生在遇到相同情况时，提供决策支持并避免医疗差错。类似的规则推理工具还有很多，比如测定酒精成瘾症的测试方法CAGE、AUDIT以及DSM等。

在以上的规则推理逻辑中，经常直接或间接使用一组符号来表达逻辑结构，加之简单的规则内容，可以解决许多非常复杂的问题。

表12-3 逻辑运算中常见的运算符号及其意义

符号	逻辑操作符	解释
$\sim$	逻辑非关系	当且仅当 p 为假时，$\sim p$ 为真
$\wedge$	逻辑与	如果 p 与 q 两者都为真，$p \wedge q$ 为真，否则为假
$\vee$	逻辑或	如果 p 或 q 为真，$p \vee q$ 为真，否则为假
$\supset$	表示蕴含关系	规则 $p \supset q$：如果 p 为真，则 q 也为真；如果 p 为假，则对 q 没有任何影响
$\equiv$	被定义为	$x \equiv y$ 表示 x 被定义为 y 的另一个名字
$\forall$	全称量词	$\forall x$：$P(x)$ 表示所有的 x 都使 $P(x)$ 都为真
$\exists$	存在量词	$\exists x$：$P(x)$ 意味着有至少一个 x 使 $P(x)$ 为真

在查询中使用的变量是存在量词。例如在SQL中，select语句的目标就是返回一个符合查询条件的数据库条目列表。而在规则中使用的变量都是全称量词，如“所有的女儿都是女生”。规则“IF…，THEN…”可以简单归纳为以下几类(如表12-4)：

表 12-4 IF…THEN 规则

IF	THEN
前提条件	结果
条件	行动
检验	目标

举例说明，如在上文提过的 MYCIN 决策支持系统中包含的一个规则：

IF ① 感染属于原发性菌血症。

② 菌体的培养点是无菌点。

③ 细菌的侵入门户是胃肠。

THEN 以 0.7 的置信度判定菌体是一种拟杆菌。

12.3.2 基于规则的推理引擎

目前绝大部分的软件作为有限状态的系统都使用“存在—与”(EC)逻辑。EC 逻辑只包括∃表示存在，以及∧表示与逻辑。通过∃和∧两个操作符，EC 逻辑能够表达任何物件的相关属性和关联。举例来说，在关系型和面向对象型的数据库中，信息的表达全部借助 EC 逻辑实现，如物件数量、属性关联、患者的相关数据内容等等。但是 EC 逻辑无法表达不存在的逻辑，例如“目前医院中没有患有嗜铬细胞瘤的患者”这类问题。

EC 逻辑最根本的限制在于无法表达：

(1) 非逻辑；

(2) 或逻辑；

(3) 蕴含关系；

(4) 全称量词。

因此也意味着无法表达类似下列问题：

(1) 哪些患者没有感染炭疽病?

(2) 有没有为女性患者或单身患者准备的专门房间?

(3) 每位患者都有主管医生?

(4) 有没有疾病感染了所有人?

也许在绝大部分的编程语言中都可以找到“非”逻辑或其等价物。但是这些“非”逻辑的实现是通过间接的技术手段，用不成功的操作状态替代“非”的逻辑。例如查询语句没能在数据库或计算机系统内存的数据中找到目标数据，即返回 false 状态，进而用 false 状态表示“没有”此类数据的状态。通过此种集合，在 EC 逻辑中使用 false 概念的方式达到了增加规则的效果，解决了上文无法表达的查询问题。转化结果如下：

(1) 列出查询“患有炭疽病”时语句状态返回 false 的患者。

(2) 首先得出“女患者单间”查询返回 false 的结果与“单身患者单间”查询结果返回为 false 的结果取交集，再列出对此交集进行查询返回 false 状态的条目就是要得出的结果。

(3) 对患者“拥有主管医生”查询得到 false 的结果进行查询得到 false 条目。

(4) 先得到查询患者“患有此类疾病”为 false 的数据，意为未患有此类疾病，然后得到"未患有此类疾病患者"查询结果为 false 的结果,意为全部患者均患有此类疾病。

而在整个推理过程中,推理引擎作为一个有限状态机,不断重复执行以下三种动作:

(1) 把数据对应到规则中,且通过这些规则产生一个执行规则的冲突集,用以识别规则之间的冲突情况;

(2) 在冲突集中选择执行规则;

(3) 执行规则。

其中匹配数据,产生规则的冲突集是最消耗计算成本的工作,目前的三种主要算法为:brute force 算法,indexing 算法和 rete 算法。

12.3.3 前向链推理(数据驱动)

通常用于处理知识数据的搜索策略,从已知的事实出发推出结论或建议,符合蕴含逻辑的推导顺序。我们通常把前向链推理系统称之为"production"系统。系统中的每个规则都是一个微型小程序,被称为 production。每个 production 都由两部分组成:左边的条件模板和右边的操作。当左边的模板和工作空间中的元素匹配的时候,就运行右边的操作。

推理规则的形式为:左边部分⊃右边部分。左边部分是此规则运行的条件,也就是说当工作空间中的数据满足左边部分的条件的时候,此规则将被运行。而右边部分则是实际的运行程序。整个系统的工作流程如下:① 选择一个左边部分符合工作空间的数据的规则;② 运行此规则的右边部分;③ 重复上面的步骤,直到没有规则能被使用为止。当有多个规则同时符合工作空间的数据的时候,不同的 production 系统使用不同的选择规则的算法,例如选择第一个符合条件的规则。

解释性编程语言的编译器使用前向链推理的方法进行变量类型检查,如强类型语言 C。一旦声明变量(满足规则左侧条件),编译器将会检查在程序中所有同名变量是否符合类型规定(执行右侧操作)。

举例说明:

规则:$P \supset Q$, $L \wedge M \supset P$, $B \wedge L \supset M$, $A \wedge P \supset L$, $A \wedge B \supset L$

事实:A, B

目标:是否可以通过此知识库推出 Q?

事实 A 和 B 将驱动条件得到满足的规则进行运转,得到的结果又成为其他规则的前提条件。这个过程将持续进行直到规则运转的最终停止,同时得到 Q 被推导出来与否。在这个过程中,不断产生新事实数据驱动推导过程。也正是因为这个原因,前向链推理也被称为数据驱动推理(见图 12-5)。

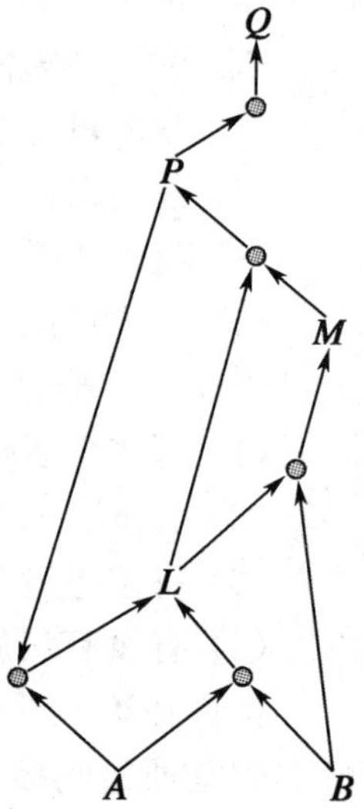

图 12-5 前向链推理顺序图

12.3.4 后向链推理(目标驱动)

对应于前向链推理的后向链推理搜索策略,依照蕴含逻辑的逆向推导顺序,从结论的否命题出发推出前提条件的命题为否。值得注意的是,根据此推理方法是不能根据结论命题为真而推出事实条件为真。

后向链推理的基本思想是从诊断等目标内容出发，在知识库中匹配有相同结论的规则内容，假定推理目标存在并推出规则中左侧事实条件的逻辑状态，进而寻找事实数据对条件的真假性进行证明。当用户提供的数据与系统所需要的事实证据完全匹配成功时，则推理成功，所做的假设也就得到了判断。这种推理方式又称为目标驱动方式，与前向链推理相比，后向链推理具有很强的目的性。

我们可以用一个网络表达后向链推理的方法，见图 12－6：

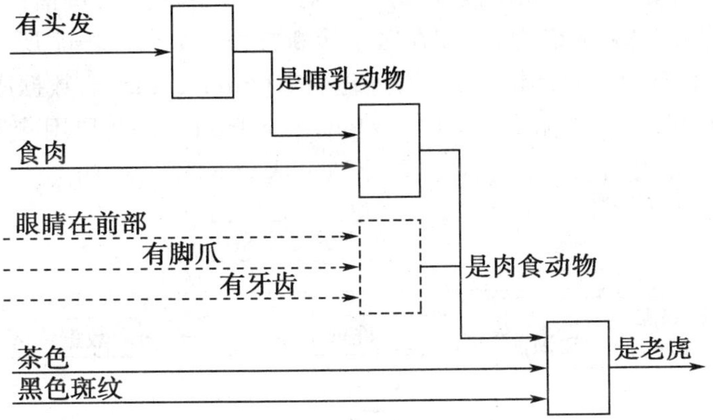

图 12－6　后向链推理方法示意图

再以上文提供的示例数据为已知条件进行后向链推导，得出 Q 的过程为：从向后推导要求首先检视 Q 是否已知真假。若非，则顺序检查包含 Q 的所有规则中的前提条件。为了避免形成推导的无限循环状态，需要确定目标内容不能彼此嵌套存在，且次级目标的真假不能处于未知状态。

此例中，假定 Q 为假－＞P 为假；再由 P 为假－＞L 或 M 为假；此时如果 L 为假－＞A 或B 为假，同时 P 或 A 为假；其中 L 的次级目标为已经参加运算的 P，故此规则略过，另一规则中 A, B 已知作为事实为真，推导出 L 不可能为假；另一方面 M 可能为假，但有 A, L 都为真可证得 M 也为真；进而由此证得 P 为真，Q 为真。

12.3.5　前后向链推理的比较与联合

前向链数据驱动推理和后向链目标驱动推理有很大的不同。目标驱动适用于最终的可能解答较少的情况，例如简单诊断或识别系统。这样的系统通过从用户那里获得有用的信息，从而有效地证明或者推翻一系列的可能的解答。最终给出正确的答案。而有些系统由于组合爆炸的原因，最终的可能解答数量大得惊人，以至于无法对其一一进行测试，这个时候就需要使用数据驱动了。例如配置一台机器，假设某台机器由 10 个部件组成，而每个部件又有 10 种可选的方案，那么一共就有 10 的 10 次方种最终配置方法，显然对每种方法进行测试是不可能的。

于是，一些推理机制联合了前向链和后向链两种推理方法。当数据对象较少时，倾向于以数据驱动的前向链方法，因为这些数据可以有选择性地对知识库中的对应规则进行触发。当数据事实过多难以触发数量巨大的 production 程序规则时，会使用目标驱动的后向链推理方法以便提高效率。

在医疗系统中检验结果解释程序、预前预后程序、医疗计划、检测程序以及设备管理程序通常使用前向链推理的方法;而诊断程序、系统调试修复、通常使用后向链推理的方法。前后向链混合的方法通常用在临床说明系统中。

12.3.6 基于规则推理的专家系统案例推理

通常,一个以规则为基础,以问题求解为中心的专家系统,通过借助人类专业知识实现其在特定领域辅助决策的能力,例如在医学诊断方面。如图 12-7 所示,它主要由下述五个部分组成:知识库(knowledge Base)、推理引擎(infer engine)、数据库(database)或工作空间(working memory)、解释工具(explanatory facilitates)和用户界面(user interface)。各部分之间的相互关系一般可形式化地表达为下图,

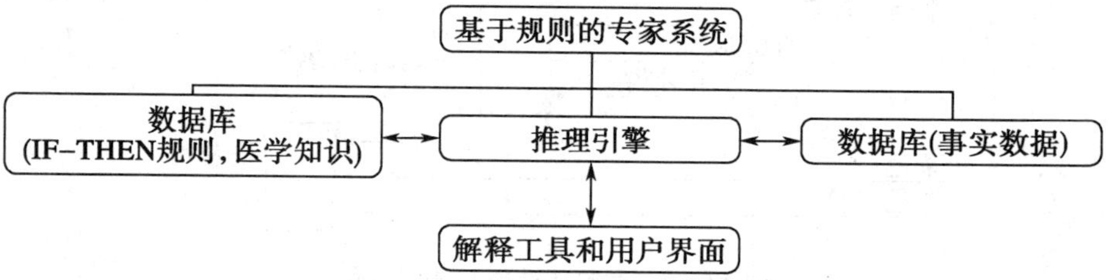

图 12-7 基于规则的专家系统的结构

其中,知识库包含一组由标准语言表达的事实集合,而推论引擎产生用于推导新事实的规则。典型的规则推理专家系统以上文提到的 MYCIN 决策支持系统为代表。

MYCIN 是一个通过提供决策支持来帮助医生诊治细菌感染性疾病的专家系统。于 1972 年开始研制,到 1974 年基本完成。MYCIN 的取名来自多种治疗药物的公共后缀,如氯洁霉素(clindamycin)、红霉素(erythromycin)等。许多早期的医学专家系统,都参照了 MYCIN 系统的技术,如知识表现、不确定推理、推理解释、知识获取等。

MYCIN 由规则库、数据库和控制系统三个部分组成,使用后向链推理,从问题求解的目标出发,搜寻原始证据支持目标成立。规则库是 MYCIN 的知识库,数据库和控制系统联合形成推理机。其中,数据库用以保存问题求解的原始证据(初始状态)和中间结果。由于当时尚未出现视窗技术,用户界面只提供基于文本的问答过程和结果显示。

MYCIN 的知识库以前提条件——产生式规则来表示诊断和治疗细菌感染性疾病的专家级医学知识,以实现专家级诊断和治疗能力。MYCIN 系统建立的初期按照下述格式在知识库中收集了 200 多条规则,其中 047 号规则表示为:

[规则 047]

如果:(1) 培养物取自血液,且

(2) 病原体的身份未鉴别,且

(3) 病原体的染色是革兰氏阴性,且

(4) 病原体的形态为杆状,且

(5) 患者被烧伤。

那么：该病原体的身份应鉴别为假单胞细菌，且可信度为0.4。

12.3.7 规则推理的优缺点

规则推理的优点在于：

(1) 与临床专家进行推理的过程相似。

(2) 规则推理可以用于临床指导。

(3) 将知识和工作流程分离。

另一方面，规则推理的局限包括：

(1) 在一个较大的知识库中，难以避免规则之间的冲突。

(2) 系统难以进行更新和维护，向大型的规则库中加入新规则会导致许多无法预见的结果，从而直接导致系统难以进行调试。

(3) 许多类型的知识都难以通过规则的形式表达出来，如存在非确定性的知识以及随时间信息不断变化的知识内容。

(4) 操作呆板，对于专业领域外的信息束手无策。

12.4 CDSS的方法——案例推理

12.4.1 案例推理的特征和要求

用于决策支持的案例推理，与其他方法相比更接近人们进行实际决策的过程。该方法依据先例和对比结果进行推理。一些方法学诸如人工神经网络是基于案例的，某些传统的教学方法如临床住院医师的培养也是基于案例的。案例推理假定先前案例的解决方法有可能适用以后相似的案例。无论是车间中的技师还是临床医生，他们都会借助旧有案例的知识解决新问题。案例推理的方法仅仅是把先例和现例进行匹配，找出相同或相似案例，评估先前对应的解决方案是否可以直接使用或调整借鉴，然后应用到现有问题中。

案例参照的方法主要由推理模型和决策系统构建法两个方面组成。案例推理要求：

(1) 案例的知识库要由一个以上的案例内容描述和解决方案组成。

(2) 具备查询识别相似案例的能力。

(3) 可以对先例的解决方案进行调整和使用。

(4) 知识库具备添加新案例和解决方案的扩展能力。

案例推理的工作循环过程可以通过图12-8表现。

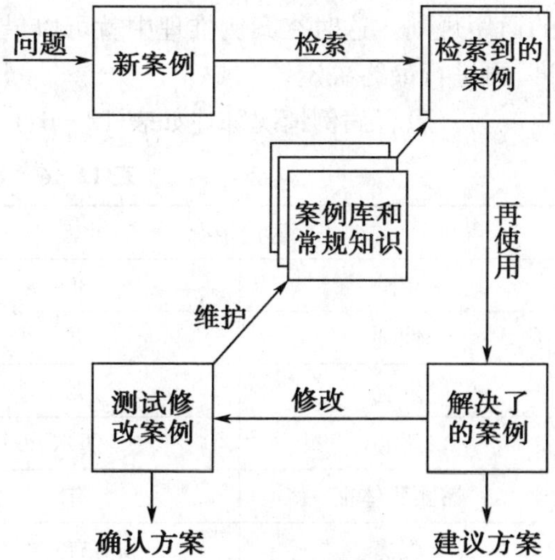

图12-8 案例推理循环流程图

12.4.2 简单示例

一个15岁的男孩腹部疼痛、发烧、恶心且局限性触痛，抬起右腿时感觉有疼痛感。目标：诊断症状原因并选择适当的治疗方法。病历中记录着具体情况和解决目标。在医学案例的知识库中应该包括与其所有相关特点的描述、产生原因以及成功的诊断和治疗策略。

根据本例提供的信息，决策支持系统需要在知识库中寻找描述内容相近的案例以便评估先例的致病原因和治疗方案是否能够适用于现有问题。知识库中可能会包含类似以下的案例（如表12-5）：

表12-5　患者病例陈述表一

<table>
<tr><td colspan="2">病例情况</td><td colspan="2" rowspan="3">解决方案</td></tr>
<tr><td>年龄</td><td>25</td></tr>
<tr><td>性别</td><td>男</td></tr>
<tr><td>发烧</td><td>是</td><td>诊断</td><td>胃炎</td></tr>
<tr><td>恶心</td><td>是</td><td>治疗方案</td><td>继续观察</td></tr>
<tr><td>髂腰肌体征</td><td>无</td><td colspan="2" rowspan="4"></td></tr>
<tr><td>腹痛</td><td>有</td></tr>
<tr><td>触痛</td><td>全身性</td></tr>
<tr><td>肠蠕动</td><td>正常</td></tr>
</table>

以上列出的属性—值对照关系，很容易引导读者按照以下规则思考：

IF：存在如上症状组合

THEN：得到相应的诊断，并采取相应治疗方案

但事实并非如此。任何一个案例只是对某种情况单一的描述，无法泛化为所有情况的通用规则。这时在案例推理中就可以借用production规则表达两个案例之间的详细程度，再进行最终决定。

另一患者病例情况陈述如表12-6：

表12-6　患者病例陈述表二

<table>
<tr><td colspan="2">病例情况</td><td colspan="2" rowspan="3">解决方案</td></tr>
<tr><td>年龄</td><td>35</td></tr>
<tr><td>性别</td><td>男</td></tr>
<tr><td>发烧</td><td>无</td><td>诊断</td><td>阑尾炎</td></tr>
<tr><td>恶心</td><td>偶尔</td><td>治疗方案</td><td>阑尾切除手术</td></tr>
<tr><td>髂腰肌体征</td><td>有</td><td colspan="2" rowspan="3"></td></tr>
<tr><td>腹痛</td><td>有</td></tr>
<tr><td>触痛</td><td>局限性</td></tr>
</table>

可以看到，两个案例有很多相似之处，只不过属性值稍有不同，且第一个案例比后一个多出一项属性内容。事实上，案例推理的优点之一就是相似案例并非一定需要完全相同的关键属性或关键值，不同属性数量虽然不会阻碍知识库中案例间的匹配结果，但却增加了决定案例相似性的难度。

如果所有案例的属性都是相同的，我们只需要对比属性值的大小。但即使如此，仍旧需要考虑每个属性的重要程度。比如在上例中，当诊断内容为阑尾炎时，性别男或女都无关紧要，但当诊断内容为卵巢囊肿破裂时，性别的值就是一个关键指标了。

因此对于知识库中的每一个案例来说，相关专家都会根据具体情况为属性分配一个代表重要程度的权值。这个值可能是一个从 0（无关）到 10（具有决定性）的数。同时，通过对新案例和先例对比，得到对应属性的相似度用一个介于 0 到 1 的数表示，0 代表两者完全不同，1 代表匹配识别。第二个先例与问题的属性内容比对得到相应的数据如表 12－7 所示：

表 12－7　患者病例属性，权值以及与先例对应属性的相似度

属性	值	属性权值	值相似度
年龄	35	1	0.6
性别	男	1	1.0
发烧	无	4	0
恶心	偶尔	6	0.8
髂腰肌体征	有	9	1.0
腹痛	有	10	1.0
触痛	局限性	9	1.0

根据以上两个数值，通过以下相似度计算公式

Similarity(newCase, OldCase)

$$=\frac{\sum_{n=0}^{attr}[\text{importance}_n \times \Pr(match_n)]}{\sum_{n=0}^{attr}\text{importance}_n}$$

由此得到此 15 岁男患者与上表先例之间案例相似度为

$$=\frac{[(1\times 0.6)+(1\times 1.0)+(4\times 0)+(6\times 0.8)+(9\times 1.0)+(10\times 1.0)+(9\times 1.0)]}{1+1+4+6+9+10+9}$$

$$=\frac{0.6+1+0+4.8+9+10+9}{40}$$

$$=\frac{34.4}{40}$$

$$=0.86$$

与此数值相比，第一个先例与问题示例之间计算出的相似度得分较低。但需要注意的是，通常在进行决策的过程中，仅参考与问题案例匹配分数最高的一个案例是不够的，

系统往往要参照多个案例，以取得最佳方案。

12.4.3 案例推理组成部分

一个典型的案例推理专家系统中通常包含以下几个部分：

(1) 案例库——保存先前案例，以及对于案例内容的概括描述，并对案例进行索引以便快速查询。

(2) 数据获取模块——当基于案例推理系统中录入新的案例时，此模块负责确定数据相似度。通过对比两例之间的单一属性确定局部相似性，再通过局部相似性和属性重要性权值全面地对两个案例进行对比。具体的寻找工作是以将新案例的属性为索引，在案例库中查询实现的。

(3) 适配器——适配模块用来检查新旧案例所针对问题的不同，同时根据规则对旧有解决方案进行调整，以适应新案例面对的问题。

(4) 提炼模块——用以根据先例的结果审阅经调整的解决方案。即参照重要性权值以及匹配相似度这两个参数与先例解决方案进行对比。如果先例的解决方案存在已知错误，则需要确定两例之间的相似性是否足以说明新的方案同样会失败。

(5) 执行模块——一旦解决方案通过审定，执行模块将会在案例中应用此解决方案。

(6) 评估模块——如果结果与预期相符，则不对其做进一步分析，并且案例及其解决方案将会被保存到案例库中以留后用；如果与预期不符，则需要进一步的修改纠正。

模块之间的交互流程见图 12－9。

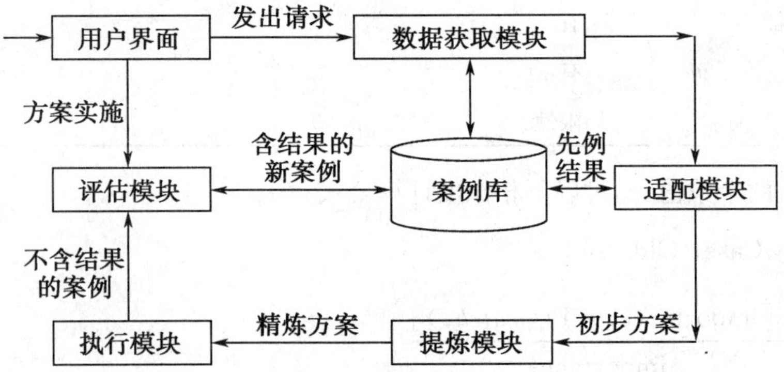

图 12－9 模块交互流程

12.4.4 基于案例推理的 CASEY 诊断系统

由 Koton 博士于 1988 年开发的 CASEY 在心脏病管理程序中加入了基于案例诊断推理操作能力。CASEY 不仅能够对诊断方法进行方法对比，同时还可以寻找相似案例进行案例对比。CASEY 的运转模块可以通过输入的数据、因果诊断模型以及案例库进行工作。系统工作的第一步是通过输入临床表现在案例库中搜索相似先例。CASEY 系统并未对临床表现的重要性进行分级划分，所以此阶段中所有的临床表现只是用来搜索匹配。随即，通过因果诊断模型，CASEY 可以对不同临床表现进行相似性评估。一旦匹配选定，下一步就是根据新例的临床发现内容与库中先例进行适配。最终通过因果诊断推理模块得到假设内容，且此假设可以完整解释所有的临床表现。最后，新案例的推理结果和背景信息将会被加入到案例库中。一个仅包含50个案例的知识库，涉及大约10种不同的疾病，基本上就可以满足相关的80%的新案例的诊断要求。通常，概率推理程序得到的结果较优，但在某些案例中，CASEY反而能取得比较好的结果。甚至在不同案例的临床表现相似度很小的情况下，由于同时具备了案例推理和因果模型推理的优点，CASEY能较为高效地进行案例的联合推理。事实上，CASEY也是第一个有效地兼顾了两类推理方法的系统。

12.4.5 案例推理的优点和局限

由于容易获取疾病案例和其解决方案的数据，所以用以支持案例推理的知识库易于构建；通过案例推理的方法能够较快地得出问题解决方案。由于其依靠的是大量旧有案例，因此在不熟悉的领域内案例推理的方法仍然有效。

同样，案例推理也有其局限性，包括：

(1) 难以获取足够多的先例匹配所有案例，所以当遇到某些罕见案例时，案例推理无法发挥作用。

(2) 在无法正确判定新例的前提下盲目参考先例内容带来误导。

(3) 对于可参考的内容存在获取和调整的问题，案例库中存取的不良的解决方案可能会在案例推理的过程中产生副作用。

12.5 CDSS的设计与实施

从20世纪70年代开始，许多研究人员对于医学人工智能系统（如MYCIN，CASNET）的发展前景非常乐观。当时的观点认为个人计算机系统成为临床诊断中的一个标准部分只是一个时间问题。在过去的几十年中，计算机系统成功地应用于很多临床诊断乃至更为广泛的临床应用领域，如医生医嘱录入中提供了有效的提示、建议等辅助功能。然而，CDSS至今为止仍然无法在医疗环境中得到广泛使用。在本节的内容中，我们会讨论导致现状的原因和改进机遇。

12.5.1 CDSS的挑战

从使用角度上看，个人计算机和其他硬件设备不足，软件不够友好，医生对软件程序存在不信任和惧怕的态度，以及决策程序覆盖范围较为单一的问题，阻碍了CDSS的大面积采用，但此类问题随时间推移会逐步得到改善。而另一方面，限于目前医学信息学发展现状，很多科学难题在短期之内难以得到理想的解决，如难以实现较完整的医学数据库，高效的决策规则集，计算机诊断结果正确率低等问题，导致临床医生很难在临床中大面积使用CDSS。尽管有些系统（如利兹腹痛辅助决策系统）在专科领域取得了良好的效果，但因专科的性质，加之其他决策支持系统在多病种环境中失败的案例，削弱了CDSS在更广阔的范围内获得成功的可能。

此外，由于缺乏基于标准信息系统之间的整合能力，繁忙紧张的临床医护人员不得不为CDSS进行重复性的数据录入，这种耗时乏味的工作极大地打消了用户乃至应用部门的热情和积极性，阻力自然不言而喻。尽管如此，医学领域存在的复杂性和大量的不确定性使CDSS系统整合理论的构建和实践经验积累工作变得格外的困难。与CDSS相比，其他领域的专家系统要轻松得多。

根据Luger和Stubblefield对于专家系统的分析，目前的CDSS普遍存在的五个问题：

(1) 缺乏临床内容之间的因果关联，计算机系统自身不可能理解应用生理学知识内容，确定因果性。

(2) 系统缺乏稳定性和灵活性。在无法从知识库中找到新问题时，既无法解决问题，更不可能提出整套的解决方案。

(3) 难以提供内容详细深入的解释。

(4) 难以对决策结果进行确认核对。

(5) 系统无法根据经验进行主动学习。

因此为了使CDSS的性能得到改进并广泛实施，除了解决推理方法、知识表达和知识的技术设计问题，还需要了解目前人机交互配合过程中产生的问题及原因。

12.5.2 推理方法概述

早期CDSS的设计强调人工智能，这跟当时程序设计人员的研究兴趣是紧密相关的。当时，大量诊断专家系统的工作机理都是模仿医学专家的推理过程，比如MYCIN，利兹腹痛系统等等。虽然系统具有一定的决策能力，但实际上还无法在推理方面和人相提并论。因为其既不能理解什么是解剖病理学，也无法处理时间的概念，更不可能主动学习并由此推理得到新内容、新结论。虽然在一个比较有限的专业范围之内，某些系统的诊断能力能与医学专家媲美，可一旦扩大其使用范围，性能便会毫无悬念地急剧降低。不过专科诊断支持系统在研究过程中积累的各种经验推动了CDSS在更广阔临床领域的发展。在前面的几节中，我们已经详细介绍了概率推理、规则推理以及案例推理的方法。除此之外，因果推理、决策理论推理、常识推理等方法并不在本书的讨论范围之内，有兴趣的同学可以自行参考相关书籍进行更进一步了解。

12.5.3 知识表达

CDSS完成各种推理决策任务的基础是由数据内容和表达模式构成的临床决策知识库。独立的数据在未经关联前通常是难以理解的，如数字17 000。只有在与其他内容，如“白血球计数”关联之后才具有实际意义。所以在知识库中如何充分高效地表达某领域知识内容，并为相应的智能计算机系统提供格式化的专业数据，从而提高信息处理效率则变得非常关键。到目前为止，知识表达形式可以大致分为：逻辑知识表达法、程序化知识表达法、网络表达法以及结构表达法。

命题逻辑：在基于逻辑的知识表达中，命题逻辑是在人工智能研究中第一个被广泛使用的表达格式。命题指不置可否的陈述内容。陈述语句可以用单一的字母来表示，如

P。不同的语句根据 and,or 和 not 逻辑连接成完整句子,以表达内容之间的逻辑关系。举例说明,两个命题“缺铁性贫血 MCV(红血球体积)减小”和“恶性贫血 MCV 增大”用字母表示为 P 和 Q,则符合命题逻辑的句式应为“P and Q”,“P or Q”以及“P and not Q”等等。在命题逻辑中,P 或 Q 作为一个整体同时存在,每个短句中的片段内容不能独立使用。

一阶谓词演算：而一阶逻辑表达法则没有以上的限制。谓词演算提供的逻辑表达方法允许使用断言的片段内容作为变量,而不需要像命题逻辑一样把整个句子内容紧紧绑定在一起。上例使用一阶逻辑可以表达为 MCV(增大,恶性贫血),MCV(减小,缺铁性贫血)。MCV 被称为谓项,表达括号内多个对象之间的关联信息。借助这种灵活特性,还可以通过如 MCV(x,缺铁性贫血)提出“在缺铁性贫血的情况下,MCV 的值是怎样”的问题。一阶逻辑通过向知识库中加入谓词并借助谓词进行提问的能力推动了逻辑规则在专家系统中的使用。其中著名的编程语言 PROLOG(名称源于 PROgramming in LOGic)。它通过一阶谓词演算的知识表达法,帮助研究人员设计开发了许多著名的专家系统。

程序化知识表达：以上提到的基于逻辑的知识表达由真或假短句构成,通过标准的逻辑推理机制得出结果。如在逻辑系统中进行如上例贫血类疾病的诊断则需要遍历与 MCV 相关的所有逻辑谓词,找到对象中含有“增大”或“减小”的条目。作为程序化的知识表达法采用的是一种较为精确的方法,不需要采取基于逻辑的搜寻方式。如通过程序化知识表达上例得到：

IF MCV 增大,THEN 可以确定恶性贫血。

IF MCV 减小,THEN 可以确定缺铁性贫血。

程序化知识表达法通过概念的逐步递进协助诊断,使用真实数据对结论进行推断。这些步骤语句以规则的形式进行表达,MYCIN 是使用此类知识表达法的典型例子。

网络化知识表达：由节点和弧构成的网络结构来表达知识内容。其中节点表达事实数据、事件、对象、步骤等等内容,弧表示节点间的相互关联。网络法的灵活性在过去的几十年中得到了很大的改善。例如网络中的节点也可以由某种复杂结构组成,如 Minsky 提出的 Frames。更重要的是网络结构可以表达诸如因果、时间、空间等难以模型化的知识内容。其中决策树和人工神经网络也属于网络化表达的范畴。

结构化知识表达：结构化表示法强调知识应按照某种高度组织的方式打包到预先定义好的块中。第一个广泛采用此类知识表达法的是 Minsky 开发框架系统 Frames。Frames 的数据结构复杂,包含数据概念和相关过程化信息,后者用来描述框架内容如何随时间变化的情况。以“食品杂货购买”概念为例,通过此种方法可以表达如下：

概念：食品杂货购买

地点：超级市场

行为：商品选取(过程)

付钱(过程)

除此之外,我们较为熟悉的数据库管理系统(DBMS)提供了另外一种用于知识表达的结构化形式。在临床领域,比较常见的两种数据库是关系数据库和面向对象数据库。前者基于记录结构,每条记录都包含许多字段。系统会设定一个字段为主键,记录中的其他字段与主键直接关联。一条疾病记录可能由以下若干字段组成：疾病名称,器官,诊断检验，受感人群性别。

数据表中包含多条记录，如表12－8所示，表中的每一行都包含具有惟一性的一条记录，相应的字段描述此条记录的不同属性，且关系记录中每个字段都包含特定类型的数据，如字符型、数字型、日期型等。

表12－8 关系数据库记录字段示例表

疾病名称	器官	诊断检验	可受感人群性别
肺炎	呼吸系统	痰培养	男女皆可能
消化道溃疡	胃肠	内窥镜检查	男女皆可能

但是，关系数据库中的字段无法记录比较复杂的数据结构，比如在字段中存入一整条记录或是数字列表。相对而言，面向对象的数据库管理系统（OODBMS）具有更强的表达能力，储存某些关系数据库字段中无法处理的数据类型。例如用贫血病来举例如下：

系统：血液学

贫血类型：小红细胞，血蛋白过少

疾病：缺铁性贫血

检验：列表（血清铁，TIBC，铁蛋白）

治疗方案：硫酸亚铁针剂，葡萄糖亚铁注射液

图片：（二进制格式）外周图片

作为对象，在此条贫血记录中存储了一张图片和包含其他所有文字信息的列表。更重要的对象具有继承性质，即可以根据已有对象的属性定义创建新对象，因此，在关系数据库中无法表达的数据类型也可以在OODBMS中创建出来。目前研究人员已经在CDSS的开发工作中使用OODBMS。

12.5.4 知识提取

何为数据、信息和知识？数据作为一种描述，是不具有背景和意义的数字、图像或声音。如19800101只是一个数字，或者可以看做日期，但就数据来说它只是数字，而不表示其他额外含义。信息则是经过格式化、过滤已经综合处理的数据，即数据和数据之间的交错联合产生了新的意义，如19800101可以是一个人的生日，也可是元旦节日。而我们所讨论的知识则是信息之间交互得到的一般性客观规律描述。

知识工程是面向知识提取的一门科学，也是构建知识库的过程。知识工程化人员需要具备知识表达、工具选择以及人工智能语言等多方面能力，以便与某一领域专家合作获取构建相应知识库的必需信息，进而开发出专业的专家系统。但至今为止，这一系列的工作并没有完善的方法学支持。即便具备了各种需要的环境、语言或其他工具，知识提取的过程仍是十分困难的。

某一领域专家和知识工程人员合作的最大挑战是两者在对方的领域内，即使经过了长时间的学习，前者依然难以掌握知识工程的方法，后者对专业知识的价值和重要性的区分能力与学科专家相比仍然有巨大的差距。因此，在知识提取的过程中，两类人员如何在知识表现形式方面达成一致，确定合适的推理机制，以及系统成功建立后的维护问题则成

为了巨大的挑战。由此可见，医学信息学是一门独立的学科，从事该专业人员与一般的医务人员和计算机人员相比，在知识提取专业能力上是无可取代的。

12.5.5 知识与本体

知识库就是客观世界中的事实数据依照某种规则进行编码组合而成的集合。但是复杂的CDSS不仅需要此类数据，还需要某一领域包含的较为深层次的关键概念。如阐明疾病的时间过程或是血液在血管内流动的状况就需要较为深奥的知识，而不仅仅用简单描述的词汇。本体知识工程正是为了解决此种高层次词汇变换的问题而诞生的，所得到的知识架构我们就称其为本体(ontology)。Gruber 把本体定义为一种对共享概念、正规、精确、详细的说明。因此，在知识领域中，本体被认为是实现信息沟通、计算机推理与重用、以及知识管理的基础。

为加强本体用户和构建者间的信息沟通，术语和概念需要有清晰的定义并实现标准化。为能合理使用所有的概念术语和关联，概念术语间需要有关联属性的定义及存取算法规则。通过编码本体中的知识内容，软件设计者可以更容易理解如何与知识库打交道，以创建智能系统。在创建本体过程中，逐步搭建出来的框架内容，由于其机制和视角层次较高，这一框架可以使知识管理任务变得相对容易，实现逐步扩展知识内容并维护知识内容的目的。

本体试图以一种层级化的方式表达某专门领域乃至整个世界。依据领域涉及的基础概念，通过标准化的方式提取相应的对象、时间和处理流程。层级化概念的最高层级也是最抽象层级被称之为“高阶本体”。它是得出最终运行本体的概念基础。下图就是一个有关生物的简单的高阶本体。在生命体这一最高层级中，包括动物、植物和微生物。如果我们所设计的系统要求定义“人类的食物”，我们就会利用该本体便捷、灵活地从动物、植物和微生物中找到“非人类”，“可食用植物”、“可食用真菌”等等。

据此，利用本体快速、有效地生成有关生命体的各种概念组配。

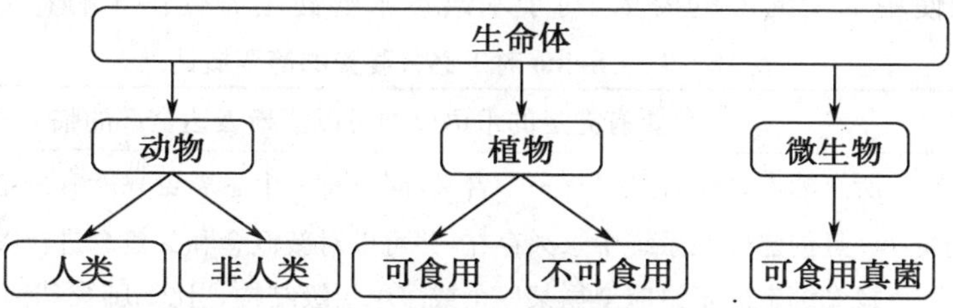

图 12-10 生命体的高阶本体：抽象层次

让我们先明确一些关于本体的基本概念。

继承：特定的人或植物可以被认为是一类对象，并从其所有源类中继承属性。

关联：指类之间的连接，用于定义不同两类内容之间的相互作用。

到目前为止，基于本体的CDSS还不多见，但的确有一些CDSS已经使用本体的方法表达并管理生物医学方面的知识内容。其中比较著名的是一体化医学语言系统(unifying medical language system，UMLS)。作为美国国家医学图书馆(NLM)投资管理的项目，

UMLS旨在改进医学相关资源知识共享交互的问题。它成为多种词汇编码系统之间的交互桥梁，这些系统中比较著名的包括 ICD－9，CPT，SNOMED 和 MeSH。而与 UMLS 类似的构建于本体之上的系统还包括 GALEN，SNOMED CT 等。

事实上，目前已经有一些比较优秀的本体开发与编辑工具，如 protégé，可以用来构建以本体为基础的决策支持系统，达到知识库内容共享的目的。在某些集成度高的系统中、本体为其子系统提供知识库中的术语和概念、关联以及继承相关系统的属性。如电子病历（EMR）或科研数据库通过本体可以实现数据共享使用。

12.5.6　编码、分类、命名法和词汇

通过计算机来管理数据需要依据某些方法来获取信息，从而帮助所有临床数据的使用者都能够有效地利用数据。美国医学研究院（IOM）在 1992 年发表的关于电子病历的报告中详细阐述了纸质记录在辅助医疗决策的过程中所面临的问题。纸质记录在内容和功能方面出现的问题必须要在电子系统中得到有效解决。报告称如何获取详细的、可供分析的电子化临床信息是医学信息学领域普遍存在的疑问。目前公认，术语集尚未得到广泛应用，而且缺乏对术语集的标准化定义。为有利于进一步讨论，我们首先要明确编码、分类、命名以及可控词汇之间的异同。

编码：用于概念沟通的过程中，以减少信息总量。

分类：为某领域内的概念规则系统。它包括暗含或明确的顺序规则，如 ICD－9 分类。

命名：允许通过术语组合的方式形成新的概念，如 SNOMED 的编码。如果分类与命名不同，可控临床词汇（CCV）的概念是难以定义的。依据 Cimino 的“可控临床词汇的必备要素”所述，CCV 可以被看做是粒度非常小的术语集，按照预先定义的层级结构进行排列，以此来捕获和表达详细的临床数据。尽管目前尚未有关于 CCV 精确的定义，Cimino 的“可控临床词汇的必备要素”仍然提供了非常实用的方法，这篇文章对于帮助理解和分析构建系统所应具备的特性、功能和结构有着指导作用。Cimino 所提出的标准满足了在设计、管理以及使用临床词汇的要求，对于术语技术的使用者提供了有益的指导。

表 12－9　Cimino 对于必备要素的简要概述

内容的要求	需要有充足的术语以便可以清晰表达全部的临床概念
基于概念的要求	所有的术语应有且只有一个含义，同时每一个意思也只能有一个术语对照
概念永存的要求	一旦创建即在系统中永久存在，并可以对新概念和父概念进行关联
多层级	概念绑定的术语应遵循某一个或多个层级结构。比如肺炎球菌术语可能存在于“器官”树或是“感染疾病”树中
非语义标识符	概念指定的惟一标识符不能具有任何特定的包括有意义编码的层级或组织结构。比如所有的心脏血管概念的对应标识符不应有如下分级编码结构，心脏衰竭 CVS1.0，右侧心脏衰竭 CVS1.1，高输出量性心力衰竭 CVS1.01 等
正规定义	所有的概念和术语都应有清晰的定义，并在可计算表格中存储全部定义
否定“无分类”	如果一个概念是基于所有术语之外的，那此概念不应被使用，否则可能会造成历史数据的语义分歧
多重粒度	不同的词汇用户可能期望得到不同层次的细节内容（流行病学家与内科医生观点往往不一致），所以词汇不应被固定在某一层次的细节上

续表

内容的要求	需要有充足的术语以便可以清晰表达全部的临床概念
多重一致性视角	正如不同的用户希望不同层次的粒度一样，能够实现在不同的细节层级上显示，存取相关的概念和术语
语境敏感表达	胸腔疼痛是症状内容也可能是诊断结果，所以，程序设计人员应该提供关于术语解释的语境内容，而仅提供词汇本身的解释是不充分的
进化	良好设计的词汇应可以管理新进的概念和术语，适应医学知识和实践内容的变化，同时还不会对当前用户和历史数据的含义产生影响
识别冗余	可接受同义词(前提是这些同义词都对应同一个根概念)。但是对于同一个概念不应具有多个原始表达，例如“心肌梗塞”和“心脏病发作”应视为同一概念，并相互关联，而非两个独立的概念

按照Cimino的标准，ICD和CPT之类的术语词汇对于那些不太要求细节的任务有用处，反之则要求更加全面的术语集支持。当然，了解可控临床术语集和在临床系统中使用可控临床术语集是两码事。

临床术语大致可以分为以下三种类型：应用程序术语，界面术语，参考术语。参考术语可以定义为用来提供一般参考点进行数据聚类和对比的一组概念和关联。其中的数据是由多种不同客体，如个人、系统或组织机构记录的完整医疗流程。界面术语则是帮助用户在数据录入过程中快速准确录入术语，隐藏了很多大量复杂的下层机制，以加快录入速度，提高表达能力。

通常，填写临床问题列表和下达检验医嘱是相对简单的数据录入任务，可以通过列表选取的方式实现。但是在初级医疗阶段中，通过此种方法录入患者完整的病史和所有的检查内容是相当冗长乏味的。这时就需要在效率和表达能力方面进行权衡，作出某些牺牲。比如通过使用模板的方法能够加速数据录入，但同时可能导致临床描述内容的极大相似以及某些细节内容的消失。反之，开发智能化的术语录入提示模块确实能够为用户的录入提供相当大的帮助，但编程逻辑显然会变得更加复杂，同时会带来对于录入内容进行再次确认的工序。另外自动化录入可能造成术语选取错误。

除此之外，由两个或多个原子概念组合而成的复合概念能够极大地增强词汇的表达能力，这种复合概念被称之为组配性。为了保证概念组合的有效性，避免无意义复合概念的出现，需要构建相应的术语服务器，以提供字典匹配、词汇组合等关键功能，如GALEN术语服务系统。然而，即使在大量术语工具的支持下，词汇管理过程中依然会出现许多意料之外的情况，为用户提供有用且有保障的词汇服务并不像设计临床术语那样简单。

另一个问题是统一术语集与区域使用习惯术语之间的冲突问题。不同区域，如省市，地区乃至不同医院间表达同一个临床概念时所用的词汇很可能并不相同。在这种情况下，如何保障术语共享的一致性和灵活性就成了两难的问题。通过某个中央机制完全统一全部用词显然并不现实。目前指定的相对可行的方法是建立术语服务器，统一的把标准术语和地方习惯术语相映射起来。但是在对照过程中仍然会出现两映射术语含义不一致的情况。

词条的组配同时给系统设计人员在数据库设计层面带来了另一个问题。某些复杂的概念在术语集中是原子化存在的，所以很容易通过选择对应代码的方式在临床信息系统中记录相应的概念内容，也就是所谓的先组式。在接口和数据库的层面，先组式降低了复杂性，在对概念进行编码的过程中没有存疑的部分。所有的用户，无论身处何地都会使用同样的方法进行编码。但是，在无法通过独立的原子概念进行表达的情况下，就需要通过组合原子概念的方法实现复杂概念的表达，被称之为后组式。尽管后组式具有更强的表达能力，但可能会出现使用不同的原子概念组合表达同一复杂概念的情况发生，甚至在使用相同含义的代码时，没有关于代码排序的规定也是一个问题。举例来说，如果使用 4 个代码来表达 1 个概念，那这 4 个代码的全排列可能有 24 个，存储在数据库中会导致数据存取多入口的问题。除非有一个权威的数据库可以管理所有的概念和术语，否则很容易产生不同机构都在按照自身的意愿创建同一概念的不兼容的组合版本，从而为数据分析带来困难。这也是为何要有一个标准的临床术语集的原因。

12.5.7 人机交互

根据 Wyatt 等人的研究，决策支持技术之所以未能得到广泛采用，很大程度上是因为绝大多数的系统设计目标与临床实际需要解决的问题不一致。比如一些系统只是严格限制了诊断假设的数量，很少有系统可以帮助临床人员鉴别诊断和建议治疗方案。相比较而言后者具备的特点恰恰是临床人员易于且愿意接受的。事实上对于系统设计者，正确识别问题并解决才是 CDSS 的重点。

除此之外，Wyatt 还针对 CDSS 系统设计者提出了几个需要注意的问题。首先是不要在计算机设备和与 CDSS 无关的软件上占用太多的精力。在项目开始初期就要把主要力量用在解决潜在使用者最关心的内容，而不是过多考虑诸如使用何种语言、机器配置或者开发环境之类的问题，以免喧宾夺主，忽略了最重要的技术和问题处理流程。其次，设计者应该偏重于解决方案模型设计，与未来使用者清晰明确地交流。最后一点，除了系统本身，设计者还需要考虑系统实施所在机构。因为机构的态度和支持力度至关重要，尤其是当考虑到 CDSS 可能造成各种机构内部的变化、人员变动、资金、管理的变化的情况。所以，CDSS 成功实施的保障需要有机构内部强有力政策的支持。

CDSS 技术在很多方面都遭受过批评。幸运的是，电子病历(EHR)和医嘱录入系统(CPOE)的出现很大程度上弥补了独立 CDSS 系统的不足，包括在数据录入、流程方面，特别是在用户接口和数据模型方面给了 CDSS 很大的支持，使得决策支持系统不用再像以往一样忙于解决数据录入、信息整合的问题，而是把关注点转移到数据处理和人机交互的方面上。

另一方面，老问题的解决总是伴随新问题的出现。EHR 和 CPOE 的出现使得临床决策在用户接口方面出现了新的问题——CDSS 功能的灵活性。由于整合系统中的决策支持功能是作为一种后台进程自动触发响应，因此除了满足临床诊断、医疗的需要外，还必须具备提示和人工调整能力。有很多临床用户抱怨系统的各种自动提示功能扰乱了医生的工作节奏和习惯，起到了相反的作用。所以，一旦临床的医疗流程、责任归属以及操作习惯由于信息系统的出现而发生改变，且没得到有效的解决，临床人员最终很有可能不再使用这类系统。

12.5.8 CDSS的发展方向

医疗决策支持在未来的很长一段时间内，发展重点将主要集中在增强现有CDSS的有效性，新型CDSS功能研究开发等方面。首先，在改善现有系统中，需要解决以下五方面的内容：

第一，对系统整合和界面进行优化，使CDSS能够平滑嵌入机构医疗流程之中，为临床工作者提供关键信息的提示以及决策支持的校准。平衡在决策提示过程中出现遗漏重要信息和过度提示的问题，并研发可以灵活调整此种平衡机制的功能，协助用户按需选择决策支持的辅助强度。

第二，有效整合患者的医疗信息。临床工作者在对某一病例进行医疗决策的过程中，需要参考尽可能全面和关键的患者相关信息。在此问题上，一个自动化和智能化程度很高的CDSS，可以通过高效高质的患者数据汇总和摘要内容提示，最大程度上帮助临床医生对医疗决策进行优化。

第三，构建CDSS评估模型。根据复杂参数组合(例如疾病死亡率，患者存活率，医疗花费，医疗保险等等)对决策支持结果进行筛选和优先权判定，从数量方面减少对CDSS使用者负面影响。在此问题中，如何合理权衡各种因素正负双方面的影响，以及如何确定决策优先级都是需要研究的内容。

第四，在患者存在合并症的情况下，实现多病种决策支持整合。目前的CDSS，由于临床治疗指南在很大程度上忽略了年老和身体基础比较差的患者存在合并病症的问题，最终导致决策支持重复、冲突甚至互相排斥的结果。从一个侧面上阻碍了临床治疗指南在医疗机构的充分应用。

第五，利用自动文字处理技术对电子病历系统中的自由文本内容进行数据挖掘，通过提取和格式化患者关键数据的方式，达到对CDSS优化的目的。相关研究表明，在电子病历的自由文本中所包含的，可以左右医疗决策的数据，占到全部关键信息量的50%以上。

其次，在基础理论和实践经验不断发展的背景下，不断引入新的临床决策支持方法。

一方面，决策支持系统实施时间长，代价昂贵。因此，对系统性价比、数据有效性、实施复杂度、医患接受程度等多方面因素，进行综合权衡、科学选择CDSS开发方向以及优先实施步骤，是一个意义重大的问题。

另一方面，随着数据处理算法和技术的不断发展，海量医学数据库在质和量方面的不断提高，数据挖掘将会持续推动CDSS的创新，更加复杂的问题，如敏感信息安全问题，科学文献信息挖掘，临床决策支持内容的探测，甚至是有学习功能的CDSS也会逐渐随之引入。

最后，医疗决策支持是一门非常复杂的科学，需要大量的资源以及多方合作。因此，基于CDSS系统的标准化以及知识、经验、方法的共享工作就格外重要。

(1) 为了实现不同机构在CDSS实施过程中，在系统设计、沟通以及管理等方面的经验共享，需要构建一套识别、描述、评价、综合、分类以及共享实施经验的方法。促进成功案例推广和借鉴。

(2) 建立一套标准化的支持CDSS模块即插即用功能的系统体系，提供CDSS挂载或远程调用的标准接口，实现不同 EHR 系统通过标准接口使用规范的决策支持程序。它可以推动决策支持系统和电子病历系统的应用，并可以加速决策支持研究成果的转化工作。

(3) 实现知识管理流程和业务流程的规范化，有助于在规范的 CDSS 中提供基于因特网的临床决策知识库的共享、更新。

12.5.9 CDSS 的使用伦理与法律问题

任何 CDSS 都是对临床决策的辅助性工具，使用者是真正的决策制定者，也是主要责任人。Miller 博士指出，计算机从根本上，至少在可见的未来，无法取替决策制定者。这一观点代表了人们对新兴技术相对保守、谨慎的态度。如何正确使用 CDSS 涉及卫生保健的标准，职业道德等方面。

从卫生保健的标准来讲，医疗工作者应尊重患者，不应以经济方面的原因而对待患者做出不同的论断，更不能以各种方式，包括使用 CDSS 欺骗患者。

使用 CDSS 有可能引发伦理、法律方面的问题，与卫生部门的法令法规密切相关。有兴趣的读者可以追踪医学伦理学的最新进展。

跟所有的新技术一样，在临床上使用 CDSS，会引发一系列新的问题。这些问题涉及到：① 如果 CDSS 对临床工作有效用，那么与其相关的新责任、新问题该如何处理？② 如果 CDSS 干扰了目前的工作流程，那么临床工作者为什么要使用这一系统呢？

假设一个有缺陷的 CDSS 系统使病人受到了不应有的伤害。如果使用者是一名合格的医生，那么在这种情况下，该医生有没有及时干预或阻止 CDSS 导致的错误呢？该医生是否正确使用了 CDSS？在这方面的标准还有待进一步研究与讨论。

在临床实施 CDSS 的基准是：正确使用，不增加患者的风险。专家预期，随着计算机技术的进一步发展，临床诊疗标准也会相应改变。

12.5.10 CDSS 的评估

如何评估与选择 CDSS 是当前医学信息领域研究的热点专题之一。用户满意度调查与随机对照临床试验是目前两种主要的研究方法。目前的研究表明 CDSS 在改善诊疗质量与费用控制方面取得了一定的成果。事实上，临床信息工作涉及患者数据采集、患者信息共享、诊疗决策制定、诊疗建档、卫生工作者之间的交流、患者教育等诸多方面。从技术上讲，CDSS 有能力在其中任何一个方面产生积极的效果。

评估 CDSS 对医生诊疗过程的影响，还是对患者诊疗结果的影响是医学信息学界研究的两个关键领域。然而，众多的研究结果表明，过程与结果之间的关系不明确。例如，CDSS 可以提高病案的完整程度，但这完整程度对诊疗过程的影响并不清楚。

12.5.11 结论

医学人工智能领域的发展史充满了令人赞叹的创新，同时也有不断的挫折和失败。但是澎湃发展的电子病历系统和电子医嘱录入系统为新一代的 CDSS 的发展提供了更为广阔的空间。当然，困难仍存在，对临床推理过程理解的不全面，对医学理论知识探索的不足仍将会成为成功路上的绊脚石。但是我们能看到的是医学知识表达、推理机制、知识提取方面的成果已被广泛运用并做出了极大的贡献,而本体知识工程的发展,临床术语学的设计与实施目前都已经成为了医学信息学中主要的理论研究领域,为下一代更为复杂智能的决策支持系统打下良好的基础。

国家政策的决定者认为信息技术是改善医疗水平、提高患者安全的关键桥梁,但在实际应用中,由于不少系统对医疗原有的流程、成本等问题考虑不足,导致临床工作人员具有不同程度的抵触心理。不过,新一代的临床信息系统已经在这个方面做出了改善。

有一件事情可以肯定,如果 CDSS 希望最终能够解决所有的问题并使系统得到广泛的应用,它必须在提供决策知识的同时不能破坏医疗过程中两个最基础的社会原则,一是不能破坏医生和患者之间的关系,二是不要改变甚至抛弃那些已经久经磨砺且令人满意的东西。

12.6 经典的 CDSS

12.6.1 MYCIN

MYCIN 起源于 20 世纪 70 年代早期,由斯坦福大学的 Edward Shortliffe 基于 Dendral 的专家系统设计开发,于 1974 年完成。作为一个帮助诊断细菌感染疾病和提供治疗咨询的决策支持系统,MYCIN 能识别某些导致重度感染的菌群,例如菌血症和脑膜炎球菌,推荐有针对性的抗生素种类和剂量。在临床中它大致遵循以下四个步骤:

(1) 判断所发现的细菌是否引起了疾病。

(2) 判断疾病可能是由哪种病菌引起的。

(3) 判断哪些药物对抑制这种病菌可能有效。

(4) 根据患者的情况,选择最适合的药物和剂量。MYCIN 系统用产生式规则的方法体现专家的判断知识,模仿专家的推理过程。

产生式规则是 MYCIN 系统的核心内容。系统包含一个大约 600 套规则的支持库,每套产生式规则会归纳一类医学专家总结出的感染疾病知识,再根据不精确推理规则(可信度因子)进行推理判断,具体过程可以简单解释为:

① 由 MYCIN 决定使用哪些规则以及如何关联这些规则。

② 这些规则会对 MYCIN 的推理进行连贯解释,并向用户提出相应问题。

③ 根据问题答案,诊断结果会按照概率高低的顺序依次排列,概率数字和推理可靠程度显示在结果之后。

大量的研究和实践表明 MYCIN 诊断的有效性可以达到 69%,这个数字甚至超过了某些感染疾病方面专家的水平。但可惜的是由于当时计算机的诊断和医疗被认为会带来法律和伦理方面的问题,使得 MYCIN 最终没能应用于临床治疗。另一关键的障碍则是,对于 MYCIN 这样一个独立的系统,当时信息整合技术的水平很难为其提供较为完整的患者疾病信息。

MYCIN 系统是用 INTERLISP 语言编写的。初始的系统包含有 200 条关于菌血症的规则,可以识别大概 50 种细菌。以后该系统又经过了扩展和改进,使其可以诊断和治疗脑膜炎。同时又有人以 MYCIN 的控制机制和数据结构为基础,开发了可覆盖多领域的 EMYCIN(Essential MYCIN),即专家系统开发工具。

MYCIN 专家系统是决策支持系统的代表,许多其他类似系统都是在 MYCIN 的基础上研制而成的。MYCIN 系统不但具有较高的性能,而且具有解释功能和知识获取功能,可以用英语与用户对话,回答用户提出的问题,还可以在专家指导下学习医疗知识。该系统还使用了知识库的概念和不精确推理技术。MYCIN 系统对计算机决策支持的理论和实践,都有较大的贡献。

12.6.2 ONCOCIN 和 OPAL

ONCOCIN 是斯坦福大学开发的另一个专家系统,用于辅助医生在癌症化疗方面进行医疗决策,于 1979 年至 1987 年之间在斯坦福大学肿瘤门诊试用。作为 MYCIN 系统的延续,它使用了相同的推理机制。ONCOCIN 的命名实际上也是来源"oncological(肿瘤学的)"和"MYCIN"两词的组合。

规则推理是 ONCOCIN 的一大特点。但为了满足用户的需要,开发人员不得不频繁地对程序进行修改,以满足治疗方案的增加和修改。在 ONCOCIN 系统中为每个治疗方案定制程序要花费 6 周的时间,方案本身数量巨大且改动频繁,编程人员无法及时地在程序中反映这种变化。而且由于在 ONCOCIN 中为化疗方案编码的过程非常复杂,错编或漏编的情况时常发生。最终的结果是医生既不信任系统,也常常不依照系统的建议方案执行。这也是最终导致 ONCOCIN 并没有被实际采用的重要原因。

为了提高临床知识的编码速度,Fagan 提出使用 GUI(图形操作界面),通过表格填空的方式加快速度和提高准确性,OPAL 应运而生。

在 ONCOCIN 系统中,通过 OPAL 临床治疗方案进行编码,可以使每个方案的程序编写时间缩短到 2 周,而且用户能够自由定制一些治疗方案方面的具体内容。但是由于临床领域类别太过复杂繁多,对于不同的领域需要构建不同的 OPAL,而构建每一个领域的 OPAL 大约要超过 2 年的时间。

目前肿瘤学家大多对 ONCOCIN 并不了解,他们通常使用 NCCN(国家范围癌症疾病网络)或 ASCO(美国肿瘤协会)提供的治疗方案,导入到在用的临床信息系统中以获得决策支持。

12.6.3 CASNET

从 1971 年开始到 1978 年研发完成,CASNET 是与 MYCIN 系统几乎同时出现并发展起来的 CDSS。作为第一个基于因果推断理论的医疗专家系统,它的目的是帮助眼科专家进行对青光眼的诊断和治疗。1976 年,根据美国眼科与耳鼻喉科学学会的评估,该系统被认为已经到达行业专家的水平。

CASNET 的良好表现得益于病种致病原因较为简单清晰。从患者视力,病症,到其病理生理状态,再到得出诊断和决定治疗计划,决策树按照这样一种层级结构展现出来。一旦描述出患者的视力和病症情况,就可以因果关联到相应的病理生理状态,然后根据病

13 社区卫生信息系统

本章将论述有关社区卫生信息系统的概念、结构、组成、功能以及实现方法。读完这章后，你应该知道下面这些问题的答案：

我国的社区卫生服务概念是什么？它对社区卫生信息系统的构成有何影响？

社区卫生服务为什么要实现信息化？

社区卫生信息系统有哪些功能和作用？

实现社区卫生信息系统的关键技术有哪些？

13.1 社区卫生服务概念

1）社区概念

自从人类出现，社区就开始形成，并在远古的氏族社会形成雏形。德国社会学家腾尼斯(F. Tonnies)于1881年率先提出社区概念，社区是以家庭为基础的共同体，是血缘共同体和地缘共同体的结合。我国著名的社会学家费孝通则定义为：社区是若干社会群体(家庭、氏族)或社会组织(机关、团体)聚集在某一地域里所形成的一个生活上相互关联的大集体。现代对社区(community)的概念是由一定数量的人群组成的，有共同地理环境、共同文化背景的生活方式、共同利益与需求的区域共同体。所以，社区并不等同于行政区域的划分。

根据上述概念，现代社会学认为社区有5个要素：人口，地域，生活服务设施，特有文化背景和生活方式的认同，一定的生活制度和管理机构。社区的基本单位是家庭。世界卫生组织(WHO)对社区解释是，一个有代表性的社区，人口是10万～30万，面积在0.5万～5万平方千米。

2）社区医学概念

社区医疗(primary care)，美国也称之为“初级保健”，美国医学会(Institute of Medicine)对社区医疗的定义是：为病人提供整合的便利的医疗保健服务，医生的职责是满足绝大部分个人的医疗需求，与病人保持长久的关系，在家庭和社会背景下工作。

社区医学则是确认和解决有关社区居民健康问题的一门科学，是宏观公共医学。它的主要目的和方法是：首先通过流行病学、医学统计学方法对社区调查，确定社区居民的健康问题，即“社区诊断”。其次进一步拟定出社区健康计划，即“社区处方”。第三，动用社区资源，解决居民的健康问题。最后对实施结果进行评估。周而复始，以达到对社区预防疾病、促进健康的目的。社区医学的特点是将居民中的个体普遍健康需求提高到群体的高度，并与他们生活的家庭、社区背景联系起来认识、分析和处理。

社区医疗是伴随社区的形成、发展而建立起来的。早在工业革命初期，大批的人群聚集到矿山、工厂附近，形成了社区。由于生产、生活条件的恶劣，粉尘、废气、污水、垃圾、拥挤等因素导致了各种传染病和职业病的发生，对广大居民健康造成严重危害。瑞士医生帕拉斯尔萨斯对矿山“水银病”的研究，1840 年法国医生路易斯等对纱厂工人卫生条件的研究，1847 年鲁道夫等对席勒斯安的斑疹伤寒流行的研究……总结出社区环境和社会因素对居民健康的影响，这是对单个居民治疗不能解决的问题。20 世纪初，公共卫生概念进入社区，强调不同社区有不同医疗保健需求，到 60 年代命名为社区医疗。

3）社区卫生服务概念

社区卫生服务(community health service)是一个广义的概念，是根据我国国情对社区医疗的诠释和发展。

社区卫生服务是指以基层卫生机构及全科医生为主体的，一种面向社区的定向卫生服务。我国 1998 年发布了《中共中央、国务院关于卫生改革与发展的决定》，明确指出“改革城市卫生服务体系，积极开展社区卫生服务，逐步形成功能合理、方便群众的卫生服务网络。基层卫生机构要以社区、家庭为服务对象，开展疾病预防、常见病与多发病的诊治、医疗与伤残康复、健康教育、计划生育技术服务和妇女儿童与老年人、残疾人保健等工作。要把社区医疗服务纳入职工医疗保险，建立双向转诊制度。有计划地分流医务人员和组织社会上的医务人员，在社区开设卫生服务网点，并纳入社区卫生服务体系。”

关于社区卫生服务的内容及特点参见表 13－1。

表 13－1　社区卫生服务内涵

项　　目	内　　涵
服务目的	满足社区居民基本卫生需求、促进健康
服务范围	一个社区
服务单位	家庭
服务对象	全体居民
提供服务机构	基层卫生机构(社区医院、保健站)
提供服务主体	全科医生
主要服务内容	社区预防、医疗、保健、康复、健康教育、计划生育——六位一体

综上所述，社区服务不同于城市大医院的医疗服务，后者以医院为服务机构，不限范围地向所有病人提供急危重病和疑难杂病的诊疗，并结合临床开展医学教育和科研工作。但社区卫生机构与大医院之间又是通过双向转诊而密切联系的。

社区服务也不同于区域卫生工作(见下节)，后者是在更大范围内(若干个社区)，实现卫生资源优化配置，从宏观上为人民群众提供健康服务。

13.2　社区卫生信息的特点

社区卫生信息是指与社区卫生相关的各类信息，它包括社区基本信息、社区居民健康信息和社区卫生服务信息，是与社区卫生服务相关的各种数据、指令和知识的总称。要想利用现代信息技术来帮助实现社区卫生服务，首先就要分析社区卫生信息的特点，思考如何收集、传输、存储、处理它，特别是对这些信息的统计评价和挖掘提炼，以便更好地从个体和群体两个层面促进社区居民的健康。

本节将介绍社区卫生包含哪些信息？信息特点是什么？信息流程是怎样的？信息之间的关系如何？以及这些信息与其他卫生领域，诸如医院、区域卫生的信息是如何关联和共享的。

13.2.1　社区卫生信息的内容

社区卫生信息大致可分为两大部分：第一是社区信息，它是社区卫生服务的背景和资源信息；第二是卫生信息，它是实施卫生服务中采集利用的信息。

1）社区信息

(1) 自然环境信息。如地理、水文、气候、气象、动植物分布、环境污染、饮用水状况等。它们常是地方病(如地方性甲状腺肿大)、传染病(如霍乱)等防治的重要信息。

(2) 社会人文环境信息。如经济水平、教育水平、宗教信仰、生活习惯、居住环境、工作环境等。它们常是慢性病(如高血压、冠心病)、职业病(如矽肺)、孕产妇死亡率的重要影响因素。

(3) 社区资源信息。如卫生投资、公共设施、医疗机构和医疗卫生人员的总量及分布等，它们常是社区医疗卫生的基础条件。

2）卫生信息

根据我国社区卫生服务“六位一体”的指导思想，社区卫生信息主要包括以下几个方面。

(1) 社区医疗信息。社区医疗，国外又称之为“第一线医疗”(first-line health care)，即它是病人第一求医处，且是一种初级、基础医疗。第一求医场所包括社区医院、保健站和家庭病床。初级基础医疗指针对常见病、多发病和已明确诊断的疾病，提供便捷、有效、价格适宜的、一般性的、长期的、连续的基本治疗；对急、重、危病人提供就地救护和及时转诊。

因此，社区医疗的信息与大中型医院相似，包括症状、体征、诊断、药物、治疗护理、检查检验信息……但又不同于大中型医院，其一，因为它是“全科性”的，覆盖面极广，超过许多专科医院。其二，因为它是“初级性”的，不包括高精技术。例如对于已确诊的“冠心病”病人，社区可予以常规的心电图检查，指导常规用药，甚尔实施紧急徒手心脏复苏操作，但不涉及重症监护、冠状动脉造影、核磁共振等诊疗技术。

(2) 社区预防信息。主要包括以下几类信息：

① 儿童计划免疫。目的是为儿童提供完整、全程的疾病免疫接种。它包括免疫疫苗信息、接种知识，每一个儿童的接种计划、接种情况、副反应及免疫结果信息。

② 传染病预防。目的是通过免疫接种、卫生宣教、改善社区环境、治疗病人等措施控制传染病的发生与发展。

传染病预防的信息包括流行病调查资料、传染病报病资料、疾病信息库、个体治疗信息、药物及疫苗信息等。

例如，根据“中国卫生事业发展情况统计公报”，肺结核病仍是我国主要传染病之一，2005年、2006年、2007年肺结核病发病率分别居全国传染病发病率的第一位、第二位和第二位。其中2007年发病率达88.55/10万人，死亡率达0.28/10万人，病死率达0.32%。(源自“2007年卫生事业公报”)如此巨大患病人群的治疗信息、广大居民的预防信息是社区预防的主要内容之一。

例如来自偏远山区、农村的高等学校入学新生和农民工为易感染人群。一旦发现群体患者，立即要进行结核菌素试验、胸部X线普查、隔离治疗患者。对正常人群进行预防接种或服药预防，并对环境采取通风清洁等处理。

③ 慢性病、常见病预防：目的是通过健康普查，建立社区居民慢性病、常见病档案，并通过治疗、健康教育、行为干预等方法，改变群体行为，早期治疗，早期预防。

慢性病、常见病预防信息包括各个社区主要慢性病、常见病的群体信息(发病率、患病率、治愈率)，患者疾病档案，疾病信息库，长期随访信息，行为干预信息等。

例如老年痴呆病(SDAT)，国外报告的患病率，65岁以上为4%—6%，80岁以上为10%，美国每年需花费12亿美元用于照顾SDAT患者。我国65岁以上SDAT患病率，上海静安区为2.9%，北京为7.8%。而SDAT无根本治疗方法，主要是早期预防，对症治疗。

(3) 社区保健信息。主要包括以下几类信息：

① 儿童保健。目的是通过对儿童定期体检、随访，提供保健评估和指导，促进儿童健康。例如对新生儿的随访和体检，提倡母乳喂养，指导膳食营养搭配等。这方面信息包括新生儿身高、体重、牙齿、囟门检查信息，发育、营养评估信息，母乳喂养信息等。

② 孕产妇保健。目的是通过对孕产妇、产褥期妇女建立专门档案，定期检查和随访，促进健康。在我国以一个5万人口的虚拟社区为例，按1.25%粗算率，每年大约有625位孕妇。这方面的信息包括孕妇档案信息、定期检查信息(体重、血压、心率、宫高等)，胎儿心率、心音、宫内位置等检查信息。

③ 妇女保健信息。根据妇女一生青春期、孕产期、更年期等不同时期的生理特点，提供健康咨询、妇科普查、心理指导等措施，促进妇女健康。这部分信息包括青春期性教育信息、定期妇科检查信息、更年期心理指导信息、妇科疾病统计信息等。

(4) 康复信息。社区康复是指充分利用社区资源，帮助患者或残疾者通过康复训练达到好转或痊愈，恢复生理功能，解除心理障碍，重获生活和工作能力。包括慢性病康复、肢残康复、精神病防治以及脆弱人群的康复。康复的重点对象为“脆弱人群”，这是一类因多种原因造成生理上或心理上功能损害，在不同程度上丧失自我健康认知和维护能力，需在他人帮助下生活的群体，通常指老年人、残疾人、精神病患者、临终病人。社区根据不同群体特征，通过建立健康档案、家庭病床、出诊随访、康复指导、心理咨询……提供全面服务。

这方面信息包括病人的疾病、残疾档案信息，康复训练信息，生理功能和心理测试信息，康复评估信息等。

例如，随着社会的现代化、快节奏的发展，抑郁症患者日益增多。这一类脆弱群体的信息包括三部分：第一部分是患者信息，可分为三大群，首先是青壮年（多因学习、工作、生活压力大、挫折多而诱发）；其次是退休老人（多因孤独失落和“空巢现象”诱发）；再次是中青年妇女（多因婚姻恋爱挫折、家庭破裂诱发）。第二部分是发病时间信息，具有特殊规律，如每年 7—8 月升学考试期，应试中学生易发。第三部分是治疗信息，例如针对上述抑郁症，英国曼彻斯特大学 Ruth Crowther 研制了“抑郁症患者管理系统”，监测抑郁症病人发病、治疗、预防的信息。

(5) 计划生育信息。计划生育是我国基本国策，它通过生育健康知识的教育，普及已婚育龄夫妇的节育知识，落实节育措施，做到计划生育，控制人口数量，提高人口素质。这方面信息首先包括社区内所有育龄男女（包括已婚、未婚及适龄群体）的个人信息；其次包括他们的生育、节育措施，计划生育手术，避孕药具发放信息。最后还有计划生育指导宣讲资料以及节育、优生、优育知识库。

(6) 健康教育信息。健康教育是社区卫生服务的支柱，它的根本精神就是要将过去以疾病为中心的服务模式转变为以健康为中心的服务模式，以提高人的素质为目标。它通过卫生宣讲、保健橱窗、健康处方、患者俱乐部等多种方式的教育活动，促使人们采纳有益健康的行为和生活方式，消除危害因素，促进全体居民健康。这方面的信息不仅包括每个居民的患病或健康问题信息，更重要的是对社区居民健康普查信息的统计分析资料以及医疗保健知识库。

例如南京市鼓楼区一个社区居民的疾病调查统计提示，第二位高发病为冠状动脉硬化性心脏病（简称“冠心病”），社区医院深入单位和住宅小区，建立冠心病的宣传橱窗，发放宣传材料和健康处方，并定期举办讲座、义诊和体检。该社区还在省级医院指导下开展“冠心病干预”试点，如每日向固定人群发放特定食品三个月，干预前后测定的血脂、心电图等指标显示具有良好的疗效。

(7) 其他卫生信息。由于社区卫生服务单位是家庭，对象是全体居民，所以除了上述“六位一体”的信息内容外，也必然涉及所有与“人”、“家”相关的卫生信息，还有“卫生监督”信息、“疾病控制”信息、“突发公共卫生事件”信息，这些内容可参见本书其他章节。

13.2.2 社区卫生信息特点

在上一节中，我们介绍了社区卫生信息的内容，本节我们进一步分析这些信息所具有的特性，正是这些信息的内容和特性决定了下一步管理系统的设计与开发。

(1) 个体属性。社区卫生服务对象是每个居民，因此它绝大多数的信息都来自社区每一个居民或附属于每一居民个体上，例如某一儿童预防接种了哪种疫苗，某一老人的血糖指标是多少……因此“个体属性”是社区卫生信息的一个特点。我们在社区卫生信息管理时必须重视这个特点，那就是针对每一个居民建立“健康档案”。

(2) 连续属性。每个人的健康档案开始于他的出生，记录了他的最初信息（身高、体重等）；甚至更早开始于胚胎时期，如胎儿心音、胎儿 B 超、羊水脱落细胞遗传性疾病筛查等，健康档案伴随其一生直到临终关怀。

健康档案是个人生命长河中全部健康数据的总和，“儿童保健”、“孕妇保健”只是生命长河中的不同时段，而其中“预防接种、疾病诊断、治疗手术……”具体数据则是生命长河中的每一水滴。根据连续属性特点，健康档案将以时间为序。

(3) 群体属性。社区卫生信息是在一定范围(即一个社区)内产生的，它具有共同的自然环境、社会人文环境、社区资源条件的背景及影响因素。这些社区基础信息的共性，会产生带有群体属性的卫生信息，例如邻近矿山的社区矽肺发病率高。

图 13－1 是南京市鼓楼区一个社区居民疾病调查的统计图，该图显示在 50 岁以上男女居民各个年龄段前四位的高发病，竟然都是高血压、冠心病、脑血栓和便秘。再分析社区信息和人群信息的特点，发现该社区集中了江苏省级机关、三所高等院校、多个研究所和大型医院，以及相应机构的居民住宿区。人口构成中知识分子、机关干部等脑力劳动者比重很大。这种社区环境、经济、工作、生活特性决定了社区高发的慢性病、传染病往往具有群体属性。

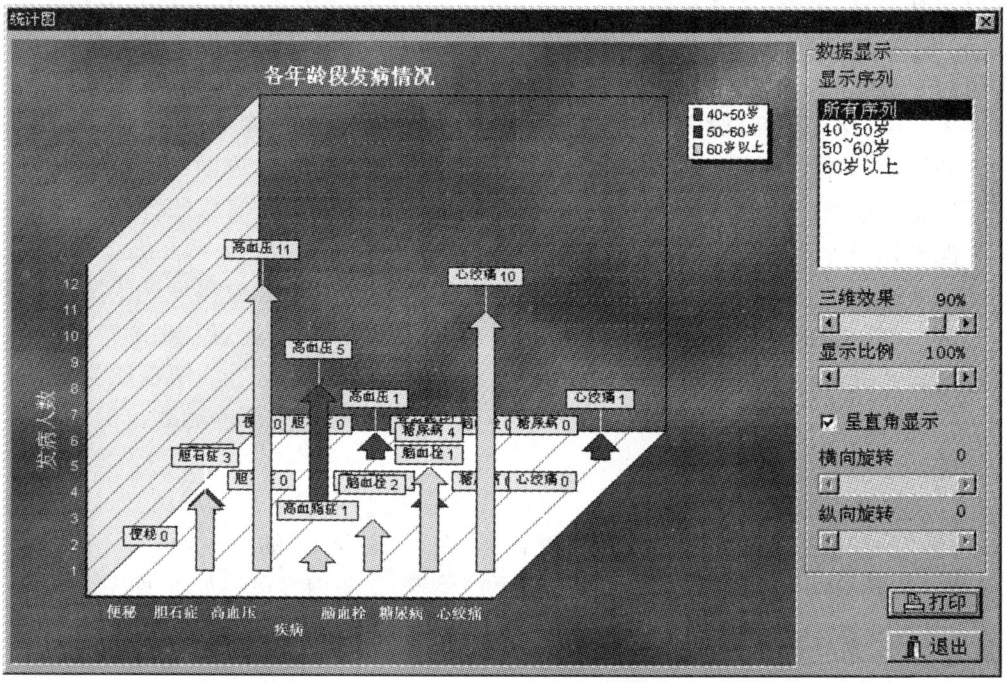

图 13－1　南京某社区居民疾病调查情况分析

社区卫生信息的群体性，促使我们在设计信息管理系统时，必须从宏观公共医学的角度去分析、综合、挖掘这些信息，研制相应的决策支持功能，系统可以作出“社区诊断”，制定“社区处方”，并进一步帮助制定卫生政策、法规。

(4) 共享性。社区医疗是“第一线”医疗，是一种初级、基础的医疗。对于重症、危急、疑难病人将转入专科医院或大型医院。例如冠心病稳定性心绞痛病人可以在社区就诊、取药，当演变为急性心肌梗塞就必须转诊到大型医院心脏专科抢救，好转后再转回社区医院进行康复治疗和长期随访。因此全科医生与专科医生将共同治疗同一病人，共享同一个病人诊断、检查、治疗、转归信息，才能达到一个持续、完整、有效的治疗。这就是“共享医疗”(sharde care)的概念。

共享性的另一个方面是社区卫生信息将沿着各种纵向管理的部门逐级上传，这些部门有各级儿童保健所、计划生育指导委员会、疾病控制中心等等，来自不同社区的信息将分门别类被这些卫生管理部门汇总统计、分析判断，并提供给地方或国家决策。

社区信息的共享性促使我们在设计信息管理系统时，必须考虑标准化问题，包括数据的标准化、数据传输和交换的标准化以及文档编制的标准化。

13.2.3 社区卫生服务的信息化需求

社区卫生服务由来已久，我们曾经历了几十年的手工操作年代，然而随着医疗卫生事业的快速发展，手工操作已无法满足社区卫生服务的下述的需求，而强烈呼唤信息化的变革。

(1) 共享医疗的需求。为了让全科医生和专科医生能协同治疗一个病人，必须实行“双向转诊”，让病人的健康、疾病信息长期地、持续地、频繁地在不同医院和医生之间传输、利用、处理；还需要全体医生共同遵守一些原则和协议，实际规范化的医疗行为，并建立相互之间的信任和协作。这一切就必须依靠计算机、网络等信息化技术才能实现。例如我国一些社区医院通过网络和信息系统，能够与中心医院互相转诊，并实现“同城检验报告互相认证”。

(2) 质量控制的需求。社区医疗机构的设备和条件较差，医护人员技术水平有限，要提高医疗保健质量，必须通过信息网络，借助于中心医院、专科医院先进的医疗技术和精湛的医疗水平，进行网上转诊、网上会诊和咨询、心电遥控监测指导等，以利于提高医疗质量。

(3) 经济管理的需求。在我国，社区卫生服务投入少、收益低是其可持续发展的主要问题之一，因此通过信息化的经济管理，寻找潜在市场和经济回报是关键。例如社区医院引入城镇职工医疗保险、降低收费标准、实行成本结算等，这样可以增加社区服务的收入、降低成本、吸引大批患者、增加卫生服务项目，以利于可持续发展。

(4) 健康档案与电子病历的需求。病历是患者疾病信息的载体，健康档案是居民健康信息的载体，要为全体居民建立和管理如此庞大的医疗健康文档，只有应用计算机信息化技术。这些电子病历和电子健康档案不仅有利于社区卫生服务，还促使医疗信息在不同医院和医生间的交换和共享，减少重复检查，节约并合理应用地域卫生资源。

(5) 科研和决策支持的需求。社区居民医疗保健数据的结构化为科学研究提供了大样本的、长时期的准确信息，为循证医学提供了良好平台，这些数据的统计分析结果不仅有益于医学研究，还是政府和地方行政部门制定卫生法规和条例的依据。

社区卫生服务的上述需求已远远超过手工操作能力，它强烈呼唤信息化的变革。

13.3 社区卫生信息系统概述

在上节中，我们从社区卫生服务的业务需求切入，罗列了社区卫生服务信息的内容、特点，并阐述了它对信息化技术的迫切需求，这节将对应运而生的社区卫生信息系统做一个综述。

13.3.1 社区卫生信息系统的概念

社区卫生信息系统(community health information system, CHIS)是应用计算机网络技术、医学、公共卫生学知识,对社区卫生信息进行采集、加工、存储、共享、利用,为社区居民提供预防、医疗、保健、康复、健康教育、计划生育、健康教育等卫生服务的信息管理系统。

13.3.2 社区卫生信息系统的发展简史

20 世纪 80 年代,在欧美发达国家,因个人电脑价格低、体积小、功能多而逐渐走入医生办公室和社区医院,并用于挂号、登记、计费等事务和财务管理。同期,在欧洲荷兰等国家的社区医院第一次引进了电子病历系统,直接用于病人的疾病防治和"共享医疗",使处于"第一线医疗"的"把关人"——全科医生,掌握并调度了病人的信息流,他们迫切希望诞生一个新的信息管理系统,适应这种变革。

1984 年荷兰全科医生协会认识到信息系统将对社区卫生服务产生巨大影响,负责开发了第一个描述社区医疗信息系统的参考模型。80 年代后 CHIS 在发达国家迅速推广普及。

我国社区卫生信息化管理自 20 世纪 90 年代后期起步。开始多为单一功能的社区服务应用软件,如苏州、九江等地为儿童免疫接种、精神病管理研制的软件。1998 年发布了《中共中央、国务院关于卫生改革与发展的决定》,促进了社区医疗信息化发展,90 年代末海南、江苏等地出现了综合性的社区卫生信息系统,例如"南京市社区卫生信息系统",该系统的应用以及相关论文在伦敦"第十届世界医药信息学大会"上交流,标志着中国社区卫生信息化管理开始与国际接轨。

21 世纪初以来 CHIS 已推广应用到我国大中型城市,北京、上海、天津、广州、深圳……涌现了一大批功能齐全、技术先进并有效运行的社区卫生信息系统。

13.4 社区卫生信息系统的结构与组成

13.4.1 社区卫生信息系统的结构模型

前几节我们已分析了社区卫生服务的业务特点,包含的信息内容及特性以及 CHIS 概念,它们是 CHIS 结构模型的依据。

根据社区卫生服务的概念,CHIS 的结构可以概括为:一个核心(居民健康档案)六个重点(医疗、保健、预防、康复、健康教育、计划生育),如图 13-2 所示。

图 13-2 CHIS 一个核心六个重点的基本结构

13.4.2 社区卫生信息系统的数据模型

除了系统模型，社区卫生信息系统还具有其一般数据模型。数据模型是对卫生领域各种活动所产生和使用的信息和数据的抽象表述，为卫生信息领域中不同应用开发者提供统一的建模工具和方法，保证数据定义和表述的一致性。数据模型进一步细分为：数据概念模型、数据逻辑模型、数据物理模型以及相对应的数据标准。前三者是计算机技术解决的问题，我们只讨论数据标准问题。

为了实现信息共享，CHIS 的数据标准应尽量采用已有的国际、国内经典的标准，如国际病病分类(ICD)、北美护理协会的诊断标准(NANDA)、国外推荐使用的国际社区医疗分类(the intenational classification of primary Care ICPC)、我国推荐的“全国医疗服务价格项目规范”等。特别应提出的是我国近年来颁布的“国家卫生数据字典”、“社区卫生信息基本数据集”，该系统现仍在修订完善中。

关于数据交换的标准，可参照 HIS 章节。

13.4.3 社区卫生信息系统的组成

社区卫生信息系统的组成大致可以分为两个分系统和四个外部接口(参见图 13-3)。

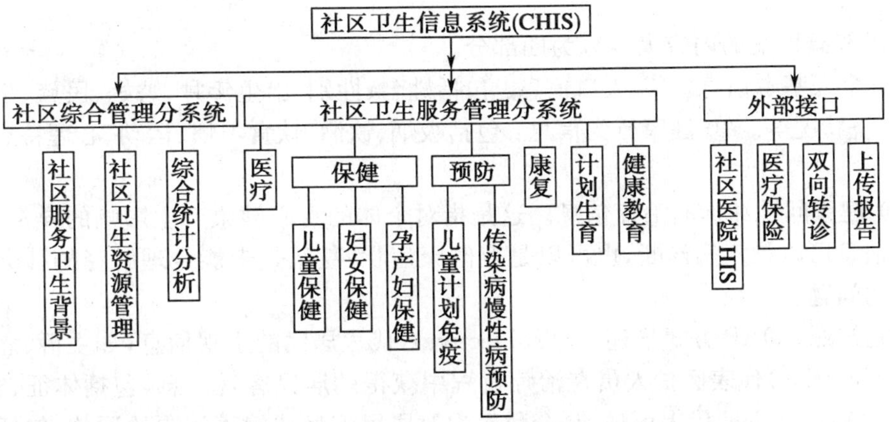

图 13-3 社区卫生信息系统结构模型

第一个分系统是“社区卫生综合管理分系统”，它包括对社区卫生背景(街道、居民组、家庭、人口等)、社区卫生资源(医院、社区保健站、医务人员、医疗设备等)、社区卫生信息的综合统计分析等管理功能。第二个分系统是“社区卫生服务管理分系统”，它包括上面论述的“六位一体”六个子系统。这是 CHIS 最本质的管理系统。

外部接口包括：① 与社区医院 HIS 的接口。因为社区卫生信息系统的“落脚点”是社区医院，它所有的功能是由社区医院的医务工作者完成，它的医疗服务大部分在社区医院实现，两者有必然联系，有的 CHIS 甚至就将社区医院 HIS 包括其中。② 医疗保险接口，与医疗保险中心、新农村合作医疗的接口。③ 双向转诊接口，与大型或专科医院接口(参见 HIS 章节)。④ 上传数据接口。这是社区医院根据国家和地方要求，向各级卫生主管部门、各专业条线管理系统上传报告信息的接口，其接收部门有市、区、县的卫生局、妇幼保健所、计划生育指导委员会、疾病控制中心（传染病、肿瘤、性病等报告）、卫生监督所……

13.5 社区卫生信息系统的功能

13.5.1 居民健康档案

1）概念

健康档案是居民一生疾病防治、健康保健的连续、完整、规范、科学的记录。它是以居民个人健康为核心，贯穿整个生命过程，涵盖各种健康相关因素，覆盖各种卫生专业机构，满足居民自身需要和健康管理的健康记录。

健康档案不同于电子病历，电子病历是医疗机构在特定时间（主要是患病期间）对门诊、住院患者临床诊断治疗过程的系统、规范记录。但健康档案与电子病历又有联系，电子病历是健康档案的信息来源和重要组成部分，并非全部，而是具有高度目的性的抽取和整合。

2）内容

居民健康档案的内容大致分为四部分。

（1）个人基本信息。① 人口信息：包括姓名、性别、出生年月、婚姻、民族、学历、宗教信仰、经济状况等。② 健康行为信息：包括吸烟、饮酒、饮食习惯、运动、心理特点、就医行为等。

（2）健康问题和诊断治疗信息。这是指对个体的身心健康产生影响的异常信息。这种异常信息可以是疾病诊断，也可以是亚健康症状，甚至是未能合理解释的社会心理、行为方面的问题。

问题按照 SOAP 方式描述。S(subjective)，代表居民的主观信息，如主诉、症状、病史等。O(objective)代表医护人员在治疗过程中获得的居民客观信息，包括体征、实验检查结果等。A(appraise)代表评估，是全科医生对居民疾病或健康问题的评估，包括诊断、预后等。P(project)代表计划，代表全科医生为居民健康问题作的诊断、治疗计划、健康教育等。

（3）身体健康检查信息：是指根据不同对象、不同时期，有计划地对居民个体的健康检查的记录。这些记录不仅是对相应健康状况描述，还有评估小结、处理意见。这类记录最常见的是个人每年的“体检”，还有孕产妇记录、儿童健康记录，儿童计划免疫记录……我们将在下面分别描述。

（4）家庭健康档案是针对社区每一家庭健康状况的记录。包括：① 家庭基本信息；② 家庭健康评估信息（家庭结构、成员相互关系、生活习惯等）；③ 家庭主要健康问题信息，特别是家族性遗传性疾病。例如一个具有家族性高血压的家族记录：祖父死于“脑卒中”，父亲死于“脑出血”，姑妈患有高血压，年轻的子女担心患上高血压。

家庭健康档案是个人健康档案在家庭这个横断面上的体现，是个人档案的补充和完善，所以核心仍是个人健康档案。

3）建立与维护

（1）建立：健康档案的建立可以通过两条途径。第一是通过出生证明，主要是针对本社区出生的新生儿；第二是通过入户调查，主要是针对既往出生人口和外来人口及流动人口。

（2）维护

① 以社区医院为支点，及时录入和更新居民在本社区发生的健康信息，及时转录、更新社区外的信息。

② 结合家庭病床、出诊、随访等，维护较为完善的社区居民健康档案的动态更新。

我国目前的居民健康档案以个人为单位，大都采用二维的形式，即以时间为纵轴，以健康状况或疾病时间为横轴的记录。我国卫生部推荐的三维健康档案（参见第 14 章）将是更加完善的形式。

13.5.2 社区医疗管理子系统

社区医院医疗管理子系统主要是在社区医院或保健站为居民提供便捷、有效、价格适宜的一线医疗。它的功能与 HIS 的基本功能相似，是其“简化版”，可参见第 6 章 HIS。当然，它也有自己的特色，例如建立家庭病床、家庭出诊。

13.5.3 社区保健管理子系统

社区保健管理子系统包括许多内容，我们将以儿童保健和妇女保健为代表，予以说明。

1）儿童保健

根据我国 2006 年发布的《妇幼保健信息系统基本功能规范》，可划分如图 13－4 的功能模块。图 13－5 流程图显示了社区医护人员执行这些功能的工作程序。

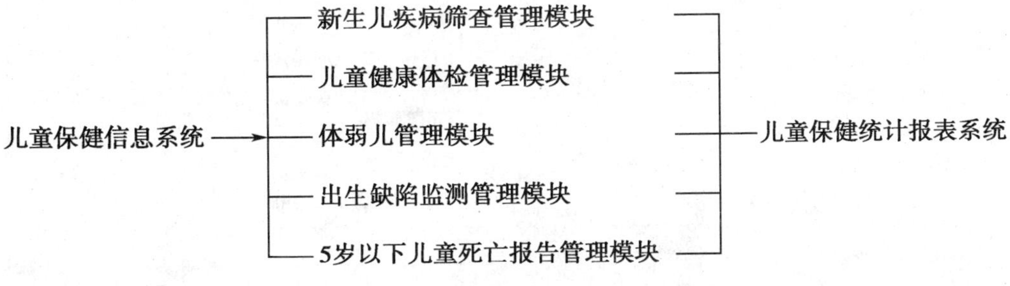

图 13－4 儿童保健子系统功能模块

儿童保健信息系统是以儿童个体为对象，以儿童健康信息为核心，进行信息化的处理。

（1）儿童基本信息采集，建立“儿保档案”，并支持进一步查询、统计、交换。

（2）儿童体检或治疗信息的录入，并可根据相关信息对儿童发育作出评价。如图 13－6 所示。

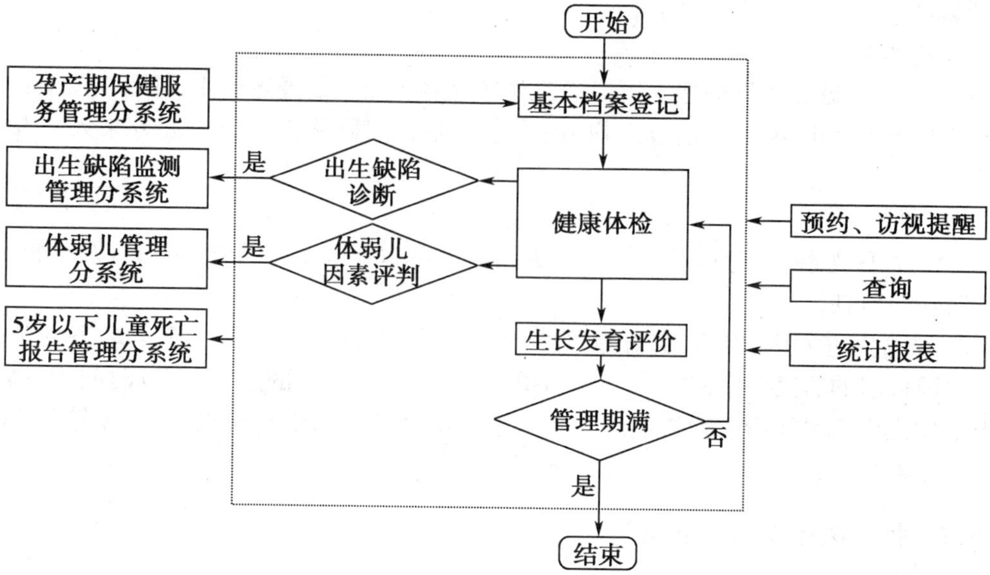

图 13－5　儿童保健信息系统功能流程图

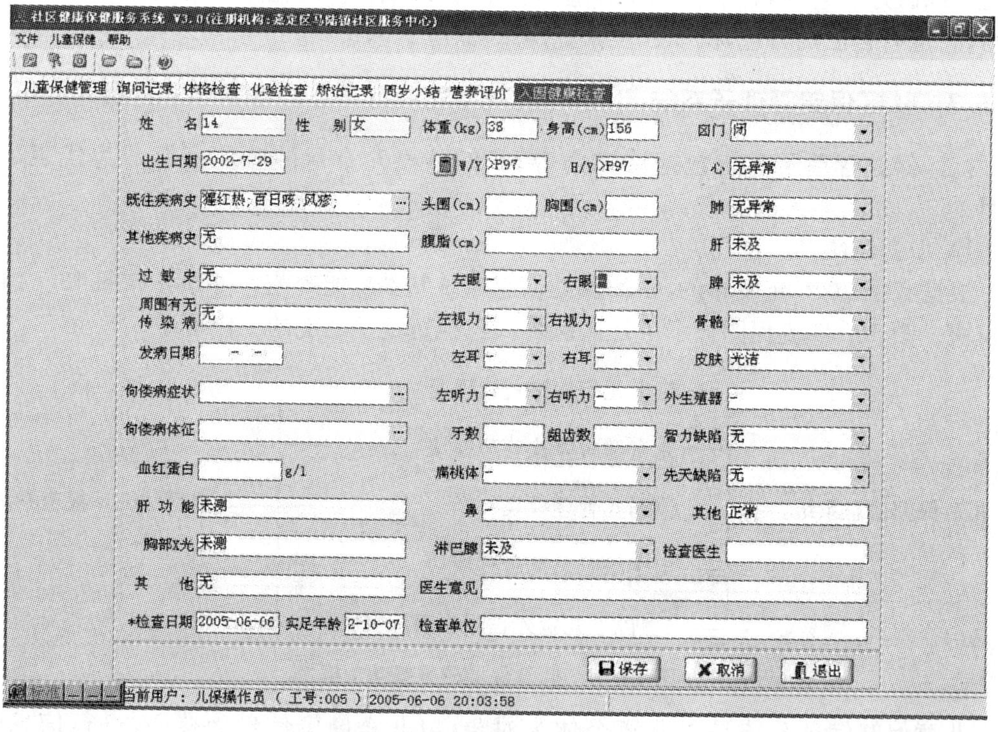

图 13－6　儿童体检信息录入

(3) 对社区儿童各方面信息进行综合统计分析，包括母乳喂养、听力、视力、体弱儿人数等各方面的统计分析。图 13－7 是对一个居民组婴儿(0—6 月)母乳喂养、人工喂养和混合喂养的统计分析图，其目的是推行“母乳喂养好”的保健方针。

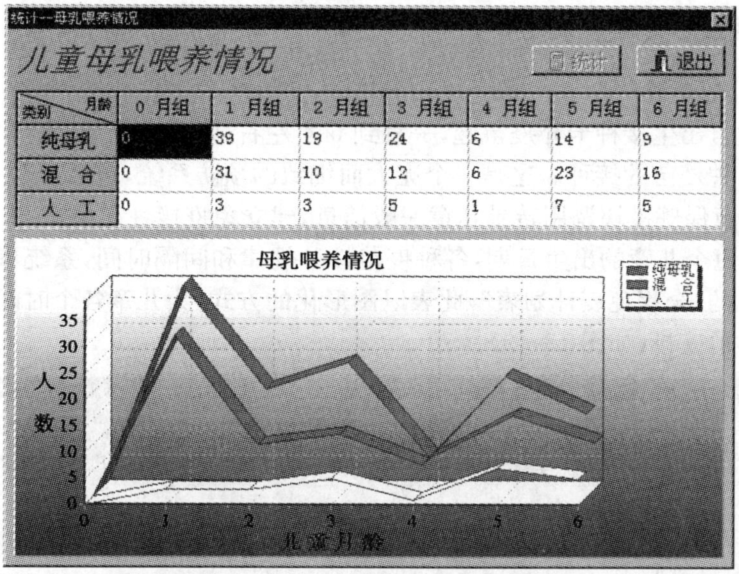

图 13-7 母乳喂养情况示意图

2）妇女保健

根据我国 2006 年发布的《妇幼保健信息系统基本功能模范》，可划分为如图 13-8 所示的功能模块。

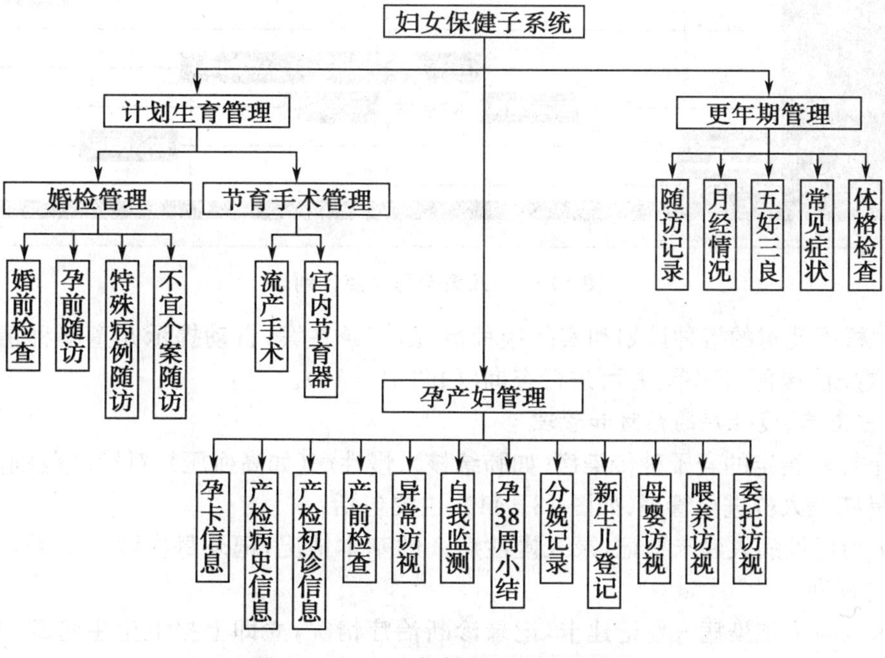

图 13-8 妇女保健子系统功能模块

妇女保健信息系统是以妇女个体为对象，以妇女各阶段的健康、孕产、疾病信息为核心进行的信息化处理。处理流程与儿童相似，但内容更广泛。如建立“孕产妇登记卡”，录入怀孕期信息、产前产后历次检查信息及评价等。

13.5.4 社区预防管理子系统

1）儿童计划免疫

我国儿童自出生接种卡介疫苗起，一直到 6 岁左右，将要进行“乙肝”、“脊髓灰质炎”、“麻疹”等几十种疫苗的接种。这是一个庞大而细致的预防系统，包括：

（1）由儿童保健模块调用转录儿童一般信息，建立免疫接种记录。

（2）根据每个儿童的出生日期，各种疫苗接种规律和间隔时间，系统可以智能型地自动产生个性化的“全程免疫计划表”，此表以图形化的方式，为儿童各个时间段接种哪一种疫苗作了科学的安排（如图 13－9）。

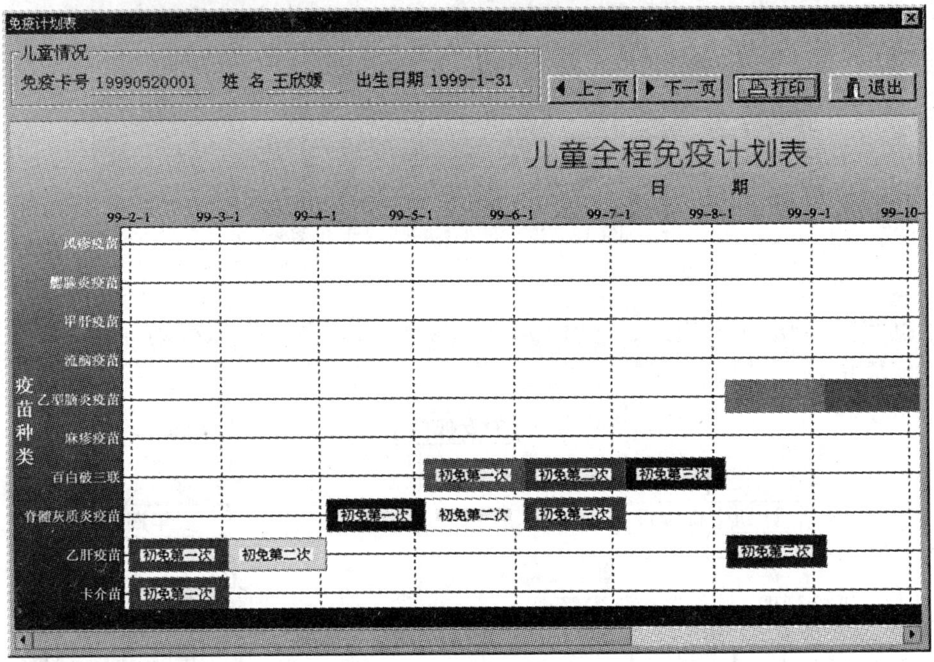

图 13－9 儿童全程免疫计划表

（3）根据儿童的接种计划和实际接种情况，记录在案，自动提示儿童漏种情况，并打印下一次疫苗接种通知单，并可进行查询（如图 13－10）。

2）传染病、慢性病的预防和管理

这是针对指定的若干种传染病（如肺结核）、慢性病（如高血压），对社区范围内患病个体以及易感染人群进行管理（如图 13－11），主要包括：

（1）为慢性病人建卡登记，录入慢性病人的基本情况，记录每次随访结果，并可做综合统计与查询。

（2）及时为传染病人登记建卡，记录诊断治疗情况，立即上报卫生主管部门，并进行综合统计与查询。

（3）登记社区居民易感人群慢性病、传染病普查情况及结果，记录预防治疗情况。

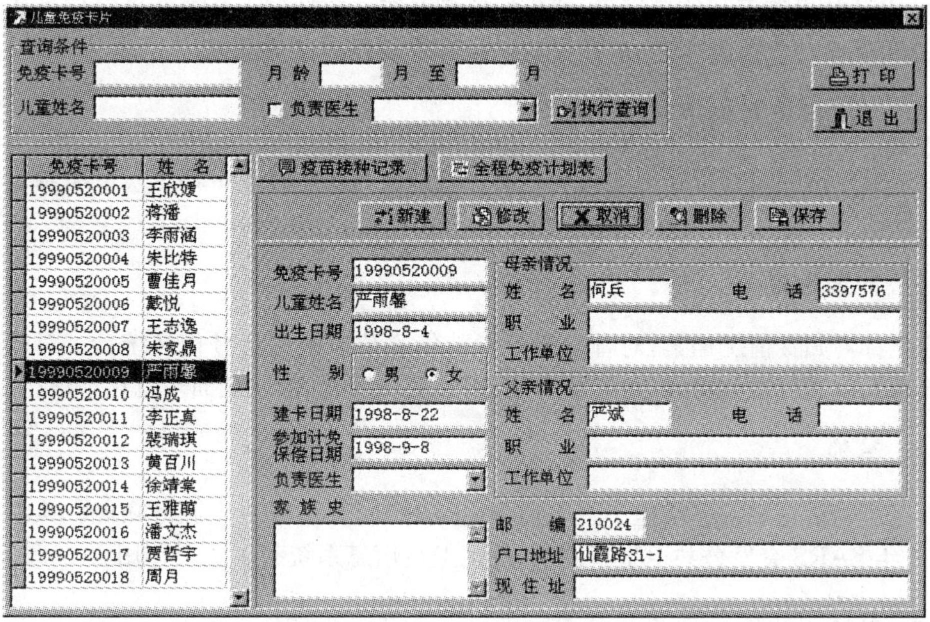

图 13-10 儿童计划免疫接种登记

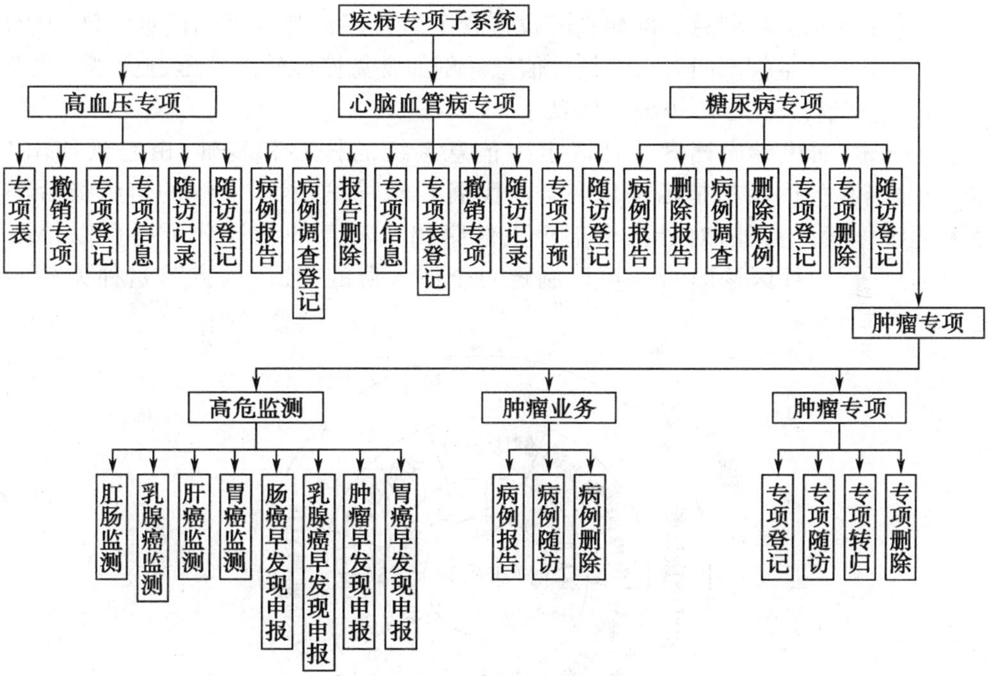

图 13-11 慢性病预防及管理

13.5.5 社区康复管理子系统

该系统是以社区内肢体残疾、精神病患者为主要对象，以对他们长期、持续的康复指导、治疗以及效果等系列信息记录、评价的信息系统。包括录入个人及患病信息建立专项档案,全科医生每次康复指导、治疗信息记录及阶段性的评估意见。

13.5.6 社区健康教育子系统

该系统包括健康教育知识库,健康教育处方,对特定个体或群体进行健康教育的记录以及效果评估。

13.5.7 计划生育

建立育龄妇女情况档案,对育龄男女青壮年避孕措施进行登记及统计。对社区内常住及流动人口进行避孕指导,对避孕药品、用具实现发放、领取全面规范化管理。

13.5.8 其他

社区卫生信息系统还承担了卫生监督、疾病控制等多项卫生服务功能。典型例子就是2003年SARS突发公共卫生事件中,社区卫生信息系统起了主要作用。

13.5.9 社区卫生综合管理分系统

它包括社区卫生背景、社区卫生资源、社区卫生信息综合统计分析三个模块,是其他信息管理模块的基础和汇总。例如它不仅包含了对社区医院内部的信息统计功能,还承担了来自各个卫生主管部门要求的统计信息。例如常见慢性病高血压、冠心病,主要肿瘤的发病率、患病率、死亡率……统计信息。

综上所述,居民健康档案是社区卫生信息系统的核心和基础,由它延伸出“六位一体”的健康服务体系都是围绕每一个居民展开的,而这六个系统的信息最后都归结到个人健康档案。另外,对社区全部个人健康档案信息的统计分析则可以得出全社区健康问题——“社区诊断”,并可以制定对全体人群的“社区处方”,这种关系的表达见图13-12。

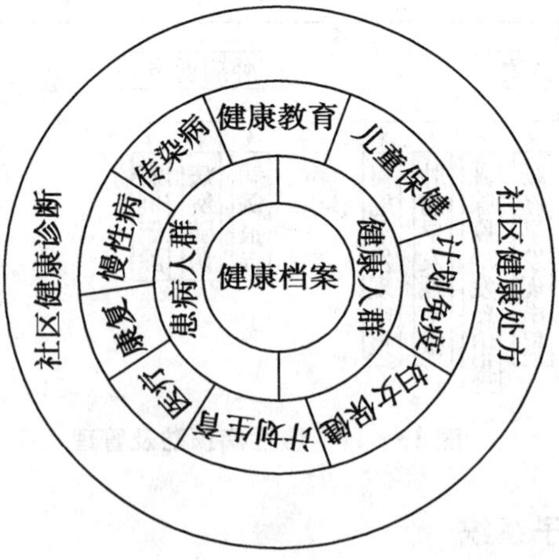

图13-12 社区卫生信息系统各功能关系图

13.6 社区卫生信息系统的作用

根据社区卫生信息系统的概念，它具有以下三方面作用。

(1) CHIS是以家庭为单位，以全体居民为中心，以妇女、儿童、老年人、慢性病人、残疾人为重点，实施长久有效、经济便捷的"六位一体"医疗卫生服务，实现"人人享有健康保健"的理念。因此，CHIS首先是为人，且是为每个人服务的，无论你是患病的，还是健康的。

(2) CHIS是以社区为范围和基础的，它应对这种环境所形成的具有共性、群体性的主要疾病和健康问题予以防治。

(3) 社区医院和保健站作为社区卫生服务的基层机构，CHIS具有对它们的管理水平、服务质量的评价功能。例如我国规定社区60岁以上老年人健康档案的建档率≥80%，0—3岁儿童计划免疫全程接种率≥90%。

社区卫生服务是全国公共卫生服务、地方区域卫生服务的基础，并与他们共同构建完整的卫生服务体系。所以CHIS为后二者提供了原始、基础信息，而且这种信息是标准化的、规范化的、可以被计算机识别和利用的。

13.7 社区卫生信息系统的技术支持

13.7.1 CHIS技术支持的出发点

(1) CHIS是一个复杂的综合性的管理系统，包含信息面广量大，且需要长期持续运行，必须技术成熟而稳定。

(2) 社区医院是基层医疗单位，按国家规范只配备1—3名专职或兼职的信息管理员或电脑操作员，缺乏具有成熟IT知识或经验的工程师。

(3) 社区经费有限，不可能投入较多的资金用于信息化的软、硬件建设。

关于CHIS技术支持可参见第6章HIS和第14章区域卫生信息系统，本节主要介绍它的体系结构和应用软件。

13.7.2 CHIS的体系结构与网路设施

CHIS的体系结构有两种方式：

1) 单点辐射式

以社区医院为中心，采用Intranet/Internet的体系结构。与社区各保健站形成局域网，采用client/server(C/S)模式，用于社区内部的各个子系统的数据录入、内部查询、档案管理、维护处理。C/S模式提供更高的交互性和安全性，共享数据的管理功能集中在社区医院的内部服务器上，易于实现数据安全性、一致性和并发性，同时减少了系统的网络开销。与社区外部的数据传输可借助于Internet，或宽带专线，如图13-13所示。

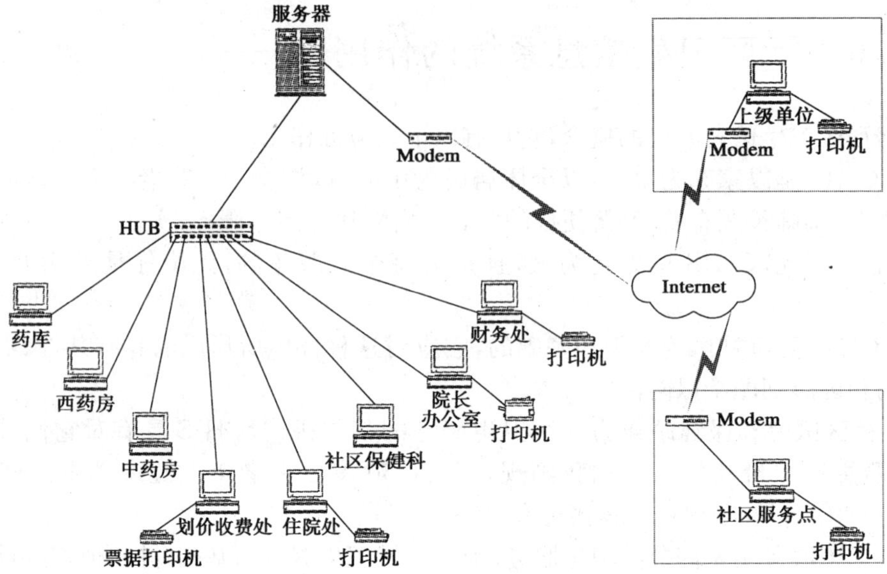

图 13-13　单点辐射式的 CHIS 的网络拓扑结构

2）多点集中式

由地区卫生主管部门设立社区卫生信息中心，向周边覆盖若干个社区，中心内部建立集中式的数据服务器，即采用 B/S(browser/server，浏览器/服务器)模式。各个社区医院及保健站通过浏览器与信息中心进行数据交换。

B/S 结构是一种“瘦”客户机、“胖”服务器的模式，经过认证后的社区保健站可以随时随地进入系统操作，而不必安装专门软件，实现了零维护；且系统升级简单方便，系统功能实现的核心部分集中到服务器上。这样就解决了社区医院技术薄弱、资金不足等问题，如图 13-14 所示。

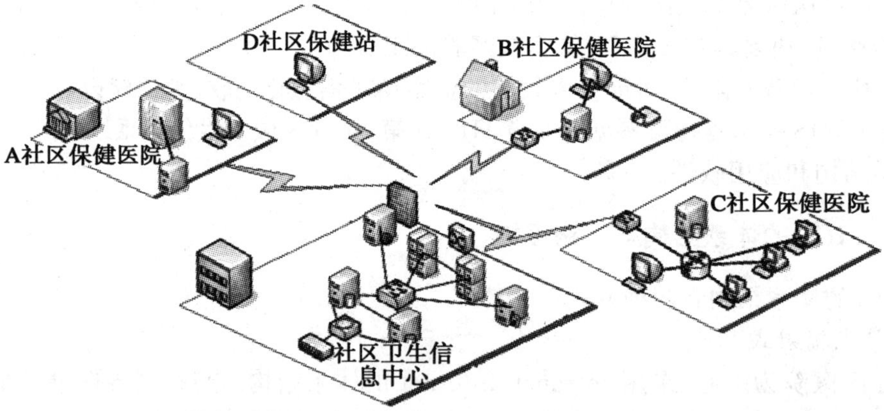

图 13-14　多点集中式的 CHIS 网络拓扑结构

13.7.3　应用软件

考虑到社区卫生机构不具备软件开发和维护的人员和技术，CHIS 作为应用软件必须具备下述优势：首先软件功能齐全，成熟度好；第二具有通用性、灵活性与可伸缩性，以利于不同社区根据自身特点进行取舍，拼装；第三用户界面友好，操作简单易行，适应社区普通人员的操作水平。第四价格适中，具有高性价比；最后可以通过网络由厂家进行适时和远程维护。

由此可见，尽管 CHIS 是一个小型的软件，却反而需要技术实力雄厚、具有高级资质的厂商进行研制开发。

问题与讨论

(1) 我国的社区卫生服务概念是什么？它对社区卫生信息系统的构成有何影响？

(2) 社区卫生信息有哪些主要内容？它们有何特点？这些特点对设计社区卫生信息系统产生哪些影响？

(3) 传统的社区卫生服务为什么要实现信息化？

(4) 试述社区卫生信息系统的结构和组成。

(5) 试述社区卫生信息系统的主要功能。

(6) 社区卫生信息系统的拓扑结构有哪两种？各有何优缺点？

(7) 实现社区卫生信息系统的关键技术有哪些？

（丁宝芬）

14 区域卫生信息系统

该章将论述有关区域卫生信息系统的概念、理论、功能以及实现方法。读完本章后，你应该知道下面这些问题的答案：

为什么要提出区域卫生信息化？

区域卫生信息系统的概念是什么？

区域卫生信息系统的总体设计思路包括哪些内容？

区域卫生信息系统的主要功能。

什么是区域卫生信息系统的体系结构、数据中心和数据交换平台。

为什么说电子健康档案是区域卫生信息系统的中心？

14.1 区域卫生管理与区域卫生信息化

14.1.1 区域卫生管理与信息化概念

1) 区域

区域首先是一个地理学概念，有其一定的地域范围，有其地理、气候、环境特征。地域又是一个社会学概念，有其人口结构、经济发展、行政体制、文化传统及生活方式的特征。而这两个特征必定对该区域的卫生状况，居民健康产生重大影响，因此区域是具有独立财政支撑，具有完整的医疗卫生体系的行政区划地域。一般说来，区域至少是区、县，也可以是更大的地市、直辖市、省，甚至国家。街道和乡镇不具备独立的财政体系，或不具有完整的疾病控制、卫生监督、妇幼保健等公共卫生机构，不是区域，而属于社区。

2) 区域卫生管理

区域卫生管理就是在上述地域特征背景下，对该区域范围内全部卫生状况和卫生活动的全面、持续的管理。这种全方位的管理包括区域卫生规划的制定执行，区域卫生资源的优化配置，全体居民的医疗保健，公共卫生服务，医疗保险的互通，药品监督管理……最后还有区域卫生的决策支持和宏观指导。

伴随我国医疗改革和卫生事业的飞速发展，医疗卫生技术日新月异的变化，广大民群众医疗卫生服务的需求也日益增长，使身处 21 世纪的区域卫生信息呈爆炸式增长，传统的管理模式和手工的操作方法已不能适应这个信息化时代的要求，于是区域卫生信息化应运而生。

3) 区域卫生信息化

区域卫生信息化是指在一定区域内，应用计算机信息技术，为医疗卫生服务提供方、医疗卫生服务接受方、医疗卫生服务支付方、医疗卫生服务管理方以及医疗卫生产品供应商，提供卫生信息的采集、传输、存储、处理、分析、表达，以支持区域卫生管理，为人民群众提供最佳的医疗卫生服务。

14.1.2 区域卫生信息化的难点与重点

区域卫生信息化的难点：

(1) 区域卫生信息化是一个崭新的课题和严峻挑战。即使国际上发达国家如美国、西欧也只有10多年的历史，鲜有成功案例。中国的社会制度、人口结构、社会经济水平、医疗卫生体制等与发达国家都不一样，缺乏成熟的样本可以移植。

(2) 区域卫生信息化涉及不同的卫生部门、机构、企业乃至个人，在众多的利益相关者中如何界定各自的责任，协调大家的利益，寻求获得最大卫生效益的运行模式是关键问题。

(3) 区域内不同卫生机构和组织的信息化发展差距很大，拥有的信息化资源差别也很大，特别是广大社区医院、农村保健站等机构缺乏采集和处理信息的设备和人才，因而无法获取区域卫生信息化的基础——原始数据。

(4) 区域卫生信息化的核心技术是搭建区域卫生信息平台，并在这个平台上进行信息共享和互操作。这将牵涉数据的标准化、数据传输的标准化等国际上未很好解决的难题。

(5) 区域卫生信息化还必须解决一系列管理和法规的难题，例如数据共享和利用的法规、病人的隐私权、安全性等。

(6) 区域卫生信息化将汇集海量的卫生信息资源，当拥有了这些珍贵的信息，我们想干什么？能干什么？数据的挖掘利用能为区域卫生服务做什么？如果没有这样的意识和思路，将严重影响区域卫生信息化发展，因为需求永远走在开发前面。

区域卫生信息化的重点是建立适合我国国情和区域特点的区域卫生信息系统，并解决相关的一系列问题。

14.2 区域卫生信息系统概述

14.2.1 区域卫生信息系统概念

在本书第4—13章中分别介绍了医疗卫生领域的多个信息管理系统，如HIS、LIS、PACS、NIS、EMR、CHIS等等。对于这些信息系统我国已有近二十年的开发经验，有较为成熟的理论体系和实践经验。而区域卫生信息系统是新课题、新挑战，目前尚在研究、探索和试验阶段，这是一次破冰之旅。

卫生部颁发的《全国卫生信息化发展规划纲要2003—2010年》中做了如下论述："区域化卫生信息系统包括电子政务、医保互通、社区服务、双向转诊、居民健康档案、远程医疗、网络健康教育与咨询，实现预防保健、医疗服务和卫生管理一体化的信息化应用系统。"规划进一步明确"至2006年，拟建立5—8个区域卫生信息化示范区，实现区域内各个卫生系统信息网上交换、区域内医疗卫生信息集中存储与管理，资源共享的卫生信息化区域，总结经验后，逐步推广。"

14.2.2 区域卫生信息系统设计目标

通过14.1节对区域卫生服务业务的认识，解读我国卫生部对其的发展规划纲要，参照国外同类的经验。我国区域卫生信息系统设计目标如下：

(1) 将区域内彼此分割的各个医疗卫生机构及各种卫生信息系统有机地联通为一个整体的卫生信息网，使各机构和系统可以相互交换和共享对方的数据，实现区域内卫生信息服务的整体变革。

(2) 通过共享医疗，促进大中型医院与城市社区卫生服务机构之间形成业务联动、优势互补、疾病诊治连续化的管理机制，提高医疗质量，减少医疗差错，降底医疗费用，提高医疗效率。

(3) 应对医疗卫生信息、医学知识爆炸性增长的态势，为各级卫生主管部门提供准确、全面的医疗卫生数据，以支持区域性的医疗卫生决策，支持区域卫生规划的制定和评价，支持区域卫生资源的优化配置，支持对区域医疗卫生事业的指导与管理，包括应对如SARS的突发公共卫生事件，汶川地震的突发灾难的医疗卫生救护。

14.2.3 区域卫生信息系统的发展历史

1) 国际区域卫生信息系统发展现状

自20世纪中期以来，一方面，世界上许多国家，主要是西方发达国家的卫生事业迅速发展，新技术、新设备日新月异，医疗卫生费用的迅速上涨超过了经济增长速度，医疗卫生事业发展处于无序状态。另一方面，在医院、机构内部，以HIS、LIS、PACS、CHIS、EMR为代表的信息化快速发展，具备了医疗数据共享和交换的基础，使得人民群众多向转诊、在更大范围内实现医疗共享的迫切需求成为可能。在这种背景之下，英国、美国、加拿大、澳大利亚等一些国家先后投入巨资开展了国家和地方级以电子健康档案和电子病历数据共享为核心的区域性卫生信息化建设，用以保证公民的医疗质量和安全性，提升整体医疗服务质量，提高医疗服务可及性，降低医疗费用，减少医疗风险。

在欧洲启动了“欧洲健康信息网络战略计划”(Strategic Health Information Network for europe, SHINE)。荷兰建设了一个集成平台作为全国性的国家转接点。英国国家卫生管理署负责推行的“英国国家卫生信息系统(NHIS)”是为英国卫生保健服务的，2001年宣布已涵盖了全英国的8个地区。有650人参与工作。英国由大区NHS(National Health Service)办公室负责执行区域内的卫生保健信息化管理。

2000年9月，加拿大成立了名为Infoway的机构以推动国家以及区域卫生信息网的建设。2002年开始，Infoway宣布计划投资数亿美元促进医疗机构及其他终端用户对信息技术的接受，建立全国性的电子健康档案系统、药品信息系统、实验室信息系统、影像信息系统、公共卫生信息系统和远程医疗系统；建立用户、医疗服务机构的统一识别系统以及基础架构和标准的研究，并计划在2009年为50%的加拿大人建立电子健康档案，2020年覆盖到全部人口。

澳大利亚的区域卫生是在每个州内，打破行政区划，按人口、自然地理条件和经济文化背景划分，并采用信息化手段来实行区域卫生服务管理。例如购置新增大型医疗设备需获得政府许可，大于50万澳元以上设备，即使自筹资金，必须向政府申请。2002年，澳大利亚国家电子健康档案工作组推出了一套电子健康档案系统MediConnect，据专家测评，电子健康档案系统投入后每年可创造超过50亿澳元收益，其中约23.1亿澳元是避免药物不良事件所节约的费用。该系统的预计完成时间为十年，现在已经进入了第四年。

美国卫生部制定的2000—2009年全美卫生规划，其中特点之一是：以大量信息收集为基础，用于解决的主要卫生问题。区域卫生规划被纳入法制化轨道。美国医疗卫生行业著名的医疗卫生信息与管理协会(Health Information and Management System Society，HIMSS)对区域医疗信息网络做出的定义是："为了改进和提高医疗卫生服务，使得医疗卫生的决策者之间，包括客户和病人能够共享医疗卫生信息，从而改进和提高医疗卫生服务，改进和提高美国国家卫生信息网规范的一整套技术、标准、法律、政策、项目和实施"。

美国已经启动的国家卫生信息网络工程(the National Health Information Network，NHIN)拟定为全国范围内应用的电子健康档案(Electronic Health Record，EHR)构建一个信息交互平台。为支持NHIN工程设立的非政府"区域卫生信息组织"(Regional Health Information Organizations，RHIO)将与HIMSS联手，在国家政策支持和大型公司、保险机构参与下，共同推出NHIN工程。2005年，美国国家卫生信息网为实施本计划选择了4家全球领先的信息技术厂商作为总集成商，在四大试点区域分别开发全国卫生信息网络架构原型，研究包括电子健康档案在内的多种医疗应用系统之间互通协作能力和业务模型。美国现任总统奥巴马提出投资500亿美元发展电子医疗信息技术系统，以减少医疗差错，挽救生命，节省开支。图14-1为美国成功案例之一，佛罗里达州区域卫生信息系统业务模式流程图。

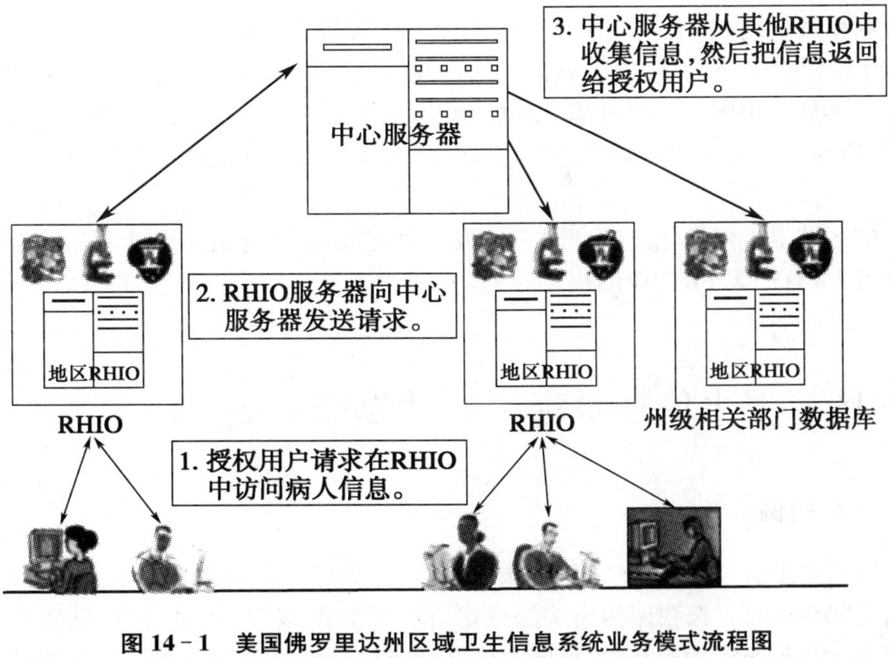

图14-1 美国佛罗里达州区域卫生信息系统业务模式流程图

在亚洲的日本、新加坡、台湾地区等也都不同程度实行了区域卫生服务的信息化管理，有值得我们借鉴的经验。例如日本自 1997 年 4 月开始实施的“地区保健法”，以及相应的信息化管理模式。

2) 我国建立区域卫生信息系统的破冰之旅

我国自新中国建立以来采用行政区划，由各级卫生厅、局负责地区卫生事业管理，长期以来，对于地区卫生信息采用手工填报各式报表(或电子载体文档)，提交至卫生管理部门。

近 10 多年来区域卫生规划成为我国卫生改革重大举措。20 世纪 80 年代中后期，世界卫生组织和世界银行向我国介绍并推荐了“区域卫生规划”这一卫生管理和发展模式。1997 年我国颁布了《中共中央、国务院关于卫生改革与发展的决定》，1999 年又颁布了《关于区域卫生规划的指导意见》，为区域卫生规划的目标原则、内容方法、政策措施、组织管理等做了明确规定。

另一方面，随着我国卫生事业改革，卫生信息化的发展非常迅速，在短短的 20 多年间，HIS、LIS、PACS、CHIS、EMR 等医疗卫生信息管理系统如雨后春笋涌现出来，并逐渐规模化、成熟化。然而这些系统却是被各个卫生机构单独使用，形成了一个信息孤岛。这种封闭式的信息化模式使得人民群众的医疗保健行为被割裂为互不相关的一个个节段，例如当一个病人从甲医院转诊到乙医院，前者的检查、诊断、治疗信息不能传递到后者，而必须重复进行新一轮的许多相同检查、诊断、治疗项目。双向转诊和“共享医疗”成为当前医疗卫生信息化的焦点之一。

卫生部制定的《全国卫生信息化发展规划纲要 2003—2010 年》中，明确提出了区域卫生信息化的工作目标，促使我国区域卫生信息化开始破冰之旅。建立以区域为范围，包括社区卫生、大中型医院，乃至妇幼保健、疾病控制等为一体的卫生服务共享的架构，使区域卫生资源利用最优化，满足广大人民群众医疗卫生服务需求的课题摆在我们面前。近年来，北京、上海、深圳、厦门、佛山等城市开始构建区域性医疗卫生信息平台，开发区域卫生信息系统。例如由中国人民解放军总医院承接的国家科技部的“区域协同医疗服务示范工程”总投资为 1.2 亿元；深圳市耗资 1.3 亿元的“深圳市区域卫生信息系统”已经开始部分试用。

我国的区域卫生信息化建设有国家政策大力支持，有市场强劲需求，有卫生信息工作者的不懈努力，有广大 IT 行业的积极参与，将成为未来十年中国医疗卫生信息化的一个重点。

14.3 区域卫生信息系统的设计思路

14.3.1 一个病例

有一位青年患者，因为发热、咳嗽、咳血，第一次到社区医院就诊，经过胸部 X 线检查初步诊断为“肺结核”。按我国传染病法规定，该例“肺结核”必须通过“传染病直报系统”逐级上报区、市、省级疾病控制中心；同时他必须被转诊到辖区规定的结核病防治所就诊。经专科医生系列检查(包括重新做胸部 X 线检查)，确诊为肺结核病，住院治疗 3 个月好转后，病人又转诊回社区医院，按照结核病治疗规范，继续服药 3—6 月，同时作为慢性传染病，进入“社区卫生信息系统”，进行康复治疗和长期专病随访跟踪。最后，该病人治愈信息还要再次经“传染病直报系统” 上报区、市、省级疾病控制中心。

同一个病人同一疾病的信息就这样被机械地分割开来，储存在不同记录中(社区健康档案、医院住院病例、疾病控制中心的传染病记录等)，各个医疗卫生机构独享各自的检查、诊断、治疗信息，或者依靠手工、传真方式才能被另一机构再次采集或利用。在这一过程中，由于不同机构相对独立和封闭，形成“信息孤岛”和“信息鸿沟”，导致重复检查、重复诊断甚至是矛盾治疗。因此，人们迫切希望建立一个区域性的卫生数据共享与交换平台，以期解决上述问题。

14.3.2 一套设计思路

通过上述病例，我们可以从理论上总结出建设区域卫生信息系统的一套思路。

1) 塑造区域卫生信息系统的体系结构

从上述病例中，我们可以看出，该患者的医疗信息分散在社区医院、专科医院，并通过“疾病预防控制系统”向上报告汇总，但是都在一个区域范围内。如果我们将一个个具体的医疗机构(如医院)看做“点”，将一个个以业务条线为主、垂直分布、纵向管理的系统(如疾病预防控制系统)看做“线”，将一个个社区医疗服务看做“片”，那么，区域卫生信息系统就可以看做“面”，它将这许多的点、线、片融合在一起，协调一致地进行医疗卫生服务。因此，我们首先要塑造区域卫生信息系统的体系结构。

2) 建立区域卫生数据共享与交换的平台

从上述病例中，我们可以看出，同一个病人同一疾病的信息是分散在不同医疗机构的不同医疗记录中，并属于不同的信息系统，例如“医院信息系统”、“社区卫生信息系统”、“疾病预防控制信息系统”……而这些信息系统是“各自为政”的异构系统。因此区域卫生信息系统首先需要建设一个信息交换平台，这个平台的特点是可以互操作的，能让这些信息都能在这个“共通、公用”的平台上共享和交流。

3) 建设区域卫生信息系统数据中心

在上述病例中，我们面临这样一些问题：如何将患者分散的医疗信息汇总起来？存放在何处？如何存放？为了解决这些问题，就必须建设区域卫生信息系统数据中心。区域卫生数据中心是指在一个相对逻辑集中或物理集中环境中，构建一个以存储和处理区域居民健康、疾病信息，医疗机构信息，以及面向公众卫生服务信息的数据中心。这个数据中心是区域卫生数据共享与交换平台的核心，它应满足区域内社会各阶层对卫生信息交流、利用、管理和增值服务的需要。区域数据中心不等同于一个机构或组织内的数据库，它一般包括网络系统、应用服务系统、存储系统、远程灾备系统、网络管理系统等部分组成。

4) 设计电子健康档案

上述病例描述了一个患者一次疾患“肺结核”的相关信息的汇总记录，那么，他一生的疾患和健康状况也需要一个汇总的记录，这就是“电子健康档案”。

区域卫生信息系统的所有信息必须有所载体，对于它服务的主体——人来说，电子健康档案是以个体人为单位的健康信息载体，是区域卫生信息化的核心。当然区域卫生信息系统还有其他信息，例如区域卫生资源、区域卫生规划等。

5）制定区域卫生信息系统的标准与规范

区域卫生信息是海量的，而且类型数以百千计。目前在各机构和组织内部应用的信息系统中，数据大都是非标准化的，甚至是自定义的，在不同系统的内部集成上，往往不是采用数据交换标准，而是采用编写程序直接交换。

区域卫生信息系统最重要的功能之一就是信息的共享和交换，当前主要障碍是缺乏切实可行的标准，难以实现不同机构、组织间数据的无缝传递，因此，制定区域卫生信息系统的标准与规范是基础和前提，我国制定的区域卫生的基本数据集就是一种标准(见表 14－1)。

表 14－1 数据元标准描述示例

数据元名称	说　明	类型	格式	值域、版本
身份证号 Child_id	接受预防接种儿童的身份证号码	Char	a. 18	公民身份证号码 1.0
IC 卡号	采用 IC 卡管理时的内部编号			
儿童姓名	接受预防接种儿童的姓名	PN	a. 30	
性别	接受预防接种儿童的社会性别	CE	n1	GB/T 2261. 1—2003 个人基本信息与分类代码 性别代码，1. 0
出生日期 Brith_date	接受预防接种儿童出生时的公元纪年日期	TS	yyyymmdd	
监护人姓名 Guardian	接受预防接种儿童的母亲姓名	PN	a. 30	
监护人职业	儿童监护人职业	PN	a. 30	GB/T17538—1998(全国干部、人事管理信息系统数据结构)
联系地址 Contact_add	儿童监护人当前居住的通信地址	AD	an. 100	
联系电话 Contact_tel	儿童监护人固定联系电话	TEL	n. 20	
办公室电话	儿童监护人办公室联系电话	TEL	n. 20	
建档日期 Register date	儿童首次建立预防接种档案	TS	yyyymmdd	

14.4 区域卫生信息系统的组成与功能

14.4.1 系统组成

卫生信息系统的组成可分为两部分。① 卫生信息系统资源：包括人员(规划者、管理者、信息收集者等)、硬件(计算机、设备等)、软件(数据处理程序等)、财政资源；② 组织章程：包括标准、职责、应用管理程序等。

当我们设计区域卫生信息系统时，不仅要以系统化方式来阐明信息产生过程，建立一套对卫生信息系统资源的管理软件，还要注重管理结构每一个组成部分，即组织章程。我们在讨论上述 HIS、LIS、PACS 等信息系统时，更多讨论了它们作为管理软件的一部分，而区域卫生信息系统由于它的本质和内涵，我们将更多讨论它管理结构的各个部分。

关于区域卫生信息系统的人员、软硬件资源，我们将重点讨论：① 建筑在互操作网络上的“区域卫生数据共享与交换平台”；② 收集、存储、提供信息的“区域卫生数据中心”；③ 区域内数据共享与交换的基础“标准化”；④ 区域医疗卫生信息的一个主要载体“健康档案”以及依据它而实现的“共享医疗”；⑤ 作为区域卫生信息化管理的领导者、规划者及其作用。

对于组织章程，我们将主要提出下列问题：① 区域卫生信息化的领导组织机构；② 规划的长期性、复杂性，特别是需求的导向性；③ 关于个人隐私性、安全性等系列的法规；④ 还有业务流程运行机制的章程。

14.4.2 系统的功能

1）保健对象管理功能

该项功能主要是为患者获得一、二、三级水平的医疗保健服务，特别是为相互转诊、“共享医疗”提供优质服务。在这项管理功能上信息的真正使用者是社区的全科医生，中、高级医院的医生、护士、医技人员等。区域卫生信息系统就是通过对保健对象信息在各级之间的准确传输、应用，帮助医护人员制定正确的决策——优质的医疗保健服务。例如一个高级医院的专科医生通过区域卫生信息系统了解一位冠心病人在社区医院的长期诊断、用药、心电图数据，帮助修订诊疗方案。而一个社区医院的全科医生可以通过区域卫生信息系统知道一位已经在高级医院实施冠状动脉支架手术后的心肌梗塞病人信息，在社区为其进行康复治疗和冠心病的健康教育。

2）卫生保健管理功能

初级卫生保健单位(如社区医院)已提供了“六位一体”的全面卫生保健的管理功能，正如在“社区卫生信息系统”中所介绍的。区域卫生信息系统并没有创建新的“功能”系统，它是在更高级别、更宏观水平去管理已有的“六位一体”卫生保健功能。例如社区医院发现肺结核患者，经专科医院确诊治疗后便转入社区康复治疗。区域卫生信息系统则要知道全区域有多少肺结核患者，患病率是多少？治疗率是多少？对于经久不愈的“耐药性”患者，通过统计分析知道原因是什么？是不规范治疗导致，还是药品的种类导致？

因此，第二部分管理功能涵盖了保健、康复、儿童计划免疫、计划生育、健康教育各方面内容，还应涵盖公共卫生管理中心的疾病控制、卫生监督、突发公共卫生事件各方面的功能，涵盖医疗保障体系和药品监督、供应体系的功能，关于所有这些单个的信息管理系统，在本书的有关章节都已经介绍过。因此区域卫生信息系统不是重新去打造一个包含上述 10 多个医疗卫生子系统，而是建立一个对全部已有卫生信息系统互操作平台，建立对所有卫生信息一套管理体系和模式，并在区域层面上使用这些信息为全体居民提供更好的医疗卫生服务。

3）卫生行政管理功能

区域卫生信息系统的卫生行政管理功能是指在区域范围和层面上，协调并提供卫生服务的规划和管理支持。

首先是“区域卫生规划”(Regional Health Development Program，RHDP)。即在特定的区域范围内，根据其经济发展、人口结构、地理环境、卫生状况以及广大群众的卫生要求，确定卫生发展目标，统筹规划，合理配置卫生资源，向区域全体居民提供有效、经济、公平的医疗卫生服务。区域卫生信息系统将对规划制定和评估提供信息依据和决策支持。

第二是“区域卫生资源配置”。我国区域卫生资源配置主要在机构、床位、设备、人员、资金 5 个方面。区域卫生信息系统通过提供信息、分析信息以及决策支持，对区域卫生资源分配实行“总量控制、存量调整、数量优化” 的功能。

第三是对区域内卫生事业进行日常信息管理，如成百上千种报表的传输，存储，统计分析。卫生部关于 RHIS 定义中指出的电子政务等系列管理，特别指出对区域突发公共卫生事件的应急指挥系统的建立和应用。

14.5 区域卫生信息系统的体系结构

14.5.1 区域卫生信息系统的业务需求

区域卫生信息系统建设的目的是在区域内实现不同医疗卫生服务和管理机构之间共享医疗卫生信息，如图 14 - 2 所示。

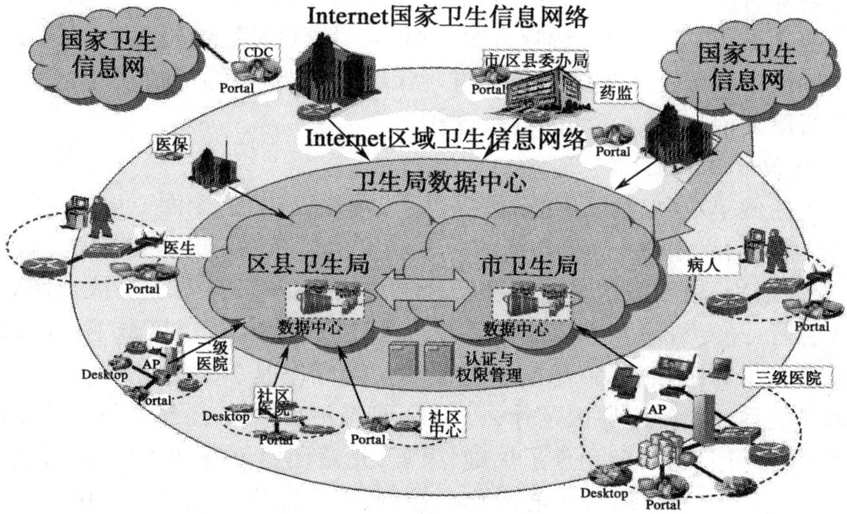

图 14 - 2 区域卫生信息系统示意图

这些信息共享的需求来自于以下不同部门：

(1) 医疗服务体系：如综合医院、专科医院、妇幼保健院、社区卫生服务中心等。

(2) 公共卫生服务体系：如卫生行政机构、疾病预防控制中心、卫生监督所、120 急救中心、妇幼保健院、社区卫生服务中心等。

(3) 医疗保障体系：如医疗保险管理中心、城乡合作医疗保险机构、商业保险机构等。

(4) 药品供应体系：如药品监督、药品集中采购、药店、药房等。

这些部门之间有大量的信息交叉共享需求。它们包括：

(1) 医疗信息共享需求：包括医疗服务部门之间的信息共享、医疗服务部门与其他部门信息共享。

(2) 医疗卫生管理和决策信息共享需求：如医保部门读取医疗机构的患者费用信息，用于监管和费用支付；卫生行政管理部门读取医疗、公共卫生服务机构的数据，用于质量、服务、效益的监管等；卫生行政管理部门可以通过汇总分析共享信息，进行宏观决策，并可以通过发布信息，指导各部门医疗服务和经营工作。

(3) 医疗卫生业务协同：如社区医院与大型医院通过网络实现双向转诊等。

14.5.2 患者主索引

1) 为什么要建立患者主索引

区域卫生信息系统的主要目标是在一个区域内实现患者病历或健康档案。信息共享，所以首先要确定患者的身份。在医院内部的各个系统间，通常需要通过建立患者主索引(enterprise master person index, eMPI)的方式，来保证各个系统识别出同一个患者。在区域范围内则涉及不同的医疗机构间如何对患者的身份进行统一，必须建立统一的患者主索引。患者主索引内容主要包括患者的 ID 号(标识号)、姓名、性别、出生日期(不能用年龄)、籍贯、住址、电话、医疗保险种类、证件号码等基本信息。

2) 区域卫生信息系统患者主索引与其他子系统患者主索引的关系

任何处理患者信息的子系统都需要建立相应的患者主索引，如医院的 PACS、LIS、门诊及住院信息系统等，如果是不同的公司产品，或者是同一个公司分别开发的独立产品，都需要建立独立的患者主索引。另外，即使是同一公司统一开发的集成化独立系统，每个子系统有自己独立的患者索引需求，也需要建立子系统的患者主索引，如 PACS 是以患者检查为主要业务，需要建立以放射号为主索引的独立的索引系统。在医院不同部门之间，需要跨不同的子系统使用信息，就需要建设一个作用于全院的患者主索引，建立与各个子系统的患者主索引的对照表，以支持在全院范围内查找不同子系统内同一患者信息。

3) 建立统一的患者就诊卡

在一个区域内建立统一的患者主索引主要以发卡方式实现。国内医院发放就诊卡已经十分普及，目前以磁卡、条码卡为主，主要原因是价格便宜，可以免费发放。由于涉及人员、机构众多，管理关系复杂，协调困难，区域卫生信息系统建设的发卡比较单个医院发卡要复杂、困难得多，目前国内还没有完全成功的案例。国内很多地区正在积极探索，希望结合医疗保险发卡，对没有医保或外地患者，由医疗机构发放就诊卡解决。

区域卫生信息系统患者主索引建设有两种模式：

(1) 强制统一发卡模式：由主管部门统一设计，建设发卡中心，由各个有关服务部门发放。医保卡的管理和发放就是最好的例子，这种发卡模式最大的优点就是尽量保证每个患者只具有惟一的一个 ID 号。但这种发卡模式的发卡规模巨大、发放方式复杂，投入很大，管理协调困难。

(2) 非强制统一发卡模式：国外普遍采用这种方式，即各个医疗单位发放自己的患者就诊卡，区域卫生信息系统与这些子系统互联，收集所有子系统的患者主索引信息，并进行相似度的匹配处理，找出同一患者的不同主索引，建立相应的对照表。如果一个医生需要从区域卫生信息系统中调阅某个患者在其他医疗机构的就诊信息，就可以通过这个对照表，找出该患者信息，由正在就诊的患者和医生共同确认即可。这种方法的最大问题就是无法对不同医疗机构汇总的患者信息进行深入地统计分析，因为除了患者主索引信息能够高度匹配，机器无法自动识别具有不同 ID 的同一患者。而患者在填写主索引信息时，经常使用不同的表述方式，使用匹配技术无法完全解决，需要人为参与识别。

14.5.3 区域卫生信息系统的数据存储模式

从数据存储分布结构看，区域卫生信息系统可以分成三种模式。

1）集中式

集中式的一个最主要的特征是所有的医疗数据和数据的索引都存储在一个区域中心当中。对于数据的管理是集中式的，主用户索引也是集中管理。参与到区域医疗信息网络中的各个医疗机构，按照既定的时间表，向中心更新数据变化。中心端需要一个高可靠性的大型数据中心。

集中式的模式在国内非常常见，通常建设一个区域医疗信息系统的时候，建设部门，各级卫生主管部门都希望采用集中式的方式。主要便于卫生主管部门的统一管理。但我们还应该看到，数据是否需要同步到中心，应该首先从应用出发，看要解决的问题是否需要这样进行。

2）联邦式

联邦式的架构也称为分布式的。患者的数据信息仍然保留在数据产生的地方——如患者看病的医院里。区域医疗网络中心只是对患者在各个医疗机构存储的数据记录进行统一索引。同时在区域中心还负责管理各个机构之间的认证和授权的安全问题。

当一个医生或患者自己需要获得患者的病历时，这个请求会送到区域医疗信息中心，在区域中心通过检索患者主索引确定患者的身份，同时区域中心通过记录定位服务功能确定出患者病历存放的地点。区域中心不会去各个医院将患者病历数据检索集中，而是由请求方通过网络到各个医院获取需要的患者病历数据。在这种模式下，区域中心与各个医院之间对患者病历的索引更新情况定时同步进行，但不必传递数据本身的更新，从而降低对区域数据中心和网络的压力。

但同时，各个医疗机构都要保证一定程度的数据质量和数据高可靠性。否则，请求站点即使获得了所需病历文档的位置，也无法正确地获得该文档。

3）混合式

混合式是上面两种架构的结合。它更加复杂，但在功能上和性能上也更加通用。这种模式综合了集中式和联邦式的优点，在二者之间做一个平衡。在混合模式下，数据中心存储完整的医疗数据索引和部分医疗数据。完整的医疗数据还是保留在数据最初产生的医疗机构数据库中。安全性和患者主索引以及记录定位服务与分布式一样，还是由数据中心主站点统一进行控制。

14.5.4 区域卫生信息系统的体系结构

系统总体架构分为两个层次：区域卫生管理层和辖区卫生机构层（见图 14－3）。

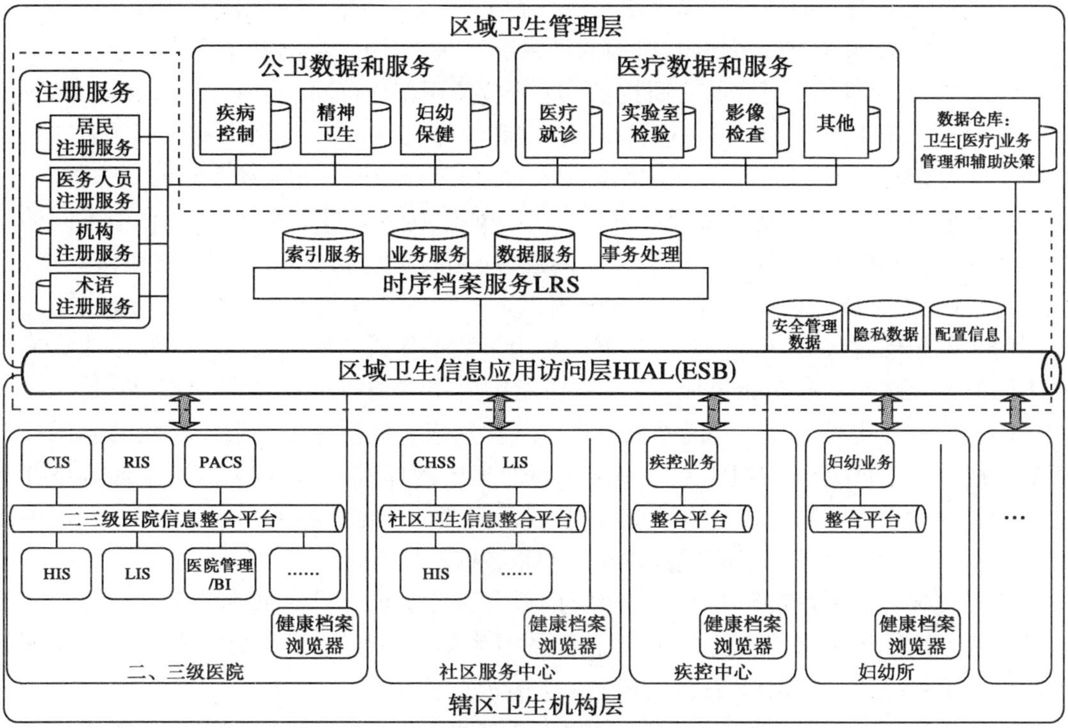

图 14－3　区域卫生信息系统的体系结构示意图

区域卫生管理层表示区域卫生信息平台的管理中心，在实际应用中可以是一个地市级卫生信息数据中心，也可以是更高一级的数据中心。区域卫生管理层主要提供一系列服务，作为服务于卫生医疗区域(如省、地区、县市卫生管理机构)的单一实例而存在，主要服务组件包括注册服务、公卫数据服务、医疗数据服务、时序档案服务、数据仓库服务等。

辖区卫生机构层，是指在所管辖的区域范围内相关医疗卫生机构(包括三级医院、二级医院、社区卫生服务中心、公共卫生机构等)所有业务应用系统，这些系统生成、收集、管理和使用那些可以公布的区域范围内居民相关的健康数据，包括临床医疗数据、健康档案数据、公共卫生管理数据等。这些系统分布在所有为居民提供医疗卫生机构的服务点，为广大老百姓提供各类健康服务。

区域卫生管理层和辖区卫生机构层之间通过区域卫生信息应用访问层来进行信息交互，以实现健康档案的互操作性。信息访问层所提供的服务主要包括两个方面：一方面提供通信总线服务，如消息传输服务、消息路由等；另一方面提供应用软件通用的系统管理功能，如安全管理、隐私管理、应用审计等。

14.6　区域卫生信息系统的数据中心和交换平台

14.6.1　区域卫生信息系统的数据交换平台

区域卫生信息系统建设的目标是支持不同部门、机构之间共享医疗卫生信息，这些部门、机构拥有和正在建设各种不同用途的信息系统，区域卫生信息系统需要建设一个信息交换平台，通过接口与各个不同部门、机构的子系统互联，按照一定的规则交换信息。该类工作涉及的是IT领域专门研究的一项技术——企业应用集成(Enterprise Application Integration, EAI)。EAI被定义为：将进程、软件、标准和硬件联合起来，在两个或更多的企业系统之间实现无缝集成，使它们就像一个整体一样。实际就是研究异构系统互联的方法学。

从集成的内容上看，随着集成的发展及人们对集成的不同需求，可以从几个不同的层次去实现。分别是数据层(数据集成)，应用层(应用集成包括方法集成和应用接口集成)及表示层(界面集成)，根据其实施机制分为以上4种集成模型。其中数据集成主要是在不同的系统间传递数据，目前HL7主要还是用于数据集成。应用接口集成和方法集成是在不同的系统之间实现功能集成，传统的功能集成很多通过远程调用实现，Web Service在功能集成方面代表了最重要的发展方向。界面集成主要讨论不同应用系统之间用户界面的集成方法。HL7标准组织专门制定了界面集成的标准——CCOW，希望通过该标准让不同的应用系统共同配合工作，自动同步显示需要的数据。但CCOW在实际使用中还是碰到了很多问题，使用十分复杂，在实际中很少有医院使用。

为了实现EAI，很多公司开发了相应的软件系统，支持EAI模型和各种交换协议。这种软件系统也称为EAI工具或平台。区域卫生信息系统的信息交换平台就是在EAI的理论和EAI工具的基础上发展而来的。

为了满足区域卫生信息系统文档交换共享的特殊要求，IHE(医疗卫生信息集成规范标准化组织)制定了相应的规范，称为MPI/PIX规范和XDS规范。

MPI/PIX(master person index/patient identity cross-referencing)规范是IHE根据MPI的基本原则，针对区域医疗文档交换的需要制定的患者主索引建设的规范。该规范不要求统一各医疗服务机构患者ID，主要通过汇总和匹配患者索引的方法解决分布在不同医疗机构的患者信息/文档查找问题。

XDS (Cross-Enterprise Document Sharing)主要为医疗机构之间的文档共享的管理提供一个规范，在区域卫生信息系统建设中，跨医疗机构的患者信息共享是建设该系统的主要目标。XDS就是针对该目标设计的一套文档共享规范。下面，我们简单介绍文档提交和使用的基本过程(参见图14-4)。

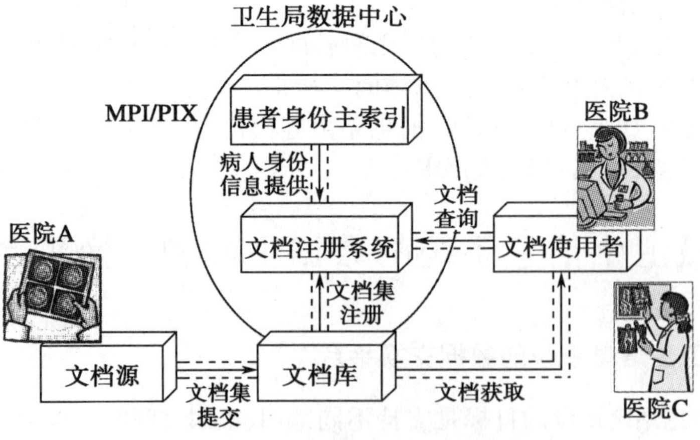

图14-4 医疗文档提交和使用的基本过程

文档提交：当患者在一个医疗机构A就诊时，该医疗机构的系统需要事先在"患者身份主索引(区域卫生信息系统的MPI/PIX)"中登记该患者的本院ID信息。当患者产生可以归档的信息之后(如检验结果报告)，系统将该结果报告文档放在"文档库"中，然后在"文档注册"服务器中登记注册。

文档使用：当患者到另外一个医疗机构B就诊时，医生需要从原来的医疗机构A调取检验结果报告。系统首先根据该患者在医疗机构B的ID在"PIX"中查找出该患者在医疗机构A的ID，然后根据该ID，在文档注册服务器中找出该患者的检验报告注册登记信息，最后根据该登记信息，从文档库中调出患者的检验结果报告。

图14-4介绍的信息交换模型是建设区域卫生信息系统信息交换平台的基本结构，目前一些厂商已经开发了相应的软件系统。这些系统大多建在原有的EAI平台上，实现了IHE规定的有关规范，并开发了与不同医疗卫生机构信息系统的接口，构成一个比较完整的平台。图14-3是一个完整的区域卫生信息系统示意图，其中虚线标出部分就是基于IHE的MPI/PIX和XDS规范细化构建的区域卫生信息交换平台。由于这个平台需要具有权威性、公平性，因此一般应该由卫生行政管理部门或其委托的机构负责建设、管理和运行维护，这就是我们下一节讨论的区域卫生信息系统的数据中心建设问题。

14.6.2 区域卫生信息系统数据中心建设

1) 数据中心的概念

企业数据中心(enterprise data center, EDC)通过实现统一的数据定义与命名规范、集中的数据环境，从而达到数据共享与利用的目标。

企业数据中心按规模划分为部门级数据中心、企业级数据中心、互联网数据中心以及主机托管数据中心等。通过这些规模从小到大的数据中心，企业可以运行各种应用。一个典型的企业数据中心常常跨多个供应商和多个产品的组件，包括：主机设备、数据备份设备、数据存储设备、高可用系统、数据安全系统、数据库系统等等。这些组件需要放在一起，确保它们能作为一个整体运行。

2) 数据中心建设原则

数据中心核心建设内容是：企业数据资源建设及其数据服务系统建设，以及与之相关的技术标准、规范、网络及软硬件基础平台、信息安全系统等建设。在技术上应坚持如下原则：

(1) 规范化：为了保证企业数据共享交换，必须遵循统一的数据标准和规范，优先采用国家、行业标准，积极采用国际标准，并结合实际应用制定相关标准，使科学数据信息便于各类用户使用。

(2) 网络化：企业数据共享平台是基于因特网技术的网络化信息平台，各企业数据中心须采用因特网技术实现信息资源的共享与发布。

(3) 实用性：应最大限度地满足企业数据整合、数据管理与数据应用的需要，系统要提供易于使用、界面友好、智能化、便于管理维护、数据更新、数据备份、系统扩展等功能，同时具有与其他系统实现数据级共享、协同工作的能力。

(4) 可扩展性：应充分考虑数据不断变化增加的需要，充分考虑数据对外共享与分发服务的需要，充分考虑各行业业务发展的需要，充分考虑软件硬件技术发展的需要，以保证软硬件的升级不会给企业系统使用带来困难，保证具有持续长久的生命力。

（5）安全性：企业数据中心必须具备数据系统安全和访问安全的技术措施。

3）区域卫生信息系统数据中心的特点

区域卫生信息系统数据中心是解决区域内各医疗卫生机构内异构数据库互联、数据分布、数据交换与共享等一系列问题的简单而有效的办法。数据中心是从政府职能的角度提供跨部门的数据交换、共享和统一的数据安全服务机构。数据中心提供包括数据交换和数据共享在内的各种数据服务，并负责制定相应的数据标准和管理制度，指导各医疗业务部门遵循统一的交换与共享数据标准。数据交换与共享不仅有助于各部门之间的业务协同和保持共享数据的一致性，而且有助于卫生行政部门加强对医疗卫生业务的监督管理。

区域卫生信息系统数据中心必须具有三个功能：

（1）收集医疗卫生行业各部门所有工作站的信息，进行汇总、整理、分析。

（2）实现各种业务数据共享，将有关信息根据业务分级管理的原则提供给各个工作站，实现医疗卫生数据资源（如患者基本资料，市民健康卡信息，个人健康档案等）的区域共享。

（3）数据中心不仅负责内部各系统之间的交换数据部分的协调、控制和管理，还应该负责向有关部门提供同步的共享数据和异步的一部分符合要求的交换数据，以支持医疗卫生宏观决策。

区域卫生信息系统数据中心主要包括居民主索引数据集、电子健康档案 EHR 数据集和卫生管理业务数据集，而这些数据集的标准可参考卫生部的标准，并根据实际业务进行完善和补充。为了支持将来更大范围的联网和医疗卫生信息共享，数据中心的基础平台和接口应该尽量遵循国际和国家有关标准。

14.7 区域卫生信息系统的标准与规范

14.7.1 标准与规范体系

区域卫生信息系统建设是一个涉及多个部门，连接多个系统的工程项目，标准化是成功建设区域卫生信息系统的重要内容。区域卫生信息平台的标准/规范体系由一系列的规范、制度、标准组成，因而可以进行如下分类。

1）技术标准和规范

（1）体系结构标准和规范

① 区域卫生信息系统框架：如加拿大政府制定的《电子健康档案建设蓝图》、我国国家卫生部制定的《基于健康档案的区域卫生信息平台建设方案》等。

② 文档交换标准和规范：如 HL7 组织制定的一系列标准、IHE 的 MPI/PIX 和 XDS 规范、卫生部电子病历委员会制定的《检验互操作性规范》等。

③ 文档结构标准：如国际 HL7 标准化组织制定的电子病历文档结构标准（CDA 和 CCD）等、卫生部制定的《电子健康档案标准》等。

（2）数据标准化。如国际疾病分类编码 ICD、疾病术语标准 SNOMED、检验术语标准 LONIC 等，卫生部正在组织力量制定一系列国家标准。

2) 管理规范和标准

(1) 业务管理规范和标准,如:① 电子病历管理办法;② 区域卫生信息系统的业务模型研究。

(2) 技术管理规范和标准,如:① 区域卫生信息系统建设的组织结构与运行机制;② 区域卫生信息系统的安全管理标准和规范。

(3) 运行维护管理规范和标准,如:① 项目管理规范和标准;② 资金管理;③ 系统运行和维护管理的规章制度。

14.7.2 几个重要标准简介

1) HL7(Health Level Seven)组织和相关标准简介

HL7 组织是美国国家标准协会认可的、专注于卫生领域标准开发的组织,主要制定电子健康信息交换、管理和集成方面的标准。HL7 从 HIS 接口结构层面上定义了接口标准格式,并支持使用现行的各种编码标准,如 ICD - 9/10、SNOMED 等。HL7 采用消息传递方式实现不同模块之间的互联,十分类似于网络的信息包传递方式。每一个消息可以细分为多个段、字段、元素和副元素。目前,HL7 的常用版本为 2.4,国外 HIS 软件一般都支持该标准。HL7 最新版本为 3.0(HL7 V.3)。HL7 V.3 采用了面向对象的中间件技术和 XML 语言,建立了全新的医院信息化模型,在医疗卫生信息化领域具有里程碑的意义。虽然 HL7 V.3 的概念模型具有非常重要的意义和使用价值,但基于该模型制定的 HL7 V.3 系统接口标准并没有被广泛使用,主要原因是 HL7 V2.X 已经十分普及,HL7 V.3 标准又比较复杂,升级比较困难。HL7 标准在我国还没有真正应用。

HL7 组织除了制定 HIS 子系统接口信息交换标准之外,还组织开发了用于临床文档(Clinical Document Architecture, CDA)的表示和展现的标准。CDA 定义了临床文档的结构和语义,一个 CDA 文档是一个具有完整信息定义的实体,可以包含文字、图像、声音等多媒体内容。最新的版本 R2 属于 HL7 第三版本系列标准,其语意部分完全从 HL7 的 RIM 模型导出,用 XML 的方式来表示,以提供撰写不同结构程度的临床文档的能力,从而使不同结构程度的文档(从完全不由 CDA 控制的无结构不透明数据块到用 CDA 模型定义的高度结构化、编码表达的临床信息)可以方便地用同样的方式管理。CDA R2 并不规定文档的存储和传送方式。其他标准或规范可以用作 CDA R2 文档的交换。

区域卫生信息系统的主要目标是交换医疗信息,也就是交换电子病历或电子健康档案,而基本格式应该遵循 CDA 标准。我国应用国际标准一直比较欠缺,但建设区域卫生信息系统,必须遵循 CDA 的文档标准,以支持电子病历或电子健康档案的区域共享。

2) IHE(Integrating the Healthcare Enterprise)简介

IHE 是北美放射医学协会(RSNA)和美国医疗卫生信息与管理系统协会(HIMSS)于 1998 年成立的组织,其目标是促进医疗信息系统的集成,为不同子系统之间的互联提供集成方案。需要注意的是,IHE 并不是定义新的集成标准,而是基于现有成熟的标准(例如 DICOM、HL7 和其他一些系统集成的行业标准)制定的一套集成方案。IHE 定位在制定一套规范的流程,并通过 DICOM、HL7 等信息系统实现这种流程,以实现不同系统的集成(可参考第 4 章)。针对区域医疗卫生信息交换,IHE 制定了相关的规范,我们在区域卫生信息系统的数据交换平台一节已经介绍。

3）加拿大的《电子健康档案建设蓝图(EHRs BLUEPRINT)》和我国卫生部的《基于健康档案的区域卫生信息平台建设方案(讨论稿)》

加拿大政府为了建设全国性的电子健康档案系统，专门成立了相应的机构，编写了指导国家区域卫生信息系统建设的指导文件《电子健康档案建设蓝图(EHRs BLUEPRINT)》。该规范从需求分析、业务架构、概念架构、使用和实施方法等方面，全面阐述了基于健康档案的区域卫生信息系统建设原则、方法、模型、实施等内容。

参照加拿大的 EHRs BLUEPRINT，针对我国的实际情况，卫生部组织编写了《基于健康档案的区域卫生信息平台建设方案(讨论稿)》。该《方案》讨论了我国的区域卫生信息化的特点和需求，定义了相应的信息模型、系统架构、技术架构、应用模型等内容，是我国建设区域卫生信息系统的重要指导文件。

4）我国有关国家标准和规范

《国家卫生部中国电子健康档案标准》

《基于健康档案的区域卫生信息平台建设方案》

《国家公共卫生信息系统基本数据集标准》

《国家妇幼保健中心妇幼保健数据集及数据代码标准》

《卫生部医院信息系统(HIS)基本功能规范》

《疾病分类代码标准 (ICD－10)》

《卫生部标准 WS/T102－1998，临床检验项目分类与代码》

《医药行业标准 YY0252－1997，化学药品(原料、制剂)分类与代码》

《农村合作医疗信息系统标准》

《国家突发公共卫生事件应急指挥系统和疫情直报系统数据标准》

14.8 电子健康档案

1）电子健康档案的提出

“共享医疗”和“电子健康档案”(HER)的概念在“社区卫生信息系统中”已介绍。电子健康档案是居民健康管理(疾病防治、健康保护、健康促进)过程的规范、科学记录。电子健康档案是以个人健康为核心，贯穿整个生命过程，涵盖各种健康相关因素，并能进行信息交换和共享，满足个人及管理需求的信息资源。

居民要想通过双向转诊、共享医疗，在以区域为半径的各级医院得到经济、高效的医疗卫生服务，要使所有健康、医疗信息能够被所有的机构“互认”和“共享”，必须使用信息化的手段实现，因此，作为所有居民的健康、医疗信息的载体——电子健康档案(含电子病历)被提出。

2）电子健康档案的意义

电子健康档案是医疗卫生信息的主要载体，因此是区域卫生信息化的核心。目前世界各国建设区域/国家卫生信息系统，都以建设和共享电子健康档案为主要内容。2004年4月27日美国总统布什发布第13335号行政命令，要求在10年内对全美国绝大多数人实现可以用于互操作(共享)的电子病历。加拿大的国家卫生信息化规划,就是电子健康档案建设规划。我国卫生部制定的区域卫生信息平台建设方案,就是以实现健康档案共享为主要目标。国内多个地区也正在积极探索建设区域共享电子健康档案的方法。

3) 电子健康档案的概念模型

美国 HIMSS Analytics CEO Dave Garets 认为: EHR 是深度数字化的,上下文关联的患者终生保健记录。EHR 与电子病历(Electronic Medical Record,EMR)相似,但又有不同。2005 年 9 月,HIMSS Analytics 顾问机构在其白皮书中讨论了它们的主要区别(参见表 14-2)。

表 14-2 电子病历与电子健康档案比较

电子病历(EMR)	电子健康记录(EHR)
位于医疗机构的本地记录 患者所就诊的一个医疗机构的临床服务记录 这些系统由软件商提供,由医院、卫生保健机构、急救中心等安装 由医疗机构所有 可以通过一个入口看到一个患者记录中一些结果信息,但是不能交互式 不包括患者其他就诊的医疗机构中的信息	来自患者就诊的不同医疗机构间信息的子集 由患者和相关人员所有 由集团,州,或目前的区域卫生信息组织(如 RHIO)未来甚至是全国性的卫生组织开发、安装 由区域卫生信息网络提供交互式患者入口,也能够为患者添加信息链接

我国卫生部组织的区域卫生资源规划项目,总结了 EHR 的时序多维模型。EHR 的概念模型是通过一定的逻辑性、层次性、时序性来反映健康记录的三维结构模型。

第一维是生命周期,大致划分为 9 周期: 新生儿、婴儿、幼儿、学龄前、学龄期、青春期、青年期、中年期和老年期。

第二维主要是健康和疾病问题,如高血压等,共列了 142 个。

第三维是社会服务活动或干预措施,如健康教育,共列了 1 112 记录项目,这样就形成了分别以 X、Y、Z 轴的多维空间结构模型,(如图 14-5 所示)。某一个"记录项集"则是三维空间的某一点(或某一块),表达了在某一期间,产生了某一健康问题,进行某一种医疗服务或保健干预。

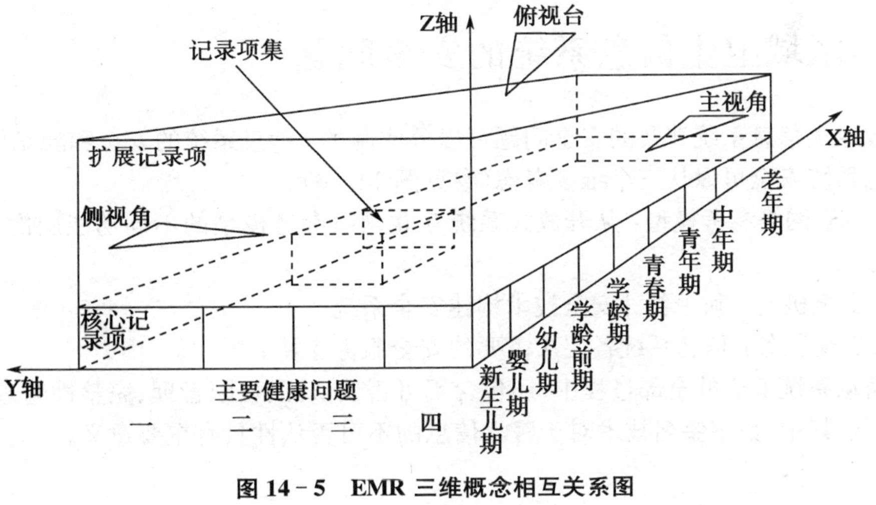

图 14-5 EMR 三维概念相互关系图

EHR逻辑构件定为：摘要、文件夹、文件、文件段、条目、聚合及数据元。表14-3是EHR构件描述。

表14-3　健康档案构件描述

EHR通用构件	简单描述	举　例
EHR_EXTRACT 摘要	最高级别信息提炼：高度概括个人的基本信息及健康相关信息，方便信息利用者对个人健康档案中重要信息的快速获取	如：个人标识、人口学特征、主要健康指标、主要疾病问题、过敏史等
FOLDER 文件夹	高层级信息分类：一方面各种不同途径来源信息在采集前分类，可以实现信息多渠道动态收集；另一方面进入健康档案信息的分类可以方便信息利用者进行快捷检索	采集前分类：按各业务，如预防、保健、门诊、住院、康复等，满足各方面需求；采集后分类：主要按健康问题或疾病问题
COMPOSITION 文件	个人每次接受各种卫生服务的记录表单；根据不同业务流程，各类登记表、记录表等文件所采集的信息是围绕某一卫生事件所进行的较为详细的信息收集	医学出生证明书、免疫接种卡、健康体检报告单、化验单、门诊记录表、住院记录、免疫接种表、孕产妇保健手册、儿童保健手册、肿瘤病人随访表等
SECTION 文件段	文件中包含的主要段落：将采集的信息更为细化地分块，通常有段落标题文或按病人接受卫生服务信息采集的顺序结构，或按今后方便阅读的顺序结构	如主诉、既往史、家族史、检查结果、诊疗方案等
ENTRY 条目	在与卫生机构某次接触后所发现临床结果的某条记录，常采用临床描述语言	某个症状、某个观察结果、某个化验值、某个处方药、某个毒副反应、某个诊断、某个鉴别诊断、白细胞分类、血压值
CLUSTER 聚合	不同来源的多个条目以嵌套(nested)的方式聚合，如时间序列，以列表的形式表达	听力变化结果、脑电图变化结果、智商变化结果、血压变化结果、主要慢性病诊断顺位
ELEMENT 数据元	EHR层级结构的最小单元(leafnode)，只包含一个取值	收缩压、舒张压、心率、药名、症状、体重

14.9　区域卫生信息系统的安全问题

区域卫生信息系统涉及的安全问题可以分成两类：信息系统的安全和隐私保护。

信息系统安全可以从三个维度考虑(参见图14-6)。

(1) OSI网络参考模型：从开放式系统互联网络参考模型的不同功能层次考虑系统安全问题。

(2) 安全机制：利用各种安全技术构建安全系统。

(3) 安全服务：信息系统各层次需要的安全服务支持。

在信息系统安全的全部过程中，还包含不可否认认证、权限管理、完整性管理、加密管理等内容。其中，数字签名技术对于医学信息的不可否认性具有重要意义。

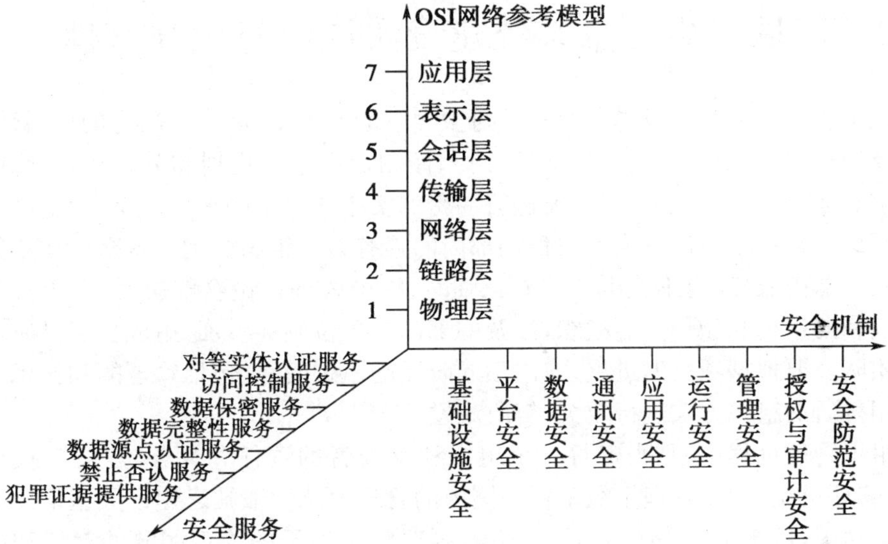

图 14-6 信息系统安全三维模型

数字签名在 ISO7498—2 标准中定义为："附加在数据单元上的一些数据，或是对数据单元所作的密码变换，这种数据和变换允许数据单元的接收者用以确认数据单元来源和数据单元的完整性，并保护数据，防止被人(例如接收者)进行伪造"。数字签名是一种确保数据完整性和原始性的方法。数字签名可以提供有力的证据，表明自从数据被签名以来数据尚未发生更改，并且它可以确认对数据签名的人或实体的身份。数字签名实现了"完整性"和"不可否认性"这两项重要的安全功能，而这是使用 EHR 的基本要求。

数字签名使用 PKI(public key infrastruction 公钥基础设施)对数据单元进行密码变换，数据接收者能够据此判断数据来源和数据是否曾经被修改。

PKI 的核心执行机构是电子认证服务提供者，即通称为认证机构(certificate authority, CA)，PKI 签名的核心元素是由 CA 签发的数字证书。它所提供的 PKI 服务就是认证、数据完整性、数据保密性和不可否认性。它的作法就是利用证书公钥和与之对应的私钥进行加/解密，并产生对数字电文的签名及验证签名。数字签名是利用公钥密码技术和其他密码算法生成一系列符号及代码组成电子密码进行签名，来代替书写签名和印章。目前，我国已经通过了《电子签名法》，从法律上认可了经过授权认证的电子签名文档具有手工签字的同等法律效力。这种法律认可对于推动信息化具有重要意义，尤其在医疗卫生领域，为电子文档代替手工文档奠定了重要的基础。

在医疗信息安全方面，患者隐私保护在国外受到极大重视。在美国有"健康保险流通与责任法案"(health insurance portability and account ability, HIPAA)中，对泄露患者隐私的行为做出了非常严格的惩罚规定。近年来，我国患者隐私问题也越来越多地受到重视。媒体曾曝光某些医院泄露了产妇信息，导致众多有关产妇和婴儿产品的厂家频繁用电话骚扰产妇。在电子病历/电子健康档案越来越普及的时代，使用中的授权管理成为信息化的一个重要课题。在实际使用中，需要设计一套非常复杂的授权机制。另外，患者授权也是一个重要的方法。

14.10 区域卫生信息系统建设实施的组织与管理

区域卫生信息系统建设是一个在政府主导下的庞大工程,具有高度的风险性。因此,首先需要经过慎重探讨、理论求证、经验总结而制定出整体规划和分步实施计划,而且要制定一整套运行机制和规范,最后要进行周密的实施或严格的评价。所以,它必须要有一个可以领导、协调、平衡区域内所有机构部门的强有力的组织机构。这个机构不能由市级卫生局某一部门兼任,也不能由一些专家临时、松散咨询讨论会解决,需要由具有协调不同部门权利的机构和领导出面组织,涉及的部门和单位领导参加,组成真正具有领导权威的领导团队。要根据项目的进展,找出不同阶段的瓶颈问题(包括管理的和技术方面的难题),采用科研的组织方式进行攻关,解决难题。

在组织管理过程中,要明确每一个组织和参与者的责任和义务,建立汇报和评估制度,建立奖惩机制,规范管理组织工程。国内的管理团队一般缺乏建设大型信息系统的经验和管理知识,IT 部门要做好领导的参谋,要对整个项目的管理团队的素质和能力有准确的估计,以便制定合理可行的规划和实施方案。以下是建议的领导小组组织机构(见图 14-7)

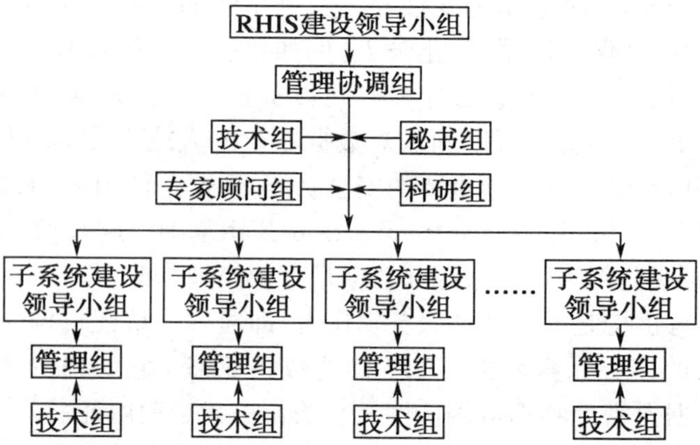

图 14-7 区域卫生信息系统建设领导组织结构图

区域卫生信息系统建设不只是信息化的技术问题,更重要的是如何管理的方法问题,也就是医疗体制改革的创新问题。只有医改开放,区域卫生信息系统建设才有成功的可能。

在国内外对区域卫生信息系统的研究中,利益相关者/群体的分析越来越受到重视。国内区域卫生信息化的特点是利益相关者/群体众多,一般缺乏高层强有力的统一组织协调管理,因而执行力很弱。这种特点导致利益相关者/群体的态度,尤其是关键利益相关者/群体的态度可以决定项目的成败。我们在管理模式、管理方法、信息系统设计和建设过程中,要充分重视利用创造多赢的利益格局,通过建立激励与约束机制来调控利益格局,而尽量避免仅仅依靠行政命令和红头文件来强制执行。要将两者结合,并很好地把握平衡点。

问题与讨论

(1) 为什么要提出区域卫生信息化?

(2) 区域卫生信息系统的概念是什么? 它的设计目标是什么?

(3) 区域卫生信息系统的总体设计思路包括哪些内容?

(4) 试述区域卫生信息系统的主要功能。

(5) 如何构建区域卫生信息系统的体系结构?

(6) 为什么要建设区域卫生信息系统的交换平台,核心技术有哪些?

(7) 区域卫生信息系统的数据中心有哪几种形式? 各有何优缺点?

(8) 为什么说电子健康档案是区域卫生信息系统的中心? 试述它的三维结构。

(9) 区域卫生信息系统的标准与规范有哪些? 有何重要性?

(10) 如何组织和管理区域卫生信息系统工程?

(何雨生　丁宝芬)

15 公共卫生信息管理系统

本章将论述有关公共卫生信息管理的概念、理论、实现方法以及面临的挑战。读完这章后，你将知道下面这些问题的答案：

公共卫生与公共卫生信息学基本概念；

中国公共卫生信息系统发展历程；

卫生信息标准定义和内容；

中国传染病疫情报告系统的组织结构、工作模式和机制、体系架构和功能；

突发公共卫生事件应急指挥信息系统建设背景、应用架构、应用系统设计。

15.1 公共卫生与公共卫生信息学

15.1.1 公共卫生的基本概念

1）公共卫生概念的扩展

公共卫生的概念是公众与医学家在长期与疾病作斗争中形成的。它是运用医学、工程学和社会科学的各种成就，用以改善和保障人群的健康、预防疾病的一门学科。公共卫生的医学基础来自预防医学。中国古代已有上医治未病的预防医学思想。古希腊希波克拉底在他的名著《关于空气、火、场所》一书中，亦将疾病与当地气候、饮水、居民体格和衣食住习惯等联系起来。

近代公共卫生观的诞生和发展是在 17 世纪欧洲工业革命时期，但这种早期的公共卫生主要局限在环境卫生。当时欧洲大量的农民从乡村涌向城市集中，工业生产从小作坊过渡到大工厂。居住密集、超时劳动、营养不良、饮水污染，粪便垃圾堆积如山，蚊蝇孳生，造成伤寒、霍乱、痢疾等疾病流行，肺结核等蔓延，居民健康状况下降。为了缓解这些问题，首先开展了环境卫生措施，包括整治上下水道，净化消毒饮用水，处理粪便垃圾，控制蚊蝇孳生，改善居住和营养条件等。

20 世纪以来，随着社会经济的不断发展，公共卫生定义的内涵也不断发展。进入 20 世纪后，随着公共卫生面貌的改观，急性传染病的控制和消灭，人们的健康有了很大改观。但随之而来的饮食结构配比不当，过度营养，不良生活方式，各种环境污染，又给公共卫生带来了新的课题。

1920 年耶鲁大学 Winslow 教授曾经对公共卫生下了这样的定义："公共卫生是防治疾病、延长寿命、改善身体健康和机能的科学和实践。公共卫生通过有组织的社会努力改善环境卫生、控制地区性的疾病、教育人们关于个人卫生的知识、组织医护力量对疾病作出早期诊断和预防治疗，并建立一套社会体制，保障社会中的每一个成员都享有能够维持身体健康的生活水准"。这个公共卫生的经典定义，在 1952 年被世界卫生组织（World

Health Organization，WHO)采纳，并一直沿用至今。尽管在以后的岁月中，随着人们对于公共卫生活动内涵的认识逐渐从环境卫生、传染病扩展到慢性病、职业病、意外伤害等的预防控制，各国政府与学者纷纷提出不同的说法，但都只是在此原则上的扩展，是对某个方面的补充或扩展。公共卫生的基本概念，即公共卫生是通过有组织的社会努力、保障人们公平健康的活动这一点一直没有改变。1995 年美国医学会将公共卫生概括为“公共卫生就是履行社会责任，以确保提供给居民维护健康的条件，这些条件包括：生产、生活环境、生活行为方式和医疗卫生服务”。1998 年英国认可的公共卫生定义是：公共卫生是通过有组织的社会努力来预防疾病、促进健康、延长生命的科学和艺术。所有这些也都没有脱离上述的定义的基本范畴。

2003 年 WHO 专家 Robert Beaglehole 综合了各种公共卫生的既有界定后，提出了新的定义：“公共卫生是改善人群健康和减少健康不平等的合作行动”。这反映出 WHO 以及人们对于公共卫生需要全社会共同合作的重视。既然是公共问题，就离不开全社会的合作和努力。这个定义同时强调了公共卫生的目的是改善人群健康和减少健康不平等，提高健康的公平性。

我国学术界对于公共卫生的权威理解体现在 2003 年国务院副总理吴仪在全国卫生工作会议上提出的有关公共卫生的概念：“公共卫生就是组织社会共同努力，改善环境卫生条件，预防控制传染病和其他疾病流行，培养良好卫生习惯和文明生活方式，提供医疗服务，达到预防疾病，促进人民身体健康的目的。”这就将公共卫生最初的改善环境卫生、预防控制传染病提高到组织社会共同努力预防一切疾病、促进人民身体健康的高度。

2）公共卫生基本功能

1979 年，WHO 通过 Delphi 法研究提出了 9 项基本公共卫生功能(essential public health function，EPHF)。2000 年，泛美卫生组织与 WHO 开展合作，在美洲国家中确定了 12 项基本公共卫生功能。2003 年，WHO 西太区办事处在 WHO、泛美卫生组织和美国确定的基本公共卫生功能基础上，提出了 9 项适合亚太地区国家特点的基本公共卫生功能。美国、英国、澳大利亚等国家也制定了本国的公共卫生基本职能。以美国为例，1988 年美国医学研究所(Institute of Medicine)在深入调查研究的基础上，发表了题为“公共卫生的将来”的报告。该报告指出，将公共卫生服务等同于公共卫生功能不能充分发挥公共卫生在社会上应该发挥的独特作用。公共卫生要完成“确保人人健康环境，满足社会健康利益”的使命，应该具备三大核心功能，即公共卫生评价(assessment)，通过系统地监测评估调查来提供健康信息；公共卫生政策研究制定(policy development)，通过制定卫生政策动员全民参与公共卫生；公共卫生保障(assurance)，通过评价和协调来保障人人享有健康。由公共卫生三大核心功能延伸出来的公共卫生十大基本服务是：

(1) 监测社区卫生状况，确定社区内重大公共卫生问题。

(2) 诊断和调查社区公共卫生问题和公共卫生危险因素。

(3) 将公共卫生问题公布于众并教育社区居民使其具备认识社区公共卫生问题的能力。

(4) 动员和建立社区联盟来认识和解决社区公共卫生问题。

(5) 制定政策和计划来支持个人和社区的卫生工作。

(6) 执行卫生法规保障健康和安全。

(7) 为社区居民联系需要的个人医疗保健服务，在缺乏需要的服务时，通过各种方式确保基本的医疗保健服务。

(8) 确保公共卫生和医护队伍的质量和能力。

(9) 评价针对个人和群体的卫生服务的效果、享有率和质量。

(10) 开展公共卫生研究，探索解决重大公共卫生问题的新思路和新方法。

2006 年，我国学者在分析 WHO、WHO 西太区、美国、英国、澳大利亚等国家和组织制定的公共卫生基本职能的基础上，总结出我国现有公共卫生体系应该履行的 10 项基本职能：

① 监测人群健康相关状况；② 疾病或健康危害事件的预防和控制；③ 发展健康的公共政策和规划；④ 执行公共政策、法律、行政法规、部门规章和卫生标准；⑤ 开展健康教育和健康促进活动；⑥ 动员社会参与，多部门合作；⑦ 保证卫生服务的可及性和可用性；⑧ 保证卫生服务的质量和安全性；⑨ 公共卫生体系基础结构建设；⑩ 研究、发展和实施革新性的公共卫生措施。

15.1.2 公共卫生信息学基本概念

公共卫生信息学是应用信息科学和计算机技术，研究公共卫生信息的运动规则和应用方法，以解决处理公共卫生信息过程中的问题为目标的一门学科。公共卫生信息学是近年来发展起来的一门新兴学科。特别是在美国 9·11 恐怖事件以后，公共卫生信息学研究得到了快速发展，以 PubMed 文献数据库检索为例，2001 年以前使用“public health informatics”作为主题词仅检索出 6 篇文章，而在 2008 年 10 月可检索的文章达到了 700 篇。

公共卫生信息学的相关主题反映了公共卫生的主要服务功能，如人口监测，人口筛查、登记，对消费者服务的新机会和义务，健康促进，信息系统和服务，遗传咨询，免疫接种，生态环境与流行病的变化，对社会健康环境(食品、药品)监控，生物恐怖事件，紧急灾难应急，卫生经济改革(资源分配)，数据链接和数据挖掘，劳动力教育和评价等。

21 世纪的医学发展趋势是公共卫生和个人健康防治的整合，因此与之相应的需要建立起健康防治服务和公共卫生相整合的、基于人群信息的公共卫生信息整合应用系统。公共卫生信息系统是公共卫生信息学的发展、信息知识以及公共卫生专业知识的发布的关键，它有助于公共卫生基本使命的实现和加强公共卫生的服务能力。信息技术的普及，尤其是互联网、无线通信技术的大规模应用，彻底改变了传统公共卫生管理的方法，带来了在信息的获取、处理与利用方式上的变革，提高了信息的利用效率。信息技术的利用，可以实现对传染性疾病的报告、突发公共卫生事件处理的全程跟踪，以及相关数据的实时采集，危机快速判定和决策，还可为命令的部署，现场与指挥中心的实时信息反馈，联动指挥提供技术支持等功能，有助于对危机事件做出快速和有效的反应。目前，先进的信息处理技术和现代管理手段已经成为公共卫生体系建设的重要内容。因此，公共卫生信息学不仅是实现疾病预防控制现代化的前提，也是突发公共卫生事件预警与应急的基础，是公共卫生管理的基本需求。

2001年美国卫生信息学会组织国家、州和地方公共卫生和信息专家，通过共同的讨论、协商，制定出美国国家公共卫生信息化发展和研究战略规划，指出了公共卫生信息学未来的研究和发展方向。其核心内容包括公共卫生信息系统的架构和基础实施、信息标准和术语标准、公共卫生信息学研究、公共卫生信息发展的经费筹集和管理、公共卫生评价、个人隐私相关信息的保护、信息保密和安全、公共卫生信息相关人才培训和人力资源管理等几个主要方面，共计74条。近年来，我国公共卫生信息学优先发展领域包括疾病监测、公共卫生信息系统建设、突发公共卫生事件监测与应急系统建设、公共卫生信息标准建设和研究等方面。

15.1.3 中国公共卫生信息系统发展历程

我国的公共卫生信息化是卫生信息化的重要组成部分，它是与国家信息化密切关联的，国家信息化的飞速发展极大地推动了公共卫生的信息化和公共卫生信息系统的建设，促进了近年来公共卫生事业的大发展。

1) 公共卫生信息化发展阶段

我国的公共卫生信息化可以追溯到20世纪的80年代中期，迄今已经历了20多年的历程，可以粗略地分为以下三个历史发展阶段。

(1) 起步阶段：公共卫生信息化的雏形。

这个阶段以80年代中期在当时的中国预防医学科学院所建立的法定传染病报告信息系统为标志，它利用了现代计算机与通信技术实现了疫情数据通过网络的传输，从此我国彻底结束了从50年代以来沿用了30多年的按月逐级汇总、通过邮局层层邮寄纸质报表上报疫情数据的历史。作为我国公共卫生系统建立的第一个信息系统，它是我国公共卫生信息化迈出的第一步，是公共卫生信息化的第一座里程碑。

(2) 快速发展时期：公共卫生信息系统建设的百花齐放阶段。

进入20世纪90年代以后，随着信息技术的不断创新，信息产业持续发展，信息网络广泛普及，信息化成为全球经济社会发展的显著特征，并逐步向一场全方位的社会变革演进。党中央、国务院及时召开了全国信息化工作会议，提出了符合国情的我国信息化发展总体思路，又相继启动了以金关、金卡和金税为代表的重大信息化应用工程（“三金工程”）。所有这些都极大地推动了卫生系统信息化的快速发展。1997年12月卫生部召开了《全国卫生信息化工作会议》，要求各级卫生行政领导利用国家信息化及卫生信息化来促进卫生事业的发展及卫生改革的深入。1999年，卫生部根据国务院研究科技救灾工作会议上提出的充分利用现代计算机与网络技术，“加强国家卫生信息网络建设，整体提高我国疫情预报和疾病防治工作水平”的要求，拟订了《国家卫生信息网项目建议书》。该建议书结合我国卫生信息系统的现状，提出了“综合运用计算机技术、网络技术、通信技术，构成一个覆盖中央—省—地（市）—县（区）四级卫生系统的高效、快速、通畅的网络通信传输系统，提高卫生信息质量，加强卫生事业的宏观管理、科学决策及重大灾害的应急、应变指挥能力的国家卫生信息网建设”的总体目标，并提出要优先建立卫生防疫信息网。各省纷纷提出各自建设以公共卫生信息网为中心的信息系统建设方案。公共卫生信息系统建设出现了百花齐放的大好形势，公共卫生系统的信息化开始进入快速发展阶段。

这个时期的信息系统大致可以分为以下几类：

① 国家疾病报告管理信息系统。在国务院1998年科技救灾会议后，由国家投资建设。主要包括"法定传染病报告系统"和"救灾防病与突发公共卫生事件监测报告系统"。

② 单病监测报告管理信息系统，如结核病、艾滋病监测报告系统等。在前一阶段法定传染病报告系统建设成功的启发下，各个部门纷纷筹集资金，建设具有本领域特色的信息采集、报告及处理系统。它们为我国不同疾病的预防控制提供了重要的决策支持，积累了大量宝贵的基础数据。

③ 公共卫生业务管理信息系统，主要为满足处理单位内外部业务而建立的系统。比较典型的如防疫站建立的从样品收集、输送、分析检验、报告产出到费用结算的管理信息系统，还有以对适龄儿童进行疫苗接种管理为目的的儿童免疫接种管理信息系统等。

④ 统计报表管理信息系统，如收集汇总各种卫生监督业务统计数据报表的管理信息系统等。

众多信息系统的建立与运行为公共卫生系统的信息化积累了宝贵经验，培养了一批业务骨干，出现了一批有志于公共卫生信息化事业的信息技术公司。所有这些都为我国公共卫生信息化的大发展奠定了坚实的基础，也使公共卫生信息化真正融入国家信息化，成为国家信息化不可或缺的重要部分。

这个阶段公共卫生信息化的发展中存在的主要问题为：

① 缺少顶层设计。大部分系统为业务驱动型，是为满足本部门的某一具体业务需求而建立的系统，各个业务系统之间缺乏关联。

② 缺乏信息标准化体系的支撑。虽然大多数系统都能遵循信息技术标准，但极少能比较全面地考虑信息的表达标准，导致不同系统的设计者对相同概念理解的歧义与编码的不一致等问题。

③ 信息化程度较低，缺乏对业务流程的再造，尚属于初级阶段的信息化。

④ 对信息重收集、轻利用，对信息资源的利用缺乏整体考虑。

(3) 有序快速发展时期：2003年后公共卫生信息化进入了一个有序快速大发展的时期。

2003年上半年SARS疫情的发生和蔓延，充分暴露出当时我国公共卫生信息系统存在的信息报告时效性差、卫生信息网络覆盖面小、缺乏国家统一的公共卫生信息平台、信息整合能力差等缺陷。针对这些问题，党中央、国务院做出了用三年时间基本建成全国疾病预防控制体系的重要决定，我国出现了有序建设发展公共卫生信息系统的公共卫生信息化高潮。到目前，已经初步建立"纵向到底"的国家公共卫生信息系统。系统依托国家公用数据网，综合运用计算机技术、网络技术和通信技术，建立了连接乡镇、县(区)、地(市)、省、国家五级卫生行政部门和医疗卫生机构的五级双向信息传输网络的公共卫生信息虚拟专网，如图15-1所示。

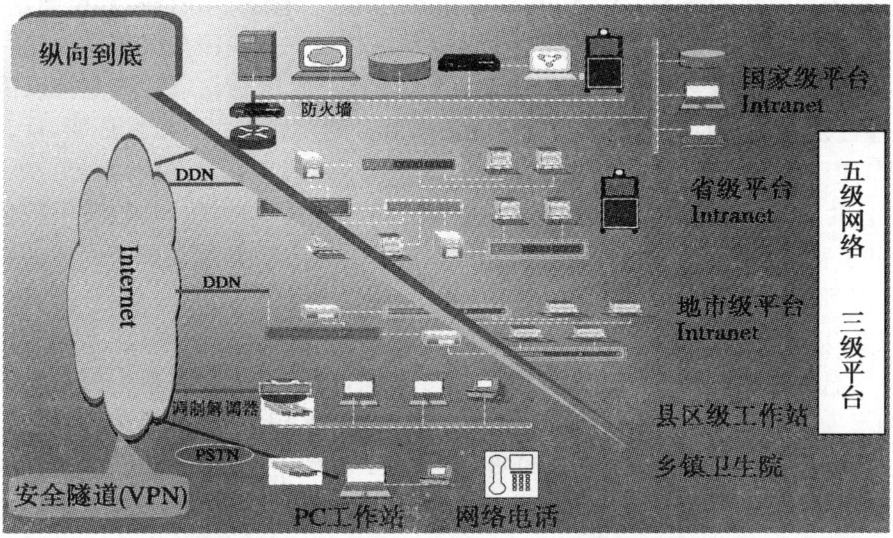

图 15-1 纵向到底的我国公共卫生信息系统体系

这个时期信息系统的建设主要有以下几类：

① 国家公共卫生信息系统基础网络的建设。在大多数地(市)级及以上的卫生行政部门、医疗、预防、卫生监督机构建立了具有通信、数据中心、预警预报、视频会议、指挥调度、信息发布等功能的国家、省、地(市)三级公共卫生信息网络平台作为公共卫生信息系统的骨干网络。同时在县级及乡镇卫生院、社区卫生服务中心和基层医疗机构则建立了PC工作站。这是国家公共卫生信息系统的基础，是实现公共卫生信息化的重要物质保障。

② 中国疾病预防控制信息系统建设。2003年后，成功建设了以传染病与突发公共卫生事件监测报告信息系统为核心的中国疾病预防控制信息系统。实现了传染病疫情和突发公共卫生事件个案的“实时、在线”报告。系统覆盖了全国各级所有的卫生行政机构、疾病预防控制中心、卫生监督机构以及全国96％以上的县级及以上医疗机构和70％的乡镇级卫生院。这是当今世界运行最大的基于互联网在线直报的网络应用系统，是我国公共卫生信息化发展道路上的又一个里程碑。有关此系统技术方面的详细描述见本章15.3。

③ 突发公共卫生事件应急指挥中心与决策系统。为了应对突发公共卫生事件，国家与地方已经建立起各级突发公共卫生事件应急反应系统。将各种来源的疾病与危险因素信息统一整合在一个网络平台上，并采用科学的危机处理方法、先进的信息处理技术和现代的管理手段，实现对突发公共卫生事件的辨别、处理和反应，实现对事件处理的全过程进行跟踪和处理，具有联动指挥、现场支持等功能，可以在最短的时间内对危机事件做出最快的反应，有效地动员和调度各种资源，进行指挥决策。有关这个系统的描述见本章15.4。

2) 公共卫生信息系统发展中的主要经验

(1) 依托国家信息化大政方针，借助国家信息化的大势向前发展。公共卫生信息化一直是在国家信息化的指导方针下进行，伴随着国家信息化的步伐前进和得到发展的。

(2) 坚持以需求为导向进行公共卫生信息系统建设。从我国公共卫生的第一个信息系统——法定传染病报告信息系统的建设开始，公共卫生信息化就一直坚持以需求为导向、借助业已发展成熟的信息技术为自身的需求服务的发展模式。事实证明，认真地分析业务需求，使用成熟的信息技术，这是一条加速公共卫生信息化发展的捷径。

(3) 公共卫生信息化一定要发挥国家主渠道的经费筹集方式。与建设医院信息系统不同，公共卫生信息系统是为全民提供公共服务的公共产品，必须在国家为主的经费投入下才能获得可持续发展。

比较 2003 年 SARS 前后，各个卫生信息系统的发展速度与水平，让人深感国家对于公共卫生信息系统建设的投入的重要性。2003 年前，国家对于公共卫生信息化的投入处于很低的水平，没有形成规模。大部分系统处于“有钱建、没钱养”的窘境，系统难以升级，水平难以提升，有的甚至难以为继。2003 年 SARS 以后，国家对公共卫生信息系统建设的巨大投入是近年来公共卫生信息化得到有序大发展的关键，也是公共卫生信息化可以得到持续高速发展的基本保证。

(4) 必须重视顶层设计与标准化建设，这是避免产生新的信息孤岛的重要保证。2003 年以前的公共卫生信息系统之间数据的可交换性差，其直接原因是缺乏从整体考虑的公共卫生信息化的顶层设计；信息标准建设处于很低的水平，标准的覆盖面窄，难以满足信息系统建设的需要，捉襟见肘的经费支持也使系统的设计者难以考虑统一的信息标准。2003 年后，信息标准化研究得到重视，信息系统的设计从顶层开始就注意对已有信息标准的采用及新标准的研制，减少了信息孤岛，提高了系统之间信息的可交换性。

3) 公共卫生信息系统发展中存在的主要问题分析

(1) 公共卫生信息系统建设的地区不平衡。中国疾病预防控制信息系统虽然在我国已经全面运行，但各地在基础设施建设、系统的使用水平、人员等方面存在极大的差距。在东部地区不断更新设备的同时，缺乏足够的经费使西部许多地区的信息化设备难以更新，人员得不到及时的培训，信息化应用水平难以提高。

(2) 尚未进行有效的资源规划。由于 2003 年的公共卫生信息系统建设是在 SARS 后，主要是为了解决信息渠道不畅而提出的，系统的设计缺乏有效的资源规划的指导。

(3) 人才缺乏。公共卫生信息化需要大批既懂公共卫生业务和管理又懂计算机和信息技术的复合型人才。我国信息化工作起步晚，人员的培养更是落后于需要。相比于医院，公共卫生系统的这种复合人才更是严重缺乏。复合型信息化人才的缺乏必将成为我国公共卫生信息化发展的瓶颈。

(4) 数据的使用率和使用水平低。公共卫生信息系统每时每刻采集着各种数据，但对海量数据的应用一直处于很低的水平。导致这种情况的一些重要原因有：信息系统的建设者存在重建设、轻利用的传统观念；信息拥有者把信息当作个人财富的小农经济、本位主义思想；地方保护主义以及信息标准的研究水平尚不足以支持不同系统数据的互联互通等。

15.2 卫生信息标准建设

国家标准GB 3935.1—83标准化基本术语第一部分对标准作如下定义："标准是对重复性事物和概念所做的统一规定。它以科学、技术和实践经验的综合成果为基础，经有关方面协商一致，由主管机构批准，以特定形式发布，作为共同遵守的准则和依据。"信息标准属于标准的范畴，它是为了实现异构系统间信息的交换、共享与互操作而建立的统一规范，它明确了信息在其采集、传输、处理、存贮到使用全过程的各个阶段有关各方必须遵循的准则与规范。随着信息技术的飞速发展，e-Health的时代已经悄然而至，国内外公共卫生信息化建设得到了前所未有的发展。建立个人电子健康记录，发展区域卫生信息平台，建立全过程、全方位的疾病和(或)健康监测系统等已经提到议事日程，由此对不同系统之间信息互操作性的要求日益迫切，对卫生信息标准的研究与开发工作越来越受到业界的广泛关注和投入，业已成为全球卫生信息化的重要内容和基本保证。

有关卫生信息标准化的内容，我们在第4章已做了详细介绍，本节主要论述与公共卫生信息标准相关的问题。

15.2.1 卫生信息标准的分类

卫生信息标准可概括地分为信息技术(IT)标准与信息表达标准。前者是指对数据采集、传递、处理、存储、发布等过程的物理实现标准以及信息处理标准。它们是卫生信息系统物理实现的基础，离开了这些标准，就无法开发最基本的系统。后者则涉及卫生领域的语义标准，属数据类标准范畴，其意义在于实现人们对于数据及信息的一致性表达和无歧义理解，指导信息系统开发中数据的采集和分析，实现数据交换，例如医学术语标准、疾病分类编码、各种医学代码标准、最小数据集标准、数据元规范、医学元数据标准、电子病历标准、电子健康档案标准、概念模型等。

本文谈到卫生信息标准主要涉及信息的表达标准。信息表达标准的研究由分类代码标准、术语规范标准和数据模型研究等几个主要部分组成。

15.2.2 卫生信息标准研制现状

1) 国际卫生信息标准现况

主要的国际卫生信息标准有国际疾病分类(international classification of diseases, ICD)，统一的医学语言系统(united medical language system, UMLS)，医学术语标准——临床术语(systematized nomenclature of medicine-clinical terms, SNOMED CT)，观测结果标识符逻辑命名与编码系统(logical observation identifiers, names and codes, LOINC)等(参见第4章)。

信息模型的研究与开发最有代表性的为美国的HL7参考信息模型(reference information model, RIM)。HL7的信息交换标准具有普遍意义，不仅在医疗系统，在公共卫生领域也得以有效利用。

HL7 参考信息模型的主结构见图 15－2。信息是活动的产物。信息又服务于活动。因此信息首先是但不仅是对于活动属性的描述，而且也是对于活动关联方及其相互关联属性的描述。在图 15－2 中，就清晰地说明了信息主要来源方动作与其关联方以及关联的六个主题域之间的关系，其中动作、实体、角色组成了三个最主要的主题域，而动作又是基础。在 RIM 基础上构建的美国国家公共卫生概念数据模型（Public Health Conceptual Data Model，PHCDM）则注重从顶层进行信息系统设计，成为美国国家电子疾病监测系统（National Electronic Disease Surveillance System，NEDSS）的基础模型。在 HL7 RIM 的指导下，各国纷纷研究开发各自的信息模型和数据字典，指导国内信息系统的开发。如加拿大的卫生信息模型（Canadian Health Information Model，CHIM），澳大利亚的国家卫生信息模型（National Health Information Model，NHIM）等。

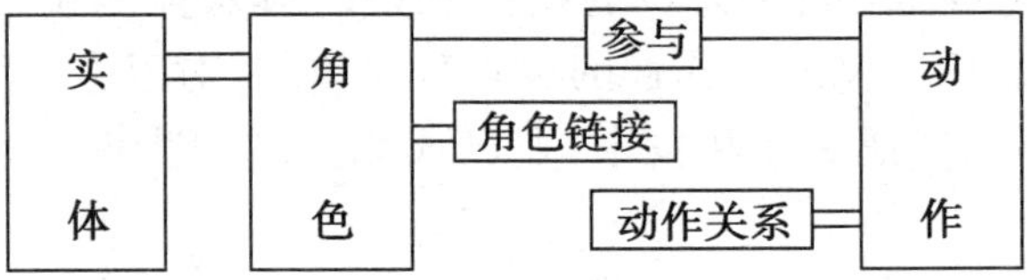

图 15－2　HL7 参考信息模型的主结构

2）我国的卫生信息标准研究

我国信息标准的开发也经历了从信息代码标准、术语标准开发和数据模型研制的几个阶段。

在信息标准的研制开发中则采用了三种主要的方式，即自主开发、等同采用国际标准以及在国际标准基础上根据我国实际进行改造。

20 世纪 80 年代后 IT 技术的迅猛发展，有力地推动了我国卫生信息系统的发展，但在 2003 年以前，我国研制开发的医药卫生信息标准还是以代码标准和术语标准为主，是为了满足对于多分类事物的一致性理解和数据交换。

尽管代码标准的重要性是显而易见的，但代码标准不能涵盖信息表达标准的全部。信息的表达标准首先要求对包含其意义的数据元的名称、定义、语境、值域等的标准化。名称、定义属于语义的范围。名称、定义不规范、不一致，就会导致不同用户对同一事物理解的歧义，最终还是会导致信息的难以交换与共享。名称不一致的例子如不同系统中有的称病人，但也有的叫患者。因此必须对每个名称进行严格的定义以避免理解的歧义。另外代码也只涵盖了数据元值域的一部分。数据元不一定、也不可能只具有分类特性。有的数据元的特性可以用连续变量来表示，例如身高测量值，其值域就表现为一个范围。有的数据元的特性可以用字符来表示，例如机构名称、地址。还有的数据元的特性为以时间形式表示的，例如儿童出生时间、儿童接种疫苗时间等。因此还必须建立这类数据元值域的标准化表示准则。这就使数据表达标准的研究从代码、术语的研究进入到了数据元标准研究的阶段。

这个阶段是从 2003 年开始的。卫生部在 2002 年 10 月的全国卫生信息化工作会议上，将卫生信息标准化建设列为卫生部 2003—2010 年间信息化建设的第一条基本原则和主要任务，明确提出卫生信息化建设必须“统一规范、统一代码、统一接口”，并要求在与国际接轨的同时，努力建立自己的卫生信息标准。2003 年 SARS 后卫生信息标准的开发与使用更是进入了一个新的时期。卫生部成立了卫生信息标准专业委员会负责组织卫生信息标准的开发、审核、发布及维护管理，我国卫生信息标准化工作步入了规范化、法制化的轨道。近年来组织并完成了以数据类信息表达标准为主的几个重要的卫生信息标准的研制，并用于信息系统建设的实践。2004 年初建成并投入运行的中国疾病预防控制信息系统在其研制开发中，充分引用国家标准、国际标准和行业标准，有力推动了我国疾病预防控制工作，实现了我国疾病监测工作质的飞跃。

近年来组织的信息表达类标准的研制，首先是进行了指导类标准即“标准的标准”的研制，已经完成呈报卫生部标准委员会审批通过的指导类标准有：

(1) 卫生信息数据集元数据规范(参见表 15－1)。

表 15－1 公共卫生信息基本数据集举例：儿童预防接种信息(A0302010101)-部分

标识符	数据元名称	英文简称	定　义	数据类型	数据格式	值　域	版本
0101001	儿童姓名	Child_name	接受预防接种儿童的姓名	PN	a..30	GB/T 17538—1998(全国干部、人事管理信息系统数据结构)	1.0
0101002	儿童身份证号	Child_id	接受预防接种儿童的身份证号码	II	an18	GB11543—1999 公民身份证号码	1.0
0101003	儿童性别	Gender	接受预防接种儿童的社会性别	CE	n1	GB/T 2261.1—2003 个人基本信息与分类代码 性别代码	1.0
0101004	儿童出生日期	Birth_date	接受预防接种儿童出生时的公元纪年日期	TS	yyyymmdd		1.0
0101005	监护人姓名	Guardian	接受预防接种儿童的母亲姓名	PN	a..30	GB/T 17538—1998(全国干部、人事管理信息系统数据结构)	1.0
0101006	联系地址	Contact_add	儿童监护人当前居住的通信地址	AD	an..100		1.0
0101007	联系电话	Contact_tel	儿童监护人固定联系电话	TEL	n..20		1.0
0101008	手机	Note_tel	儿童监护人手机电话	TEL	n..20		1.0
0101009	儿童建档地址国标码	Register_gb_code	为接受预防接种儿童建立档案(接种卡、证)的县区的国标代码	CE	n6	GB/T2260 2005 中华人民共和国行政区划代码	1.0
0101010	儿童建档日期	Register_date	儿童首次建立预防接种档案(接种卡、证)的日期	TS	yyyymmdd		1.0
0101011	疫苗名称	Vaccine_no	接种疫苗的商业名称	CS	n4	0101011 疫苗名称代码	1.0

……

(2) 卫生信息数据元标准化规则。

(3) 卫生信息数据模式描述指南。

(4) 卫生信息数据集分类与编码规则。

此外还有几个指导类标准正在研制之中。这些标准的研制,一方面使应用标准的研制有了规范,二是锻炼了一支信息标准研制的队伍。

除了指导类标准,前几年还进行了其他数据类表达标准的研制。中国疾病预防控制中心组织完成了公共卫生信息分类框架与基本数据集标准研制。

15.3 中国疾病预防控制信息系统

及早发现可能的传染病病例是控制疫情的关键。SARS 疫情发生之后,作为发现病人的源头的我国各级各类医疗机构,仍在使用纸质病例报告卡,是导致不能及时报告 SARS 疫情的最主要原因。建立基于互联网的传染病个案直报和纵向到底、横向到边、广覆盖的网络直报系统,是符合我国国情的公共卫生信息化建设的总体策略和框架。

15.3.1 传染病报告系统概述

1) 疫情报告系统组织结构

中国传染病疫情报告系统组织结构纵向分为国家、省、市、县、各级各类医疗机构五级,横向包括各级疾病预防控制机构和卫生行政部门,根据 2006 年末统计,全国有 31 个省级疾病预防控制中心(Center for Disease Control and Prevention, CDC)、375 个市(地)级疾病预防控制中心、3 104 个县(区)级疾病预防控制中心和各级各类医疗机构。疫情报告管理实行分级属地化管理的原则。见图 15-3。

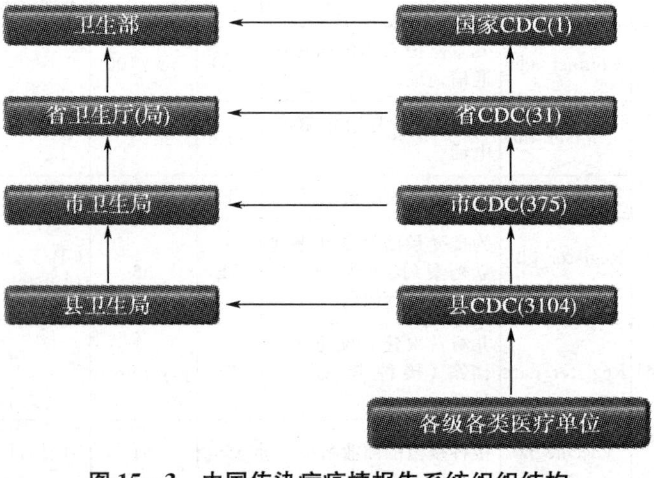

图 15-3 中国传染病疫情报告系统组织结构

2) 疫情报告工作模式

传染病疫情报告工作原理如图 15-4,建立在中国疾病预防控制中心的数据中心,是全集中模式的监测信息系统，数据集中存储，应用集中部署，全国各级疾病预防控制机构、各级医疗单位和研究单位通过授权直接访问本系统。系统提供了集信息报告、数据管理、数据利用和信息发布于一体的四大功能。疫情报告（数据采集）由各级各类医疗机构和基层疾病预防控制中心，采用 IE 浏览器进行个案直报。疫情分析利用（数据管理和利用）可满足包括中国疾病预防控制中心在内的各级疾病预防控制中心、卫生部、地方卫生行政部门对数据中心进行的数据查询、统计、分析和发布。

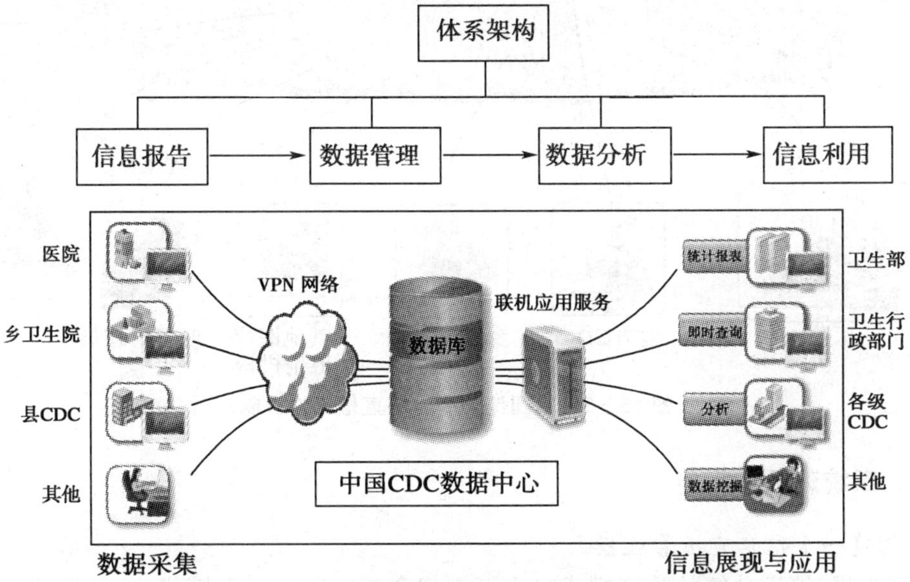

图 15－4　中国传染病疫情报告工作原理和体系架构

3）信息网络直报工作机制

通过合理利用虚拟专用网络（VPN）技术和 Internet 资源建立“公网专用”的网络系统，将信息采集功能延伸到基层，服务于广大的医疗机构和基层疾病预防控制中心人员，大幅度提升全国传染病和突发公共卫生事件监测的覆盖率、准确性和时效性。在网络范围内，所有的医疗机构、各级疾病预防控制中心及其一线专业人员可以直接将监测数据提交到中国疾病预防控制中心的数据中心，最大限度地提高处理传染病疫情爆发流行的信息响应效率，能够更科学合理地调用社会力量，将重大传染性疾病的危害降到最低水平。该工作模式将传染病从过去月报改为个案报告，基层报告与中央接收信息同步，整体报告速度提高十倍，报告数量增加三分之一，是目前世界上独一无二的报告系统，这种工作模式使我国传染病和公共卫生信息管理水平发生了质的飞跃，实现了疾病监测模式的变革。见图 15－5。

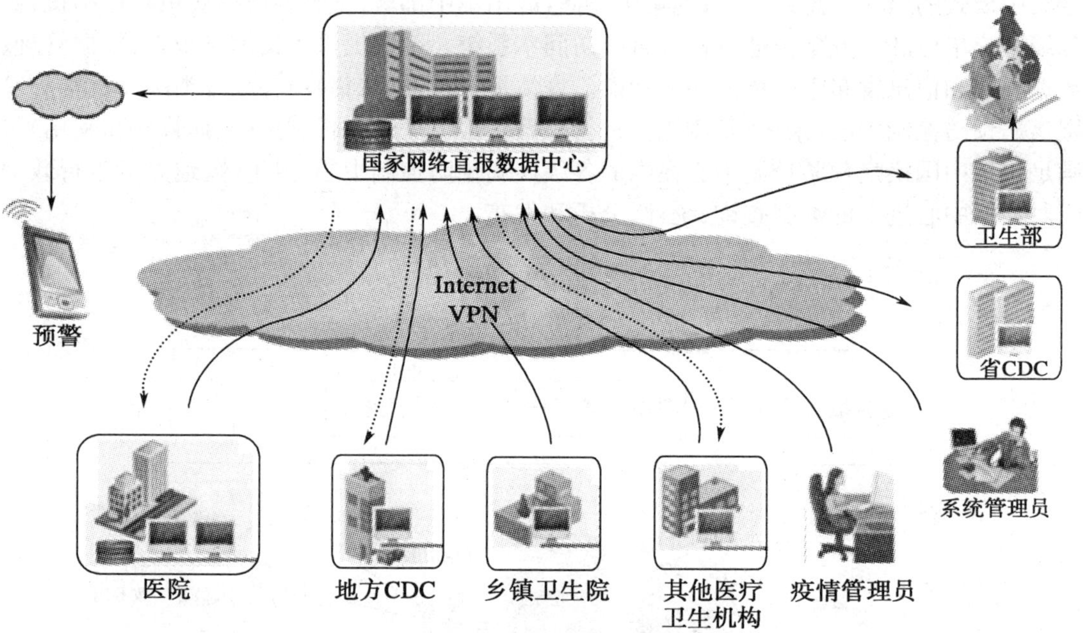

图 15-5 中国传染病网络直报工作机制

15.3.2 系统建设与实施

1）构建一个信息直报管理模式

个案直报、管理分级的管理模式。重新构建全新的监测管理模式，这个模式以个案信息网络直报为基础，实行分级信息管理。与过去的监测模式完全不同，是一种工作模式的变革。

图 15-6 所示表达了所构建的网络直报、管理分级的一个流程化的动态监测的管理模式或者流程。所有医疗卫生机构发现并做出传染病诊断后，包括临床诊断的疑似或者确诊病例，必须填写传染病报告卡，通过网络直接报送到国家数据中心。县（区）级疾病预防控制中心，立即对所报告的传染病信息进行审核，根据卫生部的工作规范要求，对重点监控或者控制管理的传染病，立即开展个案调查，通过调查，填写个案调查表，并将信息通过专病或单病监测管理信息系统报告，同时与医院所报告的信息相关联。

从信息层面将艾滋病、结核病等专门的监测系统整合到同一个综合监测体系完成信息的采集。同时在县（区）疾控机构开展个案调查的过程当中，发现医院所报告病例信息错报，及时通过网络进行订正。进入专病管理系统一旦建立了个案信息，便可追踪到病人，建立病人的相关信息档案，通过系统对病人信息进行追踪和管理。

2）构建了两个架构体系

通过建设构建了两个架构体系。一个是保障实现规划目标的体系架构，一个是支撑体系去运转的技术架构。信息系统所包括的信息采集、信息管理、信息分析和利用几个过程映射到能够满足网络直报的监测模式，构成了网络直报的体系架构。通过在中国疾病预防控制中心构建统一的数据中心，利用互联网络建立虚拟专用网络（VPN），建立信息

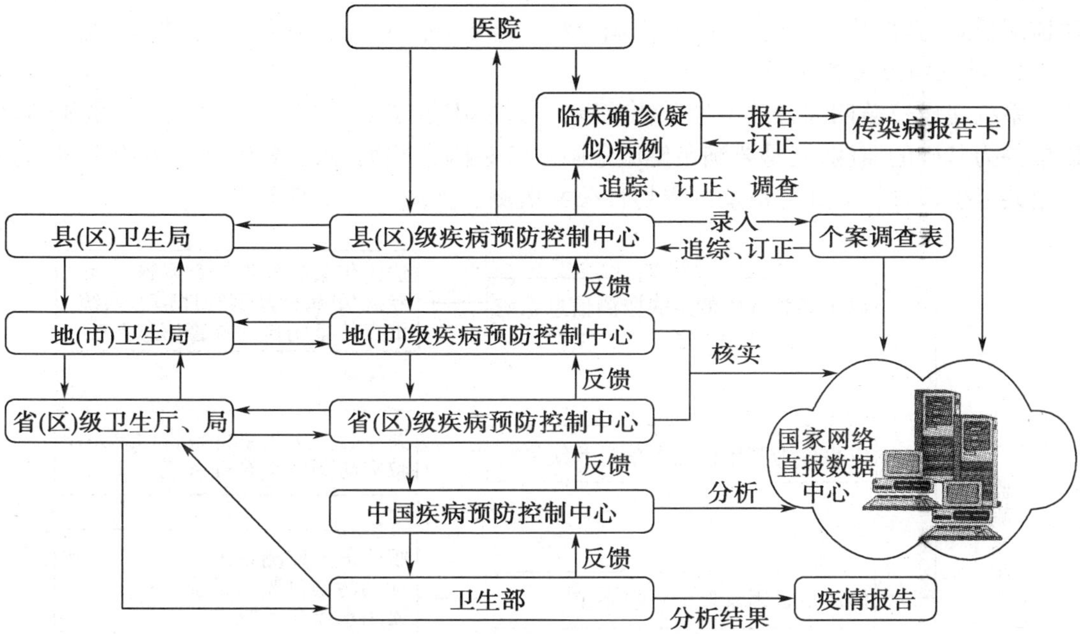

图 15-6 传染病网络直报工作模式

报告的专用通道，来满足各级医疗卫生机构的传染病信息通过网络直接报告。采集的信息，通过对数据中心监测数据进行联机应用服务，提供卫生部、各级卫生行政部门和各级疾病预防控制机构监测部门对报告信息的统计、查询、分析及数据挖掘和利用。通过该体系的构建，实现了疾病监测部门从数据采集、数据管理利用到数据发布全过程的管理。

系统技术架构则采用包括操作系统平台、系统软件平台、应用系统平台、业务运行平台和业务系统功能 5 层平台架构(图 15-7)。其中操作系统平台是应用软件运行的基础平台。Web 服务器、应用服务器、关系数据库构成系统软件平台。应用系统平台提供业务通用的服务，支持整个系统平滑扩展，为以后增加数据分析系统和知识管理系统提供基础。业务运行平台则针对突发公共卫生事件监测系统的业务需求，支持监测系统业务运行，并提供与数据采集、分析和统计相关的业务定制功能。业务系统功能则具体实现疫情报告、突发事件报告、专病管理、健康危害因素监测、公共卫生基础信息和重点疾病主动监测等业务子系统。

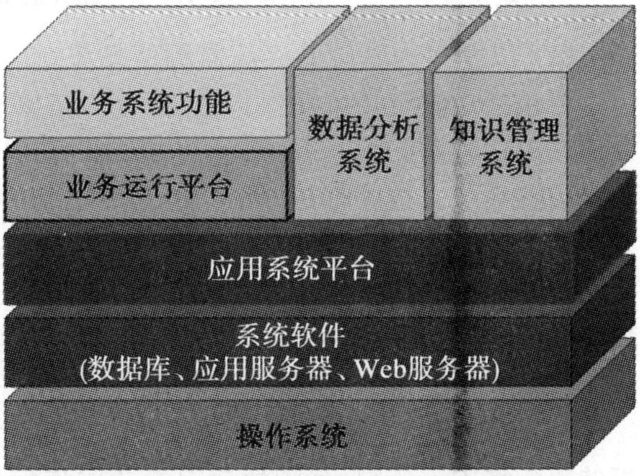

图 15-7 应用信息系统平台架构

3) 系统建设的三个基本原则

在国家网络直报系统建设之前，传染病监测是条块化的，传染病报告、结核病监测、艾滋病监测都是各自独立的，甚至有些地方自己也在建本地的监测系统，开发自己的软件系统,使用的传染病报告卡不统一,填写的信息标准内容也不统一。为了实现一体化的传染病监测模式,提出了三个建设原则,由国家统一规划,分步实施,中央、地方共建网络。

4) 满足四大业务监测需求

系统建设覆盖四大公共卫生监测范围,一是要满足基于个案的疾病监测;二是要满足以事件为基础的监测;三是要满足健康危险或危害因素监测;四是要满足支撑传染病和突发公共卫生事件核心业务活动的支持性公共监测。如图 15－8 所示。

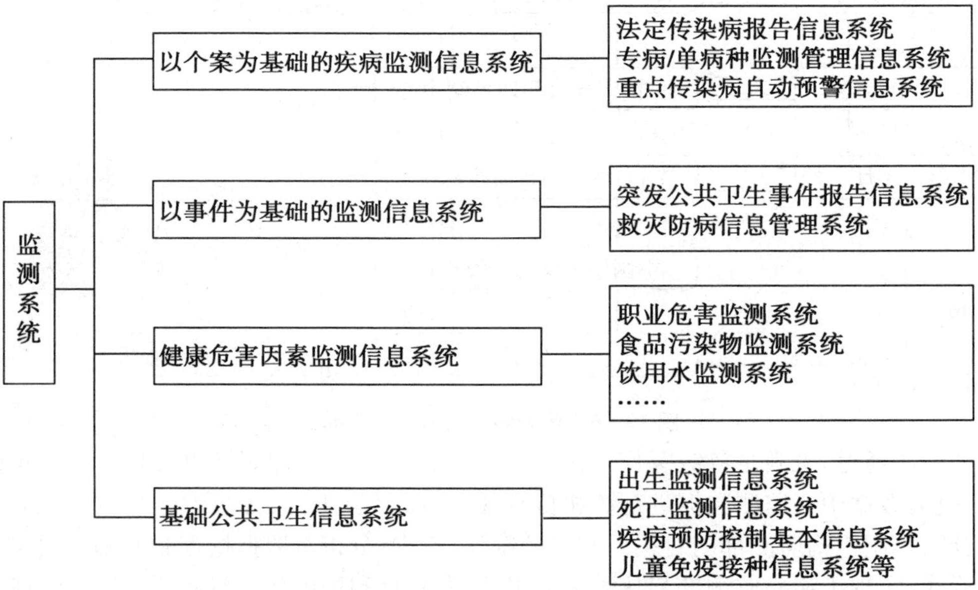

图 15－8　四大公共卫生监测范围

(1) 以个案为基础的疾病监测信息系统。能够满足以个案为基础的疾病监测需要,它主要包括像法定传染病报告信息系统,结核病、艾滋病、鼠疫、霍乱等重点控制的传染病专病或单病种监测信息系统。同时还要针对基于个案报告信息能够及时做出预警的自动预警信息系统。这些都是以个案监测为基础的疾病信息系统范畴。

(2) 以事件为基础的监测信息系统。以事件为基础的监测信息系统,其典型代表是突发公共卫生事件报告信息系统和救灾防病报告信息系统。它以事件报告为信息管理对象,从初始报告到中间的若干次进程报告,直到事件结束的结案报告或总结报告,均以同一起事件为单元进行管理。

(3) 健康危害因素监测信息系统。健康危害因素监测是长期、连续地收集、核对、分析健康危害因素资料,发现致病因素造成疾病爆发、传播等的动态分布信息,并将信息及时上报和反馈,以便及时采取有效干预措施的过程。包括职业危害、食品污染和饮用水等监测。通过健康危害因素指标的监测,可映射出早期预警和预测,为决策部门提供制定新政策或控制策略,这些监测属于早期预警性的监测内容。

(4) 基础公共卫生监测信息系统。基础性的公共卫生信息,包括出生、死亡、儿童预防接种和疾病预防控制机构人、财、物的基本信息。

出生和死亡是人的一生中最重要的两个生命事件,出生和死亡信息是最基本公共卫生信息。准确、可靠、系统地收集人群的出生、死亡信息,对制定我国的人口和公共卫生政策具有非常重要的意义。

疾病预防控制机构基本信息,是反映疾病预防控制机构能力的基础性信息。疾病预防控制机构具有什么样的人,能做些什么事,检验能力如何,经费保障情况如何,设备装备如何等,这也是一个动态的监测过程,信息每年要不断地更新。其目的在于评估区域疾病预防控制体系,掌握地区或者部门在应对区域未来可能爆发传染病疫情与突发公共卫生事件的预防和控制能力。

5) 实现五个方面的应用

系统实现了包括高覆盖面、高敏感性、能够实时监控疾病的时空变化、能够实现个案追踪病人以及能够实时动态观测病人的转归和发展等 5 大功能。

(1) 高覆盖面。目前已经覆盖全国 3 000 多个各级疾病预防控制中心,17 000 多家县和县级以上医疗机构和 71%的乡镇卫生院。疫情和突发公共卫生事件报告点 48 000 多个。

(2) 实时动态。建立了每日基于地理信息系统(GIS)动态监测的系统界面。每天从第一个病例报告开始,截止到 24 时,都可以通过地图图中颜色的动态变化及时发现相关病例动态。

(3) 个案追踪。由于传染病是以个案传送到数据库,这就使在不同层面对于个案的深入追踪成为可能。同时可以通过这些个案信息的识别,判定是否存在爆发可能。例如前几年我们通过 GIS 系统监测首先发现麻疹高发省,然后逐级追踪,发现麻疹报告发病数高的地(市)、县(区),最后发现麻疹高发乡镇,在高发乡镇的调查又发现麻疹的年龄分布,从而决定采取相应的干预措施。图 15-9 为当时的追踪过程。

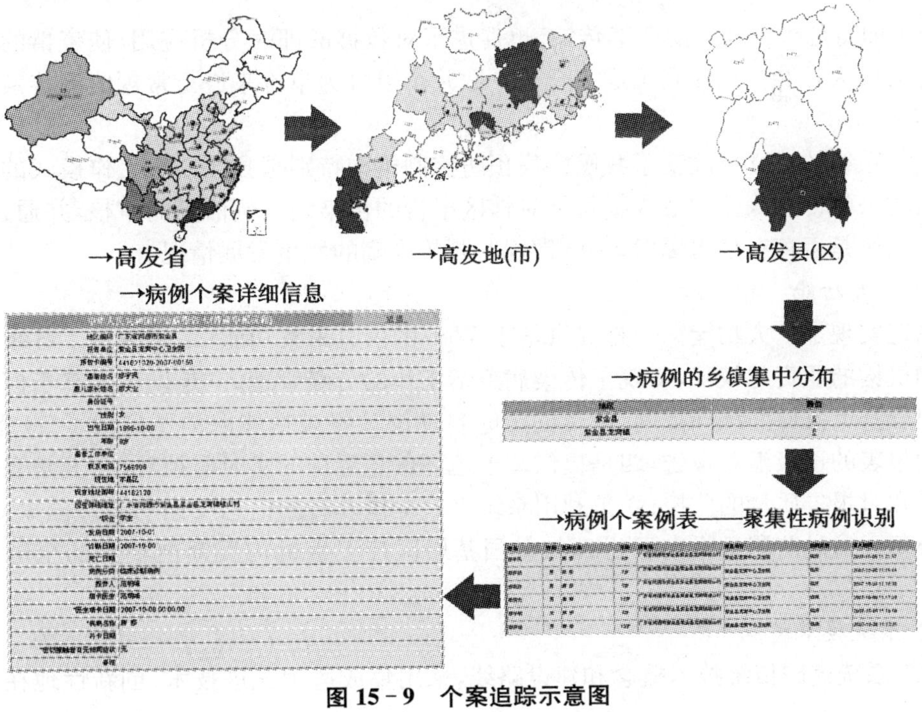

图 15-9 个案追踪示意图

通过这个监测手段，2004 年初监测到新疆和田地区的麻疹爆发，同样通过这个手段，从 2005 年至 2006 年，发现了 400 多起传染病的爆发。

(4) 高敏感性。采取传染病个案通过网络在线实时报告的方式，减少了中间环节信息的损失，有效地提高了传染病报告的敏感性，图 15－10 为我国 1995—2006 年甲乙类传染病报告发病率时间分布情况，网络直报系统于 2004 年 1 月 1 日正式上线运行。可以看到 2003 年以前发病率基本维持在一个水平，2004 年以后传染病报告上升了一个台阶。这并不是传染病的发生率增加了，而是过去被沉淀的病例通过网络从医院直接报上来了，网络直报后传染病的发现率上升了。

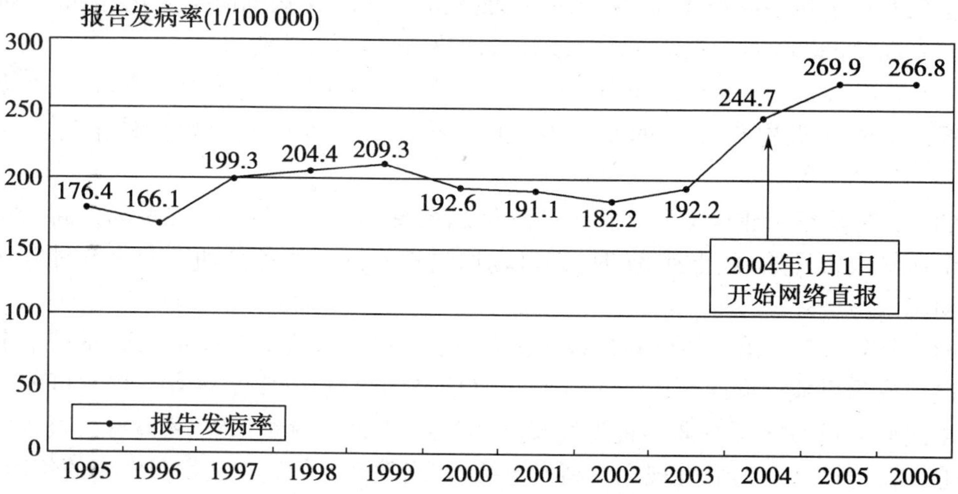

图 15－10　1995—2006 年间法定传染病报告发病率

(5) 即时分析。即时的个案传输，也促进了对数据的即时分析应用，使疫情的日分析或周分析成为可能。也使我国成为全球少数几个以日为单位来进行常规监测传染病分析的国家之一。

直报系统的建立也改变了我国疾病预防控制机构特别是县区一级工作模式的极大改变。由过去的传染病监测变成了每天对辖区报告的传染病病例信息的审核，并通过审核，了解本辖区是否存在疫情爆发，了解常规监测传染病的发生发展情况。

6) 六大功能

系统实现了六大功能。一是提供基于 Web 的信息采集功能；二是确定了各级疾病预防控制机构的职责与权限，实现了传染病疫情工作的分级管理；三是设计了基于模块化的任意组合查询条件的统计查询，设计的定时自动统计报表功能取消了延续了 50 多年、通过纸面报表的逐级汇总报告；四是提供基于地理信息系统的实时监控功能；五是实现了动态评估和对报告质量的监控；六是利用系统平台提供及时的信息反馈功能。国家 CDC 数据中心每天通过监测日报向卫生部与全国基层医疗卫生机构反馈前一天的全国传染病疫情。

7) 系统技术特点

(1) 系统突破传统技术概念和建设路线，采用集成适用先进技术，创新性地在我国第一次实现了基于互联网和虚拟专网技术构成的覆盖全国的国家级应用专网，实现了国家传染病与突发公共卫生事件的监测目标，通过 Web 方式实现动态疫情的监测和管理。

其设计、开发和网络平台的搭建等各个环节都严格采用目前先进(保证系统的可发展性)和可靠(保障系统的高可用性)的技术来实现：以多层负载均衡、多层数据缓冲与预处理等多种机制满足多类用户的不同需要；以多层基础安全网络、VPN、多维用户权限模型和数据管理与审计机制保证数据安全；以针对性的 OLTP 应用和 OLAP 应用满足各级各层不同的业务需要。

(2) 改变了传统疫情信息逐级汇总上报的管理模式，建立了纵向到底、横向到边、监测垂直、管理分级、面向全国各级疾病预防控制机构相关用户的网络直报系统。

(3) 结合先进的海量数据处理技术和业界先进的实时商业智能思想及 Web-GIS 的运用，在公共卫生监测中创造性地实现了监测数据的实时统计分析和传染病爆发早期信息的预警方式。

系统的建设紧密跟随疾病监测相关管理规范和法律的完善过程，消除了全国各地独立进行系统建设所导致的数据孤岛、数据无法统一利用的现象，所有数据的集中造就了我们拥有全球数据量最大、格式统一的法定传染病监测，这些有效的数据为统计分析和预警提供了数据基础。

全国每年产生 600 多万个案数据和近 3 000 万(全国共有 2 895 个各级疾病预防控制中心)的统计数据，要求拥有出色的数据管理系统和备份系统，本系统融合了海量存储设施、先进的数据库管理系统和可靠的备份系统，为数据的管理和应用创造了良好的环境和保障。

疾病监测的业务特点决定了对数据处理时效的高要求，只有及时、高效的数据处理才能满足快速、严格的业务需要。本系统以实时统计分析和多种定时分析(日、周、月、季、年等)来满足不同业务的需求。

系统的数据量大、业务类型多、数据处理复杂。监测活动包括以病例为基础、以样本为基础和以媒介生物为基础的公共卫生监测，内容涵盖法定传染病报告、特定疾病专报和哨点监测等。利用分离 OLTP 和 OLAP 业务、利用多层多级数据处理机制、融合异步与同步处理机制，这些措施有力地解决了实时统计分析和定时分析的难度。

监测是为疾病的预警和预防控制服务的，因此，合理适时的疾病预警机制对于各级疾控机构来说非常重要。本系统提供了以历史日报数据和当前实时数据为基础的重点疾病爆发监测预警平台。

预警平台基于移动百分位数法计算参比数据，实现以日为单位滚动，用控制图法实现疾病爆发的预警，提供良好的可定制性，各管理机构可以自行设置预警参数，后台应用自动处理海量数据，当发现数据超过预警线时会自动预警。本系统不仅是一个自动预警系统，同时也为全国各地针对所关注的疾病进行预警验证提供了一个实验系统平台。

另外，实现了监测数据的地理空间的采集、查询显示、管理、分析，并提供决策支持服务。通过动态 Web-GIS 的应用，使疾病监测部门直观地发现聚集的病例报告情况，提供早期预警的功能。

(4) 实现了疫情报告与单病种监测信息的结合，为实现 WHO 提出的综合监测信息管理模式奠定了基础。

疾病预防控制领域是一个融实际应用和科研于一体的领域，也是一个快速发展、不断完善的领域，因此不同疾病的监测和数据处理工作相应处于变化和完善之中，而且当发现新传染病或者重点关注某些疾病时，需要快速增加这些病例的数据采集工作，保证满足快速监测的需要。

专病/单病监测信息采集的定制平台，抽取了对传染病监测业务信息模型，既包含紧密结合的系统模块和数据模型，例如专病监测管理定制平台融合了对共同曝露者，密切接触者，疑似、确诊(临床确诊、实验室确诊)病例相互关系的传染病传播模型，可跟踪人与人之间的传播关系，跟踪病人的病情变化及治疗等状态监测信息；又包含了松散耦合的信息模型，针对病人可以自由定制多种相关因素的监测，例如环境、动物、旅程等相关信息的监测。

以疫情报告为主线，结合专病监测管理与突发事件的监测信息管理定制平台的建设，不仅是疾病监测领域应用系统上的一次成功，也为该领域系统建模与开发积累了宝贵的管理和实施经验，为实现 WHO 提出的综合监测信息管理模式奠定了基础。

8）相关技术指标

中国通过该项目建立的“国家传染病与突发公共卫生事件网络直报信息系统”采取网络直报的信息管理模式，使用 B/S 方式，构建在 Internet 之上，覆盖全国范围。该网络直报系统以实时统计分析和多种定时分析来满足业务需求，定期统计的最小单位是天；该系统针对数据采取集中部署的方式，消除了全国各地独立进行系统建设所导致的数据孤岛、数据无法统一利用的现象，无需数据定期抽取，国家即可直接获得数据，提供近乎实时的重点疾病爆发监测机制，适时地提供预警。参见表 15-2。

表 15-2 相关技术指标

项 目	技术指标
信息管理模式	网络直报
使用方式	采用浏览-服务器 B/S
使用范围	涵盖全国 95%县级以上医疗卫生机构和 70%的乡镇卫生院
国家数据统计频次	可实时统计，定时统计的最小单位是日
数据部署方式	集中式部署
信息集成方式	集中部署，无需数据定期抽取，国家直接获得监测数据
监测覆盖人口	13 亿

15.3.3 系统应用与评价

1）促进行业科技进步

中国传染病监测与控制模式发生转变。网络直报系统的建设与应用，使传染病疫情报告业务管理发生了质的飞跃；网络直报的思维模式已向公共卫生其他领域渗透。

对传染病控制的作用主要体现在显著地提高了传染病报告的及时性，改善了报告的完整性和准确性，提高了对传染病爆发早期发现的能力；提高了对不明原因传染病的发现和控制能力;是疾病预防控制体系一个标志性的工程,是公共卫生信息化的一个里程碑。通过技术手段的实现建立了一个可靠的健康屏障,有了监测和监控,就能够早期发现问题;只有早期发现问题才能及早解决这些问题。

传染病疫情资料分析利用更加深入,监测信息反馈及发布及时透明。

2) 提高了各级疾病预防控制机构的监测意识

提高了各级疾病预防控制机构的疾病防控意识。过去根本没有每天监测,一个月统计一次疫情,这不叫监测。通过系统的应用,每天都要去审核信息,因为医院报告的信息没有经过审核将不被认可。卫生部工作规范中规定的报告信息审核时限,甲类传染病不超过 2 小时,乙丙类传染病不超过 4 小时,这就需要每天都要监控,因为不知道医院会什么时候报告,所以建立了一整套的工作约束机制导致了监控、监测工作的强化。

3) 实现医防结合,关口前移

通过网络直报系统的建设,使医疗机构与疾病预防控制机构之间彼此的业务联结在一起,医疗机构与疾病预防控制机构之间成为了在传染病监测工作流程上的不同工作环节。从技术上实现了医防结合,监测的关口由疾病预防控制机构前移到了医疗机构。

4) 国际影响

我国的网络直报系统堪称世界领先水平。系统的建设不仅改变了我国整个传染病监测模式,对我国整个的疾病预防控制工作都带来了影响,而且已经影响到世界上的其他国家。"太平洋健康论坛 2007"和 WHO 都把中国传染病网络报告系统作为解决疾病监测系统所面临的重要挑战的样板,向其他经济体和地区予以推荐。这是中国作为一个负责任大国在传染病防治工作中的具体体现。

15.3.4 我国公共卫生信息化的发展展望

1) 公共卫生信息系统建设可持续发展的保障

公共卫生信息系统的公共卫生公益性决定了其发展是国家责任,我国公共卫生信息化走过的道路也说明坚持国家主导的重要性。因此保持公共卫生信息化的持续健康发展的首要条件是坚持以国家为主渠道的持续不断地投入,在经费的筹集上要充分发挥中央和地方两个积极性。彻底改变我国公共卫生、疾病预防控制系统长期以来存在着的"财神跟着瘟神走"的现象。在我国市场经济越来越发达、市场经济机制越来越完善的情况下,继续获得国家财政的支持是作为公共产品的公共卫生信息化实现持续发展的重要保证。

2) 公共卫生信息化建设的主要任务

(1) 建立全方位、全过程的健康监测系统。全方位、全过程的健康监测是指建立对人从出生到死亡的全过程和对与健康有关因素的全方位的监测系统。包括建立全民电子健康档案、对各种疾病(含意外伤害等)的监测、健康相关因素的监测(环境、病原体、媒介等)以及实验室网络与网络实验室系统的建设等。

(2) 区域卫生信息化。目前建立的中国疾病预防控制信息系统覆盖了全国所有的医疗卫生机构、疾病预防控制机构和卫生行政部门,实现了信息在纵向(从基层到中央)的连通,成为世界上最大的公共卫生信息系统。但在区域一级的各个部门、各个单位之间则尚未实现信息的互联互通。进行区域卫生信息化建设,实际上就是对目前贮藏于区域内各个部门的卫生相关信息进行共享与交换，这是下一阶段公共卫生信息化的重要任务之一，是更高层次上的公共卫生信息化。区域内的利益相关者，包括卫生行政机构、疾病预防控制部门、卫生监督部门、医疗机构、学校、科研部门、社会保险机构、社区居民等。从疾病预防控制的角度，还应该包括环境、农林、畜牧等部门。他们不仅是信息的提供者，更是区域内卫生信息的用户，对区域内的信息具有不可争议的知情权，有权获得区域内的相关信息。区域卫生信息化是一件十分艰巨复杂的工作，首先是因为各个利益相关者需求的巨大差异，其次是各不同来源数据的异构性。在管理上，最大的困难则在于协调不同的利益关系，原则是保证各个利益相关者的利益共赢。在技术上，要在进行区域资源规划的基础上进行整体设计，要解决资源汇交和共享中的互操作性，要建立相关的数据标准等。具体参见第 14 章。

(3) 卫生信息标准化研究及建设。国内外的经验都证明，信息标准化是实现信息化的重要条件。公共卫生信息标准化已经迈出了重要的步伐，今后的主要任务如下：组织已经完成的信息标准的宣传、培训、贯彻；公共卫生信息标准的基础研究；将目前基本数据集标准研究扩展到整个疾病预防控制及公共卫生领域。

(4) 提高数据开发、利用、共享与交流的能力与水平。海量数据的共享与利用一直是我们的薄弱环节，一是要利用各种数据开发工具进行数据的挖掘；二是要强化数据的共享利用，国家科技部已经启动了科学数据共享工程，要充分利用这个平台，为各方提供有用的资源。

15.4 突发公共卫生事件应急指挥信息系统

15.4.1 概述

1) 背景

突发公共卫生事件是指“突然发生，造成或者可能造成社会公众健康严重损害的重大传染病疫情、群体性不明原因疾病、重大食物和职业中毒以及其他严重影响公众健康的事件”。

突发公共卫生事件应急指挥系统建设状况集中反映了一个城市乃至一个国家的危机管理水平，同时也反映了城市的综合信息化水平。随着我国在国际事务中扮演越来越重要的角色，奥运、世博等大型活动正成为或将成为检验中国城市应急指挥系统的舞台；而近年来，自然灾害、恐怖袭击、公共卫生、安全生产等突发事件频繁爆发，也迫使我国空前重视各类应急指挥系统的建设。

2003 年 SARS 重大疫情灾害之后，为提高我国突发公共卫生事件应急反应能力，加快公共卫生信息系统建设，国家和卫生部高度重视公共卫生信息化和突发公共卫生事件应急管理工作，卫生部信息化领导小组办公室组织起草了《国家公共卫生信息系统建设方案(草案)》直接指导各地的公共卫生信息化工作，明确指出要建立中央、省、市三级突发公共卫生事件预警和应急指挥系统平台，提高医疗救治、公共卫生管理、科学决策以及突发公共卫生事件的应急能力。

2) 突发公共卫生事件分类

突发公共卫生事件的类型可以分为传染病爆发流行、食物中毒、职业中毒、农药中毒、环境卫生事件、群体性不明原因疾病、群体性免疫接种服药不良反应事件、放射卫生事件、菌毒种丢失事件、医院内感染事件、流感样病例爆发、其他化学中毒、其他突发公共卫生事件等。

3) 突发公共卫生事件严重等级

根据突发公共卫生事件性质、危害程度、涉及范围，将突发公共卫生事件划分为特别重大（Ⅰ级）、重大（Ⅱ级）、较大（Ⅲ级）和一般（Ⅳ级）四级。

其中特别重大（Ⅰ级）在事件列表中用红色表示；重大（Ⅱ级）用棕色表示；较大（Ⅲ级）用黄色表示；一般（Ⅳ级）用蓝色表示。

4) 建设目标与用户分析

建设的总体目标应遵循："应急优先，平战结合，信息畅通，反应快捷，指挥有力，责任明确，立足长远"的原则。在改造和完善原有信息系统的基础上，建成适合公共卫生体系建设需要的多维度、多领域的综合、联动、协作的应急指挥信息系统，加强疾病控制、医疗救治、卫生监督三大体系的数据交互和信息共享，提高对突发公共卫生事件的应急处置能力和指挥决策能力，重点解决如下所示的面向不同层面用户的需求：

(1) 面向基层管理人员：重点解决信息采集和发布畅通的问题。

(2) 面向指挥控制人员：重点解决应急指挥、资源调度的问题。

(3) 面向决策管理人员：重点解决高效决策、平战结合的问题。

(4) 面向社会公众人员：重点解决信息畅通、个性化服务问题。

15.4.2 总体业务/信息流程——指挥控制闭环系统

突发应急指挥的业务流程/信息流程如图 15－11 所示，符合早准备、早发现、快速响应、事后恢复与评估的应急指挥控制理论模型。

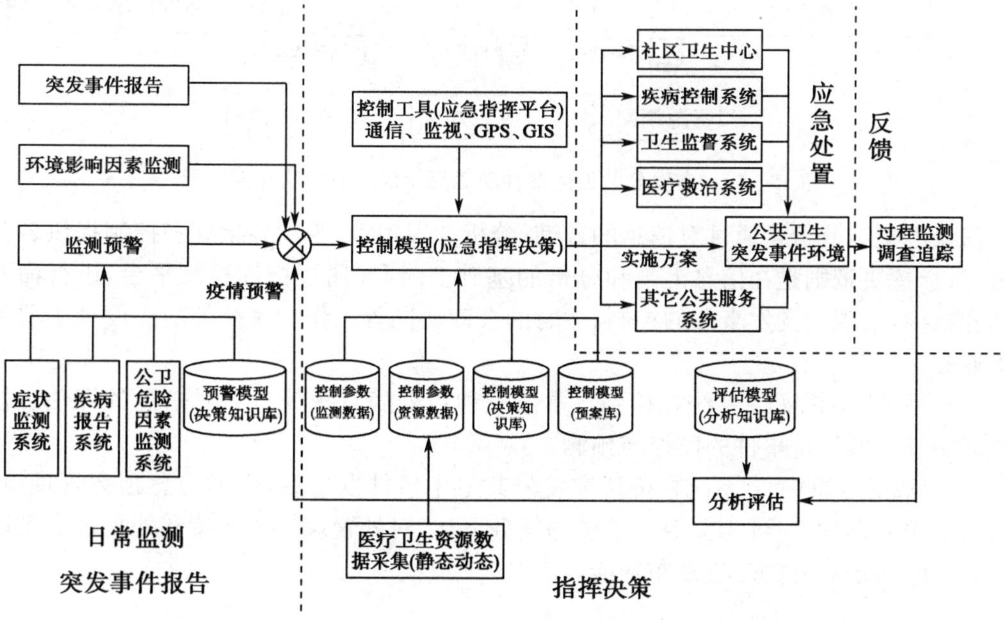

图 15－11 突发公共卫生事件应急指挥信息系统总体业务/信息流程图

15.4.3 应用架构

突发公共卫生事件应急指挥信息系统主要为指挥调度、辅助决策、对外服务、基础数据和知识管理四大类，结合突发公共卫生事件的处理流程，按照信息汇集与分析决策过程、指挥决策过程两类整理系统功能架构，如图 15－12 所示。

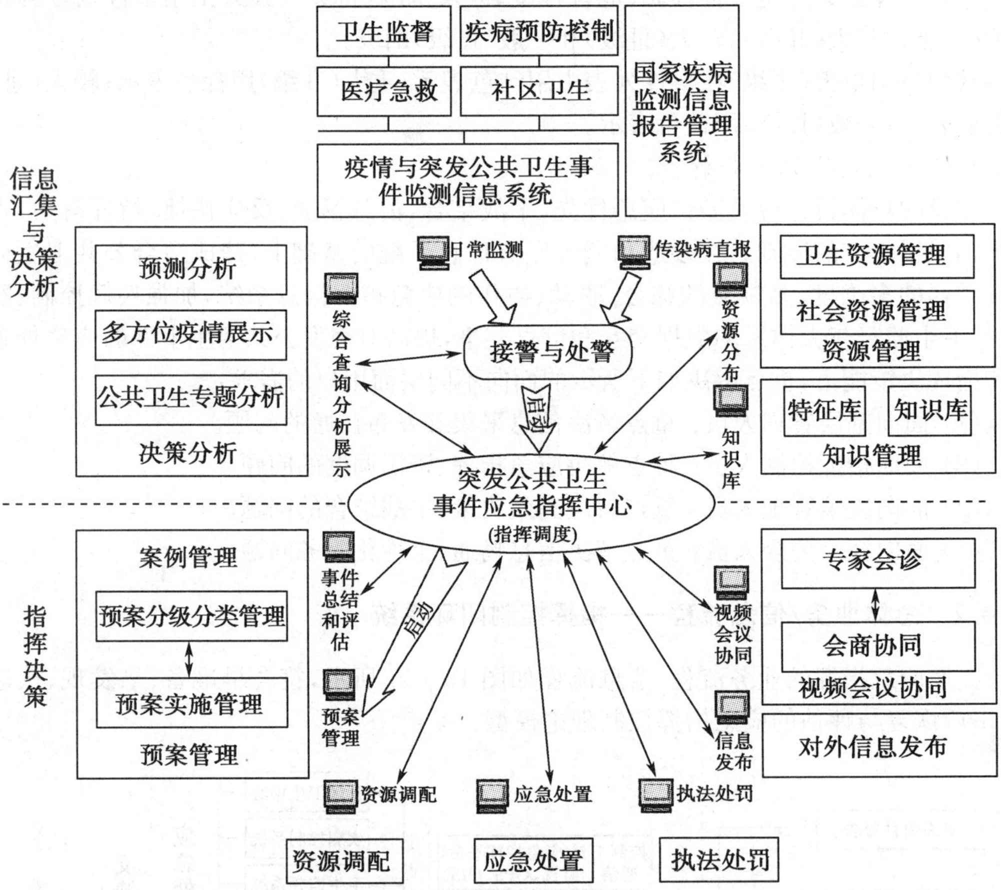

图 15－12 突发公共卫生事件应急指挥信息系统功能架构图

信息汇集和分析是通过对信息的查询、分析和展现等，为领导指挥和控制提供各类信息依据；指挥决策则是在信息汇集和分析的基础上，领导通过指挥控制平台，进行命令的下达和指挥，实现对突发事件的控制、战时的会商协同等工作。系统的功能设计主要实现如下业务：

(1)“平时”(事前)：系统在接到日常监测和传染病直报信息后对信息的评估、过滤，完成对突发公共卫生事件的监控与预测。

(2)“战时”(事中)：系统在确认突发公共卫生事件发生后，启动应急预案管理流程，实现对资源的调配、对各相关卫生单位的任务下达、对处置现场的支持和处置进展情况的监控。同时实现对外的信息发布功能。

(3) 事件结束(事后)：系统实现对突发公共卫生事件的总结、评估。

(4) 辅助决策：利用决策分析、知识管理和会商协同等各种手段实现对系统的支撑。

信息汇集和分析整合了所有专业系统的信息，围绕突发事件的事件属性和方法，展开全面的信息支持，包括日常数据采集和监测系统，接警和处警，公共卫生事件报告，突发事件报告，资源动态信息、疫情分布信息、综合分析和决策知识信息。

15.4.4 应用系统设计

如图15－12所示，突发应急指挥信息系统的应用可以分为四大类：预案管理、决策分析、资源和知识管理、对外信息发布。

应用系统的设计是以预案管理为核心的，当发生突发公共卫生事件时，通过资源管理了解资源的存储和分布，通过决策分析平台(预测分析、多方位疫情展示、公共卫生专题分析)掌握事件的发生发展和变化的情况，专家通过视频会议、会商协同平台下达指令给各级机构进行处置，处置的结果通过相关的业务应用系统按各类报告的形式反馈给专家指导进一步指挥和决策。

1) 预案管理

预案管理是整个应急指挥系统的重要组成部分。预案管理可以分为预案管理和预案实施管理。预案管理为日常和事前的，具有指导性。预案实施管理为事中和事后的，提供可执行的应急实施方案。应急实施方案的执行依赖事件管理和任务管理。事件管理记录了事件的处置和控制的全过程信息，以各类报告形式体现提供事件的回放，以便对预案评估及优化改进。改进的结果又返回到预案文档管理和预案流程管理。预案演练基于方案管理、事件管理和任务管理。演练的结果也进入预案评估及优化改进。

其中方案管理需要基于资源管理。事件管理的重要数据来源是各种报告。事件的展示和事件追踪要使用多方位疫情展示系统及公共卫生专题汇报系统。另外，专家也可以通过专家会诊系统使用预案管理系统，参与平时预案管理和战时应急指挥实施方案的编制。

2) 公共卫生资源管理

卫生资源管理的实现，主要是通过对卫生系统内部所属单位所提供的信息进行采集、整理、应用分析和展现等，为领导指挥和控制提供各类信息依据。分为内部资源、外部资源和资源报告。

3) 监测预警

监测预警是整个突发公共卫生事件应急指挥系统的重要组成部分，通过对相关业务子系统(医疗业务监测子系统、疾病疫情报告子系统)采集提供的日常医疗救治业务数据、传染病常态数据和病人就诊数据进行管理，将不同医疗机构、不同系统平台产生的病人就诊信息、门急诊信息等，按不同区域、内容、条件等属性，运用归类、排序、对比等统计、分析方法了解各医疗机构的业务运行状况，并找出卫生异常情况的线索，预测可能发生的公共卫生事件的风险，及时对突发公共卫生事件进行监测预警，作为整个应急系统启动的基础，来完成整体应急指挥调度和协调以及处置的工作。

为了给突发公共卫生事件应急指挥人员提供直观、便捷、可视化的结果展示，监测、分析、预测、预警结果的展示可采用数据统计分析报表、多维查询分析、各类统计分析图表等方式提供给应急指挥人员，起到辅助决策的作用。

4）多方位疫情展示

多方位疫情展示通过数据交换平台，从卫生局、卫监所、疾病预防控制中心等各业务条线中获取疾病疫情报告信息，公共卫生事件危险因子监测信息，非传染病类公共卫生事件报告信息等监测预警信息、报告信息，非传染病类公共卫生事件报告处理信息，传染病爆发（突发）疫情，公共卫生事件应急处置等处置信息，卫生资源等资源信息，将这些信息与空间数据进行整合；利用系统的GIS平台和基础平台（硬件设备和应用软件结合），对如传染性疾病患者确诊病例、与确诊和疑似病人有紧密接触人群的空间分布、防治辅助、防治及隔离区域调度进行空间分析，为各级突发事件应急指挥平台领导和专家组提供了可视化的数据展现方法和形象的数据分析辅助工具。

5）公共卫生专题汇报

公共卫生专题汇报系统是构建在医疗业务数据库、疾病控制数据库、卫生监督数据库和卫生资源数据库，及标准化体系与安全管理之上的综合查询分析系统。系统的设计思想和开发技术是采用基于构件、面向服务的软件开发方法，实现模块化设计，当报表需求发生了改变时，只须直接调整构件，而不需要改变整个应用系统。将信息进行归类、整理加工和统计分析，提供灵活的在线分析功能，满足应急时的分析表和报告卡等报表、图表制作功能，为领导决策分析提供依据。

6）专家会诊

专家会诊主要利用通信平台（如视频会议协同平台），以同步和异步两种方式，点对点和多点间的同步交互模式，实现专家会诊的全过程，包括医学专家与现场救治人员之间以及医学专家之间的即时通信、资料共享、视频会议管理、会诊管理和会诊信息管理。系统不仅能够提供医院医疗救治的专家会诊，而且能够提供公共卫生事件处置的专家会诊，如中毒事件的处置、突发传染病疫情的处置等。此外，专家会诊系统还提供专家参与突发事件日常管理和应急指挥。这包括了平时专家参与编制应急预案，战时参与应急指挥实施方案的制定，以及疫情的分析和决策分析。

7）指挥调度

（1）视频会议。视频会议技术，可以使网络各终端进行零距离交流。将计算机、录像机、电视机、收音机、音响、话筒、大屏幕投影、灯光控制、电子白板等设备集成在一起，设有大屏幕的投影系统，通过网络上的计算机将数据库中的各类文件、数据、图形、图像、表格和动画等信息，以醒目、清晰、明亮、声图并茂的视觉效果，传递给会议出席者，供领导决策、共同研讨、发布信息等应用。日常作为医师培训和条线会议使用，节省了传统集中会议在路程上浪费的时间；在应急时是快速监控、指挥联动的基础。

（2）大屏幕显示。大屏幕投影系统主要由投影机子系统、控制子系统及用户应用系统三部分集成组成（图15－13）。其中大屏幕可根据需求选用多屏组成。

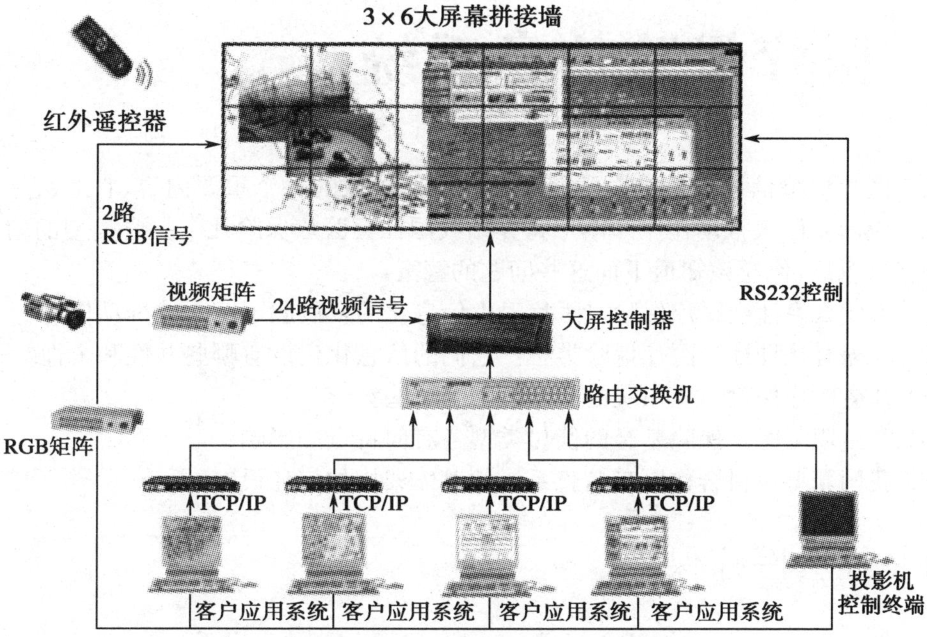

图 15－13　大屏幕系统架构图

通过大屏幕投影系统，用户的视频信号和主要计算机的信号以窗口的方式显示在大屏幕上。整个大屏幕投影系统可以提供友好的中文图形界面；支持远程手动开关机和定时自动开关机；用户播放图像的显示位置、大小、显示内容预定义设置存储；大屏幕拼接界面虚拟；图像调用预览等功能。

问题与讨论

(1) 公共卫生三大核心功能是什么？
(2) 公共卫生信息系统发展中面临哪些主要问题？
(3) 中国公共卫生信息系统发展历程分哪几个阶段？
(4) 卫生信息标准主要包含哪些内容？
(5) 中国传染病疫情报告系统的组织结构、工作模式和机制是什么？
(6) 公共卫生监测范围主要包括哪些内容？
(7) 突发公共卫生事件应急指挥信息系统主要功能有哪些？

（金水高　马家奇　张业武　冯东雷）

16 医疗保险信息系统

社会医疗保险信息系统是医学信息学在应用领域的一个重要内容，它对医疗卫生的信息化建设起了巨大推动作用。本章将介绍我国社会医疗保险几个主要类型的信息化建设。读完这章后，你应该知道下面这些问题的答案：

(1) 为什么说社会医疗保险对医疗卫生信息化的发展起了巨大的推动作用？

(2) 我国有几种社会医疗保险类型？它们的信息化建设有哪些共性和个性？

(3) 社会医疗保险信息系统的关键技术有哪些？

(4) 城镇职工医疗保险基金的偿付类型各有何特点和影响？

(5) 我国新型农村合作医疗信息系统的总体架构如何建设？

16.1 社会医疗保险

16.1.1 社会医疗保险概念

社会医疗保险(social medical insurance)是指根据法律、法规向法定范围内的劳动者及其供养的亲属提供预防和治疗疾病的全部或部分费用，保障其基本医疗需求的社会保险项目。

社会医疗保险是一种社会经济行为，是由特定的组织机构，通过某种带强制性的规范或自愿缔结的契约，制定一系列政策、规定，在一定区域的社会群体中筹集医疗、保健资金，并为该群体的每一成员在发生医疗风险时，向他们提供医疗服务，并公平分担因疾病而招致的经济风险。

社会医疗保险作为医疗保险体系的重要组成部分，是一个国家社会保障的组成之一。社会医疗保险对于安定社会，保障人民生活，促进社会公平和全社会有序进步起了巨大作用，因此，也是现代社会各个国家发展的基本国策之一。

16.1.2 社会医疗保险发展简史

1) 发达国家社会医疗保险发展简史

社会医疗保险已有一百多年的历史，1883 年德国建立地方疾病资金会是全世界最早的社会健康保险组织。1883 年 7 月德国颁布《疾病社会保险法》等三项法律，是德国，也是现代社会医疗保障制度的诞生标志，自 1942 年起至 1973 年，受英国著名《贝佛里奇报告》影响，以西欧国家为主的社会医疗保险有了快速发展。1973 年至今，由于社会医疗保险增长高于经济增长的水平，潜在矛盾日益显露，促使其进入一个调整改革逐步发展时期。目前，社会医疗保险已是许多发达国家和发展中国家正在实行的一种重要社会保障制度。瑞典、加拿大、丹麦、日本等国家适用范围已达 100%。

纵观西方经济发达国家的医疗保障体系，是一个多元化、多层次的结构，即政府的社会基本医疗保险是主体，起主导作用，同时并行多元化、多层次的其他医疗保险形式，如商业医疗保险、企业补充医疗保险、社会医疗救助、大病医疗保险基金等等。

2）我国社会医疗保险发展简史

我国社会医疗保险发展历程以“改革开放”为界，大致可以划分为两个阶段。

自20世纪50年代初期开始，我国的社会医疗保险有以下三种类型：公费医疗制度、劳保医疗制度、农村合作医疗制度。

1951—1998年我国实行的是公费医疗制度和劳保医疗制度，曾对保障国家工作人员和企业职工身体健康、促进经济发展、维护社会稳定发挥了重要的作用。但是，随着经济的发展和改革和深入，这种制度存在的缺陷日益暴露出来：一是国家和单位对职工医疗费用包揽过多，财政和企业不堪重负。二是医患双方缺乏有效制约机制，浪费严重。三是覆盖面比较窄、社会互济程度低，管理和服务的社会化程度低，抗风险能力低，影响了社会公平。

我国农村合作医疗形成于20世纪50年代，至70年代全国90%的行政村（生产大队）实行了合作医疗。农村合作医疗是由我国农民自己创造的互助共济的医疗保障制度，在保障农民获得基本卫生服务、缓解农民因病致贫和因病返贫方面发挥了重要的作用。

进入80年代以后，农村的经济体制和社会状况发生了显著变化，农村合作医疗开始出现大面积滑坡，农村人口覆盖率锐减到5%左右。其原因首先是原有的筹资机制不适应农村新的经济体制变革；其次，农村合作医疗统筹规模小、保障程度差，无法抵御农民的大病风险；第三管理层次低，农民信任度差。

改革开放以后，国务院于1998年12月颁发了44号文件《关于建立城镇职工基本医疗保险制度的决定》。该制度从1999年初开始启动，并在全国城镇推广普及，为保障职工基本医疗，保障社会主义市场经济体制起了重大作用。根据该制度发展过程中暴露出一些亟待解决的问题，党中央又提出了“加快建立覆盖城乡居民的社会保障体系，保障人民基本生活”的要求，使基本医疗保险制度覆盖范围从初期单一的城镇职工扩大到城镇各类人员，包括城镇灵活就业人员，城镇居民，大、中、小学生，儿童和农民工。

2002年10月，《中共中央、国务院关于进一步加强农村卫生工作的决定》明确指出：要“逐步建立以大病统筹为主的新型农村合作医疗制度”，“到2010年，新型农村合作医疗制度要基本覆盖农村居民”，这是我国政府历史上第一次为解决农民的基本医疗卫生问题进行大规模的投入。从2003年开始，本着多方筹资，农民自愿参加的原则，新型农村合作医疗制度迅速推广，按照“十一五”规划的要求，新型农村合作医疗到2010年的覆盖面达到农村的80%以上。

本章将就这三种社会医疗保险信息化管理的有关内容进行阐述，而商业医疗保险不包含在基本社会医疗保险中。

16.2 医疗保险信息化建设

16.2.1 医疗保险对卫生领域信息化建设的作用

当我们回顾发达国家在医疗服务领域内计算机信息化发展的历史时，必然会发现社会医疗保险的巨大作用。当你对这个问题深刻理解以后，才能明白什么是推动医疗卫生信息化的原动力。

以美国为例，20 世纪 60 年代到 80 年代，伴随经济的快速发展，医疗保健费用也进入高速增长期，在这 20 年的时间里，国家医疗健康的花费从大约 270 亿美元增长到接近 2 500 亿，从占国民生产总值(GDP)的 5.1%提高到 8.9%。随着社会医疗保险覆盖面的迅速扩大，医疗保险费用也高速增长，因此由医疗保险机构为患者向医院支付的医疗费用成为医院的主要收入。

计算机信息化可以保证医院对医疗保险的所有开支、账单及账户的操作进行自动化处理，这种自动化不仅比手工准确、及时，能在收费窗口瞬间完成一系列复杂的保险偿还计算，还节省人力成本，这就促使了医院必须进行信息化建设，因此医疗保险成了医院信息化建设的驱动因素。

自 20 世纪 80 年代中期起，由于人口老龄化、疾病谱改变、高新医药技术涌现，以及医疗保险按服务项目收费的模式，使医疗成本不断增长。过高的付费服务(包括可疑的价值服务)又进一步刺激了医院去吸引更多的医师去使用大型设备、昂贵药物来治疗更多的患者。从 1980 年到 1990 年，美国医疗保健支出从 261 亿增长到 754 亿，也就是说在 10 年间，每年以 11.2%的速度增长。另一方面美国同期经济增长速度减慢，美国 GDP 在 1980 年到 1990 年间大约是以每年 7.5%的速度增长。

为了遏制增长过快的医疗开支，美国政府的社会医疗保险政策作了很大变化，在 1983 年的社会保险修正案中，国会为医疗保险的住院病例制定了预付款系统(the prospectire payment system, PPS)，即按统一的国家规定，为每个案例支付给医院固定的偿付金额，而这个偿付标准是以 468 个诊断相关组(diagnosis-related groups, DRG)为基础，并协调了区域内各个医院的医疗费用水平。这样就成功地减缓了住院病人服务费的增长。

在新的政策导向下，医院必须做相应的调整。例如，过去医院可以通过给病人做一个螺旋 CT 检查来增加收入，但新政策下如果该患者的 DRG 中不包括螺旋 CT，医院必须自己承担费用；如果超出了偿付标准，就要由医院承担风险。因此医院需要收集和利用更多的医疗信息，需要更注重患者的医疗质量和医疗成本。

于是医院就必须改造原有收费系统，形成一个新的医院信息管理系统和决策支持系统，这个系统不仅能完成对社会医疗保险的经费核算，而且可以根据每一患者的患病信息自动归入正确的诊断相关组(DRG)，并按照 DRG 方案提出合理的治疗建议，对不适当的措施予以警示。而院长也可以从医院信息系统中适时地了解每一病人的经费盈亏情况，了解每一位医务人员的医疗活动是否规范，是为医院赚钱还是赔钱了。

应该说，原来按传统的服务项目收费的信息系统是“非尖端的”，而按照新的政策创立的保险费用结算系统必须对患者医疗质量和医疗成本负责任，必须建立在“临床信息系统”支持的基础上，而记录了患者全面医疗信息的电子病历成为至关重要的基础，因此，这是一个“尖端”的系统，必须借助更多的计算机技术，必须对临床信息进行全面的智能化管理。这是一个新的挑战，对医院、乃至医疗卫生领域的信息化起了积极推动作用。

我国医院的信息化建设自20世纪70年代起步，一直进展比较缓慢。究其原因，医院未见到它的直接经济效益是最主要的。许多医院认为建设一个医院信息化系统要耗资数百万，而其功能手工操作也能完成，不如购置一台大型医疗设备更能赚钱。自1998年国务院颁布建立城镇职工医疗保险制度的决定以后，医院意识到不进行信息化建设就无法进行职工医疗保险结算，就丧失了这一主要经济收入，于是“忽如一夜春风来，千树万树梨花开”，从综合性大医院到社区医院，纷纷把计算机搬进科室，网络引进医院，人员上岗培训，医院信息系统遍地开花。

同样的，在信息化非常落后的乡镇农村，由于新农村合作医疗制度的推行，信息化建设也就迅速地走进每一个乡镇卫生院。

医疗保险信息化还推动了医疗卫生行业的信息管理。由于医疗保险信息系统与医院信息系统之间的整合，卫生管理部门开始尝试通过网络监管医院的新模式，各地实施了如“单病种费用管理”、“收支两条线”、“药品统一采购配送”等多项改革措施。

基本医疗保险采取属地化管理，当参保人跨属地流动或定居，或因疾病的诊疗需要异地转诊就医，参保人的相关信息和就医信息就无法及时传递，定期报销和手工结算的方式既不方便，也给医疗保险的管理留下隐患。所以，建设参保人员电子健康档案，使医生通过医院联网，共享病人的医疗信息、检查结果，并能开展异地结算的医疗保险信息系统成为趋势，它将促进医疗保险信息化向更广、更深、更便民的方向发展。

因此，医疗保险对医院乃至医疗卫生领域的信息化发展起到里程碑式的推动作用。美国的Sara，J. Singer等著名的医学信息专家在《医学信息学》一书中为医疗保险一章列了这样一个深刻的标题：“卫生保健和信息技术：共同成长”。

16.2.2 医疗保险的信息及特点

1）医疗保险的主要信息

（1）参保人员信息：人员基本信息，年度参保信息，社会保障卡信息。

（2）定点医院和药店信息：定点医院的名称、级别、地点。

（3）补偿政策和算法信息：社会保障卡（含个人医保账户）信息、药品目录库、医疗服务项目库、支付比例、各种支付总额限制、各种补偿影响因素下的支付计算算法。

（4）医疗费用和结算信息：参保人的就医诊疗信息、费用明细。

（5）基金信息：基金筹集标准、筹集信息、分配信息、支付信息。

（6）统计分析信息：各种统计报表。

2）信息特点

（1）医学属性。社会医疗保险是为被保险者向医疗服务机构支付基本医疗服务费用，它的服务对象是患者，服务内容是医疗，那么它必然包含了大量的医学信息。

（2）地域性。各类基本医疗保险是以区县或城市为统筹单位，不同地域因地制宜，依据国家医保政策作适当调整，所以地域性强，各地区信息不完全一致。

(3) 海量性。由于基本医疗保险制度带有一定的强制性，区域内的所有单位职工、居民必须参加，农村合作医疗虽然是自愿参加，但也要求基本覆盖，所以信息面广量大，对一个数百万人口的地区来说，信息是海量的。

(4) 长期性。由于参保人的医保信息需长期保留，要覆盖参保人的一生，所以其信息具有长期性的显著特点。

(5) 易变性。由于医疗保险的政策性极强，国家和地方政府会不断制定、补充、完善相关的政策，例如基金筹集比例、用药范围、支付比例等；参保人也因生活、工作的变化等各种因素导致相关信息变化，所以信息变动频繁。

(6) 广泛性。医疗保险面向一个区域的全社会范围，不仅包括区域内被保险方(所有单位、职工、居民、农民)，而且涉及医疗服务方(所有定点医院、定点药房)、保险方(医保中心、合管办)和政府，所以它的外部联系极其广泛，必须有绝对安全、可靠的现代化信息网络来支撑。

(7) 适时性。由于被保险方到医院就诊行为都是实时的，关系到病人生命安危，所有信息处理必须瞬时完成，所以对信息化管理的要求极高。

(8) 共享性。由于系统的数据将在保险方、被保险方、医疗服务提供方以及政府不同的管理部门和业务部门内传输和利用，所以数据要完全保持一致，并实现多方面、多部门的数据共享。并逐步实现全国联网异地就医结算，享受就近、便捷的医保服务。

16.3 关键技术

16.3.1 信息交换的接口技术

医疗保险业务相关的部门众多，纵向有医疗机构、上级或下级业务管理部门，横向有财税管理部门、银行、政府等，加上人员参保、就医补偿、基金、管理等大量的信息。其中连接部门最多、交换信息最多最频繁的是各级定点医疗机构。

医疗保险中心与定点医疗机构之间信息系统的接口是典型的一对多模式。由于定点医疗机构地域分散，隶属关系复杂，医院信息化建设普遍早于医疗保险，信息化建设的水平参差不齐，系统开发维护厂商不同，信息标准不统一，所以医疗保险信息系统与医院信息系统联接的组织、协调和管理工作异常艰巨，政府的组织协调常常是系统成功建设和正常运行的关键。

医疗保险中心与定点医疗机构交换的信息有：参保人身份信息和个人基本信息、就医诊疗信息、就医费用和补偿信息、费用结算信息、医疗机构相关业务信息(如药品和诊疗项目信息、科室人员信息等)。信息交换标准是实现信息交换的前提，标准一般以医疗保险主管部门为主制定。信息交换标准一般包括数据规范、代码规范和传输规范。标准一旦发布，要求定点医疗机构按标准对本机构信息系统进行改造，使其采集和交换的数据满足标准要求，并开发接口软件与医疗保险信息系统进行信息交换，常用交换方式如下。

1) 数据文件交换

双方事先约定交换数据的数据文件格式,一方将生成数据文件,通过网络实时发送,另一方接收后将数据进行处理。双方的软件不发生关联,接口开发相对简单,但用户操作麻烦,数据交换速度慢,若不做加密处理,数据安全性不高。优点是当医院与医保中心的网络连接发生问题时,双方也能利用磁盘、U 盘从其他途径交换数据。

2) 共享接口数据库交换

一方将数据按约定格式写入共享的中间数据库,另一方用软件或数据库复制的功能将数据读出处理。双方的软件也不发生关联。数据安全性高于数据文件交换方式,利用数据库复制方式的数据交换一旦完成初始配置,日常管理相对简单。

3) 接口函数交换

医保方将数据交换过程编制成特制的子程序,医院方在接口软件里调用,数据通过接口函数的输入/输出参数进行交换。如 Windows 的 DLL 动态链接库,实现代码封装性,使得程序简洁明晰,与具体的编程语言及编译器无关,只要遵守 DLL 的开发规范和编程策略,并安排正确的调用接口,不管用何种编程语言编制的 DLL 都具有通用性。因为接口函数完全嵌入 HIS 软件,用户的操作界面变化很小,操作方便,数据交换速度快,数据安全性较高。

16.3.2 基于广域网的 VPN 技术

专用网络是专门建设(或租用)的物理链路,为用户提供专有通信线路,网络安全性和性能较高,但建设(或租用)费用昂贵,管理复杂。基本医疗保险网络覆盖地域广,接入用户多,网络安全性和稳定性要求高,所以,通常借助专业的网络供应商,采用基于广域网的 VPN 技术,组建虚拟专用网。不同类别的用户按各自的网络基础条件和对网络的利用程度差别,选择租用不同的带宽和接入介质。

虚拟专用网 VPN(virtual private network)是指在公用网络上建立专用网络的技术。用户依靠公用网络服务商 ISP(Internet 服务提供商)或其他网络服务提供商 NSP 提供的网络平台接入公共网络(Internet),公用网络服务商利用 VPN 技术网络建立逻辑隧道(tunnel),形成虚拟的专用逻辑网络,通过相应的加密和认证技术保证在公网上传输数据的安全性。VPN 通过特殊加密的通信协议,在 Internet 上建立一条专有的通信线路,任意两个节点之间的连接没有传统专用网所需的端到端的物理链路,而是利用公众网的资源动态组成的,但能够提供与传统专用网等同的安全性,从而真正实现网络数据通信的专有性(参见图 16-1)。

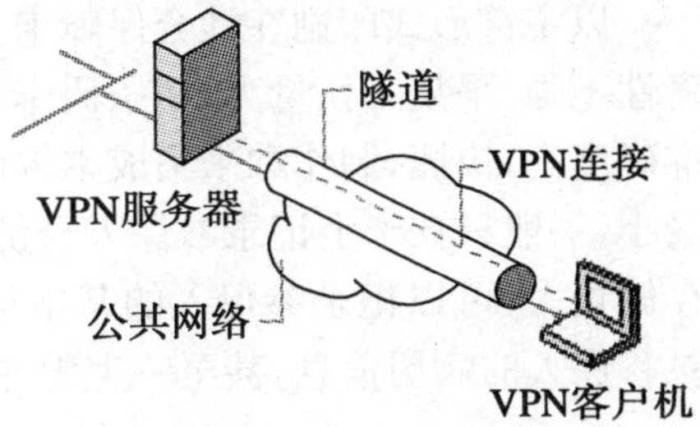

图 16-1 虚拟专用网 VPN

VPN 功能包括:① 加密数据,以保证通过公网传输的信息即使被他人截获也不会泄露。② 信息验证,以保证信息的完整性、合理性,并能鉴别用户的身份。③ 提供访问控制,使不同的用户有不同的访问权限。④ 地址管理,VPN 为用户分配专用网络上的地址并确保地址的安全性。⑤ 密钥管理,VPN 生成并更新客户端和服务器的加密密钥。

⑥ 多协议支持,VPN 支持因特网上普遍使用的基本协议。

VPN 主要采用隧道技术、加解密技术、密钥管理技术、使用者与设备身份认证技术保证安全。隧道技术指的是利用一种网络协议(网络隧道协议)来传输另一种网络协议,在一个网络之中的“网络”上传输数据的方法。隧道协议利用带有路由信息的附加报头封装帧,因此封装后的包能够通过中间的公网。封装后的包所途经的公网的逻辑路径称为隧道。一旦封装的帧到达了公网上的目的地,帧就会被解除封装并被继续送到最终目的地。

VPN 的分类有多种方法,根据实现方式可分为软件、硬件和辅助硬件三类。对数据查速率、性能和安全性要求不高时,可用软件方便地实现简单 VPN 功能;使用专用设备搭建的硬件 VPN 网络,能满足对数据安全及通信性能的较高需求;以现有网络设备为基础,再增添适当的 VPN 软件实现 VPN 的性能,则介于其间。

16.3.3 参保人身份识别技术

参保人身份识别是医疗费用支付的第一步。身份识别技术可分为生物识别技术和非生物识别技术两类。生物识别技术是指利用人身体上的某些信息,如指纹、虹膜、脸形等,对参保人进行身份识别。生物识别技术的特点是不用考虑识别信息载体的问题,识别准确度高,缺点是成本较高,很难大面积应用。目前只有指纹识别进入日常应用,由于医疗保险的人群数据库巨大,指纹识别的速度尚不能满足应用要求。非生物识别技术一般采用某种载体承载可识别参保人身份的信息,如社会保障卡。信息载体材质可以是纸张、PVC 卡片、带有磁条或集成电路(CPU)芯片的卡片。

可识别参保人身份的信息有惟一编码、照片、人口基本信息(姓名、年龄、性别)等,应用最多的是惟一编码。惟一编码在参保登记时由信息系统自动生成,与数据库中参保人的个人信息关联,参保人就医、取药时,出示社会保障卡,信息系统采集惟一编码,与系统数据库中保存的惟一编码比对符合后,提取、显示参保人的个人信息,工作人员进行核对,并由此得到参保人的账户余额、结算类别和支付比例。

以字符形式印刷在社会保障卡上的惟一编码,识别时可用人工录入,简便易行,但保密性不强,采集工作量大;用条码卡、磁卡、CPU 卡记录的惟一编码,可用设备自动采集,准确度高,快捷,制作和采集成本较前者高,其中条码、磁条成本低,但安全性差,信息存储量小,一般只在卡上记录参保人身份识别编码。CPU 卡有加密存储芯片,安全性好,信息存储量大,可以记录参保人的基本信息、照片、账户余额信息等。未来的社会保障卡将记录参保人的病历信息,甚至一生中与健康相关的所有信息。

16.4 城镇职工医疗保险信息系统

16.4.1 城镇职工医疗保险信息系统的概念

1) 城镇职工医疗保险制度

城镇职工医疗保险制度是具有中国特色的、为广大城镇职工提供的基本医疗保障,以增进职工的健康水平。其基本思路是：低水平、广覆盖、双方负担、统账结合。

“低水平”，是指基本医疗保险的水平必须与我国社会主义初级阶段的生产力发展水平相适应，筹资水平要与财政和企业的承受能力相适应，只能保障职工的基本医疗需求。“广覆盖”，是指基本医疗保险要覆盖城镇所有用人单位和职工。“双方负担”，是基本医疗保险费由用人单位和职工共同合理负担。“统账结合”，是指基本医疗保险制度实行社会统筹和个人账户相结合，并明确各自的支付范围。

基本医疗保险是国家规定的劳动者的基本权利之一，也是社会对劳动者应尽的一种义务，是国家的一项社会福利事业。

2）城镇职工医疗保险管理信息系统定义

城镇职工医疗保险管理信息系统是我国目前应用最广泛，最成功的医疗保险信息管理系统（Management Information System of Medical Imsurnace, MIMIS），它是用于城镇职工基本医疗保险业务管理和服务的计算机信息系统，服务对象包括参保单位和参保个人，同时为社会保险经办机构及政府机构决策提供支持，为参保人员和社会公众提供查询服务。本节所用 MIMIS 均特指城镇职工医疗保险信息系统。

系统建设的目标是：通过建立计算机管理信息系统，实现业务处理计算机化；通过与定点医疗机构、定点零售药店以及银行、税务等相关部门建立网络联接，改善医疗保险费用支出的监控手段，为合理控制基本医疗费用增长，减少医疗资源浪费提供支持；建立统一的资源数据库，以利于对基本医疗保险基金的收入、支出进行动态监控和分析预测，对政策执行情况进行评估，加快决策科学化进程，支持医疗保险基金长期安全运行。

16.4.2 城镇职工医疗保险信息系统的建设

1）信息特点

城镇职工医疗保险信息除了具有上一节的共性以外，它的保险基金偿付和保险基金偿付类型具有其特性。

社会医疗保险基金的偿付类型是一个非常关键的内容，当前医疗保险机构向医疗服务方（医院）偿付保险基金的类型如下：

（1）按服务项目付费。即保险方对每一服务项目确定价格及支付比例，然后按患者在医疗服务方消费的项目总数的费用偿付保险金。

（2）按服务单元付费。即将医疗服务过程按特定参数划为相同部分，每一部分为一个服务单元，如一个门诊人次、一个住院床日数等，保险方按每一服务单元确定的预定费用，向医疗服务方支付合计单元的总费用。

（3）按总定额付费。即根据政策规定，在一定时限内，保险方对医疗服务方约定费用的预算总额，并按此总额内提供的服务付费，费用风险由医疗服务方自行承担。

（4）按病种付费。即根据政策规定，按诊断分类限定每一病种在一次住院期间的预算费用总额，费用风险由医疗服务方自行承担。

显然，第（1）和第（2）种偿付类型不利于抑制过度增长的医疗费用，第（3）和第（4）种偿付类型有利于抑制过度增长的医疗费用，但它们的实行需要全面、科学、细致的政策支持，例如以诊断相关组 DRG 为基础来制定偿付标准(参见第 4 章)。

2）系统组成

社会医疗保险系统一般由保险方、被保险方、医疗服务提供方和政府四方组成。城镇职工医疗保险系统，由医疗保险结算管理中心、参保单位和个人、定点医疗机构与人力资源和社会保障医保行政部门四方组成。

(1) 医疗保险结算管理中心：承担保险方功能。负责职工基本医疗保险、大病救助医疗保险的审核、支付工作；负责职工基本医疗保险个人账户的建立和管理工作；负责与定点医疗机构和定点零售药店签订服务协议，并对其执行协议情况进行管理、检查和考核；负责基本医疗保险用药范围、诊疗项目范围、医疗服务设施范围和支付标准的管理、监督及检查；负责编制医疗和相关财务、统计报表的汇总填报工作。

(2) 参保单位和个人：即被保险方。城镇职工基本医疗保险是政府强制性社会保险。城镇各类企业、个体经济组织、民办非企业单位、社会团体及其从业人员(含单位退休退职人员)以及灵活就业人员，应当参加城镇职工基本医疗保险。参保职工看病应到自己选定的定点医疗机构就诊取药或在定点零售药店购药，基本医疗保险基金将支付规定费用。

(3) 定点医疗机构：即医疗服务方。由人保部医保行政部门认定和监督的定点医疗机构和定点零售药店，为参保人员提供基本医疗服务，承担相应责任，并从保险方收取各种医疗服务费用。

(4) 人力资源和社会保障医保行政部门：行使政府授予的职责。负责组织拟定基本医疗保险的各种方案、规划、政策、实施细则，如拟定基本医疗保险费率，拟定医疗保险及个人账户管理政策，拟定基本医疗保险的药品、诊疗项目和医疗服务设施的范围及支付标准；负责定点医疗机构、定点零售药店的资格认定工作，制定对它们的管理办法及费用结算办法等工作。

政府应保证医疗保险的资金征缴及分配，并通过法律、政策、行政、经济等手段来规范各方的行为，保障三方利益，推行和实施该项制度。由于城镇职工医疗保险具有社会公益性、福利性，所以政府干预作用十分重要，政府将通过提供资金、制定法律，不断改进完善城镇职工基本医疗保险工作。

各方之间的关系如图 16－2 所示：

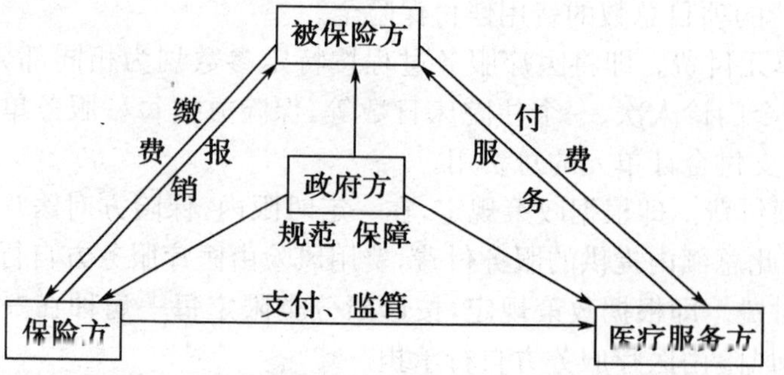

图 16－2　城镇职工医疗保险系统各方关系示意图

3）系统建设的原则

根据“统一规划、统一标准、城市建网、网络互联、分级使用、分步实施”的指导方针，以医疗保险业务为基础，按照社会保险一体化管理的要求和系统工程的理论、方法进行系统建设。

（1）一体化的原则。第一是信息系统（劳动和社会保障分五大保险种类：养老保险、医疗保险、失业保险、工伤保险、生育保险）的建设要统一规划，分步实施；第二是参保人员和参保单位的基本信息必须一致，并采用相同的信息标准；第三是统一信息交换平台，防止各险种单独建系统增加成本。同时做好医疗保险管理信息系统同银行、医院、药店管理信息系统的接口处理，并保持自身的独立性。

（2）分级管理。实行国家级、省级、地市级三级管理，各级负责相应的职责，地市级以下地区不再进行系统的规划工作。

（3）统筹规划、分步实施。医疗保险工作起步相对较晚，业务管理尚不规范，政策、组织机构、业务流程的调整不可避免，计算机技术也在不断发展，要求一步到位是不现实的。所以要根据本地的具体情况，确定合理的技术方案、投资规模和阶段性目标，并充分考虑未来业务发展对信息系统的影响，切忌追求“高、大、全”。

（4）多渠道筹集资金。实行城镇职工基本医疗保险制度是政府行为，信息系统建设经费应以政府投资为主，也可以多渠道筹集系统建设经费，系统的运行维护经费应纳入各级财政预算，由各级政府解决。

（5）确保系统建设技术的先进、可靠。第一是坚持实用性和可靠性，采用稳定可靠的成熟技术，保证系统长期安全运行。第二是坚持先进性和开放性，在实用可靠的前提下，尽可能跟踪国内外先进的计算机信息技术及网络通信技术，使系统具有较高的性能价格比；技术上立足于长远发展，坚持选用开放性系统，采用先进的体系结构和主流产品，保证整个系统高效运行。第三是坚持安全性，遵循有关信息安全标准，具有切实可行的安全保护和保密措施，以及对计算机犯罪和病毒的防范能力，确保数据永久安全。第四是实现可扩充、易维护及易操作性，应充分考虑到联网用户增加和业务扩展，有扩充能力及接口；应用软件的模块化程度要高，对不同业务流程和管理方式的适应能力要强，软件维护方便；贯彻面向最终用户的原则，建立友好的用户界面，使操作简单、直观、灵活，易于学习掌握。

4）系统架构

根据医疗保险管理信息系统的政策、业务和使用对象的不同，可建立不同的系统架构。城镇职工医疗保险系统的总体框架如图 16－3 所示。

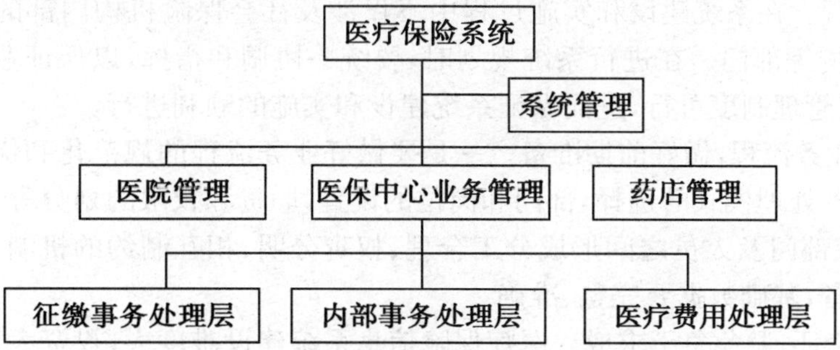

图 16－3 城镇职工医疗保险系统的架构

（1）医保中心业务管理，可分为三个处理层。① 征缴事务处理层。以基金征缴为主线，包括社会保险业务的登记、申报、缴费核定、费用征集等基本环节。② 内部事务处理层。主要包括医疗保险的个人账户管理、基金会计核算与财务管理等基本环节。③ 医疗费用处理层。以医疗保险费用支付为主要内容，包括与定点医疗机构、定点零售药店之间的信息交换、费用审核和费用结算等基本业务环节。

（2）医院前台管理：门诊挂号、门诊收费管理、住院登记、缴纳押金、每日明细输入、出院结算、错账处理、综合统计查询、报表管理、维护管理。

（3）药店前台管理：药店收费管理、错账处理、综合统计查询、报表管理、维护管理。

城镇职工医疗保险系统的主要业务流程如图 16－4 所示。

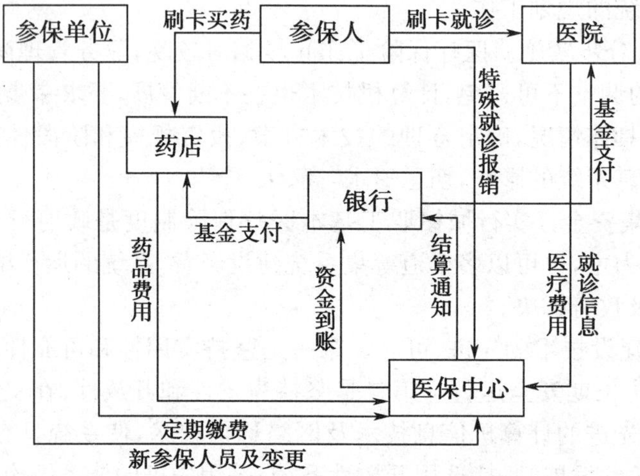

图 16－4　城镇职工医疗保险系统主要业务流程

5）系统建设

综合考虑基本医疗保险业务开展的要求、数据量、系统安全性、城市规模等各方面的因素，以及设备的性能随时间推移的变化，具体的建网方案和设备选型取决于各地的业务需求、资金状况以及城市基础通信设施等。对于统一数据资源库、建立“五保合一”信息管理系统，应综合考虑技术方案，提高共用设备的档次，可从各地的实际情况出发考虑方案。

（1）加强领导。医疗保险业务的特点决定了其信息系统的建设是一项投资大、技术复杂的系统工程。在系统建设和实施过程中不仅涉及社会保险机构内部的各部门，还涉及医疗服务机构等部门。在进行系统规划时，要统一协调和指挥，以保证业务流程优化、岗位设置合理、管理制度可行，进而保证系统建设和实施的顺利进行。

（2）规范业务流程，做好前期准备。一是要做好业务流程的规范化和优化工作，包括管理模式和业务处理模式的选择，部门和岗位的设置，职责和权限的划分等。通过对业务流程的优化，在部门及人员之间形成分工合理、权责分明、相互制约的机制。二是要做好基础数据的准备，基础数据要完整、准确。

（3）充分论证，避免急于求成。医疗保险信息系统建设难度大、投资大、风险大，系统建设要进行充分的论证。不仅要对各种备选方案的投资成本、潜在风险和复杂性进行估算，还要对系统的运行费用和维护费用进行细致的测算，方能选择最佳方案，求得最高的性能价格比。

(4) 充分利用医院管理信息系统。在医疗保险信息系统规划设计时应考虑与医院管理信息系统的衔接，充分利用医院管理信息系统，避免浪费。

(5) 进一步健全完善系统的安全运行管理。首先要严格执行系统安全管理各项规定。其次是健全完善系统安全运行管理机制，从物理层、网络层、操作系统层、应用层、管理层等五个层次全方位地落实系统安全管理工作，同时解决系统的容灾备份问题。第三是强化信息系统的各项安全管理与防范措施的落实，确保在特殊情况下做到系统万无一失和正常运行。

(6) 坚持将信息系统的开发建设与劳动保障运行机制、服务方式的创新相结合。劳动和社会保障信息化建设的难点不只局限于技术，而更重要的是运作理念和管理体制、模式的创新。如何建设符合社会主义市场经济体制要求的劳动保障制度，解决劳动保障部门在计划经济旧体制束缚下存在的机构职能交叉、运行机制不活、部门之间整体互动性差、市场化运作程度不高等问题，重新设计符合于计算机信息技术简洁、规范、透明、高效特点的管理模式和运行流程，这对加快劳动和社会保障信息化建设是至关重要的。

16.4.3 城镇职工医疗保险的技术支持

1) 统一标准

医疗保险管理信息系统采用的信息分类编码、网络通信协议和数据接口等技术标准，须严格执行国家有关标准或行业标准。对尚无国家标准和行业标准的业务部分，由人力资源和社会保障部(简称人保部)制定统一标准，主要包括信息数据项、信息分类编码标准和有关技术标准，并实行标准修改、反馈制度。各地必须采用人保部制定的统一数据项标准和信息分类编码标准，省和地市可根据人保部规定的编码规则进行适当扩充。医疗保险管理信息系统与定点医疗机构、定点零售药店、银行、税务等信息系统进行数据交换时，必须执行人保部制定的数据接口标准，包括数据项标准、数据格式、代码标准等。医疗保险管理信息系统与其他社会保险管理信息系统共用相同的单位和个人基本信息。

2) 核心平台

为减少各地重复开发造成的资源浪费和系统的不稳定性，同时适应各地的不同情况的发展变化，人保部组织开发了社会保险管理信息系统核心平台。核心平台是构建各地社会保险应用软件系统的生成工具，可供各地在系统建立和升级时选用。

核心平台以社会保险各险种的基本业务流程为主线，提供了社会保险信息管理中的共性部分；对于各地在管理上的差异，则通过核心平台提供的模式选择、参数配置、指标扩充等功能完成大部分工作，然后根据当地的特别需求，补充编制少量程序，实现完整的本地化的工作。人保部将认证多家专业技术服务公司在核心平台的基础上实施本地化技术支持和服务。

3) 资源数据库

在地级以上城市建立集中式数据库，统一规划、统一实施，数据库的结构必须统一，并定期将分散的数据备份到市级的资源数据库中。

4) 社会保障卡

在医疗保险管理信息系统中使用社会保障卡,须遵循《社会保障卡建设总体规划》(劳社部函〔1999〕213 号)的统一规范要求(图 16 - 5)。

图 16 - 5 社会保障卡

5) 与医院信息系统的互联

城镇职工医疗保险信息系统(MIMIS)和医院信息系统(HIS)对接技术涉及数据的传输、交换、转换和查询,直接关系到双方能否就患者费用进行准确结算,以及能否有效地制约各方,确保医疗保险信息系统正常运行,是一项关键技术。

主要解决方案是:由定点医院现有 HIS 完成一般门诊项目收费的录入工作,并按照医保中心规定,生成门诊收费数据格式,由医保中心提供门诊结算程序,实时联网完成费用计算、个人账户的扣减(如图 16 - 6 所示)。住院每日收费明细,由定点医院现有 HIS 系统生成医保中心规定的收费数据格式,并定时按所提供的软件上传到医保中心,出院结算由医保中心提供的程序完成(如图 16 - 7 所示)。图 16 - 8 是参保职工在医院门诊挂号缴费的 MIMIS 界面。

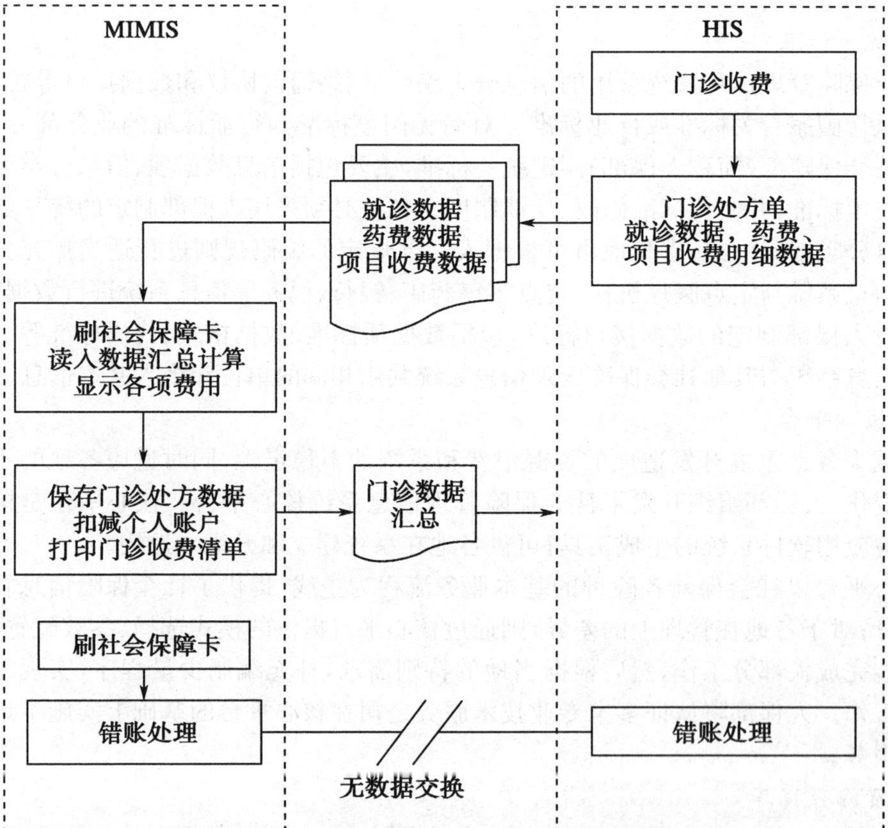

图 16 - 6 MIMIS 与 HIS 门诊数据交换示意图

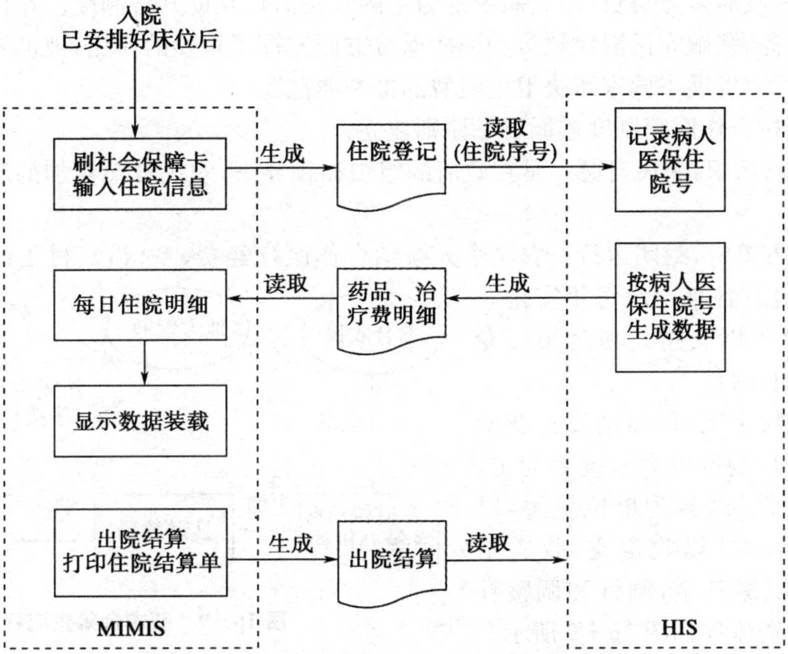

图 16－7 MIMIS 与 HIS 住院数据交换示意图

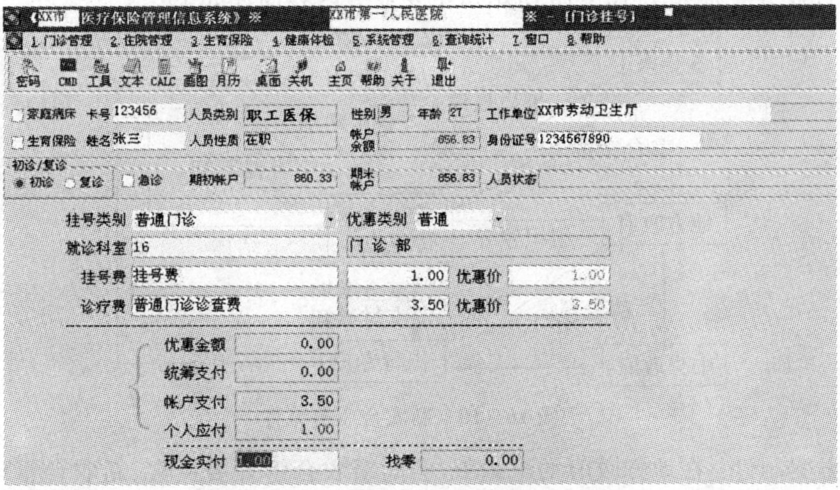

图 16－8 医院门诊 MIMIS 的挂号缴费

16.5 新型农村合作医疗信息系统

16.5.1 新型农村合作医疗

1）基本概念

新型农村合作医疗（以下简称新农合），是指由政府组织、引导、支持，农民自愿参加，个人、集体和政府多方筹资，以大病统筹为主的农民医疗互助共济制度。在保障农民获得基本卫生服务、缓解农民因病致贫和因病返贫方面发挥了重要的作用，被世界银行和世界卫生组织称为“发展中国家解决卫生经费的惟一典范”。

新型农村合作医疗制度遵循以下原则建立：

(1) 政府组织，农民自愿。是在政府的组织和领导下，农民自愿参加的新型农村合作医疗。

(2) 多方筹资，封闭运行。农民个人缴纳合作医疗经费，乡(镇)、村集体给予资金扶持，中央和地方各级财政每年安排一定专项资金予以支持。基金实行专户管理，封闭运行。

(3) 以收定支，保障适度。新型农村合作医疗制度以大病统筹为主，兼顾小病补偿；以县为单位统筹，以年度为周期，按“以收定支、收支平衡”的原则征缴基金，制订和调整补偿方案。筹资流程如图16－9所示。

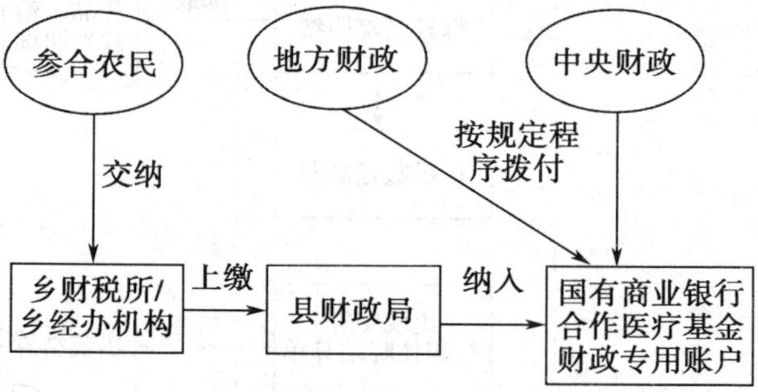

图16－9 新农合筹资流程

2) 业务流程

新农合业务流程如图16－10所示。主要业务内容简述如下：

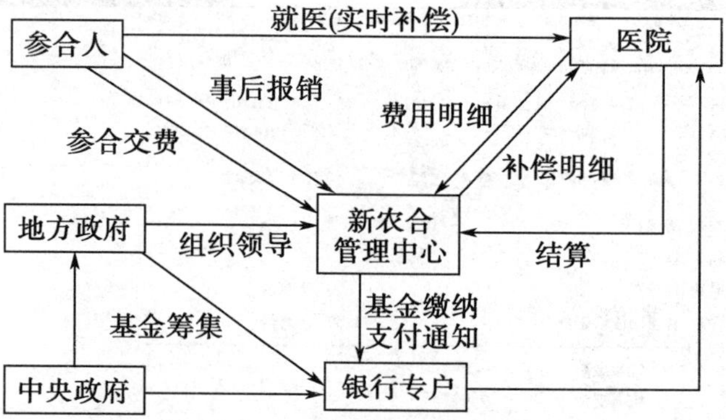

图16－10 新农合业务流程

(1) 方案制订：在地方政府的组织下，会同新农合管理委员会、新农合管理部门等机构，在基线调查和数据分析的基础上，讨论制订新一年度的资金筹集方案和补偿政策，审核定点医疗机构的资质。

(2) 参合管理：参合人员登记参合并缴纳年度费用后，管理部门发放合作医疗证件。每年年末，参合人员需要重新确认登记信息并缴纳下年度的参合费用，称为续合。地方和中央财政依据年度参合人数拨付专项资金。

3) 补偿管理

参合人员就医时出示合作医疗证件，当定点医疗机构的信息系统能够按补偿政策进行现场结算并减免医疗费用的，为实时补偿；否则，参合人员需持医疗机构提供的发票、处方或费用明细清单等资料，到新农合管理部门进行事后报销。

实时补偿时医疗机构先行垫付减免部分的医疗费用，经新农合管理部门审核后，再定期与医疗机构结算拨付。如发现其中有不合理费用，将予以扣除并对医疗机构进行处罚。

4）基金管理

新农合基金要求封闭运行，在一个业务年度内，要以收定支，收支平衡，略有节余。新农合基金来源有农民个人缴费、农村医疗救助资助、集体扶持、政府资助、利息及其他等各种渠道。基金分为统筹基金（含风险基金）和家庭账户基金使用。统筹基金包括住院统筹、门诊统筹、特殊病慢性病大额门诊统筹、顺产分娩统筹等，风险基金用于弥补基金非正常超支和应对基金临时周转困难，按年度基金规模的3%—5%提取。到年度末，剩余基金需要结转到下一年度继续使用。

16.5.2 新型农村合作医疗信息系统

新型农村合作医疗信息系统是专门用于新型农村合作医疗（以下简称新农合）业务管理的计算机管理信息系统，对新农合制度的建立和完善具有重要意义。

为指导和规范全国新农合信息系统建设，提高新农合的科学管理水平，保障和促进新农合制度持续健康发展，卫生部在2005年发布了《新型农村合作医疗信息系统基本规范》，包括新型农村合作医疗信息系统平台建设规范、应用系统功能规范、基本数据集规范、数据代码规范、统计指标规范和数据传输规范六部分，2008年对这个规范进行了修订。2007年底，卫生部又下发了《卫生部关于新型农村合作医疗信息系统建设的指导意见》，就全国新农合信息系统建设提出了框架性的指导意见。

1）系统建设目标与总体架构

（1）建设目标。以科学发展观为指导，立足于规范管理、提高效率和使农民方便受益，在2—3年内建立起与新农合制度发展相适应、与建设中的国家卫生信息系统相衔接、较为完备和高效的全国新农合信息系统。在各级新农合管理部门、经办机构、定点医疗机构以及其他相关部门间建立计算机网络联接，实现网上在线审核结算、实时监控和信息汇总，实现新农合业务管理的数字化、信息化、科学化，提高新农合工作效率和服务水平。

（2）总体架构。新农合信息系统的总体架构以国家、省两级信息平台为主，多级业务网络（国家、省、市、县）并存的模式，提倡按照省级建立信息平台，县级建立业务操作网络，市级通过省级平台建立辖区虚拟信息管理网络的方式建立省以下新农合信息系统（如图16-11所示）。

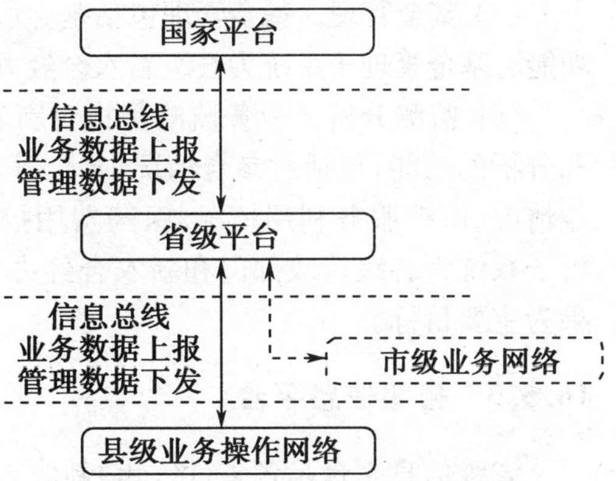

图16-11 新农合信息系统总体架构

2）县级基础业务系统主要功能

县级基础业务操作网络以新农合组织、管理与运行的基础信息收集和业务管理为主，实现以县为单位的在线费用审核、即时结算和实时监控功能。

《新型农村合作医疗信息系统基本规范》将基础业务系统的功能分为基本功能和扩充功能两部分，基本功能是各地新型农村合作医疗信息系统中必须实现的功能，包括参合管理、补偿管理、基金管理、会计核算、统计查询、监测分析、业务公示和配置维护八个子系统；扩充功能在新型农村合作医疗信息系统建设中可以有选择地使用，分为方案设计与测算、健康档案管理、参合群体分析、疾病信息分析和数据整合五个子系统（如图 16－12 所示）。下面简要介绍部分子系统的主要功能。

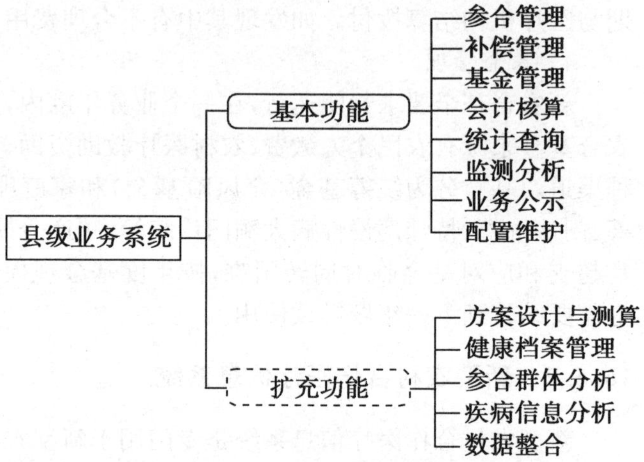

图 16－12　新农合县级业务系统功能

（1）配置维护。主要支持系统运行的各种参数设置和维护。其中最重要的是补偿方案的配置与维护。目前我国基本医疗保险的费用补偿方法主要采用按医疗项目支付，辅以部分总额控制。即管理部门制订可赔付的医疗项目范围目录，确定各种项目的补偿比例，参保人就医中按上述规定计算实际补偿，并进行补偿总额的限制。补偿方案配置与维护功能要求有较高的灵活度和可扩展性，能支持用户进行自定义参数配置，并按业务逻辑展示补偿方案。

（2）参合管理。参合管理子系统对参合流程中产生的信息进行管理，包括参合登记、账户管理、证卡管理和变更管理等功能。参合管理子系统为新农合经办机构和参合农民群众提供信息服务，以准确方便和快捷地完成参合管理的有关工作为主要目标。

（3）补偿管理。补偿管理是用于参保人就医时的费用补偿管理和新农合管理部门与定点医疗机构的费用结算管理，包括诊疗管理、补偿过程、结算管理等功能。补偿管理子系统供定点医疗机构、新农合经办机构使用，以准确方便和快捷地完成兑付结算为主要目标。

（4）基金管理。基金管理包括基金收入、基金分配、基金支付、基金结余和基金结转等功能。基金管理子系统为县级新农合经办机构使用，以准确、清晰地管理基金为主要目标。

（5）监测分析。业务监测是指对新农合信息系统中的重要数据与指标进行自动监测和分析的功能，包括对参合情况、基金筹集与到位情况、基金分配与使用情况、参合人口受益情况、医疗服务利用情况、医药费用控制情况、参合人口疾病经济负担等功能。监测分析子系统为各级行政部门和新农合经办机构使用，以准确、直观、快捷地提供监测分析结果为主要目标。

16.5.3　省级信息平台

省级信息平台是各省（区、市）新农合信息系统的核心部分，是服务于各地新农合决策和联系本辖区各级新农合信息网络的中心平台。省级信息平台建设内容包括连接各地的基础网络、省级数据库和省级管理信息系统。

1）省级数据库

省级数据库结构如图 16－13 所示，其数据来源为各基层新农合经办机构和定点医疗机构。省级数据库的特点是数据量大、保存时间长、应用面广，主要存储省级管理平台应用数据、集中式的县级应用系统数据、虚拟市级管理平台数据，并提供分布式县级应用系统的数据库备份。存储数据的类别包括新农合参合人员基本数据、就医补偿明细数据、新农合经办机构日常事务处理数据、异地转诊数据、报表数据、面向不同业务决策支持主题的数据仓库数据、分析结果数据等。

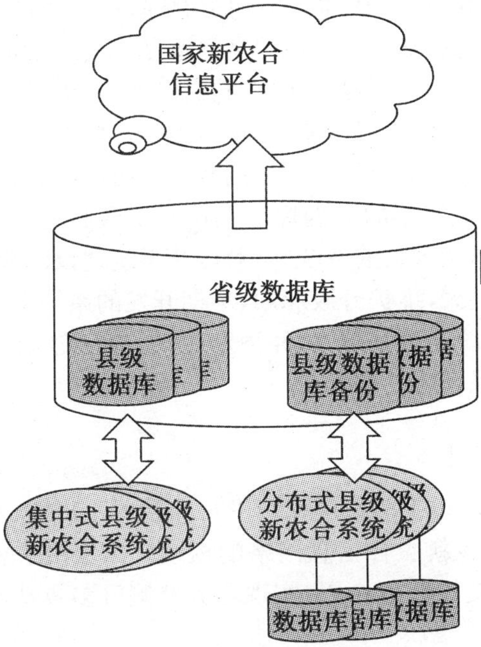

图 16－13　新农合省级信息平台数据库

2）省级管理信息系统

国家级和省级新农合信息系统的构成分为决策辅助系统、业务管理系统、基层单位管理平台以及门户网站系统四大部分，由数据处理与交换、统计报表、业务监测、基金监管、业务公示、转诊管理、分析评价、配置维护、门户网站、协同办公等十个子系统组成。

省级平台是省级数据集成、存储、共享与交换中心，提供国家、省、市、县管理部门，各级各地定点医疗机构之间的数据处理与交换，应能对各县（市、区）提供业务数据备份与容灾功能的技术支持。

省级平台应具备对基层业务的实时监管功能，即通过省级平台对各县（市、区）新农合基金使用明细情况、参保农民的费用补偿情况等进行实时监测；通过采集基金收入、支出和预算的所有明细数据，以及采集银行信息系统的基金专户变动数据，进行业务数据、基金数据和银行数据的多方核对，对新农合基金的使用情况管理由事后总结、评价，提升到事中监测、警示和事前预测。

省级平台还应具备分析评价子系统，即对全省及全省各县（市、区）新农合信息系统中的重要数据与指标进行自动检测，并通过一定的技术手段和数学模型，进行分析与评价。

转诊管理子系统是为参合农民在县(市、区)之间转诊治疗,提供转诊认证、补偿结算等相关服务的功能,县级业务系统和定点医疗机构通过省级信息平台可交换参合农民省内异地就诊数据,完成异地就诊的申请、审核和接收,进行费用的审核、补偿和结算。

3) 省级平台的建设模式

省级信息平台要联接近百个区县级系统,其建设模式主要有集中式和联邦式两类。

集中式是由省级平台直接提供区县级信息系统的功能,统一设计和管理区县级数据库,区县级数据库可以集中部署在省信息中心,也可以部署在各区县。这种方式的优点是统一建设,区县级系统建设水平得到保证,整体建设节约资金,省平台对区县级系统的控制能力强,数据易于标准化,共享程度高;缺点是限制了各区县信息管理发展的空间,已有系统的区县因更换系统产生浪费,省平台运行是否正常直接影响区县的日常业务,省平台的管理和维护压力很大。适用于区县系统建设基础差,地方经济薄弱的情况。

联邦式是省级平台与区县级系统分别建设,各区县的数据库可能是异构系统,信息系统功能也各有特色,但要求各区县按照统一的数据标准上传省平台需要的数据。这种方式的优点是省平台的建设和运行不影响区县的系统,是对区县系统建设的投资保护,但是区县系统与省平台的接口开发工作量大,维护升级麻烦,早期开发的系统需要经过标准化改造,建设进度较慢。适用于区县系统建设基础好,经济发达,支持力度大的情况。

也有的采用集中式和联邦式的混合建设模式。

16.5.4 国家级信息平台和数据库

新农合国家级信息平台和数据库(以下简称国家级平台和数据库)是新农合信息系统的核心部分,是决策支持和联系各省级新农合信息网络的枢纽。国家级平台和数据库应具有海量数据存储、实时获取数据、支持数据应用、实现业务监测等多重功能。国家级数据库主要存储以下数据:

① 全国参合、补偿情况的规范化基础数据。② 各省级单位上报的反映新农合基金筹集和使用、参合人员费用补偿情况的统计汇总数据。③ 各地新农合管理机构的基础数据。④ 各地社会经济基本情况的基础数据。⑤ 全国新农合业务开展情况的统计汇总数据和监测、评估数据。⑥ 在新农合业务管理、监督和决策中所需要的其他数据。

国家级平台和数据库建在国家卫生行政部门。国家级平台和数据库通过虚拟专用网与省级新农合数据中心实时(或准实时)进行新农合业务数据的交换。同时具备必要时通过虚拟专用网捕获基层新农合管理部门业务数据或定点医疗机构业务数据的能力。

16.6 城镇居民基本医疗保险

城镇职工基本医疗保险制度自1999年建立以来取得了巨大的成效,对于其暴露出的一些亟待解决的问题,国家提出了"加快建立覆盖城乡居民的社会保障体系,保障人民基本生活"的要求,使基本医疗保险制度覆盖范围从初期单一的城镇职工扩大到城镇各类人员,包括城镇灵活就业人员、城镇居民和农民工。

建立城镇居民基本医疗保险制度的目的是解决城镇非职工居民的基本医疗需求,通过统筹共济保障居民住院和门诊大病的基本医疗需求，充分体现了政府关注民生，缓解群众“看病难、看病贵”，推进社会公平正义，让市民共享改革和发展成果的决心。建立“全覆盖、多渠道、专户存、保大病、补门诊、属地管”的城镇居民基本医疗保险制度，有利于保障居民身体健康，减轻居民家庭负担，使所有的居民不至于“因病致贫”、“因病返贫”，在发生重大疾病时基本的医疗需求能够得到保障。

建立城镇居民基本医疗保险应遵循以下四条原则：一是坚持城镇居民基本医疗保险筹资水平、保障水平与经济社会发展水平以及各方承受能力相适应；二是坚持以大病医疗统筹为主，重点保障城镇居民住院和门诊大病医疗需求，兼顾门诊；三是坚持政府补助与个人缴费、单位分担相结合，建立多渠道筹资机制，财政补助向困难人群倾斜；四是坚持低水平、全覆盖，以收定支，收支基本平衡，略有节余。

参保具体对象是具有城镇户籍，但在城镇职工医疗保险、新农合及政府其他医疗保障形式覆盖面以外的各类城镇居民，主要对象为：老年居民、“其他”居民和学生儿童。城镇居民定点医院、定点社区卫生机构提供医疗服务职能。

城镇居民医疗保险信息系统的架构、功能、技术支持与城镇职工医疗保险信息系统基本相似。

问题与讨论

（1）为什么说社会医疗保险对医疗领域信息化的发展起了巨大的推动作用？你认为什么才是医疗卫生信息化发展的原动力？

（2）医疗保险信息的特点有哪些？它们对医疗保险信息系统建设有何影响？

（3）试述社会医疗保险信息系统的关键技术有哪些？如何实现？

（4）参保人身份识别技术有哪几种？有何特点？请设计异地转诊的身份识别方案。

（5）医疗保险信息系统与医院信息系统实现信息交换的难点是什么？如何解决？

（6）城镇职工医疗保险基金的偿付类型有哪些？各有何特点？你认为哪种更符合未来的发展趋势？

（7）什么是新型农村合作医疗？试述我国新农合信息系统的总体架构。

（8）省级信息平台有哪些建设模式？各有什么特点？

（9）举例说明如何利用信息系统对医疗保险业务进行监管。

（李 钢 黄学宁 贺 耀 丁宝芬）

17 医学信息资源的利用

本章将论述有关医学信息资源及其利用的基础理论和技术方法，读完这章后，你应该知道下面这些问题的答案：

医学信息资源的含义是什么？它有哪些特点和类型？

信息检索的含义是什么？

何为信息检索语言？包含哪些类型？

信息检索技术包括哪些内容？

常用的中外文医学信息检索系统有哪些？如何利用？

搜索引擎的定义是什么？其工作原理是什么？如何利用搜索引擎获取所需医学信息资源？

17.1 医学信息资源概述

17.1.1 医学信息资源的含义

一般而言，资源是指自然界和人类社会生活中的一种可能用以创造物质财富和精神财富、具有一定量的积累的客观存在形态。信息资源是指经过人类采集、开发并组织的各种媒介信息的有机集合。信息资源按载体形式可分为三大类型：传统印刷型文献信息资源、电子信息资源和网络信息资源。文献信息资源是指以文字形式存在的信息资源，即传统的书刊等印刷型资料；电子信息资源是指以机读方式存在的载体，如声像、光盘、缩微资料等；网络信息资源即依托因特网存在的虚拟信息资源，是目前使用面最广、最重要的信息资源。

信息资源，其本身是一个集合的概念，它可按不同标准而分为多种类型。医学信息资源则是按专业（学科）划分出来的一个门类，它是与医学这一学科相关的各类信息资源的总称。医学信息资源是指经过人类组织、加工、并可以存取和能够满足人类需求的各种医学信息的集合。它首先是医学信息的集合，其次是经过人类组织的、有序的、可存取的医学信息的集合，然后它应是包括各种载体形式如印刷型、缩微型、视听型及网络信息的集合。

17.1.2 医学信息资源的类型

按照不同的标准，医学信息资源可以分为不同的类型：

（1）按学科分类，医学信息资源涉及基础医学、临床医学、预防医学、卫生保健等相关学科门类。

（2）按载体形式分类，可分为印刷型文献、缩微型文献、视听型文献、电子型文献。其中印刷型和电子型是目前医学信息资源利用中的两大主体。

(3) 按出版形式，可划分为图书、连续出版物(期刊、报纸、年鉴、指南等)、特种文献(科技报告、专利、标准、会议文献、学位论文、政府出版物、产品资料、图片、照片等)三大类型。

(4) 按信息加工层次，可划分为零次信息资源、一次信息资源、二次信息资源、三次信息资源。其中，零次信息资源是未被记录下来或公开的最原始信息，或没有正式发表的文字材料如书信、手稿、笔记等，也包括科技人员的口头交流；一次信息资源，即作者根据自己的工作和研究成果而写成的，也可称原始论文，如期刊论文、学位论文、研究报告、专利说明书等；二次信息资源是对一次信息资源进行收集、分析、整理，按照其外部特征或内容特征并按照一定的规则加以编排而成的文献，是查找一次文献的线索，如目录、索引、文摘等；三次信息资源是针对某一专题检索二次信息资源，获得与之相关的大量一次信息资源，对一次信息资源进行阅读、筛选所需内容，最后归纳、整理、加工、提炼而成的，如综述是最常见的三次信息资源。

(5) 按开发程度为依据，可分为潜在信息资源和现实信息资源。潜在信息资源是指个人在认知和创造过程中储存在大脑中的信息资源；现实信息资源是指潜在的信息资源经个人表述后能够为他人直接利用的信息资源。

17.1.3 网络医学信息资源

1) 网络医学信息资源的含义

网络信息资源(Network Information Resource)是指以电子数据的形式将文字、图像、声音、动画等多种形式的信息存放在光磁等非印刷质的载体中，并通过网络通信、计算机或终端等方式再现出来的信息资源，包括各种局域网、地域网和广域网上的信息资源。网络医学信息资源，主要是指通过因特网获取的有用的生物医学信息资源。

2) 网络医学信息资源的类型

(1) 数据库资源。与手工检索方式相比，计算机信息检索(包括光盘数据库、联机数据库)具有检索速度快、准确率高等优点，因此理所当然地成为广大信息用户获取所需信息资源的首选。常用的生物医学数据库主要有：① 全文数据库，如中国期刊全文数据库、中文科技期刊全文数据库、ProQuest 健康与医学大全、OVID 全文期刊库、Elsevier Science(SDOS)、Springer LINK 等；② 文摘数据库，如 Medline、中国生物医学文献数据库(CBM)、馆藏西文生物医学期刊文献数据库(EMCC)等；③ 引文数据库，如中国生物医学期刊引文数据库(CMCI)、美国科学引文索引(Science Citation Index，SCI)等；④ 数值型或事实型数据库，主要包括基因库、核酸序列、蛋白质结构等分子生物学数据库，以及毒理学、药物方面的事实型数据库等；⑤ 多媒体数据库，包括各种医学图谱库、医学影像库(CT、MRI、X 片等)、病理切片库以及化学物质或药物结构数据库等等。

(2) 电子期刊和电子图书。Internet 提供的电子出版物主要包括电子期刊、报纸、图书、手册、法规、指南、百科全书等。可以在如斯坦福大学的 Highwire 和 Freemedicaljournals、free-ebook 等网站检索到相关电子期刊和电子图书。电子报纸国外有 Science Daily，Physiweekly，Internal Medicine WorldReport 等，国内有健康报、中国医学论坛报、中国中医药报等。

(3) 新闻资源。医药卫生新闻主要包括医药卫生行业新闻、商业新闻、临床实验进展、疾病防治新技术、新进展,可通过搜索引擎、综合网站新闻服务或专业网站查找,也可通过专业型新闻刊物,如各种 newletters,weekly 及学术组织网站查找,多数医学网站都提供医学新闻。还有一些专门的新闻组信息栏目,这些信息主要来自 usenet、BBS 的围绕各种专题和兴趣讨论的信息。

(4) 医学教育资源。这类资源主要包括医学继续教育和病人教育资源两方面内容。

医学继续教育与培训资源包括医学院校网站中的继续教育内容,以及分散在各类网站上的医学教育资源。国内目前医学继续教育信息主要为各医科大学网站中的医学教育内容,如复旦大学医学院、第四军医大学、37℃医学网等网站中均设有医学继续教育栏目,此外,中华医学会每年均有各类国家级继续医学教育项目。

病人教育资源有:许多国外生物医学网站提供的医学信息都专门设立为患者和家属服务的 Patients 版(患者版)及为普通大众服务或用通俗语言表达的 General 版,如美国癌症学会、美国内科医师学会、美国癌症研究所的 PDQ 等都提供丰富可靠的病人教育资源,一些权威协会、杂志的网页中也提供病人教育资源。

(5) 医药市场信息资源。如今网络医药产品信息、市场信息越来越多,许多网站建立了医药产品、市场信息等栏目,如中国医药市场网、中国金药网、全国医药技术市场网、中国医药网等都提供丰富的网上医药市场信息。此外,制药公司或医药经营企业网站内容较为丰富,提供本单位介绍、产品介绍及药品和物资供求信息,侧重于广告宣传和药品营销,实用性较强,是搜集同行信息的有效途径。

(6) 循证医学资源。循证医学(Evidence Based Medicine,EBM)资源的主要类型为系统综述和临床实践指南。由 Cochrane 协作网创建的 Cochrane Library 是获取循证医学资源的重要数据库。循证医学网站的内容包括系统综述数据库、临床实践指南数据库、循证医学期刊、Meta 分析软件、循证医学教学资源和导航系统等。我国于 1993 年 12 月在华西医科大学建立了中国 Cochrane 中心,开展循证医学概念及系统综述方法的研究和培训。

(7) 虚拟图书馆。虚拟医学图书馆是网络环境下大规模电子化文献信息系统,它将现实馆藏中数字化资源与外部虚拟信息资源整合、连接,供用户检索和共享利用。一些面向医学专业人员和病人服务的也称虚拟医学中心或虚拟医院。如美国 Lowa 大学创建的虚拟医院,中国高等教育文献保障系统(china academic library & information system,CALIS)医药文献信息中心的重点学科导航等。

(8) 其他医学信息资源。其他医学信息资源主要包括:医学会议信息资源,特种文献如专利信息、标准、学位论文资源等;医院、医学院和医生信息资源;科研基金申请、求职信息等等。

17.2 信息检索基础

17.2.1 信息检索的基本概念

信息检索(information retrieval)是指信息的有序化识别和查找的过程,即人们根据特定的信息需求,采取科学的方法,应用专门的工具,从浩瀚的信息海洋中迅速、准确地获取所需信息的过程。

广义的信息检索包括信息的存储和信息的检索,往往又称为"信息存储与检索"(Information Storage and Retrieval)。信息的存储主要是在一定专业范围内的信息选择基础上进行信息特征描述、加工并使其有序化,或建立数据库,以便在检索时借助一定的设备与工具,从中查找出所需的信息。存储是检索的基础,检索是存储的逆过程。在现代信息技术的条件下,信息检索从本质上讲,是指人们从任何信息系统中高效、准确地查找到自己所需的有用信息,而不管它以何种形式出现,或借助于什么样的媒体,此即狭义的信息检索。一般来说"信息检索"主要指的是后者。

早期的信息检索,人们主要根据文献的特征,以手工方式实现。以计算机为核心的信息技术,开辟了信息处理与信息检索的新纪元,计算机从处理数字信息发展到处理字符信息、静态和动态的图像信息乃至声频视频信息等,不仅拓展了信息检索的领域,丰富了信息检索的内容,而且极大地提高了信息检索的速度。近年来,互联网给信息检索工作带来了一个全新的发展空间,信息检索的对象已从过去相对封闭,由独立数据库集中管理的信息内容扩展到如今开放、动态、更新更快、分布广泛、管理松散的网络内容;网络信息检索从一开始的一般人难以学会的标准化检索发展到现在,已经成为简单的、大众化的行为方式了。信息检索已成为当今科学研究、经济活动和社会生活中的一个组成部分,并发挥着越来越大的作用。

17.2.2 信息检索语言

简单地说,检索语言就是一种检索标志系统,是根据检索需要而创建的一种人工语言。它应用于各种手工和计算机信息检索系统,它的实质是表达一系列概括文献内容的概念以及概念之间相互关系的标志系统。我们在建立一个检索系统,对信息、文献进行存储时,需要按照一定的语言来描述信息、文献的外部特征和内部特征;同时,信息用户在使用检索系统时,也要按照一定的语言来表达他的信息文献需求,那么,这种把信息存储与检索联系起来、把检索系统的建立者与使用者联系起来以便取得共同理解的语言就叫检索语言,或叫做检索标志系统,又称为信息存储与检索语言、标引语言、索引语言等。

信息检索语言是决定检索系统中大量信息排检序列的关键。它可以是一系列概括信息内容的概念及其相互关系的标识系统,如分类号码;也可以是自然语言中选择出来并加以规范化的一套词汇,如主题词表。常用的有下列三种。

1) *分类检索语言*

分类检索语言是以学科分类为基础,结合信息内容特征的一种直接体现知识分类概念的检索语言。它采用概念逻辑分类的一般规则进行层层划分，构成具有上位类和下位类之间隶属关系、同位类之间并列关系的概念等级体系。体系分类语言也叫分类法或分类表。

分类检索语言的“语词”就是它的类目及相应的分类号，分类号主要用于明确各类目之间的先后顺序。

分类检索语言既可以用于期刊论文的分类，也可以用于图书等其他文献信息的分类。国内外有多种广泛使用的著名分类检索语言，如美国《国会图书馆图书分类法》(Library of Congress Classification，LC)、《国际十进分类法》(Universal Decimal Classification，UDC)、《杜威十进分类法》(Dewey Decimal Classification and Relative Index，DC 或 DDC)、《中国图书馆分类法》(中图法)等。《中国图书馆分类法》是我国使用最普遍的一种分类检索语言。

2) 主题检索语言

主题检索语言是用表达文献主题内容的词语作为标识并且按字顺排检的信息检索语言。应用较多的是叙词法和关键词法。

(1) 叙词法。叙词(Discriptor)又称主题词，它是以规范化为基础，以揭示事物对象及其特征为出发点的信息检索语言，其主要特点是：叙词是经过严格规范化的词或词组，保证语词与概念的一一对应，可用于概念组配检索。叙词一般由叙词表控制，常用的叙词表有《汉语主题词表》、《中医药主题词表》和美国国立医学图书馆(National Library of Medicine，NLM)的《医学主题词表》(Medical Subject Headings，MeSH)，其中 MeSH 词表是最具代表性的叙词表，也是医学领域内使用最多的一种主题检索语言。MeSH 用于标引和揭示医学文献的主题内容，对于提高医学信息检索的准确率具有十分重要的意义。

(2) 关键词法。关键词(keyword)是指出现在文献的题名、摘要或全文中，能够反映文献主题内容的或者能被作为检索入口的专业名词或术语。关键词直接取自原文，不作规范化处理，可以提供更多的检索入口，适合计算机系统自动编制索引的需要。但由于词语没有规范化，对自然语言中大量存在的同义词、近义词、拼法变异词未标明其等同关系，从而导致同一主题文献信息因为用词不同而分散，容易造成漏检和误检。

3) 代码检索语言

代码检索语言是用事物的代码作为标识系统的索引语言，如美国《化学文摘》(CA)中的分子式索引、环状化合物的环系索引等。

17.2.3 信息检索技术

信息检索技术主要研究信息的表示、存储、组织和访问，即根据用户的查询要求，从信息数据库中检索出相关信息资料。一般信息检索技术包括布尔逻辑检索、截词检索、邻近检索和限定字段检索等。

1) 布尔逻辑检索技术

布尔逻辑检索是检索系统中应用最广泛的检索技术，即用布尔逻辑运算符来表达检索词与检索词之间逻辑关系的一种检索方法。在检索过程中，检索提问涉及的概念往往不止一个，而同一个概念又会涉及多个同义词或相关词。为了正确地表达检索提问，系统中采用布尔逻辑运算符将不同的检索词组配起来，使一些具有简单概念的检索单元通过组配成为一个具有复杂概念的检索式，用以表达用户的信息检索要求。常用的逻辑算符主要有以下几种：AND、OR、NOT，分别表示逻辑与、逻辑或、逻辑非三种逻辑运算关系，如图 17-1 所示。

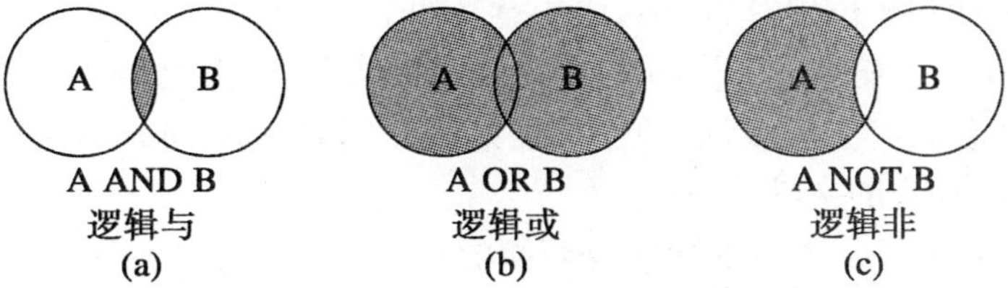

图 17-1 布尔逻辑运算符

(1) 逻辑与：用 AND 或 * 表示，是一种用于交叉概念或限定关系的组配，它可以缩小检索范围，有利于提高检索的专指性。如欲查同时含有概念 A 和概念 B 的文献，可表示为："A AND B"或"A * B"。检索结果如图 17-1(a)所示，图中阴影部分即为同时包含 A 和 B 两个概念的命中文献。

(2) 逻辑或：用 OR 或"+"表示，是用于具有并列概念关系的组配。这种组配可以扩大检索范围，提高查全率。例如，检索含有概念 A 或概念 B 的文献，可表示为："A OR B"或"A+B"。检索结果是将含有检索项 A 的文献集合与含有检索项 B 的文献集合相加，形成一个新的集合，如图 17-1(b)所示，图中阴影部分为命中文献。

(3) 逻辑非：用"NOT"或"-"表示，是用于从某一检索范围中排除不需要的概念。这种组配可以缩小检索范围，提高查准率。例如，在含有概念 A 的文献集合中，排除同时含有概念 B 的文献，可表示为："A NOT B"或"A-B"。检索结果如图 17-1(c)所示，图中阴影部分即为包含 A 且排除 B 的命中文献。

布尔算符的优先执行顺序一般是：逻辑非、逻辑与、逻辑或，但用括号可以规定或改变其执行顺序。三个逻辑算符和括号的配合使用，可将检索词组配成较为复杂的逻辑提问式，以满足复杂概念信息检索的需要。检索式(A * B)-C 的检索结果如图 17-2 中的阴影部分。

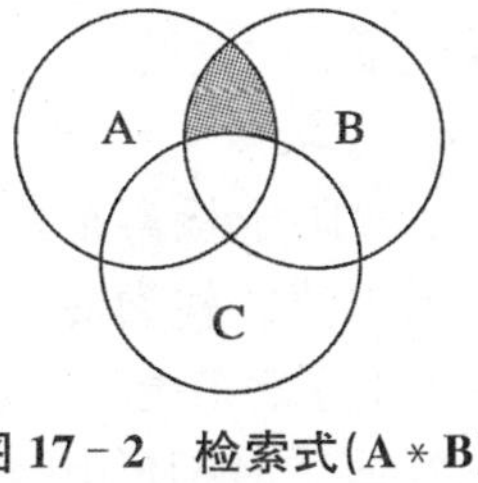

图 17-2 检索式(A * B)-C 的检索结果

2) *截词检索技术*

截词检索就是把检索词截断，取其中的一部分片段，加上截词符号进行检索，凡满足这个词局部中的所有字符(串)的文献，都为命中的文献。按截断的位置来分，有后截断、前截断、中截断三种类型。

不同的系统所用的截词符也不同，常用的有?、$、* 等。分为有限截词(即一个截词符只代表一个字符)和无限截词(一个截词符可代表多个字符)。例如 comput* 表示 computer，computers，computing 等。

截词检索也是一种常用的检索技术，是防止漏检的有效工具，尤其在西文检索中，更是广泛应用。截词技术可以作为扩大检索范围的手段，具有方便用户、增强检索效果的特点，但一定要合理使用，否则会造成误检。

3）邻近检索技术

邻近检索又称位置检索，主要是利用记录中的自然语言进行检索，词与词之间的逻辑关系用位置算符组配，对检索词之间的相对位置进行限制。主要有相邻位置算符(W)、(nW)、(N)，(nN)和句子位置算符(S)，用法意义如下：

(1) (W)—With：表示该算符两侧的检索词相邻，且两者之间只允许有一个空格或标点符号，不允许有任何字母或词，顺序不能颠倒。例如：biological(W) control 可检索出含 biological control 的文献记录。

(2) (*n*W)—*n*Words：表示在此算符两侧的检索词之间最多允许间隔 *n* 个词(实词或虚词)，且两者的相对位置不能颠倒。例如：wear(1W) materials 可检索出含有 wear materials，wear of materials 等的文献记录。

(3) (N)—Near：表示此算符两侧的检索词必须紧密相连，词序可变，词间不允许插入其他词或字母，但允许有一空格或标点符号。例如：information(N) retrieval 可检出含有 information retrieval，retrieval information 的文献记录。

(4) (*n*N)—*n*Near 表示此算符两侧的检索词之间允许间隔最多 *n* 个词，且两者的顺序可以颠倒。例如：computer(2N) system 可检出含有 computer system，computer code system，computer aided design system，system using modern computer 等形式的文献记录。

(5) (S)—Subfield：表示其两侧的检索词必须是在文献记录的同一子字段中，而不限定它们在该子字段中的相对次序和相对位置的距离。例如 computer(W) control(S) system 可检出文摘中含有像"This paper is concerned with an application of the computer control technique in a intelligent system for testing inner walls of pipes. "这样一句话的文献记录。

4）字段限定检索

字段限定检索是指限定检索词在数据库记录中的一个或几个字段范围内查找的一种检索方法。检索时，系统只对限定字段进行匹配运算，以提高检索效率和查准率。如 PubMed 检索系统中字段限定符主要有[AU]限查作者、[AD]限查作者机构、[MH]限查主题词、[MAJR]限查主要主题词、[PT]限查文献类型、[TA]限查特定刊名等。不同数据库和不同种类文献记录中所包含的字段数目不尽相同，字段名称也有区别。在一些网络数据库中，字段名称通常放置在下拉菜单中，用户可根据需要选择不同的字段进行检索。

17.2.4 信息检索效果

检索效果(retrieval effectiveness)是检索系统实施信息检索的有效程度，反映检索系统的能力。检索效果包括技术效果和经济效果。技术效果是由检索系统完成其功能的能力确定的，主要指系统的性能和服务质量；经济效果是由完成这些功能的价值确定的，主要指检索系统服务的成本和时间。克兰弗登(Cranfield)在分析用户基本要求的基础上，提出了六项评价系统性能的指标，即收录范围、查全率、查准率、响应时间、用户负担和输出形式。其中，查全率和查准率是两个最主要也是最常用的指标。

1）查全率(recall ratio)

查全率又称检全率、命中率，是指检出的相关文献数与检索系统中相关文献总数之比。可用下式表示：

$$查全率(R)=\frac{检出的相关文献数}{检索系统中相关文献总数}\times 100\%=\frac{a}{a+c}\times 100\%$$

2）查准率(precision ratio)

查准率又称检准率、相关率，是指检出的相关文献数与检出的文献总数之比。可用下式表示：

$$查准率(P)=\frac{检出的相关文献数}{检出的文献总数}\times 100\%=\frac{a}{a+b}\times 100\%$$

式中 a 为检出的相关文献数，b 为检出的非相关文献数，c 为未检出的相关文献数。由此可见，查全率和查准率之间存在着互逆关系。如果检索时所用检索语言的泛指性强，检出的文献多，那么查全率将会提高，但误检率也同时增大，因而查准率降低。如果检索语言的专指性强，查准的文献多，则查准率提高，但漏检率也同时增大，因而查全率降低。所以，欲达到较好的检索效果必须兼顾二者，不能单纯追求其中某一个评价指标。实践证明，在通常的检索过程中，查全率在 60%—79%之间，查准率在 40%—50%之间，检索效果较佳。

17.3 常用中外文信息检索系统

17.3.1 中国生物医学文献数据库(CBM)

1）数据库简介

《中国生物医学文献数据库》(简称 CBM)是中国医学科学院医学信息研究所开发研制的综合性医学文献数据库，是国内第一个综合性中文生物医学文献光盘数据库，也是目前国内最大的医药卫生专业文献数据库。该数据库收录了 1978 年以来 1 600 多种中国生物医学期刊，以及汇编、会议论文的文献题录，年增长量约 40 万条，数据总量达 350 余万篇，学科覆盖范围涉及基础医学、临床医学、预防医学、药学、中医学及中药学等生物医学的各个领域。中国生物医学文献数据库注重数据的规范化处理和知识管理，全部题录均根据美国国立医学图书馆的《医学主题词表》(MeSH 词表)、中国中医研究院图书情报研究所出版的《中医药主题词表》进行主题标引，并根据《中国图书馆分类法·医学专业分类表》进行分类标引。

中国生物医学文献数据库具有主题、分类、期刊、作者等多种词表辅助查询功能，检索入口多、方式灵活，可满足简单检索和复杂检索的需求，与 PUBMED 具有良好兼容性，可获得较高的查全率和查准率。目前，常用的有两个版本，即基于局域网的 CBMWin 和基于因特网的 CBMWeb，网络版网址：http://cbmwww.imicams.ac.cn/。

2）数据库检索

在“中国生物医学文献数据库”登录主界面输入用户名和密码，登录后系统默认为基本检索界面，在数据库标题下方分别可以切换为主题检索、分类检索、期刊检索、作者检索、索引检索。

（1）基本检索

① 选择检索入口。

缺省：表示输入的检索词同时在中文题目、文摘、主题词、特征词、关键词、期刊这些主要入口检索。

全部：表示输入的检索词同时在所有可检索的字符型字段中查找。

指定入口：表示输入的检索词仅在某一指定入口内检索，包括题目、英文题目、作者、地址、关键词、文摘、基金、参考文献、刊名、出版年、期、分类号、主题词、特征词等。如图17－3。

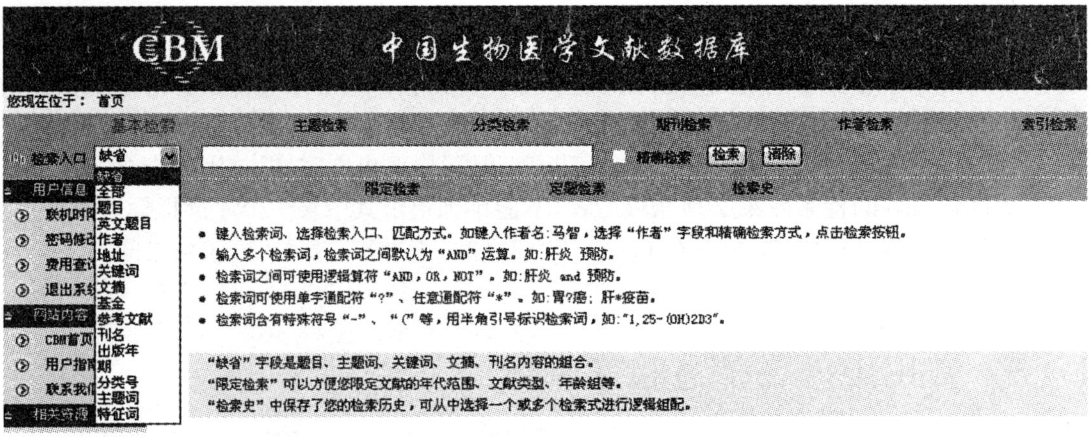

图17－3　中国生物医学文献数据库选择检索入口

② 在输入框键入检索词或检索式，检索词本身可使用通配符，检索词之间可使用逻辑运算符。

通配符：

a. 单字通配符（?）：替代一个字符。如检索式"血？动力"，可检索出含有"血液动力、血流动力"等字符串的文献。b. 任意通配符（*）：替代任意一个字符。如检索式"肝炎*疫苗"，可检索出含有"肝炎疫苗、肝炎病毒基因疫苗、肝炎减毒活疫苗、肝炎灭活疫苗"等字符串的文献等。

逻辑运算符：

a. 逻辑运算符：AND——检出记录中同时含有检索词A和检索词B。OR——检出记录中含有检索词A或检索词B。NOT——在含检索词A的记录中，去掉含检索词B的记录。

b. 优先级。优先级的顺序依次为：( ) > NOT > AND > OR。例：（心脏瓣膜疾病 OR 心力衰竭）AND 手术后并发症。

③ 选择是否进行精确检索。

a. 精确检索：检索词与检索字符串完全相等，如检索作者马智，仅检索出作者为马智的文献，而不会将作者名中含有马智的文献带出。

b. 所有入口均可进行包含检索，精确检索仅限于作者、关键词、刊名、出版年、期、分类号、主题词、特征词等字段。

④ 二次检索：是在已有检索结果基础上再检索，逐步缩小检索范围，与上一个检索词之间的关系为“AND”。

(2) 主题检索

① 选择“中文主题词”或“英文主题词”检索入口，键入检索词，点击“查找”按钮。

主题检索可用中文主题词、英文主题词及同义词进行查找，可浏览主题词注释信息和树形结构，帮助确定恰当的主题词。还可通过设置是否加权、是否扩展、选择合适的副主题词，使检索结果更符合检索要求。检索课题时应尽可能采用规范化的主题词进行检索，以提高查全率和查准率。

② 在主题词轮排表中，浏览选择主题词。

中文主题词轮排表：在输入框键入检索词后，点“查找”，系统显示含有该检索词的中文主题词轮排表。同一行中，左边一列为主题词的款目词(同义词)，中间一列为正式主题词，右边一列为该主题词命中的文献数。

选择“英文主题词”检索入口，在输入框键入英文检索词，点“查找”，系统显示含有该检索词的英文主题词轮排表，包括英文主题词和款目词(同义词)及主题词中译名。(见图 17-4)

图 17-4 检索词的英文主题词轮排表

③ 在主题词注释表中，浏览主题词注释信息和树形表，选择是否扩展检索、加权检索以及副主题词和副主题词扩展检索选项。

a. 主题词注释包括该主题词的中文名称、英文名称、款目词、树状结构号、相关词、可组配的副主题词、药理作用主题词、检索回溯注释、标引注释、历史注释、范畴注释等内容。认真阅读主题词的注释信息,确认是否和检索主题一致。

b. 主题词扩展检索和非扩展检索:扩展检索指对当前主题词及其所有下位主题词进行检索,非扩展检索则仅限于当前主题词的检索。默认状态为扩展检索,若不进行扩展检索则选择"不扩展"选项。如主题词"HIV 感染",扩展检索指对该主题词和 10 个下位主题词检索,不扩展检索仅对"HIV 感染"进行查找。

c. 主题词加权检索和非加权检索:主题词"加权"表示主题词的重要程度,反映文章论述的主要内容。加权主题词用"*"表示,如"*肝肿瘤"。加权检索表示仅对加星号主题词(主要概念主题词)检索,非加权检索表示对加星号主题词和非加星号主题词(非主要概念主题词)均进行检索。默认状态为非加权检索,若进行加权检索在"加权"选框进行标记。

d. 主题词/副主题词组配检索:

副主题词:用于对主题词的某一特定方面加以限制,强调主题词概念的某些专指方面。如:"肝/药物作用"表明文章并非讨论肝脏的所有方面,而是讨论药物对肝脏的影响。

主题词与副主题词的组配规则:副主题词一共有 94 个,表明同一主题的不同方面。主题词与副主题词的组配有严格的规定,不是所有的副主题词均能与每个主题词进行组配,"可组配副主题词"列出了当前主题词可以组配的所有副主题词,每个副主题词前面都有一个复选框,可以同时选择多个副主题词。点击某个副主题词可弹出该副主题词的注释窗口,有助于正确使用副主题词。

e. 副主题词扩展检索:一些副主题词之间也存在上下位关系,如副主题词"副作用"的下位词包括"中毒"和"毒性",选择"扩展副主题词",指对该副主题词及其下位副主题词进行检索,非扩展检索则仅限于当前副主题词"副作用"。

另有分类检索、期刊检索、作者检索、索引检索等不再赘述。

17.3.2 中国知识基础设施工程(CNKI)

中国知识基础设施工程(China National Knowledge Infrastructure,CNKI)的概念,源于世界银行《1998 年度世界发展报告》。CNKI 工程是以实现全社会知识资源传播共享与增值利用为目标的信息化建设项目,由清华大学、清华同方发起,始建于 1999 年 6 月。CNKI 工程集团采用自主开发并具有国际领先水平的数字图书馆技术,建成了世界上全文信息量规模最大的"CNKI 数字图书馆",并正式启动建设《中国知识资源总库》及 CNKI 网格资源共享平台,为全社会知识资源高效共享提供最丰富的知识信息资源和最有效的知识传播与数字化学习平台。

CNKI 系列数据库产品主要包括中国期刊全文数据库(CJFD)、中国期刊全文数据库(世纪期刊)、中国优秀博硕士学位论文全文数据库(CDMD)、中国重要会议论文全文数据库(CPCD)、中国重要报纸全文数据库(CCND)、中国年鉴全文数据库(CYFD)、中国图书全文数据库(CBFD)、中国引文数据库(CCD)等,各数据库通过 KNS5.0 平台强大的整合功能,将期刊库、博硕库以及其他的一些 CNKI 源数据库整合起来一起使用,实现知识资源的增值利用和深度挖掘。

跨库检索。通过跨库检索技术，可以实现只输入一个检索词即可在期刊、博硕论文等多个数据库里面同时检索，为读者搭建了一站式的检索平台，有效减少读者检索文献的时间。

知网节：指文章下载页面的各种超链接，通过知网节功能，实现各数据库中相关文献的链接功能，以超链接的形式将相同主题的文章直接推送到读者面前，知网节包括参考文献链接、引证文献链接、相似文献链接等。

17.3.3 生物医学文献数据库 MEDLINE

MEDLINE 数据库是由美国国立医学图书馆编辑建立、世界公认最权威的大型生物医学文献数据库，收录了 1966 年以来全世界 70 多个国家和地区 40 多种语言的文献数据。2008 年 Medline 收录期刊 5.175 种，其中中国期刊 100 多种。MEDLINE 涵盖了美国《医学索引》(Index Medicus，IM)、《牙科文献索引》(Index to Dental Literature)和《国际护理索引》(International Nursing Index)印刷本的全部数据，内容涉及临床医学、基础医学、护理学、口腔医学、药理和药剂学、环境医学、职业病学、兽医学、卫生管理、食品营养、卫生保健、信息科学等领域。截至 2008 年底，MEDLINE 共收录数据 1 700 多万条，其中约 80%为英文文献，近年来数据年增量约 40—50 多万条记录，MEDLINE 光盘版数据每月更新，网络版数据每周更新。

17.3.4 PubMed 检索系统

PubMed 是美国国立医学图书馆(National Library of Medicine，NLM)附属国立生物技术信息中心(National Center for Biotechnology Information，NCBI)开发建立的生物医学文献检索系统，于 1997 年开始在网上向用户提供免费检索服务。PubMed 是 NCBI 开发的 Entrez 检索系统的重要组成部分之一，Entrez 是一个用以整合 NCBI 系列数据库中信息的搜寻和检索工具，这些数据库包括核酸序列、蛋白序列、大分子结构、基因组序列以及 MEDLINE 等。PubMed 主要用于检索包括 MEDLINE 数据在内的期刊文献，其页面也提供了对核酸序列、蛋白序列、基因组序列、分子结构、孟德尔遗传在线等数据库的链接。PubMed 系统可通过 NCBI 主页上的 PubMed 链接点击进入，也可直接键入网址 http://www.ncbi.nlm.nih.gov/pubmed 进入。PubMed 收录范围：

(1) MEDLINE：收录内容如前一节所述。检索记录带有[PubMed-indexed for MEDLINE]标记。

(2) OLDMEDLINE：收录了 1966 年之前世界上重要的生物医学期刊文献记录 150 多万条，目前主要为 1948～1965 年的数据。检索记录也带有[PubMed-indexed for MEDLINE]标记。

(3) PreMedline：是一个临时性数据库，收录准备进行标引的文献信息，每天都在接受新数据，进行标引和加工，每周把加工好的数据加入到 MEDLINE 中，同时从 PreMedline 中删除。

(4) Publisher Supplied Citations：出版商直接提供的文献数据，带有[PubMed-as

supplied by publisher]标记，若记录被 PreMedline 收录，加工标引完成后则进入 MEDLINE 中，其标记也变为 MEDLINE 数据标记。

17.3.5 Ovid 数据库系统

Ovid Technologics 公司是著名的数据库提供商，Ovid 平台下提供 300 多个数据库，1 000 多种权威期刊及其他资源，可由文献中的参考索引链接到该文献的全文（Full Text），用户可在单一环境下方便地获得所需资料。其中生物医学数据库主要有：

（1）Ovid 全文期刊库（Journals@Ovid Full Text），提供 60 多个出版商出版的科学、技术及医学期刊 1 000 多种，最早的可回溯至 1993 年。其中包括 Lippincott Williams & Wilkins（LWW）出版社的 279 种医学期刊、牛津大学出版社（Oxford University Press）的 50 多种医学期刊、以及 BMJ Publishing Group Ltd. 等公司出版的期刊。

（2）Ovid BP（BIOSIS Previews）数据库由美国生物学文摘生物科学信息服务社（Biosciences Information Service of Biological Abstracts，BIOSIS）编辑出版。是美国生物学文摘（Biological Abstracts，BA）和生物学文摘/报告、述评、会议资料的网络版，是世界上有关生命科学领域最大的综合性文摘数据库，内容涉及生命科学的所有领域，其中的期刊论文来源于 100 多个国家的 5 000 多种期刊，及时提供生物学及医学上的新发现和临床及实验研究资料。数据库中 95%的记录有摘要。

（3）Ovid EBM Reviews（循证医学数据库集合），由 Ovid 技术公司提供，共包含 7 个数据库，其中除 ACP Journal Club 外，其余 6 个是 Cochrane Library 中的数据库，ACP Journal Club 由两种期刊 ACP Journal Club 和 Evidence-Based Medicine 组成。这两种期刊由相关领域的专家按照严格的研究设计标准，定期从世界顶级的临床期刊中筛选出最新的系统评价和原始研究论文，并对其主要内容进行评述。

17.3.6 EMBASE

EMBASE（Excerpta Medica Database）是由荷兰 Elsevier Science 出版公司建立的 EM 的书目型数据库。EMBASE. com 是将 EMBASE—荷兰《医学文摘》中 1 100 多万条生物医学记录与 700 多万条独特的 MEDLINE 记录相结合，经过去重，形成全球最大最具权威性的生物医学与药理学文献数据库。EMBASE. com 囊括了 70 多个国家/地区出版的 7 000 多种刊物，覆盖各种疾病和药物信息，涵盖了大量欧洲和亚洲医学刊物。

17.3.7 网上免费医学期刊全文文献的获取

1）Free Medical Journals（免费医学期刊网）

该网站由美国的 Bemd Sebastian Kamps 创建，网址为 Http://www. freemedicaljournals. com，是提供生物医学免费电子期刊浏览的专业网站。目前收录约 430 种免费的全文生物医学期刊的网址链接，语种包括英语、法语、德语、意大利语、俄语等。

网站主页的左侧提供了 3 种期刊检索途径，用户可按专业、语种和刊名首字母进行搜索获取所需文献，其收录的期刊按其出版后的时间分为 4 种免费时段，该网站还提供部分期刊的影响因子（Impact Factor）。

2) HighWire Press(HighWire 数据库)

该网站是由美国斯坦福大学开发与维护的全球最大的科技期刊全文网上免费虚拟数据库之一,网址为 http://highwire. stanford. edu 或 http://highwire. org。它收集医学、生物学、物理学、社会科学领域的期刊,目前已拥有 4 500 多种被 Medline 收录的医学期刊,1 700 多万篇文献和 HighWire Press 协助出版的 411 种网络学术期刊,其中有近 90 万篇免费期刊全文,文献右侧标美元符号的为收费文献。HighWire 允许读者免费注册(建议注册,以便能充分享受其提供的服务),其首页提供了关键词、标题、摘要、作者、期刊浏览、文献浏览等多种检索途径,可根据情况进行选择。

3) Directory of Open Access Journal(DOAJ,开放存取期刊目录)

开放存取(Open Access,OA)电子期刊是近年来新出现的一种期刊出版形式,其特点是出版费用主要由论文作者支付,读者免费使用。由于 OA 期刊的稿件大多采用同行评审,因此不同于一般的免费期刊,OA 期刊质量有所保证,利用价值较高。

DOAJ 是瑞典隆德大学(Lund University)于 2003 年 5 月建立的全球 OA 期刊门户网站,网址为 http://www. doaj. org。该网站具有免费、全文与质量保障等特点,收录的科学性及学术性期刊达 3 940 多种,文章已近 26. 5 万篇。文献按学科主题分类、字顺排列,共 17 个一级主题类目,与生物医学相关的有生物学与生命科学(Biology and Life Sciences)及卫生科学(Health Sciences)。可通过刊名、主题等方式进行检索。

17.4 搜索引擎

17.4.1 搜索引擎概述

随着网络日益融入人们的日常生活和工作,作为一个信息平台,网络内容不断丰富,整个网络逐渐堆积成一个前所未有的超大型信息库。因此怎样快速有效地从海量数据中找出所需的信息成为一大难题,搜索引擎正是为了解决"信息丰富、知识贫乏"的奇怪现象而出现的技术。网络搜索引擎的问世,为互联网信息资源的有效管理和利用提供了巨大的工具支持。

1) 搜索引擎的基本含义

搜索引擎(Search Engines)是基于 Web 平台提供网络信息检索服务的工具或系统,它以一定的策略在互联网中搜集、发现信息,对信息进行理解、提取、组织和处理,并为用户提供检索服务,从而起到信息导航的目的。从用户的角度来看,它就是一个帮助人们进行信息检索的工具。

搜索引擎的历史,是与互联网早期的文件检索工具"Archie"息息相关的。搜索引擎的核心是提供网络导航服务,目前它所涉及的主题越来越广,不仅能够提供网站搜索服务,还提供新闻、网页、图片、多媒体、音频、视频、电子邮件地址、在线图书馆以及其他网络资源等服务。

2) 搜索引擎的工作原理

搜索引擎是通过自动索引程序广泛搜集网络信息资源,经过一系列的判断、选择、标引、加工、分类、组织等处理后形成供检索用的数据库，创建目录索引，并以Web页面的形式向用户提供有关的信息资源导航、目录索引及检索界面；用户可以根据自己的信息检索需求，按照该搜索引擎的句法要求，通过检索界面输入想要查找的检索项、提问式；系统检索软件接受用户提交的检索提问后，按照本系统的句法规定对用户输入的字符串、运算符、标识符、空格等进行识别和判断后，代理检索者在数据库中查找，并对检索结果进行评估比较，按与检索结果的相关程度排序后提供给检索者。

3）搜索引擎的类型

（1）按检索内容可分为综合性搜索引擎和专业性搜索引擎

① 综合性搜索引擎。它主要以Web网页和新闻组为搜索对象，不受主题和信息类型的限制，信息覆盖范围大，适用用户广。如Google、百度、雅虎、AltaVista、搜狐、新浪、网易等均属于综合性搜索引擎。近年来，综合性搜索引擎有超大规模发展趋势，如Google就是一个杰出的代表。

② 专业搜索引擎。它是根据学科专业特点，针对某一专门领域或主题将Internet上信息资源进行搜集、整理而成的搜索引擎，一般经过人工筛选和评价，针对性较强，适用于专业人员查找专业信息。在20世纪90年代中期，人们把数据库技术、Web技术、传统医学信息组织的有关理论和方法有机地结合起来，以致专门用于搜索网上医学信息资源的医学专业引擎应运而生，如Medical Matrix、Medscape、CliniWeb International、Health Web、Medconnect、Mdchoice等。

（2）按检索功能可分为全文式搜索引擎、目录索引类搜索引擎

① 全文式搜索引擎（full-text search engine）。是指能够对网站的每个网页或网页中的每个单词进行查询的搜索引擎。它们都是通过从互联网上提取的各个网站的信息（以网页文字为主）而建立的数据库中，检索与用户查询条件匹配的相关记录，然后按一定的排列顺序将结果返回给用户。这种方式构成的数据库不需要人工干预，数据库庞大，搜索范围广泛，提供的信息多且全，查全率较高，但查准率偏低，缺乏清晰的层次结构，查询结果中的重复链接也较多。国外具代表性的有Google、Fast/AllTheWeb、AltaVista等，国内著名的有百度（Baidu）。

② 目录索引类搜索引擎（search index/directory）。亦称为Web目录（Web Directory）或Web指南（Web Guides），是利用传统的信息分类方式，采用人工干预，将各个网络站点按其内容特征逐级划分为不同主题的类目，最终组成一个树状结构的系统目录；用户检索时，只要点击其树状结构的顶层，即可逐层展开，直到查到所需信息。Yahoo是其最早的、也是最具代表性的目录式搜索引擎。这种搜索引擎在信息采集、编排、HTML编码等方面大多由人工编制和维护，以致其数据库收集的网站有限，查全率偏低，但查准率较高。因此有人称之为“专题查询”或“分类查询”，特别适合于那些希望了解某一方面或范围内信息但又没有明确搜索目的的用户使用。

（3）按检索范围划分为独立搜索引擎和元搜索引擎

① 独立搜索引擎。也称常规搜索引擎或单一搜索引擎，它仅限在单个搜索引擎建立的数据库中进行信息查询，根据该数据库的内容反馈出相应的检索信息或链接站点，其查询的语言及规则必须符合该数据库的特定要求。如目前常见的Yahoo、Infoseek、Lycos

等均属于独立搜索引擎。

② 元搜索引擎(metasearch engines)：也称集成搜索引擎，它是建立在异地搜索引擎基础上的虚拟智能整体，本身不一定建立网络信息索引数据库。检索时，用户通过统一的检索界面，可同时链接多个或多种独立搜索引擎进行查询，将检索结果作出相关度排序后显示给用户。元搜索引擎对用户输入的检索词有两种处理方式，一种是并行处理，即同时将检索词传送给多个独立搜索引擎进行搜索；另一种是串行处理，即依次将检索词传送给多个独立搜索引擎进行搜索。二者的共同缺点是查询时间长。但近年来，元搜索引擎试图在改进用户界面、扩大搜索范围、消除重复信息等方面的努力越来越受到人们的关注。典型的元搜索引擎有 metasearch、metacrawler、digisearch 等。

17.4.2 Internet 常用搜索引擎及其使用

Google(http://www.google.com)

Google 是由英文单词 googol 变化而来，“googol”是美国数学家 Edward Kasner 的侄儿 Milton Sirotta 创造的一个词，表示 1 后边带有 100 个零的巨大数字，隐喻着 Google 公司试图征服因特网上无穷无尽信息资料的雄心壮志。Google 由美国 Stanford 大学计算机科学系的 Larry Page 和 Sergey Brine 博士于 1998 年 5 月创建，以其强大的功能、丰富的资源赢得了越来越多的用户。

Google 是目前世界上最优秀的搜索引擎，每天使用 88 种语言回答超过 2 亿个搜索请求，索引的网页超过了 30 亿。在信息检索中它可以搜索万维网(WWW)上的 Web 页、新闻、讨论、产品、图形、声频或视频等资料。其特点是搜索速度很快，同时由于它维护了一个含时间变量的数据库，从而保证所查询的信息是处于最新的状态。

Google 富于创新的搜索技术和典雅的用户界面设计使其从当今的第一代搜索引擎中脱颖而出。Google 主页简洁明晰，检索框上栏设有网站(Web)、图像(Images)、地图(Maps)、新闻(News)以及更多网上论坛(Groups)、视频(Video)、图书(Books)、照片(Photos)、文献(Documents)等选项，便于用户直接按其所需进行检索。

1) 关键词检索

(1) 基本检索(Google Search)：在主页检索框内直接输入检索词后，即可检出所需相关网站，且每个搜索结果都包含从该网页抽出的一段摘要，提供了搜索关键词在网页中的上下文。Google 检索不仅简洁方便，而且严谨细致，可帮助用户找到最重要、最相关的信息。

值得一提的还有 Google 的“手气不错”设置，单击该按钮后，系统将检出 Google 推荐的最佳相关网站，用户完全看不到其他的搜索结果。使用“手气不错”检索时，系统用于搜索网页的时间较少，而用于检查网页的时间较多。例如，要查找 Stanford 大学的主页，只需在搜索字段中输入“Stanford”后，Google 将直接带您进入 Stanford 大学的主页：www.stanford.edu。

(2) 高级检索(Advanced Search)：Google 高级检索界面(图 17-5) 设置了 10 多个选项，读者只需按其显示的菜单提示即可完成检索。其内容包括：

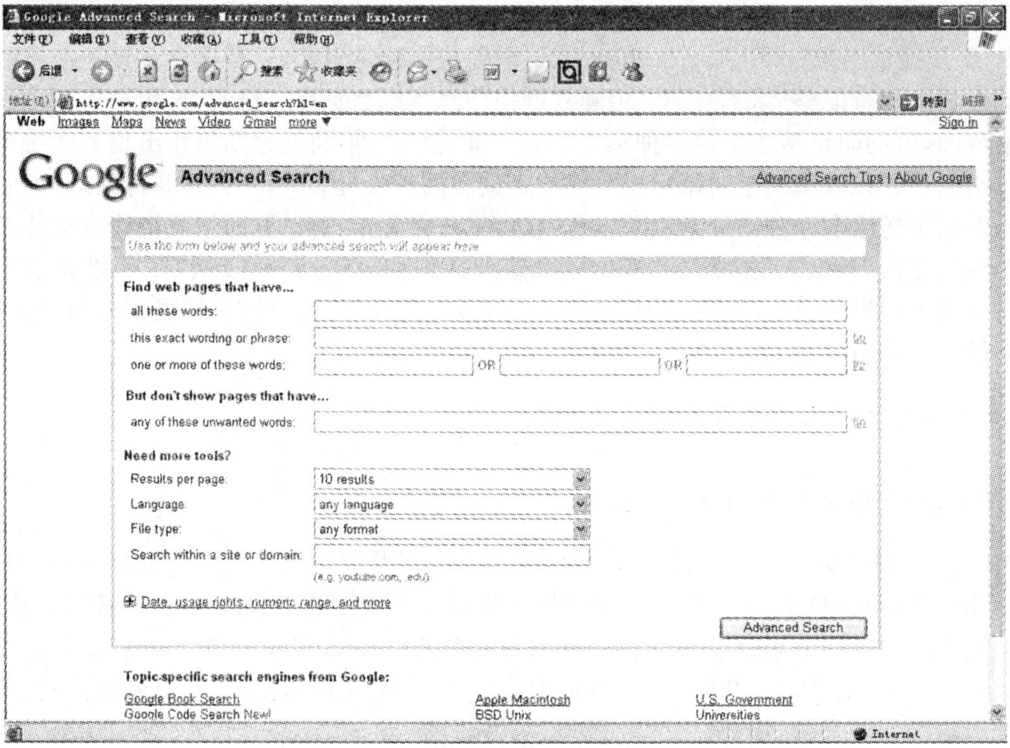

图 17-5　Google 高级检索界面

① Find web pages that have…：搜索结果限定。

② But don't show pages that have…：希望排除的字词，相当于使用逻辑 not。

③ Need more tools：检索中需要选择的工具。

④ Date，usage rights，numeric range，and more：检索中的可选工具。

⑤ Topic-specific search engines from Google：特定主题检索。

在 Google 搜索关键词的结果页面上，不仅显示查询结果的数量、搜索时间等，还将检索结果按其相关程度顺序显示，包括网站分类目录、网页标题、网络地址、网页摘要及其网页文本的大小，其中被检字串还用红色或醒目的高亮字符显示，以方便阅读。

此外，Google 的一些特殊功能诸如网页快照（Cached）、类似网页（Similar Pages）、查找 PDF 文件等也在其结果页面上予以体现。

2）分类检索

Google 的网页目录收录了 150 多万个网站的网页。这些网页目录以先进的网络搜索技术为基础，由“网页级别”进行技术分析，将查询到的网页依照其重要性程度的不同顺序排列出来。同时，在网页目录内也能享受“Google 搜索”的功能，即可以选择通过 Google 的搜索引擎进行语词检索。在主页中点击“more”下的网页目录，即进入分类目录的检索界面。用户在网页目录中通过逐层点击即可查询所需内容。

3）图像检索

要使用图像检索，只需在主页上点击“图像（Images）”按钮，即进入图像检索界面。使用 Google 图像检索可以搜索超过 3.9 亿个图像、照片信息。用户在检索框内输入检索词后回车或点击“Google 搜索”按钮，即可看到以缩略图形式排列的检索结果。单击要查看图片的缩略图，就会看到放大的图像，还可以看到原始图像所在的页面。

图像检索还提供高级检索界面，可对查询页面、图像大小、图像类型、图像颜色及网域等内容进行限定检索。检索结果可采用 gif、jpg、pdf 等格式下载，并有相关网页的链接。

另外，在主页右侧的“语言工具”中，可帮助用户选择搜索特定语言或国家的网页。它支持包括简体中文和繁体中文在内的 100 种的界面语言，尤其是它将英文与其他语种的检索界面合二为一，如中英文检索界面合为一体，既可要求检索所有网站，也可只搜索其他语种的网站。值得一提的是，在“使用偏好”内，可将所有网页的内容转换成用户熟悉的语言，并可提供中文简体和繁体文本之间的自动“翻译”转换。

Yahoo(http://www.yahoo.com)

Yahoo 是因特网上最早的一个分类搜索引擎，由美国 Stanford 大学电机工程系的费罗(David Filo)和杨致远(Jerry Yang)博士于 1994 年 4 月创建。目前，Yahoo 提供 20 多万个 Web 站点的目录信息检索服务，12 种语言版本，具有各种类目、网站和全文检索功能。

1) 分类目录浏览

Yahoo 提供了全面的分类体系，其分类目录科学细密，归类准确，网站提要简明确切。在 Yahoo Search Directory 页面上，以目录的形式将标引内容分为艺术与人文(Arts & Humanities)、政府(Government)、健康(Health)等 14 个大类。检索时，以逐级阶梯浏览的方式，在有兴趣的类目上漫游。每一类目下列出：① 类别(Categories)：详细列出该类目的下位类目及其站点数；② 热门站点(Popular Sites)：按站点的重要程度排列。

2) 关键词检索

(1) 基本检索：在主页的检索框中输入关键词，是大多数搜索引擎查找相关信息最基本的检索方法。但 Yahoo 为了更快捷、准确地帮助用户获取所需信息，还专门设计了位置独立的“YAHOO! search”，其检索界面给出了多个搜索选择，在检索时，只需点击想要查找的搜索结果类别，即可获得相关信息。

(2) 高级检索：在 Yahoo 主页点击“Advanced Search”即可进入高级检索界面，设置了 Show Results With、Updated 等选项。对搜索方法、搜索范围、更新日期、显示数量等检索选择提供了十分直观的选项框，使用较为方便。

Yahoo 检索只列出相关网站或目录，并附网页链接，如果没有相关网站，则自动转向全文检索。同时提供新闻、酷站链接等其他服务。Yahoo 的搜索结果按给定范围内文献的相关度排序，得分高者相关度大，排列在先。Yahoo 在全世界建立了 24 个网站，其中雅虎中国网站(http://cn.yahoo.com)于 1998 年正式开通，成为网上中文信息检索的重要工具。

Excite(http://www.excite.com)

Excite 是由美国斯坦福大学 6 个学生开发的并于 1995 年公开服务的搜索引擎。Excite 是 Internet 上的一个经典的搜索引擎，也是最受欢迎的搜索引擎之一，其最大的特点是提供概念检索，即搜索引擎不仅查找包含关键词的主页，还查找包含与关键词有关的概念的主页。这种新型的检索方法很快就使 Excite 成为互联网上信息搜索工具的佼佼者。Excite 主页提供了两种检索方式：分类目录检索与关键词检索。同时在其主页上还提供了若干专题检索功能，如检索人物、地图、电子邮件等，能利用法、德、日、意大利等语言对这些语种的网页进行检索。Excite 采用了多种检索方法，如简单检索、高级检索、精确检索、快速检索、窥视检索、情绪检索、目录检索等。

百度搜索(http://www.baidu.com/)

百度搜索是全球最大的中文搜索引擎，2000 年 1 月由李彦宏、徐勇两人创立于北京中关村，致力于向人们提供“简单、可依赖”的信息获取方式。“百度”二字源于中国宋朝词人辛弃疾的《青玉案》诗句：“众里寻他千百度”，象征着百度对中文信息检索技术的执著追求。

百度拥有全球最大的中文网页库，目前收录中文网页已超过 12 亿，这些网页的数量每天以千万级的速度增长；同时，百度在中国各地分布的服务器，能直接从最近的服务器上，把所搜索信息返回给当地用户，使用户享受极快的搜索传输速度。

百度目前提供网页搜索、MP3 搜索、图片搜索、新闻搜索、视频搜索、百度贴吧、百度知道、搜索风云榜、硬盘搜索、百度百科等主要产品和服务，同时也提供多项满足用户更加细分需求的搜索服务，如地图搜索、地区搜索、黄页搜索、邮编搜索、政府网站搜索、教育网站搜索、邮件新闻订阅、WAP 贴吧、手机搜索(与 Nokia 合作)等服务；同时，百度还在个人服务领域提供了包括百度影视、百度传情、手机娱乐等服务。

17.4.3 医学专业搜索引擎

利用专业的医学搜索引擎可以在因特网上迅速、准确地获得所需的各种医学信息，方便医学研究人员使用，因此医学专业搜索引擎是医学研究人员利用因特网的必备工具。

1) Medical Matrix(http://www.medmatrix.org/index.asp)

Medical Matrix 由美国医学信息学会(American Medical Informatics Association, AMIA)于 1994 年创办，是目前世界最著名的医学搜索引擎之一，它是一种经评估的主题目录式网上医学信息搜索工具。目前该网站收录 6 000 多个医学网站和链接，收集临床医学的相关资源，主要服务于从事临床及卫生专业工作的医生等。

Medical Matrix 所收录的网站全部经过 AMIA 资深专家的认真筛选和审定，以保证质量，其目标是建成“21 世纪的多媒体临床医学数据库”。Medical Matrix 对其收录的网站进行了评价和分级，它的网站星级评价系统是一种定性的评价体系，它分别用 1—5 颗星来表示网站的级别，其中 5 颗星表示各类目中最重要、最精彩的网站。

Medical Matrix 提供了关键词和分类两种检索途径。

分类检索非常详细，层次结构严密，在大类下点击所需的下位类，检索结果则按信息的不同类型提供与该类目有关的新闻(News)、杂志(Journals)、教科书(Textbooks)、主要站点/主页(Major Sites/Home Pages)、临床指南/常见问题解答(Practice Guidelines/FAQs)、影像、病理/临床(Images, path./clinical)、继续医学教育(CME)、教材(Educational Materials)、全文/多媒体(Full Text/Multimedia)、热点问题(Forums)等。

关键词检索又分简单检索和高级检索。简单检索只需在检索框中直接输入检索词,可利用检索框右侧的下拉菜单选择精确短语(Exact Phrase)、所有词(All words)或任意词(Any words),亦可在检索框下方的下拉菜单中用资源类型进行限定检索。其高级检索除提供检索词选项外,还有文摘、杂志、病例等,可对检索结果进行多项选择,以达到精确检索之目的。

值得注意的是,Medical Matrix 的主题分类浏览方式是查全某类信息的较好工具,而采用关键词检索往往要注意选词适当,以免影响检索质量。另外,其特有的单词拼写检查"Medical Spell Checker"功能,可帮助用户判断输入的检索词是否准确。

2) Medscape(http://www. medscape. com)

由美国 Medscape 公司于 1994 年研制开发,主要为临床医生和其他医学工作者提供高质量的专业医学信息。其主页上方的导航栏包含 Latest(最新消息)、News(新闻)、Conferences(会议)、Journals(期刊)、Resource Centers(资源中心)、Viewpoints(观点)等栏目。

Medscape 的专业站点(Specialty Sites)位于主页的左边,其下包含内科、外科、儿科、妇科、肿瘤科、护理等 30 多个专业,几乎所有生物医学工作者都可以找到相对应的专业站点,每一个专业都提供该专业的相关信息及深度报道。其特色资源是免费的医学继续教育(CME)项目,目前有超过 850 个继续教育课程,提供有关键词检索、学科专业查询、进入药师继续教育中心、护理继续教育中心等多种检索途径,且可获得详细的全文信息。

Journals 包括 Medscape 所拥有的电子刊物 200 多种,可免费查看其中的部分文章。

数据库检索可提供 Medscape、MEDLINE、Drugs、eMedcine 等多个数据库的检索。Medscape 是检索自己网站的资源,MEDLINE 是美国国立医学图书馆提供的医学期刊数据库,Drugs 是 First Bank 和美国医师协会提供的药物数据库,可查询 20 万种药物的使用剂量、毒副作用、使用注意事项等内容。eMedicine 是一个庞大的临床知识数据库,由超过 1 万名临床医师参与撰写,提供 59 个医学专科的治疗实践指南,其内容由多位专家进行同行评议,并及时更新,包括 3 万多份多媒体资料。

3) 中国医学生物信息网(http://cmbi. bjmu. edu. cn)

中国医学生物信息网是由北京大学医学部的网络和医学专家于 2000 年 3 月创建开通的搜索引擎,在以提供基础医学最新进展和学术研究动态信息检索为主要特色的基础上,已成为一个提供多方位信息资源服务的医学虚拟社区,也是目前国内优秀医学资源导航网站之一。

4) 37℃医学网站(http://www. 37c. com. cn/)

37℃医学网站由第四军医大学和西安长城网络科技有限公司合作推出,是一个专业性强、学术性强的大型医学、医疗、健康综合性网站。为广大医务、科研、管理人员,医学院校师生,患者和网民提供各类国内外最新的医学动态信息和内容丰富的医学资料文献,以及医学继续教育服务及各类专题学术会议等全方位的医学信息服务。该网站内容有较为详细的评价,涵盖面广、分类详尽、学术性强,收集了 40 个学科的 2 万余张高清晰专业图谱。网站设有免费 Medline 检索(中文界面),可自动链接到西文数据库,使用方便。

众所周知,互联网上的信息令人眼花缭乱,信息检索用户的目的、需求、工具及方法的不同必然导致搜索结果的不同。任何一个医学搜索引擎都不是万能的,都会存在缺陷,在实践过程中可以选择不同组合,采取优势互补的方法提高查全率和准确率。只有掌握搜索的方式方法,才能获取满意的结果。

问题与讨论

(1) 医学信息资源有哪些类型?

(2) 信息检索的含义是什么?

(3) 何为信息检索语言? 常用的信息检索语言有哪些? 请举例说明。

(4) 简述布尔逻辑检索技术。

(5) 什么是查全率和查准率? 请举例说明。

(6) 请利用中国生物医学文献数据库(CBM)的主题词/副主题词途径检索“肝移植免疫学”方面的文献。

(7) 如何使用 Medical Matrix 检索医学专业信息?

(张志美)

18 生物信息学

生物信息学是20世纪60年代末及70年代以Margaret Dayofft等分析蛋白质序列为标志，通过30多年的"默默而逐渐有所闻"的发展，尤其是人类基因组计划及后基因组计划的迫切需要导致现今广为人知的一门新兴学科。本章将论述有关生物信息学的基本概念，包括其定义及产生的背景，生物信息学的基本算法及生物信息学与临床信息学的融合。读完这章后，你应该知道下面这些问题的答案：

生物信息学的定义是什么？

促使生物信息学发展的内、外因及其相关的学科是什么？

生物信息学中常用的基本概念有哪些？

生物信息学的常用算法有哪几个？

生物信息学与临床信息学主要融合于哪几个基本方面？

18.1 生物信息学概念

18.1.1 生物信息学的定义

牛津词典于1978年收录"生物信息学"这一名词。由于生物信息学是一门正在兴起的热门学科，不同的研究工作者根据他们自己的理解对"生物信息学"下了不同的定义，但基本内容是相同的。这里我们选取美国国立卫生研究院(National Institute of Health, NIH)的定义：研究、开发及应用出相应的计算工具，这些工具能用于处理分析生物学、医学、行为或健康方面的数据，包括获取、储存、组织、归档、分析这些数据并将它们可视化。

这是NIH比较严格的定义。而在牛津词典中，对生物信息学是这样描述的：生物信息学是正在概念化的基于分子(从物理化学角度而言)的生物学。它应用信息学技术(信息技术由应用数学、计算机科学及统计学分化而来)在大规模的水平上理解、组织与这些分子相关的信息。简言之，生物信息学是一门管理分子生物学信息的学科，它有许多实际应用。

结合NIH的定义及牛津词典的解释，我们可知：生物信息学是应用数学及计算机技术处理生物分子信息的一门学科，是生物学与计算机、数学等相交而产生的一门新兴学科。

同样是计算机及数学在生物学中的应用的另一门学科计算生物学，它比生物信息学要略早，但其性质与内容与生物信息学有许多相似之处，NIH对它的定义是：开发和应用数据分析、数学建模及计算模拟技术以用于研究生物学、行为学及社会系统的一门学科。

由它们的定义我们不难发现：生物信息学与计算生物学均是计算机、数学等学科在生物学中的应用的一门学科，而且它们都属新兴学科，发展速度很快，导致计算生物学中的许多建模方法往往为生物信息学所采用；反之，生物信息学的成果如序列比对等在计算生物学中也得到广泛应用。因此，计算生物学与生物信息学二者没有严格的界限，存在着一种“你中有我，我中有你”的状态。所以，国外许多科研院所将它们合二为一，统称之为：计算生物学与生物信息学(Computational Biology and Bioinformatics，简称为 CBB)，如美国耶鲁大学的生物化学与生物物理学系、计算机科学系、医学信息学中心、麻醉生理系、遗传系、细胞分子生物学和发育生物学系于 2005 年联合推出了 CBB 博士学位课程。

基于此，本书根据我们对计算生物学及生物信息学的理解，将 CBB 定义为：以计算机为平台，利用数学(包括信息学、统计学)方法、化学方法、计算机科学方法等为手段探索生命科学奥秘的一门学科。

18.1.2 生物信息学的产生与发展

1) 生物信息学产生的外部环境

生物信息学产生的外部环境因素很多，可以说现有的自然科学对生物信息学的产生都起到了一定的推动作用。在这些众多的自然科学中，以计算机科学的推动作用最直接也最显著，因为生物信息学的平台就是计算机，离开计算机就不可能有生物信息学这门新学科诞生。

事实上，计算机科学的出现，使现有的自然科学与社会科学的所有学科产生了分化，如从“语言学”中分化出“计量语言学”；从“经济学”中分化出“计量经济学”；从“数学”中分化出“计算数学”；从“物理学”中分化出“计算物理学”；从“化学”中分化出“计算化学”，“化学计量学”等。很自然，生物学也分化出了“计算生物学”与“生物信息学”。在这里，计算机起的是“平台”作用。所以说计算机推动生物信息学的产生最直接也最显著。像生物学数据的管理、归档与分析等都需要计算机这个强大的工具来承担。

计算数学中的优秀算法为生物信息学提供了良好的“工具基础库”。最优化算法、稳马尔科夫链方法、Monte Carlo 优化法、基因算法、动态规划法、人工神经网络算法等优秀数学算法为建立优秀的生物信息学方法提供了很好的保障。

化学为生物信息学提供了良好的“描述语言”环境。像分子生物学中的生物大分子的命名与描述均来自于化学。酶的催化反应，生物大分子构象等的描述主要来自于现代有机化学，如国际理论和应用化学联合会(International Union of Pure and Applied Chemistry，IUPAC)于 1969 年对蛋白质高级结构的不同层次作了界定。此外，计算化学的方法可以直接应用到生物信息学中。

2) 生物信息学诞生的内部因素

计算机科学、数学及化学为生物信息学的产生及发展提供了良好的外部环境，但生命科学本身发展的需要是生物信息学“面世”的根本原因，主要表现在分子生物学诞生和“人类基因组计划”的提出、实施及完成这两方面。

(1) 分子生物学的诞生。1866 年，奥古斯丁教义僧人 Gregor Mendel 通过一系列实验，推断生物体中存在一种物质“genes”(基因)。从那时开始，人们一直认为是一种染色蛋白运载遗传信息。1944 年，Avery 和 McCarty 在活的有机体内证实脱氧核糖核酸(即 DNA)是遗传物质的主要载体。到了 1953 年，James Watson 和 Francis Crick 测定了

DNA 的三维结构并据此发现了遗传物质的复制方法。这标志着分子生物学的诞生。此外，Edman 于 1950 年建立了蛋白质序列测定方法即 Edman 降解法。尔后，英国科学家 Sanger 等人于 1953 年完成了牛胰岛素的氨基酸序列测定；到了 20 世纪 50 年代末期，美国科学家 Stanford Moore 等完成了牛胰核糖核酸酶的全序列分析。不久，人们对血红蛋白四个亚基作了全序列测定。此外，早在 1858 年，Kendrew 应用 X-衍射分析技术获得了肌红蛋白(myoglobin)的三维结构。具体测定时，首先要获得衍射点，然后需要计算机进行复杂的运算。所有这些，标志着分子生物学由其萌芽到逐步成熟，同时也为生物信息学的诞生埋下了生根发芽的种子。

从那以后，有关生物大分子的序列与空间结构不断被人们所测定，相关的生物学数据累积也越来越多，导致应用人工方法很难准确、快速、有效地对它们进行分析，人们也就自然而然地想起了应用"效率高，运算速度快"的计算机。这样计算机也就自然而然地走进了生物学范畴。表现突出的是许多科学仪器的研制以生命科学为中心开展，这就导致生物学数据的累积以加速度的状态在向前发展。

(2)"人类基因组计划"的提出、实施及完成。生物信息学从最早的生物学"后台"、"配角"逐步走向生物学的"前台"，在生物学中扮演为"广大观众所喜爱的主角之一"的直接"催化剂"是"人类基因组计划"的提出、实施及完成。为此，这里有必要介绍一下人类基因组计划的基本情况。

人类基因组计划(Human Genome Project，HGP)与"曼哈顿"原子弹计划和"阿波罗"登月计划并称为自然科学史上的"三大计划"，其核心内容是测定人类 23 个染色体的 DNA 碱基序列。其提出、进展及最后完成的基本时间表如下：

1985 年美国能源部的健康与环境研究所副所长 Charles DeLisi 首先提出人类基因组计划。

1990 年 HGP 启动，目标是在 15 年内投资 30 亿美元完成该计划。

1996 年在 Bermuda，参与 HGP 的成员同意将测定的数据向公众开放，即 Bermuda 共识(Bermuda Principles)。

1998 年 Craig Ventner 成立公司，目标是在三年内完成序列测定，这就是后来的 Celera 公司。

1999 年公共计划组回应 Ventner 的挑战：修改其第一个草图完成时间的目标。

1999 年 12 月第一个人类染色体(第 22 号)的序列测定完成并公布。

2000 年 6 月，公共计划和 Celera 领导人在白宫与时任总统的克林顿一起宣布 HGP 的完成；这是人类第一次宣布"人类基因组计划"完成。这次公布的是人类基因组草图，当时由于美国 Celera 与公共计划为抢占第一发布时间展开激烈竞争，导致该基因草图存在许多错误和遗漏。但是它已经能解答很多秘密，比如它明确地告诉世人，地球上人与人之间 99.99%的基因密码是相同的，人与人之间的差异仅为万分之一。

值得一提的是，1999 年 9 月我国积极加入人类基因组研究计划，成为继美、英、日、德、法之后第六个国际人类基因组计划参与国，负责测定的区域位于人类 3 号染色体短臂上，该区域的遗传大小约占人类整个基因组的 1%。2000 年 4 月底，我国科学家出色地完成了任务。

2001 年 2 月第一张人类基因草图在 Nature 和 Science 杂志上发表。

2003 年人类公布了人类基因组更为精细的图谱，其结果相对比较准确，陈述更为科学。国际人类基因组用了 3 年时间将 2000 年公布的草图进行纠错补漏，一点点地丰满起来，那些令人头疼的缝隙从原来的 15 万个减少到最后的 341 个。但是这一幅图仍然不是完美的，关键的问题是在 1 号染色体上依然还存在一些漏洞和不精确的地方。

2006 年 5 月 18 日，英美科学家宣布完成了人类 1 号染色体的基因测序图，这表明人类最大和最后一个染色体的测序工作已经完成，历时 16 年的人类基因组计划终于画上了句号。事实上，1 号染色体的测序工作难度很高。这是因为 1 号染色体是人类最大的染色体，约占人类整个基因组的 8%，比最短的 21 号染色体长 6 倍，再加上测序工作又稍晚，所以直到现在才得以结束。然而 1 号染色体可能成为最有价值的染色体之一，因为它与癌症、帕金森氏症和老年痴呆症等大约 350 种疾病相关，所以 1 号染色体测序的完成对疾病的治疗具有巨大的潜在价值。

人类基因组计划完成后得到如下数据：

① 完成人类 23 对染色体碱基序列的测定，包括 3 164 700 000 碱基。如果以“Micro Soft Word”5 号字体来书写（一页包括 44 行×80 字符即 3 520 个字符），需要的页数＝$\frac{3\,164\,700\,000}{44\times 80}$＝899 062. 5 页，如果每 1 千页装订成 1 本书，则可装订成约 900 本书。我们不难想象这是一个什么样的天文数字。

② 人类基因实际数只有 2 万—2. 5 万个（2000 年第一次公布时估计约 2. 5 万到 4 万个基因）。蛋白质个数约 1 000 000 个。

紧接着“人类基因组计划”后，一系列组学如功能基因组学、蛋白质组学、转录组学、代谢组学、信号转导网络等应运而生，所有这些都会产生海量的数据。

综上说明，生物信息学是生物学及其相关学科发展过程中，通过它们的有机组合而产生的一门“瓜熟蒂落”的生物学前沿分支学科。

18. 2 生物信息学研究范畴

简单地说，生物信息学的研究范畴包括两方面：数据库与相应的算法。两者之间的关系是：两者缺一不可，因此，只有两者有机地结合才能构成一门完整的生物信息学学科。

由于现代生物学中获取生物学数据的实验方法日益更新，人们获得海量的生物学数据。如何让广大生物学工作者有效地利用这些数据，最大限度地减少大量重复性的工作，早已为广大生物学工作者所关注。但光有数据共享显然是不够的，因为如何充分利用这些数据还取决于这些数据的“可操作性”，具体地就是计算机能顺利地读取和识别这些数据。如果不同人测定同一种生物大分子如 DNA 序列所得到的数据以不同的格式存放，则人们就要编制出不同的相关软件来读取。这对从事生物信息学及其软件开发的人员来说无疑会增加许多重复性的工作，造成极大的人力资源浪费。为此，人们将描述同一类生物大分子同一类性质的数据以某种固定的格式保存在相应的计算机存储器中，这在生物信息学中被称之为生物大分子数据库。比如，蛋白质三维结构数据库，Genbank 核酸序列数据库等均以某种固定格式存储在计算机的存储器中。

数据库的格式代表数据库的形式，而其具体内容则是生物信息学及生物学工作者所关心的。因此，一个生物大分子数据库必须说明它的功能和特点。

以上我们从构建数据库的形式与内容的角度简要地说明了生物大分子数据库的基本特点。而从数据库代表知识的原始性来看，则生物大分子数据库可分为原始数据库或一级数据库和二级数据库。一级数据库是指来源于生物学实验测定的原始生物学数据并通过简单归类整理和注释而集成的数据库。一般的，一级数据库构建是一个比较漫长的过程，比如蛋白质结构数据库 PDB 到目前为止已有三十多年，而其中的数据现在还一直在更新，它的最大特点是可以让实验工作者不需要重新测定这类数据。比如，某个蛋白质的三维结构已被搜集在 PDB 库中，则一般来说就不需要对它重新测定。二级数据库是在一级数据库的基础上，应用适当的生物信息学或其他方法对一级数据进行计算、整理、归类，将最终结果集成一个相应的数据库，比如 SCOP 数据库就是对 PDB 数据库中的蛋白质按“类、折叠方式、超家族及家族”进行分类而构成的二级数据库；HSSP 数据库的一个主要内容就是对相关蛋白质进行序列比对，将比对结果构建相应的数据库。与一级数据库类似，构建二级数据库的主要目的也是将有关生物信息学研究的成果保存下来，供后人使用，从而达到后人不需要重复前人的工作。比如 BLOCKS 数据库就是一系列多重序列比对数据块，人们根据它构建了 BLOSUM 得分矩阵以及提取保守序列模式。

18.2.1 序列数据库

生物大分子序列数据库主要是蛋白质序列数据库与基因序列数据库，最常用的序列数据库便是 Swissprot，它们主要可从网站：http://www.expasy.org/中找到。

该数据库由 SIB(Swiss Institute of Bioinformatics，瑞士生物信息研究所）管理。Swiss-Prot 建于 1986 年，从 1987 年开始，主要由瑞士 Geneva 大学医学生化系（现为瑞士生物信息研究所）和 EMBL 数字图书馆（现为欧洲生物信息研究所 EBI）建立。Swiss-Prot 是一个经典的蛋白质序列数据库。它力求提供高水准的蛋白质注释（主要包括蛋白质功能的描述、功能区结构、翻译后修饰、变种等），尽可能与其他数据库整合在一起，同时尽可能减少其冗余度。与其他数据库相比，它至少有如下三个特点：

(1) 它包括核心数据和注释部分。其中核心数据包括蛋白质本身序列；参考文献；分别（主要包括蛋白质的来源）。而注释部分主要包括：蛋白质功能；翻译后的修饰；功能模块和位点如钙连接区域，ATP 接合位点，Z-指纹(zinc fingers)等；蛋白质二级结构，四级结构如同类二聚体(homodimer)，异类三聚体等；与其他蛋白质的相似性；与此缺失有关的疾病；序列冲突(sequence conflicts)，变种等。

(2) 最小的冗余度。

(3) 与 60 个不同数据库的整合。

TrEMBL 是 Swiss-Prot 数据库的计算机注释的增补部分，包括 EMBL 中没有被 Swiss-Prot 所收载的核苷酸序列翻译的增补部分。截止 2007 年 2 月 20 日，UniProtKB/Swiss-Prot 51.7 共收载了 259 034 条序列条目，包括 94 408 644 个氨基酸残基，涉猎

152 164 篇文献。

而在 2007 年 3 月 6 日公布的 UniProtKB/TrEMBL 35.0 版，则收载了 3 874 166 个蛋白质序列条目，共有 1 260 291 226 个氨基酸残基。

18.2.2 结构数据库

确切地说，现有的生物大分子结构数据库只有一个即 PDB 数据库。其他的生物大分子结构数据库都是在 PDB 数据库基础上分化而来的，如 SCOP 数据库，CATH 数据库等就是在 PDB 数据库基础上通过人工或自动分类产生的。因此，在结构数据库中，我们着重介绍 PDB 数据库。

PDB(Protein Data Bank)即蛋白质结构数据库，是国际上惟一的生物大分子结构数据库。它于 1971 年由美国 Brookhaven 国家实验室建立。PDB 蛋白质数据库所收集的生物大分子三维结构主要通过 X-射线衍射和核磁共振(NMR)实验测定，包括结构数据、文献、一级二级结构信息。目前 PDB 数据库的维护由结构生物信息学研究合作组织(Research Collaboration for Structural Bioinformatics，RCSB)负责管理，主要成员为 Rutger 大学，圣地亚哥超级计算中心(San Diego Supercomputer Center)和美国标准化研究所(National Institutes of Standards and Technology，NIST)。PDB 数据库可在"www.rcsb.org"网站上获取。

1) PDB 数据库的基本格式

PDB 数据库的文件如图 18-1 所示。

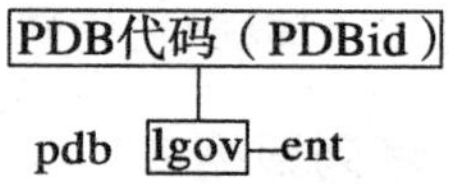

图 18-1 PDB 数据库中的文件名格式

下面是一个典型的 PDB 数据库格式的描述。

PDB 中所有的分子空间结构信息文件的格式基本上都是一样的。文件由若干记录组成，每一记录有 80 个字符(包括空格)。开头的 6 个字符标明该记录的名称，现将各记录的意义分别叙述如下：

HEADER——该记录列出分子所属功能类，正式收入 PDB 日期以及该分子的判别码。

OBSLTE——该记录列出已被新分子文件取代的一些旧的分子的有关信息。

COMPND——该记录列出分子名。

SOURCE——该记录说明分子来源。

AUTHOR——该记录列出提供坐标者的姓名。

REVDAT——该记录列出文件历次修改的日期等有关信息。

SPRSDE——该记录列出说明此文件取代旧文件的有关信息。

JRNL——该记录引用与确定该分子空间结构有关的主要文献。

REMARK——该记录为关于该分子文件的其他信息。其中：REMARK1 专用于列出与该结构有关的其他文献，REMARK2 和 REMARK3 分别是关于晶体结构的分辨率及精华的信息。

SEQRES——列出蛋白质一级结构。

HET——列出非标准基团或残基的信息，主要是指除标准 20 个氨基酸残基以外的基团信息。具体格式如下：1—3 列是"HET"；8—10 列是非标准基团表示符；13 列是链表示符号；14—17 列顺序号；18 列是插入码；21—25 列是非标准基团中的原子数目；31—70 列为注释。

HELIX——列出分子中有关 α 螺旋的信息。1—6 是“HELIX”；8—10 是顺序号；12—14 螺旋表示符；16—18 残基名；20 链表示符；22—25 残基序号；26 插入码；28—30 残基名；32 链表示符；34—37 残基序号；38 插入码；39—40 螺旋类别；41—70 注释。

SHEET——列出分子中有关 β 折叠的信息，其格式如下：1—5 为 SHEET；8—10 股号；12—14 折叠表示符；15—16 股数；18—20 残基名；22 链表示符；23—26 残基序列号；27 插入码；29—31 残基名；33 链表示符；34—37 残基序号；38 插入码；39—40 类型判别码；42—45 原子名；46—48 残基名；50 链表示符；51—54 残基序号；55 插入码；57—60 原子名；61—63 残基名；65 链表示符；66—69 残基序号；70 插入码。

TURN——列出分子中有 β 转角(发夹结构)的信息。

SSBOND——列出分子中有关二硫键的信息。

SITE——列出重要功能部位。1—4 SITE；8—10 序号；12—14 功能部位表示符；16—17 组成功能部位的残基数；18—61 组成功能部位的四个残基的位置信息。当然如果某功能部位由四个以上残基组成，则可以增加 SITE 记录以包含全部残基的位置信息，但增加的记录其功能部位表示符(12—14 列)就与原来记录一致。

CRYST——该记录列出关于晶体结构的单晶胞参数及空间群标识。

ORIGX——该记录列出将下交坐标变换为用户送交坐标的参数。

SCALE——由正交坐标变换为分数坐标的参数。

MATRIX——列出代表非晶体学对称性的变化参数。

TVECT——列出无限共价连接结构的变换向量。

ATOM——列出标准基团的各原子的坐标。这是 PDB 的核心。其格式如下：1—4 ATOM；7—11 原子序列号；13—16 原子名；18—20 残基名；22 链表示符；23—26 残基序列号；31—38 原子 X 坐标；39—46 原子的 Y 坐标；47—54 原子 Z 坐标；55—60 占有率；61—66 温度因子。

SIGATM——列出原子参数的标准差；ANISOU——列出各向异性温度因子。

SIGUIJ——列出各向异性温度因子的标准差；TER——列出链的末端残基。

有时某个蛋白质结构因为某些原因会插入一些不是该蛋白质结构的氨基酸残基，其对应的原子就不是“ATOM”，而是“HETATM”，表明这些原子是外来原子，不是蛋白质本身的。

2) PDB 数据库中有关蛋白质结构的获取

蛋白质结构数据的获取有下列几条途径。第一种描述如下：

(1) 打开“www. rcsb. org”网站，可得如图 18 - 2 的界面，输入所需要的蛋白质代码如“1g0v”，然后点击“Site Search”按钮，得到下一个界面。

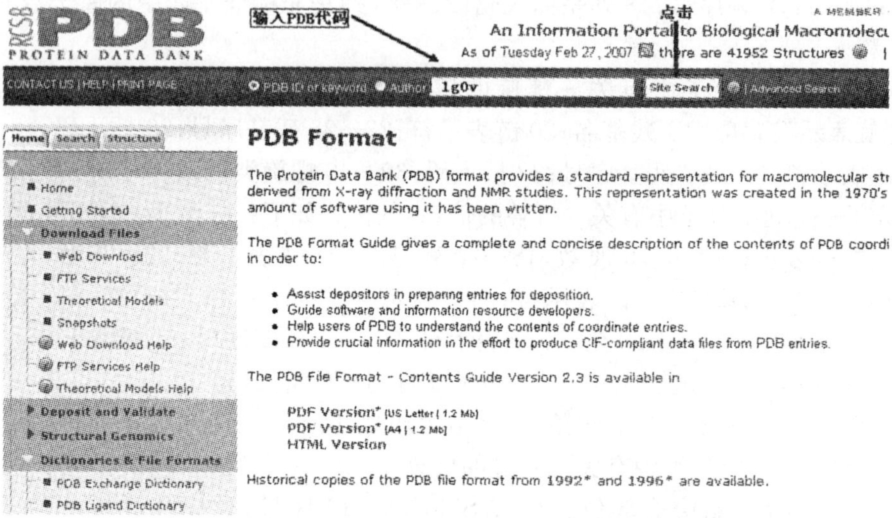

图 18-2 输入有关的 PDB 代码，然后点击“Site Search”按钮

(2) 再点击左上面的“Download Files”，得到的界面如图 18-3 所示。

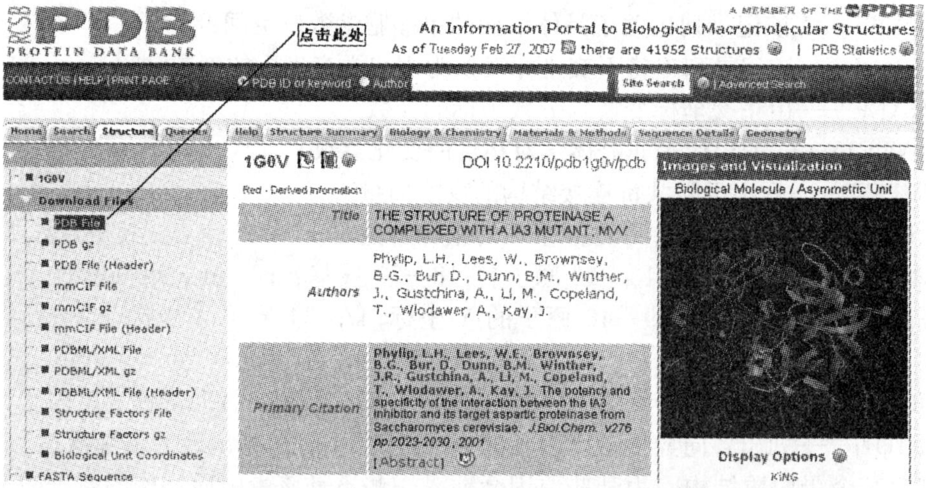

图 18-3 点击按钮“PDB File”就可下载相关的蛋白质结构(如本图所示)

(3) 点击图 18-3 中的“PDB File”就可以得到你所需要的 PDB 结构。这里在图 18-3 的右边有相应的蛋白质结构图。

第二种主要是在 Linux 操作系统中可以比较方便地使用，具体命令如下：$ wgetq-ftp://ftp. rcsb. org/pub/pdb/data/structures/all/pdb/pdb1g0v. ent. Z。

通过这个命令可以得到蛋白质文件：pdb1g0v. ent. Z，然后解压缩即：$ gunzip pdb1g0v. ent. Z，就可以得到文本文件的蛋白质结构文件。

第三种则是通过匿名用户登录“www. rcsb. org”网页，然后应用“get”命令下载你所要的文件。

通过上述方式，可以得到所需要的蛋白质结构。

18.2.3 分子疾病数据库

分子疾病数据库主要是描述与疾病有关的生物大分子与小分子数据库，由于疾病种类繁多，在分子疾病数据库这一小节中，仅列出相关的数据库名。如表 18-1 所示。

表 18-1 分子疾病数据库

数据库类别	代表数据库名及应用
核苷酸序列数据库	HERVd：人类内源性逆转录病毒数据库 DBTBS：枯草杆菌起动与转录因子数据库
蛋白质序列数据库	PSORTdb：细菌中蛋白质在亚细胞单元中定位数据库 ProLysED：细菌蛋白酶数据库
基因组数据库	ASAP：对大肠杆菌及其相关基因组系统注释包裹 CyberCell 数据库：有关 E. coli K12 的应用数学模型模拟的数据库集合 coliBase：有大肠杆菌、沙门氏菌属及志贺氏杆菌的数据库 PEC：有关大肠杆菌染色体图谱 RegulonDB：大肠杆菌中转录调节及操纵组织数据库 BSORF：京都大学枯草杆菌基因组数据库 NUSub：里昂大学非冗枯草杆菌数据库 SubtiList：巴斯德研究院枯草杆菌基因组数据库 BioCyc：多种细菌路径及基因组数据库 CampyDB：弯曲杆菌属基因组分析数据库 ClostriDB：梭菌属完成的与未完成的基因组数据库 Virulence Factors：有关微生物毒性因子数据库 ApiEST-DB：从各种各样 Apicomplexan 寄生虫获得的 EST 序列 CryptoDB：有关 Cryptosporidium parvum 基因组数据库 ToxoDB：鼠弓形体基因组数据库
人类基因与疾病数据库	DG-CST：疾病基因保守序列标签数据库 PMD：蛋白质突变编译数据库 SOURCE：人类、小鼠与大鼠的功能基因组资源数据库 ORFDB：由 Invitrogen 销售的 ORF ALFRED：等位基因频率与 DNA 多形态数据库 BayGenomics：与冠心病和肺部相关基因数据库 Cypriot national mutation database：塞浦路斯人群疾病突变数据库 dbQSNP：SNP 等位基因频率定量数据库 FESD：功能性 SNP 数据库，包括在人类基因的起动子，UTRs 上的 SNP HGVS 数据库：人类突变编辑数据库 IPD：免疫多聚形态数据库 JSNP：日本 SNP 数据库 rSNPs Guide：调节基因区间 SNP TopoSNP：非同义 SNPs 的拓扑数据库 Atlas of Genetics and Cytogenetic in Oncology and Haematology：在肿瘤、血液及有癌症倾向疾病的癌症相关基因、染色体异常的数据库 CGED：癌症基因表达数据库 Germline p53 mutations：在人类肿瘤和细胞线 p53 基因的突变数据库 MTB：小鼠肿瘤生物学数据库：包括肿瘤类型、基因、分类、发生率及病理学 ALPSbase：自体免疫淋巴组织增生综合征数据库 BTKbase：X-链接血中丙球蛋白贫乏突变记录数据库 CASRDB：钙敏感受体数据库 ERGDB：雌激素响应基因数据库 PGDB：前列腺及前列腺疾病基因数据库 SCAdb：脊髓与小脑共济失调数据库

18.2.4 生物信息学算法

生物信息学实质就是数学算法，一般的，所有的数学算法均是生物信息学算法，但是，各种数学算法其本身的特点及应用范围与生物学本身特点决定了有些算法在生物学中应用范围及频率较高，有些则应用频率相对较低。

比如人工神经网络方法早在1988年就有人将其用于蛋白质二级结构的预测，我们早在20世纪90年代初也比较系统地作了这方面的研究。在三级结构预测中的应用主要是用于预测模型的质量，如一致性预测中的Pcons1，折叠识别法中的GenTHREADER等。

再如最优化方法，像共轭梯度法，拟牛顿法等在蛋白质天然构象预测中可以用于最低能量构象。而最优化方法中的动态规划法则被用于生物大分子序列分析如蛋白质、核酸的比对中，由此派生出一系列生物大分子序列比对方法，而且已成为生物信息学的支柱算法，因此本章重点介绍生物信息学中的配对序列比对方法。

1）配对序列比对方法(Pairwise Sequence Alignment)

序列比对方法不仅是蛋白质天然构象预测中一种最基本的方法，而且也是生物大分子序列分析的基本手段。它在蛋白质天然构象预测中所起的作用就是寻找待预测蛋白质与模板蛋白质之间的保守区。从这个意义上来说，序列比对方法在这两个领域中所起的作用是一样的。因此，这里首先介绍为什么要进行生物大分子序列分析。

众所周知，生物大分子包括DNA、RNA和蛋白质。虽然它们的结构组成及其在生物体内的功能不同，但它们有一个共同的特点：均为有限的小分子单元通过不同的排列组合方式完成。DNA由腺嘌呤(A)、鸟嘌呤(G)、胞嘧啶(C)和胸腺嘧啶(T)四种基本碱基通过一定的排列方式组成。RNA则由腺嘌呤(A)、鸟嘌呤(G)、胞嘧啶(C)和尿嘧啶(T)四种基本碱基排列组合而成。而蛋白质则由20个基本氨基酸按一定的排列方式通过肽键组合而成。理论上，通过不同的排列方式它们可以形成不同的DNA、RNA和蛋白质分子。比如，对一条100个长的DNA链，理论上可以形成4^{100}约1.6×10^{60}条链，但实际生物体内，尽管其长度要远远大于100，但相应的DNA链数要比这个数字小得多，而且非常有限。同样的，RNA与蛋白质也存在这种情况。即地球上存在的生物大分子数目是非常有限的。产生这种状况的主要原因是“蛋白质的结构与功能的进化”。换言之，生物的复杂性是通过现有的生物大分子的修饰与重组形成，而不是通过不断产生新的生物大分子形成的。

在核酸控制下的蛋白质生物合成过程有其保守的一面，比如一种氨基酸残基可有不止一种三联体的密码。但自然界各种条件经常会有或多或少的变化，势必会影响到DNA的突变从而引起蛋白质序列中某些氨基酸被取代、丢失或插入。这样新一代的蛋白质与其母蛋白质相比既有与其相同的一面，通常称之为同源性(homology)，即它们具有共同的祖先；又有不同的一面，通常称之为分化(divergence)。一般地，将与母蛋白相同的区域叫保守区(conserved region，图18-4中有“*”号的区间)，不同的区域叫可变区(variant region 图18-4中没有“*”号的区间)。

```
                            保守区                         保守区
        *  *  *  *    *  ********      ***  ***************  ***  **
HBGH    GHFTEEDKATITSLWGKVNVEDAGGETLGRLLVVYPWTQREFDSFGNLSS
HBBH    VHLTPEEKSAVTALWGKVNVDEVGGEALGRLLVVYPWTQREFESFGDLST

                  保守区                 保守区          保守区
         *  **************     *      *** ******  **************
HBGH    ASA IMGNPKVKAHGKKVLTSLGDA I EHLDDLKGTFAQLSELHCDKLHVDP
HBBH    PDAVMGNPKVKAHGKKVLGAFSDGLAHLDNLKGTFATLSELHCDKLHVDP

               保守区       保守区
        *** *******  ***  ********  ***   **  *  ***  **   **
HBGH    ENFKLLGNVLVTVLAI HFGKEFTPEVQASWQKMVTGVASALSSRYH
HBBH    ENFRLLGNVLVCVLAHHFGKEFTPPVQAAYQKVVAGVANALAHKYH
```

图 18-4　两个蛋白质的比对

HBGH 人血红蛋白 γ 链　HBBH 人血红蛋白 β 链

而且生物学界普遍认为保守区一般代表该类蛋白质的功能区域，也是两个蛋白质同源性的基础。所以如何寻找两个不同生物大分子的保守区是生物大分子序列分析的核心。在许多分子生物学实验研究工作中，经常会发现新的生物大分子，接下来生物学工作者所关心的是它的生物学性质包括功能、结构等是否与已经发现的生物大分子相同、相似或不同，据此推断它的结构、功能、进化等生物学性质。这就是通常所说的同源性分析，它可以说是现阶段整个生物信息学的主要基础之一。典型的例子就是癌症与细胞无节制繁殖之间的关系：人们将与癌症有关的基因同与细胞生长相关的蛋白质序列进行比较，发现二者之间有很强的相关性，据此可以推断癌症与细胞生长是有关的。因此，进行生物大分子的序列分析是一项非常有意义的工作，主要表现为：

① 保守位点和活性位点分析。对一组序列进行同源性分析，在各个序列中都保守的位点就是可能的活性位点，据此设计实验，以最终确定其中的活性位点。

② 在序列分析基础上建立蛋白质之间的进化关系。许多蛋白质之间的关系不是完全无关的。某个蛋白质可能是另一个的突变体，或者它们来源于一个共同的祖先，这类蛋白质称为同源蛋白质，建立它们之间的进化关系是非常必要的。

③ 在序列分析基础上进行蛋白质二级结构预测。现在许多蛋白质结构预测方法如 PSIPRED，STRIPLEX 等先是利用多重序列分析得到位置专一化的得分矩阵（Position Specific Score Matrix，PSSM），然后再作预测。

④ 应用序列分析预测蛋白质三维构象（或天然构象）。在蛋白质天然构象预测的三大类方法即比较模型法（Comparative Modeling），折叠识别法（Folding Recognition）及从头预测法中，前两种均以序列分析法为基础进行预测。而且其精度较高，所得到的模型现已被用于药物设计等相关领域。

⑤ 应用序列分析法还可预测蛋白质的折叠模式。

总之，序列分析在生物信息学中的地位是举足轻重的。现在生物信息学之所以受到人们的重视，主要的贡献之一便是序列分析。生物大分子序列分析按分子来分有 DNA、RNA 和蛋白质。但一般而言，DNA 序列所获取的有用信息与蛋白质序列相比要少得多。

其主要原因是DNA序列的非编码区分化得很快，以致很难检测到其同源性。对分化超过200万年的DNA序列，就很难找到其同源性。相反，蛋白质则相对比较稳定，对10亿年前分化的蛋白质也能检测其同源性。因此，相比较而言，对蛋白质进行同源序列分析更具有实际意义。

序列比对法主要是基于动态规划法比较两个蛋白质序列之间的相似性。它是生物序列同源性和相似性确定的基本方法。最早提出的是Needlemen-Wunsch方法，尔后Smith-Waterman对此作了改进，建立了局部比对方法。序列比对方法可以说是整个生物信息学的基本方法。由于Smith-Waterman在配对序列比对方法中是一种比较常用的方法，它涉及比对方法中的一些常用的基本概念，而且现在常用的启发式比对法如FASTA及BLAST法均建立在它的基础上，因此我们这里重点介绍Smith-Waterman算法及相关的基本比对概念。

(1) 比对，全局比对和局部比对的基本概念

比对(alignment)有的文献中也称之为联配、对比。但从目前国内所发表的文献，以“比对”相对比较流行。在计算机科学中则称之为不精确匹配(inexact matching)。所谓比对，就是将两个序列的末端、中间和始端插入空格，使得这两个序列中第一个序列的每个字符(或空格)与第二个序列的每个字符(或空格)相匹配。如图18-5。

```
                               插删
SEQ 1 GTAGTACAGCT-CAGTTGGGAAAATCACAGGCTTCT
      |||| || ||| ||||||      ||||||   ||||
SEQ 2 GTAGAACGGCTTCAGTTG------TCACAGCGTTC-
```

图18-5　两个序列比对示意图

在序列比对模式中，每两个字符的比对和字符与空格的比对都有一个对应的分数(或称之为权重)。在比对中，一个字符对应于一个空格分别称之为插入(insert)和删除(delete)。显然，有插入就有删除。因此在英文文献中将它们合并在一起称之为“indel”，我们这里将它翻译为“插删”。对不同字符的插删其得分是相同的。通过比对，我们可以得到两个序列之间的比对得分。这个得分代表了这两个序列之间的生物学相似性。

全局比对(global alignment)是将在两个序列中插入空格(包括序列的首末两端)使得它们的长度完全一致，然后将两个序列中的一个放在另一个上面使得一个序列中的每个字符(包括空格)与另一个序列的字符(或空格)相匹配。全局比对的特点是将两个序列所有字符都考虑进去。图18-6就是一个典型的全局比对例子。

```
A C — — G C T T T G
— C A T G — T A T —
```

图18-6　两个序列的全局比对

S=GGTCTGAG　α=CTGA($\in$S)

T=AAACGA　β=C—GA($\in$T)

图18-7　局部比对

局部比对(local alignment)是在所给的两个序列S、T及它们的字符标记i、j中(包括空格，比如$i=1,2,\cdots,10$，$j=1,2,\cdots,15$)，是寻找下标i和j的一个子集(包括空格，比如$S_{2,3,4,5,6,7,8,9}=\alpha$，$T_{1,2,3,4,5,6,7,8}=\beta$)以期找到两个序列中相似性最高的片段。它不一定要将两个序列中所有的字符(如DNA中的碱基，蛋白质中的氨基酸残基)全部用

上，只要找到其中最相似的片段就达到目的了。图 18－7 就是一个典型的局部比对例子。

以上介绍的是几种比对的定义。虽然不同的比对算法不一，但它们都是建立在数学中的动态规划算法基础上。另一个共同点是它们都需要一个得分矩阵。接下来我们首先介绍蛋白质序列比对中常用的得分矩阵，然后将上述几种比对方式对应的动态规划算法作详细的介绍。由于这里侧重于这个方法在生物学中的应用，因此对相应的基本概念仅作简单说明，对相应的数学证明则不作介绍。我们所关心的是：在拿到两个序列后，如何用局部或全局比对方法计算出这两个序列的相似性。如果读者能将该算法应用某种计算机语言（BASIC，C，PERL 等语言）编成相应的算法程序，就比较完美了。事实上，有关比对的算法免费软件网上可以找到，如果读者仅仅是要比较两个序列，则可直接从网上下载或直接在某个相关的网页上进行比对，则能在较短时间内得到比对的结果。如果读者想改进这个方法，提高精度或速度，则对算法的计算过程要比较清楚。

（2）蛋白质序列比对中常用的得分矩阵

因为 DNA 序列的分化速度比较快而相应的比对所获取的信息要少得多，所以生物序列分析中一般以蛋白质序列分析、比对占多数，因而，这里仅介绍与蛋白质有关的常用得分矩阵。

现在常用的得分矩阵主要有两类，一类是 PAM（全称是 Percent Accepted Mutation，我们将它译成“可接受突变百分比”），最早由 Dayoff 于 1968 年建立，以后作了改进，形成 PAM 得分矩阵系列。一个 PAM（X）的矩阵构建如下：首先选一组关系非常密切的蛋白质（closely related proteins），这组蛋白质在进化上的分化总量为 X，然后计算每个氨基酸残基被其他氨基酸残基所取代的频率，就得到相应的 PAM（X）矩阵，PAM250 是 PAM 系列中最有代表性的得分矩阵。

另一类是 BLOSUM（Blocks Substitution Matrix，我们将它译成“块替代矩阵”），它是由 Henikoff S 和 Henikoff JG 于 1992 年建立。具体计算如下：先选取一组蛋白质，将它进行多重比对，然后根据比对的结果计算每个氨基酸残基被其他残基所替代的频率。在进行序列多重比对（Multiple Sequence Alignment，MSA）时，如果选残基数相等百分比大于 50％的序列进行计算，则得到的矩阵称为 BLOSUM50，大于 62％的即为 BLOSUM62。因此 BLOSUM 矩阵不止一个，通常称之为 BLOSUM 系列。在 BLOSUM 系列矩阵中，最为常用的，最有代表性的是 BLOSUM62 矩阵。

图 18－8 和 18－9 分别为 BLOSUM62 得分矩阵和 PAM250 得分矩阵。

	A	R	N	D	C	Q	E	G	H	I	L	K	M	F	P	S	T	W	Y	V	B	Z	X	*
A	4	-1	-2	-2	0	-1	-1	0	-2	-1	-1	-1	-1	-2	-1	1	0	-3	-2	0	-2	-1	0	-4
R	-1	5	0	-2	-3	1	0	-2	0	-3	-2	2	-1	-3	-2	-1	-1	-3	-2	-3	-1	0	-1	-4
N	-2	0	6	1	-3	0	0	0	1	-3	-3	0	-2	-3	-2	1	0	-4	-2	-3	3	0	-1	-4
D	-2	-2	1	6	-3	0	2	-1	-1	-3	-4	-1	-3	-3	-1	0	-1	-4	-3	-3	4	1	-1	-4
C	0	-3	-3	-3	9	-3	-4	-3	-3	-1	-1	-3	-1	-2	-3	-1	-1	-2	-2	-1	-3	-3	-2	-4
Q	-1	1	0	0	-3	5	2	-2	0	-3	-2	1	0	-3	-1	0	-1	-2	-1	-2	0	3	-1	-4
E	-1	0	0	2	-4	2	5	-2	0	-3	-3	1	-2	-3	-1	0	-1	-3	-2	-2	1	4	-1	-4
G	0	-2	0	-1	-3	-2	-2	6	-2	-4	-4	-2	-3	-3	-2	0	-2	-2	-3	-3	-1	-2	-1	-4
H	-2	0	1	-1	-3	0	0	-2	8	-3	-3	-1	-2	-1	-2	-1	-2	-2	2	-3	0	0	-1	-4
I	-1	-3	-3	-3	-1	-3	-3	-4	-3	4	2	-3	1	0	-3	-2	-1	-3	-1	3	-3	-3	-1	-4
L	-1	-2	-3	-4	-1	-2	-3	-4	-3	2	4	-2	2	0	-3	-2	-1	-2	-1	1	-4	-3	-1	-4
K	-1	2	0	-1	-3	1	1	-2	-1	-3	-2	5	-1	-3	-1	0	-1	-3	-2	-2	0	1	-1	-4
M	-1	-1	-2	-3	-1	0	-2	-3	-2	1	2	-1	5	0	-2	-1	-1	-1	-1	1	-3	-1	-1	-4
F	-2	-3	-3	-3	-2	-3	-3	-3	-1	0	0	-3	0	6	-4	-2	-2	1	3	-1	-3	-3	-1	-4
P	-1	-2	-2	-1	-3	-1	-1	-2	-2	-3	-3	-1	-2	-4	7	-1	-1	-4	-3	-2	-2	-1	-2	-4
S	1	-1	1	0	-1	0	0	0	-1	-2	-2	0	-1	-2	-1	4	1	-3	-2	-2	0	0	0	-4
T	0	-1	0	-1	-1	-1	-1	-2	-2	-1	-1	-1	-1	-2	-1	1	5	-2	-2	0	-1	-1	0	-4
W	-3	-3	-4	-4	-2	-2	-3	-2	-2	-3	-2	-3	-1	1	-4	-3	-2	11	2	-3	-4	-3	-2	-4
Y	-2	-2	-2	-3	-2	-1	-2	-3	2	-1	-1	-2	-1	3	-3	-2	-2	2	7	-1	-3	-2	-1	-4
V	0	-3	-3	-3	-1	-2	-2	-3	-3	3	1	-2	1	-1	-2	-2	0	-3	-1	4	-3	-2	-1	-4
B	-2	-1	3	4	-3	0	1	-1	0	-3	-4	0	-3	-3	-2	0	-1	-4	-3	-3	4	1	-1	-4
Z	-1	0	0	1	-3	3	4	-2	0	-3	-3	1	-1	-3	-1	0	-1	-3	-2	-2	1	4	-1	-4
X	0	-1	-1	-1	-2	-1	-1	-1	-1	-1	-1	-1	-1	-1	-2	0	0	-2	-1	-1	-1	-1	-1	-4
*	-4	-4	-4	-4	-4	-4	-4	-4	-4	-4	-4	-4	-4	-4	-4	-4	-4	-4	-4	-4	-4	-4	-4	1

图 18-8　BLOSUM 62 得分矩阵

	A	R	N	D	C	Q	E	G	H	I	L	K	M	F	P	S	T	W	Y	V	B	Z	X	*
A	2	-2	0	0	-2	0	0	1	-1	-1	-2	-1	-1	-3	1	1	1	-6	-3	0	0	0	0	-8
R	-2	6	0	-1	-4	1	-1	-3	2	-2	-3	3	0	-4	0	0	-1	2	-4	-2	-1	0	-1	-8
N	0	0	2	2	-4	1	1	0	2	-2	-3	1	-2	-3	0	1	0	-4	-2	-2	2	1	0	-8
D	0	-1	2	4	-5	2	3	1	1	-2	-4	0	-3	-6	-1	0	0	-7	-4	-2	3	3	-1	-8
C	-2	-4	-4	-5	12	-5	-5	-3	-3	-2	-6	-5	-5	-4	-3	0	-2	-8	0	-2	-4	-5	-3	-8
Q	0	1	1	2	-5	4	2	-1	3	-2	-2	1	-1	-5	0	-1	-1	-5	-4	-2	1	3	-1	-8
E	0	-1	1	3	-5	2	4	0	1	-2	-3	0	-2	-5	-1	0	0	-7	-4	-2	3	3	-1	-8
G	1	-3	0	1	-3	-1	0	5	-2	-3	-4	-2	-3	-5	0	1	0	-7	-5	-1	0	0	-1	-8
H	-1	2	2	1	-3	3	1	-2	6	-2	-2	0	-2	-2	0	-1	-1	-3	0	-2	1	2	-1	-8
I	-1	-2	-2	-2	-2	-2	-2	-3	-2	5	2	-2	2	1	-2	-1	0	-5	-1	4	-2	-2	-1	-8
L	-2	-3	-3	-4	-6	-2	-3	-4	-2	2	6	-3	4	2	-3	-3	-2	-2	-1	2	-3	-3	-1	-8
K	-1	3	1	0	-5	1	0	-2	0	-2	-3	5	0	-5	-1	0	0	-3	-4	-2	1	0	-1	-8
M	-1	0	-2	-3	-5	-1	-2	-3	-2	2	4	0	6	0	-2	-2	-1	-4	-2	2	-2	-2	-1	-8
F	-3	-4	-3	-6	-4	-5	-5	-5	-2	1	2	-5	0	9	-5	-3	-3	0	7	-1	-4	-5	-3	-8
P	1	0	0	-1	-3	0	-1	0	0	-2	-3	-1	-2	-5	6	1	0	-6	-5	-1	-1	0	-1	-8
S	1	0	1	0	0	-1	0	1	-1	-1	-3	0	-2	-3	1	2	1	-2	-3	-1	0	0	0	-8
T	1	-1	0	0	-2	-1	0	0	-1	0	-2	0	-1	-3	0	1	3	-5	-3	0	0	-1	0	-8
W	-6	2	-4	-7	-8	-5	-7	-7	-3	-5	-2	-3	-4	0	-6	-2	-5	17	0	-6	-5	-6	-4	-8
Y	-3	-4	-2	-4	0	-4	-4	-5	0	-1	-1	-4	-2	7	-5	-3	-3	0	10	-2	-3	-4	-2	-8
V	0	-2	-2	-2	-2	-2	-2	-1	-2	4	2	-2	2	-1	-1	-1	0	-6	-2	4	-2	-2	-1	-8
B	0	-1	2	3	-4	1	3	0	1	-2	-3	1	-2	-4	-1	0	0	-5	-3	-2	3	2	-1	-8
Z	0	0	1	3	-5	3	3	0	2	-2	-3	0	-2	-5	0	0	-1	-6	-4	-2	2	3	-1	-8
X	0	-1	0	-1	-3	-1	-1	-1	-1	-1	-1	-1	-1	-2	-1	0	0	-4	-2	-1	-1	-1	-1	-8
*	0	0	0	8	-8	-8	-8	-8	-8	-8	-8	-8	-8	-8	-8	-8	-8	-8	-8	-8	-8	-8	-8	1

图 18-9　PAM 250 得分矩阵

有了比对、全局比对、局部比对及得分矩阵的基本概念，我们接下来重点讨论局部比对的计算问题。

(3) 蛋白质局部比对算法

顾名思义，局部比对就是要从两个序列中各自找出两个相似性最高的子序列片段。在许多情况下，如果从整体上看，两个序列并不怎么相似或者说它们通过全局比对得到的最大相似性得分数不大，但它们中的一些局部片段是很相似的。这就要求我们只要将这部分局部的片段找出来就达到了目的，而不需要考查它们的整体相似性。这在现代生物学中是很有意义的。比如，在蛋白质序列中，有一部分序列片段主要是与它的生物学功能有关，而另一部分片段则对该蛋白质的功能影响较小。因此，对两个类似这样的蛋白质，我们没有必要考虑它们整个蛋白质的比对而确定它们的相似性，我们只需要知道它们部分片段是否相似就可以了。这样就可以更加有针对性地比较两个蛋白质序列或 DNA 序列。典型的在 DNA 序列中，它有代码区(外显子 exons)和非代码区(内含子 introns)。一般地，代码区能最终翻译成蛋白质，代表基因的功能，因此它不易突变，其主要目的是能保证该基因(或蛋白质)功能的稳定性，而非代码区即内含子则比较容易突变，因此如果应用局部比对技术比较两个不同种类的 DNA，则找到的序列最相似的那段片段就有可能是基因了。同样的，在蛋白质中，功能区与其他部分相对比较保守，因此应用局部比对技术比较两个不同来源的蛋白质，进而据此推断它们的功能。

局部比对的计算与全局比对相比，其主要不同点是：应用全局比对的计算方法进行计算时，当计算到有分数值小于或等于零时，就将此分数值强制设定为零。而当回溯时碰到某个单元可为零时，就停止回溯，显然其比对结果中的子序列不一定要从原比对序列开始，也就是说可以是两个序列中的中间某个片段。这正体现了局部比对的精神。

它的基本算法精神为：首先根据两条长度分别为 m，n 的序列构成一个 $m \times n$ 的矩阵 $\mathbf{A}$，然后将第一条序列中的每个单元(蛋白质中的氨基酸残基、核酸中的碱基)与另一条序列的每个单元依据三种可能方式延伸比较：其一是全部是序列中相邻的两个单元；其二是第一条序列是相邻单元，第二条序列取空位；其三是第一条序列对应的位置上是空位，第二条序列对应的位置上是相邻的序列单元。根据得分矩阵分别计算这三种方式的得分，取最高者为最后得分，然后一步一步按这种方式延伸下去，直至两条序列上所有的单元均比较过为止。如果最终的得分取矩阵 $\mathbf{A}$ 最后一行与最后一列中的最大值，则为全局比对，如果在所有的矩阵元中取，则一般为局部比对。

为使读者对其有比较深的印象，我们以一个具体的例子并用图示法说明，具体见图 18－10。根据初始条件(由得分矩阵获得)我们可得到图 18－10(A)。然后应用前面描述的迭代方式计算相应各单元比对的得分总数即图 18－10(B)。最后通过回溯得到其比对结果即图 18－10(C)。由此可知，所得到的比对结果中的两个序列均为原序列中的片段。这也就是前面提到的局部比对与全局比对的主要区别，也正是局部比对的意义之所在。已有人证明：局部比对计算所需的时间和内存与全局比对基本相同。

局部比对与全局比对的另外一个不同点是在计算过程中，初始条件设置为 0，在迭代过程中将小于零的得分也设置为零，因此它所得到的比对结果可以在两个待比较的序列中任何地方开始，也可以在任何地方结束。

序列 S=ACCTGA 和 T=CATGTAT 之间的各碱基之间对应得分即 σ

j \ i		0	1	2	3	4	5
			C	A	T	G	T
0		**0**	**−1**	**−1**	**−1**	**−1**	**−1**
1	A	**−1**	−1	2	−1	−1	−1
2	C	**−1**	2	−1	−1	−1	−1
3	G	**−1**	−1	−1	−1	2	−1
4	C	**−1**	2	−1	−1	−1	−1
5	T	**−1**	−1	−1	2	−1	2
6	G	**−1**	−1	−1	−1	2	−1

T序列

S序列

(A)

j \ i		0	1	2	3	4	5
			C	A	T	G	T
0		**0**	**0**	**0**	**0**	**0**	**0**
1	A	**0**	0	2	0	0	0
2	C	**0**	2	0	1	0	0
3	G	**0**	0	1	0	3	0
4	C	**0**	2	0	0	0	2
5	T	**0**	0	1	2	0	0
6	G	**0**	0	0	0	4	0

T序列

S序列

(B)

原序列 S=A C G C T G　　局部比对结果 C T G
T=C A T G T　　　　　　　　　　　| |
　　　　　　　　　　　　　　　　 A T G

(C)

图 18－10　局部比对结果

18.3　生物信息学与临床信息学的融合

根据 NIH 对生物信息学所下的定义(见本章 18.1.1)可以推断,临床信息学应属生物信息学的一个重要内容。但由于医学信息学及临床信息学直接涉及人类的健康与卫生,与人类的切身利益密切相关，因此它逐步独立出来成为一门单独的学科。更确切地说，生物信息学涉及的生物信息是以医学基础学科为主的生物信息如分子生物学、细胞生物学、病理学、生理学等，而临床信息学则主要涉及与临床有关学科的信息如内科学、外科学、临床诊断学等。生物信息学与临床信息学之间至少存在四方面的融合：组成的融合、数据库的融合、方法的融合及应用的融合。

1）生物信息学与临床信息学组成的融合

不论生物信息学还是临床信息学，它们的组成均为数据库及分析数据库的相应的方法。它们之间的关系均是相互支撑的。

2）生物信息学与临床信息学数据库的融合

生物信息学中的信息如蛋白质分子序列、结构等知识均属描述性知识；而临床信息学中的临床信息如患者病历、药品库存等也均属描述性知识。所以从知识的性质来说，两者是相同的，而且后者相对比较具体。在临床信息学中，还有一类相对较为抽象的信息，即医疗仪器测得的数据，这类数据与生物信息学中的数据更为相似，主要表现在这些数据的处理方法即临床信息学方法与生物信息学方法很相似，都是一些数学方法如傅里叶变换、小波变换等。所以尽管生物信息学数据库与临床信息学数据库所代表的知识内容不尽相同，但两者之间还是有许多共同点的。

3）生物信息学方法与临床信息学方法的融合

生物信息学方法与临床信息学方法在某种程度上是相同的，或者至少属同一个范畴，比如在生物信息学中数据库搜索方法与临床信息学中查阅病历的方法在很大程度上是相同的，因此，生物信息学中的一些方法，可以用到临床信息学中来，如前面提到的傅里叶变换法、小波变换法等在临床信息学仪器测定的数据分析中也大有用武之地。反过来，在医学信息学的图像存储与传输中所用的数学方法与相关原理在生物信息学也广泛地应用。

4）生物信息学与临床信息学应用的融合

生物信息学的一个主要应用是为实验科学工作者提供必要的有益的生物学信息和指导意见。比如，在药物的虚拟筛选中，筛选出来的先导化合物及其相关的信息可以为药学实验工作者提供许多有益的指导性或建设性的意见。临床信息学的一个主要的应用是为临床医生对疾病的诊断及治疗提供不可或缺的手段。比如，当病人描述完其疾病的一些基本特征后，临床医生可以根据临床信息学中的相关软件得到相应的处方信息及治疗信息，而这些信息相对来说都是比较经典的(很明显，所用的处方首先采用的是“名医 ”的处方及治疗手段)，对临床医生尤其是刚上临床岗位的实习医生具有很好的参考价值，有时会起到决定性的作用。同样的，对生物信息学而言，一些相关的软件也可以为实验科学工作者提供建设性的指导意见，比如，蛋白质天然构象预测软件就可以对未知功能与结构的蛋白质提供可能的天然构象，为实验工作者进一步研究提供了一定的指导方针。尤其是配对序列比对是现代医学包括法医学的必要手段。我们通常所说的胎儿先天性疾病的基因诊断、亲子鉴定、法医基因鉴定、病原微生物鉴定(如 H1N1 流感、SARS 病毒)等一般均需要两个过程：第一获取相应的基因或蛋白质序列；第二，确定它们的来源或者与什么样的基因具有同源性。它们的方法学基础就是生物信息学中最基本的方法即配对序列比对法，从这一点来说，生物信息学是临床信息学、医学(包括法医学)的重要基础学科。

问题与讨论

（1）什么是生物信息学？

（2）PDB 数据库的网站名是什么？如何从该网上获取你所需要的某一个蛋白质结构？

（3）列举 10 到 20 个相关的分子疾病数据库。

（4）什么是比对、全局比对及局部比对？

（5）举例说明“插删”这一重要的生物信息学概念。

（6）常用生物信息学算法有哪几种？

（方慧生　陈凯先）

19 中医药领域的信息处理

回顾计算机在我国医药领域信息处理的往事，虽然总体起步较晚，但是在中医领域相对较早。早在20世纪70年代初，为了探索中医针刺麻醉的机理，科技工作者就应用电子计算机及时地处理针刺麻醉实验中所遇到的数以万计的生物电信号。80年代初，随着关幼波老中医诊疗肝病的软件出现，全国兴起了一股中医专家系统热，相继应用电子计算机技术研制了一个又一个的中医专家咨询软件，中国医药信息学会的前身“计算机诊疗系统研究会”，就是在这一基础上成立的；随着对中医临床信息的深入研究，人们发现中医临床上用来分析病症的四诊信息都是由临床医生主观决断的，缺乏量化依据，不便于教学及科研，为了攻克这一难点，工程技术人员开始投入到对中医四诊客观化的研究领域，从事脉象仪、舌象仪、经络测定仪等项目的研究；随着计算机性能的提高，大容量硬盘及光盘的出现，中医药文献检索系统进入了实用阶段，在这过程中发现国标GB2312汉字库已不能满足中医文献研究的需要，于是开始对中医药汉字操作系统进行了探索；随着计算机价格下降及网络化程度的提高，促使中医医院信息管理逐渐走向成熟；随着信息高速公路的出现，www浏览、电子邮件、MSN等Internet应用的普及，促使中医药远程医疗、中医药网上教育及中医药信息的网上交流变成了现实……

学习完本章的内容，你应该知道下面这些问题的答案：

近代信息处理技术与中医学之间的关系。

中医信息处理的特点有哪些？

计算机中的原数据“二进制”与中医理论中的“阴阳学说”之间的关系。

中医信息标准化及规范化的必要性。

中医专家系统、中医电子病历、中医脉诊、舌诊、针灸等临床信息处理的特点。

中医药文献的信息化处理。

信息技术在中药领域的应用。

中医与虚拟人体。

19.1 中医信息与中医理论

电子计算机是现代医学信息处理的有力工具，它是现代科学的结晶，是一门只有几十年历史的新崛起的年轻学科，而中医药学是一门具有几千年历史的古老学科。一门古老的学科与一门当代最年轻的学科相结合，这样的远缘杂交必将会结出丰硕的果实。仔细推敲一下，电子计算机原理与中医理论之间的确还存在着一些意想不到的内在联系。

我们将中医的诊疗实践过程作为一个大系统来进行考察，在这一系统中，只有两个重要的对象需要我们认真地探索，即中医和患者。在这里，中医的主要工作是收集疾病数据，整理有用数据，然后运用中医理论及经验对所获得的临床数据进行鉴别、分析、综合评判，制定治疗对策，最后运用中药、针灸、推拿等治疗措施对患者进行治疗。患者一方面向医生提供疾病数据，另一方面也是医生运用医疗手段进行诊疗的对象。

实际上，中医的临床实践过程是一个数据处理过程，它的核心内容是如何获取有价值的临床数据，以及如何处理这些数据，从中获取对诊疗患者疾病有用的信息。从当代科学的角度来看，可以运用传感器技术来模拟中医获取临床数据的“四诊”；可以运用专家决策支持系统来模拟中医的辨证论治。这两个方面都离不开现代的电子计算机技术及信息处理技术。

在对象为中医与患者的研究体系中，患者的机体是经过几百万年优胜劣汰的进化慢慢地择优而成。如果将患者的机体作为诊疗系统中的一个子系统来分析，那么机体本身就是一个具有思维能力、新陈代谢能力、自组织能力、自适应能力、自学习能力的超大型复杂系统。该系统通过视、听、味、嗅、触等多种感受器与外界交换信息；其内部存在着大脑皮层、神经、体液以及中医的经络等多种调控机制，机体内部具有防御、适应、免疫、代偿等一整套的自动调节、自动控制的机制。因此，患者的机体可以看作类似于由多台具有并行处理能力的超大型的高级计算机控制的极精密的自动控制系统。人们在实践中了解到这种自动控制系统内部不正常的状态往往可以通过各种途径反映出来。医生可以收集这些病理信息。这反映在中医诊断学上，即通过望、闻、问、切的手段来收集患者的病理信息。实际上，这些信息不仅体现了机体细胞和组织的局部状态，而且也体现了在自控机制作用下的机体对抗疾病的整体状态。在这种状态中蕴含着人类机体从进化中获得的防御疾病的能力。中医可以在一定规则的指导下，对这些数据进行分类、归纳，通过综合评判这些望、闻、问、切所获得的数据，获取对患者治疗有用的“信息”。若用中医的语言来讲，即“辨证”。中医通过“辨证”，来揭示患者机体在抗病过程中的各种特征及疾病的发展趋势。医生针对这种特征及趋势运用中药或针灸等措施进行调控，即中医的“论治”。中医(信宿)在不破坏信源(患者)的完整性的前提下，通过望闻问切(载体)等手段，获取(信源)患者的数据，再通过分析处理这些信源数据来推测信源内部运动特征，然后，进行合理的调控，使系统向有利于生存的方向发展。这种方法，在近代“控制论”中称为“黑箱”处理法。几千年来我们的祖先一直在自发地运用这种“黑箱”原理来诊治疾病。

从控制论的角度来看，医生起着一台高级的电子计算机的作用，病人相当于一个有多台超高级的电子计算机并行处理、互相协调的极灵敏、极复杂的自控系统，体内的各种类型的信息传递系统，如神经、体液以及经络等就像 Internet 网络中的各种不同的传输介质、不同的机型、不同的协议一样，它们协同工作，互相传递信息，共同维护机体的正常运动。因此，我们可以通过编制软件来模拟中医专家临床上“辨证论治”的思维方法，也可以借鉴电子计算机的工作原理来推测中医的分析临床病症的方法，进而探索中医理论的科学依据。另一方面，我们也可以从自控原理出发，通过分析患者所提供的病理数据，推测机体内在的发病机制，进而通过正确地使用中药、针灸、气功、推拿等治疗措施来调节机体的动态趋势，从而达到预防及治疗疾病的目的。

19.1.1　中医信息处理的特点

在临床信息处理方面，与现代医药学相比较，中医药学不同于现代医学的内容较多，其中最突出的是以下三个方面的内容：采集临床数据的方法、处理临床数据的方法以及独特的治疗措施。

在采集临床数据方面，中医利用自身的感官，通过望、闻、问、切来收集患者的病理数据，其数据特点是以定性的模糊数据为主，例如人体的神色、舌体形态的胖瘦、舌质的颜色、舌苔的厚薄、语音呼吸的强弱、气味，以及饮食、二便、脉像等。

在处理临床病理数据方面，中医药学应用阴阳学说将疾病的性质归纳为阴阳、表里、寒热、虚实八大类；应用五行学说将人体的病理信息划分为心、肝、脾、肺、肾五大系统，将中药性味划分为苦、酸、甘、辛、咸五类……这些归类方法与现代医学有很大的差别，致使许多学习现代医学的同行对中医学存有一定的偏见。为了解释这一点，以下通过临床上常见的头痛症为例，对照西医的归类方法，来说明中医归类方法的特点。西医对头痛这个具体症状是以致病部位、致病因来归类的，大致上可分为以下五个方面：

① 颅内疾病。像脑瘤、脑震荡、脑血栓等。② 颅腔邻近的疾病。像青光眼、中耳炎、急性鼻炎、扁桃腺炎等。③ 心血管系统的疾病。像高血压、贫血等。④ 机能性疾病。像偏头痛、神经衰弱等。⑤ 急慢性传染病。像流感、伤寒、疟疾等。

总结西医对头痛的认识，可以发现它对病变部位及病因分析得比较细致，分析过程偏重于形态变化及器质性的病变，这是西医的优点。仔细分析一下就会发现头痛是人体对疾病的一种正常的反应，然而从以上的分析中是无法了解机体积极运动进行防御的一面，以及在防病过程中所出现的消极的一面。因此西医对疾病的认识有其优点，但也有缺陷，即把疾病从人体系统中孤立出来了，抛弃了人体系统本身积极的抗病因素，忽视了机体内环境的消极因素，而人体的抗病因素是人类通过上百万年的进化，机体内部经过漫长、残酷的斗争而获得的，若我们不利用体内的这部分战胜疾病的力量，对医学来说是一个极大的损失。

对头痛这个症状的认识，中医的分类并不局限于局部的定位，而是主要通过机体对疾病的反应性趋势这个整体效应来加以归类的。一般将头痛分为外感热病及内伤杂病两大类，像西医所认为的颅内杂病、青光眼、心血管系统疾病、机能性疾病等大致属于内伤杂病的范围。内伤杂病一般采用阴阳五行、脏象、经络等辨证措施来分析脏腑系统的功能特征及脏腑系统间的代偿趋势。另外，像感冒、急性扁桃腺炎等大致上属于外感热病的范畴。外感热病一般采用六经、卫气营血、八纲等辨证措施来分析病程中的机体抗病能力的强弱及致病因的特点。外感与内伤有时是交错在一起的，但无论是外感还是内伤都有一系列相关的症状，中医通过对症状组合的归纳、分析、对比，来解析机体当时的状态，以寒、热、虚、实等符号说明当时机体邪正斗争的趋势；以脏腑、三焦、表里等符号来确定机体当时的病变位置；并以太阳、少阳、厥阴、母病及子、子盗母气等符号来表示疾病的进程，然后根据辨证的结果进行调控。中医对疾病的这种分析方法时时把机体的动态趋势及归转作为分析的主要项目，这个特征把疾病与患者的机体紧密地结合起来了，把机体的一些自动控制的特征引入了医学领域，把内外环境的统一观、整体观引入了中医学之中。中医对疾病的归类方法虽然目前还停留在粗糙的、笼统的状态之下，但从其发展前途来看是很有科学价值的，这种归类方法有利于发挥机体内在的积极的抗病因素。

从当代科学的观点来看，人类的机体是通过上百万年的进化，是在同自然环境、致病因素等不断斗争的过程中逐渐形成的一个极其复杂的系统，该系统是一个超大型的极复杂的自我调控系统。对于这样一个系统，医学界从各个不同的角度对其进行探索。德国的魏尔啸以细胞为主体建立了细胞学说；俄国的巴甫洛夫围绕着神经的作用创建了神经学说；加拿大的塞里以脑下垂体——肾上腺皮质在机体内发挥的作用为中心环节导出了应激学说；我国的中医运用“望、闻、问、切”，获取患者的四诊信息，通过处理四诊信息获得改善人体运动状态的调控特征，然后使用中药、针灸等调控措施医治疾病，由此建立了独特的“辨证论治”学说。中医学的这种以机体动态数据为基础的医学理论，也可以称为“动态学说”。中医学的这种运用人体症状空间中的动态数据进行分析、定位，进而调节机体动态趋势的方法及治疗措施，内中携带着许多雏形的控制论原理。也正是这种以整体观与动态观为基础的多维动态空间的概念，使中医对机体所反映的信息的认识不同于西医。以脉象信息为例，如用脉象浮沉、迟数、强弱等信息来判定机体当时的状态，即阴阳、表里、寒热、虚实、气血的盛衰、脏腑的动态变化等，这是中医的动态信息空间决定了脉象属于中医学范畴的定性分析的内容；若用脉象信息来诊断各种心血管系统的疾病、心脏瓣膜疾病、高血压病、动脉硬化病、甲状腺功能异常、贫血、无脉症等，这是西医的病症空间决定脉象属于现代医学病症范畴的定性分析内容。两个不同的症状空间概念、不同的出发点，导致中西医对待同一疾病有各自不同的认识及不同的治疗方法。

19.1.2 “二进制”与中医理论

计算机的基本原理是“存储程序和程序控制”，它是由美国科学家冯·诺依曼在第二次世界大战期间提出的。在计算机内部所有的数据、程序或程序控制信息都是由二进制代码构成的，也就是说在计算机内部所有的数据，无论是英文符号、中文字符、图画、声音、还是影像资料，它们都是由一串串的二进制代码“0”与“1”构成的。“0”与“1”构成了现代数码信息的基石。

提到二进制，人们就会想起德国数学家莱布尼茨(Laibniz)，他是二进制的发明人，当他获悉他的研究成果与中国的“阴阳学说”的原理很相似时，他还特地给中国清朝的康熙皇帝写了一封信，称赞中国人的智慧。中国人在二千多年前就发明了与近代计算机文化中的二进制相仿的“阴阳学说”。难怪大数学家莱布尼茨对我们中国人如此敬佩。

中医学中的“阴阳五行学说”是中医学理论的核心。中医学中的“阴阳学说”，有时会给人一种很神秘的感觉。实际上，将阴阳对立的概念应用在中医的临床“辨证”方面，是一种定性分析的手段。“阴证”与“阳证”是性质绝然不同的两个方面。《黄帝内经》曰：“善诊者，察色按脉，先别阴阳”，就是要求人们认识疾病必须在望、闻、问、切的基础上首先判别机体整体的动态特点。阴阳辨证实际上是中医“辨证”的基础。中医学中的“伤寒六经辨证”是按疾病的进程及机体抗病力的强弱分为阴证与阳证，阳证群为太阳、少阳、阳明；阴证群为太阴、少阴、厥阴；中医的“八纲辨证”把机体的“动态”分为以阴阳为总纲的症状群，其中表、热、实为阳的辨证群，里、寒、虚为阴的辨证群；中医的“卫气营血辨证”是把机体

“动态”分为卫、气、营、血四大证群，其中卫、气属阳，营、血属阴。中医学的这些辨证方法都是环绕着阴阳的辨证总纲而进行的。

为了将中医理论的“阴阳学说”与计算机文化中的“二进制”原理联系起来进行分析与对比，我们可以从元数据“0”与“1”和“阴”与“阳”的属性开始分析。“0”与“1”和“阴”与“阳”一样都是性质绝然不同的符号，因此在计算机文化中人们可以利用这一特点对事物的特性进行逻辑分析，逻辑运算是构成现代计算机应用技术的一个重要基础。与“0”“1”相类似的中医学中表里、寒热、虚实、气血、脏腑、升降、浮沉等概念也是代表着性质不同的两个方面，不过，这些概念中还蕴涵着对事物进行另一个层次的逻辑判断的内容。

在计算机文化中用二进制的“0”与“1”来表示文字、图画、声音等一切信息，同样在中医学中用阴阳、表里、寒热、虚实、脏腑、气血、升降、厚薄等概念来存储中医的临床信息。若将中医学中的这种存储信息的方法与计算机中存储信息的方法相比较，所不同的是计算机中的一串串代码只有两个符号，而中医学中的符号更多，因此相比之下中医学中的信息量更丰富。《易经》中的六十四卦是由阴阳二爻构成的，阴爻为“— —”，阳爻为“——”，六十四卦中的每一卦均由六个阳爻或阴爻排列组合而成，例如第一卦《乾卦》，为六个阳爻，即全部由阳爻组成，阳爻与阴爻的这种排列组合的方式共有 2 的 6 次方种，即有 64 种不同的表达方式。计算机中的基本单位是“字节”，它是由 8 位“0”与“1”组成，共有 2 的 8 次方种，即可以表示 256 种不同的数字、符号或字母。中医的“阴阳学说” 所应用的符号远远超过二个，其组合方式也很丰富，也远远超过 8 位，因此，它与《易经》中的六十四卦及计算机中的“字节”相比，中医学中的“阴阳学说”可以表达的基本对象也远远超过 256 种。

在计算机中，对于同一串二进制代码由于解码方式的不同可以得到不同的结果，例如，有时候对于同一幅图像若用不同的解码规则会获得不同效果的图像，即对象与规则之间存在着一对多的关系。在日常生活中也有类似的情况。举一个通俗的例子，在体格检查时，对于同一幅图像，色觉正常的人看到的是“一副眼镜”，色弱者看到的是“一只公鸡”，这是由于在各自不同的生理条件下，对图像解码规则的不同造成的。再如在中医临床上，对同一患者，中医学中的各个流派可以用各自不同的规则来解释对象，其结果也往往不同，这是由于在一个多维空间中针对同一个对象，各个流派站在不同的角度上进行观察而造成的。同样，在计算机中，如果我们对于一封用简体汉字（GB—2312 码）书写的电子邮件，直接用繁体的 BIG5 码的规则来解码的话，就会得到一大堆乱七八糟的符号。不过，由于我们对 GB—2312 码及 BIG5 码了解得很透彻，因此我们现在可以通过相应的软件在这两种码之间架起沟通的桥梁。我们可以设想，在不久的将来，当人们对人体内在各种层次的生理、病理现象，以及在不同环境之下的各种人体现象都能透彻了解的话，那么，各个流派之间、各种医学之间的沟通也就会迎刃而解。

把分辨机体“动态”的基点放在阴阳上，存在着很多优点，它与近代电子计算机技术中利用二进位制编码的手段来区别对象有很多类似之点。以八纲结合六经辨证为例，对某一患者我们先辨阴、阳，若确定是阳证，就可以在太阳、少阳、阳明范围内进行辨证；进一步辨表、里。若是里证，就在阳明证的范围内分辨；进而辨寒、热，若是热证，范围就缩小到阳明热证；再进一步辨一下虚实，若确定是实证，就可以采用承气汤之类的治疗措施。见图19－1。

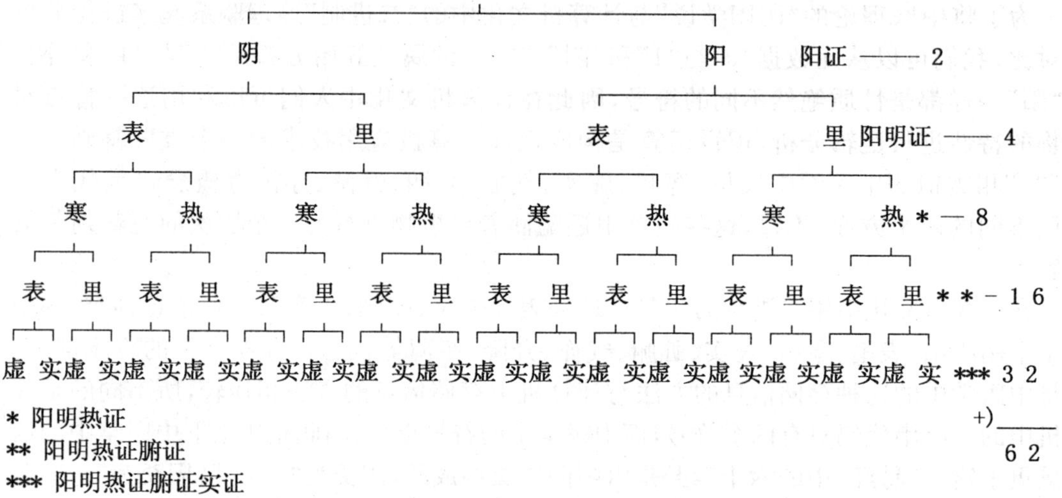

图19－1　中医辨证示意图

那么与二进位有什么关系呢？为了方便起见把上列辨证措施仅分辨三次（见图19－2A）。我们若把八纲辨证属于阳的表、热及阳都用“1”代替。属于阴的里、寒及阴都用“0”代替（见图19－2B），进而我们可以用二进位数字来给病症状态编码，（见图19－2C）这就显示了二进位制与阴阳学说的共同之点。

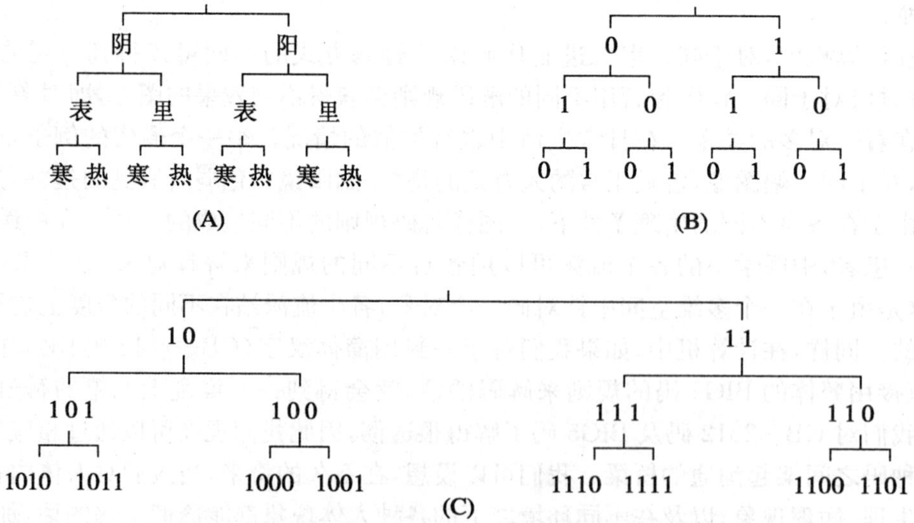

图19－2　中医辨证与二进制关系

二进位数与十进位数是一样的，它可以表达一切“自然数”，我们知道自然数是“无限的”，若我们用一个自然数来代替一种疾病状态的话，可以推导出阴阳学说的分辨能力是无限的，我们要建立一种理论体系就需要这种无限的趋势，这样我们可以从理论上阐明中医的这种以“阴阳学说”为基础的理论体系具有旺盛的生命力。实际上，这种思想早在中医的经典著作《黄帝内经》中就有了，所谓“阴阳者数之可十，推之可百；数之可千，推之可万；万之大，不可胜数”，就包含着这种意思。

中医学中的“阴阳学说”，有时给人一种很神秘的感觉，使初学者感到深不可测。实际上，从近代计算机文化中的“二进制”的原理着手，通过分析计算机内部信息表示的方法，可以看到中医学中的“阴阳学说”实际上是我们祖先发明的一种很好的存储临床数据及解析诊疗信息的方法。

19.2 中医信息标准化、规范化

在计算机内部，任何形式的数据，无论是数字、符号、图画、声音，还是影像，它们都必须转换成二进制形式的编码后，才能由计算机来进行处理。我们要用计算机来处理中医药学的数据，必须将这些数据转化为计算机能够处理的文字、图像、声音或电信号等数据，然后，再对这些数据进行数字化处理。实际上，在实现中医药数据的数字化之前，必须完成的第一步是实现中医药数据的客观化、规范化及标准化。

19.2.1 中医信息标准化的问题

中医临床上是通过四诊（望、闻、问、切）来收集数据，然而，将这些数据转化为有用的临床信息的过程，一般都是由医生主观决断的，缺乏量化依据，因此，不便于教学及科研，也无法实现数字化。

以中医的脉诊为例，中医脉象是中医采集患者临床数据的重要手段之一。几千年来，由于科学技术条件的限制，中医一直依靠医生指面的感觉细胞来收集患者的脉象数据，并运用形象化的概念来确定其收集到的数据的性质。例如，通过指面感觉到的“替替然如珠之应指”，来确定脉象的性质属“滑”；以医生均匀地呼吸时，一呼一吸指下感觉到的患者脉搏跳动的次数来判别脉象的“迟数”，“迟脉”一息三至，即每分钟脉搏次数少于60次，“数脉”一息六至，即每分钟超过100次等等。我们分析一下上面所提到的几个中医脉象的概念，像“滑”脉这样的概念，其本身比较笼统，无法进行量化，全凭医生的主观感觉，没有客观的量化标准；再如脉象“迟数”的概念，虽然有量的概念，但是每分钟脉搏次数是61次或62次，这些能不能算“迟”？可见中医脉象的“迟数”概念从“迟”到“不迟”，从“数”到不“数”，其间没有明确的分界，其边界很模糊，没有精确的判别标准。中医的临床辨证的关键是四诊合参，非典型数据的模糊的边界只有通过在“合参”中的分析、对比才能明确它的属性。总之，在中医的脉诊中，掺杂了医生的感觉及判别经验等诸多主观因素。这一切不仅造成对疾病定位的分歧，而且给中医的教学工作也带来了很大的困难。而解决这一难题的第一步是数据必须客观化，因此，中医脉诊客观化势在必行，也就是研制能替代中医指面收集脉象数据的脉象仪的工作势在必行。同样，中医四诊中的“望”、“闻”的客观化工作也势在必行。中医四诊信息客观化是中医临床诊断数据数字化的基础。

我国地大物博、疆土辽阔、民族众多，加上风俗习惯的不同，地区、气候、环境、方言等的差异及丰富的汉语词汇等，这些内容交杂在一起，使中医药领域出现了许多不规范的内容。以下举一些例子加以说明：

在中医的针灸学中，任脉的“关元”穴，其别名不下五个，在气功学中常称为“丹田”，在《素问·气穴论》中称“下纪”，在《灵枢·寒热病》篇中称“三结交”，在《针灸·甲乙经》中称“次门”，在《针灸资生经》中又称为“大中极”。

在中医药这一宝库中，使用天然药物的宝贵经验均以方剂的形式记载在历代方书或其他文献中。回顾一下，从马王堆出土的我国现存最早的方书《五十二方》到《中医方剂大辞典》，方书不下几百，方剂已逾数十万。载方文献仅宋至清就有 1 400 余种。在众多的方剂中存在异方同名、同方异名等许多问题。例如：《太平圣惠方》卷七、卷三十、卷五十四均有“汉防己散”，但药味及药物各不相同。另外中医方剂的用法、禁忌、病证名、治则名、中药名、中药炮制名等均需规范。

在中药学中，别名就更多了，就拿常用的中药“金银花”来说，就有 50 多种不同的别名。再如，昆虫“蟋蟀”，在《方言》中称“虷孙”，在《广雅》中称“促织”，在崔豹《古今注》中称“吟蛩”，在《贵州民间方药集》中称“叫鸡”，在《河北药材》中称“蛐蛐”，在《纲目拾遗》中称“将军”。在《药录》中，中药大黄亦称“将军”。同称“将军”，竟是两种绝然不同的中药，因此，中药名称必须规范化。

从以上的分析可知，为了让计算机能处理中医药领域的数据，必须对其进行预处理；即为了实现中医药数据的标准化，必须先对中医药数据进行客观化和规范化处理。

19.2.2 中医药信息标准化的进展

近年来，在中医药数据标准化方面，通过国内外中医药工作者的积极努力，在某些方面已取得了显著进展。例如在中医药学术名词规范化方面，1982 年至 1987 年 WHO 西太区在马尼拉、东京、香港、汉城召开了 4 次针灸穴名标准化工作会议，制订了“标准十四经穴名”、“十四经穴名简释”、“标准经外奇穴”、“标准头针穴名”、“标准耳穴名”、“标准奇经八脉名”等标准。1989 年 10 月底，WHO 在日内瓦召开全球性的国际标准针灸穴名会议，WHO 西太区推荐上述标准针灸穴名为国际针灸穴名方案。1990 年我国技术监督局颁布了由国家中医药管理局推荐的 GB/T12346—90《经穴部位》，具有国家法律效力，要求在针灸教学、科研、医疗和国内外学术交流中必须贯彻执行。这是我国第一个中医药国家标准。

GB/T12346—90《经穴部位》规定了人体腧穴定位的方法和 361 个经穴、48 个经外奇穴的标准定位。按照经脉归类特点将 361 个经穴归为十二类。

例如，手阳明大肠经(The Large Intestine Channel of Hand-Yangming)的穴位有：商阳 LI1、二间 LI2、……口禾髎 LI19、迎香 LI20；这里，前面的中文是穴位的中文名称，后面的字母加数字是该穴位的国际通用编码。其中穴位的国际通用编码的前二位字母代表的是穴位所在的经络，这两个字母基本上与该穴位所在的经络的英文字母有关，后面的数字表示该穴位在某经络中的第几个位置。仔细推敲一下，在这编码的过程中，有时我们也损失了一部分信息，以督脉的水沟穴为例，水沟穴俗称“人中”穴，从中文名称来看很形象，也便于记忆，然而改为 DU26 后，一般人就不熟悉了，只适合专业人员理解了，不过后者由于数据规范化了，更适合于计算机处理。

最近，由中国国家质检总局、国家标准委批准的 11 项国家标准针灸技术操作规范，从

2008年7月1日起正式实施，内容包括耳穴名称与定位，艾灸、头针、耳针、三棱针、拔罐、穴位注射、皮肤针、皮内针、穴位贴敷、穴位埋线等技术的操作规范。

随着中医药领域国家标准的广泛推行，必将促进针灸临床、科研、教学及国际交流的发展，同时对针灸临床、科研、教学的规范化实施提供了有力的保障。

相对于中医针灸标准及编码，中医方剂名称编码就显得复杂得多。中医方剂的名称是由一组汉字构成的，这些汉字或来源于组成方剂的主药名，如地龙散、红花散等；或来源于组成方剂的药的味数，如四物汤、八味丸等；或来源于该方的临床功用，如补心丸、补脾汤等；或来源于功用、主药、药味数的组合，如六味地黄丸、安宫牛黄丸、四物化郁汤等；或来源于已有方名的加减化裁，如加味四物汤、加减四物汤等；或来源于其他，如白虎汤、金匮肾气丸、青丸等。总之，方剂名称极不规范。南京中医药大学中医方剂编码课题组以中医方剂的功效与适应证为核心建立了中医方剂的编码系统，该编码系统采用62个符号的混合编码方法，全部符号由10个阿拉伯数字的符号，加上26个英文小写字母符号及26个英文大写字母符号，共计62个符号组成。每一方剂编码的码长为12位，前2位代表方剂的一个主要功效名称，如02为“补气”，03为“补血”等；第3—8位共6个码，其中每两位代表一个主治病证名称，如Y4为胃脘痛，gQ为眩晕等；第9—12共4个码为顺序码，即用以区别功效与主治病证全部相同的方剂。例如，方剂名为“补中益气汤”的方剂，它的编码为“02G8ICJj0001”，其中第1—2位的“02”代表功效为“补气”。“G8”代表病证为“痢疾”，“IC”代表病证为“内伤发热”，“Jj”代表病证为“脾胃虚弱”，“0001”代表具备以上4个条件的0001号方剂。同样，在这种编码过程中也损失了不少与该方剂相关的信息，例如与中医方剂组成有关的“君臣佐使”的内容，中药的剂量，中药的味数等等。

当前在中医临床科研工作中，缺乏成熟的、成体系化的工具与方法以实现标准的规范化应用，从而难以充分发挥已有标准对中医药临床科研的支持。最近，中国中医科学院联合了全国数十家单位、上百位专家，借助基于互联网的术语加工软件平台，对几十万条中西医概念及对来自临床的大量的病历数据进行分析、筛选、归纳等规范化的工作，创建了中医临床规范术语集及中医临床病历规范术语集，截至目前，两套术语集已包容术语总量超过36万条。这不仅有利于提高电子病历的书写速度，也利于后期有针对性地分析整理与疾病、症状体征、疗效等高度相关的影响因素。

以“头痛”为例（见图19-3），图中(1)处所示为术语单元中含有“头痛”的所有术语，通过鼠标点击选择可以录入到病历正文相应的域中，通过鼠标右键点选，还可以录入为该术语单元预先赋好的值（图中(2)）。所有录入的结构化信息按规则被保存到相应的数据库中，在完成病历书写的同时将临床信息转换成可以分析的数据。

在中医药数据标准化方面，还有《中国中医药学主题词表》、《中医病证分类与代码》、《全国主要产品（中药部分）分类与代码》、《中医临床诊疗术语》、《中医临床各科诊断疗效标准》、《中医病证诊断疗效标准》、《中医病案规范》等国家标准。

标准化的中医药数据对电子病历（EHR）、病例观察表（CRF）、医院管理系统（HIS）等均已成为确保临床医疗质量、开展高水平科研工作的关键要素。自2006年起，我国还全面启动了中医药标准化工作，计划到2010年制定出500项标准。我们深信随着今后临床、教学、科研的需要，随着中医药领域数据客观化、规范化工作的深入，随着数据库技术、数据的人工智能处理技术的不断发展，数据的编码技术也将不断地获得新生，有效数据将不断地得到增补，编码技术也将越来越合理。整个中医药领域的数据的数字化必定会实现。

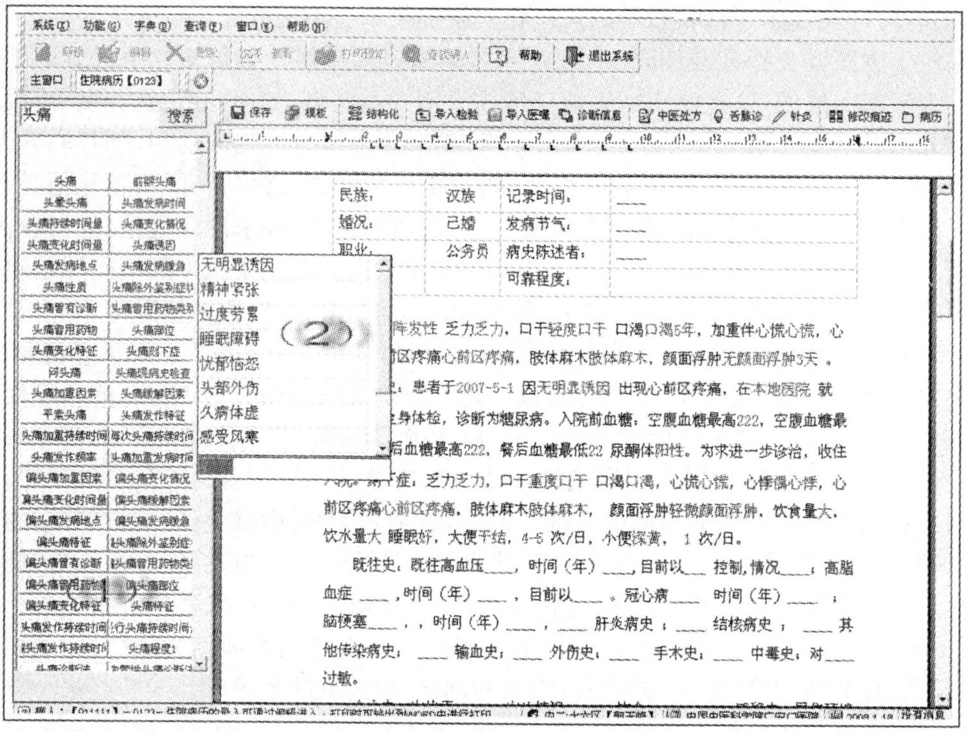

图 19-3 基于《中医临床病历规范术语集》进行的结构化电子病历书写工作

19.3 中医专家系统

早期中医计算机应用主要是以专家系统为主，当时在继承与抢救老中医经验的热潮的推动下，研制出了不少中医专家系统。近年来，随着科学技术发展，随着自动采集中医脉象、舌象等数据的仪器设备的出现，新一代的全自动化的中医专家系统正在不断地涌现出来。

以下简单地介绍一下中医专家咨询系统。临床上一位中医专家通过四诊收集患者的病理信息，在这基础上，对这些信息进行综合、分析、判断，给出一个治疗方案（即中医的“辨证论治”）。中医专家系统所起的作用是运用电子计算机来模拟中医专家的这一处理过程，也就是将四诊信息输入计算机，中医专家系统将模拟中医的思路从知识库中提取中药或针灸等的治疗方案。

19.3.1 研制中医专家系统的一般步骤

研制一个中医专家系统大致有以下几个步骤：

(1) 通过医理设计建立知识库。收集对“中医证型”划分起作用的临床症状，建立规范化的症状表；收集“中医证型”划分的依据，建立中医辨证论治的规则库；收集临床医生的治疗方案，建立处方、方药及临证加减处理的知识库。

(2) 建立知识推理的数学模型。编制中医专家辨证思维过程中逻辑思维的程序框图，用数学模型结合规则库中的知识，模拟中医专家的辨证论治的推理过程。

(3) 程序设计。通过编程，用计算机语言来实现上列数学模型，模拟中医辨证论治的推理过程。

(4) 临床验证。通过大量病例，验证其符合率，并通过临床实践中所发现的问题，改正错误，不断地为知识库增添新的知识。

1979 年 1 月，国内公认的第一个中医专家系统“关幼波诊治肝炎的专家系统”，是在北京市科委的大力支持下，由北京市中医院、中科院自动化所及首都医学院等单位联合研制而成的。该系统使用了模糊综合分析、加权求和阈值运算等数学模型。关幼波诊治肝炎的专家系统将临床肝病分为急性肝病和慢性肝病两类，系统根据分析所得的证型拟出主方，并按照临床症状进行加减化裁，最后开出处方。当时，该系统是在 TQ—16 机上运行，运用 BCY 语言编写的，该程序通过对 266 例病例的统计，其处方与关幼波老中医的处方的符合率达到 97.7%。后来为了便于推广应用，该系统用 BASIC 语言及 PROLOG 语言移植到计算机上。

自 1979 年至今估计中医专家系统已不下 300 个，遍及中医的内、外、妇、儿以及五官、肛肠等各科。例如贵阳医学院的“刘卓佑教授针刺治疗妇科病专家系统”、南京中医学院研制的“邹云翔肾病专家系统”等等。

19.3.2 中医专家系统的通用程序的研制

在研制中医专家系统的基础上，研制人员发现众多的中医专家系统有许多类似之点，例如不同的专家只是在推理规则及输出处理结果方面存在差异。人们也发现由于早期的中医专家系统将诊治疾病的规则及处理方案镶嵌在程序中，对于维护中医专家系统很不方便，若要修改医理设计的内容，从事临床的医生必须在编程人员的配合下才能进行。为了方便临床应用，为了让医生能根据自己医理设计的内容自己编制中医专家系统，软件工程人员开始寻找中医专家系统的通用程序，即专家系统外壳或中医专家生成系统。仔细推敲一下，中医专家之间的差异主要表现在处理临床信息的规则及治疗方案的知识库方面发生了改变。从计算机程序编制的这一角度来看，除了知识库发生变化外整个程序是类同的，假如我们研制出一个能够生成或修改中医专家知识库内容的软件，那么临床医生即使他们不懂如何编制程序也无妨，只要懂得如何操作计算机，通过人—机对话的方式，按医理设计的要求填入各种知识就立即可以生成一个中医专家咨询系统。

19.3.3 中医专家系统的近况与展望

近年来，中医专家系统进入了低潮期，原因主要是从计算机工程技术人员的角度来看，在人工智能数学模型及程序设计方面，很难有所突破。另外，操作中医专家系统的第一步是必须将四诊信息输入计算机，然而，当今中医的四诊信息还未客观化、规范化，脉象仪、舌象仪、面诊仪等四诊客观化的仪器设备尚待完善，假如输入的信息是不确切的，那么，中医专家系统所输出的结论就很难确定是否可靠。再则，目前对于人工智能的研究还在起步阶段，计算机在处理复杂系统的信息方面还远远不如人脑。正由于这些原因，目前对中医专家系统的研究工作还处在低谷阶段。不过，随着中医药数据的逐渐规范化，随着微机性能的提高，内存容量的扩大，运行速度的加快，大容量硬盘及光盘的出现，再加上多媒体技术及数据库技术越来越完善，中医药数据库系统、中医电子病历逐渐进入了实用阶段，运用中医电子病历来保存临床中医病案，运用数据挖掘技术来整理及查询电子病历已成为现实，这些都将为新一代的中医专家系统的研发创造条件。

19.4 中医电子病历

19.4.1 中西医比较及中医电子病历的特点

1）学科特点对中医电子病历的特殊要求

西医学在近代还原论理念指导下，在人体解剖学和血液循环学说的驱动下，以人体的形态结构作为切入点，采用分析、分离和鉴别等方法，借助近代科技的先进技术，构建了从系统、器官、组织、细胞和分子等不同层次结构（物质）及其机能变化相互关联的理论框架，形成了以“病为中心”的防病抗病的医学体系。以基础医学发展为驱动，从实验室发现，到理想条件的临床研究，再到临床实际的推广应用，形成了西医学特有的临床研究方法和发展道路。

中医学则在东方文化与人文哲学的环境中，在整体观念指导下，以人体功能状态作为切入点，“司外揣内”，借助人体感官，采用观察、类推和求道等方法，将认识人体内部结构与外部联系的运动变化规律与调控人体运动的方法紧密结合，构建了以藏象、气血、经络、病因、病机、证候等关系本体为特点的理论体系，形成了中医学以人为中心的健康保障医学体系。以临床为发展基础，在临床实践过程中，通过观察与验证的交替，从个体到群体，从个性到共性，形成了中医临床与科研一体的发展道路。

中西医的学科特点和发展道路，决定了对待临床信息的观念，临床信息的放置位置、采集内容、采集方法，尤其是临床信息模型以及信息分析方法的区别。同时由于目前中医医院已经普遍吸纳了现代医学的诊疗方法，中医医院的电子病历在受到中医学自身发展规律的约束之外，也必然兼容有西医学的许多内容，体现着中西医的有机结合。

2）中医电子病历的功能需求

中医电子病历是现代中医临床研究新模式的基础。临床实践是中医诊疗技术发展与理论创新的源泉。临床与科研一体是中医临床研究的显著特点。“以人为中心、以临床事实为导向，以假说与模型为驱动，将临床观察与计算机模拟研究相交替，从临床中来到临床中去”是中医临床研究的新模式。在这一临床研究模式中，电子病历承载着丰富的临床事实，是研究的基础。满足通常临床病历医疗、管理与法律的要求，如实、准确、全面、快捷地记录临床实践中产生的所有临床信息，是中医电子病历基本的功能。

中医电子病历是科学数据产生的重要工具。彻底改变目前临床信息以自然语言描述通过纸质文本形式保存的现状，将临床诊疗信息直接转化为科学数据，将电子病历变成中医科学数据产生的源泉与基础，是历史赋予中医电子病历的伟大使命。

中医电子病历是医院信息系统的核心。目前，医院临床诊疗信息以不同的载体分散在相关科室，而他们都是中医临床科研信息共享和开展科学研究不可或缺的内容，要使这些临床信息成为科学数据，必须以电子病历为核心，将医院信息系统中住院信息、医嘱信息、药房信息、医院经济信息以及 PACS、LIS 等集中和整合起来，使其成为以临床医生和研究者为核心，围绕临床问题及其解决而形成的科学数据集成，以便从海量的临床实际数据中总结经验，发现知识，为进一步临床决策、为中医理论体系的完善服务（如图19－4），这将成为医院信息系统发展的原动力。

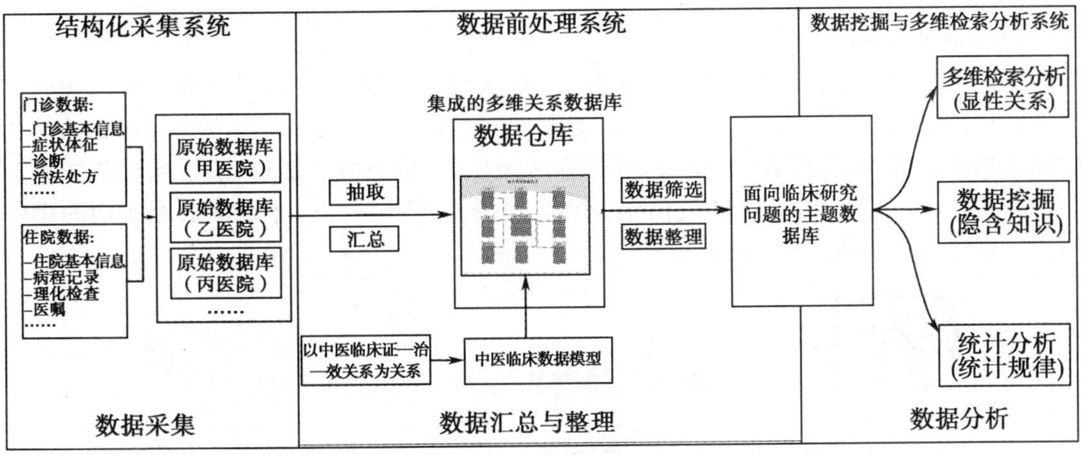

图 19－4 临床科研信息共享、数据存储和挖掘技术路线图

3）中医电子病历的特点

中医电子病历不但在内容上要兼容中医与西医，要包含中医的四诊信息、辨证依据、辨证诊断、立法、处方等诊疗信息以及西医临床检查、诊断、治疗等信息外，还要有针对中医临床科研需要如 PRO 量表、临床评价等内容。而临床科研信息共享，又给中医电子病历赋予了结构化、规范化、模板化与系统化等特点。

（1）结构化。这是将临床信息转化为科学数据的必经之路。按照医学概念结构将以自然语言描述的文本病历进行分解，是目前形成科学数据的必经之路。尽管自然语言的理解也是目前研究的热点，但要从以关系本体为特点的中医临床信息开展复杂的研究，结构化是目前惟一可行之路。结构化是临床科研信息共享的世界难题。解决结构化与医生临床思维、表达方式的矛盾，解决结构化与书写速度的矛盾，解决结构化与病历书写形式要求的矛盾等，都是目前此领域研究的前沿。实现全结构化中医电子病历是发展的主要目标。

（2）规范化。规范化是结构化的基础，也是实现结构化的最好方法。利用中医几千年来学科发展的丰富积淀，整合目前已经形成的中医药行业标准、国家标准或学会标准等，构建中医临床术语使用体系，是中医电子病历能成为临床科研信息共享的基础，也是中医电子病历的显著特点之一。

（3）模板化。模板是前人经验的承载，是缩短临床病历书写时间等的重要手段和方法。将前人或自己临床诊疗过程、望闻问切内容、诊断治疗方法和经验等进行认真总结，在此基础上建立各种模板，在病历书写时进行选用和修改是中医电子病历实现临床科研一体化的成功经验。研制便捷和人性化的模板编制器是实现模板化的关键技术和主要途径。

（4）系统化。中医电子病历只是中医临床科研信息共享的重要组成部分之一。从整个系统的功能出发来考虑和设置电子病历的内容及其实现方式等，是中医电子病历的特点之一。

19.4.2 中医电子病历的设计及内容采集

1）中医电子病历的结构设计

中医电子病历必须满足临床、科研两方面需求，功能全面。主要是在规范化术语的基础上，将临床信息和科研信息进行结构化数据设计并嵌入病历，进而形成规范化和结构化的病历格式。通过充分的功能集成，并经临床操作、数据挖掘验证后，确认达到临床使用“全面、快捷、灵活”和数据存储“结构化、准确、可分析”等的要求，才真正形成实用的中医结构化临床信息采集系统(如图 19 - 5)。

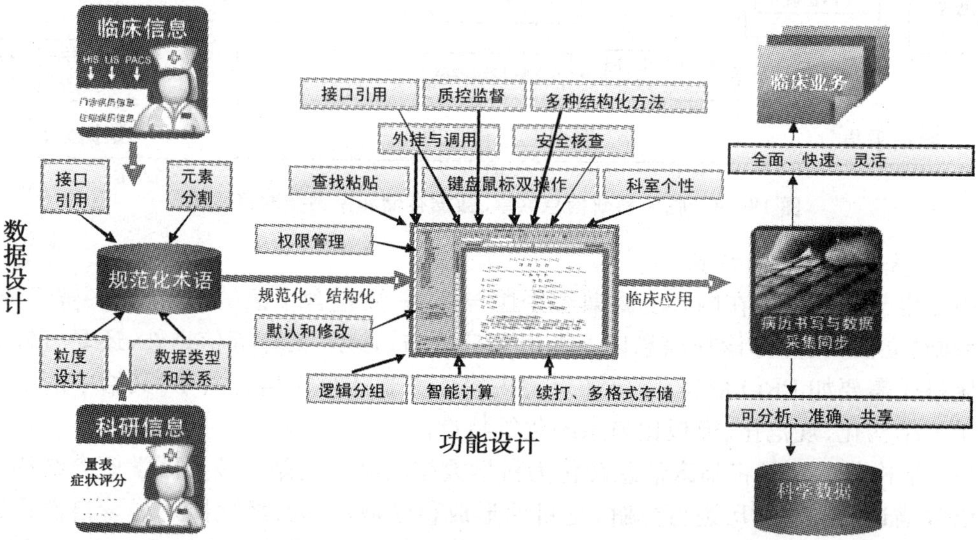

图 19 - 5 中医临床信息采集(电子病历)系统的设计思路、过程和内在要求

设计中医电子病历时，首先要确定其主要功能。目前，结构化的主要步骤是：首先，依据《中医病案书写规范》，对病历内容进行逻辑分类，然后采用结构化和非结构化相结合的方法来处理分类后的信息；对于需要查询处理的内容进行结构化，其他内容则作为自由文本书写。建立病历的描述框架，专科病历的定制工作可以通过定义不同的描述结构实现，病历的内容可以以结构化的方式统一存储管理；通过对该结构的通用化分析处理，建立病历的通用录入和后续处理方法。具体设计思路如下：

（1）建立中医临床术语使用体系。目前，国家标准管理部门与中医药行业标准管理部门已经颁布了中医临床相关标准 20 多种，涉及基本术语、诊断、治疗等各个方面，构建使用这些规范术语的工具，将规范术语作为电子病历采集临床信息的基础，是成败的关键。

目前国内已有国标与行标 25 项，如《中医病证分类与代码》、《中医临床诊疗术语·疾病部分》、《中医临床诊疗术语·证候部分》、《中医临床诊疗术语·治法部分》、《疾病分类与代码》、《中医基础理论术语》、《中医病证诊断疗效标准》、《腧穴名称与定位》、《耳穴名称与部位》、《中华人民共和国药典》、《中国中医药学主题词表》、《中医药一体化语言系统》等，国际上还有《医学主题词表》、《ICD—10》等。中国中医科学院组织国内 100 多位专家，借鉴国际上临床标准术语集(SNOMED CT)的思路与方法，在制定临床术语分类框架基础上，通过研发的专用软件平台加工形成了《中医临床规范术语集》，该术语集参考 100 多种词典、辞书等权威性著作，收集了以上标准的全部术语，目前已包含了近 20 万词。在《中医临床规范术语集》的基础上，根据临床术语使用的习惯，结合临床病历模板制作和数据采集的要求，构建《中医临床病历书写术语集》，形成了电子病历系统中的症状类字典、中药字典、方剂字典、穴位字典、穴方字典、给药方法字典、中医疾病及中医证候字典、治法字典等，成为中医电子病历临床信息采集的基础。

(2) 电子病历的功能设计。

① 信息结构化录入。以规范的医学概念和术语为支撑，采用诊疗信息结构化录入的方式，使病历中包含的医学概念都以单独记录的形式存在，并对通常以定性描述的症状信息等，在定性记录的同时，也以分级或积分等半定量的形式记录。为将临床病历信息转化为临床科研数据奠定了基础。

② 病历书写的模板支持。为了克服结构化录入给临床病历书写速度、临床医生临床思维、表达形式等多方面带来的影响，本电子病历采用结构化模板支持的病历书写方式。研发了专用的模板编辑器(如图 19 - 6)，由临床医生根据以往临床病历书写和诊疗的经验，在对临床与科研信息需求分析的基础上，确定病历内容和结构化的内容，利用模板编辑器，进行病历模板的编辑。也可以将医生认为较好的结构化病历，保存为模板病历，并设置模板的默认值。在新的类似病历书写时，调用模板进行书写。

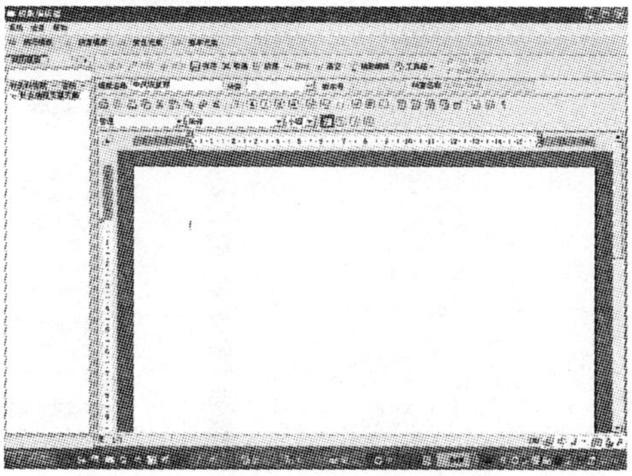

图 19 - 6 模板编辑器

③ "所见即所得"。病历书写界面与打印输出界面相同。在结构化病历录入的同时，尽量满足医生思维与自然语言表达的需求，保证医学概念的准确性与信息的真实性；同时使书写界面与打印出的病历相同，格式符合国家病历书写规范要求(如图 19 - 7)。

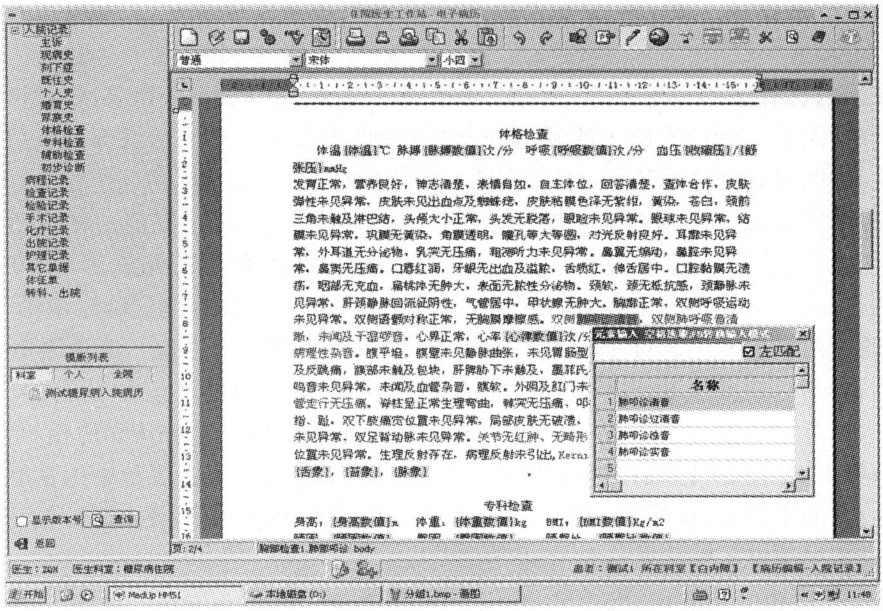

前台类似word界面

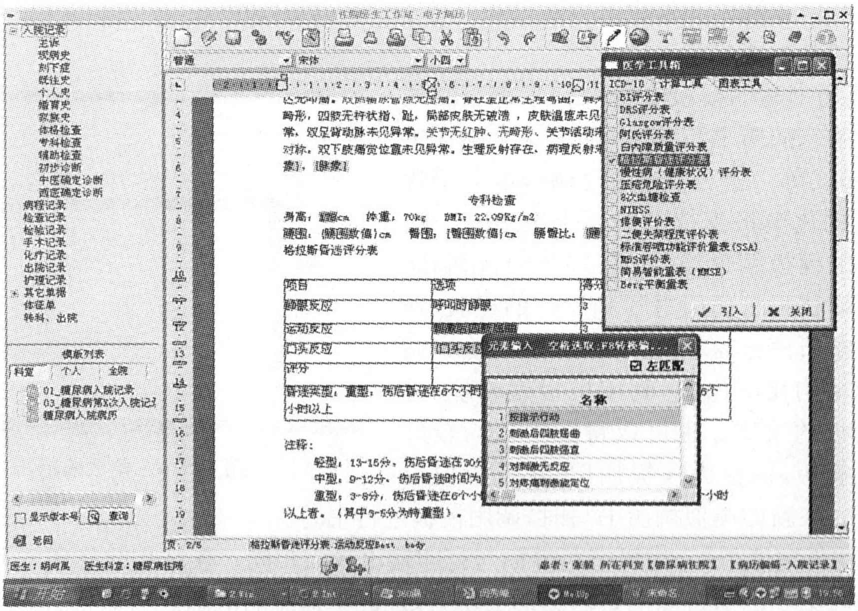

插入量表及智能积分计算

图 19－7　住院病历所见即所得的录入格式

① 方便快捷书写。充分利用界面的空间，采用医生熟悉的图标、按钮以及键盘操作与鼠标操作相结合等多种方法，最大限度地满足临床医生病历书写中方便快捷的需要，尽量提高临床病历书写的速度。为保证信息采集既快捷又准确，必须对界面及操作方式进

行不断优化，对标准引用进行智能化设计，使得结构化录入的速度达到或超过自由文本录入的速度。

⑤ 以电子病历为核心的数据整合。以电子病历为核心将病人基本信息、化验检查、物理影像检查、医疗费用等医疗数据，通过建立接口等方式，与已有 HIS、LIS、PACS 系统等实现交互查询与动态存储。既可以保障数据的完整性与准确性，又可进行动态追踪观察。

⑥ 多种管理整合。模板管理，基于知识树的形式进行模板管理，并能分科、分级管理。能够针对不同的临床实际需求及科研需要进行设计、维护，病历模板具有可扩展性及便捷性，可满足不同科室、不同病种的个性化需求。术语管理及维护，能够在临床实际中动态收集临床中常用术语，能够应用目前的国家及行业标准，可实现标准规范的动态更新。科研量表管理，为了满足临床科研需求，本病历系统中应用了许多不同种类与用途的量表来延伸数据采集范围。做好大量量表管理应用，是本系统的特点之一；用户权限管理、患者隐私保护管理等均是本系统所具有的功能。

2）电子病历采集的内容

中医临床病历中需要记录的内容、科研分析中需要的内容都是中医电子病历必须采集的信息，即不仅包含了纸质病历的所有信息，而且需要采集、保存多媒体信息。

中医电子病历分门诊病历和住院病历，其采集内容应根据国家《中医病案书写规范》要求，包括主诉、病史、刻下症、体格检查、望闻切诊信息、辨证分析、中医诊断（包括疾病诊断及证候诊断）、西医诊断、治法、方剂、药物、其他治疗、病程记录等。

基于医院病历具有法律文书的特点，病历记录要与临床实际完全一致，所有的改动都要求保留修改痕迹；为保证数据分析挖掘的准确性，主要临床要素实现全结构化，前台“所见即所得”的文本内容要与后台结构化信息完全一致。这种结构化方式要较自然语言识别技术等形成的结构化信息更加准确。

19.4.3 基于中医电子病历的数据挖掘

通过以上全结构化电子病历采集的临床诊疗信息，形成了包括患者全部诊疗信息的关系数据库。在中医理论指导下，建立以患者为中心的“病、症、证、治、效”中医研究模型和物理数据结构模型（如图 19－8），通过 ETL 工具软件进行数据汇总、转化形成中医临床数据仓库，用于面向不同研究主题的数据分析挖掘。

基于以上数据，结合循证中医理论与临床研究的需求，可开展证候研究、病证关系研究、方—证关系及方药规律研究、临床评价方法研究、综合治疗方案研究、老中医遣方用药经验研究等，可以形成许多以往研究无法形成的结果。现举例如下：

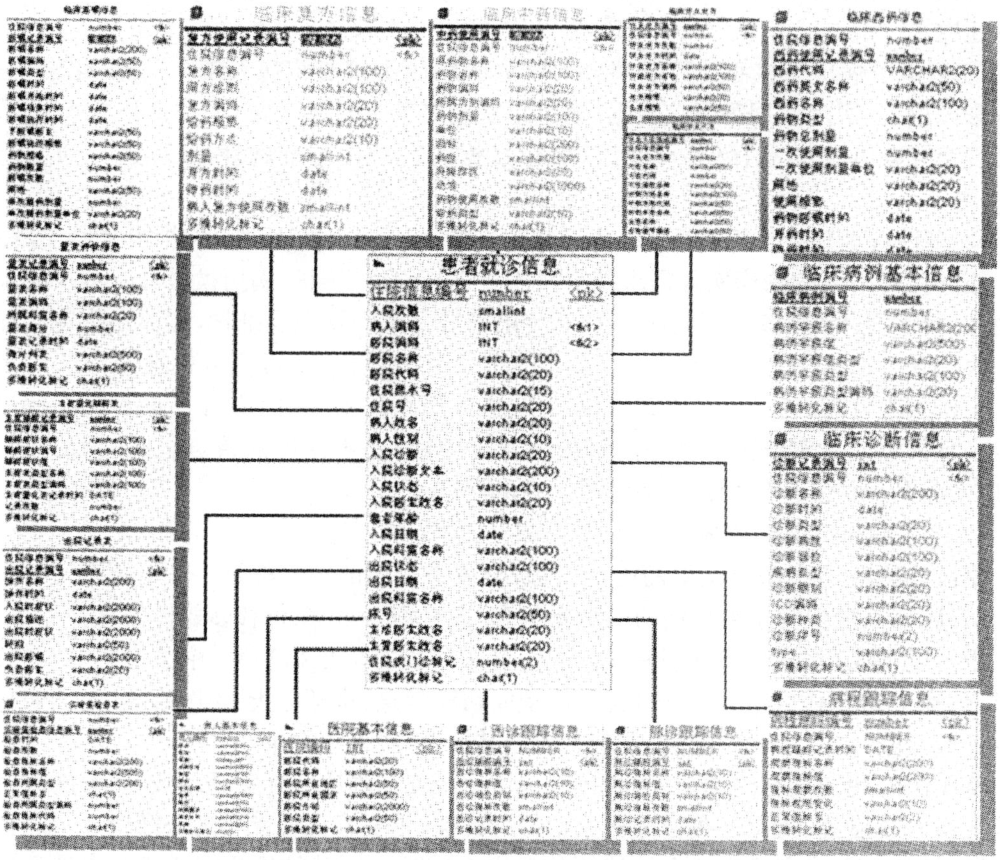

图 19－8　以患者基本信息为中心，关联病程、医嘱、复方、量表、诊断和理化检查等细节的信息物理数据模型

1）中医临床数据多维检索、分析和展示系统

该系统在规范数据的基础上，实现海量中医临床诊疗数据的探索性分析和数据实时展示。同时可在互联网环境中对分析结果进行导出，实现了“病—症—治—方—药”等多种临床关系知识的探索性分析，便于发现中医临床中的显性关系（如图 19－9）。

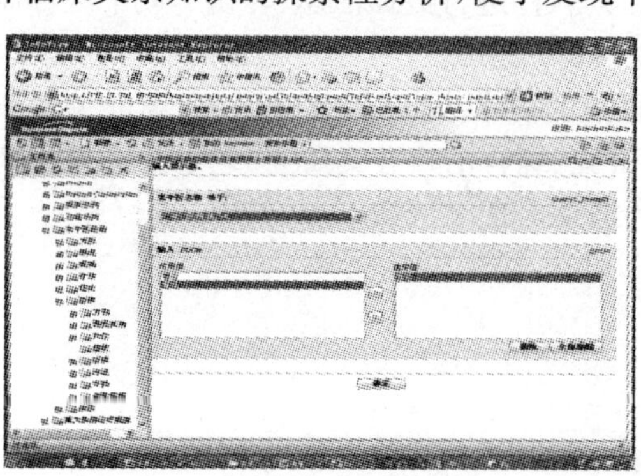

可灵活选择参数检索分析

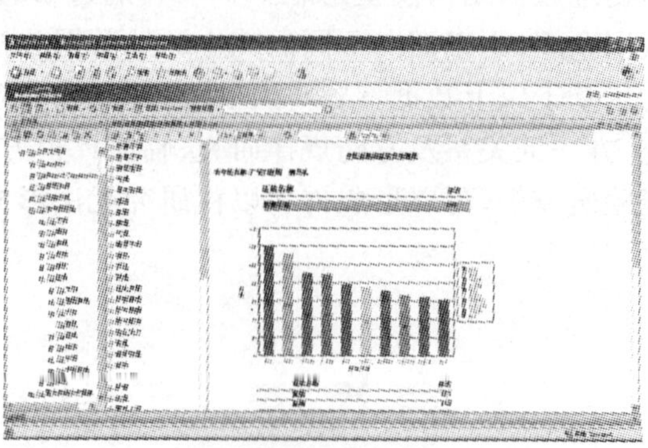

显示结果图文并茂

图 19－9　“中医临床多维分析和展示系统”界面

中医临床多维检索系统，可针对中医临床要素如“症—证—治—药”等之间的关系进行分析挖掘，如证—药关系、症—药关系、方—证关系等，并可选择不同的参数进行比较研究。如通过检索分析系统，分析肝脾不调证不同兼证情况下的用药规律，可直观地显示结果(如图 19－10)，使中医临床经验得到很好的可视化表达。

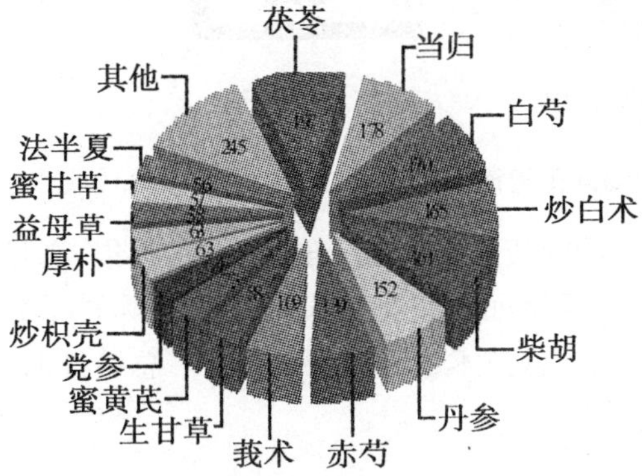

肝脾不调证兼血瘀者常用中药

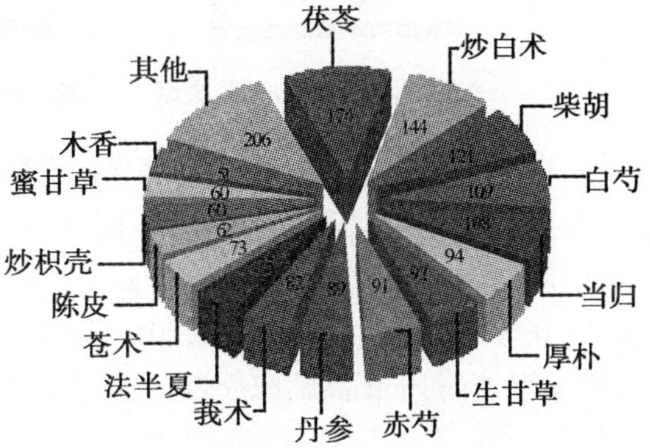

肝脾不调证兼湿浊者常用中药

图 19－10 不同证候常用中药检索分析

2) 名老中医核心方总结

分析挖掘临床核心处方，对于继承名老中医经验，总结经验方具有非常重要的意义。复杂网络是当前科学界研究的热点问题，基于古方及当代临床复方数据的分析表明，中医药理论指导下的复方配伍过程具有无尺度复杂网络现象，可利用复杂网络方法研究核心处方、药物的配伍规律及层次。图 19－11 是通过复杂网络方法分析得出的某老中医使用小柴胡汤的经验。图中每一节点代表一种中药，连线的数字表示两种药物在一起配伍使用的频次，位于网络中心与周围关系关联较多的药物即为核心处方，可选择不同的条件，分析该方的加减用药规律。

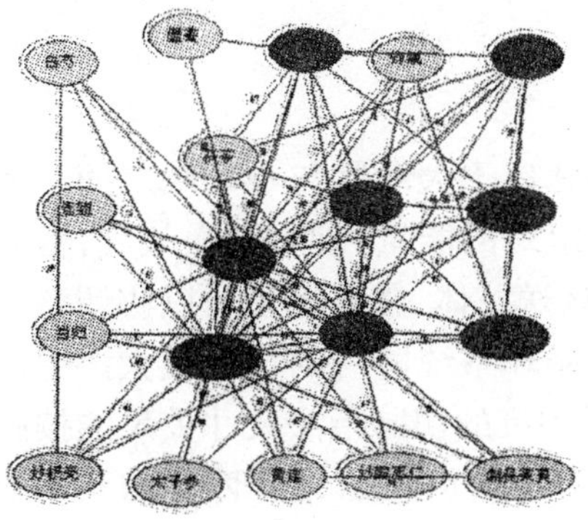

小柴胡汤药物主要加减

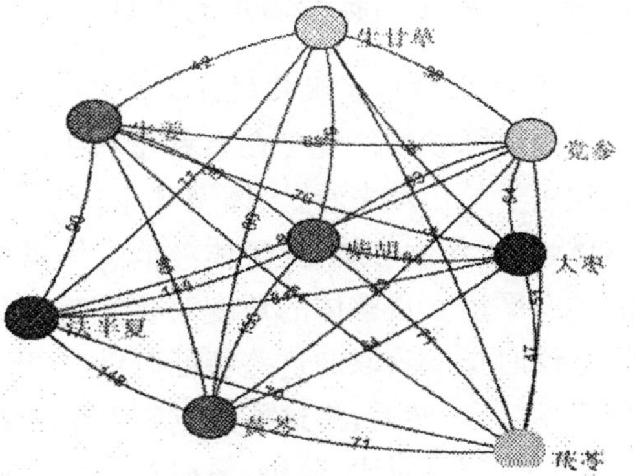

主方基本都加茯苓

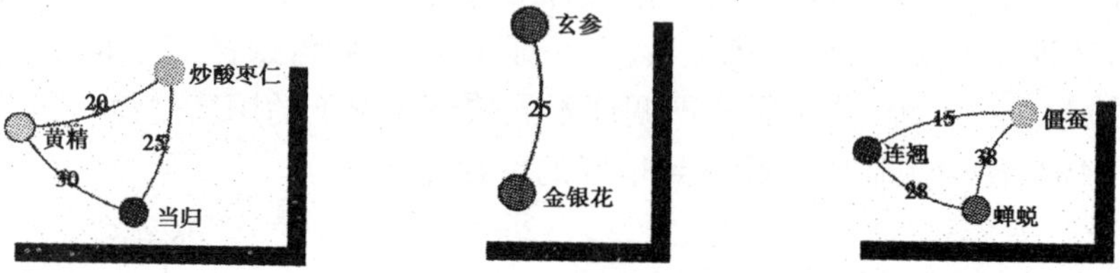

头晕,耳鸣,舌暗,心烦,失眠　咳嗽,脉数,咽痛,苔白　咽痛,发热,舌红

图 19-11　某名老中医使用小柴胡汤配伍规律无尺度网络图

结构化中医电子病历的普及使用,实现了临床诊疗资料的全面、准确、快速收集,满足临床业务需要,并直接转化为高质量科研数据,使中医循证研究有了大量临床实际科学数据,将从根本上解决临床与科研脱节的问题,在相关信息技术的支持下,可从中总结经验,发现知识,有利于提高临床疗效,加快中医学术进步。

19.5　中医临床信息处理

中医临床上是通过"四诊",即通过望、问、闻、切来收集病人的病理信息的,中医通过"望诊"收集与病人相关的舌象及神色方面的信息;通过"问诊"来了解病人的病史及主诉;通过"闻诊"来了解嗅觉能感受到的特征及病人发音方面的特征;通过"切诊",即感触病人桡动脉处的脉搏搏动信息来推测与病人有关的病理信息或通过触摸病人机体的其他部位以获取相关的病理信息。在处理中医临床信息这一应用领域中,应用电子计算机较多的是处理舌诊、脉诊的客观数据,以及规范化后的症候信息。另外随着现代科学技术的发展,临床诊断方面出现了许多新的诊断仪器,一些掌握了这些仪器的中医也开始尝试应用这些新仪器来扩展中医临床诊断的手段,正在为中医辨证的客观化开拓一条新的路径。

19.5.1　中医的脉诊信息的处理

1）中医脉诊客观化的意义

中医脉诊的位置是在患者左右手的桡动脉处,桡动脉位于大动脉与小动脉之间。从近代医学的角度来看,人体循环系统承担着协调全身各组织的能量代谢,输送氧气、营养物质,运走代谢废物,交流体液信息等重要工作,还承担运送抗体、激素等物质以协调整体的动态平衡。从整体的角度对疾病进行综合分析,显然循环系统所占的比重很大。中医将脉诊时指下获取的这些特征归纳为 28 种脉象,并与浮中沉的切脉指法及寸关尺的按脉位置相结合,然后,将这些数据映射到中医脏腑分类的证型空间中去,结合四诊的其他数据,通过综合、对比、分析,最后在中医的症状空间中给予一个明确的诊断。

2）中医脉象仪研究概况

为了获取客观的中医脉象数据,就需要脉象仪。在脉象仪器的研制方面：早在 1860 年 Vierordt 创建了第一台杠杆式脉搏描记仪,国内 20 世纪 50 年代初朱颜将脉搏仪引用到中医脉诊的客观化研究方面。此后随着机械及电子技术的发展,国内外在研制中医脉象仪方面进展很快，尤其是70年代中期，国内天津、上海、贵州、江西、北京等地相继成立了跨学科的脉象研究协作组，多学科共同合作促使中医脉象研究工作进入了一个新的境界。脉象探头的式样很多，有单部、三部、刚性接触式、软性接触式、气压式、硅杯式、液态汞、液态水、子母式等，组成脉象探头的主要原件有应变片、压电晶体、单晶硅、光敏元件、PVDF压电薄膜等，其中以单部单点应变片式为最广泛，不过近年来正在向三部多点式方向发展。

3）中医脉象特征信息探索

在运用脉象仪探索中医典型脉象的脉波特征信息方面，国内环绕弦脉与滑脉所做的工作为最多，例如对妊娠、湿热等情况下，滑脉脉波的分析，对肝郁气滞、阴虚阳亢等情况下弦脉脉波的分析；其次是对外感表证的浮脉，气虚病人的虚脉与弱脉，心阳不振，心血淤阻及心气亏损等病人的涩、促、结、代等脉象的分析。在探索传统的寸关尺三部候脉方面，上海、贵州、美国加州的 Michall Macculloch、加拿大滑铁卢大学 L. Y. Wei 等做了不少工作，通过临床测试发现寸口脉分配脏腑有一定的临床意义。从现有的资料来看，在中医脉象辨识方面，目前认识比较一致的并不多，只有浮沉、迟数、促结代、弦滑涩、虚实等十多种。

4）中医脉象脉波参数信息分析探索

在脉波参数信息分析方面，从总体上看，可分为时域分析法及频域分析法两大类。时域分析法是通过结合人体心血管系统的动态特征或中医脉象的特性，对脉波图上与时间有关的主峰、潮波、重搏波的幅值、曲线下的面积、曲线与坐标的夹角等内容，进行统计分析、多元分析等，以寻找判别脉象的特征参数，与此相应还常采用脉波曲线的一阶导数配合同步分析。另外北京、南京等地通过建立数学模型和估计参数的方法来判别脉象。时域分析法是中医脉象分析方面最常用的一种分析方法。频域分析是近代工程上处理复杂的振动信号常用的方法，这种方法几乎无法用手工进行计算。1978年贵州省脉象协作组运用DJS-6中型计算机对弦脉、滑脉作了频谱分析，发现弦脉频谱特征类似于大量文献报导中的血管内肾上腺素能神经介质含量较高的情况，1981年上海脉象协作组运用频谱仪对妊娠滑脉、病理滑脉进行分析，发现这两种滑脉在频谱上区别很大。1983年中国台湾地区的新竹交通大学与加拿大的同行合作用频谱研究中医脉象，发现5Hz以上的脉谱图在病人与正常人之间存在显著差异。总的看来，国内外在脉波参数分析方面，以时域分析法为最普遍，因为这种方法比较直观，易被医生接受；不过近年来随着电子计算机的普及与推广，频域分析法也渐渐增多。

5）有关中医脉象的其他研究

在中医“脉诊”的研究方面，还有西北工业大学航海工程学院利用声学原理，设计了一种非接触式的脉搏信号检测系统，应用快速傅立叶变换方法对脉搏信号进行了分析，通过对脉搏信号功率谱特征的分析和比较，获得了中医脉诊和人体心血管系统疾病的一些有参考价值的结论。上海复旦大学生物力学教研室与贵州省中医脉象研究协作组一起，以生物力学为基础结合人体心血管系统特征建立了一个研究中医脉象的线化模型，运用计算机进行数值模拟，通过改变参数增加腹腔的流量模拟孕妇怀孕时的滑脉，通过改变血管壁的弹性来模拟高血压的弦脉，其结果与中医临床相符。中国人民解放军第282医院运用电子计算机技术对五单元传感探头的信息进行处理以解决脉象的三维认证问题。浙江大学生物医学工程系采用 PVDF 压电薄膜材料作为传感元件，研制了一个“多维脉象信息检测系统”，能在中医脉诊寸、关、尺的位置上安置 63 个采集脉象信息的探头，并可以输出脉象的立体波形图。南京中医药大学与东南大学合作运用计算机和自制的脉象探头对常见的中医脉象进行了波形辨识。上海中医药大学研制的“九路脉象计算机处理系统”，该仪器可以检测桡动脉的径向搏动力、脉管轴向张力系数、脉管系统等效硬度及脉宽系数，并采用双手同步采集，通过自动增益控制解决脉象信号失真的问题，运用计算机对脉象信息进行分析，输出各种结果报告等。上述简单的回顾，说明中医脉象研究是很棘手的研究课题，有关中医脉象的研究工作目前尚在进行中。

19.5.2 中医舌诊研究

在中医舌诊研究方面，也有许多研究成果，例如清华大学精密仪器与机械学系研制的“中医舌诊自动识别系统”，该系统以 Munsell 颜色系统为色标，运用色度学、近代光学技术、数字图像处理技术和计算机技术，建立了中医舌诊自动识别系统，该系统将计算机软件技术与临床辨舌经验结合，利用样本训练系统，根据模糊数学理论进行分析，通过临床 366 例验证符合率达 86.34%。山东中医药大学借用计算机图像处理及显微放大技术，从微观层次观察舌质变化规律，发现常见消化系统疾病的中医辨证与舌象之间存在显著相关；上海中医药大学以中医理论为指导对临床样本数据进行信度和效度检验，并建立了采集舌象的标准条件，运用数码成像与计算机图像处理技术，对舌象颜色、纹理、形态等进行综合识别，从而建立了一套识别舌色、舌苔、舌质、舌形胖瘦、齿痕等舌象特征的计算机识别方法。

总之，中医舌诊的研究难度较大，需要在中医基础理论的指导下，对观察到的舌形、舌态、舌质、舌苔、舌面的光质、津液多少等内容进行处理，需要将视觉形象输入计算机，然后在中医专家的指导下进行各种定性及定量的分析，由于研究过程中涉及的学科较多，相应地在探索过程中所遇到的困难也增多，有关中医舌象的科研工作目前也在进行中。

19.5.3 中医针灸的信息化处理

电子计算机在针灸领域的应用是较早的。早在 20 世纪 70 年代，为了探索“针刺麻醉的原理”，科研人员开始不得不借助于电子计算机来即时、同步地处理数以万计的生物电信号。此后，电子计算机在中医针灸领域的临床、教学、科研、穴位图像处理以及专家系统等方面均有广泛的应用。

例如，在针灸的时间疗法方面，有贵州省中医研究所的“针灸子午流注、灵龟八法、飞腾八法选穴咨询系统”，天津中医学院的“养子时刻注穴法微机操作系统”等。在针灸的教学方面，有黑龙江中医学院的“中国针灸教学诊疗专家系统”。在针灸图像处理方面，有上海中医药大学解剖教研室的“穴位解剖与计算机三维重构”方面的研究。中国中医研究院针灸研究所应用计算机对彩色热像图进行处理和分解，从而证明了“等温经络线”乃是以体表等温点连接绘制的统计线和示意图。在针灸临床诊断方面，以中医的经络理论为依据，结合现代计算机信息处理技术，研制出了不少诊断仪。这些诊断仪器的共同特点是：

在中医针灸经络理论的指导下，结合现代高科技的电子计算机技术，通过检测人体穴位经络或特定部位的生物电流、电阻、电压等的数据，从这些数据的特异性、对称性等特点出发，再按照针灸专家或前人的经验进行综合评判，对当时人体的失调状态（疾病）作出辅助诊断。另外，运用计算机控制的针灸治疗仪、按摩仪等多种治疗仪也已广泛应用于临床。

19.6 中医药文献的信息化处理

几千年来有关中医药学的理论、经验与方法等知识，主要是通过口述、文字或图文记录的形式保存下来的。而这些记录有中医药知识的甲骨、金石、竹简、帛书、纸张等，它们都是载有中医药知识的“载体”，它们都属于“中医药文献”的范畴。据统计，中医药典籍种类约 13 000 种，版本有 31 000 个，藏书约 40 余万册。唐代著名的医学家孙思邈历时几十年，集唐以前的中医药文献之大成，先后著成《备急千金要方》和《千金翼方》。明代伟大的医学家李时珍曾直接和间接引用的文献达八百余种，历时二十七年编纂了不朽的名著《本草纲目》一书。这些都是研究和利用古代文献的典范。近年来，随着电子计算机技术、多媒体技术的飞速发展，特别是硬件、网络、数据库、数据仓库、数据挖掘等现代信息处理技术的突飞猛进地发展，中医药文献知识的载体又增添了磁盘、光盘、优盘、网盘等电子形式，更加方便了中医药文献方面的研究工作。信息处理技术在中医文献资料方面的应用如雨后春笋，欣欣向荣。

在这一领域，有中国中医研究院图书情报研究所研制的“中医药文献分析和检索系统”（TCMLARS），该系统收录了 1984 年以来国内出版的近 900 种生物医学期刊中涉及中医药学内容的文献题录近 40 万条，50%以上的文献附有文摘。上海市中医药科技情报所研制的“国外中医药文献数据库”，该库将 MEDLAS 光盘转换成磁盘，收入国外医学杂志中发表的中医药文献，内容包括中医、中药、针灸、气功、推拿等。中国医学科学院医学情报研究所研制的“中国生物医学文献数据库（CBMdisc）”，该系统每年收录文献约 3.5 万篇，其中包括中医学及其他交叉学科的内容。其他还有中国期刊文献数据库（CNKI）、中文科技期刊数据库（维普数据库）、中国中医研究院图书情报研究所研制的“针灸文献分析和检索系统”（ACULARS），南京中医药大学研制的“中华本草名录检索系统”、“针灸腧穴文献检索系统”，中国中医研究院中药研究所研制的“电脑检索全国中草药名鉴数据库”等。在中医古籍研究方面，有中国中医研究院骨研所研制的“中医骨伤科古医籍文献库”，该文献库内容为春秋战国以来直至明清的中医骨伤科的医学文献，文献库的文件采自于全国 26 个省市的图书馆，其中不少文献是善本和孤本。陕西中医药研究院开发的“中医古籍整理工作系统”，该系统对《黄帝内经·素问》、《灵枢》、《太素》、《针灸甲乙经》、《难经》等五部著作进行了整理研究，建立了经文库，可以完成通检编制、字目词目库的生成，版本编辑和书稿编辑等工作。江苏省中医研究所研制的“历代中医名著计算机检索系统”，该系统对汉代《伤寒论》、《金匮要略》、南北朝《肘后百一方》、宋代《太平惠民和剂局方》、金元《脾胃论》、清代《温疫论》等 20 余部古籍，选摘治疗部分的原文进行建库检索。在中药方剂文献研究方面，有南京中医学院 1994 年研制的“中医历代常用方剂数据库检索系统”，收录了中医历代常用方剂 1 万余首。该系统在纵向上可从方剂名检索异名、方源、作者、药物组成、功用、主治、药理作用、用法，在横向上可根据组成考察方剂的沿革、变化，比较方剂的配伍关系，根据功用查询同类方剂，根据主治查询相应的方剂，根据药理作用查询相应的方剂等。该系统还收集了1994年前国内中医药期刊中具有临床疗效的中医方剂的数据，科学出版社出版的《中药方剂现代研究大典》一书，就是由该数据库中提取的资料进行编写的。近年来，南京中医药大学方剂文献研究室在中医方剂大辞典的基础上，研制了"中医方剂文献数据库"，该系统共收录方剂101 903首。在古医籍考证方面，山西医学院第二附属医院运用数理统计手段结合电子计算机技术，以光绪二十五年上海图书集成印书局版《傅青主女科》、《傅青主男科》为蓝本，将药名、药量编码以处方为单元输入电子计算机，对傅山遗著的真伪进行定量考析，经统计处理后，发现《女科·产后篇》及《男科》均是后人托名的伪作，这为古医籍的考证工作开辟了一个新的途径。

大家知道常用的GB 2312—80只有6 763个汉字，不能满足中医文献研究的需要，其中缺少一些中医学领域中常用的汉字，例如针灸穴位名中"肩缪"的缪应该是骨字旁的，中药名称中"律草"的律应该是草字头等。为了解决这一问题，早在1993年，南京中医学院计算机中心与苏州大学合作研制了"中医药汉字操作系统"，该系统将中医文献研究中常用的而GB 2312—80汉字库中没有的汉字进行了整理及编造，该项工作为此后中医药中的一些常用的疑难字进入2万字的大字库奠定了基础。目前，"髎""葎"等中医针灸及中药中常用的汉字已经被添加到在Windows 95以上的版本的大字库中。在中医古籍文献研究方面，还有许多的疑难字没有进入计算机，这方面还需要我们继续研究探索。

近年来，中医药文献研究人员可以直接从数据库中获取文献资料，可以利用数据挖掘技术，发现潜在的关系或规律。

总之，在中医药文献研究领域，计算机信息处理在中医文献检索查询、古文献研究、方剂研究等方面已展露了它的锋芒，不过在中医古文献中还有大量的目前计算机字库中还没有的字形及异体字，这还需要计算机工程技术人员结合中医文献研究人员来共同探索，为了使中医走向世界，计算机信息处理在中医文献翻译方面也将大有用武之地。

19.7 医学信息处理在中药领域的应用

信息处理在中药领域中的应用也较广，例如，在中药材真伪鉴别、中药地道药材鉴别等方面，科研人员通过运用计算机图像识别技术对生药的性状、组织构造，粉末、种子类的截面积、直径、周长、体积及不规则参数等特征信息进行分析，对照样品的标准信息加以鉴别。在中药化学成分的探索方面，研究人员通过收集药材的色谱图、质谱图等相关资料，建立有关资料的数据库，利用数据库技术进行查询鉴别。目前在这些领域的探索工作尚在进行中，人们希望通过运用现代科学技术、计算机技术以及现代医学信息学的知识促使早日实现对中药材真伪的鉴别及中药地道药材的鉴别，使临床中药的使用有一个可靠的标准。

在中药实验研究方面，应用现代计算机技术来处理医学信息的实例较多，例如：中国医学科学院药用植物研究所利用计算机自动控制、图像分析处理和多媒体视频等多种技术，为益智中草药研究提供了一种自动化程度高、获取信息量大、符合国际标准的圆形水迷宫计算机自动控制和图像分析处理系统及相应的指标评价体系。

在中药领域的其他方面，也广泛地运用计算机技术处理信息，例如：北京大学化学与分子工程学院运用计算机对中药复方进行模拟研究；中国药科大学将人工神经网络技术应用到中药阿胶的模式识别及中药制剂的分析中，并完成了由知识库、推理机、人机接口、知识获取、动态数据库、色谱优化等模块构成的药物气相色谱分析专家系统、药物液相色谱分析系统，他们还通过建立药材乌骨藤的指纹图谱的方法作为质量控制的指标以保证中药材质量的稳定等等。

19.8 中医与虚拟人体

近年来随着现代计算机技术和医学信息技术结合在一起的"虚拟人体"的出现，给计算机技术在中医领域的应用开拓了更宽广的前景。在现实生活中，由于人类是有智慧的、能直立行走并生活在高度文明的社会中的群体，因此动物体与人体差别很大，中医是以动态人体为研究对象的一门学科，长期以来由于无法在真实的人体上进行实验，因此一直处于很被动的局面中。"虚拟人体"是运用真实人体的数据通过计算机模拟控制技术构造出来的，从而使人们可以开展一些无法在真人身上进行实验的研究工作，因此"虚拟人体"的出现，为中医的实验医学开拓了一个新的探索途径。

建立"虚拟人体"的关键是如何建立它的内环境模型，因此建立数学模型是该项研究工作的关键，在建模方面，大致上有两种模型，一种以现代医学的生理病理为基础，另一种是以中医学的理论和临床实验为基础。前者需要多学科的广泛合作，以心血管疾病为例，需要心血管生理及病理、神经生理、生物力学、心血管动力学、血液流变学等学科的广泛合作才能通过数学建模建立起一个可供医学研究的"虚拟人体"的内环境模型；后者需要计算机科研人员与中医基础、中医临床、中西医结合等多学科人员广泛合作，由于中医从理论体系上看是一个不同于现代医学的医学体系，因此更需要从事交叉学科工作的人员，在建模人员与医学人员之间搭桥，让中医的"证"在"虚拟人体"直观地再现。

在针灸教学方面，随着虚拟人体的出现，给针灸的模拟教学带来了新的契机，在"虚拟人体"上，人们可以更精确地进行穴位定位及教学，可以探索穴位的层次结构、断面结构、CT 断面结构，以及探索穴位大体空间形态学方面的特征，也可以将针灸子午流注、灵龟八法选穴等内容结合上去，若能与针灸专家系统相结合，那就可以更上一个层次。另外若在"虚拟人体"上建立了正常人体生理学、神经生理学、电生理学等模型，那就可以在这些基础上对中医经络理论进行更深层次的研究。

总之，计算机信息处理技术及虚拟人体技术在中医药领域大有用武之地。

19.9 医学信息处理在中医药学其他方面的应用

中医药领域医学信息处理的应用除了前面提到的几个方面外，还有中医基础理论、中医教学、中医药科研等的研究。

在中医基础理论研究方面，中医的"阴阳五行学说"是中医基础理论的核心，首都师范大学生物信息科学研究所对五行学说进行了计算机模型的算法设计，并进行了计算机模拟研究。在中医教学方面的应用，中国中医研究院开发了“伤寒论多选题辅助教学系统”；南京中医药大学研制了“中医通用计算机试题库系统”等。

中医药学是人类医学宝库中的一颗灿烂的明珠，蕴含着丰富的科学内容，要使这颗明珠在世界医林中大放光芒，就需要我们运用现代医学信息学的知识与方法，运用现代先进的科学技术，探索其信息分类方面的内在的科学含义，使中医理论科学化、系统化，才能真正地揭开阴阳五行、脏腑经络、八纲等中医理论处理人体信息的神秘面纱，使中医药更好地为全人类的健康事业服务。

以上简单介绍了一些应用计算机技术处理中医药领域各种各样信息的例子，同学们可以结合自己学习和实习的具体情况，自己设计如何应用计算机技术来协助处理中医科研、临床及实验中出现的大量的数据信息。

问题与讨论

(1) 试述“二进制”与中医理论的相关性。

(2) 从数据处理的角度阐述中医临床过程的核心内容是什么?

(3) 从计算机处理信息的角度出发阐述中医临床过程可以分解为哪两个方面的模拟技术?

(4) 在中医学中哪些存储信息的概念类似于计算机中的存储方式?

(5) 为什么中医药的数据必须进行数字化、客观化、规范化及标准化? 举例说明。

(6) 试述中医电子病历的特点和功能需求。

(7) 假如你是一名中医临床医生，您想通过中医电子病历采集哪些信息，分析挖掘哪些内容?

(8) 计算机信息处理技术在中医针灸领域有哪些应用?

(9) 什么是“虚拟人体”? 在中医的教学科研方面有什么用途?

(施 诚 刘保延)

20 医学信息学展望

医学信息学是一门新兴的、跨学科的、综合性的边缘学科，该领域的研究者来自于医学、生物学、计算机科学、信息管理科学、认知科学、电子学等领域。研究者利用自己的特长，加上和不同背景的同事间的合作，推动了这一行业的发展。经过十几年的快速发展，医学信息学的研究成果为提高医院管理效率、降低医疗成本、提高医疗质量、降低医疗风险等方面作出了卓越的贡献。那么，医学信息学发展的下一步将走向哪里？我国医学信息学面临着怎样的特殊状况？医学信息学工作者们又肩负着怎样的使命？本章我们将从医学信息学所面临的挑战谈起，进而展望本学科的未来。学习了本章以后，你应当能回答下列问题：

医学信息学所面临的挑战有哪些？

这些挑战中哪些是技术上的，哪些是政策上的？

我们通过什么样的手段来攻克这些挑战？

医学信息学发展中所拥有的机遇有哪些？

医学信息学在我国的发展中面临哪些特殊的挑战和机遇？

20.1 医学信息学面临的挑战和机遇

我们目前所处时代的信息技术发展迅猛，在民众中的普及程度飞速提高。在医学信息应用领域，医学信息系统的用户，包括医护人员（医生、护士等）、患者及健康人、公共卫生管理及决策人员等，对信息质量的要求也随之快速提高。用户期望医学信息系统可以自动处理以及管理日常医疗服务中产生的海量数据，可以为不同的患者提供个性化的数据和信息服务（包括基因等分子水平数据及临床数据），能够提高信息的利用效率并减少其存储成本，从而降低医疗机构的运营管理成本。总的来说，用户要求医学信息系统可以完成海量数据处理，满足个性化需求，提供公共卫生管理及决策，优化成本控制等基本任务。当今的医学信息系统研究者及生产商们都在努力满足用户的各种需求，为了更好地推进本学科的发展，美国得克萨斯大学休斯敦医疗中心 Dean F. Sittig 教授曾在 1994 年提出了九条医学信息学所面临的具体挑战（Sittig, 1994）。尽管 15 年过去了，这些挑战还没有一个被真正征服。这九个挑战能够给读者提供在医学信息学领域当今和未来研究方向的具体印象，所以本节我们对这九个挑战进行较为详细的探讨。需要注意的是，这九个挑战并不是医学信息学发展的全部问题，随着科技的进步，其他方面的挑战也会应运而生，另外政策层面的考验也会对医学信息学的发展起到很大的影响。

20.1.1 医学信息学的九大挑战

Sittig 教授（Sittig, 1994）提出的九大挑战既是独立的科技难题又互相依赖，例如完整的可以作为资源库实现区域性资源共享的电子病历系统以及自动的纯文本信息编码系统都需要统一受控医学词汇库的支持。当代医学的一个重要发展方向是为患者提供高质量、便捷且灵活的医疗服务，这就需要医疗服务的内容载体——医学信息，能够及时、高速且准确地传递给患者本人或医疗服务提供者。这样一个看似简单的过程就需要这九大挑战中的多项研究成果来协同实现。下面逐个介绍这九大挑战。

1）统一受控医学词汇库

统一的受控的医学词汇库是一切医学信息系统的基础。能否成功建立一个这样的词汇库决定了医学信息能否在各种系统间畅通无阻，也决定了医学信息能否由计算机来进行自动处理。

研究者在建立这样一个词汇库上投入了大量的精力，目前已经开发并投入使用的主流医学词汇库有 ICD，LONIC，CPT，SNOMED，GO，UMLS 等等。但是每一种词汇库的应用都有其局限性，因为每种词汇库都是建立在医学信息的不同时代、不同层面或不同方面的抽象模型上。目前还没有一个词汇库拥有对所有医学信息及其逻辑关系进行编码的能力。例如，ICD 只适用于对诊断进行编码；LONIC 则适用于对与化验相关的事务进行编码；而 CPT 则着眼于对医疗器械及费用的编码（Shortliffe，2006）。目前这种每一个词汇库只专长于某一方面的情况，使得医学信息系统开发者在应用时要使用不同的词汇库。学习和维护这些不同的词汇库对系统开发者是一个艰难的负担。每一个词汇库都希望能被更广泛地使用，但是，由于其模型只是对医学的一个片面的抽象，所以，即便设计为通用编码词汇库的 SNOMED 也还远远不能编码所有医学中产生的数据、信息及其逻辑关系等。所以，一个统一且受控的词汇库就显得至关重要了。

为此，研究者们正在进行很多尝试，例如 SNOMED RT 就是要解决如何描述 SNOMED 编码逻辑关系的问题。为了解决各个词汇表之间互通性的问题，美国国家图书馆领导了 UMLS 通用医学语言系统的开发，UMLS 的角色是几个主流编码词汇库的中继站，它收集了包括 ICD、MeSH、ICPC、SNOMED、WHO 药物不良反应术语库及英国临床词汇库在内的主流词汇库。又通过 UMLS 同义词表收集各个词汇库实现统一性，并通过 UMLS 语义网（Semantic Web）描述词汇之间的逻辑关系以实现受控性。UMLS 还提供了专家词典来协助开发自动编码自然语言病历的智能系统。可以说 UMLS 是迈向统一受控词汇库的一大步。但是 UMLS 的复杂性，以及由于基于其他词汇表导致词汇间的逻辑关系容易出现冗余，而在一定程度上阻碍了 UMLS 的进一步应用（Coiera，2003）。

2）完整的电子病历系统

完整的电子病历系统，可以作为区域性、国家性、跨国家性的资源库，并且允许系统间进行信息的交互。

电子病历在很多方面优于传统病历，其中之一就是允许病历信息较为自由地交互。一个区域、一个国家乃至世界范围，如果电子病历的普及程度达到很高水平，那么该区域、国家甚至世界范围的病历信息交互、病历资源共享就是可能的。这种规模的资源共享可以使得很多在纸质病历时代无法或难以实现的任务变为可能或易于实现。例如公共卫生监控、远程会诊、病例分析研究等需要对大量病历信息进行分析，或需要在多地点同时分析病历信息。阻碍这种资源库发展的因素，除了电子病历的普及程度以外，就是电子病历接口的标准化程度限制。

不同医院会根据自己的需求选择不同开发者提供的系统，如果这些系统没有标准化的信息接口，那么各个系统间的交互和汇总就会成为很大的问题，并需要开发者重新编写对应其他系统的接口。由于这些要求，医学信息行业的标准化组织也就应运而生了。目前医学信息行业所采用的标准有专注于某一特殊领域的标准，如影像领域的 DICOM 标准，也有涵盖整个医学领域信息交互的 HL7 标准。目前 HL7 标准处于第三版的修订阶段，第三版的 HL7 标准添加了含有逻辑关系的词汇表，并采用了基于 XML 的临床文本结构(clinical document architecture, CDA)作为信息传播的方式，这些新的特性使得 HL7 标准可以更精确和高效地传播信息。这里我们需要注意的问题是如何健全其词汇表，并提高其普及度。

3) 对纯文本格式的报告、病人历史、出院摘要等进行自动编码

即便在计算机化医嘱录入系统(computerized physician order entry, CPOE)中大力推广可以直接得到编码信息的结构化数据录入(structured data entry, SDE)，但就目前来讲，纯文本录入更符合用户录入数据的习惯，所以大部分病历数据还是以纯文本的形式存在着。纯文本形式的信息虽然符合人类的读写习惯，但是计算机系统很难处理纯文本信息。只有将纯文本信息编码后，才能将其内容和逻辑关系转化为计算机系统能够处理的信息。该编码过程可以由专门的工作人员完成，但是由于需要处理的信息量相当庞大，手动编码过程的成本是难以承受的，这样我们就需要有能够自动将纯文本信息编码的计算机系统。自然语言处理(natural language manipulation, NLM)方面研究的突破将是这种自动编码系统的基础。

如何从纯文本的自然语言中提取有意义的词汇及词汇之间的逻辑关系，并将提取出的信息根据统一受控词汇表进行编码、校验，最终生成计算机可以处理的结构化数据是医学信息学的一个研究攻关方向。

4) 对病历进行自动分析

我们期望通过对病历进行自动分析得到：① 支持某一诊断的临床表现、病程演变以及临床差异；② 由于诊断、治疗方案、临床转归、患病地点以及患者的不同而导致需求资源的异同。

医学信息化的一大优点就是可以较轻松地利用信息技术所提供的各种便利功能，对已有病历信息进行自动分析，从而进行回顾性研究。电子病历中记录着患者从入院到出院的一切信息，我们可以基于相应的临床逻辑关系，结合数据挖掘技术，按需筛选海量数据中有意义的部分，进行比较研究。如果这种灵活的数据筛选机制成为可能，那么某一临床治疗在不同患者间的差异性研究就将随之实现。我们所面临的问题就是如何将上述逻辑关系精确地与数据挖掘技术集成，以避免筛选出冗余的数据或是遗漏重要的数据。这些逻辑关系可以来自于统一受控词汇表，亦可以来自针对某一研究而特别建立的相关领域的本体模型(Ontology)，以提高对某一研究数据挖掘的效果。由此可见，对病历进行自动分析并进行回顾性研究涉及从词汇表到本体建模的一系列问题。在该方面，已经有很多自动分析系统投入使用，但研究者们还很难完全信任这些系统所筛选的数据，这些系统更多地是作为研究者的辅助设备而存在的。如何让自动分析系统真正“自动”地精确筛选

数据,还需要很大的努力。

5）统一、直观且有前瞻性的用户界面

医学信息系统同其他领域的信息系统一样,也需要通过用户界面来与医生、护士、收银员甚至患者等用户进行交流。熟悉普通信息系统使用的我们深知用户界面的好与坏在多大程度上影响着我们的工作效率。而在医学这一性命攸关的领域,如果医学信息系统的用户界面设计不良,导致医疗工作者对患者的误操作,就可能引发致命的医疗事故,从而使原本为提高医疗质量、降低医疗事故发生率而设置的医学信息系统产生反面作用。这并不是危言耸听,事实上有研究报道,在某医院采用了 CPOE 系统后该医院的死亡率有所上升。

那么,什么样的用户界面才是合格的呢？一个合格的用户界面首先是能使用户容易熟悉,也就是界面设计和操作风格应该保持统一。根据分布性认知理论(distributed cognition theory),用户界面分为内在界面及外在界面,内在界面是用户对他所面对任务的内在理解,而外在界面就是我们通常意义下所说的用户界面。一个好的外在界面应当做到：① 辅助短时和长时记忆;② 提供无需分析而可以直接理解并使用的信息;③ 提供用户不具备的知识和技能;④ 提供易于识别的系统功能;⑤ 提供与用户认知模式相符的信息显示;⑥ 不改变任务的本质;⑦ 控制时间;⑧ 避免用户进行过多的抽象从而辅助任务的处理;⑨ 制定决策计划优化精确,并能降低成本(Zhang,1997)。

由此看来,用户界面设计不是简单的计算机方面的技术或美术问题,更重要的是用户方面的诸多问题。例如,不同的用户是否对系统会有不同的期望？用户是否能够通过这个界面来完成其所有的任务？对各种功能的展现方式是否是最优化的？用户通过这个界面完成一项任务所经过的步骤是否合理？以上每一个问题都需要进行详细而科学的分析。然而现实中,系统开发者们对用户界面的关注程度远低于对信息技术的关注程度。阻碍系统开发者关注用户界面设计的原因是我们缺少一个系统的架构来指导用户界面的设计。如何建立一个完整的体系来分析医学信息系统用户界面设计的方方面面,进而统一所得到的分析结果,并将结果应用到用户界面的设计中,是一个医学信息学中亟待解决的难题。

6）人类基因组计划以及各类医学信息数据库的整合

人类基因组计划由上世纪末启动,于本世纪初完成对人类全部基因组的测序。人类基因组本身是一个庞大的数据库,在完成了测序后我们只是得到了元数据(核酸序列),至于如何理解这些数据(如测定功能区等)还需要庞大的工作。基因决定人体的生长发育,由基因突变而引起的遗传性疾病则是人类生存的一大威胁。研究者建立了专门的数据库,如 OMIM 数据库(Online Mendelian Inheritance in Man, OMIM),以便于研究这类疾病。如果电子病历系统可以整合患者基因层面的数据,并与 OMIM 等数据库进行互动,就能在遗传性疾病的诊断过程中起到积极的作用。而人类基因组与 OMIM 等数据库的互动则有可能辅助研究者测定正常人类基因组的各个功能基因。更进一步整合了患者基因数据的电子病历系统可以比对患者的基因与正常的基因,从而发现未知的遗传性疾病。

7）人体完整的数字模型

医学信息学的一个巨大潜力就是通过信息技术来重建完整的动态人体数字模型。这种模型可以作为医学教学的教具，如帮助认识解剖结构，进行模拟手术，甚至进行新药的实验等等。另外，数字模型还可以为研制人工器官等提供参照。美国国家医学图书馆（National Library of Medicine，NLM）所领导的可视人体工程（Visible Human Project，VHP）通过对有代表性的男性和女性尸体进行CT、核磁共振、切片照相而得到了人体完整的图像和结构模型。用户可以通过多种渠道查看VHP所提供的人体结构模型。虽然VHP通过数字化3D影像展现了人体，但该模型并不能模拟人体的生理功能。目前，致力于模拟人体的生理功能的虚拟生理人（Virtual Physiological Human，VPH）研究还处于萌芽期，可以预见VPH模型将会是一个从基因直到人体的多层面模型，而如何完整地了解人体的所有层面，进而抽象为可以模拟人体生理功能的模型，则还需要一代甚至几代各相关学科研究者的不懈努力。

8）信息系统与组织机构的集成

如何使新的信息管理系统易于集成至组织机构中，以便在诊疗现场或研究中起到作用？

研究报道中出现过这样的有趣现象，同一个电子病历系统被两家不同的医院A和B采用，经过一段时间的使用后，医院A的死亡率有所下降，而医院B的死亡率有所上升。这个例子提示了医学信息系统的一个不能忽视的环节——如何将系统整合至组织结构中（Han et al，2005；Holdsworttl et al，2007）？

信息系统的任务是辅助用户更好地完成任务，良好的整合使用户从新的系统中受益，而不良的整合则会使对新系统的使用成为用户的负担。回到上面提到的两个研究报道，医院A与医院B相比在采用了新系统后的最大不同就是医院A的管理者精心设置系统，以便于更匹配医院的工作流程，并且投入了很大精力来培训用户使用新的系统。由此可见，如何高效、精确地将信息系统整合至现有的工作流中是很重要的。

目前，并没有系统的研究来指导医学信息系统的集成，鉴于医学领域的“危险性”，一套指导系统集成进入工作流的框架是必要的。然而，由于医学的复杂性，每个医院甚至每位医生都拥有自己的一套工作流程，所以，这种框架的研究也就成为一项挑战。

9）综合完整的临床决策支持系统

医学信息系统的最重要的任务之一就是避免医疗事故并提高医疗质量。为了完成这个任务，一套完整的临床决策支持系统是必不可少的。目前的临床决策支持系统已经可以处理包括警告医生药物相互作用及患者过敏史在内的很多任务。而综合完整的临床决策支持系统则需要能够对从生物信息到公共卫生信息的各个层面的医学信息做出反应，可以辅助医生完成包括患者病情监视、药物相互作用校验、公共卫生监督、遗传性疾病诊断、影像分析等任务。

完整的临床决策支持系统是建立在各个层面产生的医学信息可以由信息系统进行自动处理，并且各个层面的信息可以自由交互的基础上。这就需要专注于各层面研究的医学信息学专家共同努力来搭建这样一个系统。

此外，我们还要考虑如何定位临床决策支持系统在临床医疗服务中的角色？试想，若医生由于遵循决策支持系统的错误决策而导致了医疗事故，那么是由医生来承担责任还是由决策支持系统的开发者来承担责任？这种问题不是科技层面的问题，而是医学信息系统在医疗环境中要遵循怎样的规则，并承担怎样的责任的政策层面的问题。由于医学信息学还是新兴学科，医学信息系统也还处于发展阶段，这类法律法规还不健全，我们将在下一节对政策层面的挑战进行一些简单的探讨。

以上我们单独讨论了医学信息学所面临的科技层面的挑战，由于我们是分别讨论的，所以读者可能会认为这些挑战是互相独立的研究方向，但事实上每一个研究方向都与其他研究方向有着千头万绪的联系，我们需要将医学信息学作为一个整体来考虑。如果站在更高的层次，综合考虑医学信息学研究所面临的挑战，那么我们可以进一步总结为以下四条：

(1) 如何建立国家的医学信息架构？

(2) 如何建立医学信息完整的本体模型？

(3) 如何开展转化型信息学(Translational Informatics)的研究？

(4) 如何实现人性化的信息系统设计？

除了之前提到的九条是基础以外，还需要出台相关法律法规才可以实现这四条。

20.1.2 政策层面的挑战

我们在探讨科技层面的九个挑战时，读者应该能感受到这些挑战能否成功，与政策层面是否有成熟的规章制度来推广、制约以及指导各方面科技的发展密切相关。每一个成熟领域在引入信息技术时都需要相关的法规制度来应对信息技术所带来的新变革。例如在金融领域，当人们开始通过互联网进行证券交易时，SEC 出台了一系列规章制度来应对互联网交易可能带来的风险以及约束随之可能的投机行为。在医疗领域，由于其关系到患者生命健康的特殊性，这样的规章制度就更为必要了。除了我们先前曾提到的如何定位信息系统在医疗服务中所要承担的责任，还要考虑在维护患者的个人隐私信息不被泄露的前提下，如何利用病历信息进行公共卫生监督等问题。总的来说，政策层面的挑战可分为：

(1) 制定大政方针，即政府是否鼓励医学信息系统的研发。

(2) 制定医学信息系统发展方面的指导性政策，例如政府选择哪一种标准来推动医学信息系统的健康发展，对医学信息系统的软硬件设施有怎样的要求等。

(3) 制定规范医学信息系统发展，并使之不损害社会健康发展的法律法规，例如维护患者的隐私，不至于因为信息化而被侵犯的法律法规，以及之前提到的如何确定医学信息系统中智能系统所承担责任的规章制度。

发达国家对医学信息系统发展的大政方针都是很积极的，例如美国政府的布什总统在 2004 年提出美国要在十年内实现所有病历的电子化，尽管这一目标由于种种未能预见的原因，以及非技术方面的障碍而变得很难实现，但是这一政策为医学信息学科的发展创造了良好的氛围，促使这一学科健康发展。奥巴马总统的降低健康领域医疗成本的指导方针，也将对医学信息学的发展有积极的影响。在最近的经济刺激方案中，奥巴马总统拨款 200 亿美元用于在 5 年之内使美国实现病历全部电子化。

我国政府一贯积极推动医学信息化的发展，虽然我国医学信息化起步较晚，但成效显著。很多医院已经配备了各种先进的医学信息系统；社区卫生信息系统、区域卫生信息平台的开发利用促进了整个医疗卫生领域信息化的进程;城镇职工医疗保险、新农村合作医疗信息系统的使用,促进了医疗卫生领域信息化的深入和普及。

制定大政方针需要注重科学性,例如在美国,政策制定者过去曾忽视信息系统易用性的影响,而系统易用性较差却是医生抵制电子病历等系统应用的主要原因之一。所以,如何制定科学的、符合国情的大政方针确实是一项艰巨挑战。

医学信息系统发展方面的指导性政策应该让政府认可的专家组织和标准化组织参与制定,因为该类政策专业性很强。一般来说,一个标准先由标准开发组织开发,进而由标准化组织认证后,经过政府主管部门审核通过即成为学术界和业界采用的统一标准。HL7 组织就是美国一个非赢利性的、被美国国家标准局(ANSI)认可的标准开发组织,其开发的 HL7 已被国际标准化组织(ISO)采用,目前 HL7 第二版已经被全美所有的电子病历系统所采用,这就为各个厂商电子病历系统信息互通奠定了坚实的基础。

因此,政策所面临的挑战常常就是信息产业的快速发展所引起的。当标准化快速发展时,如何保证标准的升级不影响整个医学信息架构的完整性,需要在制定标准时认真考虑。在我国,还需要将国际标准本土化后才可以使用,目前 HL7 中国委员会就承担了这样的任务,但是由于我国社会非盈利组织的影响力还非常有限,所以我国医学信息的标准化的进程还不容乐观。

医学信息化后所导致的一大忧虑就是如何保证医学信息的安全以及人们的隐私不被侵犯。目前,人们正在积极撰写和修订这类与医学信息学相关的法律法规。美国国会于 1996 年通过了健康保险流通与责任法案(HIPAA),该法案在隐私规定中定义了受保护的健康信息(Protected Health Information, PHI),在安全规定中规定了在管理层面、物理层面以及技术层面如何保证受保护的健康信息的安全,并且规定了健康信息尤其是与保险有关的信息的传输和编码。HIPAA 对医学信息学科研以及医学信息系统的开发有很大的影响。任何需要利用包括病历信息在内的患者个人信息进行的科学研究都要首先考虑研究的设计不能违背 HIPAA 法案。

我们在第一节中提到了建立完整的电子病历系统作为区域性、国家性、跨国性的资源库,并且允许系统间进行信息的交互,在迎接这个挑战中 HIPAA 的影响是不容忽视的。当我们收集了整个系统管辖区域内所有患者的电子病历信息后,哪些信息是可以公开用于公共卫生监督的?而哪些信息又是要绝对替患者保密的?如何保密?这些都要受到 HIPAA 的管辖。在制定这类法规时,由于其针对的是快速发展的领域,所以也要考虑到其时效性。另外,该类法规与其他方面政策的互动也是非常重要的。在我国,这类保护医学信息安全及确保患者隐私的法律尚未制定,这也是所面临的挑战之一。

总的来说,政策方面的挑战能否攻克,才是医学信息学能否健康发展的基石。如何能够一方面自主发展我国的医学信息学,另一方面慎重、科学地引进国外的研究成果,都需要政策方面强有力的支持。

20.1.3 医学信息学的发展机遇

在列举了本学科所面临的挑战后,我们再来分析它拥有的发展机遇。由于挑战和机遇是并存的,既然上述挑战还没有一项真正被攻克,这就说明本学科拥有非常广泛的发展机遇。这里我们简要介绍一些目前的研究方向，以供大家参考。

首先在设计医学信息系统时，人的因素是需要着重考虑的。医学信息系统由于直接关系到患者的生命安全，就要格外的慎重。在整个信息产业界，因为在设计过程中未能充分考虑人这个因素，所以只有三分之一的信息系统成功达成了预期目标（CHAOS Report）。

事实证明，用户对目前的医学信息系统的满意度是很低的。研究表明，在采用 CPOE 后，医生录入每个病历的时间较传统的录入方式增加了 2.2 分钟（20%）（Overhage，2007），每个工作日用于病历录入的时间从 2.1%增加至 9%。更有甚者，在加州一个大型医院安装了价值 3 400 万美元的电子病历系统 3 个月后，出现了该医院的医生集体抵制使用该系统的现象。他们的理由很简单：① 录入时间过长；② 系统容错性过低，任何拼写错误都会导致数据录入的失败；③ 系统对于无关紧要的小问题做出过多的警告。通过这个例子我们可以看出，这些系统的难以使用并不是因为系统所采用的科技不够先进，而是由于缺乏对非科技因素的考虑。其中重要一点就是，目前的医学信息系统在设计过程中缺少对用户因素的考虑。试想，即使我们开发了一套基于统一受控词汇库、采用国际标准、拥有完整决策支持系统的医学信息系统，但不考虑用户会如何使用这套系统、用户期望这套系统能帮助他们完成怎样的任务，那么，我们这套价值连城的系统到头来也很难避免被抵制的命运。

为了解决这个问题，为用户提供易用且功能完整的系统，Zhang 和 Butler（Zhang & Butler，2007；Zhang，et al.，2002）基于分布式认知理论提出了简称为 UFuRT（user analysis，function analysis，representation analysis，task analysis），即用户分析、功能分析、界面分析、任务分析的理论框架。用户分析必须着眼于系统不同用户的知识和技能背景；功能分析着眼于系统为辅助用户完成某一工作领域（Work Domain）中的目标而提供的功能；界面分析认为同样的功能可以由不同的界面来展示给用户，而达到不同的用户满意度，从而得出何种界面是最适合某一工作领域的；任务分析着眼于通过某一特定界面完成一项目标时，用户通过系统所要经过的任务步骤。简单来讲，就是用户分析确保系统考虑所有用户的特点，功能分析确保系统提供应有的功能，界面分析和任务分析确保系统采用正确的界面。UFuRT 提供了从功能性到易用性，完整研究医学信息系统的框架。目前针对该理论框架的研究正在进行。UFuRT 也已经在多个医学领域及其他领域的信息系统中进行了成功的初步应用（Nahm & Zhang，e.g.，2009）。

尖端技术的普遍应用也带来了更多新的研究方法和研究方向。例如，利用射频定位系统（RFID）和多因子模拟技术（multi-agent simulation）加强医院中的医生、护士、患者等之间的交流互动行为。基于这类新技术，我们可以实时、大量地跟踪收集医生、护士及患者之间交流的数据，用以解决传统无法实现的功能。这对确定用户的信息需求以进行人性化的智能系统设计，完善医学信息系统，有极大的意义。信息技术的不断进步也使得很多新的研究方法被应用到医学信息领域，如本体建模、语义网、面向对象的分析和设计等。总而言之，医学信息学的未来发展空间拥有很大的广度和深度，随着医学信息学科的不断成熟、相关基础学科的不断进步、外加政策支持的不断加强，医学信息学的发展机遇是非常宽广的，在这里我们只能窥其一斑，对医学信息学发展的更完整的认识还需要读者进行更加深入的学习和研究。

20.2 我国医学信息学展望

2009年我国国务院审议并原则通过《关于深化医药卫生体制改革的意见》和《2009—2011年深化医药卫生体制改革实施方案》，规定到2011年，基本医疗保障制度将全面覆盖城乡居民，基本医疗卫生可及性和服务水平明显提高，居民就医费用负担明显减轻，"看病难、看病贵"问题明显缓解。文件并进一步提出要重点抓好基本医疗保障制度等五项改革：一是加快推进基本医疗保障制度建设，二是初步建立国家基本药物制度，三是健全基层医疗卫生服务体系，四是促进基本公共卫生服务逐步均等化，五是推进公立医院改革。初步测算，为保障上述五项改革，3年内各级政府预计投入8 500亿元。

在完成我国医疗卫生体制改革的艰巨任务中，医疗卫生信息化和信息系统的建设是一个重要部分，如图20-1所示。

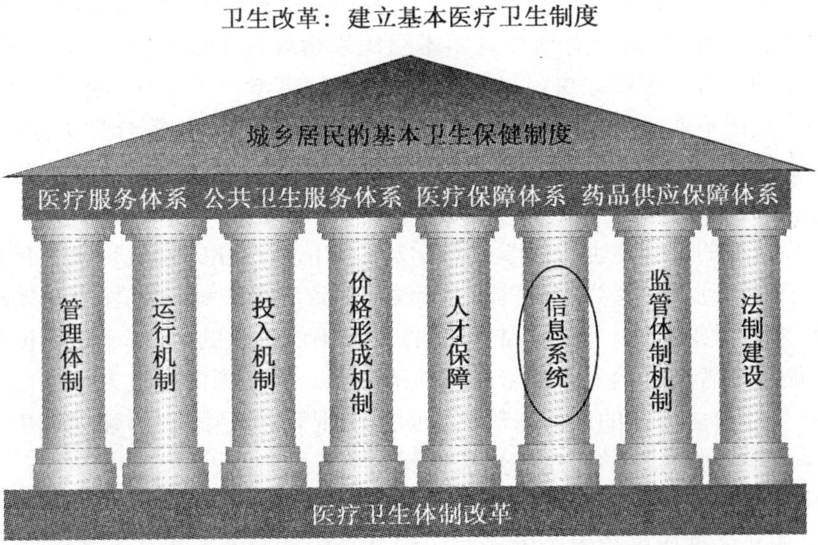

图20-1 医疗卫生体制改革中的信息化和信息系统的建设

由此可见，作为我国医学信息学的从业人员，肩上的责任是很重的。我国的医学信息产业虽然起步较晚，但由于快速地吸取国际先进的技术，科技方面的基础并不算薄弱。根据卫生部统计信息中心2007年的资料，以收费为中心的医学信息系统在我国医院中的普及率已经超过了80%，病人管理系统的普及率也超过了70%。虽然总体看来我国医院的信息化程度已经很高了，但详细研究就会发现，我国的医学信息产业发展面临着诸如发展不平衡和应用深度广度不够等很多严峻的问题。作为医学信息产业的根本——医学信息学科在我国的发展还处于初级阶段，主要原因有依赖国外科研成果、缺少政策方面支持、缺少权威的学术机构、缺少专业人才等。我们将简要讨论我国医学信息学所面临的特殊的挑战以及发展机遇。

20.2.1 我国医学信息学所面临的特殊挑战

我国医学信息学科所面临的首要问题就是学术环境的不成熟，从学术界到业界没有形成完整的链条。目前，虽然我国有将近60所大专院校开设了医学信息学专业，但许多专业的培养方向和教学内容大多集中在情报学、图书馆学和卫生管理上。然而情报学及图书馆学仅是医学信息学众多研究方向中的一个。一些大专院校开展的生物信息研究，主要着眼于基础科学的研究，缺乏与临床医学结合的研究。而针对医学信息管理系统各个方面的科研主要由大型医院的信息部门承担。从20世纪80年代解放军总医院、北京人民医院开发的"军字一号"和"中国医学信息系统"起，我国的大型医院基本上都是与IT行业联合，以应用为导向，根据需要自行从事各方面的开发研究。

鉴于医学信息学研究涉及医学、信息科学、计算机科学、生物学以及认知科学等诸多学科，具有跨学科研究的特点，医院所能提供的学术环境就显得过于单薄了。这种发展方式的另外一个弊端就是每个开发系统各自为政，缺少标准，从而阻碍了系统间的资源共享。所以，影响我国医学信息学健康发展的关键一点就是如何建立高质量的学位培训及项目培训体系。此外，还需要有成熟的学术组织来指导各个教育项目，指引科研的方向，提供学术交流的平台。客观地讲，目前我国的医学信息学学术组织和相关学术刊物的成熟性及学术质量还不能满足需求，这就需要来自政府主管部门、综合性大学、科研型医院等机构以及医学信息学人才的共同努力，来推动我国医学信息学学术环境的快速发展和成熟。

我国医疗流程的特殊性也为医学信息学及医学信息产业的发展带来了挑战。我国的医院设计还未能达到以患者为中心的工作流程，导致患者在就诊过程中需要往返于各个科室，并需要多次缴纳费用。如果这样的工作流程不能修改的话，基于这种流程的医学信息系统也不能为患者的就诊方便度带来本质的改善。尽管国内在这方面已经有了可喜的研究成果，但仍需要多方面的努力来改革我国医院现有的医疗流程，建立以患者为中心的医疗环境，从根本上优化医学信息的传递流程。

此外，中医药信息化也是我国医学信息学所面临的独特挑战。中医药是我国的传统医学，拥有几千年发展历史的中医中药在中国乃至国外都有巨大的影响和作用。由于我国在综合性医院中设立中医科及中医药房，因此医院中采用的信息系统就需要能够处理中医药方面的信息。这样一来，包括统一受控词汇表、医学知识库、决策支持系统等在内的医学信息系统的方方面面都需要进行改进，从而无缝集成中医药信息。医学信息学的发展，特别是本体论的发展，很有可能在把中医提升到一个新的科学系统中起到非常重要的作用。

20.2.2 我国医学信息学的发展机遇

目前，我国的医疗体制面临着新的改革，政府越来越重视如何利用信息技术解决我国各地区医疗发展水平不均，医疗资源不足，医疗资源分配不均，老百姓"看病难、看病贵"等问题。这表明在新一轮医改中，我国医学信息学发展以及医院信息化发展将会面临新的机遇。抓住这个机遇，我们将建立成熟的医学信息学学术环境，实施完善的医学信息相关法律法规，改善医疗流程，推广普及优化的医学信息系统。

我国医学信息学研究起步较晚也并非劣势，只要能够科学地汲取发达国家的研究经验及成果，我国医学信息学的发展便可以避免很多弯路。至于我国传统医学的信息化研究，则可以为中医标准化以及将中医推广到世界范围提供一个前所未有的发展机遇。

目前我国政府领导的、专业学术团体主持的医学信息学组织以及专家成员人数正在逐年增加，成员的专业教育水平在逐年提高，医学信息产业的从业人员的专业背景也在逐渐趋于多元化，医学信息方面的从业人员资格证书考试也已经在全国范围展开，我国医学信息学的发展正在逐步走向繁荣。

政府指导的关于医学信息应用与发展的调研正在有计划地进行，由卫生部牵头、CHIMA 和 Accenture 合作，于 2008 年出版的《中国医院信息化发展研究报告(白皮书)》从多角度探讨了我国医学信息化的发展，为我国医学信息化建设中的症结、发展所面临的问题给出了很好的建议，这在我国还是第一次。我国医学信息学领域的国际合作也在逐步加强，如 2006 年成立的 HL7 中国委员会作为 HL7 国际会员之一，在推动符合中国国情的医学信息标准化，与国际标准化接轨，提高中国医学信息学发展水平方面作出了很大的贡献。

可以预见在中国医疗改革的推动下，建立成熟完善的医学信息学学术环境，研究符合中国特色的医学信息系统，建设高质量低成本的医疗卫生信息系统，乃至为 13 亿人民提供公平优质的医疗服务是一定能够实现的。

问题与讨论

(1) 医学信息学最本质的问题是什么?

(2) 用一个具体的医学信息系统来分析医学信息学的九个挑战。

(3) 信息爆炸是医学信息学的挑战还是机遇? 用一个例子来叙述你的观点。

(4) 如果你是一个医院的院长，在病历电子化过程中，你应该注意哪些问题?

(5) 结合我国国情以及文献报告，讨论信息化对医疗服务可能产生的潜在的负面影响，以及解决的办法。

(张家杰　李　喆)

参 考 文 献

1. 高岚. 医学信息学. 北京:科学出版社,2007
2. 丁宝芬. 实用医学信息学. 南京:东南大学出版社,2003
3. 李包罗. 医院管理学(信息管理分册). 北京:人民卫生出版社,2003
4. 杜栋. 信息管理学教程. 第二版. 北京:清华大学出版社,2006
5. 傅征,任连仲. 医院信息系统建设与应用. 北京:人民军医出版社,2003
6. (美)J. J. Parsons, D. Oja 著;吕云祥,傅尔也译. 计算机文化. 北京:机械工业出版社, 2008
7. 佟震亚,杨风暴. 计算机网络与通信. 北京:人民邮电出版社,2005
8. 孙振球. 医学科学研究与设计. 北京:人民卫生出版社,2008
9. (美)克罗恩科著;郭平译. 数据库原理. 第二版. 北京:清华大学出版社,2005
10. 陶宏才. 数据库原理及设计. 北京:清华大学出版社,2004
11. 武洪萍,马桂婷. 数据库原理及应用. 北京: 北京大学出版社,2008
12. 尚彤. 常用医学生物信息学数据库. 北京:北京大学医学出版社,2003
13. 崔雷. 医学数据挖掘. 北京:高等教育出版社,2006
14. 张承江. 医学数据仓库与数据挖掘. 北京:中国中医药出版社,2008
15. 苏新宁等. 数据仓库和数据挖掘. 北京:清华大学出版社,2006
16. 刘晖,彭智勇. 数据库安全. 武汉:武汉大学出版社,2007
17. (美)刘润东. UML 对象设计与编程. 北京:北京希望电子出版社,2001
18. (美)Joseph Schmuller 著;李虎等译. UML 基础、案例与应用. 北京:人民邮电出版社,2002
19. (美)Philippe Kruchten 著;周伯生等译. Rational 统一过程引论. 第二版. 北京:机械工业出版社,2002
20. 汪应洛. 系统工程理论、方法与应用. 北京:高等教育出版社,1998
21. 李东. 管理信息系统的理论与应用. 北京:北京大学出版社,2007
22. 杨根兴等. 软件质量保证、测试与评价. 北京:清华大学出版社,2007
23. M. Looijen. 信息系统管理、控制与维护. 北京:电子工业出版社,2002
24. Adrian Specker. 信息系统建模——信息项目实施方法手册. 北京:清华大学出版社,2007
25. 世界卫生组织. 卫生信息系统的设计与实施. 北京:人民卫生出版社,2002
26. Janet M. Mclellan, Richard D. marreel. 医疗机构信息管理. 北京:北京大学出版社,2004
27. Raymond Mcleod,George Schell. 管理信息系统. 北京:电子工业出版社,2002
28. 卫生部. 新型农村合作医疗信息系统基本规范. 2008
29. 卫生部. 卫生部关于新型农村合作医疗信息系统建设的指导意见. 2006
30. 周玉彬等. 基于 CDMA 的患者无线远程监护系统的研制. 医疗卫生装备,2008,29(10): 21—23
31. 曹东等. 基于中间件技术的医院管理信息系统探索. 中国医疗设备,2008,23(10): 46—48
32. 张晓祥等. 基于数据仓库的医院辅助决策系统研究与应用. 中国卫生信息管理,2007,4(5): 40—44
33. 董建华. 走向互操作的中国医疗信息网络——议如何借鉴美国经验加快发展过程. 中国数字医学,2007(11)

34. 吉训明. 医院信息系统的发展方向——2008 年美国医院信息技术大会情况介绍. 医院院长论坛，2008，5(4)：53—56

35. J. H. Van Bemmel,M. A. Musen 主编;包含飞,郑学侃译. 医学信息学(Medical Informatics). 上海:上海科学技术出版社,2002

36. 金新政等. 卫生信息管理系统. 北京:人民卫生出版社,2009

37. 李学京. 标准化综论. 北京:中国标准出版社,2008

38. 李东. 管理信息系统的理论与应用. 第二版. 北京:北京大学出版社,2001

39. Moya Conrick 著;张显洋主译. 健康资讯管理. 台北:新加坡商汤姆生亚洲私人有限公司台湾分公司,2007

40. 张慧朗等. 医学资讯管理学. 台北:华杏出版股份有限公司,2007

41. 罗述谦. 医药卫生信息化为医改服务. 中国医药信息学会论文集,2008

42. 彭柳芬等. 基于 XML 的电子病历结构化的应用研究. 中国卫生统计,2008 年 25 卷 2 期:196—197

43. 吕旭东. 一种电子病历系统体系结构及其关键技术. 中国生物医学工程学报,2008(2):200—204

44. 郑西川等. 电子病历开放式结构化数据采集与临床知识表达策略研究. 医院数字化,2008 年 29(7):43—44

45. 于一等. 电子病历结构化方法概述. 北京生物医学工程,2007(1):103—106

46. 沈亚诚. 病历知识库的构建探索与实践. 广东药学院学报,2006(1)

47. 郑西川. 基于医学本体的电子病历结构化数据采集研究. 医疗卫生装备,2008(1):41—42

48. 王海威等. 电子签名法. 四川省卫生管理干部学院学报,2006(1):50—52

49. 章丹等. 电子签名在电子病历中的应用及相关法律问题. 医学研究生学报,2007(2):51—52

50. 贾志刚主编. 计算机数据与图形处理. 北京:化学工业出版社,2005

51. 曹荣桂主编. 医院管理学(医学影像管理分册). 北京:人民卫生出版社,2003

52. 王成主编. 医疗仪器原理. 上海:上海交通大学出版社,2008

53. (美)柯克. 医用治疗设备:应用和设计. 上海:上海科学技术文献出版社,1988

54. 邓亲恺. 现代医学仪器设计原理. 北京:科学出版社,2004

55. 徐跃等. 医学影像设备学. 北京:人民卫生出版社,2000

56. 赵强. 医学影像设备. 上海:第二军医大学出版社,2000

57. 陈智文. B 型超声诊断仪原理调试与维修. 武汉:湖北科学技术出版社,1998

58. 范毅明等. 医用 B 超仪与超声多普勒系统. 上海:第二军医大学出版社,1999

59. 宋根娣. 现代检验医学仪器分析技术及应用. 上海:上海科学技术出版社,2005

60. 陶义训等. 医学检验仪器导论. 上海:上海科学技术出版社,2002

61. 郭幽燕等. 引入全实验室自动化系统后的流程改造. 中国数字医学,2008(7)

62. 李初民等. 检验信息系统中两种条码方案比较. 中国数字医学,2008(7)

63. 石玉玲等. 包含条形码的全信息彩色标签技术在检验科信息管理中的应用. 中华检验医学杂志,2005(28)6

64. 郭健. 全自动样本前处理系统与临床实验室自动化. 中华检验医学杂志,2005(28)10

65. 杨大千等. 临床实验室信息系统基本功能需求的标准化方案初探. 医疗卫生装备,2006(27)1

66. 诸葛小玲等. ISO15189 对实验室信息系统的基本要求. 医学信息,2007(5)

67. 申子瑜. 我国临床实验室质量管理的基本要求. 中华检验医学杂志,2003(11)

68. 傅征等. 远程医学. 北京:人民军医出版,2005

69. 卫生部《关于加强远程医疗会诊管理的通知》. http://www. moh. gov. cn/open/tjxxzx/gjwsxx-

hjs/1200309270011.htm(2009.5.14 查询)

70. 赵军绩.社区卫生服务管理.北京:人民军医出版社,2007

71. 程晓明.卫生经济学.北京:人民卫生出版社,2003

72. 景琳.卫生管理学.北京:中国中医药出版社,2005

73. 姚岚.国外区域卫生规划的探索与实践.中国卫生人才,2008,(3):24—25

74. 中国区域卫生考察团.他山之石可以攻玉——日本、澳大利亚区域卫生规划考察报告.中国卫生经济,200019(9):58—61

75. 丁宝芬.社区保健信息学及其管理系统的探索与实践.中国卫生事业管理,2001.1:44—45

76. 石光.金华市区域卫生规划实践的案例研究.中国卫生经济,2005,24(9):23—27

77. 李华才.区域卫生信息化建设任重道远.中国数字医学,2008,3(1):13—14

78. 苏锦梅等.区域医疗网络案例研究——美国佛罗里达州健康信息网络素描.中国数字医学,2007.2(7):22—24

79. 董建华.走向互操作的中国医疗信息网络——议如何借鉴美国经验加快发展过程.中国数字医学,2007,2(7):10—19

80. 刘杰.区域医疗信息化破局.中国医院院长,2007,2(13):60—64

81. 中共中央、国务院关于改革与发展的决定.中发[1997]3 号.社区卫生服务管理.北京:人民军医出版社,2007,7

82. 全国卫生信息化发展规划纲要 2003—2010. http://www.nmie.org.cn/China/zxzx/zcwj/89577241944992.html

83. 中国疾病控制中心妇幼保健中心.妇幼保健信息系统网络支撑平台技术指南.妇幼保健信息系统基本功能规范 http://www.chinawch.org.cn/xxb/igzdt/t20080320_23778.htm

84. 佛山市卫生局.佛山区域卫生信息资源规划实践与探索.见:卫生部健康档案与区域卫生信息资源规划工作研讨会文选.北京:2008,4

85. 刘见祥.台湾全民健保的新措施.卫生经济研究,2001(7):3—7

86. 饶克勤.标准化健康档案和区域卫生信息资源规划研究. http://www.foshan.gov.cn/smfw/rdzt/ylws/ztzl/wsjdzt1/200808/t20080830_1034248.html http://wsj.jiangmen.gov.cn/(2008,5,3 查询)

87. 卫生部.全国卫生信息化发展规划纲要(2003—2010 年).2002 年 10 月

88. 卫生部.医院信息系统基本功能规范.2002 年 4 月

89. 卫生部.社区卫生信息系统功能规范.2006 年 11 月

90. 卫生部.健康档案基本架构和标准(试行).2009 年 5 月

91. 中华人民共和国卫生部办公厅.新型农村合作医疗信息系统基本规范(试行).2005 年 5 月

92. 卫生部卫生信息标准化委员会.基于健康档案的区域卫生信息平台建设方案(讨论稿).待发表.

93. Canada Health Infway. EHRs BLUEPRINT(电子健康档案蓝图).卫生部电子病历委员会翻译.2008 内部出版.

94. 何雨生.医疗体制改革于医疗卫生信息化.2009 中华医院信息网络大会论文集,2009.5:P73—79.

95. 徐缓.论公共卫生内涵的分层界定及其政策含义.中国卫生法制,2007(3):6 0

96. 吕筠,李立明.现代公共卫生体系的基本职能.中国公共卫生,2007,23(8),1022—1024

97. 黄建始.公共卫生的价值和功能.中国健康教育,2006,22(1)

98. 迟宝兰等.医院信息化建设的经验与教训.中国医院,2003,(12):9—13

99. 金水高等.公共卫生信息系统基本数据集的研究.中华预防医学杂志,2007(5):353—356

100. 北京协和医院WHO国际疾病分类合作中心编译. WHO:疾病和有关健康的国际统计分类(第10次修订本).北京:人民卫生出版社,1998

101. 邱卓英. 国际功能、残疾和健康分类总论. 中国康复理论与实践,2003(1):2—5

102. 董景五.试论《国际疾病分类第10次修订本》和《国际功能分类》的关系.中国康复理论与实践,2003(1):7—8

103. 金水高等.中国传染病监测报告系统简介.中国数字医学,2006(1):20—22

104. 卫生部.卫农卫发〔2006〕453号文.卫生部关于新型农村合作医疗信息系统建设的指导意见

105. 卫生部农村卫生管理司.卫生部新型农村合作医疗研究中心.新型农村合作医疗管理指南(2007版)

106. 方平. 网络医学资源检索与利用. 北京:科学出版社,2003

107. 兰小筠. 医药市场信息. 北京:高等教育出版社,2006

108. 赵丹群. 现代信息检索原理、技术与方法. 北京:北京大学出版社,2008

109. 陈晓金,王兵. 信息检索技术研究与实践. 情报资料工作,2008(3):33—35,42

110. 贺芳,常静,房玉新等. 获取网上免费外文医学期刊全文文献的方法. 中华医学信息导报,2008,23(24):17—17

111. 傅蓉. 网络信息检索的未来. 图书馆学研究,2002(7):88—89

112. 李蓓. 常用的国外医学搜索引擎. 中国全科医学,2008,11(2A):277—278

113. 郭燕南. 互联网上常用医学搜索引擎应用探讨. 医疗卫生装备,2008,29(5):79—81

114. 靳蕃等.神经网络与神经计算机原理与应用.成都:西南交通大学出版社,1991

115. 陈宝林.最优化理论与算法.北京:清华大学出版社,1989

116. 谭德高等.中医药工程研究与应用.北京:中国中医药出版社,1992

117. 马斌荣.中医专家系统与中医知识库.北京:北京出版社,1998

118. 相秉仁等.人工神经网络在药学中的应用.上海医药,2001(5)

119. 施诚.电子计算机在中药领域的应用.医药信息杂志,2001(10)

120. 屈凌波等.人工神经网络在中药模式识别中的应用.计算机与应用化学,2002(4)

121. 施诚.中医药信息学与虚拟人体.中国中医基础医学杂志,2003(10)

122. 薛景等.数据挖掘技术在中医领域中的应用.中医药信息,2005(5)

123. 杜元灏,李晶.中国现代针灸病谱的研究.中国针灸,2007(5):373—378

124. 邢春国等. 南京中医药大学1994—2007年国家自然科学基金资助项目论文发表情况分析.中医学管理杂志,2008(7):508—510

125. 刘保延,王永炎.证候、证、症的概念及其关系的研究.中医杂志,2007(4):293—298

126. 刘保延等.试论中医电子病历系统及其特殊性.医学信息,2004(17)1:9—11

127. 王映辉等.结构化名老中医临床诊疗信息采集系统设计规范.中国中医药信息杂志,2007,(2),95—96

128. 郭玉峰等.知识本体与中医临床术语规范化工作.中华中医药学刊,2007(7)

129. 周雪忠等.中医临床数据仓库的研究及构建. 国际中医中药杂志,2006(11)28

130. 周雪忠等.中医临床数据库及挖掘分析平台的研究与应用探讨. 世界科学技术——中医药现代化.2007,9(4):74—80

131. 刘保延.数字中医药与中医药的跨越式发展.中国中医药信息杂志,2002,9(8):1—2

132. 刘保延.有关辨证论治临床评价若干问题的思考.中医杂志. 2007,48(1):12—14

133. 王映辉等.基于信息和数据挖掘技术的名老中医临床诊疗经验研究思路.世界科学技术——中

药现代化. 2005,7(1):98—105

134. 卫生部办公厅关于征求《电子病历基本架构与数据标准(征求意见稿)》意见的通知. http://www.gov.cn/gzdt/2009—08/04/content_1383441.htm(2009.8.4 查询)

135. 刘乃丰等. 建设信息共享、流程优化和管理规范的数字化医院——东南大学附属中大医院信息化建设概述. 中国数字医学,2007(6)

136. 蒋友好等. 电子病历的信息交换接口设计. 生物医学工程学进展,2008(1):49—52

137. 卫生部《互联网医疗卫生信息服务管理办法》. http://www.moh.gov.cn/publicfiles/business/htmlfiles/mohzcfgs/s3576/200804/2934

138. 数字音视频编解码技术标准工作组. http://www.avs.org.cn/aboutus.asp(2009.5.14 查询)

139. 薛城. 深圳市筹建中国首个区域卫生信息系统. 中国医院院长,2006(17)

140. David W. Mount Bioinformatics Sequence and Genome Analysis. 北京:科学出版社,2002

141. CHIMA 和 Accenture 合作出版.《中国医院信息化发展研究报告(白皮书)》. 2008

142. Edward H. Shortliffe and James J. Cimino. Biomedical Informatics: Computer Applications in Health Care and Biomedicine. 3rd ed. New York: Springer, 2006

143. Enrico Coiera. Guide to Health Informatics. 2 ed. Arnold Publication, 2003

144. J. van Bemmel, M. A. Musen. Handbook of Medical Informatics. New York: Springer, 2002

145. Gardner RM et al. Core content for the subspecialty of clinical informatics. JAMIA, 2009 16(2): 153—7

146. Schuemie MJ et al. Mapping the domain of medical informatics. Methods Inf Med, 2009; 48(1):76—83

147. Butler, K et al. Work-centered design: A case study of a mixed initiative scheduler. Proceedings of CHI, 2007:747—756

148. Gong, Y. et al. Communication ontology for medical errors. Proceedings of MedInfo, 2007: 1007—1011

149. Zhang, J et al. Designing human-centered distributed information systems. IEEE Intelligent Systems, 2002, 17 (5):42—47

150. Zhang, J. & Norman, D. A. Representations in distributed cognitive tasks. Cognitive Science, 1994(18): 87—122

151. Bruce I et al. A History of Medical Informatics 1 edition. Addison Wesley Publishing Company, 1990

152. Roukema J et al. Paper versus computer: feasibility of an electronic medical record in general pediatrics. Pediatrics. 2006 117(1):15—21

153. Mirhaji P, Zhu M et al. Ontology driven integration platform for clinical and translational research. BMC Bioinformatics. 2009 Feb 5;10 Suppl 2:S2

154. Health Informatics World Wide. Available at http://www.hiww.org/Accessed on 2009/06/26

155. Hannah, KJ et al. Nursing uses of computers and information science: Proceedings of the IFIP-IMIA international symposium on nursing uses of computers and information science. Amsterdam, Netherlands: Elsevier Science Publishing Inc, 1985

156. Graves JR & Corcoran S. The study of nursing informatics. Image—The Journal of Nursing Scholarship, 1989 (21):227—231

157. American Nurses Association. The scope of practice for nursing informatics. Washington DC: American Nurses Publishing, 1994

158. Saba VK & McCormick KA. Essentials of Nursing Informatics. Fourth Edition. New York, NY: McGraw-Hill Medical, 2005

159. Ball MJ et al. Nursing Informatics: where caring and technology meet. 3rd Edition. New York, NY: Springer-Verlag Inc, 2000

160. Weaver CA et al. Nursing and Informatics for the 21st Century: an international look at practice, trends and the future. Chicago, IL: HIMSS, 2006

161. Chang P et al. The end user computing strategy of using Excel VBA in promoting nursing informatics in Taiwan. Perspectives in Nursing Science. The Research Institute of Nursing Science, Seoul National University, South Korea. 2008;5(1):45—58

162. Hsu C. L. & Chang P. Developing an SDK of Usability-engineered Handheld Evaluation Aid. American Medical Informatics Association 2007 Symposium, Chicago, IL, USA, 2007: 982

163. Lai, H. F. & Chang, P. Developing an Usability-engineered Excel-based Nursing Administrative e-Form Generator information system. American Medical Informatics Association 2007 Symposium, Chicago, IL, USA, 2007:980

164. Liang et al. Developing and evaluating a simple, spreadsheet-based pathology report extraction system for cancer registrars. American Medical Informatics Association 2006 Symposium, Washington, DC, USA, 2006:1008

165. Cheng ST et al. The Development of a heuristic-based excel scheduling support system for nurses. The 9th International congress on Nursing Informationtics Proceedings, 2006: 792

166. Edward H. Shortliffe Leslie E. Perreault. Medical Informatics Computer Applications in Health Care and Biomedicine. Second Edition New York:Springer-Verlag Publishing company,2001

167. B. F. Ding. Community health care informatics and its management system: A new form to Next Century. Amsterdam:《MEDINFO 2001》,ISO Press 2001:724—726

168. Marion J. Ball. Clinical informatics: A guide to the New Millionaire, proceeding of the seventieth Japan symposium on medical informatics, 1—3

169. Berner ES. Clinical decision support systems: theory and practice. 2nd ed. New York: Springer; 2007

170. Cimino JJ. Review paper: coding systems in health care. Methods Inf Med1996 Dec;35(4—5): 273—84

171. Cimino JJ. Desiderata for controlled medical vocabularies in the twenty-first century. Methods Inf Med 1998 Nov;37(4—5):394—403

172. Cimino JJ. In defense of the Desiderata. [comment]. J Biomed Inform 2006 Jun; 39(3): 299—306

173. Gong Y, Zhang J. A human-centered design and evaluation framework for information search. AMIA Annu Symp Proc 2005:281—5

174. Gong Y, Zhang T, Rukab J, Johnson-Throop K, Malin J, Zhang J. Design and development of a search interface for an information gathering tool. Stud Health Technol Inform 2004;107(Pt 2): 1471—5

175. Jenders RA, Osheroff JA, Sittig DF, Pifer EA, Teich JM. Recommendations for clinical decision support deployment: synthesis of a roundtable of medical directors of information systems. AMIA Annu Symp Proc 2007:359—63

176. Miller RA. Medical diagnostic decision support systems-past, present, and future: a threaded

bibliography and brief commentary. [erratum appears in J Am Med Inform Assoc 1994 Mar-Apr;1(2):160]. J Am Med Inform Assoc1994 Jan-Feb;1(1):8—27

177. Osheroff JA, Teich JM, Middleton B, Steen EB, Wright A, Detmer DE. A roadmap for national action on clinical decision support. [erratum appears in J Am Med Inform Assoc. 2007 May-Jun;14(3):389]. J Am Med Inform Assoc 2007 Mar-Apr;14(2):141—5

178. Sittig DF, Wright A, Osheroff JA, Middleton B, Teich JM, Ash JS, et al. Grand challenges in clinical decision support. J Biomed Inform 2008 Apr;41(2):387—92

179. Teich JM, Osheroff JA, Pifer EA, Sittig DF, Jenders RA, The CDSERP. Clinical decision support in electronic prescribing: recommendations and an action plan: report of the joint clinical decision support workgroup. J Am Med Inform Assoc 2005 Jul-Aug;12(4):365—76

180. Metz CE. Basic principles of ROC analysis. Semin Nucl Med. 1978 Oct;8(4):283—98

181. Bemmel JH, Musen MA, Helder JC. Handbook of medical informatics. AW Houten, Netherlands, Heidelberg, Germany: Bohn Stafleu Van Loghum ; Springer Verlag; 1997

182. Thomas Schabetsberger. Approachs Towards a regional, Shared Electronic Patent Record for health care facilities of different health care organizations-IT strategy and first results. Washington DC:《MEDINFO 2004》,ISO Press 2004:979—983

183. P. J. Toussaint. The impact of ICT on communication in healthcare:《MEDINFO 2004》,ISO Press 2004:988—992

184. Patricia Dykes, Suzanne Bakken. National and regional health information infrastructures: Making use of information technology to promote access to evidence. Washington DC:《MEDINFO 2004》,ISO Press 2004:1 187—1 192

185.《MEDINFO 2007》Proceedings of 12th World Congress on Health (Medical) Informatics. Brisbane: ISO Press,2007

186. Dave Garets, Mike Davis. Electronic Medical Records vs. Electronic Health Records: Yes, There Is a Difference. www. himssanalytics. org/docs/WP_EMR_EHR. pdf

187. O'CARROLL P W et al. Public Health Informatics and Information Systems. New York: Springer, 2003

188. Xuezhong Zhou et al. Text Mining for Clinical Chinese Herbal Medical Knowledge Discovery. Singapore, LNAI V. 2005:366—368

189. Xuezhong Zhou et al. , Building Clinical Data Warehouse for Traditional Chinese Medicine Knowledge Discovery. International Conference on BioMedical Engineering and Informatics, 2008(5)

190. Sittig, D. Grand challenges in medical informatics? JAMIA 1994(1): 412—413

191. Nahm, M. & Zhang, J. Operationalization of the UFuRT methodology for usability analysis in the clinical research data management domain. JBI,2009(42):327—333

192. Zhang, J. & Butler, K. UFuRT: A work-centered framework and process for design and evaluation of information systems. Proceedings of HCI International, 2007:5

193. Overhage JM et al. Controlled trial of direct physician physician order entry: effects on physicians' time utilization in ambulatory primary care internal medicine practices. JAMIA, 2001,8(4):361—71

194. Gong Y, Zhu M, Li J, Turley JP, Zhang J. Clinical communication ontology for medical errors. Studies in Health Technology & Informatics2007;129(Pt 2):1007—11

195. ROC curve analysis: introduction, MedCalc manual. http://www. medcalc. be/manual/

roc. php

196. The Receiver Operating Characteristic（ROC）Curve. http://www. mlahanas. de/MOEA/Med/ROC21. htm

197. O'CARROLL P W et al. Public Health Informatics and Information Systems. New York：Springer，2003

198. Nancy Harvey，David Depue. Disease management improving the health of population. Academic of clinical practice，1997，10：1—12

199. Kutsuya Yahata. A medical association hospital centered network for Inter-institutional treatment in regional area，Japan. Washington DC：《MEDINFO 2004》，ISO Press 2004：1235—1238

主要中英文名词对照

3rd Generation,3G	第三代数字通信
Accredited Standards Commitee,ASC	标准认证委员会
ackward chaining	后向链推理(目标驱动
alert	警示
American College of Radiology,ACR	美国放射学会
American National Standdards Institute,ANSI	美国国家标准化学会
American Nursing Association, ANA	美国护理学会
American Society for Testing and Materials,ASTM	美国试验和材料协会
application system integration	应用系统集成
artificial Intelligence,AI	人工智能
artificial neural network,ANN	人工神经网络
association analysis	关联分析
association rule	关联规则
asynchronous transfer mode,ATM	异步传输模式网
audio video coding standard,AVS	数字音视频编解码技术标准
basic data set standard of chines hospital information,BDSS	医院信息基本数据集标准
bayes' theorem	贝叶斯法则
Biological Abstracts,BA	美国生物学文摘
biomedical informatics	生物医学信息学
blocks substitution matrix,BLOSUM	块状得分矩阵
brower/server,B/S	浏览器/服务器模式
browser/server,B/S	浏览器和服务器
cable television, CATV	有线电视
case base	案例库
causal model reasoning	因果模型推理
certificate authority,CA	认证机构
chief information officer,CIO	首席信息官
China National Information System for Disease Control and Prevention	中国疾病预防控制信息系统
China National Knowledge Infrastructure,CNKI	中国知识基础设施工程
Chinese Center for Disease Control and Prevention,CCDC	中国疾病预防控制中心
class diagram,	类图
classification	分类
client/server(C/S)	客户机/服务器

clinic information system, CIS	临床信息系统
clinical decision support system, CDSS	临床决策支持系统
clinical document architecture, CDA	临床文档结构
clinical guideline	临床指南
clinical laboratory information management systems, CLIMS	临床实验室信息管理系统
clinical Pathway	临床路径
Comité Européen de Normalisatior, CEN	欧洲标准化委员会
command system for public health emergency	突发公共卫生事件应急指挥信息系统
community antenna television, CATV	有线电视网
community health information system, CHIS	社区卫生信息系统
community health service	社区卫生服务
computed aided diagnosis, CAD	计算机辅助诊断
computed radiography, CR	计算机 X 线摄影
computerized provider order entry, CPOE	计算机化医生医嘱录入系统
computerized tomography, CT	计算机断层摄影
Computer-Based Patient Record Institute, CPRI	电子病历协会
computer-based patient record	基于计算机的患者记录
conditional probability	条件概率
conjunction	与逻辑
criterion value	标准值
data element	数据元素
data mining	数据挖掘
data warehouse	数据仓库
database administrator, DBA	数据库管理员
database management system, DBMS	数据库管理系统
database oriented	资料库导向
database, DB	数据库
decision support system, DSS	决策支持系统
decision tree	决策树
deoxyribonucleic acid, DNA	脱氧核糖核酸
diagnosis-related groups, DRG	诊断相关组
digital data network, DDN	数字数据网
digital Imaging and communications in medicine, DICOM	医学数字成像通信标准
digital radiography, DR	数字 X 线摄影
digital signature	数据签名技术
digital subscriber line, DSL	数字用户环路
digital subtraction angiography, DSA	数字减影血管造影
direct care functions, DC	直接医疗功能

disjunction	或逻辑
distributed cognition theory	分布性认知理论
distributed database system, DDBS	分布式数据库
document-based oriented	文件式导向
effectiveness	效能
efficiency	效率
electro cardiogram, ECG	心电图
electroencephalography, EEG	脑电图
electronic health record system, EHR-S	电子病历系统
electronic health record	电子健康记录
electronic patient record, EPR	电子病历
encryption & decryption	加解密技术
end user computing	终端使用者导向
enterprise data center, EDC	企业数据中心
enterprise master person index, eMPI	病人主索引
ethernet	以太网
evaluate	评值
evidence based medicine, EBM	循证医学
expected-value	期望值
expert system, ES	专家系统
extensible markup language, XML	可延伸标识语言
false negative, FN	假阴性
false positive, FP	假阳性
fast ethernet	快速以太网
fiber distributed data interface, FDDI	光纤分布式数据接口
first-line health care	第一线医疗
forward chaining	前向链推理(数据驱动
full-text search engine	全文式搜索引擎
functional outline, FO	功能框架
functional profiles, FP	功能范例
graphical user interface, GUI	图形用户界面
Health Information and Management System Society, HIMSS	医疗卫生信息与管理协会
health insurance portability & accountability act, HIPAA	健康保险流通与责任法案
Health Insurance Portability and Accountatility Act of 1996, HIPAA	1996 年医疗保险流通与责任法案
health level seven, HL7	医疗卫生信息交换标准 标准化的卫生信息传输协议
Healthcare Informatics Standards Board, HISB	医疗保健信息标准委员会
Healthcare Information and Management System Society, HIMSS	医学信息管理系统协会

Healthcare Information Management and Systems Society, HIMSS	健康护理信息管理系统学会
hidden layer	隐含层
HL7 reference information model, HL7 RIM	HL7 参考信息模型
hospital information system, HIS	医院信息系统
human genome project, HGP	人类基因组计划
ICD-9-CM	ICD-9 临床修订版
ICD-O	国际肿瘤疾病分类
impact factor	影响因子
implication	蕴含逻辑
index medicus, IM	美国医学索引
infer engine	推理引擎
information resource management, IRM	信息资源管理
information retrieval	信息检索
input layer	输入层
Institute of Electrical and Electronics Engineers, IEEE	美国的电子和电气工程师学会
integrated services digital network, ISDN	综合服务数字网
integration healthcare enterprise, IHE	医疗卫生执行框架
International Classification of Diseaes, ICD	国际疾病分类
International Congress on Nursing Informatics Symposium	国际护理信息大会
International Electrotechnical Commission, IEC	国际电子委员会
International Medical Informatics Association-Nursing Informatics	国际医学信息学会的护理学会
international nursing index	国际护理索引
International Organization for standardization, ISO	国际标准化组织
International Telecommunication Union, ITU	国际电信联盟
International Union of Pure and Applied Chemistry, IUPAC	国际理论和应用化学联合会
Internet	互联网，英特网
internet service provider, ISP	互联网服务提供商
interoperability	互操作
keyword	关键词
knowledge inference	知识推理
knowledge acquisition	知识的获取
knowledge base	知识库
knowledge representation	知识的表达
laboratory information systems, LIS	实验室信息系统
library of congress classification, LCC	美国国会图书馆图书分类法
local area network, LAN	局域网
iogical observations, identifiers, names and codes, LOINC	观测结果标识符逻辑命名与编码系统

logic-based knowledge representation	逻辑知识表达法
magnetic resonance imaging, MRI	磁共振成像
management information system, MIS	信息管理系统
medical data interchange standard, MEDIX	医疗数据交换标准
medical Informatics	医学信息学
medical subject headings, MeSH	医学主题词表
medical terminology system	医学术语系统
middleware	中间件
multi-agent simulation	多因子模拟技术
National Aeronautics and Space Administration, NASA	美国航空航天局
National Center for Biotechnology Information, NCBI	美国国立生物技术信息中心
national disease reporting system	国家疾病报告管理信息系统
natural language manipulation, NLM	自然语言处理
natural language processing, NLP	自然语言处理
negation	非逻辑
negative predictive value	阴性预测率
network attached storage, NAS	网络直接连接存储
network information resource	网络信息资源
network service provider, NSP	网络服务提供商
neural network toolbox	神经网络工具箱
nomenclature	命名法
nuclear medicine, NM	核医学
nursing assessment	护理评估
nursing diagnosis	护理诊断
nursing informatics, NI	护理信息学、信息护理
nursing information system, NIS	护理信息系统
nursing intervention	护理措施
nursing minimum data set	护理基本数据集
nursing planning	护理计划
nursing process	护理过程
nursing terminology and standards	护理词汇标准
office automation system, OAS	办公自动化系统
Omaha system	奥马哈系统
online mendelian inheritance in man, OMIM	OMIM 数据库
online transaction processing, OLTP	在线事务处理
ontology	本体
on-line analysis processing, OLAP	联机分析处理
open structured date entry, open SED	开放式结构化录入
output layer	输出层

pairwise sequence alignment, PSA	配对序列比对方法
percent accepted mutation, PAM	可接受突变百分比
personal computer, PC	个人电脑
personal digital assistant, PDA	掌上电脑
personal health record, PHR	个人健康档案
picture archiving and communication system, PACS	医学影像存档与传输系统
picture in picture, PIP	画中画
portable document format, PDF	非标准化文档数据
positive predictive value	阳性预测率
posttest probability	后验概率
post-coordination	后组配
precision ratio	查准率
pretest probability	先验概率
prevalence	患病率
pre-coordination	先组配
primary care	社区医疗
procedural knowledge representation	程序性知识表达法
processing element, PE	处理单元
propositional logic	命题逻辑
protected health information, PHI	受保护的健康信息
protein data bank, PDB	蛋白质结构数据库
public health informatics	公共卫生信息学
public health information system	公共卫生信息系统
public key infrastructure, PKI	公钥基础设施
public switch telephone network, PSTN	公共电话网
radio frequency identification, RFID	射频定位系统
radio frequency, RF	射频
Radiological Society of North America, RSNA	美国北美放射学会
radiology information system, RIS	放射科管理系统
Read clinical classification, RCC	Read 临床分类
recall ratio	查全率
receiver operating characteristic curve, ROC	受试者分析曲线
redundant array of independent disks RAID	独立磁盘冗余阵列
regional health development program, RHDP	区域卫生规划
regional health information network, RHIN	区域卫生信息网
regional health information organizations, RHIO	区域卫生信息组织
reminder	提醒
reporting system for infectious diseases	传染病疫情报告系统
reporting system for notifiable diseases	法定传染病报告信息系统

retriever	数据获取模块
rule-based reasoning	规则推理
satellite network, SN	卫星通信网
satisfied	满意度
science citation index,SCI	美国科学引文索引
search engines	搜索引擎
self-care theory	自我照顾理论
semantic web	语义网
sensitivity, TP rate	敏感度
service-oriented integration, SOI	面向服务的集成
social medical insurance	社会医疗保险
specificity, TN rate	特异度
standard for medical device communications	医疗设备通信标准
Standards Development Organization,SDO	标准发展组织
storage area network, SAN	存储区域网络
storage center	电子病历存储中心
Strategic Health Information Network for Europe,SHINE	欧洲健康信息网络战略计划
structured query language,SQL	结构检索语言
supervisory information system,SIS	监控信息系统
surveillance system for basic public health information	基础公共卫生监测信息系统
surveillance system for health risk factors	健康危害因素监测信息系统
Swiss Institute of Bioinformatics,SIB	瑞士生物信息研究所
synchronous digital hierarchy,SDH	同步数字体系
system integration,SI	系统集成
tablet PC	平板电脑
taiwan electronic medical record template, TMT	台湾电子病历模组
Taiwan Nursing Informatics Association, TNIA	台湾护理信息学会
telemedicine, telehealth,telecare	远程医学、远程医疗
telesurgery	远程手术
the international classification of primary care,ICPC	国际社区医疗分类
the logical observation identifier names and codes,LOINC	观测结果标识符逻辑命名与编码系统
The National Health Information Network, NHIN	国家卫生信息网络工程
The North American Nursing Diagnosis Association,NANDA	北美护理协会
the systematized nomenclature of human and veterinary medicine, SNOMED	人类与兽类医学系统术语
token ring	令牌网
total laboratory automation,TLA	全实验室自动化
translational informatics	转化型信息学